青岛树木志

曹友强　主编

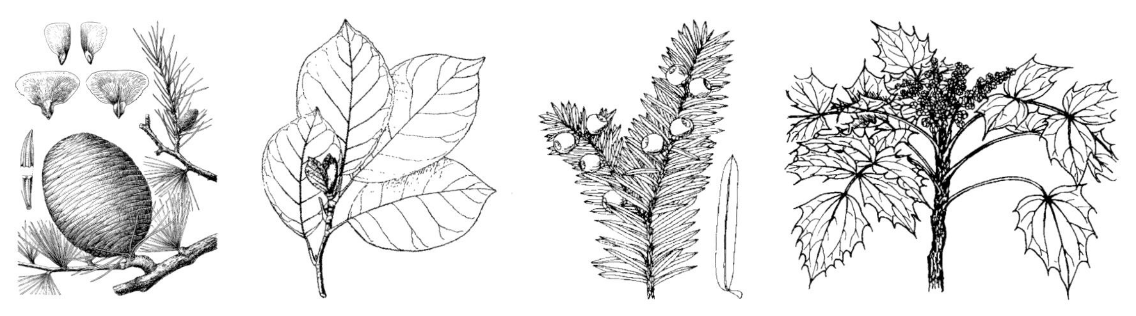

中国林业出版社

图书在版编目（CIP）数据

青岛树木志/曹友强主编. --北京：中国林业出版社，2015.9

ISBN 978-7-5038-8126-8

Ⅰ.①青… Ⅱ.①曹… Ⅲ.①树木-植物志-青岛市 Ⅳ.①S717.252.3

中国版本图书馆CIP数据核字(2015)第203238号

中国林业出版社

责任编辑：李 顺 唐 杨

出版咨询：（010）83143569

出 版：中国林业出版社（100009 北京西城区德内大街刘海胡同7号）

网 站：http://lycb.forestry.gov.cn/

印 刷：北京卡乐富印刷有限公司

发 行：中国林业出版社

电 话：（010）83143500

版 次：2015年10月第1版

印 次：2015年10月第1次

开 本：787mm × 1092mm 1 / 16

印 张：37

字 数：800千字

定 价：298.00元

《青岛树木志》编委会领导小组

主　　任　曹友强

副 主 任　高愈琛　张义秀　郭仕涛　耿以龙　董一弘　周　红

成　　员　李　腾　吕洪涛　徐立鹏　赵世鑫　刘中欣　孙建明
　　　　　张洪才　巩合勇　赵顺亭　戴月欣

《青岛树木志》编委会

主　　审　李法曾

主　　编　曹友强

副 主 编　郭仕涛　戴月欣　董运斋　臧德奎

编　　者（以姓氏笔画为序排列）

马祥宾　王宝斋　邓君玉　刘淑华　刘新伟　孙　翠
孙思清　孙兴华　庄质彬　曲益涛　纪晓农　宋连连
张　磊　张广东　张薇瑛　李广海　李贵学　杨　燕
杨利国　杨天资　辛　华　邹助雄　陈　曦　周春玲
胡春蕾　逄东杰　赵吉臣　赵志江　高正伟　綦佳伟
崔孝平　魏小鹏

摄　　影　臧德奎　董运斋　周春玲

前　言

林木种质资源是木本植物材料中能将其特定的遗传信息传递给后代并能表达的遗传物质总称，包括森林植物的栽培种、野生种的繁殖材料以及利用它们人工创造的遗传材料，是生态建设和林业事业发展的基础性、战略性资源。长期以来，由于人类的活动和掠夺性的采伐，导致全球性的森林面积缩减，全世界的物种正面临着前所未有的灭绝危机。物种消亡带来的生物多样性和生态安全问题引起了国际社会的高度重视。人类即将进入生物经济时代，生物工程与基因开发利用将成为经济社会发展的主动力。大量储备具有利用与潜在利用价值的种质资源，是推动生态建设和经济社会可持续发展的前瞻性行动。

青岛市地处山东半岛南端，濒临黄海，环绕胶州湾，其地形复杂，气候多样，森林植物资源丰富，曾吸引了众多植物学家前来考察研究或采集植物标本。据文献记载，早在 1889 年德国人 T. Loesener 就对崂山和青岛市区的高等植物做过调查，发表了 Prodromus Florae Tsingtauensis 一文（1919），记载植物 135 科，1024 种，其中种子植物 125 科，955 种（包括木本植物 64 科，133 属，220 种和变种）；1925 年，胶澳商埠农林事务所刊印的《青岛栽培植物名录》记载种子植物 500 余种，其中木本植物 300 种；1930 年日本人木多静六在《山东省林相变化与国运之消长》一文中对崂山下清宫一带被子植物进行了描述。1919 年国内学者李继侗的《青岛的松林》是关于青岛森林植被研究最早的文献；1935 年李顺卿在对崂山植被进行研究后，发表了《山东崂山植物环象之初步观察》。新中国成立后，陆续有高等院校学者和林业、园林工作者对青岛市木本植物进行过不同形式的调查、整理，形成了一些名录、书籍资料，为促进绿化事业发展起到了积极作用。1956 年，山东大学教师陈倬在对青岛种子植物调查研究的基础上，发表了《青岛种子植物名录》，记载木本植物 383 种和变种（含当时山东大学及公园温室栽培 38 种）；1984 年，青岛林业局曹俊训先生将其 1957 ~ 1984 期间所调查采集的木本植物标本（不包括当时的市内五区）加以汇集，编写成《青岛木本植物检索手册》，共记载野生和栽培乔木、灌木及木质藤本 72 科、185 属、472 种和变种；1986 年，山东省林木种苗站对全省引进树种进行整理，编写了《山东引进树种》，记录引进树种 143 种，其中在青岛有引种试验 115 种；1999 ~ 2001 年，崂山风景管理委员会和山东师范大学组成了联合科研组，对崂山植物进行了全面系统的调查，并在此基础上，于2003年编辑出版了《崂山植物志》，该志共记录了崂山及市区各公园常见栽培维管植物160科，734属，1422种，8亚种，114变种，5变型及13栽培变种。

为加强林木种质资源的保护和管理，2011 ~ 2014年，青岛市按照山东省的统一部署，组织开展了新中国成立以来首次全市范围的林木种质资源调查工作，对全市木本植物资源进行了全面地系统调查和研究，摸清了资源家底，采集了大量植物标本，圆满完成了调查任务，取得了丰硕成果。在此基础上，组织了《青岛树木志》的编写工作。全书计有全市野生及露地栽培木本植物89科，247属，635种，14亚种，82变种，33变型及55栽培变种，配有树木插图634幅，并附有彩色照片120幅。

《青岛树木志》将为青岛地区的树木资源、城乡绿化、生物多样性、自然景观的保护和研究提供翔实、可靠的植物资料，同时为高等院校林学、园林、城市规划、农学、中药学、环境学等专业的教学和科学研究提供参考资料。

青岛市林木种质资源调查及《青岛树木志》的编写工作得到了山东省林木种质资源中心、山东农业大学、山东师范大学、青岛农业大学及各区市林业部门的支持和帮助，山东师范大学李法曾教授对书稿进行了审阅，并提出了修改意见和建议。本志书中的插图，部分引自《中国高等植物图鉴》、《中国植物志》、《山东植物志》、《山东植物精要》等著作。在此，我们对青岛植物研究作出贡献的前辈和同事们表示敬意，对支持我们工作的单位和个人以及本志所引证著作的编者们表示衷心感谢！

本志在编写过程中参考了大量文献及相关资料，力求内容的科学性和准确性。由于水平有限，书中难免有遗漏和不当之处，敬请广大读者批评指正。

《青岛树木志》编委会

2015年4月

编 写 说 明

1. 本志记载了青岛市野生及露地栽培木本植物。全志内容包括青岛市自然概况、木本植物概况、裸子植物门和被子植物门。各门有分科检索表，各科有分属、分种检索表。科、属、种有形态描述；种，除形态描述外，还简要叙述了其在青岛市的分布情况及国内分布和主要用途。为了便于识别和比较，还附有一定数量的植物线条图和部分彩色图。

2. 本志种类所有中名及拉丁名，以《中国植物志》用名为主，同时参考《Flora of China》等最新植物分类研究成果。植物的拉丁名正名列中文名之下，用黑体表示；有些植物的主要拉丁异名列在正名之下，用斜体表示，两者均不列参考文献。

3. 本志种类形态描述中的测定数据如植株高度、叶的长宽度、花的直径、花各部分的长宽度、果实及种子的大小和花果期等，主要依据植物在青岛地区的生长状况，并参考《中国植物志》《中国高等植物（修订版）》《山东植物志》及各临近地区植物志来确定的。

4. 拉丁名索引采用正名按属名、种名首字母顺序排列；中文名索引以汉语拼音顺序排列。

5. 温室中栽培观赏、盆栽观赏及苗圃中作为苗木培育、变化较大的木本植物种类，一般未编入本志。

6. 裸子植物各科按郑万钧教授的《中国植物志》第七卷（1978 年）系统排列；被子植物按克朗奎斯特系统（1980 年）排列。

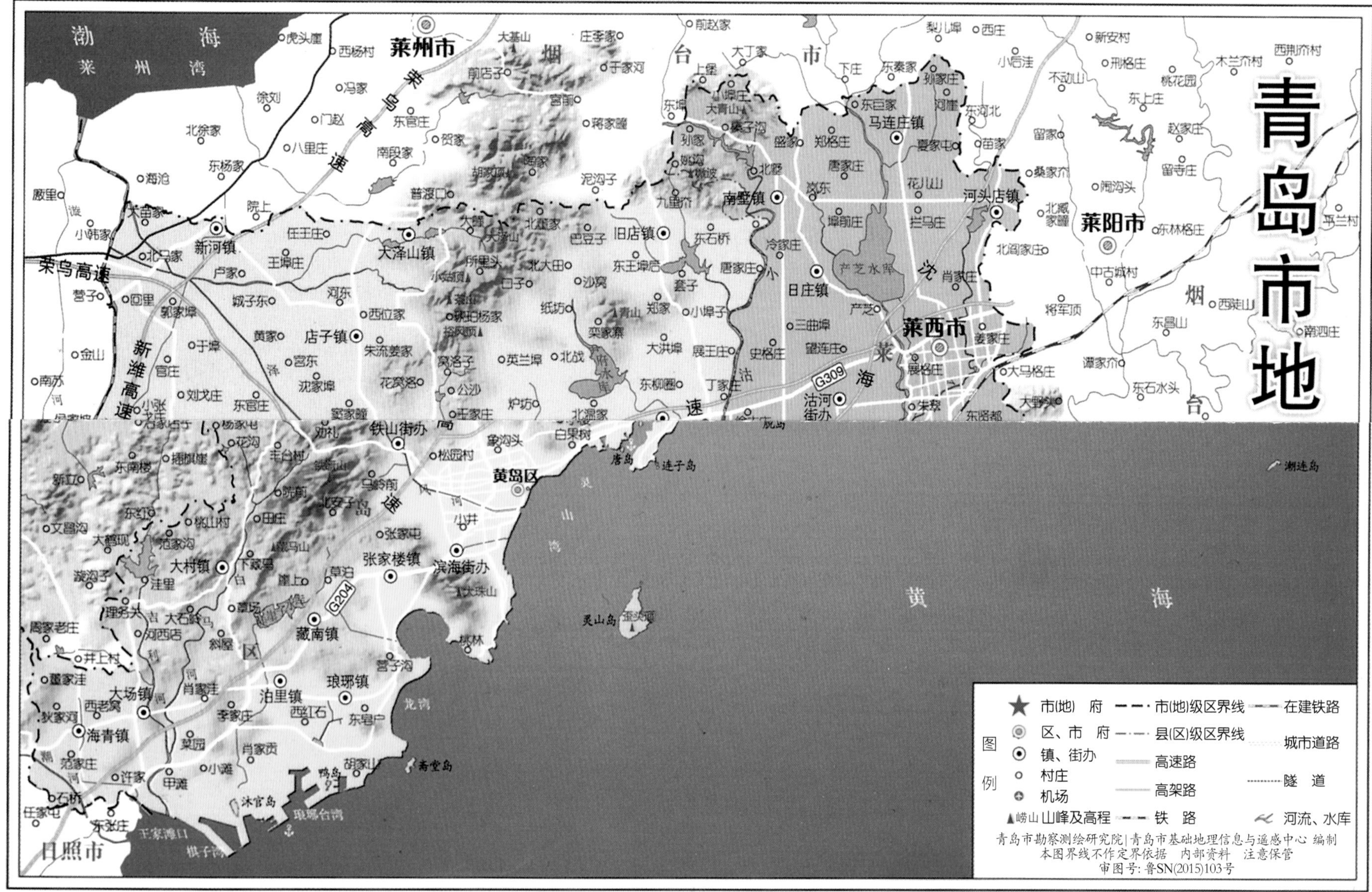
青岛市地
渤海
莱州湾
黄海
莱州市
莱阳市
莱西市
黄岛区
日照市
平度市
烟台市
马连庄镇
河头店镇
南墅镇
日庄镇
沽河街办
旧店镇
大泽山镇
新河镇
店子镇
铁山街办
张家楼镇
滨海街办
大村镇
藏南镇
琅琊镇
泊里镇
大场镇
海青镇
灵山岛
斋堂岛
产芝水库
莱乌高速
新潍高速
G309
G204
图例
市(地) 府
区、市 府
镇、街办
村庄
机场
山峰及高程
市(地)级区界线
县(区)级区界线
高速路
高架路
铁 路
在建铁路
城市道路
隧 道
河流、水库
青岛市勘察测绘研究院|青岛市基础地理信息与遥感中心 编制
本图界线不作定界依据 内部资料 注意保管
审图号：鲁SN(2015)103号

青岛树木志彩色图片说明

彩图1 日本落叶松*Larix kaempferi*

彩图2 金钱松*Pseudolarix amabilis*

彩图3 红松*Pinus koraiensis*

彩图4 杉木*Cunninghamia lanceolata*

彩图5 水松*Glyptostrobus pensilis*

彩图6 落羽杉*Taxodium distichum*

彩图7　中山杉*Taxodium distichum* 'Zhongshanshan'

彩图9　蓝冰柏*Cupressus arizonica* var. *glabra* 'Blue Ice'

彩图8　金叶水杉*Metasequoia glyptostroboides* 'Gold Rush'

彩图10　刺柏*Juniperus formosana*

彩图11　罗汉松*Podocarpus macrophyllus*

彩图12 粗榧*Cephalotaxus sinensis*

彩图15 望春玉兰*Magnolia biondii*

彩图13 南方红豆杉*Taxus wallichiana* var. *mairei*

彩图16 厚朴*Magnolia officinalis*

彩图17 天女木兰*Magnolia sieboldii*

彩图14 日本榧树*Torreya nucifera*

彩图18 深山含笑*Michelia maudiae*

彩图19　亮叶腊梅*Chimonanthus nitens*

彩图20　红楠*Machilus thunbergii*

彩图21　三桠乌药*Lindera obtusiloba*

彩图22　月桂*Laurus nobilis*

彩图23　绵毛马兜铃*Aristolochia mollissima*

彩图24　北五味子*Schisandra chinensis*

彩图25 转子莲*Clematis patens*

彩图26 木通*Akebia quinata*

彩图27 多花泡花树*Meliosma myriantha*

彩图28 枫香*Liquidambar formosana*

彩图29 银缕梅*Parrotia subaequalis*

彩图30　糙叶树*Aphananthe aspera*

彩图31　化香树*Platycarya strobilacea*

彩图32　小叶栎*Quercus chenii*

彩图33　柳叶栎*Quercus phellos*

彩图34　云蒙山栎*Quercus mongolica* var. *yunmengshanensis*

彩图35　坚桦*Betula chinensis*

彩图**36** 毛榛*Corylus mandshurica*

彩图**37** 山茶*Camellia japonica*

彩图**38** 厚皮香*Ternstroemia gymnanthera*

彩图**39** 软枣猕猴桃*Actinidia arguta*

彩图**40** 葛枣猕猴桃*Actinidia polygama*

彩图**41** 糠椴*Tilia mandshrica*

彩图42　毛叶山桐子*Idesia polycarpa* var. *vestita*

彩图43　迎红杜鹃*Rhododendron mucronulatum*

彩图44　腺齿越橘*Vaccinium oldhamii*

彩图45　蓝莓*Vaccinium corymbosum*

彩图46　野茉莉*Styrax japonicus*

彩图47　秤锤树*Sinojackia xylocarpa*

彩图48 白檀*Symplocos paniculata*

彩图49 华山矾*Symplocos chinensis*

彩图50 光萼溲疏*Deutzia glabrata*

彩图51 钩齿溲疏*Deutzia baroniana*

彩图52 北美鼠刺*Itea Virginica*

彩图53 华茶藨*Ribes fasciculatum* var. *Chinense*

彩图54　小米空木*Stephanandra incisa*

彩图55　水栒子*Cotoneaster multiflorus*

彩图56　毛叶石楠*Photonia villosa*

彩图57　厚叶石斑木*Raphiolepis umbellata*

彩图58　水榆花楸*Sorbus alnifolia*

彩图59　花楸树*Sorbus pohuashanensis*

彩图60 崂山梨*Pyrus trilocularis*

彩图61 东亚唐棣*Amelanchier asiatica*

彩图62 金露梅*Potentilla fruticosa*

彩图63 单瓣黄刺玫*Rosa xanthina* f. *normalis*

彩图64 崂山樱花*Cerasus laoshanensis*

彩图65 长梗郁李*Cerasus japonica* var. *nakaii*

彩图66　稠李*Padus avium*

彩图67　云实*Caesalpinia decapetala*

彩图68　朝鲜槐*Maackia amurensis*

彩图69　黄檀*Dalbergia hupeana*

彩图70　毛掌叶锦鸡儿*Caragana leveillei*

彩图71 大叶胡颓子*Elaeagnus macrophylla*

彩图72 福建紫薇*Lagerstroemia limii*

彩图73 三裂瓜木*Alangium platanifolium* var. *trilobum*

彩图74 蓝果树*Nyssa sinensis*

彩图75 喜树*Camptotheca acuminata*

彩图76 灯台树*Bothrocaryum controversum*

彩图77　四照花*Dendrobenthamia japonica* var. *chinensis*

彩图79　胶州卫矛*Euonymus kiautshovicus*

彩图78　垂丝卫矛 *Euonymus oxyphyllus*

彩图80 大叶冬青*Ilex latifolia*

彩图81 冬青*Ilex chinensis*

彩图82 雀舌木*Leptopus chinensis*

彩图83 油桐*Vernicia fordii*

彩图84 白木乌桕*Neoshirakia japonica*

彩图85 猫乳*Rhamnella franguloides*

彩图86　裂叶山葡萄*Vitis amurensis* var. *dissecta*

彩图87　葛藟葡萄*Vitis flexuosa*

彩图88　瘿椒树*Tapiscia sinensis*

彩图89　红花七叶树*Aesculus pavia*

彩图90　茶条槭*Acer tataricum* subsp. *ginnala*

彩图91 苦茶槭*Acer tataricum* subsp. *theiferum*

彩图92 鸡爪槭*Acer palmatum*

彩图93 血皮槭*Acer griseum*

彩图94 盐肤木*Rhus chinensis*

彩图95 菱叶常春藤*Hedera rhombea*

彩图96 刺楸*Kalopanax septemlobus*

彩图97　杠柳*Periploca sepium*

彩图98　白棠子树*Callicarpa dichotoma*

彩图99　单叶蔓荆*Vitex rotundifolia*

彩图100　华丁香*Syringa protolaciniata*

彩图101　流苏树*Chionanthus retusus*

彩图102　楸*Catalpa bungei*

彩图103　黄金树*Catalpa speciosa*

彩图104　细叶水团花*Adina rubella*

彩图105　六月雪
Serissa japonica

彩图106　日本珊瑚树*Viburnum odoratissimum* var. *awabuki*

彩图107　宜昌荚蒾*Viburnum erosum*

彩图108　裂叶宜昌荚蒾*Viburnum erosum* var. *taquetii*

彩图109　荚蒾*Viburnum dilatatum*

彩图110　皱叶荚蒾*Viburnum rhytidophyllum*

彩图111　蝟实*Kolkwitzia amabilis*

彩图112 锦带花*Weigela florida*

彩图113 白花锦带花*Weigela florida* f. *alba*

彩图114 白雪果*Symphoricarpos albus*

彩图115 红雪果*Symphoricarpos orbiculatus*

彩图116 金银花*Lonicera japonica*

彩图117　华北忍冬
Lonicera tatarinowii

彩图118　紫花忍冬*Lonicera maximowiczii*

彩图119　菲白竹*Pleioblastus fortunei*

彩图120　菝葜
Smilax china

新分类群记载

崂山樱花

Cerasus laoshanensis D. K. Zang, sp. nov.

Affinis C. serrulatae, sed foliis obovatis vel lato ellipticis, apicis truncatis vel emarginatis, calycis pubenscentis, petalis ellipticis vel obovato-ellipticis, staminibus 25-30, drupis rubris differt.

Type: China, Shandong Province, Qingdao City, Mountain Laoshan. Altitude 400-600 m, roadside on edge of forest, 20. Ⅳ .2014, Zang Dekui 14007 (holotype SDAU); 7. Ⅵ .2014, Zang Dekui 14030 (paratype SDAU).

Etymology: The specific epithet is derived from the type locality, Mountain Laoshan, Shandong, China.

Trees 10 m tall. Bark grayish brown. Annul branchlets grayish white, biennial and triennial branchlets brown or pale purple brown, glabrous. Winter buds ovoid, glabrous. Stipules linear, 5~8 mm, margin gland-tipped fimbriate. Petiole 1.5~2.5 cm, sparsely pilose, or pubescent, apex with 2~4 red rounded nectaries; leaf blade obovate or wide elliptic, 5~7 × 4~6 cm, abaxially pale green, sparsely pilose, adaxially dark green and glabrous, base rounded, rarely broadly cuneate or truncatus, margin acuminately serrate or biserrate and teeth with a minute apical gland, apex truncatus or emarginate, secondary veins 6–8 on either side of midvein. Inflorescences corymbose-racemose, (1) 2~3 flowered; involucral bracts brownish red, obovate-oblong, ca. 5~8 × 3~4 mm, abaxially glabrous, adaxially villous; peduncle 8~12 mm, sparsely pilose; bracts brown or tinged greenish brown, obovate, 5~8 × 2.5~4 mm, margin glandular serrate. Pedicel 2~2.5 cm, dense pilose. Hypanthium tubular, 5~6 × 2~3 mm, apically enlarged, abaxially sparsely pilose. Sepals triangular-lanceolate, ca. 5 mm long, margin sparsely serrate, apex obtuse to acuminate. Petals white, elliptic or obovate-elliptic, apex emarginate. Stamens 25~30. Style glabrous. Drupe red, globose to ovoid, 6~8 mm in diam, pedicel dense pilose. Fl. Mar–Apr, fr. Jun–Jul.

本新种与山樱花近缘，但叶片倒卵形或阔椭圆形，长 5 ~ 7cm，宽 4 ~ 6cm，先端平截或凹入；萼片有疏齿；花瓣椭圆形，稀倒卵状椭圆形；雄蕊 25 ~ 30 枚；核果红色，直径 6 ~ 8mm，果梗密生柔毛。

落叶乔木，高达 10m，树皮灰褐色。一年生小枝灰白色，二至三年生小枝褐色至淡紫褐色，无毛。冬芽卵圆形，无毛。叶片倒卵形或阔椭圆形，长 5 ~ 7cm，宽 4 ~ 6cm，先端平截或凹入，基部圆形，偶阔楔形或平截，叶缘直至叶片顶端有尖锐单锯齿及重锯齿，齿尖有小腺体；上面深绿色，无毛；下面淡绿色，沿叶脉疏生柔毛；侧脉 4 ~ 7 对；叶柄长 1.5 ~ 2.5cm，疏生柔毛，中上部有 2 ~ 4 枚红色圆形腺体；托叶线形，长 5 ~ 8mm，边有腺齿，早落。花序伞房总状，有花(1)2 ~ 3 朵；总苞片褐红色，倒卵长圆形，长约 5 ~ 8mm，宽约 3 ~ 4mm，外面无毛，内面被长柔毛；总梗长 8 ~ 12mm，疏生柔毛；苞片褐色或淡绿褐色，倒卵形，长 5 ~ 8mm，宽 2.5 ~ 4mm，边有腺齿；花梗长 2 ~ 2.5cm，密生柔毛；萼筒管状，长 5 ~ 6mm，宽 2 ~ 3mm，先端扩大，萼片三角披针形，长约 5mm，先端渐尖或钝，有疏齿或近全缘；花瓣白色，椭圆形或倒卵状椭圆形，先端下凹；雄蕊约 25 ~ 30 枚；花柱无毛。核果球形或卵球形，红色，直径 6 ~ 8mm；果梗密生柔毛。花期 3 ~ 4 月；果期 6 ~ 7 月。

Cerasus laoshanensis D. K. Zang, sp. nov.

(A) flowering branch, (B) fruting branch, (C) flower, (D) flower, (E) habit. (F) stipules and petiole, (G) branchlet with leaves.
(Photo by Dekui Zang)

目　录

青岛市自然概况

1. 地理位置

青岛市地处山东半岛南部，位于东经 119° 30′ ~ 121° 00′、北纬 35° 35′ ~ 37° 09′，东、南濒临黄海，东北与烟台市毗邻，西与潍坊市相连，西南与日照市接壤。辖市南、市北、李沧、崂山、黄岛、城阳六区和即墨、胶州、平度、莱西四市，全市总面积为 11282 平方千米。

2. 地质地貌

青岛所处大地构造位置为新华夏隆起带次级构造单元—胶南隆起区东北缘和胶莱凹陷区中南部。区内缺失整个古生界地层及部分中生界地层，但白垩系青山组火山岩层发育充分，在青岛市出露十分广泛。岩浆岩以元古代胶南期月季山式片麻状花岗岩及中生代燕山晚期的艾山式花岗闪长岩和崂山式花岗岩为主。市区全部坐落于该类花岗岩之上，建筑地基条件优良。青岛地区地质构造以断裂构造为主。自第三纪以来，区内以整体性较稳定的断块隆起为主，上升幅度一般不大。

青岛为海滨丘陵城市，地势东高西低，南北两侧隆起，中间低凹，其中丘陵山地约占全市总面积的 40.6%、平原占 37.7%、洼地占 21.7%。全市大体有 3 个山系，东南是崂山山脉，山势陡峻，主峰海拔 1132.7 米，从崂顶向西、北绵延至青岛市区；北部为大泽山（海拔 736.7 米，平度境内诸山及莱西部分山峰均属之）；南部为大珠山（海拔 486.4 米）、小珠山（海拔 724.9 米）、铁橛山（海拔 595.1 米）等组成的胶南山群。市区的山岭有浮山（海拔 384 米）、太平山（海拔 150 米）、青岛山（海拔 128.5 米）、信号山（海拔 99 米）、伏龙山（海拔 86 米）、贮水山（海拔 80.6 米）等。平原重点分布在胶州湾东北、北、西北及西南部，主要由侵蚀剥蚀低山、丘陵与冲积、冲洪积等形成。洼地主要位于即墨西北部、莱西南部、平度西南部和胶州北部。

全市海岸线（含所属海岛岸线）总长为 816.98 千米，其中大陆岸线 710.9 千米，占全省岸线的 1/4 强。海岸线曲折，海岸分为岬湾相间的山基岩岸、山地港湾泥质粉砂岸及基岩砂砾质海岸等 3 种基本类型。浅海海底则有水下浅滩、现代水下三角洲及海冲蚀平原等。全市现有海岛 69 个，总面积为 13.82 平方千米，岸线总长度 106.08 千米。海岛的面积大部分较小，只有田横岛和灵山岛的面积大于 1 平方千米，其余各岛面积均在 0.6 平方千米以下。绝大多数海岛距离大陆不超过 20 千米，最远的千里岩岛，距陆地约 64 千米。

3. 土壤

按全国第二次土壤普查土地分类系统，青岛市土壤主要有棕壤、砂姜黑土、潮土、褐土、盐土等 5 个土类。

棕壤面积 49.37 万公顷，占土壤总面积的 59.8%，是全市分布最广、面积最大的土壤类型，主要分布在山地丘陵及山前平原。土壤发育程度受地形部位影响，由高到低依次分为棕壤性土、棕壤、潮棕壤等 3 个土属，棕壤性土因地形部位高、坡度大、土层薄、侵蚀重、肥力低，多为林、牧业用；棕壤和潮棕壤是青岛市主要粮食经济作物种植土壤。

砂姜黑土面积 17.69 万公顷，占土壤总面积的 21.42%。主要分布在莱西南部、平度西南部、即墨西北部、胶州北部浅平洼地上。该类土壤土层深厚，土质偏粘，表土轻壤至重壤，物理性状较差，水气热状况不够协调，速效养分低。

潮土面积 14.49 万公顷，占土壤总面积的 17.55%。主要分布在大沽河、五沽河、胶莱河下游的沿河平地。因距河道远近不同，土壤质地、土体构型差异较大。近海地带常受海盐影响形成盐化潮土，土壤肥力和利用方向差异较大。

褐土面积 6333.33 公顷，占土壤总面积的 0.77%，零星分布在平度、莱西、黄岛的石灰岩残丘中上部。

盐土面积 3666.67 公顷，占土壤总面积的 0.44%，分布在各滨海低地和滨海滩地。

4. 河流

全市共有大小河流 224 条，均为季风区雨源型，多为独立入海的山溪性小河。流域面积在 100 平方千米以上的较大河流 33 条，按照水系分为大沽河、北胶莱河以及沿海诸河流三大水系。大沽河水系包括主流及其支流，主要支流有小沽河、五沽河、流浩河和南胶莱河。大沽河是全市最大的河流，发源于招远市阜山，由北向南流入青岛，经莱西、平度、即墨、胶州和城阳，至胶州南码头村入海，干流全长 179.9 千米，流域面积 6131.3 平方千米（含南胶莱河流域 1500 平方千米），是胶东半岛最大水系，多年平均径流量为 6.61 亿立方米。北胶莱河水系包括主流北胶莱河及诸支流，在青岛境内的主要支流有泽河、龙王河、现河和白沙河，总流域面积 1914.0 平方千米。北胶莱河发源于平度市万家镇姚家村分水岭北麓，沿平度市与昌邑市边界北去，于平度市新河镇大苗家村出境流入莱州湾，干流全长 100 千米，流域面积 3978.6 平方千米，年平均径流量为 2.53 亿立方米，多年平均含沙量为 0.24 千克 / 立方米。沿海诸河系指独流入海的河流，较大者有白沙河、墨水河、王戈庄河、白马河、吉利河、周疃河、洋河等。

5. 气候

青岛地处北温带季风区域，属温带季风气候。市区由于海洋环境的直接调节，受来自洋面上的东南季风及海流、水团的影响，故又具有显著的海洋性气候特点。空气湿润，雨量充沛，温度适中，四季分明。春季气温回升缓慢，较内陆迟 1 个月；夏季湿热多雨，但无酷暑；秋季天高气爽，降水少，蒸发强；冬季风大温低，持续时间较长。据1898年以来百余年气象资料查考，市区年平均气温12.7℃，极端高气温38.9℃，极端低气温-16.9℃。全年8月份最热，平均气温25.3℃；1月份最冷，平均气温-0.5℃。日最高气温高于30℃的日数，年平均为11.4天；日最低气温低于-5℃的日数，年平均为22天。降水量年平均为662.1毫米，年降水量最多为1272.7毫米，最少仅308.2毫米，降水的年变率为62%。青岛降水量年变化呈“单峰”型，以7月份降水量最多，1月份降水量最少，全年降水量大部分集中在夏季，6～8月的降水量约占全年总降水量的58%；其次为秋季，以9月份降水量较多，约占全年总降水量的23%；春季降水量较少，约占全年总降水量的14%；冬季降水量为最少，仅占全年总降水量的5%。年平均降雪日数只有10天。年平均气压为1008.6毫巴。年平均风速为5.2米/秒，以南东风为主导风向。年平均相对湿度为73%，7月份最高，为89%；12月份最低，为68%。青岛海雾多、频，年平均浓雾51.3天、轻雾108.2天。无霜期多年平均251天，蒸发量多年平均1612毫米。

崂山复杂的地形造就了复杂多变的气候，从山谷到峰顶、山左、山右、山前、山后的形形色色的气候各具鲜明特色，其中最为突出的是太清宫“小江南”与北九水“小关东”的气候特点。太清宫三面环山，惟其南面临海。与太清宫相距仅20余千米的北九水的地形却恰恰相反，它是一条西北—东南向的河谷，河谷的喇叭口正对着西北方向。崂山属于季风气候区，半年（9～2月）吹偏北风，另半年（3～8月）吹东南风。冬半年吹寒冷的西北风时，北九水首当其冲，冷风长驱直入，而此时太清宫有巨峰为屏障，冷空气只能绕过从海上吹来，其时海水温度平均比气温高6～7℃，海洋像只巨大的空调器使太清宫免受寒风之苦。夏半年盛行东南季风，凉爽潮湿的海风从海上吹来，太清宫首先受益，而此时的北九水受海风影响甚微，天气炎热。复杂多变的气候和地理环境，使得崂山成为全市乃至全省植物资源最为丰富的地区。

6. 生物资源

青岛地区植物种类丰富繁茂，是同纬度地区植物种类最多、组成植被建群种最多的地区。有维管植物资源160科，734属，1549种（含亚种、变种和变型）。青岛地区在脊椎动物地理分布区划上属于古北界华北区黄淮平原亚区。由于受暖温带海洋季风影响，气候温暖潮湿，植被生长良好，适宜动物栖息繁衍，但大型野生兽类较少。现代青岛地区野生脊椎动物以小型动物为多见，已没有大型猛兽或大型草食兽。哺乳类动物有松鼠科、仓鼠科、鼠科、兔科、猥科等；爬行类有蜥蜴科、游蛇科、乌龟、鳖等；两栖类有蛙科、蟾蜍科、姬蛙科等。区内野生无脊椎动物种类很多，大致可归纳为森林昆虫和农业昆虫。青岛地区鸟类资源丰富，有19目58科159属355种，占全国种类的29.6%，山东省鸟类的87.4%，主要有游禽、涉禽、陆禽、猛禽、攀禽及鸣禽六大类。

青岛市木本植物概况

1. 森林植被的历史演变

距青岛市中心约 100 千米处，发掘出的恐龙化石—“青岛龙”，共七具（一具现存放北京自然博物馆），据考证距今约 7500 万年，它充分证明地史上白垩纪晚期，青岛一带水草丰茂，生物繁多，气候温暖。距青岛只有 300 公里的临朐县山旺村化石的发掘，也给青岛森林的发展历史提供了可靠依据。山旺村沉没在第三纪中新世，距今约 1200 万年，发掘的上层林木化石有枫杨、桤木、合欢、榕树、樟树、油杉等，林下有山胡椒、木姜子等灌木，藤本植物有葛藤、蛇葡萄、南蛇藤等，山坡上部还生长着现在华北地区常见的鹅耳枥、椴树、桦木、杨树、槭树、白蜡、栾树、绣线菊等。由此看来，青岛当时气候接近于亚热带气候，至第四纪(距今约 200 ～ 300 万年)，出现多次冰川反复，才大大减少了适应温暖湿润的亚热带植物成分。

即墨市北阁、黄岛区西寺、胶州市三里河及崂山的先民遗址，都证实了新石器时代，青岛地区已经开始了农业生产活动，同时带来了原始森林的破坏。随着农业的发展，居民的增加，原始森林遭受更加严重的破坏。据文献记载，公元 500 年前，青岛的农业生产已经发展到相当高的水平，原始天然森林植被即已被人工农业植被所替代。

2. 木本植物种类丰富，地理成分多样

根据中国植被区划，青岛地区属暖温带落叶阔叶林区域，暖温带落叶阔叶林地带南部落叶栎林亚地带，胶东丘陵栽培植被、赤松麻栎林区。由于地史、水热条件，人为经济活动等综合影响，组成境内的植物区系成分和植被类型都比暖温带落叶阔叶林区域其他各处丰富。在整个植物区系成分中，典型华北区系成分占主导地位，一些温带、亚热带，日本及欧、亚、美洲植物区系成分亦有分布，有的种还是它的自然分布区北界；又因青岛与海外交往历史较久，新中国成立后又有计划地开展树木引种驯化工作，国内外树种大量引进，故青岛木本植物资源丰富，地理成分多样。

青岛木本植物主要有针叶林、落叶阔叶林、竹林、灌丛等。针叶林是区域内主要森林植被之一，从低山丘陵、海滨砂地到平原“四旁”及轻度盐碱地都有分布，是分布最广、面积最大、适应性最强的植被类型之一，主要有赤松林、黑松林、落叶松林、侧柏林、油松林等。

落叶阔叶林是青岛的地带性森林，落叶阔叶树种成分较山东省内其他各区复杂，除典型的华北成分外，有东北成分的蒙古栎、辽东栎、糠椴、紫椴、色木槭、山杨、

核桃楸、榛等，也有亚热带种类，如黄檀、榔榆、野茉莉、泡花树、柘和常绿树种山茶、红楠、竹叶椒、大叶胡颓子、络石、卫矛等。竹林面积不大，多见于村落或庙宇附近，或沿沟谷分布，主要种类淡竹、毛竹、刚竹等。青岛地区灌丛类型众多，如胡枝子属、绣线菊属、榛子、迎红杜鹃、小米空木、白檀、悬钩子属、野蔷薇等，均可作为优势种在不同海拔高度形成灌丛。

3. 青岛木本植物分布现状

由于地形、海洋、土壤、水热等因子不同，使得青岛木本植物在大的区域分布上形成了一些较明显的地区性差异，大体可划分为：

（1）阴湿、高寒具有较多东北成分树种区。主要位于崂顶北、西北、东北坡（北九水、蔚竹庵、潮音瀑一带），立地特点：气温低、湿度大，降水多，土壤深厚，植被茂密，水土流失较轻，是崂山水库上源，素有崂山“小关东”之称。该区域原生优势树种赤松已被松干蚧破坏，呈零星分布，栎类有片状分布，一些东北成分及华北北部树种主要分布在这里，乔木如紫椴、糠椴、蒙椴、辽东栎、辽东桤木、辽东楤木、核桃楸、春榆、五角枫等；灌木类有黄芦木、坚桦、荚蒾属、榛子、华北绣线菊、小米空木、北五味子、多腺悬钩子、野蔷薇等，呈散生或小片状生长。该区域是日本落叶松的主要引种区，蒙古栎、红松、樟子松、辽东桤木、黄菠萝、白桦等树种也在此引种栽植，大部分生长发育正常，繁衍后代，已较好地发挥了生态、经济和社会效益。

（2）温暖向阳具有较多亚热带成分树种区。该区域主要位于崂山鲍鱼岛以东，经天门后、明霞洞至长岭，海拔 500m 以下临海山坡，地处崂山南至东南坡，三面环山、南面临海，温暖向阳，特别是太清宫一带，具有崂山“小江南”之称。一些具有亚热带亲缘和成分树种，包括部分阔叶常绿树种，主要分布于此。如红楠、山茶、乌桕、糙叶树、黄檀、梧桐、多花泡花树、羽叶泡花树、山胡椒属、玉铃花、野茉莉、四照花、黄连木、大叶胡颓子、竹叶椒、野花椒、苦糖果、络石、木通、扶芳藤等。建国后，这里作为青岛亚热带树种引种试验和气候驯化场地，先后引入了檫木、杉木、柳杉、樟树、茶、油桐、毛竹、福建柏、喜树、黄山松、蓝果树、野桐、伯乐树、湿地松、火炬树、花旗松、北美鹅掌楸等，大部分都能正常生长发育，安全越冬度夏，开花结实。

（3）一般低山丘陵区。大小珠山、大泽山、藏马山、铁橛山、艾山等及崂山外围低山丘陵，由于长期人为活动结果，水土流失严重，土壤贫瘠、岩石裸露，木本植物相对不发达。乔木树种主要有赤松、栎类、刺槐、黑松、臭椿、枫杨、毛白杨、旱柳等，灌木、藤本有胡枝子属、黄荆、荆条、鼠李属、野蔷薇、悬钩子属、紫穗槐、苦参、小花扁担杆、木防己、蓝荆子、葛枣猕猴桃、软枣猕猴桃等。

（4）平原洼地区。主要位于胶州、平度、莱西以及即墨西部等，农垦历史悠久，是青岛主要的粮食生产区。自然植被少，木本植物种类贫乏，习见种类多为当地乡土树种，如毛白杨、榆树、旱柳、国槐、楸树、杂交杨、楸树等用材和苹果、桃、梨、葡萄、樱桃、核桃、蓝莓等经济树种。

（5）滨海盐碱地。青岛沿海区域壤土盐渍化，木本植物种类稀少，大乔木尤为罕见，常见树种乔木有刺槐、旱柳、榆树、白蜡等，灌木有紫穗槐、胡枝子等。近海岸土壤含盐量高的地区，只有柽柳稀疏分布；仰口、岙山等海岸沙地有单叶蔓荆生长。

（6）海岛区。青岛近海大、小岛、岩69个（其中62个四面环海），总面积13.82平方公里。除灵山岛海拔514m外，其余都在百米以下，全部为次生植被，土壤干旱瘠薄，植被稀疏。乔木树种稀少，由于海风影响，主干低矮，多成旗形树冠。长门岩、大管岛、千里岩等，野生山茶、大叶胡颓子、红楠、扶芳藤、刺榆、小叶朴、野花椒等形成特有建群树种。灵山岛植被相对丰富，种类繁多，林木覆盖率70%以上，调查共发现木本植物资源26科58种，以灌木、藤本及小乔木为主，主要有柘树、朴树、小叶朴、牛奶子、鸡桑、槲栎、茅莓、酸枣、山葡萄、蛇葡萄、刺楸、鼠李属、辽东水蜡、菝葜、华东菝葜等，在丘陵及低山区呈片状分布。

（7）城市区域。青岛市区范围内有浮山相对自然的山体存在，基本上保持了原有的近自然植被，但同时有人为干扰，自然植物群落主要类型有黑松－紫穗槐＋胡枝子群落，黄檗－胡枝子群落，榆树－刺槐＋黑松群落等，乔木以赤松、黑松、刺槐为主要优势种，黑松、刺槐分布最广，赤松相对集中；灌木、藤本以花木蓝、紫穗槐、南蛇藤、木防己等数量最多。1984年，市区规划了10处山头公园，包括青岛山公园、北岭山公园、烟墩山公园、嘉定山公园、娄山公园等，这些公园多为城市内部自然山地，在公园建设过程中最大限度地保留了原有植被，仅对其进行小范围整修与保护，这类公园一般园林化程度较低，植物种类贫乏，乔木层大多为刺槐、黑松，并伴有少量朴树、麻栎、盐肤木、雪松等。灌木层种类也较少，主要有扁担木、崖椒、胡枝子、酸枣等。另一类为普通公园或开放式公园绿地，其园林化程度较高，植物种类相对比较丰富，以观赏价值高的栽培树种为主。特别是拥有较长历史的中山公园、动物园、植物园及八大关绿地等，集中了青岛市多数园林树木种类。

青岛市木本植物分门检索表

1. 胚珠裸生于大孢子叶上，大孢子叶从不形成密闭的子房，胚珠发育成种子；次生木质部具管胞，稀具导管，韧皮部仅有筛管……………………………………………… 一、裸子植物门 GYMNOSPERMAE
1. 胚珠藏于子房内，子房发育成果实；次生木质部常具导管及管胞，韧皮部具筛管及伴胞……………………………………………………………………………… 二、被子植物门 ANGIOSPERMAE

裸子植物门 GYMNOSPERMAE

裸子植物多为单轴分枝的乔木，稀为灌木或木质藤本；茎内维管束排成环状，具形成层，次生木质部几全部由管胞组成，稀具导管。叶多为针形、条形或鳞形，稀为扇形、披针形或退化成鞘状。花单性，雌雄同株或异株；雄蕊（小孢子叶）疏松或紧密排列，组成雄球花（小孢子叶球），具多数至 2 个（稀 1 个）花药（小孢子囊），无柄或有柄，花粉（小孢子）有气囊或无，多为风媒传粉，大多数种类雄精细胞（雄配子体）不能游动，少数种类能游动；胚珠（大孢子囊）裸生，多数至 1 枚生于发育良好或不发育的大孢子叶（即珠鳞、套被、珠托或珠座）上，大孢子叶从不形成密闭的子房，无柱头，成组成束着生，不形成雌球花，或多数至少数生于花轴上形成雌球花（大孢子叶球），或大孢子叶生于花轴顶端，其上着生 1 枚胚珠。胚珠直立或倒生，裸露，没有果实，只有种子，所以称为裸子植物。胚具两枚或多枚子叶，胚乳丰富。

裸子植物是较古老的类群。现代裸子植物的种类有 12 科 71 属近 800 种。我国裸子植物种类丰富，有 11 科，42 属，236 种，47 变种，其中引种栽培 1 科，7 属，51 种，2 变种。青岛有 7 科，24 属，63 种，8 变种。

分科检索表

1. 叶片扇形，具叉状分枝的细脉；落叶乔木，雌雄异株，种子有长梗，成熟后呈核果状……………………………………………………………………………………1.银杏科Ginkgoaceae
1. 叶片各种形状，不为扇形，也无叉状分枝的细脉。
  2. 胚珠1至多枚生于雌球花的珠鳞腹面，珠鳞多数生于苞鳞腋间；球果成熟后木质化，由种鳞和苞鳞组成（稀珠鳞退化而球果仅由苞鳞组成），成熟后可开裂，稀愈合而整个球果呈浆果状。
    3. 球果的种鳞与苞鳞分离或仅基部合生，每个种鳞有种子2枚，种鳞和苞鳞螺旋状着生；叶条形或针形、四棱形，螺旋状着生，或针形者以2、3、5针为一束生于螺旋状着生的鳞片状初生叶腋部不发育短枝上 ………………………………………………………… 2.松科Pinaceae
    3. 球果的种鳞和苞鳞合生，或仅先端部分分离，稀珠鳞退化而不发育，每个种鳞具1至多枚种子；叶鳞状、锥形、条形或披针形。

4. 叶与种鳞均为螺旋状互生；每种鳞有2～9粒种子，种子两侧聚窄翅，稀无翅而有锐棱脊；叶条形、条状披针形、钻形或鳞形 ························ 3.杉科Taxodiaceae

4. 叶与种鳞均为对生或轮生。

5. 落叶性；叶条形而柔软，交互对生 ················3.杉科Taxodiaceae（水杉属*Metasequoia*）

5. 常绿性；叶鳞形或刺形，交互对生或轮生 ······························ 4.柏科Cupressaceae

2. 胚珠1～2枚（稀多枚）生于苞腋间，但每个球果上通常只有1枚胚珠发育；种子呈核果状或坚果状。

6. 雄蕊各具2个花药；花粉粒常有气囊；胚珠倒生或半倒生··············· 5.罗汉松科Podocarpaceae

6. 雄蕊各具3～9个花药；花粉粒无气囊；胚珠通常直立。

7. 雌球花显著有柄；具多数交互对生的苞片，每苞片有2胚珠；小孢子叶球聚生呈头状或穗状；种子完全为肉质假种皮所包被呈核果状 ························ 6.三尖杉科Cephalotaxaceae

7. 雌球花无柄或近无柄，稀有柄；仅具1胚珠单生；小孢子叶球单生叶腋；种子1枚，肉质假种皮杯状、瓶状或全包种子 ·· 7.红豆杉科Taxaceae

一、银杏科 GINKGOACEAE

落叶乔木，树干高大，分枝繁茂，有明显的长枝和短枝。单叶，扇形，有长柄，具多数叉状并列细脉，在长枝上螺旋状排列散生，在短枝上成簇生状。雌雄异株；雄球花成葇荑花序状；雄蕊多数，具短梗，螺旋状着生，排列较疏，花药 2，花丝短，精子有纤毛，能游动；雌球花具长梗，梗端常分 2 叉，叉顶各生 1 枚直立胚珠。种子核果状，有长柄，下垂，外种皮肉质，中种皮骨质，内种皮膜质，胚乳丰富；子叶 2，发芽时不出土。

仅存 1 属 1 种，为中生代孑遗植物，称活化石，我国特产。青岛地区广泛栽培。

（一）银杏属 Ginkgo L.

特征同科。

1. 银杏　白果　公孙树（图 1）

Ginkgo biloba L.

落叶乔木；高可达 30 ～ 40 米，胸径可达 4 米；树皮幼时浅纵裂，老则深纵裂，粗糙；幼年及壮年树冠圆锥形，老则广卵形；枝近轮生，斜上伸展，通常雌株大枝较雄株开展；一年生长枝淡褐黄色，二年生以上变为灰色，并有细纵裂纹；短枝密被叶痕，黑灰色。叶扇形，有长柄，顶端宽 5 ～ 8 厘米，在短枝上常具波状缺刻，在长枝上常 2 裂，基部

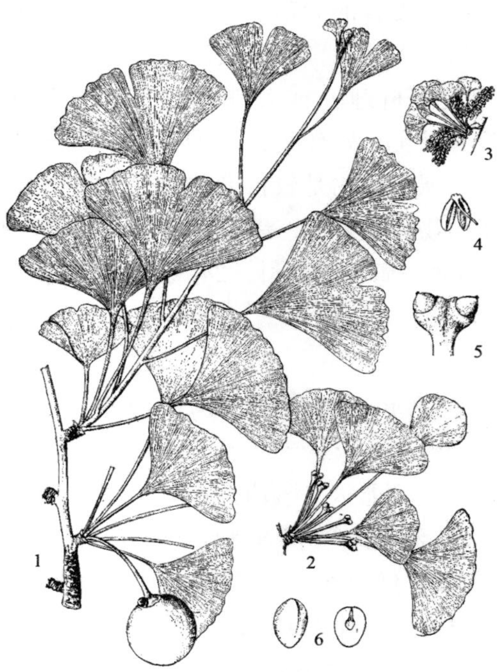

图 1　银杏

1. 长短枝及种子；2. 雌球花枝；3. 雄球花枝；4. 雄蕊；5. 雌球花上端；6. 去外种皮的种子及纵切

宽楔形，幼树及萌生枝上的叶常较大且深裂；叶片在一年生长枝上螺旋状散生，在短枝上 3 ~ 8 叶呈簇生状，秋季落叶前变为黄色。雌雄异株，雌、雄球花均簇生于短枝顶端的鳞片状叶腋内；雄球花柔荑花序状，下垂，雄蕊具短柄，花药 2，长椭圆形；雌球花 6 ~ 7 簇生，具长柄，顶端 2 叉，各生胚珠 1 枚。种子具长柄，下垂，常为椭圆形、长倒卵形、卵圆形或近圆球形，长 2.5 ~ 3.5 厘米，径 2 厘米；肉质外种皮成熟时，黄色或橙黄色，外被白粉，有臭叶；中种皮白色，骨质，具 2 ~ 3 条纵脊；内种皮膜质，淡红褐色;胚乳丰富，味甘略苦。子叶 2 枚，不出土。花期 4 ~ 5 月，种子 9 ~ 10 月成熟。

喜光树种，深根性，对气候、土壤的适应性较广泛。全市广泛栽培应用，历史悠久，形成了莒县路银杏、八大关银杏等著名景点；道观、庙宇、博物馆及公园等保留了众多古树，其中树龄达到 500 年以上的古树有 115 株，千年以上的古银杏树 17 株。全国各地有引种栽培，据资料记载浙江天目山尚有野生状态的树木。

树形优美，叶形、秋季叶色颇为美观，为观赏绿化树种，常作庭院树、行道树。木材优良，可供建筑、雕刻及制作家具、绘图板等用。种子名白果，可食用（不宜多食）;亦可入药，有温肺益气、镇咳祛痰的功效。叶可作药用和制杀虫剂，亦可作肥料。

栽培变种有 1 种。

（1）垂枝银杏（栽培变种）

'Pendula'

枝条下垂，树冠较大。

太清宫有栽培。

二、松科 PINACEAE

常绿或落叶乔木，稀为灌木状；有树脂；有长枝与短枝之分。叶条形或针形，基部不下延生长；条形叶扁平，稀呈四棱形，在长枝上螺旋状散生，在短枝上呈簇生状；针形叶 2 ~ 5 针（稀 1 针或多至 8 针）成一束，着生于极度退化的短枝顶端，基部有膜质叶鞘。花单性，雌雄同株；雄球花腋生或单生枝顶，卵圆形或圆柱状，雄蕊多数，螺旋状着生，每雄蕊具 2 花药，花粉有气囊或无；雌球花由多数螺旋状着生的珠鳞与苞鳞组成，花期时珠鳞小于苞鳞，珠鳞上面有 2 枚倒生胚珠，苞鳞与珠鳞离生（仅基部合生），花后珠鳞增大发育成种鳞。球果直立或下垂，当年或次年稀第三年成熟，熟时种鳞张开，稀不张开，木质或革质，宿存或熟后脱落；每种鳞有种子 2 枚，种子有膜质翅或无翅；子叶 2 ~ 16，出土或不出土。

含 10 属，约 230 余种，多产于北半球。我国有 10 属 113 种 29 变种（其中引种栽培 24 种 2 变种），分布遍于全国，绝大多数都是森林树种及用材树种。青岛有 6 属，34 种，2 变种。

分属检索表

1. 叶条形或针形，条形扁平或有棱，均不成束，螺旋状着生在长枝上，或簇生于短枝上。

  2. 叶条形扁平或有四棱，质硬，只有长枝；球果当年成熟。

3. 叶条形扁平，脱落后枝上留有圆形微凹的叶痕；球果常直立，成熟后种鳞自中轴脱落……… 1. 冷杉属 Abies

3. 叶条形有四棱，脱落后留有明显突起的叶枕；球果常下垂，成熟后种鳞宿存……… 2. 云杉属 Picea

2. 叶条形扁平，柔软，或针形，但不成束，质硬；有长、短枝；球果当年或翌年成熟。

4. 叶条形扁平，柔软，脱落性；球果当年成熟。

5. 雄球花单生短枝顶端；种鳞革质，不脱落……………………………………… 3. 落叶松属 Larix

5. 雄球花数枚簇生短枝顶端；种鳞木质，脱落……………………………… 4. 金钱松属 Pseudolarix

4. 叶针形不成束，质硬，常绿性；球果翌年成熟，成熟后种鳞脱落…………… 5. 雪松属 Cedrus

1. 叶针形，通常 2、3、5 针一束，稀 7 ~ 8 针一束，着生于极度退化的短枝上，基部有膜质叶鞘，常绿性；球果翌年成熟，种鳞木质，背面上方有鳞盾、鳞脐……………………………… 6. 松属 Pinus

（一）冷杉属 **Abies** Mill.

常绿乔木。枝条轮生，小枝对生，稀轮生，基部有宿存的芽鳞，叶脱落后枝上留有圆形或近圆形的吸盘状叶痕，叶枕不明显，彼此之间常具浅槽；冬芽近圆球形、卵圆形或圆锥形，常具树脂，芽鳞多数。叶条形，扁平，直或弯曲，螺旋状着生，辐射伸展或基部扭转成 2 列，或枝条下面的叶排成 2 列、上面的叶斜展、直伸或向后反曲；先端凸尖或钝，或有凹缺或二裂，微具短柄，柄端微膨大；上面中脉凹下，有气孔线或无，下面中脉隆起，两侧各有 1 条气孔带；树脂道 2 ~ 4，中生或边生。雌雄同株，球花单生于去年枝上的叶腋；雄球花幼时长椭圆形或矩圆形，后成穗状圆柱形，下垂，有柄，雄蕊多数，螺旋状着生，花药 2，花粉有气囊；雌球花直立，短圆柱形，有柄或无，具多数螺旋状着生的珠鳞和苞鳞，苞鳞大于珠鳞，珠鳞基部有胚珠 2 枚。球果当年成熟，卵状圆柱形至短圆柱形，有短柄或无；种鳞木质，与种子同时脱落；种子卵形或长圆形，上部具宽大膜质翅。子叶 3 ~ 12（多为 4 ~ 8），出土。

约 50 种，分布于北半球高山地区。我国有 19 种 3 变种，分布于东北、华北、西北、西南及浙江、台湾各省区的高山地带。青岛引种栽培 2 种。

分种检索表

1. 叶先端钝或微凹或2叉分裂；球果苞鳞先端露出或仅先端三角状尖头露出 …… 1.日本冷杉A. firma

1. 叶先端急尖或渐尖；球果苞鳞不露出，苞鳞长不及种鳞一半……………………… 2.杉松A. holophylla

1. 日本冷杉（图 2）

Abies firma Sieb. et Zucc.

常绿乔木；在原产地高达 50 米，胸径达 2 米。树皮暗灰色或暗灰黑色，粗糙，成鳞片状开裂；大枝通常平展，树冠塔形；小枝淡灰黄色，凹槽密生细毛或无毛；冬芽卵圆形，有少量树脂。叶条形，直或微弯，长 1.5 ~ 3.5 厘米，稀 5 厘米，宽 3 ~ 4 毫米，先端钝而微凹（幼树之叶在枝上列成两列，先端二裂），下面有 2 条灰白色气孔带；树脂道通常 4，2 中生，2 边生。球果圆柱形或圆柱状卵形，长 10 ~ 15 厘米，成熟前绿色，熟时黄褐色或灰褐色；中部种鳞扇状四方形，长 1.2 ~ 2.2 厘米；苞鳞外露，通常长于种鳞，成熟时种鳞脱落；种子具有楔状长方形种翅。子叶 3 ~ 5(多为 4)。花期 4 ~ 5 月，球果 10 月成熟。

原产日本。1914 ~ 1921 年由日本引入青岛栽培，中山公园和太清宫现有大树，高达 13 米，市内、城阳区、即墨市的居民小区（社区）、单位庭院及青岛大学亦有栽培。国内辽宁、江苏、浙江、江西及台湾等地有引种栽培，为公园、庭院绿化树种。喜凉爽、湿润气候，耐阴，生长速度中等。

木材优良，可供家具、建筑等用。

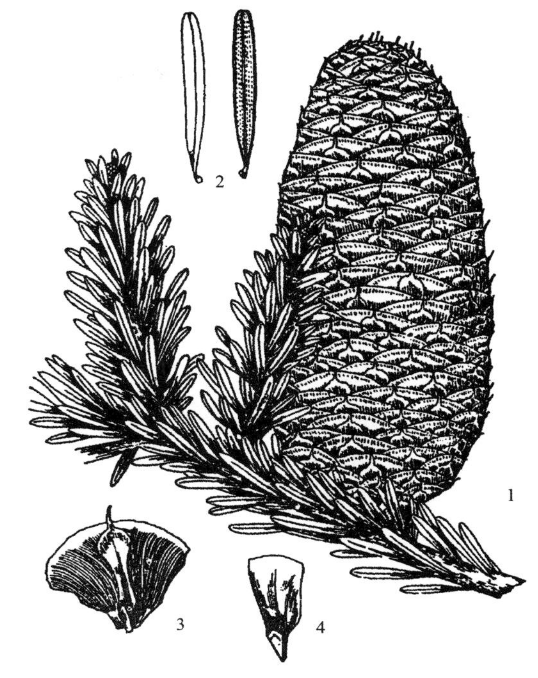

图 2　日本冷杉

1. 球果枝；2. 叶的上下面；3. 种鳞背面及苞鳞；4. 种子

2. 杉松　辽东冷杉（图 3）

Abies holophylla Maxim.

常绿乔木；高可达 30 米，胸径达 1 米。幼树树皮淡褐色、不开裂，老则浅纵裂成条片状，枝条平展；一年生枝淡黄灰色或淡黄褐色，无毛，有光泽；冬芽卵圆形，有树脂。叶条形，直伸或成弯镰状，长 2 ~ 4 厘米，宽 1.5 ~ 2.5 毫米，先端急尖或渐尖，上面深绿色，有光泽，下面沿中脉两侧各有 1 条白色气孔带；叶在枝上螺旋状着生，常成 2 列；树脂道 2，中生。球果圆柱形，长 6 ~ 14 厘米，径 3.5 ~ 4 厘米，近无柄，熟时淡黄褐色或淡褐色；种鳞近扇状四边形或倒三角状扇形；苞鳞短，不外露，长不及种鳞的一半，楔状倒卵形或倒卵形，上部微圆，先端有急尖的刺状尖头；种子倒三角状，长 8 ~ 9 毫米，种翅宽大，淡褐色，较种子为长，长方状楔形；子叶 5 ~ 6。花期 4 ~ 5 月，球果 10 月成熟。

崂山太清宫，中山公园有引种栽培。

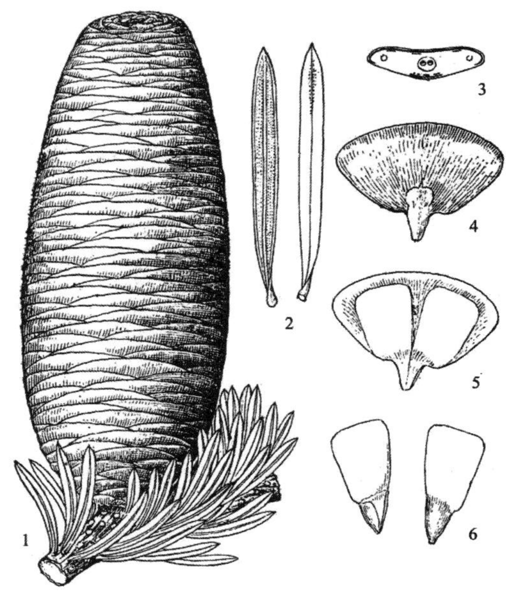

图 3　杉松

1. 球果枝；2. 叶的上下面；3. 叶的横切面；4. 种鳞背面及苞鳞；5. 种鳞腹面；6. 种子

国内分布于东北牡丹江流域山区、长白山区及辽河东部山区。适应性强，耐阴，耐寒。不耐盐碱，怕涝。

杉松为国产冷杉属中木材优良的树种，木材黄白色，材质轻软，纹理直，耐腐力较强，可供建筑、木纤维工业原料及制作电杆、枕木、板材、箱板、器具、家具等用。树皮可提烤胶。种子含油 30%，可供工业用。

（二）云杉属 **Picea** Dietr.

常绿乔木。枝条轮生；小枝上有显著的叶枕，叶枕下延彼此间形成凹槽，顶端凸起成木钉状，叶生于叶枕之上，脱落后枝条粗糙；冬芽卵圆形、圆锥形或近球形，芽鳞覆瓦状排列，顶端芽鳞向外反曲或不反曲，小枝基部芽鳞宿存。叶条形，螺旋状着生，无柄；横切面常四菱形，四面的气孔线条数相等或近于相等，稀下面无气孔线；树脂道 2，边生，常不连续，稀无树脂道。雌雄同株；雄球花椭圆形或圆柱形，单生叶腋，稀单生枝顶，黄色或深红色，雄蕊多数，螺旋状着生，花药 2，花粉粒有气囊；雌球花单生枝顶，红紫色或绿色，珠鳞多数，螺旋状着生，每珠鳞腹（上）面基部生胚珠 2，背（下）面托有极小的苞鳞。球果下垂；卵状圆柱形或圆柱形，稀卵圆形，当年秋季成熟；种鳞木质较薄，或近革质，宿存，腹（上）面生 2 粒种子；苞鳞短小，不露出；种子倒卵圆形或卵圆形，上部有膜质长翅，种翅常成倒卵形，有光泽；子叶 4 ～ 9，出土。

约 40 种，分布于北半球。我国有 16 种 9 变种，另引种栽培 3 种，分布于东北、华北、西北、西南及台湾等省区的高山地带。青岛引种栽培 7 种。

分种检索表

1. 一年生枝有或多或少的毛，稀无毛，颜色通常较深，常呈褐色、褐黄色、粉红色或红褐色，常被白粉；冬芽圆锥形或圆锥状卵圆形；小枝基部宿存芽鳞或多或少向外反曲。
  2. 叶先端尖或锐尖，或有急尖的尖头；球果种鳞未成熟前绿色或红色或紫红色。
    3. 芽鳞的先端向外反曲；小枝不下垂。
      4. 小枝细，一年生枝黄褐色或淡橘红褐色；叶绿色，较细，长1.2 ~ 2.2厘米，宽约1.5厘米 …………………………………………………… 1.红皮云杉P. koraiensis
      4. 小枝粗壮，苍白色，后渐变橘棕色；叶显著粉绿色，粗壮，长0.9 ~ 3.2厘米 …………………………………………………… 2.蓝粉云杉P. pungens
    3. 冬芽的芽鳞显著反卷；一年生枝红褐色或橘红色，小枝常下垂 …………… 3.欧洲云杉P. abies
  2. 叶先端微钝或钝。
      5. 球果成熟前绿色；二年生枝黄褐色或褐色，无白粉 ………………………… 4.白杆P. meyeri
      5. 球果成熟前种鳞上部边缘红色，背部绿色；二年生枝淡粉红色，被明显或微明显的白粉，稀呈黄色，不被白粉 ……………………………………………… 5.青海云杉P. crassifolia
1. 一年生枝无毛（仅青扦一年生枝偶而有疏生短毛），颜色较浅，常呈淡灰色至淡褐黄色，无白粉；冬芽卵圆形、卵状圆锥；小枝基部宿存的芽鳞排列紧密，不反曲。

6. 冬芽较小，长不到5毫米，径2～3毫米，无光泽；小枝细，一年生枝径粗2～3毫米；叶长0.8～1.8厘米，宽约1毫米，横切面四方形或扁菱形；球果长5～8厘米，径2.5～4厘米；种鳞倒卵形 ……………………………………………………………………………………………………6.青杄P. wilsonii

6. 冬芽大，长5～10毫米，径3～6毫米，有光泽；小枝粗壮，一年生枝径粗3～5毫米；叶粗硬，长1.5～2厘米，棱脊明显；球果长8～10厘米，径宽3～4厘米；种鳞近圆形 ……7.日本云杉P. polita

1. 红皮云杉 沙树（图4）

Picea koraiensis Nakai

常绿乔木；高可达30米；树皮灰褐色或淡红褐色，裂成不规则薄条片脱落，裂缝常红褐色；大枝斜伸至平展，树冠尖塔形，一年生枝黄色、淡黄褐色或淡红褐色，无白粉，无毛或几无毛；冬芽圆锥形，淡褐黄色或淡红褐色，微有树脂，上部芽鳞常向外展，稍反曲，小枝基部种鳞宿存，先端向外反曲，明显或微明显。叶四棱状条形，长1.2～2.2厘米，宽约1.5毫米，先端急尖，横切面四棱形，四面有气孔线，上面每边5～8条，下面每边3～5条；主枝之叶近辐射排列，侧生小枝上面之叶直上伸展，下面及两侧之叶从两侧向上弯伸。球果卵状圆柱形或长卵状圆柱形，成熟时绿黄褐色至褐色，长5～8厘米，径2.5～3.5厘米；中部种鳞倒卵形或三角状倒卵形，先端圆或钝三角形，基部宽楔形，鳞背微有光泽，平滑；苞鳞条状，先端钝或微尖；种子灰黑褐色，倒卵圆形，种翅淡褐色，先端圆；子叶6～9（常7～8）。花期5～6月，球果9～10月成熟。

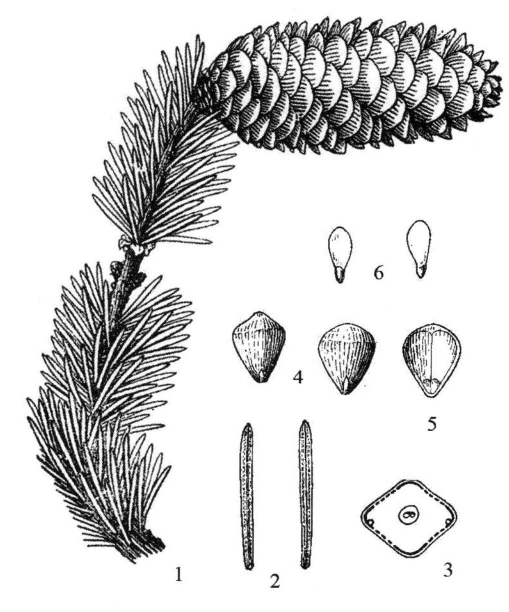

图4 红皮云杉

1. 球果枝；2. 叶；3. 叶横切面；4. 种鳞背面及苞鳞；5. 种鳞腹面；6. 种子

胶州、即墨有栽培。国内分布于东北大、小兴安岭、吉林、辽宁、内蒙古等地，朝鲜北部及俄罗斯远东地区也有分布。

材质较轻软，结构细，可供建筑、木纤维工业原料、细木加工及造船、家具等用。树皮及球果可提栲胶。

2. 蓝粉云杉

Picea pungens Engelm.

常绿乔木。在原产地高可达25米以上，胸围达3米；老树树皮鳞片褐色到灰色，粗厚，有较深的沟槽，幼枝粗壮，外部有毛，开始苍白色，随年龄增加而变成橘棕色；芽卵圆形或宽圆锥形，长6～9毫米，芽鳞顶端反曲，背面上端有脊。叶在新枝上四周展开，但在枝上面较下面的多向前伸展，粗壮，坚硬，向内微弯曲，先端尖，长0.9～3.2厘米，

图 5　欧洲云杉
1. 枝叶；2.小枝一段；3. 芽；4. 小枝及叶放大；5. 叶横切面；6. 种子

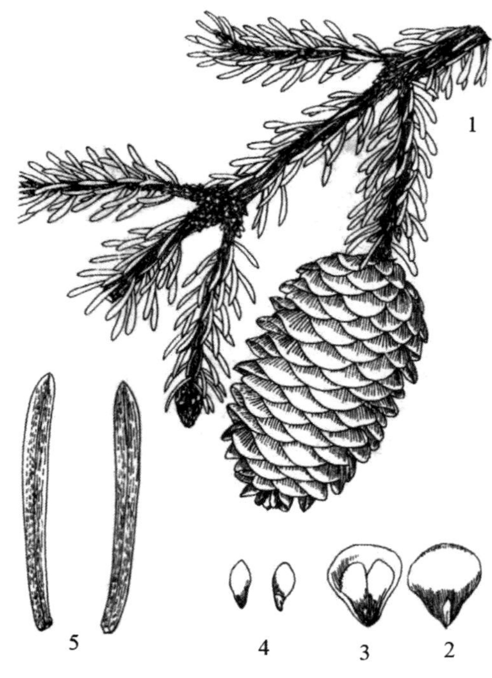

图 6　白杄
1. 球果枝；2. 种鳞背面及苞鳞；3. 种鳞腹面；4. 种子；5. 叶

叶色深绿色或淡灰色，四面均有 6 条气孔线。球果圆筒形，稀两端狭，长 5 ~ 10 厘米，成熟前绿色或带红色，成熟后淡棕褐色；种鳞长宽相等，坚硬或柔韧，向前较窄，顶端有齿；苞鳞短小，渐尖；种子 2.5 毫米，长为种翅的 1/2。

原产北美。即墨有引种栽培。2000 年以来陆续引入我国栽培，目前多在苗圃培育。

树冠尖塔形，树姿优美，色彩蓝色或蓝绿色，优良的观赏树种。木材淡黄色至黄褐色，有节，材质结构松软，纹理直而粗糙，加工后可作建筑、家具等材料。

3. 欧洲云杉（图 5）

Picea abies (L.) Karst.

Pinus abiea L.

常绿乔木；在原产地高达 60 米，胸径达 4 ~ 6 米；幼树树皮薄，老树树皮厚，裂成小块薄片。大枝斜展，小枝常下垂，淡红褐色或橘红色，无毛或有疏毛。冬芽圆锥形，先端尖，芽鳞淡红褐色，上部芽鳞反卷，基部芽鳞先端长尖，有纵脊，具短柔毛。叶四棱状条形，直或弯曲，长 1.2 ~ 2.5 厘米，横切面斜方形，四边有气孔线。球果圆柱形，长 10 ~ 15 厘米，成熟时褐色；种鳞较薄，斜方状倒卵形或斜方状卵形，先端截形或有凹缺，边缘具细齿；种子长约 4 毫米，种翅长约 16 毫米。

原产欧洲北部及中部。崂山太清宫、中山公园有引种栽培，生长良好。国内庐山、北京等地也有引种。

4. 白扦　钝叶杉（图 6）

Picea meyeri Rehd. et Wils.

常绿乔木；高可达 30 米；树皮灰褐色，裂成不规则薄块片脱落；大枝近平展，树冠塔形；小枝有密生或疏生短毛或无毛，一年生枝黄褐色，二、三年生枝淡黄褐色、淡褐色或褐色；冬芽圆锥形，褐色，微有树脂，光滑无毛，基部芽鳞有背脊，上部芽鳞先端常微向外反曲，小枝基部宿存芽鳞先端微反卷或开展。叶四棱状条形，微弯曲，长 1.3 ~ 3 厘米，先端钝尖或微钝，横切面四棱形，四面有白色气孔线；主枝之叶常辐射伸展，侧枝上面之叶伸展，两侧及下面之叶向上弯伸。雌雄同株，雄球花单生叶腋，下垂。球果长圆柱形，长 6 ~ 9 厘米，径 2.5 ~ 3.5 厘米，熟时褐黄色；种鳞倒卵形，先端圆或钝三角形，下部宽楔形或微圆，鳞背露出部分有条纹；种子倒卵圆形，种翅淡褐色，倒宽披针形，连种翅长约 1.3 厘米。花期 4 ~ 5 月，球果 9 ~ 10 月成熟。

崂山太清宫、青岛农业大学及崂山区有栽培。我国特有树种，分布于山西、河北、内蒙古等省区。

材质较轻软，纹理直，结构细，可供建筑、电杆、桥梁、家具及木纤维工业原料等用。北方大城市常作庭园绿化树栽培。

5. 青海云杉（图 7）

Picea crassifolia Komarov

常绿乔木。高可达 23 米，胸径 30 ~ 60 厘米；一年生嫩枝淡绿黄色，具短毛，或几无毛至无毛，干后或二年生小枝呈粉红色或淡褐黄色，稀呈黄色，通常有明显或微明显的白粉（尤以叶枕顶端的白粉显著），或无白粉，老枝呈淡褐色、褐色或灰褐色；冬芽圆锥形，常无树脂，基部芽鳞有隆起纵脊，小枝基部宿存芽鳞的先端常开展或反曲。叶较粗，四棱状条形，近辐射伸展，或小枝上面之叶直上伸展，下面及两侧之叶向上弯伸，弯曲或直，长 1.2 ~ 3.5 厘米，宽 2 ~ 3 毫米，先端钝，或具钝尖头，横切面四棱形，稀两侧扁，四面有气孔线，上面每边 5 ~ 7 条，下面每边 4 ~ 6 条。球果圆柱形或矩圆状圆柱形，长 7 ~ 11 厘米，径 2 ~ 3.5 厘米，成熟前种鳞背部露出部分绿色，上部边缘紫红色；中部种鳞倒卵形，长约 1.8 厘米，宽约 1.5 厘米，先端圆，边缘全缘或微成波状，微向内曲，基部宽楔形；苞鳞短小，三角状匙形，长约 4 毫米；种子斜倒卵圆形，长约 3.5 毫米，连翅长约 1.3 厘米，种翅倒卵状，淡褐色，先端圆。花期 4 ~ 5 月，球果 9 ~ 10 月成熟。

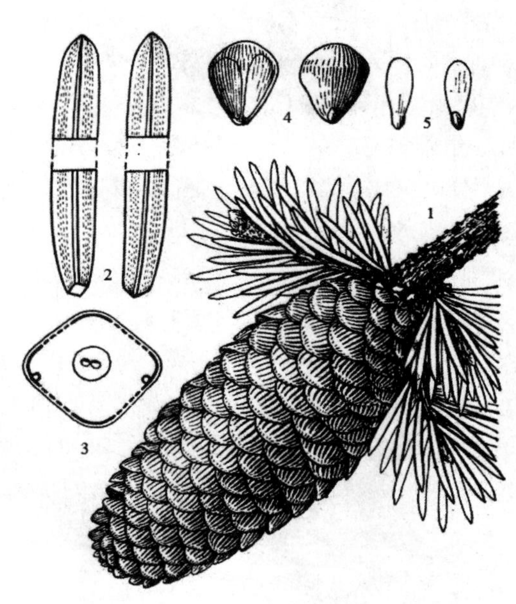

图 7　青海云杉

1. 球果枝；2. 叶；3. 叶横切面；
4. 种鳞腹面（左）及背面（右）；5. 种子

青岛世园会园区有栽培。我国特有树种，分布于青海、甘肃、宁夏、内蒙古等省区。

木材性质与云杉相似，可供建筑、桥梁、舟车、家具、器具及木纤维工业原料等用材。

6. 青扦　细叶松　方叶杉（图 8）

Picea wilsonii Mast.

常绿乔木；高可达 50 米，胸径可达 1.3 米。树皮灰色或暗灰色，裂成不规则鳞状

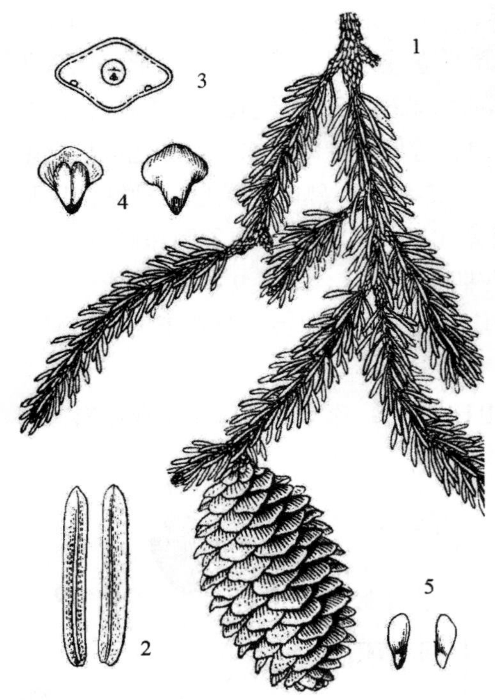

图 8　青杆

1. 球果枝；2. 叶；3. 叶横切面；4. 种鳞背面（右）及腹面（左）；5. 种子

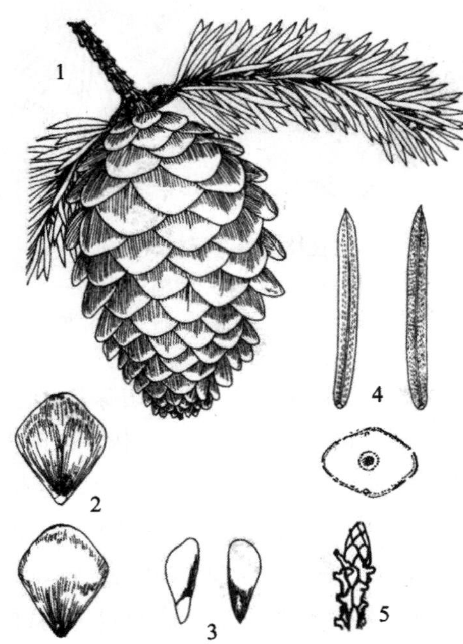

图 9　日本云杉

1. 球果枝；2. 种鳞腹面（上）及背面（下）；3. 种子；4. 叶及横切面；5. 芽

块片脱落；枝条近平展，树冠塔形；一年生枝淡黄绿色或淡黄灰色，无毛；冬芽卵圆形，长不到 5 毫米，芽鳞排列紧密，光滑无毛，小枝基部宿存芽鳞先端紧贴小枝。叶四棱状条形，直或微弯，长 0.8 ~ 1.8 厘米，先端尖，横切面四棱形或扁菱形，四面各有气孔线 4 ~ 6 条，微具白粉，排列较密；球果卵状圆柱形或圆柱状长卵圆形，长 5 ~ 8 厘米，径 2.5 ~ 4 厘米，熟时黄褐色或淡褐色；中部种鳞倒卵形，长 1.4 ~ 1.7 厘米，先端圆或有急尖头，或呈钝三角形，或具突起截形之尖头，基部宽楔形，鳞背露出部分无明显槽纹；苞鳞匙状长圆形，先端钝圆，长约 4 毫米；种子倒卵圆形，连翅长 1.2 ~ 1.5 厘米；子叶 6 ~ 9，条状钻形。花期 4 月，球果 10 月成熟。

中山公园、动物园、青岛农业大学及即墨马山有栽培。我国特有树种，分布于内蒙古、河北、山西、陕西、甘肃及青海等省区。

用途同白扦。

7. 日本云杉（图 9）

Picea torano (Sieb. et Koch.) Koch.

Abies torano Sieb. et Koch.; *Picea polita* (Sieb. et Zucc.) Carr. ; *Abies polita* Sieb. et Zucc.

常绿乔木；在原产地高达 40 米。树皮粗糙，淡灰色，浅裂成不规则小块片；大枝平展，树冠尖塔形；小枝粗壮，一年生枝径 3 ~ 5 毫米,淡黄色或淡褐黄色，无毛。冬芽长卵状或卵状圆锥形,深褐色，先端钝尖，长 6 ~ 10 毫米；芽鳞排列紧密,不反卷,小枝基部宿存芽鳞排列紧密,多年不脱落,淡黑色。叶四棱状条，微扁，粗硬，常弯曲，棱脊明显，四面有气孔线，深绿色，长 1.5 ~ 2 厘米，先端锐尖；形辐射伸展，或小枝上面之叶直伸，两侧及下面之叶弯伸。球果长卵圆形、卵圆形或柱状椭圆形，无梗，熟时淡红褐色，长 7.5 ～ 12.5 厘米，径约 3.5 厘米；种鳞近圆形或倒卵圆形，上端圆，有微缺齿；苞鳞短小；种子有翅，连同种翅长约 2 厘米。

原产日本。青岛自 1898 年开始引种栽培，生长状况一般，目前崂山太清宫、中山公园及城阳区、崂山区有栽培。

（三）落叶松属 **Larix** Mill.

落叶乔木；有长枝、短枝二型枝条；冬芽小，近球形，芽鳞排列紧密，先端钝。叶倒披针状窄条形，扁平，柔软，在长枝上螺旋状散生，在短枝上呈簇生状；叶内有树脂道 2，常边生。球花单性，雌雄同株，雌、雄球花均单生于短枝顶端，春季与叶同时开放，基部具膜质苞片；雄球花具多数螺旋状着生的雄蕊，花药 2，花粉无气囊；雌球花直立，珠鳞形小，螺旋状着生，腹面基部着生 2 倒生胚珠，向后弯曲，背面托有大而显著的膜质苞鳞，受精后珠鳞迅速长大而苞鳞不长大或略为增大。球果直立，具短柄，当年成熟，幼嫩球果常紫红色或淡红紫色，成熟前绿色或红褐色，熟时种鳞张开；种鳞革质，宿存，上面有种子 2；苞鳞短小不露出，或苞鳞较种鳞为长，显著露出，露出部分直伸或向后弯曲或反折，背部常有明显中肋，中肋常延长成尖头；种子上部有膜质长翅；子叶常 6 ～ 8，发芽时出土。

约 18 种，分布于北半球的亚洲、欧洲及北美洲的温带高山与寒温带、寒带地区。我国 10 种 2 变种，引入栽培 2 种。青岛栽培 4 种，1 变种。

分种检索表

1. 球果种鳞的上部边缘不向外反曲或微反曲；一年生长枝无白粉。
    2. 球果中部种鳞长大于宽，呈三角状卵形、五角状卵形或卵形 ················ 1.落叶松L. gmelinii
    2. 球果中部种鳞长宽近相等，近圆形、方圆形或四方状广卵形。
        3. 一年生枝淡黄色或淡灰黄色，无毛；球果常具种鳞40～50枚，中部种鳞近圆形，苞鳞先端的尖头微露出 ··2.欧洲落叶松L. decidua
        3. 一年生长枝淡红褐色或淡褐色，有毛；球果具种鳞16～40枚，中部种鳞四方状广卵形或方圆形，苞鳞先端的尖头不露出 ··· 3.黄花落叶松L. olgensis
1. 球果种鳞的上部边缘显著地向外反曲，种鳞卵状矩圆形或卵方形，背面有褐色细小疣状突起和短粗毛；一年生长枝淡黄色或淡红褐色，有白粉 ··4.日本落叶松L. kaempferi

1. 落叶松 *兴安落叶松*（图 10）

Larix gmelinii (Rupr.) Kuzen.

Abies gmelini Rupr.

落叶乔木；高达 35 米，胸径 60 ～ 90 厘米。幼树树皮深褐色，裂成鳞片状块片，老树树皮灰色、灰暗色或灰褐色，纵裂成鳞片状剥离，剥落后内皮呈紫红色；枝斜展或近平展，树冠卵状圆锥形；一年生长枝较细，淡黄褐色或淡褐黄色，直径约 1 毫米，基部常有长毛；短枝顶端叶枕间有黄白色长柔毛；冬芽近圆球形，基部芽鳞先端

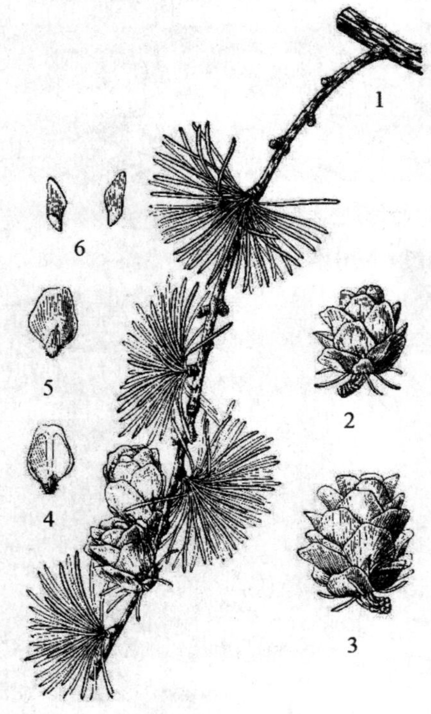

图 10 落叶松

1. 球果枝；2～3. 球果；4. 种鳞腹面；5. 种鳞背面及苞鳞；6. 种子

图 11 欧洲落叶松

1. 球果枝；2. 雌球花；3. 雌球花纵切面；4. 珠鳞腹面；5～6. 雄蕊

具长尖头。叶倒披针状条形，长 1.5 ～ 3 厘米，先端尖或钝尖，上面中脉不隆起，背面有气孔线。球果长圆状卵形或椭圆形，长 1.2 ～ 3 厘米，径 1 ～ 2 厘米，幼时紫红色，成熟时黄褐色、褐色或紫褐色；种鳞五角状卵形，14 ～ 30 枚，上端种鳞开张，鳞背无毛，有光泽；苞鳞较短，长为种鳞的 1/3 ～ 1/2，先端具中肋延长的急尖头；种子斜卵圆形，灰白色，连翅长约 1 厘米；子叶 4 ～ 7。花期 5 ～ 6 月，球果 9 月成熟。

崂山北九水前泥洼栽培。国内分布于东北地区大、小兴安岭一带。

木材纹理直，结构细密，耐久用，可供房屋建筑、土木工程、电杆、车船及木纤维工业等用材。树皮可提栲胶。

（1）华北落叶松（变种）

var. **principis-rupprechtii** (Mayr) Pilger

L. principis-rupprechtii Mayr

本变种一年生长枝粗壮，直径 1.5 ~ 2.5 毫米；短枝直径 3 ～ 4 毫米。球果成熟时上端种鳞微张开或不张开，有种鳞 26 ～ 45 枚。

崂山滑溜口、张坡、凉清河、蔚竹庵、明霞洞、崂顶栽培。国内主要分布河北和山西等省，为华北地区高山针叶林的主要树种。

2. 欧洲落叶松（图 11）

Larix decidua Mill.

落叶乔木。在原产地高达 35 米；树冠呈不规则塔形；树皮暗灰褐色，裂成不规则块片脱落；小枝平展，一年生枝较细，无毛，淡黄色或淡灰黄色，短枝顶端叶枕间有密生黄色柔毛。叶倒披针状条形，长 2 ～ 3 厘米，宽约 1 毫米，上面平或圆，稀基部微隆起，光绿色，无气孔线或两侧各有 1 条连续的气孔线，下面中脉隆起，两侧各有 3 ～ 5 条灰白色气孔线。球果大小，形状变异较大，常呈卵圆形或卵状圆柱形，长 2 ~ 4 厘米，径 1.5 ~ 2.5 厘米，熟时淡褐色，常具 40 ~ 50 种鳞；中部种鳞近圆形，长 8 ~ 1.1 毫米，背面平滑或有细小疣状突起和短粗毛；苞鳞基部较宽，先端三裂，中脉延伸成尾状长尖，微露出；种子具与种鳞近等长之翅。

原产欧洲。崂山太清宫有引种栽培。国内江西庐山、辽宁沈阳及熊岳引种栽培，生长一般。

3. 黄花落叶松 长白落叶松（图 12）

Larix olgensis Henry

落叶乔木；高达 30 米，胸径达 1 米。树皮灰褐色，纵裂成长鳞片状，易剥落，剥落后呈酱紫红色；枝平展或斜展，树冠塔形；当年生长枝淡红褐色或淡褐色，有毛；短枝深灰色，顶端叶枕间密生淡褐色柔毛；冬芽淡紫褐色，卵圆形或微成圆锥状，芽鳞膜质，边缘具睫毛。叶倒披针状条形，长 1.5 ~ 2.5 厘米，宽约 1 毫米，先端钝或微尖，上面中脉平，下面中脉隆起，两侧有气孔线。球果长卵圆形，成熟前淡红紫色或紫红色，熟时淡褐色；种鳞微张开，长 1.5 ~ 2.6 厘米，稀达 3.2 ~ 4.6 厘米，径 1 ~ 2 厘米，16 ~ 40 枚，宽卵形，背面有腺状短柔毛，基部稍宽，先端圆或圆截形微凹，干后边缘常反曲；苞鳞暗紫褐色，矩圆状卵形或卵状椭圆形，不露出，长为种鳞之半；种子近倒卵圆形，淡黄白色或白色，具不规则的紫色斑纹，长 3 ~ 4 毫米，种翅先端钝尖，种子连翅长约 9 毫米；子叶 5 ~ 7。花期 5 月；球果 9 ~ 10 月成熟。

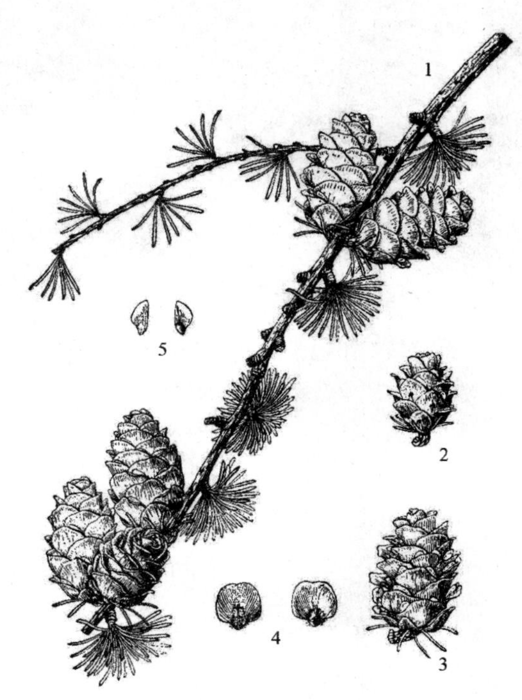

图 12　黄花落叶松

1. 球果枝；2 ~ 3. 球果；4. 种鳞背面及苞鳞（左）、种鳞腹面（右）；5. 种子

崂山崂顶、凉清河、太清宫、北九水和大泽山有栽培。国内分布于东北长白山区及老爷岭山区。

木材耐用，可供建筑、电杆、车船、坑木、家具及木纤维木业原料等用材。树干可提树脂，树皮可提栲胶。

4. 日本落叶松（图 13；彩图 1）

Larix kaempferi (Lamb.) Carr.

Pinus kaempferi Lamb.

落叶乔木；高可达 30 米。树皮暗褐色，纵裂粗糙，成鳞片状脱落；树冠塔形；幼枝有淡褐色柔毛，后渐脱落，一年生长枝淡黄色或淡红褐色，有白粉；短枝上历年叶枕形成的环痕特别明显，直径 2 ~ 5 毫米，顶端叶枕之间疏生柔毛；冬芽紫褐色，顶

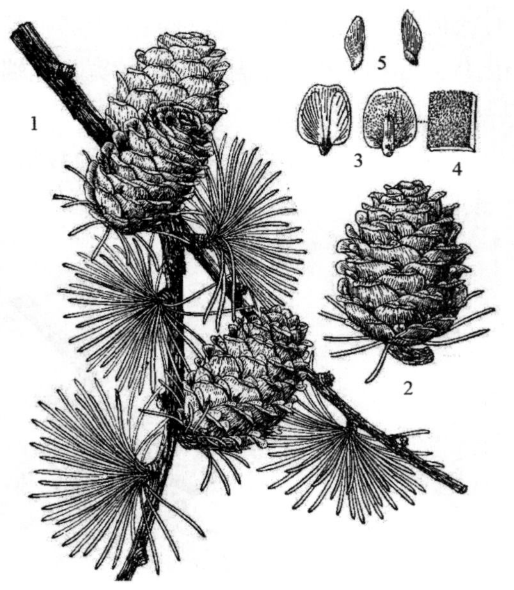

图 13　日本落叶松

1. 球果枝；2. 球果；3. 种鳞腹面（左）、种鳞背面及苞鳞（右）；4. 种鳞背面放大；5. 种子

芽近球形，基部芽鳞三角形，先端具长尖头，边缘有睫毛。叶倒披针状条形，长 1.5 ~ 3.5 厘米，宽 1 ~ 2 毫米，两面有气孔线，以下面多而明显，常 5 ~ 8 条。雄球花淡褐黄色，卵圆形；雌球花紫红色，苞鳞反曲，有白粉，先端三裂，中裂急尖。球果卵圆形或圆柱状卵形，熟时黄褐色，长 2 ~ 3.5 厘米，径 1.8 ~ 2.8 厘米；种鳞 46 ~ 65，上部边缘波状，显著向外反曲，背面常具褐色瘤状突起或短粗毛；苞鳞紫红色，先端三裂，中肋延长成尾状长尖，不露出；种子倒卵圆形，连翅长 1.1 ~ 1.4 厘米。花期 4 ~ 5 月；球果 10 月成熟。

原产日本。崂山各景区及小珠山有栽培。崂山有 60 余年生大树，适应性强。东北地区及河北、河南、江西、北京、天津等省区市也有引种栽培。

木材用途同落叶松。

（四）金钱松属 **Pseudolarix** Gord.

落叶乔木；枝有长枝与短枝之分，长枝基部有宿存芽鳞，短枝矩状。叶条形，柔软，在长枝上螺旋状散生，叶枕下延，微隆起；在短枝上呈簇生状，辐射平展呈圆盘形，叶脱落后有密集成环节状的叶枕。雌雄同株，球花生于短枝顶端；雄球花穗状，多数簇生，有细梗，雄蕊多数，螺旋状着生，花丝极短，花药 2，花粉有气囊；雌球花单生，具短梗，有多数螺旋状着生的珠鳞与苞鳞，苞鳞大于珠鳞；珠鳞的上面有 2 枚胚珠。球果当年成熟，直立，有短梗；种鳞木质，苞鳞小，基部与种鳞合生，熟时与种鳞一同脱落；种子有宽大种翅，种子连同种翅几与种鳞等长；子叶 4 ~ 6。

我国特产属，仅 1 种，分布于长江中下游各省区。青岛有栽培。

1. 金钱松　金松　水树（图 14；彩图 2）

Pseudolarix amabilis (Nelson) Rehd.

Larix amabilis Nelson

落叶乔木；高可达 40 米。树干通直，树皮灰褐色，粗糙，常裂成不规则鳞片状块片；枝平展，树冠宽塔形；一年生长枝淡红褐色或淡红黄色，无毛，有光泽，二、三年生枝淡黄灰色或淡褐灰色，稀淡紫褐色，老枝及短枝呈灰色、暗灰色或淡褐灰色；短枝生长极慢，叶枕密集成环节状。叶条形，柔软，镰状或直，上部稍宽，长 2 ~ 5.5 厘米，宽 1.5 ~ 4 毫米（幼树及萌生枝之叶长达 7 厘米，宽 5 毫米），先端锐尖或尖，中脉明显，两面有气孔线；在长枝螺旋状散生，在短枝上 15 ~ 30 片簇生，平展成圆盘形，秋后叶呈金黄色。雄球花黄色，圆柱状，下垂；雌球花紫红色，直立，椭圆形，有短梗。球果卵圆形或倒卵圆形，长 6 ~ 7.5 厘米，径 4 ~ 5 厘米，熟时淡红褐色，有短梗；种鳞卵状披针形，两侧耳状，先端钝有凹缺，腹面种翅痕之间有纵脊凸起，脊上密生短柔毛，鳞背光滑无毛；苞鳞长约种鳞的 1/4 ~ 1/3，边缘有细齿；种子卵圆形，白色，长约 6 毫米，有三角状披针形种翅。花期 4 月；球果 10 月成熟。

崂山太清宫、滑溜口、张坡、华楼、北九水、大河东、天门涧等景区及植物园有栽培。太清宫、植物园有栽植小片人工林，生长良好。我国特有树种，主要分布于江苏、浙江、安徽、福建、江西、湖南、湖北、四川等景区。

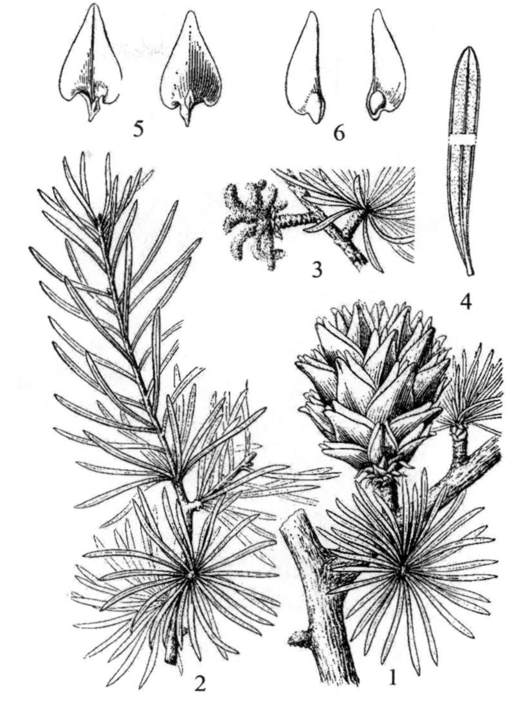

图 14　金钱松

1. 球果枝；2. 长短枝，示叶着生；3. 雄球花枝；4. 叶；5. 种鳞腹面（左）及背面（示苞鳞）；6. 种子

孑遗植物，世界五大著名庭院观赏树种之一，树姿优美，秋后叶变金黄色，状似金钱，极为美丽。木材可供建筑及制作家具、板材等用。树皮可提栲胶，入药（俗称土槿皮）可治顽癣和食积等症。根皮亦可药用，也可作造纸胶料。种子可榨油。

（五）雪松属 **Cedrus** Trew

常绿乔木；冬芽小，有少数芽鳞，枝有长枝与短枝之分，枝条基部有宿存芽鳞。叶针状，坚硬，常三棱形，叶在长枝上螺旋状着生，在短枝上呈簇生状；叶脱落后有隆起的叶枕。雌雄同株或异株，雌、雄球花直立，单生短枝顶端；雄球花具多数螺旋状着生的雄蕊，花药 2，花粉无气囊；雌球花有多数螺旋状着生的珠鳞，珠鳞背面托有短小的苞鳞，腹（上）面基部有胚珠 2 枚。球果直立，翌年（稀三年）成熟；种鳞木质，宽大，排列紧密；有种子 2，熟时与种鳞一同从宿存的中轴上脱落；种子有宽大膜质的种翅；子叶 6 ~ 10。

含 4 种，分布于非洲北部、亚洲西部及喜马拉雅山西部。我国有 1 种，引种栽培 1 种。青岛栽培 1 种。

1. 雪松（图 15）

Cedrus deodara (Roxb.) G. Don

Pinus deodara Roxb.

常绿乔木；高可达 50 米，胸径达 3 米。树皮深灰色，裂成不规则的鳞状块片；枝平展、

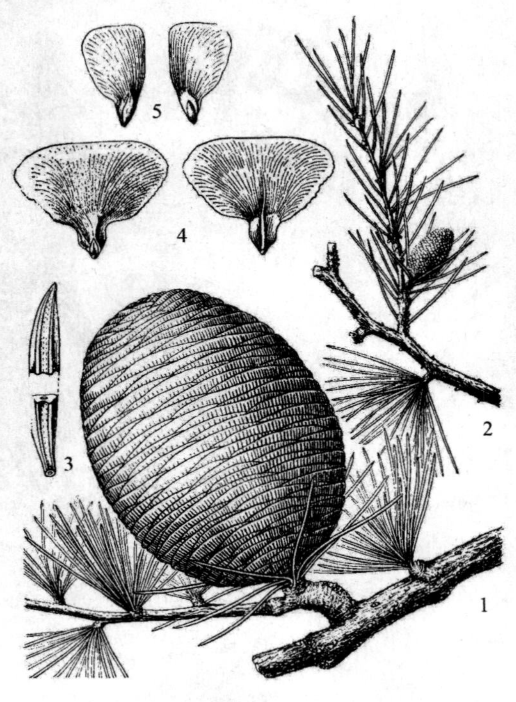

图 15　雪松
1. 球果枝；2. 雄球花枝；3. 叶的横切面；
4. 种鳞背、腹面；5. 种子

微斜展或微下垂，基部宿存芽鳞向外反曲，小枝常下垂；一年生长枝淡灰黄色，密生短绒毛，微有白粉。叶针形，坚硬，常成三棱形，淡绿色或深绿色，长 2.5 ～ 5 厘米，宽 1 ～ 1.5 毫米，先端锐尖，每面均有气孔线，幼时被白粉；叶在长枝上辐射伸展，短枝上簇生。雄球花长卵圆形或椭圆状卵圆形，长 2 ～ 3 厘米，径约 1 厘米，比雌球花早开放；雌球花卵圆形，长约 8 毫米，径约 5 毫米。球果卵圆形或宽椭圆形，长 7 ～ 12 厘米，径 5 ～ 9 厘米，顶端圆钝，有短梗，成熟前淡绿色，微有白粉，熟时红褐色；种鳞木质，扇状倒三角形，长 2.5 ～ 4 厘米，宽 4 ～ 6 厘米，鳞背密生短绒毛；苞鳞短小；种子近三角状，种翅宽大，较种子为长，连同种子长 2.2 ～ 3.7 厘米。花期 10 ～ 11 月；球果翌年 10 月下旬成熟。

原产于喜马拉雅山地区，广泛分布于不丹、尼泊尔、印度及阿富汗等国家。1914 年后由日本和印度引入青岛，青岛太平山是我国最早引种栽培地之一，中山公园内有多株百年以上大树。雪松是青岛市“市树”，在青岛地区普遍栽培，负有盛名，曾为我国城乡绿化做出了卓越贡献。目前我国多数省区均有引种栽培。

树体高大，树形优美，为世界五大园景树之一。木材材质优良，可供建筑、桥梁、造船及制作家具等用。雪松不耐水湿，对大气中的氟化氢及二氧化硫有较强的敏感性，抗烟害能力差。

（六）松属 Pinus L.

常绿乔木，稀为灌木。枝轮生，每年生 1 ～ 2 节或多节；冬芽显著，芽鳞多数，覆瓦状排列；短枝不发育。叶有 2 型；鳞叶（原生叶）单生，螺旋状着生，在幼苗时期为扁平条形，绿色，后则逐渐退化成膜质苞片状，基部下延生长或不下延生长；针叶（次生叶）螺旋状着生，常 2 针、3 针或 5 针一束，生于鳞叶腋部不发育的短枝顶端，基部由 8 ～ 12 枚芽鳞组成的叶鞘所包围，叶鞘脱落或宿存；针叶横切面三角形、扇状三角形或半圆形，具 1 ～ 2 个维管束；树脂道 2 ～ 10 多个，中生或边生，稀内生。雌雄同株；雄球花多数聚集成穗状花序状，生于新枝下部的苞片腋部，雄蕊多数，螺旋状着生，花药 2，花粉有气囊；雌球花单生或 2 ～ 4 个生于新枝近顶端，直立或下垂，珠鳞与苞鳞多数，螺旋状着生，每珠鳞的腹（上）面基部有胚珠 2 枚，苞鳞小。小球果于翌年春受精后迅速长大，秋季成熟；球果直立或下垂，有梗或几无梗；种鳞木质，宿存，背部上方有鳞盾和鳞脐，鳞脐有刺或无刺；种子上部具长翅，稀有短翅或无翅，种翅与种子合生，或有关节与种子脱离；子叶 3 ～ 18 枚，出土。

约 80 余种，分布于北半球，北至北极地区，南至北非、中美、中南半岛至苏门答腊赤道以南地方。我国有 22 种 10 变种，引入栽培 16 种 2 变种，分布几遍全国各省区，是我国森林主要树种。青岛有 19 种，1 变种。

分种检索表

1. 叶鞘早落，针叶基部的鳞叶不下延，叶内具1条维管束。

2. 种鳞的鳞脐顶生，无刺状尖头；针叶常5针一束。

3. 种子无翅或具极短之翅。

4. 球果成熟时种鳞不张开或张开，种子不脱落；小枝被黄褐色或红褐色毛 ··· 1.红松P. koraiensis

4. 球果成熟时种鳞张开，种子脱落；小枝无毛 ······························ 2.华山松P. armandii

3. 种子具结合而生的长翅。

5. 针叶长10 ~ 20厘米，细长下垂；球果圆柱形或窄圆柱形，长8 ~ 25厘米；小枝无毛 ········ ·· 3.乔松P. wallichiana

5. 针叶长3.5 ~ 5.5厘米；球果较小，通常长不及10厘米；小枝有密毛　4.日本五针松P. parviflora

2. 种鳞的鳞脐背生，有刺；针叶3针一束；树皮白色、平滑，裂成不规则的薄片剥落 ················ ··5.白皮松P. Bge.ana

1. 叶鞘宿存，稀脱落，针叶基部的鳞叶下延，叶内具2条维管束。

6. 枝条每年生长一轮，一年生小球果生于近枝顶。

7. 针叶2针一束，稀3针一束。

8. 叶内树脂道边生。

9. 一年生枝无白粉（马尾松Pinus massoniana偶有白粉，但针叶细柔、鳞脐无刺）。

10. 种鳞的鳞盾显著隆起，有锐脊，斜方形或多角形，上部凸尖；针叶短，长3 ~ 9厘米。

11. 种鳞的鳞盾暗黄褐色 ··· 6.欧洲赤松P. sylvestris

11. 种鳞的鳞盾淡绿褐色或淡褐灰色 ························ 6a樟子松P. sylvestris var. mongolica

10. 种鳞的鳞盾肥厚隆起或微隆起，横脊较钝，扁菱形或菱状多角形。

12. 针叶粗硬，径1 ~ 1.5毫米；鳞盾肥厚隆起，鳞脐有短刺；老树树冠常平顶 ········ ·· 7.油松P. tabuliformis

12. 针叶细柔，径多不及1毫米；鳞盾平或微隆起，鳞脐无刺 ··· 8.马尾松P. massoniana

9. 一年生枝有白粉；球果的种鳞较薄，鳞盾平坦，稀横脊微隆起 ········ 9.赤松P. densiflora

8. 针叶内树脂道中生。

13. 球果较小，长10厘米以内，成熟后种鳞张开。

14. 冬芽褐色、红褐色或栗褐色。

15. 针叶长7 ~ 10（13）厘米；球果长3 ~ 5 厘米，鳞盾微隆起　10.黄山松P. taiwanensis

15. 针叶长9～16厘米，刚硬；球果长5～8厘米，鳞盾沿横脊强隆起 11.欧洲黑松P. nigra

14. 冬芽银白色；针叶粗硬；球果长4～6厘米 ……………………… 12.黑松P. thunbergii

13. 球果较大，长9～18厘米，卵状圆锥形，成熟后种鳞迟张开，鳞盾强隆起，鳞脐具凸起之刺；针叶长10～25厘米，刚硬 ……………………………… 13.海岸松P. pinaster

7. 针叶3针一束，稀3、2针并存。

16. 鳞脐无刺，鳞盾平或微隆起；针叶长12～20厘米，径约1毫米 …… 8.马尾松P. massoniana

16. 鳞脐具短刺，鳞盾肥厚隆起；针叶长10～30厘米，径约1.2毫米 14.云南松P. yunnanensis

6. 枝条每年生长2至数轮，一年生小球果生于小枝侧面。

17. 针叶2针一束。

18. 针叶长10～25厘米。

19. 针叶刚硬，径约2毫米，明显扭曲，树脂道中生或内生；球果大，长9～18厘米，鳞盾强隆起，鳞脐有刺 ……………………………………………… 13.海岸松P. pinaster

19. 针叶细，径约1毫米，微扭或不扭曲，树脂道边生；球果较小，长4～7厘米，鳞盾平或微隆起，沿横脊微隆起，鳞脐无刺 …………………………… 8.马尾松P. massoniana

18. 针叶长2～4 厘米，径约2 毫米，常扭曲；球果宿存树上多年，窄长卵圆形，向内侧弯曲，长3～5 厘米，径2～3 厘米，熟时种鳞不张开，鳞盾平，鳞脐无刺 15.北美短叶松P. banksiana

17. 针叶3针一束，或3、2针并存。

20. 针叶较短，长5～16厘米。

21. 主干及枝常有不定芽；针叶长7～16厘米，径2毫米；球果长5～9厘米；种翅长约1.3厘米 ……………………………………………………………… 16.刚松P. rigida

21. 针叶长9～15厘米，径1.3～1.8 毫米，球果长7～15厘米，种子翅长达2.5厘米 ………… …………………………………………………………………17.辐射松P. radiata

20. 针叶较长而粗，长12～30厘米；主干上无不定芽。

22 针叶3、2针并存，长18～30厘米；球果有梗，熟时种鳞张开 …… 18.湿地松P. elliottii

22. 针叶3针一束，稀2针一束；球果无梗，熟后种鳞张开迟缓 ………… 19.火炬松P. taeda

1. 红松 海松（图 16；彩图 3）

Pinus koraiensis Sieb. et Zucc.

常绿乔木；高可达 50 米，胸径 1 米。幼树树皮灰褐色，近平滑，大树树皮灰褐色或灰色，纵裂成不规则鳞状脱落，脱落后内皮红褐色；树干上部常分叉，枝近平展，树冠圆锥形；一年生枝密被黄褐色或红褐色柔毛；冬芽淡红褐色，矩圆状卵圆形，先端尖，芽鳞排列较疏松。针叶 5 针一束，长 6 ～ 12 厘米，粗硬，直，深绿色；横切面近三角形；树脂道 3，中生，位于三个角部；叶鞘早落。雄球花椭圆状圆柱形，红黄色，多数密集于新枝下部成穗状；雌球花绿褐色，圆柱状卵圆形，直立，单生或数个集生于新枝近顶端，具粗长的梗。球果圆锥状卵圆形、圆锥状长卵圆形或卵状矩圆形，长 9 ～ 14 厘米，径 6 ～ 8 厘米，梗长 1 ～ 1.5 厘米，成熟后种鳞不张开或稍微张开，种子不脱落；种鳞菱形，上部渐窄，先端钝，向外反曲，鳞盾黄褐色或微带灰绿色，三角形或斜方状三角形；鳞脐不显著；种子大，着生于种鳞腹（上）面下部的凹槽中，倒卵状三角形，长 1.2 ~ 1.6 厘米，径 7 ~ 10 毫米，无翅；子叶 13 ~ 16。花期 5 ~ 6 月，球果翌年 9 ~ 10 月成熟。

崂山凉清河、大车子、仰口有引种造林，中山公园内也有栽植。国内分布于东北长白山区、吉林山区及小兴安岭爱辉以南。

木材优良，可供建筑、桥梁、车船、枕木、电杆、家具等用材。木材及树根可提松节油。树皮可提栲胶。种子大，含脂肪油及蛋白质，可榨油供食用，亦可做干果“松子”食用，入药称“海松子”，有滋补强壮之功效。

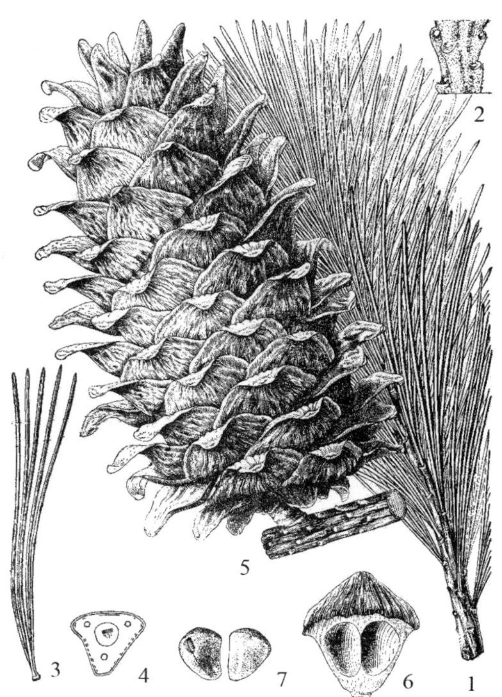

图 16　红松

1. 枝叶；2. 小枝一段，示毛；3. 针叶束；4. 叶横切面；5. 球果；6. 种鳞腹面；7. 种子

2. 华山松　五叶松（图 17）

Pinus armandii Franch.

常绿乔木；高可达 35 米，胸径可达 1 米。幼树树皮灰绿色或淡灰色，平滑，老则呈灰色，裂成方形或长方形厚块片固着于树干上，或脱落；枝条平展，树冠圆锥形或柱状塔形；小枝绿色或灰绿色（干后褐色），无毛，微被白粉；冬芽近圆柱形，褐色，芽鳞排列疏松。针叶 5 针一束，长 8 ~ 15 厘米，腹面两侧有白色气孔线；横切面三角形，树脂道 3，中生或背面 2 个边生、腹面 1 个中生；叶鞘早落。雄球花黄色，卵状圆柱形，多数集生于新枝下部成穗状，基部围有近 10 枚卵状匙形的鳞片。球果圆锥状长卵圆形，长 10 ~ 20 厘米，径 5 ~ 8 厘米，幼时绿色，成熟时黄色或褐黄色，种鳞张开，种子脱落，果梗长 2 ~ 3 厘米；中部种鳞近斜方状倒卵形；鳞盾近斜方形或宽三角状斜方形，无纵脊，先端不反曲或微反曲；鳞脐不明显；种子倒卵圆形，无翅或具棱脊；子叶 10 ~ 15，针形；初生叶条形，长 3.5 ~ 4.5 厘米，宽约 1 毫米，上下两面均有气孔线，边缘有细锯齿。

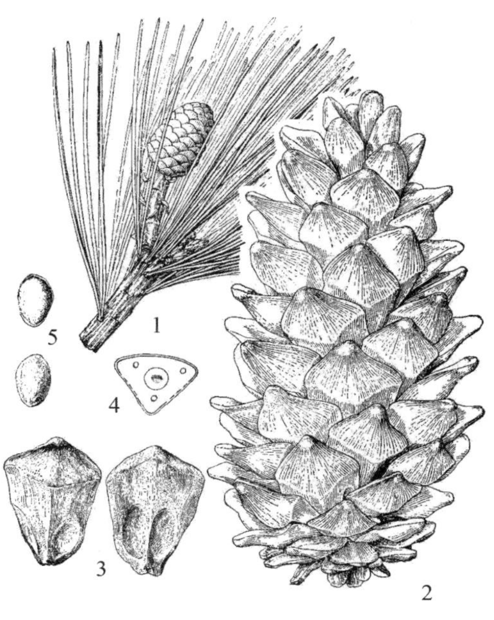

图 17　华山松

1. 雌球花枝；2. 球果；3. 种鳞背腹面；4. 叶横切面；5. 种子

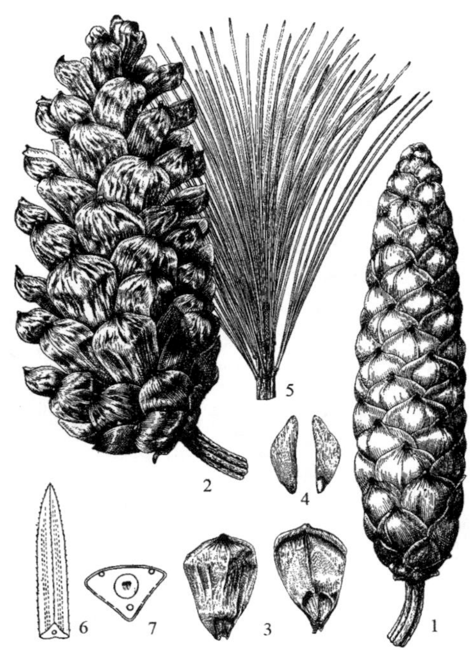

图 18　乔松

1 ~ 2. 球果；3. 种鳞背（左）、腹面（右）；4. 种子；5. 枝叶；6. 针叶先端放大；7. 针叶横切面

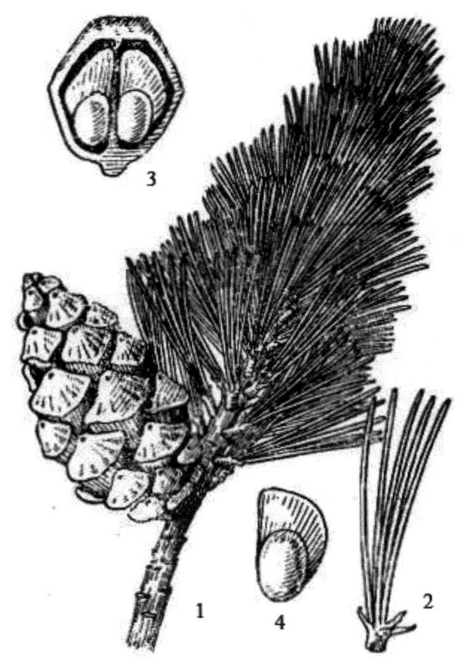

图 19　日本五针松

1. 球果枝；2. 针叶束；3. 种鳞腹面及种子；4. 种子

花期 4 ~ 5 月，球果翌年 9 ~ 10 月成熟。

崂山太清宫、北九水、蔚竹庵等景区，中山公园及各区市公园绿地均有栽培。国内分布于山西、河南、陕西、甘肃、四川、湖北、贵州、云南及西藏。

树姿优美，青岛地区常做城市绿化树种栽培。木材优良，可供建筑、枕木、纤维工业原料等用材。树干可提树脂；树皮可提栲胶；针叶可提炼芳香油；种子含油 40%，可食用，亦可榨油供食用或工业用油。

3. 乔松（图 18）

Pinus wallichiana A. B. Jackson

常绿乔木；高达 70 米，胸径 1 米以上。树皮暗灰褐色，成小块状脱落；一年生枝绿色（干后呈红褐色），无毛，有光泽，微被白粉；冬芽芽鳞红褐色，渐尖，先端微分离。针叶 5 针一束，细柔下垂，长 10 ~ 20 厘米，径约 1 毫米，背面苍绿色，无气孔线，腹面具白色气孔线；横切面三角形，树脂道 3，边生，稀腹面 1 个中生。球果圆柱形，下垂，具树脂，长 15 ~ 25 厘米，果梗长 2.5 ~ 4 厘米；鳞盾淡褐色，菱形，微成蚌壳状隆起，有光泽，被白粉；鳞脐薄，微隆起，先端钝，显著内曲；种子褐色或黑褐色，椭圆状倒卵形，长 7 ~ 8 毫米，种翅长 2 ~ 3 厘米。花期 4 ~ 5 月，球果翌年秋季成熟。

崂山张坡有引种。国内产于云南、西藏。缅甸、不丹、尼泊尔、印度、巴基斯坦、阿富汗等国亦有分布。

木材可作建筑、器具、枕木等用材；亦可提取松脂及松节油。

4. 日本五针松（图 19）

Pinus parviflora Sieb. et Zucc.

常绿乔木；在原产地高达 25 米，胸径 1 米。幼树皮淡灰色，平滑，老树皮暗灰色，裂成鳞状块片脱落；树冠圆锥形；一年生枝幼嫩时绿色，后呈黄褐色，密生淡黄色柔毛；冬芽卵圆形，无树脂。针叶 5 针一束，微弯曲，长 3.5 ~ 5.5 厘米，径不及 1 毫米，背面暗绿色，无气孔线，腹面具灰白色气孔线；横切面三角形，树脂道常 2，边生；叶鞘早落。球果卵圆形或卵状椭圆形，几无梗，熟时种鳞张开，长 4 ~ 7.5 厘米，径 3.5 ~ 4.5 厘米；中部种鳞宽倒卵状斜方形或长方状倒卵形；鳞盾近斜方形，先端圆；鳞脐凹下，微内曲；种子不规则倒卵圆形，近褐色，具黑色斑纹，连种翅长 1.8 ~ 2 厘米。

原产日本。崂山太清宫及全市公园绿地普遍引种栽培，作庭园树或作盆景用。生长较慢。

5. 白皮松 虎皮松（图 20）

Pinus Bge.ana Zucc. ex Endl.

常绿乔木；高达 30 米，胸径可达 3 米。有明显的主干，或从树干近基部分成数干；枝较细长，斜展，形成宽塔形至伞形树冠；幼树树皮光滑，灰绿色；老树皮呈淡褐灰色或灰白色，裂成不规则鳞状块片脱落，脱落后近光滑，露出粉白色内皮，白褐相间成斑鳞状；一年生枝无毛；冬芽红褐色，卵圆形，无树脂。针叶 3 针一束，粗硬，长 5 ~ 10 厘米，径 1.5 ~ 2 毫米，叶背及腹面两侧均有气孔线；横切面扇状三角形或宽纺锤形，树脂道 6 ~ 7，边生或 1 ~ 2 个中生；叶鞘早落。雄球花卵圆形或椭圆形，多数聚生于新枝基部成穗状，长 5 ~ 10 厘米。球果常单生，初直立而后下垂，成熟时淡黄褐色，卵圆形或圆锥状卵圆形，长 5 ~ 7 厘米，径 4 ~ 6 厘米；种鳞矩圆状宽楔形，先端厚；鳞盾近菱形，有横脊；鳞脐生于鳞盾的中央，明显，三角状，顶端有刺，刺之尖头向下反曲；种子灰褐色，近倒卵圆形，长约 1 厘米，种翅短，赤褐色，有关节易脱落；子叶 9 ~ 11，针形；初生叶窄条形，长 1.8 ~ 4 厘米，宽不及 1 毫米，上下面均有气孔线。花期 4 ~ 5 月，球果翌年 10 ~ 11 月成熟。

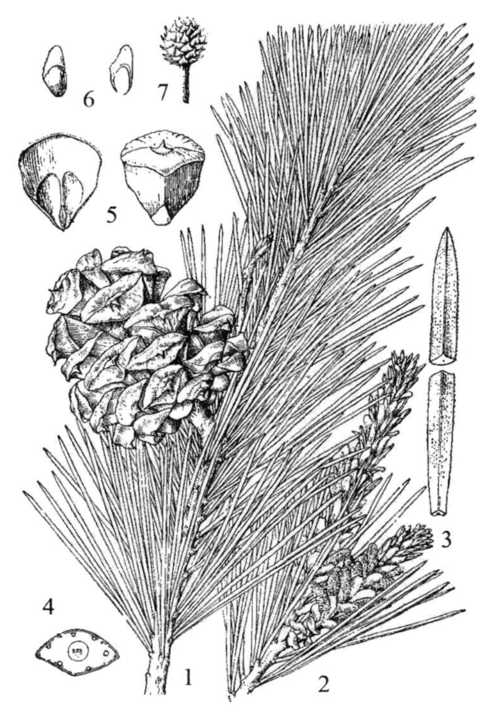

图 20 白皮松

1. 球果枝；2. 雄球花枝；3. 针叶；4. 针叶横切面；5. 种鳞腹面（左）及背面（右，示鳞盾）；6. 种子；7. 雌球花

崂山太清宫及全市各大公园绿地均有栽培。我国特有树种，分布于山西、河南、陕西、甘肃及四川、湖北等省区。

树姿优美，树皮别致，比其他松树能耐盐碱，在 pH7.5 ~ 8 的土壤中能正常生长，是优良的绿化树种。木材可供建筑、家具、文具等用材。种子可食用。

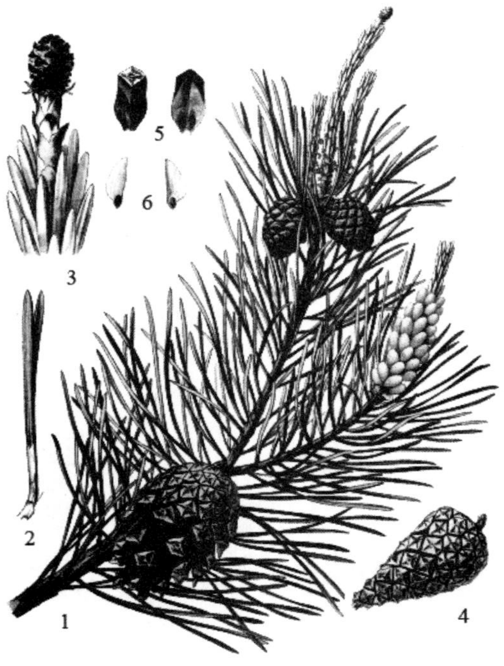

图 21　欧洲赤松

1. 球果枝；2. 针叶及叶鞘；3. 雌球花枝；4. 球果；5. 种鳞背腹面；6. 种子

图 22　樟子松

1. 球果枝；2. 雄球花枝；3. 针叶横切面；4. 球果；5. 种鳞背面（示鳞盾）；6. 种子

6. 欧洲赤松（图 21）

Pinus sylvestris L.

常绿乔木，在原产地高达 40 米。树皮红褐色，裂成薄片脱落；小枝暗灰褐色；冬芽矩圆状卵圆形，赤褐色，有树脂。针叶 2 针一束，蓝绿色，粗硬，通常扭曲，长 3 ~ 7 厘米，径约 1.5 ~ 2 毫米，先端尖，两面有气孔线，边缘有细锯齿；横切面半圆形，皮下层细胞单层，叶内树脂道边生。雌球花有短梗，向下弯垂，幼果种鳞的种脐具小尖刺。球果熟时暗黄褐色，圆锥状卵圆形，基部对称式稍偏斜，长 3 ~ 6 厘米；种鳞的鳞盾扁平或三角状隆起，鳞脐小，常有尖刺。

原产欧洲，为分布区内常见的森林树种。崂山太清宫西坡有引种栽培。国内东北地区有栽培。

木材可供建筑、车船、枕木等用。可提炼树脂、松香和松节油；树皮可提栲胶。可作庭园树。

（1）樟子松 海拉尔松（变种）（图 22）

var. **mongolica** Litv.

常绿乔木；高达 25 米，胸径达 80 厘米。大树树皮厚，下部灰褐色或黑褐色，鳞状深裂脱落，上部树皮及枝皮黄褐色，裂成薄片脱落；幼树树冠尖塔形，老则呈圆顶或平顶，树冠稀疏；一年生枝淡黄褐色，无毛；冬芽褐色或淡黄褐色，长卵圆形，有树脂。针叶 2 针一束，长 4 ~ 9 厘米，硬直，常扭曲，两面均有气孔线；横切面半圆形，微扁，树脂道 6 ~ 11 个，边生；叶鞘基部宿存。雄球花圆柱状卵圆形，聚生于新枝下部，长约 3 ~ 6 厘米；雌球花有短梗，淡紫褐色。球果卵圆形或长卵圆形，长 3 ~ 6 厘米，径 2 ~ 3 厘米，熟时淡褐灰色，熟后开始脱落；鳞盾多呈斜方形，肥厚隆起的纵脊、横脊明显，常反曲，鳞脐突起，有易脱落的短刺；种子黑褐色，长卵圆形或倒卵圆形，微扁，连翅长 1.1 ~ 1.5 厘米；子叶 6 ~ 7；初生叶条形，长 1.8 ~ 2.4 厘米，上面有凹槽。花期 5 ~ 6 月，球果翌年 9 ~ 10 月成熟。

崂山北九水、凉清河有引种栽培，生长良好。国内主要分布于大兴安岭地区。

7. 油松　短叶松（图 23）

Pinus tabuliformis Carr.

常绿乔木；高可达 25 米，胸径可达 1 米余。树皮灰褐色，成不规则较厚鳞片状开裂，裂缝树皮红褐色；枝平展或向下斜展，老树树冠平顶，小枝粗壮，无毛；冬芽长圆形，红褐色，微具树脂。针叶 2 针一束，稍粗硬，长 10 ~ 15 厘米，径约 1.5 毫米，两面具气孔线；横切面半圆形，具 5 ~ 8 个或更多边生树脂道；叶鞘宿存。雄球花圆柱形，在新枝下部聚生成穗状。球果卵圆形，长 4 ~ 9 厘米，有短梗，向下弯垂，熟时淡黄色或淡褐黄色，常宿存树上近数年之久；中部种鳞近长圆状倒卵形，长 1.6 ~ 2 厘米，宽约 1.4 厘米，鳞盾肥厚、隆起或微隆起，扁菱形或菱状多角形，横脊显著，鳞脐凸起有尖刺；种子卵圆形或长卵圆形，淡褐色有斑纹，连翅长 1.5 ~ 1.8 厘米；子叶 8 ~ 12；初生叶窄条形，长约 4.5 厘米。花期 4 ~ 5 月，球果翌年 10 月成熟。

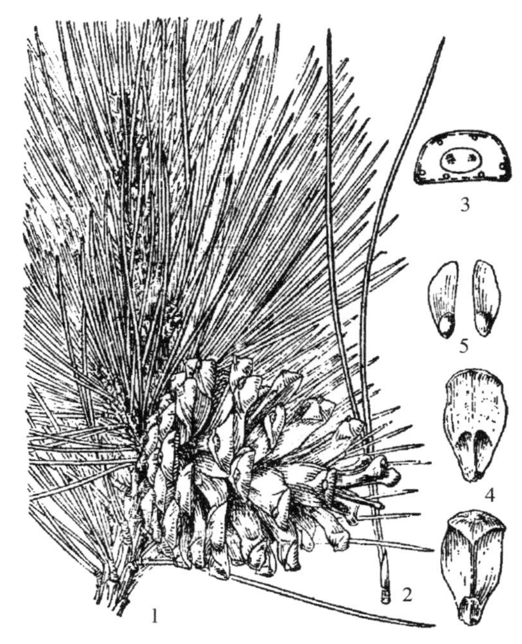

图 23　油松

1. 球果枝；2. 针叶及叶鞘；3. 针叶横切面；4. 种鳞背面（下）及腹面（上）5. 种子

崂山华楼、流清河、水石屋等地及李沧区、城阳区、崂山区、胶州市、平度市有栽培。我国特有树种，分布于东北、华北地区及陕西、甘肃、宁夏、青海、四川等省区。

木材优良，可供建筑、电杆、矿柱、造船、器具、家具及木纤维 工业等用材。树干可割取树脂，提取松节油；树皮可提取栲胶；松节、松针（即针叶）、花粉均供药用；种子含油 30% ~ 40%，供食用及工业用。

8. 马尾松（图 24）

Pinus massoniana Lamb.

常绿乔木；高可达 45 米，胸径 1.5 米。树皮红褐色，成不规则鳞状块裂片剥落；枝平展或斜展，树冠宽塔形或伞形，枝条常每年生长一轮，淡黄褐色，无毛；冬芽卵状圆柱形或圆柱形，褐色，顶端尖，芽鳞边缘丝状，微反曲。针叶 2 针一束，长 12 ~ 20 厘米，细柔，微扭曲，两面有气孔线；树脂道 4 ~ 8 个，边生；叶鞘宿存。雄球花淡红褐色，圆柱形，弯垂，聚生于新枝下部苞腋成穗状，长 6 ~ 15 厘米；雌球花单生或 2 ~ 4 个聚生于新枝近顶端，淡紫红色。球果卵圆形或圆锥状卵圆形，长 4 ~ 7 厘米，径 2.5 ~ 4

图 24　马尾松

1. 雄球花枝；2. 针叶及叶鞘；3. 针叶横切面；4. 芽鳞；5. 球果；6. 种鳞背面（左，示鳞盾）及腹面（右，示种子）；7. 雄蕊

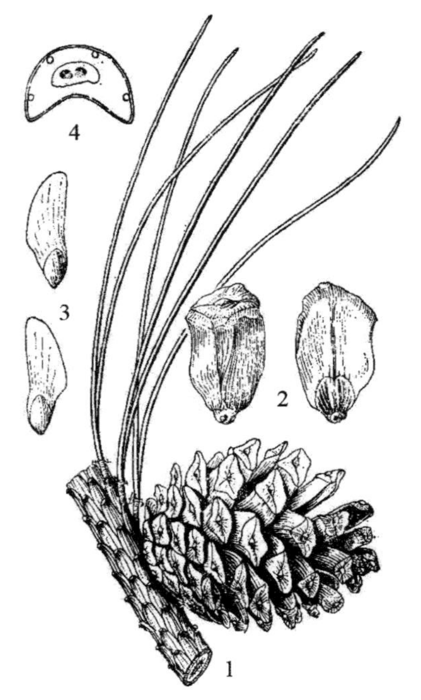

图 25　赤松

1. 球果枝；2. 种鳞背面（左）及腹面（右）；3. 种子；4. 针叶横切面

厘米，有短梗，下垂，熟时栗褐色，陆续脱落；种鳞近矩圆状倒卵形或近长方形；鳞盾微隆起或平，鳞脐微凹，常无刺；种子长卵圆形，连翅长 2 ~ 2.7 厘米；子叶 5 ~ 8；初生叶条形。花期 4 ~ 5 月，球果翌年 10 ~ 12 月成熟。

崂山张坡、太清宫及大泽山铁涧子有引种栽培。国内分布于江苏、安徽、河南、陕西及长江中下游地区，南达福建、广东、台湾，西至四川，西南至贵州、云南。

造林树种，为长江流域以南重要的荒山造林树种。木材可供建筑、枕木、矿柱、家具及木纤维工业（人造丝浆及造纸）原料等用。树干可割取松脂，用于提炼松香和松节油；种子含油约 30%，可食用；松花粉药用。

9. 赤松　日本赤松（图 25）

Pinus densiflora Sieb. et Zucc.

常绿乔木；高达 30 米，胸径达 1.5 米。树皮红褐色，成不规则片状脱落；枝平展形成伞状树冠；一年生枝淡红黄色，微被白粉，无毛；冬芽矩圆状卵圆形，暗红褐色，芽鳞条状披针形，先端微反卷，边缘丝状。针叶 2 针一束，长 5 ~ 12 厘米，径约 1 毫米，先端微尖，两面有气孔线；横切面半圆形，有 4 ~ 6 个边生树脂道，叶鞘宿存。雄球花淡红黄色，圆筒形，聚生于新枝下部成短穗状，长 4 ~ 7 厘米；雌球花淡红紫色，单生或 2 ~ 3 个聚生，一年生小球果的种鳞先端有短刺。球果卵状圆锥形，长 3 ~ 5.5 厘米，径 2.5 ~ 4.5 厘米，有短梗；种鳞薄，张开，鳞盾扁菱形，鳞脐平或微凸起有短刺；种子倒卵状椭圆形或卵圆形，连翅长 1.5 ~ 2 厘米；子叶 5 ~ 8；初生叶窄条形，中脉两面隆起，长 2 ~ 3 厘米。花期 4 月，球果翌年 9 月 ~ 10 月成熟。

赤松为青岛乡土树种，可以自然更新，森林群落主要建群种之一，广泛分布于崂山、小珠山、大珠山、大泽山、浮山等，崂山华严寺、仰口、太平宫、流清河等处存有古树；城阳区、即墨市有栽培。

抗风力较强，可用作辽东半岛、山东胶东地区及江苏云台山区等沿海山地的造林树种，亦可作庭园树。木材可供建筑、电杆、枕木、矿柱（坑木）、家具及木纤维工业原料等用。树干可割树脂，提取松香及松节油；种子可榨油，供食用及工业用；针叶提取芳香油。

10. 黄山松　台湾松（图 26）

Pinus taiwanensis Hayata

常绿乔木；高可达 30 米，胸径 80 厘米。树皮深灰褐色，成不规则鳞片状开裂；枝平展，老树树冠平顶；一年生枝淡黄褐色或暗红褐色，无毛，不被白粉；冬芽深褐色，卵圆形，芽鳞先端尖，边缘薄有细缺裂。针叶 2 针一束，稍硬直，长 5 ~ 13 厘米，两面有气孔线；横切面半圆形，树脂道 3 ~ 7（~ 9）个，中生；叶鞘宿存。雄球花圆柱形，淡红褐色，聚生于新枝下部成短穗状。球果卵圆形，长 3 ~ 5 厘米，径 3 ~ 4 厘米，向下弯垂，成熟后常宿存树上 6 ~ 7 年；种鳞近长圆形，鳞盾稍肥厚隆起，近扁菱形，横脊显著，鳞脐具短刺；种子倒卵状椭圆形，具不规则的红褐色斑纹，连翅长 1.4 ~ 1.8 厘米；子叶 6 ~ 7。花期 4 ~ 5 月，球果翌年 10 月成熟。

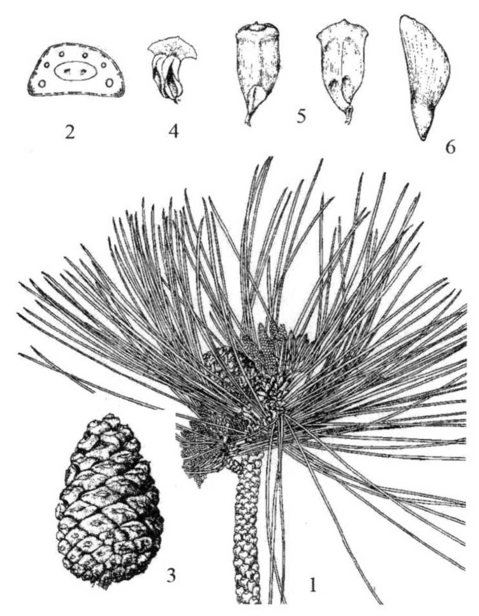

图 26　黄山松

1. 雌球花及雄球花枝；2. 针叶横切面；3. 球果；4. 雄蕊；5. 种鳞背（左）、腹面（右）；6. 种子

崂山张坡有引种。我国特有树种，分布于台湾、福建、浙江、安徽、江西、湖南、湖北东部、河南等地区。

木材优良，可供建筑、矿柱、器具、板材及木纤维工业原料等用材。树干提取树脂。

11. 欧洲黑松（图 27）

Pinus nigra J. F. Arnold

乔木，在原产地高达 50 米；树皮灰黑色；二年生枝上针叶基部的鳞叶逐渐脱落；芽褐色，

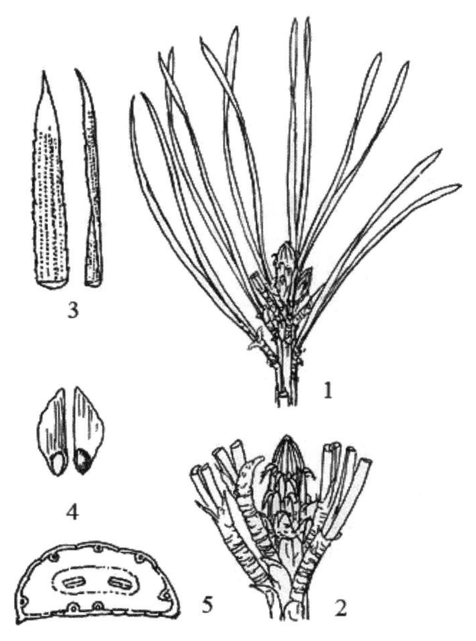

图 27　欧洲黑松

1. 枝叶；2. 小枝一段放大，示叶鞘；3. 针叶先端放大；4. 种子；5. 叶横切面

卵形或矩圆状卵形，有树脂。针叶2针一束，长9 ~ 16厘米，刚硬，深绿色；树脂道3 ~ 6(多为3)个，中生。球果熟时黄褐色，卵圆形，长5 ~ 8厘米，辐射对称；种鳞的鳞盾先端圆，横脊强隆起，鳞脐红褐色，有短刺；种子长约4 ~ 8毫米，种翅长1.1 ~ 1.3毫米。

原产欧洲南部及小亚细亚半岛。崂山太清宫有引种。国内南京等地引种栽培，生长较慢。

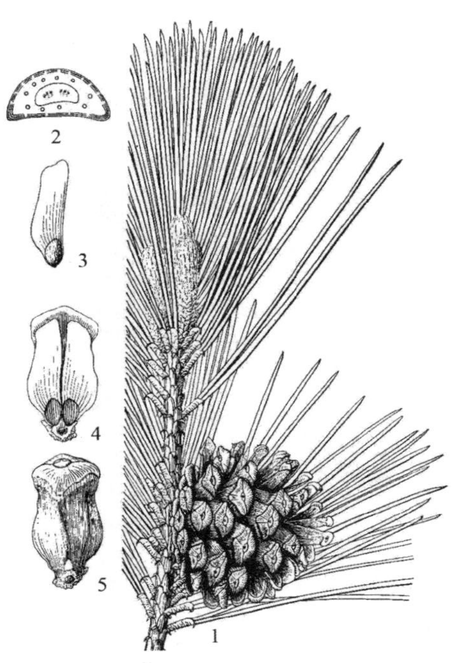

图28　黑松

1. 球果枝；2. 针叶横切面；3. 种子；4. 种鳞腹面；5. 种鳞背面（示鳞盾）

12. 黑松　日本黑松　白芽松（图28）

Pinus thunbergii Parl.

常绿乔木；高达30米，胸径可达2米。幼树树皮暗灰色，老则灰黑色，粗厚，块状脱落；树冠宽圆锥状或伞形；一年生枝淡褐黄色，无毛；冬芽银白色，圆柱形，芽鳞披针形或条状披针形，边缘白色丝状。针叶2针一束，长6 ~ 12厘米，径1.5 ~ 2毫米，深绿色，有光泽，粗硬，两面均有气孔线；树脂道6 ~ 11个，中生；叶鞘宿存。雄球花淡红褐色，聚生于新枝下部；雌球花单生或2 ~ 3个聚生于新枝近顶端，直立，有梗，卵圆形，淡紫红色或淡褐红色。球果卵圆形或卵圆形，长4 ~ 6厘米，径3 ~ 4厘米，有短梗，向下弯垂；中部种鳞卵状椭圆形，鳞盾微肥厚，横脊显著，鳞脐微凹，有短刺；种子倒卵状椭圆形，连翅长1.5 ~ 1.8厘米；子叶5 ~ 10（多为7 ~ 8），初生叶条形，长约2厘米。花期4 ~ 5月，球果翌年10月成熟。

原产日本及朝鲜南部海岸地区。青岛市1914 ~ 1921年由日本引种栽培，目前是青岛沿海和山区绿化的主要造林树种，全市各地普遍栽培，生长良好。国内旅顺、大连、武汉、南京、上海、杭州等地也有引种栽培。

木材可做建筑、坑木、器具、板材及薪炭等用材；亦可提前树脂。

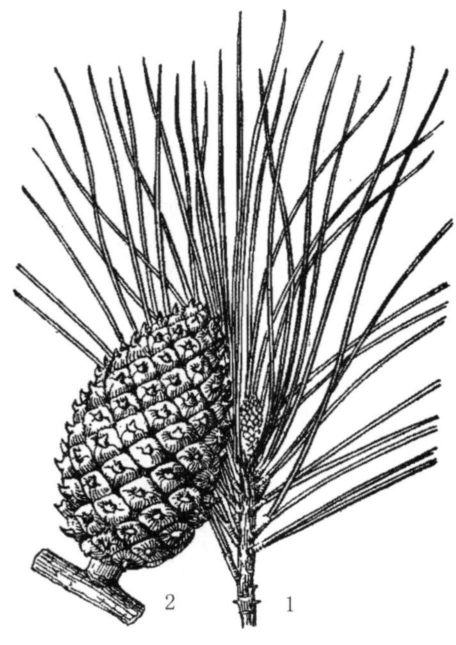

图29　海岸松

1. 枝叶；2. 球果

13. 海岸松（图29）

Pinus pinaster Aiton

乔木，在原产地高达30米；树皮深纵裂，褐色；大枝有时下垂，形成尖塔形树冠；枝条每年生长一轮，有时生长多轮；小枝淡红褐色，无白粉；冬芽矩圆形，褐色，无树脂。针叶2

针一束，长 10 ~ 20 厘米，径 2 毫米，粗硬，常扭曲，光绿色；横切面半圆形，树脂道 6，中生。球果较大，具短梗，常集生，圆锥状卵圆形或椭圆状卵圆形，长 9 ~ 18 厘米，对称或近对称，熟时种鳞迟张开；种鳞的鳞盾强隆起，光褐色，鳞脐突起，延伸成刺。

原产地中海沿岸。崂山有引种栽培。国内江苏南京及云台山引种栽培，长势旺盛，为有发展前途的造林树种。

14. 云南松 长毛松 飞松（图 30）

Pinus yunnanensis Franch.

常绿乔木；高可达 30 米，胸径 1 米。树皮褐灰色，深裂成不规则鳞片状脱落；枝开展，稍下垂；一年生枝粗壮，淡红褐色，无毛；冬芽圆锥状卵圆形，粗大，红褐色，芽鳞先端渐尖，散开或部分反曲，边缘有白色丝状毛齿。针叶通常 3 针一束，稀 2 针一束，长 10 ~ 30 厘米，常在枝上宿存三年；横切面扇状三角形或半圆形，树脂道 4 ~ 5，中生与边生并存；叶鞘宿存。雄球花聚集生于新枝下部的苞腋内成穗状。球果圆锥状卵圆形，长 5 ~ 11 厘米，有短梗，熟时褐色或栗褐色；鳞盾通常肥厚、隆起，稀反曲，有横脊，鳞脐微凹或微隆起，有短刺；种子褐色，近卵圆形或倒卵形，微扁，连翅长 1.6 ~ 1.9 厘米。花期 4 ~ 5 月，球果翌年 10 月成熟。

崂山太清宫西坡有少量引种栽培。国内分布于西南地区。

木材可供建筑、枕木、板材、家具及木纤维工业原料等用。树干可割取树脂；树根可培育茯苓；树皮可提栲胶；松针可提炼松针油；木材干馏可得多种化工产品。

15. 北美短叶松 班克松（图 31）

Pinus banksiana Lamb.

常绿乔木；在原产地高达 25 米，胸径 60 ~ 80 厘米，有时成灌木状。树皮暗褐色，

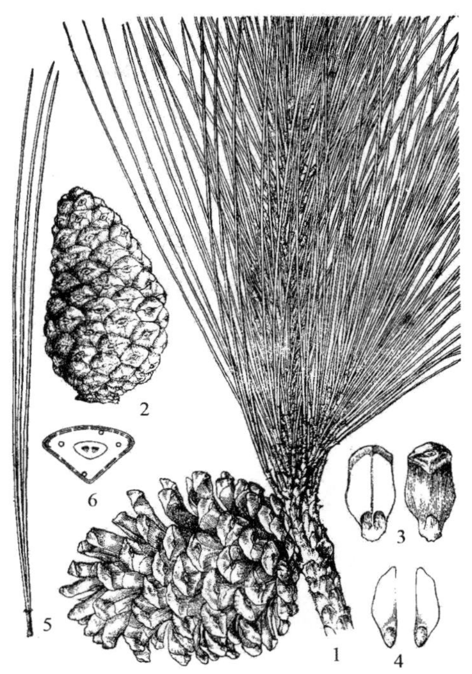

图 30　云南松

1. 球果枝；2. 球果；3. 种鳞腹面（左）及背面（右）；4. 种子；5. 针叶及叶鞘；6. 针叶横切面

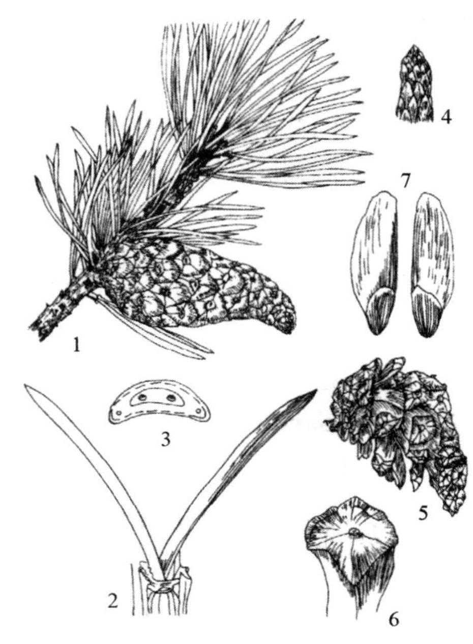

图 31　北美短叶松

1. 球果枝；2. 针叶与叶鞘；3. 针叶横切面；4. 冬芽；5. 球果；6. 种鳞（示鳞盾）；7. 种子

成不规则鳞片状脱落；树冠塔形；每年生长二至三轮枝条，小枝淡紫褐色或棕褐色；冬芽褐色，长卵圆形，被树脂。针叶2针一束，粗短，长2 ~ 4厘米，常扭曲，两面有气孔线，边缘全缘；横切面扁半圆形，树脂道常2个，中生；叶鞘褐色，宿存2 ~ 3年后脱落或与叶同时脱落。球果窄圆锥状椭圆形，不对称，通常向内侧弯曲，长3 ~ 5厘米，径2 ~ 3厘米，近无梗，成熟时淡绿黄色或淡褐黄色，宿存树上多年；种鳞薄，张开迟缓，鳞盾平或微隆起，横脊明显，鳞脐平或微凹，无刺;种子长3 ~ 4毫米，翅较长，约为种子的3倍。

原产北美东北部。青岛最早1978年开始引种，目前崂山太清宫、张坡、铁瓦殿等及胶州市艾山风景区、即墨市有栽培。国内辽宁熊岳、抚顺，北京，江苏南京，江西庐山及河南鸡公山等地均有引种栽培。

16. 刚松 硬叶松（图32）

Pinus rigida Mill.

常绿乔木；在原产地高可达25米。树皮黑灰色，鳞片状脱落，裂缝红褐色；树冠近球形；主干及枝常有不定芽；枝条每年生长多轮；一年生枝红褐色；冬芽红褐色，被较多的树脂。针叶3针一束,坚硬,长7 ~ 16厘米,径2毫米;横切面三角形,树脂道5 ~ 8，中生；叶鞘宿存。球果常3 ~ 5个聚生于小枝基部,圆锥状卵圆形,长5 ~ 8厘米或更长，熟时栗褐色；种鳞张开缓慢，常宿存树上达数年之久；种鳞薄而平滑，鳞盾强隆起，横脊显著,鳞脐隆起,有长尖刺;种子倒卵圆形，长约4毫米，种翅长约1.3厘米。花期4 ~ 5月，球果翌年秋季成熟。

原产美国东部。青岛1898 ~ 1914年引种，崂山张坡、太清宫后有少量栽培。辽宁、江苏、浙江、湖北等省亦有引种栽培。

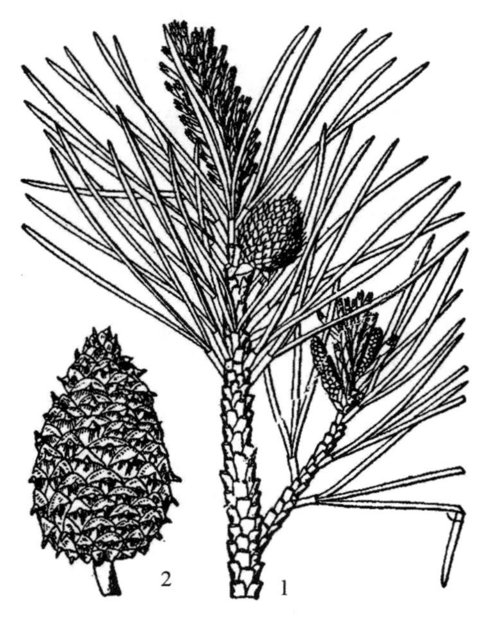

图32 刚松

1. 雌球花及雄球花枝；2. 球果

可做城市绿化树种和试种造林树种。

17. 辐射松

Pinus radiata D.Don

常绿乔木，高达15 ~ 30米，通常胸围0.3 ~ 0.9米，有时可达2.8米;老树暗褐色，纵深裂纹厚达5厘米以上；冬芽卵球形，短尖，棕色，长1.3 ~ 1.9厘米，芽鳞有松脂；嫩枝无毛。针叶3针一束，密集生于小枝上，宿存3 ~ 4年，鲜绿色，长9 ~ 15厘米，径约1.3 ~ 1.8毫米，直伸或略扭曲，边缘有小锯齿，先端锐尖，背腹面均有数条气孔线；叶鞘长1.5 ~ 2厘米，基部宿存。雄球花椭圆状圆柱形，长10 ~ 15毫米。球果基部不对称，开裂前斜卵球形，开裂后阔卵形，长7 ~ 15厘米。种鳞宽厚，圆形，灰棕色，有光泽。球果宿存枝上数年不裂，熟后1 ~ 2年种子自然散落;种子椭圆形，黑色，翅发育完整，长 2.5 厘米，浅棕色。

原产美国加利福尼亚。青岛农业大学校园有栽培。国内江西、湖南、浙江有引种栽培。

材质轻软，易裂，可供建筑和做箱板等用。

18. 湿地松（图 33）

Pinus elliottii Engelm.

常绿乔木；在原产地高达 30 米，胸径 90 厘米。树皮常纵裂成鳞片状剥落，内皮红褐色；枝条每年生长 3 ～ 4 轮；小枝粗壮，橙褐色，后变为褐色至灰褐色，鳞叶上部披针形，边缘有睫毛，干枯后宿存数年不落，故小枝粗糙；针叶 2 ～ 3 针一束并存，长 18 ～ 30 厘米，径约 2 毫米，刚硬，深绿色，有气孔线，边缘有锯齿；树脂道 2 ～ 9（～ 11）个，多内生；叶鞘长约 1.2 厘米，宿存。球果圆锥形或窄卵圆形，长 6.5 ～ 13 厘米，有梗，成熟后至翌年夏季脱落；鳞盾近斜方形，肥厚，有锐横脊，鳞脐瘤状，先端急尖；种子卵圆形，微具 3 棱，黑色，有灰色斑点，种翅长 0.8 ～ 3.3 厘米，易脱落。

原产美国东南部暖带潮湿的低海拔地区。崂山张坡、太清宫后有少量引种。我国南方各省亦有引种。

木材可供建筑、枕木、坑木用材以及做木纤维、造纸工业原料。

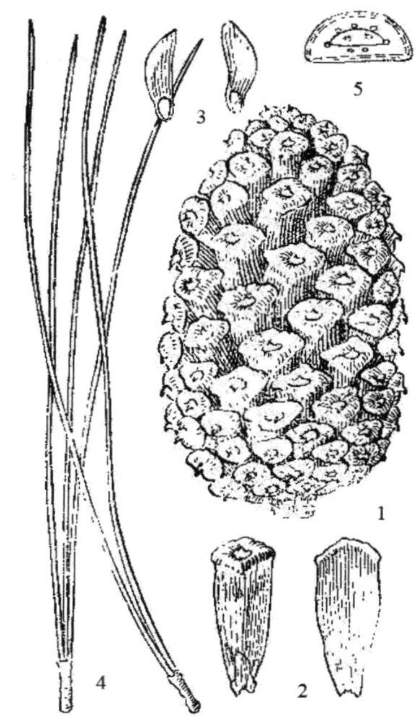

图 33　湿地松

1. 球果；2. 种鳞背面（左）及腹面（右）；3. 种子；4. 针叶及叶鞘；5. 针叶横切面

19. 火炬松　火把松（图 34）

Pinus taeda L.

常绿乔木；在原产地高达 30 米。树皮近黑色，鳞片状开裂脱落；枝条每年生长数轮；小枝黄褐色或淡红褐色；冬芽褐色，无树脂。针叶 3 针一束，稀 2 针一束，长 12 ～ 25 厘米，径约 1.5 毫米，硬直，蓝绿色；横切面三角形，树脂道通常 2 个，中生。球果卵状圆锥形

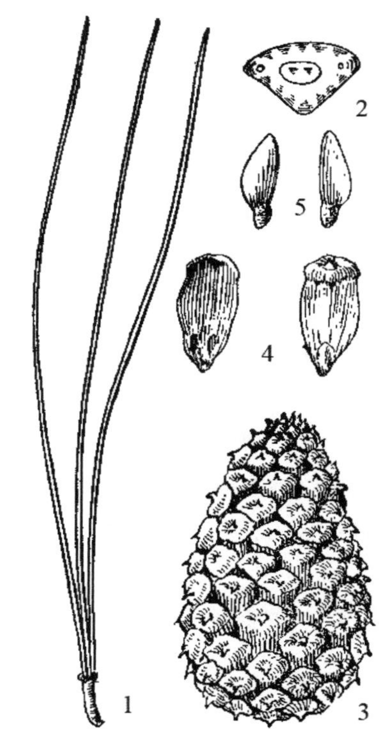

图 34　火炬松

1. 针叶及叶鞘；2. 针叶横切面；3. 球果；4. 种鳞背面（右）及腹面（左）；5. 种子

基部对称，长 6 ~ 15 厘米，无梗或几无梗，熟时暗红褐色；鳞盾横脊显著隆起，鳞脐隆起延长成尖刺；种子卵圆形，长约 6 毫米，栗褐色，种翅长约 2 厘米。花期 4 月上旬，球果翌年 10 月成熟。

原产北美东南部。崂山张坡、太清宫后有少量引种栽培，崂山区二龙山，小珠山，植物园亦有栽培。南方各省区也有引种。

木材可供建筑、纸浆及木纤维工业用。树脂优良，可制松香。树姿挺拔，树冠似火炬，是优良的庭院绿化树种。

三、杉科 TAXODIACEAE

常绿或落叶乔木；树干端直，树皮裂成长条状脱落，大枝轮生或近轮生。叶螺旋状互生，稀对生，披针形、钻形、鳞状或条形，同一树上之叶同型或二型。雌雄同株；雄球花小，生于枝顶或叶腋，单生或簇生，雄蕊有 2 ~ 9（常 3 ~ 4）个花药，花粉无气囊；雌球花顶生，珠鳞与苞鳞半合生或完全合生，或珠鳞甚小，或苞鳞退化，珠鳞螺旋状排列或交互对生，上面着 2 ~ 9 枚直立或倒生胚珠。球果当年成熟，熟时张开；种鳞（或苞鳞）扁平或盾形，木质或革质，宿存或脱落；种子扁平或三棱形，周围或两侧有窄翅，或下部具长翅；子叶 2 ~ 9 枚。

含 10 属 16 种，主要分布于北温带。我国产 5 属 6 种 1 变种，引入栽培 4 属 6 种 1 变种。青岛有 5 属，6 种，2 变种。

分属检索表

1. 叶和种鳞均为螺旋状互生。
    2. 常绿性，不脱落。
        3. 叶条状披针形，边缘有锯齿；苞鳞大，革质，扁平；种鳞小；种子两侧有翅 ……………………………………………………………………………… 1.杉木属 Cunninghamia
        3. 叶钻形，两侧略扁；苞鳞小，木质；种鳞大，盾形，木质；种子扁，边缘有窄翅 ……………………………………………………………………………… 2.柳杉属 Cryptomeria
    2. 落叶或半常绿性；叶多型，有条形叶的侧生小枝冬季枝叶一起脱落。
        4. 叶鳞形、条形或条状钻形，鳞叶宿存；种鳞倒卵形，先端有6 ~ 10裂齿；种子椭圆形，具向下生长的长翅 ……………………………………………… 3.水松属Glyptostrobus
        4. 叶钻形、条形，钻形叶宿存；种鳞盾形，先端不规则四方形；种子三棱形，棱脊上有厚翅 ……………………………………………………………………………… 4.落羽杉属 Taxodium
1. 叶和种鳞均为对生 …………………………………………………… 5.水杉属 Metasequoia

（一）杉木属 **Cunninghamia** R.Br

常绿乔木；冬芽圆卵形。叶螺旋状互生，在侧枝上排成 2 列；披针形或条状披针形，基部下延，边缘有细锯齿，两面中脉两侧均有气孔带。雌雄同株；雄球花多数簇生枝顶，雄蕊多数，螺旋状着生，每雄蕊有花药 3 枚；雌球花单生或 2 ~ 3 个集生枝顶；苞鳞与珠鳞下部合生，螺旋状排列；苞鳞大，先端长尖；珠鳞小，先端3裂，每珠鳞有胚珠3枚。球果近球形或卵圆形；苞鳞革质，扁平，宽卵形，宿存；种鳞小，先端3裂，生于苞鳞腹面的下部，较种子短；种子扁平，两则边缘有窄翅；子叶2，出土。

有2种及2栽培变种，分布于我国秦岭以南、长江以南及台湾。重要用材树种。青岛引种栽培1种。

1. 杉木 沙木 刺杉（图35；彩图4）

Cunninghamia lanceolata (Lamb.) Hook.

Pinus lanceolata Lamb.；*Cunninghamia sinensis* R. Br. ex Rich.

常绿乔木；高可达30米，胸径可达2.5 ~ 3米。树皮灰褐色，裂成长条片脱落，内皮淡红色；小枝近对生或轮生，常成二列状，绿色，无毛；冬芽有小型叶状的芽鳞。叶披针形或条状披针形，通常微弯、呈镰状，革质，竖硬，长2 ~ 6厘米，宽3 ~ 5毫米，先端锐尖，边缘有细缺齿，沿中脉两侧各有1条白粉气孔带，在侧枝上基部扭转排成2列状。雄球花圆锥状，常40余枚簇生枝顶；雌球花单生或2 ~ 3（~ 4）枚集生。球果卵圆形，长2.5 ~ 5厘米，径3 ~ 4厘米；熟时苞鳞革质，棕黄色，三角状卵形，长约1.7厘米，先端有坚硬的刺状尖头，边缘有不规则的锯齿，向外反卷或不反卷；种鳞很小，先端3裂，腹面着生3粒种子；种子扁平，遮盖着种鳞，长卵形或长圆形，暗褐色，有光泽，两侧有窄翅。花期4月，球果10月下旬成熟。

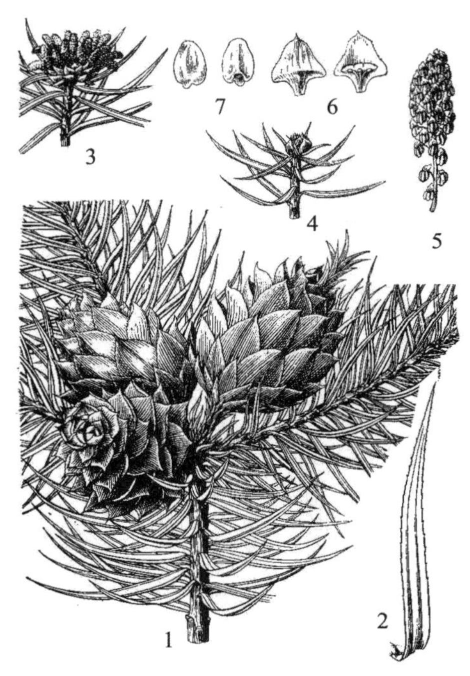

图35 杉木

1. 球果枝；2. 叶；3. 雄球花枝；4. 雌球花枝；5.雄球花的一段；6. 苞鳞的背面（左）及腹面（右，示退化的种鳞）；7. 种子背腹面

崂山太清宫、滑溜口、崂山头、张坡、上清宫、八水河、青山等景区以及中山公园，即墨市钱谷山有引种栽培。长江流域、秦岭以南地区广泛栽培。

木材优良，可供建筑、桥梁、电杆、车船、坑木等用材。根、叶可入药；树皮含单宁；种子含油率20%。

（二）柳杉属 Cryptomeria D.Don

常绿乔木；树皮红褐色，裂成长条片脱落。叶钻形，先端直伸或向内弯曲，有气孔线，基部下延，在枝上略成5行螺旋状排列。球花单性，雌雄同株；雄球花单生小枝上部叶腋，常集成短穗状花序状，长圆形，基部有一短小苞叶，无梗，雄蕊多数，螺旋排列，花药3 ~ 6；雌球花近球形，单生枝顶，稀数个集生，珠鳞与苞鳞合生，仅先端分离，螺

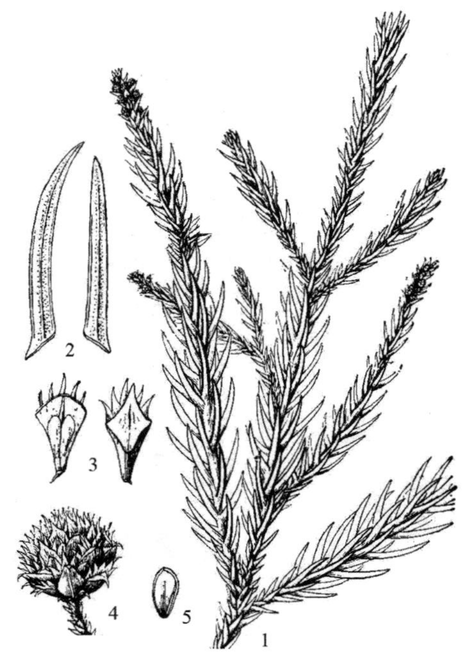

图 36　日本柳杉

1. 枝叶；2. 叶；3. 种鳞腹面（左）及背面（右），示苞鳞上部；4. 球果；5. 种子

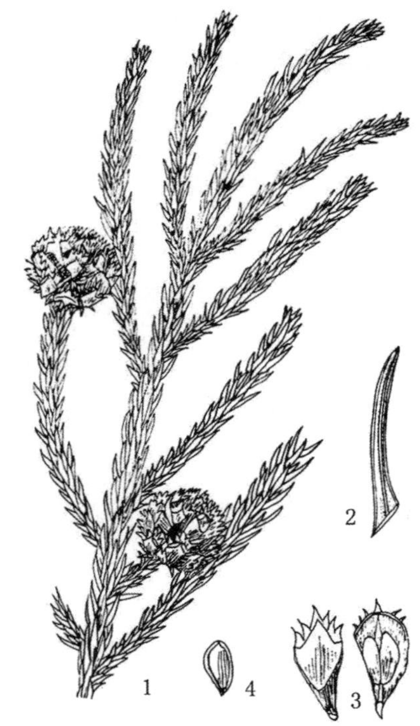

图 37　柳杉

1. 球果枝；2. 叶；3. 种鳞腹面（左）及背面（右），示苞鳞上部；4. 种子

旋状排列，每珠鳞有胚珠 2 ～ 5 枚。球果近球形，种鳞宿存，木质，盾形，先端有 3 ～ 7 裂齿，下端有 1 三角状分离的苞鳞尖头，球果顶端种鳞小，无种子；种子不规则扁椭圆形或扁三角状椭圆形，边缘有极窄翅；子叶 2 ～ 3，出土。

有 1 种 1 变种，分布于我国和日本。青岛均有引种栽培。

1. 日本柳杉　孔雀松（图 36）

Cryptomeria japonica (L. f.) D. Don

Cupressus japonica L. f.

常绿乔木；在原产地高达 40 米，胸径可达 2 米以上。树皮红褐色纤维状，成条片状落脱；树冠尖塔形；小枝下垂，当年生枝绿色。叶钻形，直伸，先端常不内曲，锐尖或尖，长 0.4 ～ 2 厘米，四面有气孔线。雄球花长椭圆形或圆柱形，长约 7 毫米，雄蕊有 4 ～ 5 花药；雌球花圆球形。球果近球形，径 1.5 ～ 2.5 厘米，稀达 3.5 厘米；种鳞 20 ～ 30 枚，上部通常 4 ～ 5 稀 7 深裂，裂齿长 6 ～ 7 毫米，窄三角形，鳞背有 1 三角状分离的苞鳞尖头，先端常向外反曲，能育种鳞有种子 2 ～ 5；种子椭圆形或不规则多角形，长 5 ～ 6 毫米，边缘有窄翅。花期 4 月，球果 10 月成熟。

原产日本。崂山蔚竹庵、太清宫，即墨市有引种栽培。国内上海、南京、杭州、庐山、衡山、武汉等地也有引种栽培，作庭园观赏树。

木材可供建筑、桥梁及制作家具等用材。

（1）柳杉（变种）（图 37）

var. **sinensis** Miq.

C. fortunei Hooibrenk ex Otto et Dietr.

本变种与原种的区别：叶钻形略向内弯曲，先端内曲；球果种鳞 20 枚左右，苞鳞的尖头和种鳞先端的裂齿长 2 ～ 4 毫米；能育种鳞有种子 2 粒。

崂山关帝庙、太清宫、蔚竹庵、八水河等景区以及中山公园，百花苑有引种栽培。国内分布于浙江天目山、福建南屏山及江西庐山等景区，长江以南地区广泛栽培，生长良好。

木材可供建筑、桥梁、车船及制作家具等用材。枝叶和木材加工时的碎料可提取芳香油。

（三）水松属 **Glyptostrobus** Endl.

半常绿性乔木；冬芽形小。叶有鳞形、条形、条状钻形多型，螺旋状着生，基部下延；鳞形叶较厚，宿存；条形叶薄，扁平，成二列状排列，条状钻形叶常成三列生于一年生短枝上，二者秋后均连同侧生短枝一同脱落。雌雄同株；雌、雄球花单生于有鳞形叶的小枝枝顶，直立或微向下弯；雄球花具螺旋状着生雄蕊 15 ~ 20，花药 2 ~ 9（多为 5 ~ 7）；雌球花近球形或卵状椭圆形，珠鳞小，20 ~ 22 枚螺旋状着生，下面生有较大卵形苞鳞，上面着 2 枚胚珠。球果直立，苞鳞与种鳞几全部合生（仅先端与种鳞分离），三角状，反曲；种鳞先端有 6 ~ 10 裂齿；种子椭圆形，微扁，具向下生长的长翅；子叶 4 ~ 5，出土。

仅 1 种，为我国特产，分布于广东、广西、福建、江西、四川、云南等省区。青岛有栽培。

1. 水松（图 38；彩图 5）

Glyptostrobus pensilis (Staunt.) Koch

Thuja pensilis Staunt.

落叶或半常绿性乔木；高 8 ~ 10 米，稀高达 25 米。树皮灰白褐色，纵裂成不规则的长条状；枝条稀疏，短枝长 8 ~ 18 厘米，冬季脱落；主枝冬季不脱落。叶多型；鳞形螺旋状着生于多年生或当年生的主枝上，长约 2 毫米，具白色气孔点，冬季不脱落；条形叶长 1 ~ 3 厘米，背面中脉两侧有气孔带，常排成二列；条状钻形叶两侧扁，背腹隆起，长 4 ~ 11 毫米，辐射伸展或列成三列状；条形叶及条状钻形叶均于冬季连同侧生短枝一同脱落。球果倒卵圆形，长 2 ~ 2.5 厘米，径 1.3 ~ 1.5 厘米；种鳞木质，扁平；苞鳞三角状，与种鳞几全部合生，仅先端分离，向外反曲；种子椭圆形，稍扁，褐色，下端有长翅；子叶 4 ~ 5。花期 1 ~ 2 月，球果当年秋后成熟。

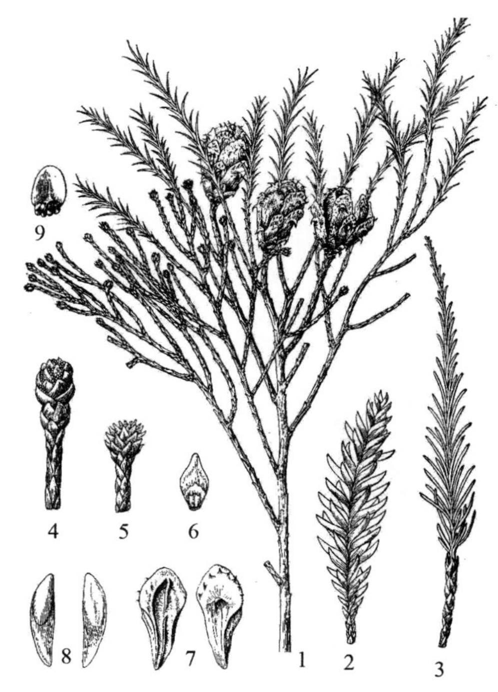

图 38　水松

1. 球果枝；2. 着生条状钻形叶的小枝；3. 着生条状钻形叶（上）及鳞形叶（下）的小枝；4. 雄球花枝；5. 雌球花枝；6. 珠鳞及胚珠；7. 种鳞腹面（左）及背面（右，示苞鳞先端）；8. 种子背腹面；9. 雄蕊李沧十梅庵公园，山东科技大学有栽培，生长良好。我国特有树种，分布于广东、福建、江西、四川、广西、云南等省区，南京、武汉、庐山、上海、杭州等地亦有栽培。

喜光树种，喜温暖湿润的气候及水湿的环境，以水分较多的冲渍土上生长最好。树形优美，可作庭园绿化树种。木材可作建筑、桥梁、家具等用材，根部可做救生圈、瓶塞等软木用具；种鳞、树皮可染鱼网或制皮革。

（四）落羽杉属 **Taxodium** Rich.

落叶或半常绿性乔木。小枝有 2 种；主枝宿存，侧生小枝冬季脱落；冬芽小，球形。叶 2 型；钻形叶在主枝上伸展，宿存；条形叶在侧生小枝上成 2 列，冬季与枝一同脱落。球花单性，雌雄同株；雄球花生于小枝顶端，排成总状花序状或圆锥花序状；雄蕊多数，或 6 ~ 8 螺旋状排列，每雄蕊有花药 4 ~ 9；雌球花单生于去年生小枝顶端，珠鳞多数，螺旋状着生，每珠鳞有 2 胚珠，苞鳞与珠鳞几全部合生。球果球形或卵圆形，具短梗或几无梗；种鳞木质，盾形，先端呈不规则四边形；种子不规则三角形，有 3 锐棱脊；子叶 4 ~ 9，出土。

本属 2 种 1 变种，分布于北美和墨西哥。我国均有引种。青岛均有引种栽培。

分种检索表

1. 落叶性；叶长1 ~ 1.5厘米，排列较疏，侧生小枝排列成二列 ……………………… 1.落羽杉T. distichum

1. 半常绿性或常绿性；叶长约1厘米，排列紧密，侧生小枝螺旋状散生，不为二列 …… 2.墨西哥落羽杉T. mucronatum

图 39　落羽杉

1. 球果枝；2. 种鳞腹面；3. 种鳞顶部

1. 落羽杉　落羽松（图 39；彩图 6）

Taxodium distichum (L.) Rich.

Cupressus disticha L.

落叶乔木；在原产地高达 50 米。树干基通常膨大，常有屈膝状呼吸根；树皮棕色，裂成长条片脱落；枝条水平开展，侧生小枝排成 2 列。叶条形，扁平，螺旋状互生，基部扭转，在小枝上排成 2 列，羽状，长 1 ~ 1.5 厘米，下面中脉隆起，每边有 4 ~ 8 条气孔线，冬季和无芽的小枝一起脱落。球果球形或卵圆形，有短梗，向下斜垂，熟时淡褐黄色，被白粉，径约 2.5 厘米；种鳞木质，盾形，顶部有明显或微明显纵槽；种子不规则三角形，有锐棱，长 1.2 ~ 1.8 厘米。花期春季；球果 10 月成熟。

原产北美东南部，耐水湿，能生于排水不良的沼泽地上。中山公园，山东科技大学，城阳世纪公园以及崂山区王哥庄、胶州市营海和即墨市岙山有引种栽培。国内广州、杭州、上海、南京、武汉、庐山及河南等地也有引种。

木材可供建筑、电杆、枕木、车船等用材。

（1）池杉（变种）（图 40）

var. **imbricatum** (Nuttall) Croom

T. ascendens Brongn.

本变种大枝条向上伸展；小枝细长，向下微弯垂。叶钻形，微内曲，螺旋状着生，不成 2 列，基本下延。

原产北美东南部，耐水湿。中山公园、李村公园及黄岛区泊里镇有引种栽培，生长正常。

用于低湿地的造林树种或庭院树种。木材性质及用途同落羽杉。

（2）中山杉（栽培变种）（彩图 7）

'Zhongshanshan'

T. distichum×mucronatum

半常绿高大乔木，为原产北美落羽杉属落羽杉、池杉、墨西哥杉 3 个树种的优良种间杂交种。

中山公园，山东科技大学有栽培。

树干挺拔、树型优美，供观赏。

2. 墨西哥落羽杉 墨西哥落羽松 尖叶落羽杉（图 41）

Taxodium mucronatum Tenore

半常绿或常绿乔木，在原产地高达 50 米，胸径可达 4 米；树干尖削度大，基部膨大；树皮裂成长条片脱落；枝条水平开展，形成宽圆锥形树冠，大树的小枝微下垂；生叶的侧生小枝螺旋状散生，不呈二列。叶条形，扁平，排列紧密，列成二列，呈羽状，通常在一个平面上，

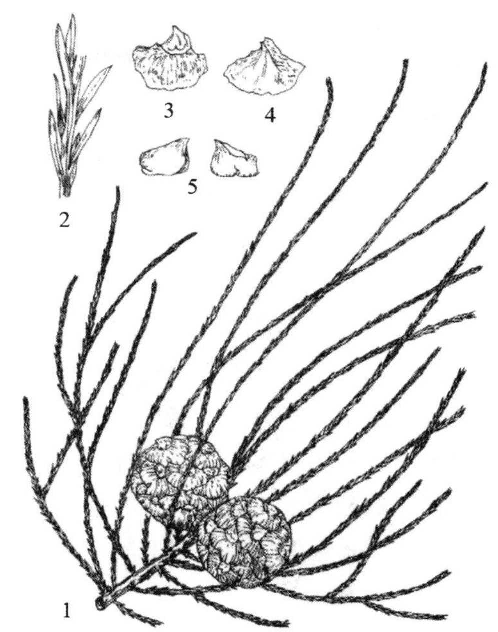

图 40 池杉

1. 球果枝；2. 小枝的一段及叶；3. 种鳞顶部；4. 种鳞腹面；5. 种子背腹面

图 41 墨西哥落羽杉

1. 小枝一段；2. 小枝局部放大，示叶着生

长约 1 厘米，宽 1 毫米，向上逐渐变短。雄球花卵圆形，近无梗，组成圆锥花序状。球果卵圆形。

原产于墨西哥及美国西南部，耐水湿。山东科技大学有引种栽培。国内江苏南京引种栽培，生长良好。但由于地理环境的变化，则变成春季开花（原产地花期在秋季）。近来武汉等地也有引种栽培。可作为温暖地带低湿地区的造林树种和园林树种。木材性质及用途与落羽杉同。

（五）水杉属 **Metasequoia** Miki ex Hu et Cheng

落叶乔木；大枝不规则轮生，小枝对生或近对生；冬芽芽鳞 6 ～ 8 对，交互对生。叶条形，扁平，柔软，交互对生，基部扭转列成二列，羽状，两面均有气孔线，冬季与侧生小枝一同脱落。雌雄同株；球花基部具交互对生苞片；雄球花单生叶腋或枝顶，具短梗；雄蕊交叉对生，约 20 枚；花粉无气囊；雌球花单生于去年生枝顶或近枝顶，珠鳞 11 ～ 14 对，交互对生，每珠鳞有胚珠 5 ～ 9 枚。球果下垂，当年成熟，近球形，微具四棱，有长梗；种鳞木质，盾形，顶部有凹槽，交互对生，宿存；种子扁平，周围有窄翅，先端有凹缺；子叶 2，出土。

本属在中生代白垩纪及新生代约有 10 种，曾广布于北美、日本、我国东北、俄罗斯西伯利亚、欧洲及格陵兰等地区。第四纪冰期之后，几全部绝灭，现仅有 1 孑遗种，产于我国四川、湖北、湖南等。青岛普遍栽培，为速生造林树种及园林树种。

1. 水杉（图 42）

Metasequoia glyptostroboides Hu et Cheng

落叶乔木；高可达 35 米，胸径达 2.5 米。树干基部常膨大；树皮灰色、灰褐色或暗灰色，裂成长条状脱落，内皮淡紫褐色；一年生枝光滑无毛，幼时绿色，后成淡褐色；侧生小枝排成羽状，长 4 ～ 15 厘米，冬季凋落；冬芽卵圆形或椭圆形，顶端钝。叶条形，长 0.8 ～ 3.5（常 1.3 ～ 2）厘米，宽 1 ～ 2.5（常 1.5 ～ 2）毫米，中脉两侧有淡黄色气孔带；在侧生小枝上成羽状排成二列，冬季与枝一同脱落。球果下垂，近四棱状球形或长圆状球形，长 1.8 ～ 2.5 厘米，径 1.6 ～ 2.5 厘米，熟时深褐色；种鳞木质，盾形，常 11 ～ 12 对，交互对生；种子扁平，周围有翅，先端有凹缺，长约 5 毫米；子叶 2。花期 2 月下旬，球果 11 月成熟。

图 42　水杉

1. 雄球花枝；2. 球果枝；3. 雄球花；4. 球果；5. 种子

孑遗植物，我国特产。自上世纪20～30年代引入青岛后，作为景观树和造林树种，广泛栽培，青岛八大关，中山公园，植物园等均有成片水杉林景观；为原胶南市（现黄岛区）市树，人民路栽植行道树已近50年，胸径达50厘米，甚是壮观，1992年曾被山东建委命名为山东省水杉一条街，成为当地标志性景观之一。喜光性强的速生树种，适应性较强，全国各地普遍引种。

树姿优美，为著名的庭园树种，亦可作为造林树种及四旁绿化树种。木材可供建筑、板料、电杆、家具及木纤维工业原料等用。

（1）金叶水杉（栽培变种）（彩图8）

'Gold Rush'

叶金黄色。

山东科技大学有栽培。

供观赏。

四、柏科 CUPRESSACEAE

常绿乔木或灌木。叶多交叉对生或3～4片轮生，鳞形或刺形，或同株上有两种形状的叶。球花单性，雌雄同株或异株，单生枝顶或叶腋；雄球花有雄蕊3～8对，每枚雄蕊有花药2～6个，花粉无气囊；雌球花有3～16枚交叉对生或3～4枚轮生的珠鳞，珠鳞与苞鳞合生。球果圆形、卵圆形或圆柱形；种鳞扁平或盾形，木质或近革质，成熟时张开，或肉质合生呈浆果状，成熟时不裂或仅顶端微开裂，发育种鳞有1至多数种子，种子有窄翅或无翅。

含22属，约150种，分布于南北两半球。我国有8属，29种，7变种；分布几遍全国，本科植物多为优良用材树种或园林观赏树种。青岛有8属，17种，2变种。

分属检索表

1. 球果种鳞木质 近革质，成熟时张开；种子通常有翅，稀无翅。

2. 种鳞扁平，或背部隆起，但不为盾形，覆瓦状排列；球果当年成熟。

3. 鳞叶较大，侧生鳞叶长4～7毫米，下面有明显的白粉带；能育种鳞各有种子3～5，种子两侧有翅。

4. 生鳞叶的小枝平展或近平展；种鳞薄，背部无尖头；种子两侧有窄翅…………… 1.崖柏属Thuja

4. 生鳞叶的小枝直立或斜升；种鳞厚，背部有1尖头；种子无翅 ………………… 2.侧柏属Platycladus

3. 鳞叶较小，长在4毫米以下，下面无明显的白粉带；能育种鳞各有种子2 …… 8.罗汉柏属Thujopsis

2. 种鳞盾形，镊合状排列；球果翌年或当年成熟。

5. 鳞叶小；球果有4～6对种鳞；种子两侧有翅。

6. 生鳞叶的小枝不排成平面或很少排成平面；球果翌年成熟；能育种鳞各有5至多数种子 ……3.柏木属Cupressus

6. 生鳞叶的小枝多排出平面，少数栽培变种不排成平面；球果当年成熟；能育种鳞各有2～5种子………………………………………………………………………………………………………4.扁柏属Chamaecyparis

5. 鳞叶大；球果有6～8对种鳞；种子上部有2大小不等的翅……………………… 5.福建柏属Fokienia

1. 球果肉质，球形或卵形，由3～8对种鳞结合而成，成熟时不张开，或顶端微张开，种子无翅。

7. 叶全为刺叶或鳞叶，或同一株上兼有刺叶、鳞叶，刺叶基部下延无关节，冬芽不显著；球果种鳞顶端不张开 ………………………………………………………………………………………… 6.圆柏属Sabina

7. 叶全为刺叶，基部不下延，有关节；球果种鳞顶端微张开 ……………………… 7.刺柏属Juniperus

（一）崖柏属 **Thuja** L.

常绿乔木或灌木。生鳞叶的小枝扁平，排成平面。鳞叶二型，交互对生，排成 4 列，两侧的叶船形，中央的叶近斜方形。雌雄同株，球花单生小枝顶端；雄球花有多数雄蕊；雌球花有 3 ～ 5 对珠鳞，仅下面 2 ～ 3 对有胚珠。球果当年成熟，长圆形或长卵圆形，种鳞薄，革质，扁平，近顶端有突起的小尖头，发育的种鳞腹面各有 1 ～ 2 枚种子；种子扁平，两侧有翅。

约 6 种，产北美及东亚。我国有 2 种，青岛引种 1 种。

图 43 北美香柏
1. 球果枝；2. 种子

1. 北美香柏 美国金钟柏（图 43）

Thuja occidentalis L.

乔木，在原产地可高达 20 米。树皮红褐色或橘红色，稀灰褐色；当年生小枝扁，2 ～ 3 年后逐渐变圆。鳞叶先端尖，长 1.5 ～ 3 毫米，两侧的叶与中间的叶近等长或稍短，中间的叶尖头下方有透明的圆形腺点；球果幼时直立，成熟时向下弯垂，淡红褐色，长 8 ～ 13 毫米，径 6 ～ 10 毫米；种鳞薄木质，常 5 对，近顶端处有尖头，下部 2 ～ 3 对种鳞能育，卵状椭圆形，或宽椭圆形，各有 1 ～ 2 粒种子；种子扁，两侧有翅。

喜光，喜温润气候，生长较慢。原产北美。中山公园，崂山太清宫及植物园等地有引种栽培。国内江苏、上海、浙江、湖北等地有栽培，为公园、庭院绿化树种。

树冠整齐优美，栽培可用于观赏。材质坚韧，耐腐性强，有香气，可作家具等。

（二）侧柏属 **Platycladus** Spach

常绿乔木或灌木。树皮淡灰褐色。生鳞叶的小枝直展或斜展，排成一个平面。鳞叶二型，交互对生，排成 4 列，背面有腺点。雌雄同株，球花单生小枝顶端；雄球花有 6 对雄蕊，交互对生；雌球花有 4 对珠鳞，交互对生，仅中间 2 对可育，各具 1 ～ 2 枚胚珠。球果当年成熟，开裂；种鳞木质，扁平，背部顶端下方有 1 个弯曲的钩状尖头；种子无翅或顶端有短膜。

单种属，仅侧柏 1 种，分布几乎遍布我国。朝鲜亦有分布。青岛有 1 种，3 栽培变种。

1. 侧柏 片松 柏树（图 44）

Platycladus orientalis (L.) Franco

Thuja orientalis L.

形态特征同属，侧柏花期 3 ～ 4 月；球果 10 月成熟。

全市普遍栽培，寿命长，常有百年以上的古树。国内分布广泛，为常见绿化树种。

常用作造林绿化树种。材质细密，富树脂，坚实耐用，可用于建筑、家具、文具等用材。种子入药，具有强壮、滋补等功效；枝叶入药，具有止血、利尿、健胃等功效。

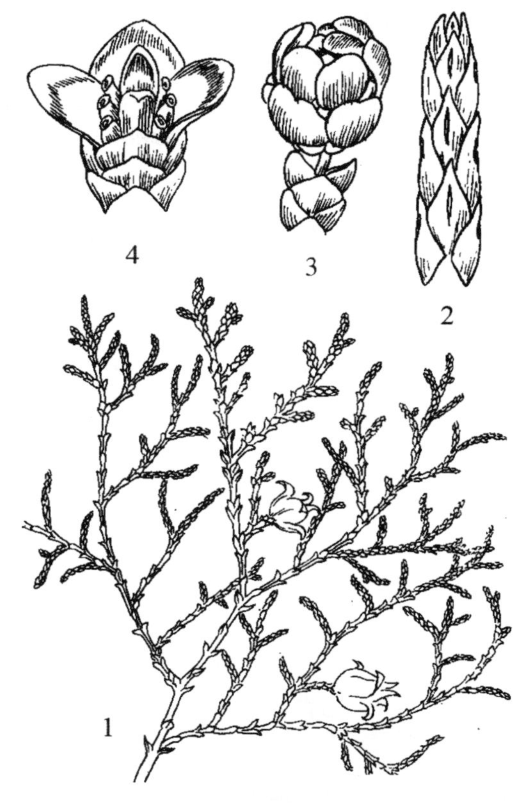

图 44 侧柏

1. 球果枝；2. 小枝一段放大；3. 雄球花；4. 雌球花

（1）千头柏（栽培变种）

'Sieboldii'

丛生灌木，无主干。枝密斜伸；树冠卵圆形或球形。

普遍栽培。

供观赏。

（2）金塔柏（栽培变种）

'Beverleyensis'

树冠塔形，叶金黄色。

崂山太清宫等地有栽培。

供观赏。

（3）金黄球柏（栽培变种）

'Semperaurescens'

树冠球形，叶全年为金黄色。

崂山北九水，崂山区王哥庄，即墨墨河公园等地有栽培。

供观赏。

（三）柏木属 Cupressus L.

常绿乔木，稀灌木。生鳞叶的小枝圆柱形或四棱形，一般不排成平面。鳞叶交互对生，排成 4 行，仅在幼苗或萌发枝上生有刺形叶。雌雄同株，球花单生枝顶；雄球花具有多枚雄蕊，每个雄蕊有花药 2 ～ 6；雌球花有 4 ～ 8 对珠鳞，中部珠鳞有 5 到多数胚珠。球果第二年成熟，球形或近球形；种鳞成熟时张开，木质，盾形，顶端的中部有尖头；

种子长圆形或长圆状倒卵形，稍扁，有棱角，两侧有窄翅。

约 20 种，分布于北美南部、东亚、喜马拉雅山及地中海等温带及亚热带地区。我国有 5 种，分布于秦岭以南和长江流域以南，引种栽培 4 种。青岛有 3 种，2 变种。

分种检索表

1. 生鳞叶的小枝圆或四棱形；球果通常较大，径1～3厘米；每种鳞具多数种子。
  2. 生鳞叶的小枝四棱形。
    3. 鳞叶背部有明显的腺点，先端锐尖，蓝绿色，微被白粉；球果近圆球形……2.绿干柏C. arizonica
    3. 鳞叶背部无明显的腺点 …………………………………………… 3.地中海柏木C. sempervirens
  2. 生鳞叶的小枝圆柱形，常被蜡粉，球果具6对种鳞 ………………… 4.巨柏C. torulosa var. gigantea
1. 生鳞叶的小枝扁，排成平面，下垂；球果小，径 0.8 ～ 1.2 厘米，每种鳞具 5 ～ 6 粒种子 …………………………………………………………………………………… 1. 柏木 C. funebris

图 45　柏木

1. 球果枝；2. 小枝一段放大；3. 雄蕊；4. 雌球花；5. 球果；6. 种子

1. 柏木（图 45）

Cupressus funebris Endl.

常绿乔木；高可达 35 米。树皮淡灰褐色，裂成窄长条片状；小枝细长下垂，生鳞叶的小枝扁平，两面同型，较老的小枝圆柱形。鳞叶长 1 ～ 1.5 毫米，有两种类型，中央的鳞叶背部有线状腺点，两侧的鳞叶背部有棱脊。雄球花近球形，雄蕊 6 对；雌球花近球形；球果圆，直径 8 ～ 12 毫米，熟时暗褐色；种鳞 4 对，顶端为不规则的五角形或方形，能育种鳞有 5 ～ 6 粒种子；种子宽倒卵状菱形或近圆形，淡褐色，边缘有狭翅。花期 3 ～ 5 月；球果翌年 5 ～ 6 月成熟。

喜温暖湿润的气候，耐干旱贫瘠。

青岛崂山的张坡、太清宫等地有栽培。我国特有树种，国内分布广泛。

木材耐水湿，可供建筑、造船、家具等用材。枝叶可提芳香油。球果入药，可治疗感冒、胃疼等，根入药，可治疗跌打损伤等，叶子入药可治烫伤。树形优美，可作观赏树种。

2. 绿干柏（图 46）

Cupressus arizonica Greene

乔木，在原产地高达 25 米；树皮红褐色，纵裂成长条剥落；枝条颇粗壮，向上斜展；

生鳞叶的小枝方形或近方形，末端鳞叶枝径1～2毫米，二年生枝暗紫褐色，稍有光泽。鳞叶斜方状卵形，长1.5～2毫米，蓝绿色，微被白粉，先端锐尖，背面具棱脊，中部具明显的圆形腺体。球果圆球形或矩圆球形，长1.5～3厘米，暗紫褐色；种鳞3～4对，顶部五角形，中央具显著的锐尖头；种子倒卵圆形，暗灰褐色，长5～6毫米，稍扁，具不明显的棱角，上部微有窄翅。

原产美洲。崂山太清宫西坡有栽培。国内南京及庐山等地引种栽培，生长良好。

（1）蓝冰柏（变种）（彩图9）

var. **glabra**(Sudw.) **Little 'Blue Ice'**

常绿乔木，株型垂直，整体呈圆锥形。生鳞叶的小枝四棱形或近四棱形，所有叶片终年呈现霜蓝色，中部有明显的圆形腺点，球果宽椭圆状球形，种鳞3～4对，种子稍扁，微具棱。该种为优秀的色块观赏树种。

城阳区百姓乐园，山东科技大学校园有栽培，生长良好。

供观赏。

3. 地中海柏木（图47）

Cupressus sempervirens L.

乔木，在原产地高达25米。树皮较薄，灰褐色，浅纵裂。生鳞叶的小枝四棱形，径约1毫米。鳞叶交叉对生排成四列，叶先端钝或钝尖，背部有纵脊及腺槽，无白粉，无明显的腺点。球果椭圆形或近球形，较大，直径2～3厘米，生于下弯的短枝顶端，熟时光褐色或灰色，种鳞4～7对，顶部有小尖头，每个种鳞有8～20粒种子；种子有棱脊，两侧有窄翅。

原产欧洲南部地中海地区至亚洲西部。崂山太清宫有栽培。国内江苏、江西等地有引种栽培。

公园庭院绿化树种，供观赏。

图46 绿干柏

1. 球果枝；2. 小枝一段放大；3～4. 种子

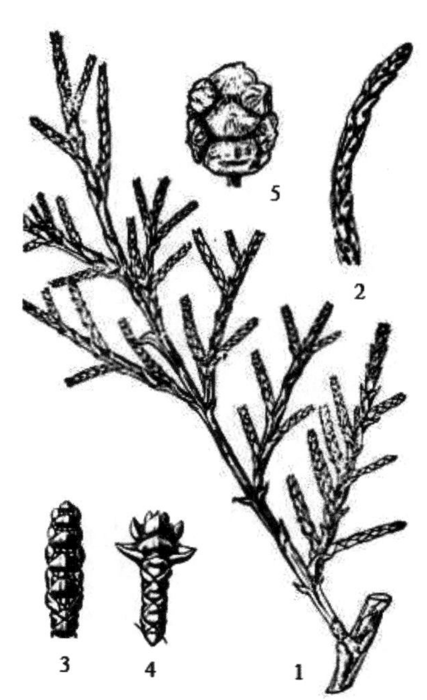

图47 地中海柏木

1. 枝叶；2. 小枝一段放大；3. 雄球花；4. 雌球花；5. 球果

4. 巨柏

Cupressus torulosa D. Don ex Lamb. var. **gigantea** (W. C. Cheng & L. K. Fu) Farjon

乔木，高 30 ~ 45 米，胸径 1 ~ 3 米，稀达 6 米；树皮纵裂成条状；生鳞叶的枝排列紧密，粗壮，不排成平面，常呈四棱形，稀呈圆柱形，常被蜡粉，末端的鳞叶枝径粗 1 ~ 2 毫米，不下垂；二年生枝淡紫褐色或灰紫褐色，老枝黑灰色，枝皮裂成鳞状块片。鳞叶斜方形，交叉对生，紧密排成整齐的四列，背部有钝纵脊或拱圆，具条槽。球果矩圆状球形，长 1.6 ~ 2 厘米，径 1.3 ~ 1.6 厘米；种鳞 6 对，木质，盾形，顶部平，多呈五角形或六角形，或上部种鳞呈四角形，中央有明显而凸起的尖头，能育种鳞具多数种子；种子两侧具窄翅。

黄岛等地有引种栽培。国内分布于西藏。

（四）扁柏属 **Chamaecyparis** Spach

常绿乔木，树皮深纵裂。生鳞叶的小枝常扁平，排成一个平面（一些栽培变种除外）。鳞叶交互对生，二型，稀同型（一些栽培变种），小枝上面中央的叶卵形或菱状卵形，侧面的叶对折呈船形。雌雄同株，球花单生枝顶；雄球花卵形或长圆形，有 3 ~ 4 对雄蕊，每枚雄蕊有 3 ~ 5 个花药；雌球花圆球形，有 3 ~ 6 对珠鳞，其内侧各有 1 ~ 5 枚胚珠。球果圆球形，当年成熟；木质种鳞 3 ~ 6 对，盾形，顶部中央有小尖头，种鳞内侧有 1 ~ 5 粒种子，通常 3 粒。

约 6 种，分布于北美、日本及我国台湾。我国有 1 种，1 变种，均产台湾，另引入栽培 4 种。青岛引种栽培 2 种，5 栽培变种。

分种检索表

1.鳞叶先端钝，肥厚；球果直径8 ~ 10毫米；种鳞4对……………………………… 1.日本扁柏 C. obtusa

1.鳞叶先端锐尖；球果直径约6毫米；种鳞5对 …………………………………………… 2.日本花柏 C. pisifera

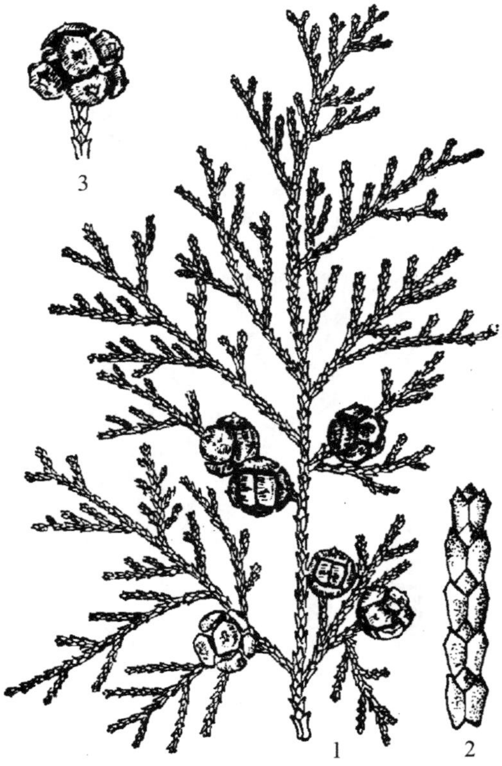

图 48　日本扁柏

1. 球果枝；2. 小枝一段放大；3. 球果

1. 日本扁柏（图 48）

Chamaecyparis obtusa (Sieb. et Zucc.) Endl.

Retinispora obtusa Sieb. et Zucc.

常绿乔木；原产地可高达 40 米。树皮红褐色，呈薄片状脱落；生鳞叶的小枝扁平，排成一个平面。鳞叶肥厚，二型，先端钝，小枝上面中央的叶露出部分近方形，侧面的叶呈倒卵状菱形，小枝下面的叶微有白粉。球果红褐色，圆球形，径 8 ~ 10 毫米；

种鳞 4 对，顶端五角形，平或中间微凹；种子近圆形，两侧有窄翅。花期 4 月；球果 10 ～ 11 月成熟。

原产日本。中山公园，崂山蔚竹庵、太清宫，城阳奥林匹克公园，即墨市等地有栽培。国内江苏、江西、上海、浙江、河南等地有引种栽培，做庭院绿化树种。

材有香气，有光泽，材质坚硬，可供建筑、家具等用。

（1）云片柏（栽培变种）

'Breviramea'

小乔木。树冠窄塔形，生鳞叶的小枝薄片状，侧生片状小枝盖住顶生片状小枝，如层云状。

中山公园有栽培。

供观赏。

（2）洒金云片柏（栽培变种）

'Breviramea Aurea'

与云片柏形态特征相似，只是顶端鳞叶呈金黄色。

崂山明道观、太清宫有栽培。

供观赏。

（3）孔雀柏（栽培变种）

'Tetragona '

灌木或小乔木。枝近直展，生鳞叶的小枝辐射状排列或微排成平面，末端鳞叶枝四棱形；鳞叶背部有纵脊，光绿色。

中山公园有栽培。

供观赏。

2. 日本花柏 花柏（图 49）

Chamaecyparis pisifera (Sieb. Et Zucc) Endl.

Retinispora pisifera Sieb. et Zucc.

常绿乔木。在原产地可高达 50 米。树皮红褐色，裂成薄片状脱落；生鳞叶的小枝扁平，排成一个平面。鳞叶先端锐尖，两侧的叶比中央的叶稍长，下面的叶有明显的白粉。球果圆球形，成熟时暗褐色，径约 6 毫米，种鳞 5 ～ 6 对，能育的种鳞有种子 1 ～ 2 粒；种子三角状卵形，有棱脊，两侧有宽翅。

原产日本。崂山凉清河、张坡、太清宫后、仰口、北九水、蔚竹庵、滑溜口，中山公园及崂山区社区等地有栽培。国

图 49 日本花柏

1. 球果枝；2. 小枝一段放大

内江西、江苏、上海、浙江等地引种栽培，做庭院绿化树种。

（1）绒柏（栽培变种）

'Squarrosa'

灌木或小乔木。枝叶浓密，叶条状刺形，柔软；小枝下部叶的中脉两侧有白粉带。

中山公园，崂山太清宫等地有栽培。

观赏树种。

（2）线柏（栽培变种）

' Filifera'

灌木或小乔木。树冠近球形，通常宽大于高；枝叶浓密；小枝细长下垂；鳞叶先端锐尖。

中山公园有栽培。

供观赏。

（五）福建柏属 **Fokienia** Henry et Thomas

常绿乔木，树皮紫褐色，浅纵裂。生鳞叶的小枝扁平，三出羽状分枝，排列成平面。鳞叶二型，交互对生，节明显，两侧的叶对折，瓦覆于中央叶的边缘，小枝下面中央的叶及两侧的叶下有粉白色气孔带。雌雄同株，球花单生于小枝顶端；雄球花近球形，雌球花有 6 ~ 8 对珠鳞，珠鳞基部有 2 枚胚珠。球果近球形，翌年成熟，熟时褐色；种鳞木质盾形，熟时张开，顶部中央微凹，能育的种鳞各有 2 粒种子；种子卵形，上部有 2 片大小不等的薄翅，大翅长约 5 毫米。

图 50 福建柏

1. 枝叶；2. 小枝一段放大；3. 种子

单种属，仅 1 种，主要分布长江以南各省，越南北部也有分布。青岛引种栽培 1 种。

1. 福建柏 建柏（图 50）

Fokienia hodginsii (Dunn) Henry et Thomas

Cupressus hodginsii Dunn

形态特征同属。花期 3 ~ 4 月；球果翌年 10 ~ 11 月成熟。

喜温暖湿润气候。崂山张坡、太清宫后等地有引种栽培。国内分布于浙江、福建、江西、湖南、广西、贵州、云南等地。

生长快，可作造林树种，亦是优良的园林绿化树种。材质干后耐久用，边材淡红褐色，心材深褐色，可供建筑、家具、雕刻等用材。

（六）圆柏属 Sabina Mill.

常绿乔木或灌木，直立或匍匐。生叶小枝不排成一个平面。叶刺形或鳞形，幼树的叶全为刺形，大树的叶全为刺形或全为鳞形，或同一株树兼有二型叶；刺叶通常 3 叶轮生，上面有气孔带，鳞叶通常交互对生，下面常有腺体。雌雄同株或异株，球花单生小枝顶端；雄球花卵圆形或长圆形，黄色，有 4 ～ 8 对雄蕊；雌球花有 4 ～ 8 枚珠鳞，腹面生有胚珠。球果通常翌年成熟；种鳞肉质，合生，苞鳞与种鳞合生，仅苞鳞顶端的尖头分离；球果成熟时不开裂；种子 1 ～ 6 粒，无翅，常有树脂槽。

约 50 种，分布于北半球。我国有 15 种，5 变种，多数分布于西北、西南和西部山地；另有引种栽培 2 种。青岛有 5 种，5 栽培变种。

分种检索表

1. 叶全为刺形，3叶轮生，稀为对生。
 2.直立灌木；球果有1粒种子 …………………………………………………… 1.粉柏S. squamata ‘Meyeri’
 2.匍匐灌木；球果有2 ~ 3粒种子 …………………………………………………… 2.铺地柏S. procumbens
1. 叶全为鳞形，或兼有鳞叶与刺叶，或仅幼树全为刺叶。
 3. 球果倒三角形或叉状球形，鳞叶背面的腺点位于中部，刺叶交叉对生 …… 3.叉子圆柏S. vulgaris
 3. 球果卵圆形或近球形，鳞叶背面的腺点位于中部或往下，刺叶3叶轮生或交叉对生。
  4.鳞叶先端急尖或渐尖 ……………………………………………………………… 4.北美圆柏S. virginiana
  4.鳞叶先端钝 ………………………………………………………………………… 5.圆柏S.chinensis

1. 粉柏

Sabina squamata (Buch.-Ham.) Ant. **‘Meyeri’**

常绿灌木，高 1 ～ 3 米。小枝密，倾斜向上。叶条状披针形，全为刺叶，3 叶轮生，排列紧密，上下两面均有白粉。球果卵圆形，成熟后蓝黑色，无白粉，内有种子 1 枚；种子卵圆形，有棱。

喜光，喜凉爽湿润的气候，生长慢。

中山公园，崂山太清宫，中国海洋大学鱼山校区，即墨市田横岛等地有栽培。国内天津、北京、上海、江西、江苏、河南、江苏等地有栽培。绿化观赏树种。

2. 铺地柏 爬地柏

Sabina procumbens (Endl.) Iwata Kusaka

Juniperus chinensis L. var. *procumbens* Sieb. ex Endl.

常绿匍匐灌木，高可达 75 厘米。枝条沿地面扩展，小枝密生，枝梢向上斜展。叶线状披针形，先端渐尖，全为刺叶，3 叶轮生，叶上面凹，有两条白色气孔带，下面中脉稍凸起，沿中脉有细纵槽。球果近圆形，长 8 ～ 9 毫米，成熟时蓝黑色，有白粉；种子 2 ～ 3 粒，长约 4 毫米，有棱脊。

喜光，喜湿润气候，耐寒力较强。

图 51　叉子圆柏

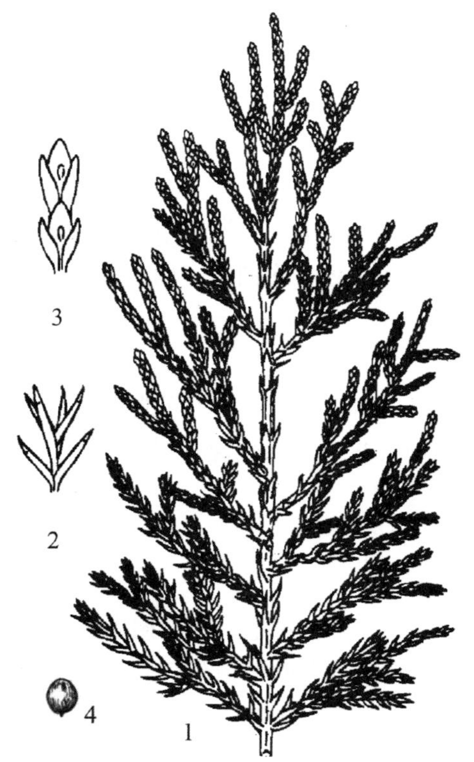

图 52　北美圆柏
1. 枝叶；2. 刺形叶；3. 鳞形叶；4. 球果

原产日本。崂山北九水，即墨等地有栽培。国内云南、江西、华东地区等各大城市引种栽培做观赏树种。亦是制作悬崖式盆景的良好材料。

3. 叉子圆柏 砂地柏（图 51）

Sabina vulgaris Ant.

匍匐灌木，高不到 1 米。枝密集，斜上伸展，枝皮灰褐色，裂成薄片状脱落。一年生枝的分枝均为圆柱形。幼树上全部为刺叶，交叉对生，先端刺尖，上面凹，下面拱圆，中部有长椭圆形或条形腺体，壮龄树上多为鳞叶，交互对生，背面中部有明显的椭圆形或卵形腺体。多雌雄异株，雄球花长 2 ~ 3 毫米，雄蕊 5 ~ 7 对，各具 2 ~ 4 个花药；雌球花初期直立，后期俯垂。球果生于弯曲的小枝顶端，形态多样，多为倒三角状球形，熟时褐色、蓝紫色到黑色；种子多 2 ~ 3 粒，卵圆形，微扁，有纵脊或树脂槽。

喜光，喜凉爽干燥的气候，耐旱性强。

中山公园，即墨墨河公园，珠山森林公园和青岛农业大学等地有栽培。国内分布于新疆、宁夏、内蒙古、青海、甘肃等地。是良好的地被树种，可作水土保持及固沙造林树种。

4. 北美圆柏 铅笔柏（图 52）

Sabina virginiana (L.)Ant.

Juniperus virginiana L.

乔木，在原产地可高达 30 米，树冠柱状圆锥形或圆锥形。树皮红褐色，裂成长条片状。叶二型，均交叉对生；生鳞叶的小枝细，四棱形，鳞叶排列较疏，先端急尖或渐尖，背面中下部有下凹的腺体；刺叶 5 ~ 6 毫米，上面凹，被白粉。常雌雄异株，雄球花有 6 枚雄蕊。球果当年成熟，黄绿色，近球形或卵圆形，5 ~ 6 毫米长，被白粉；种子 1 ~ 2 粒，卵圆形，有树脂槽。花期 3 月；果期 10 月。

适应性强，喜光，耐干旱。

原产北美。崂山北九水、太清宫，中山公园及崂山东姜社区有栽培。国内华东地区有引种栽培。

生长快，可作造林树种和园林树种。

5. 圆柏 桧（图 53）

Sabina chinensis (L.)Ant.

Juniperus chinenesis L.

常绿乔木；高可达 20 米。树皮灰褐色，纵裂成不规则片状脱落。幼树枝条斜上伸展，呈尖塔形树冠，老树下部大枝平展，呈广圆形树冠。叶二型，刺叶生于幼树上，3 叶轮生，老树全为鳞叶，3 叶轮生，壮龄树兼有刺叶和鳞叶，刺叶披针形，上面微凹，有两条白粉带，鳞叶背面近中部有椭圆形微凹的腺体。多雌雄异株，雄球花椭圆形，黄色，有 5 ～ 7 对雄蕊，常有 3 ～ 4 花药。球果翌年成熟，暗褐色，被白粉或白粉脱落，种子 1 ～ 4 粒，卵圆形，有棱脊及少数树脂槽。花期 3 ～ 4 月；球果翌年 10 ～ 11 月成熟。

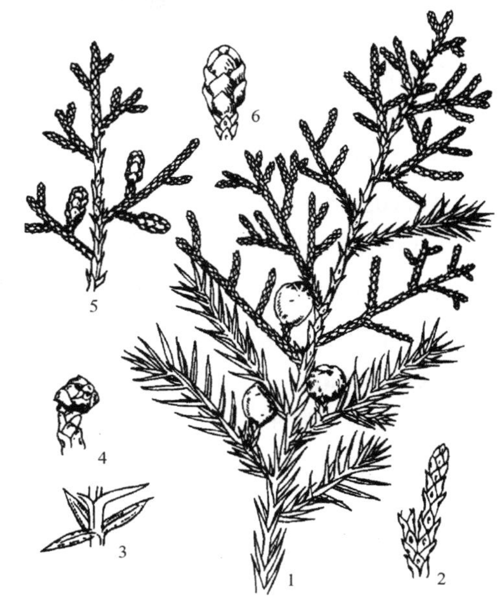

图 53 圆柏

1. 球果枝；2. 生鳞叶的小枝放大；3. 刺形叶；4. 雌球花；5. 雄球花枝；6. 雄球花

喜光，喜温凉湿润气候，耐寒，寿命较长，为普遍栽培的庭院树种。

崂山华楼、北九水、仰口、蔚竹庵、太清宫等地有栽培。国内分布广泛，内蒙古、河北、山西、福建、陕西、甘肃、湖南、广西、云南等地均有栽培。

材质坚韧致密，耐腐性强，心材淡褐红色，边材淡黄褐色，有香气，可作建筑、家具等用材，树根、树干及枝叶可提取柏木脑的原料和柏木油，枝叶入药，能活血消肿，利尿；种子可提润滑油。

（1）龙柏（栽培变种）

'Kaizuca'

树冠圆柱状或柱状塔形；枝条向上直展，常有扭转上升之势；小枝密，在枝端形成几乎等长的密簇。鳞叶排列紧密。球果蓝色，微被白粉。

全市各地普遍栽培。

（2）塔柏（栽培变种）

'Pyramidalis'

树冠圆柱状尖塔形；枝向上直展，密生。叶多为刺叶，稀兼有鳞叶。

中山公园，黄岛区环海林场，崂山区王山口社区等地有栽培。

（3）鹿角桧（栽培变种）

'Pfitzeriana'

丛生灌木；干枝自地面向四周斜上伸展，通常全为鳞叶。

中山公园，山东科技大学，即墨鹤山路及平度大泽山等地有栽培。

（4）金球桧（栽培变种）

'Aureoglobosa'

丛生矮型圆球形灌木，枝密生，叶鳞形，兼有刺叶，幼枝绿叶中有黄金色枝叶。

市区普遍栽培，崂山太清宫，开发区鹿角湾等地亦有栽培。

（5）龙角桧（栽培变种）

'Ceratocaulis'

植株呈扁圆锥形，小枝密生，侧枝伸展广，枝端略上翘，小枝密生，叶多为刺叶，顶部老枝上鳞叶较多。

中山公园有栽培。

（七）刺柏属 Juniperus L.

常绿乔木或灌木。小枝近圆柱形或四棱形，冬芽明显。叶全为刺叶，3 叶轮生，基部有关节，不下延生长，上面平或凹，有 1 ～ 2 条气孔带，下面隆起，有纵脊。雌雄同株或异株，球花单生叶腋；雄球花约有 5 对雄蕊，交互对生；雌球花近圆球形，有 3 枚轮生的珠鳞，胚珠 3 枚。球果两年或三年成熟，浆果状，近球形；种鳞肉质，3 枚合生，苞鳞与种鳞合生，仅顶端尖头分离，成熟时不张开或仅顶端微张开。种子通常 3 粒，卵圆形，无翅，有棱脊河树脂槽。

约 10 余种，分布于亚洲、欧洲及北美洲。我国有 3 种，引入栽培 1 种。青岛有 2 种。

分种检索表

1. 叶上面中脉绿色，两侧各有1条白色气孔带 ……………………………………………… 1.刺柏 J. formosana

1. 叶上面无绿色中脉，有1条白粉带 … 2.杜松 J. rigida

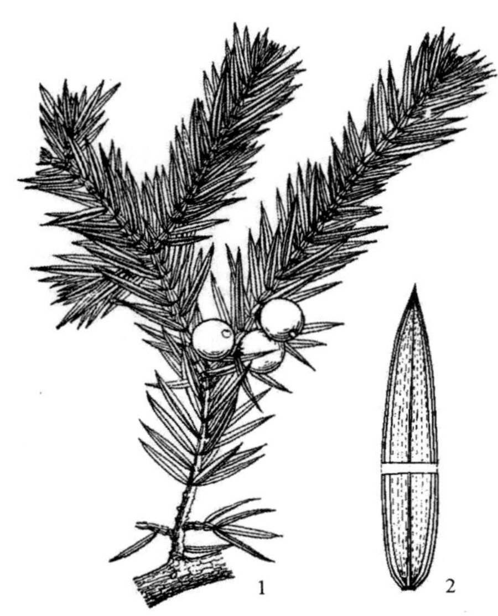

图 54　刺柏

1. 球果枝；2. 叶放大

1. 刺柏　山刺柏　台桧（图 54；彩图 10）

Juniperus formosana Hayata

常绿乔木，树冠塔形或圆柱形，高可达 12 米。树皮褐色，纵裂成长条薄片脱落。小枝下垂，三棱形。刺叶条状披针形或条状刺形，长 1.2 ～ 2 厘米，3 叶轮生，先端渐尖具锐尖头，上面微凹，中脉微隆起，绿色，两侧各有 1 条白色、很少紫色或淡绿色的气孔带，在叶的先端汇合为 1 条，下面绿色，有光泽，横切面新月形。雄球花圆球形或椭圆形，长 4 ～ 6 毫米。球果近球形或宽卵圆形，长 6 ～ 10 毫米，径 6 ～ 9 毫米，熟时淡红褐色，偶尔顶部微张开；种子半月圆形，具 3 ～ 4 条棱脊，顶端尖，近基部有 3 ～ 4 个树脂槽。

喜光，耐寒、耐旱性较强。

为我国特有树种，分布很广。即墨有引种栽培，国内产于台湾、江苏、安徽、浙江、福建、江西、湖北、湖南、陕西、甘肃、青海、西藏、四川、贵州、云南等地，多散生于林中。

园林绿化树种，亦可制作盆景。

2. 杜松　刚桧　软叶杜松（图 55）

Juniperus rigida Sieb. et Zucc.

灌木或小乔木，树冠塔形或圆柱形，高可达 10 米；枝皮灰褐色，纵裂，小枝下垂，幼枝三棱形，无毛。刺叶条状，质厚，坚硬，长 1.2 ～ 1.7 厘米，宽约 1 毫米，3 叶轮生，叶先端锐尖，上面凹下成深槽，槽内有 1 条窄白粉带，下面有明显的纵脊，横切面成内凹的 "V" 状三角形。雄球花椭圆状或近球状，长 2 ～ 3 毫米。球果圆球形，径 6 ～ 8 毫米，成熟前紫褐色，熟时淡褐黑色或蓝黑色，常被白粉；种子近卵圆形，长约 6 毫米，顶端尖，有 4 条不显著的棱角。

喜光，喜冷凉气候，耐寒。

中山公园，即墨等地有引种栽培。国内产于黑龙江、吉林、辽宁、内蒙古、河北、山西、陕西、甘肃及宁夏等省区，生于比较干燥的山地。

图 55　杜松

1. 雄球花枝；2. 雄球花；3. 球果枝；4. 叶及横切面

木材坚硬，纹理致密，耐腐力强，边材黄白色，心材淡褐色，可用于家具、工艺品、雕刻品等用材。可栽培作庭院树。果实入药，有利尿、祛风、发汗等功效。

（八）罗汉柏属 **Thujposis** Sieb.et Zucc.

常绿乔木。生鳞叶的小枝扁平，有上下面的区别，下面有白粉带。鳞叶交互对生，二型，两侧的鳞叶先端尖，对折成船形，覆压中部叶之边缘，中央的鳞叶先端钝。球花单性，雌雄同株，单生于短枝顶端；雄球花有 6 ～ 8 对雄蕊，交互对生；雌球花有 3 ～ 4 对珠鳞，只有中部 2 对珠鳞各有胚珠 3 ～ 5。球果近圆形；种鳞 3 ～ 4 对，木质、扁平；能育种鳞各有种子 3 ～ 5 枚；种子近圆形，两侧有窄翅；子叶 2。

仅 1 种，产于日本。我国东部和中部城市有引种。青岛有栽培。

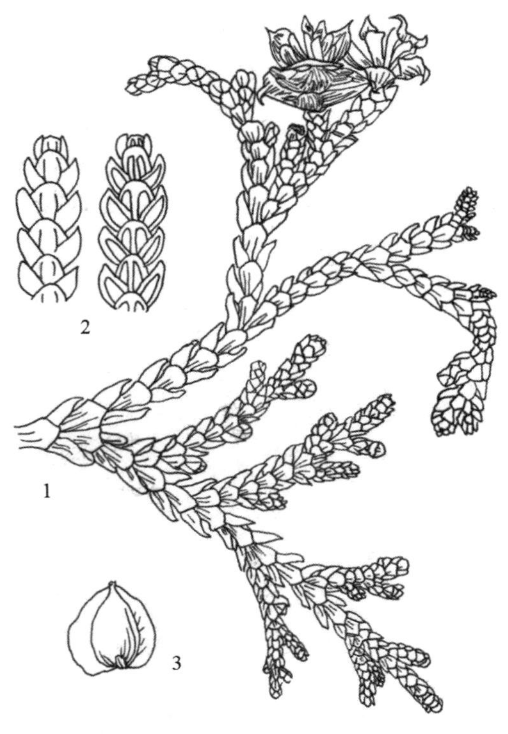

图 56　罗汉柏

1. 球果枝；2. 生鳞叶的小枝的上下面；3. 种子

1. 罗汉柏 蜈蚣柏（图 56）

Thujopsis dolabrata (L. f.) Sieb. et Zucc.

Thuja dolabrata L.f.

常绿乔木；高可达 15 米。树皮裂成条片脱落；生鳞叶的小枝扁平，平展。鳞叶质地较厚，两侧鳞叶卵状披针形，长 4 ～ 7 毫米，宽 1.5 ～ 2.2 毫米，先端通常较钝，微内曲，上侧面深绿色，下侧面有 1 条较宽的粉白色气孔带；中央的鳞叶稍短于两侧的鳞叶，先端钝圆或三角状，下面中央的叶有 2 条明显的粉白色气孔带。球果近圆形，长 1.2 ～ 1.5 厘米，成熟时张开，种鳞木质，顶端下方有 1 短尖头；种子近圆形两侧有窄翅。

原产日本。崂山太清宫有引种栽培。国内庐山、井冈山、南京、上海、杭州、福建、武汉等地也有引种。

树形优美，为良好的绿化树种。

五、罗汉松科 PODOCARPACEAE

常绿乔木或灌木。叶鳞形、条形、披针形、椭圆形等多种形状，螺旋状排列或对生，叶两面或仅下面有气孔带或气孔线。雌雄异株，稀同株，雄球花穗状，单生或簇生叶腋，或生枝顶，雄蕊多数，螺旋状排列，花粉具气囊；雌球花单生叶腋或苞腋，或生枝顶，苞片螺旋状排列，部分、全部或仅顶端的苞腋着生一枚胚珠，胚珠由囊状或杯状的套被包围。种子核果状或坚果状，全部或部分为肉质或薄而干得假种皮包围，有肉质种托或无，有柄或无柄，种子有胚乳，子叶 2 枚。

8 属，约 130 种，分布于热带、亚热带及南温带地区。我国产 2 属，14 种，3 变种，分布于长江以南各省区。青岛引种栽培 1 种。

（一）罗汉松属 **Podocarpus** L' Her.ex Persoon

常绿乔木或灌木。叶条形、披针形、椭圆状卵形或鳞形，螺旋状排列，近对生或交叉对生，有明显中脉，下面有气孔线。雌雄异株，雄球花穗状，多单生或簇生叶腋，或成分枝状，有总梗或几无总梗，基部有少数螺旋状排列的苞片，雄蕊多数，花药2，花粉具2个气囊；雌球花常单生叶腋或苞腋，稀顶生，有梗或无梗，基部有多枚苞片，最上部有1个套被生有1枚胚珠，套被与珠被合生，花后，套被发育成肉质的假种皮，苞片发育成肉质的种托，或苞片不增厚，不成肉质种托。种子核果状，有梗或无梗，当年成熟，全部为肉质假种皮所包，生于肉质或非肉质的种托上。

本属约100种，分布于热带、亚热带和南温带，我国有13种，3变种，分布于长江以南各省及台湾，青岛引种栽培1种。

1. 罗汉松 罗汉杉 土杉（图 57；彩图 11）

Podocarpus macrophyllus (Thunb.) D. Don

Taxus macrophyllus Thunb.

常绿乔木，高可达 20 米。树皮灰色或灰褐色，纵裂成薄片状脱落。枝较密。叶螺旋状着生，条状披针形，微弯，长 7 ~ 12 厘米，宽 7 ~ 10 毫米，先端尖，中脉显著隆起。雄球花穗状，长 3 ~ 5 厘米，常 3 ~ 5 枚簇生在叶腋极短的总梗上，基部有多枚三角形的苞片；雌球花单生叶腋，有梗，基部有少数苞片。种子卵圆形，径约 1 厘米，熟时肉质假种皮呈紫黑色，有白粉，圆柱形的肉质种托呈紫红色。花期 4 ~ 5 月；种子 9 ~ 10 月成熟。

喜温暖湿润气候，耐寒性弱。

中山公园，植物园，崂山太清宫，城阳西后楼社区及青岛大学等地有栽培。国内分布于江苏、浙江、广西、广东、云南、四川等省；华北常盆栽观赏。

材质细致均匀，易加工，可作家具、文具等。枝叶优美，亦作盆栽观赏。

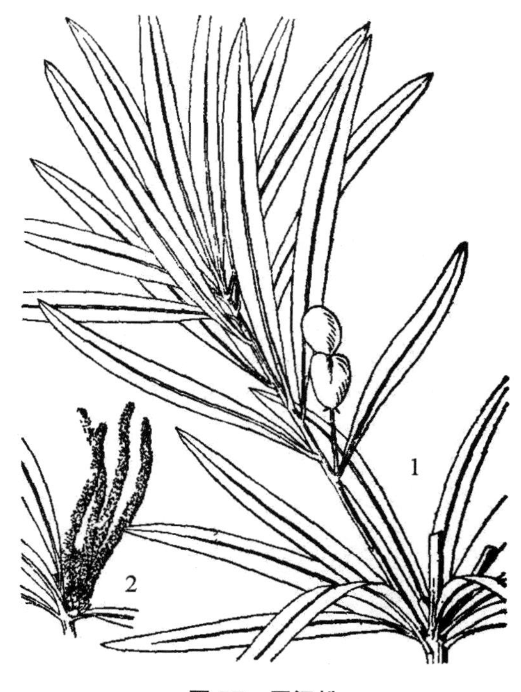

图 57 罗汉松

1. 种子枝；2. 雄球花枝

六、三尖杉科 CEPHALOTAXACEAE

常绿乔木或灌木，髓心中部有树脂道；小枝对生或不对生，基部具宿存芽鳞。叶条形或披针状条形，稀披针形，交叉对生或近对生，在侧枝上基部扭转排成两列，上面中脉隆起，下面有两条宽气孔带，在横切面上维管束的下方有 1 树脂道。雌雄异株，稀同株；雄球花 6 ~ 11 聚生成头状花序，生叶腋，有梗或几乎无梗，基部有多枚螺旋状着生的苞片，每雄球花的基部有一枚卵形或三角状卵形的苞片，雄蕊 4 ~ 16 枚，各具 2 ~ 4（多为 3) 个背腹面排列的花药，花丝短，药室纵裂，花粉无气囊；雌球花多生于小枝基部苞片的腋部，具长梗，花梗上部的花轴上有多对交叉对生的苞片，每一苞片的腋部有两枚直立胚珠，胚珠生于珠托之上。种子核果状，第二年成熟，全部包于由珠托发育成的肉质假种皮中，常数个（稀 1 个）生于轴上，卵圆形、椭圆状卵圆形或圆球形，顶端具突起的小尖头，基部有宿存的苞片，外种皮质硬，内种皮薄膜质，种子有胚乳，子叶 2 枚，发芽时出土。

1属，9种，我国产7种，3变种，分布于秦岭至山东鲁山以南各省区及台湾。另有1引种栽培变种。青岛有2种。

（一）三尖杉属 **Cephalotaxus** Sieb.et Zucc.ex Endl.

形态特征同科。

分种检索表

1. 叶长4～13厘米，先端渐尖成长尖头……………………………………………… 1.三尖杉C. fortunei
1. 叶较短，长1.5～5厘米，先端微急尖、急尖或渐尖 ………………………………… 2.粗榧C. sinensis

1. 三尖杉 头形杉（图 58）

Cephalotaxus fortunei Hook. f.

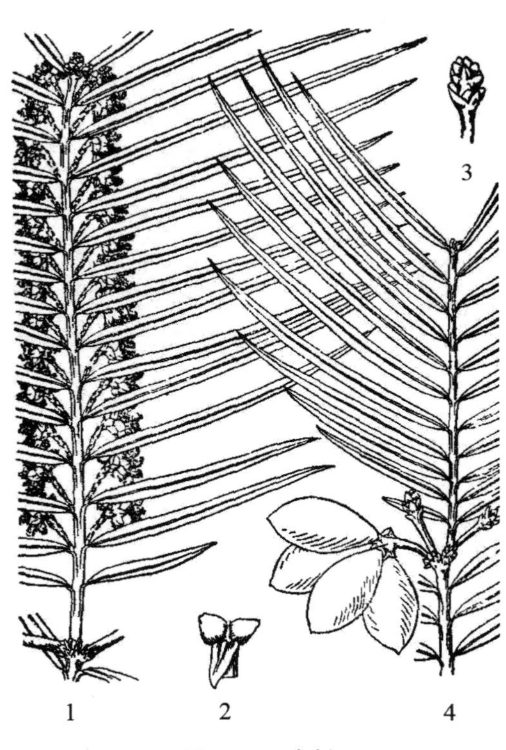

图 58 三尖杉

1. 雄球花枝；2. 雌球花上之苞片与胚珠
3. 雌球花；4. 种子及雌球花枝

乔木，高可达 20 米，树冠广圆形，树皮褐色或红褐色，裂成片状脱落。枝条较细长，稍下垂。叶排成两列，披针状条形，通常微弯，长约 5 ～ 10 厘米，宽约 3.5 ～ 4.5 毫米，上部渐窄，先端有渐尖的长尖头，基部楔形或宽楔形，上面深绿色，中脉隆起，下面气孔带白色，较宽。雄球花头状，8 ～ 10 聚生而成，径约 1 厘米，总花梗粗，长约 6 ～ 8 毫米，基部及总花梗上部有 18 ～ 24 枚苞片，每一雄球花有 6 ～ 16 枚雄蕊，花药 3，花丝短；雌球花的总梗长 1.5 ～ 2 厘米，胚珠 3 ～ 8 枚发育成种子。种子椭圆状卵形或近圆球形，长约 2.5 厘米，假种皮成熟时紫色或紫红色，顶端有小尖头；子叶 2 枚，条形，长 2.2 ～ 3.8 厘米，宽约 2 毫米，先端钝圆或微凹，下面中脉隆起，无气孔线，上面有凹槽，内有一窄的白粉带。花期 4 月，种子 8 ～ 10 月成熟。

三尖杉多生于阔叶树、针叶树的混交林中。

为我国特有树种。崂山太清宫有栽培，作观赏。国内产于云南、贵州、广东、广西、湖南、湖北、福建、浙江、四川、安徽、江西、河南、陕西、甘肃等省区。

木材黄褐色，纹理细致，材质坚实，有弹性，可供建筑、桥梁、家具等用材。根、枝叶、种子均可提取生物碱，对淋巴肉瘤等有一定的疗效，种子还可榨油，供工业用。

2. 粗榧 粗榧杉 中国粗榧（图 59；彩图 12）

Cephalotaxus sinensis (Rehd. et Wils.) Li

C. drupacea Sieb. et Zucc. var. *sinensis* Rehd. et Wils

常为小乔木，树皮灰色或灰褐色，裂成薄片状脱落。叶质地较厚，条形，排列成两列，通常直，稀微弯，长 2 ～ 5 厘米，宽约 3 毫米，基部近圆形，几乎无柄，上部与中下部通常等宽或稍窄，先端通常渐尖或微急尖，稀凸尖，上面深绿色，中脉明显，下面有 2 条白色气孔带，较宽，叶肉中有星状石细胞。雄球花 6 ～ 7 聚生成头状，径约 6 毫米，总梗长约 3 毫米，有多枚苞片；雄球花卵圆形，基部有 1 枚苞片，雄蕊 4 ～ 11 枚，花丝短，花药 2 ～ 4 个（多为 3 个）。种子卵圆形、椭圆状卵形或近球形，通常 2 ～ 5 枚，长 1.8 ～ 2.5 厘米，顶端中央有一小尖头。

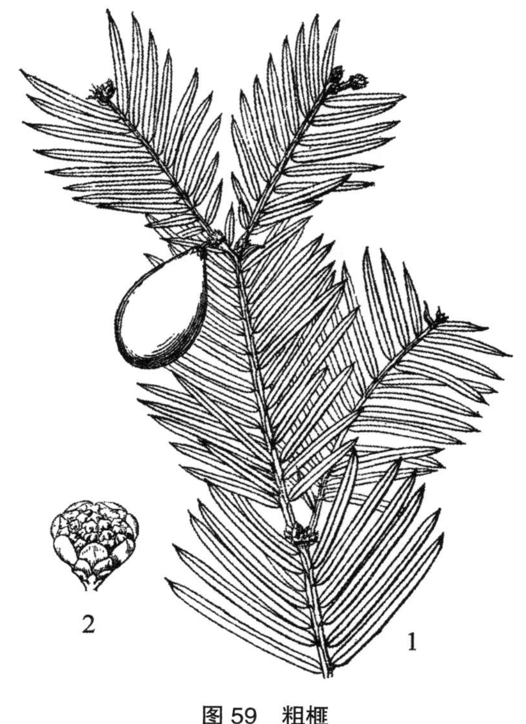

图 59 粗榧

1. 种子枝；2. 雄球花

喜温凉、湿润气候，较耐寒。

青岛植物园有栽培，作观赏。国内产于江苏、浙江、安徽、福建、江西、河南、湖南、湖北、广东、广西、贵州、四川、陕西、甘肃等省区。

七、红豆杉科 TAXACEAE

常绿乔木或灌木。叶条形或披针形，螺旋状排列或交互对生，上面中脉明显或不明显，下面中脉两侧各有一条气孔带，叶内树脂道有或无。雌雄异株。稀同株，雄球花单生叶腋或苞腋，或呈穗状花序集生于枝顶，雄蕊多枚，各有 3 ～ 9 个花药，花粉无气囊；雌球花单生或成对生于叶腋或苞腋，基部有多枚苞片，胚珠 1 枚，着生于花轴顶端或侧生于短轴顶端的苞腋，基部有盘状或漏斗状的花托。种子核果状，有柄或无柄，若有柄，种子包于囊状肉质的假种皮中，其顶端尖头露出，若无柄，则种子全部包于肉质假种皮中；有的种子呈坚果状，包于肉质假种皮中，有柄或近于无柄；胚乳丰富，子叶 2 枚。

5 属，约 32 种，除单种属植物澳洲红豆杉（Austrotatus spicata）产南半球外，其余均分布于北半球。我国有 4 属，12 种，2 变种，1 栽培种。青岛引种栽培 1 种，1 杂交种，2 变种。

分属检索表

1. 叶上面中脉明显；种子生于杯状或囊状的假种皮中，上部或顶端尖头露出……… 1.红豆杉属 Taxus

1. 叶上面中脉不明显或微明显；种子全部包于肉质假种皮中………………………… 2.榧树属 Torreya

（一）红豆杉属 **Taxus** L.

常绿乔木或灌木；小枝基部有多数或少数宿存的芽鳞，冬芽的芽鳞覆瓦状排列。叶条形，直立或弯曲，叶基扭转排列成 2 列，叶上面中脉明显，下面有 2 条淡灰色、灰绿色或淡黄色的气孔带，叶内无树脂道。雌雄异株，球花单性叶腋；雄球花圆球形，有柄，基部有覆瓦状排列的苞片，雄蕊 6 ～ 14 枚，盾状，花药 4 ～ 9 个；雌球花几乎无梗，基部有多数覆瓦状排列的苞片，上端的 2 ～ 3 对苞片交叉对生；胚珠 1 枚，基部有圆盘状珠托。种子坚果状，当年成熟，生于杯状肉质的假种皮内，稀生于膜质种托上，成熟时肉质假种皮红色，种子内含 2 枚子叶，种子表面种脐明显。

约 11 种，分布于北半球。我国有 4 种，2 变种。青岛引种栽培 2 变种，1 杂交种。

分种检索表

1. 叶排列较密，排列成不规则两列或近螺旋状，条形，通常较直，稀微弯；小枝基部常有宿存芽鳞…
………………………………………………………………………………… 1.枷罗木T. cuspidata var. nana

1. 叶排列较疏，排成二列，叶较宽长，披针状条形或条形，常呈弯镰状，长2 ~ 3.5厘米，宽3 ~ 4.5毫米；芽鳞脱落或少数宿存于小枝的基部 ………………………2.南方红豆杉T. wallichiana var. mairei

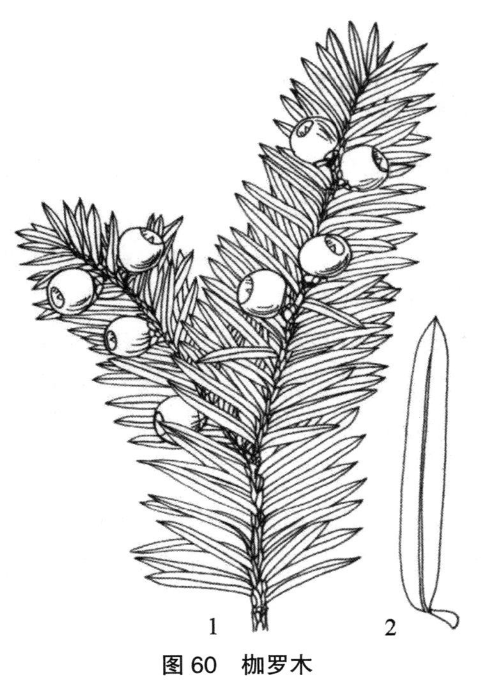

图 60　枷罗木

1. 球果枝；2. 叶

1. 枷罗木　矮紫杉（图 60）

Taxus cuspidata Sieb.et Zucc.var.**nana** Rehd.

常绿灌木，高可达 2 米。叶较密，排成彼此重叠的不规则二列，斜上伸展，条形，直或微弯，先端通常凸尖，上面深绿色，下面有两条灰绿色气孔带。雄球花有雄蕊 9 ～ 14 枚，各具 5 ～ 8 个花药。种子紫红色，有光泽，卵圆形，顶端有小钝尖头，种脐通常三角形或四方形。花期 5 ～ 6 月，种子 9 ～ 10 月成熟。

中山公园，植物园，青岛农业大学，崂山区，即墨等地均有栽培。国内江苏、江西等地有栽培。

供观赏，各地亦作盆景栽培。

2. 南方红豆杉 红豆杉（图 61；彩图 13）

Taxus wallichiana Zucc. var. **mairei** (Lemée & Lévl.) L. K. Fu & Nan Li

T. mairei Lemée & Lévl.

常绿乔木。叶较疏，排成 2 列，多呈弯镰状，常较宽长，通常长 2 ~ 4.5 厘米，宽 3 ~ 5 毫米，上部渐窄，先端渐尖，边缘不卷曲，上面绿色，有光泽，下面淡黄绿色，有两条气孔带，中脉带的色泽与气孔带不同。雄球花淡黄色，雄蕊 8 ~ 14 枚。种子较大，微扁，多呈倒卵圆形，种脐常呈椭圆形。

山东科技大学有栽培。国内产于安徽、浙江、福建、江西、广东、广西、甘肃、四川、贵州、云南、台湾等地。

木材纹理直，结构细，坚实耐用，心材橘红色，边材淡黄褐色，可供建筑、家具、文具等用材。

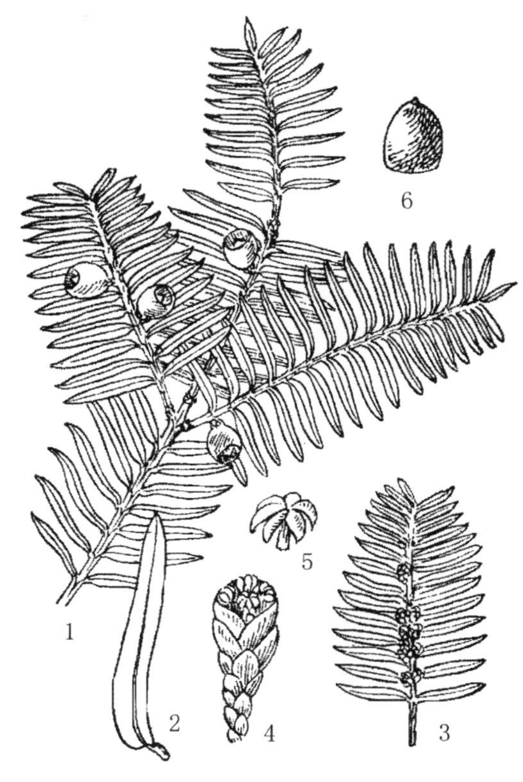

图 61　南方红豆杉

1. 球果枝；2. 叶；3. 雄球花枝；4. 雄球花；5. 雄蕊；6. 种子

附：曼地亚红豆杉

Taxus × media (Pilger) Rehd.

常绿灌木，高达 2 米。叶条形，长约 2.5 厘米。为一杂交种，母本为东北红豆杉，父本为欧洲红豆杉 Taxus baccata，在美国、加拿大生长发展已有近百年历史。

市北区，城阳区有栽培。枝叶茂盛，萌发力强，耐低温。我国东部常有栽培。供观赏。

（二）榧树属 **Torreya** Arn.

常绿乔木，树皮纵裂。枝轮生，小枝近对生或轮生，基部无宿存芽鳞。叶条形或条状披针形，坚硬，交互对生或近对生，叶基扭转，排成 2 列，先端有刺状尖头，中脉不明显或微明显，下面有 2 条较窄的气孔带，叶的横切面上，在维管束下方有 1 个树脂道。雌雄异株，稀同株；雄球花单生叶腋，椭圆形或圆柱形，有短柄，雄蕊排成 4 ~ 8 轮，每轮 4 枚，每雄蕊有 4 个下垂的花药；雌球花成对生于叶腋，无梗，每一雌球花有 2 对交互对生的苞片及 1 片侧生的苞片，胚珠 1 枚，生于漏斗状珠托上，通常仅 1 个雌球花发育；受精后珠托发育成肉质假种皮。种子核果状，翌年秋季成熟，全部包于肉质假种皮中，基部有宿存的苞片。

7 种，分布于北半球。我国有 4 种，引入栽培 1 种。青岛引种栽培 1 种。

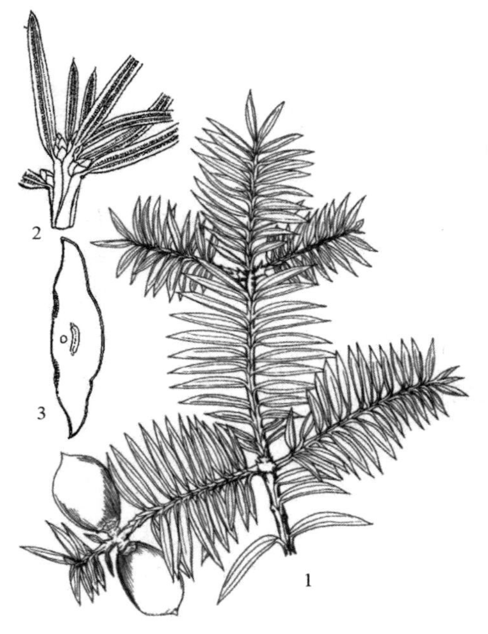

图 62　日本榧树

1. 种子枝；2. 小枝一段放大；3. 叶横切面

1. 日本榧树（图 62；彩图 14）

Torreya nucifera (L.) Sieb.et Zucc.

Taxus nucifera L.

常绿乔木，高可达 25 米。树皮灰褐色或淡红褐色，幼时平滑，老则裂成不规则薄片脱落；一年生枝绿色，二年生枝绿色或淡红褐色，三、四年生枝红褐色或微带紫色。叶条形，排成 2 列，直或稍弯，先端有凸起的刺状长尖头，上面深绿色有光泽，下面有两条黄白色或淡褐色的气孔带，中脉突起。种子椭圆状倒卵圆形或倒卵形，成熟时假种皮紫褐色，长 2.5 ~ 3.2 厘米，径 1.3 ~ 1.7 厘米，种皮骨质，两端尖，表面有不规则的浅槽，有胚乳。花期 4 ~ 5 月；种子翌年 9 ~ 10 月成熟。

原产日本。中山公园，植物园，崂山太清宫等地有引种栽培。国内江苏、上海、浙江等地有栽培，作庭院树。

木材边材白色，心材黄色，纹理直，结构细，有弹性，有香气，不开裂，耐水湿，用于造船、建筑、家具等用材。种子为著名的干果 - 香榧，亦可榨食用油，假种皮可提炼芳香油（香榧壳油）。

被子植物门 ANGIOSPERMAE

被子植物是植物界进化最高级的一类，种类多，分布广，适应性强，在地球上占有绝对优势。被子植物有真正的花，典型的花由花萼、花冠、雄蕊群、雌蕊群四部分组成；胚珠包藏在子房内，受精后胚珠发育成种子，子房发育成果实；种子的胚有 2 片或 1 片子叶。被子植物花的各部在数量上、形态上有极其多样的变化，是分类学中重要的形态依据之一。根据子叶的数目、花各部的数目、茎内维管束的排列、根系及叶脉类型等通常将被子植物分为双子叶植物纲和单子叶植物纲。现已知被子植物共 1 万多属，约 20 多万种，占植物界的半数以上。我国有 2700 余属，约 3 万种。青岛有木本植物 82 科，223 属，572 种，44 亚种，74 变种，33 变型。

分科检索表

1. 胚具对生的子叶2 个，极稀可为1个或较多；茎有皮层和髓的区别；多年生木本植物有年轮；叶片常具网状脉；花部4 ~ 5基数，稀3基数（双子叶植物）。

　2. 花瓣分离，或无花瓣。

3. 花无花被，或仅有花萼（有时呈花瓣状）。
4. 花单性，其中雌花，或雌花和雄花均可成柔荑花序（或类似柔荑花序）或头状花序。
5. 雌花、雄花都成柔荑花序，或雄花成柔荑花序（或类似柔荑花序）。
6. 花无花被。
7. 叶为单叶。
8. 果实为肉质核果 ……………………………………………18.杨梅科Myricaceae
8. 蒴果，含多数种子，种子有丝状毛绒 ……………………… 31.杨柳科Salicaceae
7. 羽状复叶；花雌雄同株，子房下位，核果或坚果，含1粒种子 ………………………………………………………………………………………… 17.胡桃科Juglandaceae
6. 花有花萼（或只雌花有萼，或只雄花有萼）。
9. 单叶。
10. 坚果，外有发育的鳞片或总苞（在壳斗科亦称壳斗）；植物体无乳汁。
11. 坚果或小坚果一部分至全部包在叶状或囊状的总苞内，或小坚果和鳞片合成球状果序 ……………………………………………… 20.桦木科Betulaceae
11. 坚果一部分至全部包在具鳞片或具刺的木质总苞内 ……19.壳斗科Fagaceae
10. 瘦果为肉质之萼所包裹，集生为聚花果；植物体有乳汁…… 16.桑科Moraceae
9. 羽状复叶 ……………………………………………………… 17.胡桃科Juglandaceae
5. 雌花、雄花各成头状花序；或雌花、雄花同隐在囊状总花托内形成隐头花序；或雌花为头状花序。
12. 花序不为隐头花序。
13. 果实肉质，集成球状聚花果；植物体含乳汁 …………………… 16.桑科Moraceae
13. 木质蒴果，集成球状果序；植物体不含乳汁 …………………………………………………………… 13.金缕梅科Hamamelidaceae（枫香属Liquidambar）
12. 雌花、雄花同隐在囊状总花托内，成隐头花序 …… 16.桑科Moraceae（榕属Ficus）
4. 花两性或单性，非柔荑花序和头状花序；稀具头状花序但外有花瓣状白色总苞。
14. 花无花被，至少雄花无花被。
15. 枝无长枝、短枝之分，叶互生；雌蕊由2心皮结合而成；果实为含1种子的翅果 …………………………………………………………………… 14.杜仲科Eucommiaceae
15. 枝有长枝、短枝之分，长枝上叶对生或近对生；心皮4～8，离生，每心皮有数枚胚珠；蓇葖果2～4个 ………………………………………… 11.连香树科Cercidiphyllaceae
14. 花有萼（有时呈花瓣状）。
16. 子房上位。
17. 雌蕊的心皮分离或近于分离。
18. 花丝分离；木质藤本。
19. 浆果；掌状复叶互生；心皮3～9，各有多数胚珠 8.木通科Lardizabalaceae
19. 瘦果；羽状复叶对生，稀三出复叶或单叶；心皮多数，各含1胚珠 ……………………………………………… 6.毛茛科Ranunculaceae（铁线莲属Clematis）
18. 花丝结合成筒状；蓇葖果；落叶乔木，单叶互生……… 27.梧桐科Sterculiaceae
17. 雌蕊由1枚心皮所成，或由2个至数枚心皮结合而成。
20. 子房1室。
21. 单叶。
22. 花药纵裂。
23. 雄蕊和萼片同数，或常为萼片的倍数。
24. 雌蕊有1枚心皮，花萼结合成长筒，常呈花冠状。

25. 枝、叶、花都有银白色至棕褐色盾状鳞片；果实成熟时萼筒构成果实的一部分 ……………………………… 43.胡颓子科Elaeagnaceae

25. 无盾状鳞片，或有柔毛；萼筒脱落，不构成果实的一部分…………………………………………………………… 45.瑞香科Thymelaeaceae

24. 雌蕊由2心皮结合而成；萼分离或结合 ………… 15.榆科Ulmaceae

23. 雄蕊比萼片的倍数多；浆果或蒴果 ……… 29.大风子科Flacourtiaceae

22. 花药瓣裂 ………………………………………………………3.樟科Lauraceae

21. 羽状复叶或三出复叶；雌雄异株，核果干燥 …… 62.漆树科Anacardiaceae

20. 子房2至多室。

26. 雄蕊和萼片同数，对生；或不同数。

30. 叶互生；果实为蒴果。

27. 蒴果2室，熟则顶端裂开成2瓣 ………… 13.金缕梅科Hamamelidaceae

27. 蒴果3～15室 ……………………………………… 54.大戟科Euphorbiaceae

30. 叶对生。

28. 翅果。

29. 果实分2个分果，顶端各具长翅（双翅果） … 61.槭树科Aceraceae

29. 翅果，果实顶端具长翅 …… 74.木犀科Oleaceae（白蜡属Fraxinus）

28. 果实为3心皮结合而成的蒴果，有三个角状突起… 53.黄杨科Buxaceae

26. 雄蕊和萼片同数，互生 ……………………………… 55.鼠李科Rhamnaceae

16. 子房下位，稀半下位。

30. 子房下位；藤本或寄生灌木。

31. 半寄生灌木，常着生在其他木本植物的茎干上，果实为浆果…………………………………………………………………………………… 50.槲寄生科Viscaceae

31. 藤本；花辐射对称或两侧对称，花瓣状，花被管钟状、瓶状、管状、球状等；雄蕊6至多数；蒴果……………………………………… 4.马兜铃科Aristolochiaceae

30. 子房半下位；落叶乔木；花萼7～8（10），雄蕊（5）10～15，果实为蒴果 ……………………………………… 13.金缕梅科Hamamelidaceae（银缕梅属Parrotia）

3. 有萼和花冠。

32. 子房上位。

33. 雄蕊10枚以上，或比花瓣的倍数多。

34. 雌蕊的心皮分离或近于分离。

35. 雄蕊着生在花托或花盘上。

36. 花常为3基数，有时萼片花瓣无显著区别；花两性，心皮多数，螺旋状排列在伸长的花托上；聚合蓇葖果或翅果 ……………………… 1.木兰科Magnoliaceae

36. 花常为5基数；心皮2～5，有肉质花盘；聚合蓇葖果 … 21.芍药科 Paeoniaceae

35. 雄蕊着生在萼筒上，果实为蓇葖果、瘦果或小核果，聚生于平坦或突起的花托上，或隐于壶状萼筒内 ……………………………………………… 39.蔷薇科Rosaceae

34. 雌蕊由1枚心皮所构成，或2至数枚心皮结合而成。

37. 子房2至多室。

38. 萼片镊合状排列。

39. 果实各式，不为柑果，叶片无透明油腺点。

40. 花药2室；花丝完全分离（椴树科的花丝偶成5～10束）。

41. 落叶性；花药纵裂，稀顶端孔裂，花瓣先端不呈撕裂状。

42. 花瓣有细长的爪，瓣片边缘呈皱波状或细裂为流苏状；蒴果 ……………………………… 44.千屈菜科Lythraceae（紫薇属Lagerstroemia）

42. 花瓣无细长的爪，瓣片不分裂；坚果或核果 ……26.椴树科Tiliaceae
41. 常绿性；花药顶孔开裂，药隔有时突出成芒刺状，花瓣顶端常撕裂状；核果 …………… 25.杜英科Elaeocarpaceae（杜英属Elaeocarpus）
40. 花药1室；花粉粒有刺；单体雄蕊；果实为蒴果或裂为数个分果 ………………………………………………………………………… 28.锦葵科Malvaceae
39. 果为柑果；三出复叶或单身复叶，具透明油腺点 ………65.芸香科Rutaceae
38. 萼片覆瓦状或螺旋状排列。
43. 直立乔灌木；蒴果，或呈浆果状。
44. 叶互生。
45. 果实为沿背缝裂开的蒴果；或为不开裂的浆果，稀作不规则开裂 ……………………………………………………………… 22.山茶科Theaceae
45. 果实为有五棱的蒴果，熟则分裂为5个骨质心皮，并沿内外缝线裂开 ……………………………… 39.蔷薇科Rosaceae（白鹃梅属Exochorda）
44. 叶对生，全缘；雄蕊常联合成束，花丝纤细 ……………………………………………………… 24.藤黄科Clusiaceae（金丝桃属Hypericum）
43. 藤本；雌雄异株，或有两性花混生；浆果 ………23.猕猴桃科Actinidiaceae
37. 子房1室，胚珠1至数枚；蓇葖果或核果 ……………………… 39.蔷薇科Rosaceae
33. 雄蕊10枚以下，或不超过花瓣的倍数。
46. 雌蕊心皮分离，或近于分离。
47. 叶常有透明小点。
48. 直立木本；花两性或单性，萼片和花瓣界线分明；果实为蓇葖果或蒴果………………………………………………………………………65.芸香科Rutaceae
48. 蔓生木本；花单性，萼片花瓣界线往往不分明；心皮多枚，初集合成头状，后成穗状，果实为浆果 ……………………………………5.五味子科Schisandraceae
47. 叶无透明小点。
49. 花常两性。
50. 单叶对生，无托叶 …………………………………… 2.蜡梅科Calycanthaceae
50. 叶互生；多为复叶，常有托叶 ………………………… 39.蔷薇科Rosaceae
49. 花单性，或单性花和两性花混生。
51. 乔木。
52. 花单性，雌雄同株；单叶，掌状分裂；果实为小坚果，集成球状果序 ……………………………………………………………12.悬铃木科Platanaceae
52. 单性花和两性花混生；羽状复叶 ……………… 63.苦木科Simaroubaceae
51. 蔓生木质植物；雌雄异株；雌蕊3～6枚；核果 … 9.防己科Menispermaceae
46. 雌蕊由1心皮所成，或2至数个心皮结合而成。
53. 子房1室。
54. 果实为荚果；花冠蝶形（极稀退化至仅1个旗瓣），或稍两侧对称、辐射对称。
55. 花稍两侧对称，近轴的1枚花瓣位于相邻两侧的花瓣之内，花丝通常分离 ………………………………………………………………41.云实科Caesalpimiaceae
55. 花明显两侧对称，花冠蝶形，近轴的1枚花瓣（旗瓣）位于相邻两花瓣（翼瓣）之外，远轴的2枚花瓣（龙骨瓣）基部沿连接处合生呈龙骨状，雄蕊常为二体（9+1）或单体雄蕊，稀分离 ……………………42.蝶形花科Fabaceae
54. 果实非荚果。
55. 花药纵裂。

56. 子房有2至多数胚珠。
57. 雌蕊由数枚心皮组成；侧膜胎座。
58. 叶非鳞形，常革质 ………………………… 36.海桐花科Pittosporaceae
58. 叶鳞形，无叶柄，互生 ………………………… 30.柽柳科Tamaricaceae
57. 雌蕊1心皮，胚珠2枚，从室顶悬垂；雄蕊6，花瓣6或9，浆果；叶为2～3回羽状复叶 ……………………………………… 7.小檗科Berberidaceae
56. 子房有1枚胚珠。
59. 花有花盘，花柱常侧生，3条或3裂；羽状复叶或单叶 …………………………………………………………………… 62.漆树科Anacardiaceae
59. 花盘常缺，花柱顶生，羽状复叶 ……………57.省沽油科Staphyleaceae
55. 花药瓣裂；雄蕊和花瓣同数、对生；浆果 ………… 7.小檗科Berberidaceae
53. 子房2～5室。
60. 花辐射对称，或近于辐射对称。
61. 雄蕊和花瓣同数，互生，或不同数。
62. 叶片无透明小点。
63. 果实分为2个分果，各具翅（即双翅果） ……… 61.槭树科Aceraceae
63. 果实不为双翅果。
64. 复叶。
65. 雄蕊分离，稀花丝基部连合。
66. 雄蕊8～10。
67. 花丝基部多少连合，位于花盘内方；核果或蒴果 ………………………………………………… 59.无患子科Sapindaceae
67. 花丝分离，生于花盘基部；核果… 62.漆树科Anacardiaceae
66. 雄蕊4～6，着生于子房柄上；蒴果，子房5室；种子有翅 ……………………………………64.楝科Meliaceae（香椿属Toona）
65. 雄蕊的花丝结合成筒状；核果…………………… 64.楝科Meliaceae
64. 单叶。
68. 叶互生，种子无假种皮。
69. 花有花盘，蒴果 … 38.茶藨子科Grossulariaceae（鼠刺属Itea）
69. 花无花盘；核果 ………………………52.冬青科Aquifoliaceae
68. 叶对生或互生；蒴果，种子橙红色假种皮 … 51.卫矛科Celastraceae
62. 叶具透明小点，揉碎后有特殊香气，单叶或复叶 ……65.芸香科Rutaceae
61. 雄蕊和花瓣同数、对生。
70. 木质藤本，有与叶对生的茎卷须；浆果 ……………… 56.葡萄科Vitaceae
70. 直立或蔓生，无卷须，常有刺；核果、翅果或浆果… 55.鼠李科Rhamnaceae
60. 花两侧对称。
71. 叶对生，掌状复叶或羽状复叶；雄蕊5～9；蒴果。
72. 掌状复叶由（3）5～9枚小叶组成；圆锥花序，雄蕊5～9………………………………………………………………………… 60.七叶树科Hippocastanaceae
72. 羽状复叶；总状花序，雄蕊8枚………… 58.伯乐树科Bretschneideraceae
71. 叶互生，单叶或羽状复叶；雄蕊5枚，稀4枚，全部发育或外面3枚不发育；核果 …………………………………………… 10.清风藤科Sabiaceae
32. 子房下位或半下位。
73. 雄蕊10枚以上，或比花瓣的倍数多。

74. 子房有上下相重的几室，下面3室具中轴胎座，上面5～7室具侧膜胎座；萼红色，宿存 ……………………………………………………………… 46.石榴科Punicaceae
74. 子房无上述特征。
75. 叶有托叶；果实为梨果 ……………………………………… 39.蔷薇科Rosaceae
75. 叶无托叶；果实为蒴果 …………………………………… 37.绣球科Hydrangeaceae
73. 雄蕊和花瓣同数，或为花瓣的倍数。
76. 子房1至数室，每室1胚珠。
77. 花柱1。
78. 花瓣在蕾中呈镊合状排列，核果。
79. 花瓣4～10，细长，初合成筒状，后向外翻转；聚伞花序；叶互生 ……………………………………………………………… 47.八角枫科Alangiaceae
79. 花瓣4或5，聚伞花序、头状花序或圆锥花序，叶对生或互生 ……………………………………………………………… 49.山茱萸科Cornaceae
78. 花瓣在蕾中呈覆瓦状排列，翅果或核果……………… 48.蓝果树科Nyssaceae
77. 花柱2～5。
80. 伞房花序；梨果……………………………………… 39.蔷薇科Rosaceae
80. 伞形花序或头状花序；核果或浆果……………………… 66.五加科Araliaceae
76. 子房1室，侧膜胎座，胚珠多数；浆果 ……………… 38.茶藨子科Grossulariaceae
2. 花瓣结合。
81. 子房上位。
82. 雄蕊和花冠裂片同数，或较少。
83. 花柱顶生；果实不为4枚小坚果。
84. 雌蕊由2个分离或近于分离的心皮所组成，蓇葖果，各含多数种子；植物体有乳汁。
85. 花粉粒分离，不成花粉块；花柱常合为1 ……………… 68.夹竹桃科Apocynaceae
85. 花粉粒结合成花粉块；花柱2 ……………………… 69.萝藦科Asclepiadaceae
84. 雌蕊由1心皮所成，或由2个至数个心皮结合而成。
86. 花辐射对称。
87. 雄蕊比花冠裂片为少。
88. 雄蕊2，着生于花冠上；核果、翅果或蒴果 ………………74.木犀科Oleaceae
88. 雄蕊4；核果 ……………………………………… 72.马鞭草科Verbenaceae
87. 雄蕊和花冠裂片同数。
89. 叶互生，无托叶。
90. 子房2至4室；核果，有4种子 ……………………… 71.紫草科Boraginaceae
90. 子房2室，每室多数胚珠；浆果，种子多数 …………… 70.茄科Solanaceae
89. 叶对生，稀互生但具托叶或有托叶退化形成的托叶痕。
91. 子房2室，稀4室，每室胚珠多颗；蒴果或浆果，种子多颗；托叶着生在两叶柄基部之间或退化成线状托叶痕………… 67.醉鱼草科Buddlejaceae
91. 子房4室，每室1胚珠；核果；无托叶 ………… 72.马鞭草科Verbenaceae
86. 花两侧对称。
92. 子房2～4室。
93. 子房2～4室，每室1或2胚珠；核果或蒴果，1～4种子 ……………………………………………………………… 72.马鞭草科Verbenaceae
93. 子房2室，每室有多数胚珠；蒴果，种子多数 … 75.玄参科Scrophulariaceae
92. 子房1室，具侧膜胎座；有时因侧膜胎座深入成假2室；蒴果长，种子有翅或两端有毛 ……………………………………………… 76.紫葳科Bignoniaceae

83. 花柱着生于子房基部；果通常裂成4枚果皮干燥的小坚果。雄蕊通常4枚，二强，有时退化为2枚 ………………………………………………………………… 73.唇形科Lamiaceae

82. 雄蕊常为花冠裂片的倍数，或多数。

94. 雄蕊由2至多数心皮结合而成；果实非荚果；单叶。

95. 花柱1。

96. 雄蕊着生在花冠上，花药纵裂；子房下部3室，上部1室；核果干燥，果皮不规则裂开；植物体有星状毛 ……………… 34.野茉莉科Styracaceae（野茉莉属Styrax）

96. 雄蕊不着生在花冠上，花药孔裂；蒴果或浆果 …………… 32.杜鹃花科Ericaceae

95. 花柱2至多条，花雌雄异株；雄花的雄蕊大多数为花冠裂片的倍数；浆果 ………… ……………………………………………………………… 33.柿树科Ebenaceae

94. 雌蕊由1心皮所成；果实为荚果；叶常为2回羽状复叶 ……… 40.含羞草科Mimosaceae

81. 子房下位或半下位。

97. 雄蕊为花冠裂片的倍数，或多数。

98. 花药纵裂。

99. 雄蕊多数 …………………………………………………… 35.山矾科Symplocaceae

99. 雄蕊为花冠裂片的2倍 ………………………………… 34.野茉莉科Styracaceae

98. 花药顶端孔裂；浆果 ……………………………………………… 32.杜鹃花科Ericaceae

97. 雄蕊和花冠裂片同数，或较少。

100. 花同型，雄蕊的花药不合生。

101. 叶有锯齿或全缘；无托叶，稀有托叶但不生于叶柄内或叶柄间；子房2～5室 …… …………………………………………………………… 78.忍冬科Caprifoliaceae

101. 叶全缘；托叶生于叶柄内或叶柄间；子房1～2室 …………… 77.茜草科Rubiaceae

100. 头状花序，花异型：边缘花雌性，花冠狭圆锥状或狭管状，中央花两性，花冠管状；雄蕊5枚，花药合生；瘦果，种子1枚 ……………… 79.菊科Asteraceae（蒿属Artemisia）

1. 胚具子叶1个；茎无皮层和髓的区别；叶大多数有平行叶脉；花部通常3基数（单子叶植物）。

102. 花正常，为典型的3基数，辐射对称；果实为核果、蒴果或浆果。

103. 单叶、不分裂 ………………………………………………………………82.百合科Liliaceae

103. 叶大型，集生枝顶，掌状或羽状分裂或复叶 ………………………… 80.棕榈科Arecaceae

102. 花无正常花被，有外稃、内稃和浆片；子房1室，1胚珠；颖果。茎节发达，节间中空稀近实心；叶具长鞘，主干上的叶（竿箨）与小枝上的叶显著不同 ………………… 81.禾本科Poaceae

一、木兰科 MAGNOLIACEAE

落叶或常绿，乔木或灌木。芽为盔帽状托叶包被。单叶互生，有时集生枝顶，全缘，稀分裂，羽状脉；托叶贴生叶柄或与之分离，早落，留有环状托叶痕。花大，常两性，稀单性，辐射对称，单生枝顶或叶腋，稀 2 ～ 3 朵组成聚伞花序。花被下具 1 或数枚佛焰苞状苞片；萼片 3，稀 4，常呈花瓣状；花瓣 6 或更多，稀缺；雌蕊及雄蕊均多数，分离，螺旋状排列于伸长花托上；花药线形，花丝粗短；子房 1 室，胚珠 1 ～ 2，或多数，倒生。聚合蓇葖果或聚合浆果，稀聚合坚果（翅果），果皮木质、骨质或革质；种子 1 ～ 12，外种皮红色肉质，内种皮硬骨质，胚细小，倒生，胚乳丰富，含油质。

含 18 属，约 335 种，分布于亚洲东南部，拉丁美洲、北美洲的热带及亚热带，以北回归线南北 10 度附近分布最为集中。我国 14 属，165 种，主产东南至西南部，东北及西北渐少。青岛有4属，19种，1亚种。

分属检索表

1. 叶全缘；花药内向或侧向开裂；蓇葖果；种皮与果皮分离。
 2. 花顶生，雌蕊群无柄
  3. 每心皮3～12胚珠，每蓇葖3～12种子 …………………………………… 1.木莲属Manglietia
  3. 每心皮2胚珠，每蓇葖1～2种子…………………………………………… 2.木兰属Magnolia
 2. 花腋生，雌蕊群具柄 ……………………………………………………… 3.含笑属Michelia
1. 叶4～10裂；花药外向开裂；翅果状坚果；种皮与果皮愈合 ……………… 4.鹅掌楸属Liriodendron

（一）木莲属 **Manglietia** Bl.

常绿，稀落叶乔木。叶革质，全缘，幼叶在芽内对折；托叶下部贴生叶柄，叶柄上具托叶痕。花单生枝顶，两性。花被片常9～13，3片一轮，大小近相等，外轮3片，近革质，常带绿或红色；花药线性，内向开裂，花丝短；雌蕊群无柄，心皮多数，离生。聚合果紧密，蓇葖薄木质，宿存，背缝开裂或背腹缝同时开裂，顶端具喙，具种子1至10数颗。

约30余种，分布于亚洲热带及亚热带，亚热带种类最多。我国22种，产长江流域以南，为常绿阔叶林主要树种。青岛栽培有2种。

分种检索表

1. 花被片纯白色；花蕾球形或椭圆形；雌蕊群卵圆形或长圆状卵圆形……… 1.木莲M. fordiana
1. 花被片红色或紫红色；花蕾长圆状椭圆形；雌蕊群圆柱形…………… 2.红花木莲M. insignis

1. 木莲（图63）

Manglietia fordiana Oliv.

常绿大乔木。幼枝及芽被红褐色短毛，后渐脱落。叶革质、窄倒卵形、窄椭圆状倒卵形或倒披针形，长8～17厘米，基部楔形，沿叶柄稍下延，边缘稍内卷，下面疏被红褐色短毛；叶柄长1～3厘米，基部稍膨大，托叶痕半椭圆形。花梗被红褐色短柔毛，长0.6～1.1厘米；花被片白色，外轮3片，近革质，长6～7厘米，内2轮稍小，肉质，倒卵形；雄

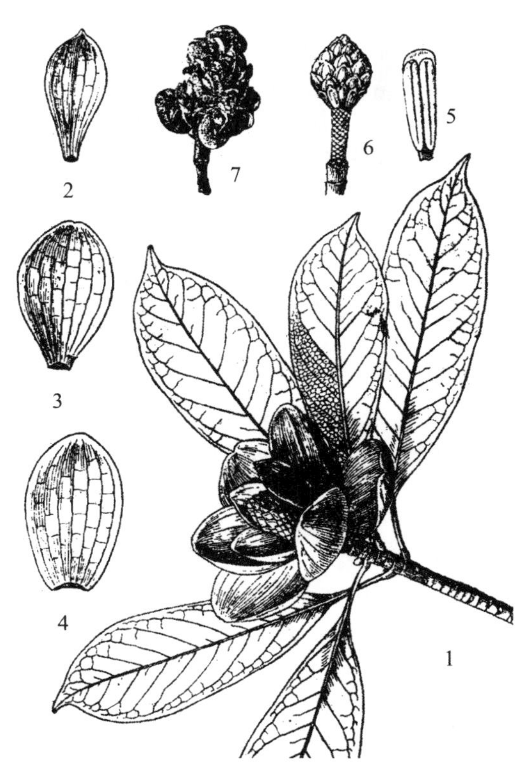

图63 木莲

1. 花枝；2～4. 花被片；5. 雄蕊；6. 雌蕊群；7. 聚合蓇葖果

蕊长约 1 厘米，花药长约 8 毫米；雌蕊群卵圆形或长圆状卵圆形，长约 1.5 厘米，心皮 23 ~ 30，花柱长约 1 毫米；每心皮 8 ~ 10 胚珠，2 列。聚合果褐色，卵球形，长 2 ~ 5 厘米；蓇葖被粗点状凸起，先端具长约 1 毫米的短喙。种子红色，花期 5 月；果期 10 月。

崂山太清宫，即墨岙山广青园有栽培。国内产福建、广东、广西、贵州及云南等省区。

树形繁茂优美，是优良的庭园观赏树种。木材供板料、细木工用材。果及树皮入药，治便秘及干咳。

2. 红花木莲 红色木莲（图 64）

Manglietia insignis（Wall.）Bl.

Magnolia insignis Wall.

图 64　红花木莲

1. 果枝；2. 花；3 ~ 6. 花被片；7. 雄蕊；8. 雌蕊群

常绿乔木。小枝无毛或幼嫩时在节上被锈色或黄褐毛柔毛。叶革质，倒披针形，长圆形或长圆状椭圆形，长 10 ~ 26 厘米，宽 4 ~ 10 厘米，先端渐尖或尾状渐尖，自 2/3 以下渐窄至基部，上面无毛，下面中脉具红褐色柔毛或散生平伏微毛；侧脉每边 12 ~ 24 条；叶柄长 1.8 ~ 3.5 厘米。花芳香，花梗粗壮，直径 8 ~ 10 毫米，离花被片下约 1 厘米处具 1 苞片脱落环痕，花被片 9 ~ 12，外轮 3 片褐色，腹面染红色或紫红色，倒卵状长圆形长约 7 厘米，向外反曲，中内轮 6 ~ 9 片，直立，乳白色染粉红色，倒卵状匙形，长 5 ~ 7 厘米，1/4 以下渐狭成爪；雄蕊长 10 ~ 18 毫米，两药室稍分离，药隔伸出成三角尖，花丝与药隔伸出部分近等长；雌蕊群圆柱形，长 5 ~ 6 厘米，心皮无毛，露出背面具浅沟。聚合果鲜时紫红色，卵状长圆形，长 7 ~ 12 厘米；蓇葖背缝全裂，具乳头状突起。花期 5 ~ 6 月；果期 8 ~ 9 月。

黄岛区山东科技大学有栽培，能够正常开花。国内产于湖南、广西、四川、贵州、云南、西藏。

树形繁茂优美，花艳丽芳香，是优良的庭园观赏树种。木材优良，供制家具等用。

（二）木兰属 Magnolia L.

乔木或灌木，树皮通常灰色，光滑，或有时粗糙具深沟，通常落叶，少数常绿；小枝具环状的托叶痕；芽有 2 型；营养芽（枝、叶芽）腋生或顶生，具芽鳞 2。混合芽顶生（枝、叶及花芽）具 1 至数枚次第脱落的佛焰苞状苞片。叶膜质或厚纸质，互生，有时密集成假轮生，全缘，稀先端 2 浅裂；托叶膜质，贴生于叶柄，在叶柄上留有托叶痕。花通常芳香，大而美丽，单生枝顶，很少 2 ~ 3 朵顶生，两性，落叶种类在发叶前开放或与叶同时开放；花被片白色、粉红色或紫红色，很少黄色，9 ~ 21（45）片，每轮 3 ~ 5 片；雄蕊早落，花丝扁平，药隔延伸成短尖或长尖，很少不延伸，药室内向或侧向开裂。心皮分离，多数或少数，花柱向外弯曲，每心皮通常有胚珠 2 颗。聚合果成熟时通常为长圆状圆柱形，卵状圆柱形或长圆状卵圆形，常因心皮不育而偏斜弯曲。成熟蓇葖革质或近木质，沿背缝线开裂。种子 1 ~ 2 颗，外种皮橙红色或鲜红色，肉质，含油分，内种皮坚硬。

约 90 种，产亚洲东南部温带及热带，北美洲与中美洲。我国约有 31 种，分布于西南部、秦岭以南至华东、东北。青岛栽培有 11 种，1 亚种。

分种检索表

1. 落叶乔木或灌木。
  2. 叶假轮生，集生于枝端；花梗粗壮。
    3. 花盛开时内轮花被片直立，外轮花被片反卷；聚合果的基部蓇葖不沿果轴下延而基部圆 …………………………………………………………………………………………… 8.厚朴M. officinalis
    3. 花盛开时内轮花被片展开不直立，外轮花被片平展不反卷；聚合果基部蓇葖沿果轴下延而基部尖 ………………………………………………………………………… 9.日本厚朴M. hypoleuca
  2. 叶二列状着生。
    4. 果实柱状，花托在果期伸长。
      5. 花被片白色或紫色，或最外轮呈绿色。
        6. 花被片大小近相等不分化为外轮萼片状和内轮为花瓣状，花先叶开放。
          7. 花被片9 ~ 12，偶更多但为白色。
            8. 花被片纯白色，有时基部外面带红色，外轮与内轮近等长；花凋后出叶 ………………………………………………………………………………………… 1.玉兰M. denudta
            8. 花被片浅红至深红色，外轮花被片稍短或为内轮长的2/3，但不成萼片状；花期延至出叶或也可在生长季节开花 ……………………… 2.二乔木兰Magnolia × soulangeana
          7. 花被片12 ~ 14，外面玫瑰红色，有深紫色纵纹，倒卵状匙形或匙形；叶倒卵形，长10 ~ 18厘米，2/3以下渐狭成楔形 ……………………………………… 3.武当木兰M. sprengeri
        6. 花被片外轮与内轮不相等，外轮小而呈萼片状，常早落。
          9. 花先于叶开放，瓣状花被片白色、淡红色或紫色；叶片基部不下延；托叶痕不及叶柄长的1/2。
            10. 叶倒卵状椭圆形，最宽处在中部以上，干时叶面因脉凹入起皱；萼状花被片绿色或淡褐色，三角状条形，瓣状花被片匙形或狭倒卵形，长5 ~ 71厘米 ………………………………………………………………………………… 7.皱叶木兰M. praecocissima
            10. 叶多为椭圆状披针形、卵状披针形，最宽处在中部以上或以下；萼状花被片紫红

色，近狭倒卵状条形；瓣状花被片近匙形，长4 ~ 51厘米 ……6.望春玉兰M. biondii

9. 花与叶同时或稍后于叶开放；瓣状花被片紫色或紫红色；叶片基部明显下延；叶背沿脉被柔毛，托叶痕达叶柄长的1/2 …………………………………… 5.紫玉兰M. liliflora

5. 花被片黄色或淡黄色；叶片阔卵状椭圆形、矩圆形或矩圆状倒卵形，偶近圆形 ………………………………………………………………………………… 4.黄玉兰M. acuminata ‘Elizabeth’

4. 果实卵球形，花托在果期不伸长；花顶生但其上常有一营养芽，外观看似腋生；花梗细长 ………………………………………………………………………………………… 10.天女花M. sieboldii

1. 常绿乔木，小枝、芽、叶下面，叶柄、均密被褐色或灰褐色短绒毛…… 11.荷花玉兰M. grandiflora

1. 玉兰　白玉兰（图 65）

Magnolia denudta Desr.

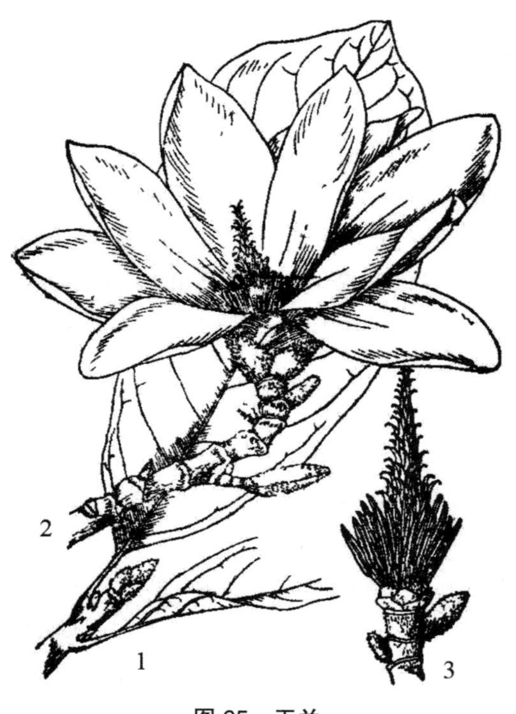

图 65　玉兰

1. 枝叶；2. 花枝；3. 雌蕊群和雄蕊群

落叶乔木，高可达 25 米，枝广展形成宽阔的树冠；树皮深灰色，粗糙开裂；小枝灰褐色；冬芽及花梗密被淡灰黄色长绢毛。叶纸质，倒卵形、宽倒卵形或倒卵状椭圆形，长 10 ~ 15 厘米，宽 6 ~ 10 厘米，先端宽圆、平截或稍凹，具短突尖，中部以下渐狭成楔形，叶上面深绿色，嫩时被柔毛，后仅中脉及侧脉留有柔毛，下面淡绿色，沿脉上被柔毛，侧脉每边 8 ~ 10 条，网脉明显；叶柄长 1 ~ 2.5 厘米，被柔毛；托叶痕为叶柄长的 1/4 ~ 1/3。花蕾卵圆形，花先叶开放，直立，芳香，直径 10 ~ 16 厘米；花梗显著膨大，密被淡黄色长绢毛；花被片 9 片，白色，基部常带粉红色，近相似，长圆状倒卵形，长 6 ~ 8 厘米，宽 2.5 ~ 4.5 厘米；雄蕊长 7 ~ 12 毫米，花药长 6 ~ 7 毫米，侧向开裂；雌蕊群淡绿色，无毛，圆柱形，长 2 ~ 2.5 厘米；雌蕊狭卵形，长 3 ~ 4 毫米。聚合果圆柱形（在庭园栽培种常因部分心皮不育而弯曲），长 12 ~ 15 厘米，直径 3.5 ~ 5 厘米；蓇葖厚木质，褐色，具白色皮孔；种子心形，侧扁，高约 9 毫米，宽约 10 毫米，外种皮红色，内种皮黑色。花期 4 月；果期 9 月。

全市各地普遍栽培。国内产于江西、浙江、湖南、贵州等省。现全国各大城市园林广泛栽培。

早春白花满树，气味芳香，为驰名中外的庭园观赏树种。材质优良，供家具、图板、细木工等用。花蕾入药与辛夷功效相同；花含芳香油，可提取配制香精或制浸膏；花被片食用或用以熏茶；种子榨油供工业用。

2. 二乔玉兰（图 66）

Magnolia ×soulangeana Soul. -Bod.

小乔木，高 6 ~ 10 米，小枝无毛。叶纸质，倒卵形，长 6 ~ 15 厘米，宽 4 ~ 7.5 厘米，先端短急尖，2/3 以下渐狭成楔形，上面基部中脉常残留有毛，下面多少被柔毛，侧脉每边 7 ~ 9 条，叶柄长 1 ~ 1.5 厘米，被柔毛，托叶痕约为叶柄长的 1/3。花蕾卵圆形，花先叶开放，浅红色至深红色，花被片 6 ~ 9，外轮 3 片花被片常较短约为内轮长的 2/3；雄蕊长 1 ~ 1.2 厘米，花药长约 5 毫米，侧向开裂，药隔伸出成短尖，雌蕊群无毛，圆柱形，长约 1.5 厘米。聚合果长约 8 厘米，直径约 3 厘米；蓇葖卵圆形或倒卵圆形，长 1 ~ 1.5 厘米，熟时黑色，具白色皮孔；种子深褐色，宽倒卵圆形或倒卵圆形，侧扁。花期 4 月中下旬，果期 9 ~ 10 月。

图 66 二乔玉兰

本种为玉兰与紫玉兰的人工杂交种，但较二亲本更为耐寒、耐旱。

全市各公园绿地普遍栽培。国内华中、华北各地庭园普遍栽培。

早春观花树种，庭院、公园等栽植供观赏。

3. 武当木兰 朱砂玉兰（图 67）

Magnolia sprengeri Pamp.

落叶乔木，高可达 21 米。树皮淡灰褐色，光滑，树冠圆锥形；小枝暗紫色，光滑；冬芽长圆形，先端钝圆，密披淡黄绿色柔毛。叶倒卵状长圆形，长 10 ~ 17 厘米，宽 4.5 ~ 6 厘米，先端急尖或凹，基部楔形，上面绿色，下面淡绿色，初披平伏细毛，叶质薄；叶柄长 1 ~ 2.5 厘米；托叶痕细小。花先叶开放，花冠直径 15 ~ 18 厘米，常呈盘装或杯状；花被片 12，稀 14，近相似，外面玫瑰红色，内面较淡，有时有深紫色的纵纹；雄蕊细长，花丝肥厚，紫红色；雌蕊柱长可达 3 厘米，玫瑰红色。聚合果圆柱

图 67 武当玉兰

1. 花枝；2. 果枝

形，各地栽培的很少见结果。花期 4 月上旬；果期 6 ~ 8 月。

崂山明霞洞以及各地庭园有栽培，市区各疗养区尤为多见，常误为紫玉兰（辛夷）。国内分布于陕西秦岭、甘肃小陇山一带。

著名的庭园观赏树，树势强健，比玉兰生长旺盛；用途同玉兰，花蕾可代辛夷，树皮可代厚朴药用。

4. 黄玉兰

Magnolia acuminata ‘Elizabeth’

黄玉兰为黄瓜玉兰（M . acuminata）和玉兰（M .denudata）的杂交种。黄瓜玉兰作为父本，花色为绿色，而杂交后代为淡黄色花朵，其它形状介于二者之间。生态适应性与玉兰接近，较父本耐寒性强。

目前在崂山区海宁路，城阳区有栽培。

供观赏。

5. 紫玉兰 辛夷 木兰 木笔（图 68）

Magnolia liliflora Desr.

落叶灌木，高达 3 米，常丛生，树皮灰褐色，小枝绿紫色或淡褐紫色。叶椭圆状倒卵形或倒卵形，长 8 ~ 18 厘米，宽 3 ~ 10 厘米，先端急尖或渐尖，基部渐狭沿叶柄下延至托叶痕，上面深绿色，幼嫩时疏生短柔毛，下面灰绿色，沿脉有短柔毛；侧脉每边 8 ~ 10 条，叶柄长 8 ~ 20 毫米，托叶痕约为叶柄长之半。花蕾卵圆形，被淡黄色绢毛；花叶同时开放，瓶形，直立于粗壮、被毛的花梗上，稍有香气；花被片 9 ~ 12，外轮 3 片萼片状，紫绿色，披针形长 2 ~ 3.5 厘米，常早落，内两轮肉质，外面紫色或紫红色，内面带白色，花瓣状，椭圆状倒卵形，长 8 ~ 10 厘米，宽 3 ~ 4.5 厘米；雄蕊紫红色，长 8 ~ 10 毫米，花药长约 7 毫米，侧向开裂，药隔伸出成短尖头；雌蕊群长约 1.5 厘米，淡紫色，无毛。聚合果深紫褐色，变褐色，圆柱形，长 7 ~ 10 厘米；成熟蓇葖近圆球形，顶端具短喙。花期 4 月；果期 8 ~ 9 月。

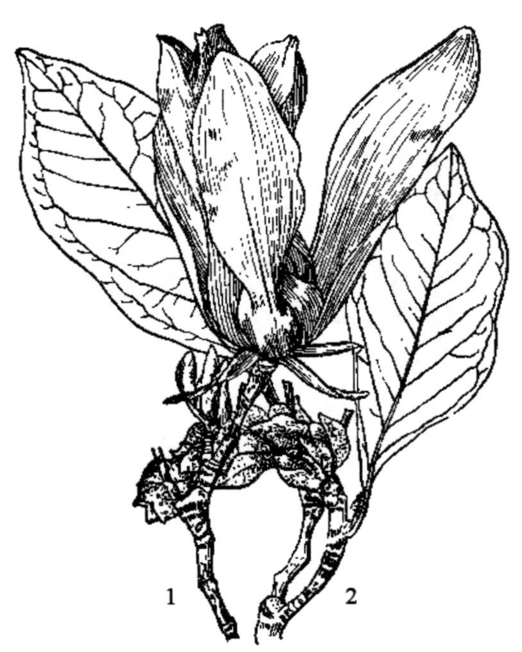

图 68 紫玉兰
1. 花枝；2. 果枝

崂山太清宫、华严寺等地及崂山区，开发区，即墨市，平度市，莱西市有栽培。国内分布于华北以南各省区，以华中、西部山区为中心。

花色艳丽，与玉兰同为我国传统名花，广为栽培观赏。树皮、叶、花蕾均可入药，花蕾晒干后称辛夷，气香、味辛辣，主治鼻炎、头痛，作镇痛消炎剂。亦作玉兰、二乔玉兰等之砧木。

6. 望春玉兰 望春花 法氏玉兰（图69；彩图15）

Magnolia biondii Pamp.

落叶乔木，高可达12米；树皮淡灰色，光滑；小枝细长，灰绿色，直径3～4毫米，无毛；顶芽卵圆形或宽卵圆形，长1.7～3厘米，密被淡黄色展开长柔毛。叶椭圆状披针形、卵状披针形，狭倒卵或卵形长10～18厘米，宽3.5～6.5厘米，先端急尖，或短渐尖，基部阔楔形，或圆钝上面暗绿色，下面浅绿色，初被平伏绵毛，后无毛；叶柄长1～2厘米，托叶痕为叶柄长的1/5～1/3。花先叶开放，直径6～8厘米，芳香；花梗顶端膨大，长约1厘米，具3苞片脱落痕；花被9，外轮3片紫红色，近狭倒卵状条形，长约1厘米，中内两轮近匙形，白色，外面基部常紫红色，长4～5厘米，宽1.3～2.5厘米，内轮的较狭小；雄蕊长8～10毫米，花药紫色；雌蕊群长1.5～2厘米。聚合果圆柱形，长8～14厘米，常因部分不育而扭曲；果梗长约1厘米，径约7毫米，残留长绢毛；蓇葖浅褐色，近圆形，侧扁，具凸起瘤点；种子心形，外种皮鲜红色，内种皮深黑色。花期4月；果熟期9月。

崂山明霞洞、洞西岐、八水河等地，山东头，城阳区世纪公园、青岛农业大学，中山公园，即墨岙山广青园有栽培。国内产于陕西、甘肃、河南、湖北、四川等省。

优良的庭园绿化树种。花可提出浸膏作香精；花蕾入药；亦可作玉兰及其他同属种类的砧木。

7. 皱叶木兰 日本辛夷 白木兰（图70）

Magnolia praecocissima Koidz.

落叶乔木，高达20米，常从近基部分出数干；树皮灰色，粗糙开裂。顶芽卵圆形，长约2厘米；被黄色长绢毛；嫩枝绿色，后变紫褐色，径约3毫米，无毛，揉之有松香

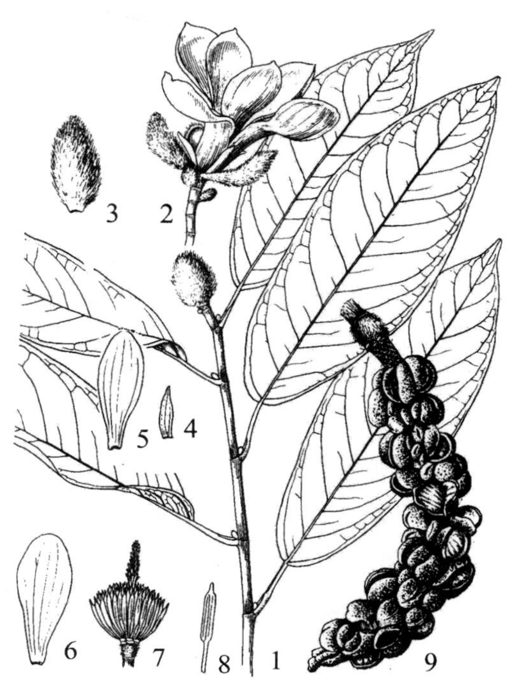

图69 望春玉兰

1. 枝叶，枝顶的花芽；2. 花；3. 苞片；4～6. 外轮、中轮和内轮花被片；7. 雄蕊群和雌蕊群；8. 雄蕊；9 聚合蓇葖果

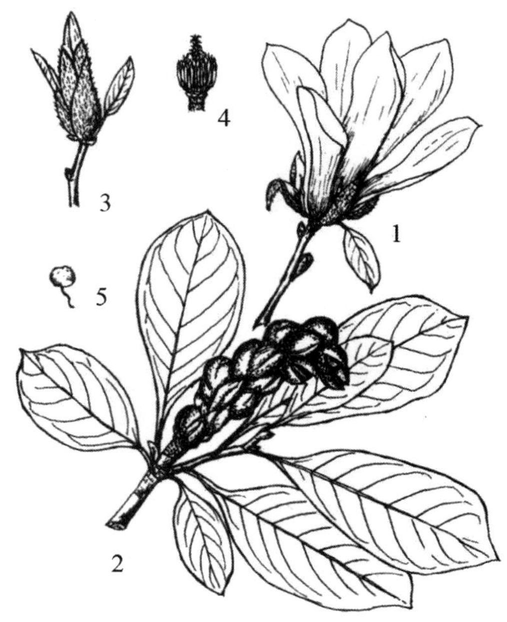

图70 皱叶木兰

1. 花枝；2. 果枝；3. 花芽；4. 雌蕊群和雄蕊群；5. 种子

气味。叶纸质，倒卵状椭圆形，长 8 ～ 17 厘米，宽 3.5 ～ 9.5 厘米，先端急渐尖，基部楔形，上面深绿色，除中脉基部被白色柔毛外余无毛，下面灰绿色，沿侧脉、中脉及脉腋有白色柔毛；侧脉每边 8 ～ 12 条，叶缘稍波状；叶柄长 1 ～ 2.5 厘米，初被白色长柔毛；托叶痕长 3 ～ 8 毫米。花先叶开放，白色，芳香，盛开时径 9 ～ 10 厘米；花蕾狭卵圆形，长 3 ～ 3.7 厘米；花被片 9，外轮 3 片萼片状，绿色或淡褐色，三角状条形，长 1.5 ～ 4 厘米，中内两轮白色，有时基部带红色，匙形，或狭倒卵形，长 5 ～ 7 (9) 厘米，内轮 3 片稍狭小；雄蕊长 8 ～ 10 毫米，花药长约 6 毫米，内向开裂，花丝长 1 ～ 1.5 毫米，红色；雌蕊群绿色，圆柱形，长 1 ～ 1.5 厘米，径约 3.5 毫米。聚合果圆柱形，长 3.5 ～ 11 厘米，常因部分心皮不育而扭曲；蓇葖近扁圆球形，具白色皮孔。花期 3 ～ 4 月；果期 9 ～ 10 月。

原产日本和朝鲜南部。崂山明霞洞，植物园有栽培。我国杭州植物园、江苏南京、上海等地亦有栽培。

花大而美丽，是著名的的庭园观赏树种。花蕾药用。木材供家具及建筑等用。

8. 厚朴 川朴（图 71；彩图 16）

Magnolia officinalis Rehd. et Wils.

图 71　厚朴

1. 花枝；2. 雄蕊群及雌蕊群；3. 聚合蓇葖果

落叶乔木，高达 20 米；树皮褐色，不开裂；小枝粗壮，淡黄色或灰黄色，幼时有绢毛；顶芽大，狭卵状圆锥形，无毛。叶大，近革质，7 ～ 9 片聚生于枝端，长圆状倒卵形，长 22 ～ 45 厘米，宽 10 ～ 24 厘米，先端具短急尖或圆钝，基部楔形，全缘而微波状，上面绿色，无毛，下面灰绿色，被灰色柔毛，有白粉；叶柄粗壮，长 2.5 ～ 4 厘米，托叶痕长为叶柄的 2/3。花白色，径 10 ～ 15 厘米，芳香；花梗粗短，被长柔毛，花被片 9 ～ 12 (17)，厚肉质，外轮 3 片淡绿色，长 8 ～ 10 厘米，宽 4 ～ 5 厘米，盛开时常向外反卷，内两轮白色，倒卵状匙形，稍小，基部具爪，花盛开时中内轮直立；雄蕊约 72 枚，花药长 1.2 ～ 1.5 厘米，内向开裂；雌蕊群椭圆状卵圆形，长 2.5 ～ 3 厘米。聚合果长圆状卵圆形，长 9 ～ 15 厘米；蓇葖具长 3 ～ 4 毫米的喙；种子三角状倒卵形，长约 1 厘米。花期 5 ～ 6 月；果期 9 ～ 10 月。

崂山华严寺、太平宫、明霞洞，中山公园、黄岛区山东科技大学有栽培，在小气候良好地方生长良好。国内分布于陕西、甘肃、河南、湖北、湖南、四川、贵州等省。

叶大荫浓，花大美丽，为庭园观赏树种。树皮、根皮、花、种子及芽皆可入药，以树皮为主，为著名中药。种子榨油，可制肥皂。木材供家具、雕刻、乐器、细木工等用。

（1）凹叶厚朴（亚种）

subsp. **biloba** (Rehd. et. Wils.) Law

与原种的主要区别是：叶先端凹缺，成两钝圆状的浅裂片，但幼苗的叶先端钝圆，并不凹缺；聚合果基部较窄。花期5月；果期9～10月。

崂山太清宫、上清宫、洞西岐，山东科技大学校园有栽培。国内产于安徽、浙江西部、江西（庐山）、福建、湖南南部、广东北部、广西北部和东北部。

叶形奇特、花开美丽，作庭园观赏树种。树皮及花药用，治胸腹胀满、吐泻等症。

9. 日本厚朴（图72）

Magnolia hypoleuca Sieb. et Zucc.

落叶乔木，高达30米，小枝初绿后变紫色，无毛，芽无毛。叶假轮生集聚于枝端，倒卵形，长20～38 (45) 厘米，宽12～18 (20) 厘米，先端短急尖，基部楔形或阔楔形，上面绿色，下面苍白色，被白色弯曲长柔毛，侧脉20～24对，叶柄长2.5～4.5 (7) 厘米，初被白色长柔毛，托叶痕为叶柄长之半或过半。花乳白色，杯状，直立，香气浓，直径14～20厘米，花被片9～12，外轮3片较短，黄绿色，背面染红色，内轮6或9片，倒卵形或椭圆状倒卵形，长8.5～12厘米，宽1.5～4.5厘米，花盛开时内轮花被片展开不直立，外轮花被片平展不反卷；雄蕊长1.5～2厘米，花丝紫红色，药隔伸出成钝尖；雌蕊群长3厘米，聚合果熟时鲜红色，圆柱状长圆形，长12～20厘米，直径6厘米，下垂；蓇葖具长喙，最下部蓇葖基部沿果托下延而形成聚合果的基部尖；种子外种皮鲜红色，内种皮黑色。花期6～7月；果期9～10月。

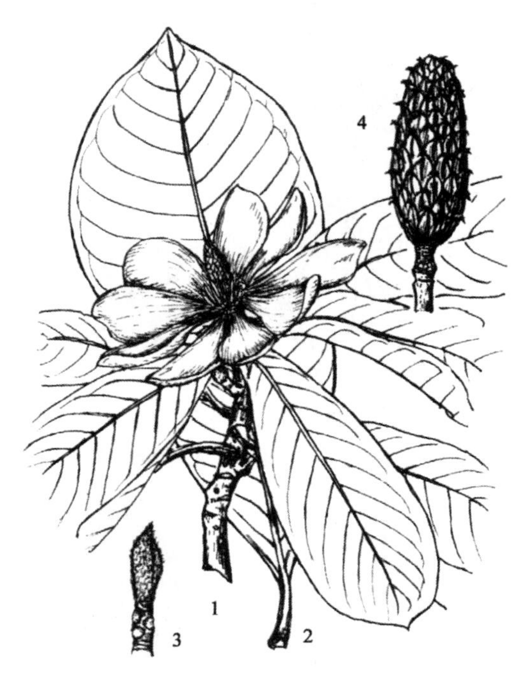

图72 日本厚朴

1. 花枝；2. 叶；3. 芽；4. 聚合蓇葖果

喜光，喜温凉湿润气候及肥沃、排水良好的酸性土壤。

原产日本千岛群岛以南。崂山明霞洞，中山公园，植物园有栽培，生长旺盛。我国东北、北京及广州亦有栽培。

花大，叶形奇特，为著名庭园观赏树种；木材轻软，纹理细致，供建筑、家具、乐器用；树皮药用，为厚朴代用品。

10. 天女木兰 天女花（图73；彩图17）

Magnolia sieboldii K. Koch

落叶小乔木，高可达10米。当年生小枝细长，淡灰褐色，初被银灰色平伏长柔毛。叶膜质，倒卵形或宽倒卵形，长 (6) 9～15 (25) 厘米，宽4～9 (12) 厘米，先端骤狭急

图 73　天女木兰

1. 花枝；2. 果枝；3. 雄蕊；4. 聚合蓇葖果；

图 74　荷花玉兰

1. 花枝；2. 雄蕊；3. 雌蕊；4. 聚合蓇葖果

尖或短渐尖，基部阔楔形、钝圆、平截或近心形，上面中脉及侧脉被弯曲柔毛，下面苍白色，通常被褐色及白色毛，有散生金黄色小点，中脉及侧脉被白色长绢毛，叶柄长 1 ～ 4 (6.5) 厘米，被褐色及白色平伏长毛，托叶痕约为叶柄长的 1/2。花与叶同时开放，白色，芳香，杯状，盛开时碟状，直径 7 ～ 10 厘米；花梗长 3 ～ 7 厘米，密被褐色及灰白色平伏长柔毛，着生平展或稍垂的花朵；花被片 9，近等大，外轮 3 片长圆状倒卵形或倒卵形，长 4 ～ 6 厘米，宽 2.5 ～ 3.5 厘米，内两轮 6 片，较狭小，基部渐狭成短爪；雄蕊紫红色，长 9 ～ 11 毫米，花丝长 3 ～ 4 毫米；雌蕊群椭圆形，绿色，长约 1.5 厘米。聚合果熟时红色，倒卵圆形或长圆体形，长 2 ～ 7 厘米；蓇葖狭椭圆体形，长约 1 厘米，沿背缝线全裂。顶端具长约 2 毫米的喙；种子心形，外种皮红色，内种皮褐色。花期 5 ～ 6 月；果期 9 月。

崂山茶涧庙旧址有古树，开花结果正常。国内产辽宁、安徽、浙江、江西、福建北部、广西等省区。

优良庭园观赏树种。木材可作农具柄及细木工原料。叶可提取芳香油。花入药，可制浸膏。

11. 荷花玉兰　广玉兰 洋玉兰（图 74）

Magnolia grandiflora L.

常绿乔木，在原产地高达 30 米。树皮淡褐色或灰色，薄鳞片状开裂；小枝粗壮，具横隔的髓心；小枝、芽、叶下面，叶柄、均密被褐色或灰褐色短绒毛（幼树的叶下面无毛）。叶厚革质，椭圆形，长圆状椭圆形或倒卵状椭圆形，长 10 ～ 20 厘米，宽 4 ～ 7（10）厘米，先端钝或短钝尖，基部楔形，叶面深绿色，有光泽；叶柄长 1.5 ～ 4 厘米，无托叶痕，具深沟。花白色，有芳香，直径 15 ~ 20 厘米；花被片 9 ~ 12，厚肉质，倒卵形，长 6 ~ 10 厘米，宽 5 ~ 7 厘米；花丝扁平，紫色；雌蕊群椭圆体形，密被长绒毛。聚合果圆柱状长圆形或卵圆形，长 7 ~ 10 厘米，径 4 ~ 5 厘米，密被褐色或淡灰黄色绒毛；蓇葖背裂，背面圆，顶端外侧具长喙；种子近卵圆形或卵形，长约 14 毫米，径约 6 毫米，外种皮红色。花期 6 月；果期 9 ~ 10 月。

原产北美。全市各地均有栽培。我国长江流域以南各城市亦有栽培。

优良庭园绿化观赏树种。材质坚重，可供装饰材用。叶、幼枝和花可提取芳香油；花制浸膏用；叶入药治高血压。

（三）含笑属 **Michelia** L.

常绿乔木或灌木。叶革质，单叶，互生，全缘；托叶膜质，盔帽状，两瓣裂，与叶柄贴生或离生，脱落后，小枝具环状托叶痕。花蕾单生于叶腋，具 2 ~ 4 枚次第脱落的佛焰苞状苞片所包裹，花梗上有与佛焰苞状苞片同数的环状的苞片脱落痕。如苞片贴生于叶柄，则叶柄亦留有托叶痕。花两性，通常芳香，花被片 6 ~ 21 片，3 或 6 片一轮，近相似，或很少外轮远较小，雄蕊多数，药室伸长，侧向或近侧向开裂，花丝短或长，药隔伸出成长尖或短尖；雌蕊群有柄，心皮多数或少数，腹面基部着生于花轴，上部分离，通常部分不发育，每心皮有胚珠 2 至数颗。聚合果为离心皮果，常因部分蓇葖不发育形成疏松的穗状聚合果；成熟蓇葖革质或木质，全部宿存于果轴，无柄或有短柄，背缝开裂或腹背为 2 瓣裂。种子 2 至数颗，红色或褐色。

约 50 余种，分布于亚洲热带、亚热带及温带的中国、印度、斯里兰卡、中南半岛、马来群岛、日本南部。我国约有 41 种，主产西南部至东部，以西南部较多。青岛引种栽培 3 种。

分种检索表

1. 灌木；托叶与叶柄连生，叶柄留有托叶痕；芽、嫩枝、叶柄、花梗密被黄褐色绒毛 ··· 1.含笑花M. figo
1. 乔木；托叶与叶柄离生，叶柄上无托叶痕。
  2. 花白色，花被片大小不相等，9片，排成3轮 ································ 2.深山含笑M. maudiae
  2. 花淡黄色，花被片大小近相等，2轮、6片 ································ 3.乐昌含笑M. chapensis

1. 含笑花 含笑（图 75）

Michelia figo (Lour.) Spreng.

Liriodendron figo Lour.

常绿灌木，高可达 2 ~ 3 米，树皮灰褐色，分枝繁密；芽、嫩枝，叶柄，花梗均密被黄褐色绒毛。叶革质，狭椭圆形或倒卵状椭圆形，长 4 ~ 10 厘米，宽 1.8 ~ 4.5 厘米，先端钝短尖，基部楔形或阔楔形，上面有光泽，无毛，下面中脉上留有褐色平伏毛，余脱落无毛，叶柄长 2 ~ 4 毫米，托叶痕长达叶柄顶端。花腋生，直立，长 12 ~ 20 毫米，宽 6 ~ 11 毫米，淡黄色而边缘有时红色或紫色，具甜浓的芳香，花被片 6，肉质，较肥厚，

图 75　含笑花

1. 花枝；2. 花被片；3. 雄蕊；4. 雌蕊群；5. 聚合蓇葖果

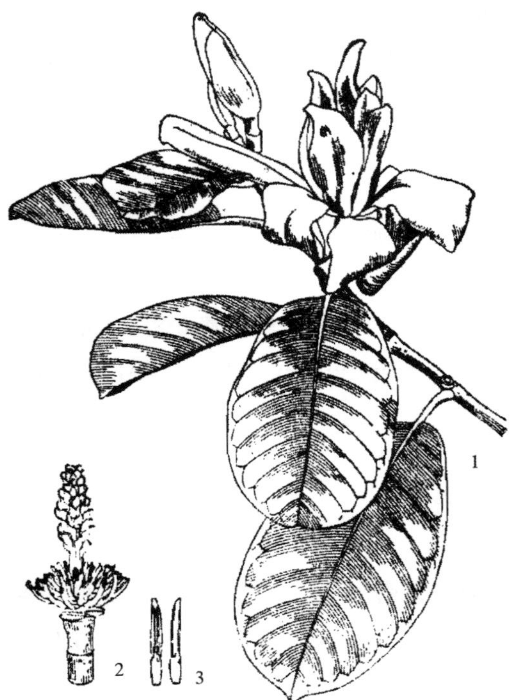

图 76　深山含笑

1. 花枝；2. 雄蕊群和雌蕊群；3. 雄蕊

长椭圆形，长 12 ~ 20 毫米，宽 6 ~ 11 毫米；雄蕊长 7 ~ 8 毫米，雌蕊群无毛，长约 7 毫米，超出于雄蕊群。聚合果长 2 ~ 3.5 厘米；蓇葖卵圆形或球形，顶端有短尖的喙。花期 5 月；果期 7 ~ 8 月。

山东科技大学，即墨岙山广青园栽培，生长良好。国内原产华南南部各省区。现广植于长江流域以南各地。

著名芳香观赏树种。花芳香，可制茶，亦可提取芳香油和供药用。本种花开放，含蕾不尽开，故称"含笑花"。

2. 深山含笑　光叶白兰花（图 76；彩图 18）

Michelia maudiae Dunn

乔木，高达 20 米，各部均无毛；树皮薄、浅灰色或灰褐色；芽、嫩枝、叶下面、苞片均被白粉。叶革质，长圆状椭圆形，很少卵状椭圆形，长 7 ~ 18 厘米，宽 3.5 ~ 8.5 厘米，先端骤狭短渐尖或短渐尖而尖头钝，基部楔形，阔楔形或近圆钝，上面深绿色，有光泽，下面灰绿色，被白粉。叶柄长 1 ~ 3 厘米，无托叶痕。花梗绿色具 3 环状苞片脱落痕，佛焰苞状苞片淡褐色，薄革质，长约 3 厘米；花芳香，花被片 9 片，纯白色，基部稍呈淡红色，外轮的倒卵形，长 5 ~ 7 厘米，宽 3.5 ~ 4 厘米，基部具长约 1 厘米的爪，内两轮则渐狭小；近匙形，顶端尖；雄蕊长 1.5 ~ 2.2 厘米，花丝淡紫色；雌蕊群长 1.5 ~ 1.8 厘米；雌蕊群柄长 5 ~ 8 毫米。聚合果长 7 ~ 15 厘米。种子红色，斜卵圆形，长约 1 厘米，宽约 5 毫米，稍扁。花期 3 ~ 4 月；果期 9 ~ 10 月。

山东科技大学，即墨岙山广青园有栽培，生长正常。国内分布于浙江南部、福建、湖南、广东、广西、贵州。

庭园观赏树种。木材纹理直，结构细，易加工，供家具、板料、绘图版、细木工用材。

花、叶可提取芳香油，亦可药用。

3. 乐昌含笑（图 77）

Michelia chapensis Dandy

乔木，高 15 ~ 30 米，胸径 1 米；树皮灰色至深褐色，小枝无毛或嫩时节上被灰色微柔毛。叶薄革质，倒卵形、狭倒卵形或长圆状倒卵形，长 6.5 ~ 15 (16) 厘米，宽 3.5 ~ 6.5 (7) 厘米，先端骤狭短渐尖，或短渐尖，尖头钝，基部楔形或阔楔形，上面深绿色，有光泽，侧脉 9 ~ 12 对，稀 15 对，网脉稀疏；叶柄长 1.5 ~ 2.5 厘米，无托叶痕，上面具张开的沟，嫩时被微柔毛，后脱落无毛。花梗长 4 ~ 10 毫米，被平伏灰色微柔毛，具 2 ~ 5 苞片脱落痕；花被片 6，淡黄色，芳香，2 轮，外轮倒卵状椭圆形，长约 3 厘米，宽约 1.5 厘米；内轮较狭；雄蕊长 1.7 ~ 2 厘米，花药长 1.1 ~ 1.5 厘米，药隔伸长成 1 毫米的尖头；雌蕊群狭圆柱形，长约 1.5 厘米，雌蕊群柄长约 7 毫米，密被银灰色平伏微柔毛；心皮卵圆形，长约 2 毫米，花柱长约 1.5 毫米；胚珠约 6 枚。聚合果长约 10 厘米，果梗长约 2 厘米；蓇葖长圆体形或卵圆形，长 1 ~ 1.5 厘米，宽约 1 厘米，顶端具短细弯尖头，基部宽；种子红色，卵形或长圆状卵圆形，长约 1 厘米，宽约 6 毫米。花期 3 ~ 4 月；果期 8 ~ 9 月。

图 77　乐昌含笑

1. 果枝；2. 雄蕊；3. 雌蕊纵切面；4 ~ 6. 花被片；7. 雌蕊群

山东科技大学有栽培。国内分布于江西、湖南、广东、广西等省区。

栽培供观赏。

（四）鹅掌楸属 Liriodendron L.

落叶乔木，树皮灰白色，纵裂小块状脱落；小枝具分隔的髓心。冬芽卵形，为 2 片黏合的托叶所包围，幼叶在芽中对折，向下弯垂。叶互生，具长柄，托叶与叶柄离生，叶片先端平截或微凹，近基部具 1 对或 2 列侧裂。花无香气，单生枝顶，与叶同时开放，两性，花被片 9 ~ 17，3 片 1 轮，近相等，药室外向开裂；雌蕊群无柄，心皮多数，螺旋状排列，分离，最下部不育，每心皮具胚珠 2 颗，自子房顶端下垂。聚合果纺锤状，成熟心皮木质，种皮与内果皮愈合，顶端延伸成翅状，成熟时自花托脱落，花托宿存；种子 1 ~ 2 颗，具薄而干燥的种皮，胚藏于胚乳中。木材导管壁无螺纹加厚，管间纹孔对列；花粉外壁具极粗而突起的雕纹覆盖层，外壁 2，缺或甚薄。

本属 2 种。我国产 1 种，北美洲产 1 种，杂交 1 种。青岛栽培有 3 种。

分种检索表

1. 小枝褐色或紫褐色、紫色；叶片两侧常各有2～3个裂片。
   2. 内两轮花被片灰绿色，直立，近基部有规则的黄色带；聚合果较粗短 2.北美鹅掌楸L. tulipifera
   2. 内两轮花被片橘红色或橙黄色，花朵艳丽；聚合果较细长 ······ 3.亚美鹅掌楸L. sino-americanum
1. 小枝灰色或灰褐色；叶每边1个裂片，向中部缩入，老叶背面有乳头状白粉点；花黄绿色，花丝长约0.5厘米 ·· 1.鹅掌楸L. chinense

1. 鹅掌楸 马褂木 中国马褂木（图 78）

Liriodendron chinense (Hemsl.) Sargent.

L. tulipifera L. var. *chinense* Hemsl.

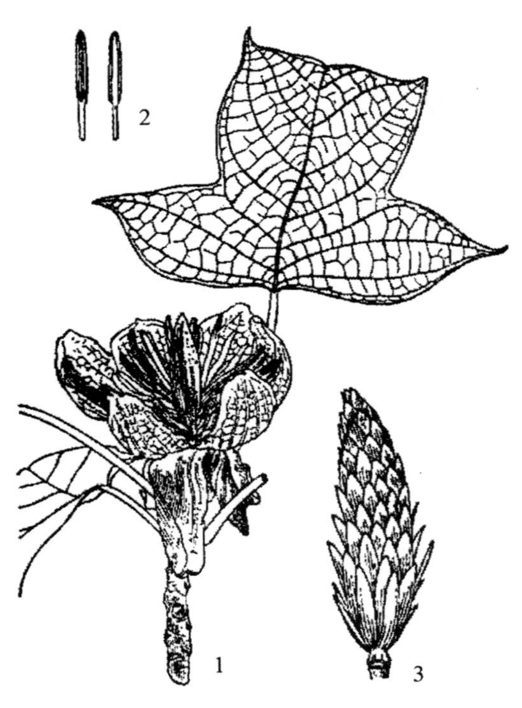

图 78 鹅掌楸

1. 花枝；2. 雄蕊；3. 聚合翅果

大乔木，高可达 40 米，胸径 1 米以上。树皮灰色，小枝灰色或灰褐色，略有白粉。叶马褂状，长 4 ～ 18 厘米，稀 25 厘米，近基部每边具 1 侧裂片，先端 2 浅裂，下面苍白色，叶柄长 4 ～ 8 厘米，稀 16 厘米。花杯状，花被片 9，外轮 3 片绿色，萼片状，向外弯垂，内两轮 6 片、直立，花瓣状、倒卵形，长 3 ～ 4 厘米，绿色，具黄色纵条纹，花药长 10 ～ 16 毫米，花丝长 5 ～ 6 毫米，花期时雌蕊群超出花被之上，心皮黄绿色。聚合果长 7 ～ 9 厘米,具翅的小坚果长约 6 毫米，顶端钝或钝尖，具种子 1 ～ 2 颗。花期 5 ～ 6 月；果期 9 ～ 10 月。

崂山太清宫，植物园及崂山区、黄岛、即墨、胶州、平度、莱西均有栽培。国内分布于陕西、安徽、浙江、江西、福建、湖北、湖南、广西、四川、贵州、云南及台湾地区。

供观赏，叶形奇特，花大美丽。木材淡红褐色、纹理直，质轻软、易加工，供建筑、造船、家具、细木工用材，亦可制胶合板。叶和树皮入药。

2. 北美鹅掌楸 百合木（图 79）

Liriodendron tulipifera L.

乔木，原产地高可达 60 米。树皮深纵裂，小枝褐色或紫褐色，常带白粉。叶片长 7 ～ 12 厘米，近基部每边具 2 侧裂片，先端 2 浅裂，幼叶背被白色细毛，后脱落无毛，叶柄长 5 ～ 10 厘米。花杯状，花被片 9，外轮 3 片绿色，萼片状，向外弯垂，内两轮

6片，灰绿色，直立，花瓣状、卵形，长4～6厘米，近基部有一不规则的黄色带；花药长15～25毫米，花丝长10～15毫米，雌蕊群黄绿色，花期时不超出花被片之上。聚合果长约7厘米、具翅的小坚果淡褐色，长约5毫米，顶端急尖、下部的小坚果常宿存过冬。花期5～6月；果期9～10月。

原产北美东南部。崂山张坡有栽培。我国庐山、南京、广州、昆明等地也有栽培。

优良庭院绿化树种。材质优良，供建筑、家具等用。树皮味苦，有驱虫、解热之效。

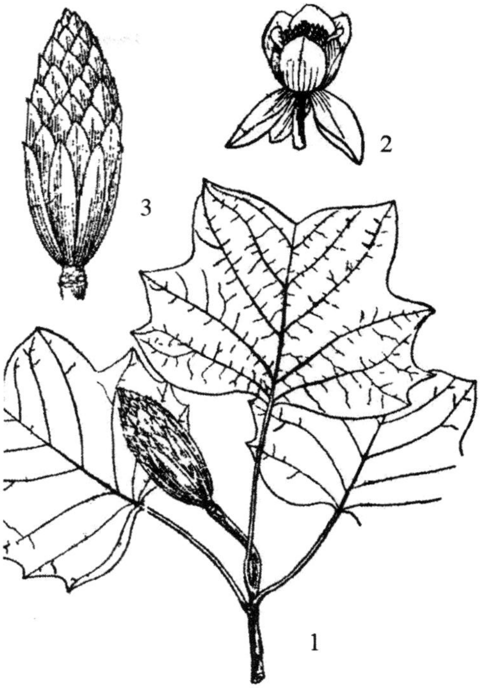

图79 北美鹅掌楸

1. 果枝；2. 花；3. 聚合翅果

3. 亚美鹅掌楸 亚美马褂木

Liriodendron sino-americanum P. C. Yieh ex Shang et Z. R. Wang

落叶大乔木，高可达50米。叶两侧各有1～3浅裂，先端近截形。花浅黄绿色，郁金香状，外形与亲本相似。花期5月；果期10月。

全市各地普遍栽培。本种为鹅掌楸与美国鹅掌楸的杂交种，较亲本有明显的杂种优势，生长较强健。

二、蜡梅科 CALYCANTHACEAE

落叶或常绿灌木。植物体含油细胞。鳞芽或芽无鳞片而被叶柄基部所包围。单叶对生，全缘或近全缘；有叶柄；无托叶。花两性，辐射对称，单生于侧枝顶端或腋生，通常芳香，黄色、黄白色或褐红色或粉红白色，先叶开放；花梗短；花被片多数，无花萼和花瓣之分，成螺旋状着生于杯状的花托外围，最外轮的花被片呈苞片状，内轮的呈花瓣状；雄蕊着生于花托的顶部，2轮，外轮雄蕊5～30，可育，内轮多退化，花丝短，离生，花药外向，2室，纵裂；雌蕊多数，离生，着生于杯状花托内，每心皮有胚珠2，或1不发育，倒生，花柱丝状，伸长。聚合瘦果着生于坛状的果托内，呈蒴果状，瘦果内含1种子；种子形大，无胚乳。

2属，7种，2变种；分布于亚洲东部和美洲北部。我国有2属，4种，1栽培种，2变种，主要分布于长江流域以南。青岛有1属，2种，2变种。

（一）蜡梅属 Chimonanthus Lindl.

落叶或常绿灌木。冬芽有多数覆瓦状鳞片。叶对生，纸质或近革质，叶面粗糙；

羽状脉，有叶柄。花腋生，芳香，先叶开放，径 0.7 ～ 4 厘米；花被片 15 ～ 25，黄色或黄白色，有紫红色条纹，膜质；雄蕊 5 ～ 6，着生于杯状的花托上，有的种有或多或少的退化雄蕊，花丝丝状，基部宽而连生，常被微毛，花药 2 室，外向；雌蕊 5 ～ 15，离生，每心皮有 2 胚珠，或 1 枚败育。果托壶形，顶端开口，喉部微收缩，被短柔毛，宿存；瘦果长圆形，内有 1 种子。

3 种，我国特产。青岛栽培 2 种，2 变种。

分种检索表

1. 落叶，叶椭圆形至宽椭圆形或卵形，花径2～4厘米，花丝比花药长或等长 …… 1.蜡梅C. praecox
1. 常绿，叶卵状披针形，花径7～10毫米，花丝比花药短 ………………………… 2.亮叶蜡梅C. nitens

1. 蜡梅　梅花（图 80）

Chimononthus praecox (L.) Link

Calycanthus praecox L.

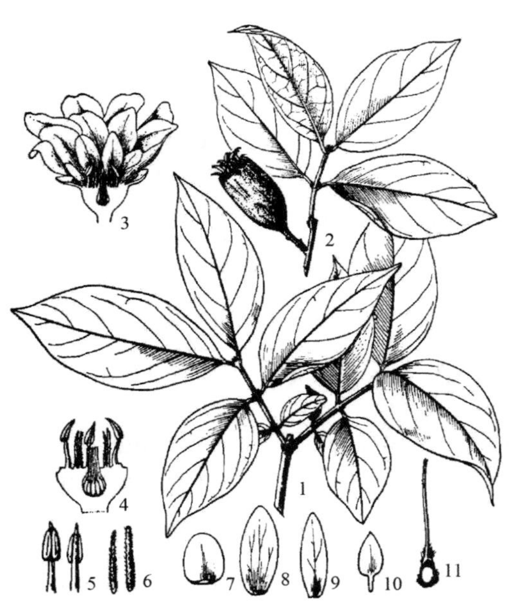

图 80　蜡梅

1. 叶枝；2. 果枝；3. 花纵切面；4. 花托纵切面；5. 雄蕊；6. 退化雄蕊；7 ~ 10. 花被片；11. 雌蕊纵切

落叶灌木，高可达 7 米。幼枝四方形，老枝近圆柱形，灰褐色，无毛或被疏微毛，有皮孔。叶纸质至近革质，对生，椭圆状卵形至卵状披针形，长 5 ～ 25 厘米，宽 2 ～ 8 厘米，顶端急尖至渐尖，稀尾尖，基部圆形或宽楔形，叶上面光绿色，有突起的点状毛，手触之有粗糙感，下面淡绿色，脉上有短硬毛，网脉明显。花生于二年生枝条叶腋内，先花后叶，蜡黄色，芳香，径 1 ～ 3 厘米；花被片 2 ～ 3 轮，圆形、长圆形、倒卵形或匙形，覆瓦状排列，无毛，基部有爪；能育雄蕊 5 ～ 6；雌蕊多数，离生，着生于壶状的花托内，花托在果熟时半木质化，长 2.5 ～ 3.5 厘米，常有 1 弯曲的梗，顶部开口处边缘有刺状附着物，有花被片脱落痕迹，被黄褐色绢毛。瘦果圆柱形，微弯，长 1 ～ 1.5 厘米，熟后栗褐色。花期 1 月～ 2 月；果期 7 ～ 8 月。

崂山蔚竹庵、太清宫、太平宫等地以及全市各区均有栽培。国内分布于江苏、安徽、浙江、福建、江西、湖南、湖北、河南、陕西、四川、贵州、云南等省区。

花开寒冬，清香四溢，庭院绿地观赏植物，亦可做盆花、桩景。根、叶、花可药用；花浸入生油中制成“蜡梅油”，能制烫伤。

（1）馨口蜡梅（变种）

var. **grandiflora** Makino

叶较宽大，长达 20 厘米。花亦较大，径 3 ~ 3.5 厘米，外轮花被片淡黄色，内轮花被片有浓红紫色边缘和条纹。

市区公园有栽培。

供观赏。

（2）素心蜡梅（变种）

var. **concolor** Makino

内外轮花被片均为纯黄色，香味浓。

市区公园有栽培。

供观赏。

2. 亮叶蜡梅　山蜡梅（图 81；彩图 19）

Chimonanthus nitens Oliv.

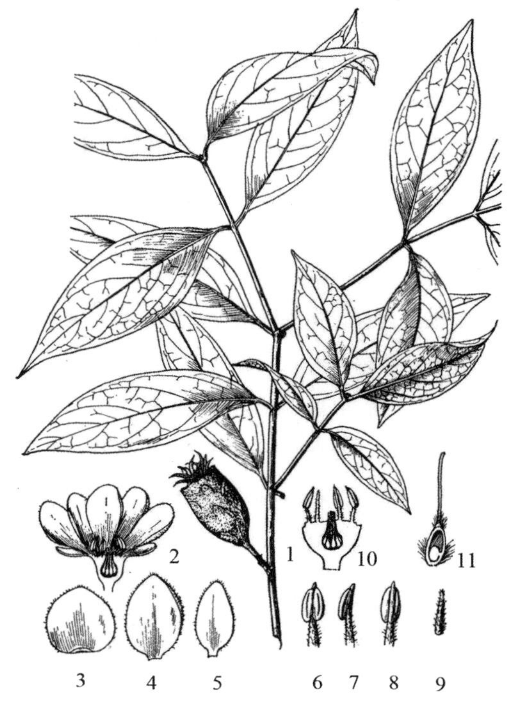

图 81　亮叶蜡梅

1. 果枝；2. 花纵切面；3 ~ 5. 花被片；6 ~ 8. 雄蕊；9. 退化雄蕊；10. 花托纵切面；11. 雌蕊纵切

常绿灌木，高 1 ~ 3 米。幼枝四方形，老枝近圆柱形，被微毛，后渐无毛。叶革质，椭圆形至卵状披针形，稀长圆状披针形，长 2 ~ 13 厘米，宽 1.5 ~ 5.5 厘米，顶端渐尖，叶面略粗糙，有光泽，基部有不明显腺毛，或有时在叶缘、叶脉和叶柄上被短柔毛；上面叶脉扁平，下面凸起。花小，直径 7 ~ 10 毫米，黄色或黄白色；花被片卵圆形、倒卵形或卵状披针形，长 3 ~ 15 毫米，宽 2.5 ~ 10 毫米，外面被短柔毛，内面无毛；雄蕊长 2 毫米，花丝短，被短柔毛，花药卵形，向内弯，比花丝长；心皮长 2 毫米，基部及花柱基部被疏硬毛。果托坛状，长 2 ~ 5 厘米，直径 1 ~ 2.5 厘米，口部收缩，成熟时灰褐色，被短绒毛，内藏聚合瘦果。花期 10 月 ~ 翌年 1 月；果期 4 ~ 7 月。

崂山太清宫有引种栽培，仅剩 2 株。国内分布于安徽、浙江、江苏、江西、福建、湖北、湖南、广西、云南、贵州和陕西等省区。

花黄色，叶常绿，是良好的园林绿化植物。根可药用，治跌打损伤、风湿、感冒疼痛、疔疮毒疮等。种子含油脂。

三、樟科 LAURACEAE

常绿或落叶，乔木或灌木。树体含油细胞，芳香。鳞芽或裸芽。单叶互生，稀对生或簇生，全缘，稀有缺裂；羽状脉，三出脉或离基三出脉；无托叶。花两性或单性，常组成伞形、总状或圆锥花序；花通常小，白或绿白色，有时黄色，有时淡红而花后转红，花被片 2 ~ 3 片为 1 轮，2 轮排列，辐射对称；雄蕊 9 ~ 12，排成 3 ~ 4 轮，第 4 轮常退化为腺状，花药 2 ~ 4 室，瓣裂；雌蕊通常由 3 心皮合成（雄花中雌蕊不育），子房常上位，1室，1胚珠，倒生。核果或浆果状，果实基部的花被片脱落、断裂或宿存；种子无胚乳，种皮薄。

约45属，2000余种。主要分布于热带和亚热带地区。我国产20属，423种和43变种，绝大部分分布在长江流域以南各省区。青岛有5属，8种。

分属检索表

1. 花两性，圆锥花序；果实基部花被片宿存或花被裂片脱落仅花被筒宿存；常绿。
 2. 花被片宿存，向外开展或反曲；叶为羽状脉 …………………………………… 1.润楠属Machilus
 2. 花被片脱落，叶三出脉或羽状脉；果生于肥厚果托上 ………………………… 2.樟属Cinnamomum
1. 花单性，稀两性，伞形花序或总状花序；果实基部的花被片全部脱落（或仅有膨大的花托）。
 3. 伞形花序，花序基部有宿存的总苞片；花药2室；落叶或常绿。
  4. 叶脱落或半脱落，羽状脉或三出脉；花被及雄蕊每轮3数 …………………… 3.山胡椒属 Lindera
  4. 叶常绿，羽状脉；花被及雄蕊每轮4数 ………………………………………… 4.月桂属 Laurus
 3. 总状花序，花序基部的总苞片脱落；花药4室；落叶…………………………… 5.檫木属 Sassafras

（一）润楠属 **Machilus** Rumphium ex Nees

常绿乔木或灌木。冬芽大或小，芽鳞覆瓦状排列。叶互生，全缘，具羽状脉。圆锥花序顶生或近顶生，密花而近无总梗或疏松而具长总梗；花两性；花被筒短；花被裂片6，2轮，近等大或外轮的较小；能育雄蕊9枚，排成3轮，花药4室，外面2轮无腺体，少数种类有变异而具腺体，花药内向，第三轮雄蕊有柄腺体，花药外向，有时下面2室外向，上面2室内向或侧向，第四轮为退化雄蕊，短小，有短柄，先端箭头形；子房无柄，柱头小或盘状或头状。果肉质，球形或少有椭圆形，花被裂片宿存，反曲或平展；果梗不增粗或略微增粗。

图82　红楠
1. 果枝；2. 花序；3. 花；4. 雄蕊；5. 雌蕊

约有100种，分布于亚洲东南部和东部的热带、亚热带。我国约68种，3变种，分布于华东、华中、华南及西南各省区。青岛产1种。

1. 红楠　小楠木　冬青（图82；彩图20）

Machilus thunbergii Sieb. et Zucc.

常绿乔木，高可达15米；树皮黄褐色；枝条紫褐色，嫩枝紫红色。芽卵形或长圆状卵形，芽鳞棕色革质，无毛或仅边缘有毛。叶倒卵形或倒卵状披针形，长4.5～13厘米，宽1.7～4.2厘米，先端短突尖或短钝尖，基部楔形，革质，上面光绿色，下面粉绿色，上面中脉稍凹下，下面明显突起，侧脉 7 ~ 12 对；叶柄长 1 ~ 3.5 厘米。花序顶生或在新枝上腋生，长 5 ~ 12 厘米，无毛，上端分枝；多花，花梗长 0.8 ~ 1.5 厘米，带紫红色；苞片卵形，被棕红色贴伏绒毛；花被裂片狭长，外面无毛，内面上端有短柔毛；花丝无毛，第 3 轮腺体有柄，退化雄蕊基部有硬毛；子房球形，无毛。果扁球形，径 8 ~ 10 毫米，熟时黑紫色；果梗鲜红色。花期 4 ~ 5 月；果期 8 ~ 9 月。

产崂山太清宫，长门岩岛；崂山八水河、太清宫、雕龙嘴及植物园，八大关，李村公园，城阳海都观光园，山东科技大学校园等地均有栽培。国内产华东地区及台湾、福建、江西、湖南、广东、广西等省区。

沿海低山地区作绿化及防风林树种；冬季枝叶变红，观赏价值较高，可用于城市绿化。木材供建筑、家具、造船等用。叶可提取芳香油。种子油可制肥皂和润滑油；树皮药用。

（二）樟属 **Cinnamomum** Schaeffer

常绿乔木或灌木；树皮、小枝和叶极芳香。芽裸露或具鳞片，具鳞片时鳞片明显或不明显，覆瓦状排列。叶互生、近对生或对生，有时聚生于枝顶，革质，离基三出脉或三出脉，亦有羽状脉。花小或中等大，黄色或白色，两性，稀为杂性，组成腋生或近顶生、顶生的圆锥花序，由 (1) 3 至多花的聚伞花序所组成。花被筒短，杯状或钟状，花被裂片 6，近等大，花后完全脱落，或上部脱落而下部留存在花被筒的边缘上。能育雄蕊 9，3 轮，第 1、2 轮花丝无腺体，第 3 轮花丝近基部有 1 对具柄或无柄的腺体，花药 4 室，第 1、2 轮花药内向，第 3 轮花药外向。退化雄蕊 3，位于最内轮，心形或箭头形，具短柄。花柱与子房等长，纤细。浆果状核果，有果托。

约 250 种，产于热带亚热带亚洲东部、澳大利亚及太平洋岛屿。我国约有 46 种和 1 变型，主产南方各省区。青岛引种 1 种。

1. 樟 香樟（图 83）

Cinnamomum camphora (L.)Presl

Laurus camphora L.

常绿乔木，高达 30 米。树皮灰褐色，纵裂。小枝黄绿色，无毛。叶互生，薄革质，卵圆形或椭圆状卵圆形，长 8 ~ 17 厘米，宽 3 ~ 10 厘米，离基三出脉，脉腋有腺点，侧脉每边 4 ~ 6 条，最基部的一对近对生，其余的均为互生。芽小，卵圆形，芽鳞疏被绢毛。圆锥花序在幼枝上腋生，长 (5) 10 ~ 15 厘米，多分枝，总梗圆柱形，长 4 ~ 6

图 83 樟

1. 果枝；2. 花纵切面；3. 果实

厘米。花绿白色，长约 2.5 毫米，花梗丝状，长 2 ～ 4 毫米，被绢状微柔毛。花被筒倒锥形，外面近无毛，花被裂片 6, 卵圆形，长约 1.2 毫米。能育雄蕊 9，退化雄蕊 3。子房卵珠形，长约 1.2 毫米，无毛，花柱长 1 毫米，柱头头状。果球形，直径 7 ～ 8 毫米，绿色，熟时紫黑色，无毛;果托浅杯状，顶端宽 6 毫米。花期 4 ～ 5 月;果期 8 ～ 11 月。

崂山太清宫，植物园，市南区，崂山区，黄岛区，即墨市等地有引种栽培；植物园有胸径约 50 厘米、高达 15 米以上的大树。国内分布于长江流域以南各省区。

城市绿化之优良树种，但耐寒性较差。木材致密，有香气，抗虫蛀，供建筑、家具、造船等用。全树各部均可提制樟脑及樟油，广泛用于化工、医药、香料等方面。种子可榨油。叶含单宁，可提制栲胶。

（三）山胡椒属 **Lindera** Thunb.

常绿或落叶乔、灌木，具香气。叶互生，全缘或三裂，羽状脉、三出脉或离基三出脉。花单性，雌雄异株，黄色或绿黄色；伞形花序，单生于叶腋或在短枝上 2 至多数簇生；总花梗有或无；总苞片 4，交互对生。花被片 6，近等大或外轮稍大，通常脱落；雄花能育雄蕊 9，偶有 12，通常三轮，花药 2 室，内向，第三轮的花丝基部着生通常具柄的 2 腺体；退化雌蕊细小；雌花子房球形或椭圆形，退化雄蕊通常 9，有时达 12 或 15。核果或浆果，球形或椭圆形，幼时绿色，熟时红色或紫黑色，内有种子一枚；花被管稍膨大成果托于果实基部。

约 100 种，产于亚洲及北美洲温带和热带地区。我国有 40 种和 9 变种、2 变型。青岛有 4 种。

分种检索表

1. 叶羽状脉，全缘或偶有波状皱折，无缺裂。
  2. 花、果序无总梗或总梗极短；果熟时黑色或黑褐色。
    3.叶宽卵形至椭圆形，偶有倒披针形；枝灰白或灰黄色；冬芽圆锥形，芽鳞无纵脊 …… 1.山胡椒L. glauca
    3.叶椭圆状披针形；枝黄绿色；冬芽卵形，芽鳞有纵脊 ………………… 2.狭叶山胡椒L.angustifolia
  2. 花、果序有总梗，长约为花、果梗的1/2；果熟时红色 ……………………3.红果山胡椒 L.erythrocarpa
1 .三出脉，叶卵形或宽圆形，通常1～3裂，稀5裂或全缘；花、果序无总梗；果熟时红色后变黑色 …………………………………………………………………………………………………… 4.三桠乌药 L. obtusiloba

1. 山胡椒 崂山棍 假死柴（图 84）

Lindera glauca (Sieb. et Zucc.) Bl.

Benzoin glaucum Sieb. et Zucc.

落叶灌木或小乔木，高可达 8 米。树皮灰色，幼枝灰白或黄白色，初有褐色毛，后脱落。冬芽圆锥形，芽鳞裸露部分红色，无纵脊。叶互生，宽椭圆形、椭圆形、倒卵形到狭倒卵形，长 4 ～ 9 厘米，宽 2 ～ 4 厘米，稀 6 厘米，上面深绿色，下面淡绿色，被白色柔毛，纸质，羽状脉。伞形花序腋生，总梗短或不明显生于混合芽中的总苞片绿色膜质，每总苞有 3 ～ 8 花。雄花花被片黄色，内、外轮几相等；雄蕊 9，近等长；退化雌蕊细小。雌花花被片黄色，椭圆或倒卵形，内、外轮几相等；子房椭圆形，长约 1.5 毫米，花柱长约 0.3 毫米，柱头盘状；花梗长 3 ～ 6 毫米，浆果状核果球形，熟时黑褐色；果梗长 1 ～ 1.5 厘米。花期 4 月；果期 9 ～ 10 月。

产于崂山，百果山，大珠山，小珠山等地。国内分布于华北南部及长江流域以南各省区。

木材可做家具。叶、果可提芳香油；种仁油含月桂酸，油可作肥皂和润滑油；根、枝、叶、果药用。

图 84　山胡椒

1. 果枝；2. 带腺体的雄蕊；3. 雄蕊

2. 狭叶山胡椒（图 85）

Lindera angustifolia Cheng

落叶灌木或小乔木，高 2 ～ 8 米，幼枝多黄绿色，无毛。冬芽卵形，紫褐色，芽鳞具脊。叶互生，椭圆状披针形，长 6 ～ 14 厘米，宽 1.5 ～ 3.5 厘米，先端渐尖，基部楔形，近革质，上面绿色无毛，下面苍白色，沿脉上被疏柔毛，羽状脉，侧脉 8 ～ 10 对。伞形花序 2 ～ 3 生于冬芽基部。雄花序有花 3 ～ 4 朵，花梗长 3 ～ 5 毫米，花被片 6，能育雄蕊 9。雌花序有花 2 ～ 7 朵；花梗长 3 ～ 6 毫米；花被片 6；退化雄蕊 9；子房卵形，无毛，花柱长 1 毫米，柱头头状。果球形，直径约 8 毫米，熟时黑色，果托直径约 2 毫米；果梗长 0.5 ～ 1.5 厘米，被微柔毛或无毛。花期 4 月；果期 9 ～ 10 月。

产于崂山太清宫，数量极少。国内分布于华东及河南、陕西、江西、广东、广西等省（区）。

种子油可制肥皂及润滑油。叶、果可提取芳香油，可配制化妆品及皂用香精。

图 85　狭叶山胡椒

1. 果枝；2. 芽；3. 雄花；4. 雄蕊；5. 雌花

图 86　红果山胡椒

1. 果枝；2. 花被片；3 ~ 5. 雄蕊

图 87　三桠乌药

1. 果枝；2. 叶；3 ~ 4. 花被片；5 ~ 6. 雄蕊；7. 雌蕊

3. 红果山胡椒　红果钓樟（图 86）

Lindera erythrocarpa Makino

落叶灌木或小乔木，高可达 5 米。树皮灰褐色，幼枝条通常灰白或灰黄色。叶互生，倒披针形或倒卵状披针形，先端渐尖，基部狭楔形，常下延，长 9 ~ 12 厘米，宽 4 ~ 5 厘米，纸质，上面绿色，有稀疏贴服柔毛或无毛，下面苍绿色，被贴服柔毛，在脉上较密，羽状脉；叶柄长 0.5 ~ 1 厘米。伞形花序常成对生于叶腋，总梗长约 0.5 厘米；总苞片 4，有 15 ~ 17 花。雄花花被片 6，黄绿色，外面被疏柔毛，内面无毛；雄蕊 9，第 3 轮的近基部有腺体；花梗被疏柔毛，长约 3.5 毫米。雌花较小，花被片 6；退化雄蕊 9；雌蕊长约 1 毫米，子房狭椭圆形，花柱粗，柱头盘状；花梗约 1 毫米。果球形，径 7 ~ 8 毫米，熟时红色，果梗长 1.5 ~ 1.8 厘米，自基部至果拖渐增粗。花期 4 月；果期 9 ~ 10 月。

产于崂山梨庵子附近，数量极少。国内分布于陕西、河南、山东、江苏、安徽、浙江、江西、湖北、湖南、福建、台湾、广东、广西、四川等省区。

木材供家具等用。叶、果可提取芳香油。

4. 三桠乌药　假崂山棍　山姜（图 87；彩图 21）

Lindera obtusiloba Bl.

落叶灌木或小乔木，高可达 10 米。树皮深棕色，小枝黄绿色，当年枝条较平滑，有纵纹；芽卵形，先端渐尖，有时为混合芽。叶互生，近圆形至扁圆形，长 5.5 ~ 10 厘米，宽 4.8 ~ 10.8 厘米，先端急尖，全缘或 3 裂，常明显 3 裂，基部近圆形或心形，有时宽楔形，上面深绿，下面绿苍白色，有时带红色，被棕黄色柔毛或近无毛；三出脉，偶有五出脉，网脉明显；叶柄长 1.5 ~ 2.8 厘米，被黄白色柔毛。花芽内有无总梗花序 5 ~ 6，混合芽内有花芽 1 ~ 2；总苞片 4，内有花 5 朵。（未开放的）雄花花被片 6，长椭圆形，外被长柔毛，内面无毛；能育雄蕊 9，花丝无毛，第三轮的基部着生 2 个腺体，第二轮的基部有时也有 1 个腺体；退化雌蕊长椭圆形，无毛，花柱、柱头不分。雌花花被片 6；子房椭圆形，无毛，花柱长不及 1 毫米。果广椭圆形，直径 0.5 ~ 0.6 厘米，成熟时红色，后变紫黑色。花期 4 月；果期 8 ~ 9 月。

产于崂山，大、小珠山，大泽山等地。国内产辽宁千山以南、山东昆嵛山以南、安徽、江苏、河南、陕西渭南和宝鸡以南及长江流域各省区，为我国樟科植物中分布最北的种类。

木材致密、坚实可作拐杖及其他细木工用材。种子含油达 60%，可用于医药及轻工业原料。叶、果可提取芳香油。

（四）月桂属 **Laurus** L.

常绿小乔木。叶互生，革质，羽状脉。花为雌雄异株或两性，组成具梗的伞形花序；伞形花序在开花前由 4 枚交互对生的总苞片所包裹，呈球形，腋生，通常成对，偶有 1 或 3 个呈簇状或短总状排列。花被筒短，花被裂片 4，近等大。雄花有雄蕊 8 ~ 14，通常为 12，排列成三轮。雌花有退化雄蕊 4，与花被片互生，花丝顶端有成对无柄的腺体，其间延伸有一披针形的舌状体；子房 1 室，花柱短，柱头稍增大，钝三棱形；胚珠 1。果卵球形；花被筒不或稍增大，完整或撕裂。

2 种，产大西洋的加那利群岛、马德拉群岛及地中海沿岸地区。我国引种栽培 1 种。青岛有栽培。

1. 月桂（图 88；彩图 22）

Laurus nobilis L.

常绿小乔木或灌木状，高可达 12 米，树皮黑褐色。小枝圆柱形，具纵向细条纹，幼嫩部分略被微柔毛或近无毛。叶互生，长圆形或长圆状披针形，长 5.5 ~ 12 厘米，宽 1.8 ~ 3.2 厘米，革质，上面暗绿色，下面稍淡，两面无毛，羽状脉；叶柄长 0.7 ~ 1 厘米，鲜时紫红色，略被微柔毛或近无毛。花为雌雄异株。伞形花序腋生，1 ~ 3 个成簇状或短总状排列。雄花：每一伞形花序有花 5 朵；花小，黄绿色，花被裂片 4；能育雄蕊通常 12，排成三轮。雌花：通常有退化雄蕊 4；子房 1 室，花柱短，柱头稍增大，钝三棱形。果卵珠形，熟时暗紫色。

图 88 月桂

1. 雄花枝；2 ~ 3. 伞形花序；4. 雄花纵切面；5. 雌花纵切面；6. 第一轮雄蕊；7. 第二、三轮雄蕊花期 4 ～ 5 月；果期 6 ～ 9 月。

原产地中海一带。崂山太清宫，中山公园，黄岛区山东科技大学校园有栽培。我国浙江、江苏、福建、台湾、四川及云南等省亦有引种栽培。

栽培可供观赏。叶可作调味香料，供食用。种子可榨油，供工业用。

（五）檫木属 **Sassafras** J. Presl

落叶乔木。顶芽大，具鳞片，鳞片近圆形，外面密被绢毛。叶互生，聚集于枝顶，坚纸质，具羽状脉或离基三出脉，异型，不分裂或 2 ～ 3 浅裂。花通常雌雄异株，通常单性，或明显两性但功能上为单性，具梗。总状花序（假伞形花序）顶生，少花，疏松，下垂，具梗，基部有迟落互生的总苞片；苞片线形至丝状。花被黄色，花被筒短，花被裂片 6，排成二轮，近相等，在基部以上脱落。雄花：能育雄蕊 9，退化雄蕊 3 或无，存在时位于最内轮；退化雌蕊有或无。雌花：退化雄蕊 6，排成二轮，或为 12，排成四轮；子房卵珠形，花柱纤细，柱头盘状增大。果为核果，卵球形，深蓝色，基部有浅杯状的果托；果梗伸长，上端渐增粗，无毛。种子长圆形，先端有尖头，种皮薄。

3 种，亚洲东部和北美间断分布。我国有 2 种，产长江以南各省区及台湾省。青岛引种栽培 1 种。

1. 檫木　檫树（图 89）

Sassafras tzumu (Hemsl.) Hemsl.

Lindera tzumu Hemsl.

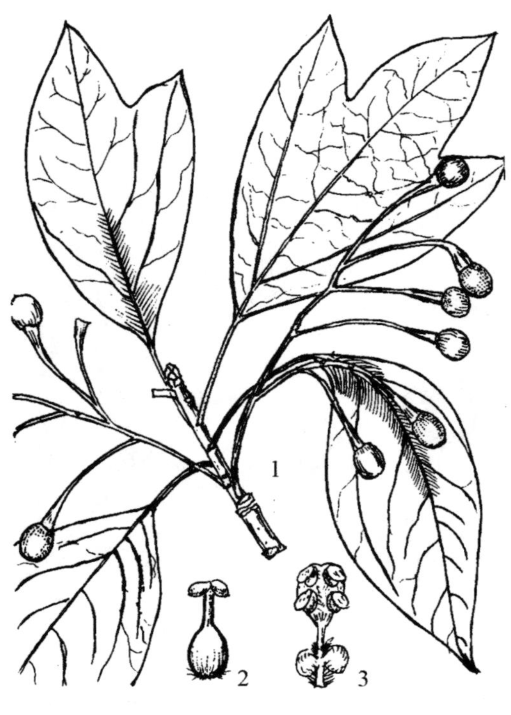

图 89　檫木
1. 果枝；2. 雌蕊；3. 雄蕊

落叶乔木，高可达 35 米。树皮幼时黄绿色，平滑，老时变灰褐色，呈不规则纵裂。顶芽大，椭圆形，芽鳞密被黄色绢毛。枝条粗壮，多少具棱角，无毛。叶互生，集生于枝顶，卵形或倒卵形，长 9 ～ 18 厘米，宽 6 ～ 10 厘米，先端渐尖，基部楔形，全缘或 2 ～ 3 浅裂，上面绿色，下面灰绿色，两面无毛或下面尤其是沿脉网疏被短硬毛，羽状脉或离基三出脉；叶柄纤细，鲜时常带红色，无毛或略被短硬毛。花序顶生，先叶开放，长 4 ～ 5 厘米，多花，具不及 1 厘米梗，与序轴密被棕褐色柔毛。花黄色，长约 4 毫米，雌雄异株。雄花：花被筒极短，花被裂片 6，披针形，近相等，长约 3.5 毫米，先端稍钝，外面疏被柔毛，内面近于无毛；雄花：能育雄蕊 9，退化雄蕊 3；退化雌蕊明显。雌花：退化雄蕊 12，排成四轮；花柱长约 1.2 毫米，柱头盘状。果近球形，直径达 8 毫米，成熟时蓝黑色而带有白蜡粉，果托杯形，果梗长 1.5 ~ 3 厘米，无毛，与果托呈红色。花期 3 ~ 4 月；果期 5 ~ 9 月。

崂山太清宫、张坡等有栽培。国内分布于长江流域以南各省。

秋叶艳丽，良好的城乡绿化树种。材质优良，细致，耐久，用于造船、建筑及上等家具。根、树皮入药。果、叶和根含芳香油。

四、马兜铃科 ARISTOLOCHIACEAE

草质或木质藤本、灌木或多年生草本。单叶互生，具柄，叶全缘或 3 ~ 5 裂，无托叶。花两性，具花梗，单生或簇生，或排成总状、聚伞或伞房花序，顶生、腋生或生于老茎上；花被花瓣状，辐射对称或两侧对称，1 轮，稀 2 轮；筒状，钟形或稍向上方扩大，檐部圆盘状、壶状或圆柱状；雄蕊 6 至多数，1 ~ 2 轮；花丝短，离生或与花柱、药隔合生成合蕊柱；花药 2 室，平行，外向纵裂；子房下位，稀半下位或上位，4 ~ 6 室或为不完全的子房室，稀心皮离生或仅基部合生；花柱粗短，离生或合生而顶端 3 ~ 6 裂；胚珠多数，倒生，中轴胎座或侧膜胎座。蒴果蓇葖状、长角果状或为浆果状；种子多数，胚乳丰富，胚小。

约 8 属，600 余种。主产热带及亚热带，南美洲较多，温带地区少数。我国 4 属，71 种和 6 变种。青岛有木本植物 1 属，1 种。

（一）马兜铃属 Aristolochia L.

多为藤本，稀为亚灌木或小乔木，常具块状根。叶互生，有柄，全缘或 3 ~ 5 裂，基部常心形；羽状脉或掌状 3 ~ 7 出脉。花排成总状花序，稀单生，腋生或生于老茎上。花被 1 轮，两侧对称，花被管基部常肿大，中部管状，劲直或各种弯曲，檐部偏斜，常边缘 3 裂，或一侧分裂成舌片，色艳丽而常具腐肉味；雄蕊 6 枚、稀 4 或 10 枚或更多，围绕合蕊柱排成一轮，花丝缺；花药外向，纵裂；子房下位，6 室，稀 4 或 5 室或子房室不完整；侧膜胎座；合蕊柱肉质，顶端 3 ~ 6 裂。蒴果；种子多数，扁平或背面凸起腹面凹入，种脊增厚或翅状，种皮脆壳质或坚硬，胚乳肉质，胚小。

约 350 种，分布于热带及温带地区。我国产 39 种和 2 变种，分布于南北各省区，以西南和华南为多。青岛有木本植物 1 种。

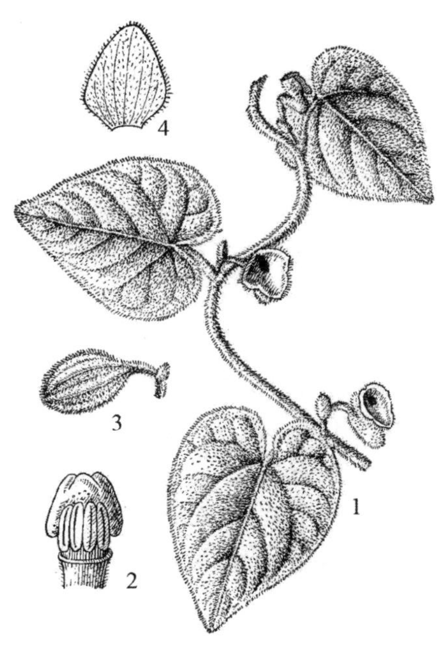

图 90 绵毛马兜铃

1. 花枝；2. 花药与合蕊柱；3. 果实；4. 苞片

1. 绵毛马兜铃 寻骨风（图 90；彩图 23）

Aristolochia mollissima Hance

木质藤本；根细长，圆柱形；嫩枝密被灰白

色长绵毛，老枝无毛，暗褐色。叶纸质，卵形、卵状心形，长 3.5 ~ 10 厘米，宽 2.5 ~ 8 厘米，顶端钝圆至短尖，基部心形，基部心形，全缘，上面被糙伏毛，下面密被灰色或白色长绵毛；叶柄长 2 ~ 5 厘米，密被白色长绵毛。花单生于叶腋，花梗长 1.5 ~ 3 厘米，中部或中部以下有小苞片；小苞片卵形或长卵形，无柄，顶端短尖，两面被毛与叶相同；花被管中部急遽弯曲呈烟斗状，外面密生白色长绵毛，内面无毛；檐部盘状，边缘浅 3 裂，紫色；花药长圆形，成对贴生于合蕊柱近基部，并与其裂片对生；子房圆柱形，长约 8 毫米；合蕊柱顶端 3 裂；具乳实状突起。蒴果长圆状或椭圆状倒卵形，长 3 ~ 5 米，直径 1.5 ~ 2 厘米，成熟时自顶端向下 6 瓣开裂；种子卵状三角形。花期 6 ~ 8 月；果期 9 ~ 10 月。

产于崂山，小珠山。国内分布于陕西、山西、河南、安徽、湖北、贵州、湖南、江西、浙江和江苏等省。

全株药用，性平、味苦，有祛风湿，通经络和止痛的功能，治疗胃痛、筋骨痛等。

五、五味子科 SCHISANDRACEAE

木质藤本。单叶互生，常有透明腺点；叶柄细长，无托叶。花单性，雌雄异株或同株，常单生于叶腋，有时数朵聚生于叶腋或短枝上；花被片 6 ~ 24，排成 2 至多轮，外轮及内轮较小，中轮最大，不成萼片状。雄花具多数雄蕊，稀 4 ~ 5，分离或部分或全部合生成肉质的雄蕊群，花丝短或无；花药小，2 室，纵裂；雌花具 12 ~ 300 单雌蕊，离生，数至多轮排成球形或椭圆形雌蕊群，每心皮有 2 ~ 5 倒生胚珠，稀 11，开花时聚生于短的肉质花托上。聚合果球形或长穗状；种子 1 ~ 5，稀较多，胚乳丰富，油质，胚小。

2 属，约 60 种；分布于亚洲东南部和北美东南部。我国有 2 属，约 29 种，产于中南部和西南部，北部和东北部较少见。青岛产 1 属，1 种。

（一）五味子属 **Schisandra** Michx.

木质藤本，落叶或常绿。冬芽常有数枚芽鳞。叶纸质，全缘或有锯齿，叶柄细长，叶肉具透明腺点；叶痕圆形，维管束痕 3 点；无托叶。花单性，雌雄同株或异株，单生或数花簇生叶腋；花被片 5 ~ 20，排成 2 ~ 3 轮，稀多轮，呈覆瓦状排列，形状大小近似。雄花具 4 ~ 15 雄蕊，组成头状、椭圆形或不规则多角形的肉质雄蕊群，花药小，内向或侧向纵裂；雌花具 12 ~ 120 雌蕊，离生，密覆瓦状排列在一延长的花托上；每室 2 胚珠，稀 3。穗状聚合浆果，浆果肉质，每果有 2 种子，仅 1 枚发育。

约 30 种，主产于亚洲东部和东南部。我国约 19 种，南北各地均有。青岛野生 1 种。

1. 北五味子　五味子（图 91；彩图 24）

Schisandra chinensis (Turcz.) Baill.

Kadsura chinensis Turcz.

落叶缠绕性木质藤本。老枝灰褐色，常有皱纹，片状剥落；幼枝红褐色，略有棱，全株无毛。叶宽椭圆形、卵形或倒卵形，长 5 ~ 10 厘米，宽 3 ~ 6 厘米，先端急尖或渐尖，基部楔形，上部边缘疏生有腺的细锯齿，近基部全缘；上面光绿色，下面淡绿色，幼叶下面脉上有短毛，侧脉3～7对；叶柄长1～4厘米，两侧略扁平。雌雄异株，花被片6～9，白色或粉红色，有香气。雄花雄蕊5，花药长1.5～2.5毫米，雄蕊群下面有1～2毫米的柄；雌花的雌蕊群椭圆形，心皮17～40，覆瓦状排列在花托上，花后逐渐伸长。聚合果穗状，小浆果球形，熟时紫红色。花期5～6月；果期8～9月。

产于崂山崂顶、滑溜口，生于湿润肥厚土层的山坡。国内分布于黑龙江、吉林、辽宁、内蒙古、河北、山西、宁夏、甘肃。

庭院观赏的垂直绿化材料。著名中药，果含有五味子素，有敛肺止咳、滋补涩精、止泻止汗之效。叶、果实可提取芳香油。种仁含有脂肪油，榨油可作工业原料、润滑油。茎皮纤维可制绳索。

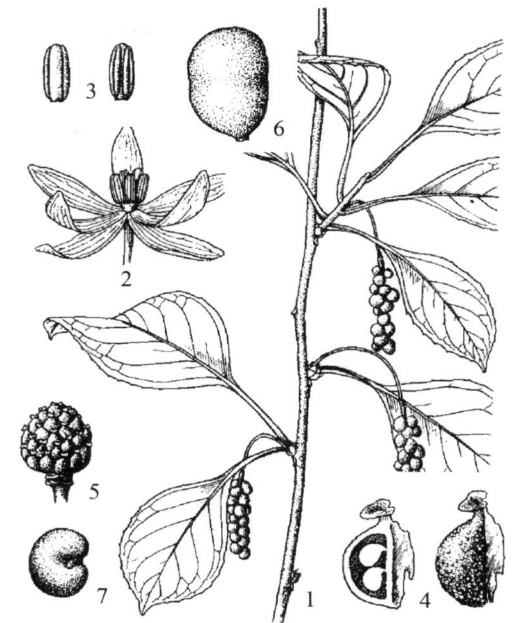

图91 北五味子

1. 果枝；2. 雄花；3. 雄蕊；4. 雌蕊及纵切面；5. 雌蕊群；6. 小浆果；7. 种子

六、毛茛科 RANUNCULACEAE

多年生或一年生草本，稀灌木或木质藤本。单叶或复叶，叶通常互生或基生，稀对生，通常掌状分裂，无托叶；叶脉掌状，稀羽状，网状连结，少有开放的两叉状分枝。花两性，稀单性，辐射对称，稀为两侧对称；单生或组成各种聚伞花序或总状花序；萼片4～5，稀较多或较少，绿色或花瓣状，有颜色。无花瓣或具4～5瓣至较多，常有蜜腺；雄蕊多数，稀少数，螺旋状排列，花药2室，纵裂或具退化雄蕊；心皮多数、少数或1枚，离生，稀合生，子房具多数、少数至1枚倒生胚珠。蓇葖果或瘦果，稀蒴果或浆果。种子胚小，胚乳丰富。

约59属，2500种，广布世界各地，主产北半球温带地区。我国39属，约665种，在全国广布，大多数属、种分布于西南部山地。青岛有1属，6种。

（一）铁线莲属 Clematis L.

木质或草质藤本，稀直立小灌木、亚灌木或草本。茎常具纵沟。叶基生或茎生，茎生叶对生，稀互生；单叶或复叶，具掌状脉。花两性，稀单性，辐射对称；花序聚伞状，1至多花；萼片4，稀5～8，花瓣状，平展、斜展或直立，常镊合状排列；无花瓣；雄蕊常多数，有时具退化雄蕊，花丝窄条形、条形或条状披针形，具1脉，花药内向；心皮多数，每心皮内1下垂胚珠，花柱长，柱头常不明显。瘦果稍两侧扁，卵形、椭圆形或披针形，宿存花柱伸长，被开展长柔毛呈羽毛状。

约330种，广布世界各地。我国133种，全国各地都有分布，尤以西南地区种类较多。青岛有5种，1变种。

分种检索表

1. 雄蕊有毛；半灌木或藤本。
 2. 直立半灌木或粗壮草本；三出复叶；花蓝色；药隔有毛。
  3. 萼片狭窄，长椭圆形至宽线形，顶端略微扩展或卷曲 …………… 1.大叶铁线莲 C. heracleifolia
  3.萼片较宽，上部椭圆形或长椭圆形，顶端卷曲，下部线形，似爪状 … 2.卷萼铁线莲 C.tubulosa
 2. 藤本；一回羽状复叶；花暗紫色；花药和花丝上部有密毛 ………………… 3.褐紫铁线莲 C. fusca
1. 雄蕊无毛；藤本。
 4. 三出复叶或一至二回羽状复叶；小叶柄不扭曲；聚伞或圆锥花序。
  5. 花直径1.5～2.5厘米，萼片5或4；小叶革质，全缘或3～5深裂，两面网脉突出 ……………………………………………………………………………………………………… 4.太行铁线莲C. kirilowii
  5.花直径2～3.5厘米，萼片4；叶质地薄，先端尖，边缘有粗锯齿 ……………………………………………………………………………………… 5.毛果扬子铁线莲 C. puberula var. tenuisepala
 4. 一回羽状复叶，小叶3～5；小叶柄常扭曲；花单生 ………………………… 6.转子莲 C. patens

1. 大叶铁线莲 草牡丹（图 92）

Clematis heracleifolia DC.

直立草本或半灌木，高约 0.3 ～ 1 米。主根粗大，木质化，表面棕黄色。茎粗壮，有明显的纵条纹，密生白色糙绒毛。三出复叶；小叶片近革质或厚纸质，卵圆形，宽卵圆形至近于圆形，长 6 ～ 10 厘米，宽 3 ～ 9 厘米，顶端短尖，基部圆形或楔形，有时偏斜，边缘有不整齐的粗锯齿，齿尖有短尖头，上面暗绿色，近于无毛，下面有曲柔毛，尤以叶脉上为多，上面主脉及侧脉平坦，下面显著隆起；叶柄粗壮，长达 15 厘米，被毛；顶生小叶柄长，侧生者短。聚伞花序顶生或腋生，花梗粗壮，有淡黄色的糙绒毛，每花下有一枚线状披针形的苞片；花杂性，雄花与两性花异株；花直径 2 ～ 3 厘米，花萼下半部呈管状，顶端常反卷；萼片 4 枚，蓝紫色，长椭圆形至宽线形，常在反卷部分增宽，长 1.5 ～ 2 厘米，宽 5 毫米，内面无毛，外面有白色厚绢状短柔毛，边缘密生白色绒毛；雄蕊长约 1 厘米，花丝线形，无毛，花药线形与花丝等长，药隔疏生长柔毛；心皮被白色绢状毛。瘦果卵圆形，两面凸起，长约 4 毫米，红棕色，被短柔毛，宿存花柱丝状，长达 3 厘米，有白色长柔毛。花期 8 ～ 9 月；

图 92 大叶铁线莲

1. 花枝；2. 花；3. 雄蕊；4. 瘦果

果期 10 月。

产于崂山北九水、蔚竹庵、流清河、仰口、天茶顶等地。国内分布于湖南、湖北、陕西、河南、安徽、浙江、江苏、河北、山西、辽宁、吉林等省。

可作园林耐阴地被。全草及根供药用，有祛风除湿、解毒消肿的作用。种子可榨油，供油漆用。

2. 卷萼铁线莲（图 93）

Clematis tubulosa Turcz.

多年生草本或半灌木，高 0.5 ~ 1.0 米。茎有明显的纵条纹，被紧贴柔毛。三出复叶；小叶纸质，宽卵圆形、椭圆形或倒卵形，长 6.5 ~ 19 厘米，宽 5 ~ 16 厘米，先端渐尖或急尖，基部近截形、圆形或宽楔形，边缘有不整齐的粗锯齿或缺刻状牙齿，3 裂或不分裂，上面近无毛，下面叶脉凸起，脉上具柔毛；侧生小叶较小，略偏斜；叶柄长 4.5 ~ 16 厘米。顶生聚伞花序长 10 ~ 50 厘米，具 1 ~ 4 分枝，每苞叶内具簇生的 2 ~ 7 花。侧生聚伞花序长 1.5 ~ 18 厘米，具 1 ~ 3 分枝或无；苞叶 3 裂或不裂，卵形，簇生花的三角形或线状披针形，长 3 ~ 9 厘米，外侧密被柔毛。花杂性；花梗粗壮，长 0.3 ~ 2 厘米，密被绒毛。萼片 4，蓝紫色，上部椭圆形或长椭圆形，顶端卷曲，下部线形，似爪状，内光滑，外密被紧贴柔毛。雄蕊 12 ~ 20 枚，花丝长 3 ~ 5 毫米，近顶端具稀疏柔毛；花药线形，药隔疏生柔毛，先端微尖。心皮 20 ~ 30，密被绒毛。雄花无不育的心皮。瘦果压扁状，椭圆形，具柔毛；宿存花柱羽毛状，长 1.4 ~ 2 厘米。花期 7 ~ 9 月。

图 93　卷萼铁线莲

1. 植株一部分；2. 雄蕊；3. 萼片

产于崂山。国内分布于北京、天津、河北、辽宁、江苏等省市。

3. 褐紫铁线莲　褐毛铁线莲（图 94）

Clematis fusca Turcz.

木质藤本，长 0.6 ~ 2 米。根棕黄色，有膨大的节，节上密生侧根。茎表面暗棕色或紫

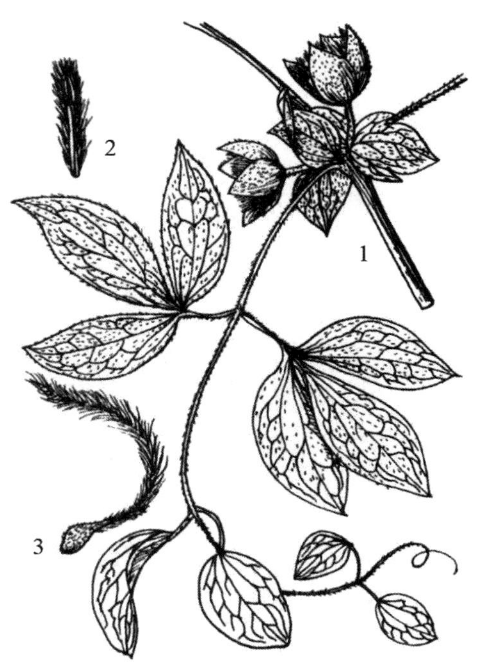

图 94　褐毛铁线莲

1. 花枝；2. 雄蕊；3. 瘦果

红色，有纵棱状凸起及沟纹，节上及幼枝被曲柔毛，其余近于无毛。羽状复叶具长柄，连叶柄长 10 ~ 15 厘米，小叶 3 ~ 9，常 7，顶端小叶通常退化成卷须；小叶卵圆形至卵状披针形，长 4 ~ 9 厘米，宽 2 ~ 5 厘米，先端钝尖，基部圆形或心形，全缘或 2 ~ 3 分裂，两面近无毛或仅背面叶脉上有疏柔毛；小叶柄长 1 ~ 2 厘米；叶柄长 2.5 ~ 4.5 厘米。聚伞花序腋生，1 ~ 3 花；花梗短或长达 3 厘米，被黄褐色柔毛，1 花时，花柄基部有 2 叶状苞，3 花时，中央花无苞片，侧生花各有 2 苞片。花下垂，径 1.5 ~ 2 厘米；萼片 4，长 2 ~ 3 厘米，宽 0.7 ~ 1.2 厘米，外面有紧贴褐色短柔毛，内面淡紫色，边缘有白绒毛；雄蕊短于萼片，花丝外面及两侧被长柔毛，花药内向，药隔外面被毛，顶端有尖头状突起；子房被短柔毛，花柱被绢状毛。瘦果扁平，棕色，宿存花柱长达 3 厘米，被开展黄毛。花期 6 ~ 7 月；果期 8 ~ 9 月。

产于崂山崂顶。国内分布于辽宁、黑龙江、吉林等省。

花朵美丽，性耐阴，作城市园林绿化材料。根可药用，有祛瘀、利尿、解毒的功效。

4. 太行铁线莲（图 95）

Clematis kirilowii Maxim.

图 95　太行铁线莲

1. 枝叶；2. 花序；3. 小叶；4. 雌蕊；5. 萼片

木质藤本，干后常变黑褐色。茎、小枝有短柔毛，老枝近无毛。一至二回羽状复叶，有 5 ~ 11 小叶或更多，基部一对或顶生小叶常 2 ~ 3 浅裂、全裂至 3 小叶，中间一对常 2 ~ 3 浅裂至深裂，茎基部一对为三出叶；小叶片或裂片革质，卵形至卵圆形，或长圆形，长 1.5 ~ 7 厘米，宽 0.5 ~ 4 厘米，顶端钝、锐尖、凸尖或微凹，基部圆形、截形或楔形，全缘，有时裂片或第二回小叶片再分裂，两面网脉突出，沿叶脉疏生短柔毛或近无毛。聚伞花序或为总状、圆锥状聚伞花序，有花 3 至多朵或花单生，腋生或顶生;花序梗、花梗有较密短柔毛;花直径 1.5 ~ 2.5 厘米；萼片 4 或 5 ~ 6，开展，白色，倒卵状长圆形，长 0.8 ~ 1.5 厘米，宽 3 ~ 7 毫米，顶端常呈截形而微凹，外面有短柔毛，边缘密生绒毛，内面无毛；雄蕊无毛。瘦果卵形至椭圆形，扁，长约 5 毫米，有柔毛，边缘凸出，宿存花柱长约 2.5 厘米。花期 6 ~ 8 月；果期 8 ~ 9 月。

产崂山滑溜口。国内分布于山西、河北、河南、安徽、江苏等省。

根叶药用，有祛湿、利尿、消肿解毒的功效。

5. 毛果扬子铁线莲（图 96）

Clematis puberula Hook. & Thom. var. **tenuisepala** (Maxim.) W. T. Wang

C. brevicaudata DC. var. *tenuisepala* Maxim.

木质藤本。枝有棱，小枝近无毛或稍有短柔毛。叶对生，一至二回羽状复叶，或二回三出复叶，有 5 ~ 21 小叶，基部二对常为 3 小叶或 2 ~ 3 裂，茎上部有时为三出叶；小叶片长卵形、卵形或宽卵形，有时卵状披针形，长 1.5 ~ 10 厘米，宽 0.8 ~ 5 厘米，先端锐尖、短渐尖至长渐尖，基部圆形、心形或宽楔形，边缘有粗锯齿、牙齿或为全缘，两面近无毛或疏生短柔毛。圆锥状聚伞花序或单聚伞花序，多花或少至 3 花，腋生或顶生，常比叶短；花梗长 1.5 ~ 6 厘米；花直径 2 ~ 3.5 厘米；萼片 4，开展，白色，干时变褐色至黑色，狭倒卵形或长椭圆形，长 0.5 ~ 1.8 厘米，外面边缘密生短绒毛，内面无毛；雄蕊无毛，花药长 1 ~ 2 毫米，子房有毛。瘦果常为扁卵圆形，长约 5 毫米，宽约 3 毫米，有毛，宿存花柱长达 3 厘米。花期 7 ~ 9 月；果期 9 ~ 10 月。

产于黄岛区山地。国内分布于甘肃、陕西、湖北、河南、山西、江苏及浙江等省。

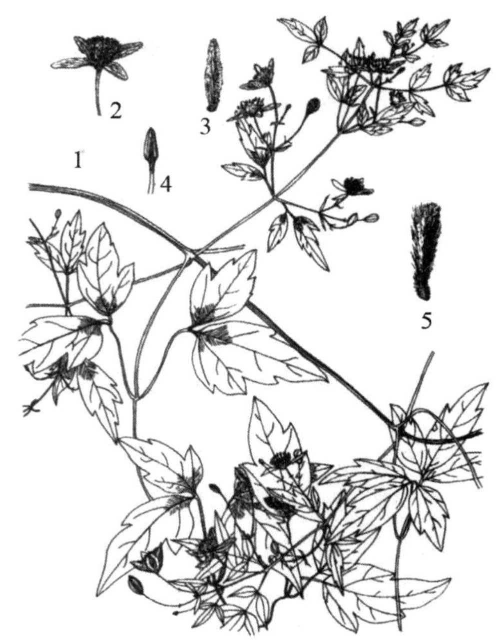

图 96 毛果扬子铁线莲

1. 花枝；2. 花；3. 萼片；4. 雄蕊；5. 雌蕊

6. 转子莲 大花铁线莲（图 97；彩图 25）

Clematis patens Morr. et Decne.

多年生草质藤本；须根密集，红褐色。茎攀援，长达 4 米，表面棕黑色或暗红色，有明显的 6 条纵纹，幼时被稀疏柔毛，后渐脱落，仅节处宿存。羽状复叶，小叶常 3，稀 5，纸质，卵圆形或卵状披针形，长 4 ~ 7.5 厘米，宽 3 ~ 5 厘米，顶端渐尖或钝尖，基部常圆形，稀宽楔形

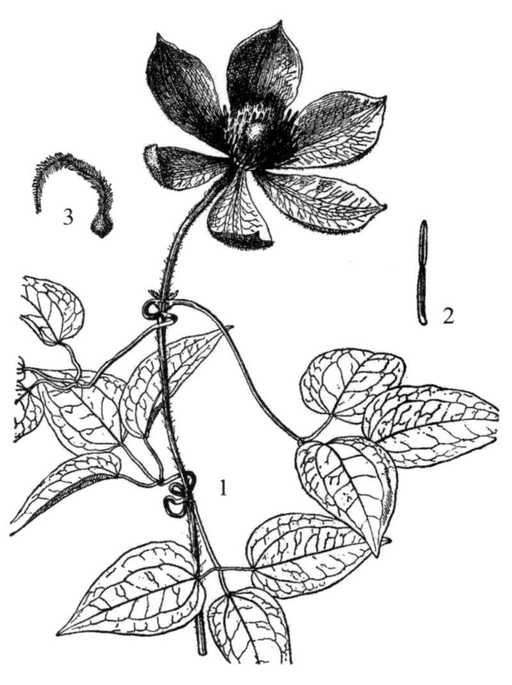

图 97 转子莲

1. 花枝；2. 雄蕊；3. 瘦果

或亚心形，全缘，有淡黄色开展睫毛，基出主脉 3 ~ 5，在背面微凸起，沿叶脉被疏柔毛，余部无毛，小叶柄常扭曲，长 1.5 ~ 3 厘米，顶生小叶柄常较长，侧生者略短；叶柄长 4 ~ 6 厘米。单花顶生；花梗直而粗壮，长约 4 ~ 9 厘米，被淡黄色柔毛，无苞片；花大，直径 8 ~ 14 厘米；萼片 8，白色或淡黄色，倒卵圆形或匙形，长 4 ~ 6 厘米，宽 2 ~ 4 厘米，顶端圆形，有长约 2 毫米的尖头，基部渐狭，内面无毛，3 主脉及侧脉明显，外面沿 3 主脉形成披针形的带，被长柔毛，外侧疏被短柔毛和绒毛，边缘无毛；雄蕊长达 1.7 厘米，花丝线形，短于花药，无毛，花药黄色；子房狭卵形，被绢状淡黄色长柔毛，花柱上部被短柔毛。瘦果卵形，宿存花柱长 3 ~ 3.5 厘米，被金黄色长柔毛。花期 5 ~ 6 月；果期 6 ~ 7 月。

产崂山北九水、八水河、仰口、蔚竹庵等地，生于海拔 200 ~ 1000 米间的山坡杂草从中及灌丛中。国内分布于辽宁。

花大而美丽，是园林垂直绿化、美化的良好藤本材料。根药用，有解毒、利尿祛瘀之效。

七、小檗科 BERBERIDACEAE

灌木或多年生草本。常绿或落叶。单叶或复叶，互生或基生，稀对生，通常无托叶。花序顶生或腋生，花两性，单生或组成总状、聚伞或圆锥花序；花萼、花冠常区分不明显，辐射对称；萼片 2 ~ 3 轮，每轮 3 片，覆瓦状排列；花瓣 6，或呈距状，有蜜腺或无；雄蕊与花瓣同数而对生，稀为其 2 倍，花药 2 室，基底着生，瓣裂；心皮 1，稀多数，子房上位，1 室，胚珠多数或少数，稀 1，基生或侧膜胎座，花柱较短或无。浆果或蒴果，稀蓇葖果。种子 1 至多数，有时具假种皮；富含胚乳；胚形小。

含 17 属，约 650 种，主产北温带和亚热带高山地区。我国 11 属，约 320 种，分布于南北各地。青岛有 3 属，9 种。

分属检索表

1. 枝不具刺；复叶。
 2. 一回奇数羽状复叶，小叶边缘有尖锯齿；花药瓣裂 ························ 2.十大功劳属 Mahonia
 2. 二至三回羽状复叶，小叶全缘；花药纵裂 ··· 1.南天竹属 Nandina
1. 枝上有单一或三叉状的刺；单叶··· 3.小檗属 Berberis

（一）南天竹属 **Nandina** Thunb.

常绿灌木。枝丛生直立，无刺。2 ~ 3 回奇数羽状复叶，互生，叶轴具关节；小叶全缘；托叶呈鞘状抱茎。大型圆锥花序顶生；花两性，花被近同型，萼片每轮 3，多轮，内部有 6 片，花瓣状，白色，3 数，有 3 ~ 6 蜜腺；雄蕊 6，离生，花药条形，纵裂；心皮 1，子房 1 室，有胚珠 2。浆果球形，熟时红色或橙红色，花柱宿存，含扁圆形的种子 2。

含 1 种，分布于我国及日本中部地区。青岛有栽培。

1. 南天竹 天竹（图 98）

Nandina domestica Thunb.

常绿直立灌木，高可达2米。分枝较少，光滑无毛，红色。2 ~ 3 回羽状复叶，互生，长达 50 厘米；2 至 3 回羽片对生；小叶薄革质，椭圆状披针形，长 3 ~ 7 厘米，顶端渐尖，基部楔形，全缘，深绿色，冬季变红色，两面无毛，上面中脉凹陷，下面隆起；近无柄，总柄基部常有膨大的抱茎叶鞘。圆锥花序，顶生直立，长 20 ~ 30 厘米；花小，白色，具芳香，直径约 6 毫米；萼片多轮，每轮 3；花瓣长圆形，先端圆钝；雄蕊 6，花瓣状，花丝极短；子房球形，1 室，有短花柱。浆果球形，直径 5 ~ 8 毫米，熟时鲜红色，稀橙红色。每果种子 2，扁圆形。花期 5 ~ 7 月；果期 9 ~ 10 月。

图 98 南天竹

1. 果枝；2. 花序；3. 花

公园绿地常见栽培。国内分布于福建、浙江、江苏、江西、湖南、广西等省（区）。供观赏。根、叶、果均可药用，分别有强筋活络、消炎解毒、镇咳平喘之效。

（二）十大功劳属 **Mahonia** Nutt.

常绿灌木。枝无刺，顶芽鳞片多数。奇数羽状复叶，互生，小叶卵形至长椭圆形，缘具刺尖齿，小叶柄短；有托叶。总状花序，数条簇生枝顶；小花具短柄，外有小苞片；萼片 9，3 轮；花瓣 6，2 轮，基部有腺体或无；雄蕊 6，花药瓣裂；子房为单心皮构成，1 室，胚珠少数，柱头无柄，盾状。浆果，卵形或圆球形，熟时蓝黑色，被白粉。

约 60 种，分布于亚洲及美洲。中国约 35 种，主要分布于西南各省区。青岛栽培 2 种。

分种检索表

1.小叶宽披针形至椭圆状披针形，通常3 ~ 9 ······························ 1.十大功劳 **M.**bealei

1. 小叶卵形或卵状椭圆形，7 ~ 1······························ 2.阔叶十大功劳 **M.**fortunei

1. 十大功劳 狭叶十大功劳（图 99）

Mahonia fortunei (Lindl.) Fedde

Berberis fortunei Lindl.

常绿灌木，高可达 2 米，全株无毛。奇数羽状复叶，长 8 ~ 23 厘米，小叶 3 ~ 9，宽披针形至椭圆状披针形，先端急尖或渐尖，基部楔形，边缘每边具 6 ~ 13 刺齿，上面暗绿色，下面灰黄绿色，革质，顶生的小叶最大，两侧小叶依次渐小。总状花序，直立，长 3 ~ 5

图 99　十大功劳

1. 果枝；2. 花；3. 花瓣（带雄蕊）；4. 雌蕊

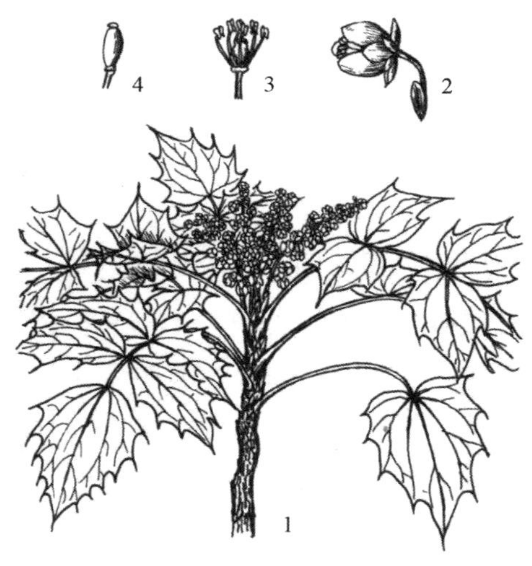

图 100　阔叶十大功劳

1. 花枝；2. 花；3. 去花被的花（示雄蕊）；4. 雌蕊

厘米，多 4 ~ 8 个簇生；小花梗长 1 ~ 4 毫米；有 1 苞片；萼片 9，3 轮，花瓣状；花瓣 6，较内轮萼片短；雄蕊 6；柱头无柄。浆果球形，蓝黑色，被白粉。花期 7 ~ 9 月。

中山公园，崂山太清宫，即墨岙山广青园有栽培。国内分布于四川、湖北、江西、浙江等省。

园林常绿观赏地被，也可盆栽。全株药用，有清热解毒、滋阴强壮之功效。

2. 阔叶十大功劳　刺黄檗（图 100）

Mahonia bealei (Fort.) Carr.

Berberis bealei Fort.

常绿灌木，高可达 4 米。干直立，无毛。羽状复叶长可达 40 厘米，厚革质，上面光绿色，下面黄绿色，有白粉，小叶 7 ~ 15；小叶卵形或卵状椭圆形，长 5 ~ 12 厘米，宽 2.5 ~ 4.5 厘米，先端尖，基部阔楔形或近圆形，两侧各有 2 ~ 5 宽大刺齿，边缘多反卷，侧生小叶显著比顶生小叶为小。总状花序直立，通常 6 ~ 9 个簇生；花黄色；萼片 9，3 轮；花瓣倒卵形，基部腺体明显，先端微缺；雄蕊长 4 毫米，药室分离似蝴蝶状；花柱短，子房有胚珠 4 ~ 5。浆果卵形，长 8 ~ 10 毫米，熟时蓝黑色，被白粉。花期 9 月至翌年 3 月；果期 4 月。

中山公园，崂山太清宫及各区公园绿地和单位庭院有栽培。国内分布于浙江、安徽、江西、福建、湖南、湖北、陕西、河南、四川等省。

观赏价值及药用同十大功劳。

（三）小檗属 **Berberis** L.

落叶或常绿灌木。内皮和木质部黄色，枝常有单一或三叉状的变态叶刺。单叶，互生或簇生，叶缘有细锯齿或全缘，叶片与叶柄连结处有关节。花两性，单生、丛生或组成下垂的总状花序；花 3 数，每小花下常有 2 ~ 3 苞片；萼片 6，成 2 轮，稀 9；花瓣 6，黄色，基部多具 2 腺体；雄蕊 6，花药瓣裂；单心皮雌蕊，1 室，胚珠 1 ~ 多数，花柱短或无。浆果球形、椭圆形或卵圆形，熟时红色或蓝黑色，内含种子 1 或多数。

约500种；主产北温带。中国约250余种，主产西部和西南部各省。青岛有6种。

分种检索表

1. 落叶灌木。
  2. 叶全缘，或偶上部有锯齿。
    3. 花2～5朵组成具总梗的伞形花序，或近簇生的伞形花序或无总梗而呈簇生状；叶为倒卵形或匙形，长0.5～2厘米 ……………………………………………………1.日本小檗B. thunbergii
    3. 圆锥花序具花15～30朵，长3～7厘米；花瓣先端全缘 ……………… 2.北京小檗B. beijingensis
  2. 叶缘有刺毛状细锯齿，总状花序。
    4. 刺较粗壮，一般长达1～2厘米，通常三分叉，长1～2厘米；叶倒卵状椭圆形、椭圆形或卵形，叶缘每边40～60细刺齿；外萼片与内萼片均倒卵形 …………………3.黄芦木B. amurensis
    4. 刺缺或细弱，长仅3～6毫米；叶较小，长2.5～5厘米，宽1～1.8厘米，背面浅灰色，两面网脉显著隆起；每边刺齿15～30个；外萼片卵形，先端钝 …………………… 4.南阳小檗B. hersii
1. 常绿灌木；叶革质，卵状披针形或披针形，长3～8厘米，有刺状锯齿
  5. 叶缘每边具5～12细小刺齿；花3～7朵簇生；萼片3轮，内萼片倒卵形 … 5.长柱小檗B. lempergiana
  5. 叶缘每边具10～20刺齿；花10～25朵簇生；萼片2轮，内萼片长圆状椭圆形 … 6.豪猪刺B. julianae

1. 日本小檗 小檗（图101）

Berberis thunbergii DC.

灌木，通常高1～2米。小枝淡红褐色，光滑无毛，老枝暗紫红色；变态叶刺多不分叉，长0.5～1.8厘米，与小枝同色。叶倒卵形、匙形或菱状卵形，长0.5～2厘米，宽0.2～1.6厘米，先端钝圆，常有小刺尖，基部下延成短柄状，全缘，近革质，上面暗绿色，下面灰绿色，两面网脉不明显；叶柄长3～8毫米。花单生或2～3花成簇生的伞形花序；小花梗长0.5～1.5厘米；每花有小苞片3，卵形，淡红色；花黄色；萼片2轮，外轮比内轮稍短；花瓣黄白色，长圆状倒卵形，先端平截；子房长圆形，有短花柱，无柄，胚珠1～2。浆果长椭圆形，长约1厘米，熟时亮红色，无宿存花柱，内有种子1～2。花期4～6月；果期7～10月。

原产日本。中山公园，崂山太清宫，城阳世纪公园，滨海大道有栽培。我国大

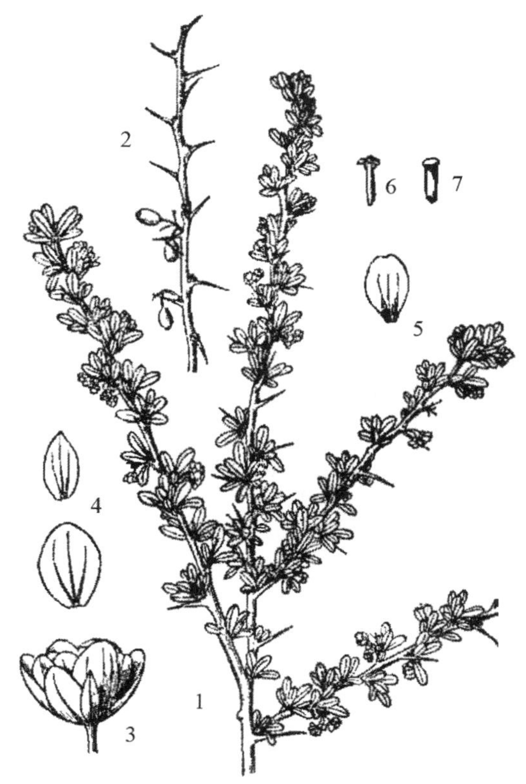

图101 日本小檗

1. 花枝；2. 果枝；3. 花；4. 萼片；5. 花瓣；6. 雄蕊；7. 雌蕊

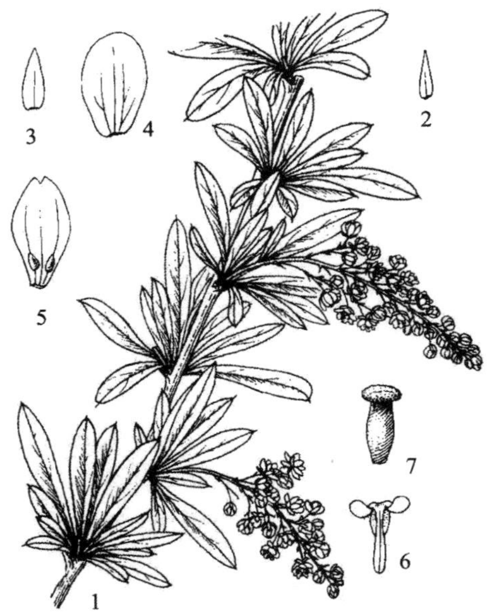

图 102 北京小檗

1. 花枝；2. 小苞片；3. 外萼片；4. 内萼片；5. 花瓣；6. 雄蕊；7. 雌蕊

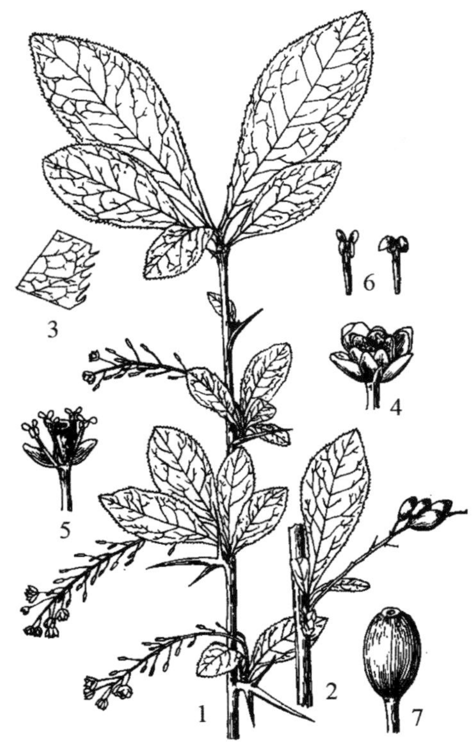

图 103 黄芦木

1. 花枝；2. 果枝；3. 叶缘放大；4. 花；5. 去花被的花；6. 雄蕊；7. 果实

部分省区、特别是各大城市常栽培。

供观赏或作绿篱。

（1）紫叶小檗（栽培变种）

'Atropurpurea'

叶深紫色。

公园绿地普遍栽培。

供观赏。

2. 北京小檗（图 102）

Berberis beijingensis Ying

落叶灌木。枝具棱槽，无毛，疏生黑色疣点；茎刺单生，稀 3 叉，长 5 ~ 8 毫米，腹面具浅槽，与枝同色。叶薄纸质，狭倒披针形，长 1 ~ 4 厘米，宽 3 ~ 6 毫米，先端急尖，基部渐狭，上面中脉微隆起，下面淡绿色，无毛，无白粉，两面侧脉和网脉明显隆起，叶缘平，全缘；近无柄。圆锥花序具 15 ~ 30 花，长 3 ~ 7 厘米，无，；苞片披针形，长 2 ~ 3.5 毫米；花梗长 2 ~ 5 毫米，无毛；花黄色；小苞片披针形，长约 2 毫米；萼片 2 轮，外萼片椭圆形，内萼片倒卵形；花瓣椭圆形，先端全缘，基部楔形，具 2 分离腺体；雄蕊长约 2 毫米，药隔先端平截；胚珠单生，具柄。花期 5 ~ 6 月。

产于崂山。国内分布于河北。

3. 黄芦木 三颗针 阿穆尔小檗（图 103）

Berberis amurensis Rupr.

落叶灌木，高 1 ~ 2 米。枝灰色，有纵沟槽，新枝灰黄色，在叶簇下有明显的三叉状的刺，长 1 ~ 2 厘米，黄褐色或灰白色。叶倒卵状椭圆形、椭圆形或卵形，长 3 ~ 8 厘米，宽 2.5 ~ 5 厘米，先端尖或钝圆，基部渐狭为柄状，边缘细锯齿为刺尖状，两面网脉明显，上面绿色，下面淡绿色，有时被白粉；叶柄长 5 ~ 10 毫米。总状花序，长 4 ~ 10 厘米，由 10 花以上组成，垂生；每花有 2 小苞片，三角形；萼片 2 轮，花瓣状，长 4 ~ 6 毫米；花瓣长卵形，略短于萼片，先端浅缺裂，近基部处有2分离腺体，淡黄色；子房宽卵形，柱头扁平，有2胚珠。浆果椭圆形，长6～10毫米，熟时红色，无宿存花柱，有光泽或稍被薄粉。花期4～5月；果期8～9月。

产于崂山崂顶、蔚竹庵、滑溜口等地，生于海拔800米以上的山沟、山坡灌丛或林缘。国内分布于东北各省及河北、内蒙古、河南、山西等省区。

根皮和茎皮含小檗碱，供药用，有清热燥湿，泻火解毒的功能。主治痢疾、黄疸、白带、关节肿痛、口疮、黄水疮等，可作黄连代用品。种子可榨油，工业用。

4. 南阳小檗

Berberis hersii Ahrendt

落叶灌木，高1～3米。老枝灰黑色，幼枝灰黄色，具条棱和黑色疣点；茎刺缺无或单生，稀3叉，细弱，长3～6毫米，与枝同色。叶倒卵形，倒卵状椭圆形或椭圆形，长2.5～5厘米，宽1～1.8厘米，先端急尖，基部楔形，上面绿色，中脉和侧脉微隆起，背面灰褐色，中脉和侧脉明显隆起，两面网脉显著隆起，叶缘平，叶缘密生细小刺齿；叶柄长6～15毫米。总状花序具15～30朵，长3～5厘米，下部花常轮列，总梗长5～15毫米；花黄色，径约8毫米；小苞片红色；萼片2轮，外萼片卵形，先端钝，内萼片倒卵形；花瓣椭圆形，长4～4.5毫米，先端浅缺裂，近基部处有2分离腺体；药隔先端平截或微凹；胚珠2。浆果椭圆形，长约9毫米，熟时红色，无宿存花柱，无白粉。花期5～6月；果期8～10月。

产于崂山崂顶，生于灌丛、林缘、林下或路旁。国内分布于山西、河北。

5. 长柱小檗 天台小檗

Berberis lempergiana Ahrendt

常绿灌木，高1～2米。老枝深灰色，具稀疏黑色疣点，幼枝淡灰黄色；茎刺三分叉，粗壮，长1～3厘米，近圆柱形。叶革质，长圆状椭圆形或披针形，长3.5～8厘米，宽1～2.5厘米，先端渐尖，基部楔形，上面亮深绿色，中脉凹陷，侧脉微显，网脉不显，背面淡绿色，干后褐色稍有光泽，中脉明显隆起，侧脉和网脉不显，不被白粉，叶缘平展，每边具5～12细小刺齿；叶柄长1～5毫米。花3～7朵簇生；花梗长7～15毫米，多少带红色；花黄色；小苞片卵形，长约1.3毫米，红色；萼片3轮，外萼片卵状椭圆形，长约2.5毫米，宽约2毫米，中萼片卵状椭圆形，长约5.5毫米，宽约4毫米，内萼片倒卵形，长约7毫米，宽约6毫米；花瓣长圆状倒卵形，长约6毫米，宽约4毫米，先端缺裂，裂片先端圆形，基部楔形，具2枚邻接腺体；雄蕊长约5毫米，药隔先端明显延伸，平截；子房含2～3枚胚珠，近无柄。浆果长圆状椭圆形或椭圆形，长7～10毫米，直径5～5.5毫米，熟时深紫色，顶端具宿存花柱，长约1毫米，被白粉。种子2～3枚，倒卵状球形或椭圆形。花期4～5月；果期7～10月。

公园绿地及庭院常见栽培。国内分布于浙江。

园林常作绿篱、地被，供观赏；民间以其根皮及茎内皮代黄檗用，具抗菌消炎之效，用于治急性肝炎、胆囊炎、痢疾等症。

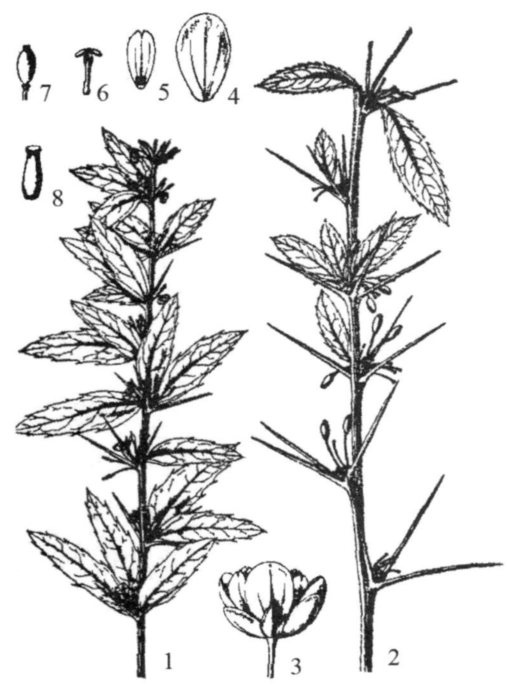

图 104　豪猪刺

1. 花枝；2. 果枝；3. 花；4. 花萼；5. 花瓣；6. 雄蕊；7. 果实；8. 雌蕊

6. 豪猪刺（图 104）

Berberis julianae Schneid.

常绿灌木。幼枝淡黄色，具条棱，疏生黑色疣点；茎刺粗壮，3 分叉，腹面具槽，与枝同色，长 1 ~ 4 厘米。叶革质，椭圆形、披针形或倒披针形，长 3 ~ 10 厘米，上面深绿色，中脉凹陷，侧脉微显，下淡绿色，中脉隆起，侧脉微隆起或不显，两面网脉不显，无白粉，叶缘平，具 10 ~ 20 对刺齿；叶柄长 1 ~ 4 毫米。花 10 ~ 25 簇生，黄色；花梗长 8 ~ 15 毫米；小苞片卵形，长约 5 毫米，先端尖；萼片 2 轮，外萼片卵形，长约 5 毫米，先端尖，内萼片长圆状椭圆形，长约 7 毫米，先端圆钝；花瓣长圆状椭圆形，长约 6 毫米，先端缺裂，基部具爪，具 2 长圆形腺体；药隔顶端不延伸，胚珠单生。浆果长圆形，熟时蓝黑色，长 7 ~ 8 毫米，花柱宿存，被白粉。花期 3 月；果期 5 ~ 11 月。

山东科技大学有栽培。国内分布于湖北、四川、贵州、湖南、广西。

可作园林绿篱。根可作黄色染料，也供药用，有清热解毒，消炎抗菌的功效。

八、木通科 LARDIZABALACEAE

缠绕藤本，稀灌木状。冬芽大，有 2 至多数覆瓦状排列鳞片。叶互生，掌状或三出复叶，稀羽状复叶，无托叶。花单性、杂性，稀两性，雌雄同株或异株，多组成总状、伞房或圆锥花序，稀单生；花辐射对称，萼片 6 或 3，花瓣状，覆瓦状或镊合状排列；花瓣缺或蜜腺状；雄蕊 6，2 轮，花丝离生或合生成管状，花药外向，2 室，纵裂，并常有退化雌蕊；雌花的雌蕊为 3 至多数心皮构成，子房上位，胚珠多数或 1。蓇葖果肉质或浆果状，熟时不开裂或沿腹缝一边开裂；种子卵形，富含胚乳，胚小，直立。

含 9 属，约 50 种，分布于亚洲东部及南美。我国有 7 属，40 余种，南北均产，但多数分布于长江以南各省区。青岛有 1 属，1 种。

（一）木通属 Akebia Decne.

落叶或半常绿木质缠绕藤本。冬芽具多枚宿存的鳞片。掌状复叶互生或在短枝上簇生，具长柄，通常有小叶 3 或 5 片，很少为 6 ~ 8 片；小叶全缘或边缘波状。花单性，雌雄同株同序，多朵组成腋生的总状花序，有时花序伞房状；雄花较小而数多，生于花序上部；雌花远较雄花大，1 至数朵生于花序总轴基部；萼片 3（偶有 4 ~ 6），花瓣状，紫红色，有时为绿白色，卵圆形，近镊合状排列，开花时向外反折；花瓣缺。雄花：雄蕊 6 枚，离生，花丝极短或近于无花丝；花药外向，纵裂，开花时内弯；退化心皮小。雌花：心皮 3 ~ 9（12）枚，圆柱形，柱头盾状，胚珠多数，着生于侧膜胎座上，胚珠间有毛状体。肉质蓇葖果长圆状圆柱形，成熟时沿腹缝开裂；种子多数，卵形，略扁平，排成多行藏于果肉中，有胚乳，胚小。

4 种，分布于亚洲东部。我国 4 种，自东北南部起各省区都有分布。青岛有 1 种。

1. 木通 五叶木通 山黄瓜（图 105；彩图 26）

Akebia quinata (Houtt.) Decne.

Rajania quinata Houtt.

图 105 木通

1. 花枝；2. 果枝；3. 雄花；4. 雄蕊

落叶藤本，长可达 15 米；全株无毛。幼茎灰绿色至棕色，有纵条纹。掌状复叶有 5 小叶，互生或簇生于短枝；小叶倒椭圆形或长圆状倒卵形，长 3 ~ 6 厘米，宽 1 ~ 3.5 厘米，先端圆或微凹，具小凸尖，基部圆或阔楔形，全缘或略向下卷曲，下面有白粉；总叶柄长 7 ~ 10 厘米。总状花序短粗，腋生；雄花直径 6 ~ 7 毫米，花萼浅暗紫色，雄蕊 6，花药紫色，肾形，有香气；雌花直径约 1.5 厘米，梗稍粗长，萼片绿紫色，心皮深紫色，圆柱状，3 ~ 12 聚生，中部略向外弯曲。果实圆柱形或略呈肾形，长 6 ~ 8 厘米，直径 2 ~ 3 厘米，成熟时紫色，腹缝开裂；种子多数，长卵形，略扁，黑褐色，光滑。花期 5 月；果期 9 月。

产崂山、大珠山、小珠山。国内分布于华东、华南、华中、西南各省区。

花、叶秀美，可作园林篱垣、花架绿化材料。茎、根和果实药用，有解毒利尿、通经镇痛、催乳之功效。果味甜可食，种子榨油。茎皮纤维可供编织及制绳索。

九、防己科 MENISPERMACEAE

木质或草质藤本，稀直立灌木或小乔木，根有苦味。单叶，稀复叶，互生，全缘或掌状分裂，常具掌状脉；有叶柄，无托叶。花小，淡绿色，辐射对称；单生或由聚伞花序组成圆锥、总状或伞形花序；花单性，雌雄异株；萼片 6，稀较多或较少，常离生，最外 1 轮较小；花瓣 6，通常小于萼片，常 2 轮，有时无花瓣；雄花雄蕊 6，有时 3 或不定数，通常与花瓣对生，花丝及花药离生或合生，花药 2 或 4 室；雌花有或无退化雄蕊；心皮 3 ~ 6，分离，子房上位，1 室，内有 2 半倒生胚珠，其中 1 枚退化，花柱顶生，柱头分裂或条裂。核果，外果皮革质或膜质；种子常马蹄形或肾形，有或无胚乳，胚通常弯曲。

约 70 余属，400 余种，分布全世界的热带和亚热带地区，少数温带。我国约有 19 属，60 余种，主要分布于西南、华南和东南部等省区。青岛有木本植物 2 属，2 种。

分属检索表

1.叶盾状着生；萼片2～8；花瓣先端不裂；雄蕊12或更多 …………………… 1.蝙蝠葛属Menispermum

1.叶不为盾状着生；萼片6；花瓣先端2裂；雄蕊6 ……………………………2.木防己属 Cocculus

（一）蝙蝠葛属 **Menispermum** L.

多年生缠绕草本或木质藤本。叶盾状着生，掌状脉，通常浅裂；有叶柄。花小，淡绿色，雌雄异株，总状或圆锥花序腋生；萼片 2 ～ 8，2 轮；花瓣 6 ～ 8，短于萼片，近圆形，边缘内曲；雄花有雄蕊 9 ～ 24，离生，花药 4 室；雌花有退化雄蕊 6 ～ 12，心皮 2 ～ 4，花柱很短，柱头分裂。核果扁球形或卵圆形，弯曲呈马蹄形，两侧和背脊有环状横肋。

有 3 ～ 4 种，分布于东亚温带和北美。我国有 1 种，分布于北部、西北部至中部。青岛有分布。

1. 蝙蝠葛 山豆根（图 106）

Menispermum dauricum DC.

图 106 蝙蝠葛
1. 植株；2. 花

多年生落叶藤本。根状茎褐色，圆柱形。茎木质化，小枝绿色，光滑，幼枝先端稍有毛。单叶，互生，盾状着生，纸质或近膜质，阔卵圆形，先端渐尖，长和宽均约 3 ～ 12 厘米，边缘有 3 ～ 7 浅裂，很少近全缘，基部心形至截形，两面无毛，下面有白粉；掌状脉 9 ～ 12 条，均在两面稍隆起；无托叶。花单性，雌雄异株，圆锥花序腋生，总梗较长；雄花：萼片 4 ～ 8，膜质，绿黄色，倒披针形至倒卵状椭圆形，自外至内渐大；花瓣 6 ～ 8 或多至 9 ～ 12 片，肉质，凹成兜状，有短爪；雄蕊通常 12，有时稍多或较少；雌花：退化雄蕊 6 ～ 12，通常心皮 3，离生，花柱短，柱头弯曲，雌蕊群具长约 0.5 ～ 1 毫米的柄。核果，扁球形，紫黑色，弯曲成马蹄形，内含 1 种子。花期 5 ～ 6 月；果期 7 ～ 9 月。

产于全市各丘陵山地。国内分布于东北、华北地区及陕西、甘肃、江苏等省。

根状茎入药，能清热解毒、消肿止痛、利尿。根茎叶可制农药，治蚜螟。

（二）木防己属 Cocculus DC.

木质藤本，稀直立灌木或小乔木。单叶，互生；叶多型，全缘或分裂，不为盾状着生，掌状脉。花小，单性，雌雄异株；聚伞花序或聚伞圆锥花序，腋生或顶生；萼片 6（或 9），排成 2（或 3）轮，外轮较小，内轮较大而凹，覆瓦状排列；花瓣 6，较萼片小，基部二侧内折呈耳状，顶端 2 裂，裂片叉开。雄花中雄蕊 6 或 9，由花瓣包被，花丝分离，药室横裂；；雌花有退化雄蕊或缺，心皮 3 ~ 6，离生，花柱圆柱形，柱头侧生，不分裂。核果倒卵形或近圆形，内果皮骨质，两侧压扁，马蹄形，背有棱脊及两侧面有横小肋。

约 11 种，广布于亚洲南部、非洲、北美洲等。我国有 3 种和 1 变种，主要分布于黄河流域以南各省区。青岛有 1 种。

1. 木防己 海葛子 小葛子（图 107）

Cocculus orbiculatus (L.) DC.

Menispermum orbiculatus L.

木质藤本，长 2 ~ 3 米；全株有淡褐色短柔毛。单叶，互生，纸质至近革质，形状变异极大，先端短尖或钝而有小凸尖，有时微缺或 2 裂，叶缘全缘或 3 裂，有时掌状 5 裂，长通常 3 ~ 8 厘米，稀 10 厘米，两面被密柔毛至疏柔毛，有时除下面中脉外两面近无毛；掌状脉 3 条，很少 5 条，在下面微凸起；叶柄长 1 ~ 3 厘米，被稍密的白色柔毛。花黄色，雌雄异株；聚伞状圆锥花序腋生；花有短梗，总轴和总花梗均披短柔毛，小苞片 2 个，卵形；雄花萼片 6，2 轮，内轮 3 片较大，外轮较小，花瓣 6，卵状披针形，先端 2 裂，基部两侧有耳并内折，雄蕊 6，离生，与花瓣对生。雌花序较短，花少数，萼片和花瓣与雄花相似，退化雄蕊 6，心皮 6，离生，花柱短，向外弯曲。核果近球形，蓝黑色，表面有白粉，内果皮坚硬，两侧压扁，马蹄形，背脊和两侧有横小肋。种子 1 枚。花期 5 ~ 7 月；果期 7 ~ 9 月。

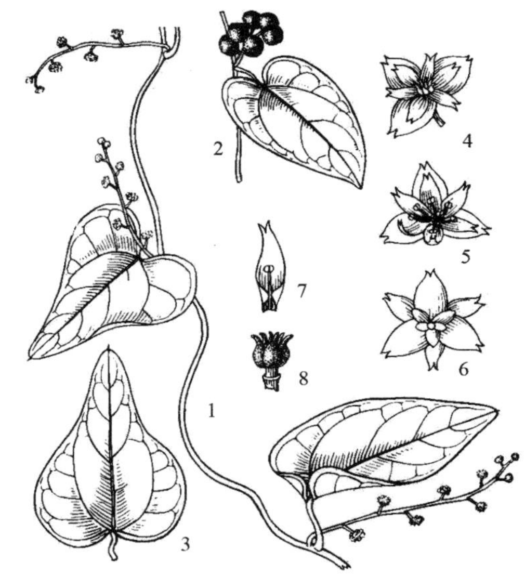

图 107 木防己

1. 花枝；2. 果枝；3. 叶片；4. 雌花；5 ~ 6. 雄花；7. 花瓣和雄蕊；8. 雌蕊

产于全市各丘陵山地。我国大部分地区都有分布。

根状茎入药，有祛风除湿、通筋活络、解毒、利尿等功效。茎含纤维，做纺织和造纸原料。

十、清风藤科 SABIACEAE

乔木、灌木或木质藤本，落叶或常绿。单叶或奇数羽状复叶，互生；无托叶。花两性或杂性异株，辐射对称或两侧对称，通常排成腋生或顶生的聚伞花序或圆锥花序，稀单生；萼片 5，稀 3 或 4，分离或基部合生，覆瓦状排列，大小相等或不相等；花瓣 5，稀 4，覆瓦状排列，大小相等，或内面 2 片远比外面 3 片小；雄蕊 5，稀 4，与花瓣对生，基部附着于花瓣上或分离，全部发育或外面 3 枚不发育，花药 2 室；花盘小，杯状或环状；子房上位，无柄，通常 2 室，稀 3 室，每室有半倒生的胚珠 2 或 1。核果由 1 或 2 成熟心皮组成，1 室，稀 2 室，不开裂；种子单生，无胚乳或极薄。

3 属，约 100 余种。分布于亚洲和美洲的热带地区，我国有 2 属，45 种和 5 亚种，分布于西南部经中南部至台湾。青岛有 1 属，2 种。

（一）泡花树属 **Meliosma** Bl.

常绿或落叶，乔木或灌木。芽裸露，被褐色绒毛。单叶或奇数羽状复叶。花小，两性，两侧对称，圆锥花序；萼片 4 ~ 5，覆瓦状排列，其下具苞片；花瓣 5，大小极不相等，外面 3 片较大，凹陷，覆瓦状排列；内面 2 片远比外面小，2 裂或不分裂，有时 3 裂；雄蕊 5 枚，2 枚发育雄蕊与内面花瓣对生，花丝短，扁平；药室 2，横裂；其它 3 枚退化雄蕊与外面花瓣对生，附着于花瓣基部；花盘杯状或浅杯状，常有 5 小齿；子房无柄，2 室，稀 3 室，柱头细小，每室 2 胚珠，半倒生。核果小，近球形、梨形，中果皮肉质，核骨质或壳质，1 室。

约 50 种，分布于亚洲东南部和美洲中部及南部。我国约有 29 种和 7 变种，广布于西南部经中南部至东北部，但北部极少见。青岛有 2 种。

分种检索表

1. 单叶 ……………… 1.多花泡花树 **M.** myriantha
1. 奇数羽状复叶 …… 2.羽叶泡花树**M.**oldhamii

1\. 多花泡花树　山东泡花树（图 108；彩图 27）

Meliosma myriantha Sieb. et Zucc.

落叶乔木。树皮灰褐色，小块状脱落；幼枝及叶柄被褐色平伏柔毛。单叶，膜质或薄纸质，倒卵状椭圆形，长 10 ~ 30 厘米，宽 4 ~ 12 厘米，先端锐渐尖，基部圆钝，基部至顶端有侧脉伸出的刺状锯齿，嫩叶面被疏短毛，后脱落无毛，叶背被展开疏柔毛；侧脉每边 20 ~ 30 条，直达齿端，脉腋有髯毛，叶柄长 1 ~ 2 厘米。圆锥花序顶生，直立，被展开柔毛，分枝细长，主轴具 3 稜，侧枝扁；花直径约 3 毫米，具短梗；萼片 5 或 4，卵形，

图 108　多花泡花树
1. 花枝；2. 果枝；3. 花蕾；4. 花解剖（示花瓣及雄蕊）；5. 雌蕊

长约 1 毫米，顶端圆，有缘毛；外面 3 片花瓣近圆形，宽约 1.5 毫米，内面 2 片花瓣披针形，约与外花瓣等长；发育雄蕊长 1 ~ 1.2 毫米；雌蕊长约 2 毫米，子房无毛，花柱长约 1 毫米。核果倒卵形或球形，直径 4 ~ 5 毫米，核中肋稍钝隆起，两侧具细网纹，腹部不凹入也不伸出。花期 5 ~ 6 月；果期 7 ~ 9 月。

产崂山太清宫、八水河一带。国内分布于江苏北部。

花白、果红，可在城市园林中应用。

2. 羽叶泡花树 红枝柴（图 109）

Meliosma oldhamii Miq. ex Maxim.

落叶乔木。腋芽球形或扁球形，密被淡褐色柔毛。羽状复叶连柄长 15 ~ 30 厘米，有小叶 7 ~ 15，叶总轴、小叶柄及叶两面均被褐色柔毛；小叶薄纸质，下部的卵形，长 3 ~ 5 厘米，中部的长圆状卵形、狭卵形，顶端一片倒卵形，长 5.5 ~ 8 厘米，宽 2 ~ 3.5 厘米，先端急尖或锐渐尖，具中脉伸出尖头，基部圆或阔楔形，边缘具疏锐尖锯齿；侧脉 7 ~ 8 对，弯拱至近叶缘开叉网结，脉腋有髯毛。圆锥花序顶生，直立，具 3 分枝，长 15 ~ 30 厘米，被褐色短柔毛；花白色，花梗长 1 ~ 1.5 毫米；萼片 5，椭圆状卵形，长约 1 毫米，外 1 片较狭小，具缘毛；外面 3 片花瓣近圆形，直径约 2 毫米，内面 2 片花瓣稍短于花丝，2 裂达中部，有时 3 裂而中间裂片微小，侧裂片狭倒卵形，先端有缘毛；发育雄蕊长约 1.5 毫米，子房被黄色柔毛，花柱约与子房等长。核果球形，直径 4 ~ 5 毫米，核具明显凸起网纹，中肋明显隆起，从腹孔一边延至另一边，腹部稍突出。花期 5 ~ 6 月；果期 8 ~ 9 月。

图 109　羽叶泡花树

1. 花枝；2. 带果穗的枝；3. 花；4. 花瓣；5. 雄蕊背腹面；6. 去花瓣的花（示雄蕊）

产崂山太清宫、八水河、茶涧庙、流清河、北九水等地。国内分布于长江以南各省。

木材坚硬，可作车辆用材。种子油可制润滑油。

十一、连香树科 CERCIDIPHYLLACEAE

落叶乔木；枝有长、短枝之分，长枝具稀疏对生或近对生叶，短枝有重叠环状芽鳞片痕，有 1 个叶及花序；芽生短枝叶腋，卵形，有 2 鳞片。叶纸质，边缘有钝锯齿，具掌状脉；有叶柄，托叶早落。花单性，雌雄异株，先叶开放；每花有 1 苞片；无花被；雄花丛生，近无梗，雄蕊 8 ~ 13，花丝细长，花药条形，红色，药隔延长成附属物；雌花 4 ~ 8，具短梗；心皮 4 ~ 8，离生，花柱红紫色，每心皮有数胚珠。蓇葖果 2 ~ 4，具宿存花柱及短果梗；种子扁平，一端或两端有翅。

仅 1 属，2 种。分布于中国和日本。我国产 1 种，分布于山西、河南、陕西、甘肃、安徽、浙江、江西、湖北及四川。青岛栽培有 1 属，1 种。

（一）连香树属 **Cercidiphyllum** Sieb.et Zucc.

形态特征同科。

2 种，1 种产我国及日本，另 1 种产日本。青岛栽培有 1 种。

1. 连香树（图 110）

Cercidiphyllum japonicum Sieb. et Zucc.

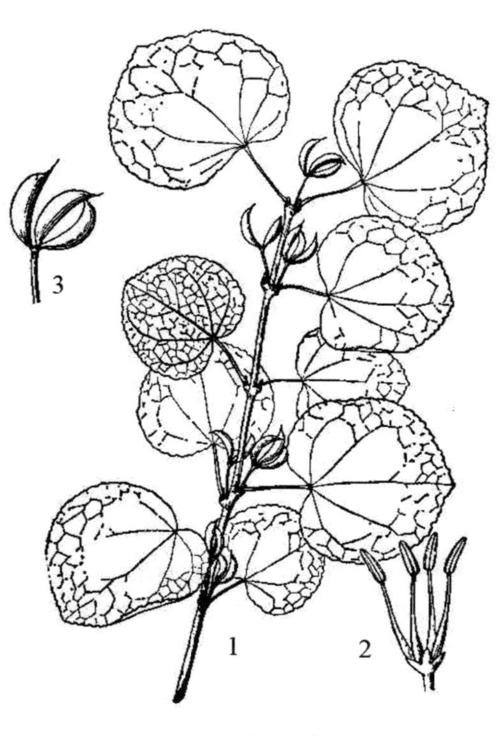

图 110　连香树
1. 果枝；2. 花；3. 聚合蓇葖果

落叶大乔木，高 10 ～ 20 米；树皮灰色或棕灰色；小枝无毛，短枝在长枝上对生；芽鳞片褐色。短枝上叶近圆形、宽卵形或心形，长枝上叶椭圆形或三角形，长 4 ～ 7 厘米，宽 3.5 ～ 6 厘米，先端圆钝或急尖，基部心形或截形，边缘有圆钝锯齿，先端具腺体，两面无毛，下面灰绿色带粉霜，掌状脉 7，直达边缘；叶柄长 1 ～ 2.5 厘米，无毛。雄花常 4 朵丛生，近无梗；苞片在花期红色，膜质，卵形；雌花 2 ～ 8 朵，丛生；花柱长 1 ～ 1.5 厘米，上端为柱头面。蓇葖果 2 ～ 4，荚果状，长 10 ～ 18 毫米，宽 2 ～ 3 毫米，褐色或黑色，微弯曲，先端渐细，有宿存花柱；果梗长 4 ～ 7 毫米；种子数个，扁平四角形，长 2 ～ 2.5 毫米（不连翅长），褐色，先端有透明翅，长 3 ～ 4 毫米。花期 4 月；果期 8 月。

崂山北九水，山东科技大学校园有栽培。国内产山西、河南、陕西、甘肃、安徽、浙江、江西、湖北及四川。

本种树干高大，寿命长，可供观赏；树皮及叶均含鞣质，可提制栲胶。

十二、悬铃木科 PLATANACEAE

落叶乔木。枝叶被树枝状及星状绒毛；树皮苍白色，表面平滑，老时薄片状剥落；侧芽卵圆形，先端稍尖，外披一盔形芽鳞，位于膨大叶柄的基部，无顶芽。单叶互生，大形，具长柄，掌状脉，呈掌状分裂；托叶明显，边缘开张，基部鞘状，早落。花单性，雌雄同株，排成紧密球形的头状花序，雌雄花序同形各生于不同的花枝上；雄花头状花序无苞片，雌花头状花序有苞片；萼片 3 ～ 8，三角形，有短柔毛；花瓣与萼片同数，倒披针形；雄花有雄蕊 3 ～ 8 个，花丝短，药隔顶端膨大成圆盾状；雌花有 3 ～ 8 个离生心皮，子房长卵形，1 室，有 1 ~ 2 个垂生胚珠，花柱伸长，突出头状花序外，柱头位于内面。聚合果，由多数狭长倒锥形的小坚果组成，基部围以长毛，每坚果有种子 1，线形，胚乳薄。

1 属，11 种，分布于北美、东南欧、西亚及越南北部。我国引种 3 种。青岛引种栽培 3 种。

（一）悬铃木属 **Platanus** L.

特征、分布同科。

分种检索表

1. 果序球每串1 ~ 2，稀3；叶3 ~ 5裂稀更多；托叶长于1.5厘米；坚果之间毛不突出。
  2.果序球常2，稀1 ~ 3；叶掌状裂，中间裂片长宽近相等…………………… 1.二球悬铃木**P**. acerifolia
  2.果序球单生，稀2；叶多3裂，较浅，中间裂片宽多大于长 …………… 2.一球悬铃木**P**. occidentalis
1. 果序球每串3 ~ 7；叶5 ~ 7深裂；托叶不超过0. 7厘米；坚果之间有突出的绒毛 ……… 3.三球悬铃木**P**. orientalis

1. 二球悬铃木 英桐 槭叶悬铃木（图 111）

Platanus acerifolia (Ait.) Willd.

P. orientalis L. var. *acerifolia* Ait.

落叶大乔木，高可达 30 米。树皮光滑，不规则片状脱落；嫩枝密生灰黄色绒毛；老枝秃净，红褐色。叶阔卵形，宽 12 ~ 25 厘米，长 15 ~ 25 厘米，上下两面嫩时有灰黄色毛被，下面的毛被更厚而密，以后变秃净，仅在背脉腋内有毛；基部截形或微心形，3 ~ 5 裂近中部；中央裂片阔三角形，宽度与长度约相等；裂片全缘或有 1 ~ 2 个粗大锯齿；掌状脉 3 条，稀为 5 条，常离基部数毫米，或为基出；叶柄长 3 ~ 10 厘米，密生黄褐色毛被；托叶中等大，长约 1 ~ 1.5 厘米，基部鞘状，上部开裂。花通常 4 数。雄花萼片卵形，被毛；花瓣矩圆形，长为萼片 2 倍；雄蕊比花瓣长，盾形药隔有毛。头状果序球形，直径约 2.5 厘米，通常每 2 果序球生于 1 较长的果序柄上，并生或成串，稀 3 或单生，宿存花柱长 2 ~ 3 毫米，刺状，坚果之间无突出的绒毛，或有极短的毛。花期 5 月；果期 9 ~ 10 月。

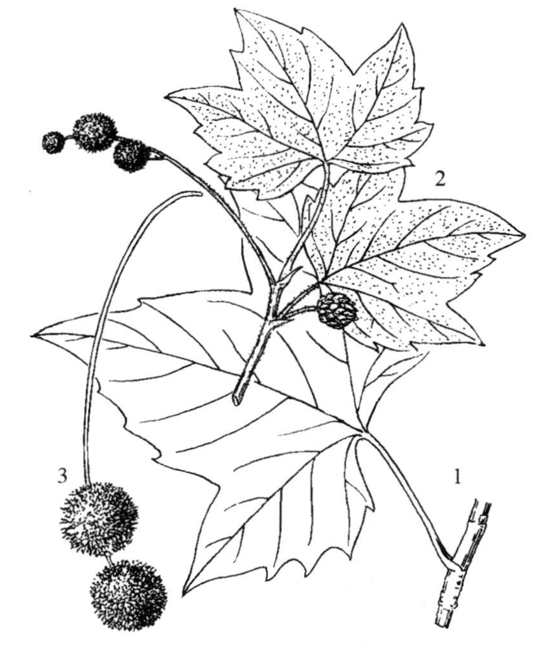

图 111　二球悬铃木

1. 枝叶；2. 花枝；3. 果序

本种是三球悬铃木与一球悬铃木的杂交种，最先起源于英国伦敦。全市普遍栽培。我国东北、华中及华南均有引种。

常见的公园、街道绿化树种，多为行道树。

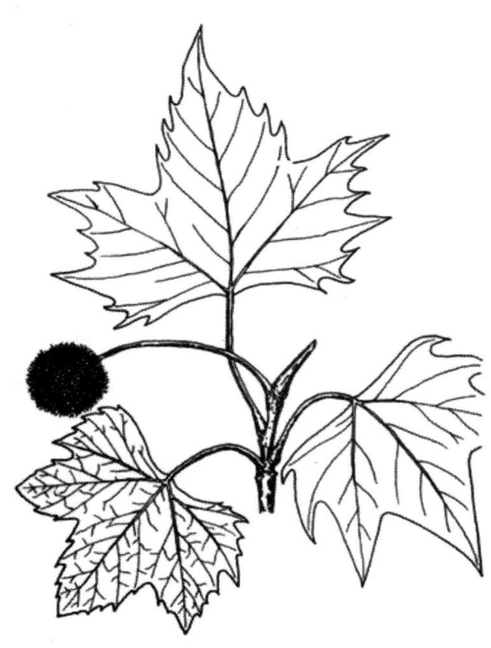

图 112　一球悬铃木

2. 一球悬铃木　美桐　美洲悬铃木（图 112）

Platanus occidentalis L.

落叶大乔木，高 40 余米；树皮灰褐色，片状剥落，内皮成乳白色；嫩枝披黄褐色绒毛。叶阔卵形，通常 3 浅裂，稀为 5 浅裂；基部截形，阔心形，或稍呈楔形；裂片短三角形，宽度远较长度为大，边缘有数个粗大锯齿；上下两面初时被灰黄色绒毛，不久脱落，上面秃净，下面仅在脉上有毛，掌状脉 3 条，离基约 1 厘米；叶柄长 4 ～ 7 厘米，密被绒毛；托叶较大，长约 2 ～ 3 厘米，基部鞘状，上部扩大呈喇叭形，早落。花通常 4 ～ 6 数，单性，聚成圆球形头状花序。雄花萼片及花瓣均短小，花丝极短，花药伸长，盾状药隔无毛。雌花基部有长绒毛；萼片短小；花瓣比萼片长 4 ～ 5 倍；心皮 4 ～ 6 个，花柱伸长，比花瓣为长。头状果序圆球形，单生稀为 2 个，直径约 3 厘米，宿存花柱极短；小坚果先端钝，基部的绒毛长为坚果之半，不突出头状果序外。花期 5 月；果期 9 ～ 10 月。

原产北美洲。中山公园及崂山区、黄岛区、平度市等有栽培。我国广泛引种，北部及中部等省较多。

用途同前种。树木生长较三球悬铃木旺盛，但耐寒性不如其他种悬铃木。

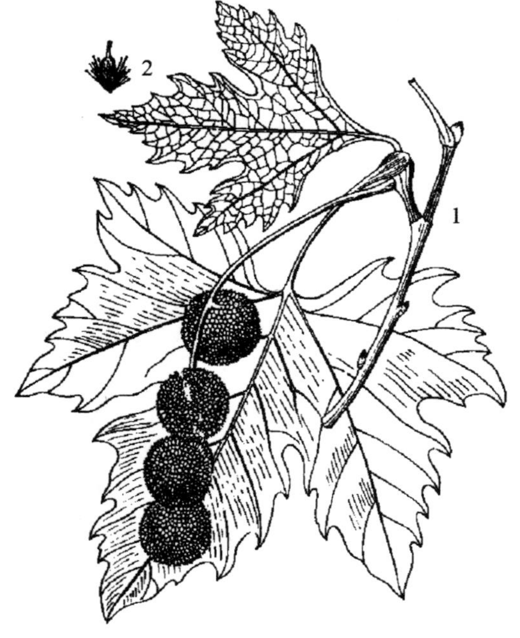

图 113　三球悬铃木

1. 果枝；2. 小坚果

3. 三球悬铃木　法桐　悬铃木（图 113）

Platanus orientalis L.

落叶大乔木，高达 30 米；树皮灰褐至灰绿色，薄片状脱落；嫩枝被黄褐色绒毛，老枝秃净，干后红褐色，有细小皮孔。叶大，阔卵形，宽 9 ～ 18 厘米，长 8 ～ 16 厘米，基部浅三角状心形，或近于平截，上部掌状5～7裂，稀为3裂，中央裂片深裂过半，长7～9厘米，宽4～6厘米，两侧裂片稍短，边缘有少数裂片状粗齿，上下两面初时被灰黄色毛被，以后脱落，仅在背脉上有毛，掌状脉5条或3条，从基部发出；叶柄长3～8厘米，圆柱形，被绒毛，基部膨大；托叶小，短于1厘米，基部鞘状。花4数；雄性球状花序无柄，基部有长绒毛，萼片短小，雄蕊远比花瓣为长，花丝极短，花药伸长，顶端盾片稍扩大；雌性球状花序常有柄，萼片被毛，花瓣倒披针形，心皮4个，花柱伸长，先端卷曲。果枝长10～15厘米，果序球多3～5个，稀为2；直径2～2.5厘米，宿存花柱突出呈刺状，长3～4毫米，小坚果之间有黄色绒毛，突出头状果序外。花期4～5月；果期9～10月。

原产欧洲东南部及亚洲西部。全市普遍栽培，主要行道树之一。据记载我国晋代即已引种，现以黄河、长江流域的城乡为栽培中心。

优良的庭荫树和行道树种。据记载，小坚果煮水饮服后有发汗作用，又名“祛汗树”。

十三、金缕梅科 HAMAMELIDACEAE

常绿或落叶，乔木或灌木。单叶互生，罕对生，全缘或有锯齿，或为掌状分裂，具羽状脉或掌状脉；常具明显叶柄；托叶早落，线形或为苞片状，少数无托叶。花排成头状花序、穗状花序或总状花序，两性，或单性而雌雄同株，稀雌雄异株，有时杂性；异被，辐射对称，或缺花瓣；萼筒与子房分离或多少合生，萼裂片4～5数，镊合状或覆瓦状排列；花瓣与萼裂片同数，线形、匙形或鳞片状；雄蕊4～5数，稀为不定数，花药常2室，直裂或瓣裂，药隔突出；退化雄蕊存在或缺；子房半下位或下位，亦有上位，2室，上半部分离；花柱2，胚珠多数，着生于中轴胎座上，或只有1个而垂生。蒴果，常开裂为4片，外果皮木质或革质，内果皮角质或骨质；种子多数，常为多角形，扁平或有窄翅，或单独而呈椭圆状卵形，具明显种脐；胚乳肉质，胚直生。

27属，约140种；主要分布于亚洲东部、北美、中美、非洲及大洋洲。我国有17属，75种，16变种，集中分布于南部各省区。青岛有5属，6种，1变种。

分属检索表

1. 叶掌状3～5裂；头状花序 ………………………… 1.枫香属 Liquidambar
1. 叶通常不裂；花序总状或穗状。
 2.花有花瓣；叶卵形或阔卵形，侧脉的最下一对有分枝。
  3.叶全缘；花序簇生或呈头状，花瓣条形，4基数 ………………… 2.檵木属 Loropetalum
  3.叶缘有锯齿；总状花序；花瓣匙形或细小，多5基数 ……………… 3.牛鼻栓属 Fortunearia
 2.花无花瓣；叶倒卵形或倒卵状椭圆形，侧脉上下均不分枝。
   4.落叶小乔木；花后萼筒宿存 ………………………… 4.银缕梅属 Parrotia
   4.常绿灌木或小乔木；花后萼筒脱落 ………………………… 5.蚊母树属 Distylium

（一）枫香属 Liquidambar L.

落叶乔木。叶互生，具长柄，掌状裂，具掌状脉，缘有锯齿；托叶线形，常与叶柄基部合生，早落。花单性，雌雄同株，无花瓣。雄花多数，排成头状或短穗状花序；每花序具4苞片，无萼片及花瓣；雄蕊多而密集，花丝与花药等长，花药2室，纵裂。雌花多数，排成球形头状花序，具1苞片；萼筒与子房合生，萼裂针状，宿存，有时或缺；无花瓣；子房半下位，2室，藏在头状花序轴内，花柱2，柱头线形，有多数细小乳头状突起；胚珠多数，中轴胎座。头状果序圆球形，有蒴果多数；蒴果木质，室间裂开为2片，果皮薄，有宿存花柱或萼齿；种子多数，在胎座最下部的数个完全发育，有窄翅，种皮坚硬，胚乳薄，胚直立。

含5种，分布于亚洲及北美洲的温带与亚热带。我国有2种和1变种，主要分布于长江流域以南各省区。青岛引种栽培2种。

分种检索表

1. 叶片3裂，成叶无毛；小枝无木栓翅 ………………………………………… 1.枫香L. formosana
1. 叶片5～7裂，下面脉腋有簇生毛；小枝有木栓翅…………………………… 2.北美枫香L. styraciflua

1. 枫香 枫树（图114；彩图28）

Liquidambar formosana Hance

落叶乔木；树皮灰褐色，浅裂；小枝灰色，被柔毛，略有皮孔。叶薄革质，宽卵形，掌状3裂，中央裂片前伸，先端尾状渐尖；侧裂片平展；基部心形；上面绿色；下面灰绿色，有短柔毛，或变秃净仅在脉腋间有毛；掌状脉3～5条，在上下两面均显著，网脉明显；缘有腺状锯齿；叶柄4～11厘米；托叶条形，与叶柄合生，长1～1.4厘米，红褐色，被毛，早落。雄性短穗状花序常多个排成总状，雄蕊多数，花丝不等长，花药比花丝略短。雌性头状花序具花22～40朵，花序柄长；萼齿4～7个，针形，长4～8毫米，子房下半部藏在头状花序轴内，上半部游离，有柔毛，花柱长6～10毫米，先端常卷曲。头状果序圆球形，木质，直径3～4厘米；蒴果下半部藏于花序轴内，有宿存花柱及针刺状萼齿。种子多数，褐色，多角形或有窄翅。花期4～5月；果熟期10月。

图114　枫香

1. 花枝；2. 果枝；3. 雄蕊；4. 雌花；5. 果实

喜光，喜温暖湿润气候及深厚湿润土壤，耐干旱瘠薄，不耐水湿，对二氧化硫、氯气等有毒气体有较强抗性。

崂山张坡、八水河、华楼等地，中山公园，李村公园，城阳世纪公园，青岛大学，山东科技大学，胶州市，即墨市有栽培。国内产秦岭及淮河以南各省。

著名秋色叶树种，可作庭荫树等，因具有耐火性及对有毒气体抗性，可用于厂矿区绿化；树脂供药用，能解毒止痛，止血生肌；果序球药用，称“路路通”，有祛风除湿，通络活血功效；木材稍坚硬，可制家具及贵重商品的装箱。

2. 北美枫香（图 115）

Liquidambar styraciflua L.

落叶乔木。高可达 30 米；小枝赤褐色，通常有木栓质厚翅。叶心形或近心形，长、宽各为 9 ～ 16 厘米，掌状 5 ～ 7 裂，裂片边缘有锯齿；表面暗绿色，有光泽，背面淡绿色，脉腋有簇毛；叶柄长 5 ～ 10 厘米。果序球形，直径约 3 厘米。

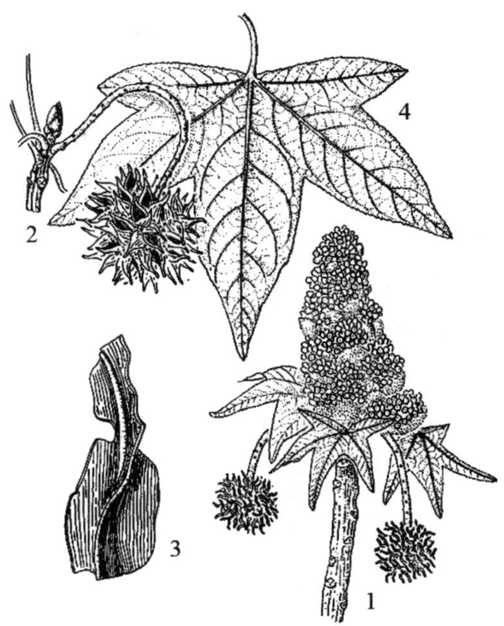

图 115 北美枫香
1. 花枝；2. 带果序的枝条；3. 木栓；4. 叶片

原产北美。山东科技大学有栽培，生长良好。国内河南鸡公山有栽培。

优良观赏树种。树脂可作胶皮糖香料。

（二）檵木属 Loropetalum R.Brown

常绿或半常绿灌木至小乔木。单叶互生，革质，卵形，全缘，稍偏斜，羽状脉，有短柄；托叶膜质，早落。花两性，4 ～ 8 朵排成头状或短穗状花序；花萼 4 裂，萼筒倒圆锥形，与子房合生，萼齿卵形，脱落性；花瓣长条形，与萼裂对生，在花芽时向内卷曲；雄蕊 4，周位着生，花丝极短，花药具 4 花粉囊，瓣裂，药隔突出；有的还有鳞片状退化雄蕊与雄蕊互生；子房半下位，2 室，被星状毛，花柱 2，子房每室 1 胚珠，垂生。蒴果木质，卵圆形，被星毛，上半部 2 片裂开，每片 2 浅裂，下半部被宿存萼筒所包裹并完全合生，果梗极短或无，外披密星毛。种子 1，长卵形，黑色，有光泽，种脐白色；种皮角质，胚乳肉质。

含 4 种及 1 变种，分布于亚洲东部的亚热带地区。我国有 3 种及 1 变种，主要分布于长江流域及广西、云南的南部。青岛地区栽培 1 种及其 1 变种。

1. 檵木（图 116）

Loropetalum chinense (R. Br.) Oliv.

Hamamelis chinensis R. Br.

半常绿小灌木，有时为小乔木；多分枝，小枝披褐锈色星状毛。叶革质，全缘，卵形，长 2 ～ 5 厘米，宽 1.5 ～ 2.5 厘米，先端尖锐，基部钝，对称，上面略有粗毛或秃净，

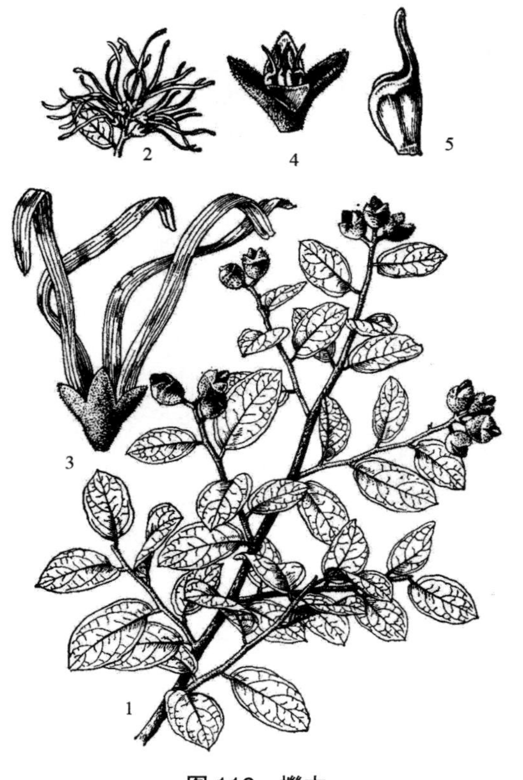

图 116　檵木
1. 果枝；2. 花枝；3. 花；4. 去掉花瓣的花；5. 雌蕊

下面密被褐色星状毛，侧脉 5 对，在上面明显，在下面突起；叶柄长 2 ~ 5 毫米，有星状毛；托叶膜质，三角状披针形，早落。花 3 ~ 8 朵簇生于枝顶，有短梗，白色，先叶或与叶同放；花序柄长约 1 厘米，被毛；苞片线形，长 3 毫米；萼筒杯状，被星状毛，萼齿卵形，长约 2 毫米，花后脱落；花瓣 4，白色，带状，长 1 ~ 2 厘米；能育雄蕊 4，花丝极短，药隔突出成角状；退化雄蕊 4，鳞片状，与能育雄蕊互生；子房完全下位，被星毛；花柱极短，长约 1 毫米；胚珠 1，垂生于心皮内上角。蒴果卵圆形，长 7 ~ 8 毫米，宽 6 ~ 7 毫米，先端圆，被褐色星状绒毛，萼筒长为蒴果的 2/3。种子卵圆形，长 4 ~ 5 毫米，黑色，有光泽。花期 3 ~ 4 月。

市区公园及黄岛区有栽培。国内分布于长江中、下游及西南各省。

常作盆景，园林中宜丛植，为优良观花灌木；根及叶用于跌打损伤，有去瘀生新功效。

（1）红花檵木（变种）

var. **rubrum** Yieh

与原种区别在于：叶暗紫色；花瓣紫红色，长 2 厘米。

全市公园绿地及单位庭院常见栽培。国内分布于湖南长沙岳麓山。

盆栽或露地栽培，供观赏。

（三）牛鼻栓属 **Fortunearia** Rehd.et Wils.

落叶灌木或小乔木；小枝有星状毛。单叶互生，倒卵形，具柄，羽状脉，缘有锯齿，最下面一对侧脉常有分枝；托叶细小，早落。花两性或杂性，常排成总状花序，顶生。两性花的花序基部常有数枚叶片；苞片及小苞片细小，早落；萼筒倒锥形，被毛，萼齿 5 裂，脱落性；花瓣 5，退化为针状，细小；雄蕊 5，花丝极短，花药 2 室，侧面裂开；子房半下位，2 室，每室有 1 胚珠；花柱 2，分离，线形，反卷。雄花葇荑花序基部无叶片，缺乏总苞，雄蕊有短花丝，花药卵形，有退化子房。蒴果木质，具柄，成熟时瓣裂，宿存萼筒与蒴果合生，长为蒴果之半，内果皮角质，与外果皮分离。种子卵圆形，种皮骨质；胚乳薄，胚直立，子叶扁平，基部微心形。

1 种，分布于中国中部各省。青岛有引种栽培。

1. 牛鼻栓（图 117）

Fortunearia sinensis Rehd. et Wils.

落叶灌木或小乔木；树皮褐色，有稀疏皮孔；嫩枝有灰褐色柔毛；老枝秃净无毛；芽体细小，无鳞状苞片，被星毛。叶膜质，倒卵形或倒卵状椭圆形，长 7 ~ 16 厘米，宽 4 ~ 10 厘米，先端锐尖，基部圆形或钝，稍偏斜，上面深绿色，除中肋外秃净无毛，下面浅绿色，脉上有长毛；侧脉 6 ~ 10 对，最下第一对侧脉有分枝但不强烈；叶缘有粗锯齿，齿尖稍向下弯；叶柄长 4 ~ 10 毫米，有毛；托叶早落。总状花序为两性花组成，长 4 ~ 8 厘米，花序柄及轴上均有绒毛；苞片及小苞片披针形，长约 2 毫米，有星状毛；萼筒长 1 毫米，无毛；萼齿卵形；花瓣狭披针形；雄蕊近于无柄，花药卵形；子房略有毛，花柱反卷；花梗长 1 ~ 2 毫米，有星毛。柔荑花序为雄花所组成，无苞片，花较密集。蒴果卵圆形，长 1.5 厘米，外面无毛，有白色皮孔，沿室间 2 片裂开，每片 2 浅裂，果瓣先端尖，果梗长 5 ~ 10 毫米。种子卵圆形，褐色，有光泽，种脐马鞍形，稍带白色。花期 5 月；果熟期 10 月。

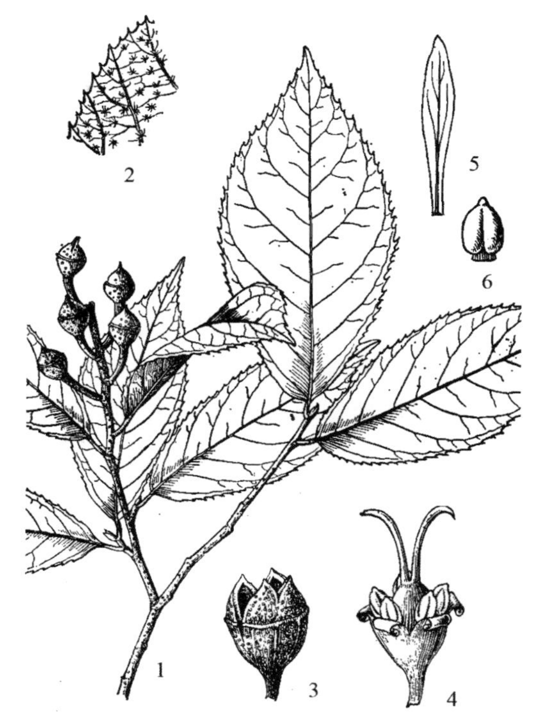

图 117 牛鼻栓

1. 果枝；2. 叶片局部放大，示叶缘及星状毛；3. 果实；4. 花，示雄蕊和雌蕊；5. 花瓣；6. 雄蕊

喜光，亦能耐阴，喜温暖湿润气候，对土壤要求不严，较耐寒。

崂山太清宫有引种栽培。国内分布于陕西、河南、四川、湖北、安徽、江苏，江西及浙江等省。

园林中可作绿篱；木材坚韧，常用来做牛鼻栓；枝叶入药，治疗气虚、刀伤出血。

（四）银缕梅属 **Parrotia** C.A.Meyer

落叶小乔木；芽及幼枝被星状毛。叶互生，薄革质，椭圆形或倒卵形，长 5 ~ 9 厘米，先端尖，基部不等侧圆，两面披星状毛，具不整齐粗齿；叶柄长 4 ~ 6 毫米，披星状毛，托叶披针形，早落。短穗状花序腋生及顶生，具 3 ~ 7 花；雄花与两性花同序，外轮 1 ~ 2 朵为雄花，内轮 4 ~ 5 多为两性花。花无梗，苞片卵形；萼筒浅杯状，萼具不整齐钝齿，宿存；无花瓣；雄蕊 5 ~ 15，花丝长，直伸，花后弯垂，花药 2 室，具 4 个花粉囊，药隔突出；子房半下位，2 室，花柱 2，常卷曲。蒴果木质，长圆形，长 1.2 厘米，被毛，萼筒宿存；果及萼筒均密被黄色星状柔毛。种子纺锤形，褐色有光泽。

含 2 种。我国 1 种，另 1 种产伊朗。青岛栽培有 1 种。

1. 银缕梅（彩图 29）

Parrotia subaequalis (H. T. Chang) R. M. Hao & H. T. Wei

落叶乔木；嫩枝被星状毛，后变光滑，暗褐色。叶薄革质，倒卵形，长 4 ～ 6 厘米，宽 2 ～ 4.5 厘米，中部以上最宽，先端钝，基部等大，圆形、截形或微心形，背面淡褐色，被星状毛，侧脉 4 ～ 5 对，在表面稍下陷，背面突起，顶端有 4 ～ 5 个波状钝锯齿，下部 2/3 全缘；叶柄长 5 ～ 7 毫米，被星状毛。总状花序短，生于侧枝的顶端和叶腋内，有花 4 ～ 5 朵，花序梗长约 1 厘米，被星状毛；花近无柄；萼筒浅杯状，裂片 4，卵圆形，长 3 毫米，顶端圆形，外面被星状毛；子房上位或近上位，基部与萼筒连合，被星状毛，顶端具宿存花柱。蒴果近圆形，长 8 ～ 9 毫米，被星状毛，顶端有宿存花柱，宿存萼筒长约 2 毫米；种子纺锤形，长 6 ～ 7 毫米，褐色，有光泽，种脐淡黄色。果期 9 ～ 10 月。

山东科技大学有引种栽培。国内产江苏南部、安徽及浙江。

珍稀濒危树种，观赏价值高，可用于园林绿化及盆栽。

（五）蚊母树属 **Distylium** Sieb.et Zucc.

常绿灌木或小乔木，嫩枝有星状绒毛或鳞毛，芽体裸露无鳞苞。叶革质，互生，具短柄，羽状脉，全缘，偶有密齿；托叶披针形，早落。花单性或杂性，雄花常与两性花同株，排成腋生穗状花序；花小而无花瓣；苞片及小苞片披针形，早落；萼筒极短，花后脱落，萼齿 2 ～ 6，稀不存在，常不规则排列，或偏于一侧，卵形或披针形，大小不相等；雄蕊 4 ～ 8，花丝线形，长短不一，花药椭圆形，2 室，纵裂，药隔突出；雄花不具退化雌蕊，或有相当发达的子房。雌花及两性花的子房上位，2 室，有鳞片或星状绒毛，花柱 2，柱头尖锐，每室 1 胚珠。蒴果木质，卵圆形，有星状绒毛，上半部 2 片裂开，每片 2 裂，先端尖锐，基部无宿存萼筒。种子 1，长卵形，角质，褐色有光泽。

图 118　蚊母树

约 18 种，分布于亚洲东部、南部及中美洲。我国有 12 种和 3 变种，主要分布于长江流域及其以南各省区。青岛栽培 1 种。

1. 蚊母树（图 118）

Distylium racemosum Sieb. et Zucc.

常绿灌木或小乔木；树皮暗灰色，嫩枝有鳞垢，老枝秃净；芽体裸露，被鳞垢。叶厚革质，椭圆形或倒卵状椭圆形，长 3 ～ 7 厘米，宽 1.5 ～ 3.5 厘米，先端钝或略尖，基部宽楔形，上面深绿色，下面初时有鳞垢，后秃净，侧脉 5 ～ 6 对，在上面不明显，在下面稍突起，网脉上下两面均不明显，边缘无锯齿；叶柄长 5 ~ 10 毫米，略有鳞垢。托叶细小，早落。总状花序长约 2 厘米，花序轴无毛，总苞 2 ~ 3 片，卵形，有鳞垢；苞片披针形，有毛；雌花位于花序顶端，无花瓣，萼筒短，萼齿大小不相等，花后脱落，被鳞垢，子房披星状绒毛，花柱 2；雄花位于花序下部，雄蕊 5 ~ 6，花丝长约 2 毫米，花药红色。蒴果卵圆形，先端尖，外面有褐色星状绒毛，上半部 2 片裂开，每片 2 浅裂，无宿存萼筒，果梗短，长不及 2 毫米。种子卵圆形，长 4 ~ 5 毫米，深褐色、发亮，种脐白色。花期 3 ~ 4 月；果期 8 ~ 10 月。

崂山太清宫，中山公园，李村公园，崂山区，城阳区，胶州市，即墨市有栽培。国内产长江流域以南各省。

优良城市及工矿区绿化观赏树种。树皮含鞣质，可提栲胶。

十四、杜仲科 EUCOMMIACEAE

落叶乔木。单叶互生，羽状脉，缘有锯齿，具柄；无托叶。花单性，雌雄异株，无花被，先叶开放或与叶同放。雄花簇生，位于幼枝基部的苞腋内，有短柄，具小苞片；雄蕊 5 ~ 10，花药条形，纵裂，花丝极短，花药 4 室。雌花单生于小枝下部枝腋，有苞片，具短花梗，子房 1 室，由 2 心皮合成，有子房柄，扁平，顶端 2 裂，柱头位于裂口内侧，先端反折，胚珠 2，并立、倒生，下垂。翅果不开裂，扁平，长椭圆形，先端 2 裂，果皮薄革质，果梗极短。种子 1，垂生于顶端；胚乳丰富；胚直立，与胚乳同长；子叶肉质，扁平；外种皮膜质。

仅 1 属，1 种，中国特有，分布于华中、华西、西南及西北各地。青岛有栽培。

（一）杜仲属 **Eucommia** Oliv.

特征同科。

1. 杜仲（图 119）

Eucommia ulmoides Oliv.

落叶乔木，高可达 20 米。树皮灰褐色；枝灰褐色或黄褐色，光滑或幼时有毛，髓心白色或灰色，2 年以下小枝常出现隔片状。叶椭圆形或卵形，薄革质，长 6 ~ 18 厘米，宽 3 ~ 7.5 厘米，基部圆形或阔楔形，先端渐尖，边缘具内弯斜上的锯齿；上面暗绿色，老叶微皱，下面淡绿，初有褐色毛，以后仅在脉上有毛；侧脉 6 ~ 9 对，网脉明显；叶柄长 1 ~ 2 厘米，有沟槽，被散生长毛。花生于当年枝基部；雄花梗长约 9 毫米，无毛；苞片倒卵状

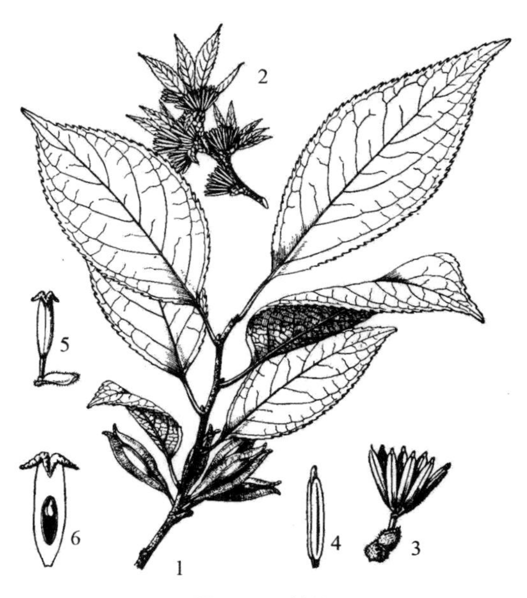

图 119 杜仲

1. 果枝；2. 花枝；3. 雄花；4. 雄蕊；5. 雌花；6. 果实纵切面

匙形，长 6 ~ 8 毫米，先端圆或平截，边缘有睫毛，早落；雄蕊黄绿色，条形，长约 1 厘米，无毛，花丝长约 1 毫米，药隔突出，花粉囊细长，无退化雌蕊。雌花梗长约 8 毫米，子房无毛，1 室，扁而长，先端 2 裂，柱头位于裂口内侧，顶端突出向两侧伸展反曲，下有倒卵形的苞片。翅果扁平，长椭圆形，长 3 ~ 3.5 厘米，宽 1 ~ 1.3 厘米，先端 2 裂，基部楔形，周围具薄翅；坚果位于中央，稍突起。种子扁平，狭长椭圆形，长 1.4 ~ 1.5 厘米，两端钝圆。花期 4 月；果期 10 月。

各地普遍栽培。国内分布于陕西、甘肃、河南、湖北、四川、云南、贵州、湖南及浙江等省区。

树皮药用，能治高血压、风湿性腰膝痛及习惯性流产等。树体提炼的硬橡胶，供工业原料及绝缘材料；木材供建筑、家具等。是绿化结合生产的优良树种。

十五、榆科 ULMACEAE

落叶乔木或灌木，稀常绿；芽具鳞片，稀裸露。单叶互生，稀对生，有锯齿或全缘，通常基部偏斜，羽状脉或基部 3 出脉，有柄；托叶常呈膜质，早落。单被花两性，稀单性或杂性，雌雄异株或同株，排成疏或密聚伞花序，或花序轴短缩而似簇生状，或单生，生于当年生枝或去年生枝的叶腋，或生于当年生枝下部或近基部的无叶部分的苞腋；花单被，萼 4 ~ 8 裂，覆瓦状（稀镊合状）排列，宿存或脱落；雄蕊着生于花被的基底，在蕾中直立，稀内曲，常与花被裂片同数而对生，稀较多，花丝明显，花药 2 室，纵裂，外向或内向；雌蕊由 2 心皮连合而成，花柱极短，柱头 2，条形，其内侧为柱头面，子房上位，通常 1 室，稀 2 室，胚珠 1 枚，倒生，珠被 2 层。果为翅果、核果、小坚果或有时具翅或附属物，顶端常有宿存的柱头；胚直立、弯曲或内卷，胚乳缺或少量。

16 属，约 230 种，广布于全世界热带至温带地区。我国产 8 属，46 种，10 变种，分布遍及全国。另引入栽培 3 种。青岛地区有 6 属，16 种，1 变种。

分属检索表

1. 叶为羽状脉；侧芽先端不紧贴小枝。
  2. 枝无刺，坚果或翅果。
    3. 翅果 ………………………………………………………………………… 1.榆属Ulmus
    3. 坚果 ……………………………………………………………………… 3.榉属Zelkova
  2. 枝具刺，小坚果有翅 ……………………………………………………… 2.刺榆属 Hemiptelea
1. 叶为3出脉；侧芽先端紧贴小枝。
  4. 核果。
    5. 叶片侧脉伸达齿端，叶面粗糙……………………………………… 6.糙叶树属 Aphananthe
    5. 叶片侧脉不伸达齿端而上弯，叶上面有短柔毛或无毛…………………………… 4.朴属 Celtis
  4. 小坚果，有翅 ………………………………………………………………… 5.青檀属 Pteroceltis

（一）榆属 Ulmus L.

落叶乔木，稀灌木；树皮不规则纵裂，粗糙，稀裂成块片或薄片脱落；小枝无刺，有时具对生扁平木栓翅，或具周围膨大而不规则纵裂的木栓层；顶芽早死，芽鳞覆瓦状，无毛或有毛。单叶互生，二列，边缘重锯齿或单锯齿，羽状脉，脉端伸入锯齿，基部多少偏斜，稀近对称，有柄；托叶条形，膜质，早落。花两性，排成聚伞花序或簇生；花被钟形，4 ~ 9 裂，膜质，先端常丝裂，宿存，稀脱落或残存；雄蕊与花被裂片同数而对生，花丝细直，花药 2 室，纵裂；子房由 2 心皮合成，1 室（稀 2 室），内有 1 倒生胚珠，花柱极短，2 裂；花后数周果即成熟。翅果扁平，果核部分位于中部至上部，果翅膜质，顶端具宿存的柱头及缺口。种子扁或微凸，种皮薄，无胚乳，胚直立，子叶扁平或微凸。

本属 30 余种，多分布于北温带。我国有 25 种，6 变种，分布遍及全国，以长江流域以北较多，另引入栽培 3 种。青岛有 7 种，1 变种。

分种检索表

1. 叶先端不分裂。
 2. 春季开花结果。
  3. 聚伞花序簇生。
   4. 果核位于翅果中部或近中部，上端不接近缺口。
    5. 枝无木栓翅；叶卵形或卵状椭圆形，上面无毛；翅果无毛……………………1.白榆 U. pumila
    5.幼树及萌枝常有对生扁平木栓翅；叶倒卵形，上面有硬毛；翅果有毛 … 2.黄榆 U. macrocarpa
   4.果核位于翅果上部或中上部，上端接近缺口……………………………… 3.黑榆 U. davidiana
  3.花排成短聚伞花序；花序轴伸长，下垂。
   6.叶中部或中下部较宽，先端渐尖，下面疏生毛，脉腋有簇毛；花序有花10余朵；果梗长15毫米…………………………………………………………………………… 4.美国榆 U. americana
   6.叶中上部较宽，先端急尖，下面有毛或近基部主侧脉上有毛；花序常有花20朵以上；果梗长达30毫米 …………………………………………………………………… 5.欧洲白榆 U. Laevis
 2.秋季开花结果；树皮片状剥落 ………………………………………… 6.榔榆 U. Parvifolia
1. 叶先端3 ~ 7裂；翅果椭圆形，无毛………………………………………7.裂叶榆 U. laciniata

1. 榆树 白榆 榆（图 120）

Ulmus pumila L.

落叶乔木；树皮暗灰色，不规则深纵裂，粗糙；小枝灰白色，有散生皮孔；冬芽卵圆形，暗棕色，有毛。叶卵形或卵状椭圆形，长 2 ~ 6 厘米，宽 1.5 ~ 2.5 厘米，先端渐尖，基部偏斜或近对称，侧脉 9 ~ 14 对，叶面平滑无毛，叶背脉腋有簇生毛，边缘具重锯齿或单锯齿，叶柄长 2 ~ 5 毫米，有短柔毛。花先叶开放，簇生于去年生枝上，有短梗；花萼 4 裂，雄蕊 4，与萼片对生；子房扁平，花柱 2 裂。翅果近圆形，长 1 ~ 1.5

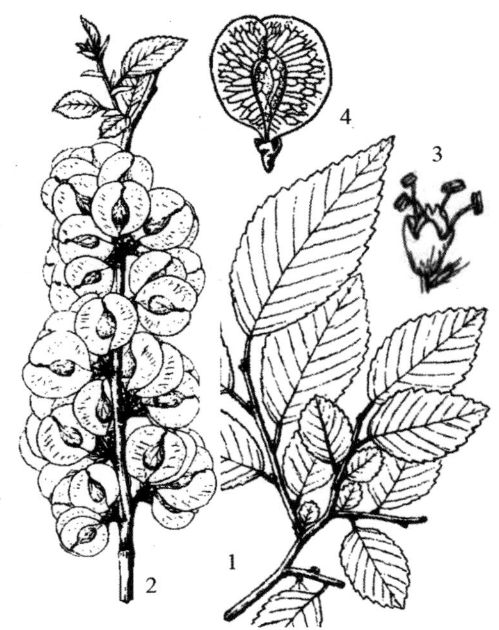

图 120 榆树

1. 枝叶；2. 果枝；3. 花；4. 果实

图 121　黄榆

1. 小枝一段，示木栓翅；2. 果枝；3 ~ 4. 翅果

厘米，除顶端缺口柱头面被毛外，余处无毛，果核部分位于翅果的中部，成熟前后其色与果翅相同，初淡绿色，后白黄色。花期 3 月；果期 4 ~ 5 月。

产于崂山太清宫、仰口、北九水等地；重要传统乡土树种之一，各地普遍栽培。国内分布于东北、华北、西北及西南各省区。

耐盐碱，城乡优良绿化树种。木材供建筑、家具等用。树皮纤维可代麻制绳或作人造棉原料。幼叶、嫩果可食。果、树皮等可入药。

（1）金叶榆（栽培变种）

'Meiren'

叶金黄色。

公园绿地及单位庭院广泛栽培。国内多见栽培。

供观赏。

（2）垂枝榆（栽培变种）

'Tenue'

树干上部的主干不明显，分枝较多，树冠伞形；树皮灰白色，较光滑；一至三年生枝下垂而不卷曲或扭曲。

李村公园，即墨市，胶北市，平度市有栽培。国内内蒙古、河南、河北、辽宁及北京等地有栽培。

供观赏。

2. 黄榆　大果榆　栓翅榆（图 121）

Ulmus macrocarpa Hance

落叶乔木或灌木；树皮黑褐色，纵裂，粗糙，小枝黑褐色，两侧常有对生而扁平的木栓翅，间或上下亦有微凸起的木栓翅，幼时有疏毛，具散生皮孔。叶倒卵形或椭圆状倒卵形，质厚，大小变异很大，先端突尖，基部偏斜，边缘具大而浅钝的重锯齿，两面粗糙，叶面密生硬毛，叶背常有疏毛，脉腋常有簇生毛。花 5 ~ 9 朵簇生；花萼 4 ~ 5 裂；雄蕊 4；花柱 2 裂。翅果倒卵形，长 2.5 ~ 3.5 厘米，宽 2 ~ 3 厘米，基部多少偏斜或近对称，顶端缺口内缘柱头面被毛，两面及边缘有毛，果核部分位于翅果中部，宿存花被钟形，果梗长 2 ~ 4 毫米，被短毛。花期 4 月；果期 4 ~ 5 月。

产于崂山，大泽山，小珠山，大珠山。国内分布于东北、华北地区及江苏、安徽、河南、山西、陕西、甘肃及青海等省。

造林树种。木材纹理直，韧性强，弯挠性能良好，耐磨损，可供车辆、农具、家具、器具等用。翅果含油量高，是医药和轻、化工业的重要原料。

3. 黑榆 山毛榆（图 122）

Ulmus davidiana Planch.

落叶乔木或灌木状；树皮暗灰色，纵裂；小枝有时具向四周膨大而不规则纵裂的瘤状木栓层，幼时有毛。叶倒卵形或椭圆状倒卵形，长 4 ~ 10 厘米，宽 2 ~ 6 厘米，先端短尖或渐尖，基部歪斜，边缘具重锯齿，叶面暗绿色，有粗硬毛，叶背初有毛，后变无毛，仅脉腋簇生毛，侧脉 10 ~ 20 对，叶柄短，有柔毛。花在去年生枝上排成簇状聚伞花序；花萼钟形，3 ~ 4 浅裂；花梗较花被为短。翅果倒卵形或近倒卵形，长 10 ~ 19 毫米，宽 7 ~ 14 毫米，果翅无毛，稀具疏毛，果核部分常被密毛，或被疏毛，位于翅果中上部或上部，上端接近缺口，宿存花被无毛，果梗被毛，长约 2 毫米。花期 4 月；果期 5 月。

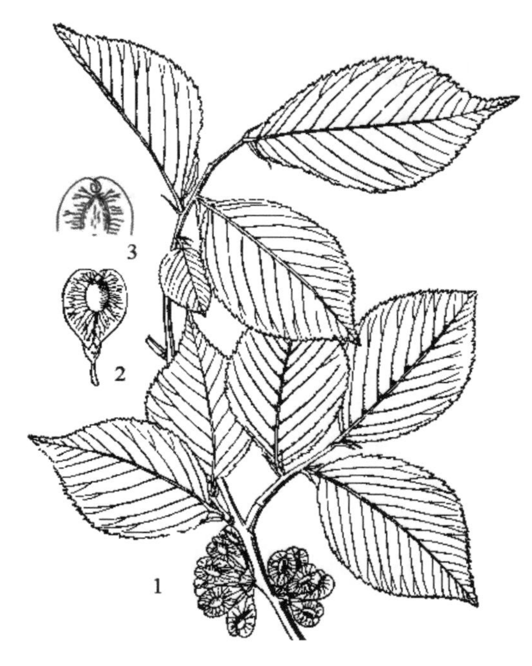

图 122 黑榆
1. 果枝；2. 翅果；3. 翅果上端

产于全市各主要山地。国内分布于东北、华北地区及陕西等省。

造林树种。木材坚实可供建筑、农具等用。树皮可代麻制绳。

（1）春榆（变种）

var. **japonica** (Rehd.) Nakai

与原种区别在于：翅果无毛，树皮色较深。

产于崂山北九水、太清宫等地，黄岛区红石崖山王东大平涧亦有分布。

国内分布及用途同黑榆。

4. 美国榆（图 123）

Ulmus americana L.

落叶乔木；树皮灰色，不规则纵裂；小枝幼时密披柔毛，后变无毛；冬芽卵圆形。叶卵形或卵状椭圆形，长 5 ~ 15 厘米，中部或中下部较宽，先端渐尖，基部极偏斜，

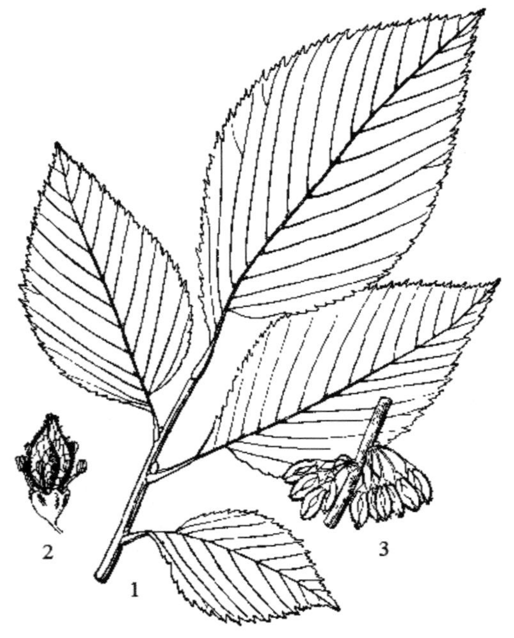

图 123　美国榆
1. 枝叶；2. 花；3. 果实

一边楔形，一边半圆形至半心脏形，边缘具重锯齿，侧脉 12 ~ 22 对，叶面除主脉凹陷处有疏毛外，余处无毛，叶背有疏毛，脉腋常有簇生毛；叶柄长 5 ~ 9 毫米，有毛。花自花芽抽出，常 10 余个排成短聚伞花序，生于当年生新枝基部，花梗细，不等长，长 4 ~ 10 毫米，下垂，无毛，花萼钟形，上部 7 ~ 9 浅裂，外面无毛，裂片先端有毛。翅果椭圆形，长 13 ~ 16 毫米，两面无毛而边缘具睫毛，顶端缺口不封闭或微封闭，缺口内缘柱头面有毛，果核部分位于翅果近中部,果梗长达 15 毫米。花果期 3 ~ 4 月。

原产北美。植物园有栽培。国内江苏南京、北京等地也有引种栽培。

木材可供建筑、农具等用。

5. 欧洲白榆（图 124）

Ulmus laevis Pall.

落叶乔木；树皮灰色，幼时平滑，后成鳞状，老则不规则纵裂;小枝灰褐色，初有毛，后脱落；冬芽纺锤形。叶倒卵状椭圆形，中上部较宽，先端急尖，基部明显偏斜，一边楔形，一边半心脏形，边缘具重锯齿，齿端内曲，叶面无毛或叶脉凹陷处有疏毛，叶背有毛或近基部的主脉及侧脉上有疏毛，叶柄有毛。花常自花芽抽出，稀由混合芽抽出，20 余花至 30 余花排成密集的短聚伞花序，花梗纤细，不等长，长 6 ~ 20 毫米，花被上部 6 ~ 9 浅裂，裂片不等长。翅果椭圆形，长约 15 毫米，边缘具睫毛，两面无毛，顶端缺口常微封闭，果核部分位于翅果近中部，上端微接近缺口，果梗长达 3 厘米，下垂。花期 3 月;果期 4 月。

原产欧洲。即墨市岙山广青生态园有栽培。我国东北、新疆、北京、江苏及安徽也有引种栽培。

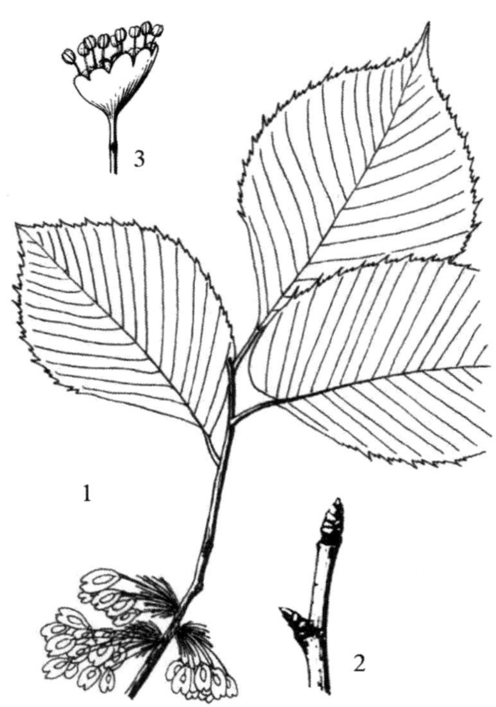

图 124　欧洲白榆
1. 果枝；2. 芽；3. 花

6. 榔榆 小叶榆（图 125）

Ulmus parvifolia Jacq.

落叶乔木；树皮灰色，不规则鳞状薄片剥落，露出红褐色内皮；当年生枝密被短柔毛，灰褐色；冬芽卵圆形，红褐色。叶质地厚，椭圆形，稀卵形或倒卵形，长 2 ~ 5 厘米，宽 1 ~ 3 厘米，先端短渐尖，基部偏斜，叶面深绿色，有光泽，除中脉凹陷处有疏柔毛外，余处无毛，叶背色较浅，脉腋白色柔毛，边缘有钝而整齐的单锯齿，侧脉 10 ~ 15 对，叶柄长 2 ~ 6 毫米，仅上面有毛。花 3 ~ 6 数在新枝叶腋簇生，花被上部杯状，下部管状，花被片 4，深裂，花梗极短，被疏毛。翅果椭圆形，长 10 ~ 13 毫米，宽 6 ~ 8 毫米，除顶端缺口柱头面被毛外，余处无毛，果核部分位于翅果的中上部，上端接近缺口，花被片脱落或残存，果梗较管状花被为短，长 1 ~ 3 毫米，有疏生短毛。花期 8 月；果期 9 ~ 10 月。

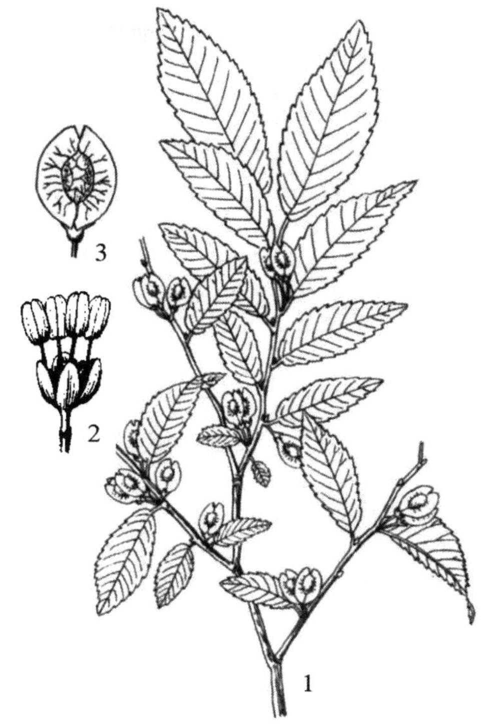

图 125　榔榆
1. 果枝；2. 花；3. 果实

产于崂山，浮山，大珠山，胶州艾山及灵山岛；各地常见栽培。国内分布于山西、河南及长江流域以南地区。

树姿优美，枝叶细密，干皮斑驳，具有较高的观赏价值，广泛用于园林绿化与桩景制作。材质坚韧，耐水湿，可供家具、车辆、造船、农具等用材。树皮纤维可作蜡纸及人造棉原料，或织麻袋、编绳索，亦供药用。

7. 裂叶榆（图 126）

Ulmus laciniata (Trautv.) Mayr.

U. montana With. var. *laciniata* Trautv.

落叶乔木；树皮灰褐色，浅纵裂，裂片较短，常翘起，表面常呈薄片状剥落；小枝暗灰色，幼时有毛；冬芽卵圆形。叶倒卵形，长 7 ~ 18 厘米，宽 3 ~ 12 厘米，先端通常 3 ~ 7 裂，裂片三角形，渐尖或

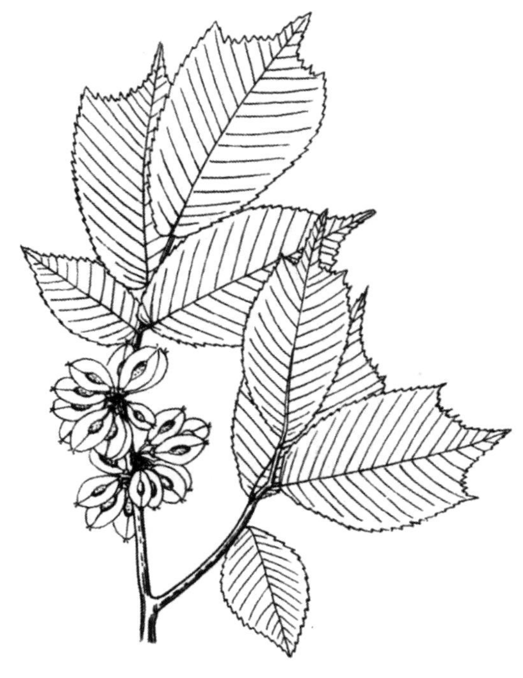
图 126　裂叶榆

尾状，基部明显偏斜，较长的一边常覆盖叶柄，边缘具较深的重锯齿，叶面密生硬毛，粗糙，叶背被柔毛，沿叶脉较密，脉腋常有簇生毛，叶柄极短，长 2 ~ 5 毫米，密被短柔毛。花在去年生枝叶腋排成簇状聚伞花序。翅果椭圆形或长圆状椭圆形，除顶端凹缺柱头面被毛外，余处无毛，果核部分位于翅果的中部或稍向下，宿存花被无毛，钟状，常 5 浅裂，裂片边缘有毛，果梗常较花被为短，无毛。花果期 4 ~ 5 月。

即墨市岙山广青生态园有栽培。国内分布于东北地区及内蒙古、河北、陕西、山西、河南等地。

木材可供家具、车辆、器具、造船及室内装修等用材。茎皮纤维可代麻制绳。

（二）刺榆属 **Hemiptelea** Planch.

落叶乔木；小枝坚硬，有棘刺。叶互生，有短柄，单锯齿，具羽状脉；托叶早落。花杂性，具梗，与叶同时开放，单生或 2 ~ 4 朵簇生于当年生枝基部叶腋；花被 4 ~ 5 裂，呈杯状，雄蕊与花被片同数，雌蕊具短花柱，柱头 2，条形，子房侧向压扁，1 室，具 1 倒生胚珠。小坚果偏斜，两侧扁，上半部具鸡冠状翅，基部具宿存花被；胚直立，子叶宽。

仅 1 种，分布于我国及朝鲜。青岛有分布。

1. 刺榆 钉枝榆（图 127）

Hemiptelea davidii (Hance) Planch.

Planera davidii Hance

落叶小乔木或灌木状；树皮深灰色，不规则条状深纵裂；小枝灰褐色或紫褐色，具粗而硬的棘刺，刺长 2 ~ 10 厘米，幼时有短柔毛，后光滑；冬芽常 3 个聚生于叶腋，卵圆形，有毛。叶椭圆形、长椭圆形或卵形，长 2 ~ 6 厘米，宽 1 ~ 3 厘米，先端钝尖，基部浅心形或圆形，边缘有整齐粗锯齿，叶面深绿色，幼时被毛，后脱落，叶背黄绿色，光滑无毛，或在脉上有稀疏的柔毛，侧脉 8 ~ 12 对，排列整齐，斜直出至齿尖；叶柄短，长 3 ~ 5 毫米，被短柔毛；托叶矩圆形或披针形，长 3 ~ 4 毫米，淡绿色，边缘具睫毛，早落。花 1 ~ 4 朵生于当年生枝基部叶腋，与叶同放；萼 4 ~ 5 裂，宿存；雄蕊与花萼裂片同数且对生；雌蕊歪生。小坚果黄绿色，斜卵圆形，两侧扁，长 5 ~ 7 毫米，上半部具鸡冠状狭翅，果梗纤细，长 2 ~ 4 毫米。花期 4 ~ 5 月；果期 9 ~ 10 月。

图 127 刺榆

1. 果枝；2. 两性花；3. 雄花；4. 坚果

产于崂山太清宫、钓鱼台及灵山岛。国内分布于东北、华北、华东及西北。

可作干旱瘠薄地带绿化树种；木材淡褐

色，坚硬而细致，可供制农具及器具用；树皮纤维可作人造棉、绳索、麻袋的原料；嫩叶可作饮料。

（三）榉属 **Zelkova** Spach

落叶乔木。单叶互生，具短柄，单锯齿，羽状脉，脉端直达齿尖，桃尖形；托叶成对离生，膜质，狭窄，早落。花杂性，几乎与叶同时开放，雄花数朵簇生于幼枝下部叶腋，雌花或两性花通常单生（稀 2 ～ 4 朵簇生）于幼枝的上部叶腋；雄花花被钟形，4 ～ 5 浅裂，雄蕊与花被裂片同数且对生，花丝短而直立，退化子房缺；雌花或两性花花被 4 ～ 5 深裂，裂片覆瓦状排列，退化雄蕊缺或多少发育，稀具发育的雄蕊，子房上位，无柄，1 室，1 倒生胚珠，花柱短，柱头 2，条形，歪生。小坚果为不规则扁球形，表面有皱纹，上部歪斜，有棱，具宿存花柱、花被，近无梗。胚弯曲，无胚乳。

约 10 种，分布于地中海东部至亚洲东部。我国 3 种，分布于辽东半岛至西南以东的广大地区。青岛有 2 种。

分种检索表

1.小枝、叶、叶柄均无毛；锯齿锐尖而开张 ………………………………… 1.光叶榉 **Z.** serrata

1.小枝、叶、叶柄均密被柔毛 ……………………………………………… 2.大叶榉Z.schneideriana

1. 光叶榉　榉树（图 128）

Zelkova serrata (Thunb.) Makino

Corchorus serrata Thunb.

落叶乔木；树皮暗灰色，老时呈不规则的片状剥落；当年生枝紫褐色，疏被短柔毛，后渐脱落；冬芽阔卵形。叶薄纸质至厚纸质，大小形状变异很大，卵状椭圆形或卵状披针形，长 3 ～ 6 厘米，宽 2 ～ 4 厘米，先端渐尖，基部圆形或浅心形，叶面绿，叶背浅绿，幼时被短柔毛，后脱落，边缘有整齐锐尖锯齿，侧脉 7 ～ 14 对；叶柄粗短，长 2 ～ 6 毫米，被短柔毛；托叶膜质，紫褐色，披针形，长 7 ～ 9 毫米。雄花具极短的梗，花被裂至中部，花被裂片 4 ～ 5，不等大，外面被细毛，退化子房缺；雌花近无梗，花被片 4 ～ 5 裂，子房无柄，花柱 1，柱头 2。小坚果，淡绿色，径 3 ～ 4 毫米，背有棱脊。花期 4 月；果期 9 ～ 10 月。

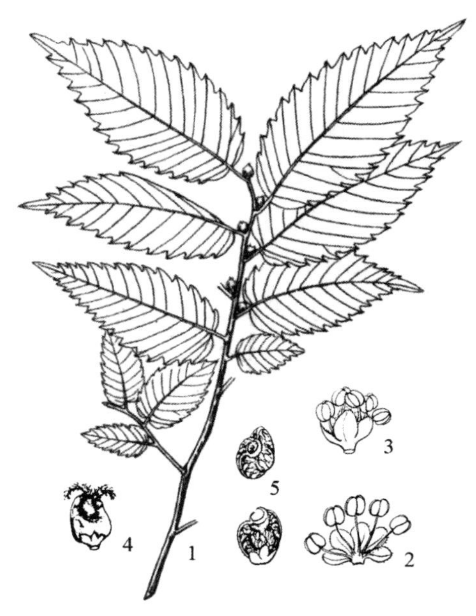

图 128　光叶榉

1. 果枝；2. 雄花展开；3. 雄花；4. 雌花；5. 果实

崂山蔚竹庵、滑溜口有栽培。国内分

图 129 大叶榉
1. 枝叶；2. 果实

布于河南、甘肃、安徽、湖北、湖南、江西、四川等省。

庭院绿化树和行道树种。木材坚实，富弹性，纹理美丽，耐水湿，可供家具、建筑、造船等用材。

2. 大叶榉（图 129）

Zelkova schneideriana Hand. -Mazz.

落叶乔木；树皮深灰色，平滑老树基部浅裂；小枝灰褐色，密生灰色短柔毛。叶厚纸质，大小形状变异很大，卵状长椭圆形或长卵形，长 3 ~ 10 厘米，先端渐尖，基部稍偏斜，圆形或近心形，侧脉 7 ~ 15 对，单锯齿略向前伸，钝尖，叶面绿，粗糙，初有硬毛，叶背浅绿，密被柔毛，脉上犹多，边缘具圆齿状锯齿；叶柄粗短，长 2 ~ 7 毫米，密被柔毛。小坚果 ,2.5 ~ 4 毫米，有棱及皱纹。花期 4 月；果期 9 ~ 10 月。

全市各地常见栽培。

绿化树种。木材质坚，耐水湿，为制作家具及造船、桥梁、建筑等优良用材。树皮含纤维，可供制人造棉、绳索和造纸原料。

（四）朴属 Celtis L.

常绿或落叶乔木，稀灌木；冬芽小，卵形，先端紧贴小枝。单叶互生，有锯齿或全缘，3 出脉，侧脉弯曲向上，不伸达齿端，叶柄长。花两性或杂性同株；雄花簇生于新枝下部的叶腋，雌花与两性花单生或 2 ~ 3 朵集生于新枝上部叶腋；花被片 4 ~ 5，离生或基部稍合生，脱落；雄蕊与花被片同数，与花被片对生，着生于通常具柔毛的花托上；雌蕊具短花柱，柱头 2，子房无柄，上位，1 室，具 1 倒生胚珠。核果近球形，单生或 2 ~ 3 枚生于叶腋，内果皮骨质，表面有网孔状凹陷或近平滑；种子充满核内，胚乳少量或无，胚弯，子叶宽。

本属约 60 种，分布于北温带及热带。我国有 11 种，2 变种，广布于全国各地。青岛有 4 种。

分种检索表

1.叶先端分裂，中间有一尾状尖裂 ……………………………………………………1.大叶朴C. koraiensis

1.叶先端不分裂。

2.小枝、叶无毛或幼时有毛而后脱落

3.叶背沿脉及脉腋疏生毛，先端短尖；果熟时橙红色，果柄与叶柄近等长……… 2.朴树C. sinensis

3.叶两面无毛，先端长渐尖，锯齿浅钝；果熟时紫黑色，果柄长为叶柄长的两倍或更长……3.黑弹树C. bungeana

2.小枝、叶背密披黄褐色绒毛；叶较宽大；果实大，径1～1.3厘米………………　4.珊瑚朴C. julianae

1. 大叶朴 拔毛（图 130）

Celtis koraiensis Nakai

落叶乔木；树皮灰色，浅微裂；小枝灰褐色，无毛或有毛；冬芽深褐色，有毛。叶倒卵形、阔倒卵形或卵圆形，长 5 ～ 15 厘米，基部稍不对称，先端截形或圆形，中央伸出尾状长尖，两边各有数个长短不等的裂齿，叶缘基部以上有疏锐尖锯齿，两面无毛，或仅叶背疏生短柔毛；叶柄长 5 ～ 15 毫米，无毛或生短毛。核果球形，单生叶腋，直径约 1 厘米,熟时暗橙色;果梗长 1.5 ～ 2.5 厘米;果皮肉质,果核骨质,黑褐色,有 4 条纵肋,表面有明显网孔状凹陷。花期 4 ～ 5 月；果期 9 ～ 10 月。

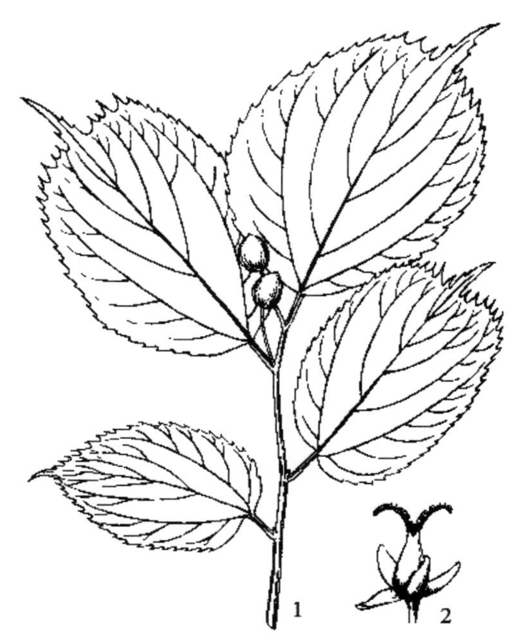

图 130　大叶朴

1. 果枝；2. 雌花

产于崂山，大珠山，大泽山等山区。国内分布于辽宁、河北、安徽、山西、河南等省。

优良绿化树种。木材可供建筑、家具等用。茎皮纤维脱胶后可制绳、造纸及人造棉。

2. 朴树（图 131）

Celtis sinensis Pers.

落叶乔木；树皮灰色，平滑；一年生枝密生短毛。叶阔卵形或椭圆状卵形，长 3 ～ 10 厘米，先端短渐尖、钝尖或微突尖，基部一边楔形，一边圆形，叶上面无毛，下面沿脉及脉腋疏生毛，网脉隆起，边缘中部以上有浅锯齿；叶柄长 0.6 ～ 1 厘米。花 1 ～ 3 朵生于当年生新枝叶腋;萼片 4，有毛;雄蕊 4，柱头 2. 核果近球形，径 4 ～ 6 毫米，橙红色，单生或两枚并生，稀 3；果与果柄近等长；

图 131　朴树

1. 果枝；2. 果核

果核微有突肋和网纹状凹陷。花期 4 月；果期 9 ～ 10 月。

产于崂山太清宫、大梁沟等地；全市普遍栽培。国内分布于华东、中南地区及陕西、甘肃、四川。

树形优美，绿荫浓郁，广泛用于城乡绿化，可作庭荫树、行道树，及盆景树种。木材可供建筑、家具用。茎皮纤维可代麻用。

图 132　黑弹树
1. 果枝；2. 果核

3. 黑弹树　小叶朴（图 132）

Celtis Bungeana Bl.

落叶乔木；树皮淡灰色，光滑；小枝无毛，幼时萌枝密披毛。叶厚纸质，卵状椭圆形或卵形，长 3 ～ 8 厘米，宽 2 ～ 4 厘米，基部偏斜，先端尖至渐尖，边缘上半部有浅钝锯齿，有时近全缘，两面无毛；叶柄淡黄色，长 3 ～ 10 毫米，上面有沟槽；萌发枝上的叶形变异较大，先端可具尾尖且有糙毛。核果近球形，直径 5 ～ 7 毫米，熟时蓝黑色，单生叶腋；果柄较细软，无毛，长为叶柄 2 倍以上；果核白色，近球形，肋不明显，表面极大部分近平滑或略具网孔状凹陷，直径 4 ～ 5 毫米。花期 4 ～ 5 月；果期 10 ～ 11 月。

产于崂山，浮山，大泽山及灵山岛，长门岩岛等地。国内分布于辽宁、河北、山西、甘肃、陕西、河南等及长江流域各省区。

可作庭荫树及城乡绿化树种。木材供家具、农具及建筑等用。根皮入药，可治老年慢性气管炎等症。

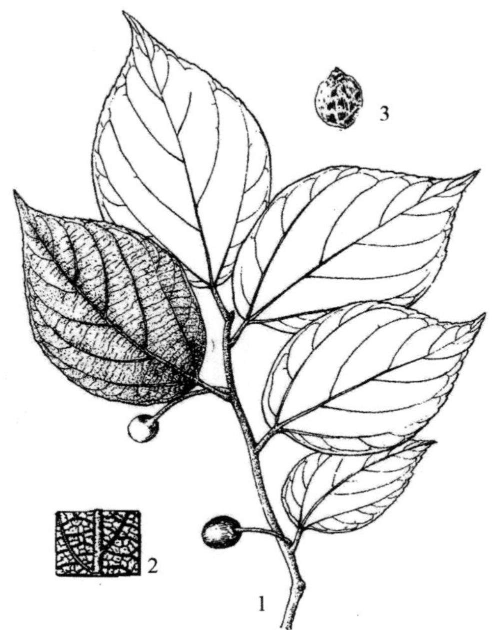

图 133　珊瑚朴
1. 果枝；2. 叶片下面放大；3. 果核

4. 珊瑚朴（图 133）

Celtis julianae Schneid.

落叶乔木；树皮灰色，平滑；一年生枝密生黄褐色绒毛；芽有短柔毛。叶厚纸质，宽卵形至卵状椭圆形，长 5 ～ 16 厘米，宽 4 ～ 9 厘米，基部偏楔形或近圆形，先端短渐尖或尾尖，叶面粗糙，叶背密生黄褐色短柔毛，近全缘至上部以上具浅钝齿；脉明显隆起；叶柄长 1 ～ 1.5 厘米，密披黄褐色绒毛。核果橘红色，单生叶腋，卵球形，径 1 ~ 1.3 厘米，无毛，果梗粗壮，长 1 ~ 3 厘米；果核乳白色，上部有二条较明显的肋，表面略有网孔状凹陷。花期 3 ~ 4 月；果期 9 ~ 10 月。

山东科技大学校园有栽培。国内分布于陕西、甘肃、安徽、湖南、四川、贵州等省。

优良观赏树种。木材供器具、家具等用．树皮纤维可造纸、织袋和作人造棉原料。

（五）青檀属 **Pteroceltis** Maxim.

落叶乔木；小枝细。叶互生，质薄，基部以上有单锯齿，基部 3 出脉，侧脉先端在未达叶缘前弯曲，不伸入锯齿；托叶早落。花单性，雌雄同株；雄花数朵簇生于当年生新枝的下部叶腋，花被 5 深裂，裂片覆瓦状排列，雄蕊 5，与花被片对生，花丝直立，花药 2 室，纵裂，顶端有长毛，退化子房缺；雌花单生于当年生新枝的上部叶腋，花被 4 深裂，裂片披针形，花柱短，柱头 2，条形，胚珠倒垂。坚果具细长果梗，两侧有宽翅，先端缺凹，内果皮骨质。种子具很少胚乳，胚弯曲，子叶宽。

仅 1 种，特产我国东北（辽宁）、华北、西北和中南。青岛栽培 1 种。

1. 青檀（图 134）

Pteroceltis tatarinowii Maxim.

落叶乔木；树皮淡灰色，不规则长片状剥落，内皮淡绿色；小枝黄绿色，干时变栗褐色，初疏被短柔毛，后渐脱落，皮孔明显，椭圆形或近圆形；冬芽卵形。叶纸质，卵形或椭圆状卵形，长 3.5 ~ 12 厘米，宽 2 ~ 5 厘米，先端渐尖或长尖，基部不对称，边缘有不整齐的锯齿，基部 3 出脉，侧出的一对近直伸达叶的上部，侧脉 4 ~ 6 对，叶面绿，幼时被短硬毛，后脱落常残留有圆点，光滑或稍粗糙，叶背淡绿，脉上有短柔毛，脉腋有簇毛；叶柄长 6 ~ 15 毫米，被短柔毛。翅果状坚果近圆形，直径 10 ~ 17 毫米，黄绿色或黄褐色，翅宽，稍带木质，有放射线条纹，下端截形或浅心形，顶端有凹缺，无毛或略被曲柔毛，常有不规则的皱纹，花柱和花被宿存，果梗纤细，长 1 ~ 2 厘米，被短柔毛。花期 4 月；果期 7 ~ 8 月。

青岛市区公园，山东科技大学及即墨市公园栽培。我国特有，分布于河北、河南、陕西、甘肃、青海、湖北、湖南等省。

石灰岩山地造林树种，也可栽作庭荫树。木材坚硬，为制作农具、家具和建筑等优良用材。茎皮纤维供造优质纸及人造棉。

图 134 青檀

1. 果枝；2. 树皮；3. 雄花；4. 雄蕊；5. 雌花

（六）糙叶树属 **Aphananthe** Planch.

落叶或常绿乔木；冬芽卵形，常贴生于小枝。单叶互生，缘有单锯齿或全缘，具羽状脉或基出 3 脉，侧脉直伸齿端；托叶侧生，分离，早落。花单性，雌雄同株，与叶同放；雄花排成密集的聚伞花序，生于新枝基部，花被 4 ~ 5 深裂，雄蕊与花被裂片同数且与之对生，花丝直立或在顶部内折，花药矩圆形；雌花单生于新枝上部叶腋，花被 4 ~ 5 深裂，裂片较窄，覆瓦状排列，花柱短，子房 1 室，柱头 2 裂。核果球状，外果皮略肉质，内果皮骨质，花被及花柱宿存。种子无胚乳，胚卷曲，子叶窄。

本属约 5 种，主要分布在亚洲东部及大洋洲。我国产 2 种 1 变种，分布西南至台湾。青岛栽培 1 种。

1. 糙叶树（图 135；彩图 30）

Aphananthe aspera (Thunb.) Planch.

Prunus aspera Thunb.

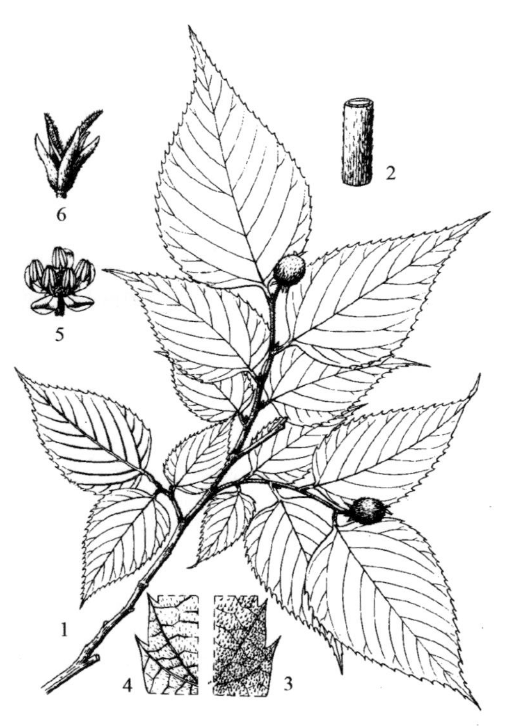

图 135　糙叶树

1. 果枝；2. 小枝一段；3 ~ 4. 叶缘附近上下面；5. 雄花；6. 雌花

落叶乔木，高可达 20 米，径 1 米。树皮灰褐色，平滑，老时纵裂。当年生枝黄绿色，疏生细伏毛；一年生枝红褐色，毛脱落；老枝灰褐色，皮孔明显，圆形。叶纸质，卵形或卵状椭圆形，长 5 ~ 13 厘米，宽 2 ~ 6 厘米，先端渐尖或长渐尖，基部宽楔形或圆形，边缘锯齿有尾状尖头，基出 3 主脉，其侧生的一对直伸达叶的中部边缘，侧脉 6 ~ 10 对，近平行地斜直伸达齿尖，叶背疏生细伏毛，叶面被刚伏毛，粗糙；叶柄长 5 ~ 17 毫米，被细伏毛；托叶膜质，条形。雄聚伞花序生于新枝的下部叶腋，花被 5 裂，背面密生短柔毛，雄蕊 5 枚与花被片对生；雌花单生于新枝上部叶腋，子房上位，1 室，柱头 2 裂。核果近球形，直径 5 ~ 10 毫米，由绿变紫黑，被细伏毛，具宿存的花被和柱头，有短果梗，疏被细伏毛。种子无胚乳，子叶细长。花期 4 ~ 5 月；果期 9 ~ 10 月。

崂山太清宫有 1 古树，名曰“龙头榆”，相传为唐代所植，高 15 米，径 1.25 米；市区百花苑亦有栽培。国内分布于华东、华南、西南地区及山西。

木材坚重，可供制家具、农具和建筑用。绿化树种。

十六、桑科 MORACEAE

乔木、灌木、藤本及草本；植物体常有乳汁；有枝刺或无刺。单叶，互生，稀对生；全缘、有齿或分裂，羽状脉或掌状脉；有托叶或早落。花单性，雌雄异株或同株；单生或组成葇荑穗状、总状、聚伞、头状及隐头花序；单被或无花被；通常雄花有花被片4，稀2～6，雄蕊与花被裂片同数而对生，稀大于花被片数，花丝直立或弯曲，花药2室，纵裂；雌花花被片2～4，离生或合生，常宿存，随花托、子房发育而增长，子房上位、半下位或下位，心皮2枚，1室，稀2室，倒生胚珠1，花柱1或2，顶生或侧生。聚花果由瘦果或小坚果组成，瘦果常围以肉质的花被或与花序轴及苞片组成头状果、葚果，或隐没于肉质凹陷的花序托内组成隐花果；种子形小，有胚乳或无胚乳。

约70属，1800余种，主要分布于热带及亚热带，少数分布于温带。我国有18属，160种和亚种，并有59个变种及变型，分布于全国各省区，多分布于长江流域各省区。青岛有木本植物4属，6种，1变种。

分属检索表

1. 雄花序葇荑状；雄蕊的花丝在芽内弯曲折叠；雌雄异株，稀同株（同序）。
  2. 雌花序短穗状；腋芽的鳞片3～6；聚花果短圆柱形或卵形；叶脉掌状3～5出 ········1. 桑属 Morus
  2. 雌花序头状；腋芽的鳞片2～3，聚花果球形；叶脉3条出自叶基·················· 2. 构属 Broussonetia
1. 雄花序头状或雌雄花混生于凹陷的球形或倒梨形的花序托内组成隐头花序；雄蕊的花丝在芽内直立；雌雄同株（同序）或异株。
  3. 雌雄花各组成头状花序；枝有刺；托叶早落，稀在枝上留有环痕 ·····················3. 柘属 Cudrania
  3. 花为隐头花序；枝稀有刺；托叶包被顶芽，脱落后在枝上留环痕 ······················· 4.榕属 Ficus

（一）桑属 Morus L.

乔木或灌木；植物体通常含乳汁。枝无刺；无顶芽，腋芽有芽鳞3～6片。单叶，互生；叶缘有锯齿或缺刻，掌状脉3～5出；托叶小，早落。雌雄异株，或同株异枝；雄花序为短穗状的葇荑花序，多早落；雄花花被4裂，覆瓦状排列，雄蕊4，与花被裂片对生，花丝在芽内弯曲折叠；雌花序亦为短穗状；雌花花被裂片4，子房为花被所包围，1室，花柱短或稍长，柱头2裂，顶生。聚花果肉质卵形或圆柱形，由肉质花被所包围的多数小瘦果集合而成，常称葚果；种子近球形，皮薄，有胚乳。

约16种，分布于北半球的温带及亚热带。我国有11种，分布于全国各省区。青岛有3种，1变种。

分种检索表

1. 花柱极短或近无花柱；叶缘锯齿疏、钝，质较厚；叶面光滑，仅在脉上或下面脉腋间有毛··· 1.桑 M. alba
1. 花柱长或稍长；叶缘有粗圆锯齿或芒刺状齿。
  2. 叶先端尾尖或长渐尖；叶缘有粗锯齿，刺芒状尖 ·································· 2.蒙桑 M. mongolica
  2.叶缘先端急尖或尾尖；圆锯齿或重锯齿，齿尖不为刺芒状 ·························· 3.鸡桑M.australia

1. 桑 家桑 白桑 桑树（图 136）

Morus alba L.

图 136　桑

1. 雌花枝；2. 雄花枝；3. 叶；4. 雄花；5. 雌花；；6. 聚花果

小乔木或灌木；高可达 10 米，胸径 50 厘米。树皮黄褐色至灰褐色，不规则浅裂；小枝细长，黄色、灰白色或灰褐色，光滑或幼时有毛；冬芽多红褐色。叶卵形、卵状椭圆形至阔卵形，长 6 ~ 15 厘米，宽 4 ~ 13 厘米，先端尖或短渐尖，基部圆形或浅心形，缘有不整齐的疏钝锯齿，无裂或偶有裂，上面绿色无毛，下面淡绿色，沿叶脉或腋间有白色毛；叶柄长 1.5 ~ 2.5 厘米。雌雄异株，稀同株；雄花序长 1.5 ~ 3.5 厘米，下垂，花被边缘及花序轴有细绒毛；雌花序长 1.2 ~ 2 厘米，直立或斜生，花被片阔卵形，果时变为肉质，子房卵圆形，顶部有外卷的 2 柱状，无花柱或花柱极短。葚果球形至长圆柱状，熟时白色、淡红色或紫黑色，其大小因品种而异，通常叶用桑直径在 1 厘米左右，果用桑直径 1.5 ~ 2 厘米。花期 4 ~ 5 月；果期 5 ~ 7 月。

产于崂山，大泽山等山地，常生于山坡、沟边；全市常见栽培。国内分布于南北各省区。

叶可饲桑蚕。葚果可生吃及酿酒，富营养。种子榨油，适用于油漆及涂料。木材坚实，有弹性，可做家具、器具、装饰及雕刻材。细枝条用于编织筐篓。根、皮、叶、果供药用；桑枝能祛风清热、通络；桑葚能滋补肝肾、养血补血；桑叶能祛风清热、清肝明目、止咳化痰。

（1）鲁桑（变种）

var. **multicaulis** (Perrott.) Loud.

与原种的区别在于：叶大而厚，叶长可达 30 厘米，表面泡状皱缩；聚花果圆筒状，长 1.5 ~ 2 厘米，成熟时白绿色或紫黑色。

各地普遍栽培。国内江苏、浙江、四川及陕西等地有栽培。

叶大，肉厚多汁，常作养蚕用。

（2）龙桑（栽培变种）

'Tortuosa'

枝条扭曲。

公园及单位庭院常见栽培。

供观赏。

2. 蒙桑　崖桑　山桑（图 137）

Morus mongolica (Bur.) Schneid.

M. alba L.var. *mongolica* Bur.

小乔木或灌木；高 3 ～ 8 米。树皮灰褐色，老时不规则纵裂；小枝灰褐色至红褐色，光滑无毛，幼时有白粉；冬芽暗灰白色至灰褐色。叶卵形、卵圆形至椭圆状卵形，长 5 ～ 12 厘米，宽 4 ～ 8 厘米，先端尾尖至长渐尖，基部心形，边缘有较整齐的粗锯齿，齿尖刺芒状，长可达 3 毫米，常 3 ～ 5 缺刻状裂，两面光绿色，无毛，或幼时在叶上面有细毛；叶柄长 4 ～ 7 厘米。雌雄异株，花序有长梗；雄花序长可达 3 厘米；花被呈暗黄绿色；雌花序长约 1.5 厘米；子房有明显的花柱及 2 裂的柱头；花被及花柱表面有黄色细毛。葚果卵形或圆柱形，成熟时红色或紫黑色。花期 4 ～ 5 月；果熟期 5 ～ 6 月。

产于崂山，大珠山，大泽山，即墨豹山，黄岛区毛家山等丘陵山地，常生于山崖、沟谷、地堰及荒坡。国内分布于东北、西南地区及陕西、新疆、青海、河南、安徽、江苏、湖北等省区。

木材可供制家具、器具等一般用材。其他用途同桑。根、皮入药。

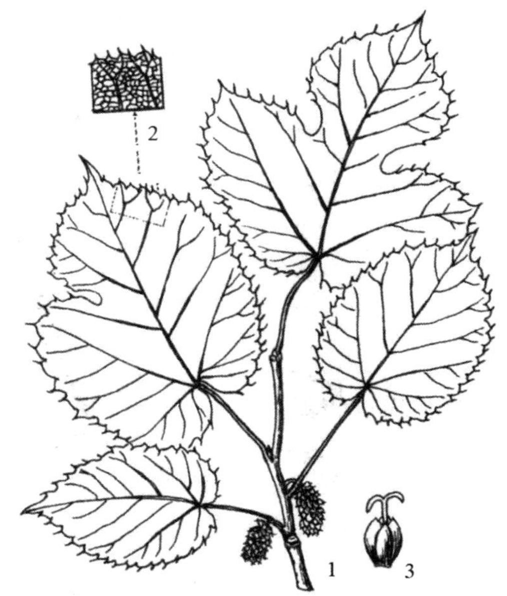

图 137　蒙桑

1. 果枝；2. 叶局部放大；3. 雌花

3. 鸡桑（图 138）

Morus australis Poir.

乔木或灌木状；树皮灰褐色。叶卵形，长 5 ～ 14 厘米，先端骤尖或尾尖，基部稍心形或近平截，具锯齿，不裂或 3 ～ 5 裂，上面硬毛，下面沿叶脉疏被粗毛；叶柄长 1 ～ 1.5 厘米，被毛，托叶线状披针形，早落。雄花序长 1 ～ 1.5 厘米，被柔毛；雌花序长 1 ～ 1.5 厘米，被柔毛；雌花序卵形或球形，长约 1 厘米。雌花花被长圆形，花柱较长，柱头 2 裂，内

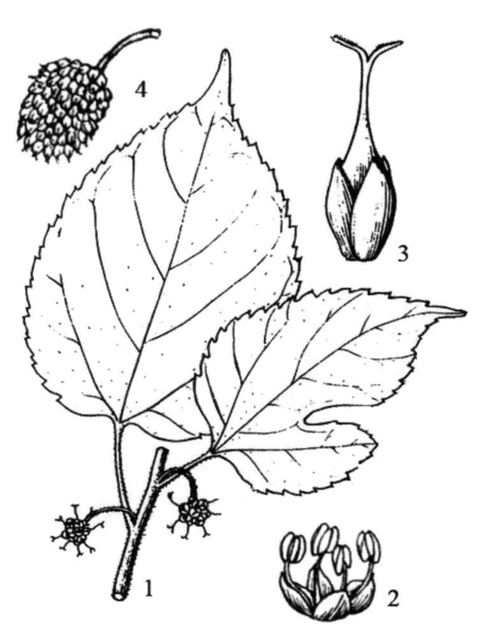

图 138　鸡桑

1. 雌花枝；2. 雄花；3. 雌花；4. 聚花果

侧被柔毛。聚花果短椭圆形，径约1厘米。熟时红或暗紫色。花期3 ~ 4月；果期4 ~ 5月。

产于崂山张坡，李沧区戴家山，崂山区谢家河，黄岛区灵山岛等地。国内分布于辽宁、河北、江苏、安徽、浙江、福建、台湾、湖北、湖南、广东、广西、云南、西藏、四川、甘肃、陕西、河南及山西。

韧皮纤维可造纸。果味甜可食。

（二）构属 **Broussonetia** L′ Hert. ex Vent.

落叶乔木或灌木；植物体有乳汁。枝无刺；无顶芽，腋芽的芽鳞2 ~ 3片。单叶，互生，稀对生；叶缘有锯齿或缺刻，掌状脉，主脉3出；有长叶柄；托叶膜质，早落。雌雄异株；雄花序葇荑状下垂，雌花序头状，有球形的花序托及较短的总梗；雄花花被4裂，雄蕊4枚，花丝在芽内呈折曲状；雌花花被筒状，3 ~ 4齿裂，包围有柄的子房，花柱细长，丝状，侧生。聚花果球形；单果为瘦果，包被于宿存的花被筒内；成熟时子房柄肉质向外伸出；种子圆形、长圆形，有胚乳。

约4种，分布于亚洲东部的温带及亚热带。我国有3种，主要分布于东南及西南。青岛有1种。

1. 构树　楮树（图139）

Broussonetia papyifera (L.) L′ Herit. ex Vent.

Morus papyifera L.

乔木；高可达18米。树皮灰色至灰褐色，平滑或不规则浅纵裂；小枝灰褐色或红褐色，密被灰色长毛。叶卵形或阔卵形，长7 ~ 26厘米，宽5 ~ 20厘米，先端渐尖或锐尖，基部阔楔形、截形、圆形或心形，两侧偏斜，不裂或有2 ~ 5不规则的缺裂，边缘有粗锯齿，上面绿色，被灰色粗毛，下面灰绿色，密被灰柔毛；叶柄圆柱形，长2 ~ 12厘米，有长柔毛；托叶膜质，卵状披针形，略带紫色。雌雄异株；雄花序为下垂的葇荑花序，长4 ~ 8厘米，总梗粗长，总梗及雄花花被上均有毛；雌花序头状，直径约2厘米，总梗长1 ~ 1.5厘米；雌花有筒状的花被及棒状的苞片，被白色细毛，花柱细长，灰色或紫红色。聚花果球形，直径2 ~ 3厘米，瘦果由肉质的子房柄挺出于球形果序外，橘红色；种子扁球形，红褐色。花期4 ~ 5月；果熟期7 ~ 9月。

图139　构树

1. 雌花枝；2. 雄花枝；3. 果枝；4. 雄花；5. 聚花果；6. 雌花；7. 带肉质子房柄的果实；8. 瘦果

产于崂山北九水、潮音瀑、仰口、关帝

庙、张坡等景区，多生于荒坡及石灰岩风化的土壤地区，喜钙；全市普遍栽培。国内分布于各省区。

适应性强，抗干旱瘠薄及烟害，适宜作城镇及工矿区的绿化用树。茎皮纤维长而柔韧，为优质的人造棉及纤维工业原料。根、皮及果实药用，有利尿、补肾、明目、健胃的功效；叶及皮内乳汁可治疮癣等皮肤病。

（三）柘属 **Maclura** Nutt.

乔木或灌木，稀藤本；常绿或落叶；植物体有乳汁。枝有刺，无顶芽。单叶，互生，全缘或 2 ~ 3 裂，三出脉或羽状脉;托叶离生，早落，脱落后无痕迹。花雌雄异株;雌雄花序均为头状；雄花的花被片 4，长椭圆形，基部常有 2 ~ 3 苞片，雄蕊 4 枚，与花被片对生，花丝在芽内直伸；雌花的花被 4 裂，包围子房，先端肥厚，呈松属球果的种鳞状，子房先端的花柱 1 或 2，丝状或毛状。聚花果由肉质的花被和苞片包围小瘦果形成，不规则球形；种子形小，种皮膜质，有胚乳。

约 6 种，分布于亚洲东部温带、亚热带及大洋洲。我国有 5 种，主要分布于东南及西南。青岛有 1 种。

1. 柘　柘桑 柘柴 柘棘子（图 140）

Maclura tricuspidata Carr.

Cudrania tricuspidata (Carr.) Bur. ex Lavall.

落叶灌木或小乔木；高可达 8 米。树皮灰褐色，不规则片状剥落；小枝暗绿褐色，光滑无毛，或幼时有细毛；枝刺深紫色，圆锥形，锐尖，长可达 3.5 厘米。叶卵形、倒卵形、椭圆状卵形或椭圆形，长 3 ~ 17 厘米，宽 2 ~ 5 厘米，先端圆钝或渐尖，基部近圆形或阔楔形，叶缘全缘或上部 2 ~ 3 裂，有时边缘呈浅波状，上面深绿色，下面浅绿色，嫩时两面被疏行，老时仅下面沿主脉有细毛，近革质；叶柄长 5 ~ 15 毫米，有毛。雌雄花序头状，均有短梗，单一或成对腋生；雄花序直径约 5 毫米，花被片长约 2 毫米，肉质，下有苞片 2；雌花序直径 1.3 ~ 1.5 厘米，开花时花被片陷于花托内；子房又埋藏于花被下部，每花有 1 花柱。聚花果近球形，成熟时橙黄色或橘红色，径可达 2.5 厘米。花期 5 ~ 6 月；果熟期 9 ~ 10 月。

图 140　柘

1. 枝叶；2. 果枝；3. 雄花枝；4. 雌花；5. 雄花

产于全市各山区及黄岛区灵山岛。国内分布于华东、华北、中南、西南地区。

为良好的护坡及绿篱树种。木材可

做家具及细工用材。茎皮纤维强韧，可代麻供打绳、织麻袋及造纸。根皮药用，有清凉活血、消炎的功效。葚果可酿酒及食用。叶可饲蚕，为桑叶的代用品。

（四）榕属 Ficus L.

乔木或灌木，稀藤本；常绿或落叶；植物体有乳汁。叶对生；全缘或有粗齿及缺刻，幼叶在芽内席卷；托叶合生，包围顶芽，脱落后在枝上留有环形痕迹。花小形，单性，雌雄同株（同花序），稀异株；花生于肉质、内陷的花序托内形成隐头花序，顶端有孔口，孔口处常为数轮苞片所隐蔽，基部有短梗或数苞片；雄花花被片 2 ～ 6，雄蕊 1 ～ 2，稀 3 ～ 6，花丝扁平或毛状；雌花花被片有时不完全或缺，子房常偏斜，花柱侧生，柱头分叉状条形或盾形；同花序内有结实花与虫瘿花（花柱极短，不实）之分，此外还有无雄蕊和雌蕊的中性花。隐花果球形、扁球形或倒梨形，肉质；内壁着生小瘦果及多数棕红色的苞片。

约 1000 种，分布于南北两半球的亚热带及热带。我国有 98 种，3 亚种，43 变种，2 变型，主要分布于华东、西南及华南；引进的种类也较多。青岛露地栽培 1 种。

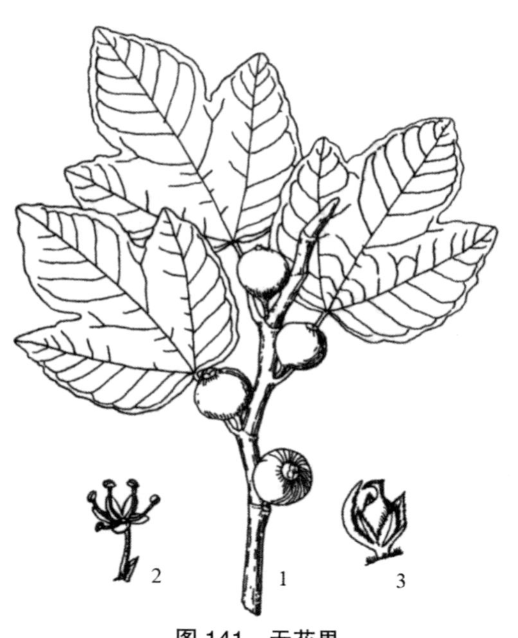

图 141　无花果

1. 果枝；2. 雄花；3. 雌花

1. 无花果（图 141）

Ficus carica L.

落叶灌木或小乔木；高可达 3 米以上。树皮灰褐色或暗褐色；树冠多圆球形；枝直立，粗壮，节间明显。叶倒卵形或近圆形，掌状 3 ～ 5 深裂，长与宽均可达 20 多厘米，裂缘有波状粗齿或全缘，先端钝尖，基部心形或近截形，上面粗糙，深绿色，下面黄绿色，沿叶脉有白色硬毛，厚纸质；叶柄长 9 ～ 13 厘米，较粗壮；托叶三角状卵形，初绿色，后带红色，脱落性。隐头花序单生叶腋。隐花果扁球形或倒卵形、梨形，直径在 3 厘米以上，长 5 ～ 6 厘米，黄色、绿色或紫红色，种子卵状三角形，橙黄色或褐黄色。

原产古地中海一带。青岛各区市均有栽培。国南北均有栽培，以新疆南部尤多。

为庭院观赏植物。隐花果营养丰富，可生吃，也可制干及加工成各种食品，并有药用价值。叶片药用，治疗痔疾有效。

十七、胡桃科 JUGLANDACEAE

落叶乔木，稀灌木；裸芽或鳞芽。叶互生，羽状复叶；无托叶。花单性，雌雄同株，风媒；雄花序为葇荑花序，生于叶腋或芽鳞腋内；雄花生于1片不分裂或3裂的苞片内，小苞片2；花被片1～4，贴生于苞片内方的扁平花托周围，或无小苞片及花被片；雄蕊3～40，花丝短或无，花药2室，纵裂，药隔不发达；雌花序穗状，顶生，直立或下垂；雌花生于1枚不分裂或3裂的苞片腋内，苞片与子房离生或与2小苞片愈合贴生于子房下端，或与2小苞片各自分离而贴生于子房下端，或与花托及小苞片形成1壶状总苞贴生于子房；花被片2～4，贴生于子房，有2片时位于两侧，有4片时位于正中线，上者在外，位于两侧者在内；雌蕊1，由2心皮合成，子房下位，初时1室，后来发生1或2不完全隔膜而成不完全2室或4室。核果状坚果、坚果或翅果。

含8属，约60种，多分布于北半球热带及温带。我国有7属，27种，1变种，主要分布于长江以南，少数种类分布到北部。青岛有4属，8种。

分属检索表

1. 枝髓实心。
  2. 雌雄葇荑花序均直立，呈伞房状顶生；果实为小坚果，有翅 ……………… 1.化香树属 Platycarya
  2. 雄葇荑花序3枚簇生，下垂，雌花序直立；果实为核果状坚果…………………… 4.山核桃属 Carya
1. 枝髓片状。
  3. 坚果有翅，两翅开展 …………………………………………………………… 2.枫杨属 Pterocarya
  3. 坚果核果状 ……………………………………………………………………………… 3.胡桃属 Juglans

（一）化香树属 **Platycarya** Sieb.et Zucc.

落叶乔木。枝髓实心；鳞芽。奇数羽状复叶，小叶有锯齿。葇荑花序直立，呈伞房状顶生，1两性花序通常位于雄花序束中央，（两性花序下部为雌花序，上部为雄花序，在花后脱落，面仅具雌花序）；雄花苞片不分裂，无小苞片及花被片；雄蕊通常8，花丝短，花药无毛，药隔不明显；雌花序由密集而覆瓦状排列的苞片组成，每苞片内有1雌花，苞片与子房分离；雌花有2小苞片，无花被片，小苞片贴生于子房，背面隆起成翅状，子房1室，无花柱，柱头2裂，柱头裂片位于两侧，着生于心皮背脊方位。果序球果状，苞片宿存，革质；坚果小，扁平，有2窄翅。

含2种，分布于我国、朝鲜半岛及日本。青岛有1种。

1. 化香树（图142；彩图31）

Platycarya strobilacea Sieb. et Zucc.

落叶小乔木。树皮暗灰色，老时纵裂；幼枝有褐色柔毛，后脱落。奇数羽状复叶，小叶7～19，卵状披针形至长椭圆状披针形，长4～11厘米，宽1.5～3.5厘米，先端长渐尖，基部偏斜，边缘有重锯齿，上面绿色，下面淡绿色，初被毛，后仅沿脉及脉腋有毛。两性花序和雄花序在小枝顶端排列成伞房状花序，直立；两性花序通常1条，着生于中央，长5～10厘米，雌花序位于下部，长1～3厘米，雄花序位于上部，有时无雄花序仅有雌花序；雄花序位于两性花序周围，长4～10厘米；雄花苞片阔卵形，内面上部及边缘有短柔毛，长2～3毫米，雄蕊6～8，花丝短，稍有短柔毛，花药黄

图 142　化香树
1. 花枝；2. 小叶下部；3. 果序；4. 果实正面观

色；雌花苞片卵状披针形，长 2.5 ~ 3 毫米，小苞片 2，位于子房两侧并贴生于子房，先端与子房分离，背部有翅状纵脊，随子房增大。果序球果状，卵状椭圆形，长 2.5 ~ 5 厘米，径 2 ~ 3 厘米；宿存苞片木质，长 7 ~ 10 毫米；小坚果，压扁，两侧有狭翅，长 4 ~ 6 毫米，宽 3 ~ 6 毫米。花期 5 ~ 6 月；果期 9 ~ 10 月。

崂山太清宫，小珠山有栽培，小珠山有片林。国内分布于甘肃、陕西、河南、安徽、江苏、浙江、江西、福建、广东、广西、台湾、湖南、湖北、四川、贵州、云南。

树皮、根皮、叶及果序均含鞣质，可提取栲胶。木材粗松，可做火柴杆。

（二）枫杨属 **Pterocarya** Kunth

落叶乔木。小枝髓心片状分隔；裸芽或鳞芽，有柄。奇数，稀偶数羽状复叶。雄葇荑花序下垂，单生于小枝上端的叶丛下方；雄花有明显凸起的条形花托，苞片 1，小苞片 2；4 片花被片中仅 1 ~ 3 片发育；雄蕊 9 ~ 15，花药无毛或有毛，药隔不凸出；雌花序单生于枝顶，下垂；雌花无柄，苞片 1，小苞片 2，各自离生，贴生于子房，花被片 4，贴生于子房，在子房顶端与子房分离，子房下位，内有 2 不完全隔膜在子房底部分成不完全 4 室，柱头 2 裂，裂片羽状。坚果，基部有 1 宿存的鳞状苞片及 2 革质翅（由 2 小苞片形成），顶端留有 4 片宿存的花被片及花柱，外果皮薄革质，内果皮木质；种子 1，子叶 4 深裂，发芽时出土。

约 8 种，分布于北温带。我国有 7 种。青岛有 2 种。

分种检索表

1. 芽无芽鳞而裸出，常叠生；雄性葇荑花序由去年生枝条顶端的叶痕腋内发出；雌花的苞片长不到2毫米，无毛或近无毛 ························ 1.枫杨P. stenoptera
1. 芽具2 ~ 3枚脱落性大芽鳞，单生；雄性葇荑花序生于当年生新枝基部；雌花的苞片长达3毫米，密被毡毛 ························ 2.水胡桃P. rhoifolia

1. 枫杨　枰柳（图 143）

Pterocarya stenoptera DC.

乔木；高可达 30 米。树皮暗灰色，老时深纵裂；裸芽，密被锈褐色腺鳞。多为偶数羽状复叶，叶轴有窄翅，小叶 10 ~ 20，长圆形或长圆状披针形，长 8 ~ 12 厘米，先端短尖，基部偏斜，有细锯齿，两面有小腺鳞，下面脉腋有簇生毛。雄花序长6～10厘米，生于去年生枝条上，花序轴有稀疏星状毛；雄蕊5～12；雌花序顶生，长10～15厘米，花序轴密生星状毛及单毛；雌花几无梗。果序长达40厘米，果序轴有毛，坚果有狭翅，长10～20毫米，宽3～6毫米。花期4月；果期8～9月。

产崂山北九水、太清宫、仰口、华严寺、华楼、流清河等地，常生于山谷溪边；公园绿地常见栽培。国内分布于陕西、河南、安徽、江苏、浙江、江西、福建、台湾、广东、广西、湖南、湖北、贵州、云南、四川等省区。

木材可供做农具、家具等用。可做山沟、河岸的造林树种，亦可用作庭院树或行道树。

143　枫杨

1. 花枝；2. 果序；3. 冬态小枝；4. 果实；5. 雄花；6. 雌花；7. 雌花和苞片

2. 水胡桃

Pterocarya rhoifolia Sieb. et Zucc.

乔木；高达30米，胸径达50厘米；树皮浅灰色，老时则纵裂；小枝被灰黄色皮孔，一年生枝灰绿色，后来变成浅褐色；芽长约25～30毫米，具2或3枚无毛黄褐色芽鳞。奇数羽状复叶长约20～25厘米，稀长达40厘米；叶柄长约3～7厘米，密被长柔毛及短的星芒状毛，叶轴亦被同样的毛，但向上端则毛逐渐减少；小叶常11～21，稀7，边缘具锐锯齿，侧脉17～20对，弧状弯曲，至边缘成环状联结，在下面浮凸；上面亮绿色，初被散生短柔毛，后脱落而仅被有稀疏的腺体，沿中脉及侧脉则被稀疏星芒状毛，下面散生有腺体，沿中脉被长柔毛及短的星芒状毛，侧脉腋内则生有一簇星芒状毛；侧生小叶具长约1.5毫米的柄，对生、近对生或在上端成互生，卵状矩圆形、披针形或宽倒披针形，顶端渐尖，基部歪斜，圆形或阔楔形，顶端第1对或第2对最大，长约6～12厘米，宽约1.5～4厘米，顶生小叶具长约20毫米的小叶柄，阔椭圆形或菱状阔椭圆形，长9～11厘米，基部圆形至楔形，顶端短渐尖。雄性葇荑花序长达10厘米，4～6条位于顶生叶丛下方，各由芽鳞痕腋内生出，花序轴被长柔毛。雄花具被毡毛的苞片，小苞片2，花被片常仅1或2枚能发育，毛较少，雄蕊9～11，无花丝。雌性葇荑花序单独顶生，长达15厘米，向上斜倾，后来俯垂，下端不生雌花部分长达5厘米，具长达1厘米的不孕性苞片。雌花苞片长达3毫米，被灰白色毡毛，顶端骤然变狭而成钝头的喙状凸头；花被片长约1.5毫米，花柱被稀疏短柔毛。果序长达20～30厘米，果序轴有稀柔毛及疏生的腺体；果实无毛，长约8～9毫米，基部圆，顶端钝锥形；果翅半圆形，长小于宽，宽约1厘米，长0.7厘米，被有盾状着生的腺体。

据《中国植物志》第 21 卷，产于崂山，但未采集到标本。

（三）胡桃属 Juglans L.

落叶乔木。小枝粗壮，髓心片状分隔；鳞芽。奇数羽状复叶，互生。雄花序为葇荑花序，单生于去年生枝的叶痕腋内；雄花有 1 苞片，2 小苞片，分离，位于两侧，贴生于花托；花被片 3，分离，贴生于花托；雄蕊 4 ~ 40，几乎无花丝，药隔较发达，伸出花药顶端；雌花数朵排成穗状，顶生于当年生小枝；雌花有 1 苞片及 2 小苞片愈合成一壶状总苞并贴生于子房，花后随子房增大；花被片 4，下部联合并与子房贴生，子房下位，2 心皮合成。核果状坚果大，中果皮硬骨质，有皱纹及纵脊；子叶不出土。

约 20 种，分布于亚洲、欧洲、美洲温带及亚热带地区。我国有 5 种，1 变种，分布于南北各省区。青岛有 4 种。

分种检索表

1. 叶具9 ~ 23枚小叶；小叶有锯齿，下面有毛或成长后变近无毛；花药有毛；雌花序具5 ~ 10雌花。
   2. 果序通常具1 ~ 3个果实；小叶通常15 ~ 19枚，有锯齿，下面被绒毛及腺毛 4.美国黑胡桃J. nigra
   2. 果序通常具4 ~ 10个果实。
      4. 小叶长成后常变无毛；果序短，俯垂，通常具4 ~ 5个果实 ……………2.胡桃楸J. mandshurica
      4. 小叶长成后下面密被短柔毛及星芒状毛；果序长而下垂，通常具6 ~ 10个果实……………………………………………………………………………………………………3.野核桃J. cathayensis
1. 叶通常具5 ~ 9枚小叶；小叶全缘，除下面侧脉腋内具簇毛外其余近于无毛，侧脉11 ~ 15对；花药无毛；雌花序具1 ~ 4雌花 ………………………………………………………………………1.胡桃J. regia

图 144 胡桃

1. 雄花枝；2. 果序；3. 雌花枝；4. 雌花；5. 果核；6. 果核纵切；7. 雄花背面；8. 雄花

1. 胡桃 核桃（图 144）

Juglans regia L.

乔木；高可达 25 米。树皮幼时淡灰色，平滑，老时纵裂；枝无毛。小叶 5 ~ 9，椭圆形或椭圆状倒卵形，长 4.5 ~ 12 厘米，先端钝尖，基部楔形或近圆形，侧生小叶基部偏斜，全缘，幼树及萌枝上的叶缘有疏齿，叶有香气。雄花序长 12 ~ 16 厘米；雌花序有 1 ~ 3 花；柱头淡黄绿色。果球形，径 3 ~ 5 厘米，无毛；核径 3 ~ 4 厘米，两端平或钝，有 2 纵脊及不规则浅刻纹。花期 4 ~ 5 月；果期 9 ~ 10 月。

作为果树各区市普遍栽培。新疆的霍城、新源、额敏一带有野生核桃林，西北、华北为主要产区。

木材不翘裂，纹理美丽，耐冲击，供军工、航空、家具、体育器材等用。核仁营养价值高，供食用；可榨油，作高级食用油及工业用油。

2. 胡桃楸 核桃楸 满洲核桃 东北山核桃（图 145）

Juglans mandshurica Maxim.

乔木；高 20 余米。树皮灰色，浅纵裂；幼枝有短绒毛。奇数羽状复叶，小叶 15 ~ 23，长 6 ~ 15 厘米，宽 3 ~ 7 厘米，椭圆形至长椭圆形，边缘有细锯齿，上面深绿色，初有毛，后沿中脉有毛，余无毛，下面淡绿色，有贴伏短柔毛及星状毛，侧生小叶无柄，先端渐尖，基部歪斜截形至近心形，顶生小叶基部楔形。雄葇荑花序长 10 ~ 20 厘米，花序轴有短柔毛；雄蕊 12，稀 14，花药黄色，药隔急尖或微凹，有灰黑色细毛；雌花序穗状，有花 4 ~ 10 朵，花序轴有绒毛；雌花花被片披针形，有柔毛，柱头红色，背面有柔毛。果序长 10 ~ 15 厘米，下垂，通常有 5 ~ 7 果实；果实球形、卵形或椭圆形，顶端尖，密被腺质短柔毛，长 3.5 ~ 7.5 厘米，径 3 ~ 5 厘米，果核有 8 条纵棱，各棱间有不规则的皱纹及凹穴，顶端有尖头。花期 5 月；果期 8 ~ 9 月。

图 145 胡桃楸

1. 雌花枝；2. 果核

产于崂山北九水石门及双石屋、蔚竹庵、八水河等地。生于土质肥厚、湿润的山沟或山坡。国内分布于东北地区及河北、山西等省。

木材不翘裂，可作枪托、车轮、建筑等用材。种仁可食；可榨油，供食用。树皮、叶及外果皮含鞣质，可提取栲胶。枝、叶、皮可作土农药。

3. 野核桃 山核桃（图 146）

Juglans cathayensis Dode

乔木；高可达 20 米。树皮灰色，平滑；顶芽裸露，锥形，黄褐色，密生毛。奇数羽状复叶，长 40 ~ 50 厘米，小叶 9 ~ 17，卵状长圆形，长 8 ~ 15 厘米，宽 3 ~ 7 厘米，先端渐尖，基部圆形或微心形，边缘有细锯

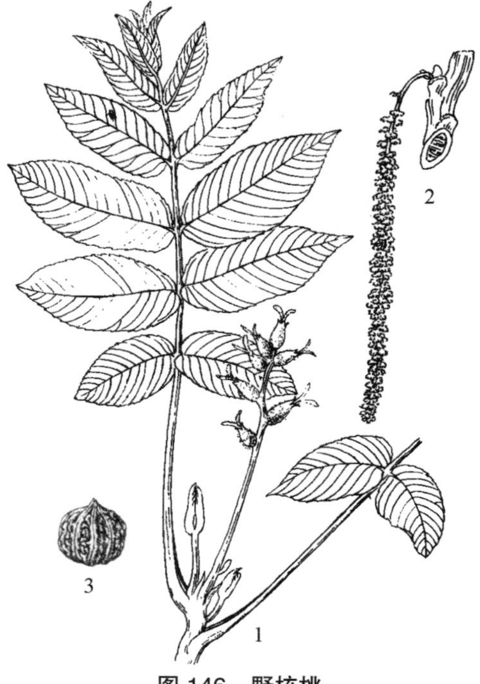

图 146 野核桃

1. 雌花枝；2. 雄花序；3. 果核

齿，两面均有星状毛，下面浓密，中脉及侧脉有腺毛，侧脉 11 ～ 17 对。雄葇荑花序长 18 ～ 25 厘米，花序轴有疏毛；雄花被腺毛，雄蕊约 13 枚，花药黄色，有毛，药隔稍伸出；雌花序直立，顶生，花序轴有棕褐色毛；雌花密生棕褐色腺毛，子房卵形，长约 2 毫米，柱头 2 深裂。果序常有 6 ～ 10 个果实；果实卵形或卵圆形，长 3 ～ 5 厘米，外果皮密被腺毛，顶端尖，果核卵形或阔卵形，顶端尖，坚硬，有 6 ～ 8 条纵棱；种仁小。花期 4 ～ 5 月；果期 8 ～ 9 月。

产于崂山上清宫、八水河、林家庵子及大泽山双双沟，常生于山沟土厚湿润处。国内分布于山西、河北、河南、陕西、甘肃、湖北、湖南、四川、贵州、云南、广西等省区。

木材坚实，可供制作家具及建筑用材。种子榨油，可供食用，亦可制肥皂、润滑油。树皮、外果皮可提取栲胶。

4. 美国黑胡桃　美国黑核桃（图 147）

Juglans nigra L.

落叶乔木；树高可达 30 米以上。一年生枝条皮呈灰褐色、红褐或褐绿色，有灰白色柔毛，皮孔浅褐色，稀疏而明显。一回奇数羽状复叶，互生，长 20 ～ 26 厘米，有小叶 11 ～ 23 片，具短柄，小叶披针形，长 4 ～ 11 厘米，宽 1 ～ 4 厘米，基部宽楔形至近圆形，偏斜，叶缘为锯齿，上面无毛或沿叶脉具稀疏的绒毛和腺毛，下面和沿脉被柔毛及腺毛，叶轴密被柔毛。雌雄同株，雌花序顶生，小花 2 ～ 5 朵一簇；雄花序生于侧芽处，花序长 5 ～ 12 厘米。果序短，具果实 1 ～ 3，果实圆形，当年成熟，直径 3 ～ 4 厘米，密被黄色腺体及稀疏的腺毛；果核表面无明显的纵棱，有不规则刻状条纹。

图 147　美国黑胡桃

1. 花枝；2. 雌花；3. 果核；4. 果核纵切

原产美国。青岛胶州有少量引种。

果材兼用树种。

（四）山核桃属 **Carya** Nutt.

落叶乔木；枝髓实心。奇数羽状复叶，小叶有锯齿。花单性，雌雄同株。雄葇荑花序下垂，常 3 条成一束，簇生于总梗上，总梗自去年生枝条顶芽鳞腋或叶痕腋内生出；雄花有短花梗，苞片 1，小苞片 2，与苞片愈合贴于不显著的花托，无花被片，雄蕊 3 ～ 10，花丝极短，花药有毛或无毛，药隔不发达；雌花序直立，穗状，顶生；雌花无花梗，苞片 1，较小苞片长，位于前方，小苞片 3，位于两侧及后方，与苞片愈合形成1个4浅裂的壶状总苞，并贴生于子房，花后随子房增大，无花被片，子房下位，2心皮位于两侧，无花柱，柱头2浅裂。核果状坚果，外果皮木质，熟时4瓣裂，核基部4室，上部2室；子叶不出土。

约15种，主要分布于北美及亚洲。我国有4种，引种1种。青岛引种栽培1种。

1. 美国山核桃 薄壳山核桃（图148）

Carya illinoensis (Wangenh.) K. Koch

Juglans illinoinensis Wangenh.

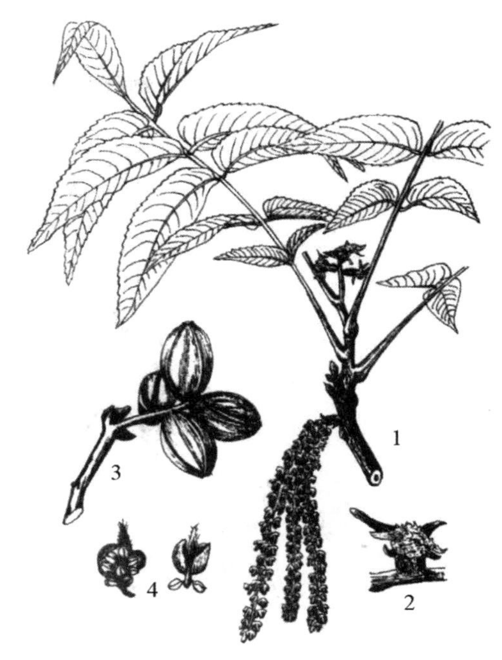

图148 美国山核桃
1. 花枝；2. 雌花；3. 果枝；4. 雄花

乔木；高达50米。树皮暗灰色；浅纵裂；芽黄褐色，被柔毛；小枝初有毛，后变无毛。奇数羽状复叶，长25 ~ 35厘米，小叶9 ~ 17，长圆状披针形或近镰形，长5 ~ 20厘米，先端长渐尖，基部偏斜，单锯齿或重锯齿，不整齐，下面疏生毛或有腺鳞；小叶有短柄。雌花3 ~ 10成穗状。果实长圆形，长3.5 ~ 5.7厘米，有4条纵棱，外果皮4瓣裂，革质，果核长卵形或长圆形，平滑，淡褐色，有黑褐色斑纹，壳较薄。花期5月；果期10月。

原产北美。崂山张坡，中山公园栽培，中山公园有大树。国内河北、河南、江苏、浙江、福建、江西、湖南、四川等地有栽培。

种仁供食用，制糕点或榨油。木材坚韧致密，富弹性，不翘裂，为建筑、军工优良用材。亦可做行道树及观赏树种。

十八、杨梅科 MYRICADEAE

常绿或落叶，乔木或灌木。有芳香，具圆形盾状着生的树脂质腺体。单叶互生。花单性，风媒，无花被，无梗，组成葇荑花序；雌雄异株或同株，若同株则雌雄异枝或偶为雌雄同序，稀具两性花而成杂性同株。花序单一或分枝，直立或斜展；雄花序常生于去年生枝叶腋内或新枝基部，单生或簇生，或者复合成圆锥状花序；雌花序生于叶腋内；雌雄同序者则下部为雄花，上部为雌花。雄花单生苞片腋内，无或具2 ~ 4苞片，雄蕊2至多数，贴生于花托上。雌花单生苞片腋内，稀2 ~ 4集生，常具2 ~ 4小苞片；雌蕊由2心皮合成，无柄，子房1室，具1直生胚珠，花柱极短或几无，具2（稀1或3）丝状或薄片状柱头。核果密被乳头状凸起，果皮稍肉质富液汁及树脂，内果皮坚硬。种子直立，种皮膜质。

含2属，约50余种，主要分布于热带、亚热带及温带地区。我国产1属4种1变种，分布于长江以南各省区。青岛栽培1属，1种。

（一）杨梅属 **Myrica** L.

常绿或落叶，乔木或灌木。幼嫩部分被芳香树脂质盾状圆形腺鳞。单叶，无托叶。雌雄同株或异株；葇荑花序单一或分枝。雄花具雄蕊 2 ~ 8，稀 20；雌花具 2 ~ 4 小苞片，子房被蜡质腺鳞或肉质乳头状凸起。核果，果皮薄，或肉质。种子直立，种皮膜质。

约 50 种，主要分布于热带、亚热带及温带。我国 4 种，产长江以南各地。青岛栽培 1 种。

1. 杨梅（图 149）

Myrica rubra (Lour.) Sieb. et Zucc.

Morelta rubra Lour.

图 149　杨梅

1. 果枝；2. 雌花枝；3. 雄花枝；4. 雄花；5. 雌花

常绿乔木，高可达 15 米。小枝及芽无毛。叶革质，楔状倒卵形或长椭圆状倒卵形，长 6 ~ 16 厘米，先端圆钝或短尖，基部楔形，全缘，稀中上部疏生锐齿，下面疏被金黄色腺体；叶柄长 0.2 ~ 1 厘米。雄花序单生或数序簇生叶腋，圆柱状，长 1 ~ 3 厘米；雄花具 2 ~ 4 卵形小苞片；雄蕊 4 ~ 6，花药暗红色，无毛。雌花序单生于叶腋，长 0.5 ~ 1.5 厘米；雌花具 4 卵形小苞片。核果球形，具乳头状凸起，径 1 ~ 1.5 厘米（栽培品种可达 3 厘米），外果皮肉质，多汁液及树脂，味酸甜，熟时深红或紫红色；核为阔椭圆形或圆卵形，稍扁，长 1 ~ 1.5 厘米，宽 1 ~ 1.2 厘米，内果皮硬木质。花期 4 月；果期 6 ~ 7 月。

崂山太清宫、山东科技大学校园有栽培。国内分布于江苏、浙江、台湾、福建、江西、湖南、贵州、四川、云南、广西和广东。

杨梅是我国江南著名水果。树皮富于单宁，可用作赤褐色染料及医药上的收敛剂。

十九、壳斗科 FAGACEAE

常绿或落叶乔木，稀灌木。单叶，互生，羽状脉；托叶早落。雌雄同株，稀异株；花单性，异序，稀同序；单被花，花被 4 ~ 6 (~ 8)，基部合生。雄花序头状或葇荑花状，下垂或直立；雄蕊 4 ~ 12；雌花序直立，雌花 1 ~ 5（ ~ 7）生总苞内，总苞单生或 3 ~ 5 组成聚伞花序；子房下位，3 ~ 6 室，每室 2 胚珠，仅 1 室 1 胚能育，花柱与子室同数。果熟时总苞木质化形成壳斗，壳斗被鳞形、线形小苞片、瘤状突起或针刺，每壳斗具 1 ~ 3 (~ 5) 坚果，壳斗部分或全包果；每果具 1 种子。种子无胚乳，子叶肉质，平凸，稀褶皱或折扇状。

含 8 属，900 余种。除非洲中南部外广布全球。我国 7 属，约 320 种，分布于全国各省区。青岛有 2 属，15 种，4 变种。

分属检索表

1. 雄花序直立；坚果被刺状壳斗全包……………………………………………………1.栗属Castnanea
1. 雄花序柔软下垂；坚果只被壳斗包住1/4 ~ 2/3 ………………………………………… 2.栎属Quercus

（一）栗属 **Castanea** Mill.

落叶乔木，稀灌木。小枝无顶芽，腋芽顶端钝，芽鳞 2 ~ 3。幼叶对褶，叶互生，侧脉达齿端呈芒尖；托叶早落。花单性同株，雄葇荑花序直立，雌花生于雄花序基部或单独形成花序。花被 6 裂，稀 5 裂；雄花 1 ~ 3 (~ 5) 簇生，每簇具 3 苞片，雄蕊 10 ~ 12，中央具被长绒毛的不育雄蕊；总苞单生，具 1 ~ 3 (~ 7) 雌花，子房 6 室，稀 9 室，柱头窝点状，颜色与花柱同。壳斗 4 瓣裂，密被尖刺；每壳斗具 1 ~ 3 (~ 5) 坚果。子叶富含淀粉与糖，不出土。

10 ~ 17 种，分布于亚洲、欧洲南部、非洲北部及北美洲东部。我国 3 种 1 变种，引入栽培 1 种。青岛有 1 种。

1. 栗 板栗 栗子树（图 150）

Castanea mollissima Bl.

落叶乔木，高达 20 米，胸径 80 厘米。小枝被灰色绒毛。叶椭圆至长圆形，长 7 ~ 15 厘米，先端短至渐尖，基部近平截或圆，上面近无毛，下面被星状绒毛或近无毛；叶柄长 1.2 ~ 2 厘米。雄花序长 10 ~ 20 厘米，花序轴被毛，花 3 ~ 5 朵成簇；雌花 1 ~ 3 (~ 5) 朵发育结实，花柱下部被毛。壳斗具（1）2 ~ 3 果，壳斗连刺径 5 ~ 8 厘米，刺被星状毛；果长 1.5 ~ 3 厘米，径 1.8 ~ 3.5 厘米。花期 4 ~ 5 月；果期 8 ~ 10 月。

全市各地均有栽培。国内除青海、宁夏、新疆、海南外，南北各地均有分布或栽培。我国有两千多年栽培历史，优良品种很多，为重要干果。材质优良，为重要用材树种。

图 150 栗

1. 花枝；2. 果枝；3. 叶背面放大；4. 雄花；5. 雌花；6. 壳斗；7. 坚果

（二）栎属 **Quercus** L.

常绿、半常绿或落叶乔木，稀灌木；树皮深裂或片状剥落。芽鳞覆瓦状排列。叶螺旋状互生；托叶常早落。花单性，雌雄同株；雄葇荑花序簇生，下垂，花被杯状，4 ~ 7 裂；雌花单生总苞内，雌花序穗状，直立，花被 5 ~ 6 深裂；子房 3 室，稀 2 或 4 室，每室 2 胚珠，花柱与子室同数，柱头侧生带状或顶生头状。壳斗杯状、碟状、半球形或近钟形，小苞片鳞片形、线形或钻形，覆瓦状排列，紧贴、开展或反曲；每壳斗具 1 个坚果，果顶具柱座。不育胚珠位于种子基部外侧，子叶不出土。果当年或翌年成熟。

约 300 种，广布于亚、非、欧、美 4 洲。我国有 51 种，14 变种，1 变型，广布南北各地。青岛有 14 种，4 变种。

分种检索表

1. 叶片长椭圆状披针形或卵状披针形，叶缘有刺芒状锯齿；壳斗小苞片钻形、扁条形或线形，常反曲。
  2. 成叶两面无毛或仅叶背脉上有柔毛；树皮木栓层不发达；幼枝常被毛。
    3. 壳斗连小苞片直径2～4厘米；小苞片钻形或扁条形，反曲；坚果卵形或椭圆形，直径1.5～2厘米；叶片通常宽2～6厘米 ………………………………………………………… 1.麻栎Q. acutissima
    3. 壳斗连小苞片直径1.5厘米；壳斗上部小苞片线形，直伸或反曲，中下部小苞片三角形，紧贴壳斗壁；坚果椭圆形，直径1.3～1.5厘米；叶片宽2～3.5厘米 ……………… 2.小叶栎Q. chenii
  2. 成叶背面密被灰白色星状毛；树皮木栓层发达；壳斗连小苞片直2.5～4厘米，小苞片钻形，反曲；坚果近球形，直径约1.5厘米 …………………………………………… 3.栓皮栎Q. variabilis
1. 叶片椭圆状倒卵形，长倒卵形或椭圆形，叶缘有粗锯齿或波状齿至羽状分裂，或叶片线形至狭矩圆形而全缘；壳斗小苞片窄披针形、三角形或瘤状。
  4. 叶片线形至狭矩圆形，全缘 ………………………………………………………………4.柳叶栎Q. phellos
  4. 叶片较宽，羽状分裂或有锯齿。
    5. 叶片不分裂或浅裂，叶缘有尖锐或波状圆钝大锯齿，锯齿先端无细长锐尖的芒。
      6. 壳斗小苞片窄披针形，直立或反曲；叶片倒卵形或长倒卵形。
        7. 成叶背面无毛或有疏毛 …………………………………………………… 5.河北栎Q. hopeiensis
        7. 成叶背面密被星状毛；壳斗小苞片长约1厘米，红棕色，反曲或直立 …6.槲树Q. dentata
      6. 壳斗小苞片三角形、长三角形、长卵形或卵状披针形，长不超过4毫米，紧贴壳斗壁。
        8. 成长叶背被星状毛或兼有单毛。小枝无毛或微有毛，叶柄无毛；壳斗包着坚果约1/2，直径1.2～2厘米，高1～1.5厘米，小苞片灰白色 ……………………………… 7.槲栎Q. aliena
        8. 成长叶背无毛或有极少毛。
          9. 叶缘锯齿无腺点。
            10. 果序柄粗而不明显，叶缘具波状齿；叶柄长不足1厘米。
              11. 壳斗小苞片呈半球形瘤状突起，侧脉每边7～11（14）条… 8.蒙古栎Q. mongolica
              11. 壳斗小苞片扁平或微突起，侧脉每边5～7（10）条 … 9.辽东栎Q. wutaishanica
            10. 果序柄纤细，长4～10厘米，着生果实2～4个；叶缘具4～7对深浅不等的圆钝锯齿，叶片背面粉绿色；坚果长椭圆形 ……………………………… 10.夏栎Q. robur
          9. 叶缘有腺状锯齿，成长叶背面无毛或被伏贴单毛、星状毛 ………… 11.枹栎Q. serrata
    5. 叶片羽状浅裂至深裂，裂片再尖裂，先端有锐尖的芒；壳斗小苞片三角形，紧贴壳斗壁，坚果两年成熟。
      12. 壳斗大，高5～13毫米，宽约16～31毫米，常包围坚果约1/3～1/2，偶较浅。

13. 顶芽上半部有银白色至褐色绒毛；壳斗陀螺状至半球形，外面光滑或有柔毛，包围坚果1/3～1/2，鳞片先端尖；叶片表面亮绿色，分裂深度通常超过1/2 ……12.猩红栎Q. coccinea

13. 顶芽光滑或先端有红色毛丛；壳斗碟形至浅杯状，外面有柔毛，包围坚果1/4～1/3，鳞片先端钝；叶片表面暗绿色，分裂深度通常不及1/2 ………………… 13.北美红栎Q. rubra

12. 壳斗小，高3～6毫米，宽约9.5～16毫米，包围坚果约1/4；顶芽光滑或顶端有少量细绒毛；叶椭圆形至矩圆形，长5～16厘米，宽5～12厘米，叶缘5～7裂，具10～30刺芒 …………………………………………………………………………………… 14.沼生栎Q. palustris

1. 麻栎 橡子树 柞树（图 151）

Quercus acutissima Carr.

落叶乔木，高达 30 米，胸径 1 米；树皮深纵裂。幼枝被灰黄色柔毛。叶长椭圆状披针形，长 8 ～ 19 厘米，宽 2 ～ 6 厘米，先端长渐尖，基部近圆或宽楔形，具刺芒状锯齿，两面同色，幼时被柔毛，老叶无毛或仅下面脉上被毛，侧脉 13 ～ 18 对；叶柄长 1 ～ 3（5）厘米。壳斗杯状，连线形苞片径 2 ～ 4 厘米，高约 1.5 厘米，苞片外曲；果卵圆形或椭圆形，长 1.7 ～ 2.2 厘米，径 1.5 ～ 2 厘米，顶端圆。花期 3 ～ 4 月；果期翌年 9 ～ 10 月。

产于全市各山区；中山公园，城阳区、即墨市有栽培。国内分布于辽宁、河北、山西、山东、江苏、安徽、浙江、江西、福建、河南、湖北、湖南、广东、海南、广西、四川、贵州、云南等省区。

木材优良，为造船、车辆、家具、军工等优良用材。种仁可酿酒，做饲料，又可药用，止泻、消浮肿；叶及树皮可治痢疾；壳斗及树皮可提取栲胶；叶可饲蚕；朽木可培养香菇、木耳。

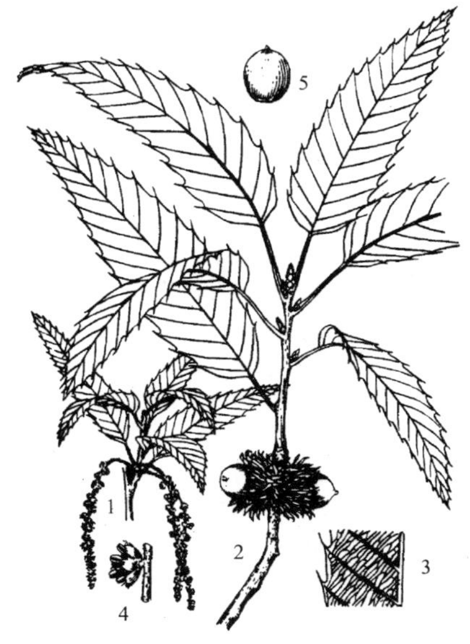

图 151 麻栎

1. 花枝；2. 果枝；3. 叶缘放大；4. 雄花；5. 坚果

2. 小叶栎（图 152；彩图 32）

Quercus chenii Nakai

落叶乔木，高达 30 米；树皮纵裂。幼枝较细，被黄色柔毛，后脱落。叶披针形或卵状披针形，长 7 ～ 12 厘米，先端渐尖，基部宽楔形或近圆，具刺芒状锯齿，幼时被黄色柔毛，老叶仅下面脉腋被柔毛，侧脉 12 ～ 16 对；叶柄长 0.5 ～ 1.5 厘米。雄花序长 4 厘米，花序轴被柔毛。壳斗杯状，连小苞片高约 8 毫米，径约 1.5 厘米，小苞片线形，

图 152 小叶栎

1. 枝叶；2. 壳斗和坚果

直伸或反曲，下部小苞片三角状，紧贴；果椭圆形，长 1.5 ～ 2.5 厘米，径 1.3 ～ 1.5 厘米，顶端被微毛。花期 3 ～ 4 月；果期翌年 10 月。

山东科技大学校园有栽培。国内分布于江苏、安徽、浙江、江西、福建、河南、湖北、四川等省。木材坚韧，为优良用材树种。

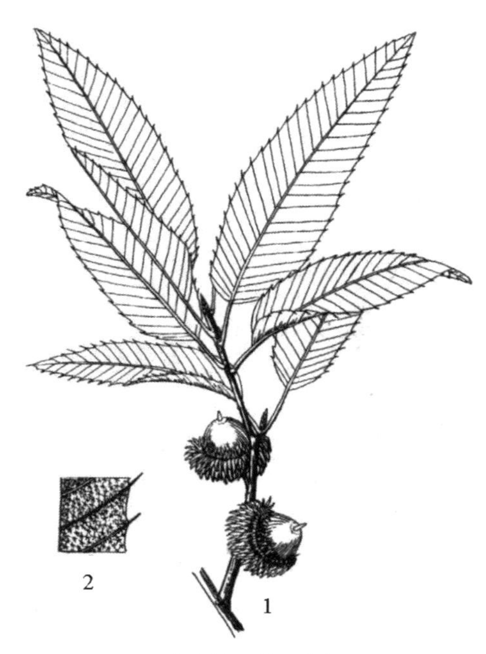

图 153　栓皮栎

1. 果枝；2.叶片下部，示星状毛

3. 栓皮栎　软木栎（图 153）

Quercus variabilis Bl.

落叶乔木，高达 30 米，胸径 1 米；树皮深纵裂，木栓层发达；小枝无毛。叶卵状披针形或长椭圆状披针形，长 8 ～ 15 (～ 20) 厘米，先端渐尖，基部宽楔形或近圆，具刺芒状锯齿，老叶下面密被灰白色星状毛，侧脉 13 ～ 18 对；叶柄长 1 ～ 3 (～ 5) 厘米。壳斗杯状，连条形小苞片高约 1.5 厘米，径 2.5 ～ 4 厘米；小苞片反曲；果宽卵形或近球形，长约 1.5 厘米，顶端平圆。花期 3 ～ 4 月；果期翌年 9 ～ 10 月。

产崂山北九水、太清宫、上清宫、华楼、流清河、铁瓦殿、黑风口等地；中山公园栽培，有大树。国内分布于辽宁、河北、山西、陕西、甘肃、山东、江苏、安徽、浙江、江西、福建、台湾、河南、湖北、湖南、广东、广西、四川、贵州、云南等省区。

栓皮供绝缘器材、冷库、瓶塞等用；种仁做饲料及酿酒；壳斗可提取栲胶、制活性炭；小径材及梢头可培养香菇、木耳、灵芝。木材坚硬，强度大，用途同麻栎。

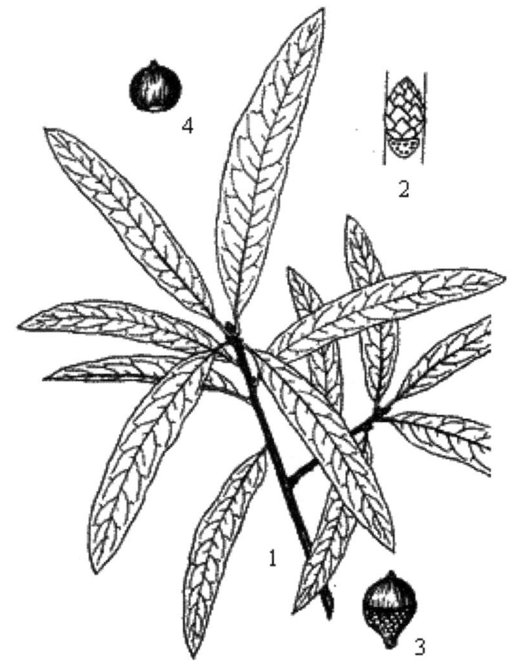

图 154　柳叶栎

1. 枝叶；2. 芽；3. 壳斗和坚果；4. 坚果

4. 柳叶栎（图 154；彩图 33）

Quercus phellos L.

落叶乔木，高达 30 米。树皮光滑，深灰色，随着树龄的增加，树皮颜色越来越深，而且出现不规则裂纹，内皮淡橙色。小枝红棕色，光滑，径 1 ～ 2 毫米。顶芽无毛，茶色，卵形，2 ～ 4 毫米，顶端尖。叶柄长 2 ～ 4 (～ 6) 毫米，光滑，偶有稀疏的毛；叶片较窄，长 50 ~ 120 毫米，宽 10 ~ 25 毫米，叶基尖，叶全缘，顶端锐尖；叶面淡绿色，无毛，背面灰绿色，稀有柔毛。坚果翌年成熟。壳斗浅碟状，高 3 ~ 6.5 毫米，宽 7.5 ~ 11 毫米，包着坚果 1/4 ~ 1/3，外表面被绒毛，内表面浅棕色，有柔毛；苞片排列紧密，锐尖，径 4.5 ~ 6 毫米。坚果卵形到半圆形，长 8 ~ 12 毫米，宽 6.5 ~ 10 毫米，光滑，有条纹。

原产美国东部和南部。山东科技大学校园有栽培。国内华东有引种栽培。

冠型优美，秋叶鲜艳，生长速度快，是优良的行道树和庭院观赏树种。

5. 河北栎（图 155）

Quercus hopeiensis Liou

Quercus × *hopeiensis* Liou

落叶乔木。小枝有棱，初被绒毛，后渐脱落。叶片长倒卵形，长 6 ~ 15 厘米，宽 3.5 ~ 9.5 厘米，顶端短钝尖，基部窄圆形，叶缘具波状齿，叶被疏生星状毛；叶柄极短或近无柄。壳斗杯形，包着坚果 2/3 ~ 3/4，直径 1.5 厘米，高约 1 厘米；小苞片窄披针形，背面紫红色，外面被灰白色绒毛。坚果卵形，高 1.2 ~ 1.5 厘米，柱座长约 3 毫米，果脐微突起。

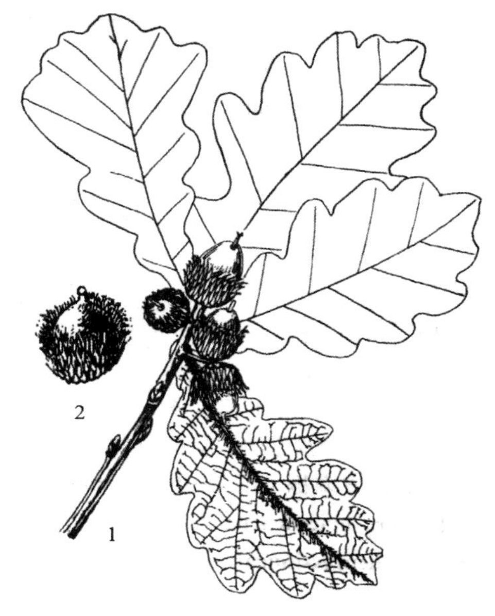

图 155　河北栎

1. 果枝；2. 壳斗和坚果

本种叶片近辽东栎 Q. wataishanica Mayr, 壳斗、小枝近槲树 Q. dentata Thunb., 但小苞片较短，长约 5 毫米。本种可能是上述二种的自然杂交种。

产崂山蔚竹庵。国内产河北、陕西、甘肃、山东、河南等省。

6. 槲树　大叶菠萝（图 156）

Quercus dentata Thunb.

落叶乔木，高达 25 米。小枝粗，密被灰黄色星状绒毛。叶倒卵形或倒卵状椭圆形，长 10 ~ 30 厘米，先端短钝尖，基部耳形或窄楔形，具粗锯齿或波状浅裂，幼时上面疏被柔毛，老叶下面密被星状绒毛，侧脉 4 ~ 10 对；叶柄长 2 ~ 5 毫米，密被褐色绒毛。壳斗杯状，连小苞片高 1.2 ~ 2 厘米，径 2 ~ 5 厘米；小苞片窄披针形，

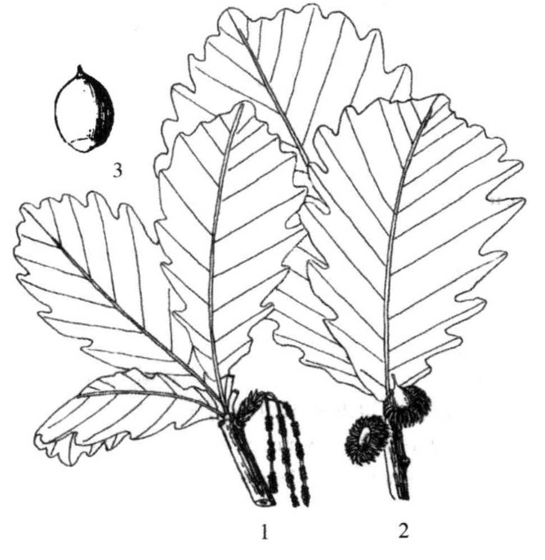

图 156　槲树

1. 花枝；2. 果枝；3. 坚果

红褐色，被褐色丝毛，反曲或直立；果卵圆形或宽卵圆形，长 1.5 ~ 2.3 厘米，径 1.2 ~ 1.5 厘米，无毛，柱头高约 3 毫米。花期 4 ~ 5 月；果期 9 ~ 10 月。

产崂山，小珠山，大珠山，大泽山，胶州艾山等地；中山公园，即墨温泉公园有栽培。国内分布于黑龙江、吉林、辽宁、河北、山西、陕西、甘肃、山东、江苏、安徽、浙江、台湾、河南、湖北、湖南、四川、贵州、云南等省。

叶含蛋白质约 15%，可饲柞蚕；种子可酿酒、作饲料；树皮及壳斗可提取栲胶。木材坚硬，耐磨损，供地板、建筑等用。

7. 槲栎 槲树（图 157）

Quercus aliena Bl.

图 157　槲栎

1. 花枝；2. 果枝；3. 叶片背面放大；4. 壳斗和坚果；5. 坚果

落叶乔木，高达 30 米。小枝粗，无毛。叶长椭圆状倒卵形或倒卵形，长 10 ~ 20 (~ 30) 厘米，先端短钝尖，基部宽楔形或近圆，具波状钝齿，老叶下面被灰褐色细绒毛或近无毛，侧脉 10 ~ 15 对；叶柄长 1 ~ 1.3 厘米，无毛。壳斗杯状，高 1 ~ 1.5 厘米，小苞片卵状披针形，长约 2 毫米，紧贴，被灰白色短柔毛；果卵圆形或椭圆形，长 1.7 ~ 2.5 厘米，径 1.3 ~ 1.8 厘米。花期 3 ~ 5 月；果期 9 ~ 10 月。

产崂山蔚竹庵、潮音瀑，灵山岛。国内分布于陕西、山东、江苏、安徽、浙江、江西、河南、湖北、湖南、广东、广西、四川、贵州、云南等地。

木材坚实，可供建筑、枕木、薪炭及制作家具等用；亦可培养香菇、木耳。壳斗、树皮为栲胶原料。种子富含淀粉。

（1）锐齿槲栎（变种）

var. **acuteserrata** Maxim. ex Wenz.

与原种的区别是：叶较窄长，具上弯粗尖齿，侧脉 14 ~ 18 对。

产崂山北九水、蔚竹庵。国内分布于辽宁、河北、山西、陕西、甘肃、山东、江苏、安徽、浙江、江西、台湾、河南、湖北、湖南、广东、广西、四川、贵州、云南等地。

木材供建筑、薪炭及制作家具等用材。种子富含淀粉。

（2）北京槲栎（变种）

var. **pekingensis** Schott.

与原种的区别是：叶片较小，长 5 ~ 11 厘米，稀长达 13 厘米，叶背无毛或近无毛；叶柄近无毛，壳斗包着坚果约 1/2，小苞片扁平，有时小苞片在壳斗顶端向内卷曲，形成厚缘壳斗。

产崂山。国内分布于辽宁、河北、山西、陕西、山东、河南等省。

木材为环孔材，边材淡黄色，心材浅褐色，气干密度 0.78 克 / 立方厘米；树叶含蛋白质 12.53%；种子含淀粉 68.6%，含鞣质 5.5%。

8. 蒙古栎（图 158）

Quercus mongolica Fisch. ex Ledeb.

落叶乔木，高达 30 米。叶倒卵形或倒卵状长椭圆形，长 7 ~ 19 厘米，先端短钝尖，基部楔圆或耳状，粗钝齿 7 ~ 10 对；幼叶沿脉疏被毛，老叶近无毛；叶柄长 2 ~ 8 毫米，无毛。壳斗杯状，高 0.8 ~ 1.5 厘米，径 1.5 ~ 1.8 厘米，小苞片鳞片状，下部具瘤状突起，密被灰白色短毛；果卵圆形或长卵圆形，长 2 ~ 2.3 厘米，径 1.3 ~ 1.8 厘米，无毛。花期 4 ~ 5 月；果期 9 月。

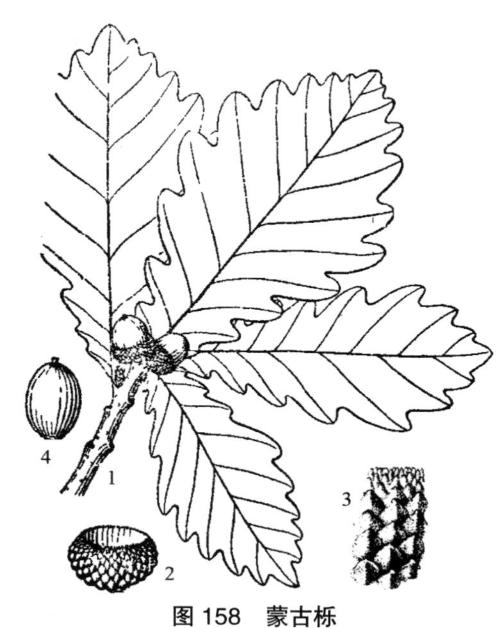

图 158　蒙古栎

1. 果枝；2. 壳斗；3. 壳斗苞片放大；4. 坚果

产崂山滑溜口、北九水、蔚竹庵、仰口、流清河等地；青岛大学及市北区、城阳区居住区有栽培。国内分布于黑龙江、吉林、辽宁、内蒙古、河北、河南、山西及山东。

种仁可酿酒、制糊料；叶可饲柞蚕；树皮及壳斗可提取栲胶，树皮药用，作收敛止剂、治痢疾。木材坚硬，耐腐，供船舶、车辆、胶合板用。

（1）云蒙山栎（变种）（彩图 34）

var. **yunmengshanensis** H. W. Jen

与原变种的区别：叶较小，长 6 ~ 9 厘米，宽 2.5 ~ 4 厘米，侧脉 4 ~ 5 对。

产崂山蔚竹庵。国内分布于北京。

9. 辽东栎（图 159）

Quercus wutaishanica Mayr.

落叶乔木，高达 15 米。幼枝绿色，无毛。叶倒卵形或倒卵状椭圆形，长 5 ~ 17 厘米，先端短渐尖，叶缘具 5 ~ 7 对圆齿，幼叶下面沿脉被毛，老叶无毛；叶柄长 2 ~ 5 毫米，无毛。壳斗浅杯状，高约 8 毫米，径 1.2 ~ 1.5 厘米，小苞片长三角形鳞片状，长 1.5 毫米，扁平，稀下部稍厚，疏被短绒毛；果卵圆形或椭圆形，长 1.5 ~ 1.8 厘米，径 1 ~ 1.3 厘米，顶部被短绒毛。花期 4 ~ 5 月；

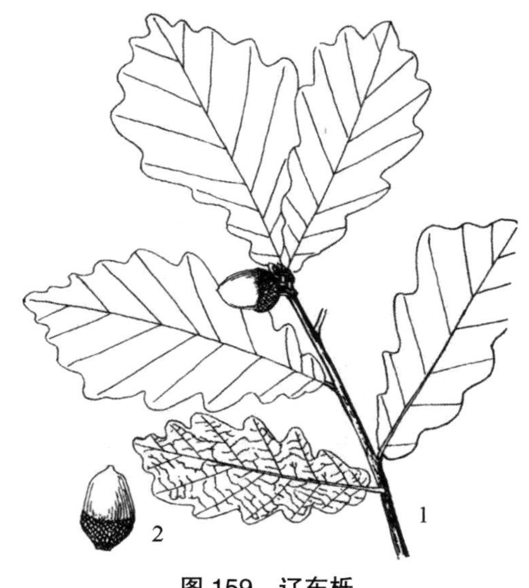

图 159　辽东栎

1. 果枝；2. 壳斗和坚果

图 160 夏栎
1. 果枝；2. 壳斗和坚果

图 161 枹栎
1. 花枝；2. 果枝；3. 壳斗和坚果；
4. 坚果；5. 壳斗

果期 9 月。

产崂山滑溜口、蔚竹庵等地。国内分布于黑龙江、吉林、辽宁、内蒙古、河北、山西、陕西、宁夏、甘肃、青海、山东、河南、四川等省区。

叶可饲柞蚕，种子可酿酒或作饲料。

10. 夏栎 欧洲白栎（图 160）

Quercus robur L.

落叶乔木,高可达 40 米。小枝褐绿色，无毛。叶倒卵形或倒卵状长圆形，先端钝圆，基部耳形，边缘有长短不等的钝圆裂片，长 6 ~ 20 厘米，宽 4 ~ 8 厘米，两面无毛，侧脉 5 ~ 9 对；叶柄 3 ~ 5 毫米。果序轴纤细,长 4 ~ 12 厘米,着生果实 2 ~ 4 个。壳斗浅杯状,径 1.5 ~ 2 厘米,高 5 ~ 10 毫米,包围坚果 1/5;苞片鳞形,稀疏,紧贴,有细绒毛。坚果长椭圆形，淡黄褐色，径 1 ~ 1.5 厘米,长 2 ~ 3.5 厘米。花期 4 ~ 5 月；果期 9 ~ 10 月。

原产欧洲。中山公园有栽培（原有大树已死亡，目前留有小树）。

木材供建筑、车辆及制作家具等用材。亦为优良庭院绿化树种。种子富含淀粉。

11. 枹栎（图 161）

Quercus serrata Thunb.

Q. glandulifera Bl.

落叶乔木，高达 25 米。幼枝被柔毛，后脱落。叶倒卵形或倒卵状椭圆形，长 7 ~ 14 厘米,先端短尖或渐尖,基部宽楔形，叶缘具腺状锯齿；幼叶被平伏毛，老叶下面疏被平伏毛或近无毛，侧脉 7 ~ 12 对；叶柄长 1 ~ 3 厘米,无毛。壳斗杯状,高 5 ~ 8 毫米，小苞片三角形鳞片状，紧贴，边缘具柔毛；果卵圆形或宽卵圆形，长 1.7 ~ 2 厘米,直径 0.8 ~ 1.2 厘米。花期 3 ~ 4 月；果期 9 ~ 10 月。

产崂山北九水、仰口、八水河、天门后。

国内分布于辽宁（南部）、山西（南部）、陕西、甘肃、山东、江苏、安徽、河南、湖北、湖南、广东、广西、四川、贵州、云南等省区。木材坚硬耐腐。

（1）短柄枹栎（变种）

var. **brevipetiolata** (A. DC.) Nakai

Q. urticaefolia Bl. var. *brevipetolata* A. DC.

与原种的区别是：叶长 5 ~ 11 厘米，常聚生于枝顶，具内弯浅锯齿，叶柄长 2 ~ 5 毫米。

产于崂山各景区；中山公园，植物园，崂山区晓望水库，山东科技大学校园有栽培。国内产于辽宁、山西、陕西、甘肃、江苏、安徽、浙江、江西、福建、台湾、河南、湖北、湖南、广东、广西、四川、贵州等省区。

12. 猩红栎（图 162）

Quercus coccinea Muench.

落叶乔木，高可达 30 米。树皮深灰色到深棕色，有不规则裂纹，内皮橙黄色。小枝红棕色，光滑，直径（1 ~）2 ~ 3.5 毫米。顶芽深红棕色，圆锥形到卵形，4 ~ 7 毫米，横切面呈五角形，从外侧到中部，常有银色或黄褐色的柔毛。叶柄长 25 ~ 60 毫米，光滑；叶片椭圆形、卵形或倒卵形，长 70 ~ 160 毫米，宽 80 ~ 130 毫米，叶基圆形到截形，叶缘 5 ~ 9 深裂，有 18 ~ 50 芒，顶端锐尖；叶面有光泽，淡绿色，无毛，叶背面光滑，仅脉腋处有毛。坚果翌年成熟。壳斗陀螺状到半球状，高 7 ~ 13 毫米，宽 16.5 ~ 31.5 毫米，包着坚果 1/3 ~ 1/2，外表面浅红棕色到深红棕色，光滑或有少量柔毛，内表面浅棕色，光滑，偶有一圈柔毛；苞片有瘤，基部宽，光滑，边缘明显有凹，排列紧密，顶端锐尖到钝尖，直径 6.5 ~ 13.5 毫米。坚果椭圆形到近球形，长 12 ~ 22 毫米，宽 10 ~ 21 毫米，光滑，顶端有 1 ~ 多个环。

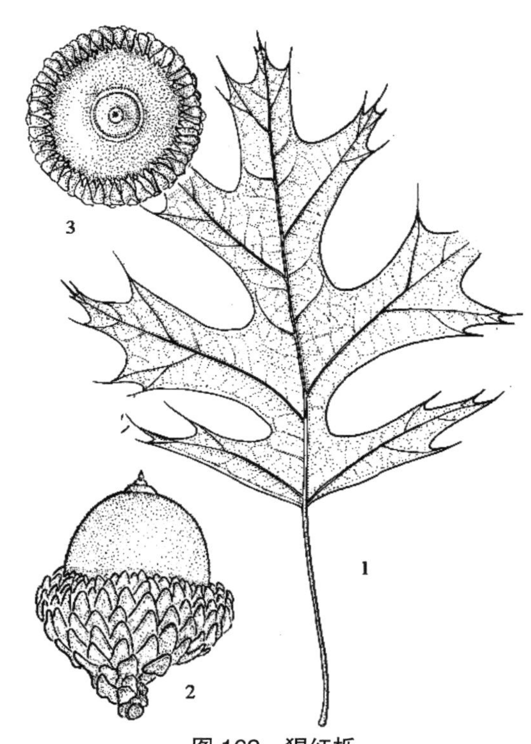

图 162 猩红栎

1. 叶片；2. 壳斗和坚果；3. 壳斗

原产美国。山东科技大学校园有栽培。国内华北、华东等地有引种栽培。

栽培供观赏。

13. 北美红栎（图 163）

Quercus rubra L.

落叶乔木，高达 30 米。树皮灰色或深灰色，有浅的裂纹，脊宽，有光泽，内皮浅桃色。小枝红棕色，直径 2 ~ 3.5（-4.5）毫米，无毛。顶芽深红棕色，卵形到椭圆形，4 ~ 7 毫米，无毛或顶端有深红色簇毛。叶柄 25 ~ 50 毫米，无毛，通常淡红色；叶片卵形、

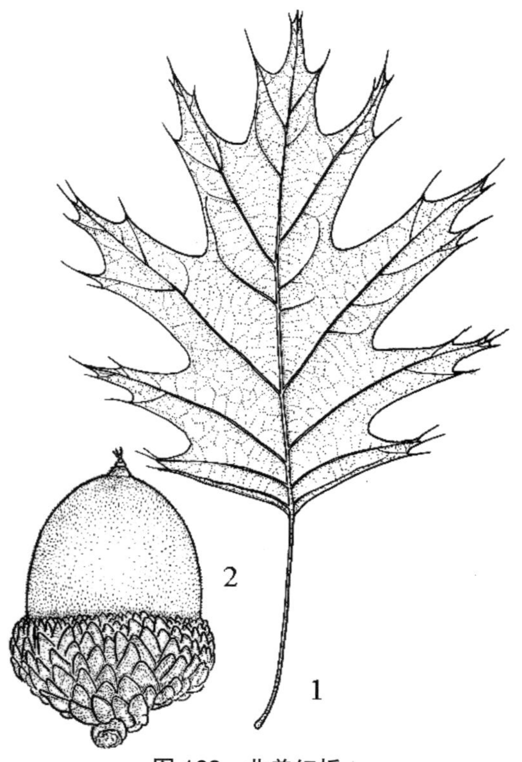

图 163　北美红栎
1. 叶片；2. 壳斗和坚果

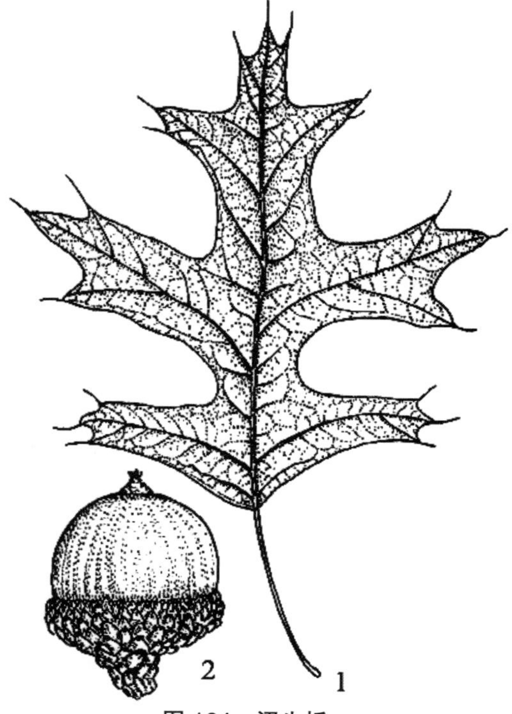

图 164　沼生栎
1. 叶片；2. 壳斗和坚果

椭圆形或倒卵形，长 120 ~ 200 毫米，宽 60 ~ 120 毫米，基部宽楔形到截形，叶缘 7 ~ 11 裂片，有 12 ~ 50 芒，裂片常椭圆形；叶面暗绿色，光滑，叶背面灰绿色，光滑，或脉腋有簇毛。坚果翌年成熟。壳斗浅碟状到杯状，高 5 ~ 12 毫米，宽 18 ~ 30 毫米，包着坚果 1/4 ~ 1/3，外表面被绒毛，内表面浅棕色到红棕色，光滑或有一圈软毛；苞片不到 4 毫米，边缘色深，排列紧密。坚果卵形到椭圆形，较大，长 15 ~ 30 毫米，宽 10 ~ 21 毫米。

原产美国东部。山东科技大学校园有栽培。国内华东、华南等地区有引种。

优良观赏树种和用材树种。可药用，用于治疗咽喉疼痛、咳嗽、失声、痢疾、消化不良、血液疾病等。

14. 沼生栎（图 164）

Quercus palustris Muench.

落叶乔木，高可达 25 米。树皮暗灰色，不裂；枝褐绿色，无毛。叶卵形或椭圆形，长 10 ~ 20 厘米，宽 7 ~ 10 厘米，先端渐尖，基部阔楔形，边缘有 5 ~ 7 深裂，裂片有尖裂，两面无毛或下面脉腋有簇毛；叶柄长 2.5 ~ 5 厘米，无毛。雄花序与叶同放，簇生；雌花单生或 2 ~ 3 个生于长约 1 厘米的花序轴上。壳斗浅杯状，上缘内弯，包围坚果 1/4 ~ 1/3，直径 1.5 ~ 2 厘米，高 1 ~ 1.2 厘米；苞片鳞形，紧密，无毛，有光泽。坚果长椭圆形或圆柱状，径约 1.5 厘米，长 2 ~ 2.6 厘米，淡褐色，有短柔毛，后脱落。花期 4 ~ 5 月；果期翌年 9 月。

原产美洲。中山公园，植物园，即墨岙山广青生态园，山东科技大学校园及大泽山铁涧子等地有引种栽培；中山公园、植物园有大树。

可为城市公园、庭院绿化树种。种子富含淀粉、单宁。

二十、桦木科 BETULACEAE

落叶乔木或灌木。单叶，互生；羽状脉，侧脉直达叶缘或在近缘处结网；托叶早落。花单性，同株，风媒；葇荑花序常圆柱形；雄花有苞片，有花被或无被（榛属），雄蕊 2 ~ 20，生于苞腋，花药 2 室，纵裂；雌花 2 ~ 3 生于苞腋；每朵雌花下部又有 1 苞片和 1 ~ 2 小苞片；无花被或有花被；子房下位，2 室和不完全 2 室，每室有 1 倒生胚珠，花柱 2，分离，宿存。果序球果状、穗状或头状；果苞由雄花下部的苞片及小苞片连和而成；小坚果或坚果。

含 6 属，100 余种，主要分布于北温带。我国有 6 属，约 70 种。青岛有 4 属，10 种。

分属检索表

1. 雄花2 ~ 6朵生于苞腋，有膜质花被片4；雌花无花被，果序球状或圆柱状；小坚果，有翅。
   2. 果苞木质，宿存，顶部5裂；每果苞内有2小坚果；果序球果状 ······················ 1.桤木属Alnus
   2. 果苞革质，熟时脱落，上部3裂；每果苞内有3小坚果；果序圆柱状 ··············· 2.桦木属Betula
1. 雄花单生于苞腋，无花被；雌花有花被，果序总状或头状；坚果。
   3. 果序总状；果苞叶状，扁平，2 ~ 3裂，不完全包被小坚果 ······················ 3.鹅耳枥属Carpinus
   3. 果序头状；果苞钟状或管状，坚果大部分或全部为果苞所包 ························ 4..榛属Corylus

（一）桤木属 Alnus Mill.

落叶乔木或灌木。树皮光滑；芽有柄或无柄。单叶互生；托叶早落。花单性，雌雄同株；雄花序圆柱状，下垂；每一苞腋有 3 朵雄花，小苞片 4，稀为 3 或 5；雄花花被片 4，雄蕊 4，与花被片对生，花药 2 室，不分离，顶端无毛；雌花序单生，总状或圆柱状；苞片覆瓦状排列，每苞片内有 2 朵雌花；雌花无花被，子房 2 室，每室 1 胚珠，柱头 2。果序球果状；果苞木质，鳞片状，宿存，由 3 片小苞片愈合而成，先端 5 浅裂，每果苞内有 2 小坚果；小坚果扁平，有宽或窄的膜质或厚纸质翅；种子 1 枚。

约 40 种，分布于亚洲、非洲、欧洲及北美洲。我国有 7 种，1 变种，分布几遍全国各省区。青岛有 3 种。

分种检索表

1. 果序2 ~ 9枚呈总状排列；侧脉5 ~ 11对；芽有柄。
   2. 短枝上的叶一般为倒卵形，长倒卵形，基部常楔形，顶端尖，长枝上的叶为披针形、椭圆形，较少为长倒卵形，基部一般为楔形，叶缘有细锯齿 ························ 1.日本桤木A. japonica
   2. 叶几圆形，顶端常钝圆，基部圆形或宽楔形，边缘具波状缺刻 ···············2.辽东桤木A. sibirica
1. 果序单生，果序梗长1 ~ 2厘米，粗壮、直立；雄花序通常单生；叶近革质，长卵形或卵状披针形至披针形，叶缘有疏锯齿，侧脉13 ~ 15对；芽无柄 ························ 3.旅顺桤木A. sieboldiana

图 165 日本桤木

1. 果枝；2. 坚果；3 ~ 4.果苞

1. 日本桤木 赤杨 日本赤杨（图 165）

Alnus japonica (Thunb.) Steud.

Betula japonica Thunb.

乔木；高可达 15 米。树皮灰褐色，平滑；枝灰褐色，无毛，有棱；芽有柄，鳞片 2，无毛。短枝叶窄倒卵形，长 4 ~ 6 厘米，宽 2 ~ 3 厘米，先端骤尖，基部楔形，边缘有细锯齿；长枝叶椭圆状披针形，长 15 厘米，两面无毛，或下面叶脉腋有簇毛，侧脉 7 ~ 11 对；叶柄长 1 ~ 3 厘米，疏生腺点，幼时有毛。雄花序 2 ~ 5 个排成总状，下垂，先叶开放。果序长圆形，长约 2 厘米，径 1.5 厘米，2 ~ 8 个呈总状或圆锥状排列；果苞木质，长 3 ~ 5 厘米，基部楔形，先端圆，5 裂；小坚果倒卵形。长 3 ~ 4 毫米，宽 2 ~ 3 毫米，有狭翅。

产崂山北九水、蔚竹庵、太清宫、仰口、明霞洞、上清宫等区域。国内分布于辽宁南部、吉林、河北。

木材供建筑及制作家具、火柴杆等用材。亦为护岸、固堤、涵养水源的优质树种。

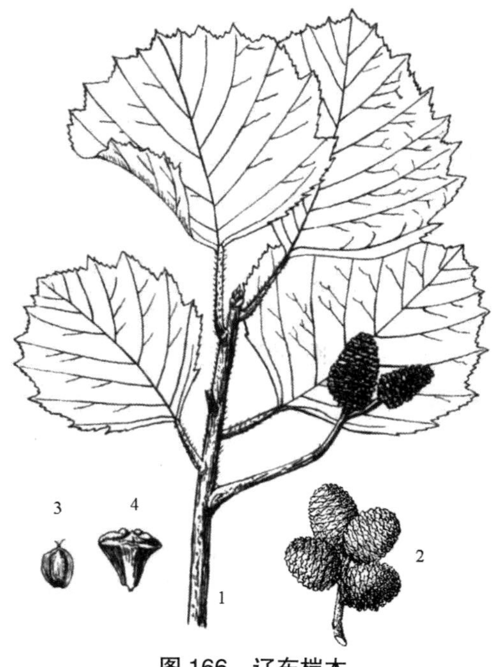

图 166 辽东桤木

1. 果序枝；2. 果序；3. 坚果；4.果苞

2. 辽东桤木 水冬瓜（图 166）

Aluns hirsuta Turcz. Ex Rupr.

A. sibirica Fisch. ex Turcz.

乔木；高可达 15 米。树皮灰褐色，平滑；小枝褐色，密生短柔毛；芽有柄，芽鳞 2，有柔毛。叶近圆形，长 5 ~ 10 厘米，先端圆钝，基部圆形或阔楔形，边缘有不整齐的重锯齿，中上部有浅裂，上面暗绿色，疏生长柔毛，下面粉绿色，密被褐色短粗毛或近无毛，侧脉 5 ~ 10 对；叶柄长 1.5 ~ 5 厘米，密被短柔毛。果序 2 ~ 8 个呈总状或圆锥状排列，长圆形，长约 2 厘米；果苞木质，长 3 ~ 4 毫米，先端圆，5 浅裂；小坚果阔卵形，长约 3 毫米，有极狭的翅。

产崂山各景区，大泽山双双沟，百果山等地。生于山谷林中。国内分布于东北。木材供建筑及制作家具、火柴杆等用材。为速生用材及护岸保土树种。

3. 旅顺桤木

Alnus sieboldiana Matsum.

灌木或小乔木；树皮黄褐色或灰褐色；枝条灰色，平滑；幼枝褐色，无毛，具腺点；芽无柄，具 2 枚芽鳞。叶近革质，三角状披针形或卵状披针形，长 6 ~ 10 厘米，宽 3 ~ 5 厘米，顶端渐尖，基部楔形、宽楔形或近圆形，有时两侧不等，边缘具疏锯齿，两面均无毛，下面密生腺点，脉腋间具簇生的髯毛，侧脉 11 ~ 15 对；叶柄粗壮，长约 1 厘米，上面疏生长柔毛。果序单生，矩圆形，长 2 ~ 2.5 厘米，直径约 1.5 厘米；序梗粗壮，直立，长 1 ~ 2 厘米，无毛；果苞木质，长 5 ~ 6 毫米，上部具 5 枚裂片，顶端 4 枚裂片半圆形，顶端以下的 1 枚裂片三角状卵形，较其余的 4 枚裂片长。小坚果狭椭圆形，长约 3 毫米；膜质翅较果长，宽仅为果的 1/2。

原产日本。崂山太清宫西坡有引种栽培。国内辽宁旅顺有栽培。

（二）桦木属 **Betula** L.

落叶乔木或灌木；芽无柄，芽鳞常 3 片，覆瓦状，基部两片对生。单叶互生；叶下面通常有腺点，边缘重锯齿；托叶早落。花单性，雌雄同株；雄花序 2 ~ 4 簇生于上年枝条顶端或侧生；每苞片内有 2 片小苞片及 3 朵雌花；雄花花被膜质，基部合生，雄蕊 2，花药 2 室，分离，顶端有毛或无；雌花序单生或 2 ~ 5 生于短枝的顶端，每苞片内有 3 朵雌花；雌花无花被，子房扁平，2 室，每室 1 胚珠，花柱 2，分离。果苞革质，鳞片状，脱落，由 3 片苞片愈合而成，3 裂，内有 3 小坚果；小坚果扁平，有宽或窄的膜质翅，顶端有 2 枚宿存花柱。

约 100 种，主要分布于北半球温带。我国产 29 种，6 变种，分布于南北各省区。青岛有 3 种。

分种检索表

1. 小枝无树脂腺体。
    2. 树皮灰白色，成层剥裂；叶三角状卵形、三角状菱形，边缘具重锯齿，有时缺刻状；果序长2 ~ 5厘米，序梗长1 ~ 2.5厘米；果翅显著，与果体等宽或稍宽 ………………… 1.白桦B. platyphylla
    2. 树皮黑灰色，纵裂或不开裂；叶卵形、宽卵形，稀椭圆形，边缘具不规则齿牙状锯齿；果序长1 ~ 2厘米，序梗不明显；果翅极狭 ……………………………………………… 2.坚桦B. chinensis
1. 小枝有或疏或密的树脂腺体，叶下面有细小腺点；树皮灰褐、黄褐色至红褐色、乳白色，平滑，不规则片状剥落；叶片菱状卵形，叶缘具粗重锯齿 ……………………………………3.河桦B. nigra

1. 白桦（图 167）

Betula platyphylla Suk.

落叶乔木；高达 25 米。树皮粉白色，纸片状分层剥落；小枝红褐色，有白色皮

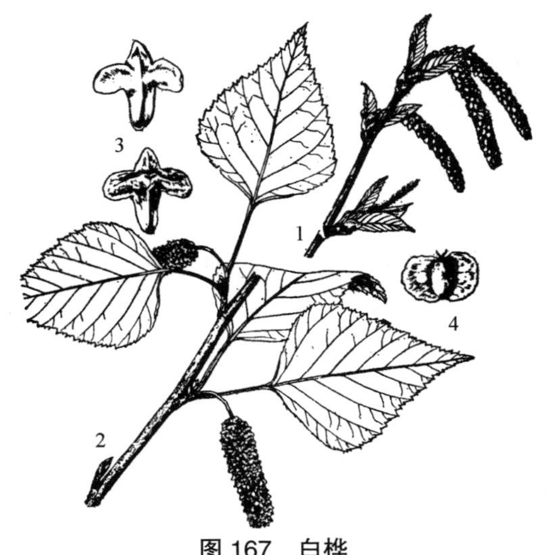

图 167　白桦

1. 花枝；2. 果枝；3. 果苞；4. 坚果

孔，无毛。叶三角状卵形，长 3 ～ 9 厘米，宽 3 ～ 8 厘米，先端锐尖或尾状渐尖、基部截形或阔楔形，边缘有重锯齿，上面幼时有疏毛和腺点，下面无毛，密生腺点，侧脉 5 ～ 7 对；叶柄长 1 ～ 3 厘米，无毛。果序单生，圆柱形，下垂，长 3 ～ 6 厘米，径 8 ～ 12 厘米；果序梗长 1 ～ 2.5 厘米，初密被短柔毛，后近无毛；果苞长 5 ～ 7 毫米，背面初有短柔毛，后渐脱落，边缘有短纤毛，上部 3 裂，中裂片三角状卵形，先端钝尖，侧裂片卵形，直立，斜展至下弯；小坚果长圆形，长 1.5 ～ 3 毫米，背面疏被短毛；翅与坚果等宽或稍宽。

青岛崂山北九水长涧，崂山区、黄岛区及市内部分居住区有引种栽培。国内分布于东北、华北地区及河南、陕西、宁夏、甘肃、四川、青海、云南、西藏东南部。

栽培可供观赏。木材可供建筑、坑木及制作胶合板、造纸等用材。树皮可提取桦油。树皮和芽作解热药。

2. 坚桦（图 168；彩图 35）

Betula chinensis Maxim.

小乔木。树皮黑灰色，纵裂或不裂；枝灰褐色，幼时密被长毛，后脱落。叶卵形，稀长圆形，长 2 ～ 6 厘米，宽 1.5 ～ 5 厘米，先端锐尖或钝，基部圆形，稀阔楔形，边缘有不规则齿牙状锯齿，上面深绿色，初密被长毛，后无毛，下面灰绿色，沿脉有长柔毛，脉腋有簇毛，侧脉 8 ～ 9 对；叶柄长 2 ～ 10 毫米，密被长柔毛。果序单生，直立，通常近球形. 稀长圆形，长 1 ～ 2 厘米，径 1 ～ 1.5 厘米；果序梗不明显；果苞长 5 ～ 9 毫米，背面疏被短柔毛，上部 3 裂，裂片通常反折，中裂片披针形至条形，先端尖，侧裂片卵形至披针形，斜展，长仅及中裂片的 1/3 ～ 1/2，稀与中裂片近等长；小坚果阔倒卵形，长 2 ～ 3 毫米，疏被短柔毛，有极狭的翅。

图 168　坚桦

1. 果枝；2. 坚果；3. 果苞

产于崂山北九水，小珠山，大珠山，

生于沟谷或山坡林中。国内分布于黑龙江、辽宁、河北、山西、河南、陕西、甘肃。

木材坚重，供制车轴及杵槌等用。

3. 河桦

Betula nigra L.

乔木，高可达 25 米。树干常丛生，树冠圆形。树皮灰褐色、淡黄色、淡红色或乳白色，幼时光滑，成熟时呈不规则片状剥落；皮孔色深，呈水平突起；小枝光滑或有稀疏的柔毛，常有小而散生的树脂腺体。叶片菱形到卵形，长 4 ~ 8 厘米，宽 3 ~ 6 厘米，侧脉 5 ~ 12 对，叶基宽楔形至截形，叶缘有不规则重锯齿，叶先端渐尖；叶背面有毛，特别是主脉和脉腋处有绒毛，散生小的树脂腺体。果序直立，圆锥形或近球形，长 1.5 ~ 3 厘米，宽 1 ~ 2.5 厘米，果实在晚春或初夏时成熟。果苞宿存至初冬，3 裂，裂片先端尖；小坚果，果翅比果体窄，通常顶端最宽。花期晚春。

原产北美洲。即墨市有引种栽培。

可药用，治疗感冒、痢疾等。

（三）鹅耳枥属 Carpinus L.

乔木或小乔木；树皮平滑。单叶互生；托叶早落。花单性，雌雄同株；雄花序生于上年的枝条上，每苞片内有 1 雄花；无小苞片，无花被；雄蕊 3 ~ 13，花药 2 室，药室分离，顶端有 1 簇毛；雌花序生于上部枝顶或腋生于短枝上，单生，直立或下垂，每苞片内有 2 朵雌花；雌花有 1 苞片和 2 小苞片，彼此愈合，果时扩大成叶状，称果苞；有花被，与子房合生，顶端不规则浅裂；子房下位，2 室，每室 2 胚珠，其中 1 个败育，花柱 2。果苞叶状，分裂或不明显；小坚果卵形，微扁，着生苞片基部，顶部有宿存花被，有数条纵肋。

约 40 种，分布于北温带及北亚热带地区。我国有 25 种，15 变种，分布于南北各省区。青岛有 2 种。

分种检索表

1. 果序长3 ~ 5厘米；果苞排列疏松，不呈覆瓦状……………………………1.鹅耳枥. C. turczaninowii

1. 果序长5 ~ 12厘米；果苞覆瓦状排列 ………………………………………………2.千金榆C. cordata

1. 鹅耳枥（图 169）

Carpinus turczaninowii Hance

小乔木；高 5 ~ 10 米。树灰褐色，平滑，老时浅裂；枝细，棕褐色，幼时有柔毛，后脱落。叶卵形、卵状椭圆形，长 2 ~ 5 厘米，宽 1.5 ~ 3.5 厘米，先端渐尖，基部圆形、阔楔形或微心形，边缘有重锯齿，上面无毛，下面沿脉疏被长柔毛，脉腋有簇毛，侧脉 8 ~ 12 对；叶柄长 5 ~ 10 毫米，有短柔毛。果序长 3 ~ 5 厘米，果序梗长 10 ~ 15 毫米，果序梗、果序轴均有短柔毛；果苞半阔卵形、半卵形、半长圆形至卵形，长 6 ~ 20 毫米，宽 5 ~ 10 毫米，先端钝尖或渐尖，疏被短柔毛，内侧基部有 1 内折的卵形小裂片，

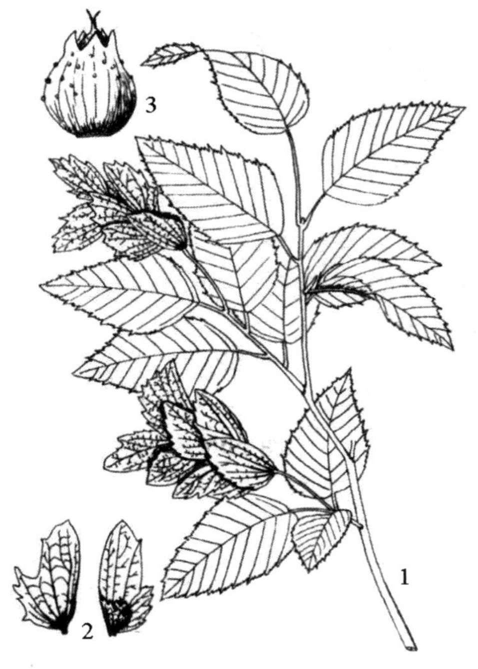

图 169　鹅耳枥
1. 果枝；2. 果苞；3. 坚果

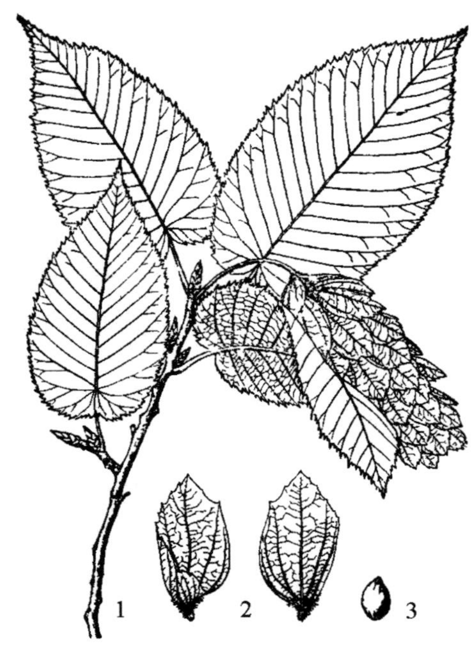

图 170　千金榆
1. 果枝；2. 果苞；3. 坚果

外侧无裂片，中裂片内侧边缘全缘或疏生浅齿，外侧边缘有不规则粗齿；小坚果阔卵形，长约 3 毫米，无毛，有时顶端疏生长柔毛，或上部有时疏生腺体。

产于崂山，大珠山，小珠山，即墨豹山；城阳世纪公园有栽培。国内分布于辽宁、河北、河南、山西、陕西、甘肃等省区。

木材坚韧，可制农具及小器具等。种子含油，可食用。

2. 千金榆（图 170）

Carpinus cordata Bl.

乔木；高 15 米。树皮灰色；小枝灰褐色，初有长柔毛，老时无毛。叶卵形或长圆状卵形，长 6 ~ 14 厘米，宽 3 ~ 5 厘米，先端渐尖，基部斜心形，边缘有不规则的刺毛状重锯齿，上面深绿色，有毛或无毛，下面沿脉有长柔毛，淡绿色，侧脉 15 ~ 20 对；叶柄长 1.5 ~ 2 厘米，无毛或有长柔毛。雄花序长 5 ~ 6 厘米，下垂；花序梗长 5 毫米，有柔毛；苞片卵圆形，边缘有白色纤毛。果序长 5 ~ 12 厘米，径约 3 厘米；果序梗长 3 厘米，疏越柔毛，果序轴密被短柔毛及疏长柔毛；果苞阔卵状长圆形，长 1. 5 ~ 2 厘米，宽 1 ~ 1. 5 厘米，无毛，外侧基部无裂片，内侧基部有 1 长圆形内折裂片，全部遮盖小坚果，中裂片外侧内折，边缘上部有疏齿，内侧边缘有明显锯齿，先端锐尖；小坚果长圆形，长 4 ~ 6 毫米，褐色，无毛。

产于崂山大梁沟、明霞洞，生于土厚湿润的山坡杂木林中。国内分布于东北、华北、河南、陕西、甘肃等省区。

材质坚重，可制农具、家具及箱板等。

（四）榛属 Corylus L.

落叶灌木或小乔木；鳞芽。单叶互生；

托叶早落。花单性，雌雄同株；雄花花序穗状下垂；苞片与2小苞片贴生，内有1雄花；雄花无花被，雄蕊4～8，生于苞片中部，花丝短，分离，花药2室，分离，顶端有毛；雌花花序头状，每苞片内有2雌花；每雌花有1苞片及2小苞片，不同程度愈合，有花被，子房下位，2室，每室1胚珠，花柱2，柱头钻状。果苞钟状或管状，有的果苞裂片硬化成刺状；坚果球形，大部或全部为果苞所包，外果皮木质或骨质；种子1枚。

约20种，分布于亚洲，欧洲及北美洲。我国有7种，3变种，分布于东北、华北、西北及西南。青岛有2种。

分种检索表

1. 果苞钟状，长不超过果的1倍，上部浅裂，裂片三角形，边缘全缘 ………………1.榛C. heterophylla
1. 果苞管状，长于果2～3倍，在果上部缢缩，上部裂片披针形………………… 2.毛榛C. mandshurica

1. 榛（图171）

Corylus heterophylla Fisch. ex Trautv.

灌木；高可达2米。树皮灰褐色，小枝有短柔毛及腺毛；芽近球形，鳞片有毛。叶阔卵形或阔倒卵形，长5～12厘米，宽3～8厘米，先端截形，中央有三角状突尖及不整齐小裂片，基部心形，边缘有不规则重锯齿，中部以上有浅裂，上面无毛，下面初有短柔毛，后仅沿脉有疏短毛，侧脉3～5对；叶柄长1～2厘米．有短毛或近无毛。雄花序单生，长3～4厘米。果单生或2～6枚簇生成头状；果苞钟状，外面有细条棱，密被短柔毛及刺状腺毛，果苞较果长但不到1倍，稀较果短，上端浅裂，裂片三角形，边缘全缘，稀有疏齿；果序梗长1.5厘米，密被短柔毛；坚果近球形，长7～15毫米，无毛或顶部有长柔毛。

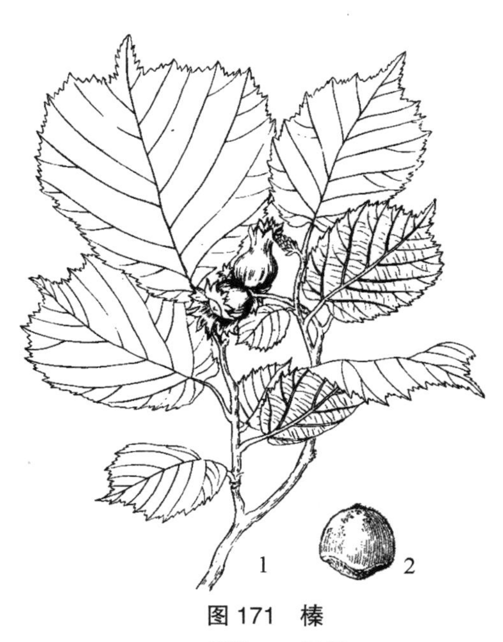

图171 榛
1.果枝；2.坚果

产崂山北九水双石屋、内一水等区域，生于山阴坡灌丛。国内分布于东北地区及河北、陕西、山西等省区。

种子含淀粉，可制糕点；含油51.6%，可榨油。树皮、叶、果苞含鞣质．可提取栲胶，嫩叶可作猪饲料。

2. 毛榛 刺榛（图172；彩图36）

Corylus mandshurica Maxim. et Rupr.

灌木；高2～4米。幼枝密生淡褐色绒毛，老枝无毛；芽卵圆形，褐色，密被细毛。叶阔卵形、长圆形或倒卵状长圆形，长6～12厘米，宽4～9厘米，先端骤尖或尾状，

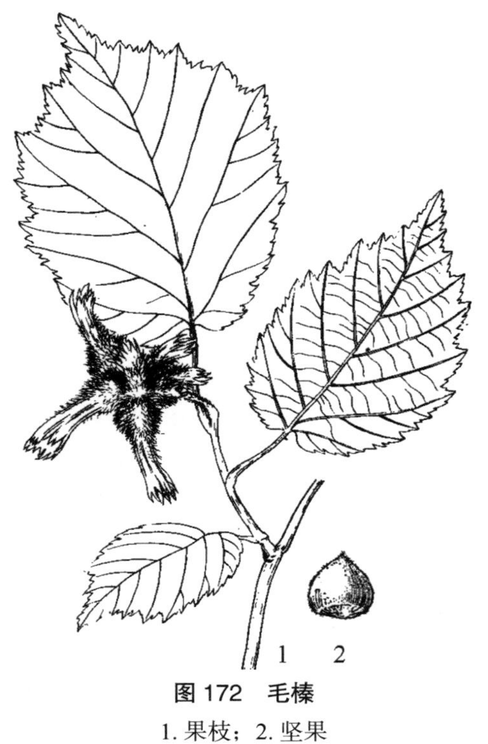

图 172　毛榛
1. 果枝；2. 坚果

基部心形，边缘有不规则粗锯齿，中部以上浅裂，上面有毛或无毛，下面疏被短柔毛，侧脉 5 ~ 7 对；叶柄长 1 ~ 3 厘米，有短柔毛。果苞管状，在坚果上部收缩，较果长 2 ~ 3 倍，外面有黄色刚毛或短柔毛，上部浅裂，裂片披针形；果序梗长 1.5 ~ 2 厘米，密被黄色短柔毛；坚果球形，长约 1.5 厘米，顶端有突尖，外面密被短绒毛。

产崂山蔚竹庵、观景台、猪窝栏等景区，生于山坡灌丛或林下。国内分布于东北地区及河北、山西、甘肃、陕西、四川东部或北部。

果实可食，为干果之一。

二十一、芍药科 PAEONIACEAE

灌木、亚灌木或多年生草本。根圆柱形或有纺锤形的块根。叶互生，通常二回三出复叶，小叶片不裂或分裂，裂片常全缘。单花顶生或数花生茎顶上部叶腋，大型，直径 4 厘米以上；苞片 2 ~ 6，披针形，叶状，大小不等，宿存；萼片 3 ~ 5，宽卵形，大小不等；花瓣 5 ~ 13（栽培者多为重瓣），倒卵形；雄蕊多数，离心发育，花丝狭条形，花药黄色，纵裂；花盘杯状或盘状，革质或肉质，完全包被或半包被心皮或仅包于心皮基部；心皮多为 2 ~ 3，稀 4 ~ 6 或更多，离生，有毛或无毛，向上逐渐收缩成极短小的花柱，柱头扁平，向外反卷，胚珠多数，沿心皮腹缝线排成 2 列。蓇荚果成熟时沿心皮的腹缝线开裂；种子黑色、深褐色。无毛。

1 属，约 35 种，分布于欧亚大陆温带地区。我国 16 种，主要分布在西南、西北地区，少数种类在东北、华北地区及长江两岸各省。青岛栽培 2 种。

（一）芍药属 **Paeonia** L.

单属科，形态特征同科。

分种检索表

1. 二回三出复叶，小叶通常约9枚，或顶部为三出复叶 ································ 1.牡丹P. suffruticosa

1. 二回羽状复叶，小叶多至15枚，卵状披针形至卵形，通常全缘································· 2.凤丹P. ostii

1. 牡丹（图 173）

Paeonia suffruticosa Andr.

落叶灌木；高可达 2 米；分枝粗而短。叶常为二回三出复叶，稀近枝顶的叶为 3 小叶；

顶生小叶宽卵形，长7～8厘米，宽5.5～7厘米，3裂至中部，裂片不裂或2～3浅裂，表面绿色，无毛，背面淡绿色，有时有白粉，沿叶脉疏生短柔毛或近无毛，小叶柄1.2～3厘米，侧生小叶狭卵形或长圆状卵形，长4.5～6.5厘米，宽2.5～4厘米，不等2裂至3浅裂或不裂，近无柄；叶柄长5～11厘米，叶柄及叶轴均无毛。花单生枝顶，直径10～17厘米，花梗长4～6厘米；苞片5，长椭圆形，大小不等；萼片5，绿色，宽卵形，大小不等；花瓣5，或为重瓣。玫瑰色、红紫色、粉红色至白色，通常变异较大，倒卵形，长5～8厘米，宽4～6厘米，先端呈不规则的波状；雄蕊长1～2厘米，花丝紫红色、粉红色，上部白色，长约1.3厘米，花药长圆形，长4毫米；花盘革质，杯状，紫红色，顶端有数个钝齿或裂片，完全包围雌蕊，在心皮成熟时开裂；心皮5，稀更多，密生柔毛。蓇葖果长圆形，密生黄褐色硬毛。花期5月；果期6月。

全市普遍栽培。在栽培类型中，根据花色、花型等可分成上百个品种。

花大美丽，为名贵观赏花木。根皮药用，称“丹皮”，为镇痉药，能凉血散瘀。

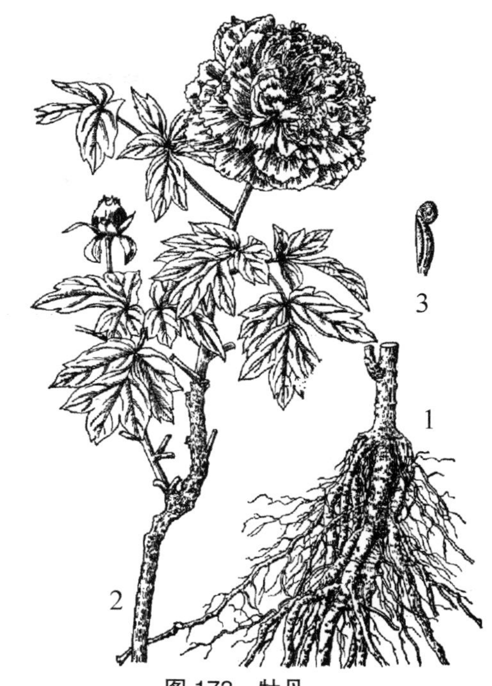

图173 牡丹
1. 植株下部及根系；2. 植株上部的花枝；3. 雄蕊

2. 凤丹 杨山牡丹（图174）

Paeonia ostii T. Hong & J. X. Zhang

灌木，高达1.5米。茎灰褐色。二回羽状复叶，小叶11～15枚，小叶披针形或卵状披针形，通常全缘，顶生小叶常2～3浅裂，有时侧生的1或2枚小叶也2裂，叶长5～12厘米，宽2.5～5厘米，两面无毛，基部圆形，顶端尖。花单生于枝顶，直径12～14厘米。苞片1～4枚，绿色，叶状。萼片3～4枚，黄绿色，宽椭圆形或卵圆形，长1.5～3.1厘米，宽1.5～2.5厘米，顶端尖或短尾尖；

图174 凤丹
1. 花枝；2. 花瓣；3. 萼片；4. 苞片；5. 花枝羽状复叶；6. 二回羽状复叶

花瓣约 11 枚，白色，倒卵形，长 5.5 ~ 6.5 厘米，宽 3.8 ~ 5 厘米，顶端微凹。花丝紫红色，花药黄色。 花盘完全包住心皮，紫红色，革质，顶端有锯齿或裂片。心皮 5 枚，密生绒毛，柱头红色。蓇葖果长圆形，密生黄褐色绒毛。花期 4 ~ 5 月；果期 8 月。

青岛中山公园及各地公园偶见栽培，常与牡丹混栽。原产河南，安徽、湖北、河南、陕西、四川等省均有栽培。

栽培观赏，有时药用。

二十二、山茶科 THEACEAE

乔木或灌木，落叶或常绿。单叶，互生，常革质，无托叶。花通常两性，稀单性，辐射对称；单生、簇生，稀排成聚伞或圆锥花序；花萼 5，稀 4 ~ 9，覆瓦状排列，常宿存；花瓣 5，稀 4 ~ 9 或多数，离生或基部稍合生；雄蕊多数，稀 5 或 10，离生或有时花丝基部合生成束，常与花瓣贴生;子房上位，稀半下位，3 ~ 5 室，稀 10 室，每室胚珠 2 至多数，稀 1，中轴胎座。蒴果、浆果或核果状；种子 1 至多数，无或有少量胚乳，胚通常弯曲。

约 36 属，700 余种，分布于热带和亚热带。我国有 15 属，480 余种，主要分布于长江流域以南各省区。青岛有 2 属，4 种。

分属检索表

1. 花两性，径3 ~ 14厘米，雄蕊多轮，花药背着，子房上位；蒴果，稀核果状；种子大 …… 1.山茶属Camellia

1. 花两性，稀单性异株，径小于2厘米，如大于2厘米，则子房下位或半下位，雄蕊1 ~ 2轮，花药基生；浆果或闭果……………………………………………………………………… 2.厚皮香属Ternstroemia

（一）山茶属 Camellia L.

常绿乔木或灌木。单叶,互生,通常革质。花两性,辐射对称。通常单生叶腋,稀 2 ~ 3 花簇生;苞片早落;萼片 5，稀多数，大小不等，有渐次变为苞片及花瓣者;花瓣 5 ~ 9，基部稍合生；雄蕊多数，外层花丝稍合生并贴生于花瓣基部，内层花丝离生，花药丁字着生；子房 3 ~ 5 室，每室 4 ~ 6 胚珠，花柱 3 ~ 5，基部合生或离生。蒴果，室背开裂，中轴与果瓣同时脱落；种子形大，近球形或有角棱，种脐小。

约 280 种，主要分布于亚洲热带及亚热带。我国有 238 种，主要分布于西南部及东南部。青岛有 3 种。

分种检索表

1. 花无梗，包被未分化，多于10，萼片脱落。

   2. 花丝连成筒筒，花瓣基部连和，稀花丝离生，花红色、粉色、白色 …………… 1.山茶C. japonica

   2. 花丝离生，或仅基部稍连和，花瓣常白色 ……………………………………………… 3.油茶C.oleifera

1. 花有梗，苞片及萼片分化明显，萼片宿存……………………………………………… 2.茶C. sinensis

1. 山茶　耐冬（图 175；彩图 37）

Camellia japonica L.

常绿灌木或小乔木。小枝淡绿色，无毛。叶倒卵形至椭圆形，长 5 ~ 12 厘米，宽 3 ~ 4 厘米，先端短渐尖，基部楔形，边缘有尖或钝锯齿，上面暗绿色，有光泽，下面淡绿色，两面无毛；叶柄长 8 ~ 15 毫米。花大，红色或白色，径 6 ~ 8 厘米，近无梗；单生或对生于叶腋或枝顶；萼片密被绒毛；花瓣 5 ~ 7，近圆形；子房无毛，3 室，花柱 3，离生。蒴果球形，径 2 ~ 3 厘米；种子近球形或有棱角。花期 12 月 ~ 翌年 5 月；果秋季成熟。

崂山沿海及长门岩、大管岛有野生分布；市区公园绿地普遍栽培，为青岛市花之一。国内分布于秦岭、淮河以南各地。

品种繁多，为著名花木。种子可榨油，食用及工业用。花为收敛止血药。

图 175　山茶

1. 花枝；2. 果实

2. 茶（图 176）

Camellia sinensis (L.) O. Ktze.

Thea sinensis L.

常绿小乔木或灌木，高 1 ~ 4 米。幼枝、嫩叶有细柔毛。叶薄革质，卵状椭圆形或椭圆形，长 5 ~ 10 厘米，宽 2 ~ 4 厘米，先端短尖，基部楔形，边缘有细锯齿，上面无毛，有光泽。下面淡绿色，沿脉有微毛，侧脉在上面凹下；叶柄长 3 ~ 6 毫米，有细柔毛。花白色，径 2 ~ 3 厘米，有芳香，单生或 2 ~ 4 花成腋生聚伞花序；花梗长约 6 ~ 10 毫米，下弯；萼片 5 ~ 6，圆形，宿存；花瓣 5，稀 8；雄蕊多数，外轮花丝合成短管；子房 3 室，有长毛，柱头 3 裂。蒴果棱球形，径约 2.5 厘米，每室有 1 种子；种子近球形，径 1 ~ 1.5 厘米，淡褐色。花期 9 ~ 11 月；果期翌年秋季。

图 176　茶

1. 花枝；2. 果实；3. 种子；4. 花瓣和雄蕊；5. 花纵切面；6. 子房横切面

中山公园及崂山区、黄岛区、平度市、

图 177　油茶

1 ~ 2. 花枝；3. 果实；4. 花柱

即墨市等地有栽培。国内分布于秦岭、淮河流域以南各省区。

茶为优良饮料，内古单宁、维生素、咖啡碱、茶碱等，有益于人类健康。

3. 油茶（图 177）

Camellia oleifera Abel.

灌木或小乔木；嫩枝有粗毛。叶革质，椭圆形、长圆形或倒卵形，先端尖有钝头，稀渐尖或钝，基部楔形，长 5 ~ 7 厘米，宽 2 ~ 4 厘米，上面深绿色，发亮，中脉有粗毛或柔毛，下面浅绿色，无毛或中脉有长毛，边缘有细锯齿，稀具钝齿，叶柄长 4 ~ 8 毫米，有粗毛。花顶生，近无梗，苞片与萼片约 10，由外向内逐渐增大，长 3 ~ 12 毫米，背面有贴紧柔毛或绢毛，花后脱落；花瓣 5 ~ 7，白色，倒卵形，先端凹入或 2 裂，基部狭窄，近于离生，背面有丝毛；雄蕊多数，外侧雄蕊仅基部略连生，无毛，花药黄色，背部着生；子房有黄长毛，3 ~ 5 室，花柱 3 裂。蒴果球形或卵圆形，径 2 ~ 4 厘米，3 室或 1 室，3 片或 2 片开裂，每室有种子 1 或 2 粒，果裂片厚，木质；苞片及萼片脱落后留下的果柄长 3 ~ 5 毫米，粗大，有环状短节。花期 10 月至翌年 2 月；果期翌年 9 ~ 10 月。

植物园有栽培。国内分布于长江流域以南各地。

油茶树为世界四大木本油料之一。

（二）厚皮香属 Ternstroemia Mutis ex L. F

常绿乔木或灌木；全株无毛。单叶互生，常簇生枝顶，全缘或具不明显腺齿；具柄。花两性、杂性或单性雌雄异株；常单生叶腋或侧生于无叶小枝上。花具梗；小苞片 2，近对生，生于花萼之下，宿存；萼片 5，稀 7，基部稍合生，边缘常有腺齿，覆瓦状排列，宿存；花瓣 5，基部合生；雄蕊 30 ~ 50，花丝短，基部合生，花药无毛，2 室，纵裂；子房上位，2 ~ 4 室，稀 5 室，每室 2 胚珠，稀 1 或 3 ~ 5 胚珠，悬垂于子房上角，珠柄较长；花柱 1，柱头全缘或 2 ~ 5 裂。浆果，稀不规则开裂；每室 2 种子，稀 1 或 3 ~ 4 种子；种子肾形或马蹄形，稍扁，假种皮常鲜红色，有胚乳。

约 90 种，主要分布于中美、南美、西南太平洋岛屿、非洲及亚洲泛热带及亚热带地区。我国 14 种。青岛 1 种。

1. 厚皮香（图 178；彩图 38）

Ternstroemia gymnanthera (Wight et Arn.) Beddome

Cleyera gymnanthera Wight et Arn.

常绿灌木或小乔木，高达 10 米；全株无毛。叶革质或薄革质，常簇生枝顶，椭圆形、椭圆状倒卵形或长圆状倒卵形，长5.5 ~ 9厘米，先端短渐尖或骤短尖，基部楔形，全缘，稀上部疏生浅齿，下面干后淡红褐色，上面中脉稍凹下，侧脉5 ~ 6对，两面均不明显；叶柄长0.7 ~ 1.3厘米。花两性或单性；常单生于无叶小枝上或叶腋。花梗长约1厘米；小苞片2，三角形或三角状卵形；萼片5，卵圆形或长圆卵形，先端圆；花瓣5，淡黄白色，倒卵形，先端圆，常微凹；雄蕊约50，长短不一；子房2室，每室胚珠2。果球形，径0.7 ~ 1厘米，小苞片和萼片均宿存；果柄长1 ~ 1.2厘米，宿存花柱顶端2浅裂。种子肾形，每室1个，肉质假种皮红色。花期5 ~ 7月；果期8 ~ 10月。

青岛市植物园有栽培。国内分布于长江以南各省区。

栽培供观赏。

图178 厚皮香

1. 果枝；2. 花；3. 花瓣；4. 果实

二十三、猕猴桃科 ACTINIDIACEAE

乔木、灌木或藤本，常绿或落叶。单叶，互生，无托叶。花两性、杂性或单性而雌、雄异株，辐射对称；萼片5，稀2 ~ 3，覆瓦状排列，稀镊合状排列；花瓣5或更多，覆瓦状排列；雄蕊10 ~ 13，2轮列或无数，不作轮列式排列，背着药，纵裂或顶孔开裂；心皮多数或3枚；子房多室或3室，花柱离生或合为一体，胚珠每室多数或少数，中轴胎座。浆果或蒴果；种子每室多数或1，有肉质假种皮，胚乳丰富。

含4属，370余种，主要分布于热带、亚洲热带及美洲热带。我国有4属，96种，主要分布于长江流域及西南地区。青岛有1属，4种。

（一）猕猴桃属 Actinidia Lindl.

落叶或常绿藤本。无毛或有毛；髓实心或片层状。单叶，互生；无托叶。花单性，雌、雄异株或两性；花单生或排成聚伞花序；有苞片，小；萼片5，稀3 ~ 4片，覆瓦状排列，花瓣5或更多，覆瓦状排列；雄蕊多数，花药黄色或紫黑色，丁字式着生，2室，纵裂；子房上位，多室，中轴胎座；胚珠多数，在雄花中有退化子房。浆果。种子多数。

约54种，分布于亚洲。我国有52种，主要分布于秦岭以南及横断山脉以东大陆地区。青岛有4种。

分种检索表

1. 小枝密生柔毛或刺毛；叶下面密被星状绒毛 ································ 1.中华猕猴桃A. chinensis
1. 小枝无毛；叶下面无毛或沿脉有毛。
  2. 髓心片状，白色或褐色。
    3. 髓褐色；花白色或粉红色，花药黄色；叶片间有白斑 ·················· 2.狗枣猕猴桃A. kolomikta
    3. 髓白色；花绿白色或黄绿色，花药黑色或紫色；叶片无白斑 ··············· 3.软枣猕猴桃A. arguta
  2. 髓心充实，白色；花药黄色；叶片间有白斑 ································4.葛枣猕猴桃A. Polygama

1. 中华猕猴桃 羊桃 木伦敦果（图 179）

Actinidia chinensis Planch.

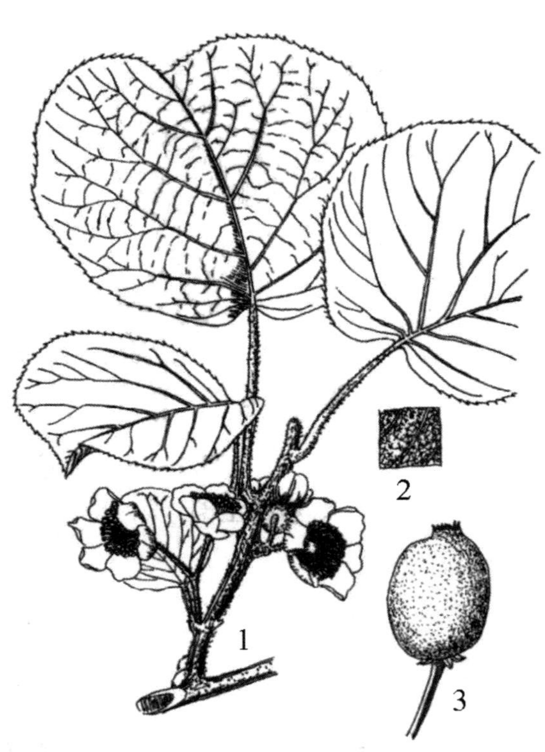

图 179　中华猕猴桃

1. 花枝；2. 叶片背面放大；3. 果实

落叶藤本。幼枝密被灰白色茸毛或锈色硬刺毛，老时秃净或留断残毛；髓白至淡褐色，片层状。叶纸质，阔倒卵形、倒卵形至近圆形，长 6 ~ 17 厘米，宽 7 ~ 15 厘米，先端平截并中间凹入或有突尖，基部钝圆至浅心形，边缘有小齿，上面深绿色，无毛或沿脉有毛。下面苍绿色，密被灰白色或淡褐色星状绒毛，侧脉 5 ~ 8 对，横脉发达；叶柄长 3 ~ 6 厘米，有灰白色或黄褐色刺毛。聚伞花序有 1 ~ 3 花，花序梗长 7 ~ 15 毫米；花梗长 9 ~ 15 毫米；苞片小，卵形或钻形，长约 1 毫米，均被柔毛；花白色，有香气，径 2 ~ 3.5 厘米；萼片 3 ~ 7，通常 5，阔卵形，长 6 ~ 10 毫米，两面被绒毛；花瓣 5，有时 3 ~ 4 或 6 ~ 7，阔倒卵形，有短爪，长 1 ~ 2 厘米，宽 0.6 ~ 1.7 厘米；雄蕊多数，花药黄色；子房球形，被金黄色绒毛；花柱挫状，多数。果黄褐色，近球形，长 4 ~ 6 厘米，被茸毛或刺毛，熟时近无毛，有多数淡褐色斑点；宿存萼片反折。

崂山北九水、仰口，植物园，崂山区，黄岛区，胶州市有栽培。国内分布于陕西、河南、安徽、湖南、湖北、江苏、浙江、福建、广东、广西等省区。

果实含丰富的维生素。富有营养，可生食、酿酒。

2. 狗枣猕猴桃 狗枣子（图 180）

Actinidia kolomikta (Maxim. & Rupr.) Maxim.

Prunus kolomikta Maxim. & Rupr.

大型落叶藤本；小枝紫褐色，径约 3 毫米，短花枝基本无毛，有较显著带黄色皮孔；长花枝幼嫩时顶部薄被短茸毛，有不明显皮孔，隔年枝褐色，径约 5 毫米，有光泽，皮孔明显，稍凸起；髓褐色，片层状。叶膜质或薄纸质，阔卵形、长方卵形至长方倒卵形，长 6 ~ 15 厘米，宽 5 ~ 10 厘米，顶端急尖至短渐尖，基部心形，稀圆形或截形，两侧不对称，边缘有单锯齿或重锯齿，两面近同色，上部常白色，后渐变为紫红色，两面近洁净或沿中脉及侧脉略被一些尘埃状柔毛，腹面散生软弱小刺毛，背面侧脉腋具髯毛或无，叶脉不发达，近扁平状，侧脉 6 ~ 8 对；叶柄长 2.5 ~ 5 厘米，初略被少量尘埃状柔毛，后脱落。聚伞花序，雄性的有花 3 朵，雌性的通常 1 花单生，花序柄和花柄纤细，被黄褐色微绒毛，花序柄长 8 ~ 12 毫米，花柄长 4 ~ 8 毫米，苞片小，钻形，不及 1 毫米。花白色或粉红色，芳香，径 15 ~ 20 毫米；萼片 5，长方卵形，两面被极微弱短绒毛，边缘有睫状毛；花瓣 5，长方倒卵形，长 6 ~ 10 毫米；花丝丝状，花药黄色，长方箭头状；子房圆柱状，无毛，花柱长 3 ~ 5 毫米。果柱状长圆形、卵形或球形，有时为扁体长圆形，长达 2.5 厘米，果皮无毛，无斑点，未熟时暗绿色，成熟时淡橘红色，并有深色的纵纹；果熟时花萼脱落。种子长约 2 毫米。花期 5 月 ~ 7 月；果熟期 9 ~ 10 月。

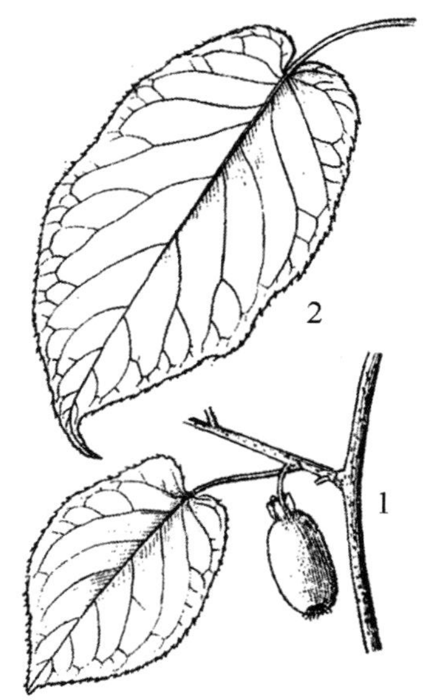

图 180 狗枣猕猴桃

1. 果枝；2. 叶片

产于崂山。国内分布于黑龙江、吉林、辽宁、河北、四川、云南等省。

3. 软枣猕猴桃 深山木天蓼（图 181；彩图 39）

Actinidia arguta (Sieb. et Zucc.) Planch. ex Miq.

Trochostigma arguta Sieb. et Zucc.

落叶藤本。小枝无毛，髓白至淡褐色，片层状。叶膜质或纸质，卵形、长圆形、阔卵形至近圆形，长 6 ~ 12 厘米，宽 5 ~ 10 厘米，先端急短尖。基部圆形或浅心形，等侧或稍不等，边缘有锐锯齿，上面深绿色，无毛，下面绿色，脉腋有髯毛或沿中脉、侧脉有少量卷曲柔毛，个别普遍被卷曲柔毛。横脉和网状小脉细，不显著，侧脉稀疏。6 ~ 7

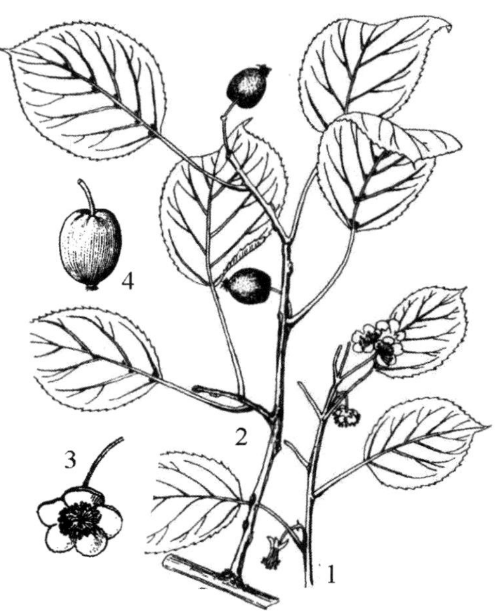

图 181 软枣猕猴桃

1. 花枝；2. 果枝；3. 花；4. 果实

对，分叉或不分叉；叶柄长 3 ~ 6 厘米，无毛。聚伞花序腋生，1 至 2 回分枝，1-7 花，多少被短绒毛；花序梗长 7 ~ 10 毫米，花梗长 8 ~ 14 毫米；苞片条形；花绿白色，芳香，径 1-2 厘米；萼片 4 ~ 6，卵圆形至长圆形，长 3.5 ~ 5 毫米，两面被疏柔毛或近无毛；花瓣 4 ~ 6，倒卵形，长 7 ~ 9 毫米；花药黑色或暗紫色；子房瓶状，无毛。果圆球形至柱状长圆形，长 2 ~ 3 厘米，有喙或不显著，无毛，无斑点，萼脱落，熟时绿黄色。花期 5 ~ 6 月；果期 9 ~ 10 月。

产于崂山，大泽山，生于山坡杂木林中。国内分布辽阔，从东北到广西均有分布。

4. 葛枣猕猴桃 木天蓼（图 182；彩图 40）

Actinidia polygama (Sieb. et Zucc.) Maxim.

Trochostigma polygama Sieb. et Zucc.

图 182 葛枣猕猴桃

1. 果枝；2. 花；3. 花朵底面观，示花萼

大型落叶藤本。枝无毛，皮孔不显著；髓白色，实心。叶薄纸质，卵形、椭圆卵形，长 7 ~ 14 厘米，宽 4 ~ 8 厘米，先端急渐尖至渐尖，基部圆形至阔楔形，边缘有细锯齿，上面绿色，散生少数小刺毛，有时前半部白色或淡黄色，下部浅绿色，沿中脉和侧脉有卷曲柔毛，中脉有时有小刺毛。叶脉比较发达，侧脉 7 对，其上段常分叉，横脉颇显著，网状小脉不明显；叶柄长 1.5 ~ 3.5 厘米，近无毛。花序有 1 ~ 3 花；花序梗长 0.5 ~ 1.5 厘米，近中部处有 2 花的脱落痕迹，均被薄绒毛；苞片小，长约 1 毫米；花白色，芳香，径 2 ~ 3.5 厘米；萼片 5，卵形，长两面被薄毛或近无毛；花瓣 5，倒卵形，长 8 ~ 13 毫米，最外 2 ~ 3 片背面有时略被柔毛；花药黄色；子房瓶状，无毛；花柱多数，长 3 ~ 4 毫米。果卵球形，长 2. 5 ~ 3 厘米，无毛，无斑点，顶端有喙，基部有宿存萼片。花期 6 月；果熟期 9 ~ 10 月。

产崂山北九水、蔚竹庵、潮音瀑、洞西岐、八水河等景区，生于山沟、山坡较阴湿处。国内分布于东北地区及甘肃、陕西、河北、河南、湖北、湖南、四川、云南、贵州等省区。

果实可食用及酿酒。茎皮可造纸。虫瘿可药用，治疝气及腰痛；从果实中提取新药 polygmol，为强心利尿的注射剂。

二十四、藤黄科 CLUSIACEAE

乔木或灌木，有时为藤本，稀为草本；有油腺或树脂道。单叶，对生或轮生；全缘；无托叶。花两性或单性，辐射对称，常为聚伞花序，有时单生；萼片 2 ~ 6；花瓣

2 ~ 6；在芽中呈覆瓦状、回旋状或十字状排列；雄蕊 4 至多数，离生或合成 3 束或多束；雌蕊 1 个，子房上位，心皮 l-15，合生，通常为 3 ~ 5 心皮，中轴胎座，稀为侧膜胎座，各含 1 胚珠，花柱与心皮同数，离生或基部合生；柱头与心皮同数，常成盾状或放射状。果实为蒴果，有时为浆果或核果；种子无胚乳，常有假种皮。

约 40 属，1000 种以上，主要分布于热带。我国有 8 属，87 种。分布于全国，主要分布于西南地区。青岛有木本植物 1 属，1 种。

（一）金丝桃属 Hypericum L.

草本或灌木，有时常绿。叶对生，有时轮生，有短柄或无柄，全缘，有黑色或透明小点；无托叶。花两性，成顶生或腋生聚伞花序或单生；萼片 5 或 4，覆瓦状或镊合状排列；花瓣 5 或 4，回旋状，黄色至金黄色；雄蕊通常多数，离生或成 3 ~ 5 束，花丝纤细，花药纵裂，药隔上有腺体；子房 1 室，有 3 ~ 5 个侧膜胎座，或 3 ~ 5 室而成中轴胎座，胚珠多数，花柱 3 ~ 5，离生或合生。蒴果，室间开裂，果爿常有含树脂的条纹或囊状腺体；种子小。

约 400 余种，分布于北半球温带及亚热带，少数分布于南半球。我国约有 55 种，8 亚种，广布于全国，主要产于西南部。青岛栽培 1 种。

l. 金丝桃　金丝海棠（图 183）

Hypericum monogynum L.

H. chinense L.

半常绿灌木；高可达 1 米。小枝幼时有 2 纵棱，很快变为圆柱形，光滑无毛。叶对生；椭圆形或狭长圆形，长 2 ~ 11 厘米，宽 1 ~ 4 厘米，先端锐尖至圆形，基部楔形至圆形，全缘，上面绿色，下面粉绿色，密生透明腺点；无柄。花顶生；单生，或 3 ~ 7 花成聚伞花序；花梗长 0.8 ~ 2. 8 厘米，花径 3 ~ 6.5 厘米，星状；萼片 5，卵形或椭圆状卵形，全缘；花瓣 5，黄色，阔倒卵形，有光泽，长 2 ~ 3.4 厘米，宽 1 ~ 2 厘米，长约为萼片的 2.5 ~ 4.5 倍，全缘，无腺体；雄蕊多数，基部合生成 5 束；花柱细长，顶端 5 裂，外弯，长达 1.5 ~ 2 厘米。蒴果卵圆形，花期 5 ~ 8 月；果期 8 ~ 9 月。

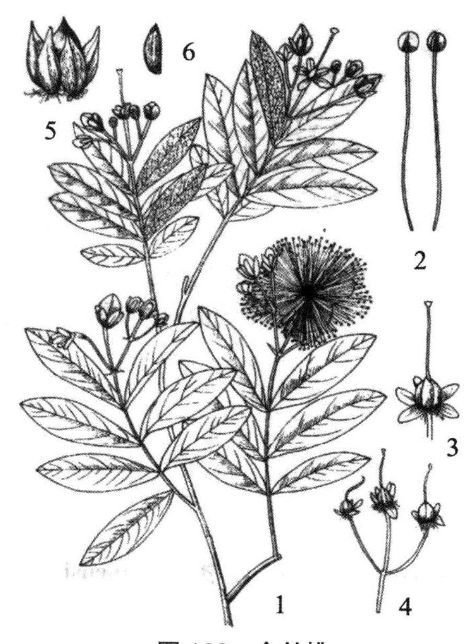

图 183　金丝桃

1. 花枝；2. 雄蕊；3. 雌蕊；4. 幼果；5. 开裂的果实；6. 种子

公园绿地及单位庭院常见栽培。国内分布于河北、河南、陕四及长江流域以南各省区。

果实及根人药，果作连翘代用品，根能祛风湿、止咳、下乳、治腰痛。花美丽，栽培供观赏。

二十五、杜英科 ELACOCARPACEAE

常绿或半落叶，乔木或灌木。单叶互生或对生；具柄，具托叶或缺。花单生或排成总状花序。花两性或杂性；萼片 4 ～ 5；花瓣 4 ～ 5，镊合状或覆瓦状排列，先端常撕裂，稀无花瓣；雄蕊多数，分离，生于花盘上或花盘外，花药 2 室，顶孔开裂或纵裂，药隔常芒状，或有毛孔；花盘环形或分裂为腺体；子房上位，2 至多室，花柱连和或分离，每室 2 至多个胚珠。核果或蒴果，有时果皮有针刺。种子椭圆形，胚乳丰富，胚扁平。

12 属 400 种，分布于东西两半球热带和亚热带。我国 2 属 50 余种。青岛引种栽培 1 属，1 种。

（一）杜英属 Elaeocarpus L.

常绿乔木。叶互生，全缘或有锯齿，下面常有黑色腺点；具叶柄，托叶线性，稀叶状或缺。总状花序腋生。花两性或杂性；萼片 4 ～ 6；花瓣 4 ～ 6，白色，先端常撕裂或有浅齿，稀全缘；雄蕊多数，花丝极短，花药 2 室，顶孔开裂，药隔突出，常呈芒状，或为毛丛状；花盘常裂为 5 ～ 10 腺体，稀杯状；子房 2 ～ 5 室，每室 2 ～ 6 胚珠。核果 1 ～ 5 室，内果皮骨质，每室 1 种子。

约 200 种，常分布于亚洲热带及西南太平洋和大洋洲。我国 38 种。青岛栽培 1 种。

1. 杜英（图 184）

Elaeocarpus decipiens Hemsl.

图 184　杜英

1. 果枝；2. 花枝；3. 雄蕊；4. 花瓣；5. 雌蕊

常绿乔木，高可达 15 米。幼枝有微毛，后脱落，干后黑褐色。叶革质，披针形或倒披针形，长 7 ～ 12 厘米，先端渐尖，基部下延，两面无毛，侧脉 7 ～ 9 对，边缘有小钝齿；叶柄长 1 厘米。总状花序生于叶腋及无叶老枝上，长 5 ～ 10 厘米，花序轴细，有微毛。花梗长 4 ～ 5 毫米；花白色；萼片披针形，长 3.5 毫米；花瓣倒卵形，与萼片等长，上半部撕裂，裂片 14 ～ 16；雄蕊 25 ～ 30，花丝极短，花药顶端无附属物；花盘 5 裂，有毛；子房 3 室，花柱长 3.5 毫米；每室 2 胚珠。核果椭圆形，长 2 ～ 2.5 厘米，外果皮无毛，内果皮骨质，有多数沟纹，1 室。种子长 1.5 厘米。花期 6 ～ 7 月。

市南区珠海路有栽培。国内主要分布于长江以南各省区。

种子油可作肥皂盒润滑油；树皮可制燃料。栽培可供观赏。

二十六、椴树科 TILIACEAE

乔木、灌木或草本。单叶互生，稀对生，基出脉；托叶早落、宿存或不存在。花两性，或单性，辐射对称，聚伞花序或再组成圆锥花序；苞片早落或有时大而宿存；萼片5，花瓣与萼片同数，离生，内侧常有腺体，或有花瓣状假雄蕊，与花瓣对生；雄蕊多数，稀5数，离生或基部联合成束，花药2室，纵裂或顶端孔裂；子房上位，2～6室，每室胚珠1至数枚。核果、蒴果或浆果，或翅果状，2～10室；种子无假种皮，有胚乳，胚直，子叶扁平。

约52属，500种，分布于热带及亚热带地区。我国有13属，85种。青岛有木本植物2属，6种，1变种。

分属检索表

1. 花序总梗与叶状苞片合生；核果密生短柔毛 ………………………………………… 1.椴树属 Tilia
1. 花序总梗无苞片；核果无毛，橙红色………………………………………………… 2.扁担杆属 Grewia

（一）椴树属 **Tilia** L.

落叶乔木。内皮富含纤维及黏液。单叶，互生，有长柄，托叶早落。花两性，聚伞花序，花序梗下半部与叶状苞片合生；花萼5；花瓣5，覆瓦状排列，常有花瓣状退化雄蕊与之对生；雄蕊多数，离生，或基部联合成5束与花瓣对生；子房5室，每室胚珠2。核果球形，不开裂，有种子1～3。

约80种，主要分布于亚热带和北温带。我国有35种，自东北至华南均有分布。青岛有6种。

分种检索表

1. 叶下面有毛。
  2. 叶下面密生星状绒毛。
    3. 叶缘锯齿有芒状齿尖，芒长1～2毫米；核果有疣状突起，密生黄褐色星状毛 1.糠椴T. mandshrica
    3. 叶缘锯齿有短尖头，尖头长不足1毫米；果实密生灰绿色星状毛 ………… 2.南京椴T. miqueliana
  2. 叶下面沿脉密生单毛，叶缘有尖锯齿而无芒尖；果有明显5棱 ……………… 3.欧椴T. platyphyllus
1. 叶下面仅脉腋有簇生毛；苞片有柄，柄长1～2厘米。
  4. 叶无裂片或偶有裂片；叶缘锯齿芒状尖长1～2毫米。
    5. 花无退化雄蕊，雄蕊20 ……………………………………………………………4.紫椴T. amurensls
    5. 花有退化雄蕊，雄蕊30～40；花序上的小苞片小而早落 …………………… 5.华东椴T. japonica
  4. 叶先端常有3浅裂；叶缘有粗齿 ……………………………………………………6.蒙椴T. mongolica

1. 糠椴 辽椴 椴树（图185；彩图41）

Tilia mandshrica Rupr. et Maxim.

落叶乔木。树皮灰色，老时浅纵裂；一年生枝褐绿色，密生灰白色星状毛；芽卵

图 185 糠椴
1. 果枝；2. 星状毛

形，密生黄褐色星状毛。叶卵形或近圆形，长 4 ~ 19 厘米，宽 4 ~ 20 厘米，先端短尖，基部宽心形或近截形，边缘有粗锯齿，齿尖芒状，下面密生灰白色星状毛；叶柄长 2 ~ 8 厘米，密被星状毛。聚伞花序长 9 ~ 13 厘米，有 7 ~ 12 花，花序轴及花梗密被淡黄褐色星状毛；苞片长圆形或倒披针状圆形，先端圆，基部略窄，长 5 ~ 15 厘米，两面均有星状毛，或上面近无毛；柄长约 5 毫米；萼片卵状披针形，长约 6 毫米，外面被黄褐色星状毛，里面有白色长毛；花瓣黄色，条形，长 7 ~ 8 毫米，宽 2 ~ 2. 5 毫米，无毛，先端钝尖；退化雄蕊花瓣状，条形，较花瓣略小；雄蕊多数；子房近球形，密生灰白色星状毛，花柱无毛，柱头 5 裂。果球形或卵状球形，长 0.8 ~ 1.2 厘米，密生黄褐色星状毛，有 5 棱或不明显，并有多少不等的疣状突起。花期 6 ~ 9 月；果熟期 9 月。

产崂山北九水、蔚竹庵、凉清河、三标山、花花浪子山沟等地，生于山坡杂木林中。国内分布于东北及河北、内蒙古、江苏等省区。

材质轻软，可制家具、胶合板及火柴杆等。花药用，有发汗、镇静及解热之功效。亦为蜜源植物。

2. 南京椴 白椴（图 186）

Tilia miqueliana Maxim.

落叶乔木。树皮灰褐色，浅纵裂；小枝及芽密生星状毛。叶卵圆形，长 6 ~ 10 厘米。宽 6 ~ 8 厘米，先端短尖，基部斜截形或心形，边缘有细尖锯齿，上面无毛，下面密生灰白色星状毛；叶柄有星状毛，长 3 ~ 6 厘米。聚伞花序长 7 ~ 9 厘米，花序轴有星状毛；苞片长 5 ~ 13 厘米，匙形，上面脉腋有星状毛，下面密生星状毛，有短柄或有时无柄；花梗密生星状毛；花萼 5，长 5 ~ 6 毫米，长卵形，先端尖、外面密生灰白色星状毛，内面有长柔毛；花瓣 5，黄白色，条

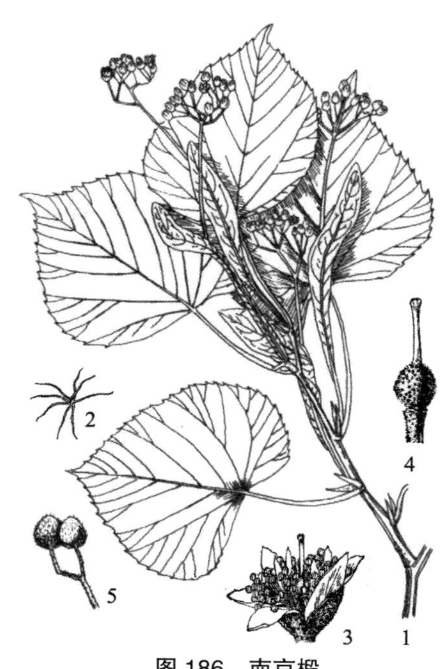

图 186 南京椴
1. 花枝；2. 星状毛；3. 花；4. 雌蕊；5. 果实

形，长 6 ~ 7 毫米，宽 2 ~ 2.5 毫米，先端钝尖，无毛；退化雄蕊 5，黄白色；花瓣状，较花瓣略小；雄蕊多数，子房近球形，密生白色星状毛，柱头 5 裂。果球形，长 6 ~ 8 毫米，无棱，密生灰褐色星状毛。花期 7 月；果熟期 9 月。

崂山北九水，中山公园有栽培。国内分布于江苏、浙江、安徽、江西、广东等省区。

木材可制胶合板。可做城市绿化树种。

3. 欧椴 阔叶椴 大叶椴（图 187）

Tilia platyphyllus Scop.

乔木。树皮灰褐色，浅纵裂；当年生枝密生柔毛。叶卵形至卵圆形，长 6 ~ 12 厘米，宽与长略等，先端短渐尖，基部斜心形或斜截形，边缘有整齐尖锯齿，上面沿脉疏生或密生白色柔毛，下面沿脉密生黄褐色柔毛，脉腋有簇毛；叶柄长 2 ~ 5 厘米，密生黄褐色毛。苞片倒披针形，长 5 ~ 12 厘米，宽 1 ~ 1.5 厘米，先端圆形，基部较狭，沿脉密生或疏生柔毛。无柄或近无柄。花序长 8 ~ 10 厘米，有 3 ~ 6 花，总梗及花梗上有毛；萼片 5，卵状披针形，长 6 毫米，外面沿脉、边缘有星状毛，里面有长毛；花瓣黄白色，倒披针形，长 7 ~ 8 毫米，宽约 2 毫米，无毛；雄蕊约 50，5 束；子房有白色绒毛，柱头 5 浅裂。果近球形，密生灰褐色星状绒毛，有明显 5 纵棱。花期 6 月；果熟期 8 ~ 9 月。

原产欧洲。中山公园有引种栽培。

木材供制家具、胶合板。树皮纤维可代麻。可做为庭园绿化树种。

4. 紫椴 小叶椴 锦椴 阿穆尔椴（图 188）

Tilia amurensls Rupr.

乔木。树皮暗灰色，纵裂，呈块状剥落；一年生枝黄褐色或赤褐色，无毛；芽卵形，黄褐色或赤褐色，长 3 ~ 6 毫米，无毛。叶阔卵形或近圆形，长 4 ~ 8 厘米，宽 4 ~ 7.5 厘米，先端尾尖，基部心形，偏斜，边缘有粗锯齿，齿尖芒状，偶有大裂片，上面无毛，下面仅脉腋有簇生褐色毛；叶柄长 3 ~ 6 厘米，无毛。

图 187 欧椴

1. 花枝；2. 果枝

图 188 紫椴

1. 花枝；2. 果枝；3. 花；4. 叶片下面脉腋，示簇生毛；5. 星状毛聚伞花序长 4 ~ 8 厘米，有 3 ~ 20 花，花序轴无毛；苞片倒披针形至长圆形，长 3 ~ 7 厘米，两面无毛，有柄；萼片 5，长 5 ~ 6 毫米．两面有毛；花瓣 5，条形，黄白色，无毛，稍长于萼片；雄蕊约 20，无退化雄蕊；子房球形，密生白色柔毛，柱头 5 浅裂。果近球形，径 5 ~ 8 毫米，密生灰褐色星状毛，纵裂不明显。花期 6 ~ 7 月；果熟期 9 ~ 10 月。

崂山北九水、蔚竹庵等地及大珠山有分布。国内分布于东北地区。

木材供胶合板、家具用。种子可榨油。为重要蜜源植物。

5. 华东椴（图 189）

Tilia japonica (Miq.) Simonk.

T. cordata Mill. var. *japonica* Miq.

乔木。树皮灰色，浅纵裂；嫩枝初时疏生长柔毛，后脱净。叶近圆形至阔卵形，长 5 ~ 12 厘米，宽 4 ~ 11 厘米，先端突尖或渐尖，基部正或稍偏斜，截形或阔心形，缘有不整齐锯齿，齿端有芒状刺尖，上面无毛，下面脉腋有簇毛；叶柄长 3 ~ 6 厘米。聚伞花序有 6 ~ 16 花，花序轴及花梗无毛；苞片倒披针形，长 4 ~ 6 厘米，宽 1 ~ 1.5 厘米，先端钝圆，基部楔形，仅脉上散生星状毛；柄长 1 ~ 2 厘米，萼片 5，卵状三角形，两面有毛，长约 3 毫米；花瓣 5，浅黄色，条形，长 5 ~ 6 毫米，无毛；雄蕊多数，有退化雄蕊；子房球形，密生白色短柔毛，柱头分裂。果近球形，无棱，密生短柔毛，径 5 ~ 6 毫米。花期 6 ~ 7 月；果熟期 9 月。

图 189　华东椴

1. 果枝；2. 花枝；3. 花；4. 雄蕊和花瓣；5. 毛

产崂山北九水、蔚竹庵、二龙山等地；中山公园有栽培。生于阴坡、半阴坡杂木林或形成片林。国内分布于安徽、江苏、浙江。

木材供建筑、胶合板、家具等用。

6. 蒙椴（图 190）

Tilia mongolica Maxim.

小乔木，高可达 10 米。树皮灰色，浅裂；小枝紫褐色或黄褐色，无毛。叶三角状卵形或卵形，长 4 ~ 6 厘米，宽 3 ~ 6 厘米，先端长渐尖，基部偏斜，阔心形或截形，先端常有 3 裂，边缘有不整齐的粗大锯齿，上面无毛，下面仅脉腋有褐色簇毛；叶柄

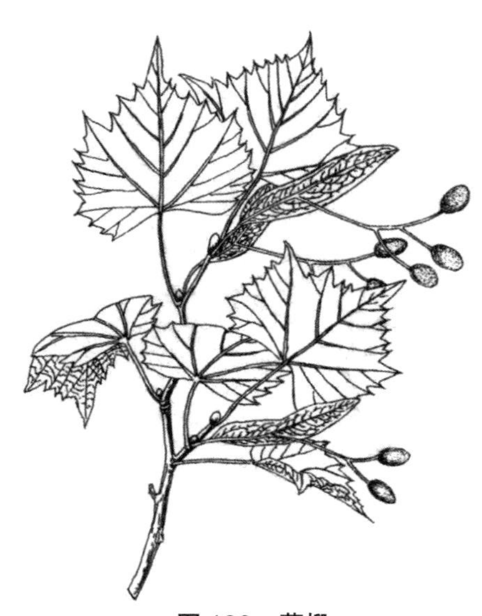
图 190　蒙椴

长 2 ~ 6 厘米，无毛。聚伞花序有 6 ~ 20 花，苞片狭长圆形，有柄，先端钝圆，基部楔形，长 4 ~ 6 厘米，宽 1 厘米。两面无毛；萼片 5，卵状披针形，两面有毛；花瓣 5，条形，黄白色；退化雄蕊 5，花瓣状，略小于花瓣，雄蕊多数；子房球形. 密生白色短毛，花柱长约 3 毫米，有星状毛，柱头 5 裂。果卵球形，长 6 ~ 7 毫米，径约 5 毫米，密生黄褐色短柔毛。花期 6 月；果熟期 8 ~ 9 月。

产崂山庙岭。国内分布于内蒙古、河北、河南、山西及辽宁等省区。

木材供建筑、家具用。花为蜜源植物。种子可榨油。

（二）扁担杆属 Grewia L.

乔木或灌木。嫩枝通常被星状毛。单叶互生；有托叶。花 5 基数，单生，顶生或腋生聚伞花序，或花序与叶对生；花萼明显；花瓣基部有腺体和长毛；雄蕊多数，离生，无退化雄蕊；子房 2 ~ 4 室，每室胚珠 2 或多数。核果肉质，2 ~ 4 裂，有核 2 ~ 4，有假隔膜；胚乳丰富。

约 90 于种，分布于亚洲、非洲、大洋洲热带及亚热带地区。我国 26 种，主要分布于长江流域以南各地。青岛有 1 变种。

1. 小花扁担杆 扁担木 扁担杆子 孩儿拳头 娃娃拳 狗拐 小孩拳（图 191）

Grewia biloba G. Don var. **parviflora** (Bge.) Hand.-Mazz.

G. parviflora Bge.

落叶灌木。树皮灰褐色，平滑；小枝灰褐色；当年生枝及叶、花序均密生灰黄色星状毛。叶棱状卵形，长 3 ~ 13 厘米，宽 1 ~ 7 厘米，先端渐尖，有时不明显 3 裂，基部阔楔形至圆形，边缘有不整齐细锯齿，基出 3 脉，上面粗糙，疏生星状毛，下面密生星状毛；叶柄长 3 ~ 10 毫米，密生星状毛；托叶细条形，长 5 ~ 7 毫米，宿存。聚伞花序近伞状与叶对生。常有 10 余花或 3 ~ 4 花；花梗长 4 ~ 7 毫米，密生星状毛；萼片 5，绿色，条状披针形，先端尖，长 5 ~ 6 毫米，外面密生星状毛，里面有单毛；花瓣 5，与萼片互生，细小，淡黄绿色，长约 1.2 毫米；雄蕊多数，花丝无毛，花药黄色；雌蕊长度不超出雄蕊，子房有毛，花柱合一，顶端分裂。核果熟时橙红色，有光泽，2 ~ 4 裂，每裂有 2 粒种子；种子淡黄色，径约 7 毫米。花期 6 ~ 7 月；果期 8 ~ 10 月。

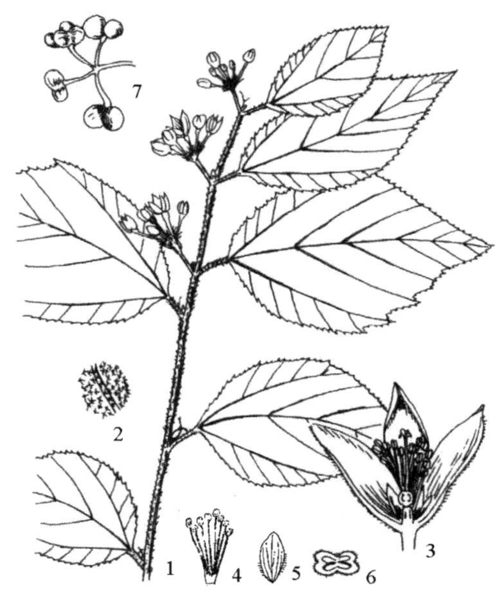

图 191 小花扁担杆

1. 花枝；2. 星状毛；3. 花纵切；4. 雄蕊；5. 花瓣；6. 子房横切；7. 果序

产于全市各丘陵山地，生于山坡、沟谷、灌丛及林下；市区公园绿地常有栽培。国内分布于华北至华南。

茎皮可代麻。种子榨油工业用。根茎叶药用，有健脾、固精、祛风湿等功效。栽培可供观赏。

二十七、梧桐科 STERCULIACEAE

乔木或灌木，稀为草本或藤本；植物体上常有星状毛或盾状鳞。单叶，稀掌状复叶，互生，稀对生，全缘，有深裂或有锯齿；有托叶，早落。花两性、单性或杂性，常排列成顶生或腋生的各种花序，少数有茎上生花，花辐射对称；萼片 5，稀 3 ~ 4，镊合状排列，基部合生或完全离生；花瓣 5 或无花瓣，常旋转式排列；雌蕊、雄蕊常合生，有柄；雄蕊 2 轮，单体或离生，外轮与花萼对生，常退化为舌状、条状，内轮与花瓣对生，花药 2 室，纵裂或孔裂；雌蕊常 2 ~ 5 心皮合成，4 ~ 5 室，合生或多少分离，子房上位，每室有胚珠 2 至多数。果实革质或肉质，形成开裂或不开裂的蓇葖果或蒴果，稀浆果或核果；种子有或无胚乳。

约 68 属，1100 余种，多分布于热带及亚热带，少数种可延伸至温带。我国 19 属，82 种，3 变种，主要在长江流域及西南各省区。青岛有木本植物 1 属，1 种。

（一）梧桐属 **Firmiana** Mars.

落叶乔木或灌木。单叶，互生，掌状分裂，有长柄。花单性或杂性，圆锥花序顶生或腋生；萼钟形，5 深裂，内面基部多有色彩，无花瓣；雄花的雄蕊连合成筒状，花药集生在顶端呈头状；雌花有退化雄蕊无花丝筒，不育花药围绕在子房基部，子房有柄，5 心皮靠合，基部分离，上部愈合成 1 花柱，胚珠多数，中轴胎座。蒴果成为 5 个张开的蓇葖果状，膜质叶片状，有柄；种子球形，4 ~ 5 颗，生于果皮基部的边缘。

图 192　梧桐
1. 花枝；2. 雌花；3. 雄花和雄蕊；4. 果实

约 15 种，分布于亚洲和非洲东部。我国有 3 种，主要分布在广东、广西和云南。青岛有 1 种。

1. 梧桐　青桐（图 192）

Firmiana simplex (L.) W. F. Wight

F. platanifolia (L. f.) Mars.；*Sterculia platanifolia* L.

落叶乔木，高可达 15 米。树皮青绿色，光滑，老树灰色，纵裂；枝绿色，无毛或微有白粉；芽近球形，芽鳞外被赤褐色毛。叶卵圆形或圆形，径 15 ~ 30 厘米，3 ~ 5 缺刻状裂，裂片近三角形，先端渐尖，裂凹 V 形或 U 形，叶基多心形。两面平滑或略有毛，基出掌状脉 7 条。叶柄与叶片近等长。圆锥花序长 20 ~ 30 厘米，宽20余厘米，疏大；花萼深裂至基部，裂片条形或钝矩圆形，长约1厘米，内面基部少有紫红色彩斑，外面黄白色，有柔毛，开花时常反卷；雄花的花丝筒约与花萼片等长，上粗下细，白色，花药黄色，约15枚集生成头状；雌花的子房圆球形，5室，花柱合生，基部有退化雄蕊附生，外被毛。蓇葖状果皮膜质，开裂后匙形，有柄，长6～11厘米，宽3～4厘米，全缘，上面有细脉纹；种子小，球形，径约0.6～1厘米，棕褐色，表面有皱纹。花期6～7月；果熟期9～10月。

全市各地普遍栽培。国内分布于黄河流域以南各省区。

优良绿化和观赏树种。木材质地轻软，适宜做箱盒、乐器用。花、果、根皮及叶均可药用。种子煨炒后可食用。

二十八、锦葵科 MALVACEAE

草本、灌木或乔木。叶互生，单叶或分裂，叶脉通常掌状；有托叶。花腋生或顶生，单生，或为聚伞花序至圆锥花序，花两性，辐射对称；萼片3～5，离生或合生，其下面附有总苞状的副萼3至多数；花瓣5片，分离，但与雄蕊管的基部合生；雄蕊多数，花丝连和成管状，称单体雄蕊，花药1室，花粉被刺；子房上位，2至多室，通常以5室较多，由2～5或较多的心皮环绕中轴而成，花柱上部分成棒状，每室有胚珠1至多数，花柱与心皮同数或为其2倍。蒴果，常分裂成为分果，稀为浆果状；种子肾形或倒卵形，有毛或光滑无毛，有胚乳。

约50属，1000种，分布于热带至温带。我国16属，81种，36变种和变型，产于全国各地。青岛有木本植物1属，1种。

（一）木槿属 Hibiscus L.

草本、灌木或乔木。叶互生，掌状分裂或不分裂，叶脉掌状；有托叶。花两性，5数，花常单生于叶腋，副萼5或多数，分离或于基部合生；花萼钟状，稀为浅杯状或管状，5齿裂，宿存；花瓣5，各色，基部与雄蕊柱合生；雄蕊柱顶端平截或5齿裂，花药多数，生于柱顶；子房5室，每室有胚珠3至多数，花柱5裂，柱头头状。蒴果室背开裂成5果爿；种子肾形，有毛或腺状乳突。约200余种，分布于热带和亚热带。我国有24种，16变种和变型(包括日引入栽培种)。青岛有木本植物1种。

1. 木槿（图193）

Hibiscus syriacus L.

落叶灌木，高3～4米。小枝密生黄色

图193 木槿

1～2. 花枝；3. 星状毛；4. 花纵切

星状绒毛。叶菱形至三角状卵形，长 3 ~ 10 厘米，宽 2 ~ 4 厘米，有深浅不同的 3 裂或不裂，先端钝，基部楔形，边缘有不整齐齿缺，下面沿叶脉微有毛或近无毛；叶柄长 0.5 ~ 2.5 厘米，上面被星状柔毛；托叶条形，长约 6 毫米，疏被柔毛。花单生于枝端叶腋间；花梗长 0.4 ~ 1.4 厘米，有星状短柔毛；副萼 6 ~ 8，条形，长 0.6 ~ 1.5 厘米，宽 1 ~ 2 毫米，有密星状柔毛；花萼钟形，长 1.4 ~ 2 厘米，有密星状柔毛；裂片 5，三角形；花钟形，淡紫色，径 5 ~ 6 厘米，花瓣倒卵形，长 3.5 ~ 4.5 厘米，外面有稀疏纤毛和星状长柔毛；雄蕊柱长约 3 厘米；花柱枝无毛。蒴果卵圆形，直径约 1. 2 厘米，密被黄色星状绒毛；种子肾形，背部有黄白色长柔毛。花期 7 ~ 10 月。

全市公园绿地普遍栽培。国内分布于中部各省区。

供绿化及观赏，或作绿篱，对二氧化硫、氯气等的抗性较强，可以在大气污染较重的地区栽种。茎皮富含纤维，做造纸原料。树皮药片，治疗皮肤癣疮、清热利湿；花药用，有清热凉血、解毒消肿的功效。

（1）粉紫重瓣木槿（栽培变种）

'Amplissimus'

花粉紫色，花瓣内面基部洋红色，重瓣。

公园绿地普遍栽培。

供观赏。

（2）白花木槿（栽培变种）

'Totus-albus'

花白色，单瓣或重瓣。

常见栽培。

供观赏。

（3）花叶木槿（栽培变种）

'Argenteo-variegata'

叶具彩斑，大而鲜明；花紫红色，重瓣，花期长。

山东科技大学校园有栽培。

供观赏。

二十九、大风子科 FLACOURTIACEAE

乔木或灌木，稀藤本。单叶，互生，托叶早落。花小，辐射对称，单性或两性，花序有总状花序、伞房花序、圆锥花序、丛生状花序等，顶生或腋生；花萼通常 2 ~ 7 片，花瓣存或缺；花托通常具腺体，雄蕊通常多数，稀少数，花药 2 室，子房上位、半上位，极少下位，1 ~ 2 室，侧膜胎座，胚珠倒生。果实为蒴果、浆果、核果。种子有假种皮，少数有翅，有胚乳，子叶大。

含 93 属，1300 多种，分布于热带及亚热带。我国有 15 属，约 54 种，主要分布于中南及西南地区。青岛崂山栽培 1 属，1 变种。

（一）山桐子属 **Idesia** Maxim.

落叶乔木。单叶，互生，叶柄和叶基常有腺体；托叶小，早落。大型顶生圆锥花序；花单性，雌、雄异株或杂株；花萼 3 ～ 6，通常 5；通常无花瓣；雄花绿色，有柔毛，具多数雄蕊及 1 退化雌蕊；雌花淡紫色，被密柔毛，具多数退化雄蕊，子房上位，1 室，胚珠多数，侧膜胎座，花柱 5。浆果，种子多数。

1. 毛叶山桐子（图 194；彩图 42）

Idesia polycarpa Maxim. var. **vestita** Diels.

落叶乔木，高达 15 米。树皮灰白色，平滑，枝条粗壮，赤褐色，被灰色柔毛。叶宽卵形至卵状心形，长 8 ～ 16 厘米，宽 6 ～ 14 厘米，先端渐尖或短尖，基部心形，边缘有疏锯齿，上面散生柔毛，脉上较密，下面被白粉，密生短柔毛，掌状基出 5 ～ 7 主脉，叶柄长 6 ～ 15 厘米，密生短柔毛，顶端有 2 突起腺体。顶生圆锥花序，长 12 ～ 20 厘米，下垂，花序轴密生短柔毛；花梗长 1 ～ 1.5 厘米，密生柔毛；萼片 5，覆瓦状排列，长卵形，黄绿色，被柔毛；无花瓣；雄花有多数雄蕊，花丝条形，被毛，有退化雌蕊；雌花有多数退化雄蕊，子房上位，花柱 5，柱头球状。浆果球形，红褐色，径 6 ～ 8 毫米，果柄长约 2 厘米，种子多数。花期 6 月；果期 9 ～ 10 月。

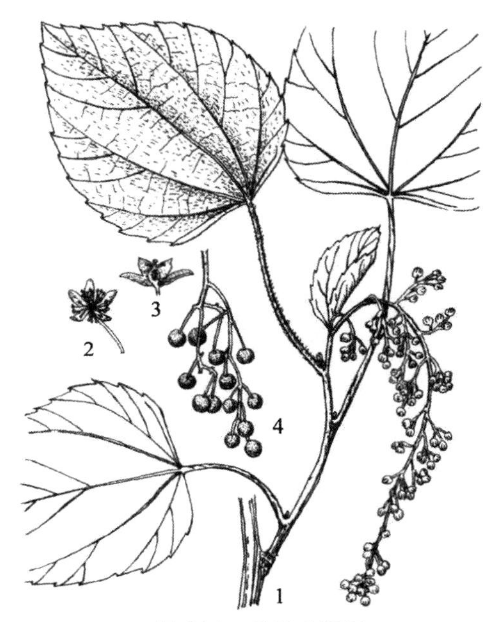

图 194 毛叶山桐子

1. 花枝；2. 花；3. 花纵切；4. 果穗

崂山太清宫后有栽培，生长良好。国内分布于长江流域及南方各省区。

种子油可制肥皂和润滑油，亦为桐油代用品。木材可供箱板及火柴杆等用。亦用作园林绿化树种。

三十、柽柳科 TAMARICACEAE

灌木、亚灌木或小乔木，稀草本，生叶的枝多纤细。单叶，互生，鳞片状或短针形，无叶柄，无托叶。花两性，整齐，单生或集成穗状、总状花序或再集为顶生圆锥状总状花序；花萼 4 ～ 5，深裂，宿存；花瓣 4 ～ 5，覆瓦状排列；雄蕊与花瓣同数而互生，或为其 2 倍，稀多数，离生或在下部合生，有花盘，下位或周位，具 5 ～ 10 腺体；子房上位；1 室，具 2 ～ 5 侧膜胎座，含 2 至多数倒生胚珠，花柱常 3，稀 5，离生或合生。蒴果，成熟时纵裂；种子直立，先端具毛或翅。

约 3 属，110 种，分布于亚洲、北非温带及亚热带地区。我国有 3 属，32 种，主要分布于西部、北部及中部各省区。青岛有 1 属，1 种。

（一）柽柳属 **Tamarix** L.

灌木或小乔木，小枝细弱。叶小，鳞片状，冬季与无芽的细弱小枝一起脱落。花小形，有短梗或无，成顶生或侧生的穗状、总状或密圆锥状花序；萼片及花瓣均为 4 ～ 5，花冠直立或开张；雄蕊 4 ～ 5，稀 8 ～ 12，离生或基部稍连合；基部花盘明显，边缘 5 ～ 10 深裂；子房上位，1 室，着生于花盘内，胚珠多数，花柱 2 ～ 5，柱头短，头状。蒴果 3 ～ 5 瓣裂；种子多数，顶端有无柄的簇生毛，无胚乳。

约 90 种。主要分布于亚洲大陆和北非，部分地分布于欧洲的干旱和半干旱区域，沿盐碱化河岸滩地到森林地带。我国约 18 种 1 变种，主要分布于西北、内蒙古及华北。青岛有 1 种。

1. 柽柳 红荆条 三春柳（图 195）

Tamarix chinensis Lour.

Tamarix juniperina Bge.

灌木或小乔木，高 2 ～ 5 米。老干紫褐色，条状裂，枝暗棕色至棕红色；小枝蓝绿色，细而下垂。鳞叶钻形或卵状披针形，长 1 ～ 3 毫米，先端渐尖或略钝，下面有隆起的脊，基部呈鞘状贴附枝上；无柄。总状花序生于去年生的枝侧或当年生的枝顶，常组成复合的大形圆锥花序，通常下弯，每总花序基部及小花各有 1 小苞片，长 1 毫米，条状钻形，比小花梗及总梗柄短，萼片 5，卵形，先端钝尖；花瓣 5，长圆形，长 1.2 ～ 1.5 毫米，离生，开花时张开，粉红色或近白色；雄蕊 5，长于或略长于花瓣，花药淡红色；花盘暗紫色，10 裂或 5 裂先端有浅缺；子房瓶状，浅紫红色，柱头 3，棒状。蒴果，长圆锥形，长 4 ～ 5 毫米。先端长尖，3 瓣裂。花期 5 ～ 8 月，可 3 次开花，故名“三春柳”；果期 7 ～ 10 月。

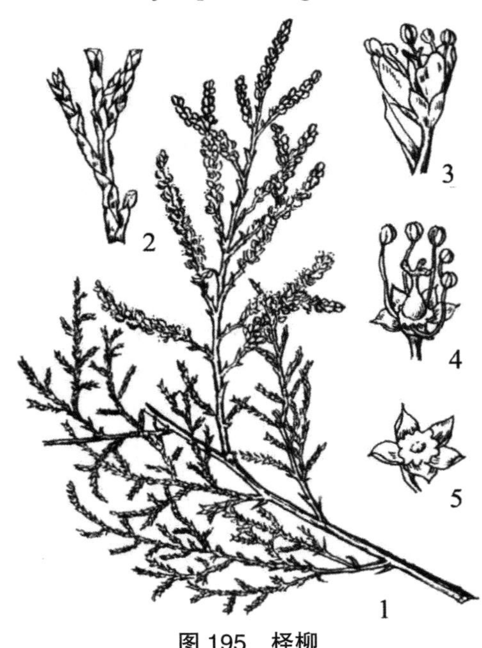

图 195　柽柳

1. 花枝；2. 小枝一段放大；3 ~ 5. 花放大（示雄蕊、雌蕊和花盘）

产于崂山太清宫、青山及胶州湾沿海区域。生于沙荒、盐碱地及沿海滩涂。国内分布于华北以及长江流域以南。

盐碱地土壤改良及绿化树种。枝条可编制筐篮。嫩枝及叶可药用，有发汗、透疹、解毒、利尿等效用。蜜源植物。

三十一、杨柳科 SALICACEAE

落叶乔木或灌木。树皮光滑或开裂粗糙，有顶芽或无顶芽；芽鳞 1 至多数。单叶互生，稀对生，不分裂或浅裂，全缘，锯齿缘或齿牙缘；托叶鳞片状或叶状，早落或宿存。花单性，雌雄异株；葇荑花序，直立或下垂，先叶开放或与叶同开，无花被，花着生于苞腋内，基部有杯状花盘或腺体；雄蕊2至多数，花药2室，纵裂，花丝分离至合生；雌花子房无柄或有柄，雌蕊由2～4心皮合成，子房1室，侧膜胎座，胚珠多数，花柱不明显至很长，柱头2～4裂。蒴果2～4瓣裂，稀5瓣裂。种子微小多数，基部围有多数白色丝状长毛。

含3属，约620种，分布于寒温带至亚热带。我国3属，约320种，分布于全国各省区。青岛有2属，18种，3变种，4变型。

分属检索表

1. 顶芽常发达，稀缺；芽鳞多数；雌雄花序下垂；苞片分裂；花盘杯状；叶片通常宽大，柄较长；萌枝髓心五角状……………………………………………………………………………… 1.杨属Populpus

1. 顶芽缺；芽鳞1枚；雌雄花序均直立；苞片全缘；花盘腺体状；叶片通常狭长；萌枝髓心圆形 ……………………………………………………………………………………………… 2.柳属Salix

（一）杨属 **Populus** L.

乔木。顶芽常发达；芽鳞多数；萌枝髓心五角形。叶互生。雌雄异株。葇荑花序下垂，常先叶开放；风媒传粉，苞片边缘分裂，早落；花盘斜杯状；雄蕊4至多数，着生于花盘内，花药暗红色，花丝较短，离生；子房花柱短，柱头2～4裂。蒴果2～4裂，稀5裂。种子小，多数，基部围有丝状毛。

约100种，广泛分布于欧洲、亚洲、美洲。我国约62种，包括6杂交种。青岛有8种，2变种，1变型。

分种检索表

1. 叶缘具裂片、缺刻或波状齿，偶为锯齿时则叶柄先端具2大腺点，叶缘无半透明边；苞片边缘具长毛。
    2. 长枝与萌枝叶常为3～5掌状分裂，下面、叶柄与短枝叶下面密被白绒毛；树皮灰白色 …………………………………………………………………………………………… 1.银白杨P. alba
    2. 长枝与萌枝叶不为3～5掌状分裂，上、下面、叶柄与短枝叶下面无毛或被灰色绒毛。
        3. 叶缘为缺刻状或深波状齿；芽被毛 ……………………………………………… 2.毛白杨P. tomentosa
        3. 叶缘锯齿常为浅的波状，叶近圆形，短枝上的叶柄有时有腺体 …………… 3.山杨P. davidiana
1. 叶缘具锯齿；苞片边缘无长毛。
    4. 叶缘无半透明边；叶下面常为苍白色。
        5. 幼树小枝及萌枝有明显棱脊，无毛；叶柄圆柱形 ……………………………… 4.小叶杨P. simonii
        5. 小枝圆筒状，微具棱，有毛；叶柄侧扁或先端侧扁 ………… 5.小钻杨Populus × xiaozhuanica
    4. 叶缘有半透明的狭边。
        6. 短枝叶卵形、菱形、菱状卵形、稀三角形，叶缘无毛（仅北京杨有疏毛）；叶柄先端无腺点。

7. 小枝淡黄色；长、短枝叶同形或异形，短枝叶菱状卵圆形，菱状三角形、菱形……………………………………………………………………………………………………… 7.黑杨P. nigra

7. 小枝灰绿色或呈红色，长枝叶广卵形或三角状广卵形，短枝叶卵形，长7～9 厘米 ……………………………………………………………………… 8.北京杨Populus × beijingensis

6. 短枝叶三角形或三角伏卵形，叶缘具毛；叶柄先端常有腺点，稀无腺点……………………………………………………………………………………… 6.加拿大杨Populus × canadensis

1. 银白杨（图 196）

Populus alba L.

乔木，高 15 ～ 30 米。树干不直，树冠宽阔。树皮白色至灰白色，平滑，下部常粗糙；小枝圆筒形，初被白色绒毛，萌条密被白色绒毛。芽卵圆形，先端渐尖，密被白绒毛，后局部或全部脱落，棕褐色，有光泽。萌枝和长枝叶卵圆形，掌状 3 ～ 5 浅裂，长 5 ～ 10 厘米，宽 3 ～ 8 厘米，裂片先端钝尖，基部阔楔形、圆形或平截，或近心形，中裂片远大于侧裂片，边缘呈不规则凹缺，初时两面被白绒毛，后上面脱落；短枝叶较小，长 4 ～ 8 厘米，宽 2 ～ 5 厘米，卵圆形或椭圆状卵形，先端钝尖，基部阔楔形至平截，边缘有不规则钝齿牙，上面光滑，下面被白色绒毛；叶柄短于或等于叶片，略侧扁，被白绒毛。雄花序长 3 ～ 7 厘米；花序轴有毛，苞片边缘有不规则齿牙和长毛，每花有雄蕊 8 ～ 10，花药紫红色；雌花序长 5 ～ 10 厘米，花序轴有毛，雌蕊具短柄，柱头 2 裂，淡黄色。蒴果细圆锥形，长约 5 毫米，2 瓣裂，无毛。花期 4 ～ 5 月；果期 5 月。

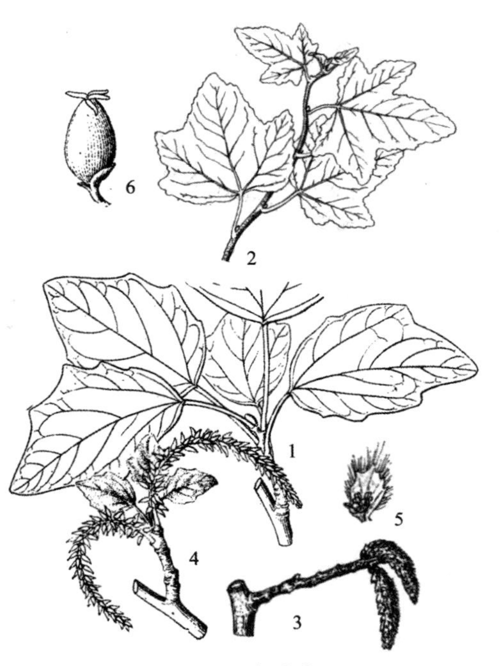

图 196　银白杨

1. 长枝及叶；2. 短枝及叶；3. 雄花枝；4. 雌花枝；5. 雄花及苞片；6. 雌花

崂山柳树台、北九水及大泽山，崂山区，城阳区有零星栽培。国内仅新疆有野生。

可作造林绿化树种。木材供建筑、造纸及制作火柴杆等用。

2. 毛白杨（图 197）

Populus tomentosa Carr.

乔木；高达 30 米。树干端直，树冠卵圆形，树皮灰绿色至灰白色，光滑，老树干下部灰黑色，纵裂；幼枝及萌枝密生灰色绒毛，后渐脱落，老枝无毛；芽卵形；花芽卵圆形或近球形，鳞片褐色，微有绒毛。长枝叶阔卵形或三角状卵形，长 10 ～ 15 厘米，宽 8 ～ 14 厘米，先端短渐尖，基部心形或截形，边缘有深波状牙齿或波状牙齿，下面密生灰白色绒毛，后渐脱落；叶柄上部侧扁，长 4 ～ 7 厘米，顶端常有 2 腺体；短枝叶较小，卵形或三角状卵形，先端渐尖，下面无毛，边缘有深波状齿牙，叶柄先端无腺体。雄花序长 10 ～ 15 厘米；苞片尖裂，边缘密生长毛；每花有雄蕊 6 ～ 12，药红色；雌花序长 4 ～ 7 厘米；苞片褐色，尖裂，边缘有长毛；子房长椭圆形，柱头 2 裂，红色。果序长达 15 厘米；蒴果长圆锥形，2 瓣裂。花期 3 月；果期 4 月。

产于崂山北九水、仰口、华楼、八水河等地；各地普遍栽培。国内分布于辽宁、河北、山西、陕西、甘肃、河南、安徽、江苏、浙江等省。

木材白色，质轻致密，可供建筑、造船、家具等用材。为平原用材林、防护林、庭院绿化及行道树优良树种。

图 197　毛白杨

1. 枝叶；2. 雄花序枝；3. 雌花序枝；4. 雄花及苞片；5. 雌花及苞片

（1）抱头毛白杨（变型）

f. **fastigiata** Y.H.Wang

与原种的区别是：树冠狭长，侧枝紧抱主干。

青岛市区道路绿地，山东科技大学及平度市植物园有栽培。

木材可供建筑、家具等用。为用材林、防护林及农林间作树种。

3. 山杨（图 198）

Populus davidiana Dode

乔木；高达 25 米。树皮灰绿色或灰白色，老树干基部黑色，粗糙；树冠阔卵形；小枝圆柱形，赤褐色，萌枝有柔毛；芽卵形或卵圆形，无毛，微有黏质。叶三角状卵圆形或近圆形，长宽近相等，长 3 ～ 6 厘米，先端钝尖、急尖至短渐尖，基部圆形、截形或浅心形，边缘有密波状浅齿，叶初放显红色，萌枝叶较大，三角状卵圆形，下面有柔毛；叶柄长 3 ～ 6 厘米，侧扁。花序轴有毛；苞片棕褐色，条裂，边缘有长毛；雄花序长 6 ～ 9 厘米，每花有雄蕊 5 ～ 12，花药紫红色；雌花序长 5 ～ 8

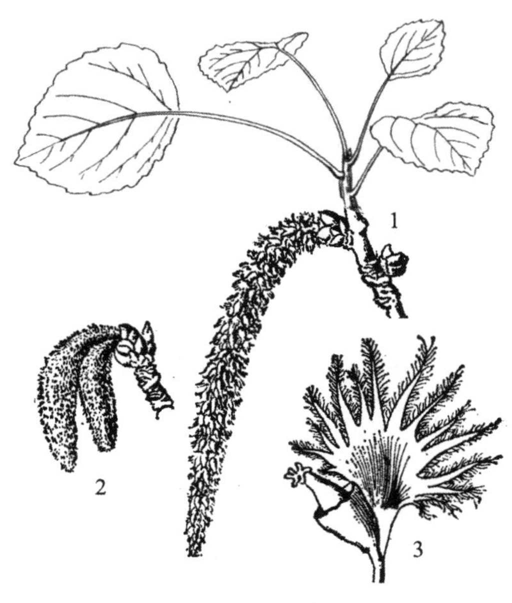

图 198　山杨

1. 果序枝；2. 花序；3. 雌花及苞片

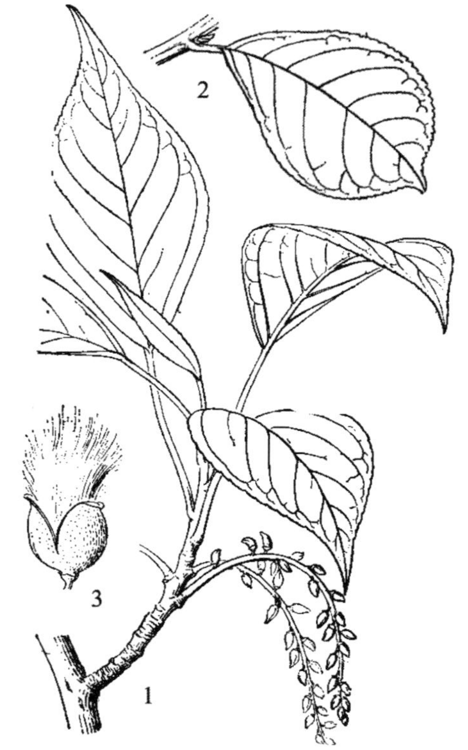

图 199 小叶杨
1. 果枝；2. 叶；3. 果实

图 200 小钻杨
1. 果枝；2. 花枝；3. 雄花及苞片

厘米；子房圆锥形，柱头 2 深裂，带红色。果序长达 12 厘米；蒴果卵状圆锥形，长约 5 毫米，有短柄，2 瓣裂。花期 4 月；果期 5 月。

产崂山凉清河、源泉、北九水等地，零星生长于山坡及山沟。国内分布于东北、华北、西北、华中及西南高山地区。

木材可供家具、造纸及火柴杆等用。

4. 小叶杨（图 199）

Populus simonii Carr.

乔木；高可达 20 米。树皮幼时灰绿色，老时暗灰色，下部纵裂；萌枝有明显棱脊，红褐色，老树小枝圆柱形，无毛；芽细长，先端长渐尖，褐色，有黏质。叶菱状卵形、菱状椭圆形或菱状倒卵形，长 3 ~ 12 厘米，宽 2 ~ 8 厘米，常中部以上较宽，先端突尖，基部楔形或阔楔形，边缘有细锯齿，下面灰绿色或微白，无毛；叶柄圆柱形，长 0.5 ~ 4 厘米。雄花序长 3 ~ 7 厘米，花序轴无毛；苞片细裂；每花有雄蕊 8 ~ 9，稀达 25；雌花序长 2.5 ~ 6 厘米；苞片淡绿色，裂片褐色，无毛；柱头 2 裂。果序长达 15 厘米；蒴果 2 ~ 3 瓣裂，无毛。花期 4 月；果期 5 月。

产崂山凉清河，黄岛开发区东山，生于山谷两旁；平原地区有栽培。国内分布于东北、华北、西北至西南。

木材可供建筑、家具、造纸、火柴杆等用。

5. 小钻杨（图 200）

Populus × xiaozhanica W.Y.Hsu et Liang

P.simonii Carr. × *P.nigra* L. var.*italica* (Moench.) Koenhne

乔木；高可达 30 米。树冠圆锥形；幼枝微有棱，灰黄色，有毛，老时干基部浅裂，灰褐色；顶芽长椭圆状圆锥形，长 8 ~ 14 毫米，赤褐色，有黏质，腋芽较细小。萌枝及长枝叶较大，菱状三角形，先端突尖，基部阔楔形至圆形，短枝叶形多变，菱状三角形、菱状椭圆形至阔菱状卵圆形，长 5 ~ 9 厘米，宽 3 ~ 6 厘米，先端渐尖，基部楔形，边缘锯齿有腺体，近基部全缘，有的有半透明窄边，上面沿脉有毛，近基部较密，下面淡绿色，无毛；叶柄长 1.5 ~ 4 厘米，先端微扁，略有疏毛或光滑。雄花序长 5 ~ 6 厘米，具花 70 ~ 80，每花有雄蕊 8 ~ 15；雌花序长 4 ~ 6 厘米，有花 50 ~ 100，柱头 2 裂。果序长 10 ~ 16 厘米；蒴果卵圆形，2 ~ 3 瓣裂。花期 4 月；果期 5 月。

全市各地常见栽培。为小叶杨 P.simoniiCart. 与钻天杨 P. nigra L var.italica (Moench.) Koenhne 自然杂交种，国内分布于辽宁、吉林、内蒙古、河南及江苏等省区。由于亲本分布广泛，受环境影响，其形态和特性也有差异。

木材供建筑、造纸、火柴杆等用。

6. 加拿大杨 加杨（图 201）

Populus canadensis Moench.

P. euramericana (Dode) Guinier.

乔木；高可达 30 米。树干下部暗灰色，上部褐灰色，深纵裂；树冠卵形；萌枝及苗茎棱角明显；小枝圆柱形，微有棱角，无毛；芽先端外曲，富黏质。叶三角形或三角状卵形，长 7 ~ 12 厘米，一般长大于宽，先端渐尖，基部截形，常有 1 ~ 2 腺体，边缘半透明，有圆锯齿；叶柄侧扁，带红色（苗期特别明显）。雄花序长 6 ~ 15 厘米，花序轴光滑，每花有雄蕊 15 ~ 25，稀达 40；苞片淡绿褐色，丝状深裂；花盘淡黄绿色，全缘，花丝细长，超出花盘；雌花序有花 45 ~ 50；柱头 4 裂。果序长达 27 厘米；蒴果卵圆形，长约 8 毫米，2 ~ 3 瓣裂。多雄株，雌株少见。花期 4 月；果期 5 月。

图 201 加拿大杨

1. 枝叶；2. 雌花；3. 雌花苞片；4. 雄花；5. 雄花苞片

原产北美。全市各地普遍栽培。能耐瘠薄及微碱性土壤，速生，扦插易成活。

木材供箱板、家具、火柴杆、造纸等用。为良好的绿化树种。

7. 黑杨（图 202）

Populus nigra L.

乔木；高可达 30 米。树皮暗灰色，老时沟裂；小枝圆形，淡黄色，无毛；芽长卵形，富黏质，赤褐色，花芽先端向外弯曲。叶在长短枝上同形，薄革质，菱形、菱状卵圆形或三角形，长 5 ~ 10 厘米，宽 4 ~ 8 厘米，先端长渐尖，基部楔形或阔楔形，稀截形，边缘具圆锯齿，有半透明边，无缘毛，上面绿色，下面淡绿色；叶柄略等于或长于叶片，

图 202　黑杨

1. 长枝及叶；2. 花枝；3 ~ 4. 雄花及苞片；5 ~ 6. 雌花及苞片

图 203　钻天杨

1. 长枝及叶；2. 花枝；3 ~ 4. 雄花及苞片；5 ~ 6. 雌花及苞片

侧扁，无毛。

雄花序长 5 ~ 6 厘米，花序轴无毛，苞片膜质，淡褐色，顶端有线条状的尖锐裂片；雄蕊 15 ~ 30，花药紫红色；子房卵圆形，有柄，无毛，柱头 2。果序长 5 ~ 10 厘米，果序轴无毛，蒴果卵圆形，有柄，长 5 ~ 7 毫米，宽 3 ~ 4 毫米，2 瓣裂。花期 4 ~ 5 月；果期 6 月。

各地造林常见栽培。国内产新疆，北方地区有引种。

常作造林绿化树种，亦是杨树育种的优良亲本之一。木材供家具和建筑用。皮可提取单宁,并可作黄色染料。芽药用。

（1）钻天杨（变种）（图 203）

var. **italica** (Moench.) Koehne.

与原种的主要区别：树皮暗灰黑色；长枝叶扁三角形，通常宽大于长；短枝叶基部宽楔形至圆形。

崂山登瀛有栽培。

木材供建筑、造纸及火柴杆等用。

（2）箭杆杨（变种）（图 204）

var. **thevestina** (Dode) Bean

本变种与钻天杨的区别在于：树皮灰白色，较光滑。叶较小，基部楔形；萌枝叶长宽近相等。只见雌株。

崂山青山有栽培。西北、华北广为栽培。

用途同钻天杨。

8. 北京杨（图 205）

Populus × beijingensis W. Y. Hsu

乔木，高 25 米。树干通直；树皮灰绿色，渐变绿灰色，光滑；皮孔圆形或长椭圆形，密集，树冠卵形或广卵形。侧枝斜上，嫩枝稍带绿色或呈红色，无棱。芽细圆锥形，先端外曲，淡褐色或暗红色，具黏质。长枝或萌枝叶，广卵圆形或三角状广卵圆形，先端短渐尖或渐尖，基

图 204 箭杆杨

1. 长枝及叶；2. 花枝；3. 苞片；4. 雌花

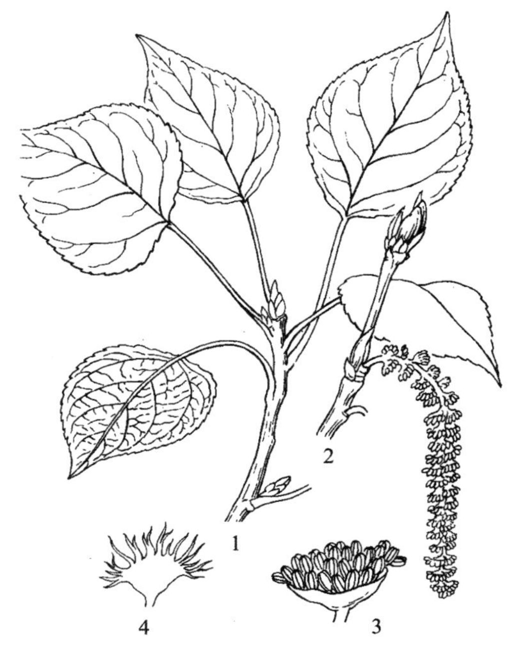

图 205 北京杨

1. 枝叶；2. 雄花序；3. 雄花；4. 苞片

部心形或圆形，边缘具波状皱曲的粗圆锯齿，有半透明边，具疏缘毛，后光滑；苗期枝端初放叶时叶腋内含有白色乳质；短枝叶卵形，长 7 ～ 9 厘米，先端渐尖或长渐尖，基部圆形或广楔形至楔形，边缘有腺锯齿，具窄的半透明边，上面亮绿色，下面青白色；叶柄侧扁，长 2 ～ 4.5 厘米。雄花序长 2.5 ～ 3 厘米，苞片淡褐色，长 4 毫米，具不整齐的丝状条裂，裂片长于不裂部分，雄蕊 18 ～ 21。花期 3 月。

全市各地零星栽培。本种是中国林业科学院林业科学研究所 1956 年人工杂交而育成，在华北、西北和东北南部等地区推广栽培，为分布区内适应环境的防护林和四旁绿化的优良速生树种。

（二）柳属 Salix L.

乔木或灌木。无顶芽，侧芽常紧贴枝上，芽鳞 1。单叶互生，稀对生；叶柄短；具托叶，常早落，稀宿存。葇荑花序直立或斜展，先叶开放，或与叶同时开放，稀后叶开放；苞片全缘，宿存；雄蕊 2 至多数，花丝离生或部分或全部合生，花药多黄色；腺体 1 ～ 2（腹生或背生）；雌蕊由 2 心皮组成，花柱 1 ～ 2，分裂或不裂。蒴果 2 瓣裂；种子小，暗褐色，基部有白色长毛。

约 520 种，主要分布于北半球温带地区。我国有 258 种，123 变种，33 变型，分布于全国各省区。青岛有 10 种，1 变种，3 变型。

分种检索表

1. 雄蕊通常3～5枚；子房有子房柄；叶柄先端通常有2枚腺体；托叶较大，半圆形、肾形或卵状披针形。
  2. 雄蕊通常3枚；苞片长圆形，长约子房柄的一半 ································· 1.三蕊柳S. nipponica
  2. 雄蕊通常5枚；苞片椭圆状倒卵形，与子房柄等长或稍短 ················· 2.腺柳S. chaenomeloides
1. 雄蕊通常2枚，或花丝合生为1。
  3. 雄蕊的花丝分离。
    4. 雄花具2腺体，雌花具1～2腺体；雌花苞片多为长圆形，长约子房柄的一半或稍长。
      5. 雌花具有背、腹腺体；枝条一般不下垂，偶下垂。
        6. 花药黄色；子房无毛；叶片背面沿中脉近无毛 ························· 3.旱柳S. matsudana
        6. 花药红色；子房有毛；叶片背面沿中脉有短柔毛 ························ 4.朝鲜柳S. koreensis
      5. 雌花仅具1枚腹腺；枝条柔垂。
        7. 小枝淡褐黄色、淡褐色或带紫色 ·· 5.垂柳S. babylonica
        7. 小枝黄色 ·· 6.金丝垂柳Salix × aureo-pendula
    4. 雄花、雌花均仅具1腺体（腹腺）；叶片线状披针形，长15～20厘米，宽0.5～1.5（2）厘米···
    ··7.蒿柳S. schwerinii
    4. 雄蕊的花丝合生。
    8. 叶片互生。
      9. 叶片披针形，长大于宽的4倍，成叶两面无毛 ··························8.簸箕柳S. suchowensis
      9. 叶卵状椭圆形至长椭圆形，长6～8 厘米，不及宽的3倍；叶下面密被白色绢毛 ·············
      ··· 9.银芽柳Salix × leucopithecia
    8. 叶对生或近对生，萌生枝上有时3叶轮生 ··· 10.杞柳S. integra

图 206　三蕊柳

1. 枝叶；2. 雄花枝；3. 雌花枝；4. 雄花及苞片；5. 雌花及苞片

1. 三蕊柳 毛柳（图 206）

Salix nipponica Franch. & Savatier

灌木或小乔木，高达 10 米。树皮暗褐色或灰黑色，纵裂；小枝褐色或褐绿色，被密毛、疏毛至无毛，二年生小枝灰绿色。芽褐色，有棱角，无毛，先端尖。叶片阔长圆状披针形至披针形或倒披针形，长 7 ～ 10 厘米，宽 1.5 ～ 3 厘米，上面暗绿色，有光泽，下面灰绿色或否，幼时有柔毛，后变无毛；基部圆形或楔形，边缘锯齿有腺体，先端尖；托叶斜阔卵形或卵状披针形，边缘有明显锯齿，萌生枝上的托叶肾形或卵形；叶柄长 5~6（10）毫米，上部常有腺体。萌枝叶披针形，长约 12 厘米，宽约 2 厘米，先端长渐尖；托叶肾形或卵形，锯齿显著。雄花序长 3(~5) 厘米，基部有 2 ～ 3 全缘或具锯齿的小叶；苞片长圆形或卵形，黄绿色，长 1.5 ~ 3 毫米，两面有疏短柔毛或外面近无毛，腺体 2，背生和腹生，有时 2 裂或 4 ~ 5 裂；雄蕊 3，稀 2 ~ 5，花丝基部有短柔毛。雌花序长 3 ~ 5(~ 6) 厘米，苞片与雄花序同形，长约为子房的 1/2；远轴一侧的腺体通常小于近轴的 2，常比子房柄短；子房卵状圆锥形，长 4 ~ 5 毫米，无毛，子房柄长 1 ~ 2 毫米；花柱短，柱头 2 裂。花期 4 月；果期 5 月。

产于崂山北九水，生于山谷沟边、河边或栽植于路旁。国内分布于黑龙江、吉林、辽宁、河北、湖南、江苏、内蒙古、西藏、浙江等省。

木材白色，不成大材，供薪柴等用。又为护岸及绿化树种。

本种过去长期被误订为 Salix triandra L.。

2. 腺柳 河柳（图 207）

Salix chaenomeloides Kimura

S. glandulosa Seem.

小乔木；枝红褐色，有光泽。叶椭圆形，卵圆形至椭圆状披针形，长 5 ~ 9 厘米，宽 2 ~ 3.5 厘米，先端急尖，基部楔形或近圆形，两面无毛，上面绿色，下面苍白色，边缘有腺锯齿；叶柄长 5 ~ 12 毫米，初有短绒毛，后脱落，先端有腺体；托叶半圆形，边缘有腺齿。雄花序长 4 ~ 6 厘米，粗约 1 厘米，花序梗和花序轴有柔毛；苞片卵形；雄蕊 5，花丝长为苞片的 2 倍，基部有毛，花药黄色，球形；雌花序长 4 ~ 5 厘米，粗约 1 厘米，花序梗长 2 厘米，花序轴有绒毛；子房狭卵形，有长柄，无毛，无花柱，柱头头状；苞片椭圆状倒卵形，与子房柄等长或稍短；腺体 2，基部连结成假花盘状。蒴果卵状椭圆形，长 3 ~ 7 毫米。花期 4 月；果期 5 月。

图 207 腺柳

1. 枝叶；2. 雌花；3. 雄花

产于崂山，大珠山，百果山等地，生于沟边、河滩及路旁；中山公园，即墨市栽培，中山公园有古树。国内分布于辽宁及黄河中下游各省区。

3. 旱柳 柳树 杨柳（图 208）

Salix matsudana Koidz.

乔木；高可达 18 米。树皮暗灰黑色，纵裂，枝直立或斜展，褐黄绿色，后变褐色，无毛，幼枝有毛；芽褐色，微有毛。叶披针形，长 5 ~ 10 厘米，宽 1 ~ 1.5 厘米，先端长渐尖，基部窄圆形或楔形，上面绿色，无毛，下面苍白色，幼时有丝状柔毛，叶缘有细锯齿，齿端有腺体，叶柄短，长 5 ~ 8 毫米，上面有长柔毛；托叶披针形或无，缘有细腺齿。花序与叶同时开放；雄花序圆柱形，长 1.5 ~ 2.5 厘米，稀 3 厘米，粗 6 ~ 8 毫米，多少有花序梗，花序轴有长毛；雄蕊 2，花丝基部有长毛，花药黄色；苞片卵形，

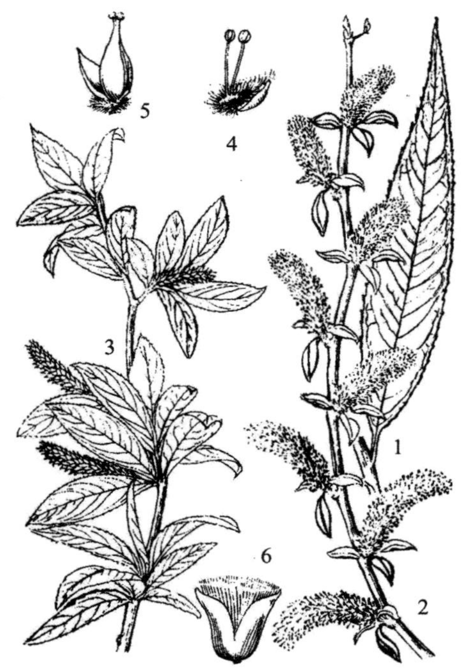

图 208　旱柳

1. 叶片；2. 雄花枝；3. 雌花枝；
4. 雄花及苞片；5. 雌花及苞片；6. 果实

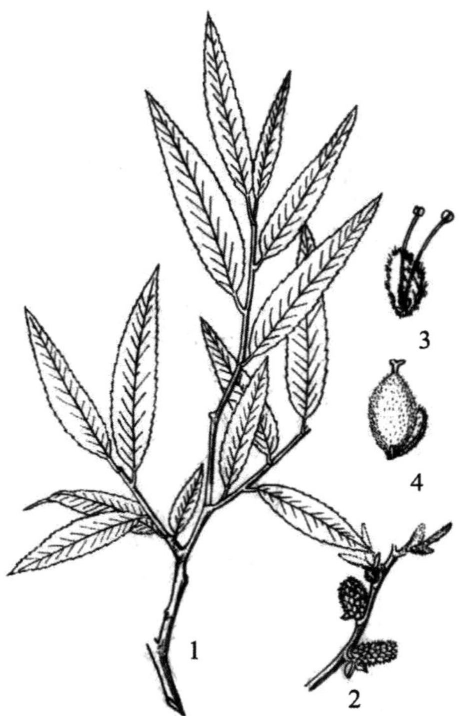

图 209　朝鲜柳

1. 枝叶；2. 雌花序枝；3. 雄花及苞片；
4. 雌花及苞片

黄绿色，先端钝，基部多少被短柔毛；腺体 2，雌花序长达 2 厘米，粗约 4 ～ 5 毫米，3 ～ 5 小叶生于短花序梗上，花序轴有长毛；子房长椭圆形，近于无柄，无毛，无花柱或很短，柱头卵形，近圆裂；苞片同雄花，腺体 2，背生和腹生。果序长达 2.5 厘米。花期 4 月；果期 4 ～ 5 月。

产于崂山北九水、砖塔岭、观崂村、凉清河、仰口等地；各地常见栽培。耐寒冷、干旱及水湿，为平原地区常见树种。国内分布于东北、华北平原、西北黄土高原，西至甘肃、青海，南至淮河流域以及浙江、江苏。

木材白色，轻软，供建筑、器具、造纸及火药等用。细枝可编筐篮。为早春蜜源树种和固沙保土、四旁绿化树种。

（1）绦柳 (变型)

f. **pendula** Schneid.

与原种的区别为：枝细长而下垂。

市区公园庭院有栽培。

多为绿化树种。

（2）龙爪柳 (变型)

f. **tortuosa** (Vilm.) Rehd.

与原种的主要区别为：枝卷曲。

各地常见栽培。

为庭院绿化树种。

（3）馒头柳 (变型)

f. **umbraculifera** Rehd.

与原种的主要区别为：树冠半圆形，形如馒头状。

市区公园庭院有栽培。

常为风景观赏树。

4. 朝鲜柳（图 209）

Sa1ix koreensis Anderss.

乔木；高可达 20 米。树皮暗灰色，纵裂；树冠广卵形；小枝褐绿色，有毛或无毛。叶披针、卵状披针形或长圆状披针形，长 5 ～ 13 厘米，宽 1 ～ 2 厘米，先端渐尖，基部楔形，上面绿色，近无毛，下面苍白色，沿中脉有短柔毛，边缘锯齿有腺体；叶柄长 0.5 ~ 1.5 厘米，初有短柔毛；托叶卵状披针形，先端长尾尖，缘有锯齿。花序先叶开放，近无梗；雄花序长 1 ~ 3 厘米，粗 6 ~ 7 毫米，基部有 3 ~ 5 小叶；花序轴有毛；雄蕊 2，花丝下部有长毛，有时基部合生，花药红色；苞片卵状长圆形，先端急尖，淡黄绿色，两面有毛或上面近无毛；腺体 2，腹生和背生；雌花序长 1 ~ 2 厘米，基部有 3 ~ 5 小叶；子房卵圆形，无柄，有柔毛，花柱较长，柱头 2 ~ 4 裂，红色；苞片卵状长圆形，先端急尖或钝，淡绿色，两面有毛或内面及外面上端无毛；腺体 2，腹生和背生，有时背腺缺。花期 5 月；果期 6 月。

产于崂山仰口、北九水等景区。生于河边及山坡湿润处。国内分布于黑龙江、吉林、辽宁、河北、陕西、甘肃等省。

木材供建筑、造纸等用。枝条可编筐篮。早春蜜源植物。可为绿化树种。

（1）山东柳（变种）

var. **shandongensis** C.F.Fang

与原种的区别为：幼叶呈红色，下面有绢质柔毛，后无毛，叶基部楔形；花柱短，约等于子房长的 1/3 ~ 1/2；苞片宽卵形，不为长圆形，外面有柔毛，上部近无毛。

产于烟台昆嵛山。青岛有栽培。

5. 垂柳 垂杨柳（图 210）

Salix babylonica L.

乔木；高可达 18 米。树皮灰黑色，不规则纵裂；树冠开展而疏散；枝细长而下垂，淡褐黄色，无毛；芽条形，先端急尖。叶狭披针形或条状披针形，8 ~ 15 厘米，宽 0.5 ~ 1.5 厘米，先端长渐尖，基部楔形，两面无毛，上面绿色，下面色较淡，边缘有锯齿；叶柄长 5 ~ 10 毫米，有短柔毛；萌枝有托叶，斜披针形或卵圆形，缘有锯齿。花序先叶开放；雄花序长 1.5 ~ 3 厘米，有短梗，花序轴有毛；雄蕊 2，花丝与苞片等长或较长，基部多少有长毛，花药红黄色；苞片披针形，外面有毛；腺体 2；雌花序长 2 ~ 3 厘米，有梗，基部有 3 ~ 4 小叶，花序轴有毛；子房椭圆形，无毛或下部稍有毛，无柄，花柱短，柱头 2 ~ 4 深裂；苞片披针形，长约 2 毫米，外面有毛；腺体 1。蒴果长 3 ~ 4 毫米。花期 3 ~ 4 月；果期 4 ~ 5 月。

图 210 垂柳

1. 枝叶；2. 雄花枝；3. 雌花枝；4. 叶片；5. 雄花及苞片；6. 雌花及苞片

全市各地均有栽植。耐水湿，多生

于河流、水塘及湖水边。国内分布于长江及黄河流域。

木材供制家具；枝条可编筐篮。公园多栽为观赏树。

6. 金丝垂柳

Salix × aureo-pendula

落叶乔木，高达 18 m。树冠卵圆形或伞形，小枝细长，金黄色，下垂。叶窄披针形或条状披针形，长 9 ~ 16 厘米，宽 0.5 ~ 1.5 厘米，两面无毛或幼叶微被毛，有细锯齿；托叶斜披针形。花期 3 ~ 4 月；果期 4 ~ 5 月。

金丝垂柳为一杂交种 (金枝白柳 × 垂柳)，各地普遍栽培。适应性强，生长速度快，寿命较短。

7. 蒿柳（图 211）

Salix schwerinii E. L. Wolf

图 211 蒿柳

1. 枝叶；2. 雄花枝；3. 雌花枝；4. 雄花及苞片；5. 雌花及苞片；6. 小枝一段

灌木或小乔木；高可达 10 米。树皮灰绿色；幼枝有灰短柔毛或无毛；芽卵状长圆形，紧贴枝上，淡黄色或微赤褐色，多被毛。叶线状披针形，长 15 ~ 20 厘米，宽 0.5 ~ 1.5(2) 厘米，最宽处在中部以下，先端渐尖或急尖，基部狭楔形，全缘或微波状，内卷，上面暗绿色，无毛或稍有短柔毛，下面有密丝状长毛，有银色光泽；叶柄长 0.5 ~ 1.2 厘米，有丝状毛；托叶狭披针形，有时浅裂，或镰状，长渐尖，具有腺的齿缘，脱落性，较叶柄短。花序先叶开放或同放，无梗；雄花序长圆状卵形，长 2 ~ 3 厘米，宽 1.5 厘米；雄蕊 2，花丝离生，罕有基部合生，无毛，花药金黄色，后为暗色；苞片长圆状卵形，钝头或急尖，浅褐色，先端黑色，两面有疏长毛或疏短柔毛；腺体 1，腹生；雌花序圆柱形，长 3 ~ 4 厘米；子房卵形或卵状圆锥形，无柄或近无柄，有密丝状毛，花柱长 0.3 ~ 2 毫米，长约为子房的 1/2，柱头 2 裂或近全缘；苞片同雄花；腺体 1，腹生；果序长达 6 厘米。花期 4 ~ 5 月；果期 5 ~ 6 月。

产于平度大泽山。国内分布于黑龙江、吉林、辽宁、内蒙古、河北等省区。

枝条可编筐；叶可饲蚕；又可为护岸树种。

8. 簸箕柳（图 212）

Salix suchowensis Cheng

灌木。小枝淡黄绿色或淡紫红色，无毛；当年生嫩枝有疏绒毛，后仅芽附近有绒毛。叶披针形，长 7 ~ 12 厘米，宽 1 ~ 1.5 厘米，先端短渐尖，基部楔形，边缘有细腺齿，上面暗绿色，下面苍白色，两面无毛，幼叶密被绒毛；叶柄长约 5 毫米，上面常有短绒毛；托叶披针形，长 1 ～ 1.5 厘米，边缘有疏腺齿。花序先叶开放；长 3 ～ 4 厘米，无梗或近于无梗，基部有鳞片；花序轴有毛；苞片长倒卵形，褐色，先端圆，色较暗，外面有长柔毛；腺体 1，腹生；雄蕊 2，花丝合生，花药黄色；子房圆锥形，密被灰绒毛，子房无柄或很短，花柱明显，柱头 2 裂。蒴果有毛。花期 3 月；果期 4 ～ 5 月。

产于崂山仰口。国内分布于浙江北部、江苏、河南东部及淮河中下游。

枝条供编柳条箱及筐篮等。也是固沙和护堤造林树种。

图 212 簸箕柳
1. 枝叶；2. 花序枝；3. 雌花及苞片

9. 银芽柳

Salix × leucopithecia Kimura

灌木；高约 2 ～ 3 米。叶长椭圆形，长 9 ～ 15 厘米，缘具细锯齿，叶背面密被白毛，半革质。雄花序椭圆柱形，长 3 ～ 6 厘米，早春叶前开放，盛开时花序密被银白色绢毛，颇为美观。基部抽枝，新枝有绒毛。叶互生，披针形，边缘有细锯齿，背面有毛。雌雄异株，花芽肥大，每个芽有一个紫红色的苞片，先花后叶，柔荑花序，苞片脱落后，即露出银白色的花芽，形似毛笔。花期 12 月至翌年 2 月。

市区公园庭院偶见栽培。

供观赏。

10. 杞柳（图 213）

Salix integra Thunb.

灌木；高可达 3 米。树皮灰绿色；小枝淡黄色或淡红色；芽无毛。叶对生或近对生，萌枝叶有时 3 叶轮生；椭圆状长圆形，长 2 ～ 5 厘米，宽 1 ～ 2 厘米，先端短渐尖，基部圆形，全缘或上部有锯齿，幼叶红色，成叶上面暗绿色，下

图 213 杞柳
1. 枝叶；2. 雌花及苞片

面苍白色，叶脉褐色，两面无毛；叶柄短或近无柄而抱茎。花先叶开放；花序长 1 ~ 2.5 厘米，基部有小叶；苞片倒卵形，黑褐色，有柔毛；腺体 1，腹生；雄蕊 2，花丝合生，无毛；子房长卵形，有柔毛，几无柄，花柱短，柱头 2 ~ 4 裂。蒴果长 2 ~ 3 毫米，有毛。花期 4 月；果期 4 ~ 5 月。

产崂山北九水、凉清河等景区，生于河沟溪边；市区有栽培。国内分布于东北地区及河北燕山。

枝条可供编筐等用。

（1）花叶杞柳（栽培变种）

'Hakuro-nishiki'

新叶绿粉白色底带有粉白色斑纹，老叶变为黄绿色带粉白色斑点。

市北区、崂山区、城阳区、黄岛有栽培。

供观赏。

三十二、杜鹃花科 ERICACEAE

灌木或小乔木，稀草本。单叶，互生，稀对生及轮生，不具托叶。花两性，单生叶腋或簇生于枝顶或枝侧，有的组成总状花序或圆锥花序；花有苞片，或略微；花萼常 5 裂，宿存；花瓣合生，稀离生，多着生在肉质花盘上，组成漏斗状或高脚碟状的花冠，4 ~ 5 裂，裂片近覆瓦状排列；雄蕊为花冠裂片数的 2 倍，稀同数或更多，内向顶孔开裂，稀纵长缝裂，子房上位或下位，4 ~ 5 室，稀 6 ~ 20 室；雌蕊有 4 ~ 6 心皮合生，子房上位或下位，5 ~ 10 室，每室胚珠 1 至多数。蒴果、稀浆果或核果。

约 103 属，3350 余种，广布于全世界的热带高山及温带、亚寒带地区。我国有 15 属，约 757 种，分布于全国，主产西部。青岛有 2 属，9 种，1 变型。

分属检索表

1. 花冠钟形或漏斗状；萼早落；子房上位；蒴果……………………………… 1. 杜鹃花属Rhododendron
1. 花冠坛形或筒状；萼多宿存；子房下位；浆果……………………………… 2. 越橘属Vaccinium

（一）杜鹃花属 Rhododendron L.

常绿或落叶灌木，稀乔木。芽鳞覆瓦状排列。叶互生，全缘，稀有缘毛及细齿，有短柄。花有梗，常为伞形总状花序，单生或簇生、顶生，稀生于枝侧；花萼 5 裂，稀 6 ~ 10，早落；花冠漏斗状、钟状，5 裂，稀 6 ~ 10 裂至基部；雄蕊与花冠裂片同数或为其倍数；子房上位，5 ~ 10 室，每室具多数倒生胚珠。蒴果，卵圆形或长椭圆形，熟时自室间裂开；种子细小，多数。

约 960 种，分布于亚洲、欧洲及北美的温带、寒带及亚热带的高山上。我国有 542 种，除新疆外各省均有分布。青岛有 7 种，1 变型。

分种检索表

1. 枝叶多少有圆形白色腺鳞，尤其是幼嫩部分为密。
   2. 常绿或半常绿，叶厚革质，倒披针形，长2.5 ~ 4.5厘米，边缘略反卷；总状花序，花冠乳白色 ………………………………………………………………………… 1.照山白R. micranthum
   2. 落叶灌木，叶质较薄，长椭圆状披针形，长3 ~ 8厘米；花2 ~ 5朵簇生枝顶，花冠淡红紫色 ……………………………………………………………………………… 2.迎红杜鹃R. mucronulatum
1. 枝叶无腺鳞。
   3. 植物体被糙状毛或柔毛，无腺毛。
      4. 叶片较小，有睫毛，长1 ~ 3厘米，常集生枝顶；雄蕊5枚。
         5. 叶椭圆形至椭圆状披针形，长1 ~ 2.5厘米；花冠漏斗形，橙红至亮红色，上瓣有浓红色斑 ……………………………………………………………………………… 3.石岩杜鹃R. obtussum
         5. 叶狭披针形至倒披针形，长1.7 ~ 3.2厘米，宽约6毫米，边缘有细圆齿，先端尖 ……………………………………………………………………………… 4.皋月杜鹃R. indicum
      4. 叶片较大，长2 ~ 7厘米，宽0.5 ~ 3厘米；雄蕊10枚。
         6. 落叶灌木，分枝多而细直；叶卵状椭圆形或椭圆状披针形，有细齿 …… 5.杜鹃花R. simsii
         6. 常绿灌木，叶椭圆状矩圆形、椭圆状披针形或矩圆状披针形，全缘 … 6.锦绣杜鹃R. pulchrum
   3. 幼枝及叶两面、叶柄被灰色柔毛及黏质腺毛；叶披针形或卵状披针形，长2 ~ 6厘米；花白色或淡红色 ……………………………………………………………………………7.毛白杜鹃R. mucronatum

1. 照山白 小花杜鹃（图 214）

Rhododendron micranthum Turcz.

半常绿灌木，高可达 2.5 米。小枝褐色，有褐色鳞片及柔毛。叶互生，厚革质；椭圆状，稀披针形，长 2 ~ 3 厘米，先端尖，边缘有疏浅齿或不明显，基部楔形，上面绿色，下面密生褐色腺鳞。叶柄长 3 ~ 5 毫米。花密生成总状花序，生去年生枝顶，有多数小花；花萼 5 裂，卵形至披针形，外面被褐色鳞片及柔毛；花冠钟形白色，5 裂，裂片卵形，外被腺鳞；雄蕊 10 伸出花冠之外；花柱较雄蕊短，柱头平截，微 5 裂。蒴果长圆形，成熟后褐色，5 裂，外面有鳞片，花柱宿存；种子长约 2 毫米，锈色，两端撕裂状。花期 6 ~ 7 月；果期 8 ~ 10 月。

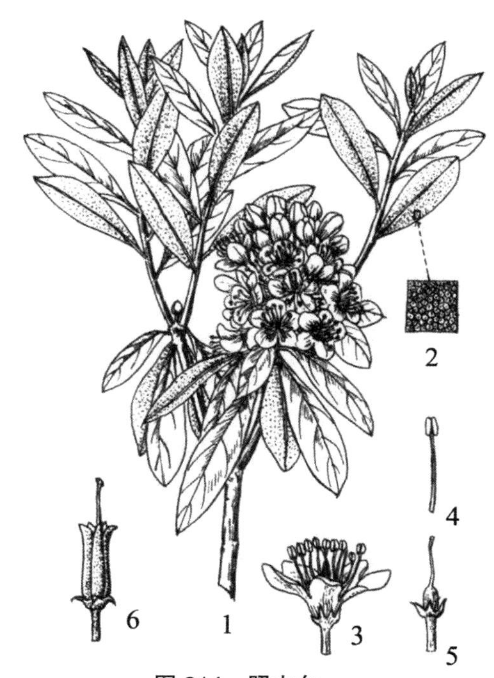

图 214 照山白

1. 花枝；2. 叶片下面放大，示腺鳞；3. 花；4. 雄蕊；5. 雌蕊；6. 果实

产崂山产潮音瀑、夏庄及大泽山。国内分布于东北、华北地区及河南、陕西、

甘肃、四川、湖北等省区。

可供观赏。枝、叶药用，有祛风、通便、镇痛的作用。

2. 迎红杜鹃 蓝荆子（图 215；彩图 43）

Rhododendron mucronulatum Turcz.

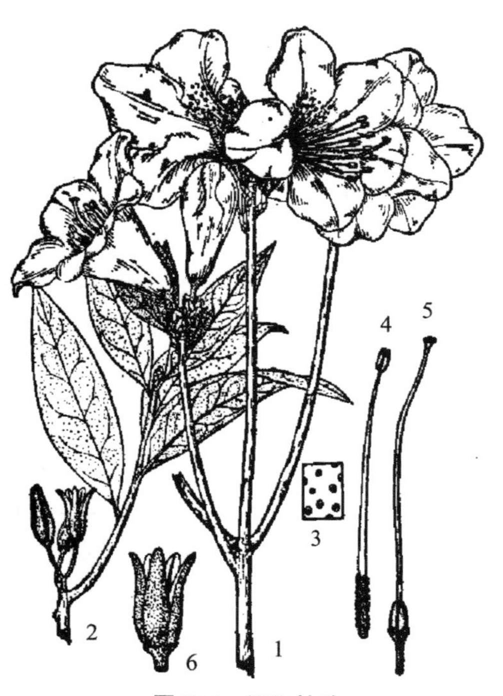

图 215 迎红杜鹃

1. 花枝；2. 果枝；3. 叶局部放大，示腺鳞；4. 雄蕊；5. 雌蕊；6. 果实

落叶灌木，高 1 ~ 2 米，分枝多。树皮暗灰色，剥裂；小枝细长，有散生腺鳞；芽鳞具缘毛及腺鳞。叶片质薄，椭圆形或椭圆状披针形，长 3 ~ 8 厘米，宽 1 ~ 3.5 厘米，顶端锐尖，边缘全缘或有细圆齿，基部楔形，上面疏生鳞片，下面稍淡，具较疏的腺鳞。早春先叶开花，深红色或淡紫红色，单花或 1 ~ 3 朵生于去年生枝的顶端；花梗短；有白色腺鳞；萼片三角形；花冠宽漏斗状，5 深裂，达花冠中部以下；雄蕊 10，不等长，花药紫色；花柱长于雄蕊，长可达花瓣片的 1.5 倍，柱头头状。蒴果长圆形，长 1 ~ 1.5 厘米，暗褐色，有密腺鳞，室间开裂。花期 4 ~ 6 月；果期 5 ~ 7 月。

产于崂山，大、小珠山，大泽山，浮山等山区。国内分布华北、东北。

可供观赏。叶药用，能止咳、祛痰、治慢性支气管炎。

（1）缘毛迎红杜鹃（变型）

f. **ciliatum** Nakai

叶片边缘显著具有缘毛。

产于崂山，与原种混生。

3. 石岩杜鹃

Rhododendron obtussum (Limdl.)Planch

Azalea obtussum Limdl.

常绿灌木，高可达 1 米。分枝多而纤细，常呈假轮生状，密被锈色糙状毛。叶膜质，常簇生枝端，形状多变，椭圆形、椭圆状卵形或长圆状倒披针形，先端钝尖或圆，有时具短尖头，基部宽楔形，边缘被纤毛，两面散生淡灰色糙状毛，沿中脉更明显，上面中脉凹陷，下面凸起，下面侧脉明显；叶柄长约 2 毫米，被灰白色糙状毛。花芽卵球形，鳞片卵形，先端渐尖，边缘具糙状毛，沿中脊具淡灰色糙状毛。伞形花序，通常有花 2 ~ 3 朵；花梗长 4 ~ 8 毫米，密被扁平锈色糙状毛；花萼裂片 5，绿色，卵形，长达 4 毫米，糙状毛；花冠漏斗状钟形，红色至粉红色或淡红色，裂片 5，长 1 厘米，顶端钝，有 1

裂片具深色斑点；雄蕊 5，约于花冠等长，花丝无毛，花药淡黄褐色，子房密被褐色糙状毛，花柱长 2.5 厘米，无毛。蒴果圆锥形至阔椭圆形，长 6 毫米，密被锈色糙状毛。

原产日本。公园绿地常见栽培。

供观赏。

4. 皋月杜鹃（图 216）

Rhododendron indicum（L.）Sweet

Azalea indica L.

常绿或半常绿灌木，高 1 米。分枝多而纤细，密被亮棕褐色扁平糙状毛。叶椭圆形或披针形，长 2 ~ 3 厘米，宽 0.5 ~ 1 厘米，先端短渐尖，基部楔形，近全缘，边缘有睫毛，初密被褐色丝状毛，后脱落，或仅下面脉上有毛；叶柄长 2 ~ 6 毫米，有褐色披针形刚毛。花 2- 3 朵簇生枝顶；花梗长 1 厘米；萼短卵圆形，裂片 5；花梗、花萼均被褐色绒毛；花冠宽漏斗形，红色，上方裂片内有浓紫色斑点；雄蕊 5，长于花冠，花丝下半部有粒状突起；花柱无毛，柱头 5 裂。蒴果卵形，褐色。花期 4 ~ 5 月；果期 6 ~ 8 月。

城阳区公园、山东科技大学有栽培。国内多华东各大城市也有引种栽培。

花美丽，供观赏。为杂种洋杜鹃的重要亲本之一。

5. 杜鹃花 映山红（图 217）

Rhododendron simsii Planch.

落叶灌木，高可达 1 米。分枝多而纤细，密被亮棕褐色扁平糙伏毛。叶革质，常集生枝端，椭圆状卵形或倒卵形，长 3 ~ 5 厘米，宽 0.5 ~ 3 厘米，先端短渐尖，基部楔形，边缘微反卷，具细齿，上面深绿色，疏被糙毛，下面淡白色，密被褐色糙毛；花 2 ~ 6 朵簇生枝顶；花萼长 4 毫米，5 深裂，被糙伏毛，边缘具睫

图 216 皋月杜鹃

1. 花枝；2. 叶片；3. 雄蕊；4. 雌蕊

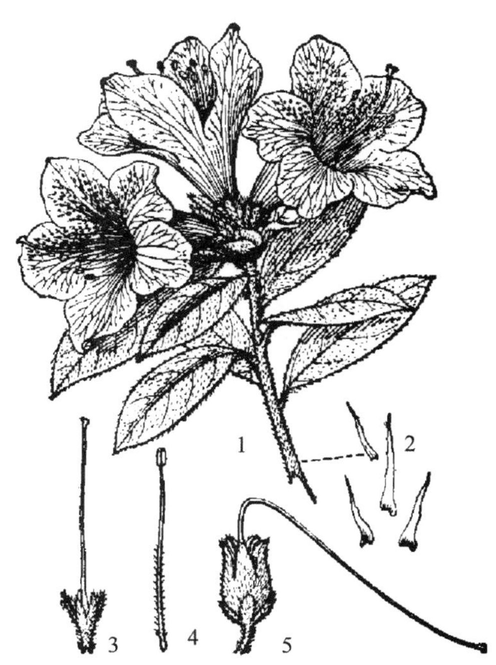

图 217 杜鹃花

1. 花枝；2. 糙毛；3. 花萼及雌蕊；4. 雄蕊；5. 果实

毛；花冠宽漏斗形，玫瑰色、鲜红色或暗红色，长 3.5 ～ 4 厘米，宽 1.5 ～ 2 厘米，裂片 5，倒卵形，长 2.5 ～ 3 厘米，上部裂片具深红色斑点；雄蕊 10，长约与花冠相等，花丝线状，中部以下被微柔毛，花药紫色；子房卵球形，10 室，密被亮棕褐色糙伏毛，花柱伸出花冠外，无毛。蒴果卵球形，长达 1 厘米，密被糙伏毛；花萼宿存。花期 4 ～ 6 月；果期 10 月。

产于大珠山，小珠山，生于山坡灌丛；平度市有栽培。国内分布于长江以南各省区，东至台湾，西至四川、云南。

著名观赏花卉。根、花、叶可药用，根可治内伤、咳嗽、肾虚、耳鸣风湿等症，花、叶治疥疮有效。

6. 锦绣杜鹃

Rhododendron × pulchrum Sweet

常绿灌木，高达 2 米，分枝稀疏，幼枝密生淡棕色扁平伏毛。叶纸质，二型，椭圆形至椭圆状披针形或矩圆状倒披针形，长 2.5 ～ 5.6 厘米，宽 8 ～ 18 毫米，顶端急尖，有凸尖头，基部楔形，初有散生黄色疏伏毛，以后上面近无毛；叶柄长 4 ～ 6 毫米，有和枝上同样的毛。花 1 ～ 3 朵顶生枝端；花梗长 6 ～ 12 毫米，密生稍展开的红棕色扁平毛，花萼大，5 深裂，裂片长约 8 毫米，边缘有细锯齿和长睫毛，外面密生同样的毛；花冠宽漏斗状，口径约 6 厘米，裂片 5，宽卵形，蔷薇紫色，有深紫色点；雄蕊 10，花丝下部有柔毛，于房有密糙毛，花柱无毛。花期 4 ～ 5 月；果期 9 ～ 10 月。

小珠山有栽培。

供观赏。

7. 白花杜鹃　毛白杜鹃（图 218）

Rhododendron mucronatum (Bl.) G. Don

图 218　白花杜鹃

1. 花枝；2. 花纵切；3. 雄蕊；4. 雌蕊

Azalea mucronata Bl.

半常绿灌木，高 0.5 ～ 2 米；幼枝密被灰褐色长柔毛，混生少数腺毛。叶纸质，披针形、卵状披针形或长圆状披针形，长 2 ～ 6 厘米，宽 0.5 ～ 1.8 厘米，先端钝尖至圆形，基部楔形，上面深绿色，疏被灰褐色贴生长糙伏毛，混生短腺毛，上面叶脉凹陷，下面凸显；叶柄长 2 ～ 4 毫米，密被灰褐色扁平长糙伏毛和短腺毛。伞形花序顶生，具花 1 ～ 3 朵；花梗长 1.5 厘米，密被淡黄褐色长柔毛和腺头毛；花萼大，绿色，裂片 5，披针形，长 1.2 厘米，密被腺状短柔毛；花冠白色，有时淡红色，阔漏斗形，长 3 ～ 4.5 厘米，5 深裂，裂片与花冠管近等长，无毛和紫斑；雄蕊 10，不等长，中部以下被微柔毛；子房卵球形，5 室，密被刚毛状糙伏毛和腺头毛，花柱伸出花冠外很长，无毛。蒴果圆锥状卵球形，长约1厘米。花期4 ~ 5月；果期6 ~ 7月。

青岛小珠山及市区公园有栽培。国内分布于江苏、浙江、江西、福建、广东、广西、四川和云南；各大城市常见栽培。

供观赏。

（二）越橘属 Vaccinium L.

落叶或常绿灌木，稀小乔木。冬芽卵圆形，有芽鳞。叶互生，稀对生或轮生，有短柄，全缘或有锯齿。花单生或总状花序，顶生或腋生；花萼小，4 ~ 5浅裂或裂不明显；花冠坛状、钟状或筒状，4 ~ 5浅裂；雄蕊8 ~ 10，内藏稀外露，不抱花柱；子房下位，4 ~ 5室，稀8 ~ 10室，每室有胚珠数枚至多数。浆果或浆果核果，顶部冠以宿存萼片。

约450种，分布于北半球的温带、亚热带、及寒温带，美洲和亚洲的热带地区。我国有91种，24变种，2亚种，分布于南北各地，主产西南、华南。青岛有2种。

分种检索表

1. 叶缘有细齿，齿端有具腺细刚毛，花萼被腺毛，花冠长3 ~ 5毫米…………… 1.腺齿越橘V. oldhami
1. 叶全缘或有锯齿，但非腺齿；花萼绿色，光滑无毛，花冠长5 ~ 12毫米 …… 2.蓝莓V. corymbosum

1. 腺齿越橘 毛叶越橘（图219；彩图44）

Vaccinium oldhamii Miq.

落叶灌木，高1 ~ 3米；幼枝褐色，密被灰色短柔毛，杂生腺毛，老枝暗褐色，渐变无毛。叶多数，散生枝上，叶片纸质，卵形、椭圆形或长圆形，长2.5 ~ 8厘米，宽1.2 ~ 4.5厘米，顶端锐尖，基部楔形，宽楔形至钝圆，边缘有细齿，齿端有具腺细刚毛，表面沿中脉和侧脉被短柔毛，其余伏生刚毛或近于无毛；叶柄长1 ~ 3毫米，被短柔毛及腺毛。总状花序生于当年生枝的枝顶，长3 ~ 6厘米，序轴被短柔毛及腺毛；苞片狭卵状披针形至线形，长2.5 ~ 7毫米，有时被腺毛；花梗极短，长1.5毫米或更短，有少数腺毛；萼筒外被腺毛，萼齿三角形，长约1.5毫米，有缘毛，外面被少数晾毛；花冠长3 ~ 5毫米，外面无毛；雄蕊10，稍短于花冠，长2.5 ~ 3.5毫米，花丝扁平，长1 ~ 2毫米，上部被开展的柔毛，药室背部无距，药管很短，长约为药室之半。

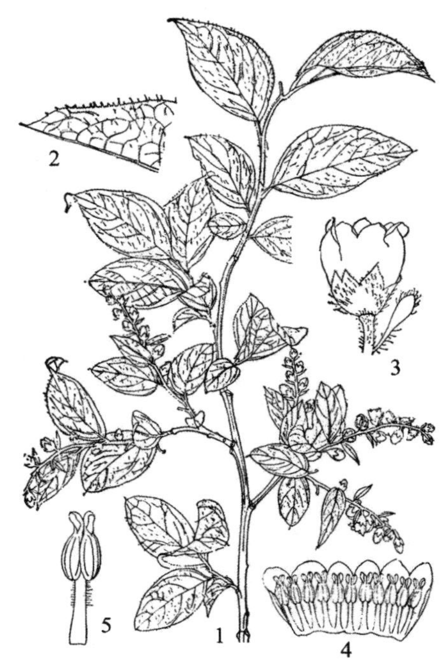

图219 腺齿越橘
1. 花枝；2. 叶缘放大，示腺齿；3. 花；4. 花冠展开，示雄蕊；5. 雄蕊

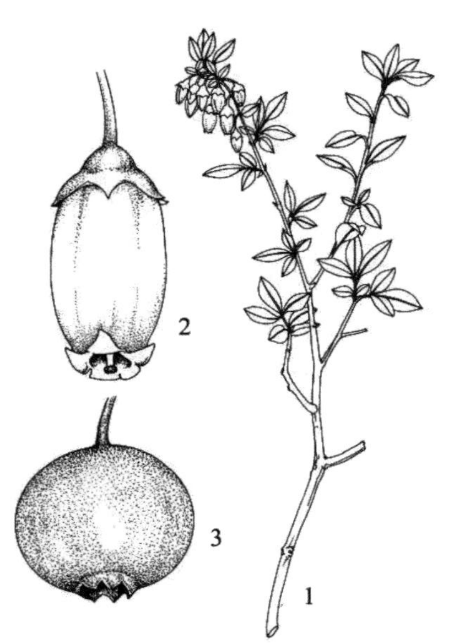

图 220 蓝莓
1. 花枝；2. 花朵；3. 果实

浆果近球形，直径 0.7 ~ 1 厘米，熟时紫黑色。花期 5 ~ 6 月；果期 7 ~ 10 月。

产崂山北九水、蔚竹庵、潮音瀑、仰口、关帝庙、洞西岐、夏庄等地，生于山坡灌丛。国内分布于江苏。

可供观赏。果可食及酿酒。

2. 蓝莓（图 220；彩图 45）

Vaccinium corymbosum L.

落叶灌木，高 1 ~ 5 米。小枝绿色，有棱或呈圆柱形，常有成列的毛。叶片深绿色，卵形到狭椭圆形，长 15 ~ 70 毫米，宽 10 ~ 25 毫米，近革质，全缘或有锯齿，叶面光滑或背面有毛。花萼绿色，无毛，花冠白色到粉红色，多少呈圆柱状，长 5 ~ 12 毫米，花丝常有纤毛。浆果暗黑色到蓝色、灰绿色，直径 4 ~ 12 毫米，光滑。种子 10 ~ 20 (~ 25) 枚。花期春季或初夏。各区市作为果树均有栽培。

栽培蓝莓主要来源于本种选育的类型和杂交种。

三十三、柿科 EBENACEAE

乔木或灌木，落叶，少常绿；单叶互生，全缘；无托叶。花单性，多雌雄异株或杂性，稀两性花，常单生或排成小型的聚伞花序，花辐射对称；萼片宿存，3 ~ 7 裂，在花后随果实发育增大;花冠合生，裂片旋转状排列，3 ~ 7 裂;雄蕊与花冠裂片同数或为其的 2 ~ 4 倍，花丝短，分离或成对合生，位于花冠筒的基部，花药 2 室，内向纵裂；雄花中常有退化雄蕊，子房上位，2 ~ 16 室，花柱 2 ~ 8，分离或基部合生，中轴胎座，每室胚珠 1 ~ 2，悬生于室顶内角处。浆果多肉质；种子有胚乳，胚乳有时为嚼烂状，种皮薄。

约 3 属，500 余种，主要分布于热带及亚热带地区。我国 2 属，50 余种，主要分布在西南及东南部各省区。青岛有 1 属，3 种，1 变种。

（一）柿属 Diospyros L.

乔木或灌木。无顶芽，侧芽有芽鳞 2 ~ 3 片。叶互生，稀对生。花单性，雌雄异株或杂性；雄花常较雌花小，组成聚伞花序，雌花常单生叶腋；花萼 3 ~ 7 裂，通常 4 裂，绿色，果熟时雌花萼增大并宿存;花冠壶形或钟形，黄白色或淡绿色，通常 4 ~ 5 裂，稀 3 ~ 7 裂；雄蕊 4 ~ 16 裂，常成对合生；子房 4 ~ 12 室；花柱常为子房室数的一半，离生或基部合生。浆果肉质；种子大而扁平，稀无种子。

约 500 种，分布于暖温带、亚热带及热带。我国有 57 种，6 变种，1 变型，1 栽培种，以华南各省最多。青岛有 3 种，1 变种。

分种检索表

1. 枝无刺；叶椭圆形、长圆形或卵形；萼片先端钝圆或突尖。

  2. 冬芽顶端钝，幼枝及叶被褐黄色的密柔毛或近无毛；果大，径通常大于3厘米，成熟后橙红色或朱红色 …………………………………………………………………………………………… 1.柿D. kaki

  2. 冬芽顶端尖，叶长椭圆形，质地较薄，下面被灰色柔毛；果小，径1.2～1.8厘米，熟后紫色或紫黑色 ……………………………………………………………………………………………2.君迁子D. lotus

1.枝有刺；叶棱状倒卵形至卵状棱形；果径1.5～2.5厘米，熟后橘红色；宿存萼片长圆状披针形，先端渐尖……………………………………………………………………………………… 3.老鸦柿D. rhombifolia

1. 柿 柿子树（图 221）

Diospyros kaki Thunb.

落叶乔木，通常高达 20 米。树冠球形或长圆球形，树皮深灰色至灰黑色，或者黄灰褐色至褐色，呈粗方块状深裂，枝略粗壮，淡褐色，被短绒毛；冬芽三角状卵形，先端钝。叶卵状椭圆形至倒卵形或近圆形，长 6 ～ 13.5 厘米，宽 4 ～ 8 厘米，先端渐尖或突尖，基部圆形或宽楔形，羽状脉，叶脉上面微凹，下面突起，光绿色，幼时或沿叶脉有黄色绒毛,质地厚;叶柄长 1.5 ～ 1.7 厘米，粗短。雌雄异株或同株；雄花序由 1 ～ 3 朵花组成，雌花单生；花萼 4 深裂，裂片三角形，长 1.3 ～ 1.6 厘米；花冠黄白色，钟形，先端 4 裂，向外卷，花冠筒高约 1 厘米；雄花的雄蕊 16 ～ 24；雌花有退化雄蕊 8，子房上位，花柱 4，柱头 2 ～ 3 裂。浆果形大，扁球形至卵圆形，罕四方形，径 3.5 ～ 15 厘米，熟时橙黄色或橘红色，宿存萼大形，厚革质。花期 5 ～ 6 月；果期 10 ～ 11 月。

图 221 柿

1. 花枝；2. 雄花；3. 雄蕊；4. 花冠展开，示雄蕊；5. 雌花；6. 雌花去花冠，示雌蕊；7. 果实

全市各地均有栽培，常见有磨盘柿、牛心柿、甜柿等品种。国内分布自东北南部起至华北、西北、华中、华南。

果实生食或制成柿饼。柿蒂、柿霜药用，有祛痰镇咳、降气止呃的功效。木材可做家具。

（1）野柿（变种）

var. **sylvesris** Makino

与原种的区别：野生，树皮片状剥落；小枝幼时被锈褐色密毛，叶下面及叶柄亦被黄褐色柔毛。花较小。浆果卵圆形，较小，径 2.5 ～ 5 厘米，微有 4 纵槽。

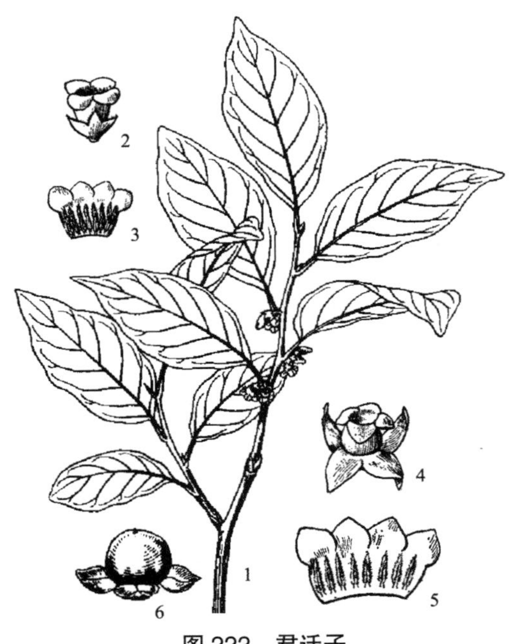

图 222 君迁子

1. 花枝；2. 雄花；3. 雄花花冠展开；4. 雌花；5. 雌花花冠展开；6. 果实

产崂山仰口、八水河、大梁沟等地，生于山坡、沟谷杂木林。长江下游流域各省份分布较多。

2. 君迁子 软枣 黑枣（图 222）

Diospyros lotus L.

落叶乔木，高可达 15 米。树冠卵形或卵圆形；树皮暗灰色，长方形小块状裂；幼枝灰色至灰褐色，初有灰色细毛；芽先端尖，芽鳞黑褐色，边缘有毛。叶椭圆状卵形或长圆形，长 5 ～ 12 厘米，先端渐尖或微突尖，基部圆形或宽楔形，羽状脉，上面凹陷，下面微凸，被灰色毛；叶柄长 1 厘米左右。花单性或两性，雌雄异株或杂性，雌花单生，雄花 2 ～ 3 朵簇生；萼 4 裂，萼裂片三角形或半圆形，长约 6 毫米，外被梳毛，里面下部被密毛；花冠壶形，4 裂，裂片倒卵形，长约 3 毫米，淡绿色或粉红色；雄蕊在雌花中 16，在两性花中 8 或 6，在雌花中退化雄蕊 8；花盘圆形，周围有密毛；子房长约 4 ～ 5 毫米，花柱短，柱头 4 裂。浆果球星或长椭圆形，径 1.2 ～ 2 厘米，熟前黄褐色，后变紫黑色，外被蜡粉。花期 4 ～ 5 月；果期 9 ～ 10 月。

产于全市各大山区，生于山坡、沟谷、村旁或为栽培。国内分布于东北南部、黄河流域以南各省区。

果实可食。木材可做家具。是嫁接柿的良好砧木。

图 223 老鸦柿

1. 果枝；2. 雄花；3. 雌花

3. 老鸦柿（图 223）

Diospyros rhombifolia Hemsl.

落叶小乔木，高可达 8 米；树皮灰色，平滑；多分枝，有刺；小枝被柔毛。叶菱状倒卵形，长 4 ～ 8.5 厘米，先端钝，上面沿脉有黄褐色毛，后无毛，下面疏生伏柔毛，脉上较多；叶柄短，纤细，有微柔毛。雄花序生于当年生枝下部；花萼 4 深裂，裂片三角形，长约 3 毫米，被毛；花冠壶形，5 裂，裂片覆瓦状排列；雄蕊 16 枚，每 2 枚连生，腹面 1 枚较短，花丝被柔毛；雌花散生当年生枝下部；萼 4 深裂；花冠壶形，4 裂，裂片长圆形，约与花冠管等长，向外反曲；子房密被长柔毛，4 室；花柱 2，下部有长柔毛；柱头 2 浅裂。果单生，球形，径约 2 厘米，熟时橘红色，有光泽，无毛，顶端有小突尖；宿存萼片长圆状披针形，长 1.6 ~ 2 厘米，有纵脉。花期 4 ~ 5 月；果期 9 ~ 10 月。

城阳世纪公园有栽培。国内分布于江苏、安徽、浙江、台湾、福建、江西、湖北、湖南等地区。

其果可提取柿漆，供涂漆鱼网、雨具等用。实生苗可作柿树的砧木。

三十四、安息香科（野茉莉科）STYRACACEAE

乔木或灌木，常被星状毛或鳞片状毛。单叶，互生，无托叶。花两性，稀杂性，辐射对称，总状花序、聚伞花序或圆锥花序，稀单生或数花簇生；小苞片小或无，常早落；花萼杯状、倒圆锥状或钟状，4 ~ 5 齿裂，稀 2 或 6 齿或近全缘；花冠合瓣，稀离瓣，4 ~ 5 裂，稀 6 ~ 8 裂；雄蕊常为花冠裂片数的 2 倍，稀 4 倍或为同数，花药 2 室，纵裂，花丝部分或大部分合生成筒，极少离生；子房上位、半下位或下位，3 ~ 5 室或有时基部 3 ~ 5 室，而上部 1 室，每室 1 至数枚倒生胚珠，花柱丝状或钻状，柱头头状或不明显 3 ~ 5 裂。核果、蒴果，稀浆果，具宿存花萼；种子无翅或有翅，常有丰富的胚乳，胚直伸或稍弯。

约 11 属，180 余种，主要分布于亚洲东南部至马来西亚。我国产 9 属，50 余种，9 变种，分布北起辽宁东南部南至海南岛，东自台湾，西达西藏。青岛有 3 属，4 种，1 变种。

分属检索表

1. 果与宿存花萼分离或基部稍合生；子房上位………………………………………… 1.野茉莉属Styrax
1. 果与宿存花萼几完全贴生；子房下位或半下位。
 2. 伞房状圆锥花序；萼筒钟形，花梗极短，与萼之间具关节；外果皮薄，脆壳质 ……………………………………………………………………………………… 2.白辛树属Pterostyrax
 2. 总状聚伞花序；花萼顶端5 ~ 6齿，花梗细长；外果皮厚，肉质 ………………3.秤锤树属Sinojackia

（一）野茉莉属 Styrax L.

乔木或灌木，落叶或常绿。冬芽多叠生，有 1 芽鳞。叶互生，稀对生，有短柄，全缘有锯齿。花簇生，总状花序或聚伞花序，生侧枝顶或单生叶腋；小苞片早落；花萼杯状或倒圆锥状，与子房基部分离或稍合生，顶端 5 齿裂，稀 2 ~ 6 裂或近波状；花冠 5 深裂，稀 4 或 8 裂，花冠筒短；雄蕊 10，稀 16，近等长，花丝基部联成管贴生于花冠筒内；子房上位，上部 1 室，下部 3 室，每室有胚珠 1 ~ 4 枚，花柱钻状，柱头 3 浅裂或头状。核果球形或长椭圆形，为宿存萼筒所包围，不规则 3 瓣裂或不开裂；种子近球形，胚直立，胚乳肉质或近角质。

约 130 种，主要分布于亚洲东部至马来西亚和北美洲的东南部经墨西哥至安第斯山。我国约 30 种，7 变种，除少数种类分布至东北或西北地区外，其余主产于长江流域以南各省区。青岛有 2 种，1 变种。

分种检索表

1. 叶下面无毛或疏被星状柔毛；由5～8花组成顶生总状或单花生于叶腋………… 1.野茉莉S. japonicus

1. 叶下面密生星状绒毛；由10花以上组成总状花序……………………………………… 2.玉铃花S. obassia

1. 野茉莉　齐墩果 秤锤树（图 224；彩图 46）

Styrax japonicus Sieb. et Zucc.

图 224　野茉莉

1. 花枝；2. 花；3. 花冠展开，示雄蕊着生；4. 雌蕊；5. 雄蕊；6. 果实；7. 种子

落叶小乔木，高可达 8 米。树皮灰褐色或紫褐色；嫩枝暗紫色，有淡黄色星状柔毛，后渐脱落；芽叠生，有 1 芽鳞，被短柔毛。叶卵状椭圆形或卵状椭圆形，长 4 ～ 10 厘米，宽 2 ～ 6 厘米，先端急尖或钝渐尖，基部楔形至宽楔形，上部有梳齿或近全缘，上面绿色，除叶脉疏生星状毛外，近无毛，下面绿色，在脉腋间有白色长髯毛，侧脉每边 5 ～ 7；叶柄长 5 ～ 7 毫米，疏被星状短柔毛。总状花序由 5 ～ 8 花组成，或单生下垂，花梗长 2 ～ 3 厘米，无毛；花萼漏斗状，5 裂，萼齿短；花冠 5 裂，裂片卵形、倒卵形或椭圆形，长 1.2 ～ 2 厘米，白色，在花蕾时作覆瓦状排列，花冠筒 3 ～ 5 毫米。核果长卵形，长 8 ～ 14 毫米，径 8 ～ 10 毫米，顶端有短尖头，密被灰色的星状毡毛层，有宿存萼筒；种子倒卵形，紫褐色，表面有深皱纹。花期 6 ～ 7 月；果期 8 ～ 9 月。

产于崂山，大、小珠山，大泽山等地；山东科技大学校园有成片栽培，生长良好。国内分布较广。

木材可用来制作器具、雕刻等。种子可榨油，用于制作肥皂或机器润滑油。花美丽、芳香，是庭园观赏树种。

（1）毛萼野茉莉（变种）

var. **calycothrix** Gilg.

与原种的主要区别：花萼和花梗上被有较明显的星状柔毛。花期 4 ～ 5 月；果期 9 ～ 12 月。

产崂山八水河、太清宫，生于海拔 500 ～ 1000 米的杂木林。国内分布于贵州。

2. 玉铃花　薄皮树（图 225）

Styrax obassis Sieb. et Zucc.

落叶乔木或灌木，高可达 10 米，胸径 15 厘米。树皮灰褐色，浅纵裂，小枝栗褐色，初有星状柔毛，后近无毛；芽叠生，密被黄褐色星状毛。叶宽椭圆形或近圆形，长5～15厘米，宽4～10厘米，先端渐尖或急尖，基部圆形或宽楔形，叶柄基部膨大，在小枝上部互生，而小枝最下部的两叶近对生，多呈卵形或椭圆形，长4.5～10厘米，宽2～5厘米，形略小，叶柄不膨大，叶缘有粗齿，侧脉5～8对，上面叶脉被灰色星状柔毛，下面密被白色星状绒毛。总状花序生于新枝顶，长6～15厘米，有10花以上，有小花梗，密被灰黄色短柔毛；花萼杯状，长5～6毫米，5～6齿裂；花冠白色或粉红色，裂片椭圆形，长1.3～1.6厘米，在花蕾时呈覆瓦状排列。核果卵形或近卵形，直径10～15毫米，顶端有短尖头，密被黄褐色星状短柔毛；种子长圆形，暗褐色，近平滑。花期5～6月；果期8月。

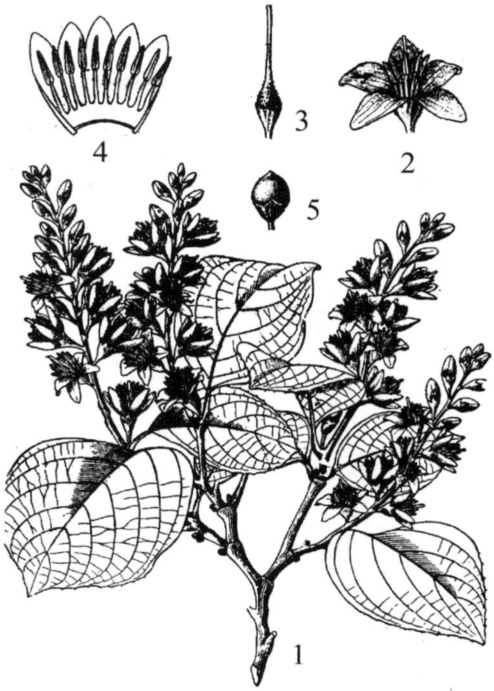

图225 玉铃花

1. 花枝；2. 花；3. 雌蕊；
4. 花冠展开，示雄蕊着生；5. 果实

产崂山八水河、太清宫、棋盘石等地，生于背阴山坡、沟谷的杂木林内；黄区山东科技大学、胶州市有栽培。国内分布于辽宁、安徽、浙江、湖北、江西等省区。

木材可制作器具、雕刻等。花美丽、芳香，可供观赏及提取芳香油。种子榨油，可用于制皂及润滑机械。

（二）白辛树属 **Pterostyrax** Sieb.et Zucc.

小乔木或灌木；冬芽裸露。叶互生，有叶柄，边缘有锯齿。伞房状圆锥花序，顶生或生于小枝上部叶腋，花有短梗；花梗与花萼之间有关节；花萼钟状，顶端5齿，萼管全部贴生于子房上；花冠5裂，裂片花蕾时作覆瓦状排列；雄蕊10，5长5短或有时近等长，伸出，花丝扁平，上部分离，下部合生成膜质管，花药长圆形或卵形，药室内向，纵裂，花柱棒状，延伸，柱头不明显3裂，子房近下位，3室，稀4～5室，胚珠每室4颗，生于中轴胎座上，在上部的向上，在下部的下垂。核果干燥，除圆锥状的喙外，几全部为宿存花萼所包围，并与其合生，不开裂，有翅或棱，外果皮薄，脆壳质，内果皮近木质，有种子1～2。

约4种，产我国、日本和缅甸。我国产2种。青岛有1种。

1. 小叶白辛树（图226）

Pterostyrax corymbosus Sieb. et Zucc.

乔木，高达15米；幼枝密被星状短柔毛。叶纸质，倒卵形、宽倒卵形或椭圆形，长

图 226　小叶白辛树
1. 花枝；2. 花纵切；3. 果实

6 ~ 14 厘米，顶端急渐尖或急尖，基部楔形，具锐锯齿，嫩叶两面均被星状柔毛，老叶下面疏被星状柔毛；叶柄长 1 ~ 2 厘米，被星状柔毛。圆锥花序伞房状，长 3 ~ 8 厘米；花白色；花梗极短，长 1 ~ 2 毫米；小苞片线形，密被星状柔毛；花萼钟状，高约 3 毫米，5 脉，顶端 5 齿，萼齿披针形；花冠裂片长圆形，长约 1 厘米，近基部合生，密被星状短柔毛；雄蕊 10，5 长 5 短，雄蕊较花冠稍长，花丝宽扁，膜质，中部以下连合成筒，内面被星状柔毛。果倒卵形，长 1.2 ~ 2.2 厘米，具 5 窄翅，密被星状绒毛，顶端具圆锥状长喙，长 2 ~ 4 毫米。花期 3 ~ 4 月；果期 5 ~ 9 月。

崂山区午山有栽培。国内产江苏、浙江、江西、湖南、福建、广东等地。

散孔材，木材淡黄色，边材和心材无区别，材质轻软，可作一般器具用材；本种生长迅速，可利用作为低湿河流两岸造林树种。

（三）秤锤树属 **Sinojackia** Hu

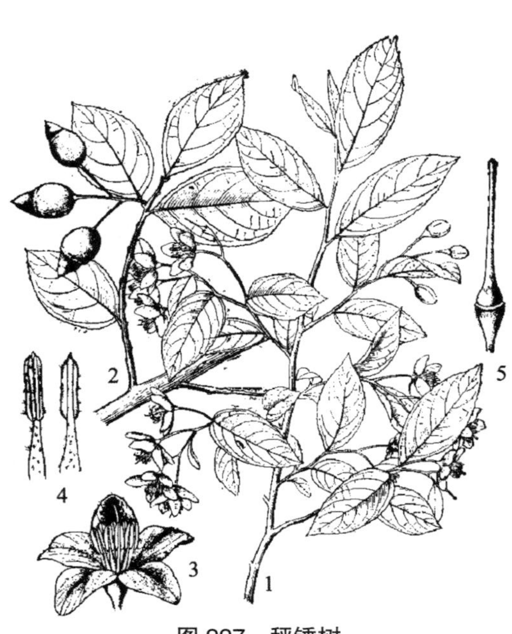

图 227　秤锤树
1. 花枝；2. 果枝；3. 花；4. 雄蕊；5. 雌蕊

落叶乔木或灌木。冬芽裸露。叶互生，具锯齿，近无叶柄或具短柄，无托叶。总状聚伞花序生于侧生小枝顶端；花白色，常下垂；花梗细长，与花萼之间有关节；萼筒倒圆锥状或倒长圆锥状，几全部与子房合生，萼齿 4 ~ 7，宿存；花冠 4 ~ 7 裂；雄蕊 8 ~ 14，1 列，着生于花冠基部；花丝 5 长 5 短，下部联合成短筒，上部分离，花药长圆形，药室内向，纵裂，药隔稍突出；子房下位，3 ~ 4 室，每室 6 ~ 8 胚珠，成 2 行，柱头不明显 3 裂。果实木质，除喙外几全部为宿存花萼所包围并与其合生，外果皮肉质，不裂，中果皮木栓质，内果皮木质；种子 1，长圆状线形，种皮硬骨质；胚乳肉质。

3 种，均产于我国中部、南部和西南部。青岛有 1 种。

1. 秤锤树（图 227；彩图 47）

Sinojackia xylocarpa Hu

乔木，高可达 7 米。叶纸质，倒卵形或椭圆形，长 3 ~ 9 厘米，宽 2 ~ 5 厘米，顶端急尖，基部楔形或近圆形，边缘具硬质锯齿，长 2 ~ 5 厘米，宽 1.5 ~ 2 厘米，基部圆形或稍心形，两面叶脉被星状短柔毛；叶柄长约 5 毫米。总状聚伞花序生于侧枝顶端，有花 3 ~ 5 朵；花梗纤细下垂，疏被星状短柔毛，长达 3 厘米；萼筒倒圆锥形，约 4 毫米，萼齿 5，少 7，披针形；花冠裂片 5，长圆状椭圆形，密被星状绒毛；雄蕊 10 ~ 14，花丝长约 4 毫米，花药长圆形，无毛；花柱线形，长约 8 毫米，柱头不明显 3 裂。果实卵形，连喙长 2 ~ 2.5 厘米，宽 1 ~ 1.3 厘米，红褐色，具浅棕色皮孔，无毛，喙圆锥状；种子长圆状线形，长约 1 厘米，栗褐色。花期 3 ~ 4 月；果期 7 ~ 9 月。

黄岛区山东科技大学校园有栽培。国内江苏、杭州、上海、武汉等曾有栽培。

供观赏。

三十五、山矾科 SYMPLOCACEAE

灌木或乔木，落叶或常绿。单叶，互生，通常具锯齿、腺质锯齿或全缘，无托叶。花辐射对称，两性稀杂性，常成穗状、总状、圆锥或团伞花序，稀单生；花常有 1 ~ 2 枚苞片；萼 3 ~ 5 裂，裂片覆瓦状排列，稀镊合状；花冠 3 ~ 11 裂，通常 5 裂，裂至中部或基部，雄蕊多数，稀 4 ~ 5 枚，花丝连合或分离，着生于花冠筒基部；子房下位或半下位，顶端常具花盘和腺点，2 ~ 5 室，每室 2 ~ 4 胚珠，花柱 1，纤细，柱头头状或 2 ~ 5 裂。核果，顶端有宿存萼片，通常具薄的中果皮和坚硬木质的核，核光滑或具棱，1 ~ 5 室，每室有种子 1 颗，种子胚乳丰实，胚直或弯曲。

含 1 属，约 300 种，广布于亚洲、大洋洲和美洲的热带和亚热带。我国有 77 种，主要分布于长江流域以南各省区。青岛有 2 种。

（一）山矾属 Symplocos Jacq.

特征同科。

分种检索表

1. 枝灰褐色；嫩枝，叶下面及花序梗有灰白色柔毛或无毛；花有长梗；果熟时淡蓝色，顶端萼裂片直立……………………………………………………………………………………1.白檀S. paniculata
1. 枝紫褐色；嫩枝、叶及花序梗密被灰黄色皱曲状柔毛；花序上部的花多无梗；果熟后蓝黑色，被紧贴的柔毛，萼裂片内伏……………………………………………………………… 2.华山矾S. chinensis

1. 白檀 锦织木（图 228；彩图 48）

Symplocos paniculata（Thunb.）Miq.

Prunus paniculata Thunb.

落叶灌木或小乔木，高可达 6 米；树皮灰褐色，条裂或片状剥落；嫩枝有灰白色

图 228　白檀
1. 花枝；2. 花冠展开，示雄蕊；
3. 雌蕊及部分花萼；4. 果枝；5. 果实

柔毛，老枝无毛。叶膜质或薄纸质，卵圆形、椭圆状倒卵形或卵形，长 3 ~ 11 厘米，宽 2 ~ 4 厘米，先端尖、钝或微凹，基部宽楔形或近圆形，边缘有细尖锯齿，叶面无毛或有柔毛，黄绿色，叶背通常有柔毛或仅脉上有柔毛，淡绿色；叶柄长 3 ~ 5 毫米。圆锥花序长 5 ~ 8 厘米，顶生或腋生于侧枝，通常有柔毛；花絮梗通常有柔毛；花全部有长梗，有疏柔毛；花萼长 2 ~ 3 毫米，萼筒褐色，无毛或有疏柔毛，裂片半圆形或卵形，稍长于萼筒，淡黄色，有纵脉纹，边缘有毛；花冠白色，长 4 ~ 5 毫米，5 深裂几达基部；雄蕊 40 ~ 60 枚，子房 2 室，花盘具 5 凸起的腺点。核果熟时蓝色，卵状球形，稍偏斜，长 5 ~ 8 毫米，顶端宿萼裂片直立。花期 5 月；果期 10 月。

产崂山，小珠山，生于 500 米以上的山坡、沟谷或杂木林。国内分布于辽宁以南的广大地区。

水土保持类型植物。种子可榨油，供制漆、肥皂、机械润滑用。树形优美，白花，蓝黑果，可供观赏。

2. 华山矾（图 229；彩图 49）

Symplocos chinensis（Lour.）Druce

Myrthus chinensis Lour.

落叶灌木或小乔木，高达 1.5 米。树皮灰紫色，有明显的皮孔；小枝紫褐色，嫩时被灰黄色皱曲状柔毛。叶椭圆状或倒卵形，长 4 ~ 7 厘米，宽 2 ~ 5 厘米，先端尖或短尖，有时钝，基部宽楔形或近圆形，边缘有细尖锯齿，上面有短柔毛，下面及脉上有较多的皱曲柔毛。圆锥花序顶生或腋生，多狭长密集，上部的花近无花梗状，在花序轴、苞片及萼外面均密被灰黄色的皱曲柔毛；花萼长 2 ~ 3 毫米，裂片长圆形；花冠白色，有香气，长约 4 毫米，5 深裂，几达基部；雄蕊 50 ~ 60，花丝基部合生成不明显的五体；子房 2 室，顶端有腺点，无毛。核果卵状圆球形，长 5 ~ 7 毫米，先

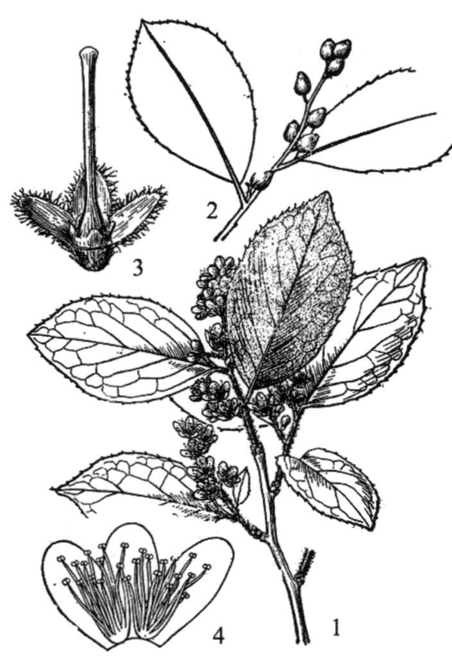

图 229　华山矾
1. 花枝；2. 果枝；3. 雌蕊及部分花萼；
4. 花冠展开，示雄蕊

端歪斜，熟时蓝黑色，被紧贴的柔毛，宿存萼片向内伏。花期5月；果期10月。

产于崂山，小珠山，百果山，大珠山，大泽山等地。国内分布于东南各省区。

根皮及叶药用，根可治疗疟疾、急性肾炎；叶捣烂，外敷治跌打伤；研磨治烧伤及外伤出血；取叶鲜汁，冲酒内服治蛇伤。种子可榨油。植株供绿化，保持水土。

三十六、海桐花科 PITTOSPORACEAE

常绿乔木或灌木。单叶，互生或偶为对生，全缘，稀有齿或分裂；无托叶。花两性，稀单性或杂性，排成伞形、伞房或圆锥花序，偶单生；花各部辐射对称或两侧对称；萼片5，离生或基部合生；花瓣5，在芽中覆瓦状排列，离生或基部合生；雄蕊5，与花瓣互生，花药2室，内向，纵裂或孔裂；子房上位，心皮2 ~ 3，稀5，合生，1 ~ 5室，通常有短花柱，倒生胚珠通常多数。蒴果或浆果；种子多数，常有黏质或油质包在外面，种皮薄，胚乳发达，胚小。

9属约360种，分布于热带、亚热带及太平洋西南各岛。我国有1属，44种。青岛栽培1种。

（一）海桐花属 **Pittosporum** Banks ex Gaertn.

常绿灌木或小乔木，单叶互生，常簇生枝顶呈对生或假轮生状，全缘或有波状齿，革质，有时膜质。花两性，组成顶生的伞形花序、伞房花序及圆锥花序，或单生于枝顶及叶腋；萼片通常离生；花瓣离生或基部合生近中部；花药纵裂，花丝无毛；子房1室或不完全的2 ~ 5室，常有柄及短花柱，胚珠多数1 ~ 4，蒴果圆球形或椭圆形，2 ~ 5瓣裂，果皮木质或革质；种子有黏质或油质物包裹。

约300种，主要分布在东半球热带及亚热带。我国44种，8变种。青岛引种栽培1种。

1. 海桐（图230）

Pittosporum tobira (Thunb.) Ait.

Evonymus tobira Thunb.

常绿小乔木，栽培通常为灌木型。高1 ~ 2米，树冠呈圆球形，枝条近轮生，嫩枝上被褐色柔毛。叶多聚生枝顶，倒卵形，或倒卵状披针形，长4 ~ 10厘米，宽1.5 ~ 4厘米，先端圆或微凹，基部楔形，革质，全缘，周边略向下反卷，羽状脉，侧脉6 ~ 8对，在近边缘处网结，两面无毛或近叶柄处疏生短柔毛；叶柄长1 ~ 2厘米。伞形花序或伞房状伞形花序顶生或近顶生，总梗及苞片上均被褐色毛；花白色，后变黄色，径约1厘

图230 海桐
1. 果枝；2. 花；3. 雄蕊；4. 雌蕊

米；萼片卵形，长 3 ～ 4 毫米；花瓣倒披针形，长 1 ～ 1.2 厘米，离生，基部狭常呈爪状；雄蕊 2 型，退化雄蕊的花丝长 2 ～ 3 毫米，花药近不发育，正常雄蕊的花丝长 5 ～ 6 毫米，花药黄色，长圆形；子房长卵形，密生短柔毛。蒴果圆球形，长 0.7 ～ 1.5 厘米，3 瓣裂，果瓣木质，内侧有横格；种子多角形，暗红色，长约 4 毫米。花期 5 月；果期 10 月。

全市各地普遍栽培。国内分布长江以南沿海各省区。

供观赏。在沿海地、市的城镇，可做绿篱树种植。叶可以代替明矾做媒染剂用，种子及叶药用，分别有散瘀、涩肠、解毒的功效。

三十七、绣球科 HYDRANGEACEAE

落叶灌木，稀小乔木。单叶，对生或轮生，具锯齿，稀全缘；羽状脉；无托叶。伞房状或圆锥状复聚伞花序；花两性或杂性异株，萼片 1 ～ 5，花瓣状；两性花为完全花，形小，萼筒与子房合生；萼片 4 ～ 10，绿色，花瓣 4 ～ 10（多数），花丝分离或基部连合；雌蕊 4- 多数，子房下位或半下位；花柱 1 ～ 6，分离或连合，倒生胚珠多数，侧膜或中轴胎座。蒴果，种子多数，细小，有翅及网纹或无翅，有胚乳。

约 115 种，主要分布于北温带和亚热带，少数分布于热带。我国约 70 余种。青岛有 3 属，9 种，3 变种。

分属检索表

1. 花同型，全能育。
  2. 植株被星状毛；叶具羽状脉；雄蕊10，花丝窄带形，顶端常具2裂齿 ……………… 1.溲疏属Deutzia
  2. 植株无星状毛；叶基脉3～5出；雄蕊多数，花丝丝状，无裂齿 ……………2.山梅花属Philadelphus
1. 花二型，花序边缘有大型不育花，或全为不育花…………………………………… 3.绣球属Hydrangea

（一）溲疏属 **Deutzia** Thunb.

落叶灌木；稀常绿。小枝中空或有白色髓心；皮通常灰褐色，片状剥落。叶对生通常有星状毛；叶柄短；无托叶。花序伞房状、聚伞状或圆锥状，稀为单生；花通常白色、粉红色或蓝紫色，周位花；萼裂片 5；花瓣 5；雄蕊 10，2 轮，花丝带翅或近顶端有 2 裂齿；子房下位，3 ～ 5 室，胚珠多数，花柱 3 ～ 5，离生，条形。蒴果，3 ～ 5 瓣裂；种子小，褐色。

约 60 种，分布于东亚、喜马拉雅山区，仅有 2 种产于墨西哥。我国 53 种，各省均有分布、多数分布于西南一带。青岛有 5 种，3 变种。

分种检索表

1. 花瓣阔卵形、倒卵形或圆形，花蕾时覆瓦状排列；子房下位；伞房花序多花。
  2. 植物体各部分常无毛，但芽鳞和叶上面有时疏被3～4（～5）辐线星状毛 … 1.光萼溲疏D. glabrata
  2. 植物体各部分被毛，花萼密被星状毛 ………………………………………2.小花溲疏D. parviflora
1. 花瓣长圆形或椭圆形，稀卵状长圆形或倒卵形，花蕾时内向镊合状排列，子房下位或半下位。

3. 圆锥花序，具多花；花萼裂片较萼筒短一半。

4. 花枝被毛；叶上面疏被4～5辐线星状毛，下面被稍密10～15辐线星状毛 3.齿叶溲疏D. crenata

4. 花枝无毛；叶上面疏被4～5辐线星状毛，下面无毛或被极稀疏8～16辐线星状毛…………………………………………………………………………………… 4.黄山溲疏D. glauca

3. 聚伞花序有花1～3朵；花萼裂片较萼筒长，叶下面疏被5～6辐线星状毛，毛被不连续覆盖 ……………………………………………………………………………………5.钩齿溲疏D. baroniana

1. 光萼溲疏　无毛溲疏 崂山溲疏（图231；彩图50）

Deutzia glabrata Kom.

灌木，高约3米。小枝无毛，红褐色，枝皮剥裂。叶对生；叶片卵状椭圆形或卵形，长4～12厘米，宽2～3.5厘米，先端渐尖，基部阔楔形或圆形，边缘具细锯齿，上面无毛或散生有3～4辐射枝的星状毛，下面无毛。花序伞房状，径4～8厘米，花梗细，无毛；萼筒长2～3毫米，无毛，裂片5，三角形，长约1毫米，除边缘被微柔毛，其他部分无毛；花瓣5，覆瓦状排列，白色，阔卵形，长约6毫米；雄蕊10，花丝下部宽而扁平，上部渐细，无齿；子房下位，花柱3～4；蒴果，萼裂片及花柱宿存。花期5月；果期8～9月。

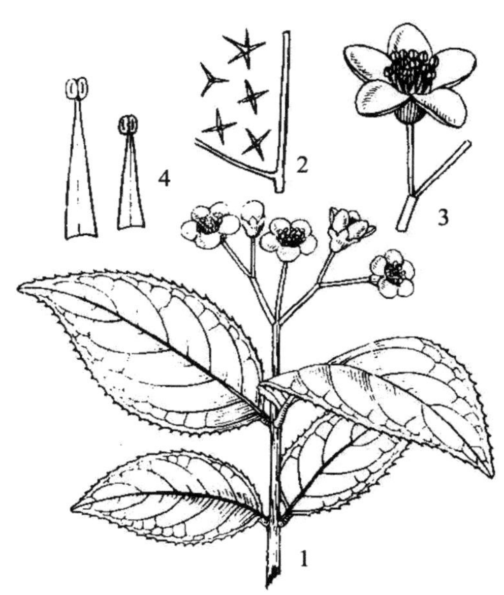

图231　光萼溲疏

1. 花枝；2. 叶片下面，示星状毛；3. 花；4. 雄蕊

产于崂山山顶、北九水、观崂村、仰口、张坡、蔚竹庵、水石屋、黑风口、标山等地，生于山坡、灌丛中或山谷荫蔽处。国内分布于河南、河北、辽宁、吉林、黑龙江等省区。

（1）无柄溲疏（变种）

var. **sessilifolia** (Pamp.)Zaikon-nikova

与原变种区别在于：叶阔卵状披针形，两面均无毛；花枝上的叶柄极短或无柄。花期5～6月。

产崂南坡明霞洞至天茶顶一带。国内分布于陕西、河南、湖北。

图232　小花溲疏

1. 花枝；2. 叶片下面，示星状毛；3. 叶片上面，示星状毛；4. 花；5. 雄蕊

2. 小花溲疏（图232）

Deutzia parviflora Bge.

灌木；高1～2米。小枝黄褐色，初被

星状毛，后渐脱落。叶对生；叶片卵形或狭卵形，长 3 ～ 6 厘米，在苗枝上的长达 10 厘米，先端渐尖，基部圆或阔楔形，边缘有小锯齿，两面疏生星状毛，上面的星状毛有 5 ～ 8 辐射枝，下面的有 8 ～ 11 辐射枝，在中脉还有单毛。花序伞房状，有多数花，直径 4 ～ 7 厘米，花梗与花萼密生星状毛；萼筒长约 2 毫米，裂片 5，阔卵形，长约 1 毫米；花瓣 5，覆瓦状排列，白色，倒卵形，长约 6 毫米，两面密被星状毛；雄蕊 10，花丝无齿或上部有短钝齿；子房下位，花柱通常 3. 蒴果近球形，径 2.5 毫米，有星状毛。花期 5 ～ 6 月；果期 7 ～ 8 月。

产崂山太清宫、张坡、八水河。生于沟谷、林缘。国内分布于东北地区及河北、河南、山西、陕西、甘肃等省区。

花多而美丽，可栽植于庭院、公园，绿化环境，供观赏。

3. 齿叶溲疏 溲疏 哨棍（图 233）

Deutzia crenata Sieb. et Zucc.

落叶灌木，高 1.5 ～ 3 米。小枝红褐色，幼时疏生星状毛，老枝光滑，树皮成薄片状剥落。叶对生，有短柄；叶片卵形或卵状披针形，长 3 ～ 8 厘米，宽 1.2 ～ 3 厘米，先端急尖或渐尖，基部圆或阔楔形，边缘有细锯齿，两面均有星状毛。圆锥花序直立，花白色或带红晕；萼杯状，密被锈褐色星状毛，裂片三角形；花瓣长圆形，外面有星状毛；花丝顶端有 2 长齿，呈 V 字形；子房下位，花柱通常 3。蒴果近球形，顶端扁平，径约 5 毫米。花期 5 ～ 6 月；果期 7 ～ 8 月。

崂山仰口、蔚竹庵，八大关及山东科技大学有栽培。国内分布于浙江、江西、安徽、山东、四川、江苏等地。

观赏灌木。

（1）紫花重瓣溲疏（变种）

var. **plena** Rehd.

花重瓣，外面略带玫瑰红色。

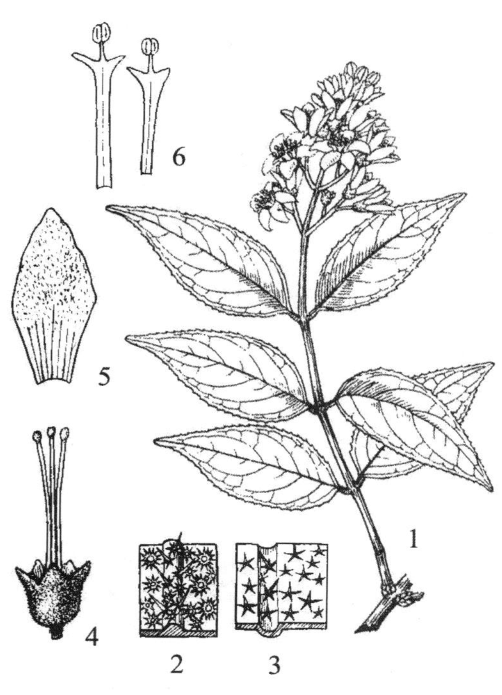

图 233　齿叶溲疏

1. 花枝；2. 叶下面，示毛被；3. 叶上面，示毛被；4. 花去花冠，示花萼和雌蕊；5. 花瓣；6. 雄蕊

中山公园有栽培。

（2）白花重瓣溲疏（变种）

Var. **candidissima** Rehd.

花重瓣，纯白色。

中山公园有栽培。

4. 黄山溲疏（图 234）

Deutzia glauca W. C. Cheng

灌木，高 1.5 ~ 2 米；老枝黄绿色或褐色，表皮缓慢脱落，无毛。叶纸质，卵状长圆形或卵状椭圆形，稀卵状披针形，长 5 ~ 10 厘米，宽 2 ~ 4.5 厘米，先端急尖或渐尖，基部楔形或圆形，边缘具细锯齿，上面疏被 4 ~ 5 辐线星状毛，下面无毛或被极稀疏 8 ~ 16 辐线星状毛，侧脉 4 ~ 8 对；叶柄长 5 ~ 9 毫米，无毛。圆锥花序，长 5 ~ 10 厘米，径约 4 厘米，具多花，无毛，花径 1 ~ 1.4 厘米，花梗长 2 ~ 5 毫米；萼筒杯状，裂片阔三角形，先端急尖，与萼筒均疏被 12 ~ 19 辐线星状毛；花瓣白色，长圆形或狭椭圆状菱形，长 10 ~ 15 毫米，外面被星状毛，内面近边缘稍被毛，花蕾时内向镊合状排列；外轮雄蕊长约 8 毫米，内轮雄蕊长约 5 毫米，形状相同，花丝先端 2 钝齿，齿端不明显 2 裂，长不达花药，花药长圆形，具短柄，从花丝裂齿间伸出；花柱 3，长约 12 毫米。蒴果半球形，径约 7 毫米。花期 5 ~ 6 月；果期 8 ~ 9 月。

崂山太清宫有栽培。国内分布于安徽、河南、湖北、浙江、江西。

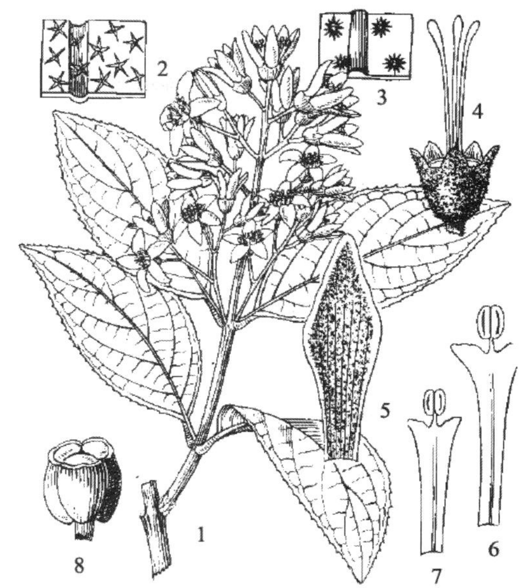

图 234　黄山溲疏

1. 花枝；2. 叶上面，示毛被；3. 叶下面，示毛被；4. 花去花冠，示花萼和雌蕊；5. 花瓣；6. 外轮雄蕊；7. 内轮雄蕊；8. 果实

5. 钩齿溲疏　李叶溲疏　杏叶溲疏（图 235；彩图 51）

Deutzia baroniana Diels

D. hamata Koehne ex Gilg et Loes.

灌木，高 1 米。小枝红褐色，无毛。叶片卵形、菱状卵形或椭圆状卵形，长 3 ~ 8 厘米，宽 1.5 ~ 3.5 厘米，先端渐尖或锐尖，基部阔楔形，边缘有不规则的细锯齿，齿端有毛尖，上面绿色，密生有 4 ~ 6 辐射枝的星状毛，下面淡绿色，初疏被有辐射枝 4 ~ 8 的星状毛，后渐脱落，沿中脉有平展单毛；叶柄长 2 ~ 6

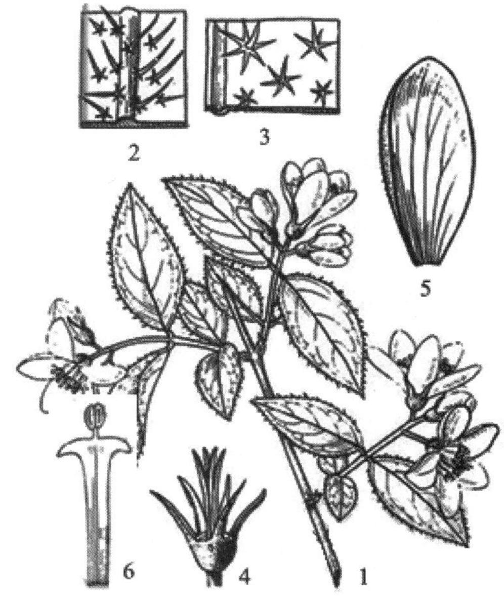

图 235　钩齿溲疏

1. 花枝；2. 叶下面，示毛被；3. 叶上面，示毛被；4. 花去花冠，示花萼和雌蕊；5. 花瓣；6. 雄蕊

毫米。聚伞花序，通常 1 ～ 3 花，稀 4 ～ 6 花；花梗长 1 ～ 1.5 厘米，密被星状毛；花径 1.5 ～ 2.5 厘米；萼筒长 2 ～ 3 毫米，密被星状毛和白毛，裂片 5，条形，长 5 ～ 7 毫米；花瓣 5，白色；雄蕊 10，花丝上部有 2 齿；花柱 3 ～ 5。蒴果扁球形，密被星状毛，花柱宿存，反卷。花期 4 ～ 5 月；果期 8 ～ 9 月。

全市各山区普遍分布。国内分布于东北地区及河北、江苏等省区。

可栽培供观赏。

（二）山梅花属 Philadelphus L.

落叶灌木，稀常绿。枝有白色髓心。叶对生，基出 3 ～ 5 脉，全缘或有锯齿。多为总状花序，有时单生或 2 ～ 3 花呈聚伞状，稀为圆锥花序，花两性，白色，常芳香；花萼钟形，裂片 4，镊合状；花瓣 4，覆瓦状排列；雄蕊多数；子房下位或半下位，4 室，中轴胎座，花柱 4，基部愈合。蒴果 4 瓣裂，萼裂片宿存，含多数种子;种子细小，微有翅。

约 70 种，分布于亚洲、欧洲、北美，主要分布于东亚。我国约 22 种，分布于东北、华北、西北、华东及西南各地。青岛栽培 2 种。

分种检索表

1. 叶通常两面均无毛，或有时在下面脉腋间稍有簇毛；花柱仅顶端分离…………1.太平花P. pekinensis

1. 叶下面脉腋有毛，有时脉上有毛；花柱自中部分离…………………………2.西洋山梅花P. coronarius

1. 太平花　京山梅花（图 236）

Philadelphus pekinensis Rupr.

灌木，高达 2 米。幼枝光滑，带紫褐色，老枝皮灰褐色，2 ～ 3 年生枝皮剥落。叶对生；叶片卵形至狭卵形，长 3 ～ 8 厘米，宽 2 ～ 5 厘米，先端渐尖，基部楔形或近圆形，边缘疏生乳头状小锯齿，基出 3 主脉，通常两面无毛，或有时下面主脉腋内有簇生毛；叶柄短，长 2 ～ 10 毫米，与下面叶脉同带紫色。总状花序，有 5 ～ 7 花，稀 9 花；花序轴、花梗无毛；花梗长 3 ～ 8 毫米，花乳白色，微芳香，径 2 ～ 3 厘米；萼筒无毛，上部 4 裂；花瓣 4，倒卵形；雄蕊多数，与花柱等长；花柱无毛，上部 4 裂。蒴果，倒圆锥形，4 瓣裂。花期 5 ～ 6 月；果期 8 ～ 9 月。

图 236　太平花

1. 花枝；2. 雌蕊；3. 萼片腹面和背面

崂山太清宫，中山公园以及山东科技大学有栽培。国内产于中国北部及西部。

庭园绿化观赏花木。

2. 西洋山梅花（图 237）

Philadelphus coronarius L.

落叶灌木,高 1.5 ～ 3 米。树皮栗褐色，片状剥落；小枝光滑无毛，或幼时微有毛。叶片卵形至卵状长椭圆形,长 4 ～ 8 厘米，先端渐尖，基部阔楔形或圆形，边缘疏生乳头状小锯齿，上面无毛，下面在脉腋间有簇毛，或有时脉上有毛。花白色，径 2.5 ～ 3.5 厘米，甚芳香，5 ～ 7 花组成总状花序，花梗常光滑；花萼钟状，裂片 4，卵状三角形，先端尖，长约 7 毫米，宽约 5 毫米，通常平滑无毛，里面沿边缘有短毛；花瓣 4，阔倒卵形，长 1.5 ～ 1.7 厘米，宽 1.5 ～ 2 厘米；雄蕊多数,长 1 厘米左右；子房半下位，花柱自中部分离，柱头 4. 蒴果球形倒卵状，径 5 ～ 6 毫米，萼片和花柱宿存。花期 5 ～ 6 月；果期 8 ～ 9 月。

原产意大利至高加索。中山公园有栽培。

庭园绿化观赏花木。

图 237　西洋山梅花

1. 花枝；2. 花纵切；3. 果实及宿存的花萼

（三）绣球属 Hydrangea L.

落叶灌木或小乔木。枝皮片状剥落；枝通常有白色或黄色髓心。单叶对生；有柄；叶片边缘有锯齿，稀有裂；无托叶。伞房状聚伞花序或圆锥花序；花两性；萼片与花瓣均为 4 ～ 5；雄蕊 8 ～ 20，通常 10；子房下位或半下位，花柱 2 ～ 5，较短；花序边缘常有大型不育花。蒴果，顶端开裂；种子多数，细小，有翅或无翅。

约 73 种，分布于亚洲及南北美洲。我国约 46 种，10 变种，主要分布于秦岭、长江以南各省区。青岛栽培 2 种。

分种检索表

1. 伞房花序，球形，花同型，全为不孕性；花瓣迟落……………………………1.绣球H. macrophylla
1. 圆锥花序，花二型；花瓣早落…………………………………………………… 2.圆锥绣球H. paniculata

1. 绣球　阴绣球（图 238）

Hydrangea macrophylla (Thunb.) Ser.

Viburum macrophyllum Thunb.

灌木，高 1 ～ 2 米。小枝粗壮，平滑无毛，有明显皮孔，叶迹大。叶对生；叶片稍厚，倒卵形或椭圆形，长 7 ～ 20 厘米，宽 4 ～ 10 厘米，两面无毛或下面脉上有毛，

图 238　绣球

上面鲜绿色，下面黄绿色，先端短渐尖，基部阔楔形，边缘除基部外有粗锯齿；叶柄长 1 ~ 6 厘米。伞房状花序顶生，球形，直径达 20 厘米；花梗有柔毛；花白色、粉红色或变为蓝色，全部为不孕花；萼片 4，阔卵形或圆形，长 1 ~ 2 厘米。花期 6 ~ 7 月。

各地普遍栽培。国内分布广泛。

为著名观赏花木。花和根药用，有清热的功效。对二氧化硫等有毒气体抗性较强，可用于矿区绿化。

2. 圆锥绣球（图 239）

Hydrangea paniculata Sieb.

落叶灌木或小乔木，高可达 8 米。小枝粗壮，有短柔毛。叶对生，有时在枝上部为 3 叶轮生；叶片椭圆形或卵形，长 5 ~ 12 厘米，宽 3 ~ 5 厘米，先端渐尖，基部圆形或阔楔形，边缘有内弯的细锯齿，上面幼时有短柔毛，下面疏生短刺毛或仅脉上有毛；有短柄。圆锥花序顶生，长 15 ~ 20 厘米；花序轴与花梗有毛；花二型；周边的不孕花，通常萼片 4，卵形或近圆形，全缘，初白色，后变为带紫色；孕性花白色，芳香，萼筒近无毛，通常有 5 片三角形裂片，花瓣 5，离生，早落，雄蕊 10，不等长，子房半上位，花柱 2 ~ 3，柱头稍下延。蒴果近球形，长 4 毫米，顶端孔裂；种子两端有翅。花期 8 ~ 9 月。

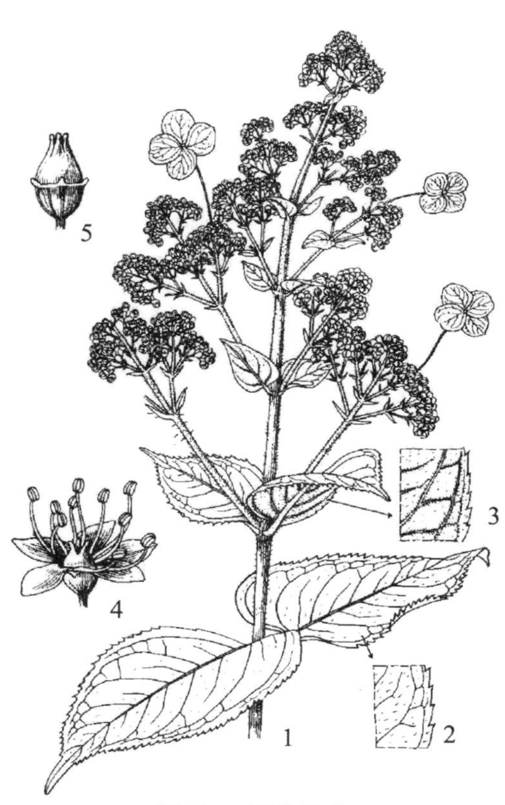

图 239　圆锥绣球

1. 花枝；2. 叶片上面放大；3. 叶片下面放大，示毛被；4. 可孕花；5. 果实

中山公园，青岛农业大学及崂山区有栽培。国内分布于台湾、福建、浙江、江西、安徽、湖南、湖北、广东、广西、贵州、云南等省区。

根药用，称“土常山”，有清热、抗疟的功效。

（1）大花水亚木（栽培变种）

'Grandiflora'

圆锥花序较大，直立或下垂；花白色。中山公园，山东科技大学校园有栽培。

三十八、茶藨子科 GROSSULARIACEAE

乔木或灌木。单叶，互生或对生，稀轮生，常具齿或掌状分裂，稀全缘；无托叶或有托叶。总状、聚伞或圆锥花序，稀花单生。花两性，稀单性，雌雄异株或杂性；萼片下部合生，4 ~ 5 裂，宿存；花瓣 4 ~ 5，分离或合生成短筒；雄蕊 4 ~ 5，着生花盘上，有时具退化雄蕊；子房下位、半下位或上位，1 ~ 6 室，胚珠多数，中轴或侧膜胎座，花柱 1 ~ 6. 蒴果或浆果。种子富含胚乳。

8 属，约 300 种分布于热带至温带，主产南美及澳大利亚。我国 3 属，约 77 种。青岛有 2 属，2 种，2 变种。

分属检索表

1. 萼片非花瓣状，花瓣较萼片大，子房2室；蒴果 ………………………………………… 1.鼠刺属Itea
1. 萼片常花瓣状，花瓣小，有时鳞片状，稀无花瓣，子房1室；浆果 ……………… 2.茶藨子属Ribes

（一）鼠刺属 Itea L.

灌木或乔木，常绿或落叶。单叶互生，具柄，边缘常具腺齿或刺状齿，稀圆齿状或全缘；托叶小，早落；羽状脉。花小，白色，辐射对称，两性或杂性，多数，排列成顶生或腋生总状花序或总状圆锥花序；萼筒杯状，基部与子房合生；萼片 5，宿存；花瓣 5，镊合状排列，花期直立或反折；雄蕊 5，着生于花盘边缘而与花瓣互生；花丝钻形；子房上位或半下位，具 2 心皮，紧贴或仅下部紧贴花盘；花柱单生，有纵沟，或有时中部分离；柱头头状；胚珠多数，两列，生于中轴胎座上。蒴果先端 2 裂，仅基部合生，具宿存的萼片及花瓣；种子多数，狭纺锤形，或少数，长圆形，扁平；种皮壳质，有光泽；胚大，圆柱形。

约 29 种，主要分布于东南亚至中国和日本，仅 1 种产于北美。我国 17 种及 1 变种，分布于西南、东南至南部各省区。青岛引种栽培 1 种。

1. 北美鼠刺（图 240；彩图 52）

Itea virginica L.

灌木，高 1 ~ 3 米。茎直立或拱曲，光滑或有疏毛。叶片椭圆形至长圆状倒披针形，长 2 ~ 9 厘米，宽 1 ~ 4 厘米，叶缘有腺齿、锯齿或细齿；叶柄长 3 ~ 10 毫

图 240 北美鼠刺
1. 果枝；2. 花

米。总状花序拱垂，长 4 ~ 15 厘米，有花 20 ~ 80 朵，花序轴有毛；花梗 1 ~ 3.5 毫米，有毛。萼片直立或略分开，狭矩圆形，长 0.6 ~ 1 毫米，先端尖；花瓣狭矩圆形，长 3.5 ~ 6 毫米；花丝有毛，长 1 ~ 2 毫米；花柱有纵沟，有毛。蒴果长 0.7 ~ 1 厘米；花柱宿存，有柔毛。种子光滑，有光泽，长 1 ~ 1.4 毫米，宽 0.4 ~ 0.9 毫米。花期 3 ~ 6 月。

原产北美洲。山东科技大学校园有栽培。

花序艳丽，气味芳香，秋季叶子色彩鲜艳，供观赏。

（二）茶藨子属 Ribes L.

落叶灌木，稀为常绿。枝有刺或无刺。单叶，互生或簇生，通常掌状分裂，有长柄，无托叶。花两性或单性异株；总状花序或簇生，稀单生，花 5 数，稀 4 数；萼筒钟状、管状或碟形，萼片花瓣状；花瓣通常小，或鳞片状；雄蕊 4 ~ 5，短于或长于萼裂片，且与其对生；子房下位，1 室，侧膜胎座，多数，花柱 2。浆果球形，顶端有宿存的萼；种子多数，有胚乳。

约 160 种，分布于北温带和南美。我国约 59 种，30 变种，产西南部、西北部至东北部。青岛有 1 种，2 变种。

分种检索表

1. 花单性，单生或2 ~ 9簇生……………………………………………… 1.华茶藨R. fasciculatum var. chinense
1. 花两性，总状花序。
  2. 花绿色或浅黄绿色；萼筒盆形；果实红色 …… 2.光叶东北茶藨子R. mandshuricum var.subglabrum
  2. 花黄色；萼筒钟形；果实黑色 ……………………………………………… 3.香茶藨子R. odoratum

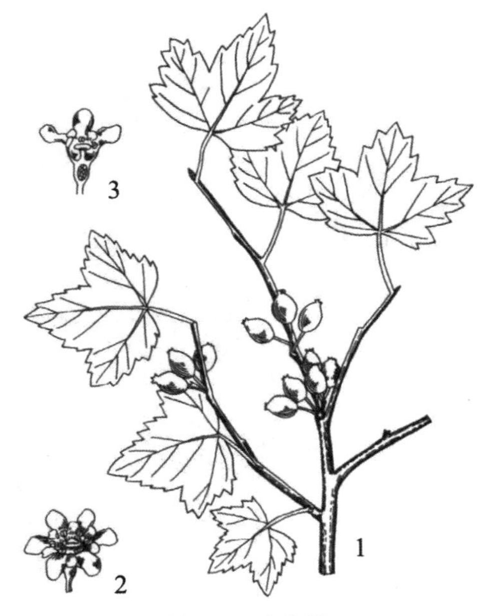

图 241　华茶藨

1. 果枝；2. 花；3. 花纵切

1. 华茶藨　华蔓茶藨子（图 241；彩图 53）

Ribes fasciculatum Sieb. et Zucc. var. **Chinense** Maxim.

灌木，高 1 ~ 2 米。老枝紫褐色，片状剥裂；小枝灰绿色，无刺，嫩时被毛。叶互生或簇生于短枝上；叶片近圆形，3 ~ 5 裂，裂片阔卵形，有不整齐的锯齿，长 2.5 ~ 4 厘米，宽几乎与长相等，基部微心形，两面疏生柔毛，下面脉上密生柔毛；叶柄长 1 ~ 2 厘米，有柔毛。花单性，雌雄异株；雄花 4 ~ 9 朵，雌花 2 ~ 4 朵，伞状簇生于叶腋，花黄绿色，有香气，花梗长 6 ~ 9 毫米，有关节，上部加粗；花萼浅碟形，裂片长圆状倒卵形，长 3 ~ 4

毫米，先端钝圆；花瓣5，极小，半圆形，先端圆或平截；雄蕊5，花丝极短，花药扁宽，椭圆形；退化雌蕊细小，比雄蕊短，有盾形微2裂的柱头；雌花子房无毛。果实近球形，径7～10毫米，红褐色，顶端有宿存的花萼。花期4～5月；果期8～9月。

产于崂山太清宫、张坡、明霞洞等地，生于山坡疏林中。国内分布于辽宁、河北、山西、河南、江苏、浙江、湖北、陕西、四川等省区。

绿化观赏植物。果实可酿酒或做果酱。

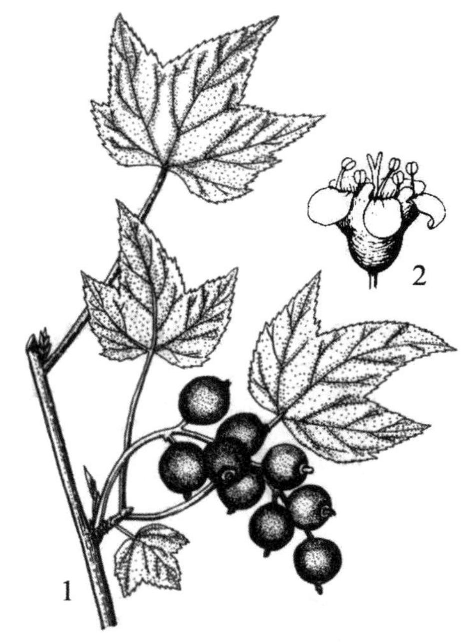

图242 光叶东北茶藨子
1. 果枝；2. 花

2. 光叶东北茶藨子（图242）

Ribes mandshuricum (Maxim.) Kom. var. **subglabrum** Kom.

落叶灌木，高1～3米；小枝灰色或褐灰色，皮纵向或长条状剥落，无刺；叶宽大，长5～10厘米，宽几与长相似，基部心脏形，幼时上面无毛，下面灰绿色，沿叶脉稍有柔毛，仅在脉腋间毛较密；掌状3裂，稀5裂，先端急尖至短渐尖，边缘具不整齐粗锐锯齿或重锯齿；叶柄长4～7厘米，具短柔毛。花两性，开花时直径3～5毫米；总状花序较短，长3～8厘米；花序轴和花梗密被短柔毛；花梗长约1～3毫米；苞片小，早落；花萼浅绿色或带黄色，外面无毛或近无毛；萼筒盆形，萼片狭小，长1～2毫米；花瓣近匙形，长约1～1.5毫米，宽稍短于长，先端圆钝或截形，浅黄绿色，下面有5分离的突出体；雄蕊稍长于萼片，花药近圆形，红色；子房无毛；花柱稍短或几与雄蕊等长，先端2裂，有时分裂几达中部。果实球形，径7～9毫米，红色，无毛，味酸可食；种子多数，较大，圆形。花期4～6月；果期7～8月。

产崂山崂顶。国内黑龙江、吉林、辽宁、河北、山西、河南。

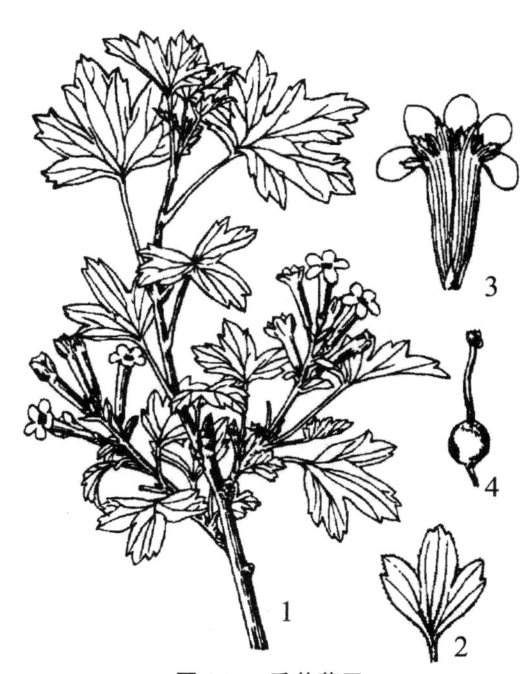

图243 香茶藨子
1. 花枝；2. 叶片；3. 花冠展开；4. 雌蕊

3. 香茶藨子（图243）

Ribes odoratum Wendl.

落叶灌木，高1～2米；小枝褐色。叶互生；叶片圆状肾形至倒卵圆形，3～5

深裂，裂片有粗齿，基部楔形或截形，幼时两面均具短柔毛，并常有腺体，老时近无毛；叶柄长 1 ~ 2 厘米，被短柔毛。花两性，芳香；总状花序长 2 ~ 5 厘米，常下垂，有花 5 ~ 10 朵；花萼黄色，萼筒管形，萼片椭圆形，先端圆钝，展开或反折，长 6 ~ 7 毫米；花瓣 5，小形，浅红色，无毛；雄蕊 5，短于或与花瓣近等长；花柱 1，不分裂或仅柱头 2 裂，长约 1.5 厘米，柱头绿色。果实球形或宽椭圆形，长 8 ~ 10 毫米，熟时黑色，无毛。花期 5 月；果期 7 ~ 8 月。

原产美国中部。市区各公园有栽培。我国华北、华东地区有引进栽培，生长良好。

庭园观赏植物。果可供食用。

三十九、蔷薇科 ROSACEAE

草本、灌木或乔木，落叶或常绿，有刺或无刺。冬芽常具数个鳞片，有时仅具 2 个。叶互生，稀对生，单叶或复叶，有显明托叶，稀无托叶。花两性，稀单性。通常整齐，周位花或上位花；花轴上端发育成碟状、钟状、杯状、罈状或圆筒状的花托（一称萼筒），在花托边缘着生萼片、花瓣和雄蕊；萼片和花瓣同数，通常 4 ~ 5，覆瓦状排列，稀无花瓣，萼片有时具副萼；雄蕊 5 至多数，稀 1 或 2，花丝离生，稀合生；心皮 1 至多数，离生或合生，有时与花托连合，每心皮有 1 至数个直立的或悬垂的倒生胚珠；花柱与心皮同数，有时连合，顶生、侧生或基生。果实为蓇葖果、瘦果、梨果或核果，稀蒴果；种子通常不含胚乳，极稀具少量胚乳；子叶为肉质，背部隆起，稀对褶或呈席卷状。

约 124 属 3300 余种，广布于全世界，北温带较多。我国约 55 属 1000 余种，产于全国各地。青岛有木本植物 27 属，109 种，24 变种，16 变型。

分亚科检索表

1. 果实为开裂的蓇葖果，稀蒴果，心皮1 ~ 5（-12）；托叶或有或无 ………1.绣线菊亚科Spiraeoideae

1. 果实不开裂；全有托叶。

　2. 子房上位，稀少下位。

　　3. 心皮常多数；瘦果；萼宿存；常为复叶，极稀单叶 ……………………………3.蔷薇亚科Rosoideae

　　3. 心皮常为1，稀2或5；核果；萼常脱落；单叶 ……………………………………… 4.李亚科Prunoideae

　2. 子房下位、半下位，稀上位，心皮（1）2 ~ 5；梨果或浆果状，稀小核果状　2.苹果亚科Maloideae

I　绣线菊亚科 Spiraeoideae

灌木稀草本，单叶稀复叶，叶全缘或有锯齿，常不具托叶，或稀具托叶；心皮 1 ~ 5(~ 12)，离生或基部合生；子房上位，具 2 至多数悬垂的胚珠；果实成熟时多为开裂的蓇葖果，稀蒴果。

含 22 属。我国有 8 属。青岛有 5 属，18 种，4 变种。

分属检索表

1. 蓇葖果；种子无翅；花较小，直径不超过2厘米。
 2. 心皮5，稀 3～4。
  3. 单叶。
   4. 无托叶；蓇葖果不膨大，沿腹缝线开裂 ………………………………………… 1.绣线菊属Spiraea
   4. 有托叶；蓇葖果膨大，沿背腹两缝线开裂 ……………………………………… 2.风箱果属Physocarpus
  3. 羽状复叶；大型圆锥花序 ………………………………………………………… 3.珍珠梅属Sorbaria
 2. 心皮1～2；单叶，托叶早落 ……………………………………………………… 4.野珠兰属Stephanandra
1. 蒴果；种子有翅；花较大，直径常在2厘米以上 …………………………………… 5.白鹃梅属Exochorda

（一）绣线菊属 Spiraea L.

落叶灌木。冬芽小，具2～8外露的鳞片。单叶互生，边缘有锯齿或缺刻，有时分裂。稀全缘，羽状叶脉，或基部有3～5出脉，通常具短叶柄，无托叶。花两性，稀杂性，成伞形、伞形总状、伞房或圆锥花序；萼筒钟状；萼片5，通常稍短于萼筒；花瓣5，常圆形，较萼片长；雄蕊15～60，着生在花盘和萼片之间；心皮5(3～8)，离生。蓇葖果5，常沿腹缝线开裂，内具数粒细小种子；种子线形至长圆形，种皮膜质，胚乳少或无。

约100余种，分布在北半球温带至亚热带山区。我国有50余种。青岛有12种，4变种。

分种检索表

1. 花序着生在当年生具叶长枝的顶端，长枝自灌木基部或老枝上发生，或自去年生的枝上发生。
 2. 花序为长圆形或金字塔形的圆锥花序，花粉红色 ……………………………… 1.绣线菊S. salicifolia
 2. 花序为宽广平顶的复伞房花序，花白色、粉红色或紫色，顶生于当年生直立的新枝上。
  3. 花序无毛，花白色，偶微带红；蓇葖果直立，无毛或在腹缝上有毛 …2.华北绣线菊S. fritschiana
  3. 花序被短柔毛，花常粉红色，稀紫红色。
   4. 叶色正常，绿色，下面有白霜 …………………………………………… 3.粉花绣线菊S. japonica
   4. 叶黄色或新叶带红色 ……………………………… 12. 金山绣线菊S. × bumalda ‘Gold Mound’
1. 花序由去年生枝上的芽发生，着生在有叶或无叶的短枝顶端。
 5. 花序为有总梗的伞形或伞形总状花序，基部常有叶片。
  6. 叶片下面有毛。
   7. 花序和蓇葖果具毛，叶片上面具稀疏柔毛或无毛；下面密被黄色绒毛 ………………………
   ………………………………………………………………………………………… 4.中华绣线菊S. chinensis
   7. 花序无毛；叶片菱状卵形至椭圆形，先端急尖，基部宽楔形；蓇葖果除腹缝外全无毛 ……
   …………………………………………………………………………………………5.土庄绣线菊S. pubescens
  6. 叶片、花序和蓇葖果无毛。
   8. 叶片先端圆钝。
    9. 叶片近圆形，先端常3裂，基部圆形至亚心形，有显著3～5出脉 … 6.三裂绣线菊S. trilobata

9. 叶片菱状卵形至倒卵形，基部楔形，具羽状叶脉或不显著3出脉 …… 7.绣球绣线菊S. Bl.i

8. 叶片先端急尖。

10. 叶片菱状披针形至菱状长圆形，有羽状叶脉 ………………… 8.麻叶绣线菊S. cantoniensis

10. 叶片菱状卵形至菱状倒卵形，常3～5裂，具不 …………… 9.菱叶绣线菊S. vanhouttei

5. 花序为无总梗的伞形花序，基部无叶或具极少叶。叶边有缺刻或锯齿；雄蕊短于花瓣。

11. 叶片卵形至长圆披针形，下面具短柔毛………………………………… 10.李叶绣线菊S. prunifolia

11. 叶片线状披针形，无毛……………………………………………………… 11.珍珠绣线菊S. thunbergii

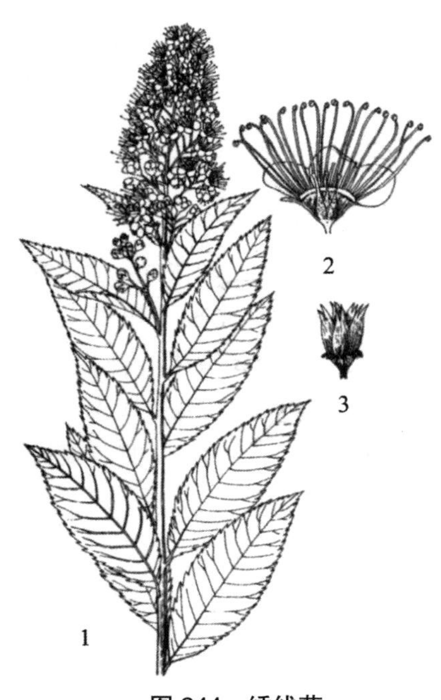

图 244 绣线菊

1. 花枝；2. 花纵切面；3. 果实

图 245 华北绣线菊

1. 花枝；2. 花；3. 果实

1. 绣线菊 柳叶绣线菊（图 244）

Spiraea salicifolia L.

直立灌木；高可达 2 米。嫩枝被柔毛，老时脱落。冬芽有数枚褐色外露鳞片，疏被柔毛。叶长圆状披针形或披针形，长 4 ～ 8 厘米，先端急尖或渐尖，基部楔形，密生锐锯齿或重锯齿，两面无毛；叶柄长 1 ～ 4 毫米，无毛。长圆形或金字塔形圆锥花序，长 6 ～ 13 厘米，被柔毛。花梗长 4 ～ 7 毫米；苞片披针形至线形，全缘或少数锯齿，微被细短柔毛；花径 5 ～ 7 毫米；萼筒钟状，萼片三角形；花瓣卵形，先端钝圆，长与宽 2 ～ 3 毫米，粉红色;雄蕊多数，长于花瓣约 2 倍；花盘环形，裂片呈细圆锯齿状;子房有疏柔毛，花柱短于雄蕊。蓇葖果直立，无毛或沿腹缝有柔毛，宿存花柱顶生，倾斜开展，宿存萼片反折。花期 6 ～ 8 月；果期 8 ～ 9 月。

黄岛区有栽培。国内分布于东北及内蒙古、河北、山西等地区。

可栽培供观赏。蜜源植物。

2. 华北绣线菊 桦叶绣线菊 花柴（图 245）

Spiraea fritschiana Schneid.

落叶性灌木，高 1 ～ 2 米；枝条粗壮，小枝具明显棱角，无毛或具稀疏短柔毛，紫褐色至浅褐色；冬芽卵形，具数枚外露褐色鳞片。叶卵形、椭圆卵形或椭圆长圆形，长 3 ～ 8 厘米，宽 1.5 ～ 3.5 厘米，先端急尖或渐尖，基部宽楔形，边缘有不整齐重锯齿或单锯齿，上面深绿色，无毛，稀沿叶脉有稀疏短柔毛，下面浅绿色，具短柔毛；叶柄长 2 ～ 5 毫米。复伞房花序生于当年直立新枝顶端；花梗长 4 ～ 7 毫米；苞片披针形或线形，微被短柔毛；萼筒钟状，内面密被短柔毛，萼片三角形；花瓣卵形，先端圆钝，长 2 ～ 3 毫米，宽 2 ～ 2.5 毫米，白色，在芽中呈粉红色；雄蕊多数，长于花瓣；花盘圆环状，约有 8 ～ 10 个不等长裂片，裂片先端微凹；子房具短柔毛，花柱短于雄蕊。蓇葖果开张，无毛或仅沿腹缝有短柔毛，宿存花柱顶生，常具宿存反折萼片。花期 6 月；果期 7 ～ 8 月。

产于全市各主要山区；胶州市有栽培。国内分布于河南、陕西、江苏、浙江等省。

可引种栽培供观赏。

（1）小叶华北绣线菊（变种）

var. **parvifolia** Liou

与原种的主要区别是：叶片小，宽卵形、卵状椭圆形或近圆形，长 1.5 ～ 3 厘米，宽 1 ～ 2 厘米，两面无毛，基部圆形。

产于崂山青山。国内分布于辽宁、河北等地。

可引种栽培供观赏。

（2）大叶华北绣线菊（变种）

var. **angulata** (Schneid.) Rehd.

S. angulata Fritsch. ex Schneid.

与原种的主要区别是：叶片长卵形，长 2.5 ～ 8 厘米，宽 1.5 ～ 3 厘米，两面无毛，基部圆形。

产于崂山。国内分布于黑龙江、辽宁、河北、河南、山西、陕西、甘肃、江西、江苏、湖北、安徽等省区。

可引种栽培供观赏。

3. 粉花绣线菊 日本绣线菊（图 246）

Spiraea japonica L.f.

落叶灌木，高 1.5 米。枝条细长，开展；小枝近圆柱形，无毛或幼时被短柔毛；冬芽卵形，芽鳞数片。叶卵形至卵状椭圆形，长 2 ～ 8 厘米，宽 1 ～ 3 厘米，先端急尖至短渐尖，基部楔形，边缘有缺刻状重锯齿或单锯齿，上面暗绿色，无毛或沿叶脉微具短柔毛，下面色浅或有白霜，通常沿叶脉有短柔毛；叶柄长 1 ～ 3 毫米，具短柔毛。复伞房花序生于当年新枝顶端，花密生，密被短柔毛；花梗长 4 ～ 6 毫米；苞片披针形至线状披针形，下面微被柔毛；花直径 4 ～ 7 毫米；花萼外面有稀疏短柔毛，萼筒钟状，内面有短柔毛；萼片三角形，先端急尖，内面近先端有短柔毛；花瓣卵

图 246 粉花绣线菊
1. 花枝；2. 花纵切面；3. 果实

形至圆形，先端常圆钝，长 2.5 ~ 3.5 毫米，宽 2 ~ 3 毫米，粉红色；雄蕊多数，远长于花瓣；花盘圆环形，约有 10 个不整齐裂片。蓇葖果半开张，无毛或沿腹缝有稀疏柔毛。花期 6 ~ 7 月；果期 8 ~ 9 月。

原产日本、朝鲜半岛。全市各地普遍栽培。

供观赏。

（1）光叶粉花绣线菊（变种）

var. **fortunei** (Planch.)Rehd.

S. fortunei Planch.

与原种的主要区别是：植株较高大；叶片长圆披针形，先端短渐尖，基部楔形，边缘具尖锐重锯齿，上面有皱纹，下面有白霜；花粉红色，花盘不发达。

产崂山北九水，生于山坡、田野及杂木林下；即墨市有栽培。国内分布于陕西、湖北、江苏、浙江、江西、安徽、贵州、四川、云南等省区。

4. 中华绣线菊（图 247）

Spiraea chinensis Maxim.

灌木，高 1.5 ~ 3 米。小枝呈拱形弯曲，幼时被黄色绒毛，有时无毛；冬芽卵形，有数枚鳞片，被柔毛。叶菱状卵形或倒卵形，长 2.5 ~ 6 厘米，先端急尖或圆钝，基部宽楔形或圆形，边缘有缺刻状粗锯齿，或具不显明 3 裂，上面暗绿色，被短柔毛，脉纹深陷，下面密被黄色绒毛，脉纹突起；叶柄长 4 ~ 10 毫米，被短绒毛。伞形花序具 16 ~ 25 花；花梗长 5 ~ 10 毫米，具绒毛；苞片线形，被短柔毛；花径 3 ~ 4 毫米；萼筒钟状，有疏柔毛，萼片卵状披针形；花瓣近圆形，长与宽约 2 ~ 3.5 毫米，白色；雄蕊多数，短于花瓣或与花瓣等长；花盘波状圆环形或具不整齐裂片；子房具短柔毛，花柱短于雄蕊。蓇葖果开张，被柔毛，宿存花柱顶生，宿存萼片直立，稀反折。花期 3 ~ 6 月；果期 6 ~ 10 月。

图 247　中华绣线菊

1. 花枝；2. 果枝；3. 花；4. 果实

八大关，崂山区，城阳区有栽培。国内分布于内蒙古、河北、河南、陕西、湖北、湖南、安徽、江西、江苏、浙江、贵州、四川、云南、福建、广东、广西等省区。

栽培可供观赏。

5. 土庄绣线菊　柔毛绣线菊（图 248）

Spiraea pubescens Turcz.

落叶灌木，高 1 ~ 2 米。小枝稍弯曲，嫩时被短柔毛，褐黄色，老时无毛，灰褐色；冬芽卵形或近球形，具短柔毛，外包被数枚鳞片。叶片菱状卵形至椭圆形，长 2 ~ 4.5

厘米，宽 1.3 ~ 2.5 厘米，先端急尖，基部宽楔形，边缘自中部以上有深刻锯齿，有时 3 裂，上面有疏柔毛，下面被灰色短柔毛；叶柄长 2 ~ 4 毫米，被短柔毛。伞形花序具总梗，有花 15 ~ 20；花梗长 7 ~ 12 毫米；苞片线形，被短柔毛；花直径 5 ~ 7 毫米；萼筒钟状，内面有灰白色短柔毛；萼片卵状三角形，内面疏生短柔毛；花瓣卵形、宽倒卵形或近圆形，长与宽各 2 ~ 3 毫米，白色；雄蕊多数，约与花瓣等长；花盘圆环形，具 10 裂片；花柱短于雄蕊。蓇葖果开张，宿存花柱顶生，具直立的宿存萼片。花期 5 ~ 6 月；果期 7 ~ 8 月。

产于崂山太清宫，即墨钱谷山等地。国内分布于东北及内蒙古、河北、河南、山西、陕西、甘肃、湖北、安徽等省区。

可栽培供观赏。

图 248　土庄绣线菊

1. 花枝；2. 叶片；3. 花纵切面；4. 果实

6. 三裂绣线菊　三桠绣球　三丫绣线菊（图 249）

Spiraea trilobata L.

落叶灌木，高 1 ~ 2 米。小枝细瘦，嫩时褐黄色，老时暗灰褐色；冬芽小，外被数枚鳞片。叶片近圆形，长 1.7 ~ 3 厘米，宽 1.5 ~ 3 厘米，先端钝，常 3 裂，基部圆形、楔形或亚心形，边缘自中部以上有少数圆钝锯齿，基部具显著 3 ~ 5 脉。伞形花序有总梗，有花 15 ~ 30 朵；花梗长 8 ~ 13 毫米；苞片线形或倒披针形，上部深裂成细裂片；花直径 6 ~ 8 毫米；萼筒钟状，内面有灰白色短柔毛；萼片三角形，先端急尖，内面具稀疏短柔毛；花瓣宽倒卵形，先端常微凹，长与宽各 2.5 ~ 4 毫米；雄蕊多数，比花瓣短；花盘约由 10 个大小不等的裂片排列成圆环形；子房被短柔毛，花柱比雄蕊短。蓇葖果开张，宿存花柱顶生稍倾斜，具宿存直立萼片。花期 5 ~ 6 月；果期 7 ~ 8 月。

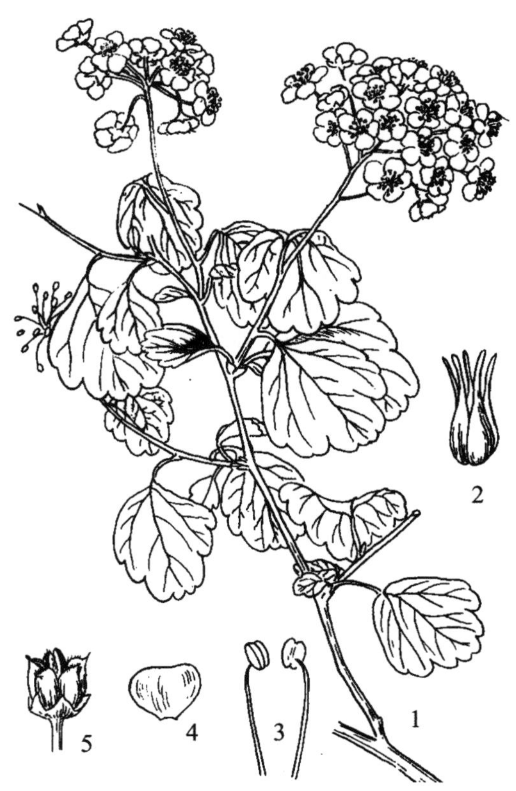

图 249　三裂绣线菊

1. 花枝；2. 雌蕊；3. 雄蕊；4. 花瓣；5. 果实

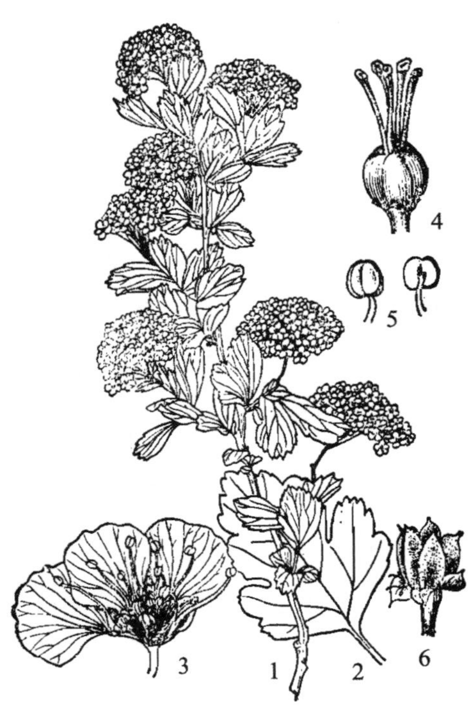

图 250　绣球绣线菊
1. 花枝；2. 叶片；3. 花纵切面；4. 雌蕊；5. 雄蕊；6. 果实

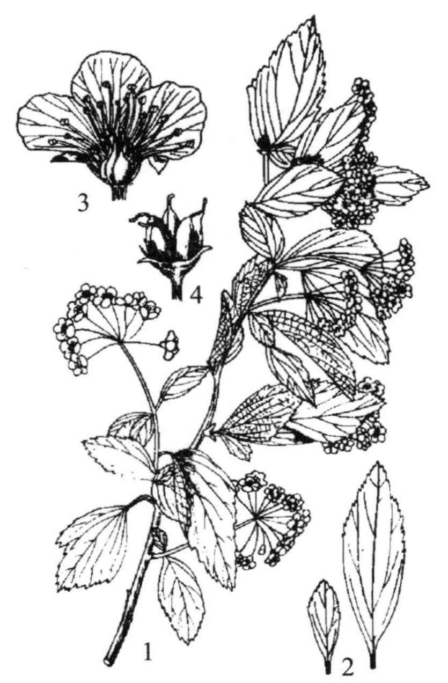

图 251　麻叶绣线菊
1. 花枝；2. 叶片；3. 花纵切面；4. 果实

产于崂山北九水、蔚竹庵等地；崂山区，胶州市，平度市，即墨市有栽培。国内分布于黑龙江、辽宁、内蒙古、山东、山西、河北、河南、安徽、陕西、甘肃等省区。

栽培可供观赏。根、茎含单宁，为鞣料植物。

7. 绣球绣线菊（图 250）

Spiraea Bl.i G. Don

灌木，高 1 ~ 2 米。小枝细，深红褐色或暗灰褐色，无毛；冬芽小，无毛，有数个外露鳞片。叶菱状卵形至倒卵形，长 2 ~ 3.5 厘米，宽 1 ~ 1.8 厘米，先端圆钝或微尖，基部楔形，边缘近中部以上有少数圆钝缺刻状锯齿或 3 ~ 5 浅裂，两面无毛，基部具有不显明的 3 脉或羽状脉。伞形花序有总梗,具花 10 ~ 25;花梗长 6 ~ 10 毫米；苞片披针形，无毛；花径 5 ~ 8 毫米；萼筒钟状，萼片三角形或卵状三角形，内面疏生短柔毛；花瓣宽倒卵形，先端微凹，长 2 ~ 3.5 毫米，宽与长近等，白色；雄蕊 18 ~ 20，较花瓣短；花盘具 8 ~ 10 个较薄裂片；子房无毛或仅在腹部微具短柔毛，花柱短于雄蕊。蓇葖果较直立，无毛，宿存花柱位于背部先端，宿存萼片直立。花期 4 ~ 6 月；果期 8 ~ 10 月。

崂山北九水有栽培。国内分布于辽宁、内蒙古、河北、河南、山西、陕西、甘肃、湖北、江西、江苏、浙江、安徽、四川、广东、广西、福建等省区。

观赏灌木。叶可代茶，根、果供药用。

8. 麻叶绣线菊（图 251）

Spiraea cantoniensis Lour.

落叶灌木，高达 1.5 米。小枝细，常呈拱形弯曲，幼时暗红褐色；冬芽小，有数枚外露鳞片。叶菱状披针形至菱状长圆形，长 3 ~ 5 厘米，宽 1.5 ~ 2 厘米，先端急尖，基部楔形，边缘自近中部以上有缺刻状锯齿，上面深绿色，下面灰蓝色，两面无毛，有羽状叶脉；叶柄长4～7毫米，无毛。伞形花序具多数花朵；花梗长8～14毫米；苞片线形；花直径5～7毫米；萼筒钟状，外面无毛，内面被短柔毛；萼片三角形或卵状三角形，内面微被短柔毛；花瓣近圆形或倒卵形，先端微凹或圆钝，长与宽各约2.5～4毫米，白色；雄蕊多数，稍短于花瓣或近等长；环形花盘有大小不等的近圆形裂片；子房近无毛，花柱短于雄蕊。蓇葖果直立开张，宿存花柱顶生，有直立开张的宿存萼片。花期4～5月；果期7～9月。

崂山北九水及各地公园常见栽培。国内分布于广东、广西、福建、浙江、江西等省区。

供观赏。

9. 菱叶绣线菊（图252）

Spiraea vanhouttei (Briot) Zabel

S. aquilegifolia var. *vanhouttei* Briot

落叶灌木，高达2米。小枝拱形弯曲，红褐色；冬芽小，卵形，先端圆钝，有数枚鳞片。叶菱状卵形至菱状倒卵形，长1.5～3.5厘米，宽0.9～1.8厘米，先端急尖，通常3～5裂，基部楔形，边缘有缺刻状重锯齿，两面无毛，上面暗绿色，下面浅蓝灰色，具不显著3脉或羽状脉；叶柄长3～5毫米，无毛。伞形花序具总梗，基部具数枚叶片；花梗长7～12毫米，无毛；苞片线形，无毛；萼筒和萼片外面均无毛；花瓣近圆形，先端钝，长与宽各约3～4毫米，白色；雄蕊多数，有不育雄蕊，长约花瓣的1/2或1/3；花盘圆环形，具大小不等的裂片，子房无毛。蓇葖果稍开张，宿存花柱近直立。花期5～6月。

图252　菱叶绣线菊

1. 花枝；2. 花纵切面；3. 果实

中山公园，植物园，崂山区东海路有栽种。国内分布于江苏、广东、广西、四川等省区。

栽培供观赏。

10. 李叶绣线菊　笑靥花（图253）

Spiraea prunifolia sieb.et Zucc.

灌木，高约3米。小枝细长，稍有稜角，幼时被短柔毛，以后逐渐脱落；冬芽小，卵形，无毛，有数枚鳞片。叶卵形至长圆披针形，长1.5～3厘米，宽0.7～1.4厘米，先端急尖，基部楔形，边缘有细锐单锯齿，幼时上面微被短柔毛，老时仅下面有短柔毛，羽状脉；叶柄长2～4毫米，

图253　李叶绣线菊

1. 花枝；2. 花

被短柔毛。伞形花序无总梗，具花 3 ～ 6 朵，基部着生数枚小形叶片；花梗长 6 ～ 10 毫米，有短柔毛；花直径达 1 厘米，白色、重瓣。花期 3 ～ 5 月。

中山公园，崂山太清宫，山东科技大学有栽培。国内分布于陕西、湖北、湖南、江苏、浙江、江西、安徽、贵州、四川等省区。

花大多重瓣，为美丽的观赏花木。

（1）单瓣笑靥花（变种）

var. **simpliciflora** Nakai

与原种的主要区别是：花单瓣，直径约 6 毫米；花期 3 ～ 4 月；果期 4 ～ 7 月。

山东科技大学有栽培。国内分布于湖北、湖南、江苏、浙江、江西、福建等地。

供观赏。

11. 珍珠绣线菊 喷雪花（图 254）

Spiraea thunbergii sieb. ex Bl.

落叶灌木，高可达 1.5 米；枝条细长开张，呈弧形弯曲，小枝有稜角，幼时被短柔毛，褐色，老时红褐色，无毛；冬芽甚小，卵形，无毛或微被毛，有数枚鳞片。叶线状披针形，长 2 ～ 4 厘米，宽 0.5 ～ 0.7 厘米，先端长渐尖，基部狭楔形，边缘自中部以上有尖锐锯齿，无毛，具羽状脉；叶柄极短或近无柄。伞形花序无总梗或有短梗，基部簇生数枚小叶片；每花序有 3 ～ 7 花，花梗细，长 6 ～ 10 毫米，无毛；花直径 5 ～ 7 毫米；萼筒钟状，萼片三角形或卵状三角形，内面微被短柔毛；花瓣倒卵形或近圆形，先端微凹至圆钝，长 2 ～ 4 毫米，白色；雄蕊多数，长约为花瓣的 1/3 或更短；花盘圆环形，有 10 裂片；子房无毛或微被短柔毛，花柱与雄蕊近等长。蓇葖果 5，开张，宿存花柱近顶生，具直立或反折萼片。花期 4 ～ 5 月；果期 7 月。

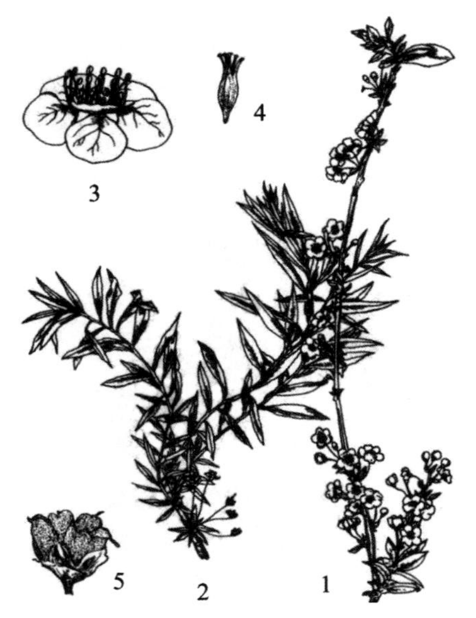

图 254　珍珠绣线菊

1. 花枝；2. 果枝；3. 花；4. 雌蕊；5. 果实

原产华东。崂山及城市公园绿地有栽培。

花期早，花白色密集，叶秋季变红，是优美的观赏花木。

12. 金山绣线菊

Spiraea × bumalda‘Gold Mound’

落叶矮生灌木，高仅 20 ～ 4 厘米；小枝细弱，呈“之”字形弯曲；叶片卵圆形或卵形，长 1-3 厘米，叶缘具深锯齿，新叶和秋叶为金黄色，夏季浅黄色；复伞房花序，直径 2 ～ 3 厘米，花色淡紫红。花期 5 ～ 10 月。

杂交品种，原产美国，我国自东北南部至华东各地广为栽培。喜光，耐干燥气候，较耐盐碱，忌水涝。耐修剪。

金山绣线菊为色叶灌木，叶色金黄，尤以春季叶色最为鲜明，是优良的木本地被植物和基础种植材料，可成片栽培形成良好的彩色景观，适于广场、建筑前、林间、坡地，也可配植在山石间。也是大型模纹图案的优良配色材料，可与黄杨、龙柏、紫叶小檗等配植。

（1）金焰绣线菊

Spiraea × bumalda ‘Gold Flame’

直立灌木，高 30 ～ 60 厘米，叶片长卵形至卵状披针形。叶色多变，初春新叶橙红色，随后变为黄绿色，与新生红叶相映成趣，秋季叶片黄红相间，对比强烈，并渐变为紫红色，生长速度较快。

市区公园绿地常见栽培。

（二）风箱果属 **Physocarpus** (Cambess.) Maxim.

落叶灌木。冬芽小，有数枚互生鳞片。单叶互生，边缘有锯齿，基部常 3 裂，三出羽脉，有叶柄和托叶。伞形总状花序顶生；萼筒杯状，萼片 5，镊合状排列；花瓣 5，略长于萼片，白色或稀粉红色；雄蕊 20 ～ 40；雌蕊 1 ～ 5，基部合生，子房 1 室。蓇葖果常膨大，沿背腹两缝开裂，内有 2 ～ 5 种子。

约 20 种，主要分布于北美。中国产 1 种，引种栽培 1 种。青岛栽培 2 种。

分种检索表

1. 蓇葖果外面被星状柔毛……………………………………………………… 1.风箱果P. amurensis
1. 蓇葖果无毛………………………………………………………………… 2.无毛风箱果P.opulifolium

1. 风箱果（图 255）

Physocarpus amurensis（Maxim.）Maxim.

Spiraea amurensis Maxim.

灌木，高达 3 米；小枝无毛或近于无毛，幼时紫红色，老时灰褐色，树皮成纵向剥裂；冬芽卵圆形，被柔毛。叶三角卵形至宽卵形，长 3.5 ～ 5.5 厘米，先端急尖或渐尖，基部心形或近心形，稀截形，基部常 3 裂，稀 5 裂，边缘有重锯齿，下面微被星状毛与短柔毛，沿叶脉较密；叶柄长 1.2 ～ 2.5 厘米；托叶早落。伞形总状花序，径 3 ～ 4 厘米，花梗长 1 ～ 1.8 厘米，总花梗和花梗密被星状柔毛；苞片披针形，两面微被星状毛，早落；花径 8 ～ 13 毫米；

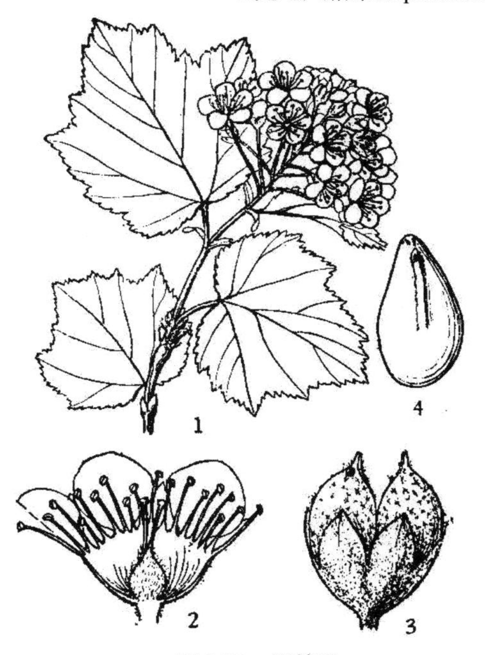

图 255　风箱果

1. 花枝；2. 花纵切面；3. 果实；4. 种子

萼筒杯状，外被星状绒毛，萼片三角形，两面均被星状绒毛；花瓣倒卵形，先端圆钝，白色；雄蕊 20 ~ 30，着生于萼筒边缘，花药紫色；心皮 2 ~ 4，外被星状柔毛，花柱顶生。蓇葖果膨大，卵形，顶端渐尖，熟时沿背腹两缝开裂，外微被星状柔毛，内含 2 ~ 5 种子。花期 6 月；果期 7 ~ 8 月。

青岛植物园有栽培。国内分布于黑龙江、河北。

栽培供观赏。

图 256　无毛风箱果

1. 植株上部；2. 花序；3. 花纵切面

(1) 金叶风箱果（栽培变种）

'Lutens'

叶金黄色。

公园绿地常见栽培。

供观赏。

2. 无毛风箱果（图 256）

Physocarpus opulifolium（L.）Maxim.

Spiraea opulifolia L.

落叶灌木，高约 2 米。叶三角状卵形至宽卵形，长 3 ~ 6 厘米，宽 3 ~ 5 厘米，先端急尖或渐尖，基部楔形或宽楔形，边缘有较钝锯齿；叶柄长 1 ~ 2.5 厘米，微有毛或近无毛；托叶条状披针形，边缘有不规则锐锯齿，早落；伞形总状花序，总花梗无毛，花萼和花梗无毛或有稀疏柔毛；花瓣椭圆形，白色；雄蕊多数，着生萼筒边缘，花药紫色；心皮 2 ~ 4，花柱顶生。蓇葖果膨大，无毛。花期 6 月；果期 7 ~ 8 月。

原产北美。中山公园，城阳世纪公园有栽培。

观赏花木。

3. 珍珠梅属 Sorbaria (Ser. ex DC.) A. Br.

落叶灌木。冬芽卵形，具数枚互生外露的鳞片。羽状复叶互生；小叶有锯齿，具托叶。花小型成顶生圆锥花序；萼筒钟状，萼片 5，反折；花瓣 5，白色，覆瓦状排列；雄蕊 20 ~ 50；心皮 5，基部合生，与萼片对生。蓇葖果沿腹缝线开裂，含种子数枚。

约 9 种，分布于亚洲。中国约 4 种，产东北、华北至西南各省区。青岛有 2 种。

分种检索表

1. 雄蕊20，与花瓣近等长；花柱稍侧生；萼片长圆形……………………………… 1.华北珍珠梅S. kirilowii
1. 雄蕊40 ~ 50，长于花瓣；花柱顶生；萼片三角形………………………………………… 2.珍珠梅S. sorbifolia

1. 华北珍珠梅　珍珠梅（图 257）

Sorbaria kirilowii (Regel)Maxim.

Spiraea kirilowii Regel

落叶灌木，高达 3 米。小枝幼时绿色，老时红褐色；冬芽卵形，先端急尖，红褐色。羽状复叶，具有小叶片 13 ~ 21；小叶片对生，披针形至长圆披针形，长 4 ~ 7 厘米，宽 1.5 ~ 2 厘米，先端渐尖，稀尾尖，基部圆形至宽楔形，边缘有尖锐重锯齿，羽状网脉，侧脉多对近平行，下面显著；小叶柄短或近于无柄；托叶膜质，线状披针形。大型密集圆锥花序顶生，直径 7 ~ 11 厘米，长 15 ~ 20 厘米，无毛，微被白粉；苞片线状披针形，长 2 ~ 3 毫米；花径 5 ~ 7 毫米；萼筒浅钟状，两面无毛；萼片长圆形，与萼筒近等长；花瓣长 4 ~ 5 毫米，白色；雄蕊 20，与花瓣等长或稍短，着生于圆杯状花盘边缘；心皮 5，花柱稍短于雄蕊。蓇葖果长圆柱形，无毛，长约 3 毫米，宿存花柱稍侧生，向外弯曲；宿存萼片反折。花期 6 ~ 7 月；果期 9 ~ 10 月。

图 257　华北珍珠梅

1. 花枝；2. 花纵切面；3. 果实；4. 种子

全市各地普遍栽培。国内分布于河北、河南、山东、山西、陕西、甘肃、青海、内蒙古等省区。

能耐阴，花期长，栽培供观赏。

2. 珍珠梅　东北珍珠梅（图 258）

Sorbaria sorbifolia (L.)A.Br.

Spiraea sorbifolia L.

灌木，高可达 2 米。小枝圆柱形，稍屈曲，初时绿色，老时暗红褐色或暗黄褐色；冬芽卵形，先端圆钝，无毛或顶端微被柔毛，紫褐色，具有数枚互生外露鳞片。羽状复叶，小叶片 11 ~ 17，连叶柄长 13 ~ 23 厘米，叶轴微被短柔毛；小叶对生，披针形至卵状披针形，长 5 ~ 7 厘米，宽 1.8 ~ 2.5 厘米，先端渐尖，稀尾尖，基部近圆形或宽楔形，稀偏斜，边缘有尖锐重锯齿，两面无毛或近无毛，羽状网脉，具侧脉 12 ~ 16 对，下面明显；

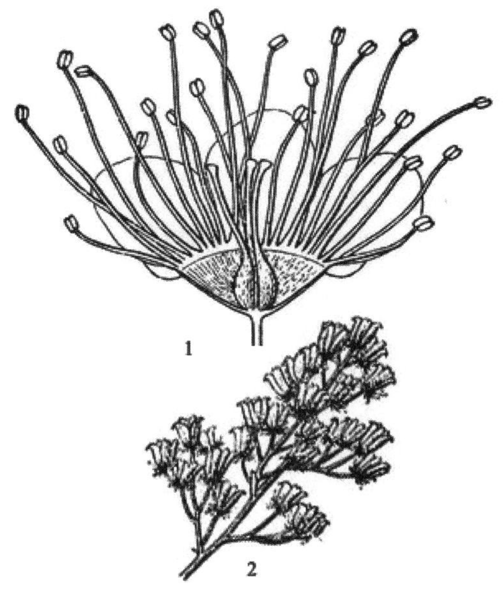

图 258　珍珠梅

1. 部分果序；2. 花纵切面，示雄蕊长于花瓣小叶无柄或近无柄；托叶卵状披针形至三角披针形，先端渐尖至急尖，边缘有不规则锯齿或全缘，长 8 ～ 13 毫米，外面微被短柔毛。顶生大型密集圆锥花序，分枝近于直立，长 10 ～ 20 厘米，直径 5 ～ 12 厘米，总花梗和花梗被星状毛或短柔毛，果期逐渐脱落；苞片卵状披针形至线状披针形，长 5 ～ 10 毫米，先端长渐尖，全缘或有浅齿，两面微被柔毛，果期逐渐脱落；花梗长 5 ～ 8 毫米；花径 10 ～ 12 毫米；萼筒钟状，外面基部微被短柔毛，萼片三角卵形，先端钝或急尖，约与萼筒等长；花瓣长圆形或倒卵形，长 5 ～ 7 毫米，白色；雄蕊 40 ～ 50，约长于花瓣 1.5 ～ 2 倍，生在花盘边缘；心皮 5，无毛或稍具柔毛。蓇葖果长圆形，有顶生弯曲花柱，长约 3 毫米，果梗直立；萼片宿存，反折，稀开展。花期 7 ～ 8 月；果期 9 月。

中山公园，崂山北九水、蔚竹庵，黄岛区有栽培。国内分布于辽宁、吉林、黑龙江、内蒙古等省区。

栽培供观赏。枝条入药，治风湿性关节炎、骨折、跌打损伤。

（四）野珠兰属 **Stephanandra** Sieb.et Zucc.

落叶灌木。冬芽小，常 2 ～ 3 芽迭生，有 2 ～ 4 枚外露鳞片。单叶互生，边缘有锯齿和分裂，具叶柄与托叶。多为顶生圆锥花序，稀伞房花序；花小，两性；萼筒杯状，萼片 5；花瓣 5，约与萼片等长；雄蕊多数，花丝短；心皮 1，花柱顶生，有 2 倒生胚珠。蓇葖果偏斜，近球形，熟时自基部开裂，含 1 ～ 2 种子，有光泽，胚乳丰富。

本属 5 种，分布于亚洲东部。我国产 2 种。青岛有 1 种。

1. 小米空木　小野珠兰（图 259；彩图 54）

Stephanandra incisa (Thunb.) Zabel

Spiraea incisa Thunb.

落叶灌木，高可达 2.5 米。小枝细弱，幼时红褐色，老时紫灰色；冬芽卵形，先端圆钝，红褐色。叶卵形至三角卵形，长 2 ～ 4 厘米，宽 1.5 ～ 2.5 厘米，先端渐尖或尾尖，基部心形或截形，边缘常深裂，有 4 ～ 5 对裂片及重锯齿，上面被稀疏柔毛，下面微被柔毛沿叶脉较密，侧脉 5 ～ 7 对；叶柄长 3 ～ 8 毫米，被柔毛；托叶卵状披针形至长椭圆形，微有锯齿及睫毛。疏松的圆锥花序顶生，长 2 ～ 6 厘米，具多花；总花梗与花梗均被柔毛；苞片小，披针形；花径约 5 毫米；萼筒浅杯状，两面微被柔毛；萼片三角形至长圆形，先端钝，边缘有细锯齿，长约 2 毫米；花瓣倒卵形，白色；雄蕊 10，短于花瓣，着生在萼筒边缘；心皮 1，花柱顶生直立，子房被柔毛。蓇葖果近球形，

图 259　小米空木

1. 花枝；2. 花纵切面；3. 果实；4. 种子

被柔毛，宿存萼片直立或开展。花期 6 ～ 7 月；果期 8 ～ 9 月。

产于崂山，百果山，大珠山，大泽山，即墨豹山等地；城阳世纪公园，山东科技大学有栽培。国内分布于辽宁、山东、台湾等地。

可引种栽培供观赏。

（五）白鹃梅属 **Exochorda** Lindl.

落叶灌木。冬芽卵形，无毛，具有数枚覆瓦状排列鳞片。单叶互生，全缘或有锯齿，有叶柄，托叶无或早落。两性花，多为大型顶生总状花序；萼筒钟状，萼片 5；花瓣 5，白色，宽倒卵形，有爪，覆瓦状排列；雄蕊 15 ～ 30，花丝较短，着生于花盘边缘；心皮 5，合生，花柱分离，子房上位。蒴果倒圆锥形，具 5 脊棱，5 室，沿背腹两缝开裂，每室有种子 1 ～ 2；种子扁平有翅。

4 种，产亚洲中部到东部。我国有 3 种。青岛引种栽培 1 种。

1. 白鹃梅　金瓜果（图 260）

Exochorda racemosa（Lindl.）Rehd.

Amelanchier racemosa Lindl.

落叶灌木，高可达 3 ～ 5 米。小枝微有棱角，无毛，幼时红褐色，老时褐色；冬芽暗紫红色。叶椭圆形，长椭圆形至长圆倒卵形，长 3.5 ～ 6.5 厘米，宽 1.5 ～ 3.5 厘米，先端圆钝或急尖，稀有突尖，基部楔形或宽楔形，全缘，稀中部以上有钝锯齿，两面均无毛；叶柄短，长 5 ～ 15 毫米，或近于无柄；无托叶。总状花序，有 6 ～ 10 花；花梗长 3 ～ 8 毫米，基部花梗较顶部稍长，无毛；苞片小，宽披针形；花径 2.5 ～ 3.5 厘米；萼筒浅钟状，萼片宽三角形，长约 2 毫米，边缘有尖锐细锯齿，无毛，黄绿色；花瓣倒卵形，长约 1.5 厘米，宽约 1 厘米，先端钝，基部有短爪，白色；雄蕊 15 ～ 20，3 ～ 4 枚 1 束着生于花盘边缘，与花瓣对生；心皮 5，花柱分离。蒴果，倒圆锥形，无毛，有 5 脊，果梗长 3 ～ 8 毫米。花期 5 月；果期 6 ～ 8 月。

图 260　白鹃梅

1. 花枝；2. 果枝；3. 花纵切

植物园，城阳世纪公园有栽培。国内分布于河南、江西、江苏、浙江。

春天开花，是公园及庭院美丽的观赏花木。根皮、枝皮药用，治腰痛。

Ⅱ　苹果亚科 **Maloideae**

灌木或乔木；单叶或复叶，有托叶；心皮 (1-) 2 ～ 5，多数与杯状花托内壁连合；子房下位、半下位，稀上位，(1-) 2 ～ 5 室，各具 2 胚珠，稀 1 至多数；果实成熟时为肉质梨果，稀浆果状或小核果状。

约 20 属。我国产 16 属。青岛有 12 属，48 种，6 变种。

分属检索表

1. 心皮成熟时变为坚硬骨质，果实内含1～5个小核。
 2. 枝通常无刺；叶全缘；心皮2～5 ………………………………………………… 1.栒子属Cotoneaster
 2. 枝常有刺；叶缘有锯齿或裂片；心皮1～5。
  3. 叶常绿；叶缘全缘或有细锯齿；心皮有成熟胚珠2。
   4. 常绿、半常绿丛生灌木；侧枝多为刺状；复伞房花序；果实小，成熟时红色或橘红色 …………
   ………………………………………………………………………………… 2.火棘属Pyracantha
   4. 常绿小乔木；枝刺不明显；花多单生枝顶；果中型，熟时顶端微开裂 ……… 4.欧楂属Mespilus
  3. 落叶；叶缘多羽状分裂或有粗重锯齿；心皮有成熟胚珠1 ………………………… 3.山楂属Crataegus
1. 心皮成熟时变为革质或纸质，梨果1～5室，各室有1或多枚种子。
 5. 复伞房花序或圆锥花序，有多花。
  6. 单叶，常绿。
   7. 子房半下位，心皮在果实成熟时近顶端与萼筒分离，不开裂 ………………… 5.石楠属Photinia
   7. 子房下位。
    8. 果期萼片宿存；花序圆锥状，稀总状；叶片侧脉直出……………………… 6.枇杷属Eriobotrya
    8. 果期萼片脱落；花序总状，稀圆锥状；叶片侧脉弯曲……………………7.石斑木属Raphiolepis
  6. 单叶或复叶均凋落……………………………………………………………………… 8.花楸属Sorbus
 5. 伞形或总状花序，有时花单生。
  9. 各心皮内含3至多数种子 ……………………………………………………… 9.木瓜属Chaenomeles
  9. 各心皮内含1～2枚种子。
   10. 子房和果实2～5室，每室2胚珠。
    11. 花柱离生；果实常有多数石细胞 …………………………………………………… 10.梨属Pyrus
    11. 花柱基部合生；果实常无石细胞 ………………………………………………… 11.苹果属Malus
   10. 子房和果实有不完全的6～10室，每室1胚珠…………………………… 12.唐棣属Amelanchier

（一）栒子属 **Cotoneaster** B.Ehrhart

落叶、常绿或半常绿灌木，偶为小乔木状。冬芽小，具数个覆瓦状鳞片。叶互生，有时成两列状，柄短，全缘；托叶早脱落。花单生，2 ～ 3 朵或多朵成聚伞花序，腋生或着生在短枝顶端；萼筒钟状、筒状或陀螺状，有短萼片 5；花瓣 5，白色、粉红色或红色，直立或开张，在花芽中覆瓦状排列；雄蕊常 20，稀 5 ～ 25；花柱 2 ～ 5，离生，心皮背面与萼筒连合，腹面分离，每心皮具 2 胚珠，花柱离生。果实小形梨果状，红色、褐红色至紫黑色，先端有宿存萼片，内含 1 ～ 5 小核。

约 90 余种，分布于亚洲（日本除外）、欧洲和北非的温带地区，主要产地在中国西部和西南部，约 50 余种。青岛栽培 7 种。

分种检索表

1. 花单生或稀疏的聚伞花序，花朵常在20以下。
 2. 花多数3～15，极稀到20朵；叶片中形，长1～6厘米。
  3. 花瓣粉红色，开花时直立。
   4. 叶片下面密被绒毛或短柔毛，萼筒外面密被绒毛或短柔毛 ………………… 1.西北栒子C. zabelii
   4. 叶片下面无毛或具稀疏柔毛，先端多急尖；花2～5朵；果实椭圆形或倒卵形，小核2～3 ………………………………………………………………………………… 2.灰栒子C. acutifolius
  3. 花瓣白色，在开花时平铺展开；果实红色……………………………… 3.水栒子C. multiflorus
 2. 花单生，稀2～3（7）朵簇生；叶片多小形，长不足2厘米，先端圆钝或急尖。
  5. 花瓣白色，在开花时平铺展开；果实红色，小核2～3，稀4～5；平铺或矮生常绿灌木。
   6. 萼筒外被绒毛；叶先端急尖，下面密被绒毛；花3～5朵，少数单生 …4.黄杨叶栒子C. buxifolius
   6. 萼筒外被疏柔毛；叶先端圆钝，稀微凹或急尖，下面被疏柔毛；花单生，稀2～3朵 ……………………………………………………………………………… 5.小叶栒子C. microphyllus
  5. 花瓣红色，在开花时直立；果实红色，3小核，稀2；平铺落叶灌木…… 6.平枝栒子C. horizontalis
1. 密集的复聚伞花序，花多在20朵以上；花瓣白色，开花时平铺展开；叶大形，狭椭圆形至卵状披针形，长3.5～8（12）厘米，先端急尖或圆钝，常有刺尖；果实椭圆形，直径4～5毫米，红色，小核2 ……………………………………………………………………………… 7.耐寒栒子C. frigidus

1. 西北栒子（图 261）

Cotoneaster zabelii Schneid.

落叶灌木，高达 2 米。枝条纤细，小枝圆柱形，深红褐色，幼时密被带黄色柔毛。叶椭圆形至卵形，长 1.2 ～ 3 厘米，宽 1 ～ 2 厘米，先端圆钝，稀微缺，基部圆形或宽楔形，全缘，上面具稀疏柔毛，下面密被带黄色或带灰色绒毛；叶柄长 1 ～ 3 毫米，被绒毛；托叶披针形，有毛，在果期多数脱落。花 3 ～ 13 朵组成下垂聚伞花序，总花梗和花梗被柔毛；花梗长 2 ～ 4 毫米；萼筒钟状，外面被柔毛；萼片三角形，先端稍钝或具短尖头，外面具柔毛，内面几无毛或仅沿边缘有少数柔毛；花瓣直立，倒卵形或近圆形，浅红色；雄蕊 18 ～ 20，较花瓣短；花柱 2，离生，短于雄蕊，子房先端具柔毛。果实倒卵形至卵球形，径 7 ～ 8 毫米，鲜红色，常具 2 小核。花期 5 ～ 6 月；果期 8 ～ 9 月。

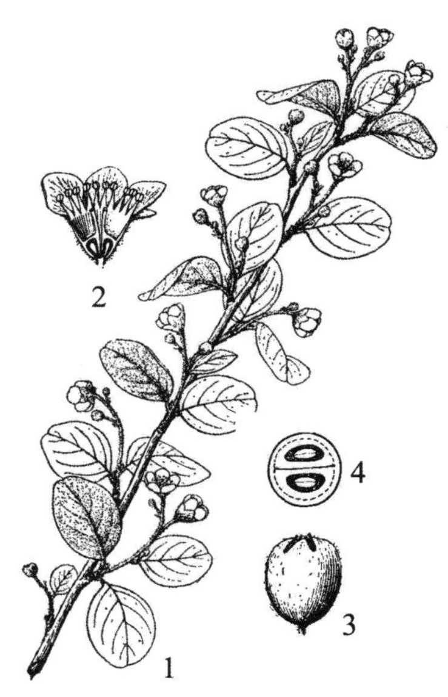

图 261 西北栒子

1. 花枝；2. 花纵切；3. 果实；4. 果实横切

市区公园有栽培。国内分布于河北、山西、山东、河南、陕西、甘肃、宁夏、青海、湖北、湖南。

供观赏。

图 262　灰栒子
1. 花枝；2. 果枝；3. 花；4. 花纵切

2. 灰栒子（图 262）

Cotoneaster acutifolius Turcz.

落叶灌木，高 2 ~ 4 米。枝条开张，小枝细瘦，圆柱形，棕褐色或红褐色，幼时被长柔毛。叶椭圆卵形至长圆卵形，长 2.5 ~ 5 厘米，宽 1.2 ~ 2 厘米，先端急尖，稀渐尖，基部宽楔形，全缘，幼时两面均被长柔毛，下面较密，老时逐渐脱落；叶柄长 2 ~ 5 毫米，具短柔毛；托叶线状披针形，脱落。花 2 ~ 5 朵成聚伞花序，总花梗和花梗被长柔毛；苞片线状披针形，微具柔毛；花梗长 3 ~ 5 毫米；花径 7 ~ 8 毫米；萼筒钟状或短筒状，外面被短柔毛，内面无毛；萼片三角形，先端急尖或稍钝，外面具短柔毛，内面先端微具柔毛；花瓣直立，宽倒卵形或长圆形，长约 4 毫米，宽 3 毫米，先端圆钝，白色外带红晕；雄蕊 10 ~ 15，比花瓣短；花柱通常 2，离生，短于雄蕊，子房先端密被短柔毛。果实椭圆形稀倒卵形，径 7 ~ 8 毫米，黑色，内有小核 2 ~ 3 个。花期 5 ~ 6 月；果期 9 ~ 10 月。

黄岛区有引种栽培。国内分布于内蒙古、河北、山西、河南、湖北、陕西、甘肃、青海、西藏等省区。

栽培可供观赏。

3. 水栒子　多花栒子（图 263；彩图 55）

Cotoneaster multiflorus Bge.

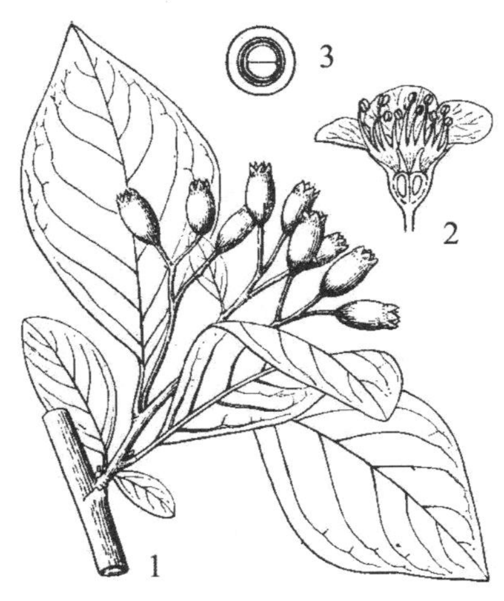

图 263　水栒子
1. 果枝；2. 花纵切；3. 果实横切

落叶灌木，高达 4 米；枝条细瘦，常呈弓形弯曲；小枝红褐色或棕褐色，无毛。叶片卵形或宽卵形，长 2 ~ 4 厘米，先端急尖或圆钝，基部宽楔形或圆形，上面无毛，下面幼时稍被绒毛，后渐脱落；叶柄长 3 ~ 8 毫米，幼时具柔毛；托叶线形疏生柔毛，脱落。花约 5 ~ 21 朵，成疏松聚伞花序，总花梗和花梗无毛，稀微具柔毛；花梗长 4 ~ 6 毫米；苞片线形，无毛或微具柔毛；花径 1 ~ 1.2 厘米；萼筒钟状，无毛；萼片三角形，先端急尖，常无毛（除先端边缘外）；花瓣平展，近圆形，先端圆钝或微缺，基部有短爪，内面基部有白色细柔毛，白色；雄蕊约20，稍短于花瓣；花柱2，离生，比雄蕊短；子房先端具柔毛。果实近球形或倒卵形，直径8毫米，熟时红色，有1个由2心皮合生而成的小核。花期5～6月；果期8～9月。

山东科技大学校园有栽培。

供观赏。

4. 黄杨叶栒子（图264）

Cotoneaster buxifolius Lindl.

常绿至半常绿矮生灌木；小枝深灰褐色或棕褐色，幼时密被白色绒毛。叶椭圆形至椭圆倒卵形，长5～10 (15) 毫米，宽4～8毫米，先端急尖，基部宽楔形至近圆形，上面幼时具伏生柔毛，老时脱落，下面密被灰白色绒毛；叶柄长1～3毫米，被绒毛；托叶细小，钻形，早落。花3～5朵，少数单生，径7～9毫米，近无柄；萼筒钟状，外面被绒毛，内面无毛；萼片卵状三角形，先端急尖，外面被绒毛，内面无毛或先端微具柔毛；花瓣平展，近圆形或宽卵形，长4毫米，宽约与长相等，先端圆钝，白色；雄蕊20，比花瓣短；子房先端有柔毛；花柱2，离生，几与雄蕊等长。果实近球形，径5～6毫米，红色，常具2小核。花期4～6月；果期9～10月。

图264 黄杨叶栒子

1. 果枝；2. 花纵切面；3. 果实横切面；4. 果实纵切面；5. 果实

黄岛区有引种栽培。国内分布于四川、贵州、云南。

栽培可供观赏。

5. 小叶栒子（图265）

Cotoneaster microphyllus Wall. ex Lindl.

常绿矮生灌木，高达1米；小枝圆柱形，红褐色至黑褐色，幼时具黄色柔毛，后脱落。叶厚革质，倒卵形至长圆倒卵形，长4～10毫米，宽3.5～7毫米，先端圆钝，稀微凹或急尖，基部宽楔形，上面无毛或具稀疏柔毛，下面被带灰白色短柔毛，叶边反卷；叶柄长1～2毫米，

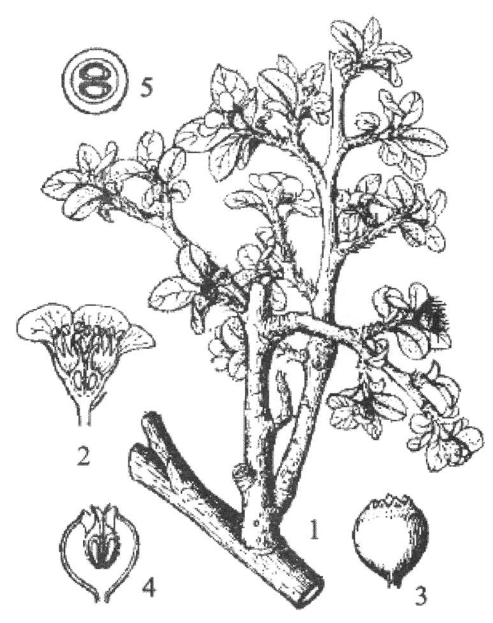

图265 小叶栒子

1. 果枝；2. 花纵切；3. 果实；4. 果实纵切；5. 果实横切

图 266　平枝栒子
1. 果枝；2. 花枝；3. 果实纵切面；4. 果实横切面；5. 花；6. 花纵切

有短柔毛；托叶细小，早落。花常单生，稀2 ~ 3朵，径约1厘米，花梗甚短；萼筒钟状，萼片卵状三角形，外面稍具短柔毛，内面无毛或仅先端边缘上有少数柔毛；花瓣平展，近圆形，长与宽各约4毫米，白色；雄蕊15 ~ 20，短于花瓣；花柱2，离生，稍短于雄蕊；子房先端有短柔毛。果实球形，径5 ~ 6毫米，红色，内常具2小核。花期5 ~ 6月；果期8 ~ 9月。

黄岛区有引种栽培。国内分布于四川、云南、西藏等省区。

栽培可供观赏。

6. 平枝栒子　铺地蜈蚣（图 266）

Cotoneaster horizontalis Dcne.

落叶或半常绿匍匐灌木，高不超过0.5米。枝水平开张，成整齐两列状；幼枝被糙伏毛。叶近圆形或宽椭圆形，稀倒卵形，长5 ~ 14毫米，宽4 ~ 9毫米，先端多数急尖，基部楔形，全缘，上面无毛，下面被稀疏平贴柔毛；叶柄长1 ~ 3毫米，被柔毛；托叶钻形，早落。花1 ~ 2朵，近无梗，直径5 ~ 7毫米；萼筒钟状，外被稀疏短柔毛；萼片三角形，先端急尖；花瓣直立，倒卵形，先端圆钝，长约4毫米，宽3毫米，粉红色；雄蕊约12，短于花瓣；花柱常为3，稀为2，离生，短于雄蕊。果实近球形，熟时鲜红色，常具3小核，稀2小核。花期5 ~ 6月；果期9 ~ 10月。

公园绿地常见栽培。

供观赏。

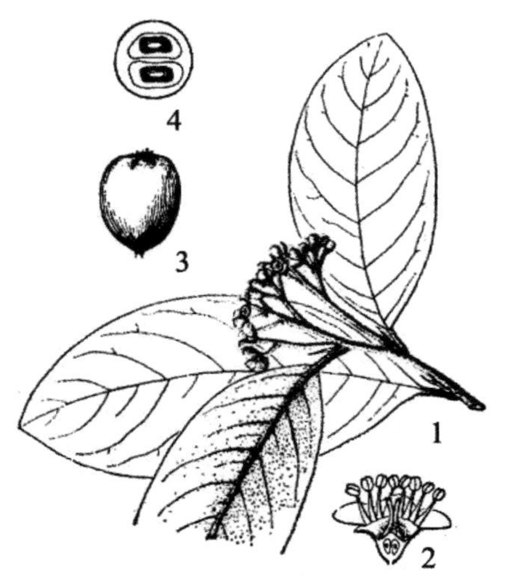

图 267　耐寒栒子
1. 果枝；2. 花纵切面；3. 果实；4. 果实横切面

7. 耐寒栒子（图 267）

Cotoneaster frigidus Wall. ex Lindl.

落叶灌木或小乔木；小枝圆柱形，有稜角，紫褐色或灰褐色，幼时具绒毛，后脱落。叶狭椭圆形至卵状披针形，长3.5 ~ 8 (12) 厘米，宽1.5 ~ 3 (4.5) 厘米，先端急尖或圆钝，常有刺尖头，基部楔形至宽楔形，上面无毛，下面幼时被绒毛；上面叶脉微陷，下面突起；叶柄长4 ~ 7毫米，外被绒毛；托叶线状披针形，微具毛。复聚伞花序，径3 ~ 5厘米，长4 ~ 5厘米，有20 ~ 40花，总花梗和花梗密被绒毛；花梗长2 ~ 4毫米；花径7毫米；

萼筒钟状或近短筒状，外面密生绒毛，内面无毛;萼片三角形，先端急尖，外面具绒毛，内面无毛;花瓣平展，宽卵形，长与宽各约3毫米，先端圆钝，稀微凹缺，基部近无爪，白色；雄蕊18～20，稍短于花瓣；花柱2，离生，较雄蕊短；子房先端密生绒毛。果实椭圆形，直径4～5毫米，红色，具2小核。花期4～5月；果期9～10月。

黄岛区有引种栽培。国内产西藏。

栽培可供观赏。

（二）火棘属 **Pyracantha** Roem.

常绿灌木或小乔木，常具枝刺；芽细小，被短柔毛。单叶互生，具短柄，边缘有圆钝锯齿、细锯齿或全缘;托叶细小，早落。花白色，成复伞房花序;萼筒短，萼片5;花瓣5，近圆形，开展；雄蕊15～20，花药黄色；心皮5，腹面离生，背面约1/2与萼筒相连，每心皮具2胚珠，子房半下位。梨果小，球形，顶端萼片宿存，内含小核5。

共10种，产亚洲东部至欧洲南部。我国产7种，引种栽培1种。青岛有4种。

分种检索表

1. 叶无乳黄色斑纹。
   2. 叶下面无毛或近无毛。
      3. 叶倒卵形至倒卵状长椭圆形，先端钝圆或微凹，有时有短尖头 ……………1.火棘P. fortuneana
      3. 叶长椭圆形至倒披针形，先端尖而常有小刺头 ……………………… 2.细圆齿火棘P. crenulata
   2. 叶长矩圆形至倒披针状矩圆形，下面被绒毛，锯齿少，近全缘 ……… 3.窄叶火棘P. angustifolia
1. 叶倒卵状长圆形，先端圆钝，叶缘有圆钝锯齿有乳黄色斑纹，冬季叶片变红…………………………………………………………………………………………4.小丑火棘P. coccinea 'Hadequin'

1. 火棘 火把果（图268）

Pyracantha fortuneana (Maxim.) Li

Photinia fortuneana Maxim.

常绿灌木，高达3米。侧枝短，先端成刺状，嫩枝外被锈色短柔毛；芽小，外被短柔毛。叶片倒卵形或倒卵状长圆形，长1.5～6厘米，宽0.5～2厘米，先端圆钝或微凹，有时具短尖头，基部楔形，下延连于叶柄，边缘有钝锯齿，齿尖内弯，近基部全缘，无毛；叶柄短，无毛或嫩时具柔毛。花集成复伞房花序，直径3～4厘米，花梗和总花梗近无毛；萼筒钟状，无毛;萼片三角卵形，先端钝;花瓣白色，近圆形，长约4毫米；雄蕊

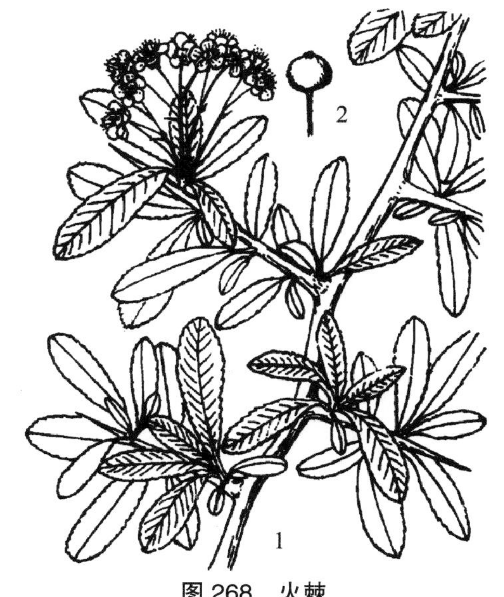

图268 火棘

1. 花枝；2. 果实

20，药黄色；花柱 5，离生，与雄蕊等长，子房上部密生白色柔毛。果实近球形，径约 5 毫米，熟时橘红色或深红色。花期 3 ~ 5 月；果期 8 ~ 11 月。

全市各地普遍栽培。国内产陕西、河南、江苏、浙江、福建、湖北、湖南、广西、贵州、云南、四川、西藏。

常栽培观赏，亦可作绿篱。果实磨粉可作代食品；嫩叶可作茶叶代用品。茎皮根皮含鞣质，可提栲胶。

2. 细圆齿火棘（图 269）

Pyracantha crenulata (D.Don) Roem.

Mespilus crenulata D. Don

常绿灌木或小乔木，高可达 5 米；有时具短枝刺，嫩枝具锈色柔毛。叶长圆形或倒披针形，稀卵状披针形，长 2 ~ 7 厘米，宽 0.8 ~ 1.8 厘米，先端常急尖或钝，有时具短尖头，基部宽楔形或稍圆形，边缘具细圆锯齿，或具稀疏锯齿，两面无毛，上面中脉下陷，下面中脉凸起；叶柄短，嫩时被黄褐色柔毛，老时脱落。复伞房花序生于主枝和侧枝顶端，花序径 3 ~ 5 厘米，总花梗幼时基部有褐色柔毛；萼筒钟状，无毛；萼片三角形，先端急尖，微具柔毛；花瓣圆形，有短爪；雄蕊 20，花药黄色；花柱 5，离生，与雄蕊等长，子房上部密生白色柔毛。梨果几球形，径 3 ~ 8 毫米，熟时橘黄色至橘红色。花期 3 ~ 5 月；果期 9 ~ 12 月。

图 269　细圆齿火棘

1. 花枝；2. 果实

崂山及市区公园绿地常见栽培。国内产陕西、江苏、湖北、湖南、广东、广西、贵州、四川、云南。

常栽培观赏。

3. 窄叶火棘

Pyracantha angustifolia (Franch.) Schneid.

Cotoneaster angustifolia Franch.

常绿灌木或小乔木，高达 4 米；多枝刺，小枝密被灰黄色绒毛。叶窄长圆形至倒披针状长圆形，长 1.5 ~ 5 厘米，宽 4 ~ 8 毫米，先端圆钝而有短尖或微凹，全缘，微向下卷，上面初时有灰色绒毛，逐渐脱落，暗绿色，下面密生灰白色绒毛；叶柄密被绒毛，长 1 ~ 3 毫米。复伞房花序，直径 2 ~ 4 厘米，总花梗、花梗、萼筒和萼片均密被灰白色绒毛；萼筒钟状，萼片三角形；花瓣近圆形，白色；雄蕊 20；花柱 5，与雄蕊等长，子房上具白色绒毛。果实扁球形，直径 5 ~ 6 毫米，熟时砖红色，顶端具宿存萼片。

花期 5 ~ 6 月；果期 10 ~ 12 月。

中山公园，沧口公园及平度市有栽培。国内产湖北、云南、四川、西藏。

4. 小丑火棘（欧亚火棘的品种）

Pyracantha coccinea M.Roem. **'Hadequin'**

常绿灌木；高 1.5 ~ 3 m，有枝刺。幼枝红褐色，被柔毛。叶倒卵状长圆形，先端圆钝，基部楔形，叶缘有圆钝锯齿有乳黄色斑纹，似小丑花脸，冬季叶片变红。花白色。果实红色或橘红色。花期春季。

园艺品种，原种产欧洲。山东科技大学校园有栽培。

枝叶繁茂，叶色美观，初夏白花繁密，入秋果红如火，是优良的观叶兼观果植物，且萌芽力强，耐整形修剪，实为庭院绿篱、地被和基础种植的优良材料，也可丛植、孤植观赏，还可盆栽。

（三）山楂属 **Crataegus** L.

落叶，稀半常绿灌木或小乔木；常具刺，稀无刺；冬芽卵形或近圆形。单叶互生，有锯齿，深裂或浅裂，稀不裂，有叶柄与托叶。花两性，稀单性，伞房花序或伞形花序生于枝顶；花辐射对称；萼筒钟状，萼片 5；花瓣 5，白色，稀粉红色；雄蕊 5 ~ 25；心皮 1 ~ 5，大部分与花托合生，仅先端和腹面分离；子房下位至半下位，每室具 2 胚珠，其中 1 个常不发育。梨果，先端萼片宿存；心皮熟时为骨质，成小核状，各具 1 种子；种子直立，扁，子叶平凸。

约 1000 种，广泛分布于北半球，北美种类最多。我国约 17 种，分布于南北各地。青岛有 2 种，2 变种。

分种检索表

1.叶片两侧有3 ~ 5对羽状深裂，侧脉有的达裂片先端，有的达裂分裂处；叶上面光滑，下面沿中脉有疏生短柔毛，或在脉腋具髯毛………………………………………………………… 1.山楂C.pinnatifida

1.叶片两侧有3 ~ 5浅裂和疏生重锯齿，侧脉伸到裂片先端，分裂处无侧脉；叶上面散生短柔毛，下面密被灰白色长柔毛………………………………………………………………… 2.毛山楂C.maximowiczii

1. 山楂 酸楂（图 270）

Crataegus pinnatifida Bge.

落叶乔木，高达 6 米；刺长约 1 ~ 2 厘米，有时无刺；一年生枝紫褐色，无毛或近无毛，疏生皮孔；冬芽紫色，无毛。叶片宽卵形或三角状卵形，稀菱状卵形，长 5 ~ 10 厘米，先端短渐尖，基部截形至宽楔形，两侧各有 3 ~ 5 羽状深裂片，裂片卵状披针形或带形，先端短渐尖，疏生不规则重锯齿；上面有光泽，下面沿叶脉有疏生短柔毛或在脉腋有髯毛；侧脉 6 ~ 10 对，有的直达裂片先端，有的达到裂片分裂处；叶柄长 2 ~ 6 厘米，无毛；托叶草质，镰形，边缘有锯齿。伞房花序具多花，直径 4 ~ 6 厘米；总花梗和花梗均被柔毛，花后脱落；苞片膜质，线状披针形，早落；萼筒钟状，外侧

图 270　山楂
1. 花枝；2. 花纵切；3. 果实

密被灰白色柔毛；萼片三角卵形至披针形；花白色；雄蕊 20，短于花瓣，花药粉红色；花柱 3 ～ 5，基部被柔毛，柱头头状。果实近球形或梨形，直径 1 ～ 1.5 厘米，深红色，具浅色斑点；小核 3 ～ 5；萼片脱落迟，先端留一圆形深洼。花期 5 ～ 6 月；果期 9 ～ 10 月。

产于崂山明霞洞、太清宫、北九水、流清河、华严寺、关帝庙等地，生于海拔 800 米以下山坡林边或灌木丛中；全市各地常见栽培。国内分布于东北、华北地区及江苏等省区。

果实可生食及加工成各种山楂食品；药用制成饮片，有消积化痰、降血压等功效，亦可做绿篱和观赏树。幼树可嫁接山里红。

（1）山里红　大果山楂（变种）

var. **major** N. H. Br.

与原种的主要区别是：叶片形大而厚，羽裂较浅；果大形，直径多在 2.5 厘米左右。熟时深红色，有光泽。

崂山北九水及各地果园常栽培。

重要果树，果实供鲜吃、加工或作糖葫芦用。一般用山楂为砧木嫁接繁殖。

（2）秃山楂　无毛山楂（变种）

var. **pilosa** Schneid.

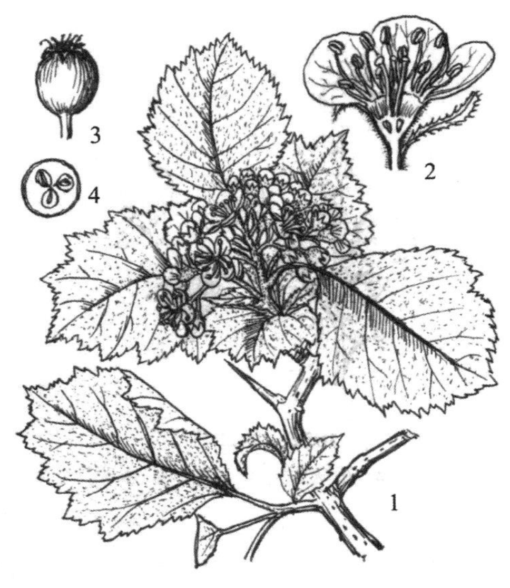
图 271　毛山楂
1. 花枝；2. 花纵切；3. 果实；4. 果实横切

与原种的主要区别：叶片下面、叶柄、总花梗及花梗光滑无毛。

产于崂山蟠桃峰。

2. 毛山楂（图 271）

Crataegus maximowiczii Schneid.

落叶小乔木，高 3 ～ 5 米；树皮黑褐色，浅裂；小枝粗壮，紫褐色，密被灰白色柔毛，后无毛；多年生枝灰褐色，有光泽，疏生长圆形皮孔；冬芽紫褐色，无毛，有光泽。叶宽卵形或菱状卵形，长 4 ～ 6 厘米，宽 3 ～ 5 厘米，先端急尖，基部楔形，边缘每侧各有 3 ～ 5 浅裂，裂缘疏生重锯齿，上面散生短柔毛，下面密被灰白色长柔毛，沿叶脉较密；叶柄长 1 ～ 2.5 厘米，被稀柔毛；托叶膜质，半月形或卵状披针形，边缘有深锯齿，早落。复伞房花序，多花，直径 4 ～ 5 厘米，总花梗和花梗被灰白色柔毛；苞片膜质，线状披针形，边缘有腺齿，早落；萼筒钟状，外被灰白色柔毛；花瓣近圆形，白色；雄蕊 20，比花瓣短；花柱 2 ～ 5，基部被柔毛，柱头头状。果实球形，熟时暗红色，初被柔毛，后脱落；萼片宿存，反折；小核 3 ～ 5，两侧有凹痕。花期 5 ～ 6 月；果期 8 ～ 9 月。

中山公园有栽培。国内产东北地区及内蒙古。

观赏树木。木材可作家具、文具、木柜等。果可食及加工。

（四）欧楂属 **Mespilus** L.

落叶乔木。枝通常无刺。单叶互生，长椭圆形，边缘有锯齿或全缘；叶柄短；托叶脱落性。花形大，常单生于短枝顶端；花萼 5 裂，裂片条状披针形；花瓣 5 宽卵形或近圆形，覆瓦状排列；雄蕊多数、花丝离生、花药红色；子房下位，心皮 5 中轴胎座，子房 5 室，每室有能育胚珠 2；花柱 5 离生、无毛。梨果状核果，球形，先端萼裂片宿存，熟时微裂，内含坚硬的骨质核 5。

含 1 种，分布于欧洲中部。我国华东部分城市有引种栽培。青岛有引种。

1. 欧楂 西洋山楂（图 272）

Mespilus germinica L.

小乔木，高可达 5 米。树皮灰黑色，微裂；树冠伞形或球形；小枝褐色，被灰色密毛，冬芽红褐色。叶长椭圆形至倒披针形，长 6 ～ 13 厘米，宽 3 ～ 5 厘米，先端尖，基部圆形或楔形，边缘有不规则的细锯齿，上面暗绿色，微被毛，下面灰绿色，密被灰白色短柔毛；叶柄粗，长 5 ～ 7 毫米被毛。花直径可达 4 厘米，单生或 2 ～ 3 花集生；花更短；萼筒钟形，萼裂片长可达 2.5 厘米，外被密毛；花瓣宽倒卵形，白色；雄蕊 30 ～ 40。果实倒卵状半球形,径 2 ～ 3 厘米，微有 3 ～ 5 棱,顶端有宿存萼片,熟时暗橙色，带皮孔点。花期 4 月；果期 9 ～ 10 月。

中山公园有栽培，树龄 50 年以上，已开花结实，生长较慢。

果可食，味同山楂。

图 272 欧楂

1. 花枝；2. 果枝；3. 花纵切；4. 果实横切

（五）石楠属 **Photinia** Lindl.

落叶或常绿，乔木或灌木。冬芽小，芽鳞覆瓦状排列。单叶互生，革质或纸质，多数有锯齿，稀全缘；有托叶。花两性，多数，成顶生伞形、伞房或复伞房花序，稀成聚伞花序；萼筒杯状、钟状或筒状，萼片 5；花瓣 5，在芽中成覆瓦状或卷旋状排列；

雄蕊 20，稀较多或较少；心皮 2，稀 3 ～ 5，花柱离生或基部合生，子房半下位，2 ～ 5 室，每室 2 胚珠。2 梨果小球形，微肉质，熟时不裂开，先端或 1/3 部分与萼筒分离；萼片宿存；每室有 1 ～ 2 种子，直立，近卵形。

约 60 余种，分布在亚洲东部及南部，我国约 40 余种。青岛有 5 种，1 变种。

分种检索表

1. 落叶性，叶质薄，两面有毛或仅在下面脉上有柔毛；果梗及果序梗在果期常有疣点…………………………………………………………………………………………… 1.毛叶石楠P. villosa
1. 常绿性，叶厚革质，光亮无毛；果梗及果序梗不具疣点。
  2. 叶片长椭圆形、长倒卵形或倒卵状椭圆形，叶柄长2 ~ 4厘米…………………… 2.石楠P. serratifolia
  2. 叶片椭圆形，长圆形或长圆状倒卵形，叶柄长0.5 ~ 2厘米。
    3. 花瓣内面近基部被白色柔毛…………………………………………………… 3.光叶石楠P. glabra
    3. 花瓣内面无毛。
      4.花梗和花序梗被柔毛 ……………………………………………………… 4. 椤木石楠P. bodinieri
      4. 春季新叶鲜红色；花梗和花序梗无毛………………………………………… 5.红叶石楠P. fraseri

1. 毛叶石楠 鸡零子（图 273；彩图 56）

Photonia villosa (Thunb.) DC.

Crataegus villosa Thunb.

落叶灌木或小乔木，高 2 ～ 5 米；小枝灰褐色，幼时有白色长柔毛，后脱落；有散生皮孔；冬芽小，鳞片褐色，无毛。叶草质，倒卵形或长圆倒卵形，长 3 ～ 8 厘米，宽 2 ～ 4 厘米，先端尾尖或渐尖，基部楔形，叶缘上半部具密生尖锐锯齿；两面初有白色长柔毛，后脱落，仅下面叶脉有柔毛；侧脉 5 ～ 7 对；叶柄长 1 ～ 5 毫米，有长柔毛。花 10 ~ 20，组成伞房花序，直径 3 ～ 5 厘米，顶生；总花梗和花梗有长柔毛，在果期具疣点；苞片钻形，早落；萼筒杯状，外被白色长柔毛；萼片三角卵形，先端钝；花瓣白色，近圆形，外面无毛，内面基部具柔毛，有短爪；雄蕊 20；花柱 3，离生，无毛，子房顶端密生白色柔毛。果实椭圆形或卵形，长 8 ～ 10 毫米，直径 6 ～ 8 毫米，熟时红色或黄红色，稍有柔毛，顶端宿存萼片直立。花期 4 月；果期 8 ～ 9 月。

图 273 毛叶石楠
1. 花枝；2. 果实

产崂山八水河、黑风口、明霞洞、流清河等地；市北区贮水山公园有栽培。

保土灌木。红果经冬不落，有观赏价值。根、果药用，有除湿热、止吐泻作用。

（1）庐山石楠（变种）

var. **sinica** Rehd. et Wils.

与原种的区别：叶及果实常无毛，叶通常圆形，果实较大。

产崂山太清宫。

2. 石楠（图 274）

Photinia serratifolia (Desf.) Kalkman

Crataegus serratifolia Desf.

常绿大灌木，高 4 ~ 6 米。幼枝绿色或红褐色，无毛，老枝灰褐色。叶长椭圆形、长倒卵形或倒卵状椭圆形，长 9 ~ 22 厘米；先端尾尖或短尖，基部圆形或宽楔形，叶缘疏生腺状细锯齿，有时在萌发枝上锯齿为针刺状；羽状脉，侧脉 25 ~ 30 对，上面绿色，下面淡绿色，光滑或幼时中脉有毛，厚革质；叶柄长 2 ~ 4 厘米，粗壮。复伞房花序由 30 ~ 40 花组成；总花梗及花梗无毛；花径 6 ~ 8 毫米；萼筒杯状，萼片阔三角形，无毛；花瓣近圆形，白色，无毛；雄蕊 20，2 轮，外轮较花瓣长，内轮较花瓣短；花柱 2，稀 3，基部合生。果实球形，径 5 ~ 6 毫米，熟时紫红色，有光泽；种子卵形，棕色。花期 4 ~ 5 月；果期 10 月。

图 274　石楠

1. 果枝；2. 花；3. 花纵切；4. 果实；5. 果实纵切和横切

全市普遍栽培。国内分布于长江流域以南各省区及陕西、甘肃、河南。

供绿化观赏。种子可榨油。根、叶入药，为强壮剂及利尿剂，有镇静解热的功效。

3. 光叶石楠（图 275）

Photinia glabra (Thunb.) Maxim.

Crataegus glabra Thunb.

常绿乔木，高 3 ~ 5 米，可达 7 米；老枝灰黑色，无毛；皮孔棕黑色，近圆形，散生。叶椭圆形、长圆形或长圆倒卵形，长 5 ~ 9 厘米，宽 2 ~ 4 厘米，先端渐尖，基部楔形，缘有疏生的浅钝细锯齿，两面无毛，革质，幼时及老时皆呈红色；叶柄

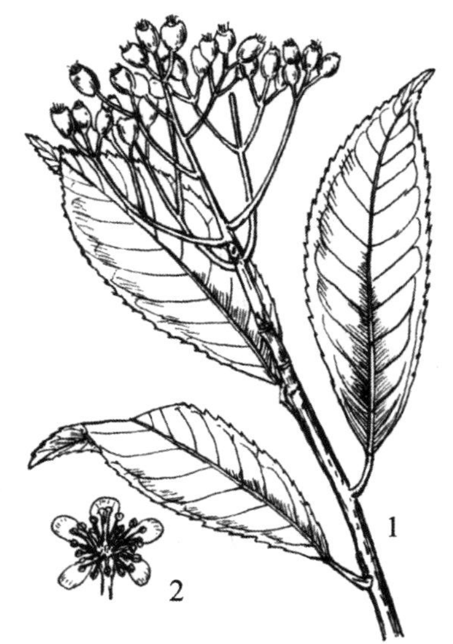

图 275　光叶石楠

1. 果枝；2. 花

长 0.5 ~ 2 厘米，无毛。顶生复伞房花序由 20 ~ 40 花组成，直径 5 ~ 10 厘米；总花梗和花梗均无毛；萼筒杯状，无毛；萼片三角形，外无毛，内有柔毛；花瓣白色，倒卵形，先端圆钝，微反卷，内面近基部有白色绒毛；雄蕊 20，约与花瓣等长或较短；花柱 2，稀为 3，离生或下部合生，子房顶端有柔毛。果实卵形，熟时红色，无毛。花期 4 ~ 5 月；果期 9 ~ 10 月。

公园绿地及单位庭院普遍栽培。国内分布于华东、华中、华南及西南。

适宜作绿篱及庭院树，供观赏。叶供药用，有解热、利尿、镇痛作用。种子榨油，可制肥皂或润滑油。木材作器具、船舶、车辆等用材。

4. 椤木石楠　贵州石楠（图 276）

Photinia bodinieri Lévl.

P. davidsoniae Rehd. et Wils.

常绿乔木，高 6 ~ 15 米。幼枝黄红色，后成紫褐色，无毛，有时具刺。叶革质，长圆形、倒披针形，长 5 ~ 15 厘米，宽 2 ~ 5 厘米，先端急尖或渐尖，有短尖头，基部楔形，缘稍反卷，有具腺的细锯齿；上面光亮，中脉初有柔毛，后脱落，侧脉 10 ~ 12 对；叶柄长 8 ~ 15 毫米，无毛。花多数组成复伞房花序，顶生；总花梗和花梗有平贴短柔毛；苞片早落；萼筒浅杯状，外被稀疏平贴短柔毛；萼片阔三角形，先端急尖，被柔毛；花瓣圆形，先端圆钝，内外两面皆无毛；雄蕊 20，较花瓣短；花柱 2，基部合生并密被白色长柔毛。果实球形或卵形，直径熟时黄红色，无毛；种子 2 ~ 4，卵形，褐色。花期 5 月；果期 9 ~ 10 月。

图 276　椤木石楠

1. 花枝；2. 果实

山东科技大学校园有栽培。国内产华东、华中、华南、西南及陕西等地。

供绿化观赏。

5. 红叶石楠

Photinia fraseri Dress

常绿灌木或小乔木，高达 4 ~ 6 米；小枝灰褐色，无毛。叶互生，长椭圆形或倒卵状椭圆形，长 9 ~ 22 厘米，宽 3 ~ 6.5 厘米，边缘有疏生腺齿，无毛。复伞房花序顶生，花白色，径 6 ~ 8 毫米。果球形，径 5 ~ 6 毫米，红色或褐紫色。

市区普遍栽培。为蔷薇科石楠属杂交种的统称。新梢和嫩叶鲜红，色彩艳丽持久，是著名的观叶树种。耐修剪，适于造型，景观效果美丽。常见的有红罗宾 ('Red Robin') 和红唇 ('Red Lip') 两个品种。

（六）枇杷属 **Eriobotrya** Lindl.

常绿乔木或灌木。枝粗壮，无刺；冬芽大，多被锈色绒毛。单叶互生，缘有锯齿，稀全缘，羽状网脉显明；有叶柄或近无；托叶早落。花两性，多花组成顶生圆锥花序，常有绒毛；萼筒杯状或倒圆锥状，萼片 5，宿存；花瓣 5，倒卵形或圆形，无毛或有毛，芽时呈卷旋状或覆瓦状排列；雄蕊 20 ~ 40；花柱 2 ~ 5，基部合生，常有毛，子房下位，合生，2 ~ 5 室，每室 2 胚珠。梨果肉质或干燥，内果皮膜质；种子 1 或多数。

约 30 种，分布于亚洲温带及亚热带。我国产 13 种，多分布于长江以南。青岛引种栽培 1 种。

1. 枇杷（图 277）

Eriobotrya japonica (Thunb.) Lindl.

Mespilus japonica Thunb.

图 277 枇杷

1. 花枝；2. 花纵切，示雄蕊群和子房下位；3. 果实；4. 果核

常绿小乔木，高可达 10 米；小枝粗壮，黄褐色，密生锈褐色或灰棕色绒毛。叶披针形、倒披针形、倒卵形或椭圆状长圆形，长 12 ~ 30 厘米，宽 3 ~ 9 厘米，先端急尖或渐尖，基部楔形或渐狭延生成叶柄，叶缘上部有疏锯齿，基部全缘，上面光亮，多皱，下面密生灰棕色绒毛，侧脉 11 ~ 21 对；叶柄短或近无，被灰棕色绒毛；托叶钻形，有毛。圆锥花序顶生，长 10 ~ 19 厘米，具多花；总花梗和花梗密生锈色绒毛；苞片钻形，密生锈色绒毛；萼筒浅杯状，萼片三角卵形，萼筒及萼片外面有锈色绒毛；花瓣白色，长圆形或卵形，被锈色绒毛；雄蕊 20，远短于花瓣，花丝基部扩展；花柱 5，离生，无毛，子房顶端被锈色柔毛；5 室，每室 2 胚珠。果实球形或长圆形，直径 2 ~ 5 厘米，熟时黄色或橘黄色，初有毛，后脱落。花期 10 ~ 12 月；果期 5 ~ 6 月。

崂山太清宫，中山公园及崂山区、城阳区、黄岛区、即墨市均有引种栽培。国内分布于华东、华中、华南、西南地区及陕西、甘肃、河南。

亚热带果树及庭院观赏树木。果味甘酸，供生食、蜜饯和酿酒用；叶、花、果、种仁及根可入药，有化痰止咳，和胃降气之效。木材红棕色，坚韧，结构细，适做细木工艺品用。

（七）石斑木属 **Raphiolepis** Lindl.

常绿灌木或小乔木。枝粗壮；冬芽明显。单叶互生，革质，具短柄；托叶锥形，早落。

花成直立总状花序、伞房花序或圆锥花序；萼筒钟状或筒状，下部与子房合生；萼片 5，直立或外折，脱落；花瓣 5，有短爪；雄蕊 15 ～ 20；子房下位，2 室，每室有 2 直立胚珠，花柱 2 或 3，离生或基部合生。梨果核果状，近球形，肉质，萼片脱落后顶端有一圆环或浅窝；种子 1 ～ 2，种皮薄；子叶肥厚。

约 15 种，分布于亚洲东部。我国产 7 种。青岛栽培 1 种。

1. 厚叶石斑木（图 278；彩图 57）

Raphiolepis umbellata (Thunb.) Makino

Laurus umbellata Thunb.

图 278　厚叶石斑木

1. 花枝；2. 花；3. 花纵切

常绿灌木或小乔木，高 2 ～ 4 米。树皮黑褐色，光滑；枝在顶部轮生，交叉展开，枝、叶幼时有褐色柔毛，后脱落。叶片厚革质，长椭圆形、卵形或倒卵形，长 4 ～ 8 厘米，宽 1.2 ～ 4 厘米，先端圆钝或有小突尖，基部楔形；全缘或有疏生钝锯齿，边缘稍向下方反卷，上面深绿色，稍有光泽，下面淡绿色，网脉明显；叶柄长 5 ～ 12 毫米，上下扁平，两边略有狭翅。圆锥花序顶生，直立，密生褐色柔毛；萼筒倒圆锥状，萼片三角形至窄卵形；花瓣白色，倒卵形，长 1 ～ 1.2 厘米；雄蕊 20；花柱 2，基部合生。果实球形，直径 7 ～ 10 毫米，熟时黑紫色，外带白霜，顶端有萼片脱落残痕；种子 1。花期 6 月中旬。

中山公园有栽培。国内产华东、华中、华南、西南及台湾地区。

供观赏。

（八）花楸属 Sorbus L.

落叶乔木或灌木。枝无刺；冬芽大，具多数覆瓦状鳞片。单叶或奇数羽状复叶，互生，有托叶，在芽中为对折状，稀席卷状。花两性，多数组成顶生复伞房花序；萼片和花瓣各 5；雄蕊 15 ～ 25；心皮 2 ～ 5，部分离生或全部合生；子房半下位或下位，2 ～ 5 室，每室具 2 胚珠。梨果形小，熟时白色、红色或黄色；子房壁成软骨质，每室具 1 ～ 2 种子。

约 80 种，分布于北半球各洲的温带及寒温带。我国 50 余种。青岛有 4 种，2 变种。

分种检索表

1. 羽状复叶。
 2. 冬芽外面被白色柔毛或至少在先端有柔毛；托叶较宽大，卵形或半圆形，有粗锯齿。
  3. 总花梗、花梗、冬芽密被白色绒毛；果实成熟时红色 ………………… 2.花楸树S. pohuashanensis
  3. 总花梗和花梗无毛或仅幼时有疏柔毛；果实成熟时白色或黄色 ………… 3.北京花楸S. discolor
 2. 冬芽鳞片通常无毛；托叶条状披针形，膜质，早落；总花梗及花梗无毛或仅有稀疏白色柔毛；花柱4～5；果实成熟时白色或有时带红晕 ……………………………………………… 4.湖北花楸S. hupehensis
1. 单叶，叶片长5～12厘米，宽3～6厘米 ……………………………………………… 1.水榆花楸S. alnifolia

1. 水榆花楸 水榆 老鸭食（图 279；彩图 58）

Sorbus alnifolia (Sieb. et Zucc.) K. Koch

Crataegus alnifolia Sieb. et Zucc.

乔木或大灌木，高可达 20 米，胸径 30 厘米。树皮暗灰褐色，平滑不裂；小枝圆柱形，具灰白色皮孔，幼时微具柔毛，二年生枝暗红褐色；冬芽卵形，先端急尖，鳞片红褐色，无毛。叶卵形至椭圆卵形，长 5 ～ 10 厘米，宽 3 ～ 6 厘米，先端短渐尖，基部宽楔形至圆形，缘有不整齐尖锐重锯齿，有时微浅裂；侧脉 6 ～ 10 对，常上面凹陷并直达叶边齿尖；叶柄长 1.5 ～ 3 厘米；托叶细长披针形，早落。复伞房花序有花 6 ～ 25 朵，总花梗和花梗具稀疏柔毛；萼筒钟状，萼片三角形，先端急尖，外面无毛，内密被白绒毛；花瓣卵形或近圆形，先端圆钝，白色；雄蕊 20，短于花瓣；花柱 2，基部或中部以下合生。果实椭圆形或卵形，径 7 ～ 10 毫米，长 10 ～ 13 毫米，熟时红色或黄色，有光泽或有极少数细小斑点，萼片脱落后果实先端残留圆斑。花期 5 月；果期 8 ～ 9 月。

图 279 水榆花楸

1. 果枝；2. 花枝；3. 花；4. 果实；5. 果实横切

产于崂山，浮山，小珠山，大珠山，大泽山等地，生于海拔 200 米以上的山坡、悬崖、沟底杂木林，有时呈灌木状。国内产东北及河北、河南、陕西、甘肃、山东、安徽、湖北、江西、浙江、四川等省区。

白花、红果、秋叶变色，可作观赏树。木材可做器具、家具、车船等用。树皮可作染料，纤维供造纸原料。

（1）裂叶水榆花楸（变种）

var. **lobulata** Rehd.

与原种的主要区别：叶缘浅裂，有粗大的重锯齿。

产崂山太清宫、大梁沟。

2. 花楸树 百花山花楸 白花花楸（图 280；彩图 59）

Sorbus pohuashanensis (Hance) Hedl.

Pyrus pohuashanensis Hance

图 280 花楸树

1. 花枝；2. 果枝；3. 花纵切；4. 花瓣；5. 雌蕊；6. 雄蕊

乔木或灌木，高可达 8 米。树皮紫灰褐色；小枝灰褐色，具灰白色细小皮孔，光滑无毛或仅嫩时有毛；冬芽大，红褐色，鳞片外密被灰白色绒毛。奇数羽状复叶，连叶柄长 12 ~ 20 厘米，小叶片 5 ~ 7 对，基部、顶部常稍小；小叶卵状披针形或椭圆披针形，长 3 ~ 5 厘米，宽 1.4 ~ 1.8 厘米，先端急尖或短渐尖，基部偏斜圆形，缘有细锐锯齿，基部或中部以下近于全缘，上面具稀疏毛或近无毛，下面苍白色，有稀疏或较密集绒毛；侧脉 9 ~ 16 对，在叶边稍弯曲，下面中脉显著突起；叶轴被白色毛，老时近无；托叶宽卵形，具粗锐锯齿，宿存。复伞房花序较密集，总花梗和花梗初被白色密绒毛，后脱落；萼筒钟状，外被绒毛或近无，内有绒毛；萼片三角形，先端急尖，内外两面均具绒毛；花瓣宽卵形或近圆形，先端圆钝，白色，内面微具短柔毛；雄蕊 20；花柱 3，基部具短柔毛。果实近球形，直径 6 ~ 8 毫米，熟时红色或橘红色，具宿存闭合萼片。花期 6 月；果期 9 ~ 10 月。

产崂山北九水、蔚竹庵、凉清河、滑溜口、明霞洞、棋盘石及小珠山，多生于海拔 600 米以上的阴坡、山顶或沟底。国内分布于东北、华北及甘肃等省区。

花、叶美丽，入秋红果累累，有观赏价值。木材可做家具。果可制酱酿酒及入药。

3. 北京花楸（图 281）

Sorbus discolor (Maxim.) Maxim.

Pyrus discolor Maxim.

乔木，高可达 10 米。小枝圆柱形，二年生枝紫褐色，具稀疏皮孔，嫩枝无毛；冬芽长圆卵形，先端渐尖或急尖，外被数枚棕褐色鳞片，无毛或微有短柔毛。奇数羽状复叶，连叶柄长 10 ~ 20 厘米；小叶 5 ~ 7 对，基部 1 对小叶常稍小，长圆形、长圆椭圆形至长圆披针形，长 3 ~ 6 厘米，宽 1 ~ 1.8 厘米，先端急尖或短渐尖，基部常圆形，边缘有细锐锯齿（每侧锯齿 12 ~ 18），基部或1/3 以下部分全缘，两面均无毛，下面具白霜；侧脉 12 ~ 20 对，在叶边弯曲；叶轴无毛，具浅沟；托叶宿存，有粗锯齿。复伞房花序较疏松，有多数花，总花梗和花梗均无毛；花梗长 2 ~ 3 毫米；萼筒钟状，萼片三角形，无毛；花瓣卵形或长圆卵形，先端圆钝，白色，无毛；雄蕊 15 ~ 20，约短于花瓣 1 倍；花柱 3 ~ 4，几与雄蕊等长，基部有稀疏柔毛。果实卵形，径 6 ~ 8 毫米，白色或黄色，先端具宿存闭合萼片。花期 5 月；果期 8 ~ 9 月。

产于崂山北九水、蔚竹庵一带。国内分布于河北、河南、山西、山东、甘肃、内蒙古等省区。

用途同花楸树。

4. 湖北花楸（图 282）

Sorbus hupehensis Schneid.

落叶乔木，高可达 10 米。小枝暗灰褐色，具少数皮孔，幼时微被白色绒毛，后脱落；冬芽长卵形，外被数枚红褐色鳞片，无毛。奇数羽状复叶，连叶柄共长 10 ~ 15 厘米；小叶 4 ~ 8 对，基部和顶端小叶较中部稍长；小叶长圆披针形或卵状披针形，长 3 ~ 5 厘米，宽 1 ~ 1.8 厘米，先端急尖、钝或有短尖头，缘有尖锐锯齿，近基部 1/3 或 1/2 近全缘；上面无毛，下面沿中脉有白色绒毛，后脱落无毛；侧脉 7 ~ 16 对，几乎直达叶缘锯齿；叶轴有沟，初被绒毛，后脱落；托叶膜质，线状披针形，早落。复伞房花序，由多花组成，总花梗和花梗无毛或被稀疏白柔毛；花梗长 3 ~ 5 毫米；花直径 5 ~ 7 毫米；萼筒钟状，萼片三角形，先端急尖，外无毛，内仅先端微具柔毛；花瓣卵形，白色；雄蕊 20；花柱 4 ~ 5，基部有灰白色柔毛。果实球形，熟时白色，有时带粉红晕，先端具闭合宿存萼片，不凹陷。花期 5 ~ 7 月；果期 8 ~ 9 月。

图 281 北京花楸

1. 花枝；2. 果枝；3. 花纵切，去掉花瓣；4. 花瓣；5. 果实纵切；6. 果实横切

图 282 湖北花楸

1. 花枝；2. 果实

图 283　少叶花楸

1. 果枝；2. 果实

产崂山北九水内四水，生于山沟、阴坡及杂木林中。国内分布于湖北、江西、安徽、四川、贵州、陕西、甘肃、青海等省区。

树皮可提制栲胶。木材可制作农具、家具。花、果均白色，有观赏价值。

（1）少叶花楸（变种）（图 283）

var. **paucijuga** (D. K. Zang & P. C. Huang) L. T. Lu

S. discolor（Maxim.）Maxim. var. *paucijuga* D. K. Zang & P. C. Huang

与原种的主要区别是：小叶仅 3 ～ 4 对，托叶线状披针形；果熟时白色或黄色。

产崂山北九水、明霞洞，生于山地阳坡阔叶混交林中。

用途同花楸树。

（九）木瓜属 **Chaenomeles** Lindl.

落叶或半常绿，灌木或小乔木。枝有刺或无；冬芽小，外被 2 芽鳞。单叶，互生，具齿或全缘，有短柄与托叶。花两性，单生或 3 ～ 5 簇生；先叶开放或迟于叶开放；花梗粗短或近无梗，花辐射对称；萼筒钟状，萼片 5，全缘或有齿；花瓣 5，大形，雄蕊 20 或多数，排成 2 轮;花柱 3 ～ 5，基部合生，子房下位，5 室，每室具有多数胚珠，排成 2 行。梨果大型，果皮黄色或深褐色，熟后木质；萼片脱落，花柱常宿存，内含多数褐色外皮坚硬的种子。

约 5 种，产亚洲东部。我国均有分布。青岛栽培 4 种。

分种检索表

1. 枝无刺；花单生，后叶开放，萼片有齿，反折；叶有刺芒状锯齿，齿尖、叶柄均有腺，托叶膜质，卵状披针形，有腺齿……………………………………………………………………1.木瓜C.sinensis

1. 枝有刺；花簇生，先叶开放或与叶同放，萼片全缘或近全缘，直立稀反折；叶有锯齿，稀全缘，托叶草纸，肾形或耳形，有锯齿。

　2. 小枝平滑，二年生枝无疣状突起；果中型或大型，直径5～8厘米，成熟期迟。

　　3. 叶卵形或长椭圆形，幼时下面无毛或有短柔毛，有尖锐锯齿；花柱基部无毛或稍有毛……………………………………………………………………………2.皱皮木瓜C.speciosa

　　3. 叶椭圆形、披针形至倒披针形，幼时下面密被褐色绒毛，有刺芒状锯齿；花柱基部有毛……………………………………………………………………………3.毛叶木瓜C. cathayensis

　2. 小枝粗糙，二年生枝有疣状突起；果小型，直径3～4厘米，成熟期早；叶倒卵形或匙形，有圆钝锯齿；花柱无毛 ……………………………………………… 4.日本木瓜C.japonica

1. 木瓜 木梨瓜 铁角梨（图 284）

Chaenomeles sinensis (Thouin) Koehne

Cydonia sinensis Thouin

小乔木，高可达 10 米。树皮灰色，片状脱落，呈黄绿斑块；枝紫褐色，无刺，幼枝初被柔毛，后脱落;冬芽半圆形，无毛,紫褐色。叶椭圆卵形或椭圆长圆形，稀倒卵形，长 5 ~ 8 厘米，宽 3.5 ~ 5.5 厘米，先端急尖，基部宽楔形或圆形，缘有刺芒状细腺齿，幼时下面密被黄白色厚绒毛，后脱落无毛；叶柄长 5 ~ 10 毫米，微被毛，有腺齿；托叶明显，膜质，卵状披针形，缘具腺齿，长约 7 毫米。花单生于叶腋，花梗短粗，长 5 ~ 10 毫米，无毛；花直径 2.5 ~ 3 厘米；萼筒钟状，无毛；萼片三角披针形，外面无毛，内密被浅褐色绒毛，反折；花瓣倒卵形，淡粉红色；雄蕊多数，长不及花瓣之半；花柱 3 ~ 5，基部合生，被柔毛，柱头有不显明分裂。果实长椭圆形，长 10 ~ 15 厘米,熟时暗黄色,光滑,木质,有浓香气。花期 4 ~ 5 月；果期 9 ~ 10 月。

崂山明霞洞、太清宫等景区及市区公园绿地有栽培。国内分布于山东、陕西、湖北、江西、安徽、江苏、浙江、广东、广西等省区。

常见观赏花木及果树。果熟后香气持久，可观赏及药用；经水煮或浸渍糖液中可供食用，木材坚硬，可制作优良家具及工艺品。

图 284 木瓜

1. 花枝；2. 花瓣；3. 萼片先端，示内外毛被；4. 花纵切（去掉花冠）；5. 果实；6. 果实横切

2. 皱皮木瓜 贴梗海棠（图 285）

Chaenomeles speciosa (Sweet) Nakai

Cydonia speciosa Sweet

落叶灌木,高达 2 米。枝条直立开展；小枝圆柱形，常有椎刺状的短枝，紫褐色或黑褐色，无毛，具疏生淡褐色皮孔；

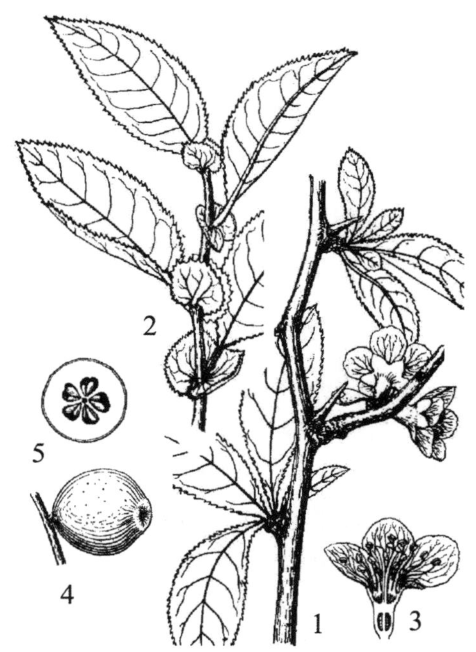

图 285 皱皮木瓜

1. 花枝；2. 叶枝，示托叶；3. 花纵切；4. 果实；5. 果实横切

冬芽三角卵形，紫褐色。叶卵形至椭圆形，稀长椭圆形，长 3 ~ 9 厘米，宽 1.5 ~ 5 厘米，先端急尖，稀圆钝，基部楔形至宽楔形，缘有尖锐锯齿，齿尖开张，无毛或仅沿下面叶脉有短柔毛；叶柄长约 1 厘米；托叶大，草质，肾形或半圆形，边缘有尖细锯齿。花先叶开放，3 ~ 5 朵簇生于二年生老枝；花梗短粗或近无；花径 3 ~ 5 厘米；萼筒钟状，萼片直立，半圆形稀卵形，全缘或有波状齿；花瓣倒卵形或近圆形，基部常有爪，猩红色，稀淡红色或白色；雄蕊 45 ~ 50；花柱 5，基部合生。果实球形或卵球形，径 4 ~ 6 厘米，熟时黄色或黄绿色，有稀疏斑点，味芳香；萼片脱落，果梗短或近无梗。花期 3 ~ 5 月；果期 9 ~ 10 月。

全市公园绿地普遍栽培。国内分布于陕西、甘肃、四川、贵州、云南、广东等地。

各地习见栽培，花色大红、粉红、乳白且有重瓣及半重瓣品种，供观赏。果干制后可入药，有驱风舒筋、镇痛消肿、活络顺气等功效。

3. 毛叶木瓜 木瓜海棠（图 286）

Chaenomeles cathayensis (Hemsl.) Schneid.

Cydonia cathayensis Hemsl.

落叶灌木或小乔木，高可达 6 米。枝条具短枝刺；小枝紫褐色，无毛，具疏生浅褐色皮孔；冬芽三角卵形，无毛，紫褐色。叶椭圆形、披针形至倒卵披针形，长 5 ~ 11 厘米，宽 2 ~ 4 厘米，急尖或渐尖，基部楔形至宽楔形，缘有芒状细尖锯齿，上部有时具重锯齿，下部有时近全缘，上面无毛，下面密被褐色绒毛，后脱落近无毛；叶柄长约 1 厘米，有毛或无毛；托叶肾形、耳形或半圆形，缘有芒状细锯齿，下面被褐色绒毛。花先叶开放，2 ~ 3 朵簇生于二年生枝上，花梗短粗或近无；花直径 2 ~ 4 厘米；萼筒钟状，萼片直立，卵圆形至椭圆形，先端圆钝至截形，全缘或有浅齿及黄褐色睫毛；花瓣倒卵形或近圆形，淡红色或白色；雄蕊多数；花柱 5，基部合生，下部被柔毛或绵毛。果实卵球形或近圆柱形，先端有突起，长 8 ~ 12 厘米，熟时黄色有红晕，味芳香。花期 3 ~ 5 月；果期 9 ~ 10 月。

图 286 毛叶木瓜

公园绿地常见栽培。国内分布于华中、华南、西南及陕西、甘肃等地。

供观赏。果实入药可作木瓜的代用品。

4. 日本木瓜 倭海棠（图 287）

Chaenomeles japonica (Thunb.) Lindl. ex Spach

Pyrus japonica Thunb.

低矮灌木，高约 1 米。枝有细刺；小枝粗糙，紫红色，幼时具绒毛；二年生枝条有疣状突起，黑褐色，无毛；冬芽三角卵形。叶倒卵形、匙形或宽卵形，长3～5厘米，宽2～3厘米，边缘有圆钝锯齿，齿尖向内合拢，无毛；叶柄长约5毫米，无毛；托叶肾形，有圆齿，长1厘米。花3～5朵簇生，花梗短或近无，无毛；花直径2.5～4厘米；萼筒钟状，外面无毛；萼片卵形，稀半圆形，比萼筒约短一半，外面无毛，内面基部有褐色短柔毛和睫毛；花瓣倒卵形或近圆形，基部延伸成短爪，长约2厘米，砖红色；雄蕊40～60；花柱5，基部合生，无毛。果实近球形，直径3～4毫米，熟时黄色，萼片脱落。花期3～6月；果期8～10月。

原产日本。青岛植物园及平度市植物园有栽培。国内陕西、江苏、浙江等地庭园常见栽培。

供观赏。

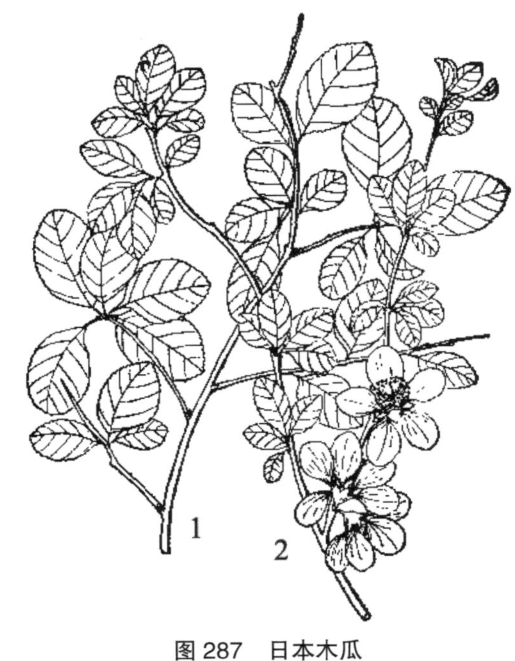

图287　日本木瓜

1. 枝叶；2. 花枝

（十）梨属 **Pyrus** L.

落叶乔木或灌木，稀半常绿。枝有时具刺；芽多圆锥形，顶生。单叶互生，有锯齿或全缘，稀分裂，在芽中呈席卷状，有叶柄与托叶。花两性，辐射对称，先叶开放或同时开放，伞形总状花序；萼片5，反折或开展；花瓣5，具爪，白色，稀粉红色；雄蕊15～30，花药深红色或紫色；花柱2～5，离生；子房下位，2～5心皮合成2～5室，每室2胚珠。梨果，倒卵形或球形，萼片脱落或宿存，果肉多汁，富石细胞，内果皮软骨质，外果皮黄绿色或褐色，有较多的皮孔点；种子黑色或黑褐色。

约25种，分布于北半球温带及亚热带。我国14种，主要分布于华北及华中地区。青岛有8种，1变种。

分种检索表

1. 果实顶部萼片脱落，稀残留。
  2. 叶缘有尖锐锯齿或有芒齿。
    3. 叶缘锯齿带芒状尖，向前贴附弯曲；花柱4～5。
      4. 叶基宽楔形；果熟时绿黄色，稀有红晕及褐色……………………………… 1.白梨P. bretschneideri
      4. 叶基圆形或近心形；果熟时褐色，稀黄绿色…………………………………………… 2.沙梨P. pyrifolia
    3. 叶缘齿尖无刺芒；叶基宽楔形；花柱通常2～4；果形小，外果皮褐色。
      5. 嫩枝、叶及花序梗，有较多的密绒毛；果近球形，2～3室，直径0.5～1厘米… 3.杜梨P. betulaefolia

5. 嫩枝、叶及花序梗，初有毛，后脱落；果球形至卵形，3 ~ 4室，直径2 ~ 2.5厘米 ……………………………………………………………………………… 4.褐梨P. phaeocarpa

2. 叶缘有圆钝锯齿；枝叶及花梗上无毛；花柱2 ~ 3；果实近球形，径1 ~ 1.2厘米，黑褐色 ………………………………………………………………………………5.豆梨P. calleryana

1. 果实顶部萼片宿存，稀脱落；3 ~ 5室，外果皮熟时黄色、褐色或黄绿色，有时有紫红晕。

6. 叶缘有刺芒状尖锐锯齿。

7. 叶形大，长5 ~ 10厘米，齿尖刺芒细长；果熟时黄色，果梗长1 ~ 2厘米… 6.秋子梨P. ussuriensis

7. 叶形小，长4 ~ 7厘米，齿尖刺芒较短；果熟时褐色，果梗长1.5 ~ 3厘米 … 7.河北梨P. hopeiensis

6. 叶缘有钝锯齿。

8. 果实黄绿色，微带红晕；叶片卵形至椭圆形 …………………… 8.西洋梨P. communis var. sativa

8. 果实紫褐色；叶片卵状披针形 ………………………………………………… 9.崂山梨P. trilocularis

1. 白梨 罐梨（图 288）

Pyrus bretschneideri Rehd.

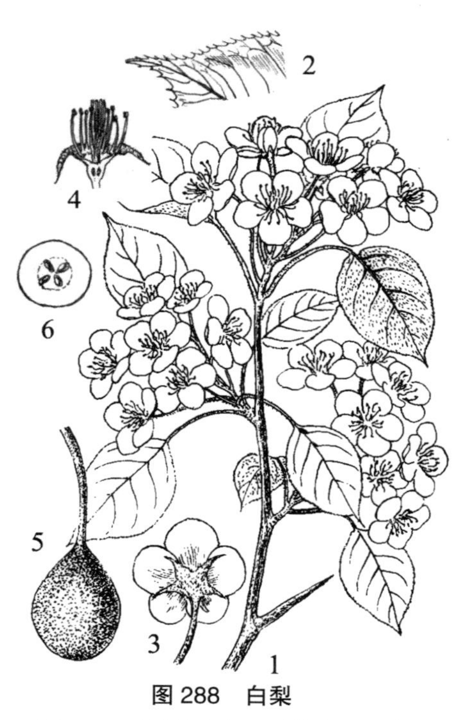

图 288 白梨

1. 花枝；2. 叶缘放大吗，示锯齿；3. 花；4. 花纵切，去掉花瓣；5. 果实；6. 果实横切

落叶乔木，高 5 ~ 8 米，胸径达 30 厘米。树皮灰黑色，呈粗块状裂；枝圆柱形，微屈曲，黄褐色至紫褐色，幼时密被柔毛；冬芽卵形，芽鳞棕黑色，边缘及先端有柔毛。叶卵形或椭圆卵形，长 5 ~ 11 厘米，宽 3.5 ~ 6 厘米，先端渐尖或短尾状尖，基部宽楔形，缘有尖锯齿，齿尖有刺芒，微向内合拢；嫩时紫红绿色，有毛，后脱落；叶柄长 2.5 ~ 7 厘米，嫩时密被绒毛；托叶线形至线状披针形，缘有腺齿，长 1 ~ 1.3 厘米，早落。伞形总状花序由 6 ~ 10 朵花组成，总花梗和花梗嫩时有毛；苞片膜质，条形，长 1 ~ 1.5 厘米，先端渐尖，全缘，内密被褐色长绒毛；花直径 2 ~ 3.5 厘米；萼片三角形，缘有腺齿，外无毛，内密被褐色绒毛；花瓣圆卵形或椭圆形，先端常呈啮齿状，基部有爪；雄蕊 20；花柱 5，稀 4，无毛。果实卵形、倒卵形或近球形，径通常大于 2 厘米，萼片脱落；熟时颜色常因品种而不同，多黄色或绿黄色，稀褐色。花期 4 月；果期 8 ~ 9 月。

崂山及各地果园常有栽培。国内产河北、河南、山东、山西、陕西、甘肃、青海。

果肉脆甜，品质好，适于生吃，也可加工各种梨食品，富营养，有止咳平喘等功效，可治慢性支气管炎。木材褐色，致密，是良好的雕刻材。花供观赏。

2. 沙梨（图 289）

Pyrus pyrifolia (Burm. f.) Nakai

Ficus pyrifolia Burm. f.

落叶乔木，高达 15 米。幼枝被黄褐色长柔毛，老枝紫褐色或暗褐色，有浅色皮孔；冬芽长卵形，芽鳞片边缘和先端稍具长绒毛。叶卵状椭圆形或卵形，长 7 ~ 12 厘米，先端长尖，基部圆或近心形，缘有刺芒锯齿，微向内合拢，无毛或幼时被褐色绵毛；叶柄长 3 ~ 4.5 厘米，幼时被绒毛，后脱落；托叶膜质，线状披针形，早落。伞形总状花序，具花 6 ~ 9 朵，径 5 ~ 7 厘米，总花梗和花梗幼时微具柔毛；苞片膜质，线形，边缘有长柔毛；花径 2.5 ~ 3.5 厘米；萼片三角卵形，缘有腺齿，外无毛，内密被褐色绒毛；花瓣卵形，先端啮齿状，基部具爪，白色；雄蕊 20；花柱 5，稀 4，光滑无毛。果实近球形，熟时浅褐色，有浅色斑点，先端微向下陷，萼片脱落。花期 4 月；果期 8 月。

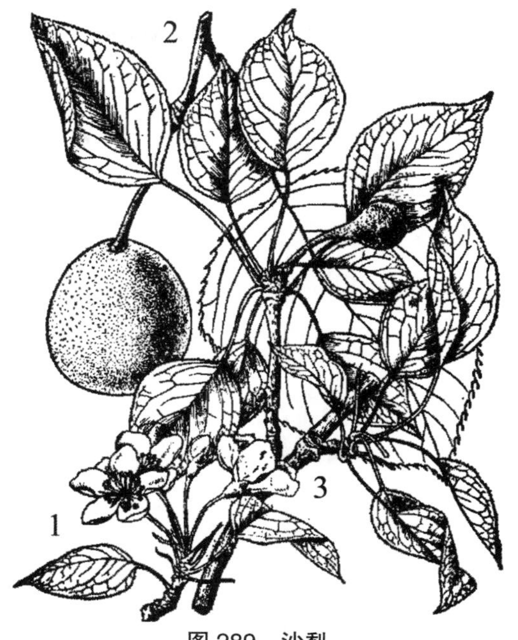

图 289 沙梨
1. 花枝；2. 果枝；3. 枝叶

各地果园常见栽培。国内分布于安徽、江苏、浙江、江西、湖北、湖南、贵州、四川、云南、广东、广西、福建等省区。

3. 杜梨 棠梨（图 290）

Pyrus betulaefolia Bge.

落叶乔木或大灌木，高可达 10 米。树皮灰黑色，呈小方块状开裂；小枝黄褐色至深褐色，幼时密被灰白色绒毛，后渐变紫褐色，近无毛，常具刺；冬芽卵形，外被灰白色绒毛。叶菱状卵形至长圆卵形，长 4 ~ 8 厘米，宽 3 ~ 5 厘米，先端渐尖，基部宽楔形，稀近圆形，缘有粗锐锯齿，几无芒尖；两面无毛或仅幼叶及叶柄处密被灰白色绒毛；叶柄长 2 ~ 3 厘米，被灰白色绒毛；托叶膜质，线状披针形，两面均被绒毛，早落。伞形总状花序由 6 ~ 15 朵花组成，总花梗和花梗均被灰白色绒毛；

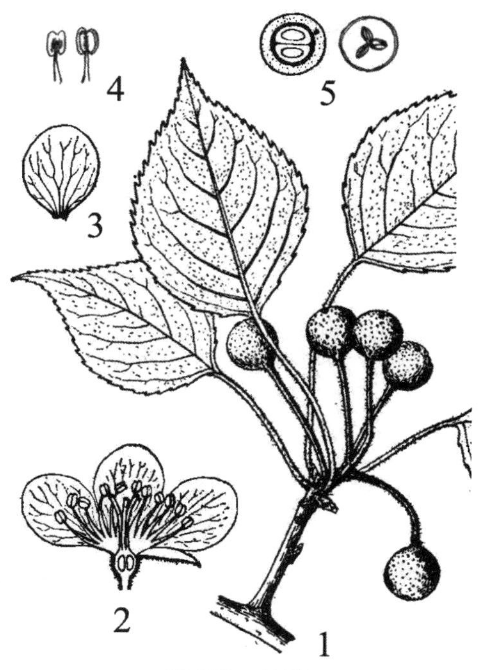

图 290 杜梨
1. 果枝；2. 花纵切；3. 花瓣；4. 雄蕊；5. 果实横切

苞片膜质，线形，两面微被绒毛，早落；花径 1.5 ~ 2 厘米；萼片三角卵形，萼筒外及萼片内外均被绒毛；花瓣宽卵形，先端圆钝，基部有爪；白色；雄蕊 20，花药紫色；花柱 2 ~ 3，基部微具毛。果实近球形，径 5 ~ 10 毫米，2 ~ 3 室，熟时褐色，有淡色斑点；萼片脱落；果梗具绒毛。花期 4 月；果期 8 ~ 9 月。

产于崂山，大珠山，大泽山；植物园，崂山区，城阳区，黄岛区，胶州市有栽培。国内分布于辽宁、河北、河南、陕西、山西、甘肃、湖北、江苏、安徽、江西等省。

本种是华北防护林及沙荒地的主要造林树种之一。是北方白梨系品种育苗的主要砧木种。木材红褐色，坚硬致密，是著名的细工、家具和雕刻材。树皮是提制栲胶的原料。

4. 褐梨（图 291）

Pyrus phaeocarpa Rehd.

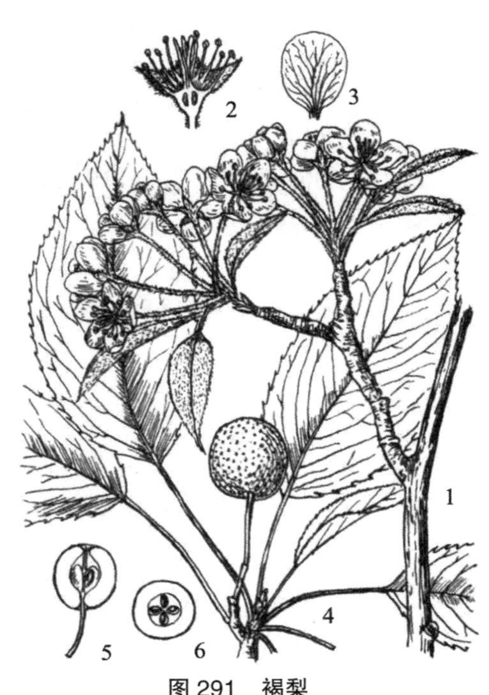

图 291　褐梨

1. 花枝；2. 花纵切；3. 花瓣；4. 果枝；5. 果实纵切；6. 果实横切

落叶乔木，高 5 ~ 8 米。树皮灰褐色，纵方块状裂；小枝紫褐色，幼时具白色绒毛，后无毛；冬芽长卵形，鳞片边缘具绒毛。叶椭圆卵形至长卵形，长 6 ~ 10 厘米，宽 3.5 ~ 5 厘米，先端长渐尖，基部宽楔形，缘有尖锐锯齿，齿尖向外；幼时有稀疏绒毛，后脱落；叶柄长 2 ~ 6 厘米，微被柔毛或近无毛；托叶膜质，条状披针形，缘有稀疏腺齿，早落。伞形总状花序，有花 5 ~ 8 朵，总花梗及花梗幼时被绒毛，后脱落，花梗长 2 ~ 2.5 厘米；苞片膜质，线状披针形，早落；花径约 3 厘米；萼筒外被白色绒毛；萼片三角披针形，内密被绒毛；花瓣卵形，基部有爪，白色；雄蕊 20；花柱 3 ~ 4，稀 2，基部无毛。果实球形或卵形，径 2 ~ 2.5 厘米，熟时褐色，密生淡褐色斑点，萼片脱落；果梗长 2 ~ 4 厘米。花期 4 月；果期 8 ~ 9 月。

产于崂山蔚竹庵、太清宫、仰口、华严寺和大珠山；崂山区，平度市有栽培。国内产河北、山西、陕西、甘肃。

果形中等，肉脆、皮粗，石细胞多，可生食。通常作为栽培梨的砧木。

5. 豆梨（图 292）

Pyrus calleryana Dcne.

落叶乔木，高 5 ~ 8 米。树皮褐灰色，粗块状裂；小枝粗壮，灰褐色，幼时稍有绒毛，后脱落；冬芽三角卵形，微具绒毛。叶宽卵形至卵形，稀长椭卵形，长 4 ~ 8 厘米，宽 3.5 ~ 6 厘米，先端渐尖，稀短尖，基部圆形至宽楔形，缘有钝锯齿，两面无毛；叶柄长 2 ~ 4 厘米，无毛；托叶线状披针形，无毛。伞形总状花序，具花 6 ~ 12 朵，总花梗和花梗均无毛，花梗长 1.5 ~ 3 厘米；苞片膜质，线状披针形，内面具绒毛；花径 2 ~ 2.5 厘米；萼筒无毛；萼片披针形，外面无毛，内面具绒毛，边缘较密；花瓣卵形，基部具短爪，白色；雄蕊 20；花柱 2，稀 3，基部无毛。梨果球形，径约 1 厘米，黑褐色，密生白色斑点，萼片脱落，果梗细长。花期 4 月；果期 8 ~ 9 月。

产于崂山，大珠山及灵山岛。国内分布于河南、江苏、浙江、江西、安徽、湖北、湖南、福建、广东、广西。

木材致密可作器具。通常用作沙梨砧木。

图 292 豆梨

1. 花枝；2. 果枝；3. 花纵切；4. 果实纵切；5. 果实横切

6. 秋子梨（图 293）

Pyrus ussuriensis Maxim.

乔木，高达 15 米。小枝无毛或微具毛，老枝黄褐色，疏生皮孔；冬芽肥大，卵形。叶卵形至宽卵形，长 5 ~ 10 厘米，先端短渐尖，基部圆形或近心形，稀宽楔形，边缘有带刺芒状尖锐锯齿，两面无毛或幼时被绒毛，不久脱落；叶柄长 2 ~ 5 厘米，嫩时有绒毛，不久脱落；托叶线状披针形，早落。花 5 ~ 7 朵，密集；花梗长 2 ~ 5 厘米，幼时被绒毛，后脱落；苞片膜质，线状披针形，早落；花径 3 ~ 3.5 厘米；萼片三角披针形，有腺齿，外面无毛，内密被绒毛；花瓣倒卵形或广卵形，无毛，白色；雄蕊 20，短于花瓣，花药紫色；花柱 5，离生，近基部有稀疏柔毛。果实近球形，熟时黄色，径 2 ~ 6 厘米，萼片宿存，基部微下陷，具短果梗，长 1 ~ 2 厘米。花期 5 月；果期 8 ~ 10 月。

产于崂山明道观、水石屋、北九水、崂顶等地。国内分布于东北及内蒙古、河北、山西、陕西、甘肃。

实生苗在果园中常用作梨的抗寒砧木。果与冰糖煎膏有清肺止咳之效。

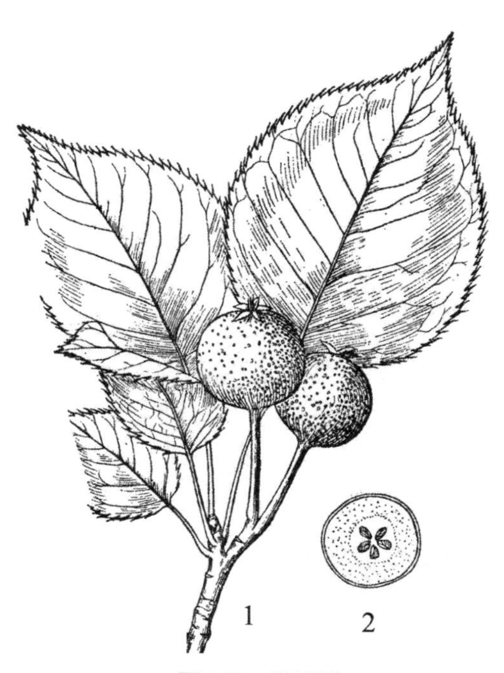

图 293 秋子梨

1. 果枝；2. 果实横切

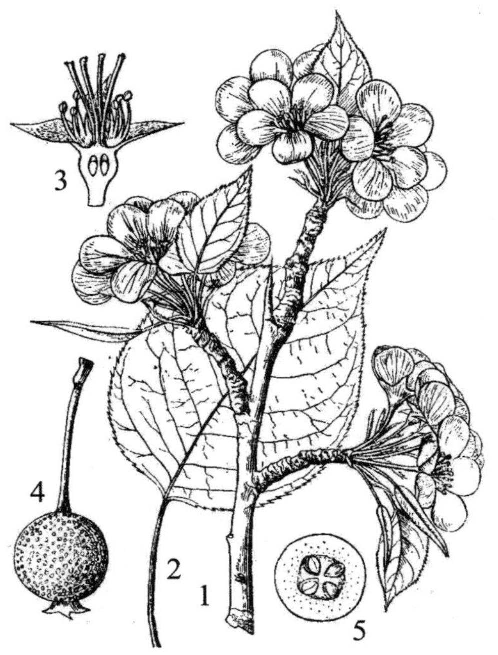

图 294　河北梨
1. 花枝；2. 叶片；3. 花纵切；
4. 果实；5. 果实横切

图 295　西洋梨
1. 花枝；2. 果枝；3. 花纵切

7. 河北梨（图 294）

Pyrus hopeiensis Yu

落叶乔木，高达 6 ～ 8 米。枝圆柱形，微带棱条，暗紫色或紫褐色，无毛，具稀疏白色皮孔，先端常为硬刺；冬芽长圆卵形或三角卵形，无毛。叶卵形、宽卵形或近圆形，长 4 ～ 7 厘米，先端渐尖，基部圆形或近心形，边缘具细密尖锐锯齿，有短芒，无毛，侧脉 8 ～ 10 对；叶柄长 2 ～ 4.5 厘米，具稀疏柔毛或无毛。伞形总状花序，具花 6 ～ 8 朵；花梗长 1.2 ～ 1.5 厘米，总花梗和花梗具稀疏柔毛或近无毛；萼片三角卵形，具齿，外面有稀疏柔毛，内面密被柔毛；花瓣椭圆倒卵形，白色；雄蕊 20；花柱 4，和雄蕊近等长。果实球形或卵形，径 1.5 ～ 2.5 厘米，褐色，萼片宿存，外面具多数斑点，4 室，稀 5 室，果心大，果肉白色，石细胞多；果梗长 1.5 ～ 3 厘米。花期 4 月；果期 8 ～ 9 月。

产崂山崂顶。国内产河北。

华北北部山区良好的梨树砧木树种之一。

8. 西洋梨（图 295）

Pyrus communis L. var. **sativa** (DC.) DC.

P. sativa DC.

乔木，高达 15 米。小枝有时具刺，无毛或幼时微具短柔毛。叶卵形、近圆形或椭圆形，长 5 ～ 10 厘米，宽 3 ～ 6 厘米，先端急尖或短渐尖，基部宽楔形或近圆，边缘有圆钝锯齿，稀全缘，幼时有蛛丝状柔毛，后脱落或仅下面沿中脉有柔毛；叶柄细，长 1.5 ～ 5 厘米，幼时微具柔毛，后脱落；托叶膜质，线状披针形，早落。伞形总状花序，具花 6 ～ 9 朵，总花梗和花梗密被绒毛；苞片线状披针形脱落早；

花径 2.5 ～ 4 厘米；萼筒外被柔毛，内无毛或近无毛；萼片三角披针形，内外均被短柔毛；花瓣倒卵形，白色；雄蕊 20，长约花瓣之半；花柱 5，基部有柔毛。果实倒卵形或近球形，长 3 ～ 5 厘米，宽 1.5 ～ 2 厘米，熟时绿黄色，稀带红晕，具斑点，萼片宿存；果柄粗厚，长 2.5 ～ 5 厘米。花期 4 月；果期 7 ～ 9 月。

原产欧洲及亚洲西部。平度市有引种栽培。我国引入栽培者均为变种。

9. 崂山梨（图 296；彩图 60）

Pyrus trilocularis D. K. Zang et P. C. Huang

小乔木，高 4 ～ 6 米。小枝光滑无毛，灰褐色至紫褐色。叶卵状披针形，先端急尖或短渐尖，基部宽楔形或圆形，长 10 ～ 15 厘米，宽 3 ～ 5 厘米，边缘有钝锯齿，上面光滑无毛，微被长柔毛；叶柄纤细，长 4 ～ 5 厘米，微被长柔毛。梨果近球形，径约 1 ～ 1.5 厘米，干后紫褐色，8 ～ 10 枚组成伞房状果序，子房 8 室；花萼在果实成熟时宿存，萼裂片向外反曲，外面光滑，内面密被绒毛。

产崂山上清宫、明霞洞。生于山沟，阴坡及杂木林中。

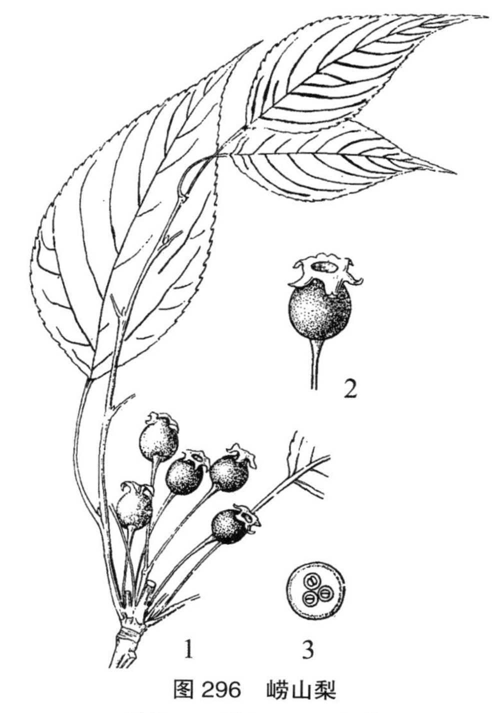

图 296 崂山梨

1. 果枝；2. 果实；3. 果实横切

（十一）苹果属 Malus Mill.

落叶乔木或灌木，稀半常绿。枝常无刺；冬芽卵形，外被数枚覆瓦状鳞片。单叶互生，叶缘有齿或分裂，在芽中呈席卷状或对折状，有叶柄和托叶。伞形总状花序；花瓣近圆形或倒卵形，白色、浅红至鲜红色；雄蕊 15 ～ 50，具有黄色花药和白色花丝；花柱 3 ～ 5，基部合生，无毛或有毛，子房下位，3 ～ 5 室，每室 2 胚珠。梨果，通常不具石细胞，稀有石细胞，萼片宿存或脱落，子房壁软骨质，每室有种子 1 ～ 2。

约 35 种，广泛分布于北温带，亚洲、欧洲和北美洲均产。我国约 20 余种。青岛有 10 种。

分种检索表

1. 叶片在发育枝上常3～5裂，稀不分裂，在芽内对折；果近球形，萼脱落，萼洼大而浅………………………………………………………………………………………… 1.三叶海棠M.sieboldii

1. 叶片不分裂，在芽内席卷状；果大小不等，萼宿存或脱落。

2. 果倒卵形、椭圆形或不规则球形，直径常在1.5厘米以下，萼脱落；花柱3～5。

3. 花萼裂片三角状卵形，通常短于萼筒或于萼筒等长。

4. 叶缘锯齿细尖；花梗略短，不下垂；花柱3，稀4……………………………… 2.湖北海棠M. hupehensis

4. 叶缘锯齿细而钝圆；花梗细长，下垂；花柱4或5…………………………… 3.垂丝海棠M. halliana

3. 花萼裂片披针形，通常长于萼筒。

5. 花粉红色；果近球形，直径1 ~ 1.5厘米 ……………………………………4.西府海棠M. micromalus

5. 花白色。

6.叶柄、叶脉、花梗及萼筒外面通常无毛；果近球形，直径在1厘米以下 ………5.山荆子M.baccata

6.叶柄、叶脉、花梗及萼筒外面通常有毛；果椭圆形或倒卵形，直径0.8 ~ 1.2厘米 ………6.毛山荆子M.manshurica

2. 果卵圆形或扁球形，直径常在2厘米以上，萼宿存；花柱常5，稀4。

7. 花萼裂片比萼筒短或近等长，先端急尖或钝尖 ……………………………… 7.海棠花M. spectabilis

7. 花萼裂片比萼筒长，先端渐尖。

8. 叶缘锯齿圆钝；果扁球形，顶端常隆起，萼洼下陷；果柄短粗……………………8.苹果M. pumila

8. 叶缘有尖锐锯齿；果实卵形，先端渐狭，不起隆或稍起隆，萼洼微突。

9.叶下面无毛或仅叶脉上有短柔毛；果卵圆形，果柄细长大于果径 ……………9.楸子M.prunifolia

9.叶下面有密短毛；果实扁圆球形或近卵形，果柄短粗小于果径 ……………… 10.花红M.asiatica

1. 三叶海棠（图 297）

Malus sieboldii (Regel) Rehd.

Pyrus sieboldii Regel

图 297　三叶海棠

1. 果枝；2. 花纵切；3. 果实横切

落叶灌木，高约 2 ~ 6 米。枝暗紫色或紫褐色，稍有稜角，幼时被短柔毛，后脱落；冬芽卵形，紫褐色。叶卵形、椭圆形或长椭圆形，长 3 ~ 7.5 厘米，宽 2 ~ 4 厘米，先端急尖，基部圆形或宽楔形，叶缘有尖锐锯齿，常 3，稀 5 浅裂，幼时被短柔毛，老时仅下面沿中脉及侧脉有短柔毛；叶柄长 1 ~ 2.5 厘米，被短柔毛；托叶窄披针形，全缘，微被短柔毛。花 4 ~ 8 朵，集生于小枝顶端，花梗长 2 ~ 2.5 厘米，被柔毛或近无；苞片膜质，线状披针形，内面被柔毛，早落；花径 2 ~ 3 厘米；萼筒外面近无毛或有柔毛；萼片三角卵形，外面无毛，内密被绒毛，约与萼筒等长或稍长；花瓣长椭倒卵形，基部有爪，淡粉红色，花蕾时颜色较深；雄蕊 20；花柱 3 ~ 5，基部有长柔毛。果实近球形，径 6 ~ 8 毫米，熟时红色或褐黄色，萼片脱落，果梗长 2 ~ 3 厘米。花期 4 ~ 5 月；果期 8 ~ 9 月。

产崂山明道观、八水河、鲍鱼岛及小珠山，大珠山；动物园，城阳世纪公园有栽培。国内分布于辽宁、陕西、甘肃、江西、浙江、湖北、湖南、四川、贵州、福建、广东、广西等省区。日本、朝鲜等地也有分布。

常作观赏或苹果砧木栽培。

2. 湖北海棠　海棠（图 298）

Malus hupehensis (Pamp.) Rehd.

Pyrus hupehensis Pamp.

乔木，高达 8 米。小枝初有短柔毛，后脱落；老枝紫色至紫褐色；冬芽卵形，暗紫色，芽鳞片边缘有疏生短柔毛。叶卵形或卵状椭圆形，长 5 ~ 10 厘米，宽 2.5 ~ 4 厘米，先端渐尖，基部宽楔形，稀近圆形，缘具细锐锯齿，嫩时具稀疏短柔毛，后脱落无毛，常紫红色；叶柄长 1 ~ 3 厘米，幼时被疏毛；托叶线状披针形，疏生柔毛，早落。伞房花序，具花 4 ~ 6 朵，花梗长 3 ~ 6 厘米，无毛或稍有长柔毛；苞片披针形，早落；花径 3.5 ~ 4 厘米；萼筒外面无毛或稍有长柔毛；萼片三角卵形，外面无毛，内有柔毛，略带紫色，与萼筒等长或稍短；花瓣倒卵形，基部有爪，粉白色或近白色；雄蕊 20；花柱 3，稀 4，基部被长毛。果实椭圆形或近球形，直径约 1 厘米，熟时黄绿色，稍带红晕，萼片脱落；果梗长 2 ~ 4 厘米。花期 4 ~ 5 月；果期 8 ~ 9 月。

图 298　湖北海棠

1. 花枝；2. 果枝；3. 花纵切；4. 果实横切；5. 果实纵切

产于崂山流清河、标山、夏庄等景区。国内分布于华中、华东、华南、西南及甘肃、陕西、河南、山西等地。

是观赏及保土树种。嫩叶晒干可作茶叶代用品，俗称花红茶。分根萌蘖可作苹果砧木。

3. 垂丝海棠（图 299）

Malus halliana Koehne

Pyrus halliana (Koehne) Voss

落叶小乔木，高可达 5 米。小枝微弯曲，圆柱形，初有毛，后脱落，紫色或紫褐色；冬芽卵形，紫色，无毛或仅在鳞片边缘具柔毛。叶卵形或椭圆形至长椭卵形，长 3.5 ~ 8 厘米，宽 2.5 ~ 4.5 厘米，先端长渐尖，基部楔形至近圆形，缘有圆钝细锯齿；上面深绿色，有光泽并常带紫晕，无毛或仅中脉有时具短柔毛；叶柄长 5 ~ 25 毫米，幼时被疏柔毛，老时近无毛；托叶小，披针形，早落。4 ~ 6 朵组成伞房花序，花梗细弱，长 2 ~ 4 厘米，下垂，被稀疏柔毛，

图 299　垂丝海棠

1. 花枝；2. 花纵切

紫色；花径 3 ~ 3.5 厘米；萼片三角卵形，外面无毛，内面密被绒毛，与萼筒等长或稍短；花瓣倒卵形，基部有爪，粉红色，常在 5 数以上；雄蕊 20 ~ 25；花柱 4 或 5，较雄蕊为长，基部有长绒毛，顶花有时缺少雌蕊。果实梨形或倒卵形，直径 6 ~ 8 毫米，略带紫色，成熟较迟，萼片脱落；果梗长 2 ~ 5 厘米。花期 3 ~ 4 月；果期 9 ~ 10 月。

公园绿地普遍栽培。国内分布于江苏、浙江、安徽、陕西、四川、云南。

嫩枝、嫩叶均带紫红色，花粉红色，下垂，早春期间甚为美丽，常栽培供观赏用。

4. 西府海棠 小果海棠（图 300）

Malus × micromalus Makino

图 300 西府海棠

落叶小乔木，高达 2.5 ~ 5 米，直立性强。枝紫红色或暗褐色，幼时被短柔毛，老时脱落，具稀疏皮孔；冬芽卵形，暗紫色。叶长椭圆形或椭圆形，长 5 ~ 10 厘米，宽 2.5 ~ 5 厘米，先端急尖或渐尖，基部楔形，稀近圆形，缘有尖锐锯齿，嫩叶被短柔毛，老时脱落；叶柄长 2 ~ 3.5 厘米；托叶线状披针形，缘有疏生腺齿，早落。伞形总状花序，有花 4 ~ 7 朵，集生于小枝顶端，花梗长 2 ~ 3 厘米，幼时有毛，后脱落；苞片膜质，线状披针形，早落；花径约 4 厘米；萼筒外面密被白色长绒毛；萼片三角卵形、三角披针形至长卵形，内面被白色绒毛，外面较稀疏，萼片与萼筒等长或稍长；花瓣近圆形或长椭圆形，基部有爪，粉红色；雄蕊约 20,；花柱 5，基部具绒毛。果实近球形，直径 1 ~ 1.5 厘米，红色，萼洼、梗洼均下陷，萼片脱落或仅少数宿存。花期 4 ~ 5 月；果期 8 ~ 9 月。

全市普遍栽培。国内分布于辽宁、河北、山西、陕西、甘肃、云南等省。

树姿直立，花朵密集，优良庭院观赏树。果可供鲜食及加工用。华北有些地区用作苹果或花红的砧木。

5. 山荆子 山定子（图 301）

Malus baccata (L.) Borkh.

Pyrus baccata L.

落叶乔木，高可达 14 米。幼枝微屈曲，无毛，红褐色，老枝暗褐色；冬芽红褐色，芽鳞边缘稍具绒毛。叶椭圆形或卵形，长 3 ~ 8 厘米，宽 2 ~ 3.5 厘米，先端渐尖，稀尾状渐尖，基部楔形或圆形，边缘具细锐锯齿，幼时无毛或稍被短柔毛；叶柄长 2 ~ 5 厘米，幼时有短柔毛及少数腺体，后脱落无毛；托叶膜质，披针形，全缘或有腺齿，早落。伞形花序，具花 4 ~ 6 朵，无总梗，生于小枝顶端，直径 5 ~ 7 厘米；苞片膜质，线状披针形，缘具腺齿，无毛，早落；花径 3 ~ 3.5 厘米；萼片披针形，长于萼筒，内被绒毛，与萼筒外面均无毛；花瓣倒卵形，基部有爪，白色；雄蕊 15 ~ 20；花柱 5 或 4，基部有长柔毛，较雄蕊长。果实近球形，径 8 ~ 10 毫米，熟时红色或黄色，柄洼及萼洼稍微陷入，萼片脱落；果梗长 3 ~ 4 厘米。花期 4 ~ 6 月；果期 9 ~ 10 月。

产于崂山，小珠山，大泽山，大泽山等丘陵山区；中山公园，城阳世纪公园，胶州市，即墨市有栽培。国内分布于东北及内蒙古、河北、山西、陕西、甘肃等地。

优良的苹果树砧木及庭园观赏树种。木材可制作家具、农具。叶及树皮富含单宁，可提制栲胶。

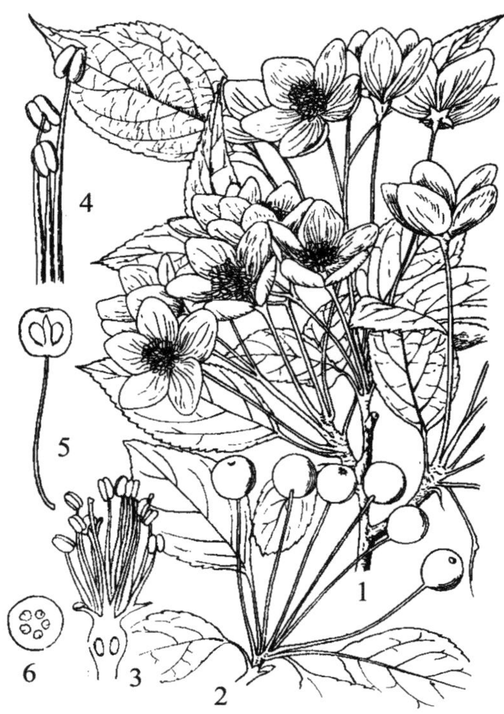

图 301 山荆子

1. 花枝；2. 果枝；3. 花纵切；4. 雄蕊；5. 果实纵切；6. 果实横切

6. 毛山荆子（图 302）

Malus mandshurica (Maxim.) Kom. ex Juz.

Pyrus baccata β mandshurica Maxim.

落叶乔木，高可达 15 米。小枝紫褐色或暗褐色，幼时密被短柔毛，后逐渐脱落；冬芽卵形，红褐色。叶卵形、椭圆形或倒卵形，长 5 ~ 8 厘米，宽 3 ~ 4 厘米，先端急尖或渐尖，基部楔形或近圆形，缘有细锯齿，基部锯齿浅钝近于全缘，下面中脉及侧脉具短柔毛或近无毛；叶柄长 3 ~ 4 厘米，具稀疏毛；托叶线状披针形，早落。3 ~ 6 朵组成伞形花序，集生在小枝顶端，无总梗，径 6 ~ 8 厘米；花梗长 3 ~ 5 厘米，疏生短柔毛；苞片小，膜质，线状披针形，早落；花径 3 ~ 3.5 厘米；萼筒外面疏生短柔毛；萼片披针形，内被绒毛，比萼筒稍长；花瓣长倒卵形，基部有爪，白色；雄蕊 30；花柱 4，稀 5。果实椭圆形或倒卵形，径 8 ~ 12 毫米，红色，萼片脱落；果梗长 3 ~ 5 厘米。花期 5 ~ 6 月；果期 8 ~ 9 月。

产崂山潮音瀑、蔚竹庵。国内分布于东北地区及内蒙古、山西、陕西、甘肃。

栽培供观赏或用作苹果、花红等果树砧木。

图 302 毛山荆子

1. 花枝；2. 果枝；3. 花纵切；4. 果实横切

图 303　海棠花
1. 花枝；2. 果枝；3. 花纵切，去的花瓣

7. 海棠花 海棠（图 303）

Malus spectabilis（Ait.）Borkh.

Pyrus spectabilis Ait.

落叶乔木，高可达 8 米；小枝粗壮，圆柱形，幼时具短柔毛，后脱落；老枝红褐色或紫褐色；冬芽卵形，微被柔毛，紫褐色，有数枚外露鳞片。叶椭圆形或长椭圆形，长 5 ～ 8 厘米，宽 2 ～ 3 厘米，先端短渐尖或圆钝，基部宽楔形或近圆形，边缘有紧贴细锯齿，有时部分近全缘，幼时两面具稀疏短柔毛，后脱落，老叶光滑无毛；叶柄长 1.5 ～ 2 厘米，具短柔毛；托叶窄披针形，内具长柔毛。花序近伞形，具花 4 ～ 6 朵，花梗长 2 ～ 3 厘米，具柔毛；苞片膜质，披针形，早落；花径 4 ～ 5 厘米；萼筒外面无毛或有白绒毛；萼片三角卵形，外面无毛或偶有稀疏绒毛，内密被白绒毛，比萼筒稍短；花瓣卵形，长 2 ～ 2.5 厘米，宽 1.5 ～ 2 厘米，基部有短爪，白色，在芽中呈粉红色；雄蕊 20 ～ 25；花柱 5，稀 4，基部被白绒毛，比雄蕊稍长。果实近球形，径 2 厘米，熟时黄色，萼片宿存，基部不下陷，梗洼隆起；果梗细长，先端肥厚，长 3 ～ 4 厘米。花期 4 ～ 5 月；果期 8 ～ 9 月。

产崂山太清宫、仰口、八水河。国内分布于河北、陕西、江苏、浙江、云南。

供观赏。果可食用及加工。实生苗常用作苹果砧木。

图 304　苹果
1. 花枝；2. 果实

8. 苹果（图 304）

Malus pumila Mill.

落叶乔木，高可达 15 米。树冠常圆形，具短主干；小枝短而粗，幼时密被绒毛；老枝紫褐色，无毛；冬芽卵形，先端钝，密被短柔毛。叶椭圆形、卵形或宽椭圆形，长 4.5 ～ 10 厘米，宽 3 ～ 5.5 厘米，先端急尖，基部宽楔形或圆形，边缘具圆钝锯齿，幼时两面被短柔毛，后上面脱落无毛；叶柄粗壮，长约 1.5 ～ 3 厘米，被短柔毛；托叶披针形，密被短柔毛，早落。伞房花序，具花 3 ～ 7 朵，集生于小枝顶端，花梗长 1 ～ 2.5 厘米，密被绒毛；苞片线状披针形，被绒毛；花径 3 ～ 4

厘米；萼筒外密被绒毛；萼片三角披针形或三角卵形，内外两面均密被绒毛，长于萼筒；花瓣倒卵形，基部具爪，白色，未开放时略带粉红色；雄蕊 20；花柱 5，下半部密被灰白色毛。果实扁球形，径 2 厘米以上，先端常有隆起，萼洼下陷，萼片永存，果梗短粗。花期 5 月；果期 7 ～ 10 月。

各地普遍栽培，以黄岛区，平度市，莱西市最多。国内辽宁、河北、山西、陕西、甘肃、四川、云南、西藏等地常见栽培。

著名果树，是目前栽培量最大的经济果树之一，果实大形，品种众多。亦可观赏。

9. 楸子 海棠果（图 305）

Malus prunifolia (Willd.) Borkh.

Pyrus prunifolia Willd.

落叶小乔木，高 3 ～ 8 米。小枝粗壮，嫩时密被短柔毛；老枝灰紫色或灰褐色，无毛；冬芽卵形，紫褐色，微具柔毛，边缘较密，有数枚外露鳞片。叶卵形或椭圆形，长 5 ～ 9 厘米，宽 4 ～ 5 厘米，先端渐尖或急尖，基部宽楔形，缘具细锐锯齿，幼时两面中脉及侧脉被柔毛，后脱落或仅下面中脉稍有短柔毛；叶柄长 1 ～ 5 厘米，幼时密被柔毛，老时脱落。花 4 ～ 10 朵组成近似伞形花序，花梗长 2 ～ 3.5 厘米，被短柔毛；苞片线状披针形，微被柔毛，早落；花径 4 ～ 5 厘米；萼筒外被柔毛；萼片披针形或三角披针形，长 7 ～ 9 厘米，两面均被柔毛，萼片比萼筒长；花瓣倒卵形或椭圆形，基部有爪，白色，含苞未放时粉红色；雄蕊 20，花丝长短不齐，约为花瓣 1/3；花柱 4，稀 5。果实卵形，径 2 ～ 2.5 厘米，熟时红色，先端渐尖，稍具隆起，萼洼微突，萼片肥厚，宿存，果梗细长。花期 4 ～ 5 月；果期 8 ～ 9 月。

图 305 楸子
1. 花枝；2. 果实

产崂山洞西岐；中山公园有栽培。国内分布于产河北、山西、河南、陕西、甘肃、辽宁、内蒙古等省区。

果肉脆、多汁、味酸甜，可生食，也可加工成罐头、果酱、果脯等食品；果亦可入药。也常作嫁接苹果、花红的砧木。

10. 花红（图 306）

Malus asiatica Nakai

落叶小乔木，高 4 ～ 6 米。嫩枝密被柔毛，老枝暗紫褐色，无毛，有稀疏浅色皮孔；冬芽卵形，灰红色，初密被柔毛，后脱落。叶卵形或椭圆形，长 5 ～ 11 厘米，宽 4 ～ 5.5 厘米，先端急尖或渐尖，基部圆形或宽楔形，边缘有细锐锯齿，上面有短柔毛，后脱落，下面密被短柔毛；叶柄长 1.5 ～ 5 厘米，具短柔毛；托叶小，披针形，早落。伞房花序，

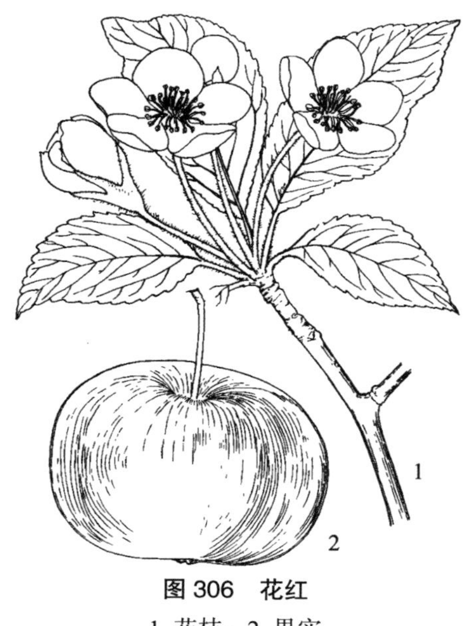

图 306　花红
1. 花枝；2. 果实

具花 4 ～ 7 朵，集生在小枝顶端；花梗长 1.5 ～ 2 厘米，密被柔毛；花径 3 ～ 4 厘米；萼筒钟状，外侧密被柔毛；萼片三角披针形，内外均密生柔毛，比萼筒稍长；花瓣倒卵形或长圆倒卵形，基部有爪，淡粉色；雄蕊 17 ～ 20；花柱 4，稀 5，基部具长绒毛，比雄蕊较长。果实卵形或近球形，径 4 ～ 5 厘米，熟时黄色或红色，先端渐狭，不具隆起，基部陷入，宿存萼片肥厚隆起。花期 4 ～ 5 月；果期 8 ～ 9 月。

崂山、城阳、黄岛等果园有少量栽培。国内分布于内蒙古、辽宁、河北、河南、山西、陕西、甘肃、湖北、四川、贵州、云南、新疆等省区。

果实供鲜食用，并可加工制果干、果丹皮及酿果酒之用。

（十二）唐棣属 **Amelanchier** Medic.

落叶灌木或乔木；冬芽显著，长圆锥形，有数枚鳞片。单叶互生，有锯齿或全缘，有叶柄和托叶。花序顶生总状，稀单生；苞片早落；萼筒钟状，萼片 5，全缘；花瓣 5，细长，长圆形或披针形，白色；雄蕊 10 ～ 20；花柱 2 ～ 5，基部合生或离生，子房下位或半下位，2 ～ 5 室，每室具 2 胚珠，有时室背生假隔膜，子房形成 4 ～ 10 室，每室 1 胚珠。梨果近球形，浆果状，具宿存、反折萼片，内果皮膜质；种子 4 ～ 10，直立。

约 25 种，多分布于北美。我国 2 种，分布于华东、华中和西北等地。青岛栽培 1 种。

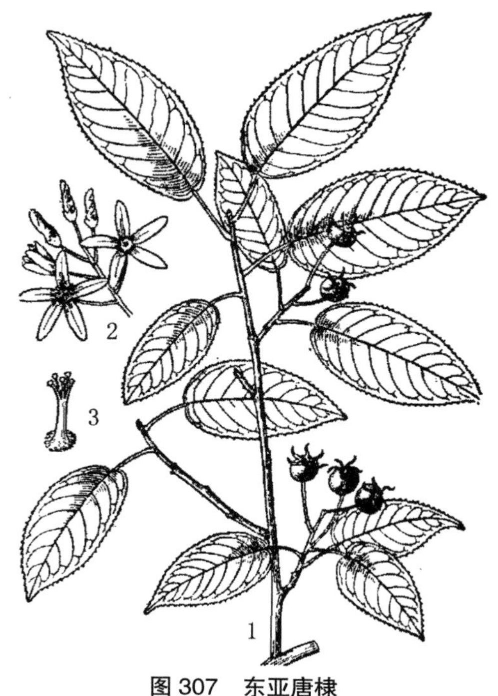

图 307　东亚唐棣
1. 果枝；2. 花序的一部分；3. 花柱

1. 东亚唐棣（图 307；彩图 61）

Amelanchier asiatica (Sieb. & Zucc.) Endl. ex Walp.

Aronia asiatica Sieb. et Zucc.

落叶乔木或灌木。小枝微曲，圆柱形，幼时被灰白色绵毛，后脱落；老枝黑褐色，散生长圆形浅色皮孔；冬芽显著，长圆锥形，浅褐色，鳞片边缘被柔毛。叶卵形或长椭圆形，稀卵状披针形，长 4 ～ 6 厘米，宽 2.5 ～ 3.5 厘米，先端急尖，基部圆形或近心形，缘有细锐锯齿，齿尖微向内合拢，幼时下面密被灰白色或黄褐色绒毛，后脱落减少或近无毛；叶柄长 1 ~ 1.5 厘米，幼时被灰白毛，后脱落；托叶膜质，线形，早落。总状花序，下垂，长 4 ~ 7 厘米；总花梗和花梗幼时均被白色绒毛，后脱落，花梗细，长 1.5 ~ 2.5 厘米；苞片线状披针形，早落；花径 3 ~ 3.5 厘米；萼筒钟状，外密被绒毛；萼片披针形，长为萼筒 2 倍，内微有绒毛，外近无毛；花瓣细长，长圆披针形或卵状披针形，白色；雄蕊 15 ~ 20；花柱 4 ~ 5，大部分合生，基部被绒毛。果实近球形或扁球形，径 1 ~ 1.5 厘米，熟时蓝黑色；萼片宿存，反折。花期 4 ~ 5 月；果期 8 ~ 9 月。

中山公园有栽培，以往资料多记载为唐棣。国内分布于产浙江天目山、安徽黄山、江西幕阜山等地。

供观赏。

Ⅲ 蔷薇亚科 Rosoideae

灌木或草本，复叶，稀单叶，有托叶；心皮常多数，离生，各有 1 ~ 2 悬垂或直立的胚珠；子房上位，稀下位；果实多瘦果，稀小核果，着生于花托上或在膨大肉质的花托内。

约 35 属。我国 21 属。青岛有木本植物 5 属 19 种，4 变种，5 变型。

分属检索表

1. 瘦果或核果，着生于扁平或隆起的花托上。
2. 托叶与叶柄离生；雌蕊4 ~ 15，着生于扁平或微凹的花托基部。
3. 单叶互生；花5数，黄色，无副萼；雌蕊5 ~ 8，各具1胚珠 ························ 1.棣棠花属Kerria
3. 单叶对生；花4数，白色，有副萼；雌蕊4，各具2胚珠 ························ 2.鸡麻属Rhodotypos
2. 托叶与叶柄合生；雌蕊少数至多数，生于球形或圆锥形花托上。
4. 聚合核果，每心皮含2胚珠；茎常有刺，稀无刺 ························ 3.悬钩子属Rubus
4. 聚合瘦果，每心皮含1胚珠 ························ 4.委陵菜属Potentilla
1. 瘦果，着生于杯状或壶状花托内························ 5.蔷薇属Rosa

（一）棣棠花属 **Kerria** DC.

灌木。小枝细长，冬芽具数枚鳞片。单叶互生，边缘有重锯齿；托叶早落；花两性，单生，大型；萼筒短，萼片 5；花瓣黄色，有短爪；雄蕊多数，花盘环状，被疏柔毛；雌蕊 5 ~ 8，分离，生于萼筒内；花柱顶生，细长直立，顶端截形；每心皮有 1 胚珠；瘦果侧扁，无毛。

仅 1 种，分布于我国及日本。青岛栽培 1 种，1 变型。

1. 棣棠花（图 308）

Kerra japonica（L.）DC.

Rubus japonicus L.

落叶灌木；高 1 ~ 2 米，稀达 3 米。叶互生；三角状卵或至卵圆形，先端长渐尖，基部圆形、截型或微心形，边缘有尖锐重锯齿，两面绿色，上面无毛或有稀疏柔毛，

图 308　棣棠花
1. 花枝；2. 花，去掉花瓣；3. 雄蕊；4. 雌蕊

图 309　鸡麻
1. 花枝；2. 果实及宿存的花萼

下面沿叶脉或脉腋有毛；叶柄长 5 ～ 10 毫米，无毛；托叶膜质，条状披针形，有缘毛，早落。花单生于当年生侧枝顶端；花直径 2.5 ～ 6 厘米；萼片卵状椭圆形，先端急尖，有小尖头，全缘，宿存；花瓣宽椭圆形，黄色，先端下凹，长为萼片的 1 ～ 4 倍。瘦果倒卵形至半球形，有褶皱。花期 4 ～ 6 月；果期 6 ～ 8 月。

全市公园绿地普遍栽培。

供观赏。茎髓药用，有通乳、利尿的功效；花有消肿、止咳及助消化的作用。

（1）重瓣棣棠花（变型）

f. **pleniflora**（Witte）Rehd.

与原种的区别是：花重瓣。

普遍栽培。

供观赏，并可作切花材料。

（二）鸡麻属 **Rhodotypos** Sieb.et Zucc.

灌木，单叶对生；叶卵圆形，边缘具尖锐重锯齿；托叶条形，膜质，离生。花单生于枝顶；萼筒碟形，萼片 4，叶状，覆瓦状排列，有副萼；花瓣 4，白色，倒卵形，有短爪；雄蕊多数，排列成数轮，着生于花盘周围，花盘肥厚，顶端缩缢盖住雌蕊；雌蕊 4，花柱细长，柱头头状；每心皮有 2 胚珠，下垂。核果 1 ～ 4，外果皮干燥；种子 1，倒卵球形。

仅 1 种，产中国和日本。青岛有栽培。

1. 鸡麻（图 309）

Rhodotypos scandens (Thunb.) Makino

Corchorus scandens Thunb.

落叶灌木，高 0.5 ～ 2 米，稀达 3 米。叶对生，卵形，长 4 ～ 11 厘米，宽 3 ～ 6 厘米，先端渐尖，基部圆形至微心形，边缘有尖锐重锯齿，上面幼时被疏毛，后脱落，下面有柔毛，老时脱落仅沿脉被稀疏柔毛；叶柄长 2 ～ 5 毫米，被疏柔毛；托叶膜质，狭条形。单花顶生于新梢上；花直径 3 ～ 5 厘米；萼片卵状椭圆形，先端急尖，边缘有锐锯齿，外被疏柔毛，副萼片狭条形，短于萼片 4 ～ 5 倍；花瓣白色，比萼片长 1/4 ～ 1/3 倍。核果 1 ～ 4，熟时黑色或褐色，斜椭圆形，长约 8 毫米，光滑。花期 4 ～ 5 月；果期 6 ～ 9 月。

产崂山北九水外三水；中山公园，山东科技大学，崂山区，即墨市栽培。国内分布于辽宁、陕西、甘肃、河南、江苏、安徽、浙江、湖北等省。

根和果药用，治血虚肾亏。各大城市栽培供绿化观赏。

（三）悬钩子属 Rubus L.

落叶稀常绿灌木、半灌木或草本。茎直立或蔓生，常有刺。叶互生，单叶、掌状复叶或羽状复叶，边缘常具锯齿或裂片，有叶柄；托叶与叶柄合生。花两性，稀为单性而雌雄异株，单生或排成总状、圆锥或伞房花序；萼筒短，常 5 裂，萼片直立或反折，果时宿存；花瓣 5，稀无花瓣，直立或开展，白色或红色；雄蕊多数，着生在花萼上部；心皮多数，稀少数，离生，着生于球形或圆锥形的花托上，花柱近顶生，子房 1 室，每室 2 胚珠。聚合核果，多浆或干燥。

约 700 余种，分布于全世界，主要产于北温带，我国 194 种。青岛有木本植物 7 种。

分种检索表

1. 复叶。
 2. 羽状或三出复叶，小叶3～7枚。
  3. 植株无腺毛，有时有腺毛但非锈红色。
   4. 圆锥花序或伞房状、总状花序。
    5. 小叶3～5枚，菱状圆形至宽倒卵形；花序伞房状……………………… 1.茅莓R. parvifolius
    5. 小叶3枚；顶生圆锥花序，侧生者近总状 ………………………… 2.刺毛白叶莓R. spinulosoides
   4. 花常1～2朵，顶生或腋生，花径2～3厘米；小叶5～7枚，卵状披针形或披针形，边缘有尖锐锯齿，枝叶有黄色腺点 ……………………………………………………… 3.空心泡R. rosaefolius
  3. 植株密生锈红色腺毛，三出复叶……………………………………4.多腺悬钩子R. phoenicolasius
 2. 掌状复叶，小叶5枚，有时枝条上部的具3枚小叶 ………………………5.欧洲黑莓R. fruticosus
1. 单叶。
 6. 少数叶3浅裂（不育枝上），叶卵形或卵状披针形，三出脉…………………… 6.山莓R. corchorifolius
 6. 叶3～5掌状分裂，宽卵形至近圆形，五出脉 ……………………………… 7.牛叠肚R. crataegifolius

1. 茅莓 叶托盘（图 310）

Rubus parvifolius L.

落叶灌木，高 1 ～ 2 米。小叶 3，新枝上偶有 5 小叶，菱状圆形或宽楔形，上面伏生疏柔毛，下面密被灰白色绒毛，边缘有不整齐粗锯齿或缺刻状粗重锯齿，常有浅裂片；叶柄长 2.5 ～ 5 厘米，顶生小叶柄长 1 ～ 2 厘米，均有柔毛和稀疏小皮刺；托叶条形，

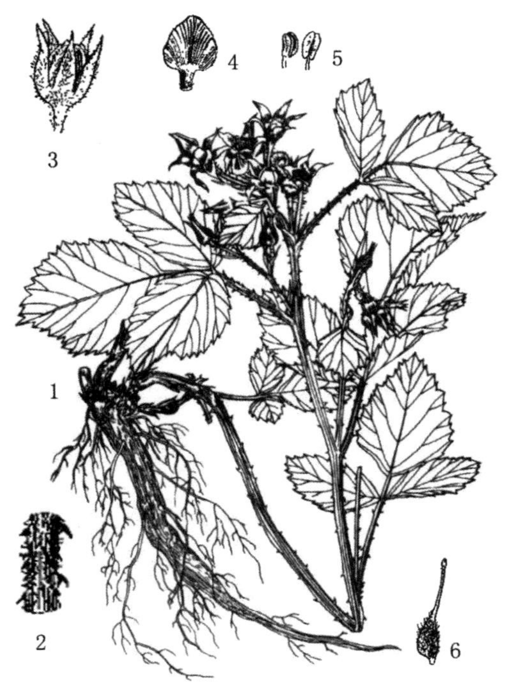

图 310　茅莓
1. 植株；2. 小枝一段；3. 花；4. 花瓣；5. 雄蕊；6. 雌蕊

图 311　刺毛白叶莓

长约 5 ~ 7 毫米，有柔毛。伞房花序顶生或腋生，稀顶生花序成短总状，有数花至多花；花梗长 0.5 ~ 1.5 厘米，有柔毛和稀疏小皮刺；苞片条形，有柔毛；花径约 1 厘米；花萼外面密生柔毛和疏密不等的针刺；萼片卵状披针形或披针形，先端渐尖，有时条裂；花瓣卵圆形或长圆形，粉红至紫红色，基部有爪；雄蕊花丝白色，稍短于花瓣；子房有柔毛。聚合果红色，球形，直径 1 ~ 1.5 厘米；核有浅皱纹。花期 5 ~ 6 月；果期 7 ~ 8 月。

广泛分布于崂山，小珠山，大珠山，大泽山，白果山，艾山等丘陵山地，生于山坡杂木林下，向阳山谷、路边或荒野地。国内分布于东北、华北及河南、陕西、甘肃、湖北、湖南、广东、广西、四川、贵州。

果可食用、酿酒及制醋等；根和叶含单宁，可提取栲胶；全株入药，有止痛、活血、祛风湿及解毒之效。

2. 刺毛白叶莓（图 311）

Rubus spinulosoides Metc.

落叶灌木。小枝具带黄色长柔毛和浅红色腺毛，疏生钩状皮刺。小叶常 3，卵形、椭圆形或卵状椭圆形，长 4 ~ 10 厘米，宽 2 ~ 6 厘米，先端急尖，基部宽楔形至圆形，上面疏生平贴柔毛，下面密被灰色或黄灰色绒毛，边缘有不整齐粗钝锯齿，顶生小叶有时浅裂；叶柄长 5 ~ 9 厘米，顶生小叶柄长 2 ~ 3.5 厘米，侧生小叶近无柄，均有长柔毛；托叶条形，密被长柔毛。顶生圆锥花序，侧生花序近总状；总花梗和花梗均有长柔毛、紫红色短腺毛和稀疏针状刺；花梗长 1.5 ~ 2.5 厘米；苞片线形，具柔毛。花径约 1 厘米；花萼外被长柔毛、紫红色腺毛和疏针刺；萼片披针形或卵状披针形，长 1 ~ 1.5 厘米，先端尾尖，外面边缘具灰白色绒毛，花果时直立开展；花瓣粉红色，近圆形，边缘缺刻状，基部有短爪；雄蕊多数，直立，花丝近基部宽扁；雌蕊较多，子房有柔毛。聚合果近球形，径约1厘米，红色，熟时无毛；核具明显皱纹和洼穴。

产崂山砖塔岭、蔚竹庵，生于山顶杂木林。国内分布于湖北。

3. 空心泡（图312）

Rubus rosaefolius Smith

直立或攀援灌木，高2 ~ 3米；小枝具柔毛或近无毛，常有浅黄色腺点，疏生较直立皮刺。小叶5 ~ 7枚，卵状披针形或披针形，长3 ~ 7厘米，顶端渐尖，基部圆形，两面疏生柔毛，老时近无毛，有浅黄色发亮腺点，下面沿中脉有稀疏小皮刺，边缘有尖锐缺刻状重锯齿；叶柄长2 ~ 3厘米，顶生小叶柄长0.8 ~ 1.5厘米，和叶轴均有柔毛和小皮刺，有时近无毛，被浅黄色腺点；托叶卵状披针形或披针形，具柔毛；花常1 ~ 2朵，顶生或腋生；花梗长2 ~ 3.5厘米，有较稀或较密柔毛，疏生小皮刺，有时被腺点；花径2 ~ 3厘米；花萼外被柔毛和腺点；萼片披针形或卵状披针形，顶端长尾尖，花后常反折；花瓣长圆形、长倒卵形或近圆形，长1 ~ 1.5厘米，宽0.8 ~ 1厘米，白色，基部具爪，长于萼片，外面有短柔毛，逐渐脱落；花丝较宽；雌蕊多数，花柱和子房无毛；花托具短柄。果实卵球形或长圆状卵圆形，长1 ~ 1.5厘米，红色，有光泽，无毛；核有深窝孔。花期3 ~ 5月；果期6 ~ 7月。

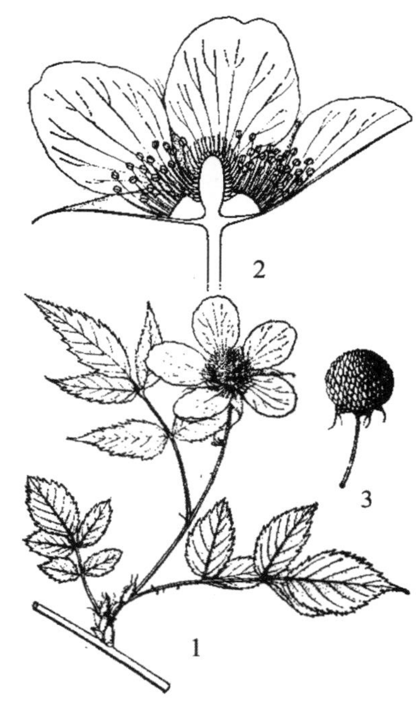

图312 空心泡

1. 花枝；2. 花纵剖面；3. 果实

植物园有栽培。国内分布于华中、华南、西南及台湾等地。

根、嫩枝及叶入药，有清热止咳、止血、祛风湿之效。

4. 多腺悬钩子 里白梅 黏托盘（图313）

Rubus phoenicolasius Maxim.

落叶灌木，高1 ~ 3米。枝幼时直立后为蔓生，有密集红褐色腺毛、刺毛和稀疏皮刺。多为3小叶，稀5小叶；小叶卵形、宽卵形或菱形，稀有椭圆形，长4 ~ 10厘米，宽2 ~ 7厘米，先端急尖至渐尖，基部圆形或近心形，上面沿叶脉有伏毛，下面密生灰白色绒毛，沿

图313 多腺悬钩子

1. 花枝；2. 果实

图 314　欧洲黑莓
1. 果枝；2.花序；3. 雌蕊

图 315　山莓
1. 果枝；2. 叶片局部放大；3. 花；4. 雌蕊群；5. 雌蕊

叶脉有刺毛、腺毛、稀疏小刺针，边缘有不整齐粗锯齿，顶生小叶常浅裂；叶柄长 3 ~ 6 厘米，小叶柄长 2 ~ 3 厘米，侧生小叶近无柄；托叶条形，有柔毛和腺毛。花较小，组成短总状花序，顶生或部分腋生；总花梗和花序密生柔毛、刺毛和腺毛；花梗长 0.5 ~ 1.5 厘米；苞片披针形，有柔毛和腺毛，萼片披针形。先端尾尖，长 1 ~ 1.5 厘米；花瓣倒卵状匙形或近圆形，基部有爪并有柔毛，紫红色；雄蕊稍短于花柱；子房无毛或有微毛。聚合果半球形，红色，直径约 1 厘米；核有明显皱纹和洼穴。花期 5 ~ 6 月；果期 7 ~ 8 月。

产于崂山，大珠山，大泽山。国内分布于山西、河南、陕西、甘肃、青海、湖北、湖南、江苏、四川、贵州等省区。

果可食；根、叶药用，可解毒及作强壮剂；茎皮可提取栲胶。

5. 欧洲黑莓（图 314）

Rubus fruticosus L.

攀附状落叶灌木；株高 1 ~ 1.5 米，稀达 5 米。枝密生皮刺或刺毛。叶互生，掌状复叶有 3 ~ 5 小叶。花两性，雄蕊多数，着生于突起的花托上。聚合果红色、黄色或紫色。

原产欧洲。植物园有栽培。国内各地园圃有引种栽培。主要栽培品种有树莓、黑莓、露莓、乐甘莓等 4 类。

果可食，亦可加工成果酒、果干等。

6. 山莓　单叶悬钩子（图 315）

Rubus corchorifolius L.f.

落叶灌木，高 1 ~ 3 米；幼枝有柔毛，杂有腺毛和皮刺。单叶，卵形至卵状披针形，长 5 ~ 12 厘米，宽 2.5 ~ 5 厘米，先端渐尖，基部微心形，有时近截形或近圆形，边缘不裂或 3 裂，不育枝上的叶 3 裂，有不规则锐锯齿或重锯齿，基部具 3 脉；叶柄长

1～2厘米，疏生小皮刺；托叶条状披针形，具柔毛。花单生或少数生于短枝上；花梗长0.6～2厘米，具细柔毛；花径可达3厘米；花萼外密被细柔毛，无刺，萼片卵形或三角状卵形，先端急尖至短渐尖；花瓣长圆形或椭圆形，白色，顶端圆钝；雄蕊多数，花丝宽扁；雌蕊多数，子房有柔毛。聚合核果，近球形或卵球形，径1～1.2厘米，红色，有细柔毛。花期2～3月；果期4～6月。

产崂山砖塔岭、流清河、八水河、上清宫、鲍鱼岛。生于山坡、山谷及灌丛中。除东北、西北外，几乎全国分布。

果味甜美，含糖、苹果酸、柠檬酸及维生素C等，可供生食、制果酱及酿酒。果、根及叶入药，有活血、解毒、止血之效；根皮、茎皮、叶可提取栲胶。

7. 牛叠肚 山楂叶悬钩子（图316）

Rubus crataegifolius Bge.

直立落叶灌木，高1～3米；枝具沟棱，有微弯皮刺。单叶，卵形至长卵形，长5～12厘米，宽达8厘米，花枝上叶稍小，先端渐尖，稀急尖，基部心形或近截形，上面无毛，下面脉上有柔毛和小皮刺，边缘3～5掌状分裂，裂片有不规则缺刻状锯齿，基部具掌状5脉；叶柄长2～5厘米，疏生柔毛和小皮刺；托叶条形，几无毛。数花簇生或成短总状花序；花梗长5～10毫米，有柔毛；苞片与托叶相似；花径1～1.5厘米；花萼外面有柔毛，果期近无毛；萼片卵状三角形或卵形，先端渐尖；花瓣椭圆形或长圆形，白色，与萼片近等长；雄蕊直立，花丝宽扁；雌蕊多数，子房无毛。聚合果近球形，径约1厘米，暗红色，无毛；核具皱纹。花期5～6月；果期7～9月。

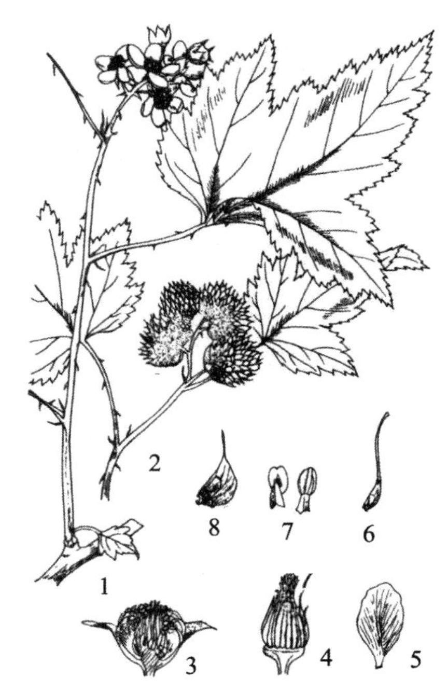

图316 牛叠肚

1. 花枝；2. 果枝；3. 花纵切面；4. 雌蕊群；5. 花瓣；6. 雌蕊；7. 雄蕊；8. 一个雌蕊的纵切

产于全市各主要丘陵山地，生于山坡灌丛中或林缘、山沟、路边。国内分布于东北、内蒙古、河北、山西、河南等省区。

果酸甜，可生食，制果酱或酿酒。全株含单宁，可提取栲胶。茎皮含纤维，可作造纸及制纤维板原料。果药用，补肝肾，根有祛风湿的功效。

（四）委陵菜属 **Potentilla** L.

多年生草本，稀为一年生草本或灌木。茎直立、上升或匍匐。叶为奇数羽状复叶或掌状复叶；托叶与叶柄不同程度合生。花常两性，单生、聚伞花序或聚伞圆锥花序；萼筒下凹，多呈半球形，萼片5，镊合状排列，副萼5，与萼片互生；花瓣5，常黄色，稀白色或紫红色；雄蕊常20，稀减少或更多，花药2室；雌蕊多数，着生在微凸起的花托上，离生；花柱顶生、侧生或基生；每心皮有 1 胚珠，倒生，横生或近直生。瘦果多数，着生在干燥的花托上，萼片宿存；种子 1。

约 200 余种，大多分布北半球温带、寒带及高山地区，极少数种类接近赤道。我国 80 多种，全国各地均产。青岛栽培木本植物 1 种。

1. 金露梅（图 317；彩图 62）

Potentilla fruticosa L.

灌木，高达 2 米，多分枝。小枝红褐色，幼时被长柔毛。羽状复叶，有小叶 2 对，稀 3 小叶，上面 1 对小叶基部下延与叶轴汇合；叶柄被绢毛或疏柔毛；小叶长圆形、倒卵长圆形或卵状披针形，长 0.7 ~ 2 厘米，全缘，边缘平或稍反卷，先端急尖或圆钝，基部楔形，两面绿色，疏被绢毛或柔毛或近无毛；托叶薄膜质，宽大，外面被长柔毛或脱落。单花或数朵生于枝顶，花梗密被长柔毛或绢毛；花径 2.2 ~ 3 厘米；萼片卵圆形，副萼披针形至倒卵状披针形，与萼片近等长，外面疏被绢毛；花瓣黄色，宽倒卵形，顶端圆钝，比萼片长；花柱近基生，棒形，基部稍细，顶部缢缩，柱头扩大。瘦果近卵形，褐棕色，长 1.5 毫米，外被长柔毛。花果期 6 ~ 9 月。

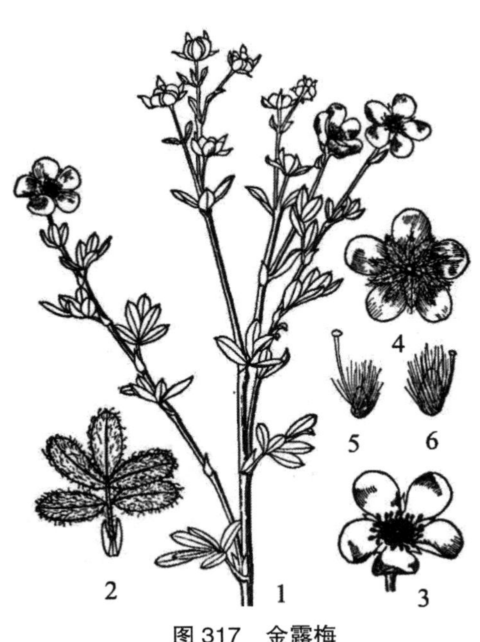

图 317　金露梅

1. 花枝；2. 叶片；3. 花；4. 花底面观，示花萼和副萼；5. 子房及花柱；6. 瘦果

山东科技大学校园有栽培。国内分布于东北、华北、西北、西南及新疆、西藏等地。

可观赏。叶与果可提制栲胶。嫩叶可代茶叶饮用。花、叶入药，有健脾、清暑、调经之效。

（五）蔷薇属 Rosa L.

直立或攀援灌木，多数有皮刺或刺毛，稀无刺，有毛、无毛或有腺毛。奇数羽状复叶，稀单叶，互生；小叶边缘有锯齿；托叶贴生或着生于叶柄上，稀无托叶。花单生或成伞房，稀复伞房状或圆锥状花序；萼筒（花托）球形、坛状至杯状、颈部缢缩；萼片 5，稀 4，开展，覆瓦状排列，有时呈羽状分裂；花瓣 5，稀 4，开展，覆瓦状排列，白色、黄色、粉红色及红色；花盘环绕萼筒口部；雄蕊多数成多轮排列，着生于花盘周围；心皮多数，稀少数，着生在萼筒内，无柄，极稀有柄，离生；花柱顶生至侧生、离生或上部合生；胚珠单生，下垂。瘦果木质，多数，稀少数，着生在肉质花托内，形成“蔷薇果”；种子下垂。

约 200 种，广泛分布亚、欧、北非、北美各洲寒温带至亚热带地区。我国产 90 种，多数为栽培花卉。青岛有 9 种，4 变种，4 变型。

分种检索表

1. 萼筒坛状；瘦果着生在萼筒边周及基部。
 2. 托叶大部分贴生叶柄上，宿存。
  3. 花柱离生，不外伸或稍外伸，比雄蕊短。
   4. 花单生，无苞片。
    5. 小叶7～13枚；花黄色或淡黄白色 ························ 1.黄刺玫R. xanthina
    5. 小叶5枚，稀7；花常粉或红色，花瓣直立重叠如包心菜状·············· 2.百叶蔷薇R. centifolia
   4. 花多数成伞房花序或单生，均有苞片；小枝和皮刺被绒毛 ·························· 3.玫瑰R. rugosa
  3. 花柱外伸。
   6. 花柱合生成柱状，约与雄蕊等长；小叶5～9枚；托叶篦齿状或有不规则锯齿。
    7. 托叶篦齿状···4.野蔷薇R. multiflora
    7. 托叶有不规则的锯齿。
     8. 花柱被毛；小叶先端圆钝或急尖，花径2～3厘米 ···························· 5.光叶蔷薇R. luciae
     8. 花柱无毛；小叶先端急尖或渐尖；花径3～3.5厘米 ··············· 6.伞花蔷薇R. maximowicziana
   6. 花柱离生，短于雄蕊；小叶常3～5，托叶全缘 ································ 7.月季花R. chinensis
 2. 托叶钻形，与叶柄分离，早落；小叶3～5；花柱离生，不外伸 ····················· 8.木香花R. banksiae
1. 萼筒杯状，瘦果着生在基部突起的花托上；小叶9～15，椭圆形，稀倒卵形 ··· 9.缫丝花R. roxburghii

1. 黄刺玫 黄刺莓（图 318）

Rosa xanthina Lindl.

直立灌木，高 2 ～ 3 米；小枝无毛，有散生皮刺，无针刺。小叶 7 ～ 13，连叶柄长 3 ～ 5 厘米；小叶宽卵形或近圆形，稀椭圆形，边缘有圆钝锯齿，上面无毛，幼嫩时下面有稀疏柔毛，逐渐脱落；叶轴、叶柄有稀疏柔毛和小皮刺；托叶带状披针形，大部贴生于叶柄，离生部分呈耳状，边缘有锯齿和腺毛。花单生于叶腋，重瓣或半重瓣，无苞片；花梗长 1 ～ 1.5 厘米，无毛；花直径 3 ～ 5 厘米；萼筒、萼片外面无毛，萼片披针形，全缘，内面有稀疏柔毛，边缘较密；花瓣黄色，宽倒卵形；花柱离生，有长柔毛，比雄蕊短很多。果近球形或倒卵圆形，紫褐色或黑褐色：径 8 ～ 10 毫米，无毛，花后萼片反折。花期 4 ～ 6 月；果期 7 ～ 8 月。

图 318 黄刺玫

1. 花枝；2. 果实

崂山仰口，中山公园，青岛大学，青岛农业大学，山东科技大学，平度市有栽培。

国内分布于吉林、辽宁、内蒙古、河北、陕西、山西、甘肃、青海等省区。

供观赏。果实可食、制果酱。花可提取芳香油。花果药用，有理气活血、调经健脾之功效。

（1）单瓣黄刺玫（变型）（彩图 63）

f. **normalis** Rehd. et Wils.

与原种的区别：花单瓣，黄色。

中山公园，崂山区滨海大道绿地有栽培。

供观赏。

图 319　百叶蔷薇

2. 百叶蔷薇　洋蔷薇（图 319）

Rosa centifolia L.

落叶灌木，高 1 ~ 2 米；茎有粗壮皮刺，刺大小不一。奇数羽状复叶，小叶 3 ~ 5，长圆状卵圆形至宽椭圆形，先端钝或有短尖，基部圆形，边缘常有单锯齿，两面或仅下面有短柔毛；叶轴无刺；托叶一半以上与叶柄连生，边缘有腺毛。花单生，直径 4.5 ~ 7 厘米；萼片常羽裂；花瓣粉红色，常重瓣，直立，内曲，有芳香，着生在长而下垂的花梗上；花梗上多少有腺毛；花柱不伸出花托口，成头状塞于花托口。蔷薇果近球形或椭圆形，萼片宿存。花期 5 ~ 6 月；果期 8 ~ 9 月。

原产高加索地区。中山公园有栽培。

栽培供观赏。花可提取芳香油，称“蔷薇油”，供药用、制香水及汽水等用。

图 320　玫瑰

1. 花枝；2. 果实

3. 玫瑰　玫瑰花（图 320）

Rosa rugosa Thunb.

直立灌木，高可达 2 米；茎粗壮丛生；小枝密被绒毛、皮刺和刺毛。小叶 5 ~ 9，连叶柄长 5 ~ 13 厘米；小叶椭圆形或椭圆状倒卵形，长 1.5 ~ 4.5 厘米，宽 1 ~ 2.5 厘米，有尖锐锯齿，上面无毛，叶脉下陷，有褶皱，下面灰绿色，密被绒毛和腺毛；叶柄和叶轴密被绒毛和腺毛；托叶大部贴生于叶柄，离生部分卵形，边缘有带腺锯齿，下面被绒毛。花单生于叶腋或数朵簇生，径 4 ~ 5.5 厘米；苞片卵形，边缘有腺毛，外被绒毛；花梗长 0.5 ~ 2.5 毫米，密被绒毛和腺毛；萼片卵状披针形，常有羽状裂片而扩展成叶状，上面有稀疏柔毛，下面密被柔毛和腺毛；花瓣重瓣至半重瓣，芳香，紫红色至白色；花柱离生，被毛，稍伸出萼筒口外，短于雄蕊。果扁球形，径 2 ~ 3 厘米，砖红色，肉质，平滑，萼片宿存。花期 5 ~ 6 月；果期 8 ~ 9 月。

各公园绿地、景区常见栽培。国内分布于华北地区。园艺品种繁多，有紫玫瑰、红玫瑰、白玫瑰、重瓣白玫瑰等。

花色艳丽，芳香，为重要观赏花木。花瓣含芳香油，为世界名贵香精，用于化妆品及食品工业；花瓣可制成玫瑰膏，供食用。果实可提取维生素 C 及各种糖类。花蕾入药可治肝、胃气病。种子含油约 14%。

4. 野蔷薇 多花蔷薇 蔷薇（图 321）

Rosa multifora Thunb.

落叶灌木。小枝有短粗稍弯曲皮刺。小叶 5 ~ 9，近花序的小叶有时 3，连叶柄长 5 ~ 10 厘米；小叶片长 1.5 ~ 5 厘米，宽 0.8 ~ 2.8 厘米，先端急尖或圆钝，基部近圆形或楔形，边缘有尖锐单锯齿，稀混有重锯齿，上面无毛，下面有柔毛；小叶柄和叶轴有柔毛或无毛，有散生腺毛；托叶篦齿状，大部贴生于叶柄。花多数组成圆锥状花序，花梗长 1.5 ~ 2.5 厘米，有时基部有篦齿状小苞片；花径 1.5 ~ 2 厘米，萼片披针形，有时中部有 2 个线形裂片；花瓣白色，芳香；花柱结合成束，无毛，比雄蕊稍长。果近球形，径 6 ~ 8 毫米，红褐色或紫褐色，萼片脱落。

图 321 野蔷薇
1. 花枝；2. 花纵切面；3. 果实

产于崂山，大珠山，大泽山等地；各地常见栽培。国内分布于华北至黄河流域以南各省区。

本种变异性强。花艳丽，适宜栽植为花篱。鲜花含芳香油，供食用、化妆品及皂用香精。花、根及果入药，作泻下剂及利尿剂，亦可收敛活血。种子称“营实”，可除风湿、利尿，叶外用治肿毒。根皮可提取栲胶。

（1）粉团蔷薇（变种）

var. **cathayensis** Rehd. et Wils.

花粉红色，单瓣；果红色。

常栽培观赏。

（2）七姊妹（变种）

var. **platyphylla** Thory.

花重瓣，紫红色。

崂山各景区有栽培。

供观赏，可作护坡及棚架之用。

（3）荷花蔷薇（变种）

var. **carnea** Thory.

花重瓣，淡粉红色，常多花成簇。

各地常见栽培。

供观赏。

（4）白玉堂（变种）

var. **albo-plena** Yu et Ku et Ku

花白色，重瓣。

各地常见栽培。

供观赏。亦可作嫁接月季花的砧木。

5. 光叶蔷薇（图 322）

Rosa luciae Franch. & Roch.

R. wichuraiana Crép.

图 322　光叶蔷薇

1. 花枝；2. 果枝；3. 花；4. 果实纵切面，示瘦果

攀援灌木，高 3 ~ 5 米，枝条平卧，节易生根；小枝红褐色，圆柱形，幼时有柔毛，不久脱落；皮刺小，常带紫红色，稍弯曲。小叶 5 ~ 7，稀 9，连叶柄长 5 ~ 10 厘米，小叶片椭圆形、卵形或倒卵形，长 1 ~ 3 厘米，先端圆钝或急尖，边缘有疏锯齿，上面暗绿色，有光泽，下面淡绿色，中脉突起，两面均无毛；顶生小叶柄长，侧面小叶柄短，总叶柄有小皮刺和稀疏腺毛；托叶大部贴生于叶柄，离生部分披针形，边缘有不规则裂齿和腺毛。花多数组成伞房状花序；花径 2 ~ 3 厘米；花梗长 6 ~ 20 毫米，总花梗和花梗幼时有稀疏的柔毛，后脱落近无毛或散生腺毛；苞片卵形，早落；萼片披针形或卵状披针形，先端渐尖，全缘，外面近无毛，内面密被柔毛，边缘较密；花瓣白色，有香味；花柱合生成束，伸出，外被柔毛，比雄蕊稍长。果实球形或近球形，径 8 ~ 18 毫米，紫黑褐色，有光泽，有稀疏腺毛；果梗密被腺毛，萼片脱落。花期 4 ~ 7 月；果期 10 ~ 11 月。

市内公园及居住区有栽培。国内分布于浙江、福建、江西、广东、广西及台湾等省区。

常栽培供观赏。

6. 伞花蔷薇（图 323）

Rosa maximowicziana Regel.

落叶灌木，高可达 2 米。枝蔓生或拱曲，散生短小而弯曲皮刺，有时具刺毛。小叶 7 ~ 9，稀 5，连叶柄长 4 ~ 11 厘米，小叶长 1 ~ 6 厘米，宽 1 ~ 2 厘米，先端急尖或渐尖，基部宽楔形或近圆形，边缘有锐锯齿，上面无毛，下面无毛或在中脉上有稀疏柔毛，或有小皮刺和腺毛；托叶大部贴生于叶柄，有腺齿。伞房花序；苞片长卵形，边缘有腺毛；萼片三角卵形，全缘，有时有 1 ~ 2 裂片，两面均有柔毛，萼筒和萼片外面有腺毛；花径 3 ~ 3.5 厘米；花梗长 1 ~ 2.5 厘米，有腺毛；花瓣白色或淡粉红色，花柱靠合，无毛，约与雄蕊等长。果径 8 ~ 10 毫米，黑褐色，萼片在果熟时脱落。花期 6 ~ 7 月；果期 9 ~ 10 月。

图 323　伞花蔷薇

1. 花枝；2. 去掉部分花萼、花冠和雄蕊的花

产崂山长岭灯笼崮，多生于路旁、沟边、山坡向阳处或灌丛中。国内分布于辽宁、河北。

可栽培供观赏。果实药用。茎根为月季砧木。

7. 月季花　月月红（图 324）

Rosa chinensis Jacq.

直立灌木，高 1 ~ 2 米；小枝粗壮，有短粗的钩状皮刺，无毛。小叶 3 ~ 5，稀 7，连叶柄长 5 ~ 11 厘米，小叶长 2 ~ 6 厘米，宽 1 ~ 3 厘米，边缘有锐锯齿，两面近无毛；顶生小叶有柄，侧生小叶近无柄，总叶柄较长，有散生皮刺和腺毛；托叶大部贴生叶柄，先端分离部分成耳状，边缘常有腺毛。花少数集生，稀单生，直径 4 ~ 5 厘米；花梗长 2 ~ 6 厘米，近无毛或有腺毛，萼片卵形，先端尾状渐尖，边缘常有羽状裂片，稀全缘，外面无毛，内面密生长柔毛；花瓣重瓣至半重瓣，红色、粉红色至白色，先端有凹缺，基部楔形；花柱离生，约与雄蕊等长。果卵球形或梨形，长 1 ~ 2 厘米，红色，萼片脱落。花期 4 ~ 10 月；果期 7 ~ 11 月。

图 324　月季花

1. 花枝；2. 果实（蔷薇果）；3. 果实纵切面；4. 瘦果

青岛市花之一，各地普遍栽培。

花可提取芳香油，供制香水及糕点。品种众多，花期长，色香俱佳可美化园林。花、根、叶均入药。

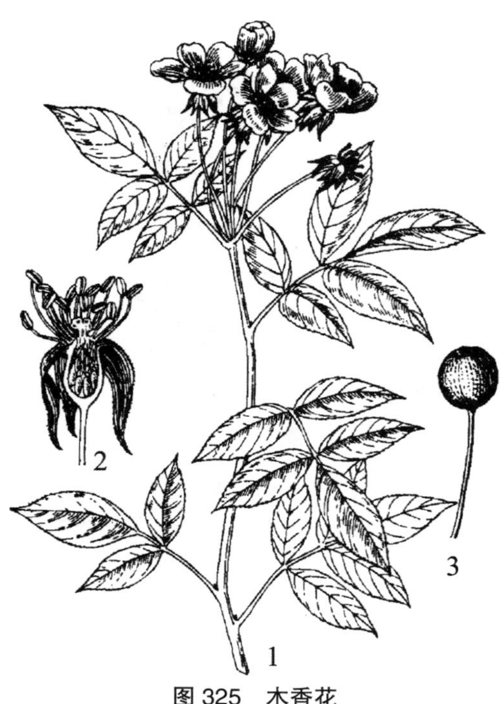

图 325　木香花
1. 花枝；2. 花纵切面；3. 果实

8. 木香花　木香（图 325）

Rosa banksiae Ait.

常绿或半常绿攀援小灌木，高达 6 米；小枝无毛，有短小皮刺；老枝皮刺较大，坚硬，栽培植株有时无刺。小叶 3 ～ 5，稀 7，连叶柄长 4 ～ 6 厘米；小叶椭圆状卵形或长圆披针形，长 2 ～ 5 厘米，宽 8 ～ 18 毫米，先端急尖或稍钝，基部近圆形或宽楔形，边缘有紧贴细锯齿，上面无毛，深绿色，下面淡绿色，沿中脉有柔毛；小叶柄和叶轴有稀疏柔毛和散生小皮刺；托叶线状披针形，膜质，离生，早落。花小形，多朵成伞形花序，花径 1.5 ～ 2.5 厘米；花梗长 2 ～ 3 厘米，无毛；萼片卵形，先端长渐尖，全缘，萼筒和萼片外面均无毛，内面被白色柔毛；花瓣重瓣至半重瓣，白色；心皮多数，花柱离生，密被柔毛，比雄蕊短。花期 4 ～ 7 月；果期 10 月。

崂山太清宫，中山公园，植物园及黄岛区、即墨市有栽培。国内分布于四川、云南等省。

著名观赏植物，常栽培供攀援棚架之用。花含芳香油，可供配制香精化妆品用。

（1）黄木香（变型）

f. **lutescens** Voss.

与原种的区别：花黄色，单瓣。

公园绿地及居住区习见栽培。

供观赏 .

（2）重瓣黄木香（变型）

f. **lutea** (Lindl.) Rehd.

与原种的区别：花黄色，重瓣，无香味。

中山公园等城市公园常有栽培。

花朵较多，花期较长。供观赏。

9. 缫丝花

Rosa roxburghii Tratt.

灌木，高可达 2 米；树皮灰褐色，成片状剥落；小枝有基部稍扁而成对皮刺。小叶 9 ～ 15，连叶柄长 5 ～ 11 厘米，小叶椭圆形或长圆形，稀倒卵形，长 1 ～ 2 厘米，宽 6 ～ 12 毫米，先端急尖或圆钝，基部宽楔形，边缘有细锐锯齿，两面无毛，下面叶脉突起，网脉明显，叶轴和叶柄有散生小皮刺；托叶大部贴生于叶柄，离生部分呈钻形，边缘有腺毛。花单生或 2 ～ 3 生于短枝顶端；花径 5 ～ 6 厘米；花梗短；小苞片 2 ～ 3，卵形，边缘有腺毛；萼片常宽卵形，有羽状裂片，内面密被绒毛，外面密被针刺；花瓣重瓣至半重瓣，淡红色或粉红色，微香，外轮花瓣大，内轮较小；雄蕊多数，生于杯状萼筒边缘；心皮多数，生于花托底部；花柱离生，被毛，不外伸，短于雄蕊。果扁球形，径 3 ~ 4 厘米，熟时绿红色或黄色，外面密生针刺；萼片宿存，直立。花期 5 ~ 7 月；果期 8 ~ 10 月。

中山公园，农科院有栽培。国内分布于华中、西南及陕西、甘肃、西藏等地。

栽培供观赏。果实可供食用及药用，还可作为熬糖酿酒的原料，根煮水治痢疾。

（1）单瓣缫丝花（变型）（图 326）

f. **normalis** Rehd. et Wils.

花单瓣，粉红色，直径 4 ~ 6 厘米。为原种的野生原始类型。

中山公园有栽培。

供观赏。

图 326 单瓣缫丝花

1. 花枝；2. 果枝；3. 果实纵切面，示瘦果着生

Ⅳ 李亚科 Prunoideae

乔木或灌木，有时具刺；单叶，有托叶；花单生，伞形或总状花序；花瓣常白色或粉红色，稀缺；雄蕊 10 至多数；心皮 1，稀 2 ~ 5，子房上位，1 室，内含 2 悬垂胚珠；果实为核果，含 1 稀 2 种子，外果皮和中果皮肉质，内果皮骨质，成熟时多不裂开或极稀裂开。

本亚科共有10属，我国产9属。青岛有5属，24种，10变种，11变型。

分属检索表

1. 幼叶多为席卷式，少数为对折式；果实有沟，外面被毛或蜡粉。
 2. 侧芽3，两侧为花芽，具顶芽；花1 ~ 2，常无柄；子房和果实常被短柔毛；核常有孔穴，极稀光滑；叶片为对折式；花先叶开放 ………………………………………… 1. 桃属 Amygdalus
 2. 侧芽单生，顶芽缺；核常光滑或有不明显空穴。
  3. 子房和果实常被短柔毛；花常无柄或有短柄，花先叶开…………………………… 2. 杏属Armeniaca
  3. 子房和果实均光滑无毛；常被蜡粉；花有柄，花叶同开………………………………… 3.李属 Prunus
1. 幼叶常为对折式；果实无沟，不被蜡粉；枝有顶芽。
 4. 花单生或数朵着生在短总状或伞房状花序，基部常有明显苞片；子房光滑；核平滑，有沟，稀有空穴 ………………………………………………………………………………… 4. 樱属Cerasus
 4. 花小形，10朵至多朵着生在总状花序上，苞片小形；叶冬季凋落，花序顶生，花序梗上常有叶片，稀无叶 …………………………………………………………………………… 5. 稠李属Padus

（一）桃属 Amygdalus L.

落叶乔木或灌木；枝有刺或无。腋芽常 3 个或 2 ～ 3 个并生，两侧为花芽，中间叶芽。幼叶在芽中呈对折状，花后开放，稀与花同时开放，叶柄或叶边常具腺体。花单生，稀 2 朵生于 1 芽内，粉红色，罕白色，几无梗或具短梗，稀有较长梗；雄蕊多数；雌蕊 1 枚，子房常具柔毛，1 室具 2 胚珠。果实为核果，外常被毛，成熟时果肉多汁不开裂，或干燥开裂，腹部有明显的缝合线，果洼较大；核扁圆、圆形至椭圆形，与果肉粘连或分离，表面具深浅不同的纵、横沟纹和孔穴，极稀平滑；种皮厚，种仁味苦或甜。

约 40 余种，分布于亚洲中部至地中海地区，栽培品种广泛分布于寒温带、暖温带至亚热带地区。我国有 12 种。青岛有 4 种，3 变种，9 变型。

分种检索表

1. 果实成熟后，果肉肥厚或较薄，通常不开裂。
 2. 树皮暗灰褐色，通常粗糙，无光泽；叶缘齿端及叶柄顶端腺体明显；萼片边缘及萼筒外面被细毛 …………………………………………………………………………………………… 1.桃A. persica
 2. 树皮红褐色或紫褐色，光滑，呈纸状剥落；叶缘齿端及叶柄顶端无明显腺体；萼片边缘及萼筒外面通常无毛 ………………………………………………………………………………… 2.山桃A.davidiana
1. 果实成熟后，果肉干燥，果皮开裂。
 3. 枝无刺；叶披针形或椭圆状披针形，先端尖，锯齿浅钝，无裂 …………………… 3.扁桃A.communis
 3. 侧枝常刺状；叶宽椭圆形至倒卵形，先端渐尖或突尖，常3裂，缘有不规则粗重锯齿 …………… ……………………………………………………………………………………………… 4.榆叶梅A.triloba

图 327　桃
1. 花枝；2. 果枝；3. 果核

1. 桃（图 327）

Amygdalus persica L.

Prunus persica (L.) Batsch

乔木，高可达 8 米。树皮暗红褐色，老时粗糙呈鳞片状；小枝无毛，具小皮孔；冬芽圆锥形，被短柔毛，常 2 ～ 3 个簇生，中间为叶芽，两侧为花芽。叶片长圆披针形、椭圆披针形或倒卵状披针形，长 7 ～ 15 厘米，先端渐尖，基部宽楔形，上面无毛，下面在脉腋间具少数短柔毛或无毛，叶边具细锯齿或粗锯齿，齿端具腺体或无腺体；叶柄粗，长 1 ～ 2 厘米，常具 1 至数枚腺体，有时无腺体。花单生，先叶开放，径 2.5 ～ 3.5 厘米；粉红色，稀白色；花梗极短或无；萼筒钟形，被短柔毛，稀几无毛；萼片卵形至长圆形，被短柔毛。果实卵形、宽椭圆形或扁圆形，熟时由淡绿白至橙黄色，向阳面具红晕，密被短柔毛，腹缝明显，果梗短而深入果洼；果肉白色、浅绿白色、黄色、橙黄色或红色，多汁有香味，甜或酸甜；核大，离核或粘核，椭圆形或近圆形，两侧扁平，顶端渐尖，表面具纵、横沟纹和孔穴；种仁味苦，稀味甜。花期 3 ~ 4 月；果实成熟期因品种而异，常 8 ~ 9 月。

全市各地普遍栽培。原产我国，各省区广泛栽培。

常见栽培果树及观赏树种。果实可鲜食或加工。木材可用于小细工。枝叶、根皮、花、果及种仁都可入药。

（1）寿星桃（变种）

var. **densa** Makino

树形低矮，枝屈曲，节间短；花重瓣。

中山公园，山东科技大学，青岛市农科院有栽培。

作观赏用或食用桃的砧木。

（2）油桃（变种）

var. **aganonucipersica** Schubler et Martens

果实光滑无毛，果肉与核分离。

果园有栽培。供食用。

（3）蟠桃（变种）

var. **compressa** (Loud.) Yu et Lu

果实扁平形，两端凹入呈柿饼状；核小，有深沟纹。

各果园有栽培。供食用。

（4）绛桃（变型）

f. **camelliaeflora** (Van Houtte) Dipp.

花半重瓣，深红色。

公园绿地常见栽培。供观赏。

（5）碧桃（变型）

f. **duplex** Rehd.

花粉色，重瓣、半重瓣。

崂山北九水及各公园有栽培。供观赏。

（6）白桃（变型）

f.**alba** Schneid.

各公园常栽培。供观赏。

（7）白碧桃（变型）

f. **albo-plena** Schneid.

花白色。

各公园常栽培。供观赏。

（8）洒金碧桃（变型）

f. **versicolor** (Sieb.) Voss.

花白色和粉红色相间，同一株或同一花 2 色，甚至同一花瓣上杂有红色彩。

中山公园有栽培。供观赏

（9）紫叶桃（变型）

f. **atropurpurea** Schneid.

叶始终为紫色，上面多皱折；花粉色，单瓣或重瓣。

各公园，岛农业大学，胶州市有栽培。供观赏。

（10）塔型碧桃（变型）

f. **pyramidalis** Dipp.

各公园有栽培，常见照手白、照手红品种。供观赏。

（11）垂枝碧桃（变型）

f. **pendula** Dipp.

枝下垂；花有红、白 2 色。

各公园常栽培。供观赏。

2. 山桃　山毛桃（图 328）

Amygdalus davidiana (Carr.) C. de Vos

Prunus davidiana (Carr.) Franch.

乔木，高可达 10 米。树皮暗紫色，光滑；小枝细长，幼时无毛，老时褐色。叶片卵状披针形，长 5 ～ 13 厘米，先端渐尖，基部楔形，两面无毛，具细锐锯齿；叶柄长 1 ～ 2 厘米，无毛，常具腺体。花单生，先叶开放，径 2 ～ 3 厘米；花梗极短或几无梗；花萼无毛；萼筒钟形；萼片卵形或卵状长圆形，紫色；花瓣倒卵形或近圆形，粉红色，先端圆钝，稀微凹。雄蕊多数，与花瓣等长或稍短；子房被柔毛。果实近球形，径 2.5 ～ 3.5 厘米，熟时淡黄色，密被短柔毛，果梗短而深入果洼；果肉薄而干，不可食，熟时不开裂；核球形或近球形，表面具纵、横沟纹和孔穴，与果肉分离。花期 3 ～ 4 月；果期 7 ～ 8 月。

图 328　山桃

1. 花枝；2. 果枝；3. 花纵切，去掉花瓣；4. 果核

全市各公园常见栽培，供观赏。国内产山东、河北、河南、山西、陕西、甘肃、四川、云南等地。

抗旱耐寒，亦耐盐碱。可作砧木及观赏；果核可做玩具或念珠；种仁可榨油食用。

3. 扁桃（图 329）

Amygdalus communis L.

Prunus communis Fritsch

乔木或灌木，高（2）3 ~ 6（8）米。幼枝无毛。冬芽卵形，棕褐色。一年生枝叶互生，短枝叶常簇生；叶披针形或椭圆状披针形，长3 ~ 6(9)厘米，宽1 ~ 2.5厘米，先端急尖至短渐尖，基部宽楔形或圆，幼时微被疏柔毛，老时无毛，具浅钝锯齿；叶柄长 1 ~ 2(3) 厘米，无毛，叶片基部及叶柄常具 2 ~ 4 腺体。花单生于短枝或一年生枝，先叶开放；花梗长 3 ~ 4 毫米；萼筒圆筒形，无毛；萼片宽长圆形至宽披针形，边缘具柔毛；花瓣长圆形，长 1.5 ~ 2 厘米，白色至粉红色。雄蕊多数，不齐；花柱长于雄蕊，子房密被绒毛状毛。果实斜卵形或长圆卵形，扁平，长 3 ~ 4.3 厘米，直径 2 ~ 3 厘米，顶端尖或稍钝，基部多数近平截，密被柔毛；果肉薄，成熟时开裂；核卵形、宽椭圆形或短长圆形，核壳硬，黄白色至褐色，长 2.5 ~ 3(4) 厘米，顶端尖，基部斜截形或圆截形，两侧不对称，背缝较直，具浅沟或无，腹缝较弯，具多少尖锐的龙骨状突起，沿腹缝线具不明显的浅沟或无沟，多少光滑，具蜂窝状孔穴；种仁味甜或苦。花期 3 ~ 4 月；果期 7 ~ 8 月。

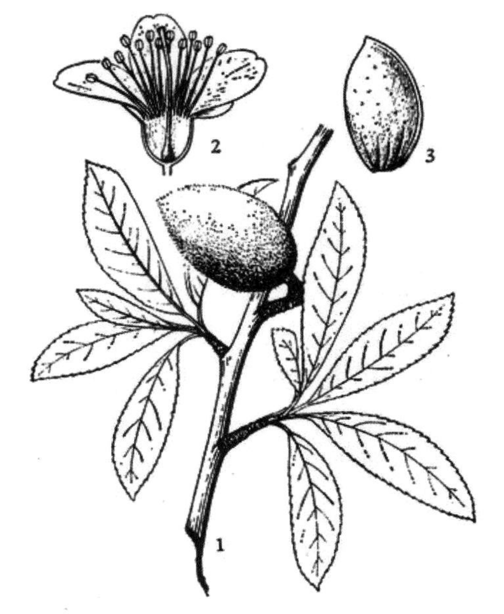

图 329　扁桃

1. 果枝；2. 花纵切；3. 果核

原产于亚洲西部，生于低至中海拔的山区，常见于多石砾的干旱坡地。青岛果园有少量栽培。我国新疆、陕西、甘肃等地区有栽培。

抗旱性强，可作桃和杏的砧木。木材坚硬，可制作小家具和旋工用具。扁桃仁可作糖果、糕点、制药和化妆品工业原料。

4. 榆叶梅（图 330）

Amygdalus triloba (Lindl.) Ricker

Prunus triloba Lindl.

灌木，稀小乔木，高 2 ~ 3 米；枝条开展，具多数短小枝；小枝灰色，一

图 330　榆叶梅

1. 花枝；2. 果枝；3. 花纵切

年生枝灰褐色，无毛或幼时微被短柔毛；冬芽短小，长 2 ～ 3 毫米。短枝上的叶常簇生，一年生枝上的叶互生；叶片宽椭圆形至倒卵形，长 2 ～ 6 厘米，宽 1.5 ～ 3(4) 厘米，先端短渐尖，常 3 裂，基部宽楔形，上面具疏柔毛或无毛，下面被短柔毛，叶边具粗锯齿或重锯齿；叶柄长 5 ～ 10 毫米，被短柔毛。花 1 ～ 2 朵，先于叶开放，直径 2 ～ 3 厘米；花梗长 4 ～ 8 毫米；萼筒宽钟形，长 3 ～ 5 毫米，无毛或幼时微具毛；萼片卵形或卵状披针形，无毛，近先端疏生小锯齿；花瓣近圆形或宽倒卵形，长 6 ～ 10 毫米，先端圆钝，有时微凹，粉红色；雄蕊约 25 ～ 30，短于花瓣；子房密被短柔毛，花柱稍长于雄蕊。果实近球形，直径 1 ～ 1.8 厘米，顶端具短小尖头，红色，外被短柔毛；果梗长 5 ～ 10 毫米；果肉薄，成熟时开裂；核近球形，具厚硬壳，直径 1 ～ 1.6 厘米，两侧几不压扁，顶端圆钝，表面具不整齐的网纹。花期 4 ～ 5 月；果期 5 ～ 7 月。

全市普遍栽培。国内产黑龙江、吉林、辽宁、内蒙古、河北、山西、陕西、甘肃、山东、江西、江苏、浙江等省区，目前全国各地多数公园内均有栽植。

开花早，主要供观赏。

（1）重瓣榆叶梅（变型）

f. **multiplex** (Bge.) Rehd.

花重瓣，粉红色。

公园绿地普遍栽培。供观赏。

（二）杏属 **Armeniaca** Mill.

落叶乔木，极稀灌木；枝无刺，极少有刺；叶芽和花芽并生，2 ～ 3 个簇生于叶腋。幼叶在芽中席卷状；叶柄常具腺体。花常单生，稀 2 朵，先叶开放，近无梗或有短梗；萼 5 裂；花瓣 5，着生于花萼口部；雄蕊 15 ～ 45；心皮 1，花柱顶生；子房具毛，1 室，具 2 胚珠。果实为核果，两侧多少扁平，有明显纵沟，果肉肉质而有汁液，成熟时不开裂，稀干燥而开裂，外被短柔毛，稀无毛，离核或粘核；核两侧扁平，表面光滑、粗糙或呈网状，罕具蜂窝状孔穴；种仁味苦或甜；子叶扁平。

约 8 种，分布于东亚、中亚、小亚细亚和高加索。我国有 7 种，分布范围大致以秦岭和淮河为界，淮河以北较多，尤以黄河流域各省为其分布中心。青岛有 2 种，3 变种。

分种检索表

1. 枝绿色，有时向阳面出现紫红色晕；果核卵圆形，表面常有蜂窝状空穴………………… 1.梅A.mume
1. 枝多红褐色，偶有紫红褐色；果核多扁卵形，表面稍粗糙或平滑，无空穴或沟纹……2.杏A.vulgaris

1. 梅（图 331）

Armeniaca mume Sieb.

Prunus mume Sieb. et Zucc.

小乔木，稀灌木，高 4 ～ 10 米。小枝绿色，光滑无毛；树皮暗灰色或绿灰色，平滑或粗裂；冬芽 2 ～ 3 簇生侧枝，顶芽缺，幼叶在芽内席卷。叶卵形或椭圆形，长 4 ～ 8

厘米，宽 2.5 ~ 5 厘米，先端长渐尖或尾尖，基部宽楔形圆形，缘有尖锐的细锯齿，侧脉 8 ~ 12 对，上面绿色，幼时被短柔毛，后脱落，下面淡绿色，沿叶脉始终有毛；叶柄长 1 ~ 2 厘米，幼时具毛，老时脱落，常有腺体。花单生或 2 花并生，有短花梗，直径约 2 厘米，香味浓，先于叶开放；萼筒宽钟形，萼片卵形或近圆形，常红褐色，偶绿色或绿紫色；花瓣倒卵形，白色、粉红色或微带绿色；雄蕊多数，生于萼筒的上缘；子房密被柔毛。果实近球形，直径 2 ~ 3 厘米，熟时黄色、绿白色或紫红色，被柔毛，味酸；果肉与核粘贴；核多卵圆形，有 2 纵棱，顶端圆形表面具较多的蜂窝状点孔。花期 2 ~ 4 月；果期 7 ~ 8 月。

图 331 梅

1. 花枝；2. 果枝；3. 花纵切；4. 果实纵切，示果核

崂山太清宫及公园绿地有栽培，青岛十梅庵公园种植梅花品种 200 余个。我国各地均有栽培，以长江流域以南各省最多。

供观赏，著名的早春观赏植物。鲜花可提取香精，花、叶、根和种仁均可入药。果实可食或加工成各种食品，药用有止咳止泻、生津止渴之效。

（1）照水梅（变种）

var. **pendula** Sieb.

枝条绿色，下垂；花朵开时朝向地面，有白色、粉色或紫红色。

中山公园栽培。供观赏。

（2）杏梅（变种）

var. **bungo** Makino

小枝红褐色或灰褐色；萼紫红色，花粉红色或红色，半重瓣。抗寒性较强，可能是杏与梅的天然杂交种。

十梅庵公园有栽培。供观赏。

2. 杏（图 332）

Armeniaca vulgaris L.

Prunus armeniaca L.

乔木，高 5 ~ 8 米，胸径达 30 厘米。树皮灰褐色，浅纵裂；小枝浅红褐色，光滑或有稀疏皮孔；老枝浅褐色，皮孔大而

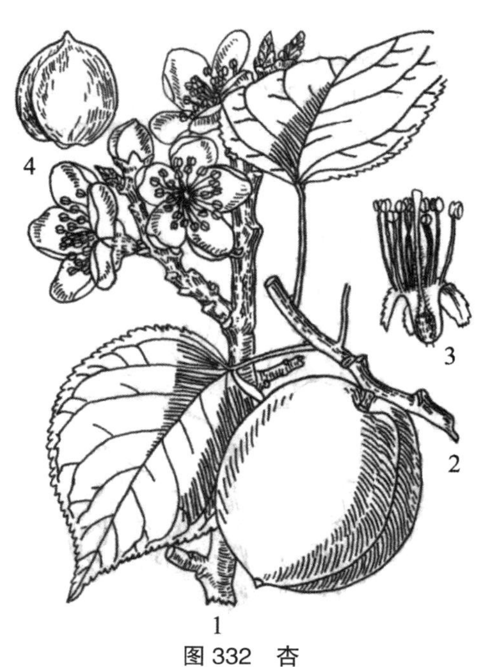

图 332 杏

1. 花枝；2. 果枝；3. 花纵切，去掉花瓣；4. 果核

横生；冬芽 2 ～ 3 簇生侧枝。叶宽卵形或圆卵形，长 5 ～ 9 厘米，宽 4 ～ 8 厘米，先端有短尖头，稀尾尖，基部圆形或近心形，叶缘有圆钝锯齿，两面无毛或下面脉腋间具柔毛；叶柄长 2 ～ 3 厘米，无毛，基部常具 1 ～ 6 腺体。花单生，直径 2 ～ 3 厘米，先叶开放；花梗短，长 1 ～ 3 毫米，被短柔毛；花萼紫绿色；萼筒狭圆筒形，基部微被短柔毛；萼片卵形至卵状长圆形，先端急尖或圆钝，花后反折；花瓣圆形至倒卵形，白色或带红色，具短爪；雄蕊约 20 ～ 45，稍短于花瓣；子房被短柔毛，花柱稍长或几与雄蕊等长，下部具柔毛。果实球形，稀倒卵形，径通常在 2.5 厘米以上，熟时白色、黄色或黄红色，常具红晕，微被短柔毛；果肉多汁，不开裂；核卵形或椭圆形，两侧扁平，两侧不对称（背缝直而腹缝圆），表面稍粗糙或平滑；种仁味苦或甜。花期 3 月；果期 6 ～ 7 月。

全市各地均有栽培，常作果树。全国各地都有栽培，尤以华北、西北和华东地区种植较多。

常见果树，果肉酸甜，可生吃，也可加工成罐头及杏干、杏脯。种仁药用，有镇咳定喘之功效。木材可做器具或雕刻用材。

（1）野杏 山杏（变种）

var. **ansu** (Maxim.) Yu et Lu

叶片基部楔形或宽楔形；2 花并生，稀 3 花；果实密被毛，果肉薄；果核网纹明显。

产崂山蔚竹庵。本变种主要产我国北部地区，栽培或野生。

种仁可药用，有止咳祛痰之功效。

（三）李属 **Prunus** L.

落叶小乔木或灌木。分枝较多，无顶芽，腋芽单生，有数枚覆瓦状排列鳞片。单叶互生，在芽中席卷状或对折状；有叶柄，叶基部边缘或叶柄顶端常有 2 小腺体；托叶早落。花单生或 2 ～ 3 朵簇生，具短梗，先叶开放或与叶同时开放；小苞片早落；萼片和花瓣均 5，覆瓦状排列；雄蕊 20 ～ 30；雌蕊 1，周位花，子房上位，无毛，1 室 2 胚珠。核果，有沟，无毛，常被蜡粉；核两侧扁平，平滑，稀有沟或皱纹；种子 1；子叶肥厚。

约 30 余种，主要分布北半球温带，现已广泛栽培。我国原产及习见栽培 7 种。青岛有 5 种，1 变型。

分种检索表

1. 叶绿色。
  2. 小枝无毛，叶两面均无毛或下面沿主脉有稀疏柔毛或脉腋有髯毛。
    3. 侧脉直出呈弧形，基部与主脉呈锐角，尤其在叶片基部更明显；枝条直立，树冠塔形；小枝灰绿色；叶长圆状披针形、长圆状倒卵形，长7 ~ 10厘米………………………… 1.杏李P. simonii
    3. 侧脉与主脉成45° 角，枝条开张；小枝褐色；叶倒卵状椭圆形或倒卵状披针形，长3 ~ 7厘米 ……………………………………………………………………………………………… 2.李P. salicina
  2. 小枝嫩时密毛，后渐稀疏，灰绿褐色；叶椭圆形或倒卵形，下面密被短毛 3.欧洲李P. domestica

1. 叶片紫红色，新叶最为明显。

4. 叶椭圆形至椭圆状卵形，或倒卵形；枝条从不为棘刺状；花浅粉红色至近白色，单瓣。

5. 小乔木，叶片暗紫色或暗紫红色，先端渐尖或短渐尖，有时圆钝 …………………………………………………………………………………………… 4.紫叶李P. cerasifera f. atropurpurea

5. 灌木，叶片紫红色，较亮，先端多圆钝 ……………………………… 5.紫叶矮樱Prunus × cistena

4. 叶卵形或卵状椭圆形；枝条有时呈棘刺状；花深粉红色，重瓣 …… 6.美人梅Prunus × blireiana

1. 杏李（图 333）

Prunus simonii Carr.

乔木，高 5 ~ 8 米。小枝浅红色，无毛；老枝紫红色，常有裂痕；冬芽卵圆形，无毛，具数枚覆瓦状排列鳞片。叶片长圆倒卵形或长圆披针形，长 7 ~ 10 厘米，先端渐尖或急尖，基部楔形或宽楔形，有细密圆钝锯齿，稀有不明显重锯齿，幼时齿尖带腺；上面叶脉明显下陷，下面叶脉明显突起，两面无毛；托叶早落；叶柄长 1 ~ 1.3 厘米，无毛，顶端两侧有 1 ~ 2 腺体。花（1）2 ~ 3 朵，簇生；花梗长 2 ~ 5 毫米，无毛；花径 1.5 ~ 2 厘米，萼筒钟状，萼片长圆形，边缘有腺齿，外面无毛；花瓣白色，长圆形；雄蕊多数，不等长，成 2 轮；雌蕊 1，子房无毛，柱头盘状。核果顶端扁球形，熟时红色，果肉淡黄色，粘核；核小，扁球形，有纵沟。果期 6 ~ 7 月。

黄岛区有栽培。产华北地区，为广泛栽培果树。

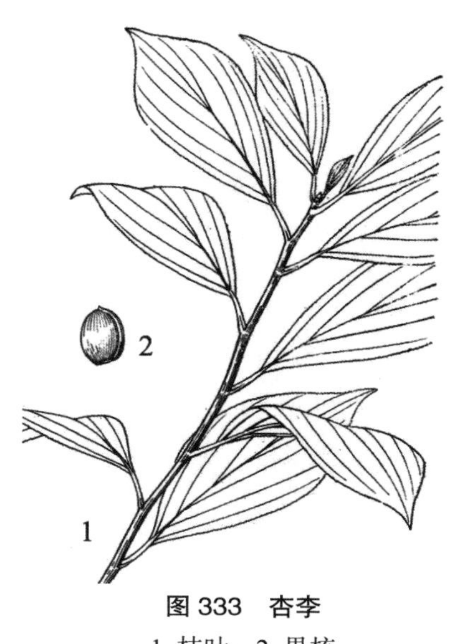

图 333　杏李
1. 枝叶；2. 果核

2. 李　李子（图 334）

Prunus salicina Lindl.

落叶乔木；高可达 12 米。小枝黄红色，无毛；冬芽红紫色，无毛。叶片长圆倒卵形、长椭圆形，稀长圆卵形，长 6 ~ 8（~ 12）厘米，先端渐尖、急尖或短尾尖，基部楔形，缘有圆钝重锯齿，常混有单锯齿，幼时齿尖带腺，侧脉 6 ~ 10 对，两面均无毛或下面沿主脉有稀疏柔毛或脉腋有髯毛；托叶膜质，线形，早落；叶柄长 1 ~ 2 厘米，无毛，顶端有 2 腺体或无，有时叶基部边缘有腺体。花常 3 朵并生；花梗

图 334　李
1. 花枝；2. 果枝

1 ~ 2 厘米，无毛；花径 1.5 ~ 2.2 厘米；萼筒钟状，萼片长圆卵形，长约 5 毫米，萼筒和萼片外面均无毛；花瓣白色，长圆倒卵形，具明显带紫色脉纹；雄蕊多数；雌蕊 1，柱头盘状。核果球形、卵球形或近圆锥形，直径 3.5 ~ 5 厘米，栽培品种可达 7 厘米，熟时黄或红色，有时为绿色或紫色，柄凹陷入，顶端微尖，基部有纵沟，被蜡粉；核卵圆形或长圆形，有皱纹。花期 4 月；果期 7 ~ 8 月。

崂山大崂观、夏庄、太清宫等地有栽培。国内产陕西、甘肃、四川、云南、贵州、湖南、湖北、江苏、浙江、江西、福建、广东、广西和台湾。我国各省及世界各地均有栽培，为重要温带果树之一。

图 335　欧洲李
1. 果枝；2. 花纵切，去掉花瓣

图 336　紫叶李
1. 花枝；2. 果枝

3. 欧洲李（图 335）

Prunus domestica L.

落叶乔木，高可达 15 米。小枝幼时微被短柔毛，后脱落；冬芽无毛。叶椭圆形或倒卵形，长 4 ~ 10 厘米，先端急尖或圆钝，基部楔形，有稀疏圆钝锯齿，上面无毛或脉上散生柔毛，下面被柔毛，边有睫毛，侧脉 5 ~ 9 对；叶柄长 1 ~ 2 厘米，叶基部两侧边缘各具 1 腺体。花 1 ~ 3 簇生短枝顶端；花梗长 1 ~ 1.2 厘米，无毛或被短柔毛，花径 1 ~ 1.5 厘米；花白色，有时带绿色。核果卵圆形或长圆形，稀近球形，径 1 ~ 2.5 厘米，有沟，熟时红、紫、绿或白色，常被蓝黑色果粉；果柄长 1.2 厘米，无毛；核宽椭圆形。花期 5 月；果期 9 月。

原产西亚和欧洲。城阳区、胶州市有引种栽培。

有绿李、黄李、紫李及蓝李等品种。果实可鲜食，也可制作蜜饯、果酱、果酒、李干。

4. 紫叶李　红叶李　红叶樱桃李（图 336）

Prunus cerasifera Ehrh. f. **atropurpurea** (Jacq.) Rehd.

P. cerasifera Ehrh. var. *atropurpurea* Jacq.

落叶小乔木，高可达 8 米。树皮灰紫色；小枝红褐色无毛；芽单生叶腋，外被紫红色数芽鳞。叶椭圆形、卵形或倒卵形，极稀椭圆状披针形，长 3 ~ 6 厘米，宽 2 ~ 4

厘米，先端短尖，基部楔形或近圆形，边缘有尖或钝的单锯齿或重锯齿，上下两面无毛或仅在叶脉处微被短柔毛，紫红色；叶柄长 0.5 ~ 2.5 厘米，无毛或幼时稍被柔毛，无腺；托叶早落。花多单生，稀 2 朵簇生；花径 2 ~ 2.5 厘米；萼筒钟状；萼片长卵形，与萼筒近等长，外面无毛；花瓣淡粉红色，卵形或匙形；雄蕊 25 ~ 30，成不规则 2 轮排列；雌蕊 1，心皮被长柔毛，柱头盘状。核果近球形，径 2 ~ 3 厘米，先端凹陷，梗洼不显著，有侧纵沟或不明显，熟时暗红色，微有蜡粉。花期 4 月；果期 6 ~ 8 月。

全市各地普遍栽培。目前，国内华北、华东各省区普遍栽培。

供观赏。

5. 紫叶矮樱

Prunus × cistena N.E.Hansen ex Koehne

落叶灌木，高 1.8 ~ 2.5 米，冠幅 1.5 ~ 2.8 米。枝条幼时紫褐色，通常无毛，老枝有皮孔。单叶互生，叶长卵形或卵状椭圆形，长 4 ~ 8 厘米，紫红色或深紫红色，新叶亮丽，当年生枝条木质部红色。花单生，淡粉红色，微香。花期 4 ~ 5 月。

中山公园，城阳有栽培。为杂交种，适应性强，耐旱，耐瘠薄，抗病能力强，耐修剪，耐阴，在半阴条件下仍可保持紫红色。

供观赏。

6. 美人梅

Prunus × blireiana Andr.

落叶灌木或小乔木。枝叶似紫叶李，但花梗细长，花托不肿大，叶基本为卵圆形。单叶互生，幼时在芽内席卷；叶片卵圆形，长 5 ~ 9 厘米，紫红色。花重瓣，粉红色至浅紫红色，繁密，先叶开放。萼筒宽钟状，萼片 5 枚，近圆形至扁圆，花瓣 15 ~ 17 枚，花梗 1.5 厘米，雄蕊多数。花期 3 ~ 4 月。

园艺杂交种，由宫粉型梅花与紫叶李杂交而成。崂山太清宫等地栽培。我国各地栽培，华北和东北南部也有引种栽培。

花朵繁密，花色艳丽，早春先叶开花，是优良的园林观赏树种，常用于庭院、公园、草地丛植观赏，也可植为园路树。

（四）樱属 **Cerasus** Mill.

落叶乔木或灌木。腋芽单生或 3 个并生，中间叶芽，两侧花芽。幼叶在芽中对折状；先叶开花或花叶同放；单叶互生，具叶柄，托叶脱落；叶缘有锯齿或缺刻状锯齿，叶柄、托叶和锯齿常有腺体。花常数朵，组成伞形、伞房状或短总状花序，或 1 ~ 2 花生于叶腋内，有花梗，花序基部有宿存芽鳞或苞片；萼筒钟状或管状，萼片反折或直立开张；花瓣白色或粉红色，先端圆钝、微缺或深裂；雄蕊 15 ~ 50；雌蕊 1，花柱和子房有毛或无毛。核果成熟时肉质多汁，不裂；核球形或卵球形，核面平滑或稍有皱纹。

约 100 余种，分布北半球温和地带，亚洲、欧洲至北美洲均有记录，主要种类分布在我国西部和西南部以及日本和朝鲜。我国 45 种，10 变种。青岛有 11 种，3 变种，1 变型。

分种检索表

1. 腋芽单生；花序多伞形或伞房总状，稀单生；叶柄一般较长。

2. 萼片反折。

3. 花序上有大形绿色苞片，果期宿存，或伞形花序基部有叶。

4. 叶片无毛，长叶7厘米，叶柄长1.5 ~ 5厘米；内面芽鳞直立；花序基部有少数叶状苞片；果酸 …………………………………………………………………… 1.欧洲酸樱桃C. vulgaris

4. 叶片下面多少有柔毛，长达15厘米，叶柄长达7厘米；内面芽鳞反折；花序基部无叶状苞片；果甜 ………………………………………………………………… 2.欧洲甜樱桃C. avium

3. 花序上苞片为褐色，果期脱落；叶片卵形或长圆状卵形，长5 ~ 12厘米，宽3 ~ 5厘米，边有尖锐重锯齿；花序伞房状或近伞形，先叶开放；核果红色，直径0.9 ~ 1.3厘米…… 3.樱桃C. pseudocerasus

2. 萼片直立或开张。

5. 花梗及萼筒被柔毛，至少花梗被柔毛。

6.萼筒基部膨大、颈部缩小呈壶型；侧脉直出，多达10 ~ 14对；伞形花序有花2 ~ 3朵…………… …………………………………………………………………… 4.大叶早樱C. subhirtella

6. 萼筒管状，先端略扩大；叶片侧脉微弯6 ~ 10对。

7. 叶片卵状椭圆形至倒卵椭圆形，先端渐尖至尾尖……………………… 5.东京樱花C. yedoensis

7. 叶倒卵形或近圆形，先端平截，偶有尖头………………………………6.崂山樱花C. laoshanensis

5. 花梗及萼筒无毛；叶边尖锐锯齿呈芒状；花序近伞形或伞房总状，萼筒钟状，萼片全缘；花柱无毛；果黑色 ………………………………………………………………… 7.山樱花C. serrulata

1. 腋芽三个并生，中间为叶芽，两侧为花芽。

8. 萼片反折，萼筒杯状或陀螺状，长宽近相等；花序伞形，有1 ~ 4花，花梗明显；花柱无毛或仅基部有柔毛。

9. 叶片中部以下最宽，卵形或卵状披针形，先端渐尖至急尖，基部圆形；花柱无毛 …………… ………………………………………………………………………… 8.郁李C. japonica

9. 叶片中部或中部以上最宽，基部楔形至宽楔形。

10. 叶片中部或近中部最宽，卵状长圆形或长圆披针形；花柱基部有疏柔毛或无毛 …………… ………………………………………………………………………… 9.麦李C. glandulosa

10. 叶片中部以上最宽，倒卵状长圆形或倒卵状披针形；花柱无毛 ………… 10.欧李C. humilis

8. 萼片直立或开展，萼筒管状，长大于宽；花梗较短，1.5 ~ 2.5毫米；叶片卵状椭圆形或倒卵状椭圆形，上面疏被、下面密被绒毛 …………………………………………… 11.毛樱桃C. tomentosa

1. 欧洲酸樱桃（图 337）

Cerasus vulgaris Mill.

落叶乔木，高达 10 米；树冠圆球形，常具开张和下垂枝条，有时自根蘖生枝条而成灌木状；树皮暗褐色，有横生皮孔，呈片状剥落；嫩枝无毛，初为绿色，后为红褐色。叶片椭圆倒卵形至卵形，长 5 ~ 7(~ 12) 厘米，宽 3 ~ 5 (~ 8) 厘米，先端急尖，基部楔形并常有 2 ~ 4 腺体，叶边有细密重锯齿，下面无毛或幼时被短柔毛；叶柄长 1 ~ 2(~ 5)

厘米，无腺或具 1 ~ 2 腺；托叶线形，长达 8 毫米，具腺齿。花序伞形，有 2 ~ 4 花，花叶同开，基部常有直立叶状鳞片；花径 2 ~ 2.5 厘米；花梗长 1.5 ~ 3.5 厘米；萼筒钟状或倒圆锥状，无毛，萼片三角形，边有腺齿，向下反折；花瓣白色，长 10 ~ 13 毫米。核果扁球形或球形，径 12 ~ 15 毫米，鲜红色，果肉浅黄色，味酸，粘核；核球形，褐色，直径 7 ~ 8 毫米。花期 4 ~ 5 月；果期 6 ~ 7 月。

原产欧洲和西亚，由于长期栽培，有很多变种变型，在北欧各国广泛栽培。青岛果园有引种栽培。国内辽宁、山东、河北、江苏等省果园有少量引种栽培。

图 337　欧洲酸樱桃

1. 花枝；2. 果枝；3. 花纵切；4. 果实及实纵切

2. 欧洲甜樱桃　甜樱桃 樱珠（图 338）

Cerasus avium (L.) Moench.

Prunus avium L.

落叶乔木，高可达 20 米，胸径可达 30 厘米。小枝浅红色，无毛；冬芽卵状椭圆形，无毛。叶倒卵状椭圆形或椭圆卵形，长 3 ~ 13 厘米，先端急尖或短渐尖，基部圆形或楔形，叶缘有缺刻状圆钝重锯齿，齿端具小腺体，上面无毛，下面被稀疏长柔毛；侧脉 7 ~ 12 对；叶柄长 2 ~ 7 厘米，无毛；托叶狭带形，长约 1 厘米，边有腺齿。花序伞形，有花 3 ~ 4 朵，花叶同开，花芽鳞片大形，开花期反折；总梗不明显；花梗长 2 ~ 3 厘米，无毛；萼筒钟状，长约 5 毫米，宽约 4 毫米，无毛，萼片长椭圆形，先端圆钝，全缘，与萼筒近等长或略长于萼筒，开花后反折；花瓣白色，倒卵圆形，先端微下凹；雄蕊约 34 枚；花柱与雄蕊近等长，无毛。核果近球形或卵球形，红色至紫黑色，直径 1.5 ~ 2.5 厘米；核表面光滑。花期 4 ~ 5 月；果期 6 ~ 7 月。

原产欧洲及亚洲西部。崂山区、城阳区、平度市等地果园常见栽培，主要品种有红灯、黄晶等。我国东北、华北等地引种栽培。

图 338　欧洲甜樱桃

1. 花枝；2. 果枝；3. 花纵切；4. 果核

著名的栽培大樱桃种系之一，果型大，风味优美，生食或制罐头，樱桃汁可制糖浆、糖胶及果酒；核仁可榨油，似杏仁油。有重瓣、粉花及垂枝等品种可作观赏植物。

图 339 樱桃
1. 花枝；2. 果枝

3. 樱桃 中国樱桃（图 339）

Cerasus pseudocerasus (Lindl.) G. Don

Prunus pseudocerasus Lindl.

落叶乔木，高可达 6 ~ 8 米。树皮灰褐色或紫褐色；多短枝，小枝褐色或红褐色，无毛或仅在幼嫩时被疏柔毛。冬芽卵形，无毛。叶卵形或长圆状卵形，长 6 ~ 15 厘米，宽 3 ~ 8 厘米，先端渐尖或尾状渐尖，基部圆形或宽楔形，边有尖锐重锯齿，齿端有小腺体，上面暗绿色，近无毛，下面淡绿色，沿脉或脉间有稀疏柔毛，侧脉 9 ~ 11 对；叶柄长 0.7 ~ 1.5 厘米，被疏柔毛，先端有 1 ~ 2 大腺体；托叶披针形，多有羽裂腺齿，早落。花序伞房状或近伞形，有花 3 ~ 6 朵，先叶开放；总苞倒卵状椭圆形，褐色，具腺齿；花梗长 0.8 ~ 1.9 厘米，被疏柔毛；萼筒钟状，外侧疏生柔毛；萼片三角卵圆形或卵状长圆形；花瓣白色或粉红色，卵圆形，先端下凹或二裂；雄蕊多数；花柱与雄蕊近等长，无毛。核果近球形，红色，径 0.9 ~ 1.3 厘米。花期 3 ~ 4 月；果期 5 ~ 6 月。

各地均有栽培，以崂山北宅、城阳夏庄一带最为著名。国内产辽宁、河北、陕西、甘肃、山东、河南、江苏、浙江、江西、四川等地。

本种在我国久经栽培，品种颇多，供食用，亦可酿樱桃酒。枝、叶、根、花可入药。

图 340 大叶早樱

4. 大叶早樱 日本早樱（图 340）

Cerasus subhirtella (Miq.) Sok.

Prunus subhirtella Miq.

乔木，高可达 6 米。树皮暗灰褐色；小枝灰色，嫩枝绿色，密被白色短柔毛。冬芽卵形，幼叶在芽内对折。叶卵形或卵状长圆形，长 3 ~ 8 厘米，宽 1.5 ~ 3 厘米，先端渐尖，基部宽楔形，边有不规则的重锯齿，上面绿色，无毛或中脉疏生柔毛，下面淡绿色，脉上有毛，侧脉直出，几平行，有 10 ~ 14 对；叶柄长 5 ~ 8 毫米，被白色短柔毛，基部常具腺体；托叶褐色，条形，比叶柄短。伞形花序由 2 ~ 5 花组成，花叶同开；花梗 1 ~ 2 厘米，被疏柔毛；萼筒管状，微呈壶形，基部稍膨大，颈部稍缩小，外面伏生白色疏柔毛；萼片长圆卵形，先端急尖，有疏齿，与萼筒近等长；花瓣淡红色，倒卵圆形，先端微凹；雄蕊多数；花柱基部有疏毛。核果卵球形，熟时紫黑色；核表面微有棱纹。花期 3 ~ 4 月；果期 5 ~ 6 月。

原产日本，为一栽培的杂交种。中山公园有栽培。国内浙江、安徽、江西、四川等地亦有栽培。

供观赏。

5. 东京樱花 日本樱花（图 341）

Cerasus yedoensis (Matsum.) Yu et Li

Prunus yedoensis Matsum.

落叶乔木，高可达 16 米，树皮暗灰色，有较明显的横纹及皮孔；芽单生或 2 ~ 3 簇生，幼叶在芽内对折。叶椭圆卵形或倒卵形，长 5 ~ 12 厘米，先端渐尖或尾尖，基部圆形，稀楔形，边有细芒状的尖锐重锯齿，齿尖有腺体，上面无毛，下面沿脉被稀疏柔毛，侧脉 7 ~ 10 对；叶柄长 1.3 ~ 1.5 厘米，密被柔毛，基部处常有两红色腺体；托叶条形，被柔毛，早落。5 ~ 6 花组成伞形或短总状花序，总梗极短，先叶开放，花径 3 ~ 3.5 厘米；总苞片褐色，椭圆卵形，两面被疏柔毛；苞片褐色，有腺体；萼筒狭圆筒状，被短柔毛；萼片三角状长卵形，边有腺齿；花瓣白色或粉红色，椭圆卵形，先端凹；雄蕊多数，短于花瓣；花柱基部有疏柔毛。核果近球形，熟时紫黑色，有光泽。花期 4 月；果期 6 ~ 7 月。

图 341 东京樱花

1. 枝叶；2. 花枝

原产日本。崂山北九水及中山公园栽培。园艺品种很多，供观赏。染井吉野，1914 年引入青岛，成为著名观赏植物。

6. 崂山樱花（新种）（彩图 64）

Cerasus laoshanensis D. K. Zang

乔木，高达 10 米，树皮灰褐色。一年生小枝灰白色，二至三年生小枝褐色至淡紫褐色，无毛。冬芽卵圆形，无毛。叶片倒卵形或阔椭圆形，长 5 ~ 7 厘米，宽 4 ~ 6 厘米，先端平截或凹入，基部圆形，偶阔楔形或平截，叶缘直至叶片顶端有尖锐单锯齿及重锯齿，齿尖有小腺体；上面深绿色，无毛；下面淡绿色，沿叶脉疏生柔毛；侧脉 4 ~ 7 对；叶柄长 1.5 ~ 2.5 厘米，疏生柔毛，中上部有 2 ~ 4 枚红色圆形腺体；托叶线形，长 5 ~ 8 毫米，边有腺齿，早落。幼叶淡紫红色。花序伞房总状有花 2 ~ 3 朵，花直径 3 ~ 3.7 厘米；总苞片褐红色，倒卵长圆形，长约 5 ~ 8 毫米，宽约 3 ~ 4 毫米，外面无毛，内面被长柔毛；总梗长 8 ～ 12 毫米，疏生柔毛；苞片褐色或淡绿褐色，楔形至倒卵形，长 5 ～ 8 毫米，宽 3.5 ～ 4 毫米，边有腺齿；花梗长 2 ～ 2.5 厘米，密生柔毛；萼筒管状，长 5 ～ 6 毫米，宽 2 ～ 3 毫米，先端不扩大或略扩大，萼片三角披针形，长约 4 ～ 5 毫米，宽 1 ～ 1.2 毫米，先端渐尖或钝，全缘；花瓣白色，倒卵形或椭圆形，先端凹，长约 1.4 ～ 1.6 厘米，宽约 1 ～ 1.2 厘米；雄蕊约 30 ～ 35 枚；花柱无毛。核果球形或卵球形，红色，直径 6 ～ 8 毫米；果梗密生柔毛。花期 3 ～ 4 月；果期 6 ～ 7 月。

产于崂山，生于海拔 400 ～ 600 米山坡沟边。

本种叶形奇特，倒卵形至阔椭圆形，先端平截或凹入，与同属的已知种类区别明显，花期较早。

7. 山樱花　山樱桃（图 342）

Cerasus serrulata (Lindl.) G. Don ex London

Prunus serrulata Lindl.

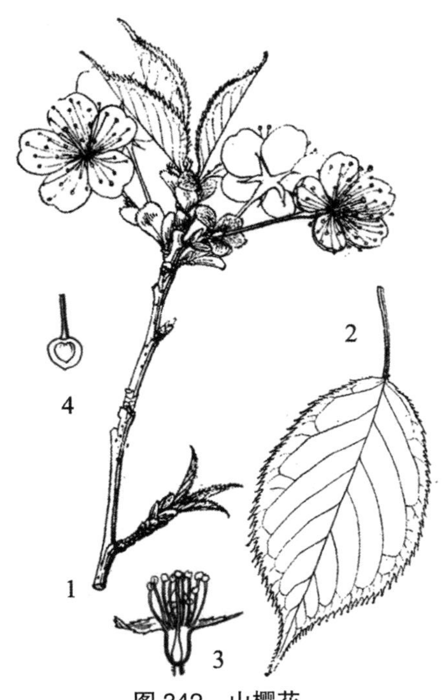

图 342　山樱花

1. 花枝；2. 叶片；3. 花纵切，去掉花瓣；4. 果实纵切，示果核

乔木，高 10 ～ 25 米，胸径可达 30 厘米。树皮栗褐色；小枝灰白色或淡褐色，无毛；芽单生或簇生，幼叶在芽内对折。叶卵状椭圆形或倒卵椭圆形，长 5 ～ 9 厘米，宽 3 ～ 5 厘米，先端长渐尖或尾尖，基部楔形至宽楔形或圆形，缘有尖锐的单锯齿或重锯齿，齿尖芒状有腺体，上面深绿色，无毛，下面略有白粉，并沿中脉有短毛，侧脉 10 对左右；叶柄长 1 ～ 1.5 厘米，无毛，靠近叶片基部有 1 ～ 3 圆形腺体；托叶线形，早落。花序伞房总状或近伞形，有花 3 ～ 5 朵；总苞片褐红色，倒卵长圆形，外面无毛，内被长柔毛；苞片褐色或淡绿褐色，边有腺齿；花梗长 1.5 ～ 2.5 厘米，无毛或被极稀疏柔毛；萼筒近钟形，无毛；萼片卵状椭圆形，先端急尖；花瓣倒卵形，先端凹，多白色、粉红色；雄蕊约 38；花柱无毛。核果球形或卵球形，熟时紫黑色，径 6 ～ 8 毫米。花期 4 ～ 5 月；果期 6 ～ 7 月。

产于崂山，小珠山，百果山，大珠山等山区；崂山区白龙湾，平度市李园有栽培。国内产黑龙江、河北、江苏、浙江、安徽、江西、湖南、贵州等省。

供观赏及作樱桃、樱花的育种材料。

（1）毛叶山樱花（变种）（图 343）

var. **pubescens** (Makino) Yü et Li

本变种与原变种的区别：叶柄、叶片下面及花梗均被短柔毛。

产崂山蔚竹庵。

（2）日本晚樱 重瓣樱花（变种）

var. **lannesiana** (Carr.) Yü et Li

C. lannesiana Carr.

本变种叶边有渐尖重锯齿，齿端有长芒，花多重瓣，常有香气。花期3～5月。

全市公园绿地普遍栽培，品种有关山、普贤象、一叶等。供观赏。

图343 毛叶山樱花

1. 花枝；2. 果枝

8. 郁李 齿齿 赤李子（图344）

Cerasus japonica (Thunb.) Lois.

Prunus japonica Thunb.

灌木，高可达1.5米。小枝纤细，红褐色，光滑无毛；3芽簇生枝侧，幼叶芽内对折。叶卵形或卵状披针形，长3～7厘米，宽1.5～2.5厘米，先端渐尖或尾尖，基部圆形或近心形，边有缺刻状尖锐重锯齿，侧脉6～8对，上面无毛，下面仅中脉上有稀疏柔毛，叶柄长2～3毫米，无毛，靠叶片基部处常有1～2腺体；托叶线形，边有腺齿，早落。花1～3朵，簇生，花叶同开或先叶开放；花梗长5～10毫米，无毛或被疏柔毛；萼筒钟形，无毛，萼片长卵状椭圆形，开花时张开反折；花瓣倒卵状椭圆形，白色或粉红色；雄蕊多数；花柱及子房光滑无毛。核果近球形，先端有短尖，腹缝沟浅不明显，径约1厘米，熟时深红色；核椭圆形，表面光滑或略有浅凹点。花期3～5月；果期7～9月。

图344 郁李

1. 花枝；2. 果枝；3. 花纵切，去掉花瓣；4. 果核

产崂山，大珠山，大泽山，胶州艾山等丘陵山区；中山公园，植物园，青岛农业大学，山东科技大学，即墨岙山广青生态园有栽培。国内分布于东北地区及河北、浙江等省。

水土保持及观赏植物。种仁入药，名郁李仁，有润肠利尿及降压作用。

（1）长梗郁李（变种）（彩图65）

var. **nakaii** (Lévl.) Yü et Li

与原变种主要区别是：花梗较长，1～2厘米，叶片卵圆形，叶边锯齿较深，叶柄较长，3～5毫米。花期5月；果期6～7月。

产崂山仰口。国内产黑龙江、吉林、辽宁等地；朝鲜也有分布。

图 345 麦李

1. 花枝；2. 果枝；3. 花纵切，去掉花瓣

9. 麦李（图 345）

Cerasus glandulosa (Thunb.) Soklov

Prunus glandulosa Thunb.

灌木，高 0.5 ～ 1.5 米，稀可达 2 米。小枝绿色，微带紫红色，无毛或幼时被短柔毛。冬芽 3，簇生于枝侧，幼叶在芽内对折。叶长圆披针形或椭圆披针形，长 2.5 ～ 6 厘米，宽 1 ～ 2 厘米，先端急尖，稀渐尖，基部宽楔形或圆形，最宽处在中部，边有圆钝的细锯齿，两面无毛或仅在下面沿中脉有稀疏柔毛，侧脉 6 ～ 8 对；叶柄长 1.5 ～ 3 毫米，无毛或上面被疏柔毛；托叶线形，早落。1 ～ 2 花生于叶腋，花叶同开或近同开；花梗长约 1 厘米；萼筒钟状，无毛，萼片卵形，缘有细腺齿，外被短柔毛或无毛；花瓣倒卵形，白色或粉红色；雄蕊 30；花柱稍比雄蕊长，无毛或基部有疏柔毛。核果近球形，熟时红色或紫红色，有光泽，顶端有短尖，径 1 ～ 1.2 厘米；核宽椭圆形，一边有沟，略光滑。花期 4 月；果期 7 月。

产崂山流清河、仰口、太清宫、凉清河等地。生于山坡、沟谷灌丛，常与郁李、欧李等混生。国内分布于华东、华中、华南、西南及陕西。

观赏及野生花木。果可食及加工；种仁药用。

（1）粉花重瓣麦李（变型）

f. **sinensis** (Pers.) Soklov

叶披针形至长圆状披针形，花粉红色，重瓣。公园常见栽培。供观赏。

10. 欧李（图 346）

Cerasus humilis (Bge.) Sok

Prunus humilis Bge.

灌木，高 0.4 ～ 1.5 米。小枝灰褐色或棕褐色，被短柔毛。叶倒卵状长椭圆形或倒卵状披针形，长 2.5 ～ 5 厘米，宽 1 ～ 2 厘米，中部以上最宽，先端急尖或短渐尖，基部楔形，缘有单锯齿或重锯齿，上面深绿色，无毛，下面浅绿色，无毛或被稀疏短柔毛，侧脉 6 ～ 8 对；叶柄长 2 ～ 4 毫米，无毛或被稀疏短柔毛；托叶线形，具腺体。花单生或 2 ～ 3 花簇生，花叶同开；花梗短，被稀疏短柔毛；萼筒外被稀疏柔毛，萼片三角

图 346 欧李

1. 花枝；2. 果枝；3. 花纵切；4. 果实

卵圆形，先端急尖或圆钝；花瓣长圆形或倒卵形，白色或粉红色；雄蕊 30 ~ 35；花柱与雄蕊近等长，无毛。核果近球形，熟时红色或紫红色，直径 1.5 ~ 1.8 厘米；核表面除背部两侧无棱纹。花期 4 ~ 5 月；果期 6 ~ 10 月。

产崂山。国内产黑龙江、吉林、辽宁、内蒙古、河北、河南等省区，欧洲及俄罗斯亦有分布。

种仁入药，作郁李仁用，有利尿、缓下作用，治大便燥结、小便不利。果味酸可食。

11. 毛樱桃 山樱桃 山豆子（图 347）

Cerasus tomentosa (Thunb.) Wall.

Prunus tomentosa Thunb.

灌木，稀小乔木，高 2 ~ 3 米。树皮深灰色，鳞片状浅裂；小枝灰褐色，嫩时密被绒毛。冬芽卵形，常 2 ~ 3 簇生，鳞片褐色，外被柔毛，幼叶芽内席卷。叶卵状椭圆形或倒卵状椭圆形，长 2 ~ 7 厘米，宽 1 ~ 3.5 厘米，先端急尖或渐尖，基部楔形，边有急尖或粗锐锯齿，侧脉 4 ~ 7 对，上面脉凹陷，呈皱状，被短柔毛，下面叶脉隆起，密被绒毛或后变为稀疏；叶柄长 2 ~ 8 毫米，被绒毛或脱落稀疏；托叶线形，被长柔毛。花单生或并生；花梗短或近无；花直径 1.5 ~ 2 厘米；萼筒筒状，萼片卵形，缘有锯齿，被绒毛；花瓣倒卵形，白色或淡粉红色，先端圆钝或微凹；雄蕊 15 ~ 25；花柱及子房被毛。核果近球形，熟时红色或黄色，直径 0.5 ~ 1.2 厘米，有毛，表面光滑或有纵沟纹。花期 3 ~ 4 月；果期 6 月。

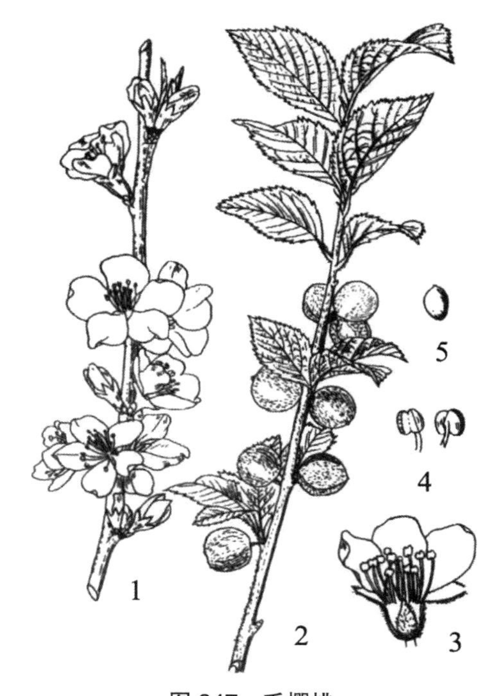

图 347 毛樱桃

1. 花枝；2. 果枝；3. 花纵切；4. 雄蕊；5. 果核

产崂山北九水、仰口等地。国内产东北及内蒙古、河北、山西、陕西、甘肃、宁夏、青海、四川、云南、西藏等省区。

果实微酸甜，可食及酿酒。种仁含油率高达 40%，可制肥皂及润滑油用；亦可入药，有润肠利水之效。庭园栽培，可供观赏。

（五）稠李属 **Padus** Mill.

落叶小乔木或灌木；分枝较多。冬芽卵圆形，具有数枚覆瓦状排列鳞片。单叶互生，幼叶在芽内对折，具齿，稀全缘；叶柄顶端或叶片基部边缘常具 2 个腺体；托叶早落。花多数，成总状花序，顶生，基部有叶或无；苞片早落；萼筒钟状，裂片 5，花瓣 5，白色，先端常啮蚀状；雄蕊 10 至多数；雌蕊 1，柱头平，心皮 1，2 胚珠。核果无纵沟，中果皮骨质；种子 1，子叶肥厚。

约 20 余种，主要分布于北温带。我国 14 种。青岛有 2 种，1 变种。

分种检索表

1. 叶灰绿色，两面无毛；总状花序长7～10厘米；核果熟时紫黑色，光亮 …………… 1.稠李P. avium

1. 叶深紫色，背面尤其是脉腋有灰色柔毛；总状花序长10～16厘米；核果熟时紫红色………………………………………………………………………… 2.紫叶稠李P. virginiana 'Canada Red'

1. 稠李（图 348；彩图 66）

Padus avium Mill.

Prunus padus L.

落叶乔木，高可达15米，胸径达25厘米。树皮灰褐色，浅裂，小枝红褐色或带黄褐色，幼时被短绒毛；老枝具浅色皮孔；冬芽卵圆形，鳞片边缘有疏毛。叶椭圆形、长圆形或长圆倒卵形，长4～10厘米，宽2～4.5厘米，先端尾尖，基部圆形或宽楔形，边缘有不规则锐锯齿，两面无毛；下面中脉和侧脉均突起；叶柄长1～1.5厘米，幼时被毛，后脱落无毛，靠近叶片处常有2腺体；托叶条形，边缘具腺齿，早落。总状花序常有10～20花组成，长7～10厘米，基部通常有2～3叶；花梗长1～1.5厘米，总花梗和花梗无毛；花径1～1.6厘米；萼筒杯状，无毛，萼片卵形，具细腺齿，开花时反折；花瓣倒卵形，白色，略有臭味；雄蕊多数，成不规则2轮；花柱无毛，比长雄蕊短近1倍。核果卵球形，顶端有尖头，径6～8毫米，熟时紫黑色，光亮；萼片脱落；核有褶皱。花期4～5月；果期8～9月。

图 348　稠李

1. 花枝；2. 去掉花瓣的花；3. 花纵切，去掉花瓣；4. 花瓣；5. 雌蕊；6. 雄蕊

产崂山凉清河、北九水、崂顶、潮音瀑、黑风口。国内分布于东北、华北地区及河南。欧洲及西亚亦有分布。

栽培可供观赏。花期是良好蜜源。木材质地细，可供器具、家具及细工材。种子可榨油。花、叶、果可入药。

（1）北亚稠李（变种）

var. **asiatica** (Kom.) T. C. Ku & B. M. Barthol.

与原种的主要区别是：叶下面被柔毛，小枝、总花梗和花梗均被短柔毛。花期4～6月；果期6～10月。

产崂山崂顶、潮音瀑、水石屋等地。国内产黑龙江、吉林、辽宁、河北、山东、山西、内蒙古、陕西、甘肃和新疆等省区。

2. 紫叶稠李

Padus virginiana (L.) M.Roem **'Canada Red'**

Prunus virginiana L. 'Canada Red'

落叶乔木；高达 6 ~ 8 米。单叶互生，叶片长椭圆形，深紫色，长达 7.5 厘米，宽约 3.7 厘米，有锯齿，背面尤其是脉腋有灰色柔毛。总状花序长 10 ~ 16 厘米，花白色。核果熟时紫红色。花期 4 ~ 5 月；果期 6 ~ 7 月。

原产北美。崂山及山东科技大学有栽培。我国北方引种栽培，喜排水良好土壤，喜光，稍耐半阴，耐干旱。

优良彩叶树种，适于草地、路边等地种植。

四十、含羞草科 MIMOSACEAE

常绿或落叶；乔木或灌木，有时为藤本，很少草本。叶互生，常为二回羽状复叶，稀为一回羽状复叶或变为叶状柄、鳞片或无；叶柄具显著叶枕；羽片常对生；叶轴或叶柄上常有腺体；有托叶或无，或呈刺状。花小，两性，有时单性，辐射对称，组成头状、穗状或总状花序或再排成圆锥花序；苞片小，生在花序梗基部或上部，常脱落，小苞片早落或无。花萼管状，稀萼片分离，常 5 齿裂，稀 3 ~ 4 或 6 ~ 7 齿裂，裂片镊合状（稀覆瓦状）排列；花瓣与萼齿，镊合状排列，分离或合生成管状；雄蕊 5 ~ 10（常与花冠裂片同数或为其倍数）或多数，突露于花被之外，分离或边合成管或与花冠相连，花药小，2 室，纵裂，顶端常有一脱落性腺体，花粉单粒或为复合花粉；心皮 1，稀 2 ~ 15，子房上位，1 室，胚珠数枚，花柱细长，柱头小。果为荚果，开裂或不开裂，有时具节或横裂，直或旋卷。种子扁平，坚硬，具马蹄形痕或无。

约 64 属，2950 种，分布于全世界热带、亚热带地区，少数分布于温带地区，以中、南美洲为最盛。我国国产、连同引入栽培的共 15 属，约 66 种。青岛有木本植物 1 属，2 种。

（一）合欢属 Albizia Durazz.

落叶乔木或灌木。叶为二回偶数羽状复叶，总叶柄及叶轴上有腺体，羽片及小叶对生；小叶通常小，近无柄，多数。头状或圆柱形穗状花序，花两性，通常为 5 基数；花萼钟状或漏斗状；花瓣在中部以下合生；雄蕊多数，基部联合，花丝细长，长为花冠的数倍，花药小；子房无柄或有短柄，花柱丝状，柱头头状。荚果扁平、果皮薄，通常不开裂；种子有厚种皮。

约 150 种，分布于亚洲、非洲和大洋洲的热带和亚热带地区。我国有 17 种，大部分分布于南部和西南部。青岛有 2 种。

分种检索表

1. 羽片4 ~ 12对，小叶10 ~ 30对，镰刀形，长0.6 ~ 1.2厘米……………………………1.合欢A. julibrissin

1. 羽片2 ~ 3对，小叶5 ~ 14对，长圆形，长1.5 ~ 4.5厘米……………………………… 2.山槐 A.kalkora

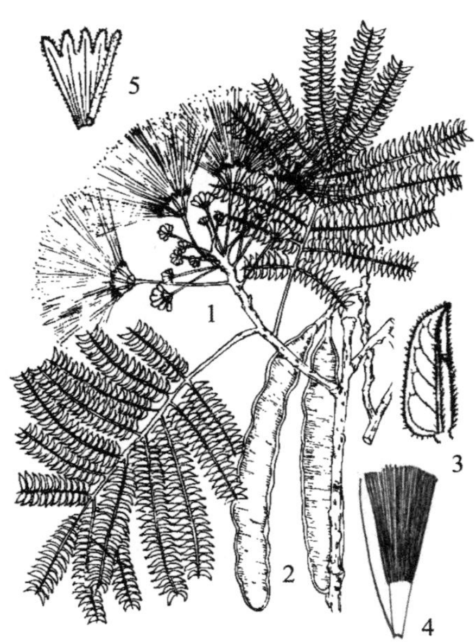

图 349　合欢

1. 花枝；2. 果枝；3. 小叶；4. 雄蕊和雌蕊；5. 花冠

1. 合欢 马缨花 夜合树 芙蓉树（图 349）

Albizia julibrissin Durazz.

落叶乔木，高达 16 米。树皮灰褐色；小枝褐绿色，皮孔黄灰色。羽片 4 ~ 12 对；小叶 10 ~ 30 对，镰刀形或长圆形，两侧极偏斜，长 6 ~ 12 毫米，先端尖，基部平截，中脉近上缘；叶柄有 1 腺体。头状花序，多数，伞房状排列，腋生或顶生；萼片长 2.5 ~ 4 毫米；花冠长 0.6 ~ 1 厘米，淡黄色；雄蕊多数，花丝粉红色。荚果扁平带状，长 9 ~ 15 厘米，宽 1.2 ~ 2.5 厘米，基部短柄状，幼时有毛，褐色。花期 6 ~ 7 月；果期 9 ~ 10 月。

全市普遍栽培。国内分布于东北至华南及西南各省区。

木材可用于制家具。树皮入药，能安神活血、消肿痛；花蕾入药，能安神解郁。花美丽，开放如绒簇，十分可爱，常植为行道树，供绿化观赏。嫩叶可食。

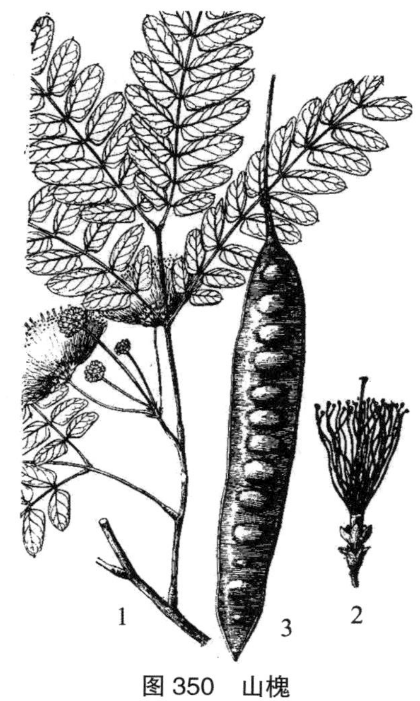

图 350　山槐

1. 花枝；2. 花；3. 果实

2. 山槐 山合欢 白樱子树 白木材（图 350）

Albizia kalkora (Roxb.) Prain

A. macrophylla (Bge.) P.C.Huang; *Mimosa kalkora* Roxb.

落叶乔木，高 4 ~ 15 米，树冠开展。小枝棕褐色，有皮孔，微凸。二回羽状复叶，羽片 2 ~ 4 对；小叶 5 ~ 14 对，长圆形，长 1.5 ~ 4.5 厘米，宽 1 ~ 1.8 厘米，先端圆形而有细尖，基部近圆形，偏斜，中脉显著偏向叶片的上侧，两面密生灰白色平伏毛；叶柄基部之上有 1 腺体，叶轴顶端有 1 圆形腺体。头状花序，2 ~ 3 个生于上部叶腋或多个排成顶生伞房状；花黄白色；花萼钟形，长 2 ~ 35 毫米；花冠长 6 ~ 7 毫米，萼及花冠外面密被柔毛。荚果长 7 ~ 17 厘米，宽 1.5 ~ 3 厘米，深棕色，基部长柄状；种子 4 ~ 12。花期 5 ~ 7 月；果期 9 ~ 10 月。

产于全市各主要山区，生于低山、丘陵向阳山坡的杂木林中。国内分布于华北、西北、华东、华南至西南各省区。

木材可制家具。根和茎皮药用，有补气活血、消肿止痛的功效；花有安神作用。种子可榨油。

四十一、云实科 CAESALPIMIACEAE

乔木或灌木，有时为藤本，稀草本。叶互生，一回或二回羽状复叶，稀单叶或单小叶；托叶常早落；小托叶存在或缺。花两性，多少两侧对称，稀为辐射对称，组成总状花序或圆锥花序，稀组成穗状花序；小苞片小或大而呈花萼状，包覆花蕾时则苞片极退化。花托极短或杯状，或延长为管状；萼片5，稀4，离生或下部合生，花蕾时常覆瓦状排列；花瓣通常5，稀1片或无花瓣，在花蕾时覆瓦状排列，上面的(近轴的)1片被侧生的2片所覆叠；雄蕊10或较少，稀多数，花丝离生或合生，花药2室，常纵裂，稀孔裂，花粉单粒；子房具柄或无柄，与花托管内壁的一侧离生或贴生；胚珠倒生，1至多数，花柱细长，柱头顶生。荚果开裂，或不裂而呈核果状或翅果状。种子有时具假种皮。

约180属，3000种，分布于全世界热带和亚热带地区，少数分布于温带地区。我国连引入栽培的有21属，约130种(含亚种及变种)。青岛有4属，9种，1变型。

分属检索表

1. 二回羽状复叶，或一回羽状复叶。
  2. 花杂性或雌雄异株；种子含大量角质胚乳。
    3. 植株无刺；圆锥花序顶生；荚果肥厚肿胀 ………………………… 1.肥皂荚属Gymnocladus
    3. 植株有枝刺；总状花序侧生；荚果大而扁 ………………………… 2.皂荚属Gleditsia
  2. 花两性，两侧对称；种子无胚乳 ………………………… 3.云实属Caesalpinia
1. 单叶全缘，花于老枝上簇生或成总状花序；假蝶形花冠 ………………………… 4.紫荆属Cercis

(一)肥皂荚属 Gymnocladus Lam.

落叶乔木；无刺。二回偶数羽状复叶；托叶小，早落。总状花序或聚伞圆锥花序顶生；花淡白色或灰色，杂性或雌雄异株，辐射对称；萼筒状，4～5裂，狭，近相等；花瓣4或5，稍长于萼片，长圆形，最里面的1片有时消失；雌蕊10，离生，5长5短，较花冠短；子房在雄花种退化或不存在，在雌花中或两性花中无柄，花柱稍粗而扁，柱头偏斜。荚果肥厚，肉质，近圆柱形，2瓣裂；种子大，扁平；外种皮革质。

约3～4种，分布于中国、缅甸和美洲北部。我国有1种，引种1种。青岛栽培1种。

1. 美国肥皂荚 北美肥皂荚(图351)

Gymnocladus dioeca K. Koch

乔木，高达30米。树皮后，粗糙，无刺；小枝红褐色，初有毛，后晚落无毛。二回偶数羽

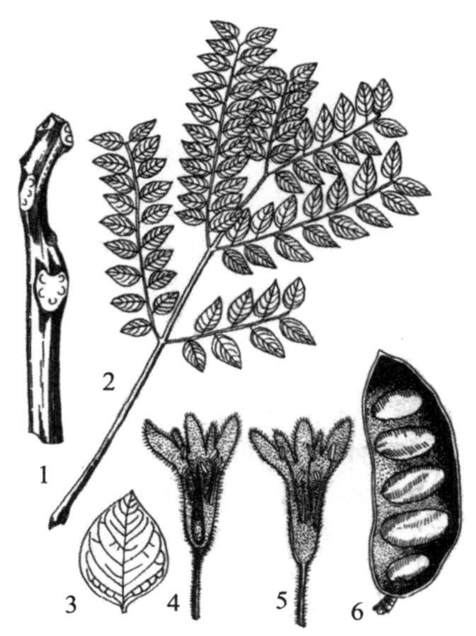

图351 美国肥皂荚

1. 枝条冬态；2. 叶片；3. 小叶；4. 两性花纵切；5. 雄花纵切；6. 果实

状复叶，长 15 ～ 35 厘米，有羽片 5 ～ 7 对，上部羽片有小叶 6 ～ 14，至最下部通常减少成 1 片单叶；小叶卵形或椭圆状卵形，长 5 ～ 8 厘米，宽约 2 厘米，先端锐尖，基部圆形或楔形，偏斜，上面无毛，下面幼时有柔毛，有短柄。花单性异株；雌花序长 25 厘米；萼筒圆柱形，有 10 肋；花瓣长圆形，两面被柔毛。荚果长椭圆状镰形，长 15 ～ 25 厘米，厚革质，褐色；种子扁圆形，长 2 ～ 2.5 厘米。花期 5 ～ 6 月；果期 10 月。

原产北美洲。中山公园有引种，生长良好。

木材坚重，耐久，可做家具、农具等。种子炒食，可代咖啡。可栽培供观赏。

（二）皂荚属 **Gleditsia** L.

落叶乔木或灌木。茎、枝常有分枝的粗刺；芽叠生。叶互生，常簇生于短枝上；一回和二回偶数羽状复叶常并存于同一植株上，小叶近对生或互生，两侧稍不对称，边缘有细锯齿或钝齿，稀全缘；托叶小，早落。花杂性或单性异株，淡绿色或绿白色，组成总状花序，稀为圆锥花序，腋生，稀顶生；花萼钟状，3 ～ 5 裂，近相等，外面有柔毛；花瓣 3 ～ 5，稍不等；雄蕊 6 ～ 10，离生，伸出，花丝下部稍扁宽并有长曲柔毛；花柱短，柱头顶生。荚果扁平带状，劲直、弯曲或扭转，不裂或迟开裂；种子 1 至多数，卵形或椭圆形，扁或近柱形，有角质胚乳。

约 16 种，分布亚洲中部和东南部、南北美洲、热带非洲。我国约 6 种，2 变种，广布于南北各省区。青岛有 4 种。

分种检索表

1. 小叶较大，一般长2.5厘米以上，边缘具不规则齿牙；荚果长6厘米以上，具种子多颗。
    2. 小叶3～10对，卵形或椭圆形，顶端钝或铡凹；子房无毛或仅缝线处和基部被柔毛。
        3. 棘刺圆柱形；小叶上面网脉明显凸起，边缘具细密锯齿；子房于缝线处和基部被柔毛；荚果肥厚，不扭转，劲直或指状稍弯呈猪牙状 ·· 1.皂荚G. sinensis
        3. 棘刺扁，至少基部如此；小叶上面网脉不明显，全缘或具疏浅钝齿；子房无毛；荚果扁，不规则扭转或弯曲作镰刀状 ·· 2.山皂荚G. japonica
    2. 小叶11～18对，椭圆状披针形，顶端急尖；子房被灰白色绒毛 ········ 3.美国皂荚G. triacanthos
1. 小叶长0.6～2.4厘米，全缘；荚果长3～6厘米，具1～3颗种子 ················ 4.野皂荚G. microphylla

1. 皂荚　皂角（图 352）

Gleditsia sinensis Lam.

G. macracantha Desf.; *G. officinalis* Hemsl.

落叶乔木或小乔木，高可达 30 米。树皮暗灰或灰黑色，粗糙；刺粗壮，圆柱形，常分枝，多呈圆锥状，长达 16 厘米。叶为一回羽状复叶，幼树及萌芽枝有二回羽状复叶；小叶 3 ～ 9 对，互生，卵状披针形、长卵形或长椭圆形，先端钝圆，有小尖头，基部稍偏斜、圆形或稀阔楔形，长 2.5 ～ 8 厘米，宽 1.5 ～ 3.5 厘米，边缘有锯齿，上面有短柔毛，下面中脉上稍有柔毛；叶轴及小叶柄密生柔毛。花杂性，总状花序，腋生；

花序轴、花梗有密毛；花萼钟状，4裂，宽三角形，外面有毛；花瓣4，白色；雄蕊6～8；子房长条形，仅沿两边缘有白色短柔毛。荚果带状，长5～35厘米，宽2～4厘米，劲直或弯曲，果肉稍厚，两面膨起，种子多数；或有的荚果短小，多少呈柱形，长5～13厘米，宽1～1.5厘米，弯曲作新月形，通常称猪牙皂，内无种子。花期4～5月；果期10月。

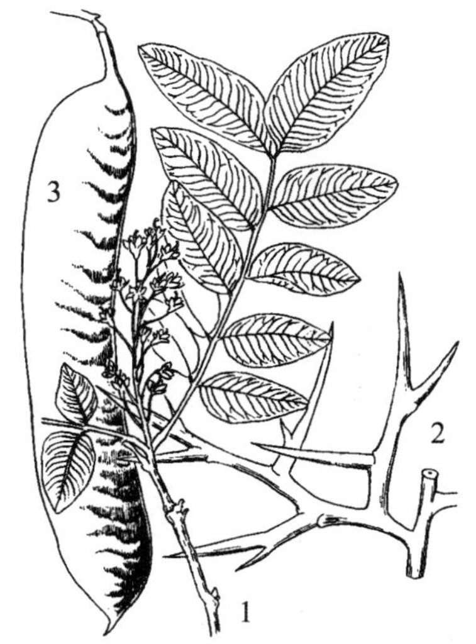

图352 皂荚

1. 花枝；2. 果枝；3. 花纵切，去掉花瓣；4. 花瓣；5. 果实纵切；6. 果实横切；果核

产崂山太清宫、崂山头、明霞洞；各地常见栽培。国内分布于河北、河南、山西、陕西、甘肃、江苏、浙江、安徽、福建、广东、广西、贵州、云南、四川等省区。

木材供制车辆、农具等用。荚果煎汁可代肥皂，最宜洗涤丝绸、毛织品。荚、种子、刺均入药，果荚有祛痰、利尿、杀虫的功效；皂刺可活血，治疮癣，种子可治癣通便。可做四旁绿化树种。

2. 山皂荚 山皂角（图353）

Gleditsia japonica Miq.

G. melanacantha Tang et Wang

图353 山皂荚

1. 花枝；2. 枝刺；3. 果实

落叶乔木，高可达14米。小枝紫褐色或脱皮后呈灰绿色；刺基部扁圆，中上部扁平，常分枝，黑棕色或深紫色，长2～16厘米，基径可达1厘米，且多密集。叶为一回或二回羽状复叶，长10～25厘米，一回羽状复叶常簇生，小叶6～11对，互生或近对生，卵状长椭圆形至长圆形，长2～6厘米，宽1～4厘米，先端钝尖或微凹，基部阔楔形至圆形，稍偏斜，边缘有细锯齿，稀全缘，两面疏生柔毛，中脉较多；二回羽状复叶具2～6对羽片，小叶3～10对，卵形或卵状长圆形，长约1厘米。雌雄异株；雄花成细长的总状花序，花萼和花瓣均为4，黄绿色，雄蕊8；雌花成穗状花序，花萼和花瓣同雄花，有退化的雄蕊，子房有柄。荚果带状，长20～36厘米，宽约3厘米，棕黑色，常不规则扭转。花期5～6月；果期6～10月。

产崂山，大珠山，大泽山；中山公园，青岛农业大学及崂山区有栽培。国内分布于辽宁、河北、山西、河南、江苏、浙江、安徽、江西、湖南等省区。

经济用途同皂荚。

3. 美国皂荚（图 354）

Gleditsia triacanthos L.

落叶乔木或小乔木，高可达 45 米；树皮灰黑色，厚 1 ~ 2 厘米，具深的裂缝及狭长的纵脊；小枝深褐色，粗糙，微有棱，具圆形皮孔；刺略扁，粗壮，深褐色，常分枝，长 2.5 ~ 10 厘米，少数无刺。叶为一回或二回羽状复叶（具羽片 4 ~ 14 对），长 11 ~ 22 厘米；小叶 11 ~ 18 对，纸质，椭圆状披针形，长 1.5 ~ 3.5 厘米，宽 4 ~ 8 毫米，先端急尖，有时稍钝，基部楔形或稍圆，微偏斜，边缘疏生波状锯齿并被疏柔毛，上面暗绿色，有光泽，无毛，偶尔中脉疏被短柔毛，下面暗黄绿色，中脉被短柔毛；小叶柄长约 1 毫米，被柔毛。花黄绿色；花梗长 1 ~ 2 毫米；雄花：直径 6 ~ 7 毫米，单生或数朵簇生组成总状花序；花序常数个簇生于叶腋或顶生，长 5 ~ 13 厘米，被短柔毛；花托长约 2 毫米；萼片 2 ~ 3，披针形，长 2 ~ 2.5 毫米；花瓣 3 ~ 4，卵形或卵状披针形，长约 2.5 毫米，与萼片两面均同被短柔毛，雄蕊 6 ~ 9；雌花组成较纤细的总状花序，花较少，花序常单生，与雄花序近等长；子房被灰白色绒毛。荚果带形，扁平，长 30 ~ 50 厘米，镰刀状弯曲或不规则旋扭，果瓣薄而粗糙，暗褐色，被疏柔毛；种子多数，扁，卵形或椭圆形，长约 8 毫米，为较厚的果肉所分隔。花期 4 ~ 6 月；果期 10 ~ 12 月。

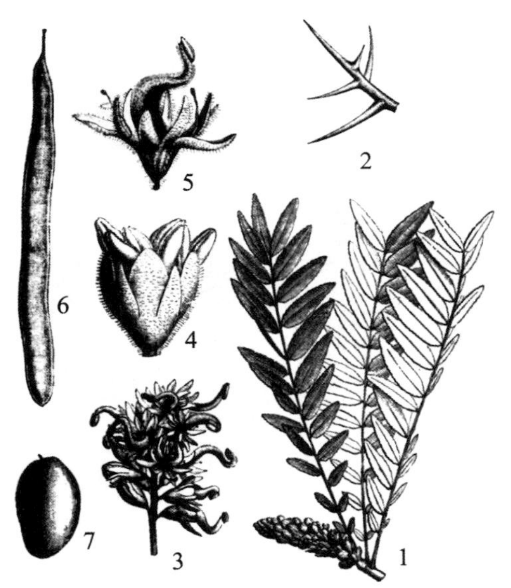

图 354　美国皂荚

1. 花枝；2. 枝刺；3. 花序；4. 雄花；5. 雌花；6. 果实；7. 种子

原产美国。胶州市胶北镇有栽培，常见栽培的品种为金叶皂荚 **'Sunburst'**（叶金黄色）。国内上海有栽培。

栽培供观赏。荚果据称含有 29% 的糖分而为牲畜所喜食。木材坚实，纹理较粗，为建筑、车辆、支柱等用材。

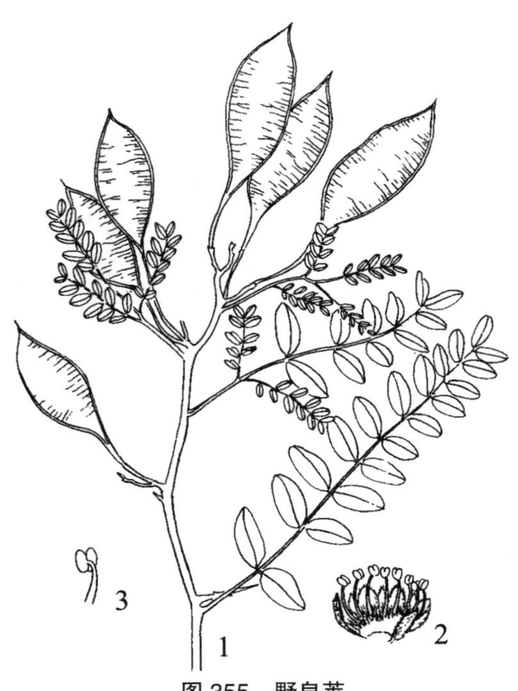

图 355　野皂荚

1. 果枝；2. 花萼展开，示雄蕊；3. 雄蕊

4. 野皂荚（图 355）

Gleditsia microphylla D. A. Gordon ex Y. T. Lee

灌木或小乔木，高达 4 米。幼枝被短柔毛；刺长 1.5 ~ 6.5 厘米。叶为一回或

二回羽状复叶，羽片 2 ~ 4 对，长 7 ~ 16 厘米；小叶 5 ~ 12 对，斜卵形或长椭圆形，长 0.6 ~ 2.4 厘米，宽 0.3 ~ 1 厘米，先端圆钝，基部偏斜，宽楔形，全缘，上面无毛，下面被短柔毛。两面叶脉均不清晰。花杂性，绿白色，近无梗，簇生，组成穗状花序或顶生圆锥花序；花序长 5 ~ 12 厘米。雄花径约 5 毫米，花萼裂片长 2.5 至 3 毫米，花瓣 4，长约 3 毫米，与萼裂片外面均被短柔毛，里面被长柔毛，雄蕊 6 ~ 8；两性花径约 4 毫米，萼片长 1.5 ~ 2 毫米；两面被短柔毛；花瓣 4，长 2 毫米，两面被毛，雄蕊 4，子房具长柄，无毛。荚果斜椭圆形，长 3 ~ 6 厘米，深棕或红褐色，无毛，具 1 ~ 3 种子。花期 6 ~ 7 月；果期 7 ~ 10 月。

产崂山八水河、太清宫、明霞洞、张坡等地。国内分布于陕西、山西、河南、河北、江苏及安徽等省。

（三）云实属（苏木属）Caesalpinia L.

乔木或灌木，有时为藤本，常有刺。二回偶数羽状复叶。总状或圆锥花序，顶生或腋生；花两性，左右对称，常显著而美丽；花萼有 5 齿，萼筒短，有花盘；花瓣 5，有爪，最上方 1 瓣最小；雄蕊 10，离生，花药背着；子房无柄或有短柄。有少数胚珠，花柱丝状。荚果卵圆形或长圆形，有时呈镰刀状弯曲，革质或木质，扁平或肿胀，有时有刺或有刚毛，常不开裂；种子无胚乳。

约 100 种，分布于热带和亚热带地区。我国有 17 种，分布于长江以南各省区。青岛栽培 1 种。

1. 云实（图 356；彩图 67）

Caesalpinia decapetala (Roth) Alston

C. sepiaria Roxb.; *Reichardia decapetala* Roth

攀援灌木。树皮暗红色，密生倒钩刺。二回羽状复叶，羽片 3 ~ 10 对；小叶 8 ~ 12 对，长椭圆形，先端圆，微凹，基部圆形，微偏斜，表面绿色，背面有白粉，叶轴有刺；托叶小，早落。总状花序顶生，长 15 ~ 35 厘米；花梗长 2 ~ 4 厘米，顶端有关节，花易落；花两侧对称；萼片 5，长圆形，有短柔毛；花瓣黄色，有光泽，盛开时反卷，最下 1 片有红色条纹；雄蕊稍长于花冠，花丝基部扁平，密生绒毛；子房无毛。荚果长椭圆形，木质，长 6 ~ 12 厘米，宽 2.3 ~ 3 厘米，顶端圆，肿胀，脆革质，有喙，沿腹缝线有宽 3 ~ 4 毫米的狭翅，栗色，开裂；种子 6 ~ 9。花期 4 ~ 5 月；果期 9 ~ 10 月。

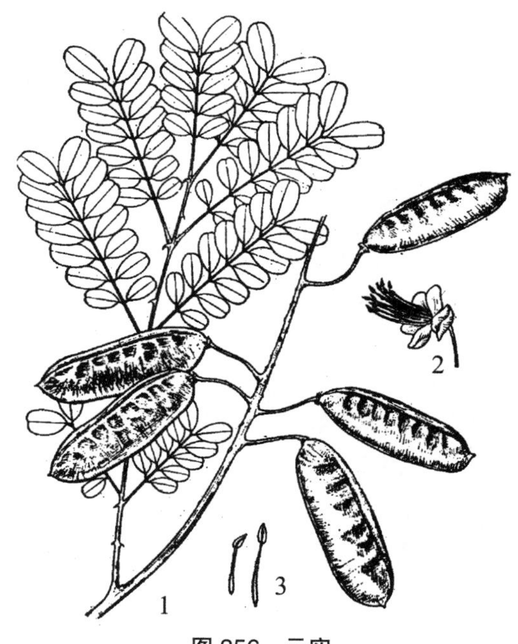

图 356 云实
1. 果枝；2. 花，去掉花瓣；3. 雄蕊

中山公园、百花苑有栽培。国内分布于华南、华东、华中、西南地区及陕西、甘肃、河北、河南等省区。

可栽培作绿篱、观赏。根、茎及果实药用，有发表散寒、活血通经、解毒杀虫的功效。果壳、茎皮含鞣质，可提制栲胶。

（四）紫荆属 Cercis L.

落叶乔木或灌木。芽叠生。单叶互生，全缘，叶脉掌状；有叶柄；托叶小，早落。花于老枝上簇生或成总状花序，先于叶或与叶同放；花萼阔筒状，5 齿裂，萼齿顶端钝或圆形；花冠假蝶形，旗瓣、翼瓣较小，位于上面，龙骨瓣最大，位于下面；雄蕊 10，离生；子房有柄。荚果扁平，狭长椭圆形，沿腹缝线处有狭翅；种子扁平，有少量胚乳。

约 8 种，分布于东亚、南欧和北美。我国有 5 种，产西南和东南部，引入栽培 2 种。青岛有 3 种，1 变型。

分种检索表

1. 叶近圆形，长6～14厘米，先端急尖，基部心形，两面无毛 ………………………… 1.紫荆C. chinensis

1. 叶有毛，至少下面基部有簇生毛，幼时明显。

  2. 灌木或小乔木，枝条常拱垂状 ……………………………………………… 2.加拿大紫荆C. canadensis

  2. 高大乔木；叶下面基部有簇生毛；花淡紫红色，7～14朵簇生或着生于一极短的总梗上 …………
……………………………………………………………………………………………… 3.巨紫荆C. gigantean

图 357　紫荆
1. 花枝；2. 枝叶；3. 花；4. 花瓣；5. 雌蕊；6. 雄蕊；7. 果实

1. 紫荆　满条红（图 357）

Cercis chinensis Bge.

落叶灌木或小乔木，高 2 ～ 5 米，通常呈丛生灌木状。小枝灰褐色，有皮孔。单叶互生；叶片近圆形，先端急尖，基部心形，长 6 ～ 14 厘米，宽 5 ～ 14 厘米，两面无毛，叶脉在两面明显。花常先叶开放，嫩枝及幼株上的花与叶同时开放；4 ～ 10 余花簇生于老枝上；小花梗细柔，长 0.6 ～ 1.5 厘米；小苞片 2，长卵形；花萼红色；花冠紫红色，长 1.5 ～ 1.8 厘米。荚果狭披针形，扁平，长 5 ～ 14 厘米，宽 1.3 ～ 1.5 厘米，沿腹缝线有狭翅，不开裂，网脉明显；种子 2 ～ 8，扁圆形，近黑色。花期 4 ～ 5 月；果期 8 ～ 10 月。

全市各地普遍栽培。国内分布北至河北，南至广东、广西，西至云南、四川，西北至陕西，东至江苏、浙江等省区。

花美丽，供观赏。树皮药用，有清热解毒、活血行气、消肿止痛的功效；花可治风湿筋骨痛。

（1）白花紫荆（变型）

f. **alba** S. C. Hsu

花白色。

李沧百通花园，胶州香港中路，崂山滨海公路有栽培。

供观赏。

2. 加拿大紫荆（图 358）

Cercis canadensis L.

落叶大灌木或小乔木，高达 7 ~ 15 米，树冠开张。花期 4 ~ 5 月开花，玫瑰粉色、淡红紫色，也有白花类型。花期 4 ~ 5 月；果 7 ~ 8 月成熟。

原产北美洲。青岛八大关，胶州市有栽培，常见栽培的品种有紫叶加拿大紫荆 **'Forest Pansy'**，春叶为鲜亮的紫红色，是优美的彩叶树种。国内北方各地常见栽培。

优良庭园观赏树种，适于道路、庭院绿化，丛植或列植均可。

图 358　加拿大紫荆

1. 果枝；2. 花

3. 巨紫荆

Cercis gigantean Cheng et Keng f.

落叶乔木，高可达 20 米。叶近圆形，长 5.5 ~ 13 厘米，宽 6 ~ 13 厘米，下面基部有簇生毛。花淡紫红色，7 ~ 14 朵簇生或着生于一极短的总梗上。

青岛世园会园区，山东科技大学校园有栽培。国内分布于浙江、安徽、湖北、广东等地，南京、杭州、泰安等地有栽培。

树体高大，花多而美丽，是优良的行道树，也可列植、丛植于建筑周围。

四十二、蝶形花科 FABACEAE

乔木、灌木、藤本或草本，有时具刺。叶互生，稀对生，常为羽状或掌状复叶（含羽状或掌状 3 小叶），稀单叶或退化为鳞片状；托叶常存在，有时变为刺；有小托叶或无。花两性，单生或组成总状或锥状花序，稀为头状总状花序和穗状花序，腋生，顶生或与叶对生；苞片和小苞片小，稀大。花萼钟形或筒形，萼齿或裂片 5，最下方 1 齿通常较长；花瓣 5，不等大，两侧对称，2 龙骨瓣退化，仅存旗瓣（如紫穗槐属）或具二型花，其闭花受精的花冠退化（如胡枝子属）；雄蕊 10 或有时部分退化，花丝全部分离或连合成单体或二体，花药 2 室，基部有时具附属物，同型或二型，二型时花药背着和基着，花丝长短交互排列；子房上位，1 室，具柄或无柄，常生于具蜜腺的花盘上，胚珠弯生，1 至多数，边缘胎座，花柱单一，常上弯，有时螺旋状卷曲或扭曲，无毛或被髯毛，柱头通常小，头状或歪斜。荚果开裂或不裂，有时具翅，或具横向关节而断裂成节荚，稀呈核果状。种子 1 至多数，常具革质种皮，无胚乳或具很薄的内胚乳，种脐常较显著，圆形或伸长或线形，中央有 1 条脐沟，种阜或假种皮有时甚发达；胚轴延长并弯曲，胚根内贴或折叠于子叶下缘之间；子叶 2 枚，卵状椭圆形，基部不呈心形。

约 440 属，12000 种，遍布全世界。我国包括引进栽培的共 131 属，约 1380 多种，190 变种和变型。青岛有木本植物 12 属 31 种，1 亚种，1 变种，6 变型。

分属检索表

1. 花丝全部分离，或在近基部处部分连合，花药同型。
  2. 荚果扁平，长椭圆形至线形，无翅或沿腹缝延伸成狭翅 …………………… 1.马鞍树属Maackia
  2. 荚果呈念珠状 ………………………………………………………………… 2.槐属Sophora
1. 花丝全部或大部分连合成雄蕊管，雄蕊单体或二体，二体时对旗瓣的1枚花丝与其余合生的9枚分离或部分连合，花药同型、近同型或两型。
  3. 花药同型或近同型即不分成背着和底着，也不分成长短交互而生。
    4. 奇数羽状复叶或3出复叶。
      5. 小叶对生，稀互生但枝叶被丁字毛、雄蕊药隔顶端有腺体或毛。
        6. 花具旗瓣、翼瓣和龙骨瓣，雄蕊10，二体，或单体雄蕊而为藤本植物。
          7. 植物体无丁字毛；药隔顶端无附属物。
            8. 二体雄蕊。
              9. 三出复叶；荚果通常仅1荚节，有1种子。
                10. 苞片通常脱落，内具1花，花梗在花萼下具关节：龙骨瓣近镰刀形，尖锐 …………………………………………………………… 7.杭子梢属Campylotropis
                10. 苞片宿存，内具2花，花梗不具关节；龙骨瓣直，钝 …8.胡枝子属Lespedeza
              9. 奇数羽状复叶；总状花序下垂；荚果有多少种子。
                11. 木质藤本；非柄下芽；无托叶刺 ………………………… 4.紫藤属Wisteria
                11. 直立乔灌木；柄下芽；托叶常变为刺 …………………………5.刺槐属Robinia
            8. 单体雄蕊，藤本；羽状3小叶 ………………………………………… 9.葛属Pueraria
          7. 植物体被丁字毛；药隔顶端常有腺体或毛；小叶对生或互生 ……6.木蓝属Indigofera
        6. 花仅旗瓣，无翼瓣和龙骨瓣，雄蕊10，花丝基部连合 …………… 10.紫穗槐属Amorpha
      5. 小叶互生，羽状复叶 ………………………………………………………… 3.黄檀属Dalbergia
    4. 偶数羽状复叶，小叶全缘、对生，或因叶轴缩短而呈假掌状复叶 ………11.锦鸡儿属Caragana
  3. 花药两型，即背着与底着交互，有时长短交互排列；三出复叶，子房具柄 … 12.毒豆属Laburnum

（一）马鞍树属 Maackia Rupr.et Maxim.

落叶乔木或灌木；芽鳞 2，无顶芽。奇数羽状复叶，互生，小叶对生，或近对生，全缘，无托叶及小托叶。总状或圆锥花序顶生，直立；萼钟状，4 ~ 5 裂，裂齿浅；花冠蝶形，旗瓣倒卵形，先端微凹或圆，翼瓣基部戟形，龙骨瓣背部稍合生；雄蕊 10，花丝仅基部合生。荚果扁平，长椭圆形至条形，开裂；种子稍扁。

约 10 种，分布于亚洲东北部。我国有 8 种。青岛有 1 种。

1. 朝鲜槐 怀槐 山槐 高丽槐（图359；彩图68）

Maackia amurensis Rupr. et Maxim.

落叶乔木，高可达25米，胸径达60厘米 。树皮黑褐色，浅纵裂；小枝绿褐色，平滑无毛，皮孔黄褐色，近圆形。奇数羽状复叶，互生；小叶7 ~ 11，对生，薄革质，卵形、倒卵状长圆形或椭圆形，长3.5 ~ 8厘米，宽2 ~ 5厘米 ，先端急尖或渐尖，基部圆形或楔形，不对称，全缘，上面深绿色，有光泽，初有疏毛，后无毛，下面色暗，无毛或沿脉有疏或密的白色纤毛；小叶柄长4 ~ 5毫米，密生黄色柔毛。总状或圆锥花序顶生，花密生，花梗长4 ~ 5毫米，花萼淡绿色，萼筒杯形，长约3毫米，裂片5，长约1毫米，密生绒毛；花冠白色，长约8毫米，旗瓣倒卵形，先端微凹，龙骨瓣比旗瓣稍短。荚果扁平，暗褐色，长条形，长3 ~ 7厘米，宽1厘米左右，沿腹缝线有宽约1毫米的狭翅；种子1 ~ 6，褐黄色，肾形。

图359 朝鲜槐

1. 果枝；2. 花；3. 去掉花冠的花

产于崂山北九水、蔚竹庵、滑溜口、凉清河、太清宫、洞西岐、天茶顶、明霞洞、崂顶等地，生于山谷、溪边、林缘湿润土厚处；植物园有栽培。国内分布于东北地区及内蒙古、河北等省区。

树皮、叶含鞣质，提制栲胶；木材细致紧密，有光泽，可做建筑、家具等用材；花为蜜源，种子可榨油；茎枝药用，有祛风除湿作用。可做行道树及绿化树种。

（二）槐属 Sophora L.

乔木或灌木，常绿或落叶，稀为草本。芽小，芽鳞不明显。奇数羽状复叶，小叶通常3 ~ 8对；托叶小，有时变成刺。总状花序顶生或腋生；萼钟状，顶端截形或有5个三角形的短萼齿；旗瓣圆形或长椭圆状倒卵形；雄蕊10，离生或基部稍合生。荚果圆柱形或稍扁，有长梗；种子与种子间缢缩成串珠状，不开裂或开裂稍迟，种子数目不等。

约70余种，主要产于北半球热带、亚热带及温带。我国约21种，14变种，2变型，南北各地均有分布。青岛有3种，3变型。

分种检索表

1. 乔木；小叶7 ~ 17；圆锥花序；果肉质 ……………………………… 1.槐 S. japonica

1. 灌木或亚灌木；小叶11 ~ 29，总状花序。

 2.灌木；小叶11 ~ 21，托叶和侧生小枝顶端变为硬刺 ……………… 2.白刺花S.davidii

 2. 亚灌木；小叶15 ~ 29，托叶和侧生小枝顶端不变为硬刺 …………… 3.苦参S. flavescens

图 360 槐

1. 果枝；2. 花序；3. 旗瓣、翼瓣、龙骨瓣；4. 去掉花冠的花

1. 槐 国槐（图 360）

Sophora japonica L.

落叶乔木，高 15 ～ 25 米，胸径达 1.5 米。树皮灰黑色，粗糙纵裂；无顶芽，侧芽为叶柄下芽，青紫色。奇数羽状复叶长 15 ～ 25 厘米；叶轴有毛，基部膨大，小叶 7 ～ 17，卵状长圆形，长 2.5 ～ 7.5 厘米，宽 1.5 ～ 5 厘米，先端渐尖而有细尖头，基部阔楔形，或近圆形，下面灰白色，疏生短柔毛；托叶钻形，早落。圆锥花序顶生；萼钟状，有 5 小齿；花冠乳白色，长 1 ～ 1.5 厘米，旗瓣阔心形，有短爪，并有紫脉，翼瓣、龙骨瓣边缘稍带紫色，有 2 耳；雄蕊 10，不等长。荚果肉质，串珠状，长 2.5 ～ 8 厘米，无毛，不裂；种子 1 ～ 6，深棕色，肾形。花期 6 ～ 8 月；果期 9 ～ 10 月。

产崂山太清宫、张坡、华严寺、北九水、潮音瀑、华楼、三标山等地；全市普遍栽培，常见品种还有黄金槐和金叶国槐。国内分布于东北地区及内蒙古、新疆，南至广东、云南。

木材富有弹性，耐水湿，可供建筑及家具用材。树姿美观，耐烟尘，可作绿化树种；并为优良的蜜源植物。果实 (槐角)、花蕾及花药用，有凉血止血、清肝明目的功效；花亦可作黄色染料。

（1）五叶槐（变型）

f. **oligophylla** Franch.

与原种的区别：奇数羽状复叶仅有 3 ～ 5 小叶，顶端小叶常 3 裂，侧生小叶下面常用大裂片，叶片下面有短绒毛。

植物园及即墨市，平度市有栽培。

供观赏。

（2）龙爪槐（变型）

f. **pendula** Hort.

与原种的区别在于：大枝扭转斜向上伸展，小枝皆下垂，树冠伞形。

各地常见栽培。

供观赏。

（3）杂蟠槐（变型）

f. **hybrida** Carrière

主枝健壮，向水平方向伸展，小枝细长，下垂。

山东科技大学校园有栽培。

供观赏。

2. 白刺花（图 361）

Sophora davidii (Franch.) Skeels

S. moorcroftiana (Benth.) Baker var. *davidii* Franch.

灌木。小枝初被毛，后脱落；不育枝末端明显变成刺，有时分叉。羽状复叶；托叶钻状，部分变成刺，疏被短柔毛，宿存；小叶 11 ~ 21，常为椭圆状卵形或倒卵状长圆形，先端圆或微缺，常具芒尖，基部钝圆形，上面几无毛，下面中脉隆起，疏被长柔毛或近无毛。总状花序着生于小枝顶端；花小，较少；花萼钟状，稍歪斜，蓝紫色，萼齿 5，不等大，无毛；花冠白色或淡黄色，有时旗瓣稍带红紫色，旗瓣倒卵状长圆形，长 14 毫米，宽 6 毫米，先端圆形，基部具细长柄，柄与瓣片近等长，反折，翼瓣与旗瓣等长，单侧生，倒卵状长圆形，具 1 锐尖耳；龙骨瓣比翼瓣稍短，镰状倒卵形，具锐三角形耳；雄蕊 10，等长，基部连合不到三分之一；子房比花丝长，密被黄褐色柔毛，花柱变曲，无毛，胚珠多数，荚果非典型串珠状，稍压扁，长 6 ~ 8 厘米，表面散生毛或近无毛，有种子 3 ~ 5 粒；种子卵球形，深褐色。花期 3 ~ 8 月；果期 6 ~ 10 月。

图 361　白刺花

1. 花枝；2. 花；3. 果实

产于全市各丘陵山地。国内分布于华北及陕西、甘肃、河南、江苏、浙江、湖北、湖南、广西、四川、贵州、云南、西藏等省区。

本种耐旱性强，是水土保持树种之一，也可供观赏。

3. 苦参 山槐（图 362）

Sophora flavescens Ait.

半灌木，高 1.5 ~ 3 米；主根圆柱形，长可达 1 米，外皮黄色。小枝被柔毛，后脱落。奇数羽状复叶，长 20 ~ 25 厘米；小叶 15 ~ 29，椭圆状披针形至条状披针形，稀为椭圆形，长 3 ~ 4 厘米，宽 1.2 ~ 2 厘米，先端渐尖，基部圆形，背面有平贴柔毛；叶轴被柔毛，托叶条形。总状花序顶生，

图 362　苦参

1. 花枝；2. 果实；3. 旗瓣、翼瓣、龙骨瓣；4. 去掉花冠的花；5. 小叶

长 15 ~ 30 厘米，有疏生短柔毛或近无毛；萼钟状，偏斜，齿不明显；花冠淡黄色或粉红色，旗瓣匙形，翼瓣无耳；雄蕊 1/4 合生。荚果长 5 ~ 11 厘米，圆筒形，种子间微缢缩，呈不明显的串珠状，先端有长喙，疏生短柔毛；种子 1 ~ 5。花期 6 ~ 9 月；果期 8 ~ 10 月。

产于崂山，大泽山，胶州艾山等丘陵山区，生于山坡草丛、林缘、路旁。国内分布于南北各省区。

根药用，有清热燥湿、杀虫止痒的功效。茎皮纤维可做工业原料。种子可作农药。

（三）黄檀属 **Dalbergia** L .f.

乔木或高大攀援灌木。无顶芽，腋芽有 2 芽鳞。奇数羽状复叶，稀为单叶，全缘，羽状脉，近革质，小叶互生；托叶早落。花多数，排成顶生或腋生的二歧聚伞花序或圆锥花序；花萼钟状，5 裂，上部 2 萼齿，通常短宽，部分合生，下部较长，最下 1 个最长；花冠伸长萼外，旗瓣直立或弯曲，有爪，翼瓣基部截形或戟形，龙骨瓣先端钝；雄蕊 10，稀为 9，联合成单体或二体，多为 (5)+5，稀为 (9)+1，花药很小，顶孔开裂；子房有柄，花柱短，内弯。荚果扁平，长圆形或舌形，很薄，不开裂；种子 1 ~ 4，通常生荚果中部。

约 100 种以上，主要产于美洲、非洲和亚洲热带地区。我国有 28 种，1 变种。青岛有 1 种。

1. 黄檀　檀木　不知春（图 363；彩图 69）

Dalbergia hupeana Hance

图 363　黄檀

1. 果枝；2. 叶片先端；3. 旗瓣、翼瓣、龙骨瓣；4. 花；5. 雄蕊；6. 种子

落叶乔木，高 10 ~ 17 米。树皮灰黑色，条形纵裂，小枝无毛稀被毛，皮孔长圆形，白色；冬芽近球形。奇数羽状复叶，小叶 9 ~ 11；小叶长圆形或阔椭圆形，长 3 ~ 5.5 厘米，宽 1.5 ~ 3 厘米，先端钝，微缺，基部圆形，下面被平伏柔毛；叶轴与小叶柄有白色平伏柔毛，托叶早落。圆锥花序顶生或生于上部腋间，花梗有锈色疏毛；花萼钟状，萼齿 5，不等长，最下面的 1 个披针形，较长，上面 2 宽卵形，较短，有锈色柔毛；花瓣淡黄白色，都有爪，旗瓣圆形，先端微缺；雄蕊联合成 (5)+(5) 二体。荚果长圆形，扁平，长 3 ~ 7 厘米；种子 1 ~ 3。花期 5 ~ 6 月；果期 9 ~ 10 月。

产于崂山北九水、流清河及大珠山等地，生于山谷杂木林及山沟溪边；儿童公园，山东科技大学校园及崂山区有栽培。国内分布于江苏、浙江、江西、福建、河南、安徽、湖北、湖南、广东、广西、贵州、云南、四川等省区。

材质坚韧、致密，可做各种负重力及拉力强的用具、器材，如枪托、车轴、槌柄、油轮等。根入药。为荒山荒地造林先锋树种。为紫胶虫寄主树。

（四）紫藤属 **Wisteria** Nutt.

落叶木质藤本，芽鳞3。奇数羽状复叶，互生；小叶7～19，对生，全缘，有柄；小托叶条形，宿存；托叶早落。总状花序，下垂，蓝紫、红紫或白色，艳丽、芳香；花萼阔钟状，有5裂齿，下面3裂齿较长；旗瓣大，反曲，基部常有2胼胝体，翼瓣镰刀形，基部有耳，龙骨瓣钝，有凸尖；雄蕊为（9）+1二体；子房条形，有短柄，花柱向内弯，柱头近球形。荚果长条形，有柄，扁平，含数种子，通常在种子见微缢缩，开裂很迟；种子扁圆形。

约10种，分布在东亚和美洲东部。我国有5种，1变型，各地均有栽培。青岛有4种。

分种检索表

1. 茎左旋；小叶7～13。
 2. 老叶近无毛或有疏生毛；总状花序长15～30厘米，花长约2.5厘米，紫色或深黄色1.紫藤W. sinensis
 2. 叶下面密生丝状毛。
  3. 总状花序长20～30厘米；花冠淡紫色 ………………………………………………… 2.藤萝W. villosa
  3. 叶下面密生丝状毛；花序较短，总状花序长10～15厘米；花冠白色 …… 3.白花藤萝W. venusta
1. 茎右旋；小叶13～19，老叶近无毛；总状花序长20～50厘米…………………… 4.多花紫藤W. floriunda

1. 紫藤　藤萝（图364）

Wisteria sinensis (Sims) Sweet

Glycine sinesis Sims

落叶大藤本，小枝被柔毛。奇数羽状复叶，小叶7～13，通常为11，小叶卵状长椭圆形至卵状披针形，长4.5～8厘米，先端渐尖，基部圆形或阔楔形，幼时两面密生平伏白色柔毛，老叶近无毛。总状花序长15～30厘米，花序轴、花梗及萼均被白色柔毛；花冠紫色或深紫色，长约2.5厘米；花梗长1.5～2.5厘米。荚果长10～25厘米，表面密生黄色绒毛，有喙，木质，开裂；种子扁圆形，1～5枚。花期4～5月；果期8～9月。

全市普遍栽培。国内分布于河北以南黄河、长江流域及陕西、河南、广西、贵州、云南等省区。

花大美丽，可供观赏。根皮和花药用，能解毒驱虫、止吐泻；花穗治腹水。茎皮可做纺织原料。

图364　紫藤
1. 花枝；2. 果实；3. 花；4. 雄蕊

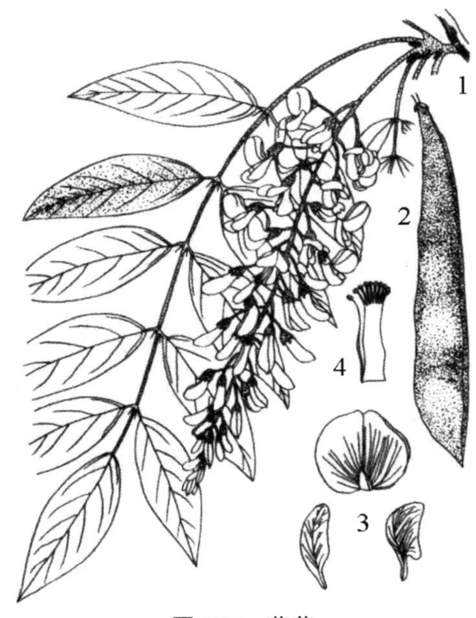

图 365　藤萝
1. 花枝；2. 果实；3 ~ 5. 旗瓣、翼瓣、龙骨瓣；
4. 雄蕊

图 366　白花藤萝
1. 花枝；2. 去掉花冠的花；
3 ~ 5. 旗瓣、翼瓣、龙骨瓣

叶可作饲料。花瓣用糖渍制糕点。种子含氰化物，有毒。

2. 藤萝（图 365）

Wisteria villosa Rehd.

落叶藤本。当年生枝密被灰色柔毛，后无毛。羽状复叶长 15 ~ 32 厘米；叶柄长 2 ~ 5 厘米；托叶早落；小叶 9 ~ 11，纸质，卵状长圆形或椭圆状长圆形，自下而上渐小，第 2、3 对小叶较大，先端短渐尖至尾尖，基部阔楔形或圆形，上面疏被白色柔毛，下面毛较密，不脱落；小托叶刺毛状，易落，与小叶柄均被长柔毛。总状花序生于枝端，下垂，长 30 ~ 35 厘米，径 8 ~ 10 厘米；花芳香，与叶同时展开，自下而上顺序开花；苞片卵状椭圆形，长约 1 厘米；花梗长 1.5 ~ 2.5 厘米，和苞片均被灰白色长柔毛；花萼紫色，内外均被绒毛，萼齿三角形，上方 2 齿合生；花冠堇青色，长 2.2 ~ 2.5 厘米，旗瓣近圆形，基部心形，具瓣柄，翼瓣和龙骨瓣阔长圆形，龙骨瓣先端微缺；子房密被绒毛，胚珠 5。荚果倒披针形，长 18 ~ 24 厘米，宽 2.5 厘米，密被褐色绒毛，有 3 种子。花期 5 月；果期 6 ~ 7 月。

公园及山东科技大学有栽培。

供观赏。

3. 白花藤萝　白花藤（图 366）

Wisteria venusta Rehd.et Wils.

落叶攀援大藤本，幼枝初时有柔毛，后脱落无毛。奇数羽状复叶，小叶 9 ~ 13；小叶卵形或长椭圆状披针形，长 6 ~ 10 厘米，先端短渐尖，基部圆形，稀心形，两面被丝状细毛，老叶下面更密。叶与花同时开放；总状花序长 10 ~ 15 厘米；花梗粗，长约 3 厘米，花序轴及花梗密被长柔毛；花萼疏被柔毛；花冠白色，长约 2.3 厘米。荚果长 15 ~ 20 厘米。荚果长15～20厘米，密被绒毛。花期4～5月；果期9～10月。

原产日本。中山公园，崂山北九水、明霞洞、洞西歧等地有栽培。

供观赏。

4. 多花紫藤（图367）

Wisteria florbunda DC.

落叶攀援灌木。羽状复叶，小叶13～19；小叶卵形、卵状长椭圆形或披针形，先端渐尖，基部圆形，纸质，两面有微毛。总状花序长30～50厘米；花紫色，长约1.5厘米；小花梗细长，长2～2.5厘米。荚果大而扁平，长10～15厘米，密生细毛。花期5月。

原产日本。青岛各公园及城阳有栽培；长江以南常见栽培。

用途同紫藤。

图367 多花紫藤

1. 花枝；2. 去掉花冠的花；3～5. 旗瓣、翼瓣、龙骨瓣；6. 果实；7. 种子

（五）刺槐属 Robinia L.

落叶乔木或灌木。叶柄下芽，裸露，无顶芽，小枝有托叶刺。奇数羽状复叶，小叶对生；有小叶柄与小托叶。总状花序，下垂，花白色、淡红色或淡紫色，有细梗；花萼钟状，萼齿5，稍二唇形；旗瓣近圆形，外卷，翼瓣狭长弯曲，龙骨瓣背部连合向内弯曲；雄蕊10，联合成(9)+1二体。荚果长圆形或条状长圆形，扁平，2瓣裂，种子数枚。

约20种，产于北美洲及墨西哥。我国引种2种，2变型。青岛引种栽培2种，3变型。

分种检索表

1.小枝及花梗无毛；花冠白色，旗瓣基部有黄斑 ······································ 1.刺槐 R.pseudoacacia

1. 小枝、叶轴及花梗密被棕红色刚毛；花冠玫瑰红色或淡紫色······························ 2.毛洋槐 R.hispida

1. 刺槐 洋槐 卡西（图368）

Robinia pseudoacacia L.

落叶乔木，高可达25米。树皮褐色，有深沟，小枝光滑。奇数羽状复叶，小叶7～25；小叶椭圆形或卵形，长2～5厘米，宽1～2厘米，先端圆形或微凹，有小源头，基部圆形或阔楔形，全缘，无毛或幼时疏生短毛。总状花序腋生，长10～20厘米，下垂；花萼杯状，浅裂；花白色，芳香，长1.5～2厘米，旗瓣有爪，基部常有黄色斑点。荚果扁平，条状长圆形，腹缝线有窄翅，长4～10厘米，红褐色，无毛；种子3～13，

图 368　刺槐

1. 花枝；2. 果枝；3. 托叶刺；4. 去掉花冠的花；5. 旗瓣、翼瓣、龙骨瓣

黑色，肾形。花期 4 ~ 5 月；果期 9 ~ 10 月。

原产美国东部。全市普遍栽培。全国普遍栽培。

木质坚硬可作枕木、农具。叶可作家畜饲料。种子含油 12%，可做制肥皂及油漆的原料。花可提取香精；又是较好的蜜源植物。

（1）无刺刺槐 无刺洋槐（变型）

f. **inermis** (Mirb.) Rehd.

R.inermis Mirb.;*R.pseudoacacia* L.var. *inermis* DC.

与原种的区别是：枝条上无刺，枝条茂密，树冠塔形，美观。

中山公园有栽培。

作行道树及庭院树。

（2）伞形洋槐 伞洋槐（变型）

f. **umbraculifera** (DC.) Rehd.

R. umbraculifera DC.

与原种的区别是：分枝密；树冠近球形，无刺或有很小软刺，开花极少。

青岛市区有栽培。

作观赏树或行道树。

（3）红花刺槐（变型）

f. **decaisneana** (Carr.)Voss

与原种的区别是：花粉红色，较小，长 1.5 ~ 2 厘米。

青岛市区有栽培。

供观赏。

（4）曲枝刺槐（栽培变种）

'Tortuosa'

枝条扭曲。

黄岛区山东科技大学校园有栽培。

供观赏。

（5）香花槐（栽培变种）

'Idaho'

花紫红色。

全市普遍栽培。

供观赏。

2. 毛刺槐 江南槐（图 369）

Robsnia hispida L.

落叶灌木，高可达 2 米；有匍匐枝。茎、小枝、花梗及叶柄上密被红色刺毛。奇数羽状复叶，小叶 7 ~ 13，小叶近圆形或阔长圆形，长 2 ~ 4 厘米，宽 2 ~ 3 厘米，先端钝，有突尖，基部圆形，全缘，两面无毛。常 2 ~ 7 花组成腋生总状花序；花红玫瑰紫色或淡紫色，长 2 ~ 5 厘米。荚果长 5 ~ 8 厘米，有红色腺状刚毛，但很少发育。花期 5 月。

原产北美。青岛市区公园及崂山区，胶州市，平度市有栽培。

花色艳丽，供观赏。

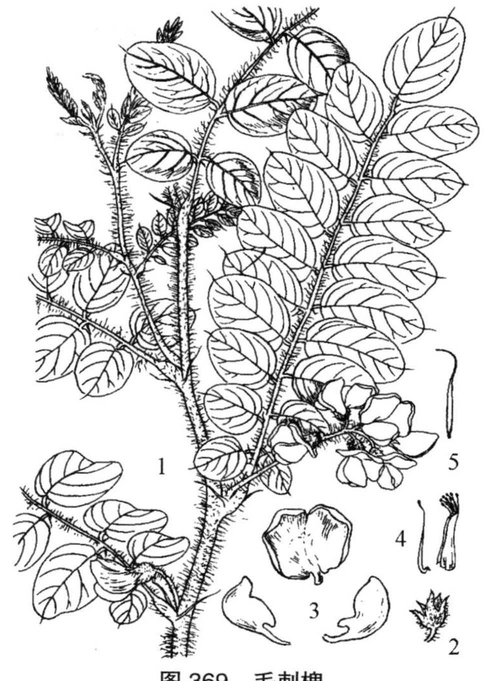

图 369　毛刺槐

1. 花枝；2. 花萼展开；3. 旗瓣、翼瓣、龙骨瓣；4. 雄蕊；5. 雌蕊

（六）木蓝属 Indigofera L.

落叶灌木、亚灌木或多年生草本；植株有丁字毛。叶通常为奇数羽状复叶，稀为掌状复叶或单叶；小叶常对生，全缘，有小叶柄；托叶小，针状，生于叶柄上。总状花序或穗状花序腋生；花多为淡红色或紫色；花萼钟状，萼齿 5，近等长或最下萼齿较长；旗瓣圆形至长圆形，翼瓣卵形或长圆形，稍于龙骨瓣贴生，龙骨瓣有爪，在爪上有 1 距；雄蕊 10，联合成（9）+1 二体，药隔顶端常有腺体或延伸成毫毛状；子房无柄或有极短的柄。荚果条状圆筒形或近球形，开裂，种子间有横隔膜。

约 700 种，分布于热带和亚热带，温带也有生长。我国 81 种，9 变种。青岛有 2 种。

分种检索表

1. 花序与叶近等长；花冠长约1.5厘米；小叶阔卵形、菱状卵形或椭圆形 ……… 1.花木蓝L. kirilowii

1.花序比叶长；花冠长约5毫米；小叶长圆形或倒卵状长圆形 ……………………… 2.本氏木蓝L.Bge.ana

1. 花木蓝 吉氏木蓝 山扫帚（图 370）

Indigofera kirilowii Maxim. ex Palibin

落叶灌木，高 0.3 ~ 1 米。嫩枝条有纵棱，有丁字毛或柔毛。奇数羽状复叶，小叶 7 ~ 11，长 8 ~ 16 厘米，小叶阔卵形、菱状卵形或椭圆形，长 1.5 ~ 3 厘米，宽 1 ~ 2 厘米，先端圆形，有短尖，基部阔楔形，全缘，两面疏生白色丁字毛和柔毛；小托叶条形，与小叶柄等长。总状花序腋生，与叶近等长；萼深钟状，萼齿 5，披针形，不等长，疏生柔毛；花冠淡紫红色，长 1.5 ~ 1.8 厘米，旗瓣、翼瓣、龙骨瓣三者近等长，旗瓣椭

图 370　花木蓝

1. 花枝；2. 果实；3. 旗瓣、翼瓣、龙骨瓣；4. 雄蕊和花萼

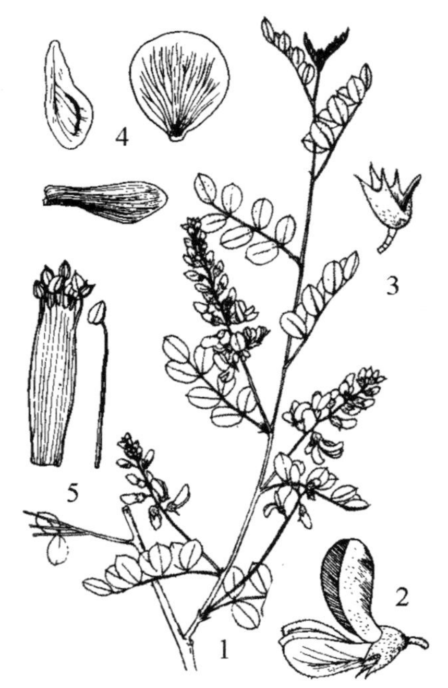

图 371　本氏木蓝

1. 花枝；2. 花；3. 花萼；4. 旗瓣、翼瓣、龙骨瓣；5. 雄蕊

圆形，无爪，周边有短柔毛，翼瓣长圆形，基部渐狭成爪，1 侧有距状突起，龙骨瓣基部有爪和耳，周边有毛。荚果圆柱形，长 3.5 ~ 7 厘米，径约 4 毫米，褐色至赤褐色，无毛。花期 6 ~ 7 月；果期 8 ~ 10 月。

产于全市各丘陵山区，生于阳坡灌丛、疏林、岩缝处。国内分布于东北、华北地区及河南、浙江、内蒙古等省区。

可做保持水土和荒山绿化的先锋树种。花可食。种子含油和淀粉，也可酿酒或作饲料。可引种栽培供观赏和做绿化树种。茎皮纤维供制人造棉。

2. 本氏木蓝　河北木蓝　铁扫帚（图 371）

Indigofera Bge.ana Walp.

落叶灌木，高 0.4 ~ 1 米。茎直立，多分枝，嫩枝灰褐色，密被白色平伏丁字毛。奇数羽状复叶，长 3 ~ 5 厘米，小叶 7 ~ 9 枚；小叶长圆形或倒卵状长圆形，长 5 ~ 15 毫米，宽 3 ~ 10 毫米，先端圆或尖，基部圆形，两面有平伏丁字毛；叶柄和小叶柄上均密被白色丁字毛；托叶针形。总状花序，腋生，比叶长，有 10 ~ 15 花；花萼钟状，萼齿 5，下面 3 裂齿较长；花冠紫色或紫红色，长约 5 毫米，外面被毛。荚果圆柱形，长 2.5 ~ 3 厘米，径约 3 毫米，有白色丁字毛。花期 5 ~ 7 月；果期 8 ~ 10 月。

产于崂山北九水、蔚竹庵、太清宫，大泽山雀石涧等地，生于山坡、岩缝、灌丛或疏林中。国内分布于辽宁、内蒙古、河北、山西、陕西、甘肃、安徽、浙江、湖北、四川、贵州、云南等省区。

全株供药用，有清热止血、消肿的功效；外敷治创伤。为荒山水土保持植物。

（七）杭子梢属 **Campylotropis** Bge.

灌木或亚灌木。羽状复叶、互生，具 3 小叶；托叶常窄三角形至钻形；具小托叶。总状花序单一腋生或有时数个腋生，常于顶部排成圆锥花序；苞片宿存或早落，每苞内生 1 花；小苞片生于花的基部。花梗在花萼下具关节；花萼 5 裂，上部 2 裂片通常大部分合生，下部裂片一般较上方与侧方裂片窄而长；旗瓣椭圆形、近圆形、卵形或经长圆形，基部具短瓣柄，翼瓣近长圆形、半圆形或半椭圆形，基部常有耳及细瓣柄，龙骨瓣上部内弯成直角，有时成钝角或锐角，先端锐尖，基部有耳或细瓣柄；雄蕊二体（9）+1；子房 1 室 1 胚珠。荚果双凸镜状，不裂；种子 1 颗。

约 45 种，分布于亚洲温带地区。我国 29 种，6 变种。青岛有 1 种。

1. 杭子梢（图 372）

Campylotropis macrocarpa (Bge.) Rehd.

Lespedeza macrocarpa Bge.

灌木，高 1 ～ 2 米。嫩枝被贴伏柔毛。叶具 3 小叶；叶柄长 1 ～ 3.5 厘米，被柔毛；小叶椭圆形或宽椭圆形，先端圆钝或微凹，具小刺尖，基部圆，上面通常无毛，下面被贴短柔毛或长柔毛。总状花序长 4 ～ 10 厘米或更长；花序梗及花梗被短柔毛；花萼长 3 ～ 5 毫米，稍浅裂或近中裂，稀深裂，裂片窄三角形或三角形，上部裂片合生；花冠紫红或近粉红色，旗瓣椭圆形、倒卵形或长圆形，具瓣柄，翼瓣微短于旗瓣或等长，龙骨瓣呈直角或微钝角内弯。荚果长圆形或椭圆形，长 1 ～ 1.4 厘米，无毛，具网纹，边缘具纤毛。

即墨市有栽培。国内大部分地区均有分布。

根有舒筋活血的功能。栽培可供观赏。

图 372　杭子梢

1. 花枝；2. 花；3. 花萼；4. 雌蕊；5. 果实

（八）胡枝子属 **Lespedeza** Michx.

落叶灌木、半灌木，稀草本。羽状三出复叶，小叶全缘，托叶钻形或刺芒状，早落。总状或头状花序；花双生苞腋，花梗顶端无关节；花二型，有花冠者结实或不结实，无花冠者均结实；花萼钟状或杯状，4 ～ 5 齿裂，线形或披针形，上方 2 萼齿合生，有小苞片 2；花冠突出花萼，花瓣有爪，旗瓣宽大，倒卵形至长圆形，翼瓣长圆形，与龙骨瓣稍附着或分离，龙骨瓣先端钝，内弯；雄蕊 10，联合成 (9)+1 的二体雄蕊；花柱内弯，柱头小，顶生，子房含 1 胚珠。荚果扁平，卵形至椭圆形，常有网脉，不开裂，含 1 种子。

约60种,分布于欧洲东北部至亚洲、北美及大洋洲。我国有26种,分布于全国各地。青岛有10种，1亚种。

分种检索表

1. 无闭锁花，花冠通常紫红色。
  2. 花序较叶长或与叶近等长。
    3. 小叶先端通常圆钝或微凹 ……………………………………………………1.胡枝子 L.bicolor
    3.小叶顶端急尖、渐尖或长渐尖 ……………………………… 11.美丽胡枝子L.thunbergii subsp. formosa
  2. 花序较叶短，近无花序梗 ……………………………………………… 2.短梗胡枝子 L.cyrtobotrya
1. 有闭锁花；萼5裂。
  4. 花萼裂片长针状，与花冠近等长。
    5. 植株稍有白色柔毛；总状花序较叶为短；小叶狭长圆形 …………… 3.达呼里胡枝子 L.daurica
    5. 植株密生褐色柔毛；总状花序较叶为长；小叶卵状椭圆形 ………… 4.绒毛胡枝子 L.tomentosa
  4. 花萼裂片披针形或三角形，长不及花冠一半(细梗胡枝子例外，但其总花梗极长)。
    6. 花紫色；小叶倒卵形 …………………………………………………… 5.多花胡枝子 L.floribunda
    6. 花黄白色，稍有紫斑。
      7. 总花梗细长，比叶长数倍 ……………………………………………6.细梗胡枝子 L.virgata
      7. 总花梗短而直，比叶短或近等长。
        8. 小叶条状长圆形，长约为宽的10倍 …………………………… 7.长叶胡枝子 L.caraganae
        8. 小叶较宽，长不及宽的5倍。
          9. 小叶先端成截形 ………………………………………………… 8.截叶铁扫帚 L. cuneata
          9. 小叶先端钝圆或急尖。
            10. 旗瓣不反卷；小苞片狭，与萼筒等长；小叶先端锐尖或钝，长通常超过宽的3倍 ……… ………………………………………………………………………… 9.尖叶铁扫帚 L.juncea
            10. 旗瓣反卷；小苞片卵形，较萼筒为短；小叶先端钝圆、截形或微缺，长一般不超过宽的3倍 ………………………………………………… 10.阴山胡枝子 L.inschanica

1. 胡枝子 苦枝子 野扫帚（图 373）

Lespedeza bicolor Turcz.

直立灌木，高1 ~ 3米。幼枝黄褐色或绿褐色，被柔毛，后脱落，老枝灰褐色。三出羽状复叶;顶生小叶较大,阔椭圆形、倒卵状椭圆形或卵形,长1.5 ~ 5厘米,宽1 ~ 2厘米，先端圆钝，或凹，稀锐尖，有短刺尖，基部阔楔形或圆形，上面绿色，下面淡绿色，两面疏被平伏毛；叶短柄，长2 ~ 3毫米，密被柔毛。总状花序腋生，总花梗较叶长；花梗长2 ~ 3毫米；花萼杯状，萼齿4，较萼筒短，裂片常无毛，披针形或卵状披针形，先端渐尖或钝;花冠紫色,旗瓣倒卵形,长10 ~ 12毫米,顶端圆形或微凹,基部有短爪，翼瓣长圆形，长约10毫米，龙骨瓣与旗瓣等长或稍长；子房条形，有毛。荚果斜卵形，两面微凸，长约1厘米，较萼长，顶端有短喙，基部有柄，网脉明显，被柔毛。花期7 ~ 8

月；果期9～10月。

产于全市各丘陵山区；崂山区晓望水库，青岛农业大学，黄岛区青龙湾栽培。国内分布于东北、华北、华东地区及陕西、甘肃、河南、湖南、广东、广西等省区。

为保持水土的优良灌木；亦可栽培供观赏。嫩枝和叶可作家畜饲料和绿肥。嫩叶可代茶。根药用，有润肺解毒、利尿止血等功效。枝条可编筐。花为蜜源。种子油可供食用或工业用。

图373　胡枝子
1. 花枝；2. 果实

2. 短梗胡枝子 短序胡枝子（图374）

Lespedeza cyrtobotrya Miq.

灌木，高可达2米。幼枝被白色柔毛，后脱落。三出羽状复叶；小叶倒卵形、卵状披针形或椭圆形；顶生小叶长1～5厘米，宽0.5～2.7厘米，侧生小叶较小，先端圆形或微凹，有小尖，基部圆形，上面无毛，下面灰白色，被平伏柔毛；小叶被柔毛。总状花序腋生，比叶短，单生或排成圆锥状；总花梗短，或近无总花梗；花梗短，长为萼的一半；花萼筒状，密生长柔毛，萼齿4，上2萼齿近合生；花冠紫色、粉红色。荚果斜卵圆形，扁平，长约6毫米，宽约5毫米，密生锈色绢毛。花期7～8月；果期8～9月。

产于崂山北九水、仰口、泉心河、华楼、崂山头等地。国内分布于东北地区及河北、山西、陕西、甘肃、浙江、江西、河南、广东等省区。

茎皮纤维可制人造棉或造纸。嫩叶、枝可作饲料及绿肥。

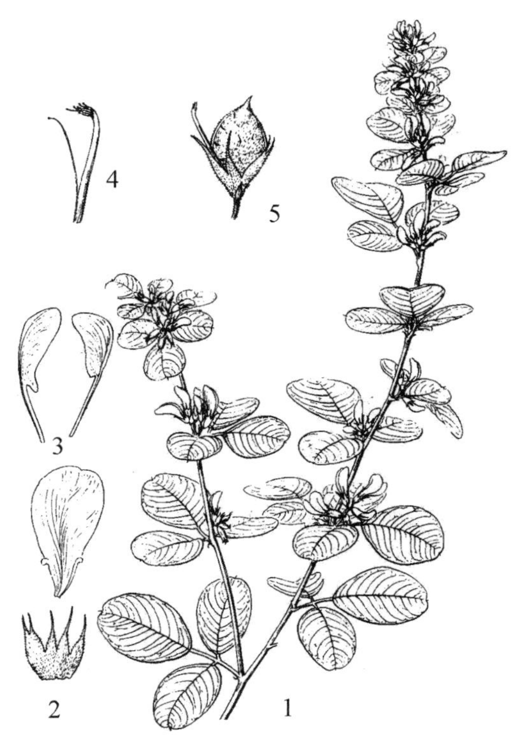

图374　短梗胡枝子
1. 花枝；2. 花萼展开；3. 旗瓣、翼瓣、龙骨瓣；4. 雄蕊；5. 雌蕊；5果实

3. 兴安胡枝子 达呼里胡枝子（图375）

Lespedeza daurica (Laxm.) Schindl.

Trifolium dauricum Laxm.

草本状灌木，高30～60厘米。茎单一或几条簇生，通常稍斜生，老枝黄

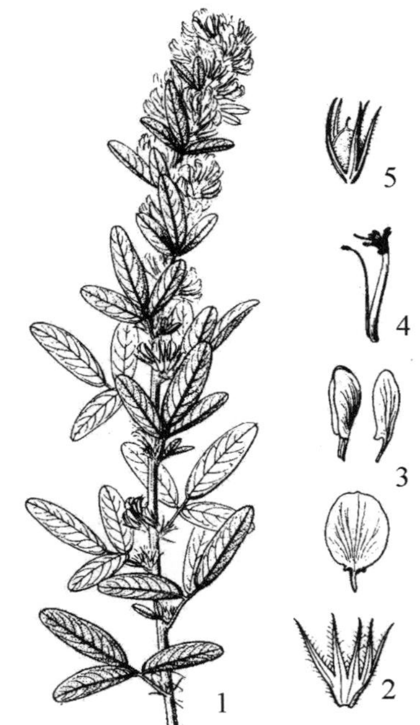

图 375 兴安胡枝子

1. 花枝；2. 花萼展开；3. 旗瓣、翼瓣、龙骨瓣；4. 雄蕊；5. 果实

图 376 绒毛胡枝子

1. 花枝；2. 小叶放大，示毛被；3. 花；4. 旗瓣、翼瓣、龙骨瓣；5. 雄蕊；6. 雌蕊；7. 果实

褐色，嫩枝绿褐色，有细棱和柔毛。三出羽状复叶；托叶刺芒状；小叶披针状长圆形，长 1.5 ~ 3 厘米，宽 5 ~ 10 毫米，先端圆钝，有短刺尖，基部圆形，全缘；叶柄被柔毛。总状花序腋生，较叶短或与叶等长；总花梗有毛；小苞片披针状条形；无瓣花簇生叶腋；萼筒杯状，萼齿 5，披针状钻形，先端刺芒状，几与花冠等长；花冠黄白色至黄色，有时基部紫色，长约 1 厘米，旗瓣椭圆形，翼瓣长圆形，龙骨瓣长于翼瓣，均有长爪；子房条形，有毛。荚果小，包于宿存萼内，倒卵形或长倒卵形，长 3 ~ 4 毫米，宽 2 ~ 3 毫米。顶端有宿存花柱，两面凸出，有毛。花期 6 ~ 8 月；果期 9 ~ 10 月。

产于崂山北九水、蔚竹庵、流清河、青山，辛安赵家岭南山，大泽山等地，生于海拔较低的干旱山坡、路旁及杂草丛中。国内分布于东北、华北经秦岭淮河以北至西南各省区。

为重要的山地水土保持植物；又可作牧草和绿肥。全株药用，能解表散寒。

4. 绒毛胡枝子 山豆花（图 376）

Lespedeza tomentosa (Thunb.) Sieb. ex Maxim.

Hedysarum tomentosum Thunb.

草本状灌木，高 1 ~ 2 米，全株有黄色柔毛。枝有细棱。三出羽状复叶，小叶卵圆形或卵状椭圆形，长 1.5 ~ 6 厘米，宽 1.5 ~ 3 厘米，先端圆形，有短尖，基部钝；叶柄长 1.5 ~ 4 厘米；托叶条形。有瓣花成总状花序顶生或腋生，花密集，花梗无关节；无瓣花成头状花序腋生；小苞片条状披针形；花萼杯状，萼齿 5 深裂，裂片披针形，密被绒毛；花冠白色或淡黄色，长 7 ~ 9 毫米，旗瓣椭圆形，比翼瓣短或等长，翼瓣长圆形，龙骨瓣与翼瓣等长；子房条形，有绢毛。荚果小，倒卵形，长 3 ~ 4 毫米，宽 2 ~ 3 毫米，被褐色绒毛，顶端有短喙，包于宿存萼内。花期 7 ~ 9 月；果期 9 ~ 10 月。

产于全市各丘陵山区，生于低山地、荒地、路旁草丛中；青岛农业大学有栽培。国内分布于除新疆、西藏外的其他各省区。

根药用，有健脾补虚的功效。嫩茎、叶可做饲料。茎皮纤维可制作绳索及造纸。水土保持植物。

5. 多花胡枝子 *扫帚苗 山扫帚*（图 377）

Lespedeza floribunda Bge.

半灌木，高 60 ~ 90 厘米。茎的下部分多分枝，小枝细长软弱，有细棱或被柔毛。三出羽状复叶，互生；托叶条形；小叶倒卵状长圆形或倒卵形，长 0.6 ~ 2.5 厘米，宽 4 ~ 10 毫米，先端微凹，有短刺尖，基部圆楔形，全缘，背面被柔毛。总状花序腋生；总花梗细而硬，较叶为长，长 1.5 ~ 2.5 厘米；无瓣花簇生叶腋；小苞片卵状披针形，与萼筒贴生；花萼杯状，长 4 ~ 5 毫米，萼片披针形，较萼筒长，疏被柔毛；花冠紫红色，旗瓣椭圆形，长约 8 毫米，翼瓣略短，龙骨瓣长于旗瓣；子房有毛。荚果扁，卵圆形，长 5 ~ 7 毫米，宽约 3 毫米，顶端尖，密被柔毛。花期 6 ~ 9 月；果期 9 ~ 10 月。

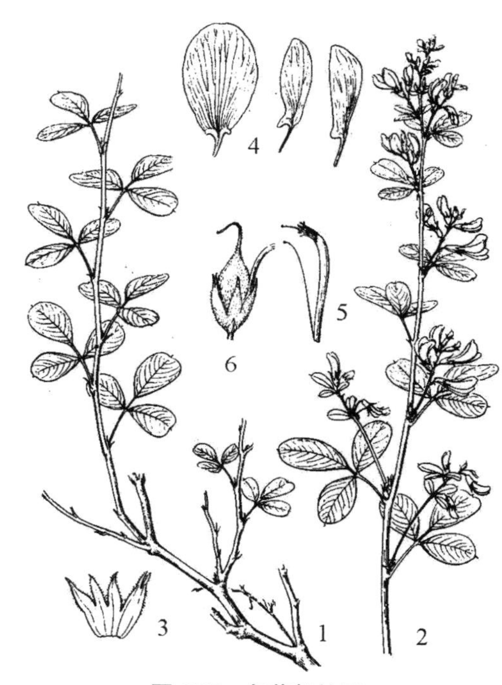

图 377 多花胡枝子

1. 植株下部；2. 花枝；3. 花萼展开；4. 旗瓣、翼瓣、龙骨瓣；5. 雄蕊和雌蕊；6. 果实

产崂山，浮山等地，生于山坡与旷野，能耐干旱，石灰岩山地常见。国内分布于辽宁、河北、山西、陕西、甘肃、宁夏、青海、江苏、安徽、江西、福建、河南、湖北、广东、四川等省区。

可作家畜饲料级绿肥；亦为水土保持植物。

6. 细梗胡枝子（图 378）

Lespedeza virgata (Thunb.) DC.

Hedysarum virgatum Thunb.

半灌木，高 50 ~ 80 厘米。茎有分枝，小枝细弱，褐色，被绒毛或无毛。三出羽状复叶；小枝长圆形或卵状长圆形，长 0.7 ~ 2 厘米，宽 0.5 ~ 1 厘米，纸质，先端钝圆，有短尖，基部圆形，边缘微卷，上面近无光滑，下面被平伏柔毛；小叶柄被平伏毛；托叶硬毛状。总状花序腋生，总花梗纤细，长 2 ~ 5 厘米，有 3 ~ 4 花，比叶长；花梗短，无关节；花小，长约 0.6 厘米；无瓣花簇生叶腋，无花梗；花萼浅杯状，萼齿 5，有白色柔毛；花冠白色或黄白色，旗瓣长约 6 毫米，基部有紫斑，翼瓣较短，龙骨瓣长于旗瓣或近

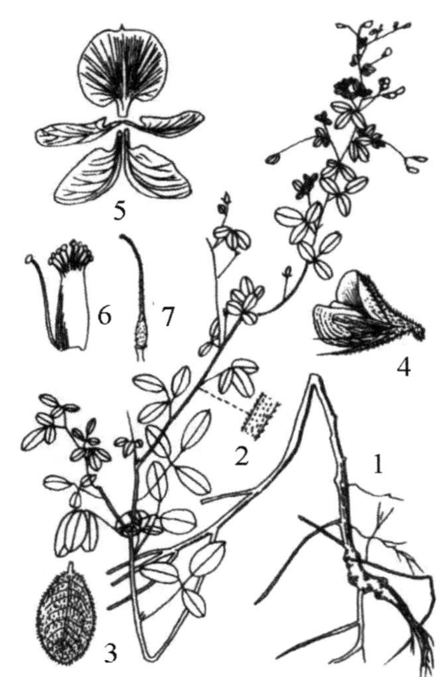

图 378　细梗胡枝子

1. 植株；2. 小枝放大，示毛被；3. 小叶放大，四毛被；4. 花；5. 旗瓣、翼瓣、龙骨瓣；6. 雄蕊；7. 雌蕊

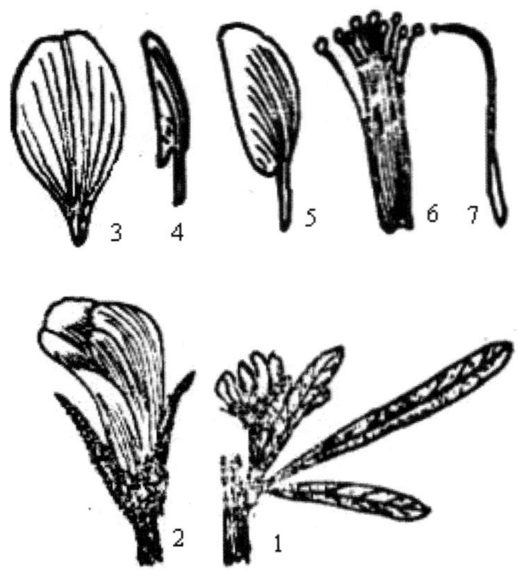

图 379　长叶胡枝子

1. 花枝；2. 花；3 ~ 5. 旗瓣、翼瓣、龙骨瓣；6. 雄蕊；7. 雌蕊

等长。荚果斜卵形，长约 4 毫米，宽 3 毫米，不超出宿存花萼，有网纹，有短毛或无毛。花期 7 ~ 9 月；果期 9 ~ 10 月。

产崂山，大泽山，即墨豹山，生于低山坡石缝中。国内分布于自辽宁南部经华北、陕西、甘肃至长江流域各省区。

7. 长叶胡枝子　长叶铁扫帚（图 379）

Lespedeza caraganae Bge.

草本状灌木，高 40 ~ 60 厘米。茎直立，有分枝，被短毛。三出羽状复叶；小叶条状长圆形，长 3 ~ 3.5 厘米，宽 1 ~ 3 毫米，先端圆形或微缺，有短尖，基部楔形，边缘反卷，上面无毛，下面被短伏生柔毛；叶柄短，长 1 ~ 2 毫米。总状花序腋生；总花梗短或无，3 ~ 4 花丛生，近于伞形花序状；萼长 4 ~ 4.5 毫米，5 深裂，裂片披针形；花冠黄白色，旗瓣基部有紫斑；无瓣花小，紧密着生于叶腋，几无梗。荚果卵圆形，长约 2 毫米，被短毛。花期 6 ~ 8 月；果期 9 ~ 10 月。

产崂山仰口、泉心河、崂山头、华楼等景地，生于山坡草丛中。国内分布于辽宁、河北、陕西、甘肃、河南等省区。

可饲用植物。

8. 截叶铁扫帚　绢毛叶胡枝子（图 380）

Lespedeza cuneata (Dum.- Cours) G. Don

Anthyllis cuneata Dum.- Cours

直立或上升的小灌木，高可达 1 米。小枝有白色平伏短毛。三出羽状复叶；小叶条状倒披针形，两缘几为平行，长 1 ~ 2.5 厘米，上部最宽处通常 2 ~ 4 毫米，有的宽达 7 毫米，先端截形，微凹，有小尖头，基部楔形，上面深绿色，无毛或近无毛，下面密生白色平伏毛；顶端 1 片小叶较下方 2 片小叶略大；柄短，长约 1 毫米，有白色柔毛。总状花序腋生，有 2 ~ 4 花，近于伞形，几无总花梗；无瓣花多生于叶腋；小苞片狭卵形，先端渐尖；萼长 4 ~ 6 毫米，5 深裂，裂片披针形，有白色短柔毛；花冠黄色，基部有紫斑，旗瓣长约 7 毫米，翼瓣与旗瓣等长，龙骨瓣稍长于旗瓣。荚果斜卵形，稍长于萼。花期 5 ~ 9 月；果期 10 月。

产崂山，大泽山，生于山坡草丛中。国内分布于陕西、甘肃、河南、台湾、湖北、湖南、广东、四川、云南、西藏等省区。

根及全草药用，有益肝明目、活血清热、利尿解毒的功效。嫩茎、叶为饲料及绿肥。

9. 尖叶胡枝子 尖叶铁扫帚（图 381）

Lespedeza juncea (L. f.) Pers.

Trifolium hedysaroides Pall.；*Hedysarum junceum* L. f.

草本状半灌木，高可达 1 米。茎直立，帚状分枝，小枝灰绿色或绿褐色。三出羽状复叶；小叶 3，小叶条状长圆形，长圆状披针形或倒披针形，长 1 ~ 3 厘米，宽 2 ~ 7 毫米，先端锐尖或钝，有短刺尖，基部楔形，上面灰绿色，近无毛，下面灰色，密被长柔毛；叶柄长 2 ~ 3 毫米；托叶条形，弯曲。总状花序腋生，2 ~ 5 花；总花梗长 2 ~ 3 厘米，较叶为长；花梗甚短，长约 3 毫米；小苞片狭披针形，急尖，长约 1.5 毫米，与萼筒近等长并贴生其上；萼长 5 ~ 6 毫米，5 深裂，被柔毛，裂片披针形；花冠白色，有紫斑，长 8 毫米，旗瓣近椭圆形，翼瓣长圆形，较旗瓣稍短，龙骨瓣与旗瓣近等长，无瓣花簇生于叶腋，有短花梗。荚果阔椭圆形，长约 3 毫米，被毛，顶端有宿存花柱。花期 7 ~ 8 月；果期 9 ~ 10 月。

产于崂山，小珠山，大珠山，大泽山等山区，生于山坡草地、林缘、路旁。国内分布于东北地区及内蒙古、河北、山西、甘肃等省区。

嫩茎、叶可作牲畜饲料和绿肥；又作水土保持植物。

图 380　截叶胡枝子

1. 花枝；2. 三出复叶；3. 花；4. 果实

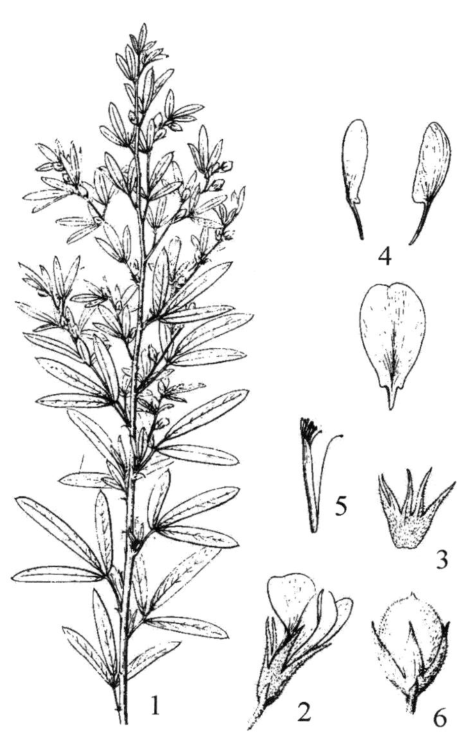

图 381　尖叶胡枝子

1. 花枝；2. 花；3. 花萼展开；4. 旗瓣、翼瓣、龙骨瓣；5. 雄蕊；6. 果实

图 382　阴山胡枝子

1. 花枝；2. 花；3. 旗瓣、翼瓣、龙骨瓣；4. 雄蕊；5. 雌蕊；6. 三出复叶

10. 阴山胡枝子 白指甲花 扫帚苗（图 382）

Lespedeza inschanica (Maxim.) Schindl.

L. juncea (L.f.) Pers. var. *inschanica* Maxim.

小灌木，高 50 ~ 80 厘米。茎直立，分枝多，较疏散，被平伏柔毛。三出羽状复叶；侧生小叶较小，小叶椭圆形，长 1 ~ 2.5 厘米，宽 3 ~ 10 毫米，先端圆钝或微凹，有短尖，基部阔楔形，上面无毛，下面有短柔毛；叶柄短，长 2 ~ 10 毫米。总状花序腋生；总花梗短；花梗长 1.5 ~ 2 毫米，无关节；小苞片卵形，贴生于萼筒下，比萼筒短；花萼近钟状，萼齿 5，狭披针形，有柔毛；花冠白色，旗瓣基部有紫斑，反卷，翼瓣较旗瓣短，与龙骨瓣等长；无瓣花密生于叶腋。荚果扁，倒卵状椭圆形，包于宿存花萼内，有白毛。花期 8 ~ 9 月；果期 9 ~ 10 月。

产于崂山流清河等地，生于山坡草丛、山谷、路旁、林下。国内分布于华北地区及内蒙古、辽宁、陕西、甘肃、河南、江苏、安徽、湖北、湖南、四川、云南等省区。

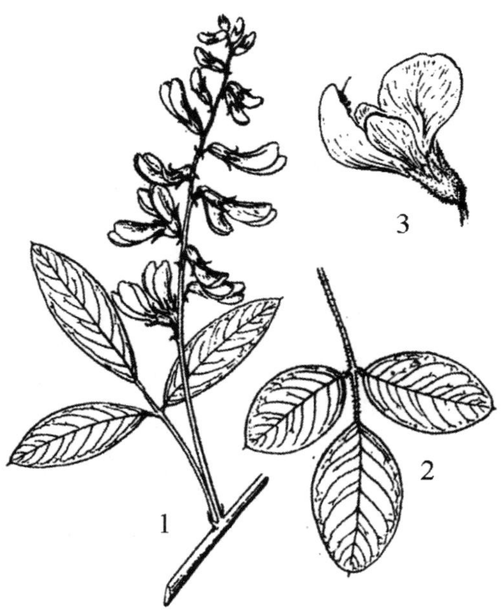

图 383　美丽胡枝子

1. 花枝；2. 复叶；3. 花

11. 美丽胡枝子（图 383）

Lespedeza thunbergii (DC.) Nakai subsp. **formosa** (Vog.) H.Ohashi

L. formos (Vog.) Koehne

Desmodium formosum Vog.

直立灌木，高 1 ~ 2 米。多分枝，枝伸展，被疏柔毛。托叶披针形至线状披针形，长 4 ~ 9 毫米，褐色，被疏柔毛；叶柄长 1 ~ 5 厘米；被短柔毛；小叶椭圆形、长圆状椭圆形或卵形，稀倒卵形，两端稍尖或稍钝，长 2.5 ~ 6 厘米，宽 1 ~ 3 厘米，上面绿色，稍被短柔毛，下面淡绿色，贴生短柔毛。总状花序单一，腋生，比叶长，或构成顶生的圆锥花序；总花梗长可达 10 厘米，被短柔毛；苞片卵状渐尖，长 1.5 ~ 2 毫米，密被绒毛；花梗短，被毛；花萼钟状，长 5 ~ 7 毫米，5 深裂，裂片长圆状披针形，长为萼筒的 2 ~ 4 倍，外面密被短柔毛；花冠红紫色，长 10 ~ 15 毫米旗瓣近圆形或稍长，先端圆，基部具明显的耳和瓣柄，翼瓣倒卵状长圆形，短于旗瓣和龙骨瓣，长 7 ~ 8 毫米，基部有耳和细长瓣柄，龙骨瓣比旗瓣稍长，在花盛开时明显长于旗瓣，基部有耳和细长瓣柄。荚果倒卵形或倒卵状长圆形，长 8 毫米，宽 4 毫米，表面具网纹且被疏柔毛。花期 7 ~ 9 月；果期 9 ~ 10 月。

中山公园有栽培。国内分布于河北、陕西、甘肃、山东、江苏、安徽、浙江、江西、福建、河南、湖北、湖南、广东、广西、四川、云南等省区。

栽培供观赏。

（九）葛属 **Pueraria** DC.

缠绕藤本；常有块根。叶为 3 小叶的羽状复叶；有托叶和小托叶，托叶基部着生；小叶全缘或波状 3 裂。总状花序腋生，花着生于花序轴的节瘤状突起上；花萼钟状，萼齿不等长，上面 2 萼齿合生，下面 3 萼齿离生，中间 1 片最长；旗瓣圆形，基部有附属体和短爪，翼瓣中部与龙骨瓣合生，龙骨瓣与翼瓣近等长；雄蕊有时为单体，或对着旗瓣的 1 枚仅在基部离生，中部与雄蕊管合生;子房近无柄，花柱丝状，上部无毛。荚果条形，扁平，革质，缝线两侧无纵肋，有种子多粒。

约 35 种，分布于热带及亚热带。我国有 8 种，2 变种，广布西南、东南各省。青岛有 1 变种。

1. 葛麻姆　野葛　葛子　葛藤（图 384）

Pueraria montana（Lour.）Merrill var. **lobata**（Willd.）Maesen & S. M. Almeida ex Sanjappa & Predeep

Pueraria lobata (Wild.)Ohwi

Dolichos lobatus Willd.

多年生藤本，全株有黄色长硬毛；块根肥厚。三出羽状复叶;顶生小叶菱状卵形，长 6 ~ 19 厘米，宽 5 ~ 17 厘米，先端渐尖，基部圆形，全缘或有时有 3 裂浅裂，下面有粉霜;侧生小叶偏斜，边缘深裂;托叶盾形，小托叶条状披针形。总状花序腋生,有 1 ~ 3 花簇生在具有节瘤状突起的花序轴上；花萼钟形，萼齿 5，上面 2 齿合生，下面 1 齿较长，内外两面均有黄色绒毛;花冠紫红色，长约 1.5 厘米，旗瓣近圆形，基部有附体和爪，翼瓣的短爪长大于阔。荚果条形，长

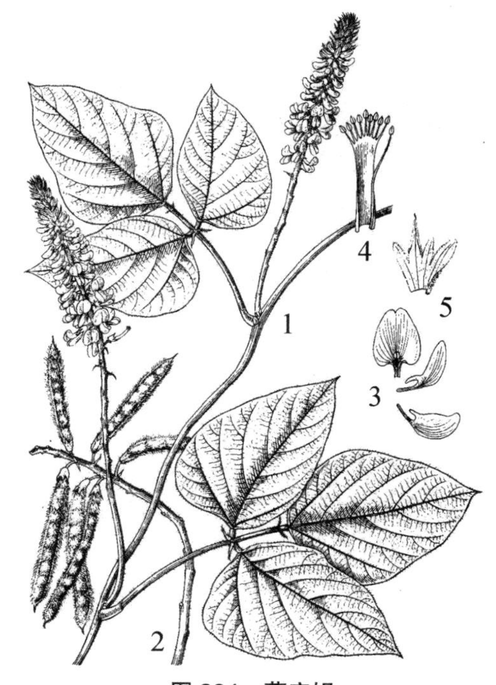

图 384　葛麻姆

1. 花枝；2. 果枝；3. 旗瓣、翼瓣、龙骨瓣；4. 雄蕊；5. 花萼展开

5 ~ 10 厘米，扁平，密生黄色长硬毛。花期 6 ~ 8 月；果期 8 ~ 9 月。

产于全市各丘陵山区，生于山坡、沟边、林缘或灌丛中。国内分布于除新疆、西藏以外的各省区。

根可制葛粉，供食用和酿酒，又可药用，有解肌退热、生津止渴的功效；从根中提出的总黄酮有治冠心病心绞痛作用。花称葛花，药用有解酒毒、除胃热的作用。叶可作牧草。茎皮纤维可作造纸原料。全株匍匐蔓延，覆盖地面快而大，为良好的水土保持植物。

（十）紫穗槐属 **Amorpha** L.

落叶灌木，稀为草本。奇数羽状复叶，小叶全缘，有腺点；托叶针形，早落。花小，密集成顶生圆锥状总状花序，直立；苞片钻形，早落；花萼短钟状，萼齿 5，相等或不相等，通常有腺点；仅有旗瓣，无翼瓣和龙骨瓣；雄蕊 10，花丝基部集合成单体，子房无柄，有胚珠 2。荚果短，通常只有 1 种子，不开裂，果皮上常有腺点；种子发亮。

约 25 种，产于北美洲，南至墨西哥。我国引入 1 种。青岛有栽培。

1. 紫穗槐　棉槐　棉槐条（图 385）

Amorpha fruticosa L.

落叶灌木，高 1 ~ 4 米，幼枝密被毛，后脱落。奇数羽状复叶，小叶椭圆形或披针状椭圆形，长 1.5 ~ 4 厘米，宽 0.6 ~ 1.5 厘米，先端圆或微凹，有短尖，基部圆形或阔楔形，两面有白色短柔毛，后渐脱落，有透明腺点。总状花序集生于枝条上部，长可达 15 厘米，直立；花萼钟状，密被短毛并有腺点；花冠蓝紫色，旗瓣倒心形，没有翼瓣和龙骨瓣；雄蕊 10，包于旗瓣之中，伸出瓣外。荚果下垂，弯曲，长 7 ~ 9 毫米，宽约 3 毫米，棕褐色，有瘤状腺点。花期 6 ~ 7 月；果期 8 ~ 10 月。

原产美国。全市各地广泛栽培。

为保持水土、固沙造林和防护林带底层树种。枝条可编筐。嫩枝和叶可作家畜饲料和绿肥。荚果和叶的粉末或煎汁可作农药杀虫。蜜源植物。

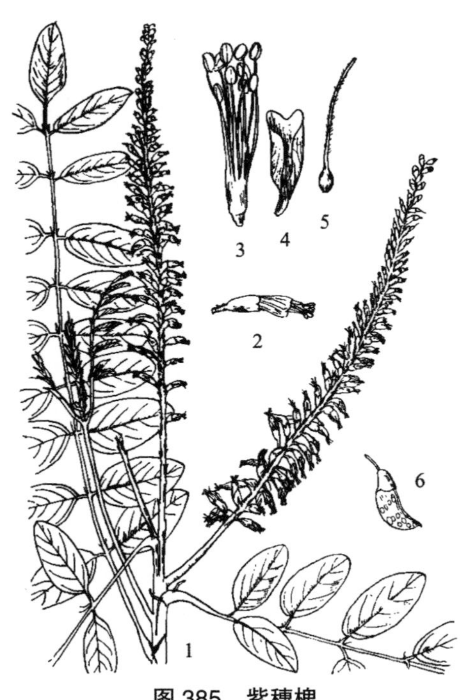

图 385　紫穗槐

1. 花枝；2. 花；3. 雄蕊；4. 旗瓣；5. 雌蕊；6. 果实

（十一）锦鸡儿属 **Caragana** Fabr.

落叶灌木，稀为小乔木。叶常簇生或互生，为偶数羽状复叶或假掌状复叶，有小叶 2 ~ 20，全缘；叶轴通常宿存，成刺状；托叶小，脱落或宿存，硬化成刺。花单生或簇生，花梗有关节；花萼筒状或钟状，萼齿 5，大小近相等，或上面 2 齿较小；花冠黄色，稀淡紫、浅红色或白色，旗瓣倒卵形或近圆形，直立，两侧向外反卷，基部有爪，翼瓣斜长椭圆形，有爪和耳，龙骨瓣直伸，钝头或锐尖，有爪及短耳；雄蕊 10，联合成 (9)+1 二体；子房近无柄，胚珠多数，花柱无髯毛。荚果圆筒形或披针形，扁平或肿胀，顶端尖，近于无柄，2 片开裂；种子偏斜，近球形或椭圆形。

约 100 余种，分布于欧洲和亚洲。我国有 62 种，9 变种，12 变型，主要分布于黄河流域以北干燥地区。青岛有 5 种。

分种检索表

1. 小叶2至多对，羽状着生。
  2. 小叶2对，顶生1对较大 ………… 1.锦鸡儿C. sinica
  2. 小叶4～10对，大小相等 ………… 2.小叶锦鸡儿C. microphylla
1. 小叶2对，假掌状着生。
  3. 花冠黄色，旗瓣阔倒卵形 ………… 3.黄刺条C. frutex
  3. 花冠黄色或带淡红色，旗瓣狭。
    4. 叶、子房、荚果均无毛 ………… 4.红花锦鸡儿C. rosea
    4. 叶、子房、荚果被白色柔毛 ………… 5.毛掌叶锦鸡儿C. leveillei

1. 锦鸡儿 金雀花（图 386）

Caragana sinica (Buc'hoz) Rehd.

Robinia sinica Buc'hoz

丛生灌木，高 1 ～ 2 米。小枝细长，有棱，黄褐色或灰色，无毛；托叶硬化成刺，褐色，直或稍弯，长 0.7 ～ 1.5 厘米。小叶 2 对，羽状排列，顶上 1 对较大，叶片倒卵形或楔状倒卵形，长 1 ～ 4 厘米，宽 0.5 ～ 1.5 厘米，先端圆形或微凹，有时有小硬尖头，基部楔形，全缘，上面深绿色，有光泽，下面淡绿色，两面无毛，下面网脉明显，叶轴脱落或宿存，并硬化成针刺，长 2 ～ 2.5 厘米。花单生，花梗长约 3 厘米，中部有关节及苞片；花萼钟形，基部偏斜；花冠黄色带红，凋谢是褐红色，长约 3 厘米，旗瓣倒卵形，先端钝圆形，基部带红色，有短爪，翼瓣长圆形，龙骨瓣比翼瓣稍短。荚果长圆筒形，3 ～ 3.5 厘米，宽约 5 毫米，光滑，褐色。花期 4 ～ 5 月；果期 6 ～ 7 月。

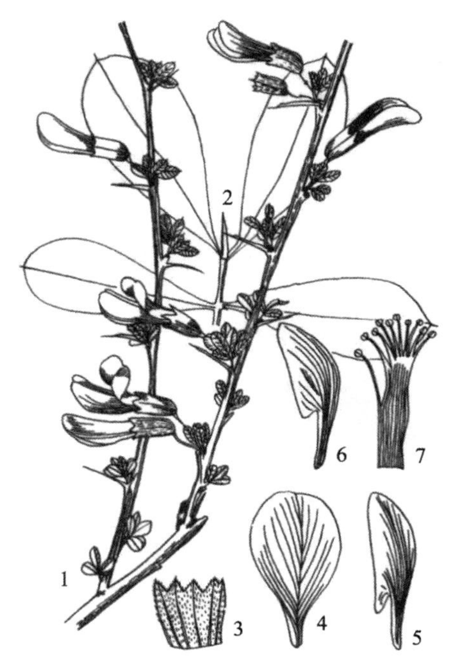

图 386 锦鸡儿
1. 花枝；2. 复叶；3. 花萼展开；4～6. 旗瓣、翼瓣、龙骨瓣；7. 雄蕊

产于崂山太清宫、铁瓦殿、北九水、

图 387 小叶锦鸡儿

1. 花枝；2. 花萼展开；3. 旗瓣、翼瓣、龙骨瓣；4. 果实

明霞洞等地；中山公园，崂山以及即墨市，平度市有栽培。国内分布于河南、河北、陕西、江苏、浙江、福建、江西、湖北、湖南、云南、贵州、四川等省区。

根皮药用，有祛风湿活血、舒筋活络、利尿、化痰止咳的功效。栽培供观赏或作绿化。

2. 小叶锦鸡儿（图 387）

Caragana microphylla Lam.

丛生灌木，高 0.5 ~ 1 米。树皮灰黄色或黄白色；嫩枝有毛，长枝上托叶宿存并硬化成针刺，长 5 ~ 8 毫米，常稍弯曲。羽状复叶，小叶 4 ~ 10 对；小叶倒卵形或卵状长圆形，绿色，长 3 ~ 10 毫米，宽 2 ~ 5 毫米，先端微凹或圆形，稀近截形，有刺尖，基部近圆形或阔楔形，幼时被柔毛；叶轴长 1.5 ~ 5.5 厘米，脱落。花单生，花梗长 1 ~ 2 厘米，密被绢状短柔毛，近中部有关节；花萼钟形或筒状钟形，基部斜偏，长 0.9 ~ 1.2 厘米；花冠黄色，长约 2.5 厘米，旗瓣倒卵形，先端微凹，翼瓣的爪长约为瓣片的 1/2，龙骨瓣先端钝；子房无毛。荚果扁平，条形，长 4 ~ 5 厘米，宽 5 ~ 7 毫米，深红色，无毛，有锐尖头。花期 5 ~ 6 月；果期 8 ~ 9 月。

图 388 黄刺条

1. 花枝；2. 复叶

产于小珠山；信号山公园，山东科技大学有栽培。国内分布于东北、华北地区及陕西、甘肃等省区。

良好的天然饲用植物。栽培供观赏。花为蜜源。根、花、种子药用，有降压滋补、通络镇静、解毒的作用。

3. 黄刺条 金雀花（图 388）

Caragana frutex (L.) C. Koch

Robinia frutex L.

直立灌木，高可达 3 米。枝条黄灰色至暗灰绿色，无毛。托叶三角形，先端钻状，托叶在长枝上脱落或硬化成刺，长 1 ~ 5 毫米，叶轴短，长 1 ~ 10 毫米，在短枝上脱落，在长枝上宿存并硬化成刺，长达 1.5 厘米，小叶 4，假掌状排列，形状大小相等，倒卵形，长 1.5 ~ 2.5 厘米，宽 1 ~ 2 厘米，先端圆或微凹，有细尖，基部楔形。花单生，稀 2 ~ 3 簇生，每花梗通常有 1 花，稀为 2 花，花梗长为花萼的 2 倍，稀为 3 ~ 4 倍，在以上有关节；花萼管状钟形，基部有浅囊状凸起，萼齿三角形，边缘有绵毛；花冠鲜黄色，长 1.8 ~ 2.5 厘米，旗瓣阔倒卵形，基部渐狭成爪，翼瓣向上渐宽，三角形，龙骨瓣先端钝，爪短；子房条形，无毛。荚果圆筒形，长 2.5 ~ 4 厘米，宽 3 ~ 4 毫米，红褐色。花期 5 ~ 6 月；果期 7 ~ 8 月。

崂山，中山公园有栽培。国内分布于河北、新疆等省区。

栽培供观赏。花药用，治痘疮、跌伤。

4. 红花锦鸡儿（图 389）

Caragana rosea Turcz. ex Maxim.

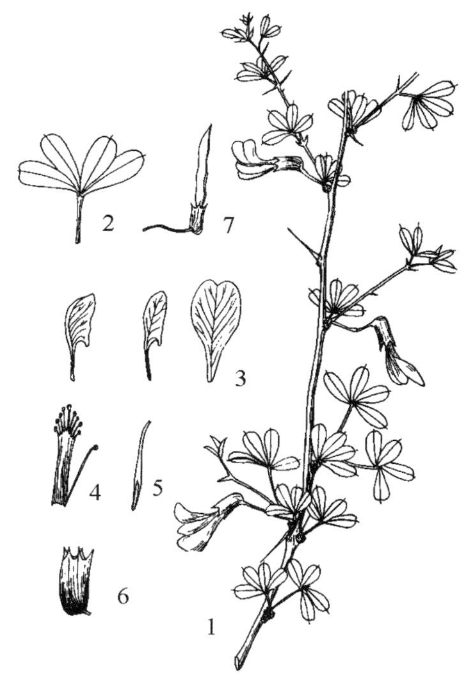

图 389 红花锦鸡儿

1. 花枝；2. 复叶；3. 旗瓣、翼瓣、龙骨瓣；4. 雄蕊；5. 雌蕊；6. 花萼；7. 果实

直立灌木，高 0.6 ~ 1 米。树皮灰褐色或灰黄色；小枝细长，有棱无毛。长枝上托叶宿存，并硬化成刺，长 3 ~ 4 毫米，短枝上托叶脱落；叶轴长 5 ~ 10 毫米，脱落或宿存变成针刺状；小叶 4，假掌状排列，椭圆状倒卵形，长 1 ~ 25 厘米，宽 4 ~ 10 毫米，先端有刺尖，基部楔形，上面平滑，下面叶脉隆起，边缘略向下面反卷。花单生，花梗长约 1 厘米，中部有关节；花萼钟状，长 9 ~ 10 毫米，萼齿三角形，有刺尖，边缘有短柔毛；花冠长达 2 厘米，黄褐色或淡红色，龙骨瓣白色，凋谢时变为红紫色，旗瓣长椭圆状倒卵形，翼瓣有爪和耳，龙骨瓣先端钝；子房无毛。荚果圆柱形，无毛，顶端有尖，长约 6 厘米，褐色，无毛。花期 5 ~ 6 月；果期 7 ~ 8 月。

产崂山北九水；中山公园有栽培。国内分布于东北、华北、华东地区及甘肃、河南等省区。

供观赏。

5. 毛掌叶锦鸡儿（图 390；彩图 70）

Caragana leveillei Kom.

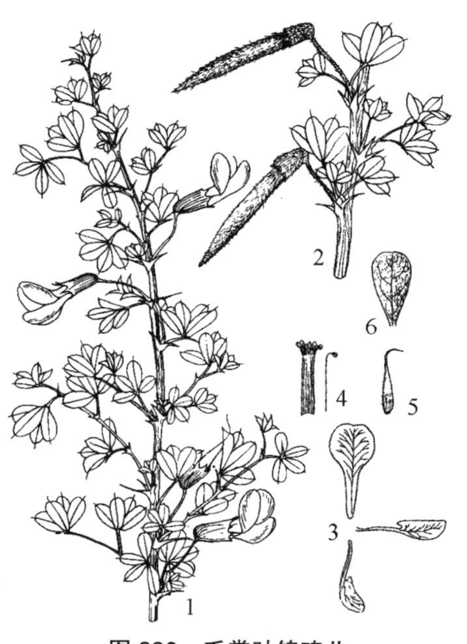

图 390 毛掌叶锦鸡儿

1. 花枝；2. 果枝；3. 旗瓣、翼瓣、龙骨瓣；4. 雄蕊；5. 雌蕊；6. 小叶

直立灌木，高约 1 米。枝细长，有棱，小枝密生灰白色毛。托叶狭，先端渐尖，在长枝上脱落或硬化成细刺；叶轴短，被灰白色毛，

长 5 ~ 9 毫米，脱落或宿存并硬化成针刺，小叶 4，假掌状排列，楔状倒卵形至倒披针形，长 3 ~ 18 毫米，宽 1.5 ~ 8 毫米，下面灰绿色，密被柔毛，先端圆形，近截形或浅凹，有尖头，基部楔形。花单生，花梗密生白色长柔毛，长 1 ~ 2 厘米，中部以上有关节；花萼近圆筒形，基部偏斜，长约 10 毫米，基部成囊状，被柔毛，萼齿三角形，有渐尖头；花冠长约 2 ~ 3 厘米，黄色，或带淡红色或全为紫色，旗瓣倒卵状楔形，翼瓣基部有爪和耳，爪长与瓣片近等长，龙骨瓣爪细长，耳短；子房条形，密生长柔毛。荚果圆筒形，被灰白色毛。花期 4 ~ 5 月；果期 8 ~ 9 月。

产崂山流清河，胶州艾山，即墨四舍山等地，生于山坡灌丛。国内分布于河北、河南、山西、陕西、江苏等省区。

（十二）毒豆属 **Laburnum** Fabr.

落叶乔木或小乔木。具长枝与短枝。掌状三出复叶，具叶柄；小叶全缘；托叶小。总状花序顶生于无叶枝端，下垂；苞片和小苞片均小。花萼近二唇形或不对称的钟形，萼齿不明显；花冠黄色，旗瓣卵形或圆形，翼瓣倒卵形，龙骨瓣弯曲，短于翼瓣，瓣柄均分离；雄蕊单体，花丝合生成闭合的雄蕊管，花药二型，长短交互，基者和背着；子房具柄，胚珠多数，花柱无毛，上弯，柱头顶生。荚果线形，扁平，缝线增厚，2 瓣裂；具柄；种子肾形。

2 种，产欧洲、北非、西亚。我国引入栽培 1 种。青岛有引种。

1. 毒豆 金链树

Laburnum anagyroides Medic.

小乔木，高 2 ~ 5 米，嫩枝被黄色贴伏毛，老枝褐色，无毛。三出复叶，具长柄，长 3 ~ 8 厘米；托叶细小，早落；小叶椭圆形或长圆状椭圆形，长 3 ~ 8 厘米，上面近无毛，下面被贴伏细毛，脉上毛较密，侧脉 6 ~ 7 对。总状花序顶生，下垂，长 10 ~ 30 厘米，具多花；花序轴被银白色柔毛；苞片线形，早落。花梗细，长 0.8 ~ 1.4 厘米；小苞片线形；花萼歪钟形，稍呈二唇状，上方 2 萼齿尖，下方 3 萼齿尖，均甚短，被毛；花冠黄色，无毛，旗瓣宽卵形，先端微凹，基部心形，具短瓣柄，翼瓣几与旗瓣等长，长圆形，先端钝，基部具耳，龙骨瓣宽镰形，被贴伏柔毛；种子黑色。花期 4 ~ 6 月；果期 8 月。

原产欧洲南部。城阳、黄岛、即墨、胶州、平度等区市有引种。国内黑龙江、吉林、辽宁、陕西、甘肃、青海、宁夏及新疆有引种栽培。

树冠整齐，花色美丽，可栽培作庭院观赏树。全株有毒，尤以果实和种子为甚。

四十三、胡颓子科 ELAEAGNACEAE

灌木或乔木，落叶或常绿。植物体有银色或黄褐色的腺鳞或星状毛；枝常呈刺状。单叶，互生，稀对生，全缘；无托叶。花两性、单性或杂性，多雌、雄异性；单生、簇生或排成穗状、总状花序；花单被，辐射对称；萼筒状或钟状，在雌花或两性花内子房上方通常明显收缩，萼裂片 4，稀 2，镊合状排列；雄蕊 4 ~ 8，着生于萼筒喉部；有明显的花盘；子房上位，由单心皮构成，1 室，1 胚珠，花柱单一，细长，柱头棒状或偏向一边膨大。坚果或瘦果为肉质增厚的花萼筒包围，形成核果状；种皮木质化，壳状，胚直立，无或几无胚乳。

含 3 属，80 余种，主要分布于亚洲东南部及亚洲其他地区，欧洲及北美也有。我国有 2 属，60 种，分布几遍于全国各地。青岛有 1 属，6 种。

（一）胡颓子属 Elaeagnus L.

灌木或乔木，稀藤本，落叶或常绿。枝上常有棘刺；冬芽小，卵圆形，被有银色或棕褐色腺鳞。叶互生，卵形、卵状椭圆形或狭披针形，两面或一面有银色或褐色腺鳞；有柄。花单生或 2 ~ 4 花簇生于叶腋，两性或杂性；萼钟状或筒状，裂片 4，镊合状排列，萼筒在子房上方收缩；雄蕊 4，花丝极短，生于萼筒喉部，不露出；雌蕊为萼筒或花盘所包围，花柱单一，细长。果实核果状或有翅状条棱。

约 80 种，分布于亚洲、北美及欧洲南部。我国约 55 种，分布于全国各地，以长江流域及以南省区种类较多。青岛有 6 种。

分种检索表

1. 常绿灌木，常多少呈攀援状；秋冬季开花。

  2. 花柱无毛，稀疏生极少数星状柔毛；常有枝刺，稀无刺但叶片狭窄、不为宽卵形至阔椭圆形。

    3. 花柱无毛；侧脉6 ~ 9对，与中脉开展成50 ~ 60度的角；幼枝密被锈色鳞片 1.胡颓子E. pungens

    3. 花柱疏生星状柔毛或几无毛，直立，柱头长2 ~ 3毫米；叶披针形或椭圆状披针形至长椭圆形，长5 ~ 14厘米，宽1.5 ~ 3.6厘米，侧脉8 ~ 12对，与中脉开展成45度角；幼枝密被银白色和淡黄褐色鳞片；萼筒圆筒形，长5 ~ 6毫米；在子房上骤收缩；果实椭圆形，长12 ~ 15毫米，直径5 ~ 6毫米 ……………………………………………………2.披针叶胡颓子E. lanceolata

  2. 花柱被白色星状柔毛；枝条无刺；叶宽卵形、阔椭圆形至近圆形，长4 ~ 9厘米，顶端钝或钝尖，基部圆形至近心形，侧脉与中脉开展成60 ~ 80度角；萼筒钟形，在裂片下面开展，在子房上骤收缩 ……………………………………………………3.大叶胡颓子E. macrophylla

1. 落叶性；春夏开花。

  4. 叶宽2 ~ 3.5厘米，枝叶有银白色和褐色鳞片；果红色或橙红色。

    5. 小枝银灰色或淡褐色，常具刺；花萼筒远较裂片长；果近球形，径5 ~ 7毫米 …………………………………………………………………4.牛奶子E. umbellata

    5. 小枝红褐色，常无刺，花萼筒与裂片近等长；果卵圆形至椭圆形 ………5.木半夏E. multiflora

  4. 叶椭圆状披针形至狭披针形，长4 ~ 6厘米，宽8 ~ 11毫米，小枝、花序、果、叶背与叶柄密生银白色鳞片；果黄色 ……………………………………………… 6.沙枣E. angustifolia

1. 胡颓子 阳青子 卢都子（图 391）

Elaeagnus pungens Thunb.

常绿直立灌木，高达 4 米。棘刺顶生或腋生，长 2 ~ 4 厘米，密被锈色鳞片。叶革质，椭圆形或宽椭圆形，长 5 ~ 10 厘米，两端钝或基部圆，上面幼时被银白色和少

图 391　胡颓子

1. 花枝；2. 腺鳞放大；3. 花；4. 花被展开；5. 雌蕊

数褐色鳞片，下面密被鳞片，侧脉 7 ~ 8 对，上面凸起，下面不时显；叶柄长 5 ~ 8 毫米。花白色，下垂，密被鳞片，1 ~ 3 花生于叶腋绣色短枝；花梗长 3 ~ 5 毫米；萼筒圆筒形或近漏斗状圆筒形，长 5 ~ 7 毫米，在子房之上缢缩，裂片三角形或长圆状三角形，长约 3 毫米，内面疏生白色星状毛；花丝极短，花药长圆形，长约 1.5 毫米；花柱直立，无毛，上端微弯曲。果椭圆形，长 1.2 ~ 1.4 厘米，幼时被褐色鳞片，熟时红色；果核内面具白色丝状绵毛；果柄长 4 ~ 6 毫米。花期 9 ~ 12 月；果期翌年 4 ~ 6 月。

崂山太清宫，中山公园有栽培。国内分布于江苏、浙江、福建、台湾、安徽、江西、湖北、陕西、河南、湖南、贵州、广东、广西及四川等省区。

栽培可供观赏。果消食止痢，味甜，可食。根、叶、种子可药用，有祛风利湿、散瘀解毒、止血止泻、止咳平喘之功效。

2. 披针叶胡颓子（图 392）

Elaeagnus lanceolata Warb.

常绿直立或蔓状灌木，高可达 4 米。无刺或老枝上具粗而短的刺；幼枝淡黄白色或淡褐色，密被银白色和淡黄褐色鳞片；芽锈色。叶革质，披针形或椭圆状披针形至长椭圆形，长 5 ~ 14 厘米，宽 1.5 ~ 3.6 厘米，顶端渐尖，基部圆形，稀阔楔形，全缘，边缘反卷，上面幼时被褐色鳞片，后脱落，具光泽，下面银白色，密被银白色鳞片、鳞毛和少数褐色鳞片，侧脉 8 ~ 12 对，与中脉开展成 45 度的角；叶柄长 5 ~ 7 毫米，黄褐色。花淡黄白色，下垂，密被银白色和散生少褐色鳞片、鳞毛，3 ~ 5 花成伞形总状花序簇生叶腋短小枝；花梗纤细，锈色，长 3 ~ 5 毫米；萼筒圆筒形，长 5 ~ 6 毫米，

图 392　披针叶胡颓子

1. 果枝；2. 花及纵切

在子房上骤收缩，裂片宽三角形，长 2.5 ～ 3 毫米，内面疏生白色星状柔毛，包围子房的萼管椭圆形，长 2 毫米，被褐色鳞片；雄蕊花丝极短或几无，花药淡黄色；花柱直立，几无毛或疏生极少数星状柔毛，柱头长 2 ～ 3 毫米，达裂片的 2/3。果实椭圆形，长 12 ～ 15 毫米，径 5 ～ 6 毫米，密被褐色或银白色鳞片，成熟时红黄色；果梗长 3 ～ 6 毫米。花期 8 ～ 10 月；果期次年 4 ～ 5 月。

植物园有栽培。国内分布于产陕西、甘肃、湖北、四川、贵州、云南、广西等省区。

果实药用，可止痢疾。引种栽培可供观赏。

3. 大叶胡颓子 冬枣 伞花胡颓子（图 393；彩图 71）

Elaeagnus macrophylla Thunb.

常绿性直立或攀援型的灌木，高可达 4 米。树皮及老枝灰黑色；嫩枝有圆滑棱脊，扭曲状延伸，无棘刺。叶厚纸质或薄革质，卵形、宽椭圆形至近圆形，长 4 ～ 9 厘米，宽 4 ～ 6 厘米，先端突尖、钝尖或圆形，基部圆形，全缘，幼叶两面密生银灰色腺鳞，后渐脱落，上面呈深绿色，侧脉 6 ～ 8 对；叶柄扁圆形，长 1 ～ 2 厘米，银灰色。通常 1 ～ 8 花生于叶腋短枝上；花梗长 3 ～ 4 毫米；萼筒钟形，长 4 ～ 5 毫米，在裂片下面开展，在子房上方骤缩，裂片 4，卵状三角形，先端钝尖，两面密生银灰色腺鳞；雄蕊与裂片互生，花药长圆形，长约 3 毫米；花柱被鳞片及星状毛，顶端略弯曲，高于雄蕊。果长椭圆形，密被银灰色腺鳞，长 1.4 ～ 2 厘米，径 5 ～ 8 毫米，两端圆或钝尖，顶端有小尖头：果核两端钝尖，淡黄褐色，有 8 条纵肋。 花期 10 ～ 11 月；翌年 5 ～ 6 月果实成熟。

图 393 大叶胡颓子

1. 果枝；2. 叶下面放大，示腺鳞；3. 花被展开，示雄蕊；4. 果实

产于崂山太清宫、仰口明霞洞以及附近海岛屿及滨海附近，生于向阳山坡的崖缝及峭壁的树丛间，如在长门岩岛上，常与野生的山茶共生组成群落；植物园，李村公园，崂山区，城阳区栽培。国内分布于江苏、浙江的沿海岛屿及台湾；各地庭院也常见栽培。

可供观赏。果可生吃。根、叶可药用，有收敛、止泻、平喘、镇咳的功效。

4. 牛奶子 麦粒子（图 394）

Elaeagnus umbellata Thunb.

落叶灌木，高可达 4 米。树皮暗灰色；老枝暗褐色至赤褐色，幼枝浅褐色至褐色，被银灰色并杂有褐色腺鳞；常有枝刺。叶纸质，椭圆形至长椭圆形或卵状长圆形、倒卵状披针形，长 6 ～ 8 厘米，宽 2 ～ 3 厘米，先端渐尖，稀圆钝，基部楔形至近圆形，边缘常皱卷，上面绿色，幼时有银灰色腺鳞，下面银灰色，杂有褐色鳞片，侧脉 5 ～ 9 对；叶柄长 5 ～ 8 毫米。2 ～ 7 花腋生，稀单生；花梗长 7 ～ 12 毫米；花萼筒状，黄

图 394 牛奶子
1. 花枝；2. 果枝；3. 花；4. 花被展开，示雄蕊；5. 雄蕊；6. 雌蕊

图 395 木半夏
1. 花枝；2. 叶下面放大，示腺鳞；3. 花；4. 花纵切；5. 雄蕊；6. 雌蕊；7. 果实

白色，有芳香，长约1厘米，萼裂片4，裂片卵状三角形，长2 ~ 4毫米，先端锐尖，外被褐色鳞片；雄蕊4，花丝极短，着生于萼筒基部；花柱直立，疏生星状毛，基部无筒状花盘。果近球形或卵圆形，径5 ~ 7毫米。有短尖头，初银灰色，熟时红色，杂有银灰色腺鳞，在果梗及短尖头处特密；种子椭圆形，褐色。花期5 ~ 6月；果期9 ~ 10月。

产于崂山，浮山，大珠山，大泽山等丘陵山地，生于山坡、山沟的疏林、灌丛中；黄岛灵山卫，温泉荆疃生态园有栽培。国内分布于华北、华东、西南地区及陕西、甘肃、青海、宁夏、辽宁、湖南。

果可生食及制果酱、果酒。花为蜜源。叶、根、果可药用。做水土保持、防护林树种及绿化观赏也有一定价值。

5. 木半夏 多花胡颓子（图395）

Elaeagnus multiflora Thunb.

落叶灌木，高可达3米。树皮踏灰色，小枝红褐色，密被褐锈色鳞片；通常无刺，稀老枝上有刺。叶椭圆形、卵形或倒卵状宽椭圆形，厚纸质或膜质，长3 ~ 7厘米，宽1.2 ~ 4厘米，先端钝尖或骤渐尖，基部宽楔形或近圆形，全缘或微有细锯齿，上面绿色，幼时被银色鳞片或鳞毛，下面银灰色，密被银白色和散生少数褐色鳞片，侧脉5 ~ 7对，两面不明显，叶柄长4 ~ 6毫米。1 ~ 2花生于新枝的叶腋；花梗纤细；萼筒圆筒形，长5 ~ 6.5毫米，在子房上方处向下收缩，萼裂片4或5，宽卵形约与萼筒等长，外面银白色杂有少数褐色鳞片，内面黄白色，疏生白色星状柔毛；雄蕊4，花丝极短，花药小，花柱直立，微弯曲，无毛。核果椭圆形，长1.2 ~ 1.4厘米，成熟时红色，外被密锈色鳞片；果梗长 1.5 ~ 4 厘米，常下垂。花期 5 月；果期 6 ~ 7 月。

产崂山张坡；中山公园栽培。国内分布于华东地区及河北、陕西、江西、湖北、四川、贵州。

果实可食用及酿酒、做果酱；果、根、叶药用，治跌打损伤、痢疾、哮喘。有观赏价值。

6. 沙枣 桂香柳（图 396）

Elaeagnus angustifolia L.

落叶乔木，高可达 10 米。无刺或具刺，棕红色。叶薄纸质，披针形，长 3 ~ 7 厘米，宽 1 ~ 1.3 厘米，先端钝尖，基部宽楔形，上面幼时被银白色鳞片，下面密被银白色鳞片，侧脉不明显；叶柄长 0.5 ~ 1 厘米，银白色。花银白色，直立或近直立，芳香，1 ~ 3 花生小枝下部叶腋；花梗长 2 ~ 3 毫米；萼筒钟形，长 4 ~ 5 毫米，在裂片之下不缢缩或微缢缩，在子房之上缢缩，裂片宽卵形或卵状长圆形，长 3 ~ 4 毫米，内面被白色星状毛；花柱无毛，上部弯曲；花盘圆锥状，无毛，包花柱基部。果椭圆形，长 0.9 ~ 1.2 厘米，径 0.6 ~ 1 毫米，粉红色，密被银白色鳞片；果肉乳白色，粉质；果柄长 3 ~ 6 毫米。花期 5 ~ 6 月；果期 9 月。

图 396 沙枣

1. 花枝；2. 花纵切；3. 雌蕊；4. 果实

即墨市鹤山路有引种栽培。国内分布于内蒙古、河北、河南、山西、陕西、宁夏、青海、甘肃及新疆等省区。

果营养丰富，可生食或熟食及作食品加工。花可提取香精。木材可作家具。也是蜜源植物和防风固沙植物。茎皮、枝、花、果可药用。

四十四、千屈菜科 LYTHRACEAE

草本、灌木和乔木。枝常呈四棱形。叶对生，稀轮生或互生，全缘，羽状脉，叶片下面有时有黑色腺体，叶柄极短，托叶小或缺。花两性，通常辐射对称，稀两侧对称，单生或簇生，或组成顶生或腋生的穗状、总状、圆锥花序；花萼筒状或钟状，与子房分离而包围子房，3 ~ 6 裂，镊合状排列、裂片间常有附属物；花瓣与萼片同数或无花瓣，在蕾中呈皱褶状，着生于萼筒边缘；雄蕊少数至多数，着生于萼筒上；子房上位，2 ~ 6 室，每室胚珠多数，中轴胎座，花柱单一，柱头头状，稀 2 裂。蒴果，横裂、瓣裂或不规则开裂，稀不裂；种子多数，有翅或无翅，无胚乳。

约 25 属，550 种，广布于世界各地，主要分布于热带和亚热带。我国有 11 属，约 47 种，分布于南北各省区。青岛有木本植物 1 属，3 种，1 变种。

（一）紫薇属 Lagerstroemia L.

灌木或乔木，落叶或常绿。树皮光滑。叶对生或上部互生，全缘；托叶极小，圆锥状，脱落。圆锥花序顶生或腋生；花两性，辐射对称；花萼半球形或陀螺形，革质，常有棱或翅，蕊 6 至多数，花丝细长，长短不一，着生于萼筒近基部；子房无柄，3 ~ 6 室，每室有多数胚珠，花柱长，柱头头状。蒴果木质，基部有宿存的花萼包围，多少与萼黏合，成熟时室背开裂为 3 ~ 6 果瓣；种子多数，顶端有翅。

约 55 种，分布于东南亚及大洋洲。我国有 18 种，其中引进 2 种，分布于西南至台湾。青岛有 3 种，1 变种。

分种检索表

1. 花萼外面无毛或有微小柔毛，萼裂片间无附属体或不明显；叶无毛或下面稍被毛而后脱落，侧脉 3 ~ 10对。
   2. 花较大，径3 ~ 4厘米或更大，花萼长7 ~ 10毫米；蒴果长1 ~ 1.2厘米；叶椭圆形、阔矩圆形或倒卵形………………………………………………………………………… 1.紫薇L. indica
   2. 花较小，径约1厘米，花萼长不及5毫米；蒴果长6 ~ 8毫米；叶矩圆形或矩圆状披针形……………………………………………………………………………………… 2.南紫薇L. subcostata
1. 花萼外面密被柔毛，有棱12条，花萼裂片间有明显的附属体；叶片椭圆形至长椭圆形，长6 ~ 16厘米，宽2.5 ~ 7厘米，下面密被宿存的柔毛或绒毛，侧脉10 ~ 17对 ……………………… 3.福建紫薇L. limii

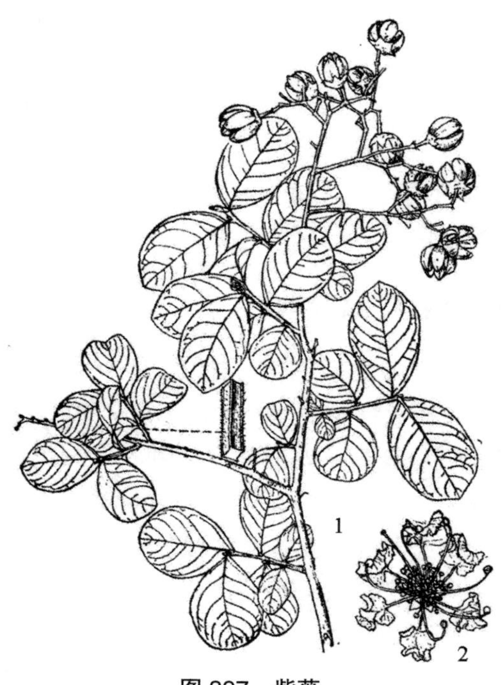

图 397 紫薇
1. 果枝；2. 花

1. 紫薇 百日红 痒痒树（图 397）

Lagerstroemia indica L.

落叶灌木或小乔木，高可达 8 米。树皮灰褐色，平滑；嫩枝有 4 棱，略成翅状。叶互生，有时对生；椭圆形、倒卵形或倒卵圆形，长 2.5 ~ 5 厘米，宽 1. 5 ~ 4 厘米，先端短尖或钝形，有时微凹，全缘，基部阔楔形或近圆形，无毛或下面沿中脉有微柔毛，侧脉 3 ~ 7 对；无柄或近无柄。圆锥花序顶生，长 8 ~ 18 厘米；花梗及花序轴均被柔毛；花萼红色、淡红色或浅绿色，无毛、无棱或鲜时萼筒有微突起的矮棱，裂片 6，三角形，裂片间无附属物；花瓣 6，淡红色或紫色，檐部皱缩，有长爪；雄蕊多数，外面 6 枚着生于花萼上，比其余的长的多；子房 3 ~ 6 室，花柱黄棕色至红色。蒴果椭圆状球形或阔椭圆形，长

1 ~ 1.3 厘米，成熟干燥时呈紫黑色，室背开裂；种子有翅。花期 6 ~ 9 月；果期 9 ~ 10 月。

全市各地普遍栽培。国内各省均有栽培。

花色鲜艳美丽，花期长，寿命长，已广泛栽培为观赏植物。木材坚硬、耐腐可作农具、家具、建材等。树皮、叶及花药用，为强泻剂，根和树皮有治咯血、吐血、便血的功效。

（1）银薇（变种）

var. **alba** Nichols.

与原种的主要区别是：萼裂内侧微红色，花瓣檐部白色，爪部淡红色至红色。

崂山太清宫及各公园普遍栽培。

2. 南紫薇（图 398）

Lagerstroemia subcostata Koehne

落叶乔木或灌木，高达 14 米；树皮薄，灰白或茶褐色。小枝圆或具不明显 4 棱，无毛或稍被短硬毛。叶膜质，长圆形，长圆状披针形，稀卵形，长 2 ~ 9（~ 11）厘米，宽 1 ~ 4.4（~ 5）厘米，先端渐尖，基部宽楔形，上面常无毛或有时散生柔毛，下面无毛或微被柔毛或沿中脉被柔毛，有时脉腋间有丛毛，中脉在上面略凹下，侧脉 3 ~ 10 对，顶端连结；叶柄长 2 ~ 4 毫米。花密生，白或玫瑰色，径约 1 厘米，组成顶生圆锥花序，长 5 ~ 15 厘米；花序梗及序轴具灰褐色微柔毛。花萼有棱 10 ~ 12 条，长 3.5 ~ 4.5 毫米，5 裂，裂片三角形，直立，内面无毛；花瓣 6，长 2 ~ 6 毫米，皱缩，有爪；雄蕊 15 ~ 30，约 5 ~ 6 枚较长，12 ~ 14 枚较短，着生于萼片或花瓣上，花丝细长；子房无毛，5 ~ 6 室。蒴果椭圆形，长 6 ~ 8 毫米，3 ~ 6 瓣裂。种子有翅。花期 6 ~ 8 月；果期 7 ~ 10 月。

城阳世纪公园栽培。国内分布于四川、湖南、湖北、江西、江苏、安徽、浙江、福建、台湾、广东及广西等省区。

木材坚硬，可作家具及建筑用。花药用，可去毒消瘀。栽培可供观赏。

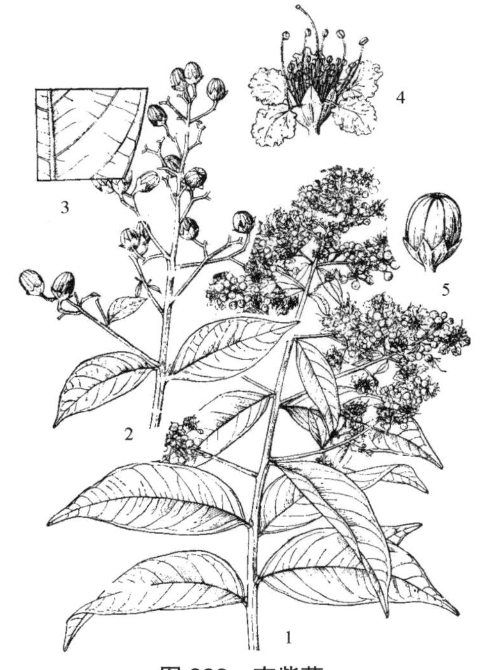

图 398　南紫薇

1. 花枝；2. 果枝；3. 叶片局部放大；4. 花；5. 果实

3. 福建紫薇（图 399；彩图 72）

Lagerstroemia limii Merr.

落叶灌木或小乔木，高可达 4 米。小枝圆

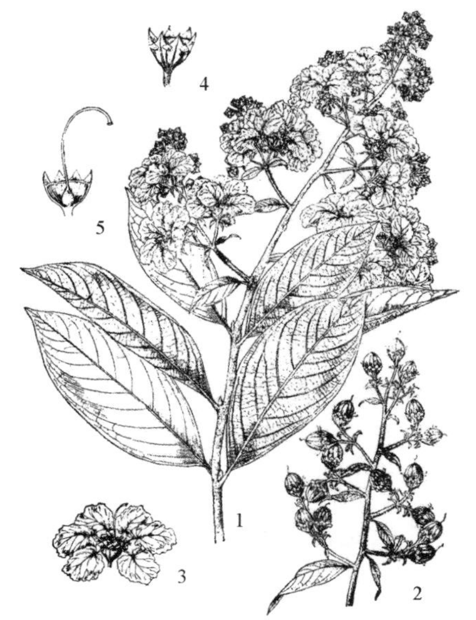

图 399　福建紫薇

1. 花枝；2. 果枝；3. 花；4. 花萼；5. 雌蕊

柱形，密被灰黄色柔毛，以后脱落而成褐色，光滑。叶互生至近对生，革质至近革质，长卵形或卵状长椭圆形，长 8 ～ 15 厘米，宽 3 ～ 6 厘米，先端短渐尖或急尖，全缘，基部阔楔形或近圆形，上面近无毛，下面沿脉密被柔毛，侧脉 10 ～ 17 对，其间有明显的横行小脉；叶柄长 2 ～ 5 毫米，密被柔毛。圆锥花序顶生；花梗及花序轴密被柔毛；苞片条形；萼筒杯状，有 12 条明显的棱，外面密被柔毛，5 ～ 6 裂，裂片长圆状披针形或三角形，附属物生于萼筒之外，与萼裂片同数，互生；花瓣粉红色至紫色，檐部皱缩，有 4 ～ 6 毫米长的爪；雄蕊着生于花萼上。外轮雄蕊与花瓣、萼裂片同数，较其余的为长，子房椭圆形；蒴果卵圆形，褐色，有浅槽纹，约 1/4 包藏于宿存萼内。花期 6 ～ 8 月；果期 9 ～ 10 月。

山东科技大学校园，城阳绍林苗圃栽培。国内分布于福建、浙江、湖北等省。

花色鲜艳美丽，公园及庭园栽培供观赏。

四十五、瑞香科 THYMELAEACEAE

落叶或常绿灌木，稀为乔木或草本。树皮柔韧。叶互生，稀为对生；单叶，全缘；无托叶。花辐射对称，两性，稀单性，组成顶生或腋生的穗状，伞形、总状或头状花序，稀单生；花萼花瓣状，下位，萼筒圆筒形，裂片 4 ～ 5，覆瓦状排列；花瓣缺或为鳞片状；雄蕊通常为萼片的 2 倍，或为同数，稀退化成 1 或 2，花丝通常离生，着生于萼筒的中部或喉部，1 轮或 2 轮，花药 2 室；下位花盘环状或为多鳞片状或缺；子房上位，1 室，稀 2 室，每室有悬垂的胚珠 1 枚，花柱短，常偏生，柱头头状或棒状。果为浆果、核果或坚果，稀为蒴果；种子有或无胚乳。

约 48 属，650 种以上，广布于南北两半球的热带和温带地区，多分布于非洲、大洋洲和地中海沿岸。我国有 10 属，约 100 种，各省均有分布，但主产于长江流域及以南地区。青岛有 2 属，2 种。

分属检索表

1. 花柱甚短，柱头头状；无总苞……………………………………………………………1.瑞香属Daphne
1. 花柱甚长，柱头柱状条形，密生瘤状突起；有总苞…………………………………2.结香属Edgeworthia

（一）瑞香属 Daphne L.

落叶或常绿灌木。叶互生，稀为对生；有短柄，全缘。花两性，或雌、雄异株，无花瓣，组成顶生或腋生短总状花序或伞形花序；通常有苞片；萼筒钟形至圆筒形，4 裂，稀 5 裂，覆瓦状排列，花冠状，有彩色；雄蕊 8，稀 10，成 2 轮着生于萼筒的近顶部，不外露；子房 1 室，有下垂的胚珠 1 枚，柱头头状，无花柱或有短花柱，子房基部无花盘或有杯状花盘或有 1 全缘鳞片。核果，外果皮革质或肉质，有 1 种子；种子有少量胚乳。

约 95 种，分布于欧洲、亚洲和北非。我国有 44 种，主要分布于西南和西北地区。青岛有 1 种。

1. 芫花 芫条 纪氏瑞香（图 400）

Daphne genkwa Sieb. et Zucc.

落叶灌木，高 0.3 ~ 1 米。幼枝密生淡黄色绢状毛，老枝无毛。叶对生稀为互生，纸质，椭圆状长圆形至卵状披针形，长 3 ~ 4 厘米，宽 1 ~ 1.5 厘米，幼叶下面密被淡黄色绢状毛，老叶除下面叶脉微被绢状毛外其余部分无毛。花先叶开放，淡紫色或紫红色，3 ~ 6 朵成簇腋生，花萼筒状，长约 1.5 厘米，外被绢状毛，裂片 4，卵形，长 5 毫米，顶端圆形；雄蕊 8，2 轮，分别着生于花萼筒中部及上部；花盘杯状，子房卵形，长 2 毫米，密被淡黄色柔毛。核果白色，长圆形，含种子 1 粒。花期 4 ~ 5 月；果期 6 月。

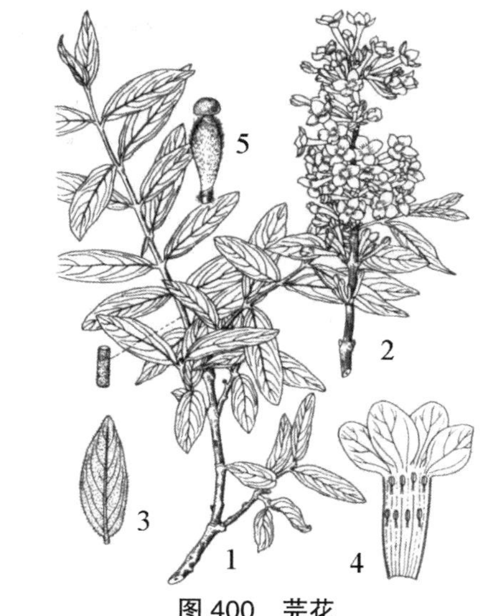

图 400 芫花
1. 枝叶；2. 花枝；3. 叶；4. 花被展开，示雄蕊；5. 雌蕊

产崂山仰口、太清宫，浮山，大珠山，黄岛辛安赵家岭南山，即墨豹山等地，生于山坡、路旁、地堰、溪边、疏林或灌丛中；城阳区，崂山区有栽种。国内分布于长江流域及河南、陕西、河北等省区。

优良观赏植物。茎皮纤维为优质纸和人造棉的原料。花蕾入药，有祛痰、利尿的功效；根有活血消肿、解毒之功效。全株可作土农药。

（二）结香属 Edgeworthia Meisn.

落叶或常绿灌木。叶互生，全缘，通常聚集于分枝顶部。花两性，无花瓣；腋生，排成头状花序，无梗或有总梗；苞片多枚成总苞状或缺；萼筒管状，内弯，外面有白毛，檐部 4 裂，开展，喉部无鳞片；雄蕊 8，2 轮，花盘杯状，有裂；子房无柄，有毛，1 室，花柱长，柱头圆柱状条形，密生瘤状突起。果实包于宿存萼筒的基部，果皮革质。

含 5 种，分布于喜玛拉雅山至日本。我国有 4 种。青岛栽培 1 种。

1. 结香 黄瑞香（图 401）

Edgeworthia chrysantha Lindl.

落叶灌木，高 1 ~ 2 米。枝稍粗，棕红色，有皮孔，被淡黄色或灰色绢状长柔

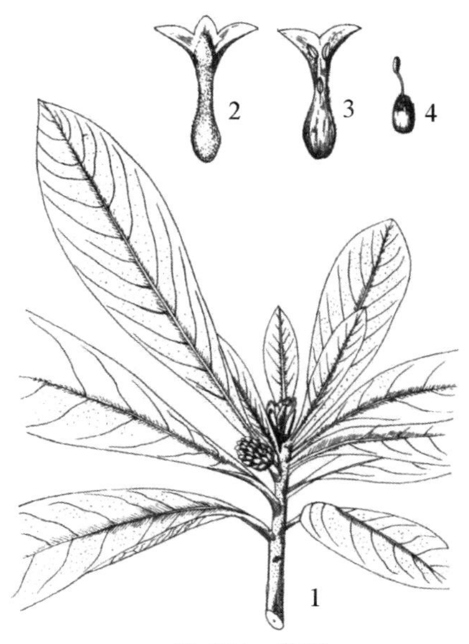

图 401 结香
1. 枝条（带有未开放的花序）；2. 花；3. 花展开，示雄蕊；4. 雌蕊

毛，柔韧，通常 3 歧。叶互生，常簇生于枝顶，广披针形，长 6 ~ 20 厘米，宽 2 ~ 5 厘米，先端急尖，基部楔形，全缘，上面疏生毛，下面被长硬毛，有短柄。头状花序，总苞片披针形，早落，花黄色，芳香，花萼筒状，长 10 ~ 12 毫米，外被绢状长柔毛，裂片 4，平展；雄蕊 8，2 轮，子房椭圆形，顶端有毛，花柱细长。核果，卵形。花期 3 ~ 4 月。

崂山北九水，中山公园，植物园，崂山区，城阳区，黄岛区，即墨市均有栽培。国内分布于河南、陕西、长江流域及以南各省区。

观赏花木。全株入药，能舒筋接骨、消肿止痛，治跌打损伤、风湿痛。茎叶可作土农药。

四十六、石榴科 PUNICACEAE

落叶灌木或小乔木。小枝常为刺状。单叶，对生、近对生或簇生，全缘，无托叶。花两性或杂性，单生，或 1 ~ 5 朵生于枝顶或叶腋；花辐射对称；萼筒状或钟状，裂片 5 ~ 7，革质，肥厚，宿存；花瓣 5 ~ 7 片，覆瓦状排列，边缘多有皱褶；雄蕊多数，生于萼筒喉部周围；雌蕊多心皮构成，子房下位或半下位，多室，分上下两层排列，胚珠多数，上层各室为侧膜胎座，下层各室中轴胎座。果实浆果果状，外皮厚，熟时开裂或不裂，中间有室间隔膜，顶部有宿存萼裂，内含多数种子；种子有角棱，外种皮肉质多汁，内种皮骨质，种仁有胚乳，子叶旋转状。

含 1 属，2 种，原产亚洲西部。我国引入 1 种，各地有栽培，以温带干暖地区为主。青岛栽培 1 种。

（一）石榴属 **Punica** L.

特征同科。

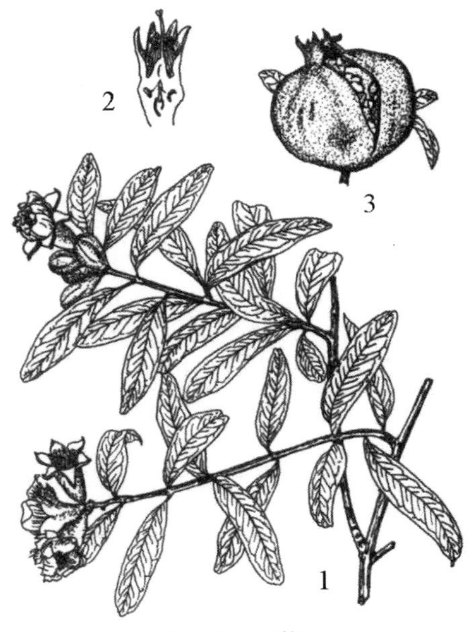

图 402　石榴

1. 花枝；2. 花纵切，去掉花冠；3. 果实

1. 石榴　*安石榴*（图 402）

Punica granatum L.

落叶灌木或小乔木，高可达 7 米，基径 30 余厘米。树皮灰黑色，不规则剥落；小枝四棱形，顶部常为刺状。叶对生或簇生，倒卵形或长椭圆状披针形，长 2 ~ 8 厘米，宽 1 ~ 3 厘米，先端尖或钝，基部阔楔形、全缘，羽状脉，中脉在下面凸起，两面光滑；叶柄极短。1 至数花顶生或腋生，有短梗；花萼钟形，亮红色或紫褐色，长 2 ~ 3 厘米，直径 1.5 厘米，裂片 5 ~ 8，三角形，先端尖，长约 1.5 厘米；花瓣与萼裂同数或更多，生于萼筒内，倒卵形，先端圆，基部有爪，常高出于花萼裂片之外，红色、橙红色、黄色或白色，雄蕊多数，花丝细弱弯曲，生于萼筒的喉部内壁上，花药黄色；雌蕊有1花柱，4 ~ 8心皮合成多室子房，子房下位，上部多6室，下部3室。浆果近球形，果皮厚、直径3 ~ 18厘米不等，萼宿存；种子外皮浆汁，色红，粉红或白色，晶莹透明。花期5 ~ 6月；果期8 ~ 9月。

全市各地普遍栽培，多见于庭院或果园，常见观赏类型有白石榴（'albescens'）、重瓣白石榴（'multiplex'）、月季石榴（火石榴）（'nana'）等。此种引种历史悠久，江苏、安徽、河南、陕西、云南等省栽培数量较大。

花供观赏。果实可食。茎皮及外果皮药用，有驱虫、止痢、收敛的作用。

四十七、八角枫科 ALANGIACEAE

落叶乔木或灌木，冬芽包被于叶柄基部内。单叶，互生；无托叶。花序聚伞状，极少伞形或单生，腋生；总花梗常分节；苞片线形，早落；花两性；花萼小，萼筒与子房贴生，边缘4 ~ 10齿裂或截形，花瓣4 ~ 10，条形至舌形，初时成管状，后离开而反卷；雄蕊与花瓣同数而互生或为其2 ~ 4倍，分离或基部与花瓣微黏合，内侧常有毛，花药条形，2室，纵裂；花盘肉质；子房下位，1室，稀2室，胚珠单生，下垂。核果，顶端宿存萼齿及花盘；种子1，卵形或近球形，有胚乳。

仅1属，30余种。我国有9种。青岛有1种，1变种。

（一）八角枫属 **Alangium** Lam.

特征同科。

约30余种，产亚洲、大洋洲及非洲。我国有9种，除黑龙江、内蒙古、新疆、宁夏和青海以外，其余各省区均有分布。青岛有1种，1变种。

分种检索表

1. 花序通常有花3 ~ 15朵，稀50朵；雄蕊6 ~ 8，花瓣6 ~ 8，披针形，长1 ~ 1.5厘米 …… 1.八角枫A. chinense

1. 花序通常有花3 ~ 5朵；雄蕊12，花瓣线形，长3 ~ 3.5厘米，宽约2.5毫米…………………………………………………………… 2.三裂瓜木A. platanifolium var. trilobum

1. 八角枫 华瓜木（图403）

Alangium chinense (Lour.) Harms

Stylidium chinensis Lour.

落叶灌木或小乔木。小枝略呈"之"字形，幼时无毛或有疏毛，叶纸质，近圆形、椭圆形或卵形，先端短锐尖或钝尖，基部截形或近心形，两侧偏斜，长12 ~ 20厘米，宽8 ~ 16厘米，不分裂或3 ~ 7裂，裂片短锐尖或钝尖，下面脉腋有丛状毛，基出3 ~ 5主脉；叶柄长2 ~ 3.5厘米，幼时有毛，后无毛。聚伞花序腋生，长3 ~ 4厘米，被疏柔毛，有7 ~ 30(50)花；花梗长5 ~ 15毫米；小苞片条形，长约3毫米，早落；总花梗长1 ~ 1.5厘米，常分节；花萼长2 ~ 3毫米，边缘6 ~ 8齿裂；花瓣6 ~ 8，条形，长1 ~ 1.5厘米，宽约1毫米，基部黏合，上部反卷，外面有微柔毛，初白色，后变黄色；雄蕊和花瓣同

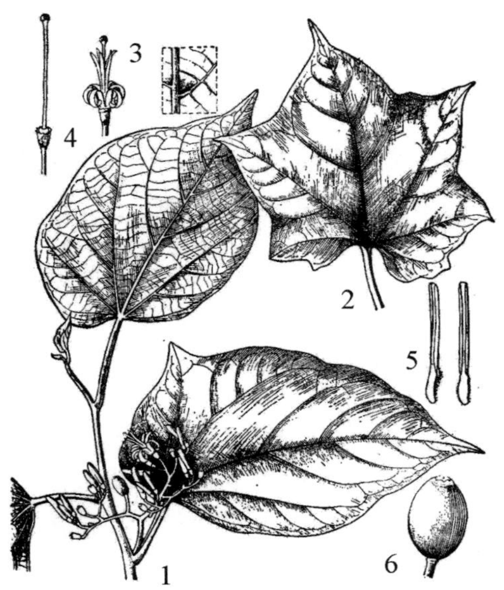

图 403　八角枫
1. 花枝；2. 叶；3. 花；4. 雌蕊；5. 雄蕊；6. 果实

数而等长，有短柔毛，花药长 6 ~ 8 毫米，药隔无毛；花盘近球形；子房 2 室，花柱无毛，柱头头状，2 ~ 4 裂。核果卵圆形，长约 5 ~ 7 毫米，熟时黑色，顶端有宿存萼齿及花盘;种子 1。花期 6 ~ 8 月;果期 8 ~ 11 月。

产崂山潮音瀑、大梁沟、蔚竹庵，生于沟谷及湿润坡地；崂山区白龙湾，平度市植物园栽培。国内分布于河南、陕西、甘肃及长江以南各省区和台湾。

本种药用，根名白龙须，茎名白龙条，治风湿、跌打损伤、外伤止血等。树皮纤维可编绳索。木材可作家具及天花板。

2. 三裂瓜木 八角枫（图 404；彩图 73）

Alangium platanifolium (Sieb. et Zucc.) Harms var. **trilobum** (Miquel) Ohwi

A. platanifolium (Sieb.et Zucc.) Harms.; *Marlea platanifolia* Sieb. et Zucc. var. Triloba Miq.

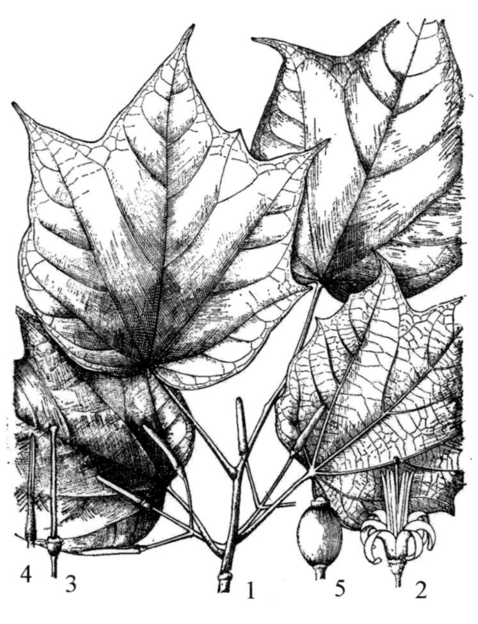

图 404　三裂瓜木
1. 花枝；2. 花；3. 雌蕊；4. 雄蕊；5. 果实

落叶灌木或小乔木，高 5 ~ 7 米。树皮灰色，平滑；小枝淡黄褐色，略呈“之”字形，无毛。单叶互生，纸质，近圆形、稀阔卵形或倒卵形，先端钝尖，基部近心形，长 11 ~ 13 厘米，稀 18 厘米，不分裂或稀分裂，裂片钝尖、锐尖或尾状尖，裂深仅达叶片长度的 1/3 ~ 1/4，稀达 1/2，边缘呈波状或钝齿状，两面幼时沿脉有疏毛，基出主脉 3 ~ 5 条；叶柄长 3.5 ~ 5(10) 厘米，无毛。聚伞花序腋生，长 3 ~ 4 厘米，通常有 3 ~ 5 花；总花梗长 1.2 ~ 2 厘米，花梗长 1.5 ~ 2 厘米，无毛；小苞片 1，条形，早落，外面有短柔毛；花萼钟形，外面疏生柔毛，5 裂，三角形，长宽约 1 毫米；花瓣 6 ~ 7，条形，紫红色，外面有短柔毛，长 2.5 ~ 3.5 厘米，宽 1 ~ 2 毫米，基部黏合，上部反卷;雄蕊 12，较花瓣短，长 8 ~ 14 毫米，微有柔毛，花药长 1.5 ~ 2.1 厘米：花盘肥厚，无毛；子房 1 室，花柱粗壮，长 2.5 ~ 3.5 厘米，柱头扁平。核果长卵圆形，长 8 ~ 12 毫米，直径 4 ~ 8 毫米，顶端宿存萼裂片；种子 1。花期 8 ~ 7 月；果期 8 ~ 10 月。

产于崂山潮音瀑、蔚竹庵、太清宫、北九水、大梁沟等地，生于山沟及疏林中。

国内分布于东北、华北、华中、华南地区及台湾等地。

皮含鞣质，可提取栲胶。纤维可作人造棉。根、叶药用，治风湿及跌打损伤等病。

四十八、蓝果树科 NYSSACEAE

落叶乔木，稀灌木。单叶，互生；无托叶。花序头状、总状或伞形；花单性或杂性，同株或异株；雄花花萼边缘齿裂；花瓣5，稀更多，覆瓦状排列；雄蕊为花瓣的2倍或较少，常排成2轮，花药内向；花盘肉质，垫状；雌花花萼管状部分常与子房合生，上部5齿裂；花瓣小，5或10，覆瓦状，花盘垫状；子房下位，1室或6～10室，每室有1枚下垂倒胚珠。核果或翅果，顶端有宿存花萼及花盘，1室或3～5室，每室有1种子；胚乳肉质。

含3属，约10余种，分布亚洲及美洲。我国有3属，9种，分布于长江以南各省区。青岛引种栽培2属，2种。

分属检索表

1. 果实为核果，长1～2厘米，径5～10毫米，常几个簇生 ………………………… 1.蓝果树属Nyssa
1. 翅果，常多数聚集成头状果序……………………………………………………… 2.喜树属Camptotheca

（一）蓝果树属 Nyssa L.

落叶或常绿乔木。叶互生，全缘，稀微波状；无托叶。花单性或杂性异株；头状、伞形或总状花序，花较少；苞片小，脱落。雄花花托扁平，稀杯状；雄蕊与花瓣同数或为其2倍；雌蕊不发育。雌花或两性花的花托常筒状或钟状；花萼5～10裂，细小；花瓣5～10；雄蕊与花瓣同数或不发育；花盘垫状，全缘或微裂；子房下位并与花盘合生，常1室，稀2室，胚珠1，花柱反卷或弯曲，不裂或2裂；柱头具纵纹。核果椭圆形或卵圆形，长1～2厘米，径0.5～1厘米，花萼与花盘宿存顶端；内果皮骨质，具纵沟纹。种子胚乳丰富。

10余种，产亚洲及美洲。我国7种。青岛栽培1种。

1. 蓝果树 紫树（图405；彩图74）

Nyssa sinensis Oliv.

落叶乔木，高约20余米。叶纸质或薄革质，椭圆形或卵状椭圆形，长12～15厘米，先端渐尖或短尖，基部近圆或宽楔形，全缘或微波状，上面无毛，侧脉6～10对；叶柄长1.5～2厘米。伞形或短总状花序；花序梗长3～5厘

图405 蓝果树
1. 花枝；2. 果枝；3. 雄花；4. 雄蕊

米。花单性。雄花生于已落叶的老枝；花梗长 5 毫米；花萼裂片细小；花瓣窄长圆形，短于花丝，早落；雄蕊 5 ~ 10，着生花盘周围。雌花生于具叶的枝上，基部有小苞片，花梗长 1 ~ 2 毫米；花萼裂片近全缘；花瓣鳞片状，长约 15 毫米；花盘肉质垫状；子房下位与花托合生，无毛或基部微被粗毛。核果常 3 ~ 4，长圆形或倒卵状长圆形，微扁，长 1 ~ 1.2 厘米，成熟时深蓝色，后为蓝褐色；果柄长 3 ~ 4 毫米；果序柄长 3 ~ 5 厘米。种子微扁，骨质，具 5 ~ 7 纵沟。花期 4 月下旬；果期 9 月。

太清宫，植物园栽培，太清宫有大树。国内分布于江苏、浙江、安徽、江西、湖北、四川、湖南、贵州、福建、广东、广西、云南等省区。

（二）喜树属 **Camptotheca** Decne.

落叶乔木。单叶互生；羽状脉。花杂性；头状花序近球形；苞片肉质；萼 5 齿裂；花瓣 5，覆瓦状排列；雄蕊 10，不等长，生于花盘外侧，排成 2 轮，花药 4 室；子房下位，在雌花中不发育，在雌花及两性花中发育良好，1 室，1 胚珠，下垂。翅果长圆形，有宿存花盘，1 室，1 种子，无果梗，成头状果序。

仅 1 种，我国特产。青岛有引种栽培。

1. 喜树　旱莲木（图 406；彩图 75）

Camptotheca acuminata Decne.

落叶乔木，高达 20 米。树皮灰色，纵裂；小枝紫绿色，无毛。单叶，互生，纸质，长圆状卵形或长圆状椭圆形，长 12 ~ 28 厘米，宽 6 ~ 12 厘米，先端短锐尖，基部近圆形或阔楔形，全缘，上面无毛，下面疏生短柔，上较密，中脉在上面凹下，在下面凸起，侧脉 10 ~ 15 对，在下面稍凸起，叶柄长 2 ~ 3 厘米，无毛。常由 2 ~ 9 个头状花序组成圆锥花序，顶生或腋生；头状花序球形，径 1.5 ~ 2 厘米，通常上部为雌花序，下部为雄花序；总花梗长 4 ~ 6 厘米；花单性，同株；苞片 3，三角状卵形，长 2 ~ 3 毫米，两面有毛；花萼 5 浅裂，边缘睫毛状；花瓣 5，淡绿色，长圆形，先端锐尖，长约 2 毫米，外面密被柔毛，早落；花盘显著；雄蕊 10，外轮 5 枚较长，长于花瓣，花药 4 室；子房下位，花柱顶端 2 裂。翅果长圆形，长 2 ~ 2.5 厘米，顶端宿存花柱，两侧有窄翅，干时黄褐色。花期 5 ~ 7 月；果期 9 月。

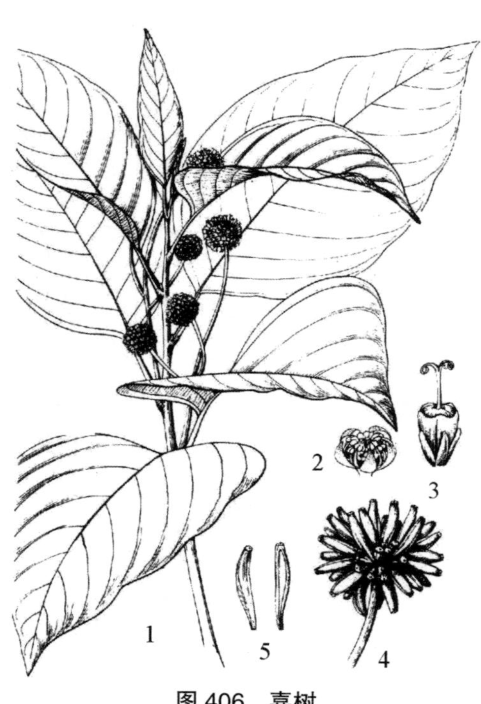

图 406　喜树

1. 花枝；2. 雄花；3. 雌花；4. 果序；5. 果实

崂山太清宫，中山公园，植物园有引种栽培，生长良好。国内分布于长江流域以南各省。

树干挺直，生长迅速，可栽植为庭园树或行道树。木材松软，可供家具及造纸原料。枝、根、叶、皮及果实药用，含有抗癌作用的生物碱。

四十九、山茱萸科 CORNACEAE

落叶或常绿乔木或灌木，稀草本。单叶，对生，稀互生，通常全缘，多无托叶。花小、辐射对称，两性稀单性；聚伞、伞形、头状或圆锥花序，顶生或腋生；有时有大型叶状总苞片；花萼 4 ~ 5 裂或不裂；花瓣 4 ~ 5，镊合状排列；雄蕊与花瓣同数而互生，花药 2 室，侧裂，稀向内裂；雌蕊有 2 ~ 4 心皮合生，子房下位，2 ~ 4 室，每室有 1 倒生胚珠。核果或浆果状核果；种子有胚乳。

含 15 属，约 119 种，分布于各大洲的热带至温带。我国有 9 属，约 60 种，分布于除新疆以外的其他省区。青岛有 5 属，9 种，1 变种。

分属检索表

1. 花单性，雌雄异株；子房1室；浆果状核果；直立圆锥花序 ……………………… 1.桃叶珊瑚属Aucuba
1. 花两性，子房2室；核果。
 2. 伞房状聚伞花序；无总苞片；核果球形或近球形。
  3. 叶互生；核的顶端有1方形孔穴 ……………………………………………… 2.灯台树属Bothrocaryum
  3. 叶对生；核的顶端无孔穴 ……………………………………………………………… 3.梾木属Swida
 2. 伞形花序或头状花序；有芽鳞状或花瓣状的总苞片。
  4. 伞状花序有绿色芽鳞状总苞片；核果长椭圆形 ………………………………… 4.山茱萸属Cornus
  4. 头状花序有白色花瓣状总苞片；果实为聚合状核果 ……………………5.四照花属Dendrobenthamia

（一）桃叶珊瑚属 **Aucuba** Thunb.

常绿乔木或灌木。小枝绿色。叶对生；叶厚革质至厚纸质。花单性，雌雄异株；圆锥花序；花小，有 2 小苞片；萼 4 齿裂；花瓣 4，镊合状排列；雄蕊 4，花药背着；花盘肉质，四棱形；子房下位，1 室，1 胚珠，柱头头状。浆果状核果，含 1 种子。

含 11 种，分布于喜马拉雅地区和日本。我国有 11 种，主要分布于南部及西南部。青岛引种 2 种。

分种检索表

1.叶椭圆形至倒卵状椭圆形，具5 ~ 8对锯齿；花黄绿色；果实鲜红色 ………… 1.桃叶珊瑚A.chinensis
1. 叶长椭圆形至卵状长椭圆形，上部具2 ~ 4对疏锯齿或全缘；花紫色；果实紫黑色 … 2.青木A. japonica

1. 桃叶珊瑚（图 407）

Aucuba chinensis Benth.

常绿小乔木或灌木，高 3 ~ 6(~ 12) 米；小枝粗壮，二歧分枝，绿色，光滑；皮孔白色，长椭圆形或椭圆形，较稀疏；叶痕大，显著。冬芽球状，鳞片 4 对，交互对生，外轮较短，卵形，其余为阔椭圆形，内二轮外侧先端被柔毛。叶革质，椭圆形或阔椭圆形，稀倒卵状椭圆形，长 10 ~ 20 厘米，宽 3.5 ~ 8 厘米，先端锐尖或钝尖，基部阔楔形或楔形，稀两侧不对称，边缘微反卷，常具 5 ~ 8 对锯齿或腺状齿，稀为粗锯齿；叶上面深绿色，下面淡绿色，中脉在上面微显著，下面突出，侧脉 6 ~ 8 对，稀 10 对，稀与中脉相交近于直角；叶柄长 2 ~ 4 厘米，粗壮，光滑。圆锥花序顶生，花序梗被柔毛，雄花序长 5 厘米以上；雄花绿色（2 月），紫红色花萼先端 4 齿裂，无毛或被疏柔毛；花瓣 4，长圆形或卵形，长 3 ~ 4 毫米，宽 2 ~ 2.5 毫米，外侧被疏毛或无毛，先端具短尖头；雄蕊 4，长约 3 毫米，着生于花盘外侧，花药黄色，2 室；花盘肉质，微 4 棱；花梗长约 3 毫米，被柔毛；苞片 1，披针形，长 3 毫米，外侧被疏柔毛。雌花序较雄花序短，长约 4 ~ 5 厘米，花萼及花瓣近于雄花，子房圆柱形，花柱粗壮，柱头头状，微偏斜；花盘肉质，微 4 裂；花下具 2 小苞片，披针形，长约 4 ~ 6 毫米，边缘具睫毛；花下具关节，被柔毛。幼果绿色，成熟为鲜红色，圆柱状或卵状，长 1.4 ~ 1.8 厘米，直径 8 ~ 10（12）毫米，萼片、花柱及柱头均宿存于核果上端。花期 1 ~ 2 月；果熟期达翌年 2 月，常与一二年生果序同存于枝上。

图 407 桃叶珊瑚

1. 果枝；2. 雄花；3. 雌花，去掉花瓣

植物园有栽培。国内分布于福建、台湾、广东、海南、广西等省区。

栽培供观赏。

2. 青木 东瀛珊瑚（图 408）

Aucuba japonica Thunb.

常绿灌木。小枝无毛。叶革质，长椭圆形、卵状长椭形，稀阔披针形，长 8 ~ 20 厘米，宽 5 ~ 12 厘米，先端渐尖，基部近圆形至阔楔形，边缘有 2 ~ 4 对疏齿或近全缘，上面亮绿色，下面淡绿色；叶柄粗壮，长 1 ~ 4 厘米。顶生圆锥花序；雄花序长 5 ~ 10 厘米；雌花序较短，长 2 ~ 3 厘米；花瓣紫红色或暗紫色；雄花下有 1 小苞片；雌花下有 2 小苞片，子房被疏柔毛。果卵圆形，暗紫或黑色，长约 2 厘米，径 5 ~ 7 毫米；种子 1 粒。花期 3 ~ 4 月；果期翌年 4 月。

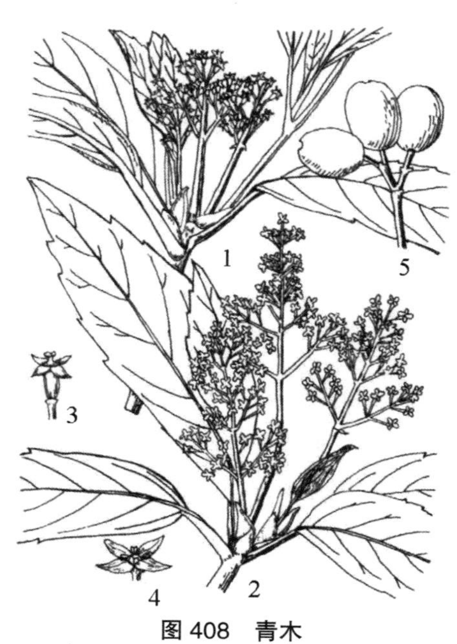

图 408 青木

1. 雌花枝；2. 雄花枝；3. 雌花；4. 雄花；5. 果实

崂山明霞洞，中山公园，植物园，

城阳世纪公园，青岛农业大学等有栽培。国内分布于浙江、台湾。

供观赏。

（1）花叶青木 洒金东瀛珊瑚（栽培变种）

'Variegata'

叶片上有大小不等的黄色斑点。

崂山太清宫，中山公园栽培。

供观赏。

（二）灯台树属 Bothrocaryum (Koehne)Pojark.

落叶乔木或灌木。冬芽顶生或腋生，卵圆形或圆锥形，无毛。叶互生，阔卵形至椭圆状卵形，全缘，下面被贴生的短柔毛。伞房状聚伞花序顶生，无总苞片，花两性；花萼管状，4裂；花瓣4，白色，镊合状排列；雄蕊4，着生于花盘外侧，花盘垫状；子房下位，2室，花柱圆柱形，柱头头状。核果球形；种子2，核顶有1方形孔穴。

含2种，分布于东南及北美亚热带和北温带地区。我国1种。青岛栽培1种。

1. 灯台树 瑞木（图409；彩图76）

Bothrocaryum controversum (Hemsl.) Pojark.

Cornus controversa Hemsl.

落叶乔木，高6～15米。树皮暗灰色，纵裂，小枝暗紫红色，无毛。叶互生，常簇生于枝梢，阔卵形或阔椭圆形，长5～13厘米，宽3～9厘米，先端突尖或短尾状尖，基部阔楔形或近圆形，全缘，上面绿色，无毛，下面灰绿色，密被淡白色平贴短柔毛，侧脉6～7对，弧状弯曲，上面凹下，下面凸起，叶柄长2～6.5厘米。伞房状聚伞花序，顶生，花序径7～13厘米，有平伏短柔毛，花梗长3～6毫米；花白色，径约8毫米，萼齿三角形，外被短柔毛；花瓣4，长椭圆形，雄蕊4，稍伸出，子房下位，花托椭圆形，密生平伏短柔毛，花柱细长，柱头头状。核果球形，紫红至蓝黑色，径6～7毫米，核顶端有近方形小孔。花期5～6月；果期7～8月。

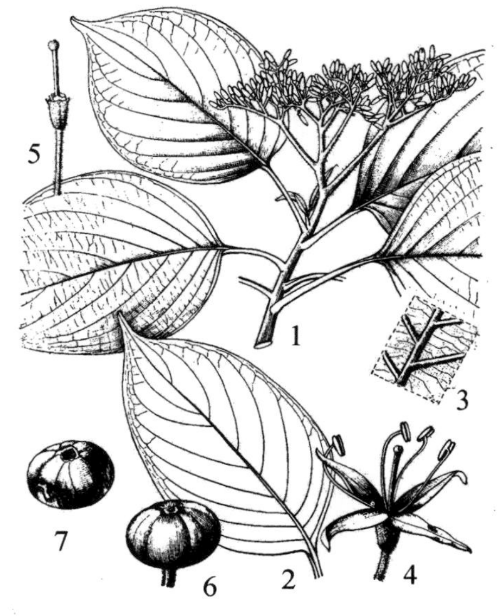

图409 灯台树

1. 花枝；2. 叶；3. 叶下面局部放大；4. 花；5. 雌蕊；6. 果实；7. 果核，示顶端的孔穴

崂山太清宫、明霞洞，中山公园，青岛大学，青岛农业大学，山东科技大学，胶州市，平度市植物园有栽培，太清宫内有大树。国内分布于辽宁、河北、陕西、甘肃、安徽、河南以及长江以南各省区。

木材供建筑、雕刻、文具等用。种子油可制肥皂及润滑油。木材供建筑用。亦可作庭阴树及行道树。

（三）梾木属 **Swida** Opiz.

落叶乔木或灌木，稀常绿。冬芽顶生或腋生，卵形或狭卵形。叶对生；叶卵圆形或椭圆形，全缘，通常下面有贴生的短柔毛。伞房状聚伞花序顶生，无总苞片；花两性，花萼管状，萼齿 4；花瓣 4，白色，镊合状排列；雄蕊 4，着生于花盘外侧；花盘垫状；子房下位，2 室，花柱圆柱形。核果球形或近球形；有种子 2。

约 42 种，多分布于北温带至北亚热带。我国有 25 种，20 变种，分布于除新疆以外的其他省区。青岛有 5 种。

分种检索表

1. 花柱圆柱形而非棍棒状。
  2. 核果乳白色或浅蓝白色；核两侧压扁状 ………………………… 1.红瑞木S. alba
  2. 核果熟时黑色；核非两侧压扁 ………………………… 2.光皮梾木S. wilsoniana
1. 花柱先端增厚而呈棍棒状。
  3. 叶下面有乳状突起及白色毛。
    4. 乔木；叶片较大，长8 ~ 16厘米，宽4 ~ 8厘米，侧脉5 ~ 8对………………… 4.梾木S. macrophylla
    4. 灌木状；叶片较小，长4 ~ 7.5 厘米，宽2.5 ~ 4 厘米，侧脉3 ~ 4对 …… 5.欧洲红瑞木S. sanguinea
  3. 叶下面几无乳状头突起 ………………………… 3.毛梾S. walteri

1. 红瑞木（图 410）

Swida alba (L.) Opiz.

Cornus alba L.

落叶灌木，高 3 米。树皮暗红色，平滑；枝鲜红色，无毛。叶对生，卵圆形或椭圆形，长 4 ~ 10 厘米，宽 3 ~ 6 厘米，先端突尖，基部圆楔形或阔楔形，全缘，上面暗绿色，下面粉绿色，散生白色平伏毛，侧脉 5 ~ 6 对，弓形内弯；叶柄长 1 ~ 2.5 厘米。花白色，顶生伞房状聚伞花序，径 3 ~ 5 厘米；萼齿三角形；花瓣卵状长圆形；花丝细，花药长圆形；花盘垫状；子房倒卵形，疏生平伏毛，花柱圆柱形，柱头头状。核果长圆形，长 6 ~ 7 毫米，两端尖，乳白色或蓝白色。花期 5 ~ 6 月；果期 8 ~ 9 月。

全市各地普遍栽培。国内分布于东北地区及内蒙古、河北、山东、江苏，陕西、甘肃、青海等省。

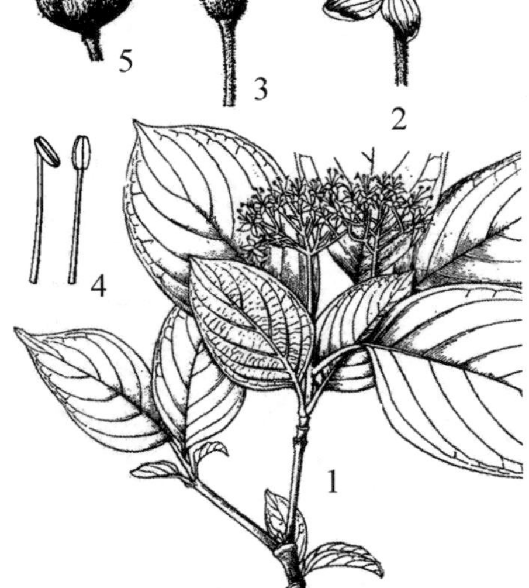

图 410　红瑞木

1. 花枝；2. 花；3. 雌蕊；4. 雄蕊；5. 果实

供观赏。种子可榨油供工业用。

2. 光皮梾木（图 411）

Swida wilsoniana (Wanger.)Sojak

Cornus Wilsoniana Wanger.

落叶乔木，高可达 15 米以上。幼枝微具棱，被伏生灰色短柔毛，老枝皮孔显著。叶对生，椭圆形或倒卵状椭圆形，长 5 ~ 12 厘米，先端急尖或短渐尖，基部楔形，边缘微波状，反卷，上面疏被伏生短柔毛，下面被较密的柔毛及疣状突起，侧脉 3 ~ 4 对；叶柄长 1 ~ 2 厘米，幼时密被毛。聚伞花序圆锥状顶生，径约 6 ~ 10 厘米，疏被柔毛；花序梗长 2 ~ 3 厘米，被伏生毛；花径约 7 毫米；萼裂片 4，三角形，较花盘长，外被白色短柔毛；雄蕊 4，花丝线状，与花瓣近等长；花柱稍粗壮，长 3.5 ~ 4 毫米，稀被伏生毛；柱头长圆形，稍粗于花柱；花托倒钟形，外侧密被伏生毛。核果圆球形，径约 6 ~ 7 毫米，成熟时紫黑或黑色。花期 5 月；果期 10 ~ 11 月。

图 411　光皮梾木
1. 花枝；2. 花

山东科技大学有栽培。国内分布于浙江、福建、江西、湖北、湖南、广东、广西、贵州、四川、甘肃、陕西、河南等省区。

栽培可供观赏。木材可制作家具用。叶为优质饲料。果实含油量高、油质好，为优良木本粮油树种。

3. 毛梾 车梁木（图 412）

Swida walteri (Wanger.) Sojak

Cornus walteri Wanger.

落叶乔木，高达 15 米。树皮黑褐色，纵裂，小枝暗红色，幼时有平伏毛，后脱落。叶对生，椭圆形或长椭圆形，长 4 ~ 12 厘米，宽 3 ~ 5 厘米，先端渐尖，基部楔形，上面疏被平伏毛，下面密被灰白色平伏毛，侧脉 4 ~ 5 对，弧形弯曲；叶柄长 1 ~ 3 厘米。伞房状聚伞花序，有灰白色平伏毛；总梗长 1.5 ~ 2 厘米；花梗长 2 ~ 3 毫米；花白色，径约 1 厘米；萼齿三角形，与花盘近等长，外被柔毛；花瓣长圆状披针形，长 4.5 ~ 5 毫米，外面疏生柔毛；雄蕊 4，无毛，花丝稍短于花瓣；花盘垫状或腺体状；子房下位，花托倒卵形，密生灰白色柔毛，花柱棍棒状，柱头头状。核果球形，

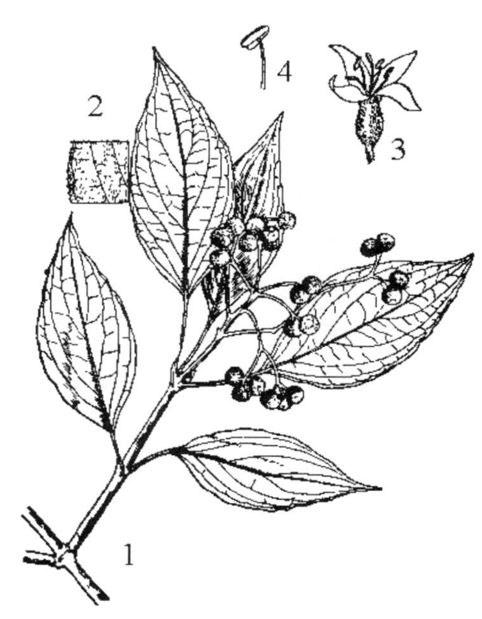

图 412　毛梾
1. 果枝；2. 叶片局部放大；3. 花；4. 雄蕊

图 413　楝木
1. 果枝；2. 叶下面局部放大；3. 花；4. 果实

径 6 ～ 8 毫米，黑色。花期 5 ～ 6 月；果期 8 ～ 10 月。

产崂山，胶州艾山，灵山岛等地；中山公园，青岛农业大学，崂山区，黄岛区，即墨市栽培。国内分布于河北、山西及长江以南各省区。

种子含油率 27 ～ 38%，供食用及工业用。木材供建筑、家具用材。树皮药用，有祛风止痛、通经络的功效。

4. 楝木（图 413）

Swida macrophylla (Wall.) Sojak

Cornus macrophylla Wall.

乔木，高 3 ～ 15 米，稀达 20 ～ 25 米；树皮灰褐色或灰黑色；幼枝有稜角，初微被灰色贴生短柔毛，老枝皮孔及叶痕显著。芽顶生或腋生，密被黄褐色短柔毛。叶纸质，对生，阔卵形或卵状长圆形，稀近于椭圆形，长 8 ～ 16 厘米，宽 4 ～ 8 厘米，先端锐尖或短渐尖，基部近圆形或宽楔形，稍不对称，边缘微波状，上面幼时疏被平贴小柔毛，下面具乳状突起及白色平贴短柔毛，沿叶脉毛为褐色，侧脉 5 ～ 8 对；叶柄长 3 ～ 5 厘米，幼时疏被毛。伞房状聚伞花序顶生，长 5 ～ 7 厘米，疏被短柔毛；总花梗红色，长 2.5 ～ 4 厘米；花白色，有香味，径 8 ～ 10 毫米；花萼裂片 4，宽三角形，稍长于花盘，外侧疏被灰色短柔毛；花瓣 4，舌状长圆形或卵状长圆形，长 3 ～ 5 毫米，外侧疏被短柔毛；雄蕊 4，与花瓣等长或稍伸出花外，花药倒卵状长圆形，2 室，长 1.3 ～ 2 毫米，丁字形着生；花盘垫状；花柱圆柱形，长 2 ～ 4 毫米，被小柔毛，顶端粗壮而略呈棍棒形，柱头扁平，微浅裂，花托倒卵形或倒圆锥形，密被灰白色平贴短柔毛。核果近球形，径 4.5 ～ 6 毫米，成熟时黑色，近无毛；核骨质，扁球形，有 2 浅沟及 6 条脉纹。花期 6 ～ 7 月；果期 8 ～ 9 月。

中山公园栽培。国内分布于山西、陕西、甘肃、山东、台湾、西藏以及长江以南各省区。

栽培供观赏。树皮、种子药用，对治疗高血脂有明显疗效。

图 414　欧洲红瑞木
1. 花枝；2. 花；3. 果实

5. 欧洲红瑞木（图 414）

Swida sanguinea (L.) Opiz.

Cornus sanguinea L.

灌木状，高 2 ～ 4 米。幼枝淡绿色，疏被白色贴生短柔毛。叶椭圆形或卵状椭圆形，长 4 ～ 7.5 厘米，宽 2.5 ～ 4 厘米，先端突尖，下面密被乳头状突起并有疏生白色卷曲毛，侧脉 3 ～ 4 对，弓形内弯；叶柄纤细，长 0.8 ~ 1.8 厘米。顶生伞房状聚伞花序，连同总花梗长 5.8 ~ 6 厘米，宽 3.8 ~ 4.2 厘米；花少，白色，径 10 毫米；花瓣 4，长圆披针形，长 5 毫米；雄蕊 4，生于花盘外侧，花药淡黄色。核果近于球形，径 7 ~ 7.6 毫米，熟时黑色。花期 5 月；果期 9 月。

原产欧洲和西亚，常栽培观赏。植物园有引种栽培。品种密枝红瑞木 (‘Compressa’)，枝条密生，近直立，树冠狭窄。

（四）山茱萸属 **Cornus** L.

落叶乔木或灌木。叶对生，全缘，有叶柄。腋生伞形花序，下面有总苞片，苞片鳞片状，排成 2 轮，外轮 2 枚较大，内轮 2 枚较小，早落；花小，两性，黄色；萼 4 裂；花瓣 4，镊合状排列；雄蕊 4；花盘垫状；子房下位，2 室，胚珠单生，花柱短，圆柱形，柱头截形。核果长椭圆形；核果质。

含 4 种，分布于欧洲、东亚及北美。我国有 2 种，分布于长江流域以南各省区。青岛有 1 种。

1. 山茱萸 萸肉（图 415）

Cornus officinalis Sieb.et Zucc.

落叶小乔木，高达 10 米。树皮灰褐色，剥落；枝条暗褐色，无毛。叶对生，卵形至卵状椭圆形，稀卵状披针形，长 5 ~ 12 厘米，宽 3 ~ 5 厘米，先端渐尖，基部阔楔形或近圆形，全缘，上面绿色，无毛，下面淡绿色，疏被白色贴生短柔毛，脉腋有黄褐色髯毛，侧脉 6 ~ 8 对，叶脉在上面凹下，在下面隆起；叶柄长 6 ~ 10 毫米。伞形花序腋生，先叶开花；总梗长 1.5 ~ 2 厘米；总苞片 4，卵圆形，淡褐色，长 6 ~ 8 毫米，先端锐尖，花梗长约 1 厘米，有白色柔毛；花黄色，径 4 ~ 5 毫米；萼裂片 4，阔三角形；花瓣 4，舌状披针形；雄蕊 4，短于花瓣；花盘垫状，花柱长 1 ~ 1.5 毫米，柱头膨大。核果椭圆形，红色，长约 1.5 厘米，径约 6 毫米。花期 4 ~ 5 月；果期 8 ~ 9 月。

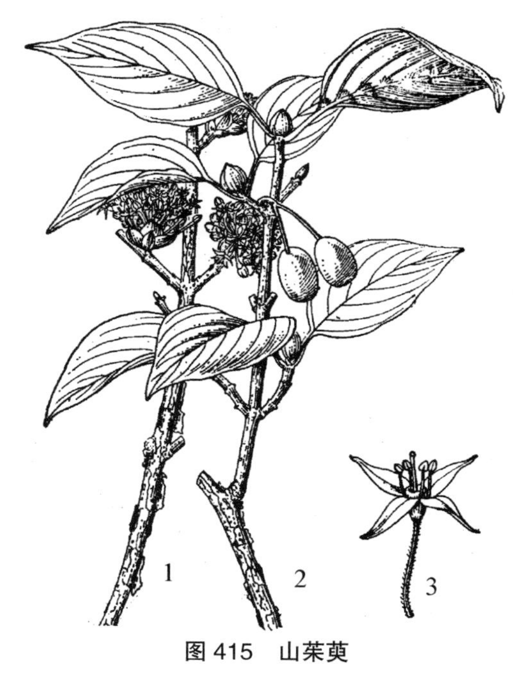

图 415 山茱萸

1. 花枝；2. 果枝；3. 花

崂山太清宫、明霞洞，李沧十梅庵公园，城阳翰林苑，山东科技大学有栽培。国内分布于山西、河南、陕西、甘肃、浙江、安徽、江苏、江西、湖南等省。

果实药用，可健胃补肾、治腰痛等症。种子油可制肥皂。可栽供观赏。

（五）四照花属 **Dendrobenthamia** Hutch

灌木或小乔木，叶对生，全缘。花两性，小形，头状花序，有大形花瓣状白色总

图 416 四照花
1. 花枝；2. 果枝；3. 花

苞片 4；萼 4 齿裂；花瓣 4；雄蕊 4；花盘垫状或环状，子房下位，2 室，每室有倒生胚珠 1。核果长圆形，多数集合成球形肉质的聚合果。

含 10 种，分布于东亚。我国有 10 种，主要分布于西南地区。青岛有 1 变种。

1. 四照花（图 416；彩图 77）

Dendrobenthamia japonica (DC.) Fang var. **chinensis** (Osborn) Fang

Cornus kousa Buerg.var.*chinensis* Osborn

落叶小乔木或灌木状，高 5 ~ 8 米。小枝绿色，有白色柔毛，后脱落，二年生枝灰褐色，无毛。叶对生，纸质或厚纸质，卵形或卵状椭圆形，长 6 ~ 12 厘米，宽 3 ~ 6 厘米，先端渐尖，基部圆形或阔楔形，全缘或有细齿，上面疏生白色柔毛，下面粉绿色，有白色短柔毛，脉腋簇生白色绢状毛，侧脉 3 ~ 4 对，稀 5 对，弧状弯曲；叶柄长 5 ~ 10 毫米，有柔毛。头状花序生于小枝顶端，有 40 ~ 50 花；总苞片花瓣状，卵形或卵状披针形，白色，长 5 ~ 6 厘米，有弧状脉纹；花萼筒状，4 裂，裂片内面有 1 圈褐色细毛，花瓣 4，黄色，长椭圆形，雄蕊 4；花盘垫状；子房下位，2 室。果序球形，橙红色或紫红色，直径 2 ~ 3 厘米；总梗长 5 ~ 6 厘米。花期 5 月；果期 8 月。

崂山太清宫，中山公园，植物园有引种栽培。国内分布于内蒙古、山西、陕西、甘肃、江苏、安徽、浙江、江西、福建、台湾、河南、湖北、湖南、四川、贵州、云南等省区。

美丽的公园及庭园观赏树种。果实味甜可食及酿酒。

五十、槲寄生科 VISCACEAE

半寄生性灌木、亚灌木，稀草本，寄生于木本植物的茎或枝上，稀寄生在梨果寄生属植物的枝。叶对生，全缘，有基出脉，或叶呈鳞片状，基部或大部分合成环状、鞘状或离生；无托叶。花单性，雌雄同株或异株。聚伞花序或单朵，腋生或顶生，具苞片和小苞片或无；副萼无；花被片萼片状，3 ~ 4，镊合状排列，离生或下部合生；雄蕊与花被片等数，对生并着生其上，花丝短或缺，花药 1 至多室，横裂、纵裂或孔裂；心皮 3 ~ 4，子房下位，贴生于花托，1 室，特立中央胎座或基生胎座，无胚珠，由胎座或在子房基部的造孢细胞发育成一至数个胚囊，花柱 1，短至无，柱头乳头状或垫状。浆果，外果皮革质，中果皮具粘胶质层；种子 1，贴生内果皮，无种皮，胚乳丰富或肉质，胚 1，圆柱状，有时具 2 ~ 3 胚，子叶 2（3 ~ 4）。

约 8 属，130 余种，主要产热带和亚热带地区，少数种类分布于温带。我国 3 属，16 种，3 变种。青岛有 1 属，1 种。

（一）槲寄生属 Viscum L.

寄生性灌木或亚灌木。茎、枝圆柱状或扁平，有节，相邻节间互相垂直；枝对生或二歧分枝。叶对生，稀轮生，叶具基出脉或呈鳞片状。花单性，雌雄同株或异株；聚合花序顶生或腋生，常具 3 ~ 7 花；花序梗短或无，常具 2 苞片组成的舟形总苞。无花梗，苞片 1 ~ 2 或无；无副萼；花被萼片状。雄花花托辐状；萼片常 4；雄蕊贴生于萼片，无花丝，花药多室，药室大小不等，孔裂。雌花花托卵球形或椭圆状；萼片 4，稀 3，花后常凋落；子房 1 室，基生胎座，花柱短或无，柱头乳头状或垫状。浆果常具宿存花柱，外果皮平滑或具小瘤体，中果皮具粘胶质。种子 1 颗，胚乳肉质，胚 1 ~ 3。

约 70 种，分布于东半球，主产热带和亚热带地区，少数种类分布于温带地区。我国 11 种，1 变种。青岛 1 种。

1. 槲寄生（图 417）

Viscum coloratum (Kom.) Nakai

V. album L. ssp. *coloratum* Kom.

常绿灌木；高 30 ~ 60 厘米，全体无毛。枝黄绿色，丛生，2 ~ 5 叉状分枝，圆柱形，节稍膨大，节间长 7 ~ 12 厘米。叶对生于枝端，无柄，厚革质或革质，长椭圆形至椭圆状披针形，长 3 ~ 7 厘米，宽 0.7 ~ 1.5 厘米，先端圆钝，基部渐狭，基出 3 ~ 5 脉；叶柄短。花单性，雌雄异株；花序顶生或腋生于茎分叉处；雄花序聚伞状，总花梗几无或长达 5 毫米；总苞舟形，长 5 ~ 7 毫米，通常有花 3 朵，中央的花有 2 苞片或无；雄花花被片 4，卵形，雄蕊 4，着生于花被片上；雌花序聚伞式穗状，总花梗长 2 ~ 3 毫米，或近无，有花 3 ~ 5 朵；雌花花被片 4，柱头乳头状。浆果球形，直径 6 ~ 8 毫米，淡黄色或橙红色，果皮平滑。花期 5 月；果期 9 ~ 10 月。

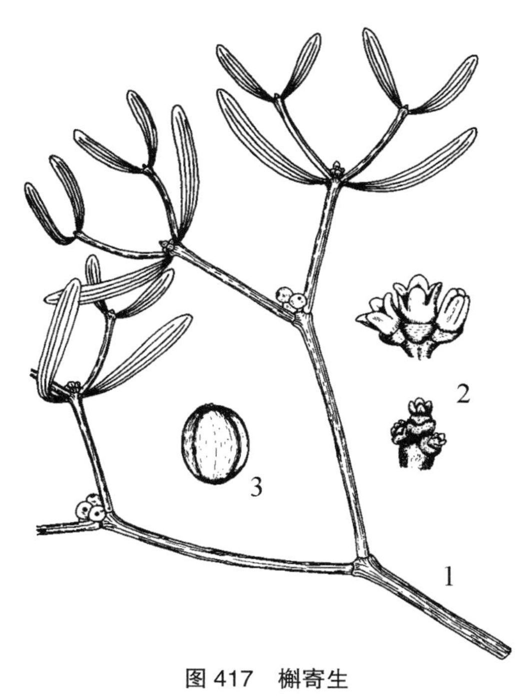

图 417 槲寄生
1. 果枝；2.花序；3.果实

产于崂山等山区，寄生于栎类、榆树、柳树、栗树、杏、枫杨等树上。国内分布于除新疆、西藏、云南、广东以外的大部分省区。

全株药用，有补肝肾、除风湿、强筋骨、安胎下乳、降血压之功效。

五十一、卫矛科 CELASTRACEAE

常绿、半常绿或落叶乔木、灌木或木质藤本及匍匐小灌木。单叶，互生或对生，稀 3 叶轮生；托叶小，早落或无。花两性，常退化为单性或杂性同株，少数单性异株；

聚伞花序；有苞片和小苞片；花 4 数或 5 数；花萼、花瓣明显，稀萼瓣相似或花瓣退化；花萼基部与花盘下部合生；花药 2 室或 1 室，顶裂或侧裂；子房下部与花盘合生，或与花盘融合界限不明显，子房 2 ～ 5 室，每室有倒生胚珠 2 或 1，稀较多。蒴果、核果、翅果或浆果；种子通常有红色肉质假种皮。

约 60 余属，850 种，分布于热带、亚热带及温带地区。我国有 12 属，120 种，分布于南北各地。青岛有 2 属，9 种，1 变型。

分属检索表

1. 叶对生；腋生聚伞花序…………………………………………………………………… 1.卫矛属 Euonymus
1. 叶互生；腋生或顶生聚伞花序………………………………………………………… 2南蛇藤属Celastrus

（一）卫矛属 Euonymus L.

落叶或常绿，灌木或乔木，有的借细根匍匐或攀援上升。小枝通常四棱型；冬芽显著，有芽鳞。叶对生，稀互生或 3 叶轮生，叶托早落。腋生聚伞花序；花两性，4 ～ 5 数；雄蕊着生于花盘上，花丝短，花药 1 ～ 2 室；花盘肉质，扁平，4 ～ 5 裂；子房埋入花盘内，3 ～ 5 室，每室有胚珠 1 ～ 2，花柱短或无，柱头 3 ～ 5 裂。蒴果，有角棱或翅，稀有刺，3 ～ 5 裂，每室有种子 1 ～ 2；种子包与红色假种皮内，有胚乳。

约 220 种，分布于欧洲、亚洲、美洲及大洋洲。我国约 111 种，10 变种，4 变型，分布于南北各地。青岛有 8 种，1 变型。

分种检索表

1. 落叶。
 2. 枝通常有木栓质宽翅。
  3. 聚伞花序有1～3花 ……………………………………………………………1.卫矛E.alatus
  3. 聚伞花序有2～3分枝，有7～15花 …………………………………………… 2.栓翅卫矛E.phellomanus
 2. 枝通常无木栓质翅。
  4. 花4数；蒴果4裂。
   5. 蒴果无明显果翅 ………………………………………………………………… 3.白杜E.maackii
   5. 蒴果有明显果翅 ……………………………………………………… 4.陕西卫矛E.schensianus
  4. 花5数；蒴果5裂 ……………………………………………………… 5.垂丝卫矛E.oxyphyllus
1.常绿或半常绿。
 6. 匍匐或攀援性灌木。
  7. 半常绿；叶主要为倒卵形，纸质；花序分枝平展，花梗明显较长，花序、果序均稀疏 …………
  ……………………………………………………………………………… 6.胶州卫矛E.kiautschovicus
  7. 常绿；叶革质，主要为椭圆形；花序分支斜升，花梗短，花序紧密成团 …… 7.扶芳藤E.fortunei
 6. 直立生长，常绿；叶厚革质，有光泽，椭圆形或倒卵形 …………………… 8.冬青卫矛E.japonicus

1. 卫矛 鬼箭羽 刮头篦子（图 418）

Euonymus alatus (Thunb.)Sieb.

Celastrus alatus Thunb.

落叶灌木。高达 2 米，全体无毛。枝绿色，有 2 ~ 4 条纵向的木栓质宽翅，翅宽可达 1.2 厘米，老树分枝有时无翅。叶椭圆形或菱状倒卵形，长 2 ~ 7 厘米，宽 1 ~ 3 厘米，先端尖或短尖，基部宽楔形，缘有细锯齿；叶柄极短或近无柄。腋生聚伞花序，常有 3 花；总花梗长 1 ~ 2 厘米；花梗长 3 ~ 5 毫米；花淡黄绿色，4 数，径约 6 毫米；萼片半圆形，长约 1 毫米；花瓣卵圆形，长约 3 毫米；雄蕊有短花丝，着生于肥厚方形花盘边缘；子房埋入花盘，4 室，每室有 2 胚珠，花柱短。蒴果带紫红色，常 1 ~ 2 心皮发育，基部连合；种子有红色假种皮。花期 5 ~ 6 月；果期 9 ~ 10 月。

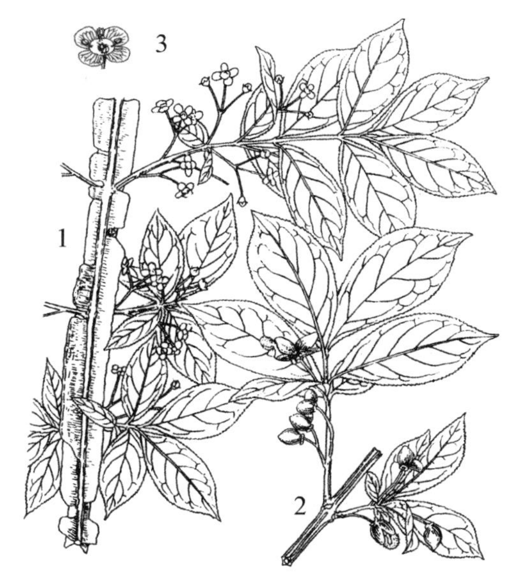

图 418 卫矛
1. 花枝，小枝具木栓翅；2. 果枝；3. 花

产于崂山，百果山，大珠山，大泽山等山区，生于山坡、山谷灌丛中；崂山区，城阳区，黄岛区，即墨温泉有栽培。国内分布于除东北、新疆、青海、西藏、广东及海南以外的各省区。

茎叶含鞣质可提取栲胶。根、枝及木栓翅药用，主治烫伤及产后瘀血腹痛等症。

2. 栓翅卫矛（图 419）

Euonymus phellomanus Loes.

落叶灌木，高 3 ~ 4 米。枝常具 4 纵列木栓质厚翅，老枝上翅宽 5 ~ 6 毫米。叶对生，长椭圆形或椭圆状倒披针形，长 6 ~ 11 厘米，宽 2 ~ 4 厘米，先端窄长渐尖，基部楔形，边缘具细密锯齿；叶柄长 0.8 ~ 1.5 厘米。聚伞花序有 2 ~ 3 次分枝，有 7 ~ 15 花；花序梗长 1 ~ 1.5 厘米，第一次分枝长 2 ~ 3 毫米,第二次分枝几无梗。花梗长达 5 毫米；花 4 数，白绿色，径约 8 毫米；花萼裂片近圆形；花瓣倒卵形或卵状长圆形；雄蕊花丝长 2 ~ 3 毫米；子房

图 419 栓翅卫矛
1. 花枝；2. 果实

半球形，花柱短，长 1 ～ 1.5 毫米，柱头圆钝，不膨大。蒴果倒心形，长 7 ～ 9 毫米，熟时粉红色，4 棱。种子椭圆形，长 5 ～ 6 毫米，种皮棕色；假种皮橘红色，包被种子全部。花期 7 月；果期 9 ～ 10 月。

即墨市有栽培。国内分布于产安徽、湖北、河南、山西、陕西、四川、甘肃及宁夏等省区。

枝可治月经不调、产后血瘀腹痛、血崩、风湿等。栽培可供观赏。

3. 白杜 桃叶卫矛 丝棉木 华北卫矛（图 420）

Euonymus maackii Rupr.

E.Bge.anus Maxim.

落叶灌木或小乔木，高可达 6 米。小枝灰绿色，近圆柱形，无栓翅。叶对生；叶卵形或长椭圆形，长 5 ～ 7 厘米，宽 3 ～ 5 厘米，边缘有细锯齿，有时锯齿较深而尖锐，叶先端渐尖，基部宽楔形或近圆形，两面无毛；叶柄细长，常为叶片的 1/3 ～ 1/2。聚伞花序，腋生，1 ～ 2 回分枝，有 3 ～ 15 花；总花梗长 1 ～ 2 厘米；花黄绿色，直径 8 ～ 10 毫米；萼片近圆形，长约 2 毫米；花瓣长圆形，长约 4 毫米，上面基部有鳞片状柔毛；雄蕊长约 2 毫米，着生在花盘上；花盘近四方形；子房与花盘贴生，4 室，花柱长约 1 毫米 . 蒴果倒卵形，上部 4 裂，淡红色，径约 1 厘米；种子有红色假种皮。花期 5 ～ 6 月；果期 8 ～ 9 月。

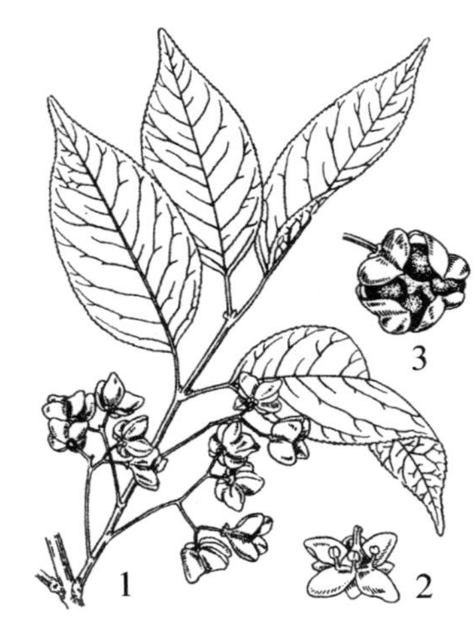

图 420　白杜

1. 果枝；2. 花；3. 果实

产崂山潮音瀑、张坡，大珠山，胶州艾山等地；公园常见栽培。国内分布于除陕西、西南和广东、广西外的其他各省区。

皮、根入药用，治腰膝痛。木材供细工、雕刻等用。栽培可供观赏。

4. 陕西卫矛 金丝吊蝴蝶（图 421）

Euonymus schensiana Maxim.

落叶藤状灌木，高达数米。小枝稍带灰红色。叶对生，膜质或纸质，披针形或窄长卵形，长 4 ～ 7 厘米，宽 1.5 ～ 2 厘米，先端渐尖或尾状渐尖，基部楔形，边缘有纤毛状细齿，侧脉 5 ～ 6 对；叶柄长 3 ～ 6 毫米。聚伞花序细柔，常有多次分枝，具多花；花序梗细，长 4 ～ 6 厘米，下垂；每一分枝顶端各有 1 三出小聚伞花序。花

图 421　陕西卫矛

1. 花枝；2. 果枝

4 数，黄绿色，径约 7 毫米；萼片半圆形，大小不一；花瓣卵形，径约 7 毫米，稍带红色，有时具明显羽状脉纹；雄蕊生于花盘上面边缘，花丝极短；雌蕊位于花盘中央。蒴果方形或扁圆形，径约 1 厘米，成熟时褐色，具 4 翅，翅长圆形，长 0.8 ~ 1.2 厘米，基部与先端近等高；每室仅 1 种子成熟。种子全部被橘黄色假种皮包被。

中山公园及即墨市天柱山、岙山广青生态园有引种栽培。国内分布于宁夏、甘肃、陕西、四川及湖北等省区。

栽培供观赏。

5. 垂丝卫矛 刮头篦子（图 422；彩图 78）

Euonymus oxyphyllus Miq.

落叶灌木，高 2 ~ 4 米。冬芽长圆锥形，长达 1 厘米。叶对生，卵形或长方形，长 4 ~ 8 厘米，宽 2.5 ~ 5 厘米，先端渐尖或长渐尖，基部阔楔形或平截圆形；叶柄长 5 ~ 10 毫米。聚伞花序，疏松；花淡黄绿色，径约 8 毫米，5 数；雄蕊无花丝，花药 1 室，花盘圆形。蒴果深红色，近球形，径 1 ~ 1.5 厘米，有 5 条纵棱，悬垂于细长下垂的总梗上；种子有红色假种皮。

图 422 垂丝卫矛

1. 花枝；2. 果实

产于崂山崂顶、太清宫、北九水、凉清河、滑溜口、流清河、大梁沟、洞西岐、鲍鱼岛等地及小珠山，浮山。国内分布于辽宁、安徽、浙江、江西、湖北及台湾等省区。

皮纤维可代麻和造纸。种子榨油可制肥皂。可引种作绿化观赏树种。

6. 胶州卫矛 胶东卫矛 青岛卫矛（图 423；彩图 79）

Euonymus kiautshovicus Loes.

直立或蔓性半常绿灌木，下部常匍匐。冬芽卵形，长 5 ~ 7 毫米。叶对生，近革质，为倒卵形或椭圆状倒卵形，长 5 ~ 8 厘米，宽 2 ~ 4 厘米，先端尖或钝圆，基部楔形，边缘有粗锯齿；叶柄长约 1 厘米。聚伞花序腋生，分枝平展，花梗较长，形成疏松

图 423 胶州卫矛

1. 花枝；2. 果枝

的小聚伞花序；总花梗长 4 ～ 7 厘米；花绿白色，4 数，直径 6 ～ 8 毫米；萼片半圆形，长约 1 毫米；花瓣近圆形，长 2 ～ 3 毫米；花柱长 1.5 毫米。蒴果球形，淡红色，径约 1 厘米；种子椭圆形，淡红褐色，有橘红色假种皮。花期 6 ～ 7 月；果期 10 月。

产于崂山，三标山，小珠山，大珠山等山区；植物园有栽培。国内分布于江苏、浙江、安徽、江西、湖北、湖南、四川、陕西等省区。

优良垂直绿化树种。茎、叶药用，有行气、舒筋散瘀之功效。

7. 扶芳藤 爬行卫矛 爬墙虎（图 424）

Euonymus fortunei (Turcz.) Hand. - Mazz.

Eleodendron fortunei Turcz.

常绿匍匐或攀援藤本。茎枝常有许多细根，小枝绿色，有细密疣状皮孔。叶薄革质，椭圆形，稀长圆状倒卵形，长 2 ～ 8 厘米，宽 1 ～ 4 厘米，先端短尖或渐尖，基部阔楔形，边缘有钝锯齿；叶柄长 4 ～ 8 毫米。聚伞花序腋生，总花梗长达 4 厘米，第 2 次分枝长不超过 6 毫米；花梗长约 3 毫米；花绿白色，4 数，直径约 6 毫米；萼片半圆形，长约 1.5 毫米；花瓣卵形，长 2 ～ 3 毫米；雄蕊着生于花盘边缘，花丝长约 2 毫米；花柱长约 1 毫米。蒴果近球形，淡红色，径约 7 毫米，稍有 4 条浅沟；种子有红色假种皮。花期 6 ～ 7 月；果期 9 ～ 10 月。

图 424　扶芳藤

1. 花枝；2. 果枝

全市各地常见栽培。国内分布于江苏、浙江、安徽、江西、湖北、湖南、四川、陕西等省区。

优良垂直绿化树种。茎、叶药用，有行气、舒筋散瘀之功效。

（1）小叶扶芳藤（变型）

f. **minimus** Rehd.

与原种的主要区别是：叶较小而狭窄，常为狭卵形、卵状披针形至披针形。

崂山太清宫，即墨市有栽培。

用途同原种。

8. 冬青卫矛 大叶黄杨 正木（图 425）

Euonymus japonicus Thunb.

常绿灌木或小乔木，高达 5 米。小枝绿色，稍呈四棱形，无毛。叶厚革质，有光泽，倒卵形或狭椭圆形，长 3 ～ 7 厘米，宽 1 ～ 4 厘米，先端钝尖，基部楔形，缘有钝锯齿，侧脉两面不明显；叶柄长 5 ～ 15 毫米。聚伞花序腋生；总花梗长 2 ～ 5 厘米，1 ～ 2

回二歧分枝；花绿白色，4数，径6 ~ 8毫米；萼片半圆形，长约4毫米；花瓣椭圆形；花柱与雄蕊等长。蒴果扁球形，淡红色，径6 ~ 8毫米；种子有橘红色假种皮。花期6 ~ 7月；果期9 ~ 10月。

原产日本。全市各地普遍栽培。国内各省区亦常见栽培。

作绿篱。树皮药用，有利尿、强壮之功效。

本种久经栽培，品种很多，常见的有：

（1）银边黄杨（栽培变种）

'Albo-marginatus'

叶有白色狭边。

仰口及中山公园有栽培。

（2）金边大叶黄杨（栽培变种）

'Ovatus Aureus'

叶缘金黄色。

各地常见栽培。

（3）金心大叶黄杨（栽培变种）

'Aureus'

叶面沿中脉有黄斑。

公园绿地常见栽培。

（4）斑叶大叶黄杨（栽培变种）

'Viridi-variegatus'

叶面有深绿色及黄色斑点。

崂山仰口、夏庄及中山公园有栽培。

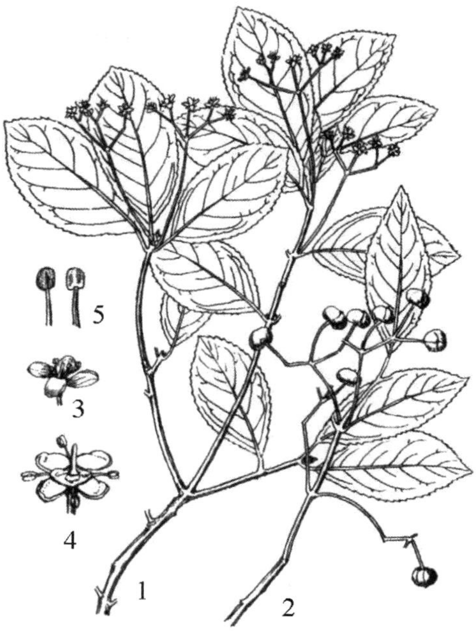

图425 冬青卫矛

1. 花枝；2. 果枝；3. 花；4. 去掉花瓣的花，示花盘、雄蕊、雌蕊；5. 雄蕊

（二）南蛇藤属 Celastrus L.

落叶或常绿灌木，通常攀援。枝有实髓或片状髓，有时中空。单叶，互生；托叶小，早落。花单性，雌、雄异株，稀两性；花小，淡绿色或白色；聚伞花序，圆锥状、总状或单生；花5数；有花盘；子房3室，每室含2胚珠，柱头3裂。蒴果，通常黄色，3果瓣裂，有种子1 ~ 6；种子有红色假种皮。

约30余种，广布于亚洲、美洲及大洋洲。我国约24种，2变种，南北各地均有分布。青岛有1种。

1. 南蛇藤 哈哈笑 老鸦食（图426）

Celastrus orbiculatus Thunb.

落叶藤本状灌木，长10 ~ 12米。枝红褐色，皮孔明显。叶倒卵形或长圆状倒卵形，

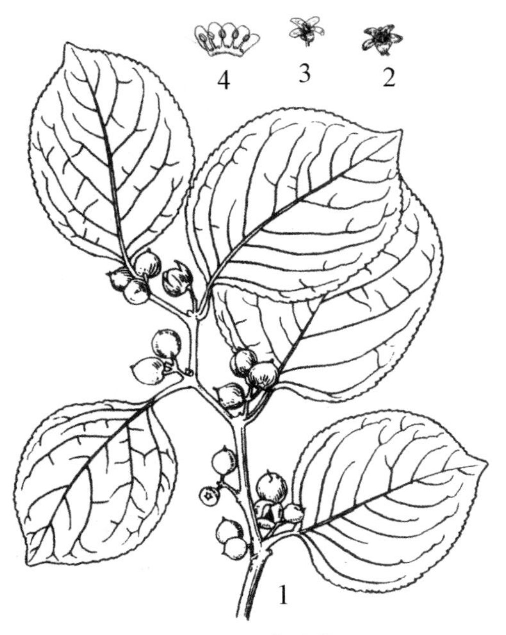

图 426　南蛇藤

1. 果枝；2. 两性花；3. 雌花 4. 花冠展开，示雄蕊

长 4 ～ 10 厘米，宽 3 ～ 8 厘米，先端短尖，基部阔楔形至近圆形，边缘粗钝锯齿，上面绿色，下面淡绿色，两面无毛；叶柄长 1 ～ 2.5 厘米。聚伞花序，有 3 ～ 7 花，在雌株上仅腋生，在雄株上腋生兼顶生，顶生者复集成短总状；花梗的节在中部以下或近基部；花黄绿色；萼三角状卵形，长约 1 毫米；花瓣狭长圆形，长 3 ～ 4 毫米；雄蕊着生于花盘边缘，长约 3 毫米，有退化雌蕊；雌花有退化雄蕊，花柱柱状，柱头 3 裂。蒴果近球形，黄色，径约 1 厘米；种子红褐色，有红色假种皮。

产于全市各丘陵山区；公园绿地习见栽培。国内分布于东北、华北、华东地区及河南、陕西、甘肃、湖北、四川等省区。

优良垂直绿化树种。根、茎、叶、果药用，有活血行气、消肿解毒之效；并可制杀虫农药。

五十二、冬青科 AQUIFOLIACEAE

乔木或灌木，多为常绿。单叶互生，稀对生，无托叶。花小，单性异株，稀两性，聚伞花序或簇生，稀总状或单生；萼 3 ～ 6 裂，通常 4 裂，裂片覆瓦状排列；花瓣 4 ～ 5，覆瓦状排列，稀镊合状排列，基部合生；雄蕊与花瓣同数而互生，花药内向，2 室，无花盘；子房上位，2 至多室，每室有胚珠 1 ～ 2。浆果状核果，有分核 2 至多数，每分核有 1 种子；种子有丰富胚乳。

含 4 属，400 ～ 500 种，分布于热带及温带地区。我国仅有冬青属 1 属约 200 种，分布于长江流域以南各省及台湾。青岛栽培 1 属，4 种，1 变种。

（一）冬青属 Ilex L.

常绿、落叶灌木或乔木。单叶，互生，无托叶。花单性异株；单生或簇生成聚伞花序；萼 4 ～ 6 裂；花瓣 4 ～ 8，离生或基部合生；雄蕊与花瓣同数，着生于花瓣基部；子房 4 至多室，花柱短或无，柱头 3 浅裂。核果浆果状，有 2 至多数分核。

约 400 种，分布于温带及热带。我国约有 200 种，主要分布于长江流域以南各省区。青岛栽培 4 种，1 变种。

分种检索表

1. 叶缘有锯齿，不为大刺齿。
  2. 灌木；叶较小，长1～2.5厘米，背面有腺点…………………………………… 2.齿叶冬青I. crenata
  2. 乔木；叶较大，长5～18厘米。
    3. 叶厚革质，卵状长椭圆形至椭圆形，长10～18 厘米，干后黑色 ………… 3.大叶冬青I. latifolia
    3. 叶薄革质，长椭圆形至披针形，长5～11厘米，干后呈红褐色，叶柄常淡紫红色……………… …………………………………………………………………………… 4.冬青I. chinensis
1. 叶缘有尖硬大刺齿1～2对或几乎全缘…………………………………………… 1.枸骨I. cornuta

1. 枸骨 鸟不宿 老虎刺（图 427）

Ilex cornuta Lindl.

常绿灌木，高 2 ～ 4 米。树皮灰白色，平滑。叶硬革质，长方状圆形，长 4 ～ 8 厘米，宽 2 ～ 4 厘米，先端扩大，常有 3 硬刺齿，两侧各有硬尖刺齿 1 ～ 2，基部平截。雌雄异株，簇生于二年生枝上；花黄绿色，4 数。核果浆果状，球形，红色，径 7 ～ 8 毫米，分核 4 枚。花期 4 ～ 5 月；果期 8 ～ 10 月。

公园绿地普遍栽培。国内分布于长江中下游各省区。

作庭园观赏树种。叶、果是强壮滋补药。树皮作染料或熬胶。种子油可制肥皂。

图 427 枸骨
1. 果枝；2. 不同叶形；3. 雄花；4. 果核

图 428 齿叶冬青
1. 果枝；2. 花

（1）无刺枸骨（栽培变种）

'Fortunei'

叶全缘，先端有刺尖头。

各地普遍栽培。

供观赏。

2. 齿叶冬青 钝齿冬青 波缘冬青（图 428）

Ilex crenata Thunb.

常绿多枝灌木。小枝灰褐色，有细柔毛。叶厚革质，长椭圆形或长倒卵形，长 1 ～ 4 厘米，宽 0.6 ～ 1 厘米，边缘有浅钝锯齿，下面有腺点。花白色，4 数，稀 5 数；雌、雄异株；雄花 1 ~ 7 组成，腋生聚伞花序；雌花通常单生或 2 ~ 3 组成聚伞花序。果球形，黑色，径 6 ~ 8 毫米，有 4 分核，内果皮纸质。花期 5 ~ 6 月；果期 10 月。

中山公园，植物园，山东科技大学有栽培。国内分布于江苏、上海、安徽、浙江、江西、湖北、湖南等省。

适于庭园配置及供绿篱，盆栽等用。

（1）龟甲冬青（变种）

var. **nummularia** Yatabe

常绿灌木，高 1 ~ 2 米。叶簇生于枝端，倒卵形，先端尖，基部圆形，长 1 ~ 2 厘米，宽 8 ~ 15 毫米，中部以上有数个浅齿牙，呈龟甲状。

原产日本。全市各地均有栽培。

供观赏。

3. 大叶冬青（图 429；彩图 80）

Ilex latifolia Thunb.

常绿乔木，高可达 20 米；全株无毛。叶长圆形或卵状长圆形，长 8 ~ 19 厘米，先端钝或短渐尖，基部圆或宽楔形，疏生锯齿；叶柄长 1.5 ~ 2.5 厘米。花序簇生叶腋，圆锥状；花 4 基数，浅黄绿色。雄花序每分枝具 3 ~ 9 花，萼片圆形，花瓣卵状长圆形，基部合生；雄蕊与花瓣等长；退化子房近球形。雌花序每分枝具 1 ~ 3 花，花萼径 3 毫米，花瓣卵形，退化雄蕊长为花瓣的 1/3，子房卵圆形，柱头盘状。果球形，径 7 毫米，熟时红色，宿存柱头成薄盘状；分核 4，椭圆形，长约 5 毫米；背面具纵脊，不规则皱纹及洼点，内果皮骨质。花期 4 月；果期 9 ~ 10 月。

图 429 大叶冬青

1. 花枝；2. 果枝；3. 雄花；4. 果实；5. 果核

山东科技大学有引种栽培，生长良好。国内分布于河南、安徽、江苏、浙江、江西、福建、湖北、湖南、广西及云南等省区。

树形优美，果实鲜红，可供观赏。木材供细木工用。叶药用，可清热解毒，止渴生津。果可解暑祛痧。

4. 冬青（图 430；彩图 81）

Ilex chinensis Sims

常绿乔木，高可达 13 米。幼枝被微柔毛。叶椭圆形或披针形，稀卵形，长 5 ~ 11 厘米，先端渐尖，基部楔形，具圆齿，无毛；叶柄长 8 ~ 10 毫米。复聚伞花序单生叶腋；

花序梗长 7 ~ 14 毫米，二级轴长 2 ~ 5 毫米；花梗长 2 毫米，无毛。花淡紫或紫红色，4 ~ 5 基数；萼片宽三角形；花瓣卵形；雄蕊短于花瓣；退化子房圆锥状。雌花序为一至二回聚伞花序，具 3 ~ 7 花；花序梗长 3 ~ 10 毫米，花梗长 6 ~ 10 毫米；花被同雄花；退化雄蕊长为花瓣 1/2。果长球形，长 1 ~ 1.2 厘米，径 6 ~ 8 毫米，熟时红色；分核 4 ~ 5，窄披针形，长 0.9 ~ 1.1 厘米，背面平滑，凹形，内果皮厚革质。花期 4 ~ 6 月；果期 7 ~ 12 月。

山东科技大学有栽培。国内分布于河南、江苏、安徽、浙江、江西、福建、湖北、湖南、广东、广西、云南及台湾等地区。

树姿优美，可栽培供观赏。木材坚韧，供细木工用。树皮及种子药用，为强壮剂，为较强的抑菌和乐菌作用；叶及可清热解毒、消炎、消肿镇痛。

图 430 冬青

1. 花枝；2. 果枝；3. 花；4. 果实；5. 果核

五十三、黄杨科 BUXACEAE

常绿灌木，稀小乔木或草本。单叶对生或互生，全缘或有齿牙，革质或纸质；无托叶。花单性，雌、雄同株或异株；花辐射对称，无花瓣；穗状、头状或短总状花序簇生，稀单生；有苞片；雄花萼片 4，雌花萼片 6，排成 2 轮；雄蕊 4，则与萼片对生，如为 6，则有对与内轮萼片对生，花药 2 室，瓣裂或纵裂，通常有不育雌蕊；雌花较雄花少或单生，常有柄，子房上位，3 室，稀 2 ~ 4 室，每室有倒生胚珠 2，花柱与心皮同数，宿存。蒴果，室背开裂，或为肉质核果状；种子有种阜，胚乳肉质。

含 4 属，100 余种，分布热带及温带。我国有 3 属，约 27 种，分布于西南部、西北部、中部、东南部至台湾省。青岛有 1 属，3 种，1 变种。

（一）黄杨属 Buxus L.

常绿灌木或小乔木。小枝四棱形。单叶对生，革质，全缘。花单性，雌、雄同株，总状，穗状或密集成头状花序，腋生或顶生；有苞片多片；雌花 1 朵生于花序顶端，雄花数朵，生于花序下方或周围；花小；雄花的萼片 4，内外 2 轮，雄蕊 4，与萼片对生，不育雌蕊 1；黑色，雌花的萼片 6，子房 3 室，花柱 3，柱头常下延。蒴果，室背 3 瓣裂，宿存花柱角状；种子有光泽，胚乳肉质。

约 70 余种。分布于亚洲、欧洲、热带非洲及古巴、牙买加。我国有 17 种，2 亚种，8 变种，分布于西自西藏，东至台湾，南自海南岛，西北至甘肃南部。青岛有 3 种，1 变种。

分种检索表

1. 叶椭圆形或倒卵形、椭圆状矩圆形。
 2. 叶倒卵形至倒卵状椭圆形，中部以上最宽；侧脉明显 ……………………………… 1.黄杨B. sinica
 2. 叶椭圆形至卵状托叶形，中部或中下部最宽；两面侧脉不明显 ……… 2.锦熟黄杨B. sempervirens
1. 叶倒披针形至倒卵状披针形，狭长……………………………………………………… 3.雀舌黄杨B. bodinieri

1. 黄杨 瓜子黄杨（图 431）

Buxus sinica (Rehd. et Wils.) Cheng ex M. Cheng

Buxus microphylla Sieb. et Zucc. var. *sinica* Rehd. et Wils.

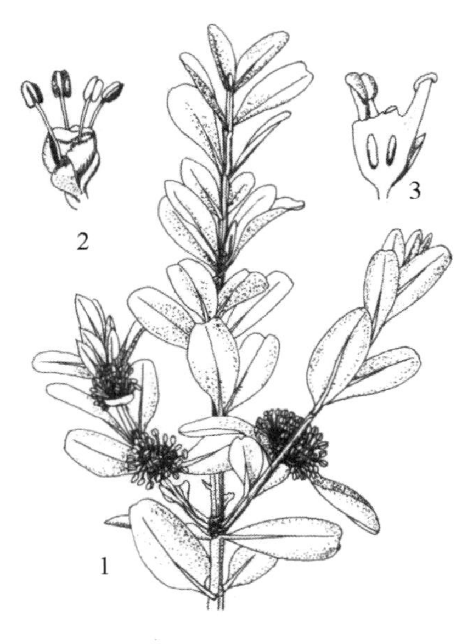

图 431　黄杨
1. 花枝；2. 雄花；3. 雌蕊纵切

常绿灌木或小乔木，高达 6 米。枝圆柱形，有纵棱；小枝四棱形，全面有毛或外方相对两侧无毛，节间长 0.5 ~ 2 厘米。叶革质，阔椭圆形、阔倒卵形、卵状椭圆形或长圆形，长 2 ~ 3.5 厘米，宽 1 ~ 2 厘米，先端圆或钝，常有小凹口，基部圆形或楔形，叶面有光泽，中脉凸起，侧脉明显，叶下面中中脉平坦或稍凸起，中脉上常密被白色线状钟乳体，侧脉不显；叶柄长 1 ~ 2 毫米，上面被毛。花序头状，腋生，花密集，花轴长 3 ~ 4 毫米，被毛，苞片阔卵形；雄花约 10 朵，无花梗，外萼片卵状椭圆形，内萼片近圆形，长 2 ~ 3 毫米，无毛，雄蕊长约 4 毫米，不育雌蕊有棒状柄，末端膨大，高 2 毫米左右；雌花萼片长约 3 毫米，子房无毛，柱头倒心形，下延达花柱中部。蒴果近球形，长 6 ~ 8 毫米，宿存花柱长 2 ~ 3 毫米。花期 4 月；果期 6 ~ 7 月。

全市各地公园绿地常见栽培。国内分布于陕西、甘肃、湖北、四川、贵州、广西、广东、江西、浙江、安徽、江苏等省区。

供观赏或作绿篱。木材坚硬，鲜黄色，适于做木梳、乐器、图章、及工艺美术品等。全株药用，有止血、祛风湿、治跌打损伤之功效。

（1）朝鲜黄杨（变种）

var. **insularis** M. Cheng

与原种的主要区别是：叶椭圆状长圆形，较狭小，长 1 ~ 1.5 厘米，宽 6 ~ 8 毫米，侧脉不明显，边缘向下强反曲。

即墨岙山广青生态园有栽培。

供观赏或作绿篱。

2. 锦熟黄杨

Buxus sempervirens L.

灌木，高约 1 ~ 1.5 米。小枝近四棱，黄绿色，具条纹，近无毛。叶革质，长卵形或卵状长圆形，长 1.5 ~ 2 厘米，宽 1 ~ 1.2 厘米，顶端圆或微凹，基部楔形，表面暗绿色，光亮，中脉隆起，背面苍白色，中脉扁平，初备细毛，侧脉两面不明显；具短柄，被疏毛。穗状花序腋生；雄花萼片 4，覆瓦状，2 轮排列，外轮卵圆形，长 2 毫米，膜质，内凹，背部具疏柔毛，内轮近圆形，长 2 毫米，宽近 2 毫米，内凹，边缘不具纤毛，雄蕊 4，长 3 毫米，略长于萼片，花药椭圆形，先端不具突尖头，背部着生，不育雌蕊棒状，长为萼片的 2/3，顶端膨大；雌花萼片 6，排成 2 轮，子房 3 室，花柱 3，柱头倒心形。蒴果球形，3 瓣，室背开裂；种子黑色，光亮。花期 4 月；果熟期 7 ~ 8 月。

原产中欧、南欧至高加索。崂山区港东有栽培。国内河南有栽培。

3. 雀舌黄杨（图 432）

Buxus bodinieri Lévl.

小灌木，高可达 4 米。分枝多而密，小枝微被毛，节间长 0.7 ~ 1.7 厘米。叶革质或薄革质，倒披针形至倒卵状披针形，长 1 ~ 3.5 厘米，宽 0.5 ~ 1 厘米，先端圆钝，微凹缺或具小尖头，基部窄楔形，上面中脉凸起，稍被毛，侧脉致密；叶柄长不及 1 毫米。花序头状，腋生及顶生，密被毛；苞片卵形或卵状三角形，近基部被毛；雄花萼片卵形，长约 1.3 毫米，不育雌蕊高约 0.8 毫米；雌花萼片卵状椭圆形，长约 1.5 毫米。蒴果卵球形，长约 6 毫米，幼时被毛，后渐脱落无毛，宿存花柱长约 2 毫米。花期 2 ~ 5 月；果期 6 ~ 10 月。

崂山雕龙嘴，中国海洋大学，即墨岙山广青生态园有栽培。国内分布于云南、四川、贵州、广西、广东、江西、浙江、湖北、河南、甘肃、陕西等省区。

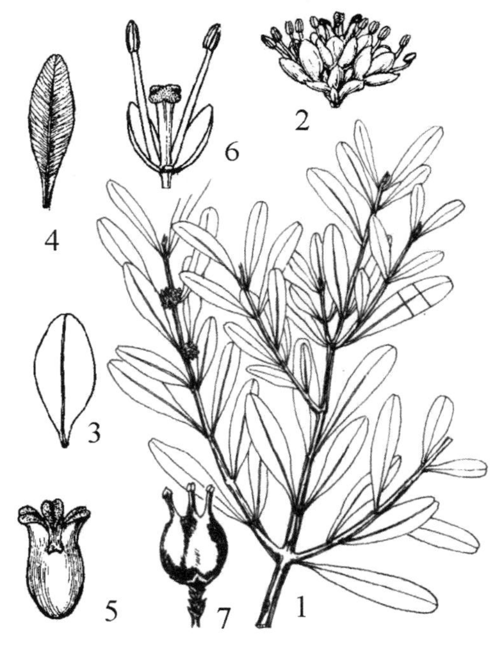

图 432　雀舌黄杨

1. 花枝；2. 花序；3 ~ 4. 叶形变化；5. 雌蕊；6. 雄花纵切，示退化雌蕊；7. 果实

五十四、大戟科 EUPHORBIACEAE

草本、灌木或乔木，植物体多有乳汁。单叶，稀为复叶，互生，稀对生，通常有托叶。花单性，通常小形，辐射对称，雌、雄同株或异株，同序或异序，为杯状聚伞花序或穗状、总状圆锥花序，顶生或腋生；萼片 3 ~ 5，离生或合生，覆瓦状或镊合状排列，有的极度退化；通常无花瓣或稀有花瓣；雄蕊通常多数，或有时退化为仅具 1 枚，花丝分离或合生成柱状，花药 2 室；雌蕊由 3 心皮或少数由 2 至 4 心皮及至多数心皮结合而成，

子房上位，通常 3 室，稀 1、2 或 4 至多室，每室有 1 ~ 2 倒生胚珠，中轴胎座；花柱离生或合生，与子房室同数；花盘环状、杯状、腺状或无花盘。蒴果，稀为核果或浆果状；种子常有种阜，胚乳丰富，肉质，子叶宽而扁。

约 280 属，800 多种，分布于温带及热带地区。我国有 60 属，350 种，分布于西南部至台湾。青岛有木本植物 9 属，10 种。

分属检索表

1. 子房每室2颗胚珠；叶柄和叶片均无腺体。
  2. 单叶；植物体无白色或红色液汁；有花瓣和花盘，或只有花瓣或花盘。
    3. 花无花瓣；花药外向。
      4. 花具有花盘，碟状或盘状，全缘或分裂；蒴果3裂或不裂而呈浆果状 2.白饭树属Flueggea
      4. 花无花盘；蒴果具多条纵沟，开裂为3 ~ 15个2瓣裂的分果爿 ……… 3.算盘子属 Glochidion
    3. 花具有花瓣和花盘；花药内向；子房和蒴果均3室，蒴果成熟时开裂为3个2裂的分果爿 ……………………………………………………………………………………………… 1.雀舌木属Leptopus
  2. 三出复叶；植物体具有红色或淡红色液汁；无花瓣和花盘；果不分裂 ……… 4.秋枫属Bischofia
1. 子房每室1颗胚珠；叶柄上部或叶片基部通常具有腺体。
  5. 蒴果；无花瓣。
    6. 植株无乳汁管组织。
      7. 雄蕊多数，花丝分离，花药近基着，蒴果常具软刺或颗粒状腺体 ……… 5.野桐属Mallotus
      7. 雄蕊4 ~ 8枚，花丝基部合生成盘状，花药背着；果皮平滑或具小疣 …6.山麻杆属Alchornea
    6. 植株具有乳汁管组织；雄蕊在花蕾中通常直立。
      8. 叶柄有狭翼；种子无蜡质层 …………………………………………… 9.白木乌桕属Neoshirakia
      8. 叶柄无翼；种子有假种皮状的蜡质层 ……………………………………… 8.乌桕属Triadica
  5. 核果；花瓣5，子房3 ~ 8室；雄蕊在花蕾中内向弯曲 …………………………… 7.油桐属Vernicia

（一）雀舌木属 **Leptopus** Decne.

灌木，稀多年生草本。茎直立。单叶互生，全缘，羽状脉；叶柄常较短，托叶 2，小，常膜质，着生叶柄基部两侧。花雌雄同株，稀异株，单生或簇生叶腋；花梗纤细；花瓣常较萼片短小，多膜质；萼片、花瓣、雄蕊和花盘腺体均 5，稀 6. 雄花萼片覆瓦状排列，离生或基部合生；花盘腺体扁平离生或与花瓣贴生，顶端全缘或 2 裂；花丝离生，花药内向，纵裂;退化雄蕊小或无。雌花萼片较雄花的大，花瓣小，有时不明显；花盘腺体与雄花同；子房 3 室，每室 2 胚珠；花柱 3，2 裂，顶端常头状。蒴果，熟时裂为 3 个 2 裂分果爿。种子无种阜，胚乳肉质，子叶扁平。

约 21 种，分布喜马拉雅山北部至亚洲东南部，经马来西亚至澳大利亚，我国 9 种，3 变种。青岛栽培 1 种。

1. 雀舌木 雀儿舌头（图 433；彩图 82）

Leptopus chinensis (Bge.) Pojark.

Andrachne chinensis Bge.

灌木，高达 3 米。除枝条、叶片、叶柄和萼片幼时被疏柔毛外，余无毛。叶卵形、近圆形或椭圆形，长1～5厘米，基部圆或宽楔形；叶柄长2～8毫米，托叶卵状三角形。花雌雄同株，单生或2～4朵簇生叶腋。雄花花梗丝状，长0.6～1百米 萼片卵形或宽卵形，长2～4毫米；花瓣白色，匙形，长1～1.5毫米；花盘腺体5，分离，顶端2深裂；雄蕊离生，花丝丝状；无退化雌蕊。雌花花梗长1.5～2.5百米 花瓣倒卵形，长1.5毫米；花盘环状，10裂至中部。蒴果球形或扁球形，径6～8毫米，具宿萼。花期2～8月；果期6～10月。

即墨有栽培。除黑龙江、浙江、福建、台湾、海南及广东外，全国各省区均有分布。

图433 雀舌木

1. 花枝；2. 花；3. 果实

（二）白饭树属（一叶萩属）
Flueggea Willd.

落叶灌木。单叶互生；有短柄；有托叶。花小，绿白色，单性，雌、雄同株或异株，通常簇生于叶腋，无花瓣；雄花簇生，萼片5，覆瓦状排列，雄蕊5，较萼片长，着生于5裂花盘的基部，花丝离生，花药纵裂，有退化子房；雌花单生或少数簇生，有梗，萼片5，宿存，花盘不分裂，子房3室，每室2胚珠，花柱3，各2裂。蒴果近球形，开裂为3个2裂的果 ，开裂后果轴和萼宿存；种子3～6，种皮薄，胚直。

约12种，分布于温带及亚热带地区。我国产4种。青岛有1种。

1. 一叶萩　叶底珠 老鼠芽 马扫帚菜（图434）

Flueggea suffruticosa (Pall.) Baill.

Pharnaceum suffruticosum Pall.；*Securinega suffruticosa*（Pall.）Rehd.

落叶小灌木，高1～2米。茎多分枝，无毛，小枝有棱。叶互生，椭圆形或倒卵形，长1.5～5.5厘米，宽1～3厘米，先端尖或钝，全缘或有不整齐的波状齿或细钝齿，基部楔形，两面无毛；叶柄长3～6毫米。花小，雌雄异株，无花瓣；雄花3～12朵簇生于叶腋，花梗短，花萼5，黄绿色，

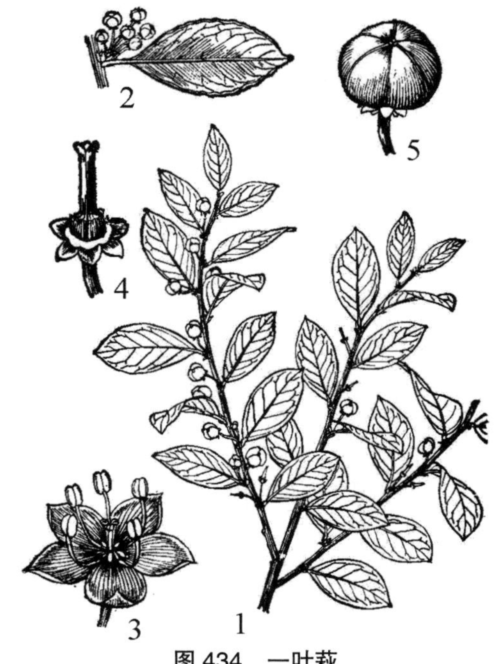

图434 一叶萩

1. 果枝；2. 花序；3. 雄花；4. 雌花去花冠；5. 果实

花盘腺体 5，2 裂，与萼片互生，雄蕊 5，花丝超出萼片，有退化子房；雌花单生或数朵聚生于叶腋，花梗稍长，长 0.5 ~ 1 厘米；花萼 5，花盘全缘；子房球形，3 室，无毛。蒴果三棱状扁球形，直径约 5 毫米，黄褐色，无毛，果梗长 1 ~ 1.5 厘米，纤细；种子 6，卵形，一侧扁，褐色，光滑。花期 6 ~ 7 月；果期 8 ~ 9 月。

产于崂山北九水、华严寺、凉清河、太清宫、流清河，胶州艾山，平度大泽山等地；中山公园，山东科技大学，城阳盈园广场，即墨岙山广青生态园等有栽培。除西北外，全国各省区均有分布。

枝条可编制用具。叶及花供药用，对心脏及中枢神经系统有兴奋作用。

（三）算盘子属 Glochidion J. R. et G. Forst.

灌木或乔木，稀多年生草本。单叶互生，2 列，全缘；有短柄，托叶宿存。花小，单性，雌、雄同株，稀异株；簇生于叶腋或排成短小的聚伞花序；无花瓣及花盘；雄花梗细长，萼片 6，2 轮，覆瓦状排列，雄蕊 3 ~ 8，花丝、花药全部合生成圆柱状，顶端稍分离，花药 2 室，纵裂，无退化子房；雌花梗粗短或无，花萼 6 片，宿存，子房球形，3 至多室，每室有 2 胚珠，花柱在花后伸长，合生成圆筒状或球状体，顶端稍分裂。蒴果球形或扁球形，有浅纵槽，室背开裂；种子红色，胚乳肉质，子叶扁平。

约 300 种，产亚洲热带及亚热带。我国有 28 种，2 变种。青岛有 1 种。

1. 算盘子（图 435）

Glochidion puberum (L.) Hutch.

G. sinicum (Gaertn.) Hook. et Artn.

Agyneia pubera L.

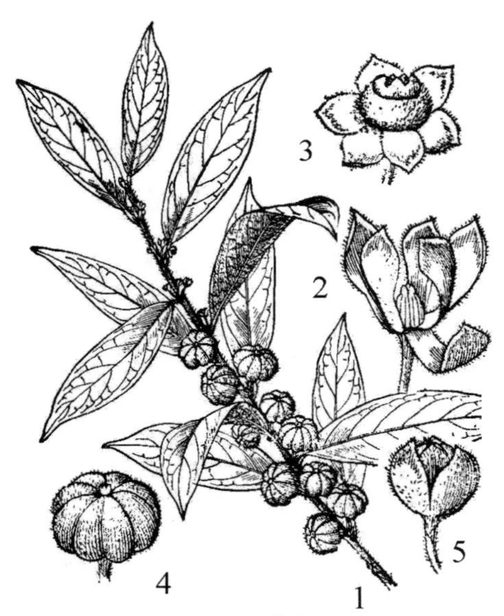

图 435　算盘子

1. 果枝；2. 雄花；3. 雌花；4. 果实

落叶灌木，一般高 0.5 ~ 2 米。小枝灰褐色，密被黄褐色短柔毛。叶互生，椭圆形或椭圆状披针形，长 3 ~ 5.5 厘米，宽 1.5 ~ 3 厘米，先端钝或尖，全缘，基部阔楔形，上面灰绿色，脉上疏被短柔毛；托叶三角形，长 1 ~ 2 毫米。花小，单性，无花瓣，花 3 ~ 5 朵簇生于叶腋；雄花花梗长 4 ~ 10 毫米，萼片 6，被短柔毛，雄蕊 3；雌花花梗长 1 毫米，萼片 6，较雄花的稍短而厚，密被短柔毛，子房 5 ~ 8 室，密生柔毛，花柱合生成环状，或短筒状。蒴果扁球形，直径 1 ~ 1.5 厘米，被短柔毛，顶端凹陷，常具 8 ~ 10 条纵沟；种子扁圆形，红褐色。 花期 5 ~ 7 月；果期 9 ~ 10 月。

产崂山仰口。生于向阳山坡、路边及石缝中。国内分布于华东、华中、华南、西南地区及陕西、甘肃等省区。

根、枝、叶、果均供药用，有活血散瘀、消肿解毒的功效。种子油可制肥皂。

（四）秋枫属 Bischofia Bl.

大乔木；有乳管，汁液红色或淡红色。叶互生，三出复叶，稀5小叶，具长柄，小叶具细齿；托叶小，早落。花单性，雌雄异株，稀同株，圆锥花序或总状花序腋生，常下垂。无花瓣及花盘；萼片5，离生；雄花萼片镊合状排列，初包雄蕊，后外弯；雄蕊5，分离，与萼片对生，花丝短，花药大，药室2，平行，纵裂；退化雌蕊短而宽，有短柄。雌花萼片覆瓦状排列，子房上位，3室，每室2胚珠，花柱2～4，长而肥厚，直立或外弯。果浆果状，球形，不裂，外果皮肉质，内果皮坚纸质。种子3～6，长圆形，无种阜。

2种，分布亚洲南部及东南部至澳大利亚和波利尼亚。我国均产。青岛栽培1种。

1. 重阳木（图436）

Bischofia polycarpa (Lévl.) Airy – Shaw

Celtis polycarpa Lévl.

落叶乔木，高可达15米，胸径可达50厘米；全株无毛。三出复叶，叶柄长9～13.5厘米；小叶纸质，卵形或椭圆状卵形，长5～14厘米，先端突尖或短渐尖，基部圆或浅心形，边缘每1厘米具4～5细齿；顶生小叶柄长1.5～4厘米，侧生小叶柄长0.3～1.4厘米，托叶小，早落。雌雄异株；总状花序，下垂。雄花萼片半圆形，膜质，向外张开；花丝短，有退化雌蕊；雌花萼片与雄花相同，有白色膜质边缘；花柱2～3，顶端不裂。果实浆果状，球形，径5～7毫米，熟时褐红色。花期4～5月；果期10～11月。

图436 重阳木

1. 果枝；2. 雄花；3. 雌花；4. 子房横切

植物园，山东科技大学，城阳区北后楼社区，即墨岙山广青生态园有栽培。国内分布于秦岭、淮河流域以南至福建和广东北部。

栽培可作庭院树、行道树。材质略重而坚韧，结构细匀，有光泽，适于建筑、造船、车辆、家具等用材。果肉可酿酒。种子含油量30%，可供食用，亦可作润滑油和肥皂油。

（五）野桐属 Mallotus Lour.

乔木或灌木，常有星状毛。单叶，互生或对生，全缘、齿状或分裂，基出三大脉，上面近基部常有3腺体，下面常有腺点；有长叶柄。花小，单性，雌、雄异株，稀同株，无花瓣及花盘，排列成顶生或腋生的穗状、总状或圆锥状花序；雄花数朵簇生，萼3～5

裂，镊合状排列，雄蕊多数，集生于中央的花托上，花丝离生，花药 2 室，纵裂，无退化雌蕊；雌花单生于苞腋，花萼佛焰苞状或 3 ~ 5 裂，子房 2 ~ 4 室，每室 1 胚珠，花柱分离或基部稍合生。蒴果平滑或有皮刺，平裂为 2 ~ 3 个 2 瓣裂的分果爿，中轴宿存；种子卵形或近球形，胚乳肉质。

约 140 种，分布于亚洲热带和亚热带地区。我国有 25 种，11 变种，分布于西南、中南至台湾各省区。青岛引种栽培 2 种。

分种检索表

1. 叶下面灰白色，密被星状毛，具棕色小腺点……………………………………… 1.白背叶M. apelta
1. 叶下面淡绿色，疏生星状毛，具黄色小腺点……………………………………… 2.野桐M. tenuifolius

1. 白背叶（图 437）

Mallotus apelta (Lour.) Muell.-Arg.

Ricinus apelta Lour.

图 437　白背叶

1. 花枝；2. 果枝；3 ~ 4. 叶片上面及下面局部放大；5. 雄花；6. 雄蕊；7. 雌花；8. 蒴果

落叶灌木或小乔木。小枝密被星状毛。叶互生，卵形或阔卵形，长 5 ~ 15 厘米，宽 4 ~ 12 厘米，先端渐尖，基部阔楔形或近圆形，有 2 腺体，边缘有稀疏锯齿，不裂或顶部 3 浅裂，裂片三角形，中裂片大，有钝齿，上面绿色，下面灰白色，两面被灰白色星状毛及棕色腺体，叶下面毛更密；叶柄长 2 ~ 10 厘米，密被星状毛。花单性，雌、雄异株；穗状花序，不分枝或略有分枝；雄花序顶生，长 15 ~ 20 厘米；雌花序侧生或顶生，不分枝，长约 15 厘米；雄花有短梗或近无梗，花萼 3 ~ 6 裂，外面密被灰白色绒毛，内有红色腺点，雄蕊 50 ~ 65；雌花无柄，花萼 3 ~ 5 裂，外面被灰白色绒毛，子房球形，3 ~ 4 室，被软刺及星状毛，花柱短，2 ~ 3，羽毛状，基部合生。蒴果近球形，密生软刺及星状毛；种子近球形，黑色，光亮，径约 3 毫米。花期 6 月；果期 9 ~ 10 月。

崂山太清宫，植物园有栽培。国内分布于云南、江西、湖南、广东、广西、海南等省区。

种子含油率 41.12%，是一种良好的干性油，可作桐油的代用品，油饼可作肥料。茎、皮为纤维原料。根及叶药用，有清热活血，收敛祛湿的功效。叶可用猪饲料。

2. 野桐（图 438）

Mallotus tenuifolius Pax

灌木或小乔木，高 3 ~ 6 米。小枝和花序密被星状毛。托叶钻形，长 3 ~ 5 毫米，早落；叶柄长 6 ～ 14 厘米，几乎无毛；叶片膜质或纸质，三出脉，三角状卵圆形或阔卵圆形，全缘或 1 ～ 2 浅裂，长 12 ～ 17 厘米，宽 14 ～ 19 厘米，叶面近光滑，叶基近截形、宽楔形或近心形，基部有 2 个腺体，叶先端突尖；背面有少量的星状毛或近光滑，有散在的淡黄色或橙色腺鳞，或有白色或灰色绒毛和稀疏的淡红色腺鳞。雄花序不分枝，长 8 ～ 12 厘米，苞片钻形，长约 4 毫米；雄花 2 ～ 5 朵簇生，花梗长 2 ～ 4 毫米，花萼 3 裂，卵形，长 3 毫米，有柔毛；雄蕊 50 ～ 60 枚。雌花序不分枝，长 8 ～ 15cm，总梗粗壮，长约 5 毫米，苞片披针状钻形，长约 2.5 毫米；花梗长 2 ～ 4 毫米，萼片 5，三角形，长 2.5 ～ 3 毫米，有柔毛；花柱 3，长 4 毫米，几乎分离，有乳突；子房密被柔毛和软刺。果梗长 3 ～ 5 毫米；蒴果近球形，径约 10 毫米，被柔毛和软刺，棘突长 5 ～ 7 毫米，幼时被星状毛，成熟时近光滑。种子近球形，径 5 毫米，黑色，有小疣状突起。花期 6 ～ 7 月；果期 7 ～ 8 月。

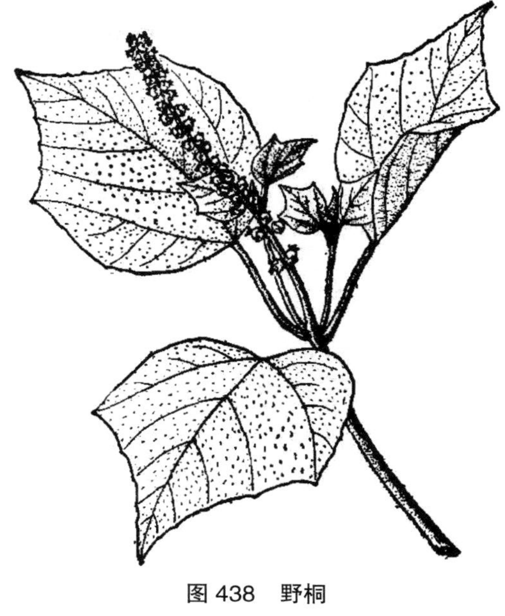

图 438　野桐

崂山太清宫引种栽培。国内分布于安徽、福建、甘肃、陕西、四川、广东，广西、贵州，河南、湖北、湖南、江苏、江西、浙江。

用途同白背叶。

（六）山麻杆属 **Alchornea** Sw.

乔木或灌木，常有细柔毛。单叶，互生，全缘或有锯齿，基部通常有腺体；托叶小，早落。花单性，无花瓣及花盘，雌、雄同株或异株同，排成总状、穗状或圆锥花序；同株时，雄花序通常腋生，雌花序顶生；雄花花萼 2 ～ 4 裂，裂片镊合状排列，雄蕊 3 ～ 9，环状排列，花丝离生或基部合生，花药 2 室，背着，纵裂，无退化雌蕊；雌花花萼 3 ～ 8 裂，裂片覆瓦状排列，子房 2 ～ 3 室，稀为 4 室，每室有 1 胚珠，花柱条形，离生或仅基部合生，顶端全缘或 2 裂。蒴果，分裂成 2 ～ 3 分果爿，中轴宿存；种子球形，无种阜，胚乳肉质。

约 70 种，分布于热带和亚热带地区。我国有 7 种，2 变种。青岛有 1 种。

1. 山麻杆（图 439）

Alchornea davidii Franch.

落叶灌木，高 1 ～ 2 米。幼枝密生短柔毛，老枝光滑。叶互生，阔卵形或扁圆形，长 7 ～ 12 厘米，宽 8 ～ 15 厘米，先端短渐尖，边缘有锯齿，基部心形或近心形同，上面绿色，疏生短毛，下面有时带紫色，密生柔毛，基出 3 脉；叶柄长 3 ～ 8 厘米，被短柔毛，有腺点；托叶 2，条形。花小，单性，雌雄同株，无花瓣；雄花密生，排列

图 439　山麻杆
1. 雄花枝；2. 雌花枝；3. 雌花；4. 雄花

图 440　油桐
1. 花枝；2. 叶；3. 雄花纵切；4. 雌花；
5. 雌蕊横切；6. 果实；7. 种子

成穗状花序，长 1 ~ 3 厘米，花萼 4 裂，镊合状，雄蕊 6 ~ 8，花丝离生或基部合生；雌花疏生成穗状花序，长 4 ~ 5 厘米，花萼 4 裂，外面密生短柔毛，子房 3 室，有柔毛，花柱 3，条形，不分裂。蒴果扁球形，直径约 1 厘米，密生短柔毛；种子球形。花期 4 ~ 5 月。

山东科技大学，即墨市有栽培。国内分布于河南、江苏、江西、福建、湖北、湖南、广西、贵州、云南、四川及陕西等省区。

茎皮纤维可造纸；种子榨油供制肥皂。茎皮及叶药用，有治疯狗咬伤、蛇咬伤等功效。枝干丛生，嫩叶红叶，为观赏植物。

（七）油桐属 **Vernicia** Lour.

乔木。有乳汁。单叶互生，全缘或分裂，叶柄长，顶端有 2 腺体。花单性，雌、雄同株，排列成疏松的圆锥状聚伞花序；雄花萼近球形，2 ~ 3 裂，镊合状排列，花瓣 5，有花盘，雄蕊 8 ~ 20，着生在圆锥状的花托上，排成 1 ~ 4 轮，外轮 5 枚与花瓣对生，与花盘的 5 个腺体互生，花丝分离，内轮花丝基部合生；雌花花被与雄花相同，无花盘或花盘不明显同，腺体 5，极小，子房 3 ~ 8 室，每室有 1 胚珠，花柱 2 裂；核果近球形或卵形，不开裂，外果皮薄，中果皮肉质，内果皮骨质；种子 1 ~ 3 稀至 7，有厚木质种皮，无种阜，内含丰富的胚乳及油质。

含 3 种，分布于亚洲东部。我国有 2 种，分布于长江以南各省。青岛引种栽培 1 种。

1. 油桐　三年桐（图 440；彩图 83）

Vernicia fordii (Hemsl.) Airy-Shaw.

Aleurites fordii Hemsl.

落叶乔木。树皮灰白或灰褐色，皮孔疣状。枝无毛，叶痕明显。叶互生，卵圆形、卵形或心形，长 6 ~ 18 厘米，宽 3 ~ 16 厘米，先端急尖，全缘或 1 ~ 3 浅裂，基部截形或心形，幼叶被锈色短柔毛，后近于无毛；叶柄长 3 ~ 13

厘米，顶端有 2 红色腺体。花单性，雌、雄同株，先叶开放，排列于枝端成圆锥状聚伞花序；雄花花萼长约 1 厘米，2 裂，裂片卵形，外面密生短柔毛，花瓣倒卵形，白色，基部橙红色，略带红条纹，长 2 ～ 3 厘米，宽 1 ～ 1.5 厘米，先端圆形，基部狭，爪状，花盘有腺体 5，肉质，钻形，雄蕊 8 ～ 10，稀 12，排成 2 轮，外轮花丝分离，内轮花丝较长而基部合生；雌花较大，其花被与雄花相同，子房通常 3 ～ 5 室，有短柔毛，花柱 4 或与心皮同数，2 裂。核果近球形，径 3 ～ 6.5 厘米，平滑，有短尖；种子 3 ～ 5，稀至 8，宽卵形，长 2 ～ 2.5 厘米，种皮粗糙，厚壳状。 花期 5 月；果期 9 ～ 10 月。

崂山八水河、张坡、鲍鱼岛、流清河等地及大珠山高峪有栽培。适于向阳山坡、土质肥沃，排水良好、酸性、中性砂质壤土栽植。国内分布于华东、华中、西南地区及陕西。

为我国特有的木本油料植物，种子出油率约 35%，是很好的干性油，为油漆和涂料工业的重要原料。根、叶、花、果均药用，有消肿杀虫的功效。木材质轻软，不易虫蛀，不裂不翘，可做家具，床板，火柴杆等。

（八）乌桕属 **Triadica** Lour.

乔木或灌木，雌雄同株或有时异株，乳汁白色。叶互生或近对生，叶柄顶端有 1 或 2 个腺体。叶片全缘或有锯齿，羽状脉。花序顶生或腋生，穗状或总状花序，有时有分枝，苞片基部背面有 2 个大的腺体；雄花小，黄色，簇生于苞腋，花萼膜质，杯状，2 ～ 3 浅裂或有 2 ～ 3 小齿，无花瓣和花盘，雄蕊 2 ～ 3，花丝分离，花药 2 室，药室纵裂，无退化雌蕊。雌花比雄花大，每个苞腋内有 1 朵花，花萼杯状，3 深裂，或管状而有 3 齿，无花瓣和花盘，子房 2 ～ 3 室，每室 1 枚胚珠，花柱常 3 个，离生或基部合生，柱头外卷。蒴果球形、梨形或 3 个果片，稀浆果状，常 3 室，室背开裂，有时不整齐开裂。种子近球形，外被蜡质假种皮，外种皮坚硬，胚乳肉质，子叶宽而平。

3 种，分布于东亚和南亚。中国有 3 种。青岛有 1 种。

1. 乌桕（图 441）

Triadica sebifera (L.) Small

Sapium sebiferum (L.)Roxb.; *Croton sebiferum* L.

落叶乔木，高达 15 米，有乳汁。树皮灰褐色，浅纵裂。叶互生，菱形至阔菱状卵形，长宽略相等，约 3 ～ 8 厘米，先端长渐尖或短尾状，全缘，基部阔楔形或近圆形，两面绿色，秋季变为橙黄或红色；叶柄长 2 ～ 6 厘米，顶端有 2 腺体。花单

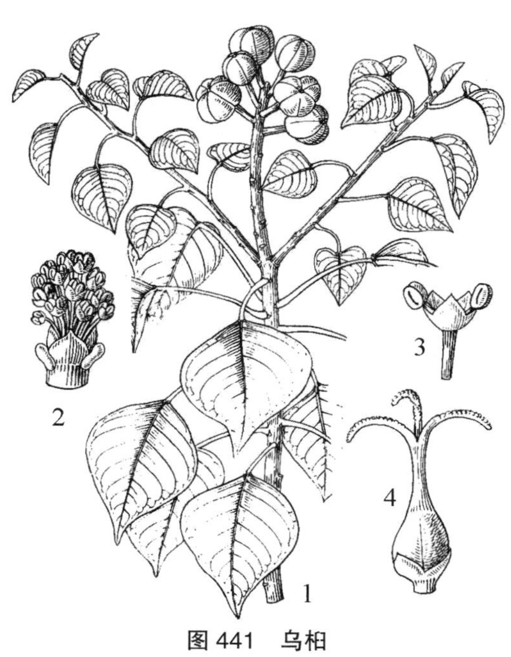

图 441 乌桕

1. 果枝；2. 苞片及簇生雄花；3. 雄花；4. 雌花

性同株，绿黄色，无花瓣及花盘；穗状花序顶生，最初全是雄花，随后有 1 至数朵雌花生于花序基部；雄花小，3 ~ 15 朵生于 1 苞片内，苞片菱状卵形，近基部两侧各有 1 腺体，花萼杯状，3 浅裂，雄蕊 2，稀 3，花丝离生，花药黄色，近球形；雌花梗长 2 ~ 4 毫米，基部两侧有 2 腺体，花萼 3 裂，子房光滑，3 室，花柱基部合生，柱头 3 裂，外卷。蒴果三棱状近球形，直径 1 ~ 1.3 厘米，熟时黑褐色，室背 3 裂，每室有 1 种子；种子黑色，外被白蜡层，果皮脱落后，种子仍附着于中轴上。花期 6 ~ 8 月；果期 9 ~ 11 月。

各地常见栽培，山东科技大学，即墨田横有大树。

乌桕为重要经济树种，种子的蜡层是制肥皂、蜡纸、金属涂擦剂等的原料。种子油可制油漆、机器润滑油等。叶可作黑色颜料，并可提烤胶。根皮及叶药用，有消肿解毒、利尿泻下、杀虫的功效。木材坚韧致密，不翘不裂，可供制家具、农具。雕刻等用。秋季叶红，是良好的绿化观赏树种。

（九）白木乌桕属 **Neoshirakia** Esser

乔木或灌木，雌雄同株或有时单性；无毛被；具白色乳胶。叶互生；托叶长而明显，早落；叶柄无腺体；叶全缘，远轴侧近边缘有腺体；羽状脉。圆锥花序顶生或腋生，小聚伞呈长的总状，不分枝，无花瓣和花盘；基部苞片背面具 2 大腺体。雄花黄色，每苞片 3 花，具花梗；花萼膜质，杯状，3 浅裂；雄蕊 3；花丝离生；花药 2 室，纵向开裂；无退化雌蕊。雌花较雄花大，具花梗；每苞片 1 花，花萼杯状，3 裂；子房 3 室，光滑；胚珠 1；花柱通常 3，离生；柱头反卷，无腺体。蒴果，具柄，球状，3 瓣裂，3 室，室间开裂。种子近球形，干燥；无种阜；中央轴柱宿存；种皮坚硬，无蜡质假种皮；胚乳肉质；子叶宽而扁平。

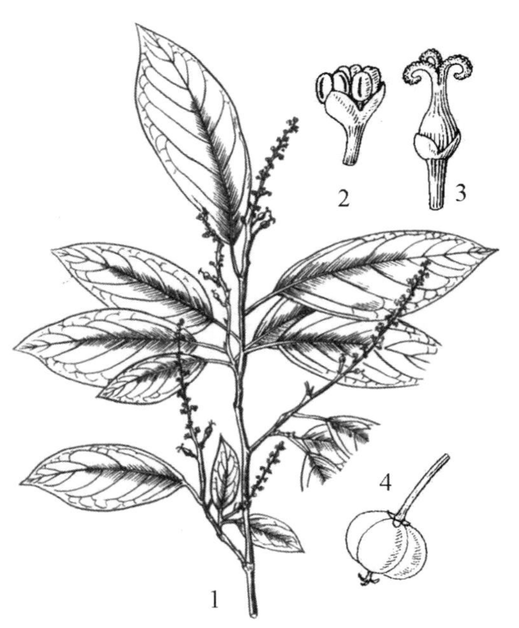

图 442　白木乌桕
1. 花枝；2. 雄花；3. 雌花；4. 果实

2 或 3 种，分布于中国、日本、韩国。我国有 2 种。青岛有 1 种。

1. 白木乌桕　白乳木（图 442；彩图 84）

Neoshirakia japonica (Sieb. et Zucc.) Esser

Sapium japonicum (Sieb.et Zucc.) Pax et Hoffm.; *Stillingia jiaponica* Sieb.et Zucc.

灌木或小乔木，高 3 ~ 7 米，有白色乳汁。树皮淡褐色，光滑。叶互生，长椭圆形至倒卵形，长 6 ~ 14 厘米，宽 3 ~ 7 厘米，先端尖、全缘，基部近圆形；叶柄长 1.5 ~ 2.5 厘米，顶端有 2 腺体，托叶披针形，早落。花小，雌、雄同株，无花瓣及花盘；穗状花序顶生；雄花多数生于花序上部，花萼杯状，先端 3 浅裂，雄蕊 3，稀 2，花丝极短；雌花少数，生于下部，有花梗，花萼 3 裂，子房卵圆形，光滑，3 室，花柱 2 ~ 3，基部合生。

蒴果三棱状扁圆形，长 1 ~ 1.4 厘米，径约 1.4 厘米，中轴开裂，脱落；种子球形，直径 0.5 ~ 1 厘米，表面有黑棕色斑纹，无蜡层。花期 5 ~ 6 月；果期 9 ~ 10 月。

产于崂山太清宫、八水河、流清河、华严寺、棋盘石、仰口、长岭高石屋、鲍鱼岛等地，生于山沟、水溪及砂质山坡。国内分布于安徽、江苏、浙江、福建、江西、湖北、广东、广西、贵州和四川。

种子油可制油漆、硬化油、肥皂盒蜡烛等。根皮与叶可供药用，有散瘀、消肿和利尿作用。木材致密，可制家具。本种可作山沟、溪谷两岸低湿地的保土树种。

五十五、鼠李科 RHAMNACEAE

灌木、乔木，稀草本，通常有刺。单叶，互生或对生；托叶小或有时变成刺。花小，辐射对称，两性或单性，稀杂性，雌、雄异株，花序多样；花通常 4 基数，稀 5 基数；萼钟状，萼片镊合状排列，与花瓣互生；花瓣通常较萼片小，或有时无花瓣；雄蕊与花瓣对生，花药 2 室，纵裂，有明显的花盘，贴生于萼筒上，或生于萼筒内面；子房上位、半下位或下位，通常 3 室或 2 室，稀 4 室，每室有 1 基生的倒生胚珠。核果、浆果状核果、蒴果状核果或蒴果，沿腹缝线开裂或不开裂，有 2 ~ 4 分核，每分核有 1 种子；种子背部无沟或有沟，或基部有 1 孔状开裂，有胚乳或有时无。

约 58 属，900 种以上，广布于温带及热带地区。我国产 14 属，133 种，32 变种，1 变型，分布全国各地。青岛有木本植物 5 属，14 种，3 变种。

分属检索表

1. 浆果状核果或蒴果状核果，具2 ~ 4分核。
 2. 果序轴非肉质；叶具羽状脉。
  3. 花无梗（稀具短梗）；穗状或穗状圆锥花序，顶生或兼腋生 ………………… 1. 雀梅藤属Sageretia
  3. 花具梗；聚伞花序腋生 ……………………………………………………………… 2. 鼠李属Rhamnus
 2. 果序轴膨大为肉质；叶具基生三出脉 ………………………………………………… 3. 枳椇属Hovenia
1. 核果，无分核。
 4. 叶具羽状脉，无托叶刺；核果圆柱形 ……………………………………………… 4. 猫乳属Rhamnella
 4. 叶具基生三出脉，稀五出脉，具托叶刺；核果非圆柱形 ………………………… 5. 枣属Ziziphus

（一）雀梅藤属 **Sageretia** Brongn.

藤状或直立灌木，稀小乔木；无刺或具枝刺。小枝互生或近对生。叶互生或近对生，具锯齿，稀近全缘，叶脉羽状；具柄，托叶小，脱落。花两性，五基数，常无梗或近无梗，稀有梗；穗状或穗状圆锥花序，稀总状花序。萼片三角形，内面顶端常增厚，中肋凸起成小喙；花瓣匙形，顶端 2 裂；雄蕊背着药，与花瓣等长或略长于花瓣；花盘肉质，杯状，全缘或 5 裂；子房上位，基部与花盘合生，2 ~ 3 室，每室 1 胚珠，花柱短，柱头头状，不裂或 2 ~ 3 裂。浆果状核果，倒卵状球形或球形，有 2 ~ 3 个不裂的分核，萼筒宿存。种子扁平，稍不对称，两端凹入。

图 443 雀梅藤
1. 果枝；2. 花；3.果实

约 34 种，主要分布在亚洲南部和东部，少数种产美洲和非洲。我国 16 种及 3 变种。青岛有 1 种。

1. 雀梅藤（图 443）

Sageretia thea (Osbeck) Johnst.

Rhamnus thea Osbeck

藤状或直立灌木；小枝具刺，被短柔毛。叶纸质，近对生或互生，椭圆形或卵状椭圆形，稀卵形或近圆形，长 1 ～ 4.5 厘米，宽 0.7 ～ 2.5 厘米，基部圆或近心形，下面无毛或沿脉被柔毛，侧脉 3 ～ 4 (5) 对，上面不明显；叶柄长 2 ～ 7 毫米，被柔毛。花无梗，黄色，芳香，疏散穗状或圆锥状穗状花序；花序轴长 2 ～ 5 厘米，被绒毛或密柔毛；花萼被疏柔毛；萼片三角形或三角状卵形，长约 1 毫米；花瓣匙形，顶端 2 浅裂，常内卷，短于萼片。核果近圆球形，黑或紫黑色。花期 7 ～ 11 月；果期翌年 3 ～ 5 月。

崂山有栽培。国内分布于甘肃、河南及长江以南各省区。

本种的叶可代茶，也可供药用，治疮疡肿毒；根可治咳嗽，降气化痰；果酸味可食；由于此植物枝密集具刺，在南方常栽培作绿篱。

（二）鼠李属 **Rhamnus** L.

灌木或乔木，无刺或小枝顶端常变成针刺；芽裸露或有鳞片。叶互生或近对生，稀对生，羽状脉，边缘有锯齿或稀全缘；托叶小，早落，稀宿存。花小，两性，或单性，雌雄异株，稀杂性；单生或数个簇生，或成腋生聚伞花序、聚伞总状或聚伞圆锥花序。花黄绿色；花萼钟状或漏斗状钟状，4 ～ 5 裂，萼片卵状三角形，内面有凸起的中肋；花瓣 4 ～ 5，短于萼片，兜状，具短爪，常 2 浅裂，稀无花瓣；雄蕊 4 ～ 5 枚，背着药，为花瓣抱持；花盘薄，杯状；子房上位，球形，着生于花盘上，不为花盘包围，2 ～ 4 室，每室有 1 胚珠，花柱 2 ～ 4 裂。浆果状核果倒卵状球形或圆球形，萼筒宿存，具 2 ～ 4 分核，分核骨质或软骨质，各有 1 种子。种子倒卵形或长圆状倒卵形，背面或背侧具纵沟，稀无沟。

约 200 种，分布于温带至热带，主产东亚和北美西南部，少数也分布于欧洲和非洲。我国有 57 种和 14 变种，分布于全国各省区，其中以西南和华南种类最多。青岛有 10 种，1 变种。

分种检索表

1. 叶和枝对生或近对生。

 2. 叶狭小，长不超过3厘米，侧脉2～3对稀4对 ………………………………… 1.小叶鼠李R. parvifolia

 2. 叶较大，长在3厘米以上，侧脉3～5对。

  3. 叶卵状，心形或卵圆形，基部心形或圆形，边缘有锐锯齿；果梗长1.2～2厘米 ………………………………………………………………………………………… 2.锐齿鼠李R. arguta

  3. 叶非卵状心形，基部楔形或近圆形，边缘有钝锯齿或圆齿状锯齿；果梗不超过1.2厘米。

   4. 叶柄短，通常在1厘米以下；种子背面有长为种子1/2以上的短沟。

    5. 幼枝、当年生枝、叶两面及花梗均被短柔毛；叶近圆形或倒卵圆形… 3.圆叶鼠李R. globosa

    5. 幼枝、当年生枝及花梗无毛或近无毛；叶倒卵形至倒卵状椭圆形… 4.薄叶鼠李R. leptophylla

   4. 叶柄较长，通常在1～1.5厘米以上；种子背面基部都有长为种子1/3以下的短沟。

    6. 小枝无毛；叶下面干时浅绿色，无毛或仅脉腋有疏柔毛；叶柄长1.5～3厘米。

     7. 叶近圆形或菱状圆形；顶芽小；种子易与内果皮分开；种沟周围有明显的肉色软骨质边缘 ……………………………………………………………………………………5. R. diamantiaca

     7. 叶狭椭圆形或叶宽椭圆或长圆形；顶芽大；种子与内果皮贴生；种沟周围无明显的软骨质边缘。

      8. 枝端具针刺；叶狭椭圆形……………………………………………… 6.乌苏里鼠李R. ussuriensis

      8. 枝端常有芽，稀分叉处有刺；叶宽椭圆或长圆形……………………………… 7.鼠李R. davurica

    6. 小枝有毛或无毛；叶下面干时变黄色，沿脉或脉腋被金黄色柔毛；叶柄长0.6～1.5厘米 …… ……………………………………………………………………………………………8.冻绿R. utilis

1. 枝和叶均互生，稀兼对生。

 9. 当年生枝、花（果）梗均被短柔毛。

  10. 叶宽椭圆形、倒卵状椭圆形或卵形，长4～8厘米，脉两面凸起，网脉不明显；种子背面的纵沟长为种子的1/4～2/5 ………………………………………………………………9.朝鲜鼠李R. koraiensis

  10. 叶狭椭圆形，长1.5～2.5厘米，稀打3.5厘米，脉上面凹下，下面凸起，网脉明显；种子背面的纵沟长为种子的3/4 ……………………………………………………… 10.崂山鼠李R. laoshanensis

 9. 当年生枝、花（果）梗均无毛或近无毛；叶椭圆形 …… 11.东北鼠李R. schneideri var. manshurica

1. 小叶鼠李 护山棘（图 444）

Rhamnus parvifolia Bge.

灌木，高 1.5 ～ 2 米；小枝对生或近对生，紫褐色，初被短柔毛，后无毛，枝端及分叉处有针刺；芽卵形，长达 2 毫米，黄褐色。叶纸质，对生或近对生，稀兼互生，或在短枝上簇生，菱状倒卵形或菱状椭圆形，稀倒卵状圆形或近圆形，长 1 ～ 3 厘米，宽 1 ～ 2 厘米，稀 3 厘米，先端钝尖或钝圆，基部楔形，边缘具圆细锯齿，上面深绿色，无毛或被疏短柔毛，下面浅绿色，干时灰白色，脉腋孔窝内有毛，侧脉 2 ～ 4 对，两面凸起，网脉不明显；叶柄长 5 ～ 15 毫米，上面沟内有细柔毛；托叶钻状，有微毛。

图 444　小叶鼠李

1. 果枝；2. 果核，示种沟

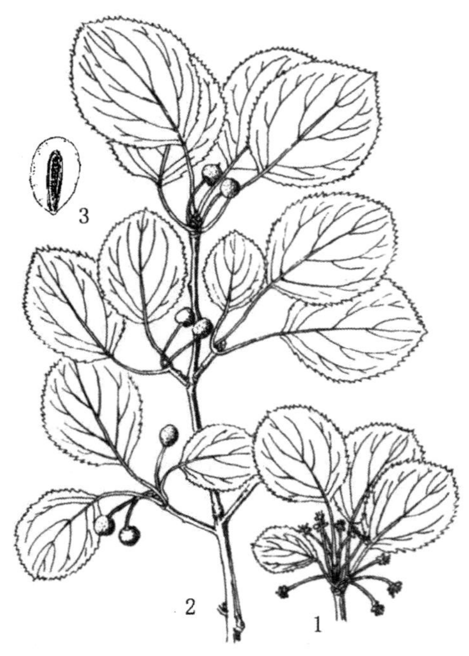

图 445　锐齿鼠李

1. 花枝；2. 果枝；3. 果核，示种沟

花单性，雌雄异株，黄绿色，4 基数，花瓣小，通常数花簇生于短枝上；花梗长 4 ～ 6 毫米，无毛；雌花花柱 2 半裂。核果球形，直径 5 ～ 6 毫米，成熟时黑色，具 2 分核，基部有宿存萼筒；种子褐色，背侧有长为种子 4/5 的纵沟。花期 4 ～ 5 月；果期 6 ～ 9 月。

产崂山潮音瀑、凉清河、仰口、华楼及辛安赵家岭南山，大泽山马石涧等地，常生于向阳多石的干燥山坡。国内分布于东北及内蒙古、河北、山西、河南、陕西等省区。

2. 锐齿鼠李　牛李子（图 445）

Rhamnus arguta Maxim.

灌木，高 2 ～ 3 米。小枝紫红色，无毛，对生或近对生，枝端有时有针刺；顶芽较大，长卵形，紫黑色，芽鳞具缘毛。叶近对生或对生，在短枝上簇生，卵状心形或卵圆形，稀近椭圆形，长 2 ～ 8 厘米，宽 2 ～ 4 厘米，先端钝圆或突尖，基部心形或圆形，边缘有锐锯齿，侧脉 4 ～ 5 对，两面稍凸起，无毛；叶柄长 1 ～ 3 厘米，稀 4 厘米，带红色。花单性，雌雄异株，4 基数，具花瓣；雄花多数簇生于短枝顶端或长枝叶腋；雌花花梗长达 2 厘米，子房球形，3 ～ 4 室，每室有 1 胚珠，花柱 3 ～ 4 裂。核果球形，直径 6 ～ 7 毫米，萼筒宿存，具 3 ～ 4 个分核，熟时黑色，果梗长 1 ～ 2.5 厘米，无毛；种子淡褐色，背面有长为种子 4/5 或全长的纵沟。花期 5 ～ 6 月；果期 7 ～ 9 月。

产崂山滑溜口、崂顶。国内分布于黑龙江、辽宁、河北、山西、陕西等省。常生于悬崖石缝及灌丛中。

种子榨油，可作润滑油。茎叶及种子熬成液汁可作杀虫剂。

3. 圆叶鼠李　欧李子　山绿柴（图 446）

Rhamnus globosa Bge.

灌木，高 2 ～ 4 米；小枝对生或近对生，灰褐色，顶端具针刺，当年枝被短柔毛。

叶纸质，对生或近对生，稀兼互生，或在短枝上簇生，近圆形、倒卵状圆形，稀圆状椭圆形，长 2 ～ 6 厘米，宽 1 ～ 4 厘米，先端突尖或短渐尖，基部阔楔形或近圆形，边缘具圆齿状锯齿，上面绿色，初被密柔毛，后仅沿脉及边缘被疏柔毛，下面淡绿色，全部或沿脉被柔毛，侧脉 3 ～ 4 对，上面下陷，下面凸起，网脉在下面明显；叶柄长 5 ～ 10 毫米，被密柔毛；托叶条状披针形，宿存，有微毛。花单性，雌雄异株，数花至 20 花簇生于短枝或长枝下部叶腋，4 基数，有花瓣，花萼和花梗均有柔毛，花柱 2 ～ 3 浅裂或半裂；花梗长 4 ～ 8 毫米。核果球形，长 4 ～ 6 毫米，直径 4 ～ 6 毫米，具 2 分核，稀 3 分核；果梗长 5 ～ 8 毫米，有疏柔毛；种子黑褐色，有光泽，背面有长为种子 3/5 的纵沟。花期 4 ～ 5 月；果期 6 ～ 10 月。

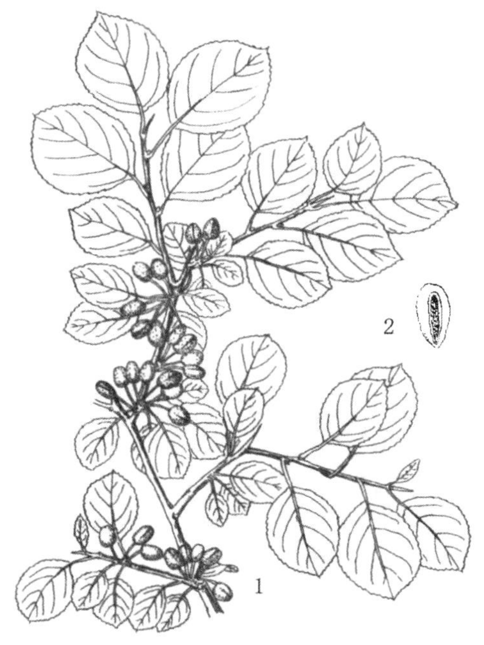

图 446　圆叶鼠李

1. 果枝；2. 果核，示种沟

产于全市各丘陵山区。国内分布于辽宁、山西、河北、河南、陕西、安徽、江苏、浙江、江西、湖南、甘肃等省区。

种子榨油供润滑油用。茎皮、果实及根可作绿色染料。果实烘干，捣碎和红糖水煎水服，可治肿毒。

4. 薄叶鼠李（图 447）

Rhamnus leptophylla Schneid.

灌木，稀小乔木。小枝对生或近对生，无毛，芽具鳞片，无毛。叶纸质，对生或近对生，倒卵形至倒卵状椭圆形，具圆齿或钝齿，上面无毛，下面脉腋有簇毛，侧脉 3 ～ 5 对，网脉不明显，上面凹下；叶柄长 0.7 ～ 2 厘米。花单性异株，4 基数，有花瓣；花梗长 4 ～ 5 毫米，无毛；雄花 10 ～ 20 个簇生短枝；雌花数朵至 10 余朵簇生短枝端或长枝下部叶腋，退化雌蕊极小，花柱 2 裂。核果球形，径 4 ～ 6 毫米，萼筒宿存，有 2 ～ 3 个分核，成熟时黑色；果梗长 6 ～ 7 毫米。种子宽倒卵圆形，背面具长为种子 2/3 ～ 3/4 的纵沟。花期 3 ～ 5 月；

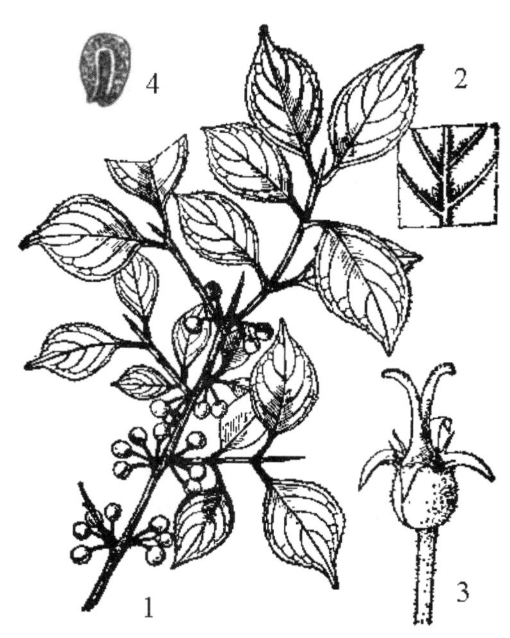

图 447　薄叶鼠李

1. 果枝；2. 叶片下面脉腋放大；3. 雌花；4. 果核，示种沟

图 448　金刚鼠李

1. 果枝；2. 果核，示种沟

图 449　乌苏里鼠李

1. 果枝；2. 花

果期 5 ～ 10 月。

产崂山，田横岛。国内分布于河南、陕西、山东、安徽、浙江、福建、江西、湖北、湖南、广东、广西、云南、贵州及四川。

全草药用，可清热、解毒、活血，根、果及叶可消积通便、止咳。

5. 金刚鼠李（图 448）

Rhamnus diamantiaca Nakai

灌木，全株近无毛；小枝对生或近对生，暗紫色，枝端具针刺；长枝的腋芽小。叶纸质或薄纸质，对生或近对生，近圆形、卵圆状菱形或椭圆形，长 3 ～ 7 厘米，宽 1.5 ～ 4.5 厘米，先端突尖或渐尖，基部楔形或近圆形，边缘具圆齿状锯齿，两面无毛或稀上面沿中脉有疏柔毛，下面脉腋有疏柔毛，侧脉每边 4 ～ 5 条；叶柄长 1 ～ 3 厘米，无毛；托叶线状披针形，边缘有缘毛，早落。花单性，雌雄异株，4 基数，有花瓣，通常数朵簇生于短枝端或长枝下部叶腋；花梗长 3 ～ 4 毫米。核果近球形或倒卵状球形，长约 6 毫米，直径 4 ～ 6 毫米，黑色或紫黑色，具 1 或 2 分核，基部具宿存的萼筒；果梗长 7 ～ 8 毫米；种子黑褐色，背侧有长为种子 1/4 ～ 1/3 的短沟，上部有沟缝。花期 5 ～ 6 月；果期 7 ～ 9 月。

产崂山北九水、明霞洞等景区，常生于山沟及山坡灌丛中。国内分布于吉林、黑龙江、辽宁。

6. 乌苏里鼠李（图 449）

Rhamnus ussuriensis J. Vass.

灌木，高可达 5 米，全株无毛。枝对生或近对生，枝端有针刺；芽卵形，长约 3 ～ 4 毫米。叶纸质，对生或近对生，或在短枝上簇生，狭椭圆形或狭长圆形，长 3 ～ 10 厘米，宽 2 ～ 4 厘米，先端锐尖或短渐尖，基部楔形或圆形，边缘具钝圆锯齿，齿端有紫红色腺体，两面无毛或仅下面脉腋有疏柔毛，侧脉 4 ~ 5 对，稀 6 对，两面凸起，网脉明显；叶柄长 1 ~ 2.5 厘米；托叶披针形，早落。花单性，雌、雄异株，4 基数，有花瓣；花梗长 6 ~ 10 毫米；雌花数朵至 20 余朵簇生于长枝下部叶腋或短枝顶端，有退化雄蕊，花柱浅裂或近半裂。核果球形，直径 5 ~ 6 毫米，黑色，具 2 分核，萼筒宿存；果梗长 6 ~ 10 毫米；种子黑褐色，背侧基部有短沟，上部有沟缝。花期 4 ~ 6 月；果期 6 ~ 10 月。

产崂山华严寺、明霞洞及即墨市山区。国内分布于东北、内蒙古及河北等省区。

种子油供润滑油用，树皮及果实含鞣质，可提取栲胶和黄色染料。枝、叶可治大豆蚜虫和稻瘟病。木材坚硬，可供细木工用。

7. 鼠李 大绿（图 450）

Rhamnus davurica Pall.

灌木或小乔木，高可达 8 米。枝对生或近对生，褐色，无毛，枝顶端常有顶芽而不形成刺；芽较大，卵圆形，长 5 ~ 8 毫米，鳞片淡褐色，有白色缘毛。叶纸质，对生或近对生，或在短枝上簇生，阔椭圆形或长椭圆形，长 4 ~ 13 厘米，宽 2 ~ 6 厘米，先端突尖或短渐尖，基部楔形或近圆形，边缘有圆齿状锯齿，齿端有红色腺体，上面无毛，下面沿脉有疏柔毛，侧脉 4 ~ 5 对，稀 6 对，两面凸起，网脉明显；叶柄长 1.5 ~ 4 厘米，无毛或上面有疏柔毛。花单性，雌雄异株，4 基数，有花瓣；雌花 1 ~ 3 朵生于叶腋或数朵至 20 余朵簇生于短枝，有退化雄蕊，花柱 2 ~ 3 浅裂或半裂；花梗长 7 ~ 8 毫米。核果球形，黑色，直径 5 ~ 6 毫米，具 2 分核，萼筒宿存；果梗长 1 ~ 1.2 厘米；种子卵圆形，黄褐色，背侧有与种子等长的纵沟。花期 5 ~ 6 月；果期 7 ~ 10 月。

图 450 鼠李

1. 果枝；2. 花枝；3. 雄花及纵切；4. 雌花及纵切

产崂山凉清河、华楼、大梁沟等景区，生于湿润山坡、沟边的灌木丛或树林中。国内分布于东北、河北、山西等省区。

木材坚实，可供制家具及雕刻之用。种子榨油作润滑油。树皮和叶可提取栲胶。果肉药用，有治下泻、解热瘰疬的效用。

8. 冻绿（图 451）

Rhamnus utilis Dcne.

灌木，高可达 4 米。枝无毛，对生或近对生，枝端常具针刺；腋芽小，长 2 ~ 3 毫米，芽鳞有缘毛。叶纸质，对生或近对生，或在短枝上簇生；叶椭圆形、长椭圆形，长 5 ~ 15

图 451　冻绿

1. 果枝；2. 雄花；3. 雌花

厘米，宽 2 ~ 6 厘米，先端突尖，基部楔形，稀圆形，边缘具细锯齿，上面暗绿色，无毛，下面黄绿色，沿脉或脉腋黄色短柔毛，侧脉 5 ~ 6 对，两面凸起，具明显的网脉；叶柄长 0.5 ~ 1.5 厘米，上面具沟，有毛或无毛；托叶披针形，常具疏毛，宿存。花单性，雌雄异株；4 基数，具花瓣；花梗长 5 ~ 7 毫米，无毛；雄花数朵簇生于叶腋，或 10 ~ 20 余朵簇生于小枝下部，有退化雌蕊；雌花 2 ~ 6 朵簇生于叶腋或小枝下部；有退化雄蕊，花柱 2 浅裂或半裂。核果球形，熟时黑色，具 2 分核；果梗长 5 ~ 12 毫米，无毛；种子背侧有短沟。花期 5 ~ 6 月；果期 9 ~ 10 月。

产崂山流清河。国内分布于甘肃、陕西、河南、河北、山西及长江以南各省区。

种子榨油作润滑油。果实、树皮及叶可提供黄色染料。

9. 朝鲜鼠李（图 452）

Rhamnus koraiensis Schneid.

灌木，高达 2 米。枝互生，灰褐色，枝端具针刺，当年生枝被微毛或无毛；芽卵圆形，长 3 ~ 4 毫米。叶纸质，互生或在短枝上簇生，宽椭圆形、倒卵状椭圆形或卵形，长 4 ~ 8 厘米，宽 2 ~ 5 厘米，先端渐尖或钝圆，基部阔楔形或近圆形，缘有圆齿状锯齿，两面或沿脉有短柔毛，侧脉 4 ~ 5 对，两面凸起，网脉不明显；叶柄长 7 ~ 25 毫米，有密短毛；托叶条形，早落。花单性，雌雄异株，4 基数，有花瓣，被微毛；花梗长 5 ~ 6 毫米，被短毛；雄花数朵簇生于短枝端，或 1 ~ 3 个生于长枝下部叶腋；雌花数朵簇生于短枝顶端或长枝下部；花柱 2 浅裂或半裂。核果球形，直径 5 ~ 6 毫米，黑色，具 2 分核；果梗长 7 ~ 14 毫米，有疏短毛；种子背面基部有长为种子 1/4 ~ 2/5 的短沟。花

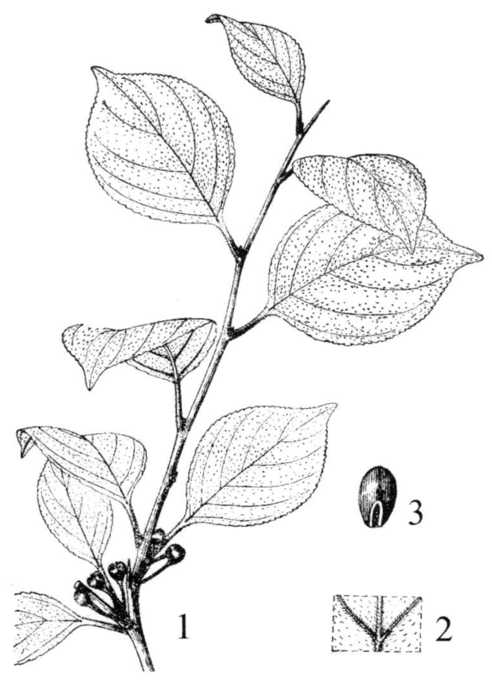

图 452　朝鲜鼠李

1. 果枝；2. 叶片下面脉腋放大；3. 果核，示种沟

期 4 ~ 5 月；果期 6 ~ 9 月。

产崂山，小珠山，大珠山，浮山，常生于杂木林或灌丛中。国内分布于吉林、辽宁等省。

10. 崂山鼠李（图 453）

Rhamnus laoshanensis D. K. Zang

灌木，高 2.5 米；小枝紫褐色至灰褐色，互生，枝端具刺，当年生枝密生黄色柔毛，一年生枝无毛。叶纸质，互生或在短枝簇生，狭椭圆形，长 1.5 ~ 2.5 厘米，稀 3.5 厘米，宽 0.7 ~ 1.2 厘米，先端渐尖或圆钝，基部楔形至狭楔形，边缘具浅细锯齿，上面密生短柔毛，下面干后变黄并密生短柔毛；侧脉 4 ~ 6 脉，上面凹下，下面隆起，网脉明显；叶柄长 0.6 ~ 1.4 厘米，密被短柔毛。花单性，数朵簇生于短枝顶端；花梗长 2 ~ 3 毫米，密被短柔毛；花萼浅钟形，4 裂，裂片三角形；花瓣 4；雄蕊 4；子房上位，花柱 2 深裂，柱头膨大，子房及花柱密生短柔毛。核果卵球形或近球形，径约 5 ~ 6 毫米，具 2 分核，幼时被短毛后变无毛；果梗长 5 ~ 6 毫米，萼筒及果梗密被短柔毛。种子倒卵形，长 4 ~ 4.5 毫米，背侧种沟开口，长度为种子全长的 3/4 左右。花期 4 ~ 5 月；果期 6 ~ 9 月。

图 453 崂山鼠李

1. 果枝；2. 叶片放大；3. 花纵切；4. 果核，示种沟

产崂山明霞洞。生于向阳山坡或灌丛中。

11. 东北鼠李

Rhamnus schneideri Lévl. et Vant var. **manshurica** (Nakai) Nakai

灌木。枝互生，无毛，枝端有针刺；芽卵圆形，鳞片有缘毛。叶互生或在短枝上簇生，椭圆形、倒卵形或卵状椭圆形，长 3 ~ 8 厘米，宽 2 ~ 4 厘米，先端突尖、短渐尖或渐尖，基部楔形或近圆形，边缘有圆齿状锯齿，上面绿色，被短毛，下面浅绿色，沿脉或脉腋有疏短毛，侧脉 3 ~ 4 对，两面凸起；叶柄长 6 ~ 15 毫米，稀 25 毫米，有短柔毛。花单性，雌雄异株，黄绿色，4 基数，有花瓣；花梗长 10 ~ 13 毫米，无毛；花柱 2 浅裂或半裂。核果球形，直径 4 ~ 5 毫米，黑色，具 2 分核；种子深褐色，背面基部有长为种子 1/5 的短沟，上部有沟缝。花期 5 ~ 6 月；果期 7 ~ 10 月。

产崂山砖塔岭、黑风口，常生于向阳山坡或灌丛中。国内分布于吉林、辽宁、河北及山西。

（三）枳椇属 **Hovenia** Thunb.

落叶乔木，稀灌木。幼枝常被短柔毛或茸毛。单叶互生，基部有时偏斜，有锯齿，基生 3 出脉，具长柄。花小，白色或黄绿色，两性，5 基数；密集成顶生或兼腋生聚伞圆锥花序。萼片三角形，中肋内面凸起；花瓣生于花盘下，两侧内卷，具爪；雄蕊为花瓣抱持，花丝披针状线形，基部与爪部离生，背着药；花盘肉质，盘状，有毛，边缘与萼筒离生；子房上位，1/2 ~ 2/3 藏于花盘内，3 室，每室 1 胚珠，花柱 3 裂。浆果状核果，顶端有残存花柱，基部具宿存萼筒，外果皮革质，常与纸质或膜质的内果皮分离；花序轴果时膨大，扭曲，肉质。种子 3 粒，扁球形，褐色或紫黑色，有光泽，背面凸起，腹面平而微凹，或中部具棱，基部内凹，常具灰白色的乳头状突起。

含 3 种，2 变种，分布于中国、朝鲜、日本和印度。国内除东北、内蒙古、新疆、宁夏、青海和台湾外，各省区均有分布。青岛有 1 种。

1. 北枳椇 枳椇 拐枣（图 454）

Hovenia dulcis Thunb.

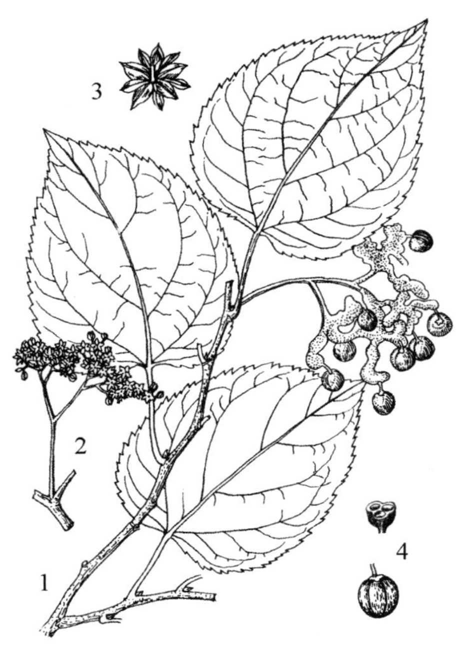

图 454 北枳椇

1. 果枝；2. 花序；3. 花；4. 果实及横切

乔木，稀灌木，高达 10 余米；小枝褐色，无毛。叶卵圆形、宽长圆形或椭圆状卵形，长 7 ~ 17 厘米，先端短渐尖或渐尖，基部平截，稀心形或近圆形，有不整齐的锯齿或粗锯齿，稀具浅齿，无毛或仅下面沿脉被疏柔毛；叶柄长 2 ~ 4.5 厘米，无毛。花黄绿色，径 6 ~ 8 毫米，排成不对称的顶生，稀兼腋生的聚伞圆锥花序；花序轴和花梗均无毛。萼片卵状三角形，无毛，长 2.2 ~ 2.5 毫米；花瓣倒卵状匙形，长 2.4 ~ 2.6 毫米，爪长 0.7 ~ 1 毫米；花盘边缘被柔毛或上面被疏柔毛；子房球形，花柱 3 浅裂，长 2 ~ 2.2 毫米，无毛。浆果状核果近球形，直径 6.5 ~ 7.5 毫米，无毛，熟时黑色；花序轴果时稍膨大。种子深褐或黑紫色，直径 5 ~ 5.5 毫米。花期 5 ~ 7 月；果期 8 ~ 10 月。

产于崂山明霞洞、青山、太清宫、明道观、三标山、北九水、上清宫、太平宫、仰口、解家河等地；植物园，山东科技大学有栽培。国内产河北、山东、山西、河南、陕西、甘肃、四川北部、湖北西部、安徽、江苏、江西等省区。

肥大的果序轴含丰富糖，可生食、酿酒、制醋和熬糖。木材细致坚硬，可供建筑和制精细用具。

（四）猫乳属 **Rhamnella** Miq.

落叶灌木或小乔木。叶互生，具短柄，具细锯齿，羽状脉；托叶常宿存与茎离生。腋生聚伞花序，或数花簇生于叶腋。花小，黄绿色，两性，5 基数，具梗；萼片三角形，无网状脉，中肋内面凸起，中下部有喙状突起；花瓣两侧内卷；雄蕊背着药，花丝基部与爪部离生，披针状条形；子房上位，基部着生于花盘，1室或不完全2室，有2胚珠，花柱顶端2浅裂。花盘杯状，五边形。核果顶端有残留的花柱，基部为宿存的萼筒所包围，1 ~ 2室，具1或2种子。

7种，分布于中国、朝鲜和日本。我国均产。青岛1种。

1. 猫乳 长叶绿柴（图455；彩图85）

Rhamnella franguloides (Maxim.) Weberb.

Microrhamnus franguloides Maxim.

落叶灌木或小乔木；幼枝被柔毛或密柔毛。叶倒卵状长圆形、倒卵状椭圆形、长圆形，长椭圆形，稀倒卵形，长4 ~ 12厘米，宽2 ~ 5厘米，先端尾尖或骤短尖，基部圆，稀楔形，具细齿，上面绿色无毛，下面黄绿色被柔毛，侧脉8 ~ 11 (13) 对；叶柄长2 ~ 6毫米，密被柔毛；托叶披针形。花两性，6 ~ 18组成腋生聚伞花序，花序梗长1 ~ 4毫米，被疏柔毛或无毛；萼片三角状卵形，边缘被疏短毛；花瓣宽倒卵形，先端微凹；花梗长1.5 ~ 4毫米。核果圆柱形，长7 ~ 9毫米，熟时红或橘红色，干后黑或紫黑色；果梗长3 ~ 5毫米。花期5 ~ 7月；果期7 ~ 10月。

图455 猫乳

1. 果枝；2. 花；3. 花纵切，示花盘、雄蕊和雌蕊

产于崂山，小珠山；山东科技大学有栽培。国内分布于陕西、山西部、河南、河北、江苏、安徽、浙江、江西、湖北及湖南。

根供药用，治疥疮。皮含绿色染料。

（五）枣属 **Ziziphus** Mill.

落叶或常绿，乔木或藤状灌木。枝常具皮刺。叶互生，具柄，具齿，或稀全缘，基脉3出、稀5脉；托叶常刺状。花小，黄绿色，两性，5基数；腋生具花序梗的聚伞花序，或聚伞总状或聚伞圆锥花序。萼片卵状三角形或三角形，内面有凸起的中肋；花瓣具爪，有时无花瓣，与雄蕊等长；花盘厚，肉质，5或10裂；子房球形，下半部或大部藏于花盘内，2（3 ~ 4）室，每室1胚珠，花柱2（3 ~ 4）裂。核果顶端有小尖头，萼筒宿存，中果皮肉质或软木栓质，内果皮硬骨质或木质。种子无或有稀少胚乳；子叶肥厚。

约100种，主要分布于亚洲、美洲热带和亚热带地区，少数种产在非洲和温带。我国有13种，3变种，除枣和无刺枣在全国各地栽培外，主要产于西南和华南。青岛有1种，2变种。

图 456 枣
1. 花枝；2. 花；3. 果实；4 ~ 5. 果核

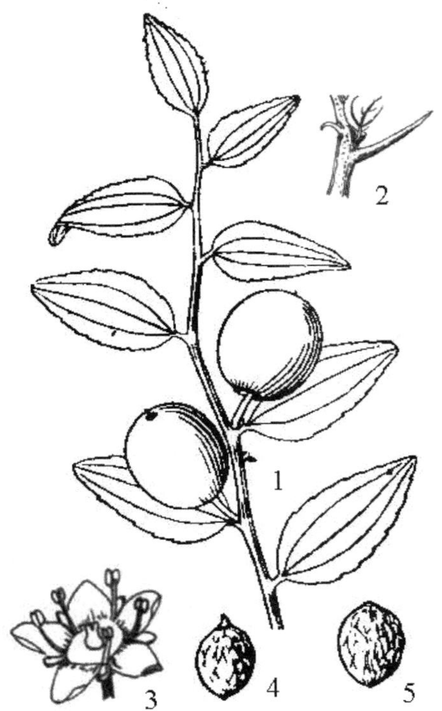

图 457 酸枣
1. 果枝；2. 刺；3. 花；4 ~ 5. 果核

1. 枣 红枣 大枣（图 456）

Ziziphus jujuba Mill.

落叶小乔木，高可达 10 米。树皮灰褐色，纵裂；小枝红褐色，光滑，有托叶刺，长刺可达 3 厘米，粗直，短刺下弯，长 4 ~ 6 毫米；短枝短粗，矩状；当年生枝绿色，单生或 2 ~ 7 簇生于短枝上。叶卵形、卵状椭圆形；长 3 ~ 7 厘米，宽 1.5 ~ 4 厘米，先端钝尖，有小尖头，基部近圆形，稍不对称，边缘有圆齿状锯齿，上面无毛，下面无毛或仅沿脉有疏微毛，基出 3 主脉；叶柄长 1 ~ 6 毫米。花黄绿色，两性，5 基数，单生或 2 ~ 8 花排成腋生聚伞花序；花梗长 2 ~ 3 毫米；萼片卵状三角形；花瓣倒卵圆形，基部有爪与雄蕊等长；花盘厚，肉质，圆形，5 裂；子房下部埋于花盘内，与花盘合生，2 室，每室有 1 胚珠，花柱 2 半裂。核果长圆形，长 2 ~ 4 厘米，直径 1.5 ~ 2 厘米，熟时红色，中果皮肉质，味甜，核顶端锐尖，2 室，有 1 或 2 种子，果梗长 3 ~ 6 毫米。花期 5 ~ 7 月；果期 8 ~ 9 月。

全市普遍栽培。国内分布于吉林、辽宁、河北、山西、陕西、河南、甘肃、新疆、安徽、江苏、浙江、江西、福建、广东、广西、湖南、湖北、四川、云南、贵州。

枣为著名干果，味甜，供食用，亦药用，有补气健脾的功效。核仁、树皮、根、叶均可入药。木材坚实，为器具、雕刻良材。花为重要蜜源植物。

（1）无刺枣（变种）

var. **inermis** (Bge.) Rehd.

与原变种的主要区别是：长枝无皮刺；幼枝无托叶刺。

崂山蔚竹庵，中山公园均有栽培。

用途与原变种相同。

（2）酸枣（变种）（图 457）

var. **spinosa** (Bge.) Hu ex H. F. Chow

Z. vulgaris Lam. var. *spinosa* Bge.

与原变种的主要区别是：常为灌木；叶较小；核果近球形或短长圆形，直径 0.7 ～ 1.2 厘米，中果皮薄，味酸，核两端钝。

产于全市各丘陵山区。

种仁入药，有镇定安神之功效，主治神经衰弱、失眠等症。果肉富含维生素 C，可生食或制作果酱。花芳香多蜜腺，为华北地区的重要蜜源植物。枝具锐刺，常用作绿篱。

（3）龙爪枣 蟠龙枣（栽培变种）

'Tortuosa'

与原变种主要区别是：小枝常扭曲上伸，无刺；果较小；果柄长。

中山公园，平度市有栽培。国内分布于河北、河南、北京、江苏等地。

多栽于公园、庭院，供观赏。

五十六、葡萄科 VITACEAE

攀援木质藤本，稀草质藤本，具有卷须，或直立灌本，无卷须。单叶或复叶，互生；有托叶。花两性或单性；聚伞花序、圆锥花序，稀总状或穗状花序，腋生或顶生，与叶对生或着生于茎膨大的节上；花萼杯状，4 ～ 5 裂；花瓣 4 ～ 5，稀 3 ～ 7，镊合状排列，离生或基部合生，花后脱落或顶端黏合成帽状脱落；雄蕊 4 ～ 5，稀 3 ～ 7，着生于花盘基部与花瓣对生，花盘杯形或分裂，雌蕊心皮 2 ～ 8，子房上位，2 ～ 8 室，每室 1 ～ 2 倒生胚珠，花柱单一。浆果；胚乳软骨质。

15 属约 700 余种，主要分布热带和亚热带，少数分布于温带。我国 8 属，约 140 种，南北均有分布。青岛有 3 属，11 种，1 亚种，3 变种。

分属检索表

1. 花瓣分离，凋谢时不黏合，各自分离脱落；花序为复二歧聚伞花序、伞房状多歧聚伞花序或二级分枝集生成伞形；树皮有皮孔；髓白色。

 2. 卷须顶端常扩大成吸盘，花盘不明显或不存在 …………………………… 1. 地锦属 Parthenocissus

 2. 卷须顶端不扩大，花盘明显 …………………………………………………… 2. 蛇葡萄属 Ampelopsis

1. 花瓣黏合，凋谢时呈帽状脱落；聚伞圆锥花序；树皮无皮孔；髓褐色……………… 3. 葡萄属 Vitis

（一）地锦属 **Parthenocissus** Planch.

木质藤本，落叶，稀常绿。枝有皮孔；髓白色；冬芽圆形，有芽鳞 2 ～ 4；卷须常分叉，顶端有吸盘。单叶或掌状复叶，有长柄。聚伞花序与叶对生，或较密集于枝端而呈圆锥状；花两性，稀两性与单性共存；花萼不分裂，浅碟状；花瓣 5，稀 4，雄蕊 5 与花瓣同数对生；花盘不明显，与子房贴生；子房 2 室，每室有 2 个胚珠。浆果蓝色或蓝黑色，内含种子 1 ～ 4 颗；种子球形，腹部有 2 小槽。

约 15 种，分布于北美洲、亚洲东部及喜马拉雅山地区。我国有 9 种，南北各地均有分布。青岛有 3 种。

分种检索表

1. 叶为单叶，稀植株基部2～4个短枝上生有三出复叶 ………………………… 1. 地锦 P. tricuspidata
1. 叶为掌状复叶，或长枝上为单叶。
 2. 叶为3小叶复叶或长枝上生有小型单叶 ……………………………………… 2. 异叶地锦 P. dalzielii
 2. 叶为5小叶掌状复叶 ………………………………………………………… 3. 五叶地锦 P. quinquefolia

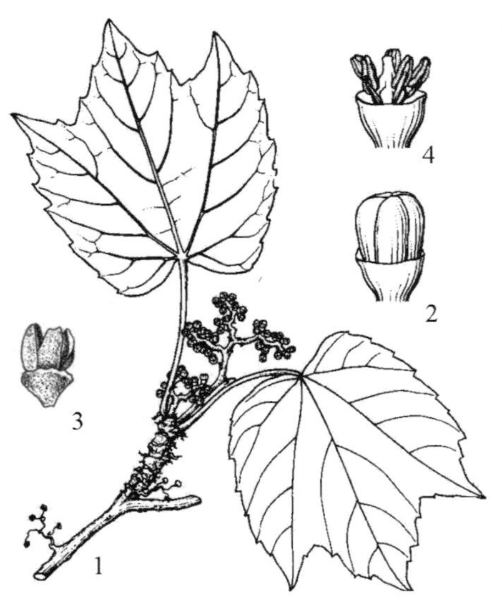

图 458 地锦
1. 花枝；2～3. 花；
4. 去掉花瓣的花，示雄蕊和雌蕊

1. 地锦 爬山虎 爬墙虎（图 458）

Parthenocissus tricuspidata (Sieb. et Zucc.) Planch.

Ampelopsis tricuspidata Sieb. et Zucc.

落叶木质藤本。卷须短，多分枝，顶端有吸盘。叶宽卵形，长 10 ～ 20 厘米，宽 8 ～ 17 厘米，通常 3 浅裂，先端急尖，基部心形，边缘有粗锯齿，上面无毛，下面有少数毛或近无毛，幼枝的叶有时 3 全裂；叶柄长 8 ～ 20 厘米。聚伞花序通常生于短枝顶端两叶之间；花 5 基数；花萼全缘；花瓣狭长圆形，长约 2 毫米；雄蕊较花瓣短，花药黄色；花柱短圆柱状。浆果球形，径 6 ～ 8 毫米，蓝黑色。花期 6 ～ 7 月；果期 7 ～ 8 月。

产崂山北九水、蔚竹庵、崂山头、流清河、青山等景区，生于峭壁及岩石上；城市公园绿地常见栽培。广布于全国各地。

根茎药用，有散瘀、消肿的功效。亦栽为遮掩墙壁及假山上。

图 459 异叶地锦
1. 叶枝；2. 花枝

2. 异叶地锦（图 459）

Parthenocissus dalzielii Gagnep.

木质藤本。小枝无毛。卷须总状 5 ～ 8 分枝，嫩时顶端膨大呈圆球形，遇附着物时扩大为吸盘。叶两型：侧出较小的长枝上常散生较小的单叶，叶卵圆形，长 3 ～ 7 厘米；主枝或短枝上集生 3 小叶复叶，中央小叶长椭圆形，长 6 ～ 21 厘米，先端渐尖，基部楔形，侧生小叶卵状椭圆形，长 5.5 ～ 19 厘米，有不明显小齿，两面无毛。多歧聚伞花序常生于短枝顶端叶腋，较叶柄短。花萼碟形，边缘波状或近全缘；花瓣 4 ～ 5，倒卵状椭圆形。果球形，直径 0.8 ～ 1 厘米，成熟时紫黑色，有种子 1 ～ 4 颗。花期 5 ～ 7 月；果期 7 ～ 11 月。

产崂山大梁沟，浮山，灵山岛等地。国内分布于浙江、福建、江西、湖北、湖南、广东、海南、广西、贵州、云南、四川及河南。

适宜用作城市垂直绿化材料。

3. 五叶地锦　五叶爬山虎（图 460）

Parthenocissus quinquefolia (L.) Planch.

Hedera quinquefolia L.

木质藤本。小枝无毛；嫩芽为红或淡红色；卷须总状 5 ～ 9 分枝，嫩时顶端尖细而卷曲，遇附着物扩大成吸盘。5 小叶掌状复叶，小叶倒卵圆形、倒卵椭圆形或外侧小叶椭圆形，长 5.5 ～ 15 厘米，先端短尾尖，基部楔形或宽楔形，有粗锯齿，两面无毛或下面脉上微被疏柔毛。圆锥状多歧聚伞花序假顶生，序轴明显，长 8 ～ 20 厘米；花序梗长 3 ～ 5 厘米；花萼碟形，边缘全缘，无毛；花瓣长椭圆形。果实球形，直径 1 ～ 1.2 厘米，有种子 1 ～ 4 颗。花期 6 ～ 7 月；果期 8 ～ 10 月。

图 460　五叶地锦

原产北美。青岛公园绿地普遍栽培。国内东北、华北及江西有栽培。

常用作垂直绿化材料，但攀援能力不及爬山虎。

（二）蛇葡萄属 **Ampelopsis** Michaux

落叶木质藤本。枝有皮孔，髓白色；卷须分枝而不带吸盘；有芽鳞。单叶或复叶，互生。聚伞花序与叶对生或顶生，花两性或杂性，绿色；花萼不明显；花瓣 5，稀 4，分离而展开；雄蕊与花瓣同数而对生，花丝短，花盘杯状，隆起，与子房贴生；子房 2 室，每室有 2 个胚珠。浆果球形，种子 1 ～ 4。

约 30 余种，分布亚洲、北美洲和中美洲。我国有 17 种，南北均产。青岛有 3 种，2 变种。

分种检索表

1. 单叶，不裂或不同程度3 ~ 5裂，但不深裂至基部成全裂片。

　2. 叶3 ~ 5浅裂或中裂，裂片宽，上部裂缺凹成钝角或锐角 ……………… 1.葎叶蛇葡萄A. humilifolia

　2.叶不裂或3 ~ 5微裂 ……………………………………………… 2.光叶蛇葡萄A.glandulosa var.hancei

1. 3 ~ 7掌状复叶或羽状复叶。

3. 小枝、叶柄或叶下面无毛 ………………………………………………………… 3.白蔹A. japonica

3. 小枝、叶柄或叶下面被疏柔毛 ……………………………………………… 4.乌头叶蛇葡萄A. aconitifolia

1. 葎叶蛇葡萄（图 461）

Ampelopsis humulifolia Bge.

图 461 葎叶蛇葡萄

木质藤本。小枝圆柱形，有纵棱纹，无毛。卷须 2 叉分枝。单叶，3 ~ 5 浅裂或中裂，裂片宽阔，上部裂缺凹成钝角或锐角，稀不裂，心状五角形或肾状五角形，长 6 ~ 12 厘米，先端渐尖，基部心形，基缺顶端凹成圆形，有粗锯齿，通常齿尖，下面无毛或沿脉被疏柔毛；叶柄长 3 ~ 5 厘米。多歧聚伞花序与叶对生；花序梗长 3 ~ 6 厘米，无毛或稀毛；花萼碟形，边缘呈波状；花瓣卵状椭圆形；花盘明显，波状浅裂；子房下部与花盘合生，花柱明显。果近球形，长 0.6 ~ 1 厘米，有种子 2 ~ 4；种子倒卵圆形，种子腹面两侧洼穴向上达种子上部 1/3 处。花期 5 ~ 7 月；果期 7 ~ 9 月。

产于全市各山区。国内分布于陕西、河南、山西、河北、辽宁及内蒙古等省区。

根皮药用，有活血散瘀、消炎解毒的功效。

2. 光叶蛇葡萄

Ampelopsis glandulosa (Wall.) Momiy. var. **hancei** (Planch.) Momiy.

Ampelopsis heterophylla (Thunb.) Sieb. et Zucc. var. *hancei* Planch.

木质藤本。小枝圆柱形，有纵棱纹，无毛。卷须 2 ~ 3 叉分枝。单叶，心形或卵形，3 ~ 5 中裂和兼有裂，长 3.5 ~ 14 厘米，先端急尖，基部心形，有钝圆齿，齿有钝尖，无毛或下面被极稀疏短柔毛，基出脉 5，侧脉 4 ~ 5 对，网脉不明显；叶柄长 1 ~ 7 厘米，无毛；花序梗长 1 ~ 2.5 厘米，被疏柔毛；花梗长 1 ~ 3 毫米，疏生短柔毛；花萼碟形，边缘波状浅齿；花瓣卵状椭圆形；花盘明显，边缘浅裂；子房下部与花盘合生，花柱明显，基部略粗。果近球形，直径 5 ~ 8 毫米，有种子 2 ~ 4；种子腹面两侧洼穴从基部向上达种子顶端。花期 4 ~ 6 月；果期 7 ~ 10 月。

产崂山张坡。国内分布于河南、江苏、江西、福建、台湾、广东、广西、贵州、云南及四川。

3. 白蔹 山葡萄 鹅抱蛋 猫儿卵（图 462）

Ampelopsis japonica (Thunb.) Makino.

Paullinia japonica Thunb.

藤本，有块状根。卷须与叶对生，常单一。叶为掌状复叶，长 6 ~ 10 厘米，宽 7 ~ 12 厘米，小叶 3 ~ 5，一部分羽状分裂，一部分羽状缺刻，裂片长卵形至披针形，中间裂片最长，两侧裂片较小，裂片基部有关节，两面无毛，叶轴有阔翅，叶柄较叶片短，无毛。聚伞花序，花序梗长 4 ~ 8 厘米，常缠绕；花小，黄绿色；花萼 5 浅裂，花瓣、雄蕊各 5，花盘边缘稍分裂；浆果球形，直径约 6 毫米，熟时白色或蓝色，有针孔状凹点。花期 5 ~ 6 月；果期 7 ~ 9 月。

产于崂山仰口、天门后、马莲村等地，生于山坡、路边及林下。国内分布于东北、华北、华东及中南。

全草及块根药用，有消炎止痛作用；外用可治烫伤，又可作农药。

图 462　白蔹

1. 植株下部和根部；2. 花枝；3. 花；4. 去掉花瓣的花

4. 乌头叶蛇葡萄（图 463）

Ampelopsis aconitifolia Bge.

木质藤本。小枝有纵棱纹，被疏柔毛。卷须 2 ~ 3 叉分枝。掌状 5 小叶；小叶 3 ~ 5 羽裂或呈粗锯齿状，披针形或菱状披针形，长 4 ~ 9 厘米，先端渐尖，基部楔形，两面无毛或下面被疏柔毛，侧脉 3 ~ 6 对；叶柄长 1.5 ~ 2.5 厘米，小叶几无柄；托叶褐色膜质。伞房状复二歧聚伞花序疏散；花序梗长 1.5 ~ 4 厘米；花萼碟形，波状浅裂或近全缘；花瓣宽卵形；花盘发达，边缘波状；子房下部与花盘合生，花柱钻形。果近球形，直径 6 ~ 8 毫米，有种子 2 ~ 3 颗。种子腹面两侧洼穴向上达种子上部 1/3。花期 5 ~ 6 月；果期 8 ~ 9 月。

中山公园有栽培。国内分布于辽宁、内蒙古、宁夏、青海、甘肃、陕西、山西、河北、河南、湖北及广西等省区。

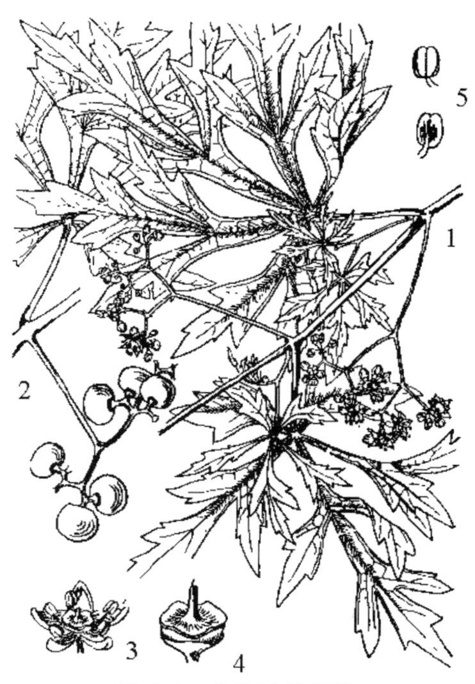

图 463　乌头叶蛇葡萄

1. 花枝；2. 果枝；3. 花；4. 去掉花瓣和雄蕊的花，示花盘和雌蕊；5. 雄蕊

（1）掌裂草葡萄（变种）

var. **palmiloba** (Carr.) Rehd.

本变种与原变种区别：小叶通常不分裂，锯齿较粗或呈浅裂状；花序和叶上下两面的叶脉均微被短柔毛。

产崂山劈石口。国内分布于东北、华北及内蒙古、甘肃、陕西、四川、湖南等地。

根药用，有活血散瘀、消炎止痛的功效。

（三）葡萄属 Vitis L.

落叶攀援木质藤本，稀常绿。髓褐色；有卷须，与叶对生。单叶掌状分裂，稀为掌状复叶；有托叶，早落。花小，绿色，两性或单性，由聚伞花序再排成圆锥花序，与叶对生；花 5 数；萼小或不明显；花瓣顶部黏合，花后呈帽状脱落；花盘明显，下位生，5 裂；子房 2 室，每室 2 胚珠；花柱圆柱形。肉质浆果，含种子 2 ~ 4。

有 60 余种，分布于世界温带或亚热带。我国约 38 种。青岛 5 种，1 亚种，1 变种。

分种检索表

1. 叶下面无毛或被稀疏蛛丝状绒毛。
  2. 叶基部深心形，凹缺常闭锁，叶缘有粗锯齿 ……………………………… 1.葡萄V. vinifera
  2. 叶基部心形，凹缺宽而不闭锁，卷须发育良好。
    3. 幼枝及叶柄红色；幼枝及叶下面沿脉有短柔毛 ……………………… 2.山葡萄V. amurensis
    3. 幼枝绿色，嫩枝有灰白色柔毛；叶不分裂，叶缘有波状粗齿，下面仅沿脉有短柔毛 ……………………… 3.葛藟葡萄V. flexuosa
1. 叶下面密被蛛丝状绒毛或柔毛。
  4. 叶不裂 ………………… 4.毛葡萄V. heyneana
  4. 叶3 ~ 5深裂或中裂 …… 5.蘡薁V. bryoniaefolia

1. 葡萄 草龙珠（图 464）

Vitis vinifera L.

落叶木质藤本，长 10 ~ 20 米。小枝无毛或被稀疏柔毛。卷须 2 叉分枝。叶宽卵圆形，3 ~ 5 浅裂或中裂，长 7 ~ 18 厘米，先端急尖，基部深心形，基缺凹成圆形，两侧常靠合，每边有 22 ~ 27 个锯齿，齿深而粗大，下面无毛或被疏柔毛；基出脉 5；叶柄长 4 ~ 9 厘米，几无毛或疏生蛛丝状绒毛。花萼浅碟形，边缘呈波状；花瓣呈帽状黏合脱落；花盘 5 浅裂；子房卵圆形。

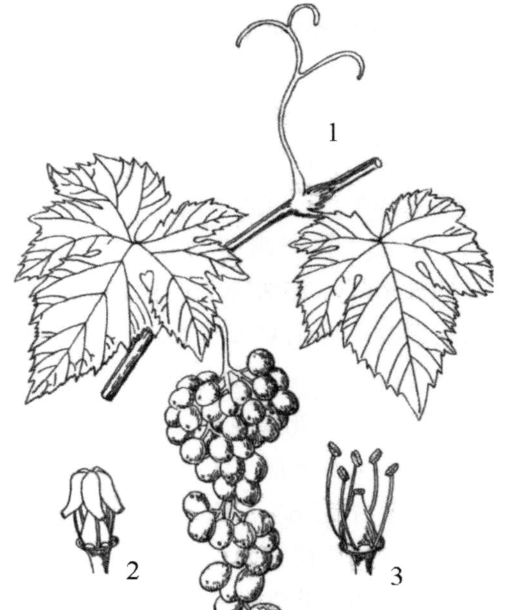

图 464 葡萄

1. 果枝；2. 花，示花瓣脱落；3. 花去掉花瓣，示雄蕊和雌蕊果球形或椭圆形，直径 1.5 ~ 2 厘米；种子倒卵椭圆形，腹面两侧洼穴向上达种子 1/4 处。花期 4 ~ 5 月；果期 8 ~ 9 月。

原产欧洲、西亚及北非。全市作为果树普遍栽培，以平度大泽山镇最为著名。我国各地均有栽培。

著名水果，生食或制葡萄干，并酿酒，酿酒后的酒脚可提酒食酸，根和藤药用能止呕、安胎。

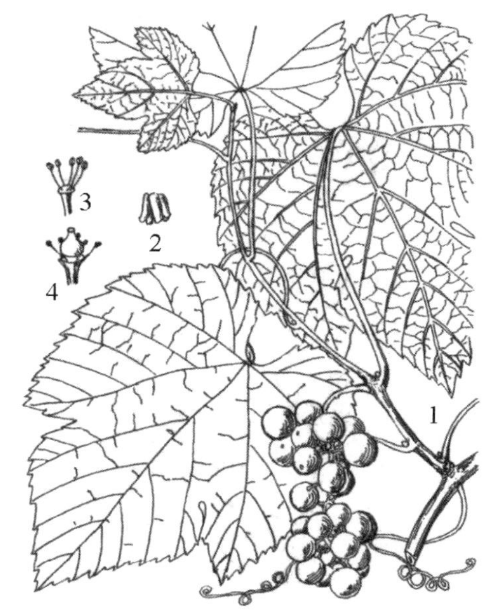

图 465　山葡萄

1. 果枝；2. 脱落的花瓣；3. 雄花去掉花瓣，示雄蕊；4. 雌花去掉花瓣，示雌蕊和退化雄蕊

2. 山葡萄 阿穆尔葡萄（图 465）

Vitis amurensis Rupr.

落叶木质藤本。小枝嫩时疏被蛛丝状绒毛，后脱落。卷须 2 ~ 3 叉分枝。叶宽卵圆形，长 6 ~ 24 厘米，3 ~ 5 浅裂或中裂，或不分裂，先端尖锐，基部宽心形，基缺凹成圆形或钝齿，每边有 28 ~ 36 粗锯齿，上面初时疏被蛛丝状绒毛；基出脉 5，网脉在下面明显，被短柔毛或近无毛；叶柄长 4 ~ 14 厘米，被蛛丝状绒毛。圆锥花序疏散，基部分枝发达，长 5 ~ 13 厘米，初被蛛丝状绒毛。花萼碟形，近全缘，无毛；花瓣呈帽状黏合脱落；花盘 5 裂，子房圆锥。果球形，直径 1 ~ 1.5 厘米，成熟时黑色。种子倒卵圆形，腹面两侧洼穴向上达种子中部或近顶端。花期 5 ~ 6 月；果期 7 ~ 9 月。

产崂山，小珠山，大珠山，艾山，大泽山，莱西宫山等地。国内分布于东北、华北及安徽、浙江、福建等地。

果可食及酿酒，酒糟制醋和燃料；叶及酿酒后的沉淀物可提取酒石酸。

（1）裂叶山葡萄 深裂山葡萄（变种）（彩图 86）

var. **dissecta** Skvorts.

本变种与原变种的区别：叶 3 ~ 5 深裂，果实较小，径 0.8 ~ 1 厘米。

产崂山崂顶。国内分布于黑龙江、吉林、辽宁及河北。

3. 葛藟葡萄 山葡萄（图 466；彩图 87）

Vitis flexuosa Thunb.

落叶木质藤本。枝长而细，小枝嫩时疏被灰白色绒毛。卷须 2 叉分枝。叶宽卵形、三角状卵形或

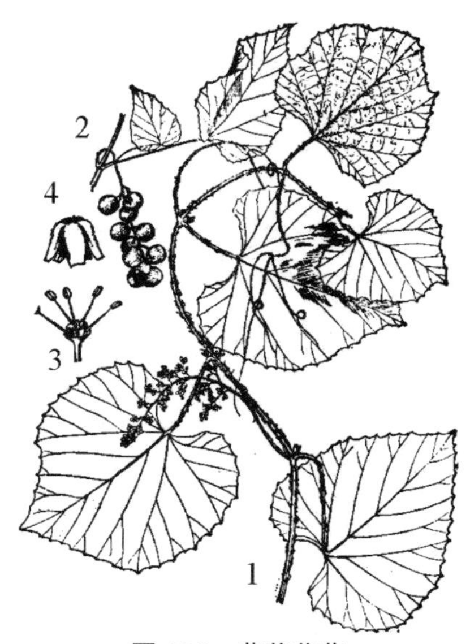

图 466　葛藟葡萄

1. 花枝；2. 果枝；3. 去掉花瓣的花；4. 脱落的花瓣

卵状椭圆形，长 5 ～ 11 厘米，先端急尖或渐尖，基部浅心形或近截形，每边有 5 ～ 12 个微不整齐锯齿，下面嫩时疏被蛛丝状绒毛，网脉不明显，基出脉 5；叶柄长 1.5 ～ 7 厘米，被稀疏蛛丝状绒毛或几无毛；圆锥花序疏散，基部分枝发达，长 4 ～ 12 厘米，花序梗长 2 ～ 5 厘米，被蛛丝状绒毛或几无毛。花萼浅碟形，边缘波状浅裂；花瓣呈帽状黏合脱落；花盘 5 裂；子房卵圆形。果球形，直径 0.8 ～ 1 厘米。种子倒卵状椭圆形，腹面两侧向上达种子 1/4 处。花期 3 ～ 5 月；果期 7 ～ 11 月。

产崂山大梁沟、明霞洞、洞西岐、崂山头等景区。国内主要分布于长江以南各省区。

果实可食或酿酒。根、茎药用，可治关节痛。种子可榨油。

4. 毛葡萄（图 467）

Vitis heyneana Roem. et Schult.

落叶木质藤本。小枝被灰或褐色蛛丝状绒毛。卷须 2 叉分枝，密被绒毛。叶卵圆形、长卵状椭圆形或五角状卵形，长 8 ～ 12 厘米，不分裂或不明显 5 分裂，先端急尖或渐尖，基部浅心形，边缘有波状锯齿，上面初疏被蛛丝状绒毛，下面密被灰色或褐色绒毛，基出脉 3 ～ 5；叶柄长 2.5 ～ 6 厘米，密被蛛丝状绒毛。圆锥花序疏散，分枝发达，长 4 ～ 14 厘米；花序梗长 1 ～ 2 厘米，被灰色或褐色蛛丝状绒毛。花萼碟形，边缘近全缘；花瓣呈帽状黏合脱落；花盘 5 裂；子房卵圆形。果球形，径 1 ～ 1.3 厘米，成熟时紫黑色。花期 4 ～ 6 月；果期 8 ～ 9 月。

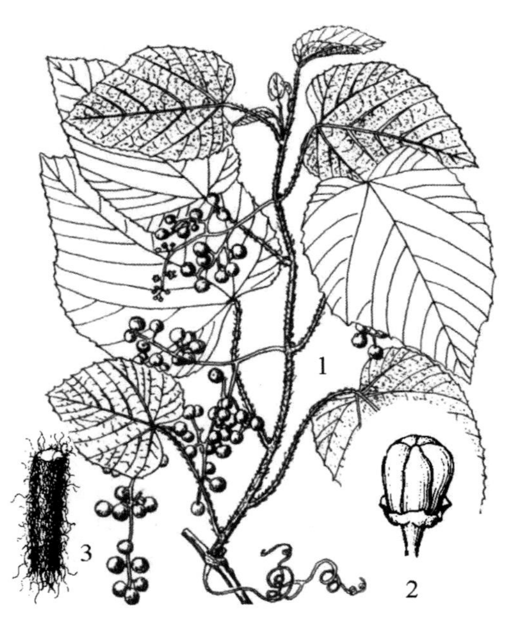

图 467　毛葡萄

1. 果枝；2. 花，未开放；3. 小枝一段，示毛被

产崂山张坡、太清宫、北九水、崂山头等地。国内分布于山西、河南、甘肃、陕西及长江以南各省。

果味甜可食及酿酒。根皮药用，有调经活血、补虚止带之功效。

（1）桑叶葡萄（亚种）

subsp. **ficifolia** (Bge.) C. L. Li

V. ficifolia Bge.

本亚种与原种区别：叶 3 浅裂至中裂，或兼有不裂叶。

产崂山太清宫、崂山头，生于山坡、沟谷灌丛或疏林中。国内分布于陕西、山西、河北、河南、及江苏等地。

果可食及酿酒。

5. 蘡薁葡萄 华北葡萄（图 468）

Vitis bryoniifolia Bge.

木质藤本。嫩枝密被蛛丝状绒毛或柔毛，后变稀疏。卷须 2 叉分枝。叶卵形、三角状卵形、宽卵形或卵状椭圆形，长 2.5 ~ 8 厘米，3 ~ 5(7) 深或浅裂，稀兼有不裂叶，先端急尖至渐尖，基部浅心形或近截形，每边有 5 ~ 16 缺刻状粗齿或成羽状分裂；叶柄长 0.5 ~ 4.5 厘米，其与叶下面初时密被蛛丝状绒毛或柔毛，后变稀疏，基出脉 5，网脉在上面不明显。圆锥花序宽或狭窄，长 4 ~ 12 厘米，花序梗长 2 ~ 2.5 厘米，初被蛛丝状绒毛，后变稀疏。花萼碟形，近全缘；花瓣呈帽状黏合脱落；花盘 5 裂。果球形，直径 5 ~ 8 毫米，成熟时紫红色。种子倒卵圆形，种腹两侧洼穴向上达种子 3/4 处。花期 4 ~ 8 月；果期 6 ~ 10 月。

产于崂山，小珠山，大珠山，生于山谷林中、灌丛或田埂。国内分布于陕西、华北及长江以南各省。

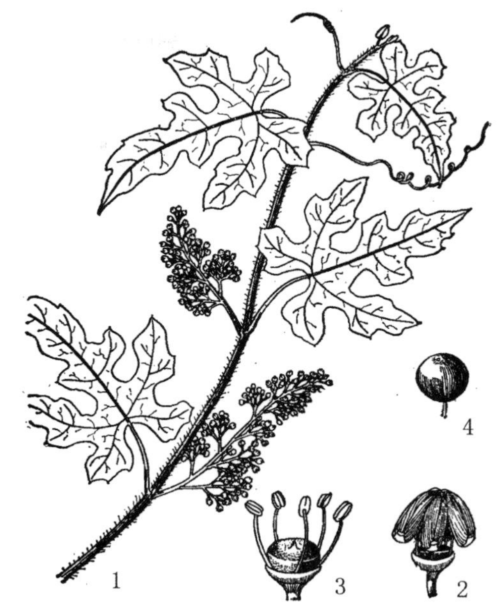

图 468 蘡薁葡萄

1. 花枝；2. 花，示花瓣脱落；3. 去掉花瓣的花，示雄蕊和雌蕊；4. 果实

五十七、省沽油科 STAPHYLEACEAE

乔木或灌木。奇数羽状复叶，稀单叶，对生或互生，有锯齿；有托叶，稀无托叶。花整齐，两性或杂性，稀雌雄异株；圆锥花序。萼片 5，覆瓦状排列；花瓣 5，雄蕊 5，花丝有时扁平，花药背着，内向；花盘常明显，多少有裂片，稀缺；子房上位，(2) 3 (4) 室，连合或分离，每室 1 至数个倒生胚珠，花柱分离或连合。蒴果、蓇葖果、核果或浆果；种子数枚。

5 属，约 60 种，产热带亚洲、美洲及北温带。我国 4 属，22 种，主产南方各省。青岛栽培 1 属，1 种。

（一）瘿椒树属 **Tapiscia** Oliv.

落叶乔木。奇数羽状复叶互生，无托叶，小叶 3 ~ 10 对，具短柄，有锯齿，有小托叶。花小，黄色，两性或雌雄异株，辐射对称；圆锥花序腋生，雄花序由细长总状花序组成，花密集，花单生苞腋。萼筒状，5 裂；花瓣 5；雄蕊 5，突出；花盘小或缺；子房 1 室，1 胚珠；雄花较小，有退化子房。核果状浆果或浆果。

1. 瘿椒树 银鹊树（图 469；彩图 88）

Tapiscia sinensis Oliv.

落叶乔木，高可达 15 米。复叶长达 30 厘米，小叶 5 ~ 9，窄卵形或卵形，长 6 ~ 14 厘米，基部心形或近心形，具锯齿，两面无毛或下面脉腋被毛，下面灰白色，密被近乳头状白粉点；侧生小叶柄短，顶生小叶柄长达 12 厘米。圆锥花序腋生，雄花与两性

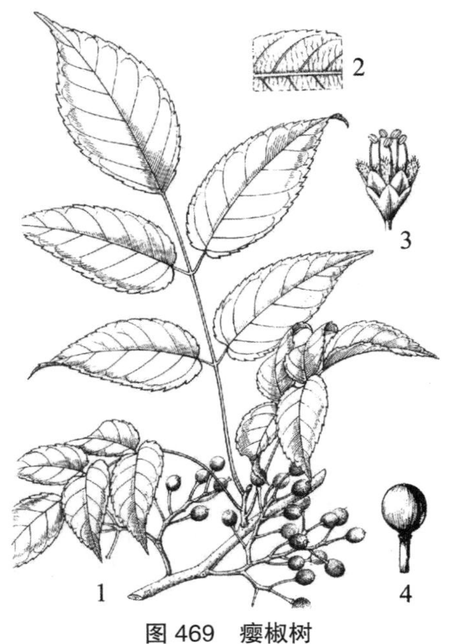

图 469　瘿椒树
1. 果枝；2. 叶下面放大；3. 花；4. 果实

花异株，雄花序长达25厘米，两性花花序长约10厘米。花长约2毫米，有香气；两生花花萼钟状，长约1毫米，5浅裂，花瓣5，窄倒卵形，花柱长于雄蕊，雄花有退化雌蕊，雄蕊5，与花瓣互生，伸出花外。核果近球形或椭圆形，长约7毫米。

山东科技大学有栽培，生长良好。国内分布于安徽、浙江、福建、湖北、湖南、广东、广西、贵州、云南、四川及陕西等省区。

栽培可供观赏。

五十八、伯乐树科 BRETSCHNEIDERACEAE

落叶乔木。奇数羽状复叶互生，无托叶；小叶全缘，对生或下部的互生，羽状脉具柄。花大，两性，稍两侧对称；总状花序直立，顶生。花萼宽钟状，5浅裂；花瓣5；离生，覆瓦状排列，不相等，后面的2片较小，着生花萼上部；雄蕊8，花丝基部连合，着生花萼下部，较花瓣稍短，花丝丝状，花药丁字形着生；雌蕊1枚，子房无柄，上位，3～5室，中轴胎座，每室具2悬垂胚珠，花柱较雄蕊稍长，柱头头状。蒴果3～5瓣裂，果瓣木质。种子大；无胚乳；胚直伸，子叶肥大，胚根短。

1属，1种，分布于我国及越南。青岛有引种栽培。

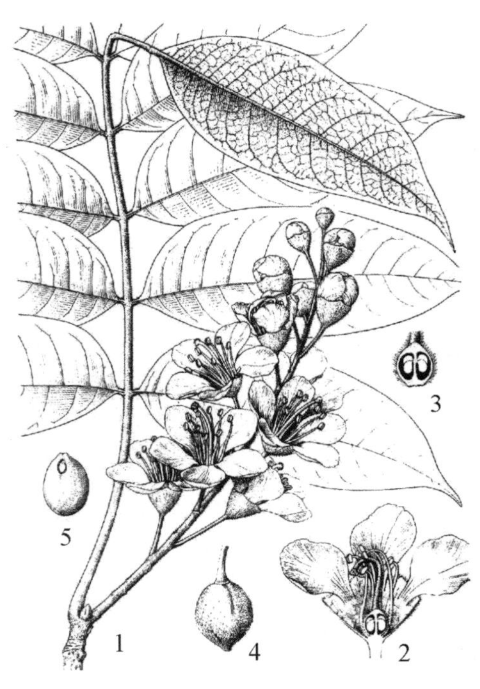

图 470　伯乐树
1. 花枝；2. 花纵切；3. 子房纵切；4. 果实；5. 种子

（一）伯乐树属 **Bretschneidera** Hemsl.

特征同科。单种属。

1. 伯乐树　钟萼木（图 470）

Bretschneidera sinensis Hemsl.

乔木，高达20米；树皮灰褐色。小枝皮孔较明显。奇数羽状复叶长25～45厘米，总轴疏被柔毛或无毛，叶柄长10～18厘米；小叶7～15，纸质或近革质，长6～26厘米，宽3～9厘米，全缘，上面无毛，下面粉绿至灰白色，被柔毛，侧脉8～15对；小叶柄长0.2～1厘米。总状花序顶生，长20～36厘米，总花梗、花梗及花萼均被褐色绒毛。花径约 4 厘米；花梗长 2 ~ 3 厘米；花萼长 1.2 ~ 1.7 厘米，顶端具不明显 5 齿；花瓣 5，粉红色，长约 2 厘米；雄蕊短于花瓣，花药紫红色。蒴果近球形，熟时褐色，长 2 ~ 4 厘米。种子椭圆状球形，橙红色。花期 3 ~ 9 月；果期 5 月至翌年 4 月。

崂山太清宫引种栽培。国内分布于浙江、福建、台湾、江西、湖北、湖南、广东、广西、云南、贵州及四川等省区。

五十九、无患子科 SAPINDACEAE

乔木或灌木，稀草质藤本；叶互生，稀对生，三出复叶或羽状复叶，稀单叶或掌状复叶；无托叶。总状、圆锥或聚伞花序，顶生或腋生；花两性、杂性或单性，辐射对称或两侧对称；萼片 4 ~ 5，覆瓦状或镊合状排列；花瓣 4 ~ 5，离生，有时缺，覆瓦状或镊合状排列，基部内侧有髯毛或鳞片；花盘肉质；雄蕊 8，稀 5 ~ 10，离生或多少合生，被毛，花药背着；子房上位，心皮 2 ~ 3，通常 3 室，每室 1 ~ 2 胚珠，花柱顶生或生于子房裂缝处，胚珠倒生、半倒生或侧生于中轴胎座上。蒴果、浆果、核果、坚果或翅果；种子有假种皮或无，无胚乳。

约 150 属，2000 种，主要分布于热带和亚热带，少数产北温带。我国有 22 属，38 种，主要分布于长江流域以南各省区 。青岛有 3 属，4 种。

分属检索表

1. 核果；偶数羽状复叶，小叶全缘………………………………………………… 1.无患子属Sapindus
1. 蒴果；奇数羽状复叶，小叶有锯齿或缺刻。
 2. 蒴果膨胀，果皮膜质 ……………………………………………………………… 2.栾树属Koelreuteria
 2. 蒴果不膨胀，果皮木质 …………………………………………………………… 3.文冠果属Xanthoceras

（一）无患子属 Sapindus L.

乔木或灌木。偶数羽状复叶，互生；无托叶；小叶革质，全缘。顶生圆锥花序；花单性，雌、雄同株或异株，辐射对称或两侧对称；萼片 5，不等大，覆瓦状排列；花瓣 4 ~ 5，爪的上端有时有 1 ~ 2 鳞片；雄蕊 8。花丝基部有毛，着生了花盘内侧；花盘环状，稀偏于一侧；子房三角状卵形，3 室，每室胚珠 1，柱头 2 ~ 4 裂。核果球形，肉质或革质，由 3 心皮合成，常 2 收皮不发育，外果皮肉质，内果皮厚纸质，环绕种子的着生处被魄丝质长毛；种子球形，黑色，无假种皮。

含 13 种，分布于亚洲、美洲及大洋洲较温暖地区。我国有 4 种，1 变种，分布于长江流域及以南各省区。青岛栽培 1 种。

1. 无患子（图 471）

Sapindus sopinaria L.

S. mukorossi Gaertn.

落叶乔木，高 10 ~ 15 米；幼枝微有毛，后渐无毛。偶数羽状复叶，长 20 ~ 25 厘米，小叶 4 ~ 8 对，通常 5 对；小叶互生或近对生，卵状被针形至长圆状披针形，长 7 ~ 15

图 471 无患子

1. 花枝；2. 花；3. 雄蕊；4. 雌蕊；5. 果实

厘米，宽 2 ~ 4 厘米，先端急尖或渐尖，基部偏楔形，全缘，两面无毛，侧脉和网脉两面隆起；小叶柄长 3 ~ 5 毫米；叶轴及叶柄上面有 2 槽；叶柄长 6 ~ 9 厘米。顶生圆锥花序，长 15 ~ 30 厘米，被灰黄色微柔毛；花小，绿白色，辐射对称；萼片 5，卵圆形，外面基部被微柔毛，有缘毛，外面 2 片较小；花瓣 5，披针形，长约 2 毫米，有缘毛，瓣爪内侧有 2 片被白色长柔毛的鳞片；花盘环状，无毛；雄蕊 8，花丝下部有长毛；子房倒卵状三角形，无毛，花柱短。核果肉质，球形，径约 2 厘米，老时无毛，黄色，干时果皮薄革质；种子球形，光亮，黑色，质坚而硬。

崂山太清宫，中山公园，山东科技大学有栽培。国内分布于长江以南各省区。

栽培可供观赏。木材质软，可用于制作箱板、木梳等。根、果可入药，有清热解毒、化痰止咳之效。果皮含皂素，可代肥皂使用。

（二）栾树属 **Koelreuteria** Laxm.

落叶灌木或乔木。冬芽外有 2 鳞片。一回或二回羽状复叶，互生。顶生圆锥花序；花两性或杂性，黄色；萼 5 裂；花瓣 5，稀 3 ~ 4，多少不等长，瓣片基部心形，并有 2 片翻转的附属物，向下延伸成爪；花盘偏斜，3 ~ 4 裂；雄蕊 5 ~ 8，离生，花丝常被长柔毛；子房 3 室，每室胚珠 2，柱头 3 浅裂。蒴果，果皮膜质，膨胀如膀胱，3 瓣裂，室背开裂；种子近球形，黑色，有光泽。

含 4 种，分布于我国和斐济。我国有 3 种，1 变种，分布于热带及温带地区。青岛有 2 种。

分种检索表

1. 小叶边缘锯齿或缺刻；蒴果顶端尖……………………………………………………… 1. 栾树K. paniculata

1. 小叶全缘；蒴果顶端钝圆……………………………………………………………… 2.复羽叶栾树K. bipinnata

1. 栾树（图 472）

Koelreuteria paniculata Laxm.

落叶乔木，高达 10 米。树皮灰褐色，纵裂；小枝有柔毛。奇数羽状复叶或不完全的二回羽状复叶，连叶柄长 20 ~ 40 厘米；小叶 7 ~ 15，卵形或卵状披针形，长 3 ~ 8 厘米，宽 2 ~ 6 厘米，先端急尖或渐尖，基部斜楔形或截形，边缘有不规则的锯齿或羽状分裂，基部常为缺刻状深裂，下面沿脉有短柔毛；无柄或有短柄。顶生圆锥花序，长 30 ~ 40 厘米，有柔毛；花黄色，中心紫色；有短梗；萼片 5，长约 2.5 毫米，有缘毛；花瓣 4，条状长圆形，长 5 ~ 9 毫米，宽 2.5 毫米，瓣柄以上疏生长柔毛，鳞片 2 裂，有瘤状皱纹，橙红色，雄蕊 8，花丝下半部密生白色长柔毛，花药有疏毛。蒴果椭圆形，长 4 ~ 6 厘米，径约 3 厘米，顶端尖，果皮膜质，膨胀，3 裂，有网状脉；种子近球形，黑色，有光泽。花期 6 ~ 8 月；果期 8 ~ 9 月。

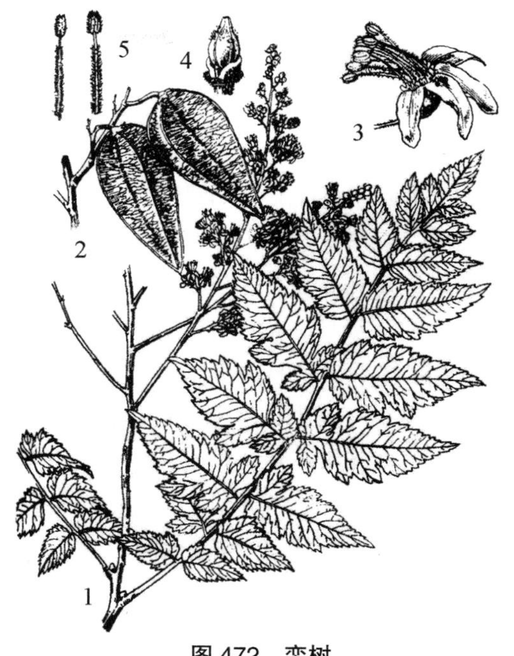

图 472 栾树

1. 花枝；2. 果序的一部分；3. 花；4. 雌蕊；5. 雄蕊

产崂山太清宫、搴尾石；各地常见栽培。国内分布于东北、华北、西南地区及陕西、甘肃等省。

木材坚实，可供家具、农具等用材。叶提制拷胶。花作黄色染料。种子油可制肥皂及润滑油。

2. 复羽叶栾树 黄山栾树（图 473）

Koelreuteria bipinnata Franch.

K. bipinnata Franch. var. *integrifoliola* (Merr.) T. Chen

K. integrifolia Merr.

落叶乔木，高达 20 米。小枝棕红色。二回羽状复叶；小叶 9 ~ 17，近革质，长椭圆状卵形，长 3 ~ 9 厘米，宽 2 ~ 4 厘米、先端渐尖或短渐尖，基部圆形或阔楔形，全缘，有时一侧近顶部边缘有锯齿，上面绿色，下面淡绿色，叶脉明显，脉上有短柔毛；小叶柄长 3 毫米。顶生圆锥花序，长 30 ~ 70 厘米；花黄色，径约 1 厘米；花萼 5 裂达中部；花瓣 4，中间红色，长约 1 厘米，宽约 3 毫米；雄蕊 8，花丝有白色长柔毛。蒴果膨大，椭圆形，熟时带红色，长 4 ~ 5 厘米，径约 3 厘米，顶端钝圆，有微尖，基部圆形；种子圆球形，黑色。花期 7 ~ 9 月；果期 8 ~ 11 月。

图 473 复羽叶栾树

1. 花枝；2. 果序的一部分；3. 花

全市公园绿地普遍栽培。国内分布于

断江、江苏、安徽、江西、湖南、湖北、广东、广西等省（区）。

木材供制家具、农具等用。余同栾树。

（三）文冠果属 Xanthoceras Bge.

灌木或乔木。奇数羽状复叶，小叶有锯齿。总状花序自上一年形成的顶芽和侧芽内抽出；苞片较大，卵形；花杂性，雄花和两性花同株，不同一花序，辐射对称；萼片 5，长圆形，覆瓦状排列；花瓣 5，阔倒卵形，具短爪，无鳞片；花盘，裂，裂片与花瓣互生，背面顶端具一角状体；雄蕊 8，内藏，花药椭圆形，药隔的顶端和药室的基部均有 1 球状腺体；子房椭圆形，3 室，花柱顶生，直立，柱头乳头状；胚珠每室 7 ~ 8 颗，排成 2 纵行。蒴果近球形或阔椭圆形，有 3 棱角，室背开裂为 3 果瓣，3 室，果皮厚而硬，含很多纤维束；种子每室数颗，扁球状，种皮厚革质，无假种皮，种脐大，半月形；胚弯拱，子叶一大一小。

单种属，产我国北部和朝鲜。

1. 文冠果（图 474）

Xanthoceras sorbifolia Bge.

落叶灌木或小乔木，高 2 ~ 5 米；小枝粗壮，褐红色，无毛，顶芽和侧芽有覆瓦状排列的芽鳞。叶连柄长 15 ~ 30 厘米；小叶 4 ~ 8 对，膜质或纸质，披针形或近卵形，两侧稍不对称，长 2.5 ~ 6 厘米，宽 1.2 ~ 2 厘米，顶端渐尖，基部楔形，边缘有锐利锯齿，顶生小叶通常 3 深裂，腹面深绿色，无毛或中脉上有疏毛，背面鲜绿色，嫩时被绒毛和成束的星状毛；侧脉纤细，两面略凸起。花序先叶抽出或与叶同时抽出，两性花的花序顶生，雄花序腋生，长 12 ~ 20 厘米，直立，总花梗短，基部常有残存芽鳞；花梗长 1.2 ~ 2 厘米；苞片长 0.5 ~ 1 厘米；萼片长 6 ~ 7 毫米，两面被灰色绒毛；花瓣白色，基部紫红色或黄色，有清晰的脉纹，长约 2 厘米，宽 7 ~ 10 毫米，爪之两侧有须毛；花盘的角状附属体橙黄色，长 4 ~ 5 毫米；雄蕊长约 1.5 厘米，花丝无毛；子房被灰色绒毛。蒴果长达 6 厘米；种子长达 1.8 厘米，黑色而有光泽。花期春季，果期秋初。

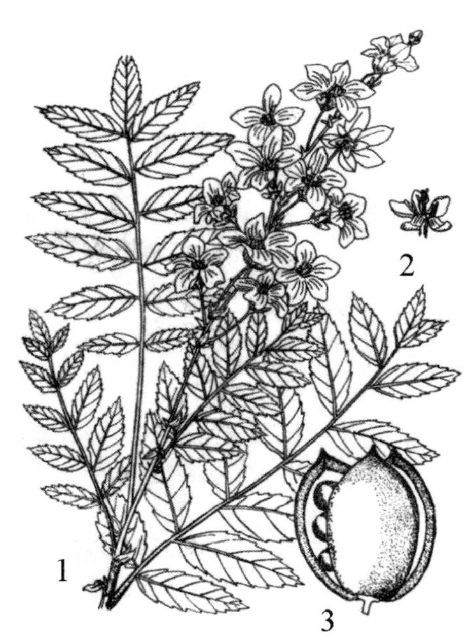

图 474　文冠果

1. 花枝；2. 花；3. 果实

青岛农业大学，山东科技大学，中国海洋大学鱼山校区，胶州市阜安，即墨岙山等地有栽培。国内分布于东北、华北地区及甘肃、河南等省。

种子可食。种仁含油 56.3 ~ 70%，可作食用油。木材坚硬致密，可作器具及家具等用。花供观赏。

六十、七叶树科 HIPPOCASTANACEAE

乔木或灌木。枝粗壮。掌状复叶，对生；小叶3～9，羽状脉，边缘有锯齿；无托叶。花杂性，雄花与两性花同株，组成聚伞圆锥花序；花两侧对称或近于辐射对称；锷钟形或筒形，4～5深裂或全裂，镊合或覆瓦状排列;4～5，不等大，离生，基部有爪;雄蕊5～8，生于花盘内侧，花丝分离；子房上位，3室，每室胚珠2，花住细长不分枝，柱头扁平。蒴果，沿背缝线3瓣裂，内含种子1～3；种子形大，外皮革质，有光泽，无胚乳。

含2属，30余种；分布于北半球温带。我国有1属，11种。青岛栽培1属，3种。

（一）七叶树属 **Aesculus** L.

落叶乔木，稀灌木。冬芽大，有鳞片，掌状复叶，小叶通常5～7，边缘有细锯齿；有长叶柄。聚伞圆锥花序，顶生，侧生小花序多是蝎尾状排列；花萼钟状，有4～5裂齿；花瓣4～5，与萼裂互生，有白、黄、红等色；雄蕊5～8，通常7；花盘环状或不完全发育。蒴果1～3室，瓣裂，外皮有刺或平滑，种子1～2，种脐宽大。

约30种；分布于欧洲、亚洲及美洲。我国有11种；主要分布于西南部的亚热带地区。青岛栽培3种。

分种检索表

1. 花白色；乔木。
  2. 蒴果平滑；掌状复叶的小叶柄长5～17毫米………………………………………… 1.七叶树A. chinensis
  2. 蒴果有疣状凸起；掌状复叶的小叶无柄 ……………………………………… 2.日本七叶树A. turbinata
1. 花红色，果实光滑；灌木或小乔木…………………………………………………… 3.红花七叶树A. pavia

1. 七叶树（图475）

Aesculus chinensis Bge.

落叶乔木；高可达20米，胸径1.5米。树皮灰褐色。鳞裂；枝棕黄色或赤褐色，光滑无毛。掌状复叶对生，有小叶5～7；小叶长椭圆状披针形至卵状长椭圆形，长8～16厘米，宽3～5厘米，先端渐尖，基部圆形至宽楔形，边缘有细锯齿，羽状脉，侧脉13～17对，上面光绿色，下面沿中脉处有短柔毛；小叶柄长0.3～1.5厘米，被有毛；叶柄长10～12厘米。圆锥花序圆柱形，连总梗长21～25厘米；花张开，径约1厘米；萼钟状，红褐色；花瓣4，白色，略带红晕；雄蕊6，花丝伸出于花冠外；花柱合生，柱

图475 七叶树
1. 花枝；2～3. 花；4. 果实

头略膨大。蒴果近球形，径 3 ～ 4 厘米，棕黄色，表面有浅色疣点，无刺，果皮坚硬，熟后 3 瓣裂；种子 1 ～ 2，栗褐色，有光泽。花期 5 ～ 6 月；果期 9 ～ 10 月。

崂山太清宫，八大关，山东科技大学，崂山区，城阳区，黄岛区，胶州市，即墨市，平度市有栽培。国内分于黄河流域中、下游各省。

庭园观赏树种，适于在路旁、庭前及草坪内供绿荫用，是世界流行的四大行道树之一。叶可以提制栲胶。花可作黄色染料。种子可药用或榨油。

图 476　日本七叶树

2. 日本七叶树（图 476）

Aesculus turbinata Bl.

落叶乔木，高达 30 米，胸径达 2 米。小枝淡绿色，当年生者有短柔毛；冬芽卵形，掌状复叶对生，有小叶 5 ～ 7；小叶倒卵形，长圆倒卵形至倒卵状椭圆形，长 20 ～ 35 厘米，宽 5 ～ 15 厘米，中间的小叶较其余小叶大 2 倍以上，先端急尖，基部楔形，边缘有圆锯齿，上面深绿色，下面淡绿色，略有白粉，有短柔毛或无，脉腋有簇毛，侧脉约 20 对；小叶无柄；叶柄长 7.5 ～ 25 厘米，无毛或有短柔毛。圆锥花序顶生，长 15 ～ 25 厘米，稀达 45 厘米，基部直径 8 ～ 9 厘米；花径约 1.5 厘米；花萼筒状，长 3 ～ 5 毫米，5 裂；花瓣 4，稀 5，近于圆形，白色或淡黄色，有红色斑点；雄蕊 6 ～ 10，伸出花外；雌蕊有长柔毛。蒴果倒卵形或卵圆形，深棕色，径约 5 厘米，有疣状凸起，成熟后 3 裂；种子赤褐色，径约 3 厘米。花期 5 ～ 7 月；果期 9 月。

原产日本。崂山太清宫，中山公园栽培。

高大乔木，树冠广阔，可作行道树和庭园树。木材细密，可制造器具和建筑之用。

图 477　红花七叶树
1. 花枝；2. 果实

3. 红花七叶树（图 477；彩图 89）

Aesculus pavia L.

落叶乔木，一般高 3 ～ 6 米，最高可达 12 米。树皮灰褐色，片状剥落，小枝粗壮，栗褐色，光滑无毛。掌形复叶，小叶通常 5，或为 7，长 7.5 ～ 15 厘米。新叶带红色，盛夏时为深绿色，秋季则为金黄色。圆锥花序，长 10 ～ 20 厘米；花红色或粉红色，长达 4 厘米。花期 4 ～ 5 月。

原产北美洲。胶州市有栽培。喜光，稍耐阴，适生于气候温暖、湿润地区，在深厚、肥沃、排水良好的土壤中生长最佳。

供观赏。

六十一、槭树科 ACERACEAE

乔木或灌木，常绿或落叶。有短枝或枝缩短呈刺状；冬芽有多数覆瓦状排列的鳞片。单叶，或羽状复叶，三出复叶，对生；无托叶。花序伞房状、聚伞状或穗状；花两性、杂性或单性异株；花小，绿色或黄绿色，辐射对称；萼 4 或 5 片，覆瓦状排列或缺，花瓣与萼片同数，稀无花瓣；花盘有或无；雄蕊 4 ～ 12，多为 8，离生，花药 2 室，纵裂，子房上位，扁平，2 心皮构成 2 室，花柱 2，基部合生或大部分合生，每室胚珠 2，仅 1 枚发育。翅果，常两果结合在 1 长柄上，果体扁平或突起，一端或周围有翅；种子无胚乳，子叶扁平，肥厚。

2 属，200 余种；主要分布于北半球的温带地区。我国有 2 属，140 余种，几遍布于全国各地，在东部及西南部各省区种数较多。青岛有 1 属，12 种，4 亚种，1 变种。

（一）槭属 Acer L.

乔木或灌木，植株常有乳液。鳞芽。单叶或 3 ～ 7 小叶的复叶，掌状裂、有锯齿或不分裂，对生；叶柄较长，基部宽扁，落叶后常在枝上面有"V"形痕迹。花杂性，雄花与两性花同株或异株，稀单性异株；萼片、花瓣各 5，稀 4 或缺花瓣；花盘环状，微裂，稀缺，雄蕊生于花盘内侧、外侧，稀插生于盘上；子房 2 室，位于花盘中央，花柱离生或合生。双翅果，张开成各种大小不同的角度 .

约 200 种；分布于亚洲、欧洲及北美洲。我国约 140 种左右，几遍布于南北各省区。青岛有 12 种，4 亚种，1 变种。

分种检索表

1. 花常5数，稀4数，各部分发育良好，有花瓣和花盘，花两性或杂性，稀单性，同株或异株，常生于小枝顶端，稀生于小枝旁边。单叶、羽状或掌状复叶。
  2. 单叶，不分裂或分裂，全缘或边缘有各种锯齿。
    3. 花两性或杂性，雄花与两性花同株或异株，生于有叶的小枝顶端。
      4. 冬芽通常无柄，鳞片较多，通常覆瓦状排列；花序伞房状或圆锥状。
        5. 叶纸质，通常3～5裂，稀7～11裂；小坚果扁平或凸起。
          6. 翅果扁平或压扁状；叶的裂片全缘或浅波状；叶柄有乳汁。
            7. 叶5 ~ 7裂，裂片通常全缘，或萌生枝上偶有小齿裂；果翅开张成锐角或钝角。
              8. 叶5 ~ 7裂，基部截形稀近心形；小坚果长1.3 ~ 1.8厘米，翅和小坚果近于等长……………………………………………………………… 1.元宝槭A. truncatum
              8. 叶常5裂；基部近心形或截形；小坚果长1 ~ 1.3厘米，翅较小坚果长2 ~ 3倍 ……………………………………………………………… 2.色木槭A. pictum subsp. mono
            7. 叶通常5裂，裂片具1 ~ 3个尖齿或浅裂状；果核长10 ~ 15毫米，果翅长3 ~ 5厘米，开张近水平 ……………………………………………… 3.挪威槭A. platanoides

6. 翅果凸起；叶的裂片边缘有锯齿；叶柄无乳汁。

9. 叶3～7裂；花序伞房状、圆锥状等，每花序有多数的花。

10. 叶羽状3～5裂或不分裂；小坚果的基部常1侧较宽，另1侧较窄致成倾斜状。

11. 叶常羽状3～5裂，裂片有不整齐粗锯齿，下面近无毛 ……………………………………………………………………… 4.茶条槭A. tataricum subsp. ginnala

11. 叶常不分裂，叶缘有不规则缺刻状锯齿，下面有白色柔毛 ……………………………………………………………… 5.苦茶槭A. tataricum subsp. theiferum

10. 叶掌状3～5裂；小坚果凸起成卵圆形、长圆卵圆形或近于球形，基部不倾斜。

12. 叶常5裂，有时同一株上的叶既有5裂又有3裂的。

13. 翅果长2～2.5厘米，果翅张开成钝角或近水平；子房有淡黄色柔毛。

14. 叶下面沿叶脉和叶柄有毛；翅果张开成钝角，稀近于水平；叶长10～12厘米，宽11～14厘米，裂片边缘有钝尖锯齿 …6.毛脉槭A. pubinerve

14. 叶下面和叶柄无毛或近无毛；翅果张开近于水平；叶长5.5～8厘米，宽7～10厘米，裂片边缘有紧贴的细圆齿 ………7.秀丽槭A. elegantulum

13. 翅果长3～3.5厘米，果翅张开成锐角或直角；叶长10～14厘米，宽12～15厘米，裂片长圆卵形或三角状卵形；子房有白色疏柔毛 … 8.中华槭A. sinensis

12. 叶片常自中段以下深3裂，几达叶片长度的4/5，裂片长圆形或长圆披针形，全缘或先端有锯齿；叶片长3～5厘米，宽3～6厘米；翅果长2～2.5厘米，张开近于直角 …………………………………9.细裂槭A. pilosum var. stenolobum

9. 叶通常7裂；每花序只有少数几朵花，子房无毛 ……………10.鸡爪槭 A. palmatum

5. 叶近革质，不分裂或3裂；小坚果凸起。

15. 叶常3裂，裂片全缘，稀浅波状或锯齿状 …………………………11.三角槭A. buergerianum

15. 叶不分裂，长椭圆形 ………………………………………… 12.樟叶槭A. coriaceifolium

4. 冬芽有柄，鳞片通常2对，镊合状排列；花序总状；叶3～5浅裂，裂片有锐尖重锯齿 ……………………………………………………………………… 13.葛萝槭A. davidii subsp. grosseri

3. 花单性，稀杂性，常生于小枝旁边；叶3～5中裂 ……………………… 14.北美红槭A. rubrum

2. 羽状三出复叶有3小叶；小叶下面有稠密的毛；翅果有黄色绒毛 …………… 15.血皮槭A. griseum

1. 花单性，雌雄异株，通常4数；羽状复叶有小叶3～5，稀7～9枚。

16. 雌花和雄花均成下垂的长总状花序或穗状花序，花梗很短至无花梗，花盘和花瓣微发育；羽状复叶有小叶3枚 ………………………………………………………………… 16.建始槭A. heryi

16. 雌花成下垂的总状花序，雄花成下垂的聚伞花序，花梗长约1.5～3 厘米；花缺花瓣和花盘；羽状复叶有小叶3～5，稀7～9枚 ………………………………………………………17.梣叶槭A. negundo

1. 元宝枫 平基槭 五角槭 五角枫（图 478）

Acer truncatum Bge.

落叶乔木，高 8 ～ 12 米，胸径可达 60 厘米。树冠近球形；树皮黄褐色或深灰色，纵裂；一年生的嫩枝绿色，后渐变为红褐色或灰棕色，无毛；冬芽卵形。单叶，宽长圆形，长5 ~ 10厘米，宽6 ~ 15厘米，掌状5裂，裂片三角形，先端渐尖，有时裂片上半部又侧生2小裂片，叶基部截形或近心形，掌状脉5，两面光滑或仅在脉腋间有簇毛；叶柄长2.5 ~ 7厘米。花杂性同株，常6 ~ 10花组成顶生的伞房花序；萼片黄绿色，长圆形；花瓣黄色或白色，长圆状卵形；雄蕊4 ~ 8，生于花盘内缘有缺凹。翅果连翅长2.5厘米左右，果体扁平，有不明显的脉纹，翅宽约1厘米，长与果体相等或略短；果柄长约2厘米；两果翅开张成直角或钝角。花期4 ~ 5月；果期8 ~ 10月。

图478 元宝枫
1. 果枝；2. 雄花；3. 两性花

产崂山北九水、仰口、蔚竹庵、夏庄、大标山及小珠山，大珠山等地；各地普遍栽培。国内分布于吉林、辽宁、内蒙古、河北、山西、河南、陕西、甘肃、江苏等省区。

木材坚韧细致，可做车辆、器具等。种子可榨袖，供食用及工业用。树冠庇荫性能好，适宜做行道树及庭院树。

2. 色木槭 地锦槭 五角槭 五角枫（图479）

Acer pictum Thunb. subsp. **mono** (Maxim.) H. Ohash

A. mono Maxim.

落叶乔木，高10 ~ 20米，胸径可达1米。树皮暗灰色或褐灰色，纵裂，小枝灰色，嫩枝灰黄色或浅棕色，初有疏毛，后脱落。单叶，宽长圆形，常掌状5裂，有时3裂或7裂，长3.5 ~ 9厘米，宽4 ~ 12厘米，裂片宽三角形，先端尾尖或长渐尖，全缘或微有裂，叶基部心形或稍截形，叶上面暗绿色，无毛，下面淡绿色，除脉腋间有黄色簇毛外均无毛；叶柄较细，长2 ~ 11厘米。花较小，常组成顶生的伞房花序；萼片淡黄绿色，长椭圆形或长卵形；花瓣黄白色，宽倒披针形；雄蕊8，生于花盘的内缘；子房平滑无毛，柱头2裂，反卷。翅果长约2.5厘米，宽约0.8厘米，果体扁平或微凸，翅比果体长1 ~ 2倍，近椭圆形，两翅开张成锐角或近钝角。花

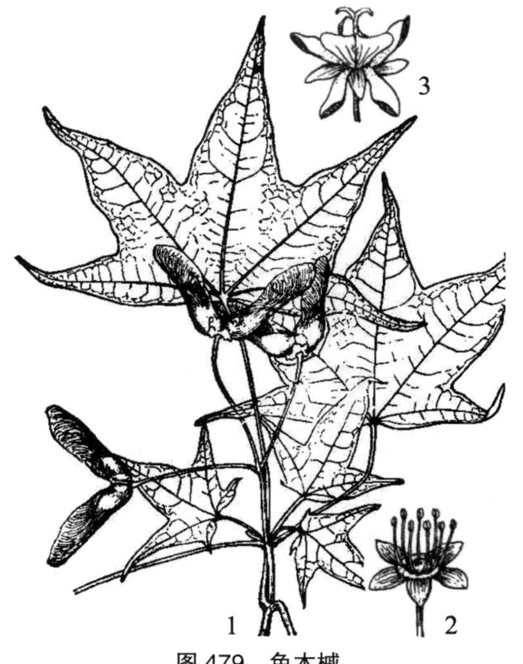

图479 色木槭
1. 果枝；2. 雄花；3. 两性花

图 480　挪威槭
1. 叶枝；2. 花枝；3. 果实

期 4 ～ 5 月；果熟期 8 ～ 9 月。

产崂山太清宫、北九水、明道观、明霞洞、八水河、崂顶等地。国内分布于东北、华北及长江流域各省。

3. 挪威槭（图 480）

Acer platcuoides L.

落叶乔木，高达 20 ～ 30 米，直径可达 1.5 米，树冠广圆形。树皮灰棕色，浅纵裂。幼枝绿色，不久变为淡褐色，冬芽亮红褐色。叶对生，掌状 5 裂，长 7 ～ 14 厘米，宽 8 ～ 20 厘米，每裂片具 1 ～ 3 齿裂；叶柄 8 ～ 20 厘米长，折断后有乳汁。伞房花序有花 15 ～ 30 朵；花黄色或黄绿色，长 3 ～ 4 毫米，早春先叶开放。花萼 5，花瓣 5。双翅果扁平，果核长约 10 ～ 15 毫米；果翅开展，长 3 ～ 5 厘米，两翅夹角近 180° 。

原产欧洲，在原产地寿命可达 250 年。山东科技大学，即墨市有栽培。秋叶黄色或偶为橙红色，供观赏。

速生，木质不强健，枝干易在风暴中折断。

图 481　茶条槭

4. 茶条槭（图 481；彩图 90）

Acer tataricum L. subsp. **ginnala** (Maxim.) Wesmael.

Acer ginnala Maxim.

落叶小乔木或灌木，高 5 ～ 10 米。树皮灰褐色，浅裂；嫩树绿色，微带红色，后渐变褐色至灰褐色。单叶，卵形或卵状椭圆形，长 4 ～ 6 厘米，先端渐尖，基部圆形或近心形，3 ～ 5 羽裂，稀不分裂，裂缘有不整齐的缺刻状重锯齿，纸质，上面光绿色，下面沿中脉及脉腋间有柔毛，羽状脉或有较粗的 3 条主脉；叶柄长 2 ～ 4.5 厘米。花杂性；顶生伞房花序，花排列较密集，花序轴及花梗上有毛；花形小；萼片 5，卵形，. 黄绿色，缘有长毛；花瓣 5，长圆卵形，白色，雄蕊 8，生于花盘内侧，子房密生长毛，花柱 2 裂，柱头平展或反卷。翅果连翅长 2.5 ~ 3 厘米，果体长圆形，两面突起，上有较明显的细脉纹，两果翅张开近于直立成锐角，翅中段较宽，内缘常重叠。花期 4 ~ 5 月；果期 8 ~ 9 月。

产崂山上清宫、八水河；中山公园，崂山百雀林，城阳区政府，即墨岙山广青生态园栽培。国内分布于东北、华北、西北地区及河南等省区。

可作绿化观赏树种。木材供薪炭及小农具用材。树皮纤维可代麻及做纸浆、人造棉等原料。花为良好蜜源。种子可榨油。

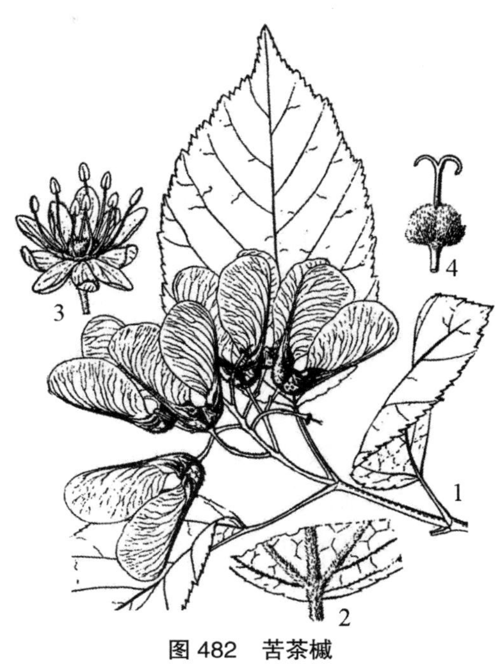

图 482 苦茶槭
1. 果枝；2. 叶下面基部放大；3. 花；4. 雌蕊

5. 苦茶槭（图 482；彩图 91）

Acer tataricum Linn. subsp. **theiferum** (Fang) Y. S. Chen & P. C. de Jong

A. ginnala Maxim. subsp. *theiferum* Fang

本亚种与原种的区别在于：本亚种的叶薄纸质，卵形或椭圆状卵形，长 5 ~ 8 厘米，宽 2.5 ~ 5 厘米，不分裂或不明显的 3 ~ 5 裂，边缘有不规则的锐尖重锯齿，下面有白色疏柔毛；花序长 3 厘米，有白色疏柔毛；子房有疏柔毛，翅果较大，长 2.5 ~ 3.5 厘米，张开近于直立或成锐角。花期 5 月；果期 9 月。

产崂山上清宫、八水河。国内分布于华东和华中各省区。

树皮、叶和果实都含鞣质、可提制栲胶，又可为黑色染料。树皮纤维可作人造棉和造纸的原料。嫩叶烘干后可代替茶叶用为饮料，有降低血压的作用。种子榨油，可用以制造肥皂。

图 483 毛脉槭
1. 果枝；2. 叶下面基部；3. 果实

6. 毛脉槭（图 483）

Acer pubinerve Rehd.

落叶乔木，高 7 ~ 10 米，稀达 15 米。树皮深灰色，平滑。小枝圆柱形，无毛，当年生嫩枝淡紫绿色或淡绿色，长 5.5 ~ 6.5 厘米，直径 2 毫米，多年生老枝灰褐色，皮孔稀少。冬芽锥形；鳞片卵形，边缘纤毛状。叶纸质，基部近于心脏形，外貌近于圆形，长 10 ～ 12 厘米，宽 11 ～ 14 厘米，5 裂，裂片卵形或长圆卵形，先端尾状锐尖，边缘除近裂片基部全缘外其余部分均具紧贴的钝尖锯齿，中裂片长 6 ～ 7 厘米，基部宽 4 厘米，侧裂片长 4 ～ 5 厘米，宽 3 3.5 厘米，斜向伸展，基部的裂片较小，长 1 ～ 1.5 厘米，向侧面伸展，凹缺钝形；上面绿色，干后橄榄色，下面淡绿色，被淡黄色短柔毛或长柔毛，沿叶脉更密；主脉 5 条，在上面显著，在下面微凸起，次生脉在下面微显著，小叶脉不显著；叶柄长 5 ～ 6 厘米，密被淡黄色长柔毛。花序圆锥状，紫色，无毛，长 6 ～ 7 厘米；总花梗长 3 厘米；花梗细瘦，长 0.5 ～ 1 厘米。花杂性，雄花与两性花同株，开花在叶已长大以后；萼片 5，淡紫色，长圆形，长 2 毫米；花瓣 5，白色、卵形、短于萼片；雄蕊 8, 在雄花中约与萼片等长，在两性花中常较短；花盘无毛，位于雄蕊外侧；子房密被淡黄色疏柔毛。翅果嫩时紫色，后变淡黄色，小坚果凸起，长圆形，长 8 毫米，宽 5 毫米，翅长圆倒卵形或倒卵形，宽 9 ～ 12 毫米，连同小坚果长 2.3 ～ 2.5 厘米，张开成钝角或近于水平。花期 4 月下旬，果期 10 月。

动物园有栽培。国内分布于浙江、福建、安徽、江西。

7. 秀丽槭（图 484）

Acer elegantulum Fang et P. L. Chiu

落叶乔木，高 9 ～ 15 米。树皮粗糙，深褐色。小枝圆柱形，无毛，当年生嫩枝淡紫绿色,直径 2 毫米,多年生老枝深紫色。叶薄纸质或纸质,基部深心脏形或近于心脏形,叶片的宽度大于长度，宽 7 ～ 10 厘米，长 5.5 8 厘米，通常 5 裂，中央裂片与侧裂片卵形或三角状卵形，长 2.5 ～ 3.5 厘米，近基部宽 2.5 ～ 3 厘米，先端短急锐尖，尖尾长 8 ～ 10 毫米，基部的裂片较小，边缘具紧贴的细圆齿，裂片间的凹缺锐尖，上面绿色，干后淡紫绿色，无毛，下面淡绿色，除脉腋被黄色丛毛外其余部分无毛；初生脉 5 条，在两面均显著；次生脉 10 ～ 11 对，约以 80 度的角与初生脉叉分，在下面较在上面显著，小叶脉仅微显著，叶柄长 2 ～ 4 厘米，淡紫绿色，无毛。花序圆锥状，初系淡绿色，无毛，连同长 2 ～ 3 厘米的总花梗在内共长 7 ～ 8 厘米，花梗长 1 ～ 1.2 厘米。花杂性，雄花与两性花同株，萼片 5，绿色，长圆卵形或长椭圆形，长 3 毫米，无毛；花瓣 5，深绿色，倒卵形或长圆倒卵形，和萼片近于等长；雄蕊 89，较花瓣长 2 倍，花丝无毛，花药淡黄色；花盘位于雄蕊的外侧；子房紫色，有很密的淡黄色长柔毛，花柱长 3 毫米，无毛，2 裂，柱头平展。翅果嫩时淡紫色，成熟后淡黄色，小坚果凸起近于球形，直径 6 毫米，翅张开近于水平，中段最宽，常宽达 1 厘米，连同小

图 484　秀丽槭

坚果长 2 ~ 2.3 厘米。花期 5 月;果期 9 月。

植物园，世园会园区有栽培。国内分布于浙江西北部、安徽南部和江西。

供观赏。

图 485 中华槭

8. 中华槭 五裂槭(图 485)

Acer sinense Pax

落叶小乔木,高 5 米左右,稀可达 10 米。树皮褐灰色。略粗糙；小枝绿色或褐红色，光滑无毛。单叶,近圆形,掌状 5 裂,稀 7 裂，长 10 ~ 14 厘米，宽 12 ~ 15 厘米，裂片近卵形，裂深常达叶片的中部，先端锐尖，裂缘有密贴的细锯齿，叶基心形，稀截形，近薄革质，上面深绿色，下面淡绿色，脉腋间有黄色簇毛；叶柄长 3 ~ 5 厘米。花杂性，组成圆锥花序，长 5 ~ 9 厘米，顶生，下垂;花形小;萼片 5,卵状或三角状长圆形，绿色，边缘有纤毛；花瓣 5，长圆形或阔椭圆形，白色；雄蕊 8，生于花盘的内缘；子房白色，有疏柔毛。翅果长 3 ~ 3.5 厘米，果体两面突起，脉纹显著，两翅开张呈钝角或近于水平。花期 5 月；果期 8 ~ 9 月。

崂山太清宫内有引种栽培。国内分布于四川、湖北、湖南、贵州、广东、广西等省区。

栽培可供观赏。

9. 细裂槭(图 486)

Acer pilosum Maxim. var.**stenolobum** (Rehd.) Fang

A. stenolobum Rehd.

图 486 细裂槭

落叶小乔木，高约 5 米。小枝细瘦，当年生枝淡紫绿色,无毛,多年生枝浅褐色，皮孔稀少。冬芽细小，卵圆形，鳞片复叠，边缘纤毛状。叶纸质,长 3 ~ 5 厘米,宽 3 ~ 6 厘米，基部近于截形，深 3 裂，裂片长圆披针形，宽 7 ~ 10 毫米，先端渐尖，两侧近于平行，常全缘，稀中段以下近于全缘，中段以上有 2 ~ 3 枚粗锯齿，中裂片直伸，侧裂片平展，裂片间的凹缺近于直角，上面绿色，下面淡绿色，除脉腋有丛毛外，其余部分无毛，主脉 3 条在下面显著，侧脉 8 ~ 9 对在下面显著;叶柄细瘦,长 3 ~ 6 厘米，淡紫色，无毛，上面有浅沟。伞房花序无毛，连同长 5 ～ 10 毫米的总花梗在内共长 3 ～ 4 厘米，直径 4 ～ 5 厘米，生于着 4 叶的小枝顶端。花淡绿色，杂性，雄花与两性花同株；萼片 5，卵形，长约 1.5 ～ 2 毫米，边缘或近先端有纤毛，花瓣 5，长圆形或线状长圆形，与萼片近于等长或略短小；雄蕊 5，生于花盘内侧的裂缝间，雄花的花丝较萼片约长 2 倍，两性花的花丝则与萼片近于等长，花药卵圆形；两性花的子房有疏柔毛，花柱 2 裂达于中段，柱头反卷，雄花的雄蕊不发育。翅果嫩时淡绿色，成熟后淡黄色，小坚果凸起，近于卵圆形或球形，直径约 6 毫米，翅近于长圆形，宽 8 ～ 10 毫米，连同小坚果长约 2 ～ 2.5 厘米，张开成钝角或近于直角。花期 4 月；果期 9 月。

市区公园有栽培。国内分布于内蒙古、山西、宁夏、陕西、甘肃等省区。

10. 鸡爪槭 红枫 日本红枫（图 487；彩图 92）

Acer palmatum Thunb.

图 487 鸡爪槭

1. 花枝；2. 果枝；3. 雄花；4. 两性花

落叶乔木，高可达 10 米。树皮灰色，浅裂；枝常细弱，呈紫色、紫红色或略带灰色，幼时略被白粉。单叶，近圆形，径 7 ～ 10 厘米，7 裂，稀 5 或 9 裂，裂深常达叶片直径的 1/2 或 1/3，裂片长卵形至披针形，先端渐尖或尾尖，缘有细锐重锯齿，叶基心形或近心形，上面绿色，下面浅绿色，初密生柔毛，后脱落仅在脉腋间残留簇毛；叶柄较细软，长 4 ～ 6 厘米，无毛。花杂性，顶生伞房花序；花形小，萼片 5，卵状披针形，暗红色；花瓣 5，椭圆形或倒卵形，较萼片略短，紫色；雄蕊 8，生于花盘内侧；子房平滑或少有毛。翅果连翅长 1 ～ 2.5 厘米，果体两面突起，近球形，上有明显的脉纹，两果翅开展成钝角，翅的先端微向内弯。花期 5 月；果期 9 ～ 10 月。

全市各地普遍栽培。国内分布于江苏、浙江、安徽、江西、湖北、湖南、贵州及河南等省。

供观赏。常见的观赏品种有：

（1）红晕边鸡爪槭

'Kagiri-nishiki'

叶裂深，裂片狭披针形，初春叶及秋叶裂缘现玫瑰红色。

崂山太清宫有栽培。

供观赏。

（2）条裂叶鸡爪槭 线裂叶鸡爪槭

'Linearilobum'

叶裂深达基部，裂片条形，先端锐尖，全缘或有缺刻状锯齿。

崂山太清宫，市区公园有栽培。

供观赏。

（3）红叶鸡爪槭 红枫

'Rubellum'

自初春至夏、秋叶始终为深红色或鲜红色，裂片狭长，裂缘有缺刻状细锯齿。

公园绿地普遍栽培。

供观赏。

（4）羽毛枫

'Dissectum'

叶片掌状深裂几达基部，裂片狭长，又羽状细裂，树体较小。

普遍栽培。

供观赏。

（5）红羽毛枫

'Dissectum Ornatum'

与羽毛枫相似，但叶常年红色。

普遍栽培。

供观赏。

11. 三角槭 三角枫（图 488）

Acer buergerlanum Miq.

落叶乔木，高 5 ~ 10 米。树皮灰色，老年树多呈块状剥落，内皮黄褐色、光滑、小枝皮褐色至红褐色，初有毛，后脱落，略被白粉。单叶，卵形至倒卵形，顶部 3 裂，裂部常为全叶片的 1/4 至 1/3，裂片三角形，先端渐尖，全缘或仅在近端处有细疏锯齿，叶基圆形或宽楔形，近革质，上面暗绿色，光滑，下面淡绿色，初有白粉或短柔毛,后脱落;叶柄长 2.5 ~ 5 厘米。花杂性，组成顶生伞房状圆锥花序；花序轴及花梗上微有毛；萼片 5，卵形，黄绿色似花瓣；花瓣 5，较萼片稍窄；雄蕊 8，生于花盘内缘;子房密被长绒毛，花柱短，柱头 2 裂。翅果长 2 ~ 2.5 厘米，两果翅开张呈锐角。两果翅前伸外沿近平行，果体倒卵形，两面突起。花期 5 月;果期 9 月。

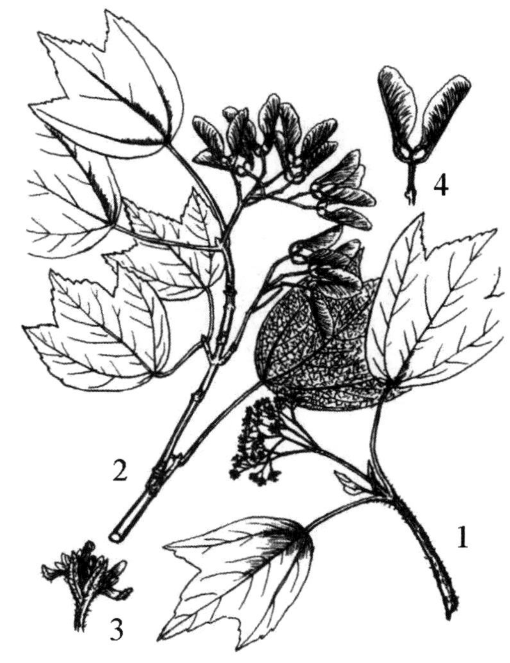

图 488 三角槭

1. 花枝；2. 果枝；3. 花；4. 果实

崂山仰口，中山公园，山东科技大学，崂山区，城阳区，胶州市栽培。国内分布于河南、江苏、浙江、安徽、江西、湖北、

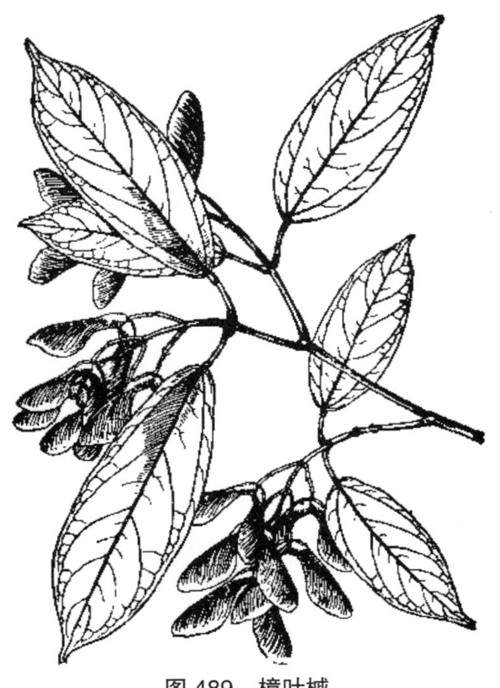

图 489 樟叶槭

湖南、贵州、广东等省。

庭园观赏树。木材坚硬致密，适做各种器具。种子可榨油。

12. 樟叶槭 桂叶槭（图 489）

Acer coriaceifolium H. Lévl.

A. cinnamomifolium Hayata

常绿乔木，高达 20 米；树皮淡黑褐至淡黑灰色。小枝淡紫褐色，密被绒毛，老枝淡红褐或褐黑色，近无毛。叶革质，矩圆形或矩圆状披针形，长 8 ~ 12 厘米，宽 4 ~ 5 厘米，先端骤短尖，基部圆或宽楔形，全缘，下面淡绿色，被白粉及淡褐色绒毛，老叶毛渐少，侧脉 3 ~ 4 对，上面中脉凹下，基脉 3 出；叶柄长 1.5 ~ 3.5 厘米，淡紫色，被绒毛。翅果长 2.8 ~ 3.2 厘米，两翅成直角或锐角，果柄细，长 2 ~ 2.5 厘米，被绒毛。果期 7 ~ 9 月。

崂山张坡，山东科技大学有栽培。国内分布于浙江南部、福建、台湾、广东北部及广西东北部。

13. 葛萝槭（图 490）

Acer davidii (Franch.) subsp. **grosseri** (Pax) P. C. de Jong

A. grosseri Pax

图 490 葛萝槭

落叶乔木，树皮光滑，淡褐色。小枝绿至紫绿色，无毛，老枝灰褐色。叶纸质，卵形，长 7 ~ 9 厘米，宽 5 ~ 6 厘米，5 浅裂，先端短尾尖，基部近心形，侧裂片小，先端钝尖，密生尖锐重锯齿，下面淡绿色，幼叶叶脉基部具淡黄色簇生毛，后渐脱落；叶柄长 2 ~ 3 厘米，无毛。花单性，雌雄异株，总状花序下垂。花梗长 3 ~ 4 厘米，萼片长圆卵形，长 3 毫米，花瓣倒卵形，长 3 毫米，雄蕊长 2 毫米，无毛；雌花子房紫色，无毛。幼果淡紫色，熟后黄褐色，长 2.5 ~ 3 厘米，翅宽 5 毫米，两翅钝角或近水平。花期 4 月；果期 9 月。

黄岛区小珠山有栽培。国内分布于河北、山西、河南、陕西、甘肃、青海、湖北及安徽。

14. 北美红槭 美国红枫（图 491）

Acer rubrum L.

落叶乔木，高达 12 ~ 18 米，树冠呈椭圆形或近球形。单叶对生，掌状 3 ~ 5 裂，长 5 ~ 10 厘米，边缘有锯齿，上面浅绿色，下面灰白色，具白粉或白毛。叶柄常红色，长达 10 厘米。新叶微红色，后变绿色。花单性，稀杂性，雌雄异株或同株。花簇生，红色或淡黄色，小而繁密，先叶开放；花萼 5 裂，花瓣 5，雄蕊 4 ~ 12，通常 8 枚，子房上位，无毛，花柱 2，长于花被。翅果红色，熟时变为棕色，长 15 ~ 25 毫米，两翅夹角 50 ~ 60 度。花期 3 ~ 4 月；果期 9 ~ 10 月。

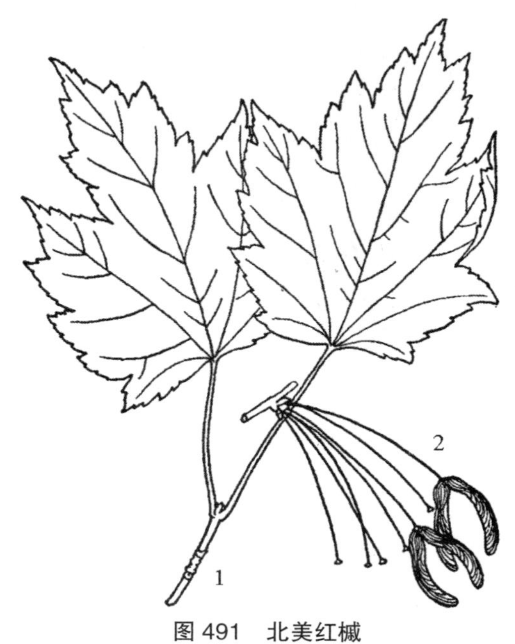

图 491 北美红槭
1. 叶枝；2. 果实

原产北美洲。市区公园道路绿地及单位庭院有栽培。我国北部有引种栽培。

供观赏。耐寒性强，不耐湿热，较耐寒，不耐水湿，生长较快。

15. 血皮槭（图 492；彩图 93）

Acer griseum (Franch.)Pax

A. nikoense var. *griseum* Franch.

落叶乔木，高达 20 米；树皮光滑，赤褐色，常成纸状薄片剥落。3 小叶复叶，小叶菱形或椭圆形，长 5 ~ 8 厘米，宽 3 ~ 5 厘米，先端钝尖，具粗钝锯齿，上面幼时被柔毛，后近无毛，下面被白粉及淡黄色疏柔毛，叶脉毛密；叶柄长 2 ~ 4 厘米，疏被柔毛。聚伞花序具 3 花，疏被柔毛。花黄绿色，雄花与两性花异株；萼片长圆卵形，长 6 毫米，花瓣长圆倒卵形，长 7 ~ 8 毫米；雄蕊 10，花丝无毛，位于花盘内侧。翅果长 3.2 ~ 3.8 厘米，两翅成锐角或近直角，小坚果密被绒毛。花期 4 月；果期 9 月。

图 492 血皮槭

山东科技大学有栽培。国内分布于河南、陕西、甘肃、湖北和四川。

优良绿化树种。木材坚硬，可制各种贵重器具。树皮的纤维良好可以制绳和造纸。

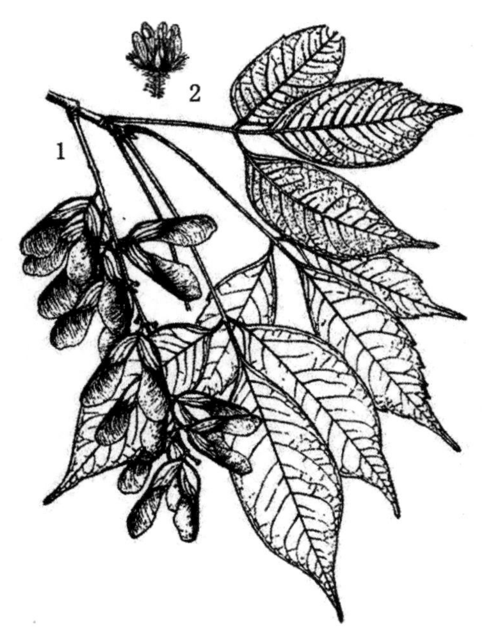

图 493　建始槭

1. 果枝；2. 雄花

16. 建始槭（图 493）

Acer heryi Pax

落叶乔木，高约 10 米；树皮灰褐色。幼枝被柔毛，后无毛。3 小叶复叶，薄纸质，小叶椭圆形，长 6 ～ 12 厘米，宽 3 ～ 5 厘米，先端渐尖，基部楔形，全缘或顶端具 3 ～ 5 对钝齿，下面叶脉密被毛，老时脱落；叶柄长 4 ～ 8 厘米，被毛。穗状花序，下垂，长 7 ～ 9 厘米，被柔毛，常侧生于 2 ～ 3 年生老枝上。花单性，雌雄异株；花梗极短或无；萼片 5，卵形，长 1.5 毫米；花瓣短小或不发育；雄花雄蕊 4 ～ 6，通常 5；雌花子房无毛，花柱短，柱头反卷。幼果紫色，熟后黄褐色，连翅长 2 ～ 2.5 厘米，两翅成锐角或近直角；果柄长约 2 毫米。花期 4 月；果期 9 月。

山东科技大学有栽培。国内分布于产山西、河南、陕西、甘肃、江苏、安徽、浙江、福建、江西、湖北、湖南、四川、贵州及云南等省区。

17. 梣叶槭　复叶槭（图 494）

Acer negundo L.

图 494　梣叶槭

落叶乔木，高达 20 米。树皮黄褐色或灰褐色。小枝圆柱形，无毛，当年生枝绿色，多年生枝黄褐色。冬芽小，鳞片 2，镊合状排列。羽状复叶，长 10 ～ 25 厘米，有 3 ～ 7(稀 9) 枚小叶；小叶纸质，卵形或椭圆状披针形，长 8 ～ 10 厘米，宽 2 ～ 4 厘米，先端渐尖，基部钝一形或阔楔形，边缘常有 3 ～ 5 个粗锯齿，稀全缘，中小叶的小叶柄长 3 ～ 4 厘米，侧生小叶的小叶柄长 3 ～ 5 毫米，上面深绿色，无毛，下面淡绿色，除脉腋有丛毛外其余部分无毛；主脉和 5 ～ 7 对侧脉均在下面显著；叶柄长 5 7 厘米，嫩时有稀疏的短柔毛淇后无毛。雄花的花序聚伞状，雌花的花序总状，均由无叶的小枝旁边生出，常下垂，花梗长约 1.5 ～ 3 厘米，花小，黄绿色，开于叶前，雌雄异株，无花瓣及花盘，雄蕊 4 ~ 6，花丝很长，子房无毛。小坚果凸起，近于长圆形或长圆卵形，无毛；翅宽 8 ~ 10 毫米，稍向内弯，连同小坚果长 3 ~ 3.5 厘米，张开成锐角或近于直角。花期 4 ~ 5 月；果期 9 月。

原产北美洲。全市各地常见栽培。近百年内始引种于我国，辽宁、内蒙古、河北、山东、河南、陕西、甘肃、新疆，江苏、浙江、江西、湖北等省区的各主要城市都有栽培。在东北和华北各省市生长较好。

蜜源植物。本种生长迅速，树冠广阔，可作行道树或庭园树，用以绿化城市或厂矿。

（1）花叶复叶槭（栽培变种）

'Variegatum'

叶绿色而叶缘乳白色。

中山公园有栽培。

供观赏。

（2）金叶复叶槭（栽培变种）

'Aurea'

叶金黄色，尤以新叶为甚。

中山公园有栽培

供观赏。

六十二、漆树科 ANACARDIACEAE

乔木或灌木，稀木质藤本或亚灌木状草本。韧皮部有裂生性树脂道。叶互生，稀对生；单叶，掌状 3 小叶或羽状复叶；无托叶或不显著，顶生或腋生的圆锥花序；花两性、单性或杂性。两被花稀单被花，或无花被；萼多少合生，3 ~ 5 裂，稀离生；花瓣 3 ~ 5，离生或基部合生，覆瓦状或镊合状排列；有花盘；雄蕊与花瓣同数或为其 2 倍；雌蕊 1 ~ 5 心皮合生或离生，子房上位，1 室，稀 2 ~ 5 室，每室有 1 倒生胚珠，花柱 1 ~ 5，常离生。核果，稀坚果；种子无或有少量胚乳。

含 61 属。600 余种，多分布热带、亚热带，少数分布于温带。我国有 16 属，约 54 种，主要分布于长江流域以南各省区。青岛有 5 属，5 种，3 变种。

分属检索表

1. 雌蕊心皮5，子房5室……………………………………………………… 1.南酸枣属Choerospondias

1. 雌蕊心皮3，子房1室。

 2. 花无花瓣，单被花 ………………………………………………………………2.黄连木属Pistacia

 2. 花有花萼和花瓣。

  3. 单叶 ………………………………………………………………………………3.黄栌属Cotinus

  3. 奇数羽状复叶。

   4. 花序顶生；外果皮被红色腺毛和有节柔毛 ……………………………………4.盐肤木属Rhus

   4. 花序腋生；外果皮无毛，或有微柔毛，无腺毛 ……………………………5.漆属Toxicodendron

（一）南酸枣属 Choerospondias Burtt & Hill

落叶乔木，高达 30 米。小枝无毛，具皮孔。奇数羽状复叶互生，长 2.5 ～ 40 厘米，小叶 7 ～ 13 对，对生，窄长卵形或长圆状披针形，长 4 ～ 12 厘米，先端长渐尖，基部宽楔形，全缘，下面脉腋具簇生毛；小叶柄长 2 ～ 5 毫米。花单性或杂性异株，雄花和假两性花组成圆锥花序，雌花单生上部叶腋。萼片 5，被微柔毛；花瓣 5，长圆形，长 2.5 ～ 3 厘米外卷，雄蕊 10，与花瓣等长；花盘 10 裂，无毛；子房 5 室，每室 1 胚珠，花柱离生。核果黄色，椭圆状球形，长 2.5 ～ 3 厘米，中果皮肉质浆状，果核顶端具 5 小孔。种子无胚乳。

为单种属，分布于印度东北部、中南半岛、我国至日本。青岛有栽培。

1. 南酸枣（图 495）

Choerospondias axillaris (Roxb.) Burtt & Hill

Spondias axillaris Roxb.

形态特征同属。花期 4 月；果期 8 ～ 10 月。

崂山有栽培，太清宫有大树。国内分布于甘肃、安徽、浙江、福建、江西、湖北、湖南、广东、海南、广西、贵州、云南、四川及西藏等省区。

为速生用材树种。果肉可食，果核制活性炭。树皮及叶富含鞣质。茎皮纤维可造纸。树皮及果核药用，可消炎，止血，外用可治烫伤。

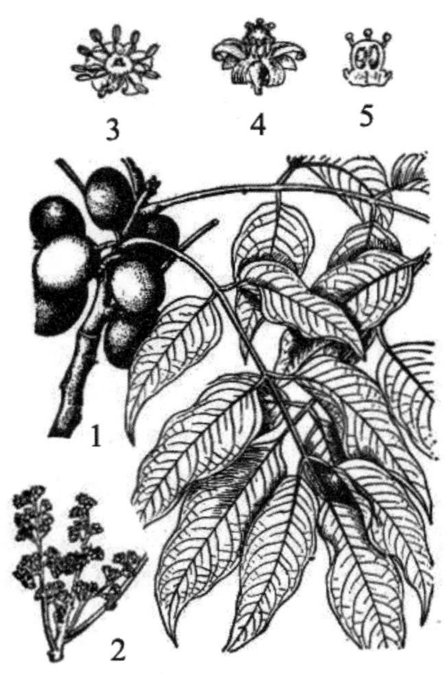

图 495　南酸枣

1. 果枝；2. 花序；3. 雄花；4. 雌花；5. 雌蕊纵切

（二）黄连木属 Pistacia L.

落叶或常绿，乔木或灌木。芽有芽鳞数片。叶互生，偶数或奇数羽状复叶，稀单叶或 3 小叶，全缘。总状花序或圆锥花序；花单性，异株；雄花苞片 1，花被片 3 ～ 9，雄蕊 3 ～ 5，稀 7，花丝极短，与花盘连合或无花盘，药隔伸出，基着药，侧向纵裂，有不育雌蕊或无；雌花苞片 1，花被片 4 ～ 10，膜质，无不育雄蕊，花盘小或无，心皮 3，合生，子房 1 室，1 胚珠，柱头 3 裂。核果，无毛，外果皮纸质，内果皮骨质；种子 1，压扁，种皮膜质，无胚乳。

约 10 种，分布地中海沿岸、阿富汗、亚洲及美洲。我国有 3 种，分布于除东北地区及内蒙古以外的其余省区。青岛有 1 种。

1. 黄连木　楷树（图 496）

Pistacia chinensis Bge.

落叶乔木，高 10 ～ 20 米。树皮暗褐色，呈鳞片状剥落；枝、叶有特殊气味。偶数羽状复叶，互生，有小叶 10 ~ 12；小叶片卵状披针形至披针形，长 5 ~ 8 厘米，宽 1 ~ 2 厘米，先端渐尖，基部斜楔形，全缘，幼时有毛，后光滑；小叶柄长 1 ~ 2 毫米。花单性异株，雄花排列成密圆锥花序，长 5 ~ 8 厘米；雌花序疏松，长 15 ~ 20 厘米；花梗长约 1 毫米；花先叶开放；雄花花被片 2 ~ 4，披针形，大小不等，长 1 ~ 1.5 毫米，雄蕊 3 ~ 5，花丝极短；雌花花被片 7 ~ 9，大小不等，无不育雄蕊，子房球形，花柱极短，柱头 3，红色。核果球形，略扁，径约 5 毫米，熟时变紫红色、紫蓝色，有白粉，内果皮骨质。花期 4 月下旬至 5 月上旬；果期 9 ~ 10 月。

产于崂山仰口、华严寺、太清宫、张坡及大珠山，灵山岛等地；中山公园，李村公园，青岛农业大学，平度市植物园，即墨华山栽培。国内分布于长江以南各省区及华北、西北。

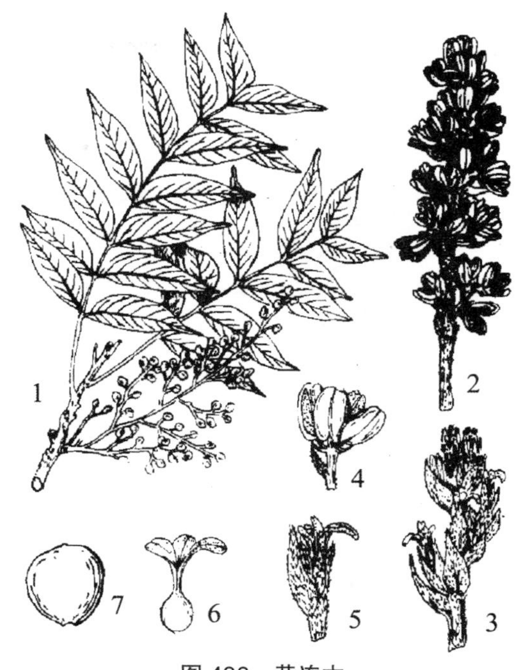

图 496 黄连木

1. 果枝；2. 雄花序一段放大；3. 雌花序一段放大；4. 雄花；5. 雌花；6. 雌蕊；7. 核果

木材坚硬细致，可供建筑、家具、农具等用材。果实、叶提取栲胶。种子榨油可作润滑油及肥皂，油饼可作饲料。幼叶可充蔬菜并可代茶。

（三）黄栌属 Cotinus (Tourn.) Mill.

落叶灌木或乔木；木材黄色，树汁液有强烈气味。鳞芽。单叶，互生，全缘；无托叶。花杂性或雌、雄异株；圆锥花序顶生；花小，黄色，5 数，有花盘，子房偏斜而扁，1 室，1 胚珠，花柱 3，侧生。果序上有多数不育花，不育花梗延长成羽毛状。核果小，肾形，压扁，侧面中部残存花柱，外果皮有脉纹，无毛或被毛，内果皮厚角质；种子肾形，皮薄，无胚乳。

约 5 种；分布于南欧、亚洲东部和北美温带地区，我国有 3 种；除东北以外其余省区都有。青岛有 2 变种。

分种检索表

1. 叶阔椭圆形，稀近圆形，两面无毛，或下面沿脉被柔毛……… 1. 毛黄栌 C.coggygria var. pubescens
1. 叶卵圆形或倒卵形，两面有毛，下面毛更密……………………… 2. 红叶黄栌 C.coggygrla var. cinerea

1. 毛黄栌（图 497）

Cotinus coggygria Scop. var. **pubescens** Engl.

落叶灌木或小乔木。小枝、叶下面，尤其沿脉和叶柄密被柔毛。叶多为阔椭圆形，

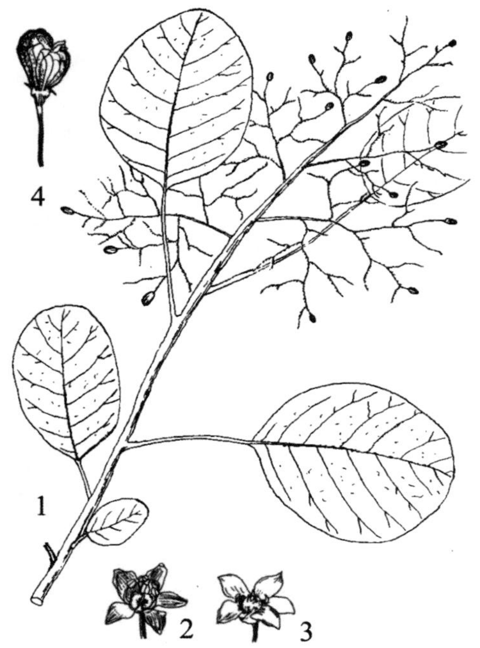

图 497　毛黄栌

1. 果枝；2. 雄花；3. 雌花；4. 果实

稀近圆形，长 3 ～ 8 厘米，宽 2.5 ～ 6 厘米，先端圆形或微凹，基部圆形或阔楔形，全缘；叶柄短。圆锥花序，顶生，被柔毛；花杂性，径约 3 毫米，黄色，花梗长 7 ～ 10 毫米；萼片卵状开角形，无毛，长约 1.2 毫米；花瓣卵形或卵状披针形，长 2 ～ 2.5 毫米，无毛；雄蕊 5，长 1.5 毫米；花盘 5 裂，紫色；子房扁球形，偏斜，花柱 3，离生。果序上有许多不育性紫红色羽毛状花梗，花序无毛或近无毛；核果肾形，压扁，长约 4 毫米，宽约 2.5 毫米，无毛。

产崂山青山，生于山坡杂木林、沟边和岩石隙缝中；各地普遍栽培。国内分布于河北、河南、湖北、四川等省区。

木材黄色，可制器具及细木工用。树皮、叶可提取栲胶。根皮药用，治妇女产后劳损。叶秋天变红，可作观赏树种。

2. 红叶黄栌（图 498）

Cotinus coggygria Scop. var. **cinerea** Engl.

落叶灌木或小乔木。叶倒卵形或卵圆形，长 3 ～ 8 厘米，宽 2.5 ～ 6 厘米，先端圆形或微凹，基部圆形或阔楔形，全缘，两面有毛，下面毛更密，侧脉 6 ～ 11 对，先端常叉开；叶柄短。圆锥花序，顶生，被柔毛；花杂性，径约 3 毫米，黄色；花梗长 7 ～ 10 毫米；萼片卵状三角形，无毛，长约 1.2 毫米，花瓣卵形或卵状披针形，长 2 ～ 2.5 毫米，无毛；雄蕊 5，长 1.5 毫米；花盘 5 裂，紫色；子房扁球形，偏斜，花柱 3，离生。果序上有许多不育性紫红色羽毛状花 樱；核果肾形，压扇，长约 4 毫米，宽约 2.5 毫米，无毛。

大珠山有栽培。国内分布于河北、河南、湖北、四川等省。

木材黄色，可制器具及细木工用。树皮、叶可提取栲胶。根皮药用，治妇女产后劳损。叶秋天变红，可作观赏树种。

图 498　红叶黄栌

1. 果枝；2. 花；3. 果实

（1）紫叶黄栌（栽培变种）

'Purpureus'

叶紫红色。

公园绿地常见栽培。

供观赏。

（四）盐肤木属 Rhus (Tourn.) L.

落叶灌木或乔木。树皮有白色汁液，不含漆。冬芽裸露。通常为奇数羽状复叶，互生，叶轴有翅或无；无托叶。花杂性，或单性异株，顶生圆锥花序或复穗状花序；有苞片；花萼5裂，裂片覆瓦状排列，宿存；花瓣5，覆瓦状排列；雄蕊5，着生于花盘基部，背着药，内向纵裂；花盘杯状；子房1室，1胚珠，花柱3，基部多少合生。核果球形，略扁，有腺毛和有节毛或单毛，熟时红色，外果皮与中果皮合生，中果皮非蜡质；种子1。

约250种，分布于亚热带和暖温带。我国有6种，除东北、内蒙古、青海和新疆外均有分布。青岛有2种，1变种。

分种检索表

1. 叶轴有翅；小叶7～13 ………………………………………………………… 1.盐肤木 R. chinensis
1. 叶轴无翅，叶缘有锯齿；小叶19～25 ……………………………………………… 2.火炬树 R. typhlna

1. 盐肤木　五倍子树（图499；彩图94）

Rhus chinensis Mill.

落叶小乔木或灌木，高2～8米。小枝棕褐色，被锈色柔毛；有圆形小皮孔。奇数羽状复叶。有小叶7～13，叶轴有宽叶状翅，叶轴及叶柄密被锈色柔毛；小叶卵形、椭圆形或长圆形。长5～12厘米，宽3～7厘米，先端急尖，基部圆形，顶生小叶基部楔形，边缘有粗齿或圆钝齿，下面粉绿色，有白粉，有锈色柔毛，侧脉突起；小叶无柄。圆锥花序顶生，宽大，多分枝；雄花序长30～40厘米；雌花序较短，密生柔毛；苞片披针形，长约1毫米，有微柔毛；小苞片极小；花白色，花梗长约1毫米，有微柔毛；雄花花萼裂片长卵形，长约1毫米，外生微柔毛，花瓣倒卵状长圆形，

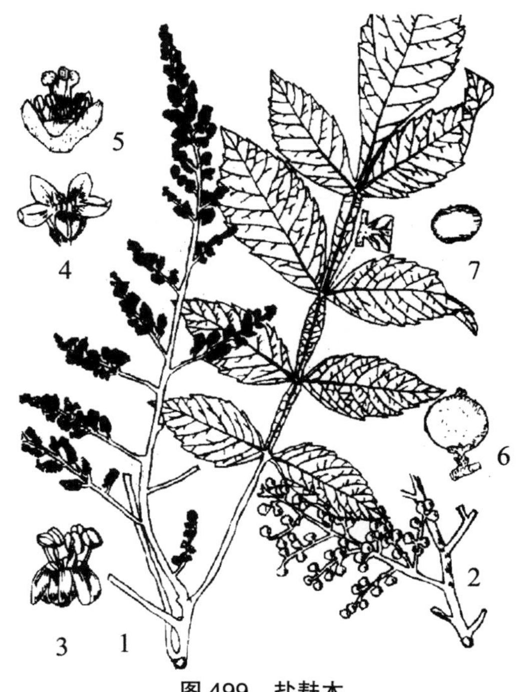

图499　盐麸木

1. 花枝；2. 部分果序；3. 雄花；4. 两性花；5. 去掉花瓣的两性花，示雄蕊和雌蕊；6. 核果；7. 种子

长约 2 毫米，雄蕊长约 2 毫米；雌花花萼较短，长约 0.6 毫米，外生微柔毛，花瓣椭圆状卵形，长约 1.6 毫米，里面下部有柔毛，雌蕊极短，花盘无毛，子房卵形，密生柔毛，花柱 3，柱头头状。核果球形，压扁，径 4 ~ 5 毫米，被有节柔毛和腺毛，熟时红色。花期 7 ~ 9 月；果期 10 月。

产于全市各丘陵山区；中山公园，李村公园栽培。国内分布于除东北地区及内蒙古和新疆以外的其余省区。

叶上寄生的“五倍子”(虫瘿)供工业及药用。茎皮、叶提取栲胶。秋天叶变红，可作观赏树种。

（1）光枝盐肤木（变种）

var. **glabrus** S. B. Liang

与原种的主要区别是：小枝红褐色，无毛或近无毛。

产崂山太清宫、张坡、劈石口等地。

图 500 火炬树

1. 花枝；2. 小枝一段；3. 雄花；4. 果序；5. 果实

2. 火炬树 加拿大盐肤木（图 500）

Rhus typhina L.

落叶灌木或小乔木，高达 8 米。树皮灰褐色，不规则纵裂；枝红褐色，密生柔毛。奇数羽状复叶，互生，有小叶 19 ~ 25；小叶片长椭圆形至披针形，长 5 ~ 12 厘米，先端长渐尖，基部圆形至阔楔形，边缘有锐锯齿，上面绿色，下面苍白色，均密生柔毛，老后脱落。雌、雄异株；顶生直立圆锥花序，长 10 ~ 20 厘米，密生柔毛；花白色；雌花花柱有红色刺毛。核果扁球形，密生红色短刺毛，聚生为紧密的火炬形果序；种子扁圆形，黑褐色，种皮坚硬。花期 6 ~ 7 月；果期 9 ~ 10 月。

原产北美。全市各地均有栽种，抗旱性能强，适于石灰岩山地生长。

皮、叶提取栲胶。根皮、茎皮药用，治局部出血。果穗鲜红，秋天叶红艳，亦为园林观赏树种。近几年各地引种作为干旱山地水土保持树种，效果良好。

（五）漆属 **Toxicodendron** (Tourn.) Mill.

落叶或常绿灌木或乔木。树皮有乳汁，含漆。奇数羽状复叶或掌状 3 小叶，互生。花小，杂性；圆锥花序腋生；萼 5 裂，稀 4 或 6 裂；花瓣 5，雄蕊 5，稀 4 ~ 6，着生于花盘基部；子房 1 室。果序下垂；核果小，球形，侧向扁，外果皮与中果皮分离，中果皮厚，白色蜡质，与内果皮合生，果核坚硬，有 1 梯形种子；种子有胚乳。

约 20 余种，分布于亚洲及美洲。我国有 15 种；主要分布于长江流域以南各省区。青岛有 1 种。

1. 漆 大木漆（图 501）

Toxicodendron vernicifluum (Stokes) F.A. Barkley.

Rhus verniciflua Stokes

落叶乔木，高达 15 米。树皮幼时灰白色，老时变深灰色，粗糙或不规则纵裂；小枝粗壮，淡黄色，有棕色柔毛。奇数羽状复叶，互生，有小叶 9 ~ 15；小叶片卵形至长圆状卵形，长 6 ~ 14 厘米，宽 2 ~ 4 厘来，全缘，先端渐尖，基部圆形至阔楔形，两面沿脉均有棕色短毛，侧脉 8 ~ 15 对；小叶柄 4 ~ 7 毫米，上面有槽，有柔毛。圆锥花序腋生，长 15 ~ 25 厘米，有短柔毛；花杂性或雌、雄异株；花小，黄绿色；萼片 5，长圆形；花瓣 5，长圆形，有紫色条纹；雄蕊 5，着生于杯状花盘边缘，花丝短，花药 2 室；子房卵圆形，花柱 3。果序下垂；核果扁圆形，径 6 ~ 8 毫米，黄色，光滑，中果皮蜡质，果核坚硬。花期 5 ~ 6 月；果期 9 ~ 10 月。

图 501 漆

1. 花枝；2. 果枝；3. 雄花；4. 花萼；5. 两性花；6. 雌蕊

产于崂山青山、北九水等地；山东科技大学校园栽培。国内分布于除东北、内蒙古、新疆以外的其余省区。

树干韧皮部割取生漆，广泛用于建筑、木器、机械等涂料；干漆药用有通经、驱虫、镇咳的功效。种子油可制肥皂、油墨。果皮可取蜡，作蜡烛、蜡纸，叶可提取栲胶。叶、花及种子供药用，也可作农药。

六十三、苦木科 SIMAROUBACEAE

乔木或灌木。树皮常含苦味物质；鳞芽或裸芽。奇数羽状复叶，稀单叶，互生，稀对生；通常无托叶或托叶早落。花两性、杂性或单性异株，组成总状、穗状、聚伞或圆锥花序；花辐射对称；萼片 3 ~ 5，离生或基部合生，覆瓦状或镊合状排列；花瓣 3 ~ 5 或缺；花盘环形，雌蕊与花瓣同数或 2 倍，花丝离生，基部常有鳞片；子房上位，心皮 2 ~ 6，离生或部分合生，1 ~ 6 室，每室胚珠 1 至数枚，中轴胎座。聚合翅果、聚合浆果或核果，成熟时各果分离或连生；种子有胚乳或缺，胚形小，子叶肥厚。

约 20 属，120 余种，主要分布于热带、亚热带，少数分布到温带。我国有 5 属，11 种，3 变种，主要分布在长江以南的各省区。青岛有 2 属，2 种。

分属检索表

1. 鳞芽；小叶在近基部处有2～3腺质的缺齿，上部全缘；圆锥花序大形，顶生；聚合翅果…… 1.臭椿属Ailanthus

1. 裸芽；小叶叶缘全部有锯齿；聚伞花序，腋生；聚合核果…………………………2.苦树属 Picrasma

（一）臭椿属 **Ailanthus** Desf.

落叶乔木。枝粗壮；鳞芽。奇数羽状复叶，互生，小叶在基部的两侧有 2 ～ 3 对腺齿。花杂性或单性异株，组成顶生大型的圆锥花序；萼片 5 ～ 6，基部合生，覆瓦状排列；花瓣 5 或 6，离生，镊合状排列；花盘 10 裂，内生；雄蕊 10。着生于花冠基部；雄蕊有 5 ～ 6 心皮，基部合生或离生，每室有胚珠 1。翅果，1 ～ 6 聚生，翅扁平，在果核的两端延长；种子位于翅果的中央。

约 10 种，主要分布于亚洲及大洋洲。我国有 5 种，2 变种，主要分布于北部和西部。青岛有 1 种。

1. 臭椿　樗树 椿树（图 502）

Ailanthus altissima (Mill.) Swingle

Toxicodendron altissima Mill.

落叶乔木，高可达 20 米，胸径 90 厘米。树皮灰色至灰黑色，微纵裂；小枝褐黄色至红褐色，初被细毛，后脱落。奇数羽状复叶，互生，连总柄在内长可近 1 米，有小叶 13 ～ 25；小叶互生或近对生，披针形或卵状披针形，长 7 ～ 14 厘米，宽 2 ～ 4.5 厘米，先端渐尖，基部圆形、截形或宽楔形，略偏斜，全缘，近基部叶缘的 1/4 处常有 1 ～ 2 对腺齿，上面深绿色，下面淡绿色，常被白粉及短柔毛；小叶柄长 0.4 ～ 1.2 厘米，大型圆锥花序顶生，直立；花杂性或雌、雄异株；花萼三角状卵形，绿色或淡绿色；花瓣近长圆形，淡黄色或黄白色。有恶臭味，雄株的恶臭味特浓。翅果扁平，纺锤形，长 3 ～ 5 厘米，宽 0.8 ～ 1.2 厘米，两端钝圆，初黄绿色，有时顶部或边缘微现红色，熟时淡褐色或灰黄褐色；种子扁平，圆形或倒卵形。花期 5 ～ 6 月；果期 9 ～ 10 月。

图 502　臭椿

1. 叶片；2. 果序；3. 小叶下部；4. 雄花；5. 两性花；6. 雄蕊；

产于崂山太清宫、明霞洞、天门后、蔚竹庵、潮音瀑、八水河、流清河、三标山、张坡等地，生于向阳山坡杂木林或林缘及村边、房前屋后；各地常见栽培。几遍布全国各省区。

是用材、纤维、绿化、油料等多种用途的林木树种，木材质地轻韧，适用于农具、建筑等；木纤维丰富，可产优质纸浆；树皮可提制栲胶；叶可饲樗蚕；种子可榨油；根皮及翅果可药用，有收敛、止血、利湿、清热等功效。抗污染力强，是城镇工矿区较好的绿荫树及行道树。

（1）红叶椿（栽培变种）

'Honhyechun'

春季小叶片紫红色，可保持到 6 月上旬；树冠及分枝夹角均较小；结实量大。

各公园栽培。

供观赏。

（2）千头春（栽培变种）

'Qiantouchun'

分枝多而密，枝序夹角多在 45 度以下；小叶基部的腺质缺齿不明显；多雄株。

平度市有栽培。

用材、观赏价值优于臭椿。

（二）苦树属 Picrasma Bl.

落叶乔木或灌木，树皮苦味极浓；芽裸生。奇数羽状复叶，互生，小叶叶缘全部有锯齿。花杂性或雌、雄异株；聚伞花序腋生；萼片 4 或 5，覆瓦状排列，宿存；花瓣与萼片同数，镊合状排列；雄蕊 4 ~ 5，与花被基数相同；花盘 4 ~ 5 裂，内生；心皮 2 ~ 5，离生，每心皮构成1室，每室 1 胚珠，花柱常在中部连合，顶端和下部分离。核果，多由 1 ~ 5 分果聚生，外果皮肉质，基部有宿存萼，内果皮硬壳状。

约 9 种，分布于热带及亚热带。我国有 2 种，1 变种。青岛有 1 种。

1. 苦树 苦木 苦皮树 黄连茶（图 503）

Picrasma quassioides (D. Don) Benn.

Simaba quassioides D. Don

小乔木或灌木，高可达 10 米，胸径 20 厘米。树皮绿褐色至灰黑色，浅裂；嫩枝灰绿色，无毛，皮孔黄色；冬芽外被褐黄色短绒毛。奇数羽状复叶，长可达 30 厘米，有小叶 5 ~ 15，小叶片卵形至长椭圆状卵形，长 4 ~ 10 厘米，宽 2 ~ 4 厘米，先端渐尖，基部阔楔形或近圆形，缘有不整齐的细锯齿，上面光绿色，下面淡绿色，无毛或仅

图 503 苦树

1. 果枝；2. 雄花；3. 两性花

在主脉上有毛；小叶柄短或近无柄。伞房花序腋生，直立，多由 6 ～ 8 花组成，较疏散；花序梗长达 12 厘米，密生柔毛；花小形，黄绿色，径约 8 毫米；萼片 4 ～ 5，卵形，有毛；花瓣 4 ～ 5，倒卵形，比萼片长 1 倍以上。核果倒卵形，3 ～ 4 分果聚生于 1 宿存萼上，长 6 ～ 7 毫米，熟时蓝紫色。花期 4 ～ 5 月；果期 8 ～ 9 月。

产于崂山，浮山，大珠山，大泽山等地。国内分布较广，几遍布黄河流域以南各省。

树皮药用，有泻热、驱蛔、治疥癣的功效；也可做土农药杀灭害虫。木材可做家具。

六十四、楝科 MELIACEAE

乔木或灌木，稀半灌木或草本。羽状复叶，稀 3 小叶或单叶，互生稀对生，无托叶。圆锥状、总状或穗状花序，腋生或顶生；花两性或杂性异株，辐射对称；花萼杯状或短管状，4 ～ 5 裂，稀离生，覆瓦状排列；花瓣 4 ～ 5，稀 3 ～ 7，离生或部分合生，勒时镊合状、覆瓦状或旋转状排列；雄蕊 4 ～ 10，稀 4 ～ 5，花丝离生或合生成雄蕊管，花药直立，内向，着生于雄事管内面或顶部；花盘管状、环状或柄状，生于雄蕊管内面，稀无花盘；子房上位，2 ～ 5 室，稀 1 室，每室胚珠 1 ～ 2，稀更多。蒴果、浆果或核果；种子有翅或无翅，有胚乳或无，常有假种皮。

约 47 属，800 种，主要分布于热带及亚热带，少数产温带地区。我国有 14 属，49 种，主要分布于长江流域以南各省区。青岛有 2 属，2 种。

分属检索表

1. 一回偶数羽状复叶；花丝离生；蒴果；种子有翅……………………………………………… 1.香椿属Toona
1. 二到三回奇数羽状复叶；花丝合生成管状，核果；种子无翅……………………………… 2.楝属Melia

（一）香椿属 **Toona** Roem.

落叶乔木，偶数羽状复叶，稀奇数羽状复叶，互生。聚伞花序再排列成大型圆锥花序，腋生或顶生；花小，白色，两性；花萼筒状，5 裂；花瓣 5，离生，蕾期覆瓦状排列；雄蕊 5，与花瓣互生，着生于肉质 5 棱花盘上，花丝离生，花药丁字着生，退化雄蕊 5 或无，与花瓣对生；子房 5 室，每室有 2 列 8 ～ 12 胚珠。蒴果，5 裂；种子多数，一端或两端有翅，胚乳少。

8 种，分布于亚洲及大洋洲。我国有 4 种，分布于全国南北各地。青岛有 1 种。

1. 香椿（图 504）

Toona sinensis (A.Juss.)Roem.

Cedrela sinensis A. Juss.

落叶乔木，高达 25 米。树皮灰褐色，纵裂而片状剥落；冬芽密生暗褐色毛；幼枝粗壮，暗褐色，被柔毛。偶数羽状复叶，长 30 ～ 50 厘米，有特殊香味，有小叶 10 ～ 22 对；小叶对生，长椭圆状披针形或狭卵状披针形，长 6 ～ 15 厘米，宽 3 ～ 4 厘米，先端渐尖或尾尖，基部圆形，不对称，全缘或有疏浅锯齿，嫩时下面有柔毛，后渐脱落；小叶柄短；总叶柄有浅沟，基部膨大。顶生圆锥花序，下垂，被细柔毛，长达 35 厘米；

花白色，有香气，有短梗；花萼筒小，5浅裂；花瓣5，长椭圆形；雄蕊10，其中5枚退化；花盘近念珠状，无毛；子房圆锥形，有5条细沟纹，无毛，每室有胚珠8。蒴果狭椭圆形，深褐色，长2～3厘米，熟时5瓣裂；种子上端有膜质长翅。花期5～6月；果期9～10月。

全市各地普遍栽培。国内分布于华北、东南至西南。

木材细致美观，为上等家具、室内装修和船舶用材。幼芽、嫩叶可生食、熟食及腌食，味香可口，为上等“木本蔬菜”。根皮、果药用，有收敛止血、祛温止痛的功效。

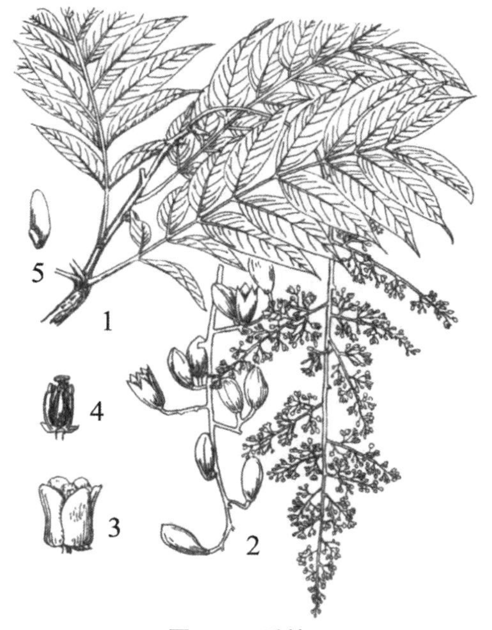

图504　香椿

1. 花枝；2. 部分果序；3. 花；
4. 去掉花瓣的花，示雄蕊和雌蕊；5. 种子

（二）楝属 **Melia** L.

落叶乔木或灌木。1～3回羽状复叶，互生。腋生圆锥花序由多数二歧聚伞花序组成；花两性；萼5～6裂，裂片覆瓦状排列；花瓣5～6，旋转状排列；雄蕊10～12，花丝合生成管状，先端10～12齿裂，花药着生于雄蕊管上部内侧裂齿间；花盘环状；子房3～6室，每室有叠生胚珠1～2。核果，外果皮肉质，内果皮木质，每室有1种子；种子无翅，胚乳肉质。

20种，分布于东半球热带及亚热带。我国有3种，分布于西南及东南部。青岛有1种。

1. 楝　楝树（图505）

Melia azedarach L.

落叶乔木，高达10米。树皮暗褐色，纵裂；幼枝被星状毛，老时紫褐色，皮孔多而明显。2～3回奇数羽状复叶，长20～45厘米；小叶卵形、椭圆形或披针形，长3～5厘米，宽2～3厘米，先端短渐尖或渐尖，基部阔楔形或近圆形，

图505　楝

1. 花枝；2. 果序；3. 花；
4. 花纵剖，示雄蕊、雌蕊；5. 子房横切

稍偏斜，边缘有钝锯齿，下面幼时被星状毛，后两面无毛；叶柄长达 12 厘米，基部膨大。圆锥花序腋生；花芳香，长约 1 厘米，有花梗；苞片条形，早落；花萼 5 深裂，裂片长卵形，长约 3 毫米，外面被短柔毛，花瓣 5，淡紫色，倒卵状匙形，长约 1 厘米，两面均被短柔毛；雄蕊 10 ~ 12，长 7 ~ 10 毫米，紫色，花丝合成管状，花药黄色，着生于雄蕊管上端内侧；子房球形，3 ~ 6 室，无毛，每室有 2 胚珠，柱头顶端有 5 齿，隐藏子管内。核果，椭圆形或近球形，长 1 ~ 2 厘米，径约 1 厘米，4 ~ 5 室，每室有 1 种子。花期 5 月；果期 9 ~ 10 月。

全市各地普遍栽培。国内分布于河北省以南，东至台湾，南至海南岛，西至四川、云南。

木材供建筑、家具、农具等用材。皮、叶、果药用，有祛湿、止痛及驱蛔虫的作用。根、茎、皮可提取栲胶。种子油可制肥皂、润滑油。

六十五、芸香科 RUTACEAE

乔木或灌木，稀藤本及草本。植物体内含挥发性的芳香油点；枝有刺或无刺。羽状复叶或单叶、单身复叶，互生或对生；无托叶。花两性、单性或杂性，单生、簇生或组成总状、穗状、聚伞或圆锥花序，花辐射对称，稀两侧对称；萼片 4 ~ 5，稀 3 或多数，覆瓦状排列；花瓣与萼片同数或缺；雄蕊 4 ~ 5，或为花瓣的倍数，稀更多，花丝离生，或在中部以下连合成束；花盘环形或杯状，复雌蕊或离生雌蕊；子房上位，心皮 1 ~ 5 或多数，每心皮有胚珠 1 ~ 2，稀多数。蓇葖果、蒴果、核果、浆果、柑果或翅果；种子有胚乳或缺，胚直伸或弯曲。

约 150 属，1600 余种，多分布于热带及亚热带。我国有 28 属，约 151 种，28 变种，主要分布于华南及西南。青岛有木本植物 4 属，7 种。

分属检索表

1. 奇数羽状复叶。
  2. 复叶对生，枝无刺；两性花，核果。
    3. 侧芽不被叶柄基部包盖；心皮分离，仅基部略结合；蓇葖果1 ~ 5 ……… 2.四数花属Tetradium
    3. 侧芽为叶柄基部包盖；心皮合生，子房5室；核果……………………… 3.黄檗属Phellodendron
  2. 复叶互生，枝有皮刺；花小，单性异株或杂性，蓇葖果 ………………… 1.花椒属Zanthoxylum
1. 三出复叶，落叶性；茎有枝刺；柑果密被短柔毛……………………………………… 4.枳属Poncirus

（一）花椒属 Zanthoxylum L.

乔木、灌木或木质藤本，落叶或常绿。有皮刺。奇数羽状复叶，稀三小叶复叶或单身复叶，互生，叶缘有锯齿及半透明的油点，有对生的托叶，或为扁平钩刺，花单性或杂性，雌、雄同株或异株，簇生或伞房、聚伞圆锥花序，顶生或腋生；花略不整齐，萼片 4 ~ 5，稀 3 ~ 8；花瓣与萼片同数，或不易区分或缺花瓣；雄花有雄蕊 4 ~ 8，有退化雌蕊；雌花无退化雄蕊，或有小鳞片状体，生于花盘基部；心皮 2 ~ 5，离生，每室有2并生胚珠。聚合蓇葖果，有两层分离的果皮，熟时外皮革质，表面有粗大的油脂点，内皮纸质，淡黄色；种子黑色，有光泽，胚乳肉质，含油丰富。

约250种，分布于亚洲、非洲、大洋洲、美洲。我国约39种，14变种，主要分布于西南及南部各省区。青岛有4种。

分种检索表

1. 单花被，总叶柄及叶轴两侧或多或少有狭翅。
  2. 叶轴上翼翅条状，不明显；小叶片纸质、厚纸质，卵形、宽卵形或椭圆形。
    3. 子房及蓇葖果通常无柄；小叶片上面光滑，下面沿齿缝有油点……………………1.花椒Z. Bge.anum
    3. 子房及蓇葖果基部有短柄；小叶片上面散生刚毛，下面密布油点………… 2.野花椒Z. simulans
  2. 叶轴上有宽而明显的翼翅；叶片革质，披针形至椭圆状披针形 …………… 3.竹叶花椒Z. armatum
1. 花有萼片和花瓣之分；总叶柄两侧通常无翅…………………………………………4.青花椒Z. schinifolium

1. 花椒（图506）

Zanthoxylum Bge.anum Maxim.

落叶小乔木或灌木，高可达7米，通常2～3米。树皮深灰色，有扁刺及木栓质的瘤状突起；小枝灰褐色，被疏毛或无毛，有白色的点状皮孔；托叶刺常基部扁宽，对生。奇数羽状复叶，有小叶5～11；小叶片纸质或厚纸质，卵圆形或卵状长圆形，长1.5～7厘米，宽1～3厘米，先端尖或微凹，基部圆形，边缘有细锯齿，齿缝间常有较明显的半透明油点，上面平滑，下面脉上常有疏生细刺及褐色簇毛；总叶柄及叶轴上有不明显的狭翅，聚伞状圆锥花序，顶生；花单性、单被，花被片4～8，黄绿色；雄花通常有5～7雄蕊，花丝条形，药隔中间近顶处常有1色泽较深的油点；雌花有3～4心皮，稀至7，脊部各有1隆起膨大的油点，子房无柄，花柱侧生，外弯。蓇葖果圆球形，2～3聚生，基部无柄，熟时外果皮红色或紫红色，密生疣状油点；种子圆卵形，径3.5毫米。花期4～5月；果期7～8月或9～10月，因品种而不同。

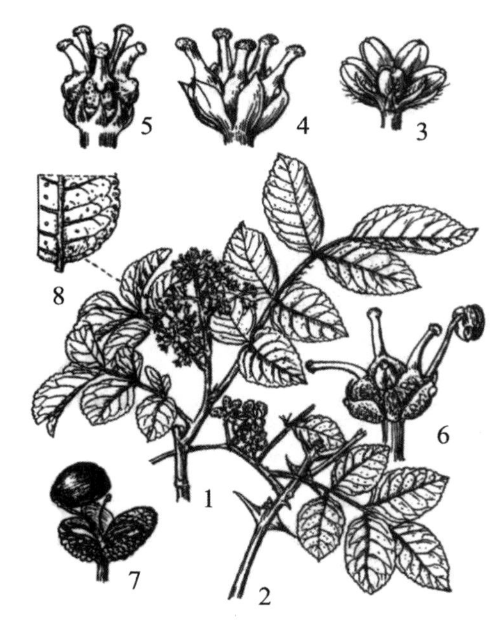

图506 花椒

1. 花枝；2. 果枝；3. 雄花；4～5. 雌花；6. 两性花；7. 蓇葖果；8. 小叶基部放大

产于崂山太清宫、北九水、仰口、华严寺、劈石口等地；各地常见栽培。国内分布于北起东北南部，南至五岭北坡，东南至江苏、浙江沿海一带，西南至西藏。

果皮为调料，并可提取芳香油，又可药用，有散寒燥湿、杀虫的功效。种子可榨油。

图 507　野花椒

1. 果枝；2 ~ 3. 叶片下部及先端放大；4. 雄花；5. 雄蕊；6. 退化雌蕊；7. 各种花被片；8. 蓇葖果；9. 种子

图 508　竹叶花椒

1. 果枝；2. 雄花；3. 雌花；4. 小叶基部放大；5. 果穗一段

2. 野花椒（图 507）

Zanthoxylum simulans Hance

小乔木或灌木状，枝干散生基部宽扁锐刺，幼枝被柔毛或无毛。奇数羽状复叶，叶轴具窄翅；小叶 5 ~ 9，稀 15，对生，无柄，卵圆形、卵状椭圆形或菱状宽卵形，长 2.5 ~ 7 厘米，宽 1.5 ~ 4 厘米，先端尖或短尖，基部宽楔形或近圆，密被油腺点，上面疏被刚毛状倒伏细刺，下面无毛或沿中脉两侧被疏柔毛，干后黄绿或暗绿褐色，疏生浅钝齿。聚伞状圆锥花序顶生，花被片 5 ~ 8，1 轮，大小近相等，淡黄绿色；雄花有雄蕊 5 ~ 8，稀 10；雌花具 2 ~ 3 心皮。果红褐色，果瓣基部骤缢窄成 1 ~ 2 毫米短柄，密被微凸油腺点，果瓣径约 5 毫米。花期 3 ~ 5 月；果期 7 ~ 9 月。

产于崂山大梁沟、太清宫及大管岛等地。国内分布于陕西、河北、河南、安徽、江苏、浙江、福建、江西、广东、湖南、湖北及贵州等省区。

果、叶及根药用，为健胃药，可止吐泻及利尿。叶及果可作食品调味料。果皮及种子可提取芳香油及油脂。

3. 竹叶花椒　山椒（图 508）

Zanthoxylum armatum DC.

Z. planispinum Sieb.et Zucc.

半常绿灌木，高 1 ~ 1.5 米。枝直立扩展，皮暗灰褐色，皮刺通常呈弯钩状斜升，基部扁宽，在老干上木栓化，复叶有小叶 3 ~ 7，稀 9；小叶披针形至椭圆形披针形，革质，长 5 ~ 9 厘米，宽 1 ~ 3 厘米，先端渐尖或急尖，基部楔形，全缘或有细圆钝齿，上面光绿色，下面淡绿色，无毛或仅在幼嫩时沿叶脉有小皮刺，总叶柄及叶轴有宽翅和刺。聚伞状圆锥花序，腋生，长 2 ~ 6 厘米，较扩展；

花单性，花被片 6 ~ 8，三角形或细钻头状，黄绿色；雄花有雄蕊 6 ~ 8；雌花有 2 ~ 4 心皮。蓇葖果 1 ~ 2，球形，熟时外皮红棕色至暗棕色，有油点；种子卵球形，径 3.5 ~ 4 毫米，黑色，有光泽。花期 5 ~ 6 月；果期 8 ~ 9 月。

产于崂山太清宫、流清河等地，生于山坡、沟谷灌丛及疏林内；即墨岙山广青生态园栽培。国内分布于山东以南，南到海南，东南至台湾，西南至西藏东南部。

果皮、种子、嫩叶可作调料；亦可药用，为散寒燥湿剂，叶奇特，浓绿有光泽，可做盆景的植物材料。

4. 青花椒 香椒子 花椒 崖椒（图 509）

Zanthoxylum schinifolium Sieb.et Zucc.

落叶灌木，高 1 ~ 3 米。树皮暗灰色，常有平直而锐尖的皮刺；小枝褐色或暗紫色，光滑无毛。奇数羽状复叶有小叶 11 ~ 17；小叶片披针形或椭圆形披针形，长 1.5 ~ 4.5 厘米，宽 0.7 ~ 1.5 厘米，先端渐尖、急尖或钝，基部楔形，边缘有细锯齿，齿缝间常有油脂点，上面绿色，下面苍绿色，叶肉内有稀疏油点；在总叶柄的下面常疏生毛状小刺，小叶柄短，总叶柄两侧通常无窄翅。伞房状圆锥花序，长 3 ~ 8 厘米；总花序梗无毛；萼片 5，宽卵形，先端钝尖；花瓣 5，长圆形或卵形，淡黄绿色；雄花有雄蕊 5；雌花通常有 3 心皮，近无花柱。蓇葖果 3，顶端常有 1 短喙状尖，熟时灰绿色至棕绿色，外皮油脂点不隆起；种子卵状圆球形，径 4 毫米，蓝黑色，有光泽。花期 6 ~ 7 月；果期 9 ~ 10 月。

图 509　青花椒

1. 果枝；2. 花；3. 果穗一段；4. 小叶先端放大

产于崂山，浮山，大珠山，大泽山，即墨豹山及灵山岛等地，生于山沟、山坡灌丛、林缘及岩石缝隙间。国内分布除云南以外的南北各省区。

叶、果皮可作调料，亦可提制香精，供药用及工业用。种子含油量高，芳香味浓，属半干性油，可作多种工业的油脂原料。

（二）四数花属 Tetradium Lour.

落叶或常绿，乔木或灌木。枝无刺；冬芽裸生。奇数羽状复叶，对生；侧生小叶基部通常不对称。花单性，雌、雄异株或同株，稀两性；伞房花序或聚伞状圆锥花序；花辐射对称；萼片 4 ~ 5，覆瓦状排列，基部合生；花瓣 4 ~ 5，在芽内镊合状排列；雄花有雄蕊 4 ~ 5，生于花盘外缘，有退化雌蕊；雌花有 4 ~ 5 心皮，基部合生或离生，每室胚珠 2。蓇葖果 1 ～ 5，每蓇葖果 2 瓣裂，瓣裂先端常有喙状尖，果皮 2 层，内含 1 或 2 种子；种子常有增大的珠柄，种仁胚乳肉质。

约 9 种，分布于东亚、南亚和东南亚。我国 7 种。青岛有 1 种。

1. 臭檀吴茱萸 臭檀 抛辣子 达氏吴茱萸（图 510）

Tetradium daniellii (Benn.) T. G. Hartley

Evodia daniellii (Benn.) Hemsl.

图 510 臭檀吴茱萸

1. 果枝；2. 聚合蓇葖果；3. 一个蓇葖；4. 种子

落叶乔木，高可达 15 米，胸径可达 30 厘米，树冠伞形或扁球形。树皮暗灰色，平滑，老时常出现横裂纹；小枝近红褐色，皮孔显著，初被短柔毛，后脱落。奇数羽状复叶，对生，有小叶 5 ～ 11；小叶卵形至椭圆状卵形，长 5 ～ 13 厘米，宽 3 ～ 6 厘米，先端渐尖，基部圆形或宽楔形，全缘或有不明显的钝锯齿，上面绿色，无毛，下面淡绿色，沿叶脉或在中脉基部有白色长柔毛；小叶无柄，总叶柄长 13 ～ 16 厘米。聚伞状圆锥花序，顶生，径 10 ～ 16 厘米；花序轴及花梗上被细毛；花小，花瓣卵状长椭圆形，白色。蓇葖果，裂瓣长 6 ～ 8 毫米，顶端弯曲呈明显的喙尖状，成熟时外皮由灰绿色变紫红色至红褐色，每蓇葖果内有种子 2，上下叠生，上粒大，下粒小；种卵状半球形，长 3.5 毫米，黑色。 花期 6 ～ 7 月；花期 9 ～ 10 月。

产于崂山太清宫、北九水、滑溜口、解家河及灵山岛等地，生于山沟、溪旁、林缘及杂木林。国内分布于辽宁省以南、黄河流域至长江流域中部各省区。

木材适做各种家具、器具。种子可榨油并药用。

（三）黄檗属 Phellodendron Rupr.

落叶乔木。树皮常有发达的木栓层；枝无刺；无顶芽，冬芽无鳞片但为叶柄覆盖。奇数羽状复叶，对生，小叶有短柄，缘有细锯齿，齿缝及叶肉内常有油腺点。花单性，雌雄异株，组成顶生聚伞或伞房状的圆锥花序；花辐射对称；萼片 5，披针形；花瓣 5 ～ 8，雄花有雄蕊 5 ～ 6，花丝略长，生于花盘基部，花药背着，药隔顶端有突尖；雌花有退化雄蕊呈鳞片状，子房有短柄 ，5 心皮合成 5 室，每室有 1 胚珠，柱头 5 裂，花柱短。核果近球形，果皮粘胶质，多有特殊气味；种核 5，扁卵形，有肉质薄胚乳。

约 4 种，分布于亚洲东部温暖带。我国有 2 种，1 变种，主要分布于东北至西南各省。青岛栽培 1 种。

1. 黄檗 黄柏 黄波罗（图 511）

Phellodendron amurense Rupr.

乔木，高 10 ~ 15 米，胸径 20 ~ 30 厘米，树皮淡灰褐色，深网状沟裂，木栓层发达，内层皮薄，鲜黄色；小枝橙黄或黄褐色，无毛；叶柄下芽常密被黄褐色的短毛。奇数羽状复叶，有小叶 5 ~ 13；小叶片卵形或卵状披针形，长 5 ~ 12 厘米，宽 3.5 ~ 4.5 厘米，先端长渐尖。基部一边圆形，一边楔形，不对称，锯齿细钝不明显，缘常有睫毛，幼叶两面无毛，或仅在下面脉基处有长柔毛。聚伞圆锥花序顶生，长 6 ~ 8 厘米；花序轴及小花梗上均被细毛；花单性，雌雄异株；萼片及花瓣各为 5，黄绿色；雄蕊 5，花丝基部有毛。浆果状核果，成熟时紫黑色，径约 1 厘米，破碎后有特殊的酸臭味；种核扁卵形，长约 5 ~ 6 毫米，灰黑色，外皮骨质。花期 5 ~ 6 月；果期 9 ~ 10 月。

图 511 黄檗

1. 果枝；2. 小枝一段，示柄下芽；3. 小叶片先端放大，示缘毛；4. 雄花；5. 雌花；6. 雌蕊；7. 雄蕊

崂山崂顶、明霞洞、洞西岐、白龙湾等及浮山，山东科技大学有栽培，浮山有大树。国内分布于东北和华北地区及河南、安徽。

木材可做家具及胶合板材。木栓层可做软木塞及绝缘材料。内皮药用，有清热泻火、燥湿解毒的功效。果能驱虫；种子可榨油，制皂及工业用。

（四）枳属 **Poncirus** Raf.

落叶或半常绿的灌木或小乔木。枝扁形，绿色，有分叉状的枝刺，芽小、球形，被少数芽鳞。三出复叶或单身复叶，互生，小叶片无柄，叶肉内有半透明的油腺点。花两性，单生、对生或簇生，常在春季先叶开花，花辐射对称；萼片 5，镊合状排列；花瓣 5，覆瓦状排列，花盘环状，大而明显；雄蕊 8 ~ 20，离生；子房 6 ~ 8 室，每室胚珠 4 ~ 8，常排成 2 列，花柱短，柱头肥大。柑果球形，外皮厚，密生绒毛，内皮肉瓤液味酸苦；种子较多，无胚乳。

含 2 种，分布于我国长江中游两岸各省及淮河流域一带。青岛栽培 1 种。

1. 枳 枸橘 臭橘子 臭杞

Poncirus trifoliata (L.)Raf.（图 512）

Citrus trifoliata L.

落叶小乔木，高可达 5 米，基径可达 25 厘米。干低矮，树皮浅灰绿色，浅纵裂；分枝密，刺扁长而粗壮。三出复叶；总叶柄长 1 ~ 3 厘米，两侧有明显的翼翅；顶生

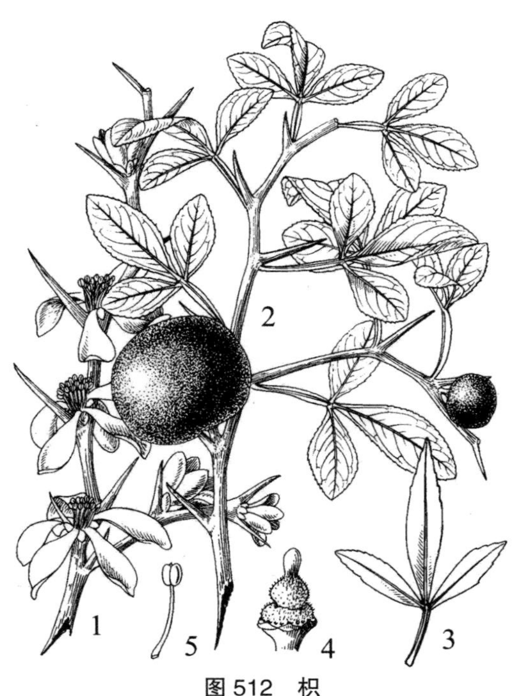

图 512　枳
1. 花枝；2. 果枝；3. 三出复叶；4. 雌蕊；5. 雄蕊

小叶椭圆形或倒卵形，长 1.5 ~ 5 厘米，宽 1 ~ 3 厘米，先端钝圆或微凹，基部楔形，两侧的小叶比顶生的小叶略小，以椭圆形卵形为主，基部略偏斜，全缘或有波状钝锯齿，叶片革质或纸质，上面光滑，下面中脉嫩时有毛。花白色，有香气，有短梗；萼片卵形，长 5 ~ 6 毫米,淡绿色;花瓣匙形,长 1.8 ~ 3 厘米，先端钝圆，基部有爪。柑果球形，熟时黄绿色，径 3 ~ 5 厘米，有粗短柄，外被灰白色密柔毛，有时在树上经冬不落。花期 4 ~ 5 月；果期 9 ~ 10 月。

崂山，中山公园，崂山区，城阳区，黄岛区，胶州市，平度市，即墨市有栽培。国内分布于黄河流域以南各省区。

供作绿篱。果药用，小果制干或切半称“枳实”，成熟的果实为“枳壳”，均有理气、破积、消炎、止痛的作用。种子可榨油。叶、花、果可提制香精油。

六十六、五加科 ARALIACEAE

乔木、灌木或木质藤本，稀多年生草本。有刺或无刺。叶互生，稀轮生。单叶、掌状或羽状复叶；托叶常与叶柄基部连成鞘状，稀无托叶。花整齐，两性或杂性，稀单性异株；伞形、头状、总状或穗状花序，再组成各类复花序；苞片宿存或早落。花梗具关节或无；萼筒与子房连合，具萼齿或近全缘；花瓣 5 ~ 10，在芽内镊合状或覆瓦状排列，稀帽盖状；雄蕊与花瓣同数，或为其倍数，着生花盘边缘，丁字药；子房下位，2 ~ 15 室，稀多数，花柱与子室同数，离生、部分连合或连成柱状；胚珠倒生，单个悬垂子室顶端。核果或浆果状。种子常侧扁，胚乳均匀或嚼烂状。

60 余属，约 1200 种，分布于热带至温带。我国 23 属，约 175 种。除新疆外，全国各地均有分布。青岛有 6 属，8 种，1 变种。

分属检索表

1. 单叶或掌状（偶三出）复叶。
　2. 单叶。
　　3. 常绿性，植株无刺。
　　　4. 直立灌木或小乔木（熊掌木成株有时呈倾俯状），无气生根。
　　　　5. 叶片掌状（5）7 ~ 9裂；茎干挺直 ································· 1.八角金盘属Fatsia
　　　　5. 叶片一般掌状5裂，有时3裂，茎干较柔弱 ························· 3.熊掌木属 ×Fatshedera

4. 攀援性，气生根发达，叶片3～5裂或在花枝上的不分裂 ························ 2.常春藤属Hedera

3. 落叶乔木，树干和枝具宽扁皮刺；叶掌状分裂 ································· 4.刺楸属Kalopanax

2. 掌状或三出复叶，植物体常有皮刺 ··· 5.五加属Eleutherococcus

1. 羽状复叶，植物体通常有刺·· 6.楤木属Aralia

（一）八角金盘属 Fatsia Decne.et Planch.

灌木或小乔木。叶为单叶，叶片掌状分裂，托叶不明显。花两性或杂性，聚生为伞形花序，再组成顶生圆锥花序；花梗无关节；萼筒全缘或有 5 小齿；花瓣 5，在花芽中镊合状排列；雄蕊 5；子房 5 或 10 室；花柱 5 或 10，离生；花盘隆起。果实卵形。

2 种，我国产 1 种，另 1 种产日本。青岛栽培 1 种。

1. 八角金盘（图 513）

Fatsia japonica (Thunb.) Dcne.et Planch.

常绿灌木，高可达 5 米。幼枝叶具易脱落的褐色毛。叶掌状 7 ~ 9 裂，径 20 ~ 40 厘米；裂片卵状长椭圆形，有锯齿，表面有光泽；叶柄长 10 ~ 30 厘米。花两性或单性，伞形花序再集成顶生大圆锥花序；花小，白色，子房 5 室。浆果紫黑色，径约 8 毫米。花期秋季；果期翌年 5 月。

原产日本。中山公园，山东科技大学，即墨二十八中有栽培。我国长江流域及其以南各地常见栽培。

栽培供观赏。

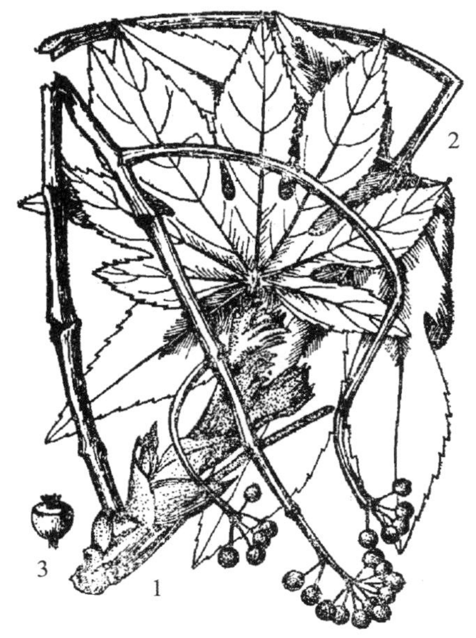

图 513 八角金盘

1. 果枝；2. 叶；3.果实

（二）常春藤属 Hedera L.

常绿攀援灌木或藤本，具气根。单叶，全缘或分裂；无托叶。伞状花序单生或组成总状。花梗无关节；萼筒近全缘或具 5 齿；花瓣 5，镊合状排列；雄蕊 5；子房 5，花柱连合。果球形，浆果状。种子卵形，胚乳嚼烂状。

5 种，产亚洲、欧洲及非洲北部。我国有 1 种，2 变种。青岛有 2 种。

分种检索表

1. 营养枝上的叶常3 ~ 5裂，花果枝上叶卵状菱形；叶柄有毛，幼时更显著············1.洋常春藤H. helix

1. 营养枝上的叶常5裂，花果枝上的叶菱形、菱状卵形或菱状披针形；叶柄几无毛 ························ ·· 2.菱叶常春藤H. rhombea

1. 洋常春藤（图 514）

Hedera helix L.

常绿藤本，茎借气生根攀援；长可达 20 ~ 30 米。幼枝上有星状毛。营养枝上的

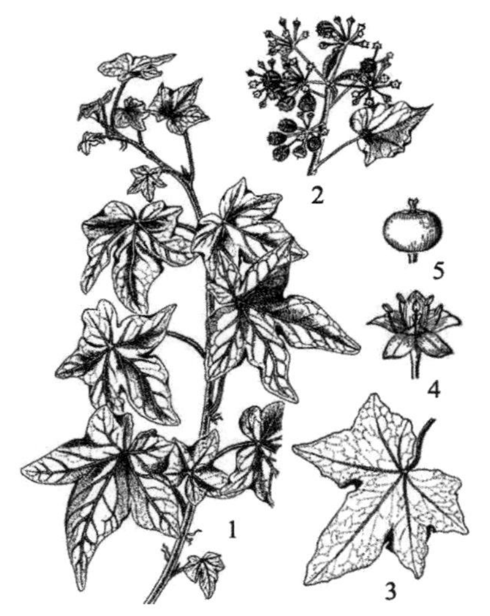

图 514 洋常春藤
1. 叶枝；2. 花枝；3. 叶；4. 花；5. 果实

图 515 菱叶常春藤
1. 花枝；2. 果枝；3. 营养枝上的叶

叶 3 ～ 5 浅裂；花果枝上叶片不裂而为卵状菱形、狭卵形，基部楔形至截形。伞形花序，具细长总梗；花白色，各部有灰白色星状毛。核果球形，径约 6 毫米，熟时黑色。

原产欧洲至高加索。全市各地常见栽培。国内黄河流域以南普遍栽培。

棚架及垂直绿化材料，性极耐阴，亦可植于林下。

（1）金边常春藤（栽培变种）

'Aureovariegata'

叶边缘金黄色。

崂山太清宫有栽培。

供观赏。

2. 菱叶常春藤（图 515；彩图 95）

Hedera rhombea (Miq.) Bean.

H. helix L. var. *rhombea* Miq.

常绿攀援藤本。枝有气生根；一年生枝疏生白色星状毛。叶革质，不育枝的叶 3 ～ 5 裂或五角形；花枝上的叶菱状卵形或菱状披针形，先端渐尖，基部圆形或阔楔形，全缘，上面绿色，下面色略淡，叶长 4 ～ 7 厘米，宽 2 ～ 7 厘米，掌状叶脉，上面沿脉色较淡，无毛；叶柄圆筒形，长 1 ～ 5 厘米，几无毛。伞形花序；总梗长 2 ～ 5 厘米，密生星状毛；花梗长约 1 厘米，有星状毛；萼 5 裂，三角形，长约 1 毫米；花瓣 5，卵状三角形，有星状毛；雄蕊 5，花丝长 2 ～ 3 毫米；子房球形，花柱合生，柱头 5 裂。果实黑色，球形，径 5 ～ 6 毫米，花柱宿存。花期 7 ～ 8 月；果熟期 11 月。

原产日本。中山公园有引种栽培，生长良好。

为棚架及垂直绿化材料。

（三）熊掌木属 Fatshedera

常绿灌木。单叶互生，常 5 裂；无托叶。伞状花序组成总状，生于枝顶。花两性，黄白色；萼筒近全缘或具 5 齿；花瓣 5，镊合状排列；雄蕊 5；子房 5 室。果球形，浆果状。一般不结实。

为一杂交属，仅记载 1 种。青岛有栽培。

1. 熊掌木

Fatshedera lizei (Hort. ex Cochet) Guillaumin

常绿性直立灌木，茎柔弱或拱垂，高达 1.2 米。单叶互生，长、宽约 7 ~ 25 厘米，掌状五裂，叶端渐尖，叶基心形，裂片全缘，新叶密被毛茸；叶柄长 5 ~ 20 厘米，基部鞘状。伞形花序，花黄白色或淡绿色，直径 4 ~ 6 毫米。花期秋季。

即墨天柱山，山东科技大学有栽培。为八角金盘与常春藤的属间杂交种。耐阴；喜凉爽湿润环境，气温过高时枝条下部的叶片易脱落，较耐寒。国内华东地区如杭州、苏州、上海等地有栽培。

（四）刺楸属 Kalopanax Miq.

有刺灌木或乔木。单叶；无托叶。花两性，伞状花序再聚成顶生圆锥花序；花梗无关节；萼 5 裂；花瓣 5，在芽中镊合状排列；子房 2 室，花柱 2，合生成柱状，柱头离生，核果浆果状，近球形；种子扁平，胚乳均一。

1 种，2 变种，分布于亚洲东部。青岛有 1 种。

1. 刺楸 刺儿楸 老虎棒子（图 516；彩图 96）

Kalopanax septemlobus (Thunb.) Koidz.

Acer septemlobum Thunb.

落叶乔木，高可达 30 米，胸径 70 厘米以上。树皮暗灰色，纵裂；小枝散生粗刺，刺基部宽而扁。叶在长枝上互生，在短枝上簇生；叶片近圆形，直径 8 ~ 25 厘米，掌状 5 ~ 7 浅裂，裂片三角状卵形，壮枝上分裂较深，裂片长超过全叶片的 1/2，先端渐尖，基部心形。两面几无毛，边缘有细锯齿，基出 5 ~ 7 脉；叶柄细长，长 8 ~ 50 厘米，无毛。圆锥花序，长 15 ~ 25 厘米，直径 20 ~ 30 厘米；伞状花序直径 1 ~ 2.5 厘米，有多数花；总花梗长 2 ~ 3.5 厘米，无毛；花梗无关节；花白色或淡绿色；萼有 5 小齿，无毛；花瓣 5，三角状卵形，长约 1.5 毫米；雄蕊 5，花丝长 3 ~ 4 毫米；花盘隆起；子房 2 室，花柱合生，柱头离生。果球形，直径约 5 毫米，蓝黑色，宿存花柱长约 2 毫米。花期 7 ~ 8 月；果熟期 11 月。

图 516 刺楸

1. 果枝；2. 小枝一段；3. 花；4. 果实

产于崂山，浮山，大珠山等地；中山公园，即墨岙山广青园栽培。国内分布于东北、华北，南至广东，西至四川西部。

木材可供建筑、雕刻及制作家具、乐器等用。根药用有清热祛痰、收敛镇痛的功效，嫩叶可食。树皮及叶含鞣质，提取栲胶。种子榨油，供工业用。

（五）五加属 Eleutherococcus Maxim.

灌木，直立或蔓生，稀为乔木；枝有刺，稀无刺。叶为掌状复叶，有小叶 3 ～ 5，托叶不存在或不明显。花两性，稀单性异株；伞形花序或头状花序通常组成复伞形花序或圆锥花序；花梗无关节或有不明显关节；萼筒边缘有 5 ～ 4 小齿，稀全缘；花瓣 5，稀 4，在花芽中镊合状排列；雄蕊 5，花丝细长；子房 5 ～ 2 室；花柱 5 ～ 2，离生、基部至中部合生，或全部合生成柱状，宿存。果实球形或扁球形，有 5 ～ 2 棱；种子胚乳匀一。

约 35 种，分布于亚洲。我国 26 种，分布几遍及全国。青岛栽培 2 种。

分种检索表

1. 伞形花序通常腋生，或生于短枝顶端，花柱离生或基部合生……………………………1.五加E. nodiflorus

1. 5～6头状花序组成圆锥状或复伞形花序，顶生，花柱全部合生成柱状，柱头离生………2.无梗五加E. sessiliflorus

1\. 五加　细柱五加（图 517）

Eleutherococcus nodiflorus (Dunn) S. Y. Hu

Acanthopanax nodiflorus Dunn

Acanthopanax gracilistylus W. W. Smith

灌木，高 2 ～ 3 米；枝灰棕色，蔓生状，无毛，节上常疏生反曲扁刺。叶有小叶 5，稀 3 ～ 4，长枝上互生，短枝上簇生；叶柄长 3 ～ 8 厘米，无毛，有细刺；小叶倒卵形至倒披针形，长 3 ～ 8 厘米，宽 1 ～ 3.5 厘米，先端尖至短渐尖，基部楔形，两面无毛或沿脉疏生刚毛，缘有细钝齿，侧脉 4 ～ 5 对，两面均明显，下面脉腋间有淡棕色簇毛；几无小叶柄。伞形花序单个，稀 2 个腋生，或顶生在短枝上，径约 2 厘米，有花多数；总花梗长 1 ～ 2 厘米，结实后延长，无毛；花梗细长，长 6 ～ 10 毫米，无毛；花黄绿色；萼片近全缘或有 5 小齿；花瓣 5，长圆状卵形，先端尖，长 2 毫米；雄蕊 5，花丝长 2 毫米；子房 2 室；花柱 2，细长，离生或基部合生。果实扁球形，长约 6 毫米，宽约 5 毫米，黑色；宿存花柱长 2 毫米，反曲。花期 4 ～ 8 月；果期 6 ～ 10 月。

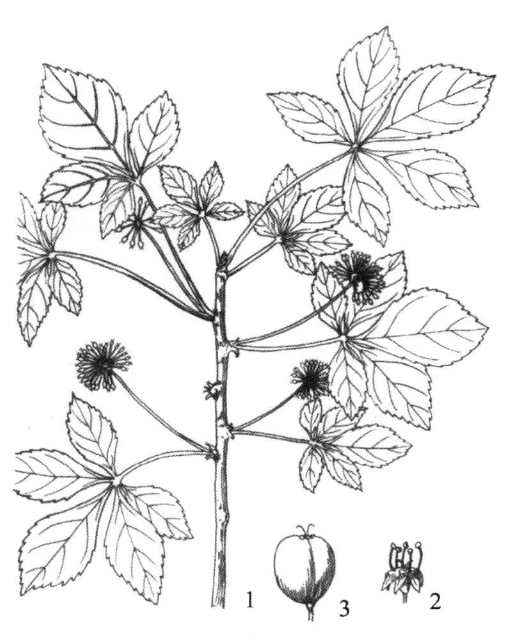

图 517　五加
1. 花枝；2. 花；3. 果实

崂山，胶州市等地栽培。国内分布于江苏、安徽、浙江、福建、江西、湖北、湖南 、广东、广西、云南、贵州、四川、甘肃、陕西及山西等省区。

为著名中药，称“五加皮”，可泡制“五加皮酒”，为强壮剂，可祛风湿，强筋骨、活血去瘀。嫩叶可作蔬菜，叶治皮肤风痒。树皮含芳香油；枝叶煮水液，可治棉蚜、菜虫。

2. 无梗五加（图 518）

Eleutherococcus sessiliflorus (Rupr. et Maxim.) S.Y.Hu

Acanthopanax sessiliflorus (Rupr. Maxim.) Seem.；*Panax sessiliflorum* Rupr. & Maxim.

小乔木或灌木。小枝无刺或疏被短刺。小叶 3 ~ 5，纸质，倒卵形、长圆状倒卵形或长圆状披针形，长 7 ~ 18 厘米，具锯齿，近无毛，侧脉 5 ~ 7 对；叶柄长 3 ~ 12 厘米，有时被小刺，小叶柄 长 0.2 ~ 1 厘米。头状花序 5 ~ 6 组成圆锥状或复伞形花序，花序梗长 0.5 ~ 3 厘米，密被柔毛。花无梗；萼筒密被白色绒毛，具 5 小齿；花瓣紫色，初被柔毛；子房 2 室，花柱连合，顶端离生。果倒卵状球形，长 1 ~ 1.5 厘米，稍具棱，黑色；宿存花柱长 2 ~ 3 毫米。花期 8 ~ 9 月；果期 9 ~ 10 月。

崂山区大河东有栽培。国内分布于黑龙江、吉林、辽宁、内蒙古、河北、山西、山东等省区。

根皮泡制“五加皮药酒”，可除风湿、健胃、利尿。

图 518　无梗五加
1. 花枝；2. 花；3. 果实

（六）楤木属 **Aralia** L.

小乔木，灌木或多年生草本；通常有刺，稀无刺。1 至数回羽状复叶；托叶和叶柄基部合生，稀无托叶。花杂性，伞状花序，稀为头状花序，再组成圆锥状花序；苞片和小苞片宿存或早落；花梗有关节；萼筒边缘有 5 小齿，花瓣 5，在花芽中覆瓦状排列；雄蕊 5，花丝细长；子房 5 室，稀 4 ~ 2 室；花柱 5，稀 4 ~ 2，离生或基部合生；花盘小。浆果核果状，球形，有 5 棱，稀 4 ~ 2 棱；种子白色，侧扁，胚乳均一。

约 30 种，多分布于亚洲，少数分布北美洲。我国有 30 种。青岛有 1 种，1 变种。

1. 楤木（图 519）

Aralia elata (Miq.) Seem.

Dimorphanthus elatus Miq.

灌木或乔木，高 2 ~ 5 米，稀达 8 米。树皮灰色，疏生粗壮直刺；小枝淡灰棕色，有黄棕色绒毛，疏生细刺。二回或三回羽状复叶，

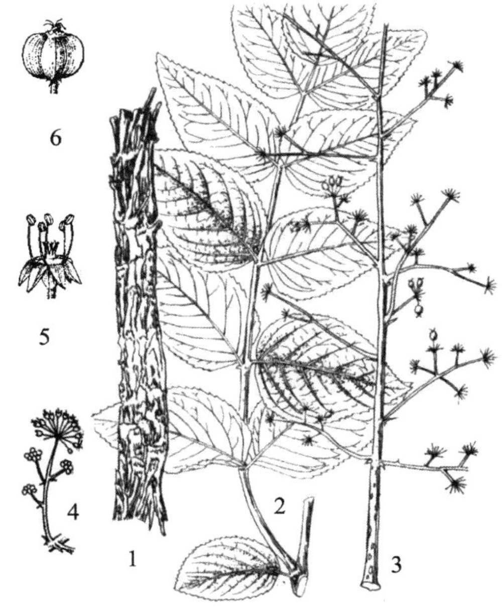

图 519　楤木
1. 茎干一段；2. 羽片；3. 花序的一段；4. 部分花序放大；5. 花；6. 果实

长 50 ~ 100 厘米，叶轴无刺或有细刺，有小叶 5 ~ 11，稀 13，基部有小叶 1 对；叶柄粗壮，长可达 50 厘米；托叶与叶柄基部合生，耳廓形，长 1.5 厘米或更长；小叶纸质至薄革质，卵形、阔卵形或长卵形，长 5 ~ 12 厘米，稀达 19 厘米，宽 3 ~ 8 厘米，先端渐尖或短渐尖，基部圆形，上面粗糙，疏生糙毛，下面有淡黄色或灰色短柔毛，脉上更密，边缘有锯齿，稀为细锯齿或不整齐粗重锯齿，侧脉 7 ~ 10 对，两面均明显，网脉在上面不甚明显，下面明显；小叶无柄或有长 3 毫米的柄，顶生小叶柄长 2 ~ 3 厘米。圆锥花序大，长 30 ~ 60 厘米；分枝长 20 ~ 35 厘米，密生淡黄棕色或灰色短柔毛；伞形花序直径 1 ~ 1.5 厘米，有花多数；总花梗长 1 ~ 4 厘米，密生短柔毛；苞片锥形，膜质，长 3 ~ 4 毫米，外面有毛；花梗长 1 ~ 6 毫米，密生短柔毛，稀为疏毛；花白色，芳香；萼无毛，长约 1.5 毫米，边缘有 5 个三角形小齿；花瓣 5，卵状三角形，长 1.5 ~ 2 毫米；雄蕊 5，花丝长约 3 毫米；子房 5 室；花柱 5，离生或基部合生。果实球形，黑色，直径约 3 毫米，有 5 棱；宿存花柱长 1.5 毫米，离生或合生至中部。花期 7 ~ 9 月；果期 9 ~ 12 月。

图 520　辽东楤木

1. 叶片的一部分；2. 花序的一段；3. 茎干一段；2. 羽片；4. 花；5. 去掉花冠的花

产于崂山及大珠山石门寺等地。国内分布于北自甘肃、陕西，南至云南、广西等省区。

木材可制作手杖及器具。根药用，有治胃炎，肾炎及风湿痛之功效，亦可外敷治刀伤。

（1）辽东楤木 老虎刺（变种）（图 520）

var. **glabrescens** (Franch. & Sav.) Pojark.

与原种的主要区别是：小叶膜质或纸质，背面无毛或疏生短柔毛，在脉上具小刺。花梗长 5 ~ 10 毫米。

产崂山、大珠山、灵山岛等地。山东科技大学有栽培。国内分布于河北、黑龙江、吉林、辽宁等省区。

木材可制作小器具。根皮药用，有消炎、活血、散瘀、健胃、利尿的功效。嫩叶可食。

六十七、醉鱼草科 BUDDLEJACEAE

乔木、灌木或亚灌木。植株无内生韧皮部，常被星状毛、腺毛或鳞片。单叶，对生或轮生，稀互生，全缘或具锯齿，羽状脉；叶柄短，托叶生于 2 叶柄基部之间呈叶状或托叶线。花两性，辐射对称，单生或多朵组成聚伞花序，再排成总状、穗状、圆锥状或头状花序。花 4 数；花萼及花冠裂片覆瓦状排列；雄蕊着生花冠筒内壁，花丝短，花药2（4）室，纵裂；子房上位，2（4）室，每室胚珠多数；花柱1，柱头全缘或2裂。蒴果，2瓣裂，稀浆果或核果；种子多粒，常具翅；胚乳肉质，胚直伸。

含1属，约100种，分布于美洲、非洲及亚洲热带至温带地区。我国约25种，除东北和新疆外，全国各省区均有分布。青岛有4种。

（一）醉鱼草属 **Buddleja** L.

灌木或乔木，稀草本。叶对生，稀互生；有托叶。花两性；总状或穗状花序，再排成聚伞花序或圆锥花序；苞片条形；花4数；萼合生；花冠管状或漏斗状，花冠裂片在芽中覆瓦状排列；雄蕊着生于花冠管壁上，花药近无柄，基部着生，大部内藏，子房2室，胚珠多数。蒴果室间开裂；种子多数，细小，两端有尾状翅；有胚乳。

约100种，分布于美洲、非洲和亚洲的热带至温带地区。我国约25种，除东北和新疆外，全国各省区均有分布。青岛栽培4种。

分种检索表

1. 叶对生。
  2. 花冠管直立。
    3. 子房被星状毛；叶卵形或卵状长圆形，在短枝上的为椭圆形或匙形，边缘具波状锯齿，有时幼叶全缘 ………………………………………… 2.皱叶醉鱼草B. crispa
    3. 子房光滑无毛；叶卵状披针形至披针形，疏生细锯齿 ………………… 3.大叶醉鱼草B. davidii
  2. 花冠管弯曲；嫩枝、叶被棕黄色星状毛；叶卵形至卵状披针形，长3～11厘米，宽1～5厘米，全缘或疏生波状齿；花冠长1.5～2 厘米 ………………………………… 1.醉鱼草B. lindleyana
1. 叶在长枝上互生，披针形或线状披针形，长3～10厘米，宽2～10毫米；在短枝上簇生，花枝上或短枝上的叶很小，椭圆形或倒卵形，长5～15毫米；花紫蓝色 …………… 4.互叶醉鱼草B. alternifolia

1. 醉鱼草 雉尾花（图521）

Buddleja lindleyana Fort.

直立灌木，高1～1.5米。小枝四棱形，灰棕色，有窄翅，无毛，嫩枝、叶及花序被棕黄色星状毛。叶对生，萌芽枝条上的叶为互生或近轮生，卵形、椭圆形至长圆状披针形，长3～11厘米，宽1～5厘米，先端渐尖至尾尖，基部宽楔形至圆形，全缘或有波状齿，叶上面干时暗绿色，幼时被星状柔毛，后变无毛，叶下面黄绿色，被星状毛；叶柄长2～15毫米，被星状毛。总状聚伞花序，顶生，直立，长4～40厘米，花序轴被星状毛及黄色腺点；花紫色，有短柄，长1～2毫米，基部有短小钻形苞片；花萼钟状，长约4毫米，外面密被星状毛和小鳞片，裂片三角形；花冠弯曲，早落，长1.3～2厘米，花冠外面被星状毛或小鳞片，裂片近圆形，有细柔毛；雄蕊着生于花冠筒下部或近基部，花药卵形，顶端有尖头，基部耳状；子房卵形，无毛，有金黄色

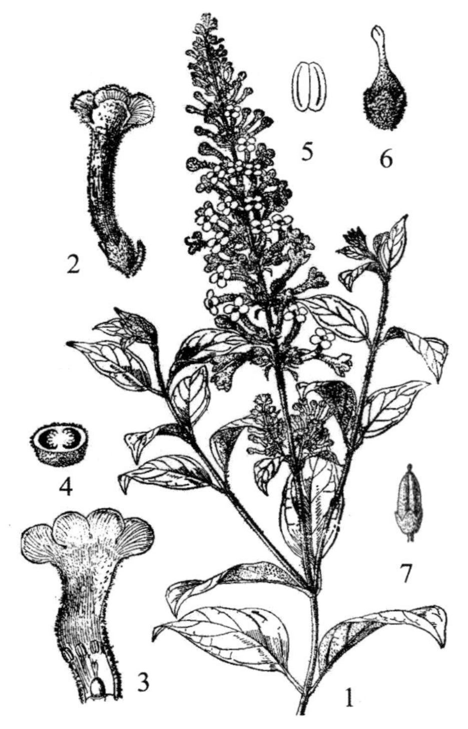

图 521　醉鱼草

1. 花枝；2. 花；3. 花冠展开；
4. 子房横切；5. 雄蕊；6. 雌蕊；7. 果实

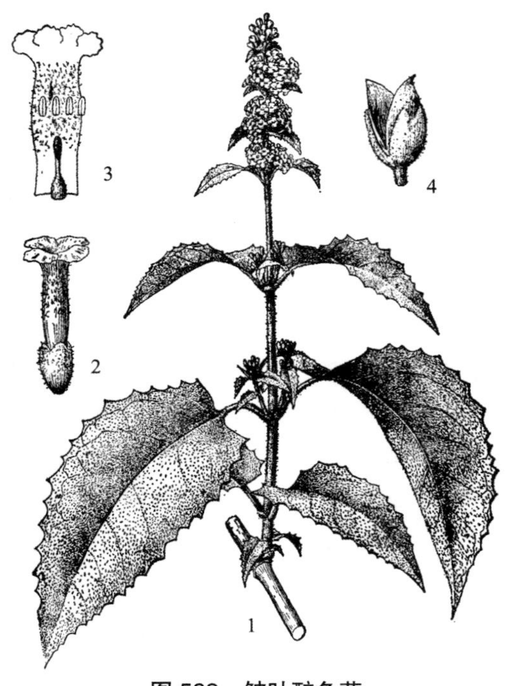

图 522　皱叶醉鱼草

1. 花枝；2. 花；3. 花冠展开；4. 果实

腺点，花柱极短，柱头卵圆形。蒴果长圆形，长约 5 毫米。花期 5 ～ 6 月；果期 9 ～ 10 月。

崂山太清宫、仰口等景区有栽培。国内分布于长江流域以南。

花、叶及根药用，有活血止咳的功效，亦可治急性肠炎、风湿关节炎、支气管炎、腮腺炎及肿痛等。花序美丽，供观赏。

2. 皱叶醉鱼草（图 522）

Buddleja crispa Benth.

灌木，高 1 ～ 3 米；幼枝近四棱形，老枝圆柱形；枝条、叶片两面、叶柄和花序均密被灰白色绒毛或短绒毛。叶厚纸质，对生，卵形或卵状长圆形，短枝上为椭圆形或匙形，长 1.5 ～ 20 厘米，宽 1 ～ 8 厘米，顶端短渐尖至钝，基部宽楔形、截形或心形，边缘具波状锯齿或幼叶全缘；侧脉 9 ～ 11 对，被星状绒毛；叶柄长 0.5 ～ 4 厘米，两侧具有被毛长翅或无；叶柄间托叶心形或半圆形，长 0.3 ～ 2 厘米，常被星状短绒毛。圆锥状或穗状聚伞花序顶生或腋生；苞片和小苞片稀少，线状披针形，被星状短绒毛；花梗极短；花萼、花冠外面均被星状短绒毛和腺毛；花萼钟状，萼片卵形；花冠高脚碟状，淡紫色，近喉部白色，芳香，内面中部以上被星状毛，花冠裂片近圆形或阔倒卵形，内面常被鳞片；雄蕊着生于花冠管内壁中上部，花丝极短；子房卵形，被星状柔毛，花柱长 1.5 ～ 2.5 毫米，基部被星状柔毛，柱头棍棒状，顶端浅 2 裂。蒴果卵形，长 5 ～ 6 毫米，径约 3 毫米，被星状毛，2 瓣裂，花萼宿存；种子卵状长圆形，两端具短翅。花期 2 ～ 8 月；果期 6 ～ 11 月。

黄岛区有引种栽培。国内分布于甘肃、四川、云南和西藏等省区。

3. 大叶醉鱼草（图 523）

Buddleja davidii Franch.

灌木，高 1 ～ 5 米。小枝略呈四棱形；幼枝、叶片下面、叶柄和花序均密被灰白色星状短绒毛。叶对生，狭卵形、狭椭圆形至卵状披针形，稀宽卵形，长 1 ～ 20 厘米，宽 0.3 ～ 7.5 厘米，顶端渐尖，基部宽楔形至钝，有时下延至叶柄基部，边缘具细锯齿，上面深绿色，被疏星状短柔毛，后变无毛；侧脉 9 ～ 14 对；叶柄长 1 ～ 5 毫米；叶柄间具有 2 卵形或半圆形托叶或早落。总状或圆锥状聚伞花序长 4 ～ 30 厘米，顶生；花梗短；小苞片线状披针形，长 2 ～ 5 毫来；萼筒钟状，外被星状短绒毛，后无毛，萼片披针形；花冠外被疏星状毛及鳞片，淡紫色，后变黄白色至白色，喉部橙黄色，芳香；雄蕊着生于花冠管内壁中部，花丝短，花药长圆形，长 0.8 ～ 1.2 毫米，基部心形；子房卵形，长 1.5 ～ 2 毫米，无毛，花柱圆柱形，柱头棍棒状。蒴果狭椭圆形或狭卵形，长 5 ～ 9 毫米，径 1.5 ～ 2 毫米，2 瓣裂，淡褐色，基部有宿存花萼；种子长椭圆形，两端具尖翅。花期 5 ～ 10 月；果期 9 ～ 12 月。

图 523　大叶醉鱼草

1. 花枝；2. 花；3. 花冠展开；4. 雌蕊；5. 雄蕊

城阳区，崂山区有栽培。国内分布于陕西、甘肃、江苏、浙江、江西、湖北、湖南、广东、广西、四川、贵州、云南和西藏等省区。

全株供药用，有祛风散寒、止咳、消积止痛之效。花可提制芳香油。枝条柔软多姿，花美丽而芳香，是优良的庭园观赏植物。

4. 互叶醉鱼草（图 524）

Buddleja alternifolia Maxim.

灌木，高 1 ～ 4 米。长枝对生或互生；短枝簇生，常被星状短绒毛或无毛；小枝四棱形或近圆柱形。长枝上叶披针形或线

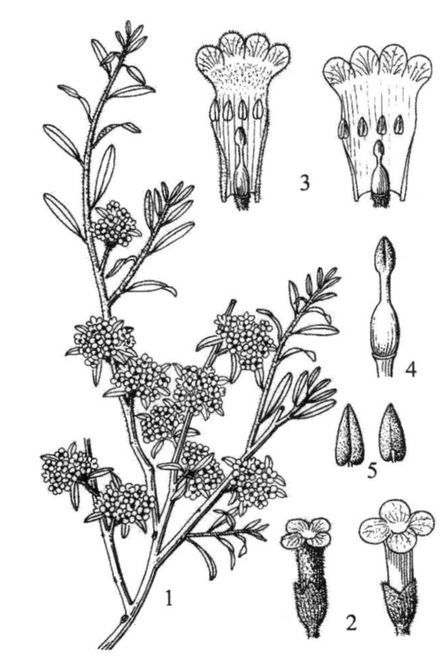

图 524　互叶醉鱼草

1. 花枝；2. 花；3. 花冠展开；4. 雌蕊；5. 雄蕊

状披针形，互生，长 3 ～ 10 厘米，先端急尖或钝，基部楔形，全缘或有波状齿，上面幼时被灰白色星状短绒毛，下面密被灰白色星状短绒毛；短枝上叶小，椭圆形或倒卵形，长 5 ～ 15 毫米，簇生，先端钝圆，基部楔形或下延至叶柄，全缘兼有波状齿。花多数组成簇生状或圆锥状聚伞花序；花序短，密集，常生于二年生枝上；花序梗极短，基部常有少数小叶；花芳香；花萼钟状，具四棱，外密被灰白色星状绒毛和腺毛，萼片三角状披针形，内被疏腺毛；花冠紫蓝色，外被星状毛，后无毛或近无毛，花冠管长 6 ～ 10 毫米，径 1.2 ～ 1.8 毫米，喉部被腺毛，后无毛，裂片近圆形或宽卵形；雄蕊着生于花冠管内壁中部，花丝极短，花药长 1 ～ 1.8 毫米，顶端急尖，基部心形；子房长卵形，长约 1.2 毫米，无毛，花柱长约 1 毫米，柱头卵状。蒴果椭圆状，长约 5 毫米，径约 2 毫米，无毛；种子多数，灰褐色，周围边缘有短翅。花期 5 ～ 7 月；果期 7 ～ 10 月。

即墨天柱山有栽培。我国特产，产于内蒙古、河北、山西、陕西、宁夏、甘肃、青海、河南、四川和西藏等省区。

栽培可供观赏。

六十八、夹竹桃科 APOCYNACEAE

乔木，灌木或木质藤本，或草本；有乳汁或水液，无刺，稀有刺。单叶对生、轮生，稀互生，全缘，稀具细齿，羽状脉；通常无托叶或退化成腺体，稀有假托叶。花两性，辐射对称；单生或多集生成聚伞花序，顶生或腋生；花萼裂片 5，稀 4，基部合生成筒状或钟状，裂片通常在芽内旋转状排列，基部内面通常有腺体；花冠合瓣，高脚碟状、漏斗状、坛状、钟状、盆状稀辐状，裂片 5，稀 4，覆瓦状排列，其基部边缘向左或向右覆瓦，稀镊合状排列，花冠喉部通常有副花冠或鳞片或膜质或毛状附属体；雄蕊 5，着生在花冠筒上或花冠喉部，内藏或伸出，花丝分离，花药长圆形或箭头状，2 室，分离或互相黏合并贴在柱头上，花粉颗粒状，花盘环状、杯状或成舌状，稀无花盘；子房上位，稀半下位，1 ～ 2 室，或为 2，离生或合生心皮所组成，花柱 1 枚，基部合生或裂开，柱头通常环状、头状或棍棒状，顶端通常 2 裂，胚珠 1 至多数，着生于腹面的侧膜胎座上。果为浆果、核果、蒴果或蓇葖果；种子通常一端有毛，稀两端有毛或仅有膜翅，或毛、翅均缺。

约 250 属，2000 余种，分布于全世界热带、亚热带地区，少数在温带地区。我国有 46 属，176 种，33 变种，主要分布于长江以南各省区及台湾省等沿海岛屿，少数分布于北部及西北部。青岛有木本植物 2 属，2 种，1 变种。

分属检索表

1. 茎直立；花粉红色或白色……………………………………………………………1.夹竹桃属Nerium

1 .茎攀爬；花白色……………………………………………………………………2.络石属Trachelospermum

（一）夹竹桃属 Nerium L.

常绿灌木，枝条灰绿色，含水液。叶轮生，稀对生，有柄，革质；羽状脉，侧脉密生而平行。伞房状聚伞花序顶生，有总花梗；花萼5裂，裂片披针形，双覆瓦状排列，内面基部有腺体；花冠漏斗状，红色，栽培有的演变为白色或黄色，花冠筒圆筒形，上部扩大成钟状，喉部有5片阔鳞片状副花冠，每片先端撕裂，花冠裂片5，或更多呈重瓣，斜倒卵形，花蕾时向右覆盖；雄蕊5，着重在花冠筒中部以上，花丝短，花药箭头状，附生在柱头周围，基部有耳，顶端渐尖，药隔延长成丝状，有长柔毛；无花盘；子房由2离生心皮组成，花柱丝状或中部以上加厚，柱头近球状，基部膜质环状，顶端有尖头，每心皮有胚珠多数。蓇葖果2，离生，长圆形；种子长圆形，种皮有短柔毛，顶端有黄褐色种毛。

1种，分布于地中海沿岸及亚洲热带、亚热带地区。我国引入栽培。青岛栽培1种。

1. 夹竹桃 红花夹竹桃 柳叶桃（图525）

Nerium oleander L.

N. indicum Mill.

常绿灌木，高达5米。枝条灰绿色，含水液，嫩枝条有棱，被微毛，老时毛脱落，叶通常3片轮生，枝下部为对生；叶片窄披针形，先端急尖，基部楔形，叶缘反卷，长11 ~ 15厘米，宽2 ~ 2.5厘米，叶上面深绿色，无毛，叶下面浅绿，有洼点，幼时疏微毛，老时毛渐脱落，中脉在叶上面凹入，在叶下面突出，侧脉两面扁平，纤细，密生而平行，每边多达120，直达叶缘；叶柄扁平，基部稍宽，长5 ~ 8毫米，幼时被微毛，老时毛脱落，叶柄内有腺体，聚伞花序顶生，着生数朵，花芳香；总花梗长约3厘米，被微毛，花梗长7 ~ 10毫米；苞片披针形，长7毫米，宽1.5毫米；花萼5深裂，红色，披针形，长3 ~ 4毫米，宽1.5 ~ 2毫米，外面无毛，内面基部有腺体；花冠深红色或粉红色，栽培演变有白色或黄色，有单瓣或重瓣；花冠为单瓣呈5裂时，其花冠为漏斗状，长和直径约3厘米，其花冠筒圆筒形，上部扩大呈钟形，长1.6 ~ 2厘米，花冠筒内面被长柔毛，花冠喉部有宽鳞片状副花冠，每片其先端撕裂，并伸出花冠喉部之外，花冠裂片倒卵形，先端圆形，长1.5厘米，宽1厘米；花冠为重瓣呈15 ~ 18时，裂片组成3轮，内轮为漏斗状，外面2轮为辐状，分裂至基部或每2 ~ 3片基部连合，裂片2 ~ 3.5厘米，宽1 ~ 2厘米，每花冠裂片基部有长圆形而先端撕裂的鳞片；雄蕊着生在花冠筒中部以上，花丝短，有长柔毛；无花盘；心皮2，离生，被柔毛，花柱丝状，长7 ~ 8毫米，柱头近圆球形，顶端凸尖，每心皮有胚珠多数。蓇葖果2，离生，平行或并连，长圆形，两端较窄，长10 ~ 23厘米，径6 ~ 10毫米，绿色，无毛，有细纵条纹；种子长圆形，基部较窄，顶端钝，褐

图525 夹竹桃

1. 花枝；2. 花冠展开；3. 果实

色，种皮被锈色短柔毛，顶端具黄褐色绢质种毛，种毛长约 1 厘米。 花期几乎全年，夏、秋为最盛；果期一般在冬春季，栽培很少结果。

各公园常见，多盆栽。原产印度、尼泊尔、伊朗。

花大、艳丽，花期长，供观赏，茎皮纤维为优良混纺原料。种子可榨油。叶、树皮、根、花、种子均有毒；叶、树皮药用，有强心利尿，发汗祛痰，催吐的功效。

（二）络石属 **Trachelospermum** Lem.

常绿木质藤本，全株有白色乳汁，无毛或被柔毛。叶对生，羽状脉。花序聚伞状，有时呈聚伞圆锥状，顶生、腋生或近腋生；花白色或紫色；花萼 5 裂，裂片双盖覆瓦状排列，花萼内部基部有 5 ~ 10 枚腺体，通常腺体顶端作细齿状；花冠高脚碟状，花冠筒圆筒形，5 棱；雄蕊 5，着生在花冠筒膨大之处，通常隐藏，稀花药顶端露出花喉外，花丝短，花药箭头状，基部有耳，顶端短渐尖，腹部粘生在柱头的基部；花盘环状，5 裂；子房由 2 离生心皮所组成，花柱丝状，柱头圆锥状或卵圆形或倒圆锥状；每心皮有胚珠多数。蓇葖果双生，长圆状披针形；种子条状长圆形，顶端有种毛，种毛白色绢质。

约 30 种，分布于亚洲热带和亚热带地区，稀温带地区。我国产 10 种，6 变种，分布于全国各省区。青岛有 1 种，1 变种。

1. 络石 万字茉莉 爬山虎（图 526）

Trachelospermum jasminoides (Lindl.) Lem.

Rhynchospermum jasminoides Lindl.

图 526　络石

1. 花枝；2. 花；3. 花蕾；4. 花萼展开；5. 花冠筒部展开，示雄蕊；6. 果实；7. 种子

常绿木质藤本，长可达 10 米，具乳汁。茎赤褐色，圆柱形，有皮孔；小枝被黄色柔毛，老时渐无毛。叶革质或近革质，椭圆形至卵状椭圆形或宽倒卵形，长 2 ~ 10 厘米，宽 1 ~ 4.5 厘米，先端锐尖至渐尖或钝，叶上面无毛，下面被疏短柔毛，老渐无毛，上面中脉微凹，侧脉扁平，下面中脉凸起，侧脉 6 ~ 12 对，叶柄短，有短柔毛，老时渐无毛；叶柄内和叶腋外腺体钻形，长约 1 毫米。二歧聚伞花序腋生或顶生，花多朵组成圆锥形，与叶等长或较长，花白色，芳香；总花梗长 2 ~ 5 厘米，有柔毛，老时渐无毛；苞片及小苞片狭披针形，花萼 5 深裂，裂片条状披针形，顶端反卷，长 2 ~ 5 毫米，外面有长柔毛及缘毛，内无毛，基部有 10 枚鳞片状腺体；花冠筒圆筒状，中部膨大，外面无毛，内面在喉部及雄蕊着生处被短柔毛，长 5 ~ 10 毫米，

花冠裂片长 5 ~ 10 毫米，无毛；雄蕊着生在花冠筒中部，腹部黏生在柱头上，花药箭头状，基部有耳，隐藏在花喉内；花盘环状 5 裂，与子房等长；子房由 2 离生心皮组成，无毛，花柱圆柱状，柱头卵圆形，顶端全缘，每心皮有心珠多数，着生于 2 并生的侧膜胎座上。蓇葖果双生，叉开，无毛，条状披针形，向顶端渐尖，长 10 ~ 20 厘米，宽 3 ~ 10 毫米；种子多褐色，条形，长 1.5 ~ 2 厘米，直径约 2 毫米，顶端有白色绢质种毛，种毛长 1.5 ~ 3 厘米。花期 3 ~ 7 月；果期 7 ~ 12 月。

产崂山太清宫、大梁沟、青地等地，生于山坡岩缝；植物园、李村公园、八大关公园绿地普遍栽培。

供观赏。根、茎、叶、果实供药用，有祛风活络、利关节、止血解热的功效。茎皮纤维拉力强，可制绳索、纸及人造棉。花芳香，可提“络石浸膏”。

（1）异叶络石 *石血*（变种）

var. **heterophyllum** Tsiang

与原种的主要区别是：茎和枝条以气根攀援于岩石或墙壁上。异型叶，变化大，通常狭披针形，稀为椭圆形或卵形。花盘比子房显著短。

产崂山太清宫、八水河、上清宫、流清河、青地等地。国内分布于安徽、江苏、浙江、四川等省。

根、茎、叶药用，作强壮剂和镇痛剂，并用于解毒。

六十九、萝藦科 ASCLEPIADACEAE

多年生草本、藤本或灌木，直立或攀援，有乳汁，根部木质或肉质成块状。单叶对生或轮生，全缘，有柄，顶端通常有丛生腺体，聚伞花序通常伞状、伞房状或总状，腋生或顶生，花两性，小形，整齐，5 数；花萼筒短，裂片 5，花冠合瓣，辐射、坛状等，先端裂片 5，旋转、覆瓦状或镊合状排列，通常有副花冠，为 5 枚离生或基部合生的裂片或鳞片组成，生于花冠筒上或合蕊冠上；雄蕊 5，与雌蕊粘生成中心柱，称合蕊柱，花丝合生成合蕊冠，或离生，花粉粒联合成花粉块；通常通过花粉块柄连于着粉腺上，每花药有花粉块 2 ~ 4 个，或成四合花粉，生于匙形的载粉器上，下面有一载粉器柄，基部有 1 黏盘；雌蕊 1，子房上位；由 2 枚离生心皮或合生心皮组成，花柱，合生，胚珠多数。蓇葖果双生或单生；种子多数，顶端有白色绢质种毛。

约 180 属，2200 种，分布于热带、亚热带。我国有 44 属，245 种，分布以西南及东南部为多。青岛有木本植物 1 属，1 种。

（一）杠柳属 Periploca L.

落叶藤本状灌木，有乳汁。单叶对生，全缘，有柄。聚伞花序顶生或腋生，花萼 5 深裂，内面基部有 5 腺体；花冠辐状，花冠筒短，裂片 5，反卷，通常被柔毛，向右覆盖，副花冠异形，环状，5 ~ 10 裂，着生于花冠基部，其中 5 裂片延伸成丝状；雄蕊 5，生于副花冠的内侧，花丝短，离生，背面与副花冠合生，花药相联围绕柱头，并与柱头粘连，四合花粉载于匙形的花粉器内；子房上位，由 2 枚离生心皮组成，花柱

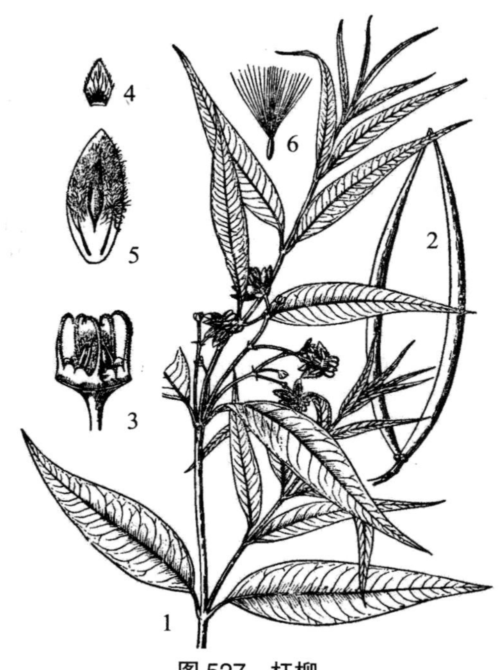

图 527　杠柳

1. 花枝；2. 果实；3. 除去花冠的花，示副花冠和花药；4. 花萼裂片；5. 花冠裂片，示中间加厚及被长毛；6. 种子

短，柱头盘状，2 裂，胚珠多数。蓇葖果 2，叉生，长圆柱形；种子多数，顶端具有白色绢质种毛。

约有 12 种，分布于亚洲温带、欧洲南部和非洲热带地区。我国 4 种，分布于东北、华北、西北、西南地区及广西、湖南、湖北、河南和江西等地区。青岛有 1 种。

1. 杠柳（图 527；彩图 97）

Periploca sepium Bge.

落叶蔓性灌木，高 1 ~ 1.5 米，有白色乳汁。茎皮灰褐色，小枝灰黄色，有细条纹，有多数圆形皮孔。叶对生，披针形、长圆状披针形或卵状长圆形，长 5 ~ 9 厘米，宽 1 ~ 2.8 厘米，先端渐尖，全缘，基部楔形，中脉在叶背面微凸起，侧脉羽状，纤细；叶柄长 2.5 ~ 4 毫米。聚伞花序腋生或顶生，有花数朵，花梗柔弱，长 6 ~ 10 毫米；花萼 5 深裂，裂片卵圆形，内面基部有腺体；花冠裂片 5，矩圆形，中间加厚呈纺锤形，向外反卷，长 6 ~ 8 毫米，宽 3 ~ 4 毫米，外面绿色，里面紫褐色或紫红色，中心纺锤形呈黄色，周边密被长柔毛，副花冠环状，10 裂，其中 5 裂片延伸成丝状，顶端向内弯，被短柔毛；雄蕊 5，着生于副花冠内面，花丝短，花药卵圆形，彼此粘连包围柱头，花药背面被长柔毛；子房上位，心皮 2，离生，胚珠多数，柱头盘状凸起。蓇葖果 2，长角状圆柱形，先端渐尖，长 6 ~ 15 厘米，径 4 ~ 6 毫米，具纵条纹；种子多数，矩圆形，黑褐色，顶端具有白色绢质种毛。花期 6 ~ 7 月；果期 7 ~ 9 月。

产崂山张坡、华楼、太清宫、钓鱼台、雕龙嘴等地，生于向阳山坡、沟谷、路边。国内分布于东北、华北、西南、西北地区以及河北、河南等省区。

根皮供药用，称“北五加皮”，有祛风湿、健筋骨、强腰膝、消水肿的功效。韧皮纤维可造纸或代麻。杠柳深根性，萌蘖力强，为良好的水土保持植物。

七十、茄科 SOLANACEAE

草本、亚灌木、灌木或小乔木；直立、匍匐或攀援。单叶或羽状复叶，通常互生，全缘、分裂或不分裂，有时在花枝上有大小不等的 2 叶双生；无托叶。花单生、簇生或为蝎尾式花序、聚伞花序，顶生、腋生或腋外生；花两性，辐射对称，通常 5 基数，稀 4 基数；花萼通常 5 裂，稀不裂，截形，花后宿存，几乎不增大或极度增大；花冠辐状、漏斗状、高脚碟状、钟状，檐部 5 裂，裂片大小相等或不相等；雄蕊与花冠裂片同数，互生，伸出或不伸出花冠，同型或异型，插生于花冠筒上，花药 2 室，纵裂或顶孔开裂；

子房 2 室，有时 1 室或有不完全的假隔膜分隔成 4 室，2 心皮不位于正中线上而偏斜，花柱细瘦，柱头头状或 2 浅裂，胚珠多数。果实为浆果或蒴果。

约 80 属，3000 种，分布于温带及热带地区。我国有 24 属，105 种，35 变种，分布于南北各省。青岛有木本植物 1 属，1 种。

（一）枸杞属 **Lycium** L.

小灌木，通常有刺，稀无刺。单叶互生或数叶簇生于节上；叶片线形或卵状披针形，全缘，有柄或近无柄，花单生于叶腋或簇生于极度缩短的侧枝上；花萼钟状，3 ~ 5 不等裂，在花蕾期镊合状排列，花后宿存，不增大；花冠漏斗状或近钟状，先端 5 裂，裂片在花蕾期覆瓦状排列；雄蕊 5，着生花冠筒中部或中部以下，花丝基部稍上处常有 1 毛环，花药椭圆形，纵裂；子房 2 室，花柱丝状，柱头浅 2 裂。浆果较小，卵形或长圆形，有肉质的果皮；种子扁平，密布网纹状凹穴。

约有 80 种，分布于温带。我国有 7 种，3 变种，主要分布于北部和西北部。青岛有 1 种。

1. 枸杞 狗奶子根（图 528）

Lycium chinense Mill.

蔓性灌木，高 1 ~ 2 米。枝条弯曲或匍匐，有短刺或无。单叶互生或簇生，叶片卵形至卵状披针形，端尖或钝，全缘，基部楔形。花单生或 2 ~ 4 朵簇生叶腋；花萼钟形，3 ~ 5 裂，裂片阔卵形；花冠漏斗状，淡紫色，长 9 ~ 12 毫米，筒部向上骤然扩大，稍短于或近等于檐部裂片，5 深裂，裂片先端圆钝，平展或稍向外反曲，边缘有缘毛；雄蕊 5，伸出花冠外，花丝基部及花冠筒内壁密生 1 圈绒毛；子房 2 室，花柱稍伸出雄蕊，细长，柱头球形。浆果卵形或长卵形，长约 5 ~ 18 毫米，径 4 ~ 8 毫米，熟时鲜红色。

图 528 枸杞

1. 花枝；2. 果枝；3. 花冠展开，示雄蕊；4. 果实

产崂山蔚竹庵、华严寺、华楼、明霞洞等地，生于田边、路旁、庭院前后及墙边；植物园，城阳区，平度市有栽培。国内大部分地区有分布。

根皮药用，清热凉血。果实药用，有滋补肝肾、强壮筋骨、益精明目的功效。

七十一、紫草科 BORAGINACEAE

草本、灌木和乔木，常有糙毛。单叶互生，稀对生或轮生，全缘或有细锯齿，无托叶。二歧或单歧聚伞花序，或为镰状聚伞花序，或其他花序，常顶生，有或无苞片，花常两性，辐射对称，稀两侧对称；花萼筒状或钟状，5 裂，裂片覆瓦状排列，稀镊合状排列，常有毛，大多宿存；花冠白色、黄色或蓝紫色，辐状、筒状、钟状或漏斗状，5 裂，裂片覆瓦状排列或旋转状排列，稀镊合状排列，花冠喉部有 5 鳞片状附属物或有皱褶、毛，或平滑；雄蕊 5，与花冠裂片互生，花药 2 室，内向，纵裂；有花盘或无；雌蕊由 2 心皮合生，子房上位，2 或 4 室，每室 2 胚珠，稀 1，柱头头状或 2 裂。核果或 2 至 4 个分离的小坚果；种子常无胚乳，稀有胚乳。

约有 100 属，2000 种，分布于温带和热带地区，地中海地区特多。我国有 48 属，269 种，全国各地均有分布。青岛有木本植物 1 属，2 种。

（一）厚壳树属 **Ehretia** P. Browne

乔木或灌木。叶互生，全缘或有锯齿；具叶柄，伞房状聚伞花序或圆锥状。花萼小，漏斗状，5 深裂；花冠筒状，冠檐 5 裂，裂片开展或反折；雄蕊 5，生于花冠筒中部或近基部，花药卵圆形或长圆形，花丝丝状，常伸出花冠筒；子房球形，2 室，每室 2 胚珠，花柱顶生，2 裂至中部，柱头头状或棍棒状。核果，近球形，常无毛，内果皮裂为 2 个具 2 种子或 4 个具 1 种子分核。

约 50 种，主产非洲及亚洲南部，3 种产北美及中美。我国 14 种，1 变种。青岛栽培 2 种。

分种检索表

1. 叶无毛，边缘有齿尖向上内弯的锯齿；核果直径3～4毫米……………………… 1.厚壳树E. thyrsiflora
1. 叶有毛，上面密生硬毛，下面密被柔毛，边缘锯齿展开；核果直径6～8毫米 2.粗糠树E. macrophylla

图 529 厚壳树
1. 花枝；2. 果枝；3. 花；4. 花冠展开；5. 花萼和雌蕊；6. 雄蕊

1. 厚壳树（图 529）

Ehretia acuminata R. Br.

E. thyrsiflora (Sieb. et Zucc.) Nakai; *Cordia thyrsiflora* Sieb. et Zucc.

落叶乔木，高达 15 米。小枝无毛，暗褐色。叶椭圆形或长圆状倒卵形，长 5 ～ 12 厘米，先端尖，基部宽楔形，具不整齐细锯齿，齿端内弯，上面无毛，下面疏被毛；叶柄长 1 ～ 3 厘米。圆锥状聚伞花序顶生，长 10 ～ 15 厘米，近无毛。花萼长约 2 毫米，裂片卵形；花冠钟形，白色，长 3 ～ 4 毫米，裂片长圆形，较冠筒稍长，开展；雄蕊生于花冠筒中部，伸出，花药长约 1 毫米；花柱长约 2 毫米，顶端分枝。核果球形，黄色，径 3 ～ 4 毫米，具皱纹，裂为 2 个具 2 种子分核。花果期 4 ～ 6 月。

崂山，即墨北安有栽培。国内分布于河南、

江苏、安徽、浙江、福建、台湾、江西、湖北、湖南、贵州、广东、海南、广西及云南等省区。

可作行道树。木材供建筑及家具用。

2. 粗糠树（图 530）

Ehretia dicksonii Hance

E. macrophylla Wall. var. *tomentosa* Gagnep. & Cour.

图 530　粗糠树

1. 花枝；2. 花冠展开，示雄蕊；3. 雌蕊；4. 果实

落叶乔木，高达 15 米。小枝淡褐色，被糙毛。叶椭圆形或倒卵形，长 10 ~ 20 厘米，先端骤尖，基部宽楔形或近圆。具细锯齿，齿尖不内弯，上面密被具基盘糙伏毛，下面被短柔毛；叶柄长 1 ~ 4 厘米。伞房状聚伞花序顶生，径 6 ~ 9 厘米。花具短梗；花萼长约 4 毫米，5 裂至中部稍下，裂片卵形或长圆形，被毛；花冠筒状或漏斗形，白色，长 0.8 ~ 1 厘米，冠檐裂片长圆形，较冠筒稍短，雄蕊生于花冠筒中部，伸出，花药长 1.5 ~ 2 毫米，花柱长约 8 毫米，顶端分枝。核果近球形，黄色，径 1 ~ 1.5 厘米，内果皮裂为 2 个具 2 种子分核。花果期 4 ~ 7 月。

山东科技大学及城阳区、崂山区、市北区单位庭院有栽培。国内分布于江苏、安徽、浙江、福建、台湾、湖南、广东、海南、广西、四川、贵州、河南、陕西及甘肃等省区。

可栽培供观赏。

七十二、马鞭草科 VERBENACEAE

灌木或乔木，稀为草本。叶对生，稀轮生或互生；单叶或复叶；无托叶。花两性，两侧对称，稀辐射对称，组成腋生或顶生的穗状花序或聚伞花序，再由聚伞花序组成圆锥状、头状或伞房状；花萼宿存，杯状、钟状或桶状，4 ~ 5 裂，少有 2 ~ 3 或 6 ~ 8 齿或无齿；花冠合瓣，常 4 ~ 5 裂，稀多裂，裂片覆瓦状排列；雄蕊 4，稀 5 ~ 6 或 2，着生于花冠筒的上部或基部；花盘小而不显著；子房上位，通常由 2 心皮组成 4 室，稀 2 ~ 10 室，全缘或 4 裂，每室有 1 ~ 2 胚珠，花柱顶生，柱头 2 裂或不裂。果实为核果、蒴果或浆果状核果；种子无胚乳。

约有 80 属，900 余种，主要分布在热带和亚热带地区。中国有 21 属，175 种。青岛有 4 属，9 种，2 变种。

分属检索表

1. 花萼在结果时不增大或增大不显著，绿色。
　2. 核果。
　　3. 单叶；小枝不为四方形；花萼、花冠4裂 ………………………………… 1.紫珠属Callicarpa
　　3. 掌状复叶，稀单叶；小枝四方形；花冠5裂，二唇形 ……………………… 2.牡荆属Vitex
　2. 蒴果；花萼、花冠均5裂 ……………………………………………………… 4.莸属Caryopteris
1. 花萼在结果时增大，常美丽，花5基数，雄蕊4，常多少呈2强 … 3.大青属（赪桐属）Clerodendrum

（一）紫珠属 Callicarpa L.

直立灌木，稀为乔木、藤本或攀援灌木。小枝圆柱形或四棱形，有分枝的毛、星状毛、单毛或钩毛，稀无毛。叶对生，稀三叶轮生；有柄或近无柄；边缘具齿，稀全缘，通常被毛和腺点；无托叶。聚伞花序腋生；苞片细小，稀为叶状；花小，辐射对称；花萼杯状或钟状，稀为筒状，先端 4 深裂至截头状，宿存。花冠紫色、红色或白色，先端 4 裂；雄蕊 4，着生于花冠筒基部，花丝伸出花冠外或与花冠筒近等长，花药卵形至长圆形，药室纵裂或顶孔开裂；子房上位，由 2 心皮组成，4 室，每室 1 个胚珠，花柱多长于雄蕊，柱头膨大，不裂或不明显的 2 裂。果实通常为核果或浆果状，成熟时紫色，红色或白色，外果皮薄，中果皮肉质，内果皮骨质，熟后形成 4 个分核，分核背部隆起，两侧扁平，内有 1 颗种子，长圆形，种皮膜质，无胚乳。

约 190 余种，主要分布于热带、亚洲亚热带和大洋洲。我国约有 46 种，主要分布于长江以南。青岛有 3 种。

分种检索表

1. 花序梗长于叶柄3～4倍；叶下面和花萼均无毛…………………………………… 1.白棠子树C. dichotoma

1. 花序梗短于叶柄或与之近等长，很少超过；叶下面有毛或无毛。

 2. 叶片卵状披针形或倒披针形，下面无毛或在脉上有毛 ………………………… 2.日本紫珠C. japonica

 2. 叶片阔椭圆形或椭圆状卵形，下面密生或疏生星状毛 ……………………………… 3.老鸦糊C.giraldii

1. 白棠子树　紫珠　火柴头（图 531；彩图 98）

Callicarpa dichotoma (Lour.) K. Koch

Porphyra dichotoma Lour.

多分枝小灌木，高约 1 ～ 3 米；小枝纤细，幼嫩部分有星状毛。叶倒卵形或披针形，长 2 ～ 6 厘米，宽 1 ～ 3 厘米，顶端急尖或尾状尖，基部楔形，边缘仅上半部具数个粗锯齿，表面稍粗糙，背面无毛，密生细小黄色腺点；侧脉 5 ～ 6 对；叶柄长不超过 5 毫米。聚伞花序着生于叶腋上方，细弱，宽 1 ～ 2.5 厘米，2 ～ 3 次分歧，花序梗长约 1 厘米，略有星状毛，至结果时无毛；苞片线形；花萼杯状，无毛，顶端有不明显的 4 齿或近截头状；花冠紫色，长 1.5 ～ 2 毫米，无毛；花丝长约为花冠的 2 倍，花药卵形，细小，药室纵裂；子房无毛，具黄色腺点。果实球形，紫色，径约 2 毫米。花期 6 ～ 7 月；果期 10 ～ 11 月。

图 531　白棠子树

1. 花枝；2. 花；3. 果实；4. 小枝一段放大；5. 叶边缘部分放大

产于崂山，小珠山，大珠山，大泽山等山区；

山东科技大学，即墨岙山广青生态园栽培。国内分布于河北、河南、江苏、安徽、浙江、江西、湖北、湖南、福建、台湾、广东、广西、贵州。

根、叶药用，根治关节酸痛，叶止血、散瘀。叶片可提取芳香油。可做观赏树种。

2. 日本紫珠 紫珠（图 532）

Callicarpa japonica Thunb.

灌木，高约 2 米；小枝圆柱形，无毛。叶片倒卵形、卵形或椭圆形，长 7 ~ 12 厘米，宽 4 ~ 6 厘米，顶端急尖或长尾尖，基部楔形，两面通常无毛，边缘上半部有锯齿；叶柄长约 6 毫米。聚伞花序细弱而短小，宽约 2 厘米，2 ~ 3 次分歧，花序梗长 6 ~ 10 毫米；花萼杯状，无毛，萼齿钝三角形；花冠白色或淡紫色，长约 3 毫米，无毛；花丝与花冠等长或稍长，花药长约 1.8 毫米，突出花冠外，药室孔裂。果实球形，径约 2.5 毫米。花期 6 ~ 7 月；果期 10 ~ 11 月。

图 532 日本紫珠

1. 果枝；2. 花；3. 花冠展开；4. 雌蕊

产于崂山仰口，生于山坡和谷底溪旁的丛林中。国内分布于辽宁、河北、江苏、安徽、浙江、台湾、江西、湖南、湖北、四川及贵州。

可做观赏树种。

3. 老鸦糊（图 533）

Callicarpa giraldii Hesse ex Rehd.

灌木，高 1 ~ 3 米；小枝圆柱形，灰黄色，被星状毛。叶片纸质，宽椭圆形至椭圆状卵形，长 5 ~ 15 厘米，宽 2 ~ 7 厘米，顶端渐尖，基部楔形或下延成狭楔形，边缘有锯齿，表面黄绿色，稍有微毛，背面淡绿色，疏被星状毛和细小黄色腺点，侧脉 8 ~ 10 对，主脉、侧脉和细脉在叶背隆起，细脉近平行；叶柄长 1 ~ 2 厘米。聚伞花序宽 2 ~ 3 厘米，4 ~ 5 次分歧，被毛与小枝同；花萼钟状，疏被星状毛，老后常脱落，具黄色腺点，长约 1.5 毫米，萼齿钝三角形；花冠紫色，稍有毛，具黄色腺点，长约 3 毫米；雄蕊长约 6 毫米，花药卵圆形，药室纵裂，

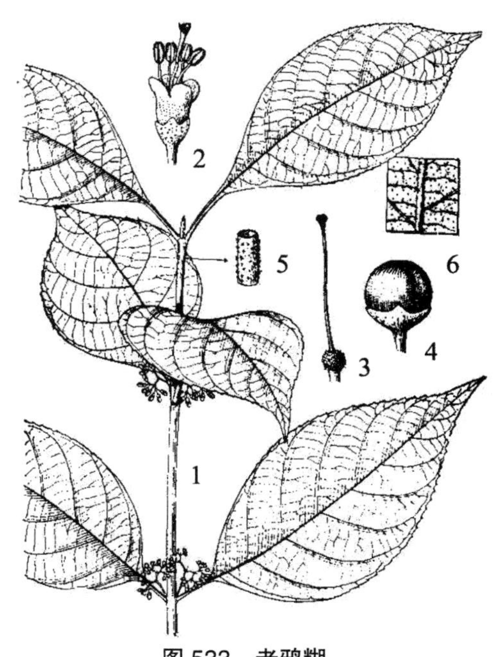

图 533 老鸦糊

1. 花枝；2. 花；3. 雌蕊；4. 果实；5. 小枝一段放大；6. 叶片背面局部放大

药隔具黄色腺点；子房被毛。果实球形，初时疏被星状毛，熟时无毛，紫色，径约 2.5 ～ 4 毫米。花期 5 ～ 6 月；果期 7 ～ 11 月。

产于崂山蔚竹庵，生于疏林和灌丛中；中山公园栽培。国内分布于甘肃、陕西（南部）、河南、江苏、安徽、浙江、江西、湖南、湖北、福建、广东、广西、四川、贵州、云南。

全株入药能清热、和血、解毒；治小米丹（裤带疮）、血崩。

（二）牡荆属 Vitex L.

灌木或乔木；小枝通常四棱柱形；叶对生，掌状复叶，有小叶 3 ～ 8，稀单叶，小叶全缘或有锯齿，浅裂以至深裂。花白色至浅蓝色，组成顶生或腋生的圆锥花序；萼钟状或管状，顶端截平或 5 齿裂，有时 2 唇形；花冠小，二唇形，下唇的中间裂片最长；雄蕊 4，2 长 2 短；子房 2 ～ 4 室，有 4 胚珠；果实球形、卵形至倒卵形，中果皮肉质，内果皮骨质；种子倒卵形、长圆形或近圆形，无胚乳。

约 150 种，主要分布于热带和温带地区。我国约 15 种，7 变种，3 变型。青岛有 2 种，2 变种。

分种检索表

1.直立灌木；掌状复叶，小叶3～7，通常5，全缘或每侧有2～5浅锯齿 …………… 1.黄荆V.negundo

1. 匍匐小灌木；单叶全缘……………………………………………………… 2.单叶蔓荆V. rotundifolia

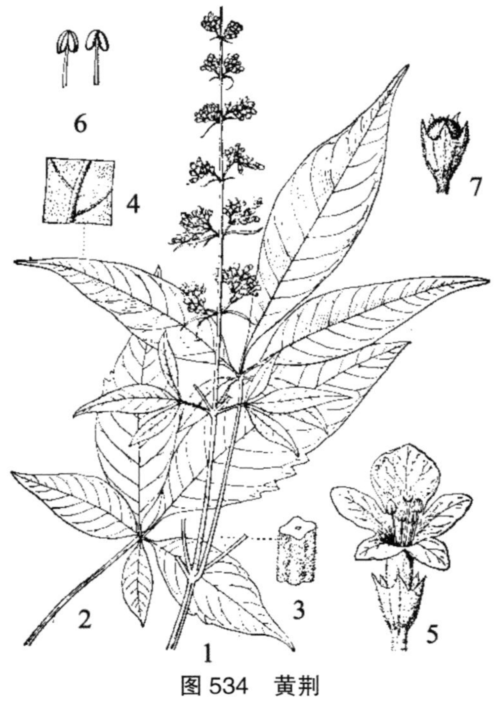

图 534　黄荆

1. 花枝；2. 复叶；3. 小枝一段放大，示四棱形；4. 叶片下面放大；5. 花；6. 雄蕊；7. 果实

1. 黄荆（图 534）

Vitex negundo L.

落叶灌木；小枝四棱形，密生灰白色绒毛。掌状复叶，小叶 5，稀 3；小叶长圆状披针形至披针形，顶端渐尖，基部楔形，全缘或每边有少数粗锯齿，表面绿色，背面密生灰白色绒毛；中间小叶长 4 ～ 13 厘米，宽 1 ～ 4 厘米，两侧小叶依次递小，若具 5 小叶时，中间 3 片小叶有柄，最外侧的 2 片小叶无柄或近于无柄。聚伞花序排成圆锥花序式，顶生，长 10 ～ 27 厘米，花序梗密生灰白色绒毛；花萼钟状，被灰白色绒毛，顶端 5 齿裂；花冠淡紫色，外有微柔毛，顶端 5 裂，二唇形；雄蕊伸出花冠管外；子房近无毛。核果近球形，径约 2 毫米；宿萼接近果实的长度。花期 5 ～ 9 月；果期 10 ～ 11 月。

产于崂山，王哥庄西山，大珠山，大泽山，艾山等山区，生于低山丘陵向阳干旱山坡。国内分布于华北、西北及长江以南。

为良好的水土保持灌木。老株可作盆景或根雕，枝条可编筐等。茎皮可造纸及制人造棉。茎叶、果实及根均可药用。花和枝叶可提取芳香油。花为重要的蜜源。

（1）荆条 黄荆条（变种）（图 535）

var. **heterophylla** (Franch.) Rehd.

V. incisa Lamk. var. *heterophylla* Franch.

与原种的主要区别是：小叶边缘有缺刻状锯齿，深锯齿以至深裂，下面密被灰白色绒毛。

产于崂山，大珠山，莱西宫山等山区；青岛农业大学，即墨温泉公园等地有栽培。

（2）牡荆（变种）

var. **Cannabifolia** (Sieb.et Zucc.)Hand.-Mazz.

V. cannabifolia Sieb. et Zucc.

与原种的主要区别是：小枝绿色；叶两面绿色，仅沿叶脉有短绒毛，小叶两侧叶缘有 5 ~ 6 粗圆齿；花淡黄色；果实褐色。

青岛农业大学有栽培。

2. 单叶蔓荆（图 536；彩图 99）

Vitex rotundifolia L.f.

匍匐灌木，有香味；小枝四棱形，密生细柔毛。通常三出复叶，有时在侧枝上可有单叶，叶柄长 1 ~ 3 厘米；小叶卵形、倒卵形或倒卵状长圆形，长 2.5 ~ 9 厘米，宽 1 ~ 3 厘米，顶端钝或短尖，基部楔形，全缘，表面绿色，无毛或被微柔毛，背面密被灰白色绒毛，侧脉约 8 对，两面稍隆起，小叶无柄或有时中间小叶基部下延成短柄。圆锥花序顶生，长 3 ~ 15 厘米，花序梗密被灰白色绒毛；花萼钟形，顶端 5 浅裂，外面有绒毛；花冠淡紫色或蓝紫色，长 6 ~ 10 毫米，外面及喉部有毛，花冠管内有较密的长柔毛，顶端 5 裂，二唇形，下唇中间裂片较大；雄蕊 4，伸出花冠外；子房无毛，密生腺点；花柱无毛，柱头 2 裂。核果近圆形，

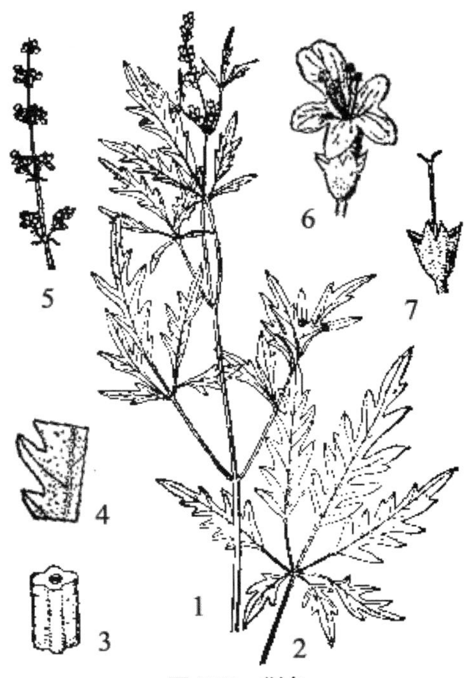

图 535 荆条

1. 花枝；2. 复叶；3. 小枝一段放大；4. 叶缘放大；5. 花序一段；6. 花；7. 去掉花冠和雄蕊的花

图 536 单叶蔓荆

1. 花枝；2. 果枝；3. 花；4. 花冠展开，示雄蕊；5. 雄蕊；6. 雌蕊

径约 5 毫米，成熟时黑色；果萼宿存，外被灰白色绒毛。花期 7 月；果期 9 ~ 11 月。

产崂山仰口、雕龙嘴海边。国内分布于辽宁、河北、河南、华东、广东、广西及云南等省区。

果实药用，有镇静及解热的作用。茎叶可提取芳香油。亦为良好的固沙植物。

（三）大青属 Clerodendrum L.

灌木或乔木，稀藤本或草本；叶、苞片、花萼和花冠外面常被小腺点或腺体。单叶，对生或偶有 3 ~ 4 叶轮生，全缘或有齿缺，稀浅裂。聚伞花序排列成顶生或腋生的总状、圆锥状、伞房状或紧密成头状的花序；苞片大或小，有时早落。花萼钟状或漏斗状，5 齿或 5 裂，宿存，通常于花后增大且有颜色；花冠高脚碟状或漏斗状，花冠管长于萼或很少与萼等长，冠檐开展，5 裂，近相等或后两片较短，多少偏斜；雄蕊 4，在芽中内卷，开花后伸出花冠外，谢粉后卷曲，花药卵形或长卵形，具平行的 2 药室；子房具不完全的 4 室，每室有 1 下垂或侧生胚珠；花柱伸出花冠外，在雄蕊成熟后下弯，谢粉后伸直，短 2 裂。浆果状核果近球形，外果皮肉质，通常有 4 沟槽，分裂为 4 个小坚果，通常由于其中 1 ~ 3 个被压抑而分裂为 1 ~ 3 个小坚果；种子长圆形。

约 400 种，分布热带和亚热带，少数分布温带，主产东半球；我国 34 种，6 变种，主产西南、华南地区。青岛有 2 种。

分种检索表

1. 聚伞花序顶生或腋生，疏松排列成伞房状；植株被短柔毛；花萼大，裂片卵状椭圆形；花冠白色或带粉红色；枝髓有淡黄色薄片状横隔……………………………………………… 1.海州常山C.trichotomum

1. 聚伞花序顶生，密集成头状或伞房状；花序及叶下面疏生柔毛；花萼较小，裂片三角形；花冠红色；枝髓白色坚实………………………………………………………………………………… 2.臭牡丹C.Bge.i

1. 海州常山　臭梧桐（图 537）

Clerodendrum trichotomum Thunb.

灌木或小乔木，高 1.5 ~ 10 米；幼枝、叶柄、花序轴等多少被黄褐色柔毛或近于无毛，老枝灰白色，具皮孔，髓白色，有淡黄色薄片状横隔。叶卵形、卵状椭圆形或三角状卵形，长 5 ~ 16 厘米，宽 2 ~ 13 厘米，顶端渐尖，基部宽楔形至截形，偶有心形，表面深绿色，背面淡绿色，两面幼时被白色短柔毛，老时仅背面被短柔毛或无毛，或沿脉毛较密，侧脉 3 ~ 5 对，全缘或具波状齿；叶柄长 2 ~ 8 厘米。伞房状聚伞花序顶生或腋生，通常二歧分枝，疏散，末次分枝着花 3 朵，花序长 8 ~ 18 厘米，花序梗长 3 ~ 6 厘米，多少被黄褐色柔毛或无毛；苞片叶状，早落；花萼蕾时绿白色，后紫红色，基部合生，中部略膨大，有 5 棱脊，顶端 5 深裂，裂片三角状披针形或卵形，顶端尖；花香，花冠白色或带粉红色，花冠管细，长约 2 厘米，顶端 5 裂，裂片长椭圆形，长 5 ~ 10 毫米，宽 3 ~ 5 毫米；雄蕊 4，花丝与花柱同伸出花冠外；花柱较雄蕊短，柱头 2 裂。核果近球形，径 6 ~ 8 毫米，包藏于增大的宿萼内，成熟时外果皮蓝紫色。花果期 6 ~ 11 月。

产于崂山大梁沟、太清宫、崂山头、仰口、流清河、长岭、三标山等地；各地常见栽培。国内分布于辽宁、甘肃、陕西以及华北、中南、西南各地。

抗性强，栽培可供观赏。

2. 臭牡丹 臭八仙（图 538）

Clerodendrum Bge.i Steud.

灌木，高 1 ~ 2 米，植株有臭味；花序轴、叶柄密被褐色、黄褐色或紫色脱落性柔毛；小枝近圆形，皮孔显著。叶宽卵形或卵形，长 8 ~ 20 厘米，宽 5 ~ 15 厘米，顶端尖或渐尖，基部宽楔形、截形或心形，边缘具粗或细锯齿，侧脉 4 ~ 6 对，表面散生短柔毛，背面疏生短柔毛和散生腺点或无毛，基部脉腋有数个盘状腺体；叶柄长 4 ~ 17 厘米。房状聚伞花序顶生，密集；苞片叶状，披针形或卵状披针形，长约 3 厘米，早落或花时不落，早落后在花序梗上残留凸起的痕迹，小苞片披针形，长约 1.8 厘米；花萼钟状，长 2 ~ 6 毫米，被短柔毛及少数盘状腺体，萼齿三角形或狭三角形，长 1 ~ 3 毫米；花冠淡红色、红色或紫红色，花冠管长 2 ~ 3 厘米，裂片倒卵形，长 5 ~ 8 毫米；雄蕊及花柱均突出花冠外；花柱短于、等于或稍长于雄蕊；柱头 2 裂，子房 4 室。核果近球形，径 0.6 ~ 1.2 厘米，成熟时蓝黑色。花果期 5 ~ 11 月。

崂山太清宫，中山公园有栽培。国内分布于江苏、安徽、浙江、江西、湖南、湖北、广西。

栽培可供观赏。

图 537 海州常山

1. 花枝；2. 花萼；3. 展开的花冠

图 538 臭牡丹

1. 花枝；2. 花；3. 果实

（四）莸属 Caryopteris Bge.

直立或披散灌木，很少草本。单叶对生，全缘或具齿，通常具黄色腺点。聚伞花序腋生或顶生，常再排列成伞房状或圆锥状，很少单花腋生；萼宿存，钟状，通常 5 裂，偶有 4 裂或 6 裂，裂片三角形或披针形，结果时略增大；花冠通常 5 裂，二唇形，下唇中间 1 裂片较大，全缘至流苏状；雄蕊 4 枚，2 长 2 短，或几等长，伸出于花冠管外，花丝通常着生于花冠管喉部；子房不完全 4 室，每室具 1 胚珠，胚珠下垂或倒生；花柱线形，柱头 2 裂。蒴果小，通常球形，成熟后分裂成 4 个多少具翼或无翼的果瓣。瓣缘锐尖或内弯，腹面内凹成穴而抱着种子。

约 15 种，分布于亚洲中部和东部，尤以我国最多，已知有 13 种 2 变种及 1 变型。青岛栽培 2 种。

分种检索表

1. 叶黄色，尤以新叶为甚，条状披针形至狭卵状披针形…………………………………………………………………………… 1.金叶莸Caryopteris × clandonensis 'Worcester Gold'

1. 叶绿色，披针形、卵形或长圆形…………………………………………………… 2.兰香草C. incana

1. 金叶莸

Caryopteris×clandonensis Hort.ex Rehd. **'Worcester Gold'**

落叶灌木，高达 1.2 米；枝条圆柱形。单叶对生，叶片长卵状椭圆形，长 3 ~ 6 厘米，淡黄色，基部钝圆形，边缘有粗齿;表面光滑，背面有银色毛。聚伞花序，花密集；花萼钟状，二唇形，5 裂，下裂片大而有细条状裂;花冠高脚碟状;雄蕊 4;花冠、雄蕊、雌蕊均为淡蓝色。花期 7 ~ 10 月。

从北美引入，我国北方常见栽培。青岛中山公园，城阳区，崂山区，即墨市均有栽培。

栽培供观赏。

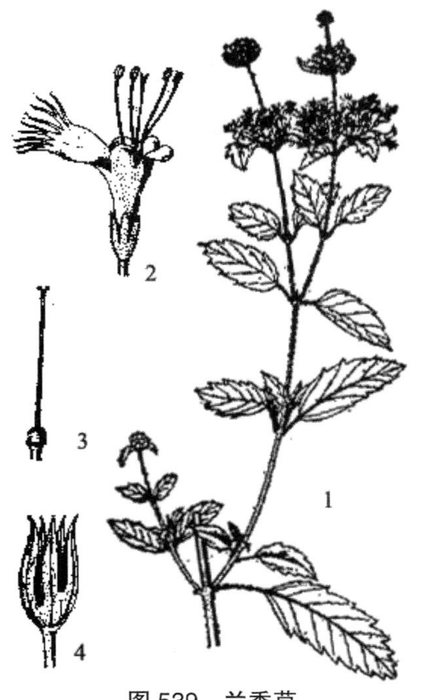

图 539 兰香草

1. 花枝；2. 花；3. 雌蕊；4. 果实

2. 兰香草 莸（图 539）

Caryopteris incana (Thunb. ex Houtt.) Miq.

Nepeta incana Thunb. ex Houtt.

小灌木，高 26 ~ 60 厘米；嫩枝圆柱形，略带紫色，被灰白色柔毛，老枝毛渐脱落。叶披针形、卵形或长圆形，长 1.5 ~ 9 厘米，宽 0.8 ~ 4 厘米，顶端钝或尖，基部楔形或近圆形至截平，边缘有粗齿，稀近全缘，被短柔毛，两面有黄色腺点，背脉明显;叶柄被柔毛，长 0.3 ~ 1.7 厘米。聚伞花序紧密，腋生和顶生，无苞片和小苞片；花萼杯状,花时长约 2 毫米,果时萼长 4 ~ 5 毫米，外面密被短柔毛；花冠淡紫色或淡蓝色，二唇形，外面具短柔毛,花冠管长约 3.5 毫米,喉部有毛环，花冠 5 裂，下唇中裂片较大，边缘流苏状;雄蕊 4，与花柱均伸出花冠管外；子房顶端被短毛，柱头 2 裂。蒴果倒卵状球形，被粗毛，直径约 2.5 毫米，果瓣有宽翅。花果期 6 ~ 10 月。

黄岛区有栽培。国内分布于江苏、安徽、浙江、江西、湖南、湖北、福建、广东、广西等省区。

全草药用,可疏风解表、祛痰止咳、散瘀止痛。又可外用治毒蛇咬伤、疮肿、湿疹等症。根入药，治崩漏、白带、月经不调。栽培可供观赏。

七十三、唇形科 LABITAE

一年生或多年生草本，灌木或亚灌木。茎多呈四菱形。叶对生，稀为轮生或互生，单叶或复叶，无托叶。花序通常为由轮伞花序组成的各类花序，花两性，两侧对称，稀辐射对称；花萼通常有5齿，有时唇形；花冠二唇形，稀单唇形，假单唇形，辐射对称;雄蕊着生于花冠上，4枚，二强或等长，或2枚，花丝离生，稀合生;花盘常存在;雄蕊由2心皮组成，子房上位，不裂至4浅裂、4深裂、4全裂。果实通常为4枚小坚果，稀果皮肉质。

约220属，3500种，分布于世界各地，多数分布于地中海和亚洲西南部地区。我国有99属，800余种，分布于全国各省区。青岛有木本植物2属，2种。

分属检索表

1. 花盘裂片与子房裂片互生；花萼2/3式二唇 ············ 1.百里香属Thymus
1. 花盘裂片与子房裂片对生；花萼1/4式二唇 ············ 2.薰衣草属Lavandula

（一）百里香属 Thymus L.

矮小半灌木。叶小，全缘或每侧具1～3小齿；苞叶与叶同形，至顶端变成小苞片。轮伞花序紧密排成头状花序或疏松排成穗状花序；花具梗。花萼管伏钟形或狭钟形，具10～13脉，二唇形，上唇开展或直立，3裂，裂片三角形或披针形，下唇2裂，裂片钻形，被硬缘毛，喉部被白色毛环。花冠筒内藏或外伸，冠檐二唇形，上唇直伸，微凹，下唇开裂，3裂，裂片近相等或中裂片较长。雄蕊4，分离，外伸或内藏，前对较长，花药2室，药室平行或叉开。花盘平顶。花柱先端2裂，裂片钻形，相等或近相等。小坚果卵珠形或长圆形，光滑。

约300～400种，分布在非洲北部、欧洲及亚洲温带。我国有11种，2变种，多分布于黄河以北地区。青岛有1种。

1. 百里香（图540）

Thymus mongolicus Ronn.

半灌木。茎多数，匍匐或上升；不育枝从茎的末端或基部生出，匍匐或上升，被短柔毛；花枝高（1.5）2～10厘米，在花序下密被向下曲或稍平展的疏柔毛，下部毛变短而疏，具2～4叶对，基部有脱落的先出叶。叶为卵圆形，长4～10毫米，宽2～4.5毫米，先端钝或稍锐尖，基部楔形或渐狭，全缘或稀有1～2对小锯齿，两面无毛，侧脉2～3对，在下面微突起，腺点多少有些明显，叶柄明显，靠下部的叶柄长约为叶片1/2，在上部则较短；苞叶与叶同形，边缘在下部1/3具缘毛。花序头状，多花或

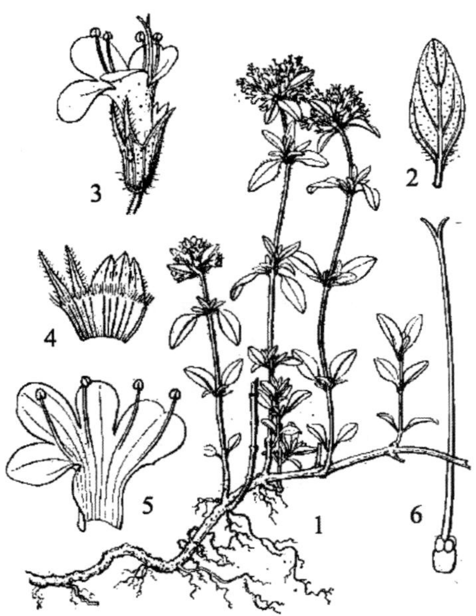

图 540　百里香

1. 植株；2. 叶片；3. 花；4. 花萼展开；5. 花冠展开；6. 雌蕊

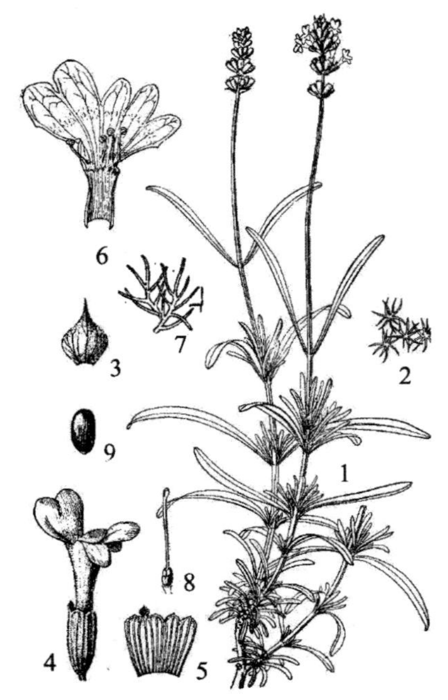

图 541　薰衣草

1. 植株；2. 星状毛；3. 苞片；4. 花侧面观；5. 花萼展开；6. 花冠展开，示雄蕊；7. 花冠上的毛；8. 雌蕊；9. 小坚果

少花，花具短梗。花萼管状钟形或狭钟形，长 4 ~ 4.5 毫米，下部被疏柔毛，上部近无毛，下唇较上唇长或与上唇近相等，上唇齿短，齿不超过上唇全长 1/3，三角形，具缘毛或无毛。花冠紫红、紫或淡紫、粉红色，长 6.5 ~ 8 毫米，被疏短柔毛，冠筒伸长，长 4 ~ 5 毫米，向上稍增大。小坚果近圆形或卵圆形，压扁状，光滑。花期 7 ~ 8 月。

各地低山荒坡、路旁、疏林地、地堰普遍有生长。国内分布于甘肃、陕西、青海、山西、河北、内蒙古等省区。

可引种作地被观赏。全株药用，有祛风解表、通气止痛、止咳降压的功效。也可提挥发油。

（二）薰衣草属 Lavandula L.

半灌木或小灌木，稀为草本。叶线形至披针形或羽状分裂。轮伞花序具 2 ~ 10 花，常在枝顶聚集成顶生间断或近连续的穗状花序。苞片形状多样，比萼短或超过萼，具脉纹或无；小苞片小，存在或无。花蓝色或紫色，具短梗或近无梗。花萼卵状管形或管形，直立，具 13 ~ 15 脉，5 齿，二唇形，上唇 1 齿，有时较宽大或稍伸长成附属物，下唇 4 齿，短而相等，有时上唇 2 齿，较下唇 3 齿狭；果期稍增大。花冠筒外伸，在喉部近扩大，冠檐二唇形，上唇 2 裂，下唇 3 裂。雄蕊 4，内藏，前对较长，花药汇合成 1 室。子房 4 裂。花柱着生在子房基部，顶端 2 裂，裂片压扁，卵圆形，常黏合。花盘相等 4 裂，裂片与子房裂片对生。小坚果光滑，有光泽。

约 28 种，分布于大西洋群岛及地中海地区至索马里，巴基斯坦及印度；我国仅栽培 2 种。青岛栽培 1 种。

1. 薰衣草（图 541）

Lavandula angustifolia Mill.

半灌木或矮灌木；分枝被星状绒毛，幼嫩部分较密，老枝灰褐色或暗褐色，条状剥落，具有长的花枝及短的更新枝。叶线形或披针状线形，花枝上叶较大，疏离，长 3 ~ 5 厘米，宽 0.3 ~ 0.5

厘米，被灰色星状绒毛；更新枝上的叶小，簇生，长不超过1.7厘米，宽约0.2厘米，密被灰白色星状绒毛；叶先端钝，基部渐狭成极短柄，全缘，边缘外卷，下面中脉隆起，侧脉及网脉不明显。轮伞花序通常具6～10花，多数常在枝顶聚集成穗状花序，长约3厘米，稀5厘米；花序梗长约为花序的3倍，密被星状绒毛；苞片先端渐尖成钻状，被星状绒毛，小苞片不明显；花具短梗，蓝色，密被灰色绒毛。花萼卵状管形或近管形，长4～5毫米，内面近无毛，二唇形，上唇1齿较宽而长，下唇具4短齿，齿相等而明显；花冠长约为花萼的2倍，具13条脉纹，内面在喉部及冠檐部分被腺状毛，中部具毛环，冠檐二唇形，上唇直伸，2裂，裂片较大，下唇开展，3裂，裂片较小；雄蕊4，着生在毛环上方，不外伸；花丝扁平，无毛，花药被毛；花柱被毛，先端扁，卵圆形；花盘4浅裂，裂片与子房裂片对生。小坚果4，光滑。花期6月。

原产地中海地区。中山公园，黄岛区有栽培。我国常见栽培。

观赏及芳香油植物，花中含芳香油，是调制化妆品、皂用香精的重要原料，尤为棕榄型香皂及花露水香精中的主要原料。

七十四、木犀科 OLEACEAE

常绿或落叶，乔木或灌木，有时为藤本。叶对生，稀互生，单叶或羽状复叶，无托叶。花辐射对称，两性，稀单性或杂性，雌雄同株、异株或杂性异株，通常聚伞花序排列成圆锥花序，或为总状、伞状、头状花序，顶生或腋生，或聚伞花序簇生于叶腋，稀花单生；花萼常4裂，花冠合瓣，4裂，有时缺；雄蕊常2，稀4；子房上位，2室，花柱单一，柱头2裂或头状。果实为核果、蒴果、浆果或翅果，具1枚伸直的胚，有胚乳或无。

约27属，400余种，广布于两半球的热带和温带地区，亚洲地区种类尤为丰富。我国产12属，178种，6亚种，25变种，南北各地均有分布。青岛有8属，31种，6亚种，2变种。

分属检索表

1. 果实为翅果或蒴果。
 2. 翅果。
  3. 单叶；果体圆形，周围有翅……………………………………………… 1.雪柳属Fontanesia
  3. 复叶；果体长形，前端有翅………………………………………………… 2.梣属Fraxinus
 2. 蒴果，种子有翅。
  4. 枝空心或有片状髓；花黄色……………………………………………… 3.连翘属Forsythia
  4. 枝实心；花紫色、红色、粉红色或白色……………………………………4.丁香属Syringa
1. 果实为核果、浆果状核果或浆果。
 5. 核果。
  6. 叶常绿；花多为簇生，稀为短圆锥花序 …………………………… 5.木犀属Osmanthus
  6. 落叶性；圆锥花序 ……………………………………………………6.流苏树属Chionanthus
 5. 浆果状核果或浆果。

7. 单叶；花冠小，漏斗状，裂片4；浆果状核果，单生 ······························7.女贞属Ligustrum
7. 三出复叶或羽状复叶，稀单叶；花冠大，高脚碟状，4～9裂；浆果常双生或其中1果不发育而为单生··8.素馨属Jasminum

（一）雪柳属 **Fontanesia** Labill.

落叶灌木或小乔木，小枝四棱形；芽鳞 2 ～ 3 对。单叶对生。花小，两性，白色，腋生总状花序或顶生圆锥花序；花萼小，4 深裂；花冠 4 深裂，冠筒短；雄蕊 2，外露；子房上位，2 室，稀 3 室，柱头 2 裂。翅果扁平，周围有翅；种子有胚乳。

含 1 种 1 亚种。我国产 1 亚种。青岛有分布。

1. 雪柳（图 542）

Fontanesia philliraeoides Labill. subsp. **fortunei** (Carr.) Yaltirik

Fontanesia fortunei Carr.

图 542　雪柳
1. 花枝；2. 果枝；3. 花；4. 果实

落叶灌木或小乔木，高达 8 米。树皮灰褐色，小枝淡黄色或淡绿色，四棱形或具棱角，无毛。叶披针形、卵状披针形或狭卵形，长 3 ～ 12 厘米，宽 0.8 ～ 2.6 厘米，先端锐尖至渐尖，基部楔形，全缘，无毛，中脉在上面稍凹入或平，下面凸起，侧脉 2 ～ 8 对；叶柄长 1 ～ 5 毫米，上面具沟，光滑无毛。圆锥花序顶生或腋生，顶生花序长 2 ～ 6 厘米，腋生花序较短，长 1.5 ～ 4 厘米；花两性或杂性同株；苞片锥形或披针形，无毛；花萼微小；花冠深裂至近基部，裂片卵状披针形，长 2 ～ 3 毫米，宽 0.5 ～ 1 毫米，先端钝，基部合生；雄蕊花丝长 1.5 ～ 6 毫米，伸出或不伸出花冠外，花药长圆形，长 2 ～ 3 毫米；花柱长 1 ～ 2 毫米，柱头 2 叉。果黄棕色，倒卵形至倒卵状椭圆形，扁平，长 7 ～ 9 毫米，先端微凹，花柱宿存，边缘具窄翅；种子具三棱。花期 4 ～ 6 月；果期 6 ～ 10 月。

产崂山崂顶、宅子头等地；中山公园，平度市现河公园，即墨栽培。国内分布于河北、陕西、安徽、河南、华北、江苏、浙江、湖北等省。

枝条可编筐，茎皮可制人造棉，嫩叶代茶。亦是良好的观赏植物和绿化树种。

（二）梣属 **Fraxinus** L.

落叶乔木，稀灌木。奇数羽状复叶，稀单叶，对生，叶缘常有锯齿；无托叶。花两性、杂性或单性，雌雄同株或异株；圆锥花序、总状花序或有时近簇生；苞片常脱落；花萼小，

4裂或缺；花冠常4裂，有时2 ~ 6裂，或无花冠；雄蕊2，生于花冠基部，无花冠时着生于子房下部，花丝外漏或内藏，华药2室，纵裂；子房2室，柱头2裂，每室有胚珠2。翅果，翅在顶端伸长，不开裂；种子1，扁平，有胚乳，子叶扁平。

约60余种，主要分布于热带及亚热带地区，我国有27种及1变种，广布于南北各地。青岛有8种，1亚种。

分种检索表

1. 花序顶生枝端或出自当年生枝的叶腋，叶后开花或花与叶同时开放。
 2. 花无花冠，与叶同时开放，鳞芽 ………………………………………… 1.白蜡树F. chinensis
 2. 花具花冠，先叶后花；裸芽被锈色糠秕状毛；翅果阔披针状匙形 ……………… 2.光蜡树F. griffithii
1. 花序侧生于去年生枝上，花序下无叶，先花后叶或同时开放。
 3. 小叶较大，花序长或短，花稍疏离；小枝不呈棘刺状。
  4. 具花萼。
   5. 果实长1 ~ 2厘米，小枝、叶轴、叶两面均有较密的短柔毛 ……………3.绒毛白蜡F. velutina
   5. 果实长3 ~ 4厘米。
    6. 顶芽圆锥形，尖头，老枝上的叶痕上缘截平，小叶无柄或近无柄，果翅下延超过坚果的1/3，几达中部 ………………………………………… 4.美国红梣F. pennsylvanica
    6. 顶芽卵形，钝头，叶痕上缘凹形，小叶柄长0.5 ~ 1.5厘米，果翅下延不超过坚果的1/3处 ………………………………………… 5.美国白蜡F. americana
  4. 无花萼。
   7. 羽状复叶的小叶着生处无簇生曲柔毛 ………………………………… 6.狭叶白蜡F. angustifolia
   7. 翅果明显扭曲；羽状复叶的小叶着生处簇生黄褐色曲柔毛 …………7.水曲柳F. mandshurica
 3. 小叶长1.7 ~ 5厘米，宽0.6 ~ 1.8厘米，具锐锯齿，叶轴具狭翅；花序短，花密集；营养枝呈棘刺状 ………………………………………… 8.湖北梣F.hupehensis

1. 白蜡树 梣蜡条（图543）

Fraxinus chinensis Roxb.

落叶乔木，高可达12米。冬芽卵球形，黑褐色，被棕色柔毛或腺毛；小枝黄褐色，无毛。奇数羽状复叶，对生，长13 ~ 20厘米，小叶5 ~ 9，常7，总叶轴中间有沟槽；小叶卵形、倒卵状长圆形至披针形，长3 ~ 10厘米，宽1.7 ~ 5厘米，先端渐尖或钝，基部钝圆或楔形，边缘有整齐锯齿，上面无毛，下面无毛或沿脉有短柔毛，中脉在上面平坦，下面凸起，侧脉8 ~ 10对。圆锥花序顶生或侧生于当年生枝上，长8 ~ 10厘米，疏松；总花梗长2 ~ 4厘米，无毛或被细柔毛；花梗纤细，长约5毫米；雌雄异株；雄花花萼钟状，不整齐4裂，无花瓣，

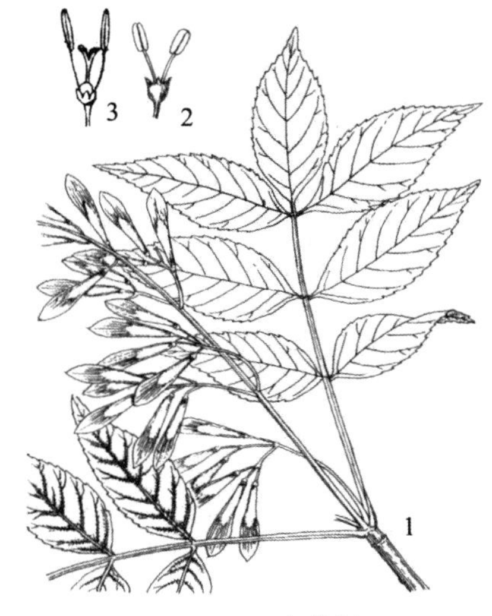

图543 白蜡树

1. 果枝；2. 雄花；3. 两性花

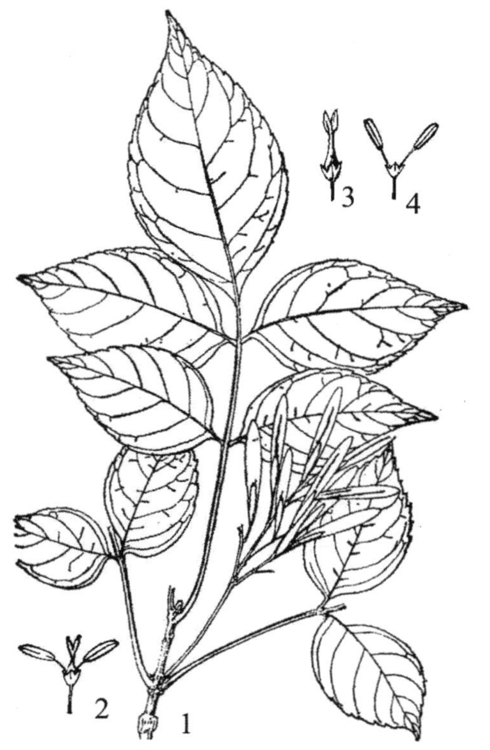

图 544　大叶白蜡
1. 果枝；2. 两性花；3. 雌花；4. 雄花

图 545　光蜡树
1. 果枝；2. 花

雄蕊 2，花药卵形或长椭圆形，与花丝近等长；雌花花萼筒状，4 裂，花柱细长，柱头 2 裂。翅果倒披针形，长 3 ～ 4.5 厘米，宽 4 ～ 6 毫米，先端锐尖、钝或微凹，基部渐狭；种子 1。花期 4 ～ 5 月；果期 7 ～ 9 月。

全市各地普遍栽培。国内分布于南北各省区，各地普遍栽培。

木材坚硬有弹性，可制造车辆、农具。可作行道树及护堤树种。树条为优良的编织用材。枝、叶可放养白蜡虫。

（1）大叶白蜡　花曲柳（亚种）（图 544）

subsp. **Rhynchophylla** (Hance) E. Murray

F. rhynchophylla Hance

与原种的主要区别是：奇数羽状复叶小叶 3 ～ 7，通常 5，长 3 ～ 15 厘米，宽 2 ～ 6 厘米，顶生中央小叶特宽大，先端尾渐尖或突尖，基部钝形、宽楔形至心形，边缘有浅而粗的钝锯齿。

产崂山八水河、太清宫、华严寺、崂顶、北九水，大珠山山张，大泽山雀石涧，王哥庄西山。国内分布于东北地区和黄河流域各省区。

木材坚硬而有弹性，可供车辆、农具用材，枝条供编织。干、枝可药用，为健胃收敛药。种子含油 15.8%，可制肥皂及工业用油。

2. 光蜡树（图 545）

Fraxinus griffithii Clarke

半落叶乔木，高 10 ～ 20 米，胸径达 60 厘米。树皮灰白色，粗糙，呈薄片状剥落。芽裸露，被锈色糠秕状毛。小枝灰白色，具疣点状凸起皮孔。羽状复叶长 10 ～ 25 厘米，小叶 5 ～ 11，卵形至长卵形，长 2 ～ 14 厘米，宽 1 ～ 5 厘米，先端斜骤尖至渐尖，基部钝圆、楔形或歪斜不对称，近全缘，略反卷，上面无毛，光亮，下面具细小腺点；侧脉 5 ~ 6 对，不明显；叶柄长 4 ~ 8 厘米，基部略扩大；叶轴具浅沟或平，无毛或被微毛，小叶柄着生处具关节。圆锥花序顶生于当年生枝端，长 10 ~ 25 厘米，具多花；叶状苞片匙状线形，长 3 ~ 10 毫米，初被细柔毛；花序梗长 4 ~ 5 厘米，被细柔毛；花萼杯状，长约 1 毫米，萼齿阔三角形，被微毛或无；花冠白色，裂片舟形，钝头并卷曲；两性花的花冠裂片与雄蕊等长，花药大，长于花丝；雌蕊短，长约 1 毫米，花柱稍长，柱头点状。翅果阔披针状匙形，长 2.5 ~ 3 厘米，宽 4 ~ 5 毫米，具钝头，翅下延至坚果中部以下，坚果圆柱形。花期 5 ~ 7 月；果期 7 ~ 11 月。

山东科技大学有栽培。国内分布于福建、台湾、湖北、湖南、广东、海南、广西、贵州、四川、云南等省区。

栽培供观赏。

图 546 绒毛白蜡

3. 绒毛白蜡（图 546）

Fraxinus velutina Torr.

落叶乔木，高可达 20 米。树皮灰色，纵裂；芽及小枝密被短柔毛。羽状复叶对生，长 10 ~ 20 厘米；小叶 3 ~ 9，常 5，椭圆形至椭圆状披针形，长 3 ~ 7 厘米，宽 2 ~ 4 厘米，先端急尖，基部阔楔形，全缘，两面均有短柔毛，下面尤密，网脉明显。圆锥花序侧生于去年生枝上；花萼 4 ~ 5 齿裂；无花冠；雄花有雄蕊 2 ~ 3，花丝极短，花药长圆形，有细尖黄色；雌花 2 心皮合生，柱头 2 裂，红色。果实长 1 ~ 2.5 厘米，果翅长椭圆形，稀下延至中部，果翅等于或短于果体。花期 4 月；果期 9 月。

原产美国西南部。崂山有栽培。

能耐盐碱及低湿，为内陆及滨海盐碱地造林树种。

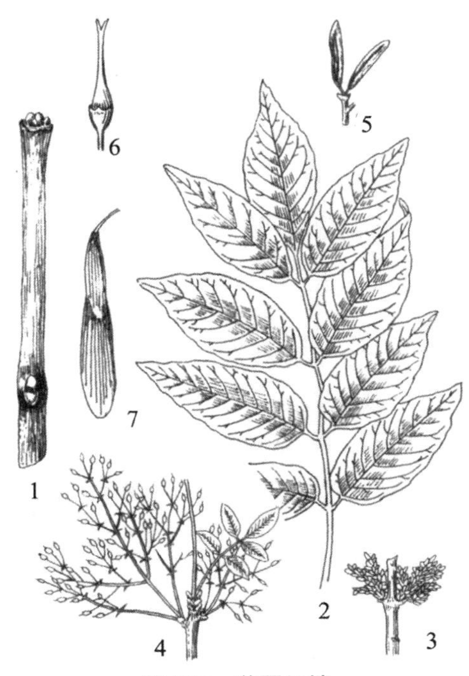

图 547 美国红梣

1. 枝条冬态；2. 叶片；3. 雄花序；4. 雌花序；5. 雄花；6. 雌花；7. 果实

4. 美国红梣 洋白蜡 毛白蜡（图 547）

Fraxinus pennsylvanica Marsh.

落叶乔木，高达 20 米。树皮灰褐色至暗灰色，纵裂。小枝粗短，暗灰褐色，密被短柔毛或无毛。奇数羽状复叶，对生，叶柄长 15 ～ 30 厘米，叶轴中间有沟槽，被短柔毛；小叶 5 ～ 9，薄革质，长卵形或长圆状披针形，长 4 ～ 13 厘米，宽 2 -8 厘米，先端渐尖或急尖，基部宽楔形，叶缘具齿或近全缘，上面无毛，下面沿脉有短柔毛，叶脉在上面凹下，下面凸起，侧脉 7 ～ 9 对。圆锥花序侧生于去年生枝上，长 5 ～ 20 厘米，有绒毛或无；雄花与两性花异株，无花瓣；雄花花萼小，4 ～ 5 裂，长约 2 毫米，雄蕊 2，花丝极短；两性花萼较宽，子房 2 室，柱头 2 裂。翅果狭倒卵状披针形，扁平，长 2.5 ～ 5.5 厘米，宽 1 ～ 7 毫米，顶端钝圆或稍尖，果翅下延至果体中部或中部以下，果体比翅短，圆柱形，宿存萼长 1 ～ 2 毫米。花期 4 月；果期 9 ～ 10 月。

原产美国东南部及加拿大东南边境。青岛大学，城阳春阳路，胶州香港路有栽培。

栽培可作行道树或庭院树。

5. 美国白蜡（图 548）

Fraxinus Americana L.

落叶乔木，高可达 20 米以上。小枝暗灰色，光滑，有皮孔。奇数羽状复叶，小叶 5 ～ 13，通常 7，有短柄，卵形、椭圆状卵形或椭圆状披针形，长 4 ～ 5 厘米，宽 3 ～ 7.5 厘米，顶端渐尖基部楔形或近圆形，近全缘或近顶端有钝锯齿，背面苍白色，无毛或沿中脉和短柄处有柔毛。雌雄异株，圆锥花序生于去年无叶的侧枝上，无毛，花萼宿存。翅果长 3 ～ 4 厘米，果实长圆筒状，翅矩圆形，狭翅不下延。花期 4 ～ 5 月；果期 8 ～ 9 月。

图 548　美国白蜡

1. 叶枝；2. 果枝；3. 芽；4. 果实

原产北美。岛植物园，山东科技大学有栽培。国内河北、北京、天津、山东、内蒙古、河南等地有栽培。

为优良行道树和园林绿化树种。

6. 狭叶白蜡

Fraxinus angustifolia Vahl

落叶乔木，高达 20 ～ 30 米，直径达 1.5 米。幼树树皮光滑，浅灰色，老树树皮状开裂。冬芽淡褐色。叶对生，偶三叶轮生；羽状复叶，长 15 ～ 25 厘米，具 3 ～ 13 小叶，小叶狭长，长 3 ～ 8 厘米，宽 1 ～ 1.5 厘米。花杂性，同一花序中的花为雄性、两性花或两者兼有，但雄性花和两性花会出现在所有个体上，意即所有个体在功能都是两性的。早春开花。翅果，长 3 ～ 4 厘米，种子 1.5 ～ 2 厘米；翅浅棕色，长 1.5 ～ 2 厘米。

城阳社区有栽培。

可作庭院树、行道树。

7. 水曲柳（图 549）

Fraxinus mandschurica Rupr.

落叶大乔木，高 10 ~ 30 米。树皮灰褐色，纵裂。冬芽黑褐色，外被 2 ~ 3 鳞片，鳞片边缘和内侧被褐色柔毛。小枝稍四棱形，绿灰色，无毛，有褐色皮孔。奇数羽状复叶，对生，叶轴有狭翅，中间有沟槽；小叶 7 ~ 11，近乎无柄，卵状长圆形或椭圆状披针形，长 5 ~ 20 厘米，宽 2 ~ 5 厘米，先端渐尖或尾尖，基部楔形至钝圆，稍歪斜，叶缘具细锯齿，上面无毛，下面沿中脉和小叶基部密生黄褐色柔毛。圆锥花序侧生于去年生枝上，花序梗与分枝具窄翅状，无毛；雄花与两性花异株，均无花冠也无花萼；雄花序紧密，花梗细而短，长 3 ~ 5 毫米，无毛，雄蕊 2；两性花序稍松散，花梗细而长，两侧有 2 雄蕊，子房扁而宽，柱头 2 裂。翅果扭曲，长圆形至倒卵状披针形，扁平，长 3 ~ 4 厘米，顶端钝圆或微凹。花期 4 ~ 5 月；果期 9 ~ 10 月。

崂山棋盘石栽培。国内分布于东北、华北地区及陕西、甘肃、湖北等省。

木材优良，可供建筑、火车厢、造船、家具、枕木、胶合板等用材。

图 549 水曲柳
1. 果枝；2. 叶

8. 湖北梣 对节白蜡（图 550）

Fraxinus Hupehensis Chu & Shang & Su.

落叶大乔木，高可达 19 米，胸径达 1.5 米。树皮深灰色，老时纵裂；营养枝常呈棘刺状。小枝挺直，被细绒毛或无毛。羽状复叶长 7 ~ 15 厘米；叶柄长 3 厘米，基部不增厚；叶轴具狭翅，小叶着生处有关节，至少在节上被短柔毛；小叶 7 ~ 9 枚，革质，披针形至卵状披针形，长 1.7 ~ 5 厘米，宽 0.6 ~ 1.8 厘米，先端渐尖，基部楔形，叶缘具锐锯齿，上面无毛，下面沿中脉基部被短柔毛，侧脉 6 ~ 7 对；

图 550 湖北梣
1. 果枝；2. 叶；3. 叶轴放大；4. 花

小叶柄长 3 ～ 4 毫米，被细柔毛。花杂性，密集簇生于前一年生枝上，呈甚短的聚伞圆锥花序，长约 1.5 厘米；两性花花萼钟状，雄蕊 2，花药长 1.5 ～ 2 毫米，花丝较长，长 5.5 ～ 6 毫米，雌蕊具长花柱，柱头 2 裂。翅果匙形，长 4 ～ 5 厘米，宽 5 ～ 8 毫米，中上部最宽，先端急尖。花期 2 ～ 3 月；果期 9 月。

中山公园，山东科技大学等地有栽培；各地苗圃常有培育。产于湖北，我国特有种。

栽培供观赏。树干挺直，材质优良，为优良材用树种。

（三）连翘属 Forsythia Vahl

落叶灌木。冬芽外被数鳞片；小枝圆柱形或近四棱形，枝髓部中空或呈薄片状；叶对生，单叶，稀 3 深裂或呈 3 小叶状。花两性，簇生叶腋，先叶开花，黄色，有短梗，萼 4 深裂，宿存；花冠钟状，深 4 裂，裂片较花冠筒长；雄蕊 2，着生于花冠管基部；子房 2 室，胚珠每室 4 ～ 10 颗，柱头 2 裂；果蒴果 2 室，有开裂；种子有翅，无胚乳。

约 11 种，除 1 种产欧洲东南部外，其余均产亚洲东部，尤以我国种类最多，现有 7 种，南北各地均有分布。青岛有 3 种。

分种检索表

1. 小枝的节间具片状髓，有时部分枝条具中空髓；花萼裂片长5 毫米以下；果梗长在7 毫米以下。
    2. 枝条直立或斜展，不呈拱垂状 ……………………………………………… 2.金钟花F. viridissima
    2. 枝常多少呈拱形，较细长 ………………………………………… 3.金钟连翘Forsythia × intermedia
1. 小枝的节间中空；花萼裂片长5 ~ 7 毫米；果梗长0.7 ~ 2 厘米；单叶或3裂至3出复叶，有锯齿 …… 1.连翘F. suspensa

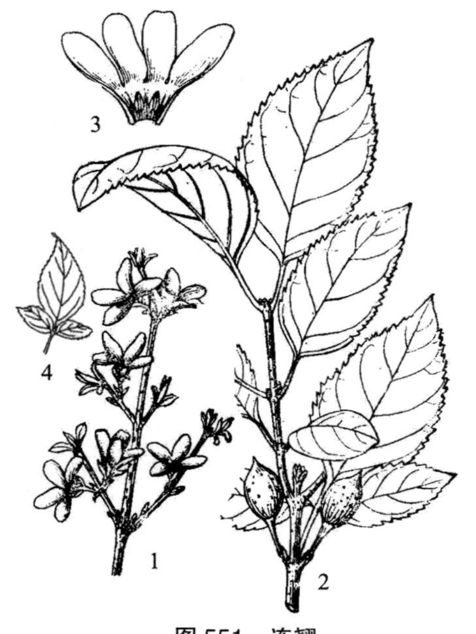
图 551　连翘
1. 果枝；2. 花枝；3. 花冠展开；4. 三出复叶

1. 连翘　挂拉鞭（图 551）

Forsythia suspensa (Thunb.) Vahl

Ligustrum suspensum Thunb.

落叶灌木。枝开展或下垂，高 1 ～ 3 米；冬芽褐色，无毛；小枝中空。单叶对生，或 3 裂至三出复叶，叶卵形、宽卵形或椭圆状卵形至椭圆形，长 2 ～ 10 厘米，宽 2 ～ 5 厘米，先端锐尖，基部圆形、宽楔形至楔形，叶缘除基部外具锐锯齿或粗锯齿，上面深绿色，下面淡黄绿色，两面无毛；叶柄长 0.8 ～ 1.5 厘米，无毛。花通常单生或 2 至数朵着生于叶腋，先于叶开放；花梗长 5 ～ 6 毫米；花萼绿色，裂片长圆形或长圆状椭圆形，长 5 ～ 7 毫米，先端钝或锐尖，边缘具睫毛，与花冠管近等长；花冠黄色，裂片倒卵状长圆形或长圆形，长 1.2 ～ 2 厘米，宽 6 ～ 10 毫米；在雌蕊长 5 ～ 7 毫米花中，雄蕊长 3 ～ 5 毫米，在雄蕊长 6 ～ 7 毫米的花中，雌蕊长约 3 毫米。果卵球形、卵状椭圆形或长椭圆形，长 1.2 ～ 2.5 厘米，宽 0.6 ～ 1.2 厘米，先端喙状渐尖，表面疏生皮孔；果梗长 0.7 ～ 1.5 厘米。花期 3 ～ 4 月；果期 5 ～ 6 月。

产于崂山各景区；全市各地普遍栽培。

（1）花叶连翘（栽培变种）

'Variegata'

叶面有黄色斑点，花深黄色。

供观赏。

（2）金叶连翘（栽培变种）

'Golden Leaves '

叶金黄色。

供观赏。

2. 金钟花（图 552）

Forsythia viridissima Lindl.

落叶灌木，高 1 ～ 3 米。茎丛生，枝直立，拱形下垂，小枝淡黄褐色，四棱状，髓心薄片状。单叶对生，椭圆形至披针形，稀倒卵状矩圆形，长 3.5 ～ 15 厘米，宽 1 ～ 4 厘米，无毛，先端锐尖，基部楔形，中部以上有锯齿，稀近全缘，中脉及支脉在叶面上凹入，在叶背隆起。花两性，深黄色，先叶开放，1 ～ 4 花簇生于叶腋；花梗长 5 ～ 8 毫米；花萼 4 裂，裂片卵形或椭圆形，有缘毛，长约 3 毫米；花冠 4 深裂，裂片狭长圆形，长 1 ～ 1.5 厘米，长为冠筒的 2 倍；雄蕊 2，着生于冠筒基部，与冠筒近等长；子房 2 室，柱头 2 裂。蒴果卵球形，长 1 ～ 1.5 厘米，先端有长喙，2 室开裂；种子多数，长约 5 毫米，有翅。花期 3 ～ 4 月；果期 8 ～ 11 月。

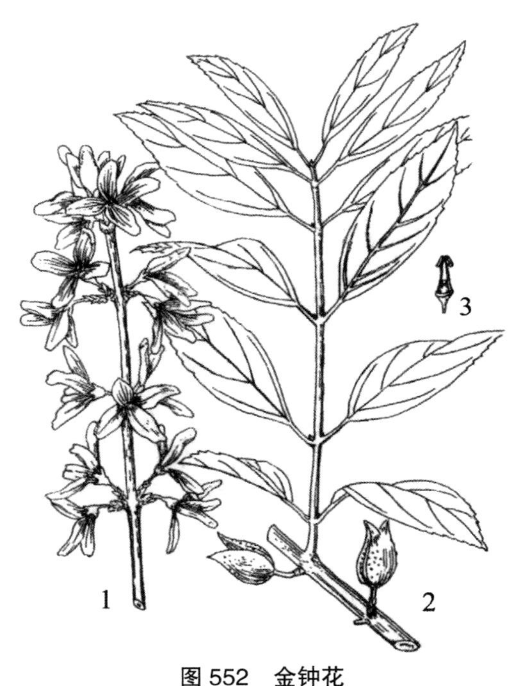

图 552 金钟花

1. 花枝；2. 果枝；3. 雌蕊

各地常见栽培。国内分布于江苏、浙江、安徽、江西、福建、湖北、贵州、四川等地，尤以长江流域一代栽培较为普遍。

可作清热解毒用。优良观赏花木。

3. 金钟连翘

Forsythia × intermedia Zabel

是金钟花和连翘的杂交种，形态介于两者之间。

各地普遍栽培。

供观赏。

（四）丁香属 Syringa L.

落叶灌木或小乔木。冬芽具芽鳞，常无顶芽。单叶，稀复叶，对生，全缘，稀分裂；具叶柄。聚伞花序组成圆锥花序，顶生或腋生。花萼钟状，具 4 齿或为不规则齿裂，或近平截，宿存；花冠漏斗状、高脚碟状或近辐状，裂片 4，紫、红、粉红或白色，开展或近直立；雄蕊 2，着生花冠筒喉部或花冠筒中部，内藏或伸出；子房 2 室，每室具 2 下垂胚珠，花柱丝状，短于雄蕊，柱头 2 裂。蒴果 2 室，室间开裂。种子扁平，有翅。

约 19 种，分布于亚洲和欧洲东南部。我国 16 种，主要分布于西南及黄河流域以北各省区。青岛有 7 种，3 亚种，2 变种。

分种检索表

1. 花冠管远比花萼长，花冠紫色、红色、粉红色或白色；花药全部或部分藏于花冠管内。
  2. 圆锥花序由侧芽抽生，基部常无叶，稀由顶芽抽生。
    3. 叶片全缘，稀具1～2小裂片。
      4. 叶背无毛；花较大，直径1～1.5厘米；果较宽，倒卵状椭圆形、卵形至椭圆形。
        5. 叶基心形、截形、近圆形至宽楔形，叶片为长卵形至卵圆形或肾形。
          6. 叶片卵圆形至肾形，通常宽大于长 ……………………………… 1.紫丁香S. oblata
          6. 叶片卵形、宽卵形或长卵形，通常长大于宽 …………………… 2.欧丁香S. vulgaris
        5. 叶基楔形，叶片为披针形、卵状披针形，稀具1～2裂片 … 3.花叶丁香Syringa × persica
      4. 叶背至少沿中脉被毛；花较小，直径不及1厘米；果较狭，长椭圆形 4.巧玲花S. pubescens
    3. 叶片为3～9羽状深裂至全裂，兼有全缘叶；果略呈四棱形 ………… 5.华丁香S. protolaciniata
  2. 圆锥花序由顶芽抽生，基部常有叶，花冠管近圆柱形；叶卵形、椭圆状卵形、宽椭圆形至倒卵状长椭圆形，上面无毛，下面贴生疏柔毛或仅沿叶脉被柔毛 …………………… 6.红丁香S. villosa
1. 花冠管几与花萼等长或略长，花冠白色或淡黄色；花丝伸出花冠管外……… 7.日本丁香S. reticulata

1. 紫丁香 华北紫丁香（图 553）

Syringa oblata Lindl.

灌木或小乔木。树皮灰褐色，平滑；小枝、花序轴、花梗、苞片、花萼、幼叶两面及叶柄均密被腺毛。叶对生，革质或厚纸质，卵圆形或肾形，通常宽大于长，先端急尖，基部心形、平截或宽楔形，全缘；叶柄长 1 ～ 3 厘米。圆锥花序顶生，长 4 ～ 16 厘米；花萼小，钟形，长约 3 毫米，4 裂，裂片三角形；花冠漏斗状，紫色，冠筒长 0.8 ～ 1.7 厘米，檐部 4 裂，裂片卵形；雄蕊 2，内藏，生于冠筒中部或稍上，花药黄色，花丝极短；花柱棍棒状，柱头 2 裂，子房 2 室。蒴果，卵圆形或长椭圆形，长 1 ～ 2 厘米，顶端尖，光滑；种子扁平，长圆形，周围有翅。花期 4 ～ 5 月；果期 6 ～ 10 月。

全市各地普遍栽培。国内分布于东北、华北、西北以及西南至四川。

春季开花较早，花芳香，为优良观赏花木。嫩叶可代茶。木材可制农具。

（1）白丁香（变种）

var. **alba** Rehd.

与原种的主要区别是：叶片较小，幼叶下面有微柔毛；花白色。

崂山蔚竹庵，崂山区，黄岛区，胶州市，平度市有栽培。国内分布同原种。

栽培供观赏。

（2）紫萼丁香（变种）

var. **giraldii** (Lemoine) Rehd.

与原种的主要区别是：小枝、花序和花梗除具腺毛外，被微柔毛或短柔毛，或无毛；叶片基部通常为宽楔形、近圆形至截形，或近心形，上面除有腺毛外，被短柔毛或无毛，下面被短柔毛或柔毛，有时老时脱落；叶柄被短柔毛、柔毛或无毛。花期 5 月；果期 7 ~ 9 月。

崂山区晓望社区有栽培。国内分布于甘肃、陕西、湖北至东北。

2. 欧丁香 洋丁香（图 554）

Syringa vulgaris L.

落叶灌木或小乔木；高 2 ~ 5 米。树皮灰褐色，小枝、叶柄、叶片两面、花序轴、花梗和花萼均无毛或具腺毛，老时脱落。叶对生，近革质，卵形、宽卵形或长卵形，长 3 ~ 13 厘米，宽 2 ~ 9 厘米，先端渐尖，基部平截、宽楔形或心形，全缘，两面无毛，中脉上面不明显，下面凸起；叶柄长 1 ~ 3 厘米。圆锥花序由上部侧芽发出，稀顶生，长 10 ~ 20 厘米；花紫色、白色或紫红色，芳香；花萼钟状，长 2 毫米，4 浅裂，裂片不规则；花冠筒近圆柱形，长约厘米，檐部 4 ~ 5 裂，裂片卵形，开展；雄蕊 2，花药黄色，生于花冠筒喉部稍下；子房 2 室，柱头 2 裂。蒴果卵形或长椭圆形，长 1 ~ 2 厘米，先端渐尖，光滑。花期 4 ~ 5 月；果期 6 ~ 7 月。

原产欧洲。中山公园、山东科技大

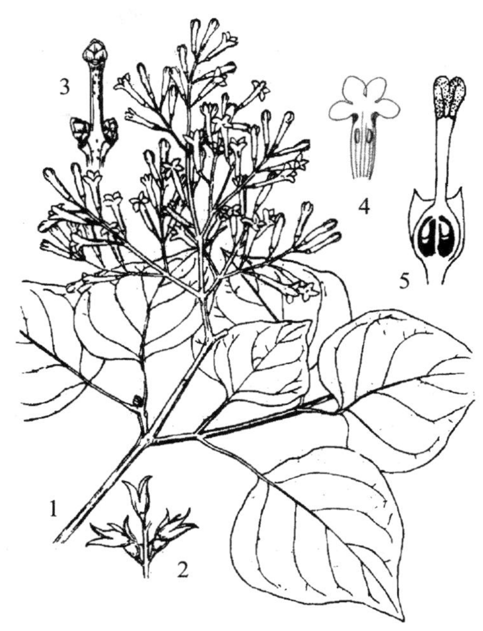

图 553 紫丁香

1. 花枝；2. 果实；3. 小枝冬态；4. 花冠展开；5. 雌蕊纵切

图 554 欧丁香

1. 花枝；2. 花冠展开；3. 去掉花冠和雄蕊的花；4. 果实

图 555　花叶丁香

1. 果枝；2 ~ 3. 各种形状的叶；4. 花冠展开；5. 花；6. 果实；7. 种子

图 556　巧玲花

1. 花枝；2. 花冠展开；3. 去掉花冠和雄蕊的花；4. 果实

学校园有栽培。

栽培供观赏。

3. 花叶丁香（图 555）

Syringa × persica L.

小灌木，高 1 ~ 2 米，或达 3 米。枝细弱，开展，直立或稍弓曲，灰棕色，无毛，具皮孔，小枝无毛。叶披针形或卵状披针形，长 1.5 ~ 6 厘米，宽 0.8 ~ 2 厘米，先端渐尖或锐尖，基部楔形，全缘，稀具 1 ~ 2 小裂片，无毛；叶柄长 0.5 ~ 1.3 厘米，无毛。花序由侧芽抽生，长 3 ~ 10 厘米，通常多对排列在枝条上部呈顶生圆锥花序状；花序轴无毛，具皮孔；花梗长约 1.5 ~ 3 毫米，无毛；花芳香；花萼无毛，长约 2 毫米，具浅而锐尖的齿，或萼齿呈三角形；花冠淡紫色，花冠管细弱，近圆柱形，长 0.6 ~ 1 厘米，花冠裂片呈直角开展，宽卵形、卵形或椭圆形，长 4 ~ 7 毫米，兜状，先端尖或钝；花药小，不孕，淡黄绿色，着生于花冠管喉部之下。果未见。花期 5 月。

原产中亚、西亚、地中海地区至欧洲。黄岛区，胶州市有栽培。我国北部地区有栽培。

花芳香，可提芳香油；又为庭园观赏树种。

4. 巧玲花　毛叶丁香（图 556）

Syringa pubescens Turcz.

小灌木，高 1 ~ 4 米。树皮灰褐色；冬芽被短柔毛，小枝四棱形，无毛。叶对生，卵圆形、卵状椭圆形或近菱形，长 1.5 ~ 8 厘米，先端锐尖、渐尖或钝，基部宽楔形或圆，全缘，有缘毛，上面无毛，下面被短柔毛，脉上尤密；叶柄长 0.5 ~ 2 厘米。圆锥花序，侧生，长 5 ~ 16 厘米，密集，无毛；花梗无毛；花淡紫色或紫红色，芳香；花萼小，钟形，长 1.5 ~ 2 毫米，无毛；冠筒细长，长 0.7 ~ 1.7 厘米，檐部 4 裂，裂开开展或反折；雄蕊 2，着生于冠筒中部稍上，花药紫色，内藏；子房 2 室。蒴果长椭圆形，长 0.7 ~ 2 厘米，先端钝，有疣状突起。花期 5 ~ 6 月；果期 6 ~ 8 月。

产崂山潮音瀑、凉清河，生于海拔较高的山坡、灌丛中国内分布于华北、西北、华中各省区。

花芳香美丽，为良好的观赏花木。茎药用。花可作香料。

（1）小叶巧玲花（亚种）（图 557）

subsp. **microphylla** (Diels) M. C. Chang et X. L. Chen

S. microphylla Diels

与原种的主要区别是：其叶先端尖或渐尖，小枝、花序轴近圆柱形，连同花梗、花萼呈紫色，被微柔毛或短柔毛或近无毛；叶卵形、椭圆状卵形至披针形或近圆形、倒卵形，下面被短柔毛或近无毛；花冠紫红色，盛开时外面呈淡紫红色，内面带白色，长 0.8 ~ 1.7 厘米，花冠筒近圆柱形，长 0.6 ~ 1.3 厘米；花药紫色或紫黑色，着生于距花冠喉部 0 ~ 3 毫米。花期 5 ~ 6 月，栽培的每年春、秋开 2 次花。

产于崂山清凉河，明道观；黄岛有栽培。国内分布于河北、山西、陕西、宁夏、甘肃、青海、河南、湖北、四川等省区。

花芳香而美丽，为良好观赏花木。

5. 华丁香　甘肃丁香（图 558；彩图 100）

Syringa protolaciniata P. S. Green & M. C. Chang

小灌木，高达 3 米；全株无毛。小枝细弱，棕褐色，四棱形，疏生皮孔。叶全缘或羽状分裂，长 1 ~ 4 厘米，宽 0.4 ~ 2.5 厘米；叶柄长 0 ~ 2.5 厘米；枝条上部的叶和花枝叶近全缘，下部叶常 3 ~ 9 羽状深

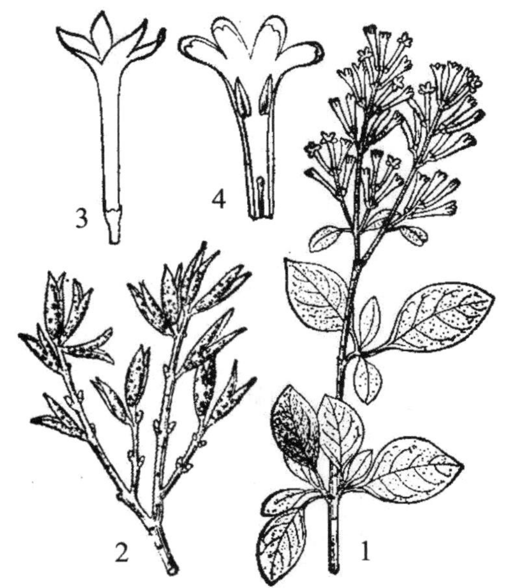

图 557　小叶巧玲花

1. 花枝；2. 果穗；3. 花；4. 花冠展开

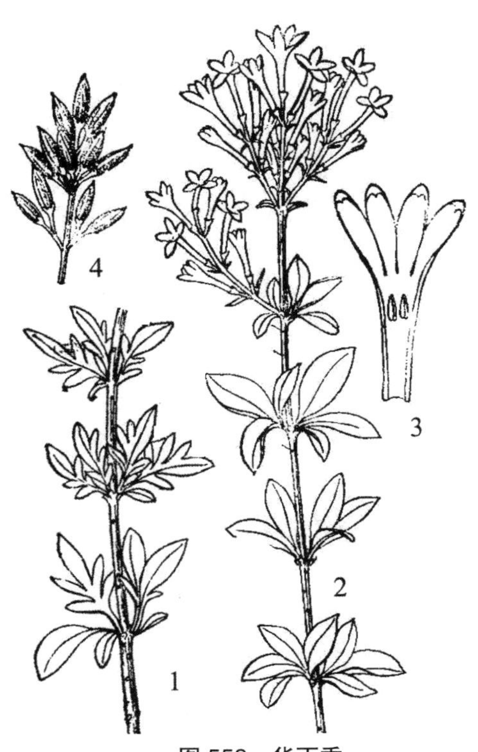

图 558　华丁香

1. 叶枝；2. 花枝；3. 花冠展开；4. 果实

裂至全裂；叶和裂片披针形、椭圆形或卵形，先端钝或锐尖，基部楔形，下面具黑色腺点。花序由侧芽抽生，呈顶生圆锥花序状。花梗纤细，长 2 ~ 6 毫米；花芳香；花萼长 1.5 ~ 2 毫米，平截或具齿；花药淡紫或紫色，花冠筒近圆柱形，长 0.7 ~ 1.2 厘米，裂片开展，长 5 ~ 9 毫米；花药黄绿色，位于花冠筒喉部。果长圆形或长卵圆形，微 4 棱，长 0.8 ~ 1.5 厘米，皮孔不明显。花期 4 ~ 6 月；果期 6 ~ 8 月。

山东科技大学校园，胶州市有栽培。国内分布于甘肃东南部及青海东部。

花色淡雅，枝叶秀丽，为优雅观赏树种，北方地区多栽培。花可提取芳香油。

6. 红丁香（图 559）

Syringa villosa Vahl

灌木。小枝淡灰色，无毛或被微柔毛。叶卵形或椭圆形，长 4 ~ 11 厘米，先端尖或短渐尖，基部楔形或近圆，上面无毛，下面粉绿色，贴生疏柔毛或沿叶脉被柔毛；叶柄长 0.8 ~ 2.5 厘米，无毛或被柔毛。圆锥花序直立，由顶芽抽生；花序轴、花梗及花萼无毛，或被柔毛。花梗长 0.5 ~ 1.5 厘米；花萼长 2 ~ 4 毫米，萼齿锐尖或钝；花冠淡紫红或白色，花冠筒细，近圆柱形，长 0.7 ~ 1.5 厘米，裂片直角外展，长 3 ~ 5 毫米；花药黄色，位于花冠筒喉部。果长圆形，长 1 ~ 1.5 厘米，顶端凸尖，皮孔不明显。花期 5 ~ 6 月；果期 9 月。

城阳区公园有栽培。国内分布于河北、山西、河南、陕西等地。

栽培供观赏。

图 559　红丁香

1. 花枝；2. 果穗；3. 花冠展开

7. 日本丁香

Syringa reticulata（Bl.）Hara.

Ligustrum reticulatum Bl.

落叶乔木，枝条灰褐色，无毛；叶片卵形至宽卵形，或卵圆形，长 6 ~ 8（12）厘米，宽 3.5 ~ 6（-9）厘米，先端突尖或锐尖，基部圆形至浅心形，全缘，叶上面深绿色，无毛；叶下面淡绿色，具白色短柔毛，中脉上尤多，细脉网状。圆锥花序大而宽，长 15 ~ 25 厘米，宽 10 ~ 15 厘米，着花密集，无毛或微被柔毛；花白色，芳香，径约 5 毫米，具短梗；萼齿钝；花冠裂片卵形，长约 2.5 毫米，略长于萼筒；花丝长于花冠裂片，伸出花冠外，花药椭圆形，约 1.5 毫米。蒴果狭椭圆形，长 15 ~ 20 毫米，表面光滑，疏生皮孔；种子扁平，边缘翼状。花期 6 ~ 7 月；果期 8 ~ 10 月。

原产日本。青岛有引种栽培，仅剩 1 株。

园林观赏的早春花木。

（1）暴马丁香（亚种）（图 560）

subsp. **amurensis** (Rupr.) P. S. Green & M. C. Chang

S. amurensis Rupr.

与原种的主要区别是：叶下面无毛或近无毛，基部楔形至圆形；果先端常钝；叶常为宽卵形至椭圆状卵形或矩圆状披针形，叶柄粗壮，长 1 ~ 2 厘米。花萼长 1.5 ~ 2 毫米，花冠长 4 ~ 5 毫米。

市区公园，山东科技大学，胶州市，即墨市栽培。

产于黑龙江、吉林、辽宁。树皮、树干及茎枝入药，具消炎、镇咳、利水作用；花的浸膏质地优良，可广泛调制各种香精，是一种使用价值较高的天然香料。

图 560 暴马丁香

1. 花枝；2. 花；3. 果实

（2）北京丁香（亚种）（图 561）

subsp. **pekinensis** (Rupr.) P. S. Green & M. C. Chang

S. pekinensis Rupr.

与原种的主要区别是：叶下面无毛或近无毛，基部楔形至圆形。与暴马丁香的区别在于：果先端锐尖至渐尖；叶常为卵形至卵状披针形，叶柄较纤细，长 1.5 ~ 3 厘米；花萼长 1 ~ 1.5 毫米，花冠长 3 ~ 4 毫米。

崂山、山东科技大学校园栽培。

产于内蒙古、河北、山西、河南、陕西、宁夏、甘肃、四川北部。枝叶茂盛，北京庭园广为栽培供观赏。

图 561　北京丁香

1. 花枝；2. 花；3. 果实

（五）木犀属 **Osmanthus** Lour.

常绿灌木或小乔木。单叶对生，叶革质，全缘或具齿，常具腺点。花两性或单性，雌雄异株或雄花、两性花异株；聚伞状花序簇生叶腋或再组成腋生或顶生圆锥花序；苞片 2，基部合生。花萼钟状，4 裂；花冠白或黄白色，钟状、坛状或圆柱形，浅裂、深裂或深裂至基部，裂片 4，花蕾时覆瓦状排列；雄蕊 2，稀 4，着生花冠筒上部，药隔呈小尖头；子房 2 室，每室具 2 下垂胚珠，柱头头状或 2 浅裂。核果椭圆形或斜椭圆形，常具 1 种子。

约 30 种，分布亚洲和美洲。我国有 25 种，3 变种，多分布于长江以南各地。青岛栽培有 3 种。

分种检索表

1. 小枝、叶柄和叶片上面的中脉多少被毛，叶具刺状锯齿或全缘；花白色。

  2. 叶缘具8～9对或少至1枚锐尖锯齿，并常多少混有部分全缘叶；雄蕊常着生于花冠管的上部 ……………………………………………………………………3.齿叶木犀Osmanthus × fortunei

  2. 叶缘具3～4对大刺齿，齿长2～3毫米，有时达5～9 毫米；雄蕊着生于花冠管基部 ……………………………………………………………………………… 2.柊树O. heterophyllus

1. 小枝、叶柄和叶片上面的中脉常无毛；叶具细锯或全缘；花白色、黄色至橘红色… 1.桂花O. fragrans

图 562　桂花

1. 花枝；2. 果枝；3. 花序；4. 花冠展开；5. 退化雌蕊

1. 木犀　桂花（图 562）

Osmanthus fragrans（Thunb.）Lour.

Olea fragrans Thunb.

常绿灌木或小乔木，高 2 ～ 8 米。树皮灰褐色，冬芽有芽鳞，小枝无毛，黄褐色。单叶对生，革质，椭圆形、长圆形或椭圆状披针形，长 4 ～ 10 厘米，宽 2 ～ 4 厘米，先端渐尖，基部楔形，全缘或上部具细齿，两面无毛，腺点在两面连成小水泡状突起，侧脉 6 ～ 8 对，叶脉在上面凹下，下面凸起；叶柄长 1 ～ 2 厘米，无毛；3 ～ 5 花簇生叶腋，聚伞状；花梗细弱，无毛，长 0.3 ～ 1.2 厘米；花白色、淡黄色或橘黄色，极芳香；花萼杯状，长约 1 毫米，裂片 4，稍不整齐；花冠长 3 ～ 4 毫米，4 深裂，几达基部，裂片长圆形；雄蕊 2，花丝极短，着生花冠筒近顶部；子房卵圆形，花柱短，柱头头状。核果椭圆形，长 1 ～ 1.5 厘米，熟时紫黑色。花期 9 ～ 10 月；果期翌年 4 ～ 5 月。

各区普遍栽培，有四季桂、金桂、银桂、丹桂等品种。国内分布于西南部。

珍贵观赏花木。花提取芳香油，配制高级香料，用于各种香脂及食品，可熏茶和制桂花糖、桂花酒等，可药用，有散寒破结、化痰生津、名目的功效。果榨油可食用。

2. 柊树 刺叶桂（图 563）

Osmanthus heterophyllus (G. Don) P.S.Green

Ilex heterophyllus G. Don

常绿灌木或小乔木，高 2 ~ 8 米。幼枝被柔毛。叶对生，厚革质，长圆状椭圆形或椭圆形，长 3 ~ 6 厘米，先端针刺状，基部楔形至阔楔形，具 3 ~ 4 对刺状大牙齿，老树上的叶常全缘，齿长 5 ~ 9 毫米，先端具刺，上面腺点呈小水泡状突起，下面不明显；中脉两面凸起，上面被柔毛，羽脉上面凸起，下面不明显；叶柄长 5 ~ 12 毫米，幼时被柔毛。花 5 ~ 8 朵簇生叶腋；苞片长 2 ~ 3 毫米，被柔毛；花梗长 6 ~ 10 毫米，无毛；花萼长 1 ~ 1.5 毫米；花冠白色，长 3 ~ 3.5 毫米，花冠筒极短；雄蕊着生于花冠筒基部，与花冠裂片几等长。果卵圆形，长约 1.5 厘米。成熟时暗紫色。花期 10 ~ 11 月；果期翌年 5 ~ 6 月。

图 563 柊树
1. 花枝；2. 花

中山公园，黄岛有栽培。国内分布于台湾。

良好的观赏花木。枝、叶、树皮药用，有补肝肾、健脾的功效，并治百日咳、痈疔及肿毒。

（1）五彩柊树（栽培变种）

‘Goshiki’

灌木，树形紧密；叶片色彩丰富，新叶粉紫至古铜色，成叶具有灰绿、黄绿、金黄和乳白等颜色的随机散布的斑点、斑块。

该品种产自日本。黄岛区有栽培。

供观赏。

3. 齿叶木犀（图 564）

Osmanthus ×fortunei Carr.

常绿灌木或乔木，高 2 ~ 7 米。叶厚革质，宽椭圆形，稀椭圆形或卵形，长 6 ~ 8 厘米，宽 3 ~ 5 厘米，叶缘具长 2 ~ 4 毫米的锐尖锯齿，或混生有全缘叶，先端尖，两

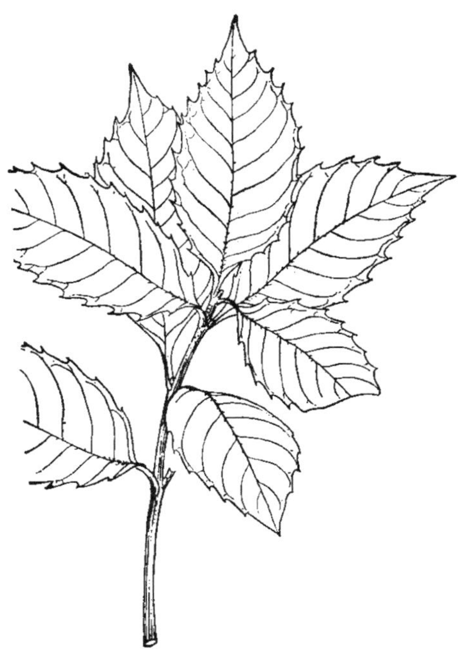
图 564 齿叶木犀

面具针尖状突起的小腺点，侧脉 7 ~ 9 对；叶柄长 (5) 7 ~ 10 毫米，被柔毛。花簇生叶腋，每腋内有花 6 ~ 12 朵；花梗长 5 ~ 10 毫米；花芳香，花冠白色，花冠管短，仅长 1.5 ~ 2 毫米，裂片长 4 ~ 5 毫米。花期 10 ~ 11 月；果期翌年 3 ~ 4 月。

崂山太清宫，植物园，李村公园，城阳区，黄岛区等有栽培。为杂交种，国内华东各地常有栽培。

入秋白花朵朵，香气弥漫，沁人心脾，是良好的观赏树种。抗污染性强，是园林绿化、工厂绿化和四旁绿化的优良材料。

（六）流苏树属 Chionanthus L.

落叶灌木或乔木。冬芽有数枚鳞片。单叶，对生，全缘或幼树叶缘有锯齿。花较大，两性或单性，雌雄异株，圆锥花序；花白色，花萼 4 裂，花冠 4 深裂近基部；雄蕊 2，花丝极短；子房上位，2 室，每室有 2 胚珠，柱头 2 裂。核果，种子 1 枚。

有 2 种，分布于亚洲东部及北美。我国有 1 种，广布于南北各地。青岛有分布。

1. 流苏树　牛筋子（图 565；彩图 101）

Chionanthus retusus Lindl. & Paxt.

图 565　流苏树

1. 花枝；2. 果枝；3. 花

落叶乔木，高可达 20 米。树皮灰褐色，纵裂；小枝灰褐色，嫩时有短柔毛，枝皮常卷裂。单叶，对生，近革质，椭圆形、长圆形或椭圆状倒卵形，长 4 ~ 12 厘米，宽 2 ~ 6.5 厘米，先端钝圆、急尖或微凹，基部宽楔形或圆形，全缘或幼树及萌枝的叶有细锐锯齿，上面无长，下面沿脉及叶柄处密生黄褐色短柔毛，或后近无毛；叶柄长 1 ~ 2 厘米，有短柔毛。圆锥花序顶生，长 6 ~ 12 厘米，有花梗，花白色，雌雄异株；花萼 4 深裂，裂片披针形，长约 1 毫米；花冠 4 深裂近基部，裂片条状倒披针形，长 1 ~ 2 厘米，宽 1.5 ~ 2.5 毫米，冠筒长 2 ~ 3 毫米；雄蕊 2，花丝极短；雌花花柱短，柱头 2 裂，子房 2 室，每室有胚珠 2。核果椭圆形，长 1 ~ 1.5 厘米，熟时蓝黑色。花期 4 ~ 5 月；果期 9 ~ 10 月。

产于崂山明霞洞、太清宫、关帝庙、华严寺、大崂观及灵山岛等地；各地常见栽培。国内分布于河北、陕西、甘肃、山西、河南以南至云南、四川、广东、福建、台湾等省区。

木材质硬，纹理细致，可供器具及细木工用材。初夏白花满枝，味芳香，为优良观赏树种。嫩叶可代茶。幼树为嫁接桂花的砧木。

（七）女贞属 **Ligustrum** L.

落叶或常绿，灌木或小乔木。冬芽有 2 鳞片。单叶，对生，全缘；有短柄。顶生圆锥花序；花两性，白色；花萼钟状，4 裂；花冠漏斗状，冠筒与萼等长或长于萼，檐部 4 裂，蕾时镊合状排列；雄蕊 2，着生于冠筒上；子房 2 室，柱头 2 裂，每室 2 胚珠，下垂，倒生。浆果状核果；种子 1 ～ 4，胚乳肉质。

约 45 种，分布于亚洲及欧洲。我国约 29 种，1 亚种，9 变种，多分布于长江流域以南。青岛有 6 种，1 亚种。

分种检索表

1. 花冠管与裂片近等长或稍短。
  2. 常绿性，叶片革质或厚革质。
    3. 果长圆形或椭圆形，不弯曲；嫩枝有毛；叶厚革质，长5 ~ 8厘米，宽2.5 ~ 5厘米 …………………………………… 1.日本女贞L. japonicum
    3. 果肾形或近肾形，弯曲；全株无毛；叶革质，长6 ~ 17厘米，宽3 ~ 8 厘米 2.女贞L. lucidum
  2. 落叶或半常绿，叶片纸质或薄革质。
    4. 花序紧缩，长为宽的2 ~ 5倍，分枝处常有1对叶状苞片；叶两面无毛，稀沿中脉被微柔毛；花冠管与裂片近等长；果倒卵形、宽椭圆形或近球形 ……………………3.小叶女贞L. quihoui
    4. 花序较舒展，长不及宽的2倍；叶常两面被柔毛，稀近无毛，花冠管短于裂片；果近球形……………………………………4.小蜡L. sinense
1. 花冠管约为裂片长的2倍或更长，有时略长于裂片。
  5. 半常绿；花序、花梗无毛或被微毛，花萼无毛；叶倒卵形、卵形或近圆形。
    6. 叶绿色 …………………………………… 5.卵叶女贞L. ovalifolium
    6. 叶黄色 …………………………………… 6.金叶女贞Ligustrum × vicaryi
  5. 落叶性；花序轴、花梗、花萼均被微柔毛或短柔毛；叶披针状长椭圆形、长椭圆形、长圆形或倒卵状长椭圆形 ……………………7.辽东水蜡树L. obtusifolium subsp. suave

1. 日本女贞（图 566）

Ligustrum japonicum Thunb.

常绿灌木或小乔木，高达 6 米。嫩枝有柔毛。叶对生，革质，椭圆形或宽卵状椭圆形，稀卵形，长 4 ～ 8 厘米，宽 3 ～ 5 厘米，先端短渐尖，基部楔形、宽楔形至圆形，两面无毛，侧脉 4 ～ 7 对，两面凸起；叶柄长 6 ～ 12 毫米。顶生圆锥花序，长 8 ～ 15 厘米；花梗极短，花萼钟形，先端截形或不规则齿裂，长约为花冠筒的 1/2；花冠白色，冠筒长 3 ～ 3.5 毫米，檐部 4 裂，裂片长圆形，较冠筒略短或近等长；雄蕊 2，稍长

图 566　日本女贞
1. 花枝；2. 果穗；3. 花

于花冠裂片，伸出花冠筒外。核果椭圆形或长圆形，长 7 ~ 10 毫米，熟时蓝黑色；种子 1。花期 6 月；果期 11 月。

原产日本。全市各地常见栽培。

为良好的庭园观赏树种。

（1）金森女贞（栽培变种）

'Howardii'

叶厚革质，春季新叶鲜黄色，至冬季转为金黄色，部分新叶沿中脉两侧或一侧局部有云翳状浅绿色斑块，节间短，枝叶稠密。花白色，果实呈紫色。

黄岛区，胶州市有栽培。

供观赏。

2. 女贞（图 567）

Ligustrum lucidum Ait.

常绿乔木，高 5 ~ 7 米。树皮灰褐色，光滑不裂；小枝无毛。单叶，对生，革质，卵形、长卵形、椭圆形或宽椭圆形，长 6 ~ 17 厘米，宽 3 ~ 8 厘米，先端锐尖至渐尖，基部宽楔形或圆形，上面深绿色，有光泽，下面淡绿色，无毛，侧脉 6 ~ 8 对，两面明显，边缘略向外反卷；叶柄长 1.5 ~ 2 厘米。圆锥花序，顶生，长 10 ~ 20 厘米，无毛，苞片叶状；小苞片披针形或条形；花白色，近无梗；花萼长 1.5 ~ 2 毫米，浅 4 裂；花冠筒与花萼近等长，花冠 4 裂，裂片长圆形，冠筒与裂片近等长；雄蕊 2，与花冠裂片近等长；子房上位，2 室，柱头 2 裂。核果肾形或近肾形，长 7 ~ 10 毫米，熟时蓝黑色，含种子 1 粒。花期 5 ~ 7 月；果期 7 月至翌年 5 月。

图 567　女贞
1. 果枝；2. 花；3. 果实

崂山太清宫、流清河等地栽培。国内分布于长江以南各省区。

观赏绿化树种。木材质细，供细木工用材。果药用，名“女贞子”，有滋肾益肝、乌发名目的功效；叶可治口腔炎、咽喉炎；树皮研末可治烫伤、痈肿等；根茎泡酒，治风湿。种子榨油，供工业用。

3. 小叶女贞　小白蜡树（图 568）

Ligustrum quihoui Carr.

落叶灌木，高 2 ~ 4 米。小枝开展，疏生短柔毛，后脱落。叶对生，薄革质，椭圆形至长椭圆形或倒卵状长圆形，形状变化较大，长 1 ~ 5.5 厘米，先端锐尖、钝或微凹，基部狭楔形至楔形，全缘，边缘略向外反卷，两面无毛；叶柄长 2 ~ 4 毫米，有短柔毛或无毛。顶生圆锥花序,长4～20厘米,有短柔毛,苞片叶状,向上渐小;花白色,芳香,有短花梗或无梗;花萼钟形,长约1.5毫米,4裂;花冠长4～5毫米,4裂,裂片与花冠筒近等长;雄蕊2,外露。核果近球形或倒卵形、宽卵圆形,长5～9毫米,径4～7毫米,熟时紫黑色。花期5～7月;果期8～11月。

中山公园,崂山太平宫、蔚竹庵、太清宫等地有栽培。国内分布于陕西、河南、江苏、安徽、浙江、湖北、四川、贵州、云南、西藏等省区。

庭园绿化树种。叶及树皮药用,治烫伤,并有清热解毒的功效。抗二氧化硫性能较强,可做工矿区绿化树种。

图568 小叶女贞
1.花枝;2.花序放大;3.花;4.果穗

4. 小蜡 小蜡树(图569)

Ligustrum sinense Lour.

落叶灌木,高2～5米。小枝开展,密生短柔毛。叶薄革质或纸质,椭圆形、卵形、卵状椭圆形至披针形,长2～7厘米,宽1～3厘米,先端急尖或钝,基部圆形或阔楔形,下面脉上有短柔毛,侧脉近叶缘处连结;叶柄长2～8毫米,有短柔毛。圆锥花序顶生或腋生,长6～10厘米,花序轴有短柔毛,花白色;花梗长1～3毫米;花萼钟形,无毛,长1～1.5毫米,先端截形或呈浅波齿状;花冠长3.5～5.5毫米,檐部4裂,裂片长圆形,等于或略长于花冠筒;雄蕊2,着生于冠筒上,外露。核果近球形,径5～8毫米,熟时黑色。花期3～6月;果期9～12月。

各地常见栽培。国内分布于长江以南各省区。

园林绿化树种。嫩叶代茶。茎皮可制人造棉。果可酿酒。树皮和叶药用,有清凉降火等功效。

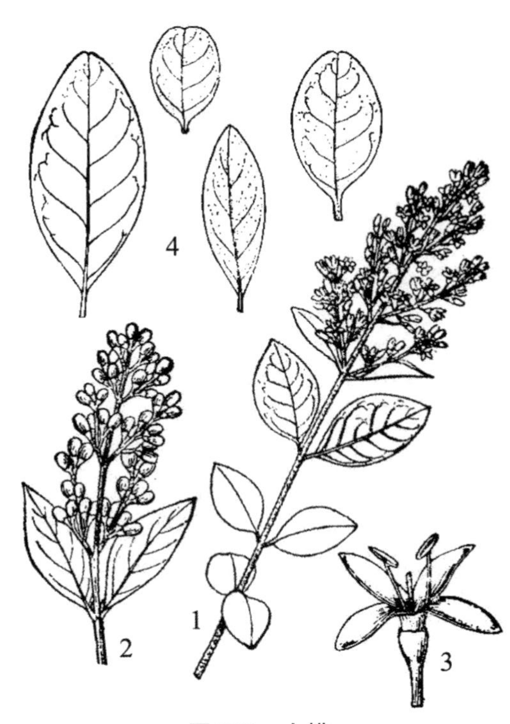
图569 小蜡
1.花枝;2.果枝;3.花;4.各种叶形

图 570　卵叶女贞
1. 花枝；2. 花冠展开

5. 卵叶女贞（图 570）

Ligustrum ovalifolium Hassk

半常绿灌木。小枝棕色，无毛或被微柔毛。叶近革质，倒卵形、卵形或近圆形，长 2 ~ 10 厘米，宽 1 ~ 5 厘米，先端尖或钝，基部楔形或近圆，两面无毛或下面沿中脉被柔毛；叶柄长 2 ~ 5 毫米。圆锥花序顶生，塔形，长 5 ~ 10 厘米，径 3 ~ 6 厘米，花序轴具棱，无毛或被微柔毛。花梗长不及2毫米；花萼长1.5 ~ 2毫米，无毛；花冠筒长4 ~ 5 毫米，裂片长 2 ~ 3 毫米；雄蕊与花冠裂片近等长。果近球形或宽椭圆形，长6 ~ 8毫米，径5 ~ 8毫米，紫黑色。花期 6 ~ 7 月；果期 11 ~ 12 月。

原产日本。中山公园有栽培。常见品种为斑叶女贞（'Vargiegatum'）。

为庭园绿化观赏树种。

6. 金叶女贞

Ligustrum×vicaryi Rehd.

常绿或半常绿灌木，高 2 ~ 3 米，幼枝有短柔毛。叶椭圆形或卵状椭圆形，长 2 ~ 5 厘米，叶色鲜黄，尤以新梢叶色为甚。圆锥花序顶生，花白色。果阔椭圆形，紫黑色。

崂山，中山公园，青岛大学及城阳区，黄岛区，胶州市，平度市，莱西市公园绿地有栽培。由金边女贞与欧洲女贞杂交育成的，20 世纪 80 年代引入我国，现各地广为栽培。性喜光，耐阴性较差，耐寒力中等，适应性强，以疏松肥沃、通透性良好的沙壤土为最好。

供观赏。

图 571　辽东水蜡树
1. 果枝；2. 花序；3. 花；4. 花冠展开

7. 辽东水蜡树　钝叶水蜡树 崂山茶 对节子（图 571）

Ligustrum obtusifolium Sieb. et Zucc. subsp. **Suave** (Kitag.) Kitag.

L. ibota Sieb. et Zucc. var. *suave* Kitag.；*L. suave*（Kitag.）Kitag.

落叶灌木，高1 ~ 3米。小枝开展，有短柔毛。叶纸质，披针状长椭圆形、长椭圆形或长椭圆状倒卵形，长 1.5 ~ 6 厘米，宽 0.5 ~ 2.2 厘米，先端钝圆或微凹，基部楔形或阔楔形，两面无毛，或下面中脉有柔毛，侧脉 4 ~ 7 对；叶柄长 1 ~ 2 毫米，有短柔毛或无毛。顶生圆锥花序，长 1.5 ~ 4 厘米，有短柔毛，苞片披针形，长 5 ~ 7 毫米，有短柔毛；花梗长 0 ~ 2 毫米，有短柔毛；花白色，芳香；花萼钟形，长 1.5 ~ 2 毫米，有短柔毛；花冠 4 裂，裂片长 2 ~ 4 毫米，冠筒长 3.5 ~ 6 毫米；雄蕊 2，短于花冠裂片或达裂片的 1/2 处。核果近球形或宽椭圆形，长 5 ~ 8 毫米，径 4 ~ 6 毫米，熟时黑色。花期 5 ~ 6 月；果期 9 ~ 10 月。

产崂山滑溜口、凉清河、蔚竹庵、仰口、太平宫、太清宫、八水河、砖塔岭等地及灵山岛，大珠山，大泽山，生于山谷杂木林或灌丛。国内分布于黑龙江、辽宁及江苏沿海至浙江舟山群岛。

庭园绿化观赏树种。嫩叶可代茶。

（八）素馨属 **Jasminum** L.

落叶或常绿，直立或攀援状灌木，稀小乔木。小枝绿色，有棱角。叶对生，稀互生，单叶、三出复叶或呈羽状复叶，全缘；叶柄有时有关节；无托叶。花两性，稀单性，顶生聚伞花序；有苞片，花萼钟状或杯状，4 ~ 10 裂；花黄色，稀白色，花冠高脚碟状，檐部 4 ~ 10 裂，蕾时呈覆瓦状排列；雄蕊 2，内藏，花丝极短，子房 2 室。浆果双生或一果发育成单果，每室 1 种子，稀 2，无胚乳。

有 200 余种，分布于非洲、亚洲、澳大利亚及太平洋南部诸岛屿。我国有 47 种，1 亚种，4 变种，分布于秦岭山脉以南各省区。青岛有 3 种。

分种检索表

1. 叶对生。
  2. 落叶；花先叶开放，花冠直径2 ~ 2.5厘米；花萼裂片5 ~ 6 ………………… 1.迎春花J. nudiflorum
  2. 常绿；花和叶同时开放，花冠直径2 ~ 4.5厘米；花萼裂片6 ~ 8 ………………… 2.野迎春J. mesnyi
1. 叶互生……………………………………………………………………………… 3.探春花J. floridum

1. 迎春花（图 572）

Jasminum nudiflorum Lindl.

落叶灌木，高 1 ~ 5 米。小枝细长，弯垂，绿色，有 4 棱，无毛。叶对生，复叶，小叶 3，小叶片卵形至长椭圆状卵形，顶生小叶长 1 ~ 3 厘米，宽 0.3 ~ 1.1 厘米，侧生小叶长 0.6 ~ 2.3 厘米，宽 0.2 ~ 1.1 厘米，先端锐尖或钝，基部楔形，有缘毛，下面无毛，顶生小叶有柄，侧生小叶近无柄；叶柄长 3 ~ 10 毫米。花单生于去年生小枝的叶腋，黄色，先叶开放；苞片小，叶状；花萼 5 ~ 6 裂；花冠 5 ~ 6 裂，

图 572 迎春花

1. 花枝；2. 叶枝；3. 花冠展开

裂片倒卵形或椭圆形，长约为冠筒之半，筒长 0.8 ～ 2 厘米；雄蕊 2，内藏；子房 2 室，花柱丝状。浆果椭圆形。花期 2 ～ 3 月。

全市各地普遍栽培。国内分布于甘肃、陕西、四川、云南、西藏等省区。

为早春庭园观赏树种。

2. 野迎春 云南黄馨

Jasminum mesnyi Hance

常绿亚灌木。枝条下垂，小枝无毛。叶对生，三出复叶或小枝基部具单叶；叶柄长 0.5 ～ 1.5 厘米，无毛；叶两面无毛，叶缘反卷，具睫毛，侧脉不明显，小叶长卵形或披针形，先端具小尖头，基部楔形，顶生小叶长 2.5 ～ 6.5 厘米，具短柄，侧生小叶长 1.5 ～ 4 厘米，无柄；花单生叶腋，花叶同放；苞片叶状，长 0.5 ～ 1 厘米。花梗长 3 ～ 8 毫米；花萼钟状，裂片 6 ～ 8，宽倒卵形或长圆形。果椭圆形，两心皮基部愈合，径 6 ～ 8 毫米。花期 11 月至翌年 8 月；果期 3 ～ 5 月。

中山公园，城阳世纪公园有栽培。国内分布于西南地区，各地均有栽培。

为庭园绿化观赏树种。

3. 探春花 迎夏（图 573）

Jasminum floridum Bge.

图 573 探春花

1. 花枝；2. 果枝；3. 花

半常绿灌木，直立或攀援，高 1 ～ 3 米。枝条开展，幼枝绿色，有 4 棱，无毛。叶互生，复叶；小叶 3，稀 5；小叶片椭圆状卵形或卵形，长 0.7 ～ 3.5 厘米，宽 0.5 ～ 2 厘米，边缘反卷，先端急尖，基部楔形；叶柄长 3 ～ 8 毫米，顶生小叶有短柄，侧生小叶近无柄。顶生聚伞花序，叶后开花；花萼钟形，裂片钻形，长约 2 毫米，与萼筒等长或稍长；花冠黄色，近漏斗状，冠筒长 0.9 ～ 1.5 厘米，檐部裂片卵形，长 4 ～ 8 毫米；雄蕊 2，花丝短，内藏；子房 2 室，花柱先端弯曲。浆果椭圆形或近球形，长约 5 ～ 10 毫米，熟时黄褐色至黑色。花期 5 月；果期 9 月。

公园绿地常见栽培。国内分布于河北、陕西、湖北、四川、贵州等省区。

园林绿化观赏树种。

七十五、玄参科 SCROPHULARIACEAE

一年生或多年生草本，稀为灌木或乔木。叶对生、互生、轮生或下部对生而上部互生；无托叶。花序总状、穗状或聚伞状，常组成圆锥花序；花两性，多为两侧对称，稀为辐射对称；萼 4 ～ 5 裂，宿存；花冠合瓣，4 ～ 5 裂，常呈二唇形；雄蕊 4，有 1 退化雄蕊，稀有 2 雄蕊；花盘常存在，环状、杯状或小而似腺；子房 2 室，中轴胎座，极少1室，形成侧膜胎座，每室有多数胚珠，稀少数，柱头头状或2裂。蒴果；种子细小。

约200属，3000种，分布于世界各地。我国有57属，642种，分布于全国各地。青岛有木本植物1属，3种。

（一）泡桐属 **Paulownia** Sieb.et Zucc.

落叶乔木。小枝粗壮，髓腔大。冬芽（叶芽）小，腋芽常2枚叠生。单叶对生，全缘、波状或浅裂；有长柄。花大，两性，顶生圆锥花序由多数聚伞花序组成，有毛；有苞片及叶状总苞；花萼钟状，肥厚，常有黄色绒毛，5裂；花冠近白色或紫色，漏斗状，5裂，二唇形，外面常有毛，内部常有紫色斑点及黄色条纹；雄蕊4，2强，着生于花冠筒基部；子房2室，稀3室，花柱细长，柱头2裂。蒴果，2瓣裂或不完全4裂；种子多数，小而扁平，两侧有半透明膜质翅。

含8种4变种，主产于亚洲。除东北北部、内蒙古、西藏外，分布及栽培几遍布全国。青岛有3种。

分种检索表

1. 萼深裂达1/2以上；果卵圆形，被黏质腺毛 ………………………………………… 1.毛泡桐P.tomentosa
1. 萼浅裂到1/3或2/5；果卵形或椭圆形，稀卵状椭圆形，被绒毛。
  2. 果实卵形；花冠紫色至粉白，漏斗状钟形，顶端直径4～5厘米；叶卵状心形，长宽几相等或长稍过于宽 ……………………………………………………………………… 2.兰考泡桐P. elongata
  2. 果实椭圆形；花冠淡紫色，较细，管状漏斗形，顶端直径不超过3.5厘米；叶片长卵状心脏形，长约为宽的2倍 …………………………………………………………………… 3.楸叶泡桐P. catalpifolia

1. 毛泡桐 绒毛泡桐 梧桐 紫花泡桐（图574）

Paulownia tomentosa (Thunb.) Steud.

Bignonia tomentosa Thunb.

乔木，高15米，径达1米。树皮灰褐色，幼时平滑，老时开裂。幼枝绿褐色，有黏质腺毛及分枝毛。叶阔卵形或卵形，长20～30厘米，宽15～28厘米，先端渐尖或锐尖，基部心形，全缘或3～5浅裂，上面有长柔毛、腺毛及分枝毛，无光泽，下面密生灰白色树枝状毛或腺毛；叶柄长10～25厘米，密被腺毛及分枝毛。大型圆锥花序，长40～80厘米，侧生分枝较细长，聚伞式小花序有长总梗，且与花梗近等长；花蕾近球形，密生黄色毛，在秋季形成，径7～10毫米；萼阔钟形，长10～15毫米，5深裂，裂深达1/2以上，外面密被黄褐色毛；花冠钟形，5裂，二唇形，长5～7厘米，冠幅3～4厘米，鲜紫色

图574 毛泡桐

1. 果序和果实；2. 叶；3. 树枝状毛；4. 花；5. 果实；6. 种子

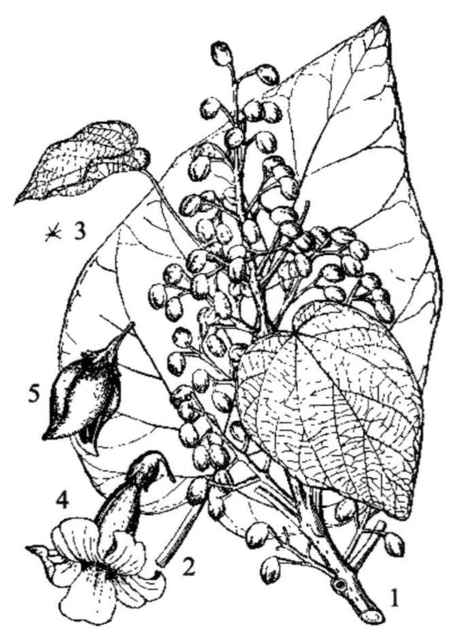

图 575　兰考泡桐

1. 花序和花蕾；2. 叶；3. 星状毛；4. 花；5. 果实

至蓝紫色，外面有腺毛，内面几无毛，有紫色斑点、条纹及黄色条带；子房卵圆形，花柱细长，与雄蕊花药略等高。果卵球形，长 3 ~ 4.5 厘米，顶端急尖，尖长 3 ~ 4 毫米，基部圆形，表面有黏质腺毛，果皮薄而脆，厚约 1 毫米；种子连翅长约 3.5 毫米。花期 4 ~ 5 月；果期 8 ~ 9 月。

各地普遍栽培。国内分布于辽宁、河北、河南、安徽、江苏、湖北、江西等省区。

2. 兰考泡桐（图 575）

Paulownia elongata S.Y.Hu.

落叶乔木，高达 10 米以上，树冠宽圆锥形，全体具星状绒毛；小枝褐色，有凸起的皮孔。叶卵状心形，有时具不规则的角，长达 34 厘米，先端渐窄长而锐尖，基部心形或近圆形，上面毛不久脱落，下面密被无柄的树枝状毛。花序枝的侧枝不发达，花序金字塔形或狭圆锥形，长约 30 厘米，小聚伞花序的总花梗长 8 ~ 20 毫米，几与花梗等长，有花 3 ~ 5 朵，稀单花；萼倒圆锥形，基部渐狭，分裂至 1/3 左右成 5 枚卵状三角形的齿，管部的毛易脱落；花冠漏斗状钟形，紫色至粉白色，长 7 ~ 9.5 厘米，管在基部以上稍弓曲，外面有腺毛和星状毛，内无毛而有紫色细小斑点，檐部略作 2 唇形，径 4 ~ 5 厘米；雄蕊长达 2.5 厘米；子房和花柱有腺。蒴果卵形，稀卵状椭圆形，长 3.5 ~ 5 厘米，有星状绒毛，宿萼碟状，顶端具喙，果皮厚 1 ~ 2.5 毫米；种子连翅长约 4 ~ 5 毫米。花期 4 ~ 5 月；果期秋季。

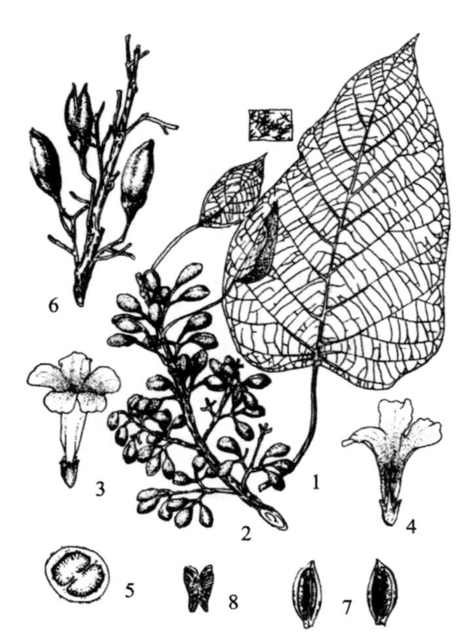

图 576　楸叶泡桐

1. 叶；2. 花序和花蕾；3. 花；4. 花纵切；5. 子房横切；6. 果序和果实；7. 果瓣；8. 种子

平原村庄内外常见栽培。国内分布于河北、河南、山西、陕西、湖北、安徽、江苏等地。

结籽少，干形好，树冠稀疏，生长快，适宜农桐间作。

3. 楸叶泡桐（图 576）

Paulownia catalpifolia Gong Tong

乔木，高可达 20 米，树干直，主干明显。树冠长卵形，分枝密，侧枝斜升，顶端两侧枝 1 弱 1 强，近于合轴分枝。叶长卵形至狭长卵形，叶片下垂，长 12 ~ 28 厘米，长为宽的 2 倍，全缘或 3 浅裂，先端长渐尖，基部心形，上面无毛，下面密生白色无柄分枝毛；叶柄长 10 ~ 18 厘米。花序狭圆锥形，长 10 ~ 30 厘米，聚伞式小花序总梗与花梗近等长；花蕾倒卵形，1.4 ~ 1.8 厘米，密生黄色毛；花萼倒圆锥状钟形，长 1.4 ~ 2.3 厘米，浅裂达 1/3 ~ 2/5，外部毛易脱落；花冠筒细长，全长 7 ~ 9 厘米，筒状漏斗形，微弯，腹部皱折明显，顶端直径不超过 3.5 厘米，淡紫色，被短柔毛，里面白色，密生紫色条纹及小紫斑，腹部有黄色条带；子房近圆柱形。果椭圆形，长 4 ~ 6 厘米，径 2 ~ 2.5 厘米，顶端歪嘴，果皮厚 1.5 ~ 3 毫米；种子翅长 5 ~ 7 毫米。花期 4 月；果期 7 ~ 8 月。

产于崂山大崂观、青山；中山公园及各区市均有栽培。国内分布于河北、山西、陕西、河南。

材质较好，干性强，枝叶茂密，为绿化的优良树种。

七十六、紫葳科 BIGNONIACEAE

乔木、灌木或藤本，稀为草本。常有卷须或气生根。叶对生，稀互生，或有时轮生；单叶或一至三回羽状复叶，顶生小叶有时成卷须状；无托叶。花两性；总状或圆锥花序，顶生或腋生；有苞片及小苞片；花萼 2 ~ 5 裂；花冠钟状、漏斗状或管状，5 裂，常 2 唇形；2 强雄蕊，有或无 3 枚退化，均着生于花冠筒上，与花冠裂片互生，花药 2 室；花盘下位，杯状或环状；子房上位，2 心皮，1 ~ 2 室，常 2 室，中轴胎座或侧膜胎座，胚珠多数。蒴果细长圆柱形或扁平阔椭圆形，下垂，通常 2 裂，室间或室背开裂，稀肉质不开裂；种子扁平，多数，有膜质翅或束毛，无胚乳。

约 120 属，650 种，广布于热带、亚热带地区，少数产于温带。我国有 28 属，54 种，主要分布于南部各省区。青岛有 2 属，7 种。

分属检索表

1. 乔木或灌木…………………………………………………………………………… 1.梓属 Catalpa
1. 木质藤本，借气生根攀援…………………………………………………………… 2.凌霄属Campsis

（一）梓属 **Catalpa** Scop.

落叶乔木。单叶对生或 3 叶轮生，全缘或有裂片，基部 3 ~ 5 脉，叶下面脉腋通常有紫黑色腺点。顶生聚伞状圆锥花序或伞房花序；花两性；花萼 2 裂；花冠钟形，5 裂，二唇形，开展，上唇 2 裂，下唇 3 裂，裂片边缘波状；雄蕊 5，其中退化雄蕊 3，短小，花盘明显或缺；子房上位，2 室，胚珠多数。蒴果长圆柱形，果瓣革质 2 裂；种子 2 ~ 4 列，扁平；种子两端有束毛。

约 13 种，分布于美洲及亚洲。我国 5 种，除南方外各地都有分布。青岛有 4 种。

分种检索表

1. 叶及花序无毛或有柔毛，无簇状毛及分枝毛。
 2. 枝、叶无毛；叶片基部脉腋有紫色腺斑2；花序总状……………………………… 1.楸C.bungei

2. 枝、叶多少被柔毛；叶下面脉腋有腺斑4；聚伞状圆锥花序。

3. 花白色；叶片脉腋有绿色腺斑…………………………………………………… 2.黄金树 C.speciosa

3. 花黄白色；叶片脉腋有紫色腺斑………………………………………………………………3.梓C.ovata

1. 叶片、叶柄、花萼、花梗及花序轴均被簇状毛，叶片基部脉腋有紫色腺斑……… 4.灰楸 C.fargesii

图 577 楸

1. 花枝；2. 果实；3. 花冠展开，示雄蕊；4. 种子

1. 楸 楸树 黄楸 金楸（图 577；彩图 102）

Catalpa bungei C. A. Mey.

乔木，高达 30 米。树皮灰褐色，纵裂；小枝紫褐色，光滑。叶对生或 3 叶轮生，叶三角状卵形或长卵形，长 6 ~ 13 厘米，宽 5 ~ 11 厘米，先端长渐尖，基部截形或宽楔形，全缘或下部边缘有 1 ~ 2 对尖齿或裂片，上面深绿色，下面淡绿色，基部脉腋有 2 紫色腺斑，两面无毛；叶柄长 2 ~ 8 厘米。总状花序呈伞房状，顶生，有 3 ~ 12 花；花两性；萼 2 裂，裂片卵圆形，先端尖，紫绿色；花冠二唇形，白色，上唇 2 裂，下唇 3 裂，密生紫色斑点及条纹，呈淡红色，长约 4 厘米，冠幅 3 ~ 4 厘米；雄蕊 5，与花冠裂片互生，发育雄蕊 2，退化雄蕊 3；子房圆柱形，花柱 1，柱头 2 裂。蒴果细圆柱形，长 20 ~ 50 厘米，径 5 ~ 6 毫米；种子多数，两端有白色长毛。花期 5 ~ 6 月；果期 6 ~ 10 月。

各地普遍栽培，崂山及村庄有古树。国内分布于长江流域及河南、河北、山西、陕西、甘肃、江苏、浙江、湖南等省。

材质优良，纹理美观，为高级家具用材。

图 578 黄金树

1. 花枝；2. 果实；3. 去掉花冠和雄蕊的花；4. 花冠展开，示雄蕊；5. 种子

2. 黄金树 美国楸树 黄金楸（图 578；彩图 103）

Catalpa speciosa（Warder ex Barney）Engelm.

C. bignonioides var. *speciosa* Warder ex Barney

落叶乔木，高达 10 米。叶卵形或长卵形，长 8 ~ 30 厘米，宽 6 ~ 20 厘米，先端长尖，基部圆形、截形至心形，全缘，上面绿色，下面淡绿色，密生短柔毛，后渐减少，脉腋有绿色腺斑；叶柄长 10 ~ 15 厘米，初密被星状毛，后脱落。

圆锥花序顶生，长约 15 厘米，有柔毛，有 10 余花；萼 2 裂，裂片舟状，无毛；花冠长 4 ~ 5 厘米，口部直径 4 ~ 6 厘米，白色，内有 2 条黄色宽纹及深紫色斑点；雄蕊 5，发育雄蕊 2，退化雄蕊 3；子房圆锥形，花柱长约 2 厘米，柱头 2 裂。蒴果较粗，长 30 ~ 55 厘米，径 1 ~ 1.5 厘米，果皮、种子连毛长约 6 厘米。花期 5 ~ 6 月；果期 8 ~ 9 月。

原产美国中北部。崂山北九水、南九水及植物园有栽培。

木材供建筑及制作家具用材。常作为街道树及庭院绿化树种。

3. 梓 河楸（图 579）

Catalpa ovata G.Don

落叶乔木，高可达 15 米。叶阔卵圆形，长宽近相等，长达 20 厘米，先端常 3 裂，基部微心形，叶两面有疏毛或近无毛，全缘，基部掌状脉 5 ~ 7，侧脉 4 ~ 6 对，基部脉腋有紫色腺斑；叶柄长 6 ~ 18 厘米。顶生圆锥花序，花淡黄白色，有条纹及紫色斑点，长约 2.5 厘米，径约 2 厘米；雄蕊 5，能育雄蕊 2。蒴果圆柱形，细长，下垂，长约 30 厘米；种子长椭圆形，长 6 ~ 8 毫米，两端有平展的长毛。花期 5 ~ 6 月；果期 7 ~ 8 月。

产于崂山蔚竹庵，生于山沟、溪边杂木林；植物园及福州路绿地有栽培。国内分布于长江流域及以北地区。

木材白色稍软，适于家具、乐器用。叶、根内白皮药用，有利尿作用。速生树种，可作行道树。

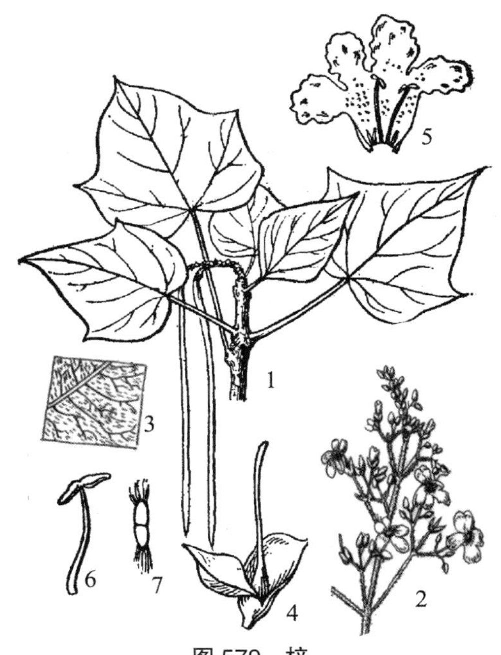

图 579 梓

1. 果枝；2. 花序；3. 叶下面放大；
4. 去掉花冠和雄蕊的花；
5. 花冠展开，示雄蕊；6. 雄蕊；7. 种子

4. 灰楸 白楸（图 580）

Catalpa fargesii Bur.

落叶乔木，高达 25 米。幼枝、花序、叶等有分枝毛。叶卵形，长 10 ~ 20 厘米，宽 8 ~ 13 厘米，先端渐尖，基部截形至微心形，侧脉 4 ~ 5 对，基部 3 出脉，幼叶上面微有分枝毛，下面较密，后渐脱落，全缘，基部脉腋有紫色腺斑；

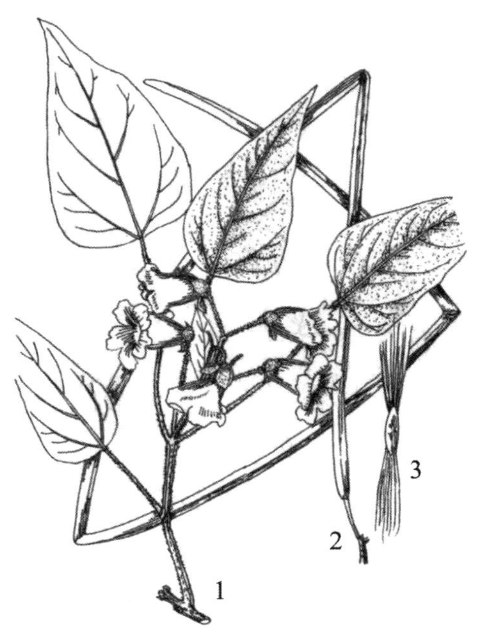

图 580 灰楸

1. 花枝；2. 果实；3. 种子

叶柄长 3 ~ 10 厘米。顶生圆锥花序，有 7 ~ 15 花、花萼、花梗、花序轴均密被分枝毛；萼 2 裂，先端突尖，长约 1 厘米，绿色；花冠淡红色至淡紫色，长 3 ~ 3.5 厘米，冠幅略相等，内有紫色斑点及条纹，下唇腹部有黄斑；雄蕊 5，其中退化雄蕊 3；子房上位，柱头 2 裂。蒴果长 55 ~ 80 厘米，径约 5.5 毫米；种子两端有白色长毛。花期 5 月；果期 6 ~ 10 月。

产崂山北九水、大崂观、蔚竹庵，生于山沟、山坡土壤肥沃处。国内分布于陕西、甘肃、河北、河南、湖北、湖南、广东、广西、四川、贵州、云南等省区。

材质较楸树稍差，适于制作家具、船舶等用材。

（二）凌霄属 **Campsis** Lour.

落叶木质藤本。茎、枝有气生根，借以攀援他物上。奇数羽状复叶，对生。顶生聚伞花序或圆锥花序；萼钟状，5 裂；花冠漏斗形，5 裂，檐部微呈二唇形；发育雄蕊 4，2 强，不外露；子房 2 室，有花盘。蒴果细长，果皮木质；种子多数，扁平，有膜质翅。

含 2 种 1 杂交种，1 种产于我国及日本，1 种产于北美洲。青岛均有栽培。

分种检索表

1. 小叶7 ~ 11，卵形至卵状披针形；花萼上有纵棱5条，裂片披针形或卵状披针形，与萼筒等长或深为萼筒的1/2。
    2. 花萼绿色，裂片与萼筒近等长；花冠为鲜艳的橙红色；叶两面无毛 ……… 1.凌霄C. grandiflora
    2. 花萼黄色或黄绿色，裂片深约为萼筒的1/2；花冠暗橙红色；叶背面沿脉疏生白色柔毛 ………………………… 2.红黄萼凌霄C. tagliabuana
1. 小叶9～11，椭圆形至卵状椭圆形，叶轴及小叶背面均有柔毛；花萼无纵棱，质地厚，裂片卵状三角形，长约为萼筒的1/3 ……………………………… 3.厚萼凌霄C. radicans

图 581　凌霄

1. 花枝；2. 去掉花冠和雄蕊的花；3. 花冠展开

1. 凌霄（图 581）

Campsis grandiflora (Thunb.) Schum.

Bignonia grandiflora Thunb.

落叶木质藤本，借气根攀援。奇数羽状复叶，对生，小叶 7 ~ 9；小叶卵形至卵状披针形，长 3 ~ 7 厘米，宽 1.5 ~ 3 厘米，先端尾状渐尖，基部阔楔形或近圆形，两面无毛，边缘有疏锯齿。顶生圆锥花序；花萼钟状，长约 3 厘米，5 裂至萼筒中部，裂片披针形；花冠漏斗状钟形，外面橙黄色，里面橙红色，长 6 ~ 7 厘米，径约 7 厘米，5 裂，裂片卵形；雄蕊 4，2 强，退化雄蕊 1，花丝着生于冠筒基部；雌蕊生于花盘中央，花柱 1，柱头2裂。蒴果，长10～20厘米，径约1.5厘米，基部狭缩成柄状，顶端钝，沿缝线有龙骨状突起；种子扁平，略为心形，棕色，翅膜质。花期6～9月；果期10月。

全市普遍栽培。国内分布于长江流域各省区。

花大而色艳，花期长，为优良园林绿化树种。花、根、茎药用，有活血通经、利尿祛风作用。

2. 红黄萼凌霄

Campsis tagliabuana（Vis.）Rehd.

落叶大藤本。树皮棕黄色或灰黄色，条状浅纵裂。枝条棕黄色，光滑，嫩枝绿褐色。羽状复叶，小叶7～11，卵形至卵状披针形，长3～4厘米，宽1.5～2厘米，基部圆形至宽楔形，先端渐尖，缘具疏锯齿，上面光滑，下面沿脉疏生白色绢毛。疏散圆锥花序顶生，花序及花梗光滑无毛；花萼黄绿带红色，质稍厚，有5条纵棱，长约2厘米，裂片5，卵状披针形，先端长尖，宽5～6毫米，长约7毫米，裂深为萼筒的1/2；花冠长约8厘米，径约8厘米；厘米暗橙红色，外面橙红色，花冠裂片5，扁圆形，长约2.5厘米，宽约3～3.5厘米，全缘，花冠筒深约6厘米，腹面略黄，脉深红色，内面橙黄色，深红色脉明显，基部深红色与黄色相间；雄蕊5，发育雄蕊4，生于花冠筒基部以上约2厘米处，2强，长约3.5厘米，退化雄蕊1，细瘦，长约1厘米，无花药，花丝黄色；花盘环形，黄色；子房生于花盘中央，淡绿色，长约1厘米，纺锤形，有2条翅状纵棱，花柱1，黄色，有紫色晕，长约3.5厘米，柱头2，片状，椭圆形，长约5毫米，宽约5毫米，黄绿色，先端凹陷。花期8月。

本种为凌霄（C. grandiflora）和美洲凌霄（C. radicans）的杂交种，其形态（如花萼、花冠的质地、形状、色泽等）均介于二者之间。

各地普遍栽培。

栽培供观赏。

3. 厚萼凌霄 美国凌霄（图582）

Campsis radicans(L.) Seem.

Bignonia radicans L.

落叶木质藤本，借气生根攀援。小枝紫绿色，被柔毛。奇数羽状复叶，对生，小叶9～11；小叶卵状长圆形或椭圆状披针形，长3～6厘米，宽1.5～3厘米，先端尾状尖，基部宽楔形至圆形，边缘有不整齐的疏锯齿，上面无毛，下面沿脉密生白毛。顶生圆锥花序；萼钟形，棕红色，5浅裂，裂片卵状三角形，长为萼筒的1/3；花冠漏斗形，长6～9厘米，径4～5厘米，暗红色，外面黄红色；雄蕊4，2强，退化雄蕊1，花盘杯状；

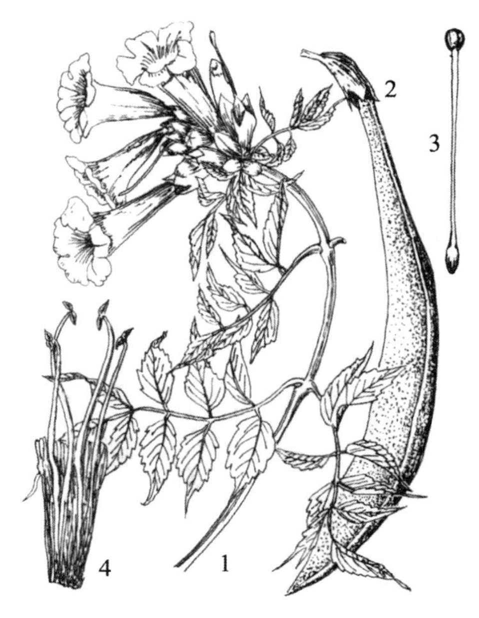

图582 厚萼凌霄

1. 花枝；2. 果实；3. 雌蕊；4. 雄蕊

雌蕊生于花盘中央，柱头 2 裂。蒴果长圆形，直或稍弯，长 8 ～ 12 厘米，径约 1.5 厘米，顶端喙状，沿缝线有龙骨状突起；种子扁平，宽心形，长约 5 毫米，顶端钝，基部心形，翅黄褐色。花期 7 ～ 9 月；果期 10 月。

原产北美。全市各地普遍栽培。

优良观赏树种。

七十七、茜草科 RUBIACEAE

乔木、灌木或草本。直立、匍匐或攀援状，枝有时有刺。叶为单叶，对生或轮生，通常全缘；托叶变异大，宿存或早落。花两性，稀单性，辐射对称，稀两侧对称；单生或组成各种花序，花萼筒与子房合生，檐部杯形或筒形，先端全缘或 5 裂，有时其 1 片扩大成叶状；花冠筒状、漏斗状、高脚碟状或辐状，通常 4 ～ 6 裂；雄蕊数与花冠裂片同数，稀为 2，着生于花冠筒内；子房下位，1 ～ 10 室，以 2 室为多，柱头单一或 2 至多裂，每室胚珠 1 至多数。果为蒴果、浆果或核果。

约 500 属，6000 多种，分布于热带和亚热带，少数产温带地区。我国 98 属，约 676 种，分布于南北各省区。青岛有木本植物 4 属，4 种。

分属检索表

1. 花极多数，形成1球形头状花序，总花梗顶端膨大成球形 ………………………… 1.水团花属Adina
1. 花序不形成球形头状花序，总花梗顶端不膨大。
 2. 灌木。
  3. 子房1室或假2室，胚珠多数；果实革质或肉质 ………………………………1.栀子属 Gardenia
  3. 子房2～4室，每室胚珠 1枚；果为核果 ………………………………………… 3.白马骨属Serissa
 2. 缠绕性藤本 ……………………………………………………………………………… 4.鸡矢藤属Paederia

（一）水团花属 **Adina** Salisb.

灌木或小乔木。顶芽不明显，由托叶疏松包裹。叶对生；托叶窄三角形，2 深裂常宿存。头状花序顶生或腋生，或两者兼有，总花梗 1 ～ 3，不分枝，或为二歧聚伞状分枝，或圆锥状，节上托叶小，苞片状。花 5 数，近无花梗；小苞片线形至线状匙形；萼裂片宿存；花冠高脚碟状或漏斗状，裂片芽内镊合状排列，顶部常近覆瓦状；雄蕊生于花冠筒上部，花丝短，无毛，花药基生，内向，伸出；花柱伸出，柱头球形，子房 2 室，每室胚珠达 40，悬垂。果序蒴果疏松；蒴果内果皮硬，室背室间 4 瓣裂，宿存萼裂片留附于蒴果中轴上。种子卵球状或三角形，扁平，略具翅。

有 3 种，分布于我国、日本和越南。我国 2 种，分布于华南及江西、浙江、贵州。青岛引种栽培 1 种。

1. 细叶水团花（图 583；彩图 104）

Adina rubella Hance

落叶灌木，高 1 ～ 3 米。小枝初具赤褐色毛，后脱落；顶芽不明显，被开展的托叶包被。叶对生，近无柄，薄革质，卵状披针形或卵状椭圆形，全缘，长 2.5 ~ 4 厘米，宽 0.8 ~ 1.2 厘米，顶端渐尖或短尖，基部阔楔形或近圆形；侧脉 5 ~ 7 对，被稀疏或稠密短柔毛；托叶小，早落。头状花序（不计花冠）径 4 ~ 5 毫米，单生，顶生或兼有腋生，总花梗略被柔毛；小苞片线形或线状棒形；萼筒疏被短柔毛，萼片匙形或匙状棒形；花冠筒长 2 ~ 3 毫米，5 裂，裂片三角状，紫红色。果序直径 0.8 ~ 1.2 厘米；蒴果长卵状楔形，长 3 毫米。花、果期 5 ~ 12 月。

山东科技大学校园有栽培，正常开花结实。国内分布于广东、广西、福建、江苏、浙江、湖南、江西和陕西。

茎纤维为绳索、麻袋、人造棉和纸张等原料。全株入药，枝干通经；花球清热解毒、治菌痢和肺热咳嗽；根煎水服，可治小儿惊风症。

图 583　细叶水团花

1. 花枝；2. 花；3. 花冠展开

（二）栀子属 Gardenia Ellis.

灌木，稀为乔木。叶对生，稀轮生，革质；托叶基部通常合生，包围小枝。花大，白色或黄色，腋生或顶生，单生或排伞房花序；萼筒卵形或倒圆锥形，裂片宿存；花冠高脚碟状、钟状、筒状或漏斗状，5 ~ 11 裂，芽时旋转排列；雄蕊与花冠裂片同数，着生于花冠喉部，无花丝或近无花丝，花药背着；子房下位，1 室或假 2 室，胚珠多数，着生于 2 ~ 6 个侧膜胎座上，花柱粗壮，柱头棒状或纺锤形。果实革质或肉质，圆柱形或卵形。

约 250 种，分布于热带或亚热带地区。我国有 5 种，1 变种，分布于长江流域以南及陕西等省区。青岛栽培 1 种。

1. 栀子（图 584）

Gardenia jasminoides Ellis

常绿灌木。叶革质，披针形、椭圆形或广披针形，长 6 ~ 12 厘米，宽 1.5 ~ 4 厘米，先端尖或钝，基部阔楔形，有短柄。花大，白色，芳香，单生枝顶；萼筒倒圆锥形，有纵棱，裂片 5 ~ 7；花冠高脚碟状，筒部长 2 ~ 3 厘米，檐部 5 至多裂，

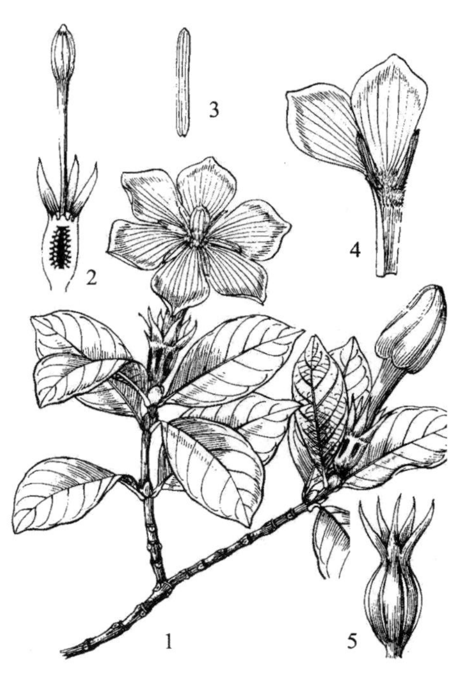

图 584　栀子

1. 花枝；2. 雌蕊纵切；3. 雄蕊；4. 花冠部分展开，示雄蕊着生；5. 果实

裂片条状披针形，先端钝，雄蕊 6，着生于花冠喉部，花丝极短，花药条形，长约 1.5 厘米，伸出；花柱长约 3 厘米，柱头棒状。果实卵形至长椭圆形，有 5 ～ 9 条翅状纵棱；种子 多数。花期 7 月；果期 9 ～ 11 月。

崂山景区、公园绿地及单位庭院常见栽培。国内分布于华东、华中、华南、西南地区及陕西、甘肃等省区。

供观赏。果实药用，有消炎解毒、止血的功效。

（三）白马骨属 **Serissa** Comm.ex A.L.Jussieu

多枝灌木，无毛或小枝被微柔毛，揉之有臭气。叶对生，近无柄，常聚生短枝上，近革质，卵形；托叶与叶柄合生成短鞘，有 3 ～ 8 条刺毛，宿存。花腋生或顶生，单生或簇生，无梗；萼筒倒圆锥形，萼裂片 4 ～ 6，宿存；花冠漏斗形，裂片 4 ～ 6，短，扩展或内曲或镊合状；雄蕊 4 ～ 6，生于冠筒上部，花丝线形，略与冠筒连生，花药内藏；花盘大；子房 2 室，花柱线形，2 分裂，稍短，被粗毛，直立或弯曲，突出；每室胚珠 1，基部直立，倒生。核果近球形。

含 2 种，分布我国和日本。青岛栽培 1 种。

1. 六月雪（图 585；彩图 105）

Serissa japonica (Thunb.) Thunb.

Lyxium japonicum Thunb.

小灌木，高不足 1 米，有臭气。叶革质，卵形至倒披针形，长 6 ～ 22 毫米，宽 3 ～ 6 毫米，顶端短尖至长尖，全缘，无毛；叶柄短。花单生或数朵簇生小枝顶部或腋生；苞片被毛，边缘浅波状；萼裂片细小，锥形，被毛；花冠淡红色或白色，长 6 ～ 12 毫米，裂片扩展，顶端 3 裂；雄蕊伸出冠筒喉部；花柱长，伸出，柱头 2，直，略分开。花期 5 ～ 7 月。

公园、单位庭院及居住区有栽培。国内分布于华东、中南及陕西、四川、云南等地。

供观赏。

图 585　六月雪

1. 花枝；2. 托叶；3. 去掉花冠和雄蕊的花；4. 花冠展开；5. 子房纵切

（四）鸡矢藤属 **Paederia** L.

藤本，揉后有臭味。叶对生，稀有 3 ～ 4 片轮生；托叶在叶柄内侧，三角形，早落。花成顶生或腋生的聚伞花序或圆锥花序，有小苞片；花萼卵形或倒圆锥形，4 ～ 5 齿裂，有柔毛；花冠筒状或漏斗状，有柔毛，4 ～ 5 裂，雄蕊 4 ～ 5，生于花冠喉部；子房 2 室，每室 1 胚珠，花柱 2. 核果球形或扁球形，外果皮质薄而脆，内有 2 核。

约 20 ~ 30 种，分布于亚洲、美洲热带及亚热带地区。我国有 11 种，1 变种，分布于华东、中南、西南地区及陕西、甘肃等省区。青岛有 1 种。

1. 鸡矢藤 鸡屎条子（图 586）

Paederia foetida L.

P. scandens (Lour.) Merr.

Gentiana scandens Lour.

图 586 鸡矢藤

1. 植株的一部分；2. 花；3. 花冠展开；4. 雌蕊；5. 果实

缠绕性藤本，揉碎有臭味。茎无毛或稍有微毛。叶对生，叶形状变异大，通常为卵形、卵状长圆形至披针形，先端渐尖，基部楔形、圆形至心形，全缘，两面无毛或仅下面稍有短柔毛；托叶三角形，有缘毛，早落；叶柄长 1.5 ~ 1.7 厘米。聚伞花序排成顶生的大型圆锥花序或腋生而疏散少花，末回分枝常延长，一侧生花；花萼钟状，萼齿三角形；花冠筒长约1厘米，外面灰白色，内面紫红色，有茸毛，5 裂；雄蕊 5，花丝与花冠筒贴生；子房 2 室，花柱 2，基部合生。核果球形，淡黄色，径约 6 毫米。花期 8 月；果期 10 月。

崂山太清宫及市内太平山（植物园）有分布。生于山坡、山谷、路边灌草丛。国内分布于长江流域及以南各省区。

根可药用，有行血舒筋活络的功效。

七十八、忍冬科 CAPRIFOLIACEAE

落叶灌木或小乔木，稀藤本和草本。叶对生，稀互生；单叶，稀羽状复叶，无托叶或稀有托叶。花两性，辐射对称至两侧对称，聚伞花序或单生；萼筒帖于子房，4 ~ 5 裂齿；花冠 4 ~ 5 裂，有时二唇形，覆瓦状排列，稀镊合状排列；雄蕊 4 ~ 5，着生于冠筒，与花冠裂片互生，无花盘，或为 1 环状或 1 侧生腺体；子房下位，1 ~ 5 室，每室 1 至多数胚珠，花柱 1。浆果、核果或蒴果。

含 13 属，约 500 种，主要分布于北半球温带。我国有 12 属，200 余种，分布于南北各地。青岛有 7 属，25 种，1 亚种，5 变种，2 变型。

分属检索表

1. 奇数羽状复叶；花药向外……………………………………………………… 1.接骨木属 Sambucus

1. 单叶；花药向内。

  2. 花冠整齐，通常辐射对称；若为钟状、筒状或高脚碟状，则花柱极短，无蜜腺；茎干有皮孔……
  ………………………………………………………………………………………………2.荚蒾属Viburnum

2. 花冠多少不整齐或两唇形，若整齐则花柱细长，有蜜腺；茎干无皮孔，常纵裂。
3. 一个总花梗并生两花，两花萼筒常多少合生。
4. 萼筒外密生长刺刚毛，超出子房部分缢缩成细长颈；果外有刺状刚毛… 3.蝟实属Kolkwitzia
4. 萼筒外无长刺刚毛，超出子房部分不缢缩成细长颈；果外无刺状刚毛…… 7.忍冬属Lonicera
3. 相邻两花萼筒分离。
5. 1～3花聚伞花序，单生或组成圆锥花序；花长于1厘米；干果圆柱形。
6. 雄蕊4；瘦果状核果，有1种子……………………………………………… 4. 六道木属 Abelia
6. 雄蕊5；蒴果，有种子多数 ……………………………………………………5.锦带花属Weigela
5. 穗状花序生于枝端；花长达1厘米；肉质核果卵圆形 …………… 6.毛核木属Symphoricarpos

（一）接骨木属 Sambucus L.

落叶灌木或小乔木，稀多年生草本。冬芽有数对鳞片。叶对生；有托叶或无；奇数羽状复叶。花两性，小形，白色，聚伞花序排列成伞房状或圆锥花序，花萼 3 ～ 5 裂；花冠辐状，3 ～ 5 裂，覆瓦状稀镊合状排列；雄蕊 5，着生于花冠筒基部；子房 3 ～ 5 室，每室 1 胚珠，花柱短，3 ～ 5 裂。浆果状核果，内有 3 ～ 5 分核，分核软骨质，内有 1 种子。

约 20 种，分布于世界温带及亚热带地区。我国约 5 种，南北均有分布。青岛有 2 种。

分种检索表

1. 小枝髓心淡黄褐色；聚伞圆锥花序；浆果熟时红色或蓝紫黑色……………… 1.接骨木 S.williamsii
1.小枝髓心白色；聚伞花序呈伞房状；浆果熟时黑色 ……………………………………2.西洋接骨木 S.nigra

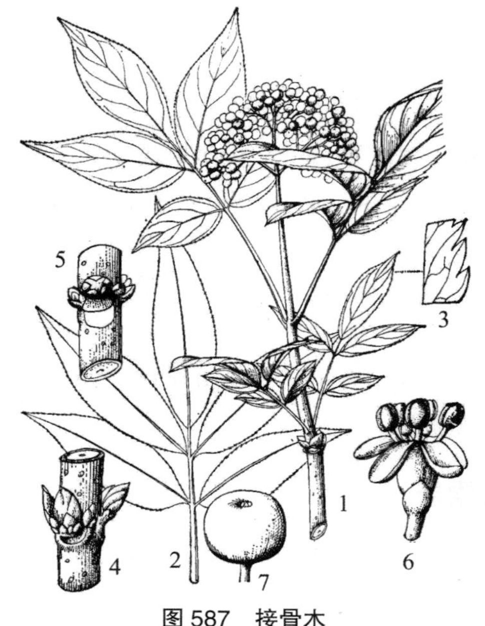

图 587 接骨木

1. 果枝；2. 复叶；3. 叶缘放大；4～5. 小枝一段，示芽；6. 花

1. 接骨木 接骨丹 川筋树（图 587）

Sambucus williamsii Hance

落叶灌木或小乔木，高 4 ～ 6 米。髓心淡黄褐色。奇数羽状复叶，对生，小叶 5 ～ 7，有短柄；小叶椭圆形或长圆状披针形，长 5 ～ 12 厘米，宽 2 ～ 5 厘米，先端渐尖或尾尖，基部楔形，常不对称，缘有细锯齿，揉碎有臭味，上面绿色，初被疏短毛，后渐无毛，下面浅绿色，无毛。聚伞圆锥花序，顶生，无毛，花小，白色；花萼裂齿三角状披针形，稍短于筒部；花冠辐射，5 裂，径约 3 毫米，筒部短；雄蕊 5 约花冠等长面互生，开展；子房下位，有室，花柱短，3 裂。浆果状核果，近球形，直径 3 ～ 5 毫米，红色，稀蓝紫色；分核 2 ～ 3，每核 1 种子。花

期4～5月；果期6～9月。

产于崂山北九水、蔚竹庵，生于山坡阴湿之处。国内分布于东北、华北、华东、西南、华中及陕西、甘肃、广东、广西等地。

茎、根皮及叶供药用，有舒筋活血、镇痛止血、清热解毒的功效，主治骨折、跌打损伤、烫火伤等。亦为观赏植物。

2. 西洋接骨木（图 588）

Sambucus nigra L.

落叶灌木或小乔木。小枝浅棕褐色，有突起的大皮孔及纵条纹，髓白色。奇数羽状复叶，小叶3～7，常5，有短柄；小叶椭圆形至椭圆状卵形，长4～10厘米，宽2～4厘米，上面中脉及叶柄疏生短糙毛，下面疏生短糙毛，先端渐尖，基部楔形或近圆形，缘有锐锯齿，叶揉碎后有恶臭。聚伞花序，5分枝，呈扁平球状；花小，黄白色；萼筒杯状，5齿裂，短于萼筒；花冠辐状，径约4毫米，有5片长圆形裂片；雄蕊5，与花冠裂片近等长而互生；子房下位，3室，花柱短，柱头3裂。浆果黑色，球形，径6～8毫米，有宿存萼；2～3分核，每核1种子。花期5～6月；果期10月。

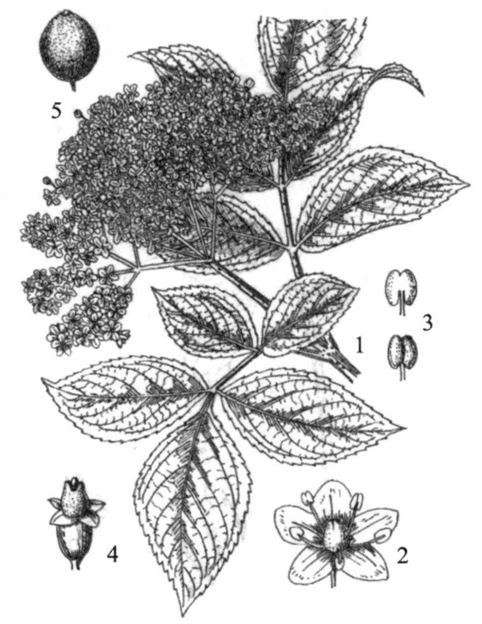

图 588　西洋接骨木

1. 花枝；2. 花；3. 雄蕊；4. 花萼与雌蕊；5. 果实

原产南欧、北非和亚洲西部。蔚竹庵、太清宫有引种栽培，生长正常。

花可药用，有舒筋活血、镇痛止血的功效。可栽培供观赏。

（二）荚蒾属 Viburnum L.

落叶灌木或小乔木，稀常绿。裸芽或鳞芽。单叶对生，稀轮生；有托叶或无。花小。组成伞形或复聚伞花序，少数种类有大型不孕花；苞片及小苞片早落；花萼5齿裂；花冠白色，5裂；雄蕊5，着生于花冠筒上，子房下位，1～3室，每室1胚珠；下垂，花柱头状或3浅裂。浆果状核果，分核常扁，骨质，背腹有沟或无沟，内有1种子；胚乳肉质。

约200种，分布于世界温带及亚热带，主产于亚洲及南美洲地区。我国约74种，分布于南北各地。青岛有7种，1亚种，2变种，1变型。

分种检索表

1. 鳞芽，冬芽有1～2对（稀3或多对）鳞片。

 2. 冬芽有1～2对分离的鳞片；叶柄或叶片基部无腺体；叶不分裂或不明显2～3浅裂。

  3. 圆锥花序或复伞形花序，不具大型不孕花。

4. 常绿性，圆锥花序；果核通常浑圆 ………………… 1.日本珊瑚树V. odoratissimum var. awabuki

4. 落叶灌木；花序复伞形式；果核通常扁。

5. 托叶钻性、宿存；花冠外面无毛……………………………………………… 2.宜昌荚蒾V. erosum

5. 无托叶；花冠和花萼外面有簇毛…………………………………………… 3.荚蒾V. dilatatum

3. 花序复伞形或伞形式，有大型的不孕花………………………………………… 4.粉团V. plicatum

2. 冬芽为2对合生的鳞片所包围；叶3裂，叶柄顶端或叶片基部有腺体 ………… 5.欧洲荚蒾V. opulus

1. 冬芽裸露；植物体被簇状毛而无鳞片；果实成熟时由红色转为黑色。

6. 落叶性，通常边缘有齿。

7. 花序全由两性花组成，无大型不孕花；花冠筒状钟形，白色或淡红色……… 6.红蕾荚蒾V. carlesii

7. 花序有大型不孕花……………………………………………………… 7.绣球荚蒾V. macrocephalum

6. 常绿性，全缘或具不明显疏齿；叶卵状披针形至卵状矩圆形，长8 ~ 25厘米，宽2.5 ~ 8 厘米，叶脉深凹陷呈现极度皱纹状 ……………………………………………………… 8.皱叶荚蒾V. rhytidophyllum

1. 日本珊瑚树 法国冬青 旱禾树（图 589；彩图 106）

Viburnum odoratissimum Ker-Gawl. var. **awabuki** (K. Koch) Zabel ex Rumpl.

V. odoratissimum Ker-Gawl.

常绿灌木或小乔木，高 5 ~ 10 米。枝灰褐色，有瘤状皮孔，无毛。叶革质，对生；叶片倒卵状矩圆形至矩圆形，很少倒卵形，长 7 ~ 13 (16) 厘米，顶端钝或急狭而钝头，基部宽楔形，边缘常有较规则的波状浅钝锯齿，上面深绿色，有光泽，下面浅绿色，侧脉 6-8 对。圆锥花序通常生于具两对叶的幼技顶，长 9 ~ 15 厘米，直径 8 ~ 13 厘米；花冠筒长 3.5 ~ 4 毫米，裂片长 2 ~ 3 毫米；花冠白色，辐状，5 裂，裂片卵圆形；雄蕊 5；花柱较细，长约 1 毫米，柱头常高出萼齿，子房下位，1 室，1 胚珠。核果，果核通常倒卵圆形至倒卵状椭圆形，长 6 ~ 7毫米，先红后黑色。花期 5 ~ 6 月，果熟期 9 ~ 10 月。

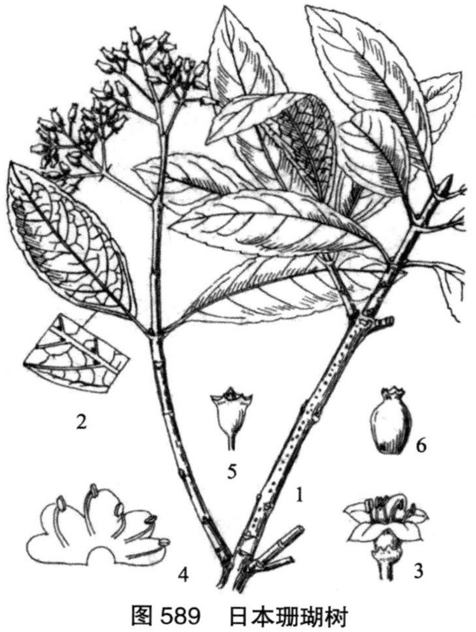

图 589 日本珊瑚树

1. 果枝；2. 叶局部放大；3. 花；4. 花冠展开；5. 花萼和雌蕊；5. 果实

公园绿地及庭院普遍栽培。国内分布于长江以南各地。

木材坚硬、细致，供细木工用材。根、叶药用。亦为优良绿化观赏树种。

2. 宜昌荚蒾 小叶荚蒾 糯米条子（图 590；彩图 107）

Viburnum erosum Thunb.

落叶灌木。植株被星状毛和柔毛；鳞芽,有毛。单叶对生;叶卵形或卵状披针形,长 4 ~ 7 厘米，宽 2 ~ 4 厘米，先端短渐尖，基部近圆形至浅心形，缘有三角状浅齿,上面疏生星状毛,毛基有疣,或近无毛,下面密生星状毛，或仅沿脉和脉腋有长伏毛，近基部两侧有少数腺体，侧脉 7 ~ 12 对，稀 14 对；叶柄长 3 ~ 5 毫米；托叶条状钻形，宿存。复伞形花序，顶生，花序直径 3 ~ 4 厘米,密生星状毛,5 叉分枝;总梗长 1.5 ~ 2 厘米；花白色，着生于第 2 或第 3 级分枝上；萼筒长约 1.5 毫米，5 齿裂，萼及小花梗均被星状毛；花冠幅状，5 裂，稍长于冠筒；子房下位，密生绒毛，花柱 1，柱头头状，花柱较雄蕊短。核果卵形，红色，长 6 ~ 8 毫米；核 1，形扁，有 2 条浅背沟和 3 条浅腹沟；种子有胚乳。花期 4 ~ 5 月；果期 9 ~ 10 月。

图 590 宜昌荚蒾

1. 花枝；2. 果枝；3. 各种叶形；4. 叶下面，示星状毛；5. 花；6. 花萼； 7. 果实；8. 果实纵切；9. 果核横切

产崂山大梁沟、棋盘石、北九水、蔚竹庵、华严寺、洞西岐、崂顶、铁瓦殿等地，生于山谷、湿润阴坡的杂木林中。国内分布于河南及长江以南。

种子油可制肥皂及润滑油；叶、根药用。为庭院观赏植物。

（1）裂叶宜昌荚蒾（变种）（彩图 108）

var. **taquetii** (Lévl.) Rehd.

叶矩圆状披针形，边缘具粗牙齿或缺刻状牙齿，基部常浅 2 裂。

生境及产地同原种。

3. 荚蒾（图 591；彩图 109）

Viburnum dilatatum Thunb.

落叶灌木，高 1.5 ~ 3 米。植物体常密被淡黄色毛；冬芽有鳞片，被疏毛。叶对生，宽倒卵形、倒卵形或宽卵形，长 3 ~ 10 厘米，顶端急尖，基部圆形至钝形或近心形，边缘有牙

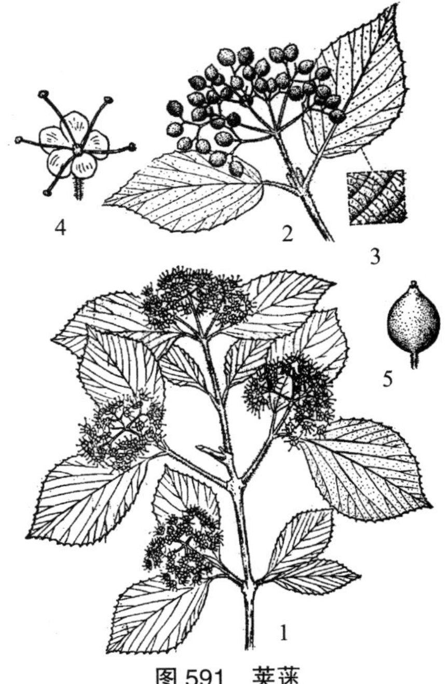

图 591 荚蒾

1. 花枝；2. 果枝；3. 叶下面，示星状毛；4. 花；5. 果实

齿状锯齿，齿端突尖，上面疏生柔毛，下面被黄色柔毛和星状毛，脉上较密，基部两侧有少数腺体和多数细小腺点，侧脉 6 ~ 8 对，直达齿端，上面凹陷，下面明显凸起；叶柄长 1 ~ 1.5 厘米；无托叶。复伞形式聚伞花序稠密，生于具 1 对叶的短枝之顶，直径 4 ~ 10 厘米，总花梗长 1 ~ 3 厘米，第 1 级辐射枝通常 6 ~ 7 条，花生于第 3 ~ 4 级辐射枝上；萼和花冠外面均有簇状糙毛；萼筒狭筒状，有暗红色微细腺点，萼齿卵形；花冠白色，辐状，径约 5 毫米，裂片圆卵形；雄蕊伸出花冠，花药小，乳白色；花柱伸出萼齿。果实红色，椭圆状卵圆形，长 7 ~ 8 毫米；核扁，有 3 条浅腹沟和 2 条浅背沟。花期 5 ~ 6 月；果熟期 9 ~ 11 月。

产于崂山蔚竹庵、北九水、崂顶等地。国内分布于河北、陕西、河南及长江以南各省区，以华东为常见。

韧皮纤维可制绳和人造棉。种子可制肥皂和润滑油。果可食和酿酒。

4. 粉团 雪球荚蒾（图 592）

Viburnum plicatum Thunb.

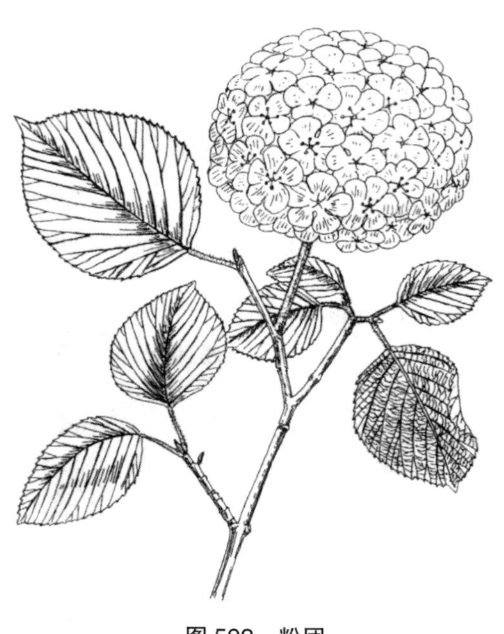

图 592 粉团

落叶灌木。当年生枝浅黄褐色，4 棱，被黄褐色星状毛；鳞芽。叶对生；叶片阔卵形、长圆状倒卵形或近圆形，长 4 ~ 10 厘米，宽 2 ~ 6 厘米，先端急尖，基部近圆形，缘有不整齐三角状锯齿，上面疏生短毛，下面有星状毛或仅沿脉有毛，侧脉 10 ~ 12 对，直达齿端，叶脉在上面凹，下面凸起，网脉平行，呈明显长方形格纹；叶柄长 1 ~ 2 厘米，疏生星状毛。复伞形花序，球形，直径 4 ~ 8 厘米，全部由大型不孕花组成；总花梗长 1.5 ~ 4 厘米，密生黄褐色星状毛；萼齿卵形；花冠白色，辐状，5 裂，有时 4 裂，倒卵形或近卵形，不等大。花期 4 ~ 5 月。

崂山大河东、太清宫、明霞洞、洞西岐等地及山东科技大学校园有栽培。国内分布于华东、华南、华中、西南及陕西。

为优良观赏树种。

5. 欧洲荚蒾 雪球（图 593）

Viburnum opulus L.

落叶灌木，高 1 ~ 3 米。当年生枝有棱，有明显凸起的皮孔，有黄色柔毛或无毛。叶对生，卵圆形、卵形或倒卵形，长 6 ~ 12 厘米，宽 4 ~ 8 厘米，常 3 裂，裂片先端渐尖，基部圆形、平截或浅心形，边缘有不整齐的粗齿，上面无毛，下面被黄褐色柔毛，掌状 3 出脉；叶柄长 2 ~ 3.5 厘米，有长柔毛或近无毛，先端有 2 ~ 4 盘状腺体；托叶 2，钻形；分枝下部的叶狭长而不分裂。复伞形花序，直径 8 ~ 10 厘米，第 1 级辐射枝 6 ~ 8 条，花生于 2 ~ 3 级辐射枝上，花序梗近无毛；花梗极短；萼筒倒圆锥形，长约 1 毫米，萼齿三角形；花冠白色，辐状，裂片近圆形，长约 1 毫米，不等大，内面有长柔毛；雄蕊伸出花冠外，花药黄白色；柱头 2 分裂，花序周围有大型不孕花 10 ~ 12 朵，直径 2 ~ 3 厘米。浆果状核果，近球形，红色，径约 8 毫米，核扁，背腹沟不明显。花期 5 ~ 6 月；果期 9 ~ 10 月。

原产欧洲及非洲北部。中山公园及崂山区上葛社区有栽培。常见栽培品种欧洲雪球 V.opulus ‘Roseum’。

供观赏。

（1）鸡树条 天目琼花（亚种）（图 594）

subsp. **calvsecens** (Rehd.) Sugimoto

V. opulus var. *calvescens* (Rehd.) Hara

与原种的主要区别是：树皮质厚而多少成木质栓；叶下面仅脉腺有簇状毛或有时脉上有少数长伏毛；花药紫色。

产崂山崂顶、明霞洞、明道观、北九水、潮音瀑、凉清河、洞西岐等地，生于较湿润的山沟、山坡及灌丛中；全市普遍栽培。国内分布于东北、华北地区及内蒙古、陕西、甘肃、四川、湖北、安徽、浙江等省区。

嫩枝、叶和果实供药用，有消肿、止痛止咳的功效。种子油可制肥皂和润滑油。皮纤维可制绳索。庭园绿化优良树种。

6. 红蕾荚蒾

Viburnum carlesii Hemsl.

落叶灌木，多分枝；茎、叶和花序均被星状、簇毛。叶卵圆形或宽卵形，先端急尖，长 3 ~ 7 厘米，宽 2.5 ~ 6 厘米，基部圆形至浅心形，边缘具齿状锯齿；侧脉 4 ~ 6 对；叶柄长 3 ~ 5 毫米。聚伞花序，直径 2 ~ 5 厘米，生于具一对叶的小枝顶端，总梗短；萼檐 5 浅裂；花冠白色或淡玫瑰色，花冠筒长 1 ~ 1.3 厘米，花冠裂片长约为冠筒的一半。果实椭圆形，长 8 毫米，黑色。

黄岛区有栽培，为品种蒂娜荚蒾 V. carlesii ‘Diana’。

供观赏。

图 593 欧洲荚蒾

1. 花枝；2. 果枝；3. 花；4. 花纵切

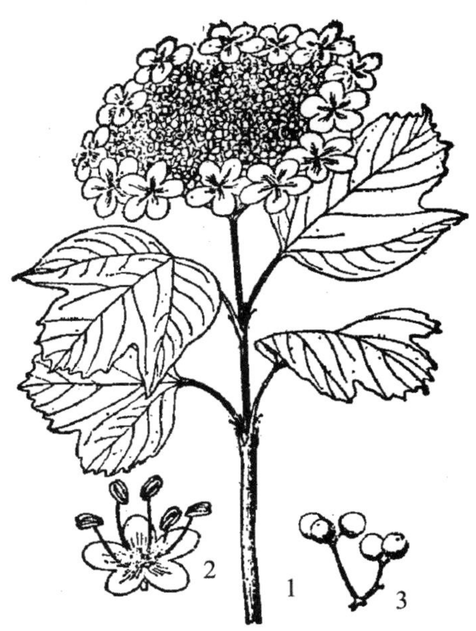

图 594 鸡树条

1. 花枝；2. 可孕花；3. 果实

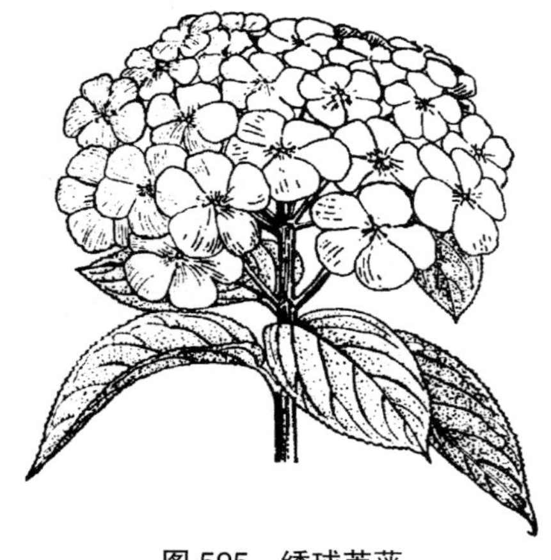

图 595　绣球荚蒾

图 596　八仙花

1. 花枝；2. 果枝；3. 花；4. 果实；5. 果核横切

7. 绣球荚蒾　木绣球（图 595）

Viburnum macrocephalum Fort.

落叶灌木，高达 4 米。当年生枝密被垢屑状星状毛；冬芽裸露。叶对生；叶片卵形、卵状长圆形至椭圆形，长 3 ～ 8 厘米，顶端钝或稍尖，基部近圆形，缘有细锯齿，上面疏生星状毛，中脉较密，下面密生星状毛，侧脉 5 ～ 6 对，近叶缘网结，连同中脉上面略凹陷，下面凸起；叶柄长 1 ～ 2 厘米，密生星状毛。聚伞花序头状，径 10 ～ 12 厘米，全部由大型白色不孕花组成，总花梗长 1 ～ 2 厘米，一级辐射枝 4 ～ 5 条，花生于 2 级辐射枝上；萼筒杯状，无毛，5 裂，萼齿与萼筒几等长；花冠白色，辐状，直径 1.5 ～ 4 厘米，5 裂，裂片圆状倒卵形，大小不等；雄蕊花药小，近圆形；雌蕊不育。花期 4 ～ 5 月。

崂山北九水、蔚竹庵，山东科技大学校园及即墨天柱山有栽培。国内分布于河南、江苏、浙江、江西、湖南、湖北、贵州、广西等省区。

供观赏，为名贵花木。

（1）八仙花（变型）（图 596）

f. **keteleeri** (Carr.)Rehd.

V. keteleeri Carr.

与原种的主要区别是：复伞形花序，5 ～ 7 辐射枝，每辐射枝上有 1 ～ 2 不孕花，其余为两性结实花；花小，径 6 ～ 7 毫米；花柱短，头状；整个花序的中间为可育花，周围为大型不孕花。核果长椭圆形，长约 8 毫米，先红后黑，核扁，有浅沟，背面 2 条，腹面 3 条。

公园绿地及庭院有栽培。分布同原种。

供观赏。

8. 皱叶荚蒾　枇杷叶荚蒾（图 597；彩图 110）

Viburnum rhytidophyllum Hemsl.

常绿灌木或小乔木，高达 4 米。幼枝、芽、叶下面、叶柄及花序均被黄白、黄褐或红褐色厚绒毛，毛的分枝长 0.3 ～ 0.7 毫米；当年小枝粗壮，稍有棱角，二年生小枝红褐色或灰黑色，无毛，散生圆形小皮孔，老枝黑褐色。叶革质，卵状长圆形或卵状披针形，长 8 ~ 18 厘米，顶端稍尖或略钝，基部圆形或近心形，全缘或有不明显小齿，上面深绿色有光泽，幼时疏被簇状柔毛，后无毛；叶脉深凹呈皱纹状，下面有凸起网纹，侧脉 6 ~ 8 (~ 12) 对，近缘处网结，稀直达齿端；叶柄粗壮，长 1.5 ~ 4 厘米。聚伞花序稠密，径 7 ~ 12 厘米，总花梗粗壮，长 1.5 ~ 4 厘米，第 1 级辐射枝通常 7，四角状；花生于第 3 级辐射枝上，无柄；萼筒筒状钟形，长 2 ~ 3 毫米，被黄白色绒毛，萼齿小，宽三角状卵形；花冠白色，辐状，径 5 ~ 7 毫米，几无毛，裂片圆卵形，略长于筒；雄蕊伸出花冠。果实宽椭圆形，熟时红色，后黑色，无毛；核宽椭圆形，两端近平截，扁，有 2 条背沟和 3 条腹沟。花期 4 ~ 5 月；果期 9 ~ 10 月。

图 597 皱叶荚蒾
1. 花枝；2. 花；3. 果实；4. 果核横切

即墨天柱山，山东科技大学校园有栽培。国内分布于陕西、湖北、四川及贵州。

茎皮纤维可作麻及制绳索。常栽培供观赏。

（三）蝟实属 **Kolkwitzia** Graebn.

落叶灌木。冬芽具数对被柔毛鳞片。叶对生，具短柄，无托叶。2 花组成的聚伞花序呈伞房状，顶生或腋生于具叶侧枝之顶；苞片 2，披针形，紧贴花基部；萼 5 裂，裂片钻状披针形，被柔毛，相近 2 花的萼筒相互紧贴，几合生；花冠淡红色，钟状，5 裂，裂片开展，被柔毛，2 裂片稍宽短，内有黄色斑纹；雄蕊 4，2 强，内藏；椭圆形，密被长刚毛，顶端各具 1 狭长的喙，基部与小苞片贴生；雄蕊二强，内藏；子房 3 室，仅 1 室发育，含 1 胚珠。2 瘦果状核果合生，外被刺刚毛，顶端角状，萼齿宿存。

我国特有单种属。产山西、陕西、甘肃、河南、湖北及安徽等省。青岛有栽培。

1. 蝟实（图 598；彩图 111）

Kolkwitzia amabilis Graebn.

形态特征同属。花期 5 ~ 6 月；果熟期 8 ~ 9 月。

中山公园，李村公园，山东科技大学校园，即墨天柱山有栽培。我国特有种，分布于山西、陕西、甘肃、河南、湖北及安徽等省。

优良的观赏植物。

图 598 蝟实
1. 花枝；2. 花；3. 花冠展开，示雄蕊；4. 果实；5. 果实横切

（四）糯米条属（六道木属）**Abelia** R.Br.

落叶灌木，小枝细；冬芽有芽鳞数对。单叶，对生；无托叶。花单生、双生、聚伞花序或复聚伞花序；苞片 2 或 4；花萼 2 ～ 5 裂，开展，有 1 ～ 7 脉；花冠漏斗形，基部有时 1 侧呈浅囊状，檐部 4 ～ 5 裂，辐射对称或稍呈二唇形；雄蕊 4，等长或 2 强，着生花冠中部或基部、内藏或伸出；子房 3 室，其中 2 室各有 2 列不育的胚珠。瘦果，长圆形，革质，萼宿存；种子近圆柱形，有胚乳。

约 20 种，分布于亚洲及墨西哥。我国 9 种。青岛栽培 2 种。

分种检索表

1. 小枝红褐色或灰褐色，叶绿色……………………………………………………… 1.糯米条A. chinensis
1. 小枝常紫红色或深紫褐色，叶黄色………………… 2.金叶大花六道木Abelia × grandiflora ‘Variegata’

1. 糯米条（图 599）

Abelia chinensis R.Br.

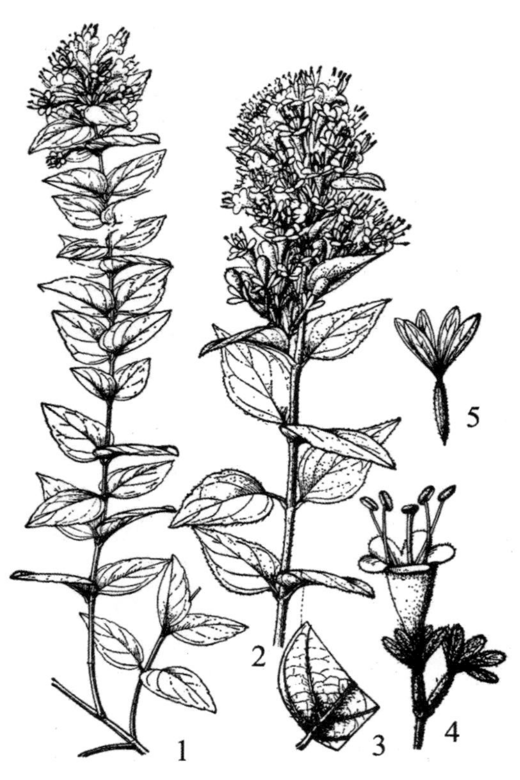

图 599　糯米条

1 ~ 2. 花枝；3. 叶片局部放大；4. 花；5. 果实

落叶多分枝灌木。嫩枝纤细，红褐色，被短柔毛，老枝皮纵裂。叶有时 3 枚轮生，圆卵形或椭圆状卵形，顶端急尖或长渐尖，基部圆或心形，长 2 ～ 5 厘米，宽 1 ～ 3.5 厘米，疏生圆锯齿，上面初被稀疏柔毛，下面基部主脉及侧脉密被白色长柔毛，花枝上部叶向上逐渐变小。聚伞花序生于小枝上部叶腋，由多数花序集合成一圆锥状花簇，总花梗被短柔毛，果期光滑；花芳香，具 3 对小苞片；小苞片长圆形或披针形，具睫毛；萼筒圆柱形，被短柔毛，稍扁，具纵条纹，萼檐 5 裂，裂片椭圆形或倒卵状矩圆形，果期红色；花冠白色至红色，漏斗状，长 1 ～ 1.2 厘米，为萼齿的一倍，外被短柔毛，裂片 5，圆卵形；雄蕊着生于花冠筒基部，花丝细长，伸出花冠筒外；花柱细长，柱头圆盘形。果实具宿存而略增大萼裂片。

中山公园，山东科技大学校园，即墨天柱山有栽培。国内分布于华南、中南、西南及浙江、台湾等地。

花多而密集，花期长，果期宿存萼裂片红色，为优美观赏植物。

2. 金叶大花六道木

Abelia ×grandiflora (Ravelli ex Andre)Rehd. **'Variegata'**

大花六道木为糯米条与单花六道木的杂交种，金叶品种高可达 1.5 米，小枝细圆，阳面紫红色，弓形。叶小，长卵形，长 2.5 ~ 3 厘米，宽 1.2 厘米，边缘具疏浅齿，在阳光下呈金黄色，光照不足则叶色转绿。圆锥状聚伞花序，花小，白色带粉，繁茂而芬芳，花期 6 ~ 11 月。

即墨市有栽培。国内华东各地常见栽培。

供观赏。

（五）锦带花属 **Weigela** Thunb.

落叶灌木或小乔木。幼枝呈四棱形。叶对生；无托叶。聚伞花序；花两性；萼 5 裂，花冠钟状或漏斗状，5 裂，两侧对称或近辐射对称；雄蕊 5，短于花冠；子房 2 室，下位，胚珠多数。蒴果，2 瓣裂，中轴宿存；种子小而多，有棱角，通常有翅。

约 10 种，主要分布于东亚及美洲东北部。我国 4 种，分布于东北、华北、华东及西南等地区。青岛有 3 种，1 变型。

分种检索表

1. 花萼裂至中部或稍下，裂片披针形；种子无翅…………………………1.锦带花W. florida

1. 花萼裂至基部，裂片条形；种子有翅。

 2. 枝、叶有毛；花有梗 ……………………………………2.日本锦带花W. japonica

 2. 枝、叶无毛；花无梗 ……………………………………3.海仙花W. coraeensia

1. 锦带花 空枝（图 600；彩图 112）

Weigela florida (Bge.) DC.

Calysphyrum floridum Bge.

落叶灌木。幼枝有 2 列短柔毛；芽先端尖，有 3 ~ 4 对鳞片，无毛。叶椭圆形至倒卵状椭圆形，长 5 ~ 10 厘米，宽 3 ~ 7 厘米，先端渐尖，基部阔楔形或近圆形，边缘有锯齿，上面疏被短柔毛，脉上较密，下面密生短柔毛。花单生或呈聚伞花序状，生于侧生短枝叶腋或顶端；花萼筒长圆柱形，长 12 ~ 15 毫米，疏生柔毛，5 裂至中部或以下，裂片披针形，长约 1 厘米，不等长；花冠漏斗状钟形，外面疏生短柔毛，檐部 5 裂，不整齐，开展，玫瑰色或粉红色，内面浅红色；雄蕊与花冠裂片互生，着生冠

图 600 锦带花

1. 花枝；2. 果枝；3. 花萼展开；4. 花冠展开；5.雌蕊

图 601　日本锦带花

1. 花枝；2. 花萼展开

图 602　海仙花

1. 花枝；2. 花萼展开；3. 花冠展开

筒中部以上，花药黄色；柱头 2 裂。蒴果长 1.5 ~ 2.5 厘米；种子小而多，无翅。花期 4 ~ 6 月；果期 7 ~ 10 月。

产崂山北九水、蔚竹庵、太清宫、洞西岐、流清河、夏庄等地；全市各地普遍栽培。常见栽培品种有红王子锦带（‘Red Prince’）、花叶锦带（‘Variegata’）等。

花美丽，供观赏。对氯化氢有毒气体抵抗性强，可做工矿区绿化树种。

（1）白花锦带花（变型）（彩图 113）

f. **alba** (Nakai.) Rehd.

与原种的区别：花白色。

产于崂山双石屋、黑风口。

可引种栽培供观赏。

2. 日本锦带花　杨栌（图 601）

Weigela japonica Thunb.

落叶灌木。幼枝有 2 列柔毛。单叶，对生；叶片卵形至椭圆形，长 5 ~ 10 厘米，宽 3 ~ 5 厘米，先端渐尖至长渐尖，基部楔形或近圆形，边缘有锯齿，上面中脉疏生短柔毛，下面中脉及侧脉疏生长柔毛；叶柄长 5 ~ 12 厘米，有长柔毛。1 ~ 3 有梗花组成聚伞花序，生于短枝叶腋，花序有总梗；花萼全裂，裂片条状披针形；花冠漏斗形，长 2.5 ~ 3.5 厘米，外面有柔毛或近无毛，花冠 5 裂，先淡粉色后转红色，在筒部的 1/3 以下收缩；雄蕊 5，着生于花冠内部，花柱稍伸出花冠外或不伸出；子房被柔毛。蒴果长圆柱形，长约 2 厘米，元毛，先端鸟嘴状，有种子数枚；种子有翅。花期 5 ~ 6 月，或连续数月；果期 9 ~ 10 月。

原产日本。动物园有栽培。

供观赏。

3. 海仙花　关门柴（图 602）

Weigela coraeensia Thunb.

落叶灌木。小枝粗壮，无毛。叶对生；

叶片阔椭圆形或倒卵形，长 7 ~ 12 厘米，宽 3 ~ 6 厘米，先端急尖或尾尖，基部阔楔形，边缘有钝锯齿，上面中脉疏生平伏毛，下面中脉及侧脉疏生平伏毛，侧脉 4 ~ 6 对；叶柄长 0.5 ~ 1 厘米。聚伞花序生于侧生短枝叶腋或顶部；花初开浅红，后变深红色，长 2.5 ~ 3 厘米，无梗；花冠漏斗状钟形；子房无毛。蒴果圆柱形长 2 厘米，顶端有短柄状喙，2 瓣裂；种子长有翅。花期 5 ~ 6 月；果期 7 ~ 9 月。

崂山太清宫，中山公园有栽培。

供观赏。

（六）毛核木属 **Symphoricarpos** Duhamel

落叶灌木。冬芽具 2 对鳞片。叶对生，全缘或具波状齿裂，有短柄，无托叶。花簇生或单生于侧枝顶部叶腋成穗状或总状花序；萼杯状，5 ~ 4 裂；花冠淡红色或白色，钟状至漏斗状或高脚碟状，5 ~ 4 裂，整齐，筒基部稍呈浅囊状，内被长柔毛；雄蕊 5 ~ 4，着生于花冠筒，内藏或稍伸出，花药内向；子房 4 室，其中 2 室含数枚不育的胚珠，另 2 室各具 1 悬垂的胚珠，花柱纤细，柱头头状或稍 2 裂。果实为具两核的浆果状核果，白、红或黑色，圆形、卵圆形或椭圆形；核卵圆形，多少扁；种子具胚乳，胚小。

16 种，15 种产于北美洲至墨西哥。我国产 1 种，引种栽培 2 种。青岛引种栽培 2 种。

分种检索表

1. 果熟时白色……………………………………………………………………………… 1.白雪果S.albus

1.果熟时红色 ……………………………………………………………………………2.红雪果S.orbiculatus

1. 白雪果（图 603；彩图 114）

Symphoricarpos albus (L.)S.F.Blake

落叶灌木，高达 1 ~ 2 米。叶对生，常椭圆形，大小和形状变化较大，可长达 5 厘米。总状花序，着花约 16 朵；花萼 5 齿裂；花冠钟形，长 0.5 厘米，亮粉红色，裂片尖，内被白柔毛。浆果状核果肉质，白色，径约 1 厘米，具种子 2 枚。

原产北美洲，广泛分布于加拿大和美国境内，生长于阴湿的山地和森林环境、冲积平原和滨水地带。蔓延性强，生长迅速。黄岛区山东科技大学有栽培。

果白色，经冬不落，是优良的园林观果植物。

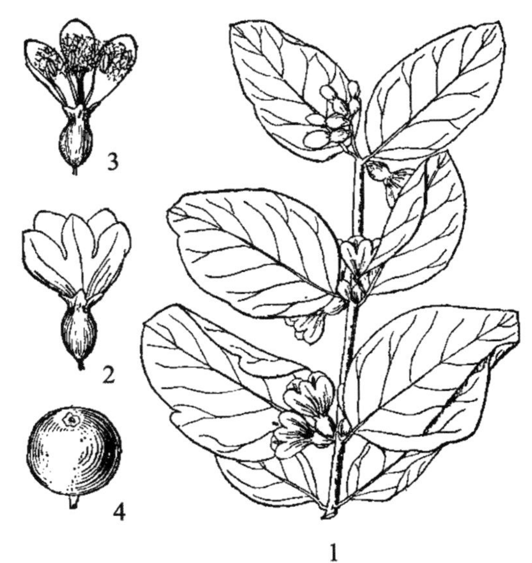

图 603 白雪果

1. 花枝；2. 花；3. 花冠展开；4. 果实

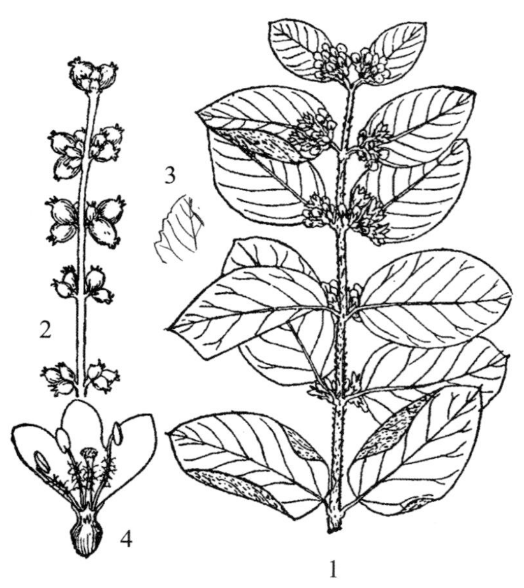

图 604 红雪果
1. 花枝；2. 果枝；3. 叶缘放大；4. 花冠展开

2. 红雪果（图 604；彩图 115）

Symphoricarpos orbiculatus Moench.

直立灌木，花绿白、紫色。果实圆形，粉红色至紫色。

山东科技大学校园有栽培，正常开花结果。

供观赏。

（七）忍冬属 **Lonicera** L.

落叶攀援或直立灌木，稀半常绿或常绿灌木。树皮呈纵条剥落；冬芽有 2 至数对鳞片。单叶，对生；通常无托叶。花两性，5 数，呈两侧对称，成对着生；每对花的下方有 2 苞片和 4 小苞片，萼裂齿状，不等大；花冠白色或淡红色，筒状漏斗形或钟状，基部常 1 侧膨大呈囊状，檐部偏斜或二唇形，稀辐射对称，5 裂，在芽中覆瓦状排列；雄蕊 5，着生于冠筒内；有花盘；子房 2 ～ 3 室，稀 5 室，每室有多数胚珠；花柱通常伸出，比雄蕊长，柱头头状。浆果，内种子 3 ～ 8；种子卵圆形，光滑或粗糙，种皮脆骨质，胚乳肉质。

约 200 种，分布于北美、欧洲、亚洲和非洲北部温带和亚热带地区。我国 98 种，分布于南北各地。青岛有 8 种，3 变种。

分种检索表

1. 缠绕灌木，叶下面被或疏或密的糙毛、短柔毛……………………………………… 1.忍冬 L. japonica

1. 直立灌木，很少枝匍匐，但决非缠绕。

  2. 小枝具白色、密实的髓；相邻两萼筒合生。

    3. 冬芽有数对至多对外芽鳞。

      4. 叶下面初时被由微柔毛组成的灰白色细毡毛，后毛变稀或秃净，叶缘无睫毛；萼齿狭长，三角状披针形 ……………………………………………… 2.华北忍冬L. tatarinowii

      4. 叶下面散生小刚伏毛或近无毛，叶缘有睫毛；萼齿短，宽三角形 ………………………………………………………………………… 3.紫花忍冬L. maximowiczii

    3. 冬芽仅具1对外芽鳞……………………………………………………… 4.郁香忍冬L. fragrantissima

  2. 小枝具黑褐色的髓，后因髓消失而变中空；相邻两萼筒分离。

    5. 总花梗长远超过叶柄；小苞片分离，一般长为萼筒的1/4 ~ 1/2，稀较长。

      6. 花白色后变黄色，或为粉红色，叶片不为蓝色；小苞片较短，一般长为萼筒的1/4 ~ 1/2。

        7. 冬芽大，卵状披针形，鳞片边缘密生白色长睫毛；萼筒具腺，有时被疏柔毛 ……………………………………………………………… 5.金花忍冬L. chrysantha

7. 冬芽小，卵圆形，鳞片边缘无毛或具短睫毛；萼筒秃净 ……………… 6.新疆忍冬L. tatarica

6. 花紫红色，叶片常多少带蓝色；小苞片长于萼筒的一半 ………… 7.蓝叶忍冬L. korolkowii

5. 总花梗长不到1厘米；小苞片基部多少连合，顶端多少截状 ……………… 8.金银忍冬L. maackii

1. 忍冬　金银花（图 605；彩图 116）

Lonicera japonica Thunb.

半常绿攀援藤本。幼枝密生黄褐色柔毛和腺毛。单叶对生；叶卵形、长圆状卵形或卵状披针形，长 3 ～ 8 厘米，宽 2 ～ 4 厘米，先端急尖或渐尖，基部圆形或近心形，全缘，边缘有缘毛，上面深绿色，下面淡绿色，小枝上部的叶两面密生短糙毛，下部叶近无毛；侧脉 6 ～ 7 对;叶柄长 4 ～ 8 毫米,密生短柔毛。两花并生于 1 总梗，生于小枝上部叶腋，与叶柄等长或稍短,下部梗较长,长 2 ～ 4 厘米，密被短柔毛及腺毛;苞片大，叶状，卵形或椭圆形，两面均被短柔毛或有时近无毛；小苞片先端圆形或平截，有短糙毛和腺毛；萼筒长约 2 毫米，无毛，萼齿三角形，外面各边缘有密毛；花冠先白后黄，长 2 ～ 5 厘米，二唇形，下唇裂片条状而反曲，筒部稍长于裂片或近等长，外面被疏毛和腺毛；雄蕊和花柱均伸出花冠外。浆果，离生，球形，径 5 ～ 7 毫米，熟时蓝黑色；种子褐色，中部有 1 凸起的脊，两面有浅横沟纹。花期 5 ～ 6 月；果期 9 ～ 10 月。

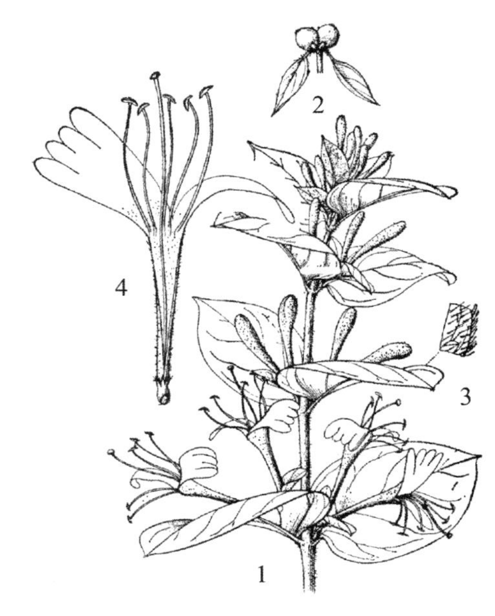

图 605　忍冬

1. 花枝；2. 果实；3. 叶片局部放大；4. 花冠展开

产崂山大梁沟、太清宫、北九水、关帝庙、流清河、三标山等地；全市普遍栽培。国内分布于全国各省区。

花药用，称“金银花”或“双花”，有清热解毒的功效。为良好的园林植物及水土保持树种。

（1）红金银花（变种）

var. **chinensis** (Watson) Baker.

与原种的主要区别是:当年生枝、叶下面、叶柄、叶脉均为红色;花红色而微有紫晕。

即墨天柱山，城阳毛公山及公园有栽培。

供观赏。

（1）黄脉金银花（变种）

var.**aureo-reticulata** Nichols.

与原种的主要区别是：叶脉全部金黄色。

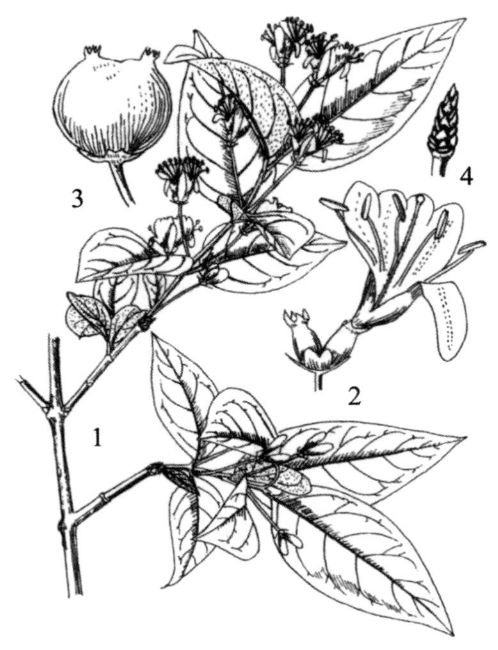

图 606 华北忍冬

1. 花枝；2. 花；3. 果实；4. 冬芽

中山公园有栽培。

供观赏。

2. 华北忍冬 太氏忍冬（图 606；彩图 117）

Lonicera tatarinowii Maxim.

落叶灌木。枝髓白色，幼枝紫褐色，无毛，冬芽有 7 ~ 8 对鳞片，常在当年生枝基部宿存。叶对生，叶片长椭圆形或圆状披针形，长 3 ~ 8 厘米，宽 2 ~ 3 厘米，先端渐尖或钝尖，基部圆形或阔楔形，全缘，上面无毛，下面密生灰白色毡毛；叶柄长 2 ~ 5 毫米，无毛。花成对，总花梗长 1 ~ 3.5 厘米；苞片条形，长达萼筒的 1/2；小苞片合生成杯状，长为萼筒的 1/5 ~ 1/3；相邻两花萼筒常基部合生，稀全部分离，萼齿 5，短于萼筒，三角状披针形，不等大；花冠深紫色，长 8 ~ 10 毫米，外面无毛，二唇形，裂片较冠筒长 2 倍，冠筒基部一侧呈浅囊状；雄蕊 5，花丝无毛；花柱有短柔毛，雄蕊与花柱均不伸出于花冠外。浆果，球形，相邻果合生至中部，红色，苞片及萼片宿存，径 5 ~ 6 毫米。花期 5 ~ 6 月；果期 7 ~ 9 月。

产崂山崂顶、蔚竹庵、滑溜口、鹰嘴石、凉清河等地。国内分布于河北、内蒙古、山西、辽宁南部。

图 607 紫花忍冬

1. 花枝；2. 叶片局部放大，示刚毛和缘毛；3. 花；4. 叶形变化

花果美丽，为良好的观赏树种。

3. 紫花忍冬（图 607；彩图 118）

Lonicera maximowiczii (Rupr.)Regel

Xylosteum maximowiczii Rupr.

落叶灌木。幼枝淡紫褐色，有疏柔毛，后无毛。叶纸质，卵形至卵状长圆形或卵状披针形，稀椭圆形，长 4 ~ 10 厘米，边缘有睫毛，上面疏生短糙伏毛或无毛，下面散生短刚伏毛或近无毛；叶柄长 4 ~ 7 毫米，有疏毛。总花梗长 1 ~ 2.5 厘米，无毛或有疏毛；苞片钻形，长约为萼筒 1/3；杯状小苞极小；相邻两萼筒连合至半，果时全部连合，萼齿甚小而不显著，宽三角形；花冠紫红色，唇形，长约 1 厘米，外面无毛，冠筒有囊肿，内面有密毛，唇瓣比花冠筒长，上唇裂片短，下唇细长舌状；雄蕊略长于唇瓣，无毛；花柱全被毛。果熟时红色，卵圆形，顶尖。花期 6 ~ 7 月；果熟期 8 ~ 9 月。

产崂山崂顶。国内分布于东北地区、内蒙古及新疆等地。

4. 郁香忍冬（图 608）

Lonicera fragrantissima Lindl. et Paxt.

半常绿或落叶灌木。幼枝无毛或疏被倒刚毛，或兼有腺毛，毛脱落后有小瘤状突起，老枝灰褐色。冬芽有 1 对顶端尖的外鳞片。叶厚纸质或带革质，倒卵状椭圆形、椭圆形、圆卵形、卵形或卵状长圆形，长 3 ~ 7 厘米，先端短尖或具凸尖，两面无毛或仅下面中脉有少数刚伏毛，或下面基部中脉两侧有稍弯糙毛，有时上面中脉有伏毛，边缘多少有硬睫毛或几无毛；叶柄长 2 ~ 5 毫米，有刚毛。花先叶或与叶同放，芳香，生于幼枝基部苞腋，总花梗长 (2-) 5 ~ 10 毫米；苞片披针形或近条形，长为萼筒 2 ~ 4 倍；相邻两萼筒连合至中部，长 1.5 ~ 3 毫米；花冠白色或淡红色，长 1 ~ 1.5 厘米，无毛，或有稀疏糙毛，唇形，冠筒长 4 ~ 5 毫米，内面密生柔毛，基部有浅囊，上唇长 7 ~ 8 毫米，裂片达中部，下唇舌状，长 8 ~ 10 毫米，反曲；雄蕊内藏；花柱无毛。果熟时鲜红色，长圆形，长约 1 厘米，部分连合。花期 3 月 ~ 4 月；果期 4 月 ~ 5 月。

产崂山北九水、双石屋和即墨天柱山；中山公园，山东科技大学校园内有栽培。国内分布于河北、陕西、陕西、河南、湖北、江西、安徽、浙江等省，上海、杭州、庐山、武汉等地亦有栽培。

供观赏。

5. 金花忍冬 黄花忍冬（图 609）

Lonicera chrysantha Turcz.

L. chrysantha Turcz. var. *longipes* Maxim.

落叶灌木，高约 2 米。幼枝有糙毛和腺

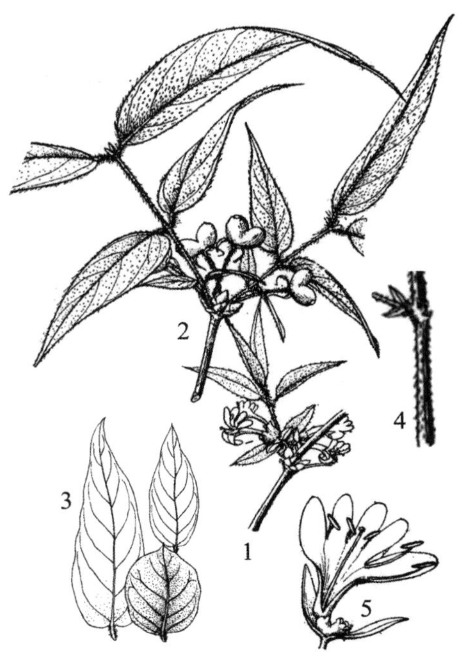

图 608 郁香忍冬

1. 花枝；2. 果枝；3. 各种叶形；4. 小枝一段放大，示刚毛；5. 花

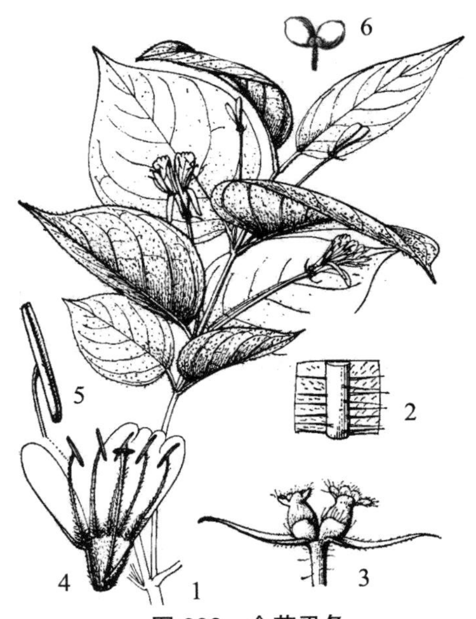

图 609 金花忍冬

1. 花枝；2. 叶片下面中脉附近放大；3. 小聚伞花序放大，示苞片、小苞片、萼筒；4. 花冠展开；5. 雄蕊；6. 果实

毛，枝髓黑褐色，后变中空；芽鳞 5 ~ 6 对，有白色长缘毛，背部有柔毛。单叶对生；叶菱状卵形或菱状披针形，长 4 ~ 10 厘米，宽 2 ~ 5 厘米，先端渐尖或尾尖，基部楔形或圆形，全缘，两面脉上有糙伏毛，中脉毛较密，边缘有缘毛，叶脉在上面稍凹下，下面稍凸起；叶柄长 3 ~ 5 毫米。花成对生于叶腋，总花梗长 1.5 ~ 3 厘米，有糙毛；苞片 2，条形或条状披针形，长 3 ~ 8 毫米；小苞片分离，卵状长圆形，宽卵形或近圆形，长约 1 毫米，相邻两萼筒分离，长 2 ~ 2.5 毫米，有时被疏柔毛，萼齿卵圆形，先端圆；花冠先白后黄，长 1 ~ 1.5 厘米，二唇形，上唇 4 裂，下唇 1 裂，较冠筒长 3 倍，外面疏生短糙毛，内面有短柔毛，基部有 1 深囊或有时不明显；雄蕊和花柱短于花冠，花丝中部以下有密毛，花柱全部有短柔毛。浆果，球形，红色，径约 5 毫米；种子褐色，扁压状，粗糙。花期 5 ~ 6 月；果期 8 ~ 9 月。

产崂山北九水大青草谷溜。生于沟谷、林下及灌丛中。国内分布于东北、华北、西北。供观赏，也是良好的水土保持树种。

6. 新疆忍冬（图 610）

Lonicera tatarica L.

落叶灌木，高达 3 米。全株近无毛；冬芽小，约有 4 对鳞片。叶纸质，卵形或卵状矩圆形，稀长圆形，长 2 ~ 5 厘米，顶端尖，稀渐尖或钝形，基部圆或近心形，稀阔楔形，两侧常稍不对称，边缘有短糙毛；叶柄长 2 ~ 5 毫米。总花梗纤细，长 1 ~ 2 厘米；苞片条状披针形或条状倒披针形，长与萼筒相近或较短，有时叶状而远超过萼筒；小苞片分离，近圆形至卵状矩圆形，长为萼筒的 1/3 ~ 1/2；相邻两萼筒分离，长约 2 毫米，萼檐具三角形或卵形小齿；花冠粉红色或白色，长约 1.5 厘米，唇形，筒短于唇瓣，长 5 ~ 6 毫米，基部常有浅囊，上唇两侧裂深达唇瓣基部，开展，中裂较浅；雄蕊和花柱稍短于花冠，花柱被短柔毛。果实红色，圆形，径 5 ~ 6 毫米，双果之一常不发育。花期 5 ~ 6 月；果熟期 7 ~ 8 月。

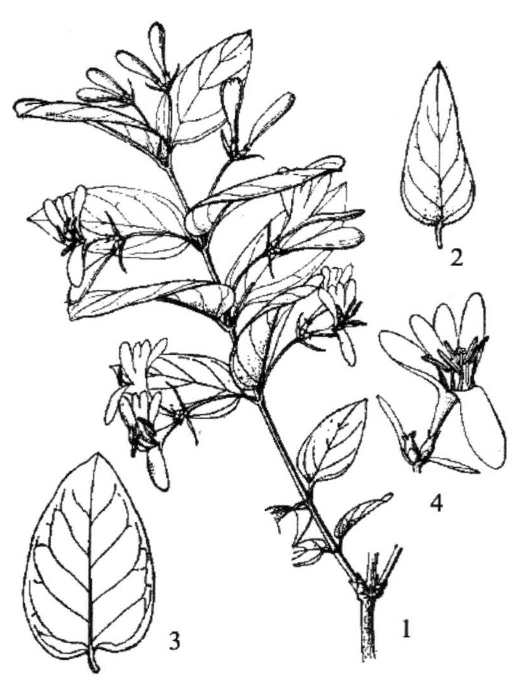

图 610　新疆忍冬

1. 花枝；2 ~ 3. 叶片；4. 花

黄岛区有引种栽培，有繁果忍冬（‘Fanguo’）、红花忍冬（‘Rosea’）等品种。

7. 蓝叶忍冬

Lonicera korolkowii Stapf.

株高 2 ~ 3 米，树形开展。叶卵形或卵圆形，全缘，先端尖，基部圆形，新叶嫩绿，老叶墨绿色泛蓝色。花红色，成对生于腋生的花序梗顶端。浆果亮红色。花期 4 ~ 5 月；

果期 9 ～ 10 月。

原产自土耳其等地。山东科技大学栽培。国内北京、沈阳等地有栽培。

喜光、耐寒，花美叶秀，适合片植或带植，也可做花篱。

8. 金银忍冬 金银木（图 611）

Lonicera maackii (Rupr.)Maxim.

Xylosteum maackii Rupr.

落叶灌木。树皮灰白色或暗灰色，细纵裂，幼枝有短柔毛；小枝中空，冬芽有 5 ～ 6 对或更多鳞片，芽鳞有疏柔毛。叶对生；叶形变化较大，通常卵状椭圆形或卵状披针形，长 5 ～ 8 厘米，宽 2 ～ 6 厘米，先端渐尖或长渐尖，基部阔楔形或近圆形，全缘，两面脉上有短柔毛或近无毛；叶柄长 3 ～ 5 毫米，有短柔；无托叶。花成对，腋生，有总花梗；总花梗短于叶柄，长 1 ～ 2 毫米，有短柔毛，苞片条形，长 3 ～ 6 毫米，小苞片多少连合成对，长为萼筒的 1/2 或几相等，先端平截；相邻两花萼筒分离，长约 2 毫米，无毛或疏生腺毛，萼齿 5，不等大，长 2 ～ 3 毫米，有长缘毛；花冠先白后黄色，外面疏生柔毛，二唇形，裂片长于花冠筒 2 ～ 3 倍；雄蕊 5，与花柱均长，约为花冠的 2/3，花丝中部以下和花柱均有柔毛。浆果球形，径 5 ～ 6 毫米，熟时红色或暗红色；种子有小浅凹点。花期 5 ～ 6 月；果期 8 ～ 10 月。

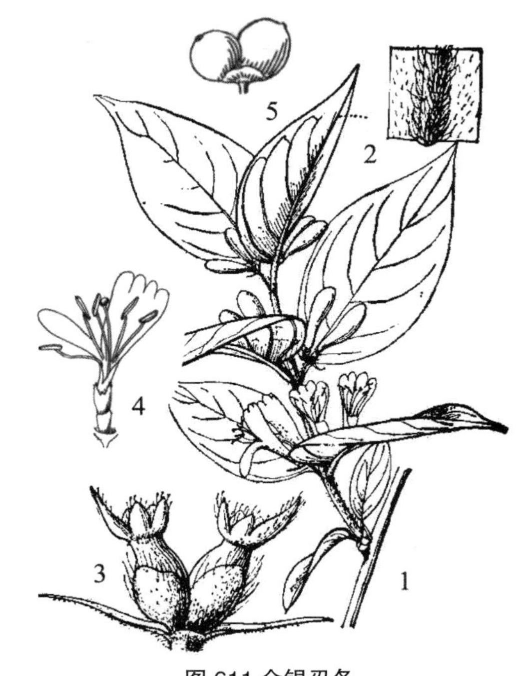

图 611 金银忍冬

1. 花枝；2. 叶片下面中脉放大；3. 幼果；4. 花；5. 果实

产崂山大梁沟，太清宫；全市普遍栽培。国内分布于南北各地。

深秋果红，为优良观赏植物。茎皮为制人造棉。种子油制肥皂。

（1）红花金银木（变种）

var. **erubescens** (Rehd.) Q. E. Yang

花冠红色。

中山公园内有栽培。

供观赏。

七十九、菊科 ASTERACEAE

草本、亚灌木或灌木，稀为乔木。有时有乳汁管或树脂道。叶常互生，稀对生或轮生，全缘或有齿或分裂；无托叶，或有时叶柄基部扩大成托叶状。花两性或单性，极少有单性异株，辐射对称或两侧对称，5 基数，少数或多数密集成头状花序或短穗状花序，为1层或多层苞片组成的总苞所围绕；头状花序单生或少数至多数排成总状、聚伞状、伞房状或圆锥状；花序托平或凸起，有窝孔或无窝孔，无毛或有毛，有托片或无；萼片不发育，通常形成鳞片状、刚毛状或毛状的冠毛；花冠常辐射对称，管状，或两侧对称，二唇形，或舌状，头状花序盘状或辐射状，有同型的小花，全部为管状花或舌状花，或有异型的小花，即外围为雌花，舌状，中央为两性的管状花；雄蕊4 ~ 5，着生于花冠上，花丝离生，花药内向，合生成筒状，基部钝、锐尖、戟形或有尾；花柱上端2裂，花柱分枝上端有附器或无，子房下位，合生心皮2,1室，有1直立的胚珠。果为不开裂的瘦果；种子无胚乳，子叶2，稀1片。

约有1000属，25000 ~ 30000种，广布于全世界，热带较少。我国约有200余属，2000多种，产于全国各地。青岛有木本植物1属，1种。

（一）蒿属 Artemisia L.

一年生、二年生或多年生草本，少数为半灌木或灌木，通常有强烈气味。叶互生，叶片有缺刻或一至三回羽状分裂，裂片边缘有裂齿或锯齿；叶柄长或短，或无柄，常有假托叶。头状花序小，盘状，排列成穗状、总状或圆锥花序；总苞苞片3 ~ 4层，覆瓦状排列，最外层极小，边缘膜质；花序托平或凸起，被毛或无；通常头状花序开花时下垂，花后向上，单生或簇生；花异型，边缘的花雌性，1列，花冠细管状，先端2 ~ 3齿裂，花柱条形，伸出花冠外，先端2叉；中央的花两性，孕育或不育，花冠细管状，基部细或稍加厚，檐部稍宽或呈钟状，先端5齿裂；花药基部钝，全缘，先端的附物尖头；花柱在孕育的两性花中，开花时伸出花冠外，顶端2叉，叉端截形，并常呈画笔状，在不育的两性花中，花柱短，开花时不伸出花冠，上端不分叉，呈杯状。瘦果近柱状，倒卵形或偏倒卵形，具多数细条纹；无冠毛。

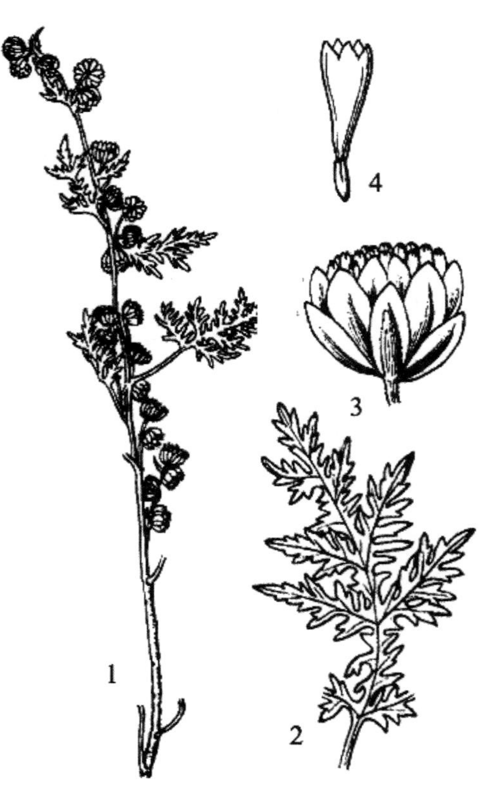

图612　白莲蒿

1. 植株上部，带花序；2. 基生叶；3. 头状花序；4. 筒状花

约300多种，主产亚洲、欧洲及北美洲的温带、寒温带及亚热带地区，少数种分布到亚洲南部热带地区及非洲北部、东部、南部及中美洲和大洋洲地区。我国有186种，44变种，隶，遍布全国，西北、华北、东北及西南省区最多。青岛有亚灌木1种。

1. 白莲蒿（图612）

Artemisia sacrorum Ledeb.

A. gmelinii Web. ex Stechm.

亚灌木状。茎多数，常组成小丛，直

立，高 50 ~ 100 厘米，有分枝，初被微柔毛，后渐脱落，或上部宿存。下部叶有长柄，基部抱茎，叶片轮廓近卵形或长卵形，长 8 ~ 12 厘米，宽 4 ~ 6 厘米，二回羽状深裂，裂片近长椭圆形或长圆形，边缘深裂或齿裂，上面初被少量白色短柔毛，后无毛，下面除主脉外密被灰白色平贴短柔毛，后无毛，叶柄有栉齿状小裂片；中部叶与下部叶形状相似，叶柄较短，叶片长 4 ~ 7 厘米，宽 3 ~ 5 厘米，有假托叶；上部叶渐小，边缘深裂或齿裂。头状花序于枝端排成复总状，多排列紧密，有梗；总苞近球形，长、宽约 2.5 ~ 3 毫米，总苞片 3 层；外层总苞片初密被灰白色短柔毛，后脱落无毛，中、内层无毛；雌花 10 ~ 12，花冠管状，长约 1 毫米；两性花 10 ~ 20，花冠管柱状，长约 1.5 毫米，花冠黄色，外被腺毛，子房近长圆形或倒卵形；花序托近半球形。瘦果近倒卵形或长卵形，长约 1.5 毫米，有纵纹，棕色。花期 9 ~ 10 月；果期 10 ~ 11 月。

产于全市各山区，生于山坡、林缘、路边等。国内的分布除高寒地区外，几遍布全国。

八十、棕榈科 ARECACEAE

常绿乔木或灌木，稀为藤本。茎通直或短缩。叶簇生茎顶或在茎节上互生；叶大型，掌状或羽状分裂，有长叶柄或总柄，基部常扩展成纤维状的鞘。花形小，辐射对称，两性或单性，雌雄同株或异株，肉穗花序有分枝或无分枝，佛焰苞 1 至数片，开花时包围在花序分枝或花轴的基部，革质或膜质；萼片和花瓣各 3 片，离生或合生；雄蕊 6，稀 3、9 或多数；子房上位，1 ~ 3 室，稀 4 ~ 7 室，每室有 1 胚珠。浆果、核果或坚果状，外果皮纤维质，光滑或有下弯的鳞片；种子与内果皮分离或黏合；胚小形，胚乳丰富。

约 217 属，2500 余种，分布于热带及亚热带。我国有 20 属，80 余种，分布于长江流域以南各省区，以海南岛、台湾及广东、广西、云南的南半部为集中产地。青岛露地栽培有 1 属，1 种。

（一）棕榈属 **Trachycarpus** H.Wendl.

常绿乔木，稀灌木。茎直立，不分枝，上部常为纤维状的叶鞘基部所包围。叶簇生茎顶，叶片圆形或肾形，芽时呈扇状折叠，掌状裂，裂深常达中部或中部以下；裂片狭长，先端又有 2 浅裂，直伸或折曲；叶柄长大，横断面近半圆形，上面平，下面凸，两侧缘有细齿，其部有棕色、网状、纤维质的叶鞘。花杂性或单性，雌雄异株；肉穗花序轴粗糙，多分枝；佛焰苞片多数，革质、扁压状；花萼 3 片；花冠 3 裂，覆瓦状排列；雄蕊 6；子房 3 心皮合成，3 室或上部 3 裂而基部合生，胚珠 1，基生。核果，球形、长圆形或肾形，外皮粗糙；种子腹面有凹槽，胚乳均匀。

约 10 种，分布于亚洲东部的热带及温带南部。我国 6 种，主要分布于秦岭、淮河以南各省区。青岛栽培 1 种。

1. 棕榈（图 613）

Trachycarpus fortunei (Hook.)H.wendl.

Chaemaerops fortunei Hook.

常绿乔木；高可达 10 米。茎圆柱形，密被棕褐色纤维状的老叶鞘基。叶簇生茎顶；

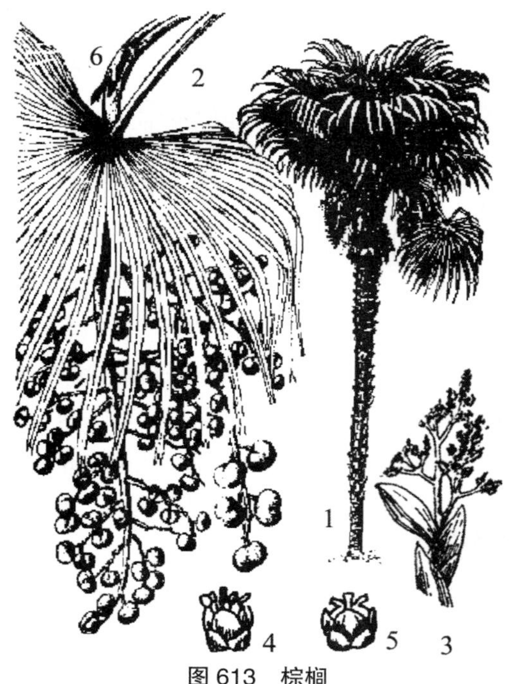

图 613 棕榈

1. 植株；2. 叶；3. 花序的一部分；4. 雄花；5. 雌花；6. 果序

叶片圆扇形，直径 50 ~ 70 厘米，掌状裂，裂深常达中部或中部以上，裂片多数，条形，宽 1.5 ~ 3 厘米，坚硬，裂片顶端又出现 2 浅裂，略钝，硬直或老叶在先端部分下折；下面深绿色，常见多数纤细的纵脉纹；叶柄长可达 1 米，边缘有细锯齿，叶柄与叶基连结处呈戟叉状突起；纤维质的叶鞘棕色，较宽大。肉穗花序圆锥形，生于茎顶的叶丛内，直立或下垂；佛焰苞革质，外被锈色绒毛；花小，黄白色。核果肾状球形，径约 1 厘米，成熟时蓝黑色略被白粉果穗宽大，果序轴肥厚，结果量较大，果实累累。花期 5 ~ 6 月；果熟期 8 ~ 9 月。

崂山太清宫，中山公园，青岛农业大学及崂山区有栽培。

著名的观赏植物。叶鞘及其纤维即“棕片”及“棕毛”，可制绳索、地毯、板刷毛及床榻的垫衬物。果实药用，有收敛、止血等功效；种仁含蜡脂，可提取供制油墨及制作复写纸用。嫩花序轴可食。

八十一、禾本科 POACEAE

一年生、二年生或多年生草本植物，或木本植物（竹类）；地下茎有或无。地上茎称为竿，竿中空而有明显的节，稀为实心竿。单叶互生，通常由叶片和叶鞘组成，竹类尚有叶柄；叶鞘包着竿（包着竹类的主竿者称箨鞘），除少数种类闭合外，都向一侧纵向开口；叶片扁平，条形、披针形或狭披针形，竹类箨鞘先端的叶片称为箨叶；叶脉平行，中脉明显或不明显；叶片与叶鞘交接处的内侧常有膜质或纤毛状的叶舌，稀无叶舌，竹类称为箨舌，叶鞘顶端两侧各有 1 叶耳，竹类称箨耳。花序由小穗构成，有穗状、总状及圆锥花序等；小穗有花 1 至多数，成两行排列于小穗轴上，基部有 1 ~ 2 片不含花的苞片，称为颖，在下的 1 片称第一颖，在上的 1 片称第二颖；小穗成熟脱落后，颖仍宿存于花序上，称为脱节于颖之上，小穗脱落时连颖一同脱落，称为脱节于颖之下。花两性、单性或中性，通常小，外面由外稃与内稃包被着，颖与外稃基部质地坚厚处称为基盘；花被退化成透明鳞片，称为浆片；雄蕊常为 3，稀为 6 或 1、2、4 枚，花丝细，花药丁字着生；子房 1 室，1 胚珠，花柱 2，稀 1 或 3，柱头羽毛状或刷帚状。果实多为颖果，稀为囊果，极少为浆果或坚果；种子胚小，胚乳丰富。

约 700 属，近 10000 种以上，是单子叶植物中仅次于兰科的第二大科，广布于全世界。我国有 200 余属，1500 种以上。竹亚科中，青岛有 4 属，16 种，1 变种，2 变型。

分属检索表

1. 小穗无柄，花序分枝有或无苞片；竿在分枝以上各节节间具明显沟槽；竿中部每节分枝2枚，不等粗…………………………………………………………………………………………… 1.刚竹属Phyllostachys

1. 小穗具柄。

2. 竿中部每节分枝3至多枚（偶1），分枝比竿细得多。

3. 竿每节具3至多分枝；当为3分枝时，基部均不在竿面紧贴，而且主枝与两侧枝之间的夹角各为35° 以上…………………………………………………………………………… 2.大明竹属Pleioblastus

3. 竿每节具1～3分枝（竿上部各节稀可分枝较多）；当为3分枝时，他们几乎同自竿节分出而且3枝的基部紧贴………………………………………………………………………… 3.矢竹属Pseudosasa

2. 竿中部每节分枝1（偶2）枚，竿较细，分枝和叶相对于竿较大……………… 4.箬竹属Indocalamus

（一）刚竹属 **Phyllostachys** Sieb.et Zucc.

乔木或灌木状；地下茎单轴型。竿散生，主竿的节间近圆筒形，在分枝的一侧扁平或有纵沟槽，中空，壁厚薄不等，稀实心；竿节隆起或略平；每节 2 分枝，一粗一细，在分枝的基部常有一近芽的鳞片（又称前叶），2 裂、不裂或早落；竿箨早落，箨鞘纸质或革质；箨耳不见至大形。末级小枝具 2 ～ 7 叶，通常为 2 或 3 叶；狭披针形至带状披针形，中脉发达，侧脉数对，有小横脉。花枝甚短，呈穗状至头状，通常单独侧生于枝顶或小枝上部的叶丛间，为有叶或苞片的小穗丛构成;每小穗有花 2 ～ 6 朵，上部小花常不孕；颖片 1 ～ 3 或不发育；外稃纸质或革质，先端尖锐，披针形至狭披针形，7 至多脉;内稃等长或稍短于外稃，背部有 2 脊，2 裂，裂片先端具芒状小尖头；浆片 3 片，稀可更少，形小；雄蕊 3 枚，偶见较少，花丝细长，开花时，伸出花外，花药黄色;子房无毛，具柄，花柱细长，柱头 3 裂，羽毛状。颖果长椭圆形，外皮坚硬。笋期 3 ～ 6 月。

约 50 种，分布于亚洲东部温带。我国均产，主要分布于黄河以南、南岭以北。青岛有 11 种，1 变种，2 变型。

分种检索表

1. 有箨耳。

2. 竿高可达10米以上。

3.分枝以下的竿节仅箨环隆起，新竿绿色，被细柔毛及厚白粉；老竿黄绿色，无毛 … 1.毛竹P.edulis

3.新竿、老竿均深绿色（小竿绿色），无白粉，无毛，竿环微隆起 ……………… 2.桂竹P.reticulata

2. 竿高在10米以内。

4. 箨鞘背面红褐色或更带绿色，密生刚毛……………………………………………3.紫竹 P.nigra

4.竿箨无毛。

5. 中部节间长达39厘米，竿金黄色，沟槽绿色 …………… 4. 金镶玉竹 P.aureosulcata ‘Spectabilis’

5. 中部节间长30～35厘米，绿色，无毛 ………………………………… 5. 红边竹 P.rubromarginata
1.无箨耳。
6. 在基部至中部有数节间不出现短缩、肿胀或缢缩等畸形现象。
7. 竿箨无色斑。
8.新竿绿色至蓝绿色，密被白粉，无毛；老竿绿色或灰绿色，在箨环下方常留有粉圈或黑污垢 ……………………………………………………………………………………………… 6. 淡竹 P.glauca
8.新竿绿色，有白粉和稀疏的倒毛；老竿灰绿色，在节下有白粉圈 ………… 7. 水竹 P.heteroclada
7.竿箨有色斑。
9.新竿深绿色，密被黏质白粉 ……………………………………………………………… 8.灰竹 P.nuda
9.新竿绿色，有白粉。
10. 竿环在较粗大的竿中于不分枝的各节上不明显 …………………… 9. 刚竹 P.sulphurea var.viridis
10.竿环微隆起。
11.竿箨淡褐黄色，密被黑褐色斑点及斑块，中部斑点密集，上部及边缘较分散 ……………………………………………………………………………………………… 10. 乌哺鸡竹 P. vivax
11.竿箨淡红褐色，顶部及边缘色略深，无毛，密被紫黑色小斑点 …… 11.红哺鸡竹 P. iridescens
6. 在基部至中部有数节间常出现短缩、肿胀或缢缩等畸形现象 …………………… 12. 人面竹 P. aurea

1. 毛竹（图 614）

Phyllostachys edulis（Carr.）J. Houzeau

P. pubescens Mazel ex H. de Lehaie

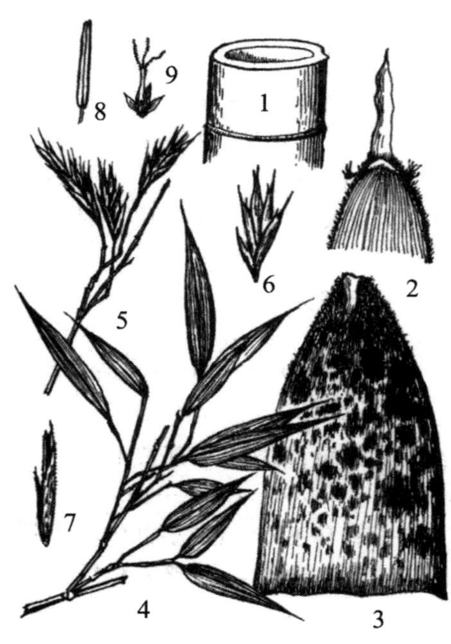

图 614　毛竹

1. 竿；2. 竿箨先端腹面；3. 竿箨背面；4. 叶枝；5. 花枝；6. 小穗；7. 小花及小穗轴延伸部分；8. 雄蕊；9. 雌蕊

乔木状大型竹；高可达 20 米，地际直径 10 ～ 20 厘米或更粗。竿节间稍短；分枝以下的竿节仅箨环隆起（实生的毛竹或小毛竹竿环箨环均隆起）；新竿绿色，被细柔毛及厚白粉；老竿黄绿色，无毛，仅在节下面有白粉或变为黑色的粉垢。竿箨背面密生黑褐斑点及深棕色的刺毛；箨舌短宽，两侧下延呈尖拱形，边缘有褐色粗长纤毛；箨叶三角形至披针形，绿色，初直立，后外翻；箨耳小，但肩毛发达。末级小枝有 2 ～ 4 片叶（初生苗及萌枝叶可达 14 片），披针形，长 4 ～ 11 厘米，宽 0.5 ～ 1.2 厘米，质地薄，次脉 3 ～ 6 对，再次脉 9 条，小横脉明显；叶鞘淡紫褐色，初有毛；叶舌隆起，叶耳不明显。穗状花序，长 5 ～ 7 厘米，生于无叶的枝梢；佛焰苞叶状，通常在 10 片以上，下部数片不孕而早落；小穗间有膜质窄条形的小叶片；每小穗仅有

1朵小花。颖果长椭圆形,先端有宿存的花柱基部,长4.5 ~ 6毫米,直径1.5 ~ 1.8毫米。笋期4月中下旬，花期5 ~ 8月。

中山公园，崂山区，黄岛区有栽培。国内分布于秦岭、淮河以南，南岭以北。

重要经济竹种，主竿粗大，可供建筑、桥梁等用；篾材适宜编织家具及器皿；枝梢适于做扫帚；嫩竹及竹箨供造纸原料及包装材。笋供食用。

2. 桂竹（图615）

Phyllostachys reticulata (Rupr.) K. Koch

P. bambusoides Sieb.et Zucc.

竿高达20米，径14 ~ 16厘米，竿中部节间长25 ~ 40厘米，箨环无毛，新竿、老竿均深绿色（小竿绿色），无白粉，无毛，竿环微隆起。笋期5月下旬。竿箨黄褐色，密被近黑色斑点，疏生硬毛，两侧或一侧有箨耳;箨耳长圆形或镰状，黄绿色，有弯曲縫毛，下部竿箨常无毛，无箨耳:箨舌微隆起，绿色，先端有纤毛；箨叶带状，橘红色有绿色边带，平直或微皱，下垂；小竿竿箨绿色，斑点分散，无箨耳或很小，无毛，箨叶绿色或边缘带橘黄色。每小枝初5 ~ 6叶，后2 ~ 3叶；有叶耳和长縫毛，后渐脱落；叶带状披针形，长7 ~ 15厘米，宽1.3 ~ 2.3厘米，下面有白粉，粉绿色，近基部有毛。

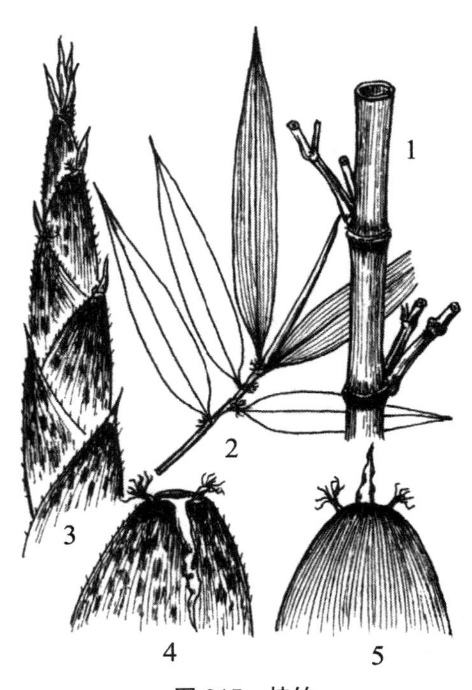

图615 桂竹

1. 竿；2. 叶枝；3. 笋的上部；
4. 竿箨先端背面；5. 竿箨先端腹面

崂山枯桃花艺生态园有栽培。国内分布黄河至长江流域各地。

竹竿粗大通直，材质坚韧，篾性好，用途广，供建筑、家具、柄材等。栽培可供观赏。

（1）斑竹（变型）

f. **lacrima-deae** Keng f. et Wen

与原种的主要区别是：竹竿有紫褐色或淡褐色斑点。

崂山枯桃花艺生态园有栽培。国内分布于黄河至长江流域各地。

竿粗大，竹材坚硬，篾性也好，为优良用材竹种；笋味略涩。亦可栽培供观赏。

（2）寿竹（变型）

f. **shouzhu** Yi

与原种的主要区别是：新竿微被白粉，竿环较平坦，节间较长，箨鞘无毛，通常无箨耳和鞘口縫毛。

黄岛区有栽培。国内分布于四川东部和湖南南部。

笋味甜，较毛竹笋味美；竿供制作凉床、竹椅、灰板条、蒸笼和竹帘；竿稍可制

图 616　紫竹

1. 竿；2. 叶枝；3. 笋的上部；4. 竿箨先端腹面；4. 竿箨先端背面

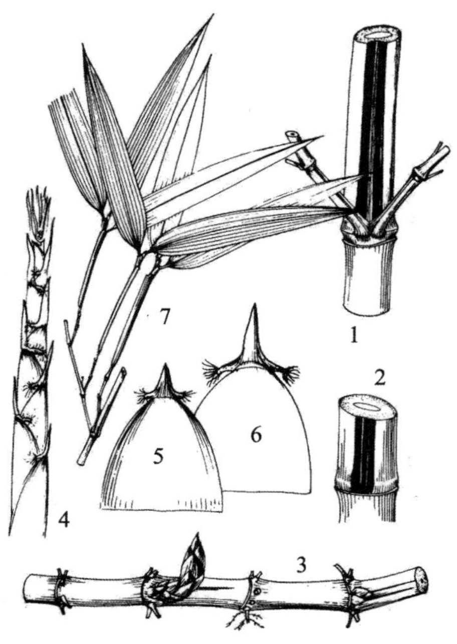

图 617　金镶玉竹

1～2. 竿；3. 地下茎；4. 笋的上部；5～6 竿箨的先端；7. 叶枝

作柴耙，枝作扫帚；箨鞘作雨帽和包裹粽子用。栽培可供观赏。

3. 紫竹（图 616）

Phyllostachys nigra（Lodd.ex Lindl.）Munro

Bambusa nigra Lodd. ex Lindl.

乔木状中小型竹；竿高 4 ～ 8 米，地际直径可达 5 厘米，中部节间长 25 ～ 30 厘米。竿环和箨环均隆起，且竿环高于箨环或两环等高；新竿绿色，密被白粉及细柔毛，一年后变紫黑色，无毛；竿箨略短于节间，箨鞘背面红褐色或更带绿色，密生刚毛，无斑点或常具极微小的深褐色的斑点；箨舌紫色，弧形，边缘有长纤毛，与箨鞘顶部等宽，有波状缺齿；箨叶三角状至三角状披针形，绿色，但脉为紫色，有皱褶，平直或外展；箨耳椭圆形或长卵形，常裂成 2 瓣，紫黑色，上有弯曲的肩毛。末级小枝有叶 2 或 3 片，披针形，长 7 ～ 10 厘米，宽约 1.2 厘米，质较薄，在下面基部有细毛；叶耳不存在；叶舌微凸起，背面基部及鞘口处常有粗肩毛。笋期 4 月下旬。

崂山华严寺、上清宫，崂山枯桃花艺生态园有栽培。国内分布于湖南；长江、黄河流域多见栽培。耐寒性强，-20℃的低温不致受冻害。

竿节长，竿壁薄，较坚韧，供小型竹制家具及手杖、伞柄、乐器等工艺品的制作用材。是著名的观赏竹种，珍贵的盆景材料。

4. 金镶玉竹（图 617）

Phyllostachys aureosulcata McClure ‘Spectabilis’

竿高达 9 米，粗 4 厘米，在较细的竿之基部有 2 或 3 节常作“之”字形折曲，幼竿被白粉及柔毛，毛脱落后手触竿表面微觉粗糙；节间长达39厘米，竿金黄色，沟槽绿色；竿环中度隆起，高于箨环。箨鞘背部紫绿色常有淡黄色纵条纹，散生褐色小斑点或无斑点，被薄白粉；箨耳淡黄带紫或紫褐色，系由箨片基部向两侧延伸而成，或与箨鞘顶端明显相连，边缘生繸毛；箨舌宽，拱形或截形，紫色，边缘生细短白色纤毛；箨片三角形至三角状披针形，直立或开展，或在竿下部的箨鞘上外翻，平直或有时呈波状。末级小枝2或3叶；叶耳微小或无，繸毛短；叶舌伸出；叶片长约12厘米，宽约1.4厘米，基部收缩成3～4毫米长的细柄。花枝呈穗状，长8.5厘米，基部约有4片逐渐增大的鳞片状苞片；佛焰苞4或5片，无毛或疏生短柔毛，无叶耳和鞘口繸毛，缩小叶呈锥状，每片佛焰苞内生5～7枚假小穗，惟最下方的1片佛焰苞内常不生假小穗。小穗含1或2朵小花；小穗轴具毛；颖1或2片，具脊；外稃长15～19厘米，在中、上部被柔毛；内稃稍短于外稃，上半部具柔毛；鳞被长3.5毫米，边缘生纤毛；花药长6～8毫米；柱头3，羽毛状。笋期4月中旬至5月上旬，花期5～6月。

崂山蔚竹庵，中山公园，黄岛区，即墨市有栽培。国内北京、江苏、浙江也有栽培。

本种以其竿色美丽，主要供观赏。

（1）京竹（栽培变种）

'Pekinensis'

全竿绿色，无黄色纵条纹。

崂山枯桃花艺生态园，黄岛区有栽培。国内北京、江苏、浙江、河南有栽培。

多栽培供观赏。笋可食用。

（2）黄竿京竹（栽培变种）

'Aureocaulis'

竿全部为黄色，或仅基部约一或二间节上有绿色纵条纹，叶片有时亦可有淡黄色线条。

即墨市有栽培。国内浙江安吉竹种园栽培。

本种竿色鲜丽，主要供观赏。

5. 红边竹（图618）

Phyllostachys rubromarginata McClure

竿高5～8米，径2～3厘米，中部节间长30～35厘米，绿色，无毛，竿环隆起，箨环具黄褐色毛，宿存。笋期5月上旬。竿箨绿色，具紫色脉纹，边缘带紫褐色，无斑点，无毛，底部具黄褐色毛；箨耳镰状，紫褐色，疏生繸毛；箨舌褐色，先端平截或微弧形，有长纤毛；箨叶三角状披针形或带状披针形，绿色，有紫色脉纹，直立。每小枝2～3叶；叶耳不明显，繸毛直立，后脱落；叶带状披针形，长6～11厘米，宽1～2厘米，下面基部及叶柄有毛。

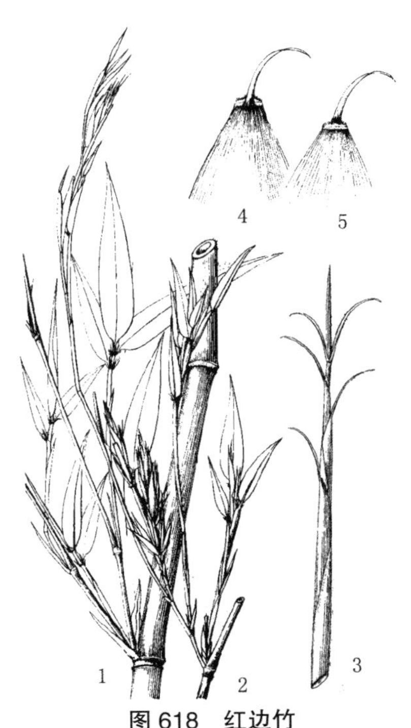

图618 红边竹

1. 嫩竿及叶枝；2. 花枝；3. 笋；4. 竿箨先端背面；5. 竿箨先端腹面

黄岛区有栽培。国内分布安徽、浙江、广东、

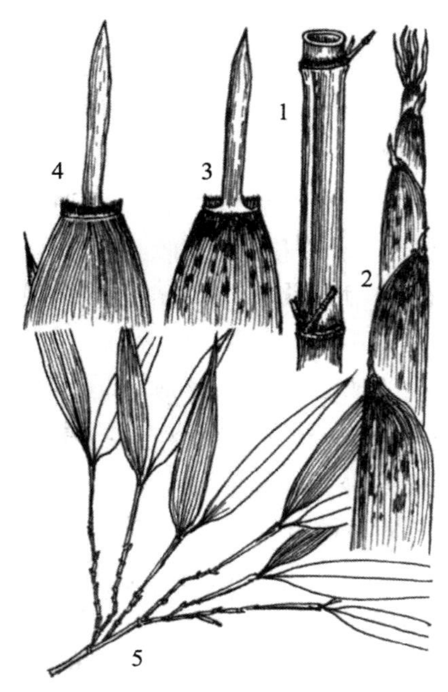

图 619 淡竹

1. 竿；2. 笋的上部；3. 竿箨先端背面；4. 竿箨先端腹面；5. 叶枝

广西及贵州。

笋可食用；竹材供瓜架等用。

6. 淡竹 竹子（图 619）

Phyllostachys glauca McClure

常绿乔木；竿高 5 ~ 12 米，地际直径 2 ~ 5 厘米，中部节间长可达 40 厘米。新竿绿色至蓝绿色，密被白粉，无毛；老竿绿色或灰绿色，在箨环下方常留有粉圈或黑污垢；竿环和箨环均稍隆起，同高，节内距离甚近，不超过 3 毫米。竿箨背面初有紫色的脉纹及稀疏的褐斑点，后脱落，多无色斑，无白粉及毛；箨舌暗紫褐色，高 2 ~ 3 毫米，平截，边缘有波状缺齿及短纤毛；箨叶带状披针形，有少数紫色脉纹，有时有黄色的窄边带，平直、外展或下垂；无箨耳和肩毛。末级小枝有 2 或 3 叶（萌枝可达 9 片），带状披针形或披针形，长 7 ~ 16 厘米，宽 1.2 ~ 2.5 厘米；叶鞘初有叶耳及肩毛，后脱落；叶舌紫色或紫褐色。小穗长约 2.5 厘米，狭披针形，含 1 或 2 朵小花，常以最上端 1 朵成熟；小穗轴最后延伸成芒状，节间密生短柔毛；颖 1 或不存在；外稃长约 2 厘米，稍长于内稃，两者均被短柔毛。柱头 2，羽毛状。笋期 4 月中旬 -5 月底；花期 6 月。

图 620 水竹

1. 竿；2. 笋的上部；3. 竿箨先端背面；4. 竿箨先端腹面；5. 叶枝

产北九水、蔚竹庵、仰口、大崂观、大梁沟等地；黄岛区，即墨市有栽培。国内分布于河南、山西、陕西、安徽、江苏等省。

竿材质地柔韧、篾性好，适于编织用；整株可做农具柄、帐竿及支架材。笋味鲜美，供食用。在华北地区也是庭院绿化的主要竹种。

7. 水竹（图 620）

Phyllostachys heteroclada Oliv.

P. congesta Randl.

乔木状小型竹；竿高 6 米左右，地际直径可达 3 厘米。竿环和箨环均隆起，分枝以下的节高突，节内宽可达 5 毫米，竿环在较粗的竿中较平坦，与箨环同高，在较细的竿中，则明显隆起而高于箨环；

新竿绿色，有白粉和稀疏的倒毛；老竿灰绿色，在节下有白粉圈；竿箨略短于节间；箨鞘背面深绿带紫色，无斑点，被白粉，无毛或上部边缘有缘毛；箨舌宽短，先端微凹至微呈拱形，边缘生白色短纤毛。箨叶直立，三角形至三角状披针形，多贴生于笋体，中下部的箨叶略向外开张；无箨耳及肩毛或中部以上偶有小型淡紫色箨耳。末级小枝有叶2片，稀1或3片；长圆状披针形或带状披针形，长5.5 ~ 12.5厘米，宽1 ~ 1.7厘米，下面近基部处有疏毛；鞘口有直立的长肩毛，易脱落。花序头状，顶生；每小穗有花3 ~ 5。笋期4月中旬-5月。

崂山茶涧庙、北九水，中山公园有栽培。国内分布于长江以南各省区。

供观赏。整株可做钓竿或架竿；竹材坚韧，篾性好，编织凉席及其他竹器，经久耐用，是著名的优质篾用竹材。笋可供食用。

8. 灰竹（图621）

Phyllostachys nuda McClure

竿高8米，径3 ~ 4厘米，竿壁厚，约占径1/3 ~ 1/2，中部节间长30厘米；新竿深绿色，密被黏质白粉，节紫色，节间具紫色条纹；老竿绿至灰绿色，节下白粉环明显，竿环突隆起。笋期4月上旬，笋灰紫或灰绿色，有白粉和紫黑色斑块。竿箨淡褐紫或淡红褐色，脉间具刺毛，被白粉（林缘及小竹的竿箨带绿色，无白粉），有多数紫色脉纹和块状斑点，无毛；无箨耳和繸毛；箨舌黄绿色，高约4毫米，先端平截，有缺齿和纤毛；箨叶绿色，有紫色脉纹，三角状披针形，较短，幼时微皱，后平直，反曲。每小枝初4叶，后2叶，稀1叶；无叶耳和繸毛；叶带状披针形或披针形，长8 ~ 16厘米，宽1.5 ~ 2厘米，质较薄，下面近基部有毛。

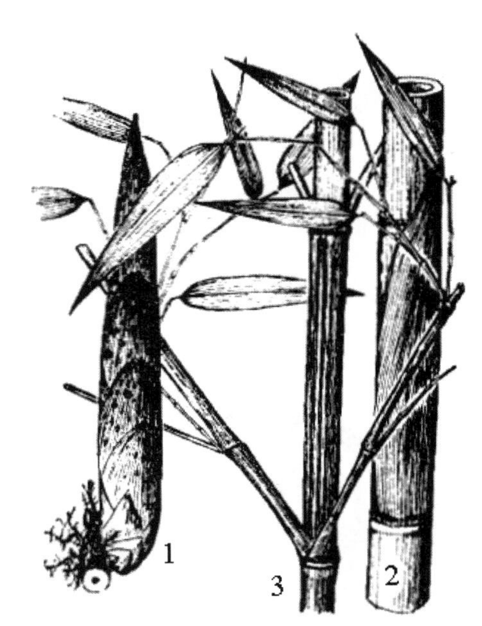

图621 灰竹

1. 竹笋；2. 竿及竿箨；3. 竿的一部分，示分枝

黄岛区有栽培。国内分布于河南、江苏、安徽、浙江、福建、湖北及湖南等地。

竹壁厚，略重，多整材使用，用于竹器家具的柱脚，也可作柄材；节部高，不易劈篾；笋供食用。

9. 刚竹（图622）

Phyllostachys sulphurea (Carr.) Rivière & C. Rivière var. **viridis** R. A. Young

P. viridis (Young) Mc Clure

乔木状竹种；竿高达6 ~ 15米，地际直径4 ~ 10厘米。节间圆筒形，上部与中下部近等长；箨环微隆起，竿环在较粗大的竿中于不分枝的各节上不明显；新竿无毛，鲜绿色，微有白粉；老竿绿色，仅在节下残留白粉。竿箨背部常有浅棕色的密斑点，

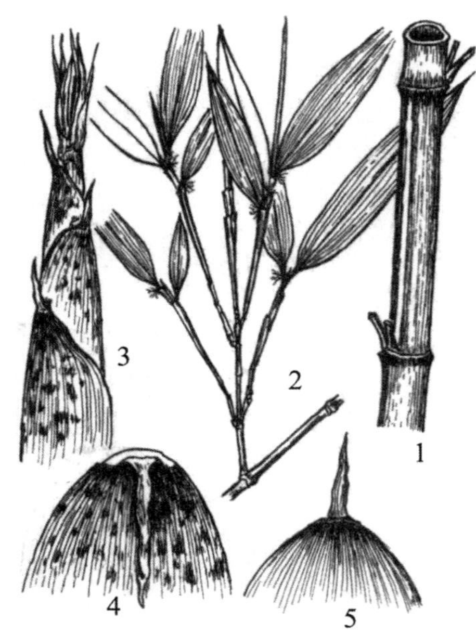

图 622　刚竹

1. 竿；2. 叶枝；3. 笋的上部；4. 竿箨先端背面；5. 竿箨先端腹面

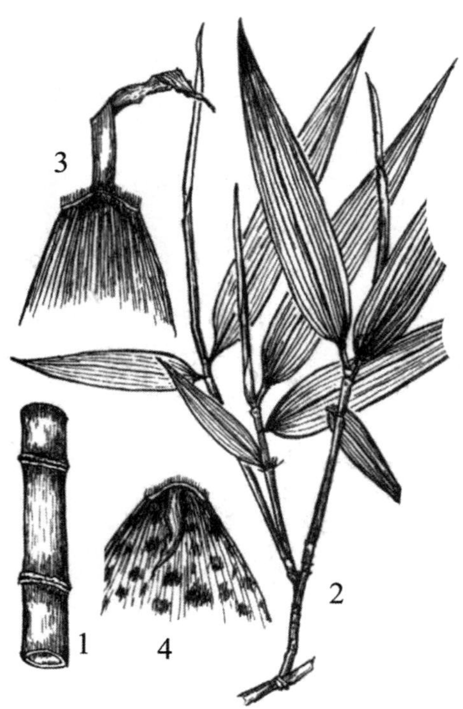

图 623　乌哺鸡竹

1. 竿；2. 叶枝；3. 竿箨先端腹面；4. 竿箨先端背

无毛，微有白粉；箨舌绿黄色，平截或微弧形，有淡绿色或白色纤毛；箨叶带状披针形，绿色，常有橘黄色的边带，平直或反折;无箨耳和肩毛。末级小枝有叶 2 ~ 5 片,披针形或带状披针形,长 5 ~ 13 厘米,宽 1 ~ 2 厘米，下面近基部有疏毛；有叶耳和长肩毛,宿存或部分脱落。花枝未见。笋期 5 月中旬。

崂山区王哥庄，黄岛区海青镇，胶州市艾山风景区,莱西市北京路绿地有栽培。国内分布于长江流域。

竿高大，节间长，材质坚韧类似毛竹，是长江流域下游各省的重要材用竹种之一，但篾性较差，笋味略苦，利用价值不如毛竹广泛。

10. 乌哺鸡竹（图 623）

Phyllostachys vivax McClure

杆高 10 ~ 15 米，径 4 ~ 8 米，梢部微下弯，中部节间长 25 ~ 35 厘米；新竿绿色，微被白粉，无毛；老竿灰绿或黄绿色，节下有白粉环，竿壁有细纵脊，竿环微隆起，多少不对称。笋期 4 月中下旬至 5 月上旬。竿箨淡褐黄色，密被黑褐色斑点及斑块，中部斑点密集，上部及边缘较分散；无箨耳和繸毛；箨舌高约 2 毫米，弓形隆起，深褐色，先端撕裂状，有纤毛或近无毛，两侧下延成肩状；箨叶带状披针形，皱折，反曲，基部宽约为箨舌宽度 1/4 ~ 1/2。每小枝 2 ~ 4 叶；有叶耳和繸毛，老时易脱落;叶带状披针形，长 9 ~ 18 厘米，宽 1.1 ~ 1.5（-2）厘米，深绿色，微下垂，下面基部有簇生毛或近无毛。

崂山蔚竹庵，崂山区枯桃花艺生态园有栽培。国内分布于山东、河南、江苏、安徽、浙江及湖北，多生于平原农村房前屋后。

笋味鲜美，供食用，为江浙一带重要

的笋用竹种；竹材壁较薄，蔑性差。竹竿供草锄的柄材，大竿可作撑篙。

11. 红哺鸡竹 *红壳竹*（图 624）

Phyllostachys iridescens C.Y.Yao et C.Y.Chen

竿高 10 ~ 12 米，径 6 ~ 7 厘米，中部节间长达 30 厘米；新竿绿色，微被白粉，节下尤密呈蓝绿色，无毛；老竿绿或黄绿色，常隐约有黄色纵条纹，竿环微隆起。笋期 4 月中下旬，笋红或红褐色。竿箨淡红褐色，顶部及边缘色略深，无毛，密被紫黑色小斑点；无箨耳和繸毛；箨舌深紫色，先端平截或微隆起，有时撕裂状，被红色长纤毛；箨叶带状，绿色，有紫色脉纹，边缘黄色，幼时微皱，后平直，下垂。每小枝 2 ~ 4 叶；叶鞘边缘带紫色，无叶耳或极微小，幼时疏生紫红色繸毛，后脱落，叶舌紫色；叶披针形或带状披针形，长 8 ~ 13 厘米，宽 1.2 ~ 1.8 厘米，下面基部有毛或近无毛。

崂山枯桃花艺生态园有栽培。国内分布于江苏、安徽及浙江。

笋味鲜美，供食用，为重要笋用竹种之一。竹竿供柄材及编织等用。

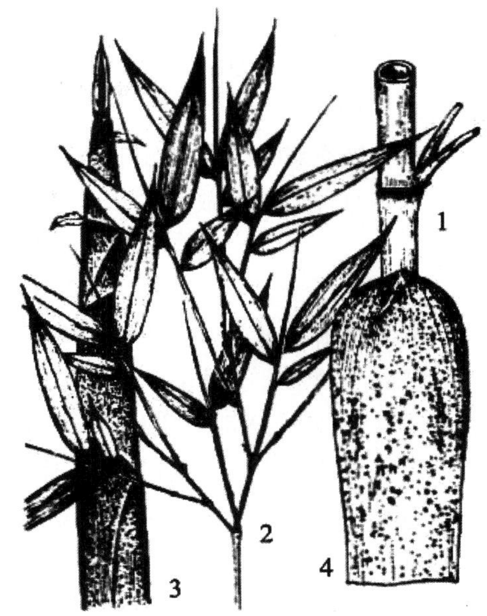

图 624 红哺鸡竹
1. 竿；2. 笋；3. 竿箨上部，背面；4. 竿箨上部，腹面；5. 叶枝面

12. 人面竹 *罗汉竹*（图 625）

Phyllostachys aurea Carr. ex A. Riviere et C. Riviere

乔木状中小型竹种；竿高 5 ~ 8 米，地际直径可达 4 厘米。竿挺拔直立，节间略短，在基部至中部有数节间常出现短缩、肿胀或缢缩等畸形现象；竿节两环明显，均隆起；新竿有白粉，无毛或在箨环上有细白毛。笋黄绿色至黄褐色；竿箨背部有黑褐色的细斑点，无毛或在箨的下部和边缘处有毛；箨舌短，先端平截或微凸，有长纤毛；箨叶带状披针形，淡紫褐色或略带红色，有黄色的窄边带，

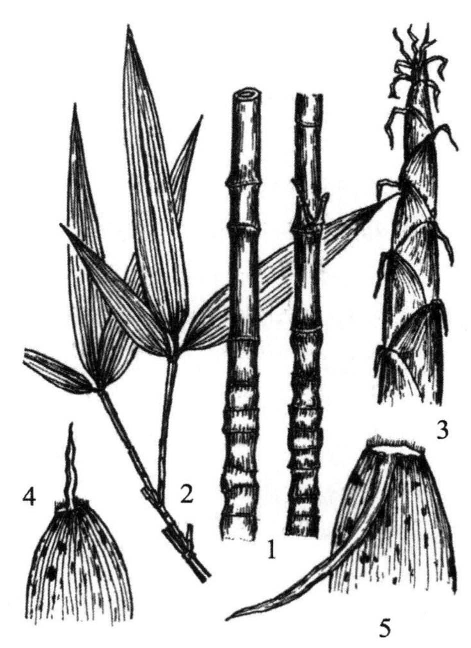

图 625 人面竹
1. 竿；2. 叶枝；3. 笋的上部；4. 上部的竿箨；5. 中部的竿箨

初微皱，后平直、下垂；无箨耳及肩毛。每小枝有 2 ～ 3 片叶，带状披针形，长 4 ～ 11 厘米，宽 1 ～ 1.8 厘米，下面基部有毛或完全无毛；叶鞘无毛，初有叶耳或肩毛，后脱落。笋期 4 ～ 5 月。

黄岛区有栽培。国内分布于福建、浙江、江苏等省。

观赏竹种。竿可做手杖等工艺品，材质脆，不宜劈篾编织用。

（二）大明竹属 **Pleioblastus** Nakai

灌木或乔木状；地下茎有时呈单轴型，有时亦可部分缩短呈复轴型；竿散生或丛生。节间圆筒形，分枝的一侧无沟槽或仅下部略平；竿节隆起，节内多 3 ～ 7 分枝（幼竿稀 1 ～ 3 枝），无明显主枝；竿箨宿存，箨鞘的基部常残留在节处枝丛内，每小枝梢有叶 3 ～ 5 片，少数种类可达 13 片，披针形，排列常不整齐。圆锥花序由少数至多枚小穗组成，常在下部有枝的节内簇生；每小穗有花数朵至十几朵，基部佛焰苞片有短柄，小穗轴折曲；颖片 2 片，或可多至 5 片，先端锐尖，边缘具纤毛；外稃顶端有小尖头，有小横脉；内稃在背部 2 脊间有沟槽，先端钝，边缘密生纤毛；浆片 3 片，后方 1 片长约为前方 2 片长的 2 倍；雄蕊 3，离生，细长花丝分离，花药锥形，黄色；子房有短花柱，花柱 1，柱头 3，羽毛状。颖果长圆形。笋期 5 ～ 6 月。

约 50 种，分布于亚洲东部温带及亚热带。我国约有 20 种，分布较零星，多分布于长江中下游各地。青岛栽培 2 种。

分种检索表

1. 竿高20 ~ 40厘米，节间、竿箨无毛。每小枝4 ~ 7叶………………………………… 1. 菲白竹 P. fortunei
1. 竿高3 ~ 5米，竿箨中下部常有棕色小刺毛，每小枝有叶2 ~ 4片…………………… 2. 苦竹 P. amarus

1. 菲白竹（彩图 119）

Pleioblastus fortunei (Van Houtte) Nakai

Sasa fortunei (Van Houtti) Fiori

竿高 10 ～ 30 厘米，高大者可达 50 ～ 80 厘米；节间细而短小，圆筒形，直径 1 ～ 2 毫米，光滑无毛；竿环较平坦或微有隆起；竿不分枝或每节仅分 1 枝。箨鞘宿存，无毛。小枝具 4 ～ 7 叶；叶鞘无毛，鞘口繸毛白色并不粗糙；叶片短小，披针形，长 6 ～ 15 厘米，宽 8 ～ 14 毫米，先端渐尖，基部宽楔形或近圆形；两面均具白色柔毛，尤以下表面较密，叶面通常有黄色或浅黄色乃至于近于白色的纵条纹。

原产日本。青岛植物园有栽培。国内广泛栽培作为庭院观赏竹种。

供观赏，也可盆栽。

2. 苦竹　伞柄竹（图 626）

Pleioblastus amarus (Keng) Keng f.

Arundinaria amara Keng

灌木状，丛生；竿高 3 ～ 5 米，地际直径 1.5 ～ 2 厘米。节间圆筒形，在分枝的一侧下部稍平，通常长 27 ~ 29 厘米；竿环隆起，高于箨环；箨环处常有箨鞘的残迹。笋黄绿色；竿箨质地较薄，背面有时有紫色斑，中下部常有棕色小刺毛；箨舌平截，高约 1 ~ 2 毫米，淡绿色，边缘有细毛;箨叶条状披针形，常反折下垂；箨耳不明显或无，无毛或疏生少数深色肩毛。竿每节具 5 ~ 7 枝，枝稍开展；每小枝有叶 2 ~ 4 片，椭圆状披针形，长 4 ~ 20 厘米，宽 l-3 厘米，先端短渐尖，基部楔形或宽楔形，上面深绿色，下面淡绿色，生有白色绒毛，尤近基部为甚；有短叶柄；无叶耳及肩毛。总状花序或圆锥花序，具 3 ~ 6 小穗，多呈绿色；每小穗有花 8 ~ 13 朵，长 4 ~ 7 厘米；颖 3 ~ 5 片；内稃通常长于外稃，或与之等长，被纤毛。成熟果实未见。笋期 6 月，花期 4 ~ 5 月。

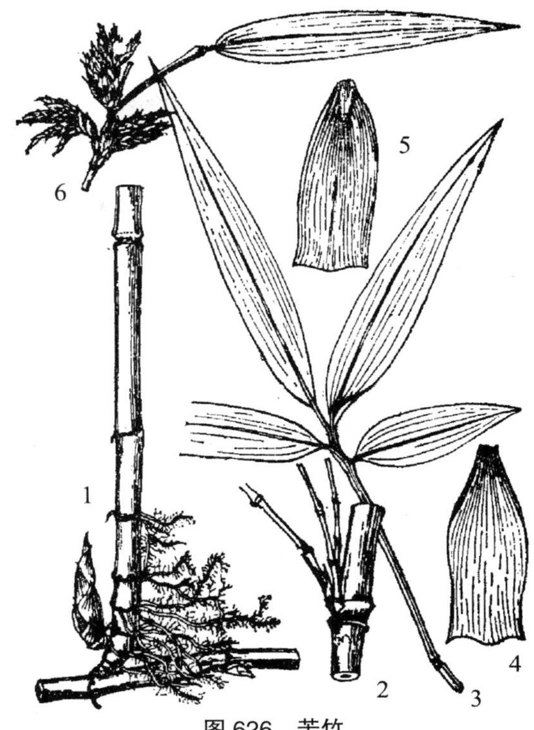

图 626 苦竹

1. 地下茎及竿基部；2. 竿的一部分，示分枝；3. 叶枝；4 ~ 5. 竿箨；6. 花枝

崂山太清宫，中山公园有栽植，生长旺盛，多成从状。国内分布于安徽、浙江、江苏、江西、福建、湖南、湖北、云南、贵州等省区。

竿壁厚，通直有弹性，宜作伞柄、帐杆、旗杆、钓杆等用；小枝材可做筷子、毛笔杆及编制器物。篾性不良。笋味苦，不宜食用。华北地区栽植，主供观赏。

（三）矢竹属 **Pseudosasa** Makino ex Nakai

小乔木状竹类，地下茎单轴型。竿散生，直立，节间圆筒形，长 20 ~ 30 厘米，无沟槽，竿环较平，节内不明显，中部每节 1 分枝，枝与竿近等至粗。竿箨宿存或迟落，与节间等长或略长；箨叶直立或开展。小枝具多叶；叶长披针形，网脉明显。圆锥花序顶生，花序轴明显；小穗线形，具柄；颖片 2。外稃先端具芒状尖头，中部以上及边缘被微毛，具小横脉；内稃背面具 2 脊和沟槽，具小横脉；鳞被 3，透明；雄蕊 3，花丝分离；花柱短，柱头 3 裂，羽毛状。颖果无毛，具纵长腹沟。

4 种，产于日本、韩国及中国。青岛栽培 2 种。

分种检索表

1. 竿高2 ~ 5米，粗0.5 ~ 1.5厘米；节间长15 ~ 30厘米，无毛；小枝具5 ~ 9叶 ……… 1.矢竹P. japonica

1. 竿高5 ~ 13米，粗2 ~ 6厘米；节间长30 ~ 40厘米，幼时疏被棕色刺毛；小枝具2 ~ 3叶 ……………………………… 2.茶竿竹P. amabilis

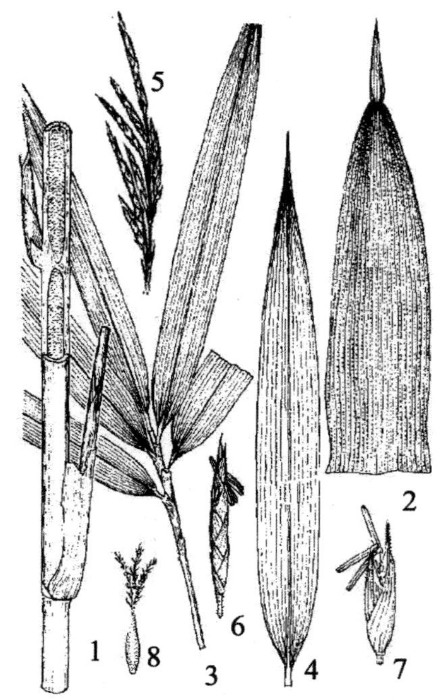

图 627 矢竹

1. 竿一段，示分枝；2. 竿箨背面；3. 叶枝；4. 叶片；5. 部分花枝；6. 小穗；7. 小花；8. 雌蕊

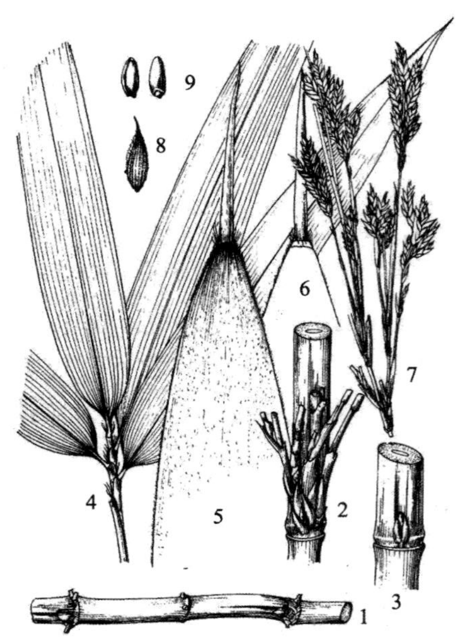

图 628 茶竿竹

1. 地下茎一段；2 ~ 3. 竿一段，示分枝及芽；4. 叶枝；5 ~ 6. 竿箨背腹面；7. 花枝；8. 小花；9. 果实

1. 矢竹（图 627）

Pseudosasa japonica (Sieb. et Zucc. ex Steud.) Makino

Arundinaria japonica Sieb. et Zucc. ex Steud.

竿高 3 ~ 5 米，径 1 ~ 2 厘米，节间长 15 ~ 30 厘米，绿色，无毛；竿环平，箨环具箨鞘基部残留物，节内不明显；竿中部以上分枝，每节分枝 1，枝基部贴竿，中上部展开。竿箨宿存，绿色，与节间近等长或略长，密被倒生刺毛；无箨耳和繸毛；箨舌先端拱圆；箨叶线状披针形，无毛，全缘。每小枝 5 ~ 9 叶，枝下部叶鞘密被毛，上部叶鞘无毛；叶耳不明显，繸毛不发育或具少数白色繸毛；叶舌高 1 ~ 3 毫米，先端全缘；叶长披针形，长 20 ~ 35 厘米，宽 2.5 ~ 4.5 厘米，无毛，一边有锯齿，侧脉 5 ~ 7，小横脉明显。笋期 6 月。

原产日本。崂山太清宫，中山公园有栽培。国内江苏、上海、浙江、台湾等地引种栽培，生长良好。

可栽培供观赏。

2. 茶竿竹（图 628）

Pseudosasa amabilis (McClure) Keng

Arundinaria amabilis McClure

竿直立，高 5 ~ 13 米，粗 2 ~ 6 厘米；节间长 30 ~ 40 厘米，圆筒形，幼时疏被棕色小刺毛，老则变为光滑无毛，具薄灰色蜡粉；竿环平坦或微隆起；每节分 1 ~ 3 枝，其枝贴竿上举，主枝梢较粗，二级分枝通常为每节 1 枝。箨鞘迟落性，背面密被栗色刺毛，腹面平滑而有光泽，边缘具较密的长约 5 毫米的纤毛，箨舌棕色、拱形，边缘不规则，具睫毛；箨片狭长三角形。小枝顶端具 2 或 3 叶；叶舌高 1 ~ 2 毫米，边缘密生短睫毛；叶片长披针形，长 16 ~ 35 厘米，宽 16 ~ 35 毫米。花序生于叶枝下部的小枝上，为 3 ~ 15 枚小穗所成的总状花序或圆锥花序；小穗含 5 ~ 16 朵小花，披针形，长 2.5 ~ 5.5 厘米。颖果成熟后呈浅棕色，长 5 ~ 6 毫米，直径约 2 毫米，具腹沟。笋期 3 月至 5 月下旬，花期 5 ~ 11 月。

崂山青山有栽培。国内分布于江西、福建、湖南、广东、广西等省区，江苏、浙江有引种栽培。

主竿直而挺拔，节间长，竿壁厚，可作钓鱼竿，滑雪竿、晒竿、编篱笆等用。笋不作食用。

（四）箬竹属 **Indocalamus** Nakaii

灌木状；地下茎复轴型；竿散生或丛生，矮小而密集。竿径小，壁厚而坚实；节间较长，呈圆筒形；竿箨宿存，包围节间。箨鞘长于或短于节间，有毛或无毛；箨耳存在或否；箨舌一般低矮，稀可高至 3 毫米；竿节仅有箨环，隆起不显著；每节仅生 1 枝，竿与枝几乎同粗，有时竿上部的分枝则每节可多至 2 ~ 3 枝。每枝有叶 1 ~ 3 片，大型，叶片宽，通常大于 2.5 厘米，具多条次脉及小横脉。花序总状或圆锥状，生于叶枝下方各节的小枝顶端；小穗含数朵至多朵小花，疏松排列于小穗轴上，有短柄，颖 2 ~ 3，卵形或披针形，顶端渐尖至尾尖，通常有细毛，先端尖头上有小刺毛；外稃几为革质，基盘密生绒毛，与内稃等长或稍长，内稃背部有 2 脊，顶端有 2 齿或形成凹头；浆片 3 片；雄蕊 3 枚，花丝分离，花药紫色；子房无毛，无柄，花柱 2，分离或基部稍连合，柱头羽毛状。颖果椭圆形，顶端钝。笋期常为春夏，稀为秋季。

约 20 种以上，分布于东南亚、印度及中国。我国有 22 种，6 变种，主要分布于长江以南各省区。青岛有 1 种。

1. 阔叶箬竹（图 629）

Indocalamus latifolius (Keng) McClure

Arundinaria latifolia Keng

灌丛状；竿高可达 2 米，地际直径 5 ~ 15 毫米，节间长 5 ~ 20 厘米。新竿灰绿色，有细毛，在节下部较密。竿箨宿存性，常包裹大部分节间；在竿基部的节上也常残留箨鞘，箨质坚而硬，背面生有棕紫色的密刺毛，边缘稍内卷；箨叶短披针形，在笋时张开不贴附笋体；箨舌平截，高 0.5 ~ 2 毫米；无箨耳，在箨顶两侧有时有长肩毛。小枝直立向上，每枝梢有叶 1 ~ 3 片，长圆状披针形，先端渐尖，长 10 ~ 45 厘米，宽 2 ~ 9 厘米，表面小横脉明显，近方格形，次脉 6 ~ 13 对，叶缘生小刺毛；

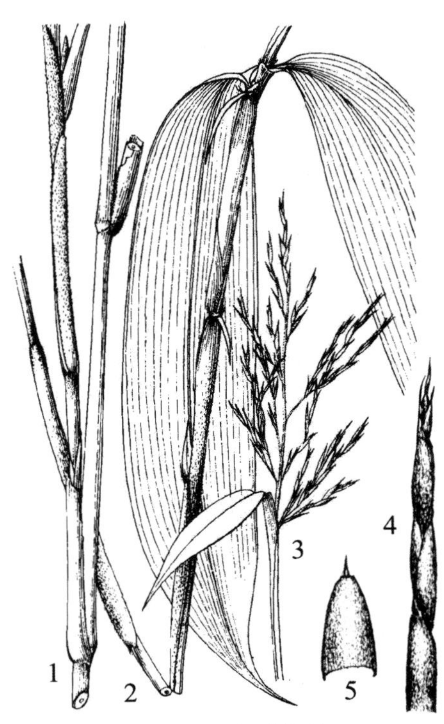

图 629　阔叶箬竹

1. 竿的一部分，示分枝；2. 叶枝；3. 花枝；4. 笋的中上部；5. 竿箨上面翠绿，下面灰白色或灰白绿色，微有毛；无叶耳。圆锥花序长 6 ~ 20 厘米，其基部为箨鞘所包裹，有 4 ~ 5 小穗，紫色;每小穗有花 5 ~ 9。果实未见。笋期 4 ~ 5 月。

崂山上清宫及黄岛区、胶州市、即墨市有栽培。国内分布于华东、华中地区及陕南汉江流域，北方常见的观赏竹种。

竿径小，但通直，近实心，适宜作鞭竿、毛笔杆及筷子等用。叶宽大，隔水湿，可供防雨斗笠的衬垫物及包粽子的材料。

八十二、百合科 LILIACEAE

多年生草本，稀为亚灌木、灌木；通常有根状茎、块茎或鳞茎。茎直立或攀援，有的枝条变成绿色的叶状枝。叶基生或茎生，多为互生，较少为对生或轮生；通常有弧形平行脉，极少为网状脉；有柄或无柄。花两性，稀为单性异株或杂性；花单生或排成总状、穗状、伞形花序，稀为聚伞花序；花被片 6，稀为 4 或多数，2 轮，离生或不同程度的合生；雄蕊通常与花被片同数，花丝离生或贴生于花被筒上，花药 2 室，基生或丁字状着生，纵裂；花柱单 1 或 3 裂，柱头不裂或 3 裂，子房上位，稀半下位，通常 3 室，中轴胎座，稀为 1 室，而为侧膜胎座，每室胚珠 1 至多数。蒴果或浆果，较少为坚果；种子多数，有丰富的胚乳，胚小。

约 230 属，3500 种，广布于全球，以温带、亚热带分布最广。我国产 60 属，约 560 种，分布于全国各地。青岛有木本植物 2 属，5 种。

分属检索表

1. 托叶不呈卷须状；叶剑形，较坚挺，先端有刺，有平行脉；花两性；茎直立……… 1.丝兰属Yucca
1. 托叶常呈卷须状；叶有网状细脉；花单性，雌雄异株；茎攀援，若无卷须，则成直立灌木状……… 2.菝葜属Smilax

（一）丝兰属 Yucca L.

常绿灌木或乔木状灌木。茎很短或较长，木质化，分枝或不分枝。叶簇生于茎或枝端，剑形或条状披针形，先端有尖刺，边缘丝裂或有细齿或全缘，叶质较软或坚硬。圆锥花序或总状花序；花下垂，钟状或杯状，花被片 6，白色或黄白色，宽卵形或椭圆形，稍肥厚，离生；雄蕊 6，短于花被片，花药箭形，丁字形着生，花丝肉质，粗或稍扁平；雌蕊 1，花柱短，柱头 3 裂，子房近长圆形，3 室。蒴果卵形或长椭圆形，开裂或肉质不开裂；种子多数，扁平，黑色。

约 30 种，分布于中美洲至北美洲，世界各国均有引种。我国引种有 4 种，南北各省均有栽培，常见的有 2 种。青岛有 2 种。

分种检索表

1. 有明显的茎，叶缘几乎没有丝状纤维，全缘………………………………………… 1.凤尾丝兰 Y. gloriosa
1. 茎很短或不明显，叶近莲座状簇生，边缘有许多稍弯曲的丝状纤维……………2.软叶丝兰Y. flaccida

1. 凤尾丝兰（图 630）

Yucca gloriosa L.

常绿乔木状灌木；高 1 ~ 2 米。茎有主干，有时分枝。叶密集，螺旋状排列，质坚硬；叶片剑形，长 40 ~ 80 厘米，宽 4 ~ 6 厘米，先端锐尖，坚硬如刺，全缘，通常无白色丝状纤维，叶脉平行，不明显，上面绿色，有白粉，下面淡绿色；无柄。花葶通常高 1 ~ 1.5 米；花大，乳白色或顶端带紫红头，下垂，多数，排成圆锥花序；花被片 6，宽卵形，长 4 ~ 5 厘米；雄蕊 6，花丝肉质先端约 1/3 向外反曲；柱头 3 裂。果实倒卵状长圆形，长 5 ~ 6 厘米，肉质，不开裂。花、果期 6 ~ 9 月。

原产北美东南部。公园绿地常见栽培。

叶常绿，花大，美丽，花期长，可栽培供观赏。根可供药用，有凉血解毒、利尿通淋的功效。

图 630 凤尾丝兰
1. 植株；2. 花序；3. 叶

2. 软叶丝兰 丝兰（图 631）

Yucca flaccida Haw.

Y. smalliana Fern.

常绿木本。茎极短或不明显。叶近莲座状簇生；叶片剑形或条状披针形，长 25 ~ 65 厘米，宽 2.5 ~ 4.5 厘米，先端锐尖，有 1 硬刺，边缘有白色丝状纤维，叶脉平行，不明显，质地较软，常反曲。花葶粗大，高约 1 米；花大，白色，有时带绿色或黄白色，下垂，多数，排成狭长的圆锥花序；花序轴有乳突状毛；花被片 6，长椭圆状卵形，长 3 ~ 4 厘米；雄蕊 6，花丝较扁平，肉质，有疏柔毛，花药箭头形；雌蕊 1，柱头 3 裂。蒴果长约 5 厘米，开裂。花期 6 ~ 9 月。

原产北美。崂山太清宫内、仰口、华楼、流清河、北九水，中山公园有栽培。

叶常绿、花大、美丽、可栽培供观赏。根可供药用，有凉血解毒，利尿通淋的功效。

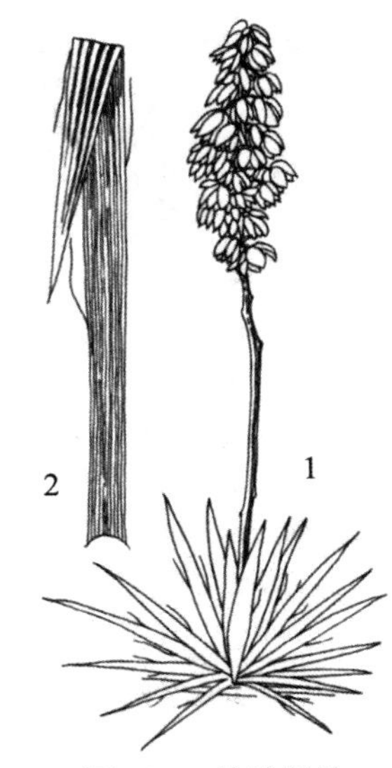

图 631 软叶丝兰
1. 植株；2. 叶

（二）菝葜属 Smilax L.

攀援灌木，稀直立或为草本。常有坚硬的根状茎，为不规则的块状，四周丛生多数细长的根。茎枝圆柱形，有刺或无。叶互生；叶片卵圆形、椭圆形、长圆状披针形或圆形，先端短尖或渐尖，全缘，有 3 ~ 7 条主脉和网状细脉；叶柄两侧常有翅状鞘，上方有一对卷须或无；由于叶脱落点位置不同，落叶带一段叶柄或不带叶柄。花单性，雌雄异株；伞形花序腋生，稀成圆锥状或穗状花序；花被片 6，离生，2 轮，外轮较内轮宽；雄花有雄蕊 6，常较花被短，花药基底着生；雌花常有退化雄蕊 3 ～ 6，花柱短，柱头 3 裂，子房 3 室，每室有胚珠 1 ～ 2。浆果球形；种子 1 至数枚。

约 300 种，广布于热带地区，东亚和北美温带、亚热带也有分布。我国约有 60 种，多分布于长江以南各省。青岛有 3 种。

分种检索表

1. 茎有刺。
 2.刺较粗大，稍弯曲，基部骤然变粗；叶片近圆形或卵圆形，薄革质；果熟时红色 ··· 1.菝葜S.china
 2. 刺近平直；叶卵形，纸质；果熟时黑色······································· 2.华东菝葜S. sieboldii
1. 茎和枝条稍具棱，无刺；果熟时黑色，具粉霜 ·· 3.鞘柄菝葜S.stans

1. 菝葜 金刚果（图 632；彩图 120）

Smilax china L.

攀援灌木；长 2 至数米；根状茎为不规则的块状，粗 1 ～ 3 厘米，坚硬，四周生有细长的根，质坚韧。茎枝疏生粗刺，稍弯曲。叶互生；叶片稍革质，近圆形或卵圆形，通常长、宽 4 ～ 10 厘米，可达 14 厘米，先端钝圆或微凹，有短尖，全缘或微波状，基部圆形、浅心形或阔楔形；叶脉 3 ～ 5，弧形；叶柄长 1 ～ 1.7 厘米，1/3 或 1/2 以下有狭鞘；几乎全部有卷须；脱落点位于近卷须处。伞形花序，生于幼嫩小枝上，有花十几朵或更多；总花梗长 1 ～ 2 厘米；花序托稍膨大或稍延长，花期有小苞片；花黄绿色，花被片 6，2 轮，卵状披针形；雄花稍大，雄蕊 6；雌花有 6 枚退化雄蕊，雌蕊 1 枚，柱头 3 裂，略反曲，子房卵圆形。浆果球形，直径 1 ～ 1.5 厘米，熟时红色。花期 5 月；果期 10 ～ 11 月。

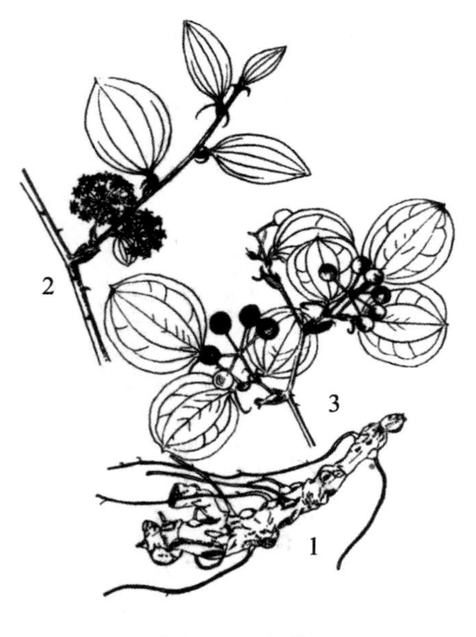

图 632 菝葜

1. 根状茎；2. 花枝；3. 果枝

产于崂山，小珠山，大珠山，百果山，生于山沟石缝、林下、灌木丛中及山坡溪沟边。国内分布于华东、中南、西南。

根状茎含鞣质和淀粉，可提栲胶或酿酒；还可供药用，有祛风除湿的功效。

2. 华东菝葜 鲇鱼须（图 633）

Smilax sieboldii Miq.

攀援灌木或半灌木；长 1.5 ～ 2.5 米；根状茎粗短，不规则块状，坚硬，丛生多数细长的根，质坚韧。茎枝通常绿色，有细刺，平展。叶片草质，卵形，长 3 ～ 8 厘米，宽 2 ～ 6 厘米，先端尖或渐尖，全缘或略波状，基部浅心形、截形或钝圆；叶脉 5，稍弧形；叶柄长 1 ～ 1.5 厘米，中部以下渐宽成狭鞘；有卷须；脱落点位于上部。伞形花序有花数朵至十几朵；总花梗纤细，长 1 ～ 2 厘米；花序托几不膨大；花绿色或黄绿色，花被片 6，长卵形或长椭圆形；雄花稍大，雄蕊 6；雌花有 6 枚退化雄蕊，雌蕊 1 枚，柱头 3 裂，子房卵圆形。浆果球形，直径 6 ～ 7 毫米，成熟时黑色。花期 5 月；果期 8 ～ 10 月。

产于崂山，大珠山，小珠山，百果山，大泽山等地，生于山沟、路边、灌木丛中、林缘及山坡石缝。国内分布于辽宁、江苏、安徽、浙江、台湾、福建。

根供药用，有祛风湿，通经络的功效。根含鞣质，可提栲胶。

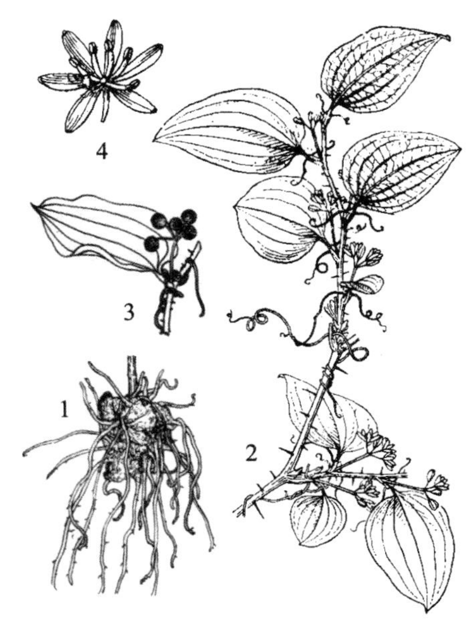

图 633　华东菝葜

1. 根状茎；2. 花枝；3. 果枝；4. 花

3. 鞘柄菝葜（图 634）

Smilax stans Maxim.

落叶灌木或半灌木；直立或披散，高 0.3 ～ 1 米；根状茎细长，节明显，粗 3 ～ 5 毫米，质坚韧。茎枝绿色，有纵棱，无刺。叶片纸质，卵圆形或卵状披针形，长 2.5 ～ 5.5 厘米，宽 2.5 ～ 4.5 厘米，先端尖，全缘，基部钝圆或浅心形，叶脉 3 ～ 5，稍弧形，上面绿色，下面略苍白色，有时呈粉尘状；叶柄长 5 ～ 10 毫米，向基部渐宽成鞘状；无卷须；脱落点位于近顶端。叶脱落时几不带叶柄或带极短的柄。花 1-3 朵或数朵排成伞形花序；总花梗纤细，长 1 ～ 2 厘米；花序托几不膨大；花淡绿色或黄绿色，花被片 6，长椭圆形或条形；雄花稍大，雄蕊 6；雌花略小，有 6 枚退化雄蕊，有时有不育花药，雌蕊 1 枚，柱头 3 裂，子房卵圆形。浆果球形，直径 6 ～ 10 毫米，熟时黑色。花期 5 ～ 6 月；果期 9 ～ 10 月。

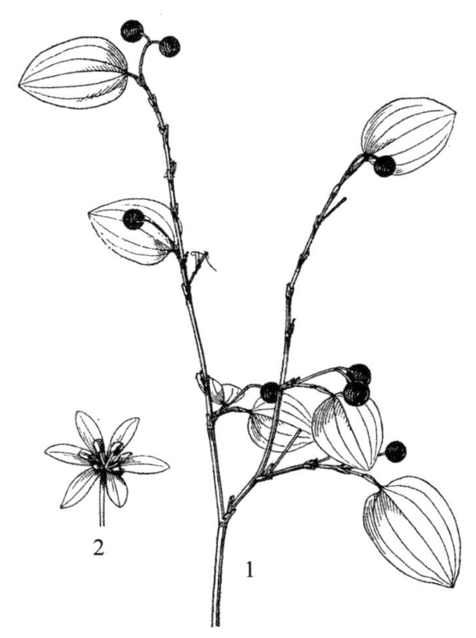

图 634　鞘柄菝葜

1. 果枝；2. 花

产崂山夏庄、上清宫、流清河等地，生于山坡路边、林边及山沟灌丛中。国内分布于河北、山西、陕西、甘肃、四川、湖北、河南、安徽、浙江、台湾等省区。

中文名索引

M

拉丁名索引

M

参考文献

[1] 陈汉斌，郑亦津，李法曾．山东植物志．青岛：青岛出版社，1992-1997.

[2] 李法曾．山东植物精要．北京：科学出版社，2004.

[3] 魏士贤．山东树木志．济南：山东科学技术出版社，1984.

[4] 郑万钧．中国树木志（1-4卷）．北京：中国林业出版社，1983-2004.

[5] 中国科学院植物研究所．中国高等植物图鉴（第1-5册）．北京：科学出版社，1976-1985.

[6] 中国科学院中国植物志编委会．中国植物志（第7-72卷）．北京：科学出版社，1961-2002.

[7] 樊守金，胡泽绪．崂山植物志．北京：科学出版社，2003.

[8] 傅立国，陈潭清，郎楷永等．中国高等植物（修订版）（1-14卷）．青岛：青岛出版社，2012.

[9] Flora of China编委会．Flora of China．北京：科学出版社；密苏里州：密苏里植物园出版社，1989-2013.

[10] 曹俊训．青岛木本植物检索手册．青岛市林业局，1984.

[11] 青岛市史志办公室．青岛年鉴2014．青岛：青岛年鉴社，2014.

[12] 王文采，谢磊．铁线莲属大叶铁线莲组修订[J]．植物分类学报，2007，45(4)：425-457.